Das Tierreich

Eine Zusammenstellung und Kennzeichnung der rezenten Tierformen

Gegründet von der Deutschen Zoologischen Gesellschaft

Im Auftrage der

Preußischen Akademie der Wissenschaften zu Berlin

herausgegeben von

F. E. Schulze (†), W. Kükenthal (†)

fortgesetzt von **K. Heider,** seit 1927 von **R. Hesse**

Schriftleiter: **C. Apstein**

„Πάντα ῥεῖ“ *„Sine systemate chaos“*

---

55. Lieferung

Amphibia

Anura III

Polypedatidae

bearbeitet von

Dr. E. Ahl
Berlin

Mit 320 Abbildungen

Berlin und Leipzig 1931

Walter de Gruyter & Co.

vormals G. J. Göschen'sche Verlagshandlung — J. Guttentag, Verlagsbuchhandlung
Georg Reimer — Karl J. Trübner — Veit & Comp.

Ausgegeben März 1931

Inhalt

Die Literatur wurde bis Ende 1930 berücksichtigt.

Literatur-Kürzungen

Abh. Bayer. Ak. — Abhandlungen der mathematisch-physikalischen Classe der Königlich Bayerischen Akademie der Wissenschaften. München. 4.

Abh. Ges. Halle — Abhandlungen der naturforschenden Gesellschaft zu Halle. Halle. 4.

Abh. Mus. Dresden — Abhandlungen und Berichte des Königlichen zoologischen und anthropologisch-ethnographischen Museums zu Dresden. Berlin. 4.

Abh. Senckenb. Ges. — Abhandlungen, herausgegeben von der Senckenbergischen naturforschenden Gesellschaft. Frankfurt a. M. 4.

Abh. Ver. Bremen — Abhandlungen, herausgegeben vom naturwissenschaftlichen Vereine zu Bremen. Bremen. 8.

Alg. Konst- en Letter-Bode — Algemeene Konst- en Letter-Bode. Haarlem. 4 & 8.

Alluaud & Jeannel, Voy. Afr. Or. — Voyage de Ch. Alluaud et R. Jeannel en Afrique Orientale 1911—1912. Résultats scientifiques. Paris. 1914—.... 8.

Anderson, Anat. zool. Res. Exp. Yunnan — Anatomical and zoological Researches: comprising an Account of the zoological Results of the two Expeditions to Western Yunnan in 1868 and 1875; and a Monograph of the two Cetacean Genera, Platanista and Orcella. By John Anderson. Vol. 1, 2. London. 1878. 4.

Anderson, Zool. Egypt — Zoology of Egypt. *v.* 1. Reptilia and Batrachia by John Anderson. London. 1898. 4.

Ann. Hofmus. Wien — Annalen des K. K. naturhistorischen Hofmuseums. Wien. 8.

Ann. Mus. Congo — État indépendant du Congo. Annales du Musée du Congo, publiées par Ordre du Secrétaire d'État. Zoologie. Bruxelles. 4.

Ann. Mus. Genova — Annali del Museo civico di Storia naturale di Genova. Genova. 8.

Ann. Natal Govt. Mus. — Annals of the Natal Government Museum. London. 8.

Ann. nat. Hist. — The Annals and Magazine of natural History, including Zoology, Botany, and Geology. London. 8.

Ann. N. York Ac. — Annals of the New York Academy of Sciences, late Lyceum of natural History. New York. 8.

Annot. zool. Jap. — Annotationes zoologicae Japonenses. Tokyo. 8.

Ann. S. Afr. Mus. — Annals of the South African Museum. Cape Town. 8.

Ann. Sci. nat. — Annales des Sciences naturelles. — [Sér. 2—4:] Zoologie ([Sér. 5 & sequ.:] Zoologie et Paléontologie). Paris. 8.

Ann. Transvaal Mus. — Annals of the Transvaal Museum. Pretoria. 8.

Annuaire Mus. St.-Pétersb. (Petrograd) — Annuaire du Musée zoologique de l'Académie Impériale des Sciences de St.-Pétersbourg. St.-Pétersbourg (Petrograd). 8.

Annuario Mus. Napoli — Annuario del Museo zoologico della Reale Università di Napoli. Napoli. 8.

Anz. Ak. Wien — Anzeiger der Kaiserlichen Akademie der Wissenschaften. Mathematisch-naturwissenschaftliche Classe. Wien. 8.

Arch. Naturg. — Archiv für Naturgeschichte. Berlin. 8.

Ark. Zool. — Arkiv för Zoologi utgifvet af K. Svenska Vetenskaps-Akademien. Stockholm. 8.

Atti Soc. Ital. — Atti della Società Italiana di Scienze naturali. Milano. 8.

Ber. Ak. Berlin — Bericht über die zur Bekanntmachung geeigneten Verhandlungen der Königl. Preuß. Akademie der Wissenschaften zu Berlin. Berlin. 8. [sequ.: *Monber. Ak. Berlin* und *SB. Ak. Berlin.*]

Ber. Offenb. Ver. — ... Bericht über die Thätigkeit des Offenbacher Vereins für Naturkunde in den Vereinsjahren ...... Offenbach. 8.

Ber. Senckenb. Ges. — Bericht über die Senckenbergische naturforschende Gesellschaft [in Frankfurt am Main]. Frankfurt a. M. 4, 8.

Bianconi, Specim. zool. Mosamb. — Specimina zoologica Mosambicana quibus vel novae vel minus notae animalium species illustrantur cura J. Josephi Bianconi. Bononiae. 1847—69. 4.

Biol. Centralbl. — Biologisches Centralblatt. Erlangen (Leipzig). 8.

Bl. Aquar. Terrar. — Blätter für Aquarien- und Terrarien-Freunde [Kunde]. Illustrierte Wochenschrift für die Interessen der Aquarien- und Terrarien-Liebhaber [Kunde]. Magdeburg. 4.

Bocage, Herpét. Angola — Herpétologie d'Angola et du Congo. Ouvrage publié sous les Auspices du Ministère de la Marine et des Colonies par J. V. Barboza du Bocage. Lisbonne. 1895. 8.

Boettger, Kat. Batr. Mus. Senckenb. — Katalog der Batrachier-Sammlung im Museum der Senckenbergischen Naturforschenden Gesellschaft in Frankfurt am Main. Von O. Boettger. Abgeschlossen Mitte August 1892. Frankfurt am Main. 8.

Boll. Mus. Torino — Bollettino dei Musei di Zoologia ed Anatomia comparata della Reale Università di Torino. Torino. 8.

Bonaparte, Iconogr. Fauna Ital. — Iconografia della Fauna Italica per le quattro Classi degli Animali Vertebrati di Carlo L. Principe Bonaparte. Tomo 1—3. Roma. 1832—41.[1] 2.

Boulenger, Cat. Batr. grad. Brit. Mus. — Catalogue of the Batrachia gradientia s. caudata and Batrachia apoda in the Collection of the British Museum. 2. Edition by George Albert Boulenger. London. 1882. 8.

Boulenger, Cat. Batr. sal. Brit. Mus. — Catalogue of the Batrachia salientia s. ecaudata in the Collection of the British Museum. II. Edition. By George Albert Boulenger. London. 1882. 8.

Boulenger, Vert. Fauna Malay, Rept. Batr. — A Vertebrate Fauna of the Malay Peninsula from the Isthmus of Kra to Singapore. Reptilia et Batrachia by G. A. Boulenger. London. 1912. 8.

Bull. Amer. Mus. — Bulletin of the American Museum of natural History. New York. 8.

Bull. Com. Afr. occid. Franç. — Bulletin du Comité d'Études historiques et scientifiques de l'Afrique occidentale Française. Paris. 8.

Bull. Mus. Harvard — Bulletin of the Museum of comparative Zoology at Harvard College, in Cambridge. Cambridge. Mass., U. S. A. 8.

Bull. Mus. Paris — Bulletin du Muséum d'Histoire naturelle. Paris. 8.

Bull. Soc. philom. — Bulletin des Sciences, par la (Bulletin de la) Société philomat(h)ique de Paris. Paris. 4 (8).

Bull. Soc. zool. France — Bulletin de la Société zoologique de France. Paris. 8.

Bull. U. S. Mus. — Bulletin of the United States National Museum. Washington. 8.

Casto de Elera, Cat. Fauna Filipinas — Catálogo sistemático de toda la Fauna de Filipinas. Por el F. P. Fr. Casto de Elera. *v.* 1—3. Manila. 1895—96. 8.

Cottes, Miss. Cottes S.-Cameroun — La Mission Cottes au Sud-Cameroun 1905—1908. ... par le Capitaine O. Cottes. Paris. 1911. 4.

Denk. Ak. Wien — Denkschriften der Kaiserlichen Akademie der Wissenschaften. — Mathematisch-naturwissenschaftliche Classe. Wien. 4.

Duméril & G. Bibron, Erpét. — Erpétologie générale ou Histoire naturelle complète des Reptiles. par A. M. C. Duméril et par G. Bibron. Tome 1—9. Atlas. Paris. 1834—54. 8.

Ergeb. D. Zentr.-Afr.-Exp. — Wissenschaftliche Ergebnisse der Deutschen Zentral-Afrika-Expedition 1907—1908 unter Führung Adolf Friedrichs, Herzogs zu Mecklenburg. Leipzig. 8.

---

[1] cfr.: Tommaso Salvadori 1888 in: *Boll. Mus. Torino, v.* 3 nr. 48.

Ergeb. 2. D. Zentr.-Afr.-Exp. — Ergebnisse der zweiten Deutschen Zentral-Afrika-Expedition 1910—11 unter Führung Adolf Friedrichs, Herzogs zu Mecklenburg. Leipzig. 8.

Ergeb. Schwed. Exp. Kilimandjaro — Wissenschaftliche Ergebnisse der Schwedischen zoologischen Expedition nach dem Kilimandjaro, dem Meru und den umgebenden Massaisteppen Deutsch-Ostafrikas 1905—06, unter Leitung von Yngve Sjöstedt. Herausgegeben mit Unterstützung von der Königl. Schwedischen Akademie der Wissenschaften. Stockholm. 4.

Fasc. Malay. — Fasciculi Malayenses. Anthropological and zoological Results of an Expedition to Perak and the Siamese Malay States 1901—03 undertaken by Nelson Annandale and Herbert C. Robinson. *v.* 1—3. London. 1903, 03, 06. 4.

Fauna Brit. Ind. — The Fauna of British India, including Ceylon and Burma. Published under the Authority of the Secretary of State for India in Council. Edited by W. T. Blanford. London, Calcutta usw. 8.

Fauna D. Kolon. — Die Fauna der Deutschen Kolonien. Herausgegeben mit Unterstützung des Reichs-Kolonialamtes vom Zoologischen Museum in Berlin. Berlin. 8.

Festschr. naturf. Ges. Basel — Festschrift zur Feier des fünfundsiebzigjährigen Bestehens der Naturforschenden Gesellschaft in Basel. Basel. 1892. 8.

Foà, Résult. Voy. Afr. — Résultats scientifiques des Voyages en Afrique d'Édouard Foà publiés sous les Auspices du Muséum national d'Histoire naturelle. Paris. 1908. 4.

Gistel, Naturg. Thierr. — Naturgeschichte des Thierreichs. Für höhere Schulen bearbeitet durch Johannes Gistel. Mit einem Atlas von 32 Tafeln ... Stuttgart. 1848. 2.

Gravenhorst, Delic. Mus. Vratislav. — Deliciae Musei zoologici Vratislaviensis continens Chelonias et Batrachia. Auctore J. L. C. Gravenhorst. Fasc. 1. Lipsiae. 1829. 2.

Gray, Ill. Ind. Zool. — Illustrations of Indian Zoology; chiefly selected from the Collection of Major-General Hardwicke. By John Edward Gray. *v.* 1, 2. London. 1830/32, 33/34. 2.

Günther, Cat. Batr. sal. Brit. Mus. — Catalogue of the Batrachia salientia in the Collection of the British Museum. By Albert Günther. London. 1858. 8.

Günther, Rept. Brit. Ind. — The Reptiles of British India. By Albert C. L. G. Günther. London. 1864. 4.

Il Ruwenzori — S. A. R. il Principe Luigi Amadeo di Savoia, Duca degli Abruzzi. Il Ruwenzori, Parte scientifica. Risultati delle Osservazioni e Studi compiuti sul Materiale raccolto dalla Spedizione. *v.* 1. Zoologia, Botanica. Milano. 1909. 4.

Isis — Isis [Encyklopädische Zeitschrift, vorzüglich für Naturgeschichte, vergleichende Anatomie und Physiologie] von [Lorenz von] Oken. Leipzig. 4.

Istituto Coimbra — O Istituto. Jornal scientifico e litterario. Coimbra. 8.

J. Ac. Lisboa — Jornal de Sciencias mathematicas, physicas e naturaes, publicado sob os Auspicios da Academia Real das Sciencias de Lisboa. Lisboa. 8.

Jahrb. Hamburg. Anst. — Jahrbuch der Hamburgischen wissenschaftlichen Anstalten. Hamburg. 8.

Jahrb. Ver. Nassau — Jahrbücher des Vereins für Naturkunde im Herzogthum Nassau ([Jahrg. 19 & sequ.:] Jahrbücher des Nassauischen Vereins für Naturkunde). Wiesbaden. 8.

Jahresber. Ver. Magdeburg — Jahresbericht und Abhandlungen des naturwissenschaftlichen Vereins in Magdeburg. Magdeburg. 8.

J. Asiat. Soc. Bengal — Journal of the Asiatic Society of Bengal. — [Vol. 34 & sequ.:] Part II, Natural History etc. Calcutta. 8.

J. Bombay Soc. — The Journal of the Bombay natural History Society. Bombay. 8.

J. feder. Malay Mus. — Journal of the federated Malay States Museums. Kuala Lumpur. 8.

J. nat. Hist. Soc. Siam — The Journal of the Natural History Society of Siam. Bangkok. 8.

Johnston, Brit. Centr. Afr. — H. H. Johnston, British Central Africa. An Attempt to give some Account of a Portion of the Territories under British Influence North of the Zambezi. London. 1897. 8.

Kampen, Amph. Indo-Austral. Archip. — The Amphibia of the Indo-Australian Archipelago by P. N. van Kampen. Leiden. 1923. 8.

Kelaart, Prodr. Faun. Zeyl. — E. F. Kelaart, Prodromus Faunae Zeylanicae; being Contributions to the Zoology of Ceylon. *v.* 1, 2I. Ceylon, Colombo. 1852, 54. 8.

Laurenti, Syn. Rept. — Josephi Nicolai Laurenti ...... Specimen medicum, exhibens Synopsin Reptilium emendatam cum Experimentis circa Venena et Antidota Reptilium Austriacorum. Viennae. 1768. 8.

Lichtenstein & Martens, Nomencl. Rept. Mus. Berolin. — H. Lichtenstein & E. Martens, Nomenclator Reptilium et Amphibiorum Musei zoologici Berolinensis. Namenverzeichnis der in der zoolog. Sammlung der königl. Universität zu Berlin aufgestellten Arten von Reptilien und Amphibien nach ihren Ordnungen, Familien und Gattungen. Berlin. 1856. 8.

Linné, Syst. Nat., ed. 10 — Caroli Linnaei Systema Naturae per Regna tria Naturae, secundum Classes, Ordines, Genera, Species, cum Characteribus, Differentiis, Synonymis, Locis. Editio X, reformata. — Tomus I. Holmiae. 1758. 8.

Mag. Ins.-Kunde — Magazin für Insektenkunde, herausgegeben von Karl Illiger. Braunschweig. 8.

Mem. Mus. Harvard — Memoirs of the Museum of comparative Zoology at Harvard College. Cambridge, Mass. 4.

Mem. Soc. Españ. — Memorias de la Sociedad Española de Historia natural. Madrid. 8.

Mém. Soc. Neuchâtel — Mémoires de la Société des Sciences naturelles de Neuchâtel. Tome 1—4. Neuchâtel. 1835—74. 4. Mémoires de la Société neuchâteloise des Sciences naturelles. Tome 5II. 1914 (?Sep. 1912). Neuchâtel. 4.

Midden-Sumatra — Midden-Sumatra. Reizen en Onderzoekingen der Sumatra-Expeditie, uitgerust door het Aardrijkskundig Genootschap, 1877—79, beschreven door de Leden der Expeditie, onder Toezicht van P. J. Veth. — *v.* (Deel) 4I, 4II: Natuurlijke Historie. Leiden. 1881—92. 4 & 2.

Monber. Ak. Berlin — Monatsberichte der Königlich Preußischen Akademie der Wissenschaften zu Berlin. Berlin. 8.

Monit. zool. Ital. — Monitore zoologico Italiano. Pubblicazioni Italiane di Zoologia, Anatomia, Embriologia. Diretto dei Giulio Chiarugi, Eug. Ficalbi. Siena, Firenze. 8.

Mt. D. Schutzgeb. — Mitteilungen von Forschungsreisenden und Gelehrten aus den Deutschen Schutzgebieten. Berlin. 8.

Mt. Ges. Bern — Mittheilungen der naturforschenden Gesellschaft in Bern. Bern. 8.

Mt. Mus. Berlin — Mitteilungen aus der zoologischen Sammlung des Museums für Naturkunde in Berlin. Berlin. 4.

Mt. Mus. Hamburg — Mittheilungen aus dem naturhistorischen Museum in Hamburg. Aus dem (Beiheft zum) Jahrbuch der Hamburgischen wissenschaftlichen Anstalten. Hamburg. 8.

N. Acta Ac. Leop. — Nova Acta |physico-medica| Academiae Caesareae Leopoldino-Carolinae |Germanicae| Naturae Curiosorum. [*v.* 9 & sequ.:] Verhandlungen (Abhandlungen) der |Kaiserlichen| Leopoldinisch-Carolinischen Akademie der Naturforscher. Norimbergae. (Erlangen) (Bonn) .... 4.

N. Arch. Mus. Paris — Nouvelles Archives du Muséum d'Histoire naturelle |de Paris|. Paris. 4.

Nat. Hist. Rev. — The natural History Review. A quarterly Journal. London. 8.

Naturaliste — Le Naturaliste. Paris. 4.

Natuurk. Tijdschr. Nederl. Ind. — Natuurkundig Tijdschrift voor Nederlandsch Indie. Batavia (s'Gravenhage). 8.

Not. Leyden Mus. — Notes from the Leyden Museum. Leyden. 8.

Nyt Mag. Naturv. — Nyt Magazin for Naturvidenskaberne. Christiania. 8.
Okada, Cat. Vert. Jap. —
P. Ac. Philad. — Proceedings of the Academy of natural Sciences of Philadelphia. Philadelphia. 8.
P. Asiat. Soc. Bengal — Proceedings of the Asiatic Society of Bengal. Calcutta. 8.
P. biol. Soc. Washington — Proceedings of the biological Society of Washington. Washington. 8.
Peters, Reise Mossamb. — Naturwissenschaftliche Reise nach Mossambique auf Befehl Sr. Maj. des Königs Friedrich Wilhelm IV. in den Jahren 1842 bis 48 ausgeführt von W. Peters. — Zoologie. *v.* 1, 3, 4, 5. Berlin. 1852, 82, 68, 62. 4.
Philipp. J. Sci. — The Philippine Journal of Science, Bureau of Science of the Philippine Islands. Manila. 4.
P. N. Engl. zool. Club — Proceedings of the New England zoological Club. Boston, Mass. 8.
Preuss. Exp. O.-Asien — Die Preussische Expedition nach Ost-Asien. Nach amtlichen Quellen. — Zoologischer Theil. *v.* 1, 2. Berlin. 1866, 76, 67. 8.
Publ. Field Columb. Mus. — Field Columbian Museum. Publication. Chicago. 8.
P. U. S. Mus. — Proceedings of the United States national Museum. Washington. 8.
P. zool. Soc. London — Proceedings of the zoological Society of London. London. 8.
Rec. Albany Mus. — Records of the Albany Museum. Grahamstown. 8.
Rec. Ind. Mus. — Records of the Indian Museum (A Journal of Indian Zoology.) Calcutta. 8.
Reise Novara — Reise der Österreichischen Fregatte „Novara" um die Erde in den Jahren 1857—59 unter den Befehlen des Commodore B. von Wüllerstorf-Urbair. Wissenschaftlicher Theil. — Zoologischer Theil. *v.* 1, 2. Wien. 1864—75. 4.
Rev. Mag. Zool. — Revue et Magasin de Zoologie pure et appliquée. Paris. 8.
Rev. Suisse Zool. — Revue Suisse de Zoologie et Annales du Musée d'Histoire naturelle de Genève. Genève. 8.
Rev. zool. Afr. — Revue zoologique Africaine. Bruxelles. 8.
Rochebrune, Faune Sénég. — Faune de la Sénégambie par A.-T. de Rochebrune. Reptiles. Paris. 1884. 8.
SB. Ak. Wien — Sitzungsberichte der Kaiserlichen Akademie der Wissenschaften. — Mathematisch-naturwissenschaftliche Classe. Wien. 8.
SB. Ges. Fr. Berlin — Sitzungsberichte der Gesellschaft naturforschender Freunde zu Berlin. Berlin. 4, 8.
Schlegel, Abbild. Amph. — Abbildungen neuer oder unvollständig bekannter Amphibien, nach der Natur oder dem Leben entworfen, herausgegeben und mit einem erläuternden Texte begleitet von H. Schlegel. Düsseldorf. 1837—44. 8 & 4.
Schlegel, Handl. Dierk. — Natuurkundige Leercursus ten Gebruike der Koninklijke Militaire Akademie. Handleiding tot de Beoefening der Dierkunde, door H. Schlegel. Deel 1, 2; Atlas. Breda. 1857, 58. 8 & 2.
Siebold, Fauna Jap. — Fauna Japonica sive Descriptio Animalium, quae in Itinere per Japoniam ... Annis 1823—30 collegit, Notis, Observationibus et Adumbrationibus illustravit Ph. Fr. de Siebold. Conjunctis Studiis C. J. Temminck et H. Schlegel pro Vertebratis atque W. de Haan pro Invertebratis elaborata. Lugduni Batavorum. [1833—50[2])].
Smith, Ill. Zool. S.-Afr. — Illustrations of the Zoology of South Africa; consisting chiefly of Figures and Descriptions of the Objects of natural History collected during an Expedition into the Interior of South Africa, in the Years 1834, 1835, and 1836; ... By Andrew Smith. London. 1849 [1838—49][3]). 4.
Svenska Ak. Handl. — Kongliga Svenska Vetenskaps-Akademiens Handlingar. Stockholm. 8 (4).
Taprobanian — The Taprobanian, a Dravidian Journal of oriental Studies in and around Ceylon, in natural History .... edited by H. Nevill. Bombay. 4.

[2]) Cfr.: C. Davies Sherborn & F. A. Jentink in: P. zool. Soc. London, 1895 p. 149.

[3]) Cfr.: F. H. Waterhouse in: P. zool. Soc. London, 1880 p. 489—491.

Tierreich — Das Tierreich. Gegründet von der Deutschen Zoologischen Gesellschaft. Herausgegeben von der Preußischen Akademie der Wissenschaften zu Berlin. Berlin. 8.

Tijdschr. Nederl. dierk. Ver. — Tijdschrift der Nederlandsche dierkundige Vereeniging. s'Gravenhage (Rotterdam) (Leiden). 8.

Tornier, Kriechth. D.-O.-Afr. — Die Kriechthiere Deutsch-Ost-Afrikas. Beiträge zur Systematik und Descendenzlehre von Gustav Tornier. Berlin. 1897. 8.

Tr. R. Soc. S. Afr. — Transactions of the Royal Society of South Africa. Cape Town. 8.

Tschudi, Classif. Batr. — Classification der Batrachier, mit Berücksichtigung der fossilen Thiere dieser Abtheilung der Reptilien; von J. J. Tschudi [Neuchâtel.] [1838.] 4. [& in *Mém. Soc. Neuchâtel, v.* 2, 1839.]

Verh. Ges. Basel — Verhandlungen der naturforschenden Gesellschaft in Basel. Basel. 8.

Verh. Ges. D. Naturf. — Verhandlungen der Gesellschaft Deutscher Naturforscher und Aerzte. Leipzig. 8.

Verh. Ges. Wien — Verhandlungen der kaiserlich-königlichen zoologisch-botanischen Gesellschaft in Wien. Wien. 8.

Voeltzkow, Reise O.-Afr. — Reise in Ostafrika in den Jahren 1903—05 mit Mitteln der Hermann und Elise geb. Heckmann-Wentzel-Stiftung ausgeführt von Alfred Voeltzkow. Wissenschaftliche Ergebnisse. Systematische Arbeiten. Stuttgart. 4.

Voy. Bonite — Voyage autour du Monde, exécuté pendant les Années 1836 et 1837, sur la Corvette La Bonite, commandée par Vaillant. Publié par Ordre du Roi [du Gouvernement], sous les Auspices du Département de la Marine. — Zoologie, par Eydoux et Souleyet. Tom. 1, 2; Atlas. Paris. 1841, 52. 8 & 2.

Wagler, Syst. Amph. — Natürliches System der Amphibien, mit vorangehender Classification der Säugethiere und Vögel. Ein Beitrag zur vergleichenden Zoologie. Von Joh. Wagler. München, Stuttgart und Tübingen. 1830. 8.

Weber, Ergeb. Reise Niederl. O.-Ind. — Zoologische Ergebnisse einer Reise in Niederländisch Ost-Indien. Herausgegeben von Max Weber. Band 1—4. Leiden. 1890—1907. 8.

Wilson & Evans, Av. Haw. — Aves Hawaiienses. The Birds of the Sandwich Islands. By S. B. Wilson & A. H. Evans. Fasc. 1—8. London. 1890—99. 4.

Wochenschr. Aquar. Terrar. Kunde [Lacerta] — Wochenschrift für Aquarien- und Terrarienkunde. Herausgegeben von W. Wolterstorff. Braunschweig. 4. Lacerta, Zeitschrift für Terrarienkunde. Gratisbeilage zu Wochenschrift für Aquarien- und Terrarienkunde. Herausgegeben von W. Wolterstorff. Braunschweig. 8.

Zool. Anz. — Zoologischer Anzeiger. Leipzig. 8.

Zool. Jahrb., Syst. — Zoologische Jahrbücher. — Abtheilung für Systematik, Geographie und Biologie der Thiere. Jena. 8.

Zool. Rec. — The zoological Record. London. 8.

Systematischer Index

Familie **Polypedatidae**

1858 *P.* (part.), Alb. Günther, Cat. Batr. sal. Brit. Mus., p. 70 | 1869 *P.* (part.), Mivart in: P. zool. Soc. London, p. 292 | 1881 *P.*, O. Boettger in: Abh. Senckenb. Ges., *v.* 12 p. 540 | 1882 *Ranidae* (part.), Boulenger, Cat. Batr. sal. Brit. Mus., ed. 2 p. 3 *R.* auct. (part.) | 1927 *Polypedatidae*, Noble in: Ann. N. York Ac., *v.* 30 p. 111.

Coracoide fest durch einen unpaaren Epicoracoidknorpel verbunden; Praecoracoide mit ihren medialen Enden den Coracoiden oder dem Epicoracoidknorpel aufliegend. Querfortsätze des Sacralwirbels nicht oder nur sehr wenig verbreitert. Zwischen dem letzten und dem vorletzten Finger- und Zehenglied ein Zwischenknochen vorhanden.

In der Mehrzahl baumbewohnende Formen, deren Ursprung sich von den *Ranidae* ableiten dürfte. Das Hauptunterscheidungsmerkmal von dieser Familie besteht in dem Vorhandensein eines Zwischenknochens zwischen den Endgliedern der Finger und Zehen, eine Zehenausbildung, die nur noch die zur Unterordnung der *Arcifera* gehörenden *Hylidae* besitzen.

12 Gattungen mit 527 Arten und 3 Unterarten im afrikanischen und indomalayischen Gebiet.

Die Familie der *Polypedatidae* setzt sich fast ausnahmslos aus Baumfröschen zusammen, die schon rein äußerlich meist leicht an dem gedrungenen „Laubfrosch-Typus" erkennbar sind; nur die Angehörigen einiger weniger Gattungen machen hiervon eine Ausnahme (z. B. *Mantidactylus*). Viele, wahrscheinlich die meisten Arten der Familie, zeichnen sich durch eine oft hochspezialisierte Brutpflege aus, insbesondere ist die Anlage von Schaumnestern auf Bäumen und Sträuchern weit verbreitet. Doch läßt sich darüber noch verhältnismäßig wenig aussagen, da wir nur von einem verhältnismäßig sehr geringen Teil dieser Frösche das Brutgeschäft wirklich kennen.

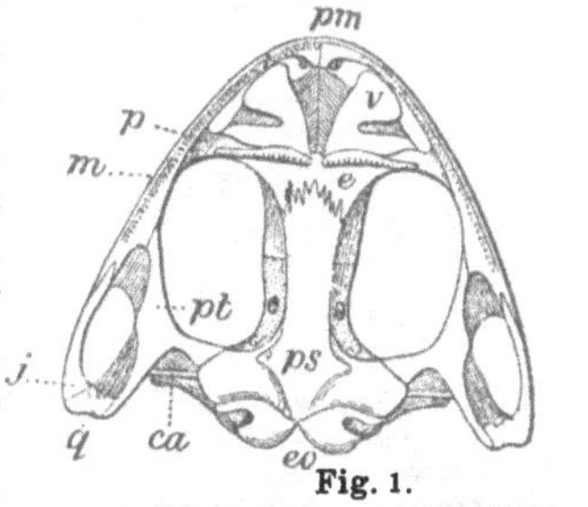

Fig. 1.
Discoglossus pictus Otth.
Schädel von unten gesehen.
ca = Columella auris, *e* = Ethmoid, *eo* = Exoccipitale, *j* = Jugale, *m* = Maxillare, *p* = Palatinum, *pm* = Praemaxillare, *ps* = Parasphenoid, *pt* = Pterygoid, *q* = Quadratum, *v* = Vomer. (Nach Boulenger).

Alle der bisher bekannten Arten der Familie besitzen Zähne im Oberkiefer, jedoch manchmal in sehr schwacher Ausbildung. Im Unterkiefer fehlen sie stets völlig. Häufig tragen die Vomera Zähne (Fig. 1), die entweder in einer mehr oder weniger langen Querreihe auf jeder Seite (Fig. 1, 3), oder aber in einer meist kleinen, runden Gruppe jederseits angeordnet sind. Die Ausbildung der Vomerzähne ist für viele Arten charakteristisch und wird als gutes Artmerkmal viel gebraucht. Sehr bezeichnend und durchaus konstant ist auch die Größe und die Lage der inneren Nasenöffnungen, der **Choanen** (Fig. 3), ebenso wie auch mitunter die der *Tubae Eustachii* (Fig. 3). Die Größe und Gestalt der **Zunge** ist ebenfalls für manche Arten charakteristisch (Fig. 3), doch unterliegt dieses Merkmal, infolge der Weichheit und der dadurch bedingten leichten Deformierbarkeit dieses Körperteiles bei der Konservierung, leicht größeren Schwankungen.

Die Haut des Kopfes ist bei der überwiegenden Zahl der Arten frei von den Schädelknochen, nur bei einigen Arten der Gattung *Rhacophorus*

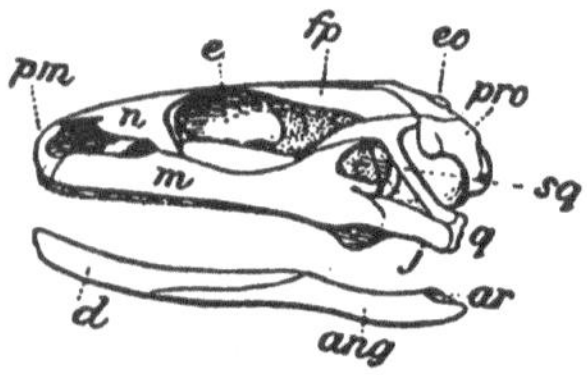

Fig. 2.
Discoglossus pictus Otth.
Schädel von der Seite gesehen.
ang. = Angulare, *ar* = Articulare,
d = Dentale, *e* = Ethmoid, *eo* = Exoccipitale, *fp* = Frontoparietalia, *j* = Jugale,
m = Maxillare, *n* = Nasale, *pm* = Praemaxillare, *pro* = Prooticum, *q* = Quadratum,
sq = Squamosum.

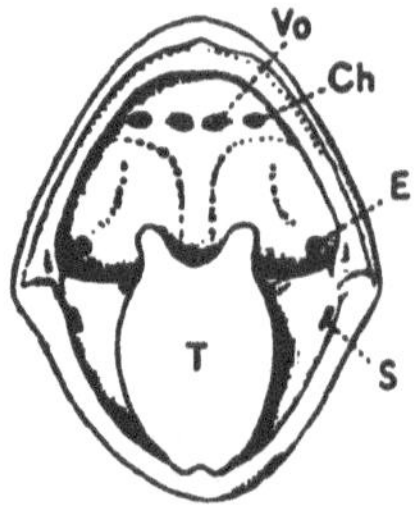

Fig. 3.
Rana esculenta L.
Mundhöhle.
Ch = Choanen, *E* = Öffnungen der Tubae Eustachii, *S* = Schallblasenschlitz, *T* = Zunge,
Vo = Vomerzähne.
(Nach Gadow).

ist sie fest mit dem Schädel verwachsen. Die **Breite** des Schädels (Fig. 4) mißt man am besten direkt hinter den Augen, wo sich im allgemeinen die breiteste Stelle befindet; wo nicht ausdrücklich anders angegeben, bedeutet der Ausdruck „Breite des Kopfes" stets dessen breiteste Stelle. Die Kopfbreite läßt sich am leichtesten von der Ventralseite des Individuums aus messen. Die **Länge des Kopfes** (Fig. 5) ist der Abstand von der Schnauzenspitze, dem vordersten Teil des Kopfes, bis zum Quadratum bzw. dem hintersten

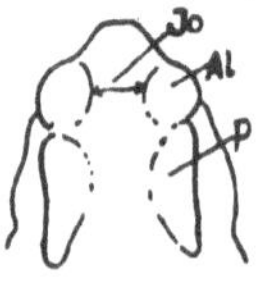

Fig. 4.
Bufo bufo L.
Oberseite des Kopfes.
Al = Oberes Augenlid, *Io* = Interorbitalraum, *P* = Parotoiddrüsen.

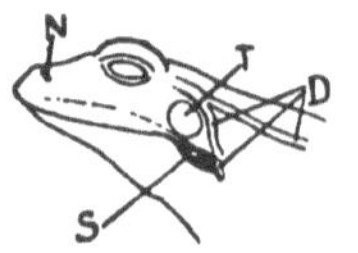

Fig. 5.
Rana esculenta L., ♂, Kopf.
D = Drüsenfalten, *N* = Nasenloch,
S = Schallblasenschlitz,
T = Trommelfell.

Teil des Angulare (Fig. 2), dieser Punkt ist sehr leicht kurz hinter dem Mundwinkel zu finden. Bei Arten mit deutlichem Trommelfell bezeichnet der hintere Rand desselben oft die Kopflänge. Die **Schnauze** wechselt in der Form, ob mehr oder weniger spitz (von oben gesehen) oder rund, recht erheblich und bildet ein meist recht gern benutztes und wichtiges systematisches Merkmal. Ihre Länge wird gemessen von dem vorderen Rande der Orbita, der Augenhöhle (Fig. 2, 5) bis zur vorderen Spitze; die Profillinie der Schnauze ist bei recht vielen Arten durchaus charakteristisch, zumal die Schnauzenspitze oft weit über das **Maul**, d. h. die Maulspalte, hinausragen kann; die Profillinie wird durch Seitenansicht gewonnen. Den **Augendurchmesser**, gemeint ist stets der **horizontale**, mißt man am besten durch Messen der Orbita direkt oder durch das Messen der horizontalen Länge des oberen Augenlides, da die Augen nicht immer in ihrer natürlichen Lage fixiert, sondern oft eingezogen sind. Ein wichtiges Merkmal ist auch der Vergleich des **Abstandes der vorderen Augenwinkel** voneinander zur Schnauzenlänge; gemessen

Fig. 6.
Zehe einer **Hylambates**-Art mit Zwischenknochen zwischen letztem und vorletztem Glied.

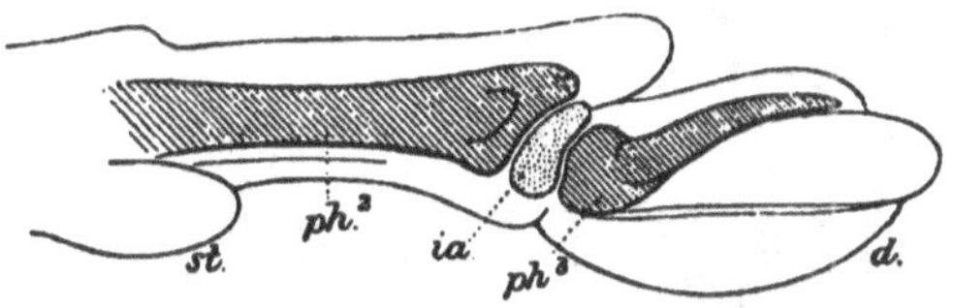

Fig. 7.
Hyla arborea L.
Schnitt durch die letzten Glieder der 3. Zehe. Knochen schräg gestrichelt, Knorpel punktiert. *d* = Haftscheibe, *ia* = Interartikularknorpel, ph² und ph³ 2. und 3. knöcherne Phalange, *st* = Subartikulartuberkel. (Nach Boulenger).

wird dieser Abstand der vorderen Augenwinkel voneinander an dem vordersten, winkeligen Teil der Orbitahöhle. Auch das Verhältnis der Schnauzenlänge zur Höhe wird, was das letztere Maß anbelangt, an der Stelle des Beginns des oberen Augenlids bis zum Rande der Oberlippe gemessen und dann mit der angegebenen Schnauzenlänge verglichen. Sehr verschiedenartig ist die Ausbildung der als **Canthus rostralis** bezeichneten, von dem Nasenloch zum Auge ziehenden Kante, die bei den einen Arten scharfkantig, bei anderen abgerundet,

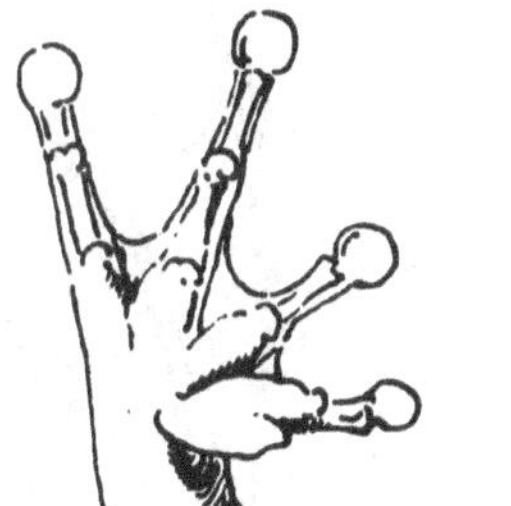

Fig. 8.
Vorderfuß von **Hyla septentrionalis** (Tsch.).
Finger an ihrer Basis durch Swimmhaut verbunden.

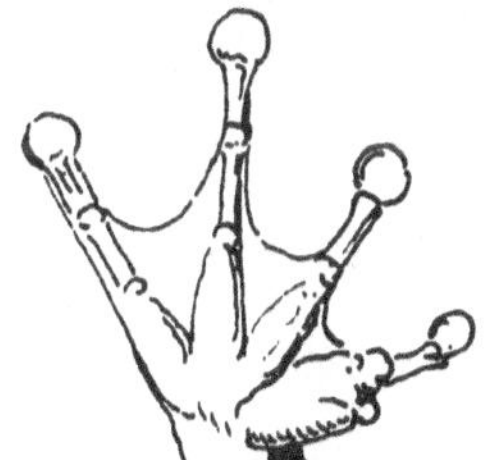

Fig. 9.
Vorderfuß von **Hyla crepitans** Wied.
Finger zu $^1/_3$ ihrer Länge durch Schwimmhaut verbunden.

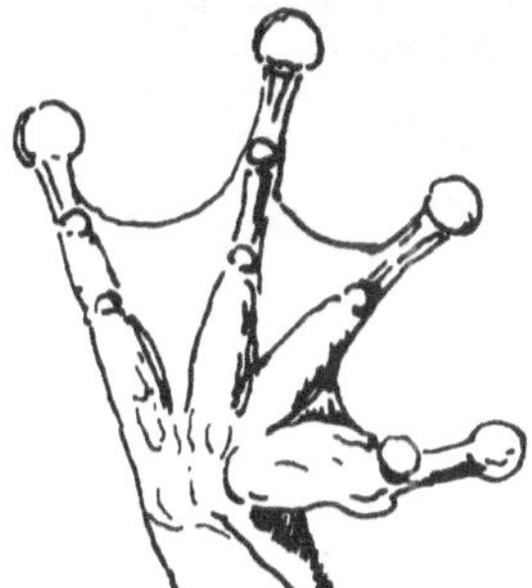

Fig. 10.
Vorderfuß von **Hyla faber** Wied.
Finger zu $^1/_2$ ihrer Länge durch Schwimmhaut verbunden.

bald mehr, bald weniger deutlich, aber auch völlig fehlen kann. Den Teil des Kopfes, der sich unterhalb des Canthus rostralis bis zum oberen Lippenrand befindet, nennt man die **Lorealgegend**; sie kann mehr oder weniger schräg oder senkrecht verlaufen, konkav oder gerade, nur in seltenen Fällen auch konvex sein. Ein sehr wichtiges systematisches Merkmal bilden die Nasenlöcher, und zwar deren Entfernung von der Schnauzenspitze bzw. vom vorderen Augenrand, ferner die Entfernung der Nasenlöcher voneinander, der **Internasalraum**, im Verhältnis zum **Interorbitalraum** (Fig. 4), der schmalsten Stelle des Schädeldaches zwischen den Augen. Zu diesem spielt das Verhältnis der Breite des oberen Augenlids, gemessen an dessen breitester Stelle, eine große Rolle. Das Trommelfell ist, wie überhaupt

Fig. 11.
Vorderfuß von
Hyla appendiculata Blgr.
Finger in $^2/_3$ ihrer Länge durch Schwimmhaut verbunden.

Fig. 12.
Vorderfuß von
Hyla gabbii Cope.
Finger zu $^3/_4$ ihrer Länge durch Schwimmhaut verbunden.

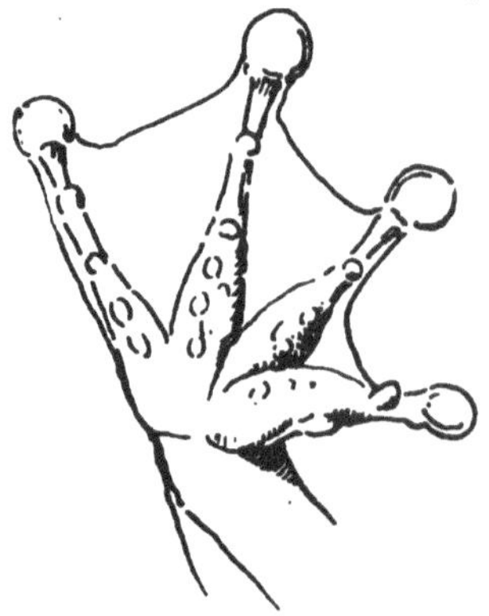

Fig. 13.
Vorderfuß von
Hyla maxima (Laur.).
Finger in ganzer Länge durch Schwimmhaut verbunden.

das ganze Gehörorgan, bei den meisten Fröschen gut entwickelt; bei manchen Arten jedoch ist es mehr oder weniger vollständig unter der dicken Körperhaut verborgen und dann unsichtbar (Fig. 5). Beim Messen wird, wenn nicht ausdrücklich anders vermerkt, stets der horizontale größte Durchmesser genommen.

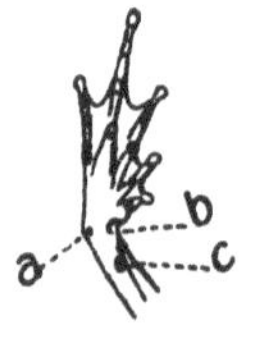

Fig. 14.
Hinterfuß von
Phrynobatrachus.
a = Laterale, *b* = mediale Metatarsaltuberkel,
c = Tarsaltuberkel.

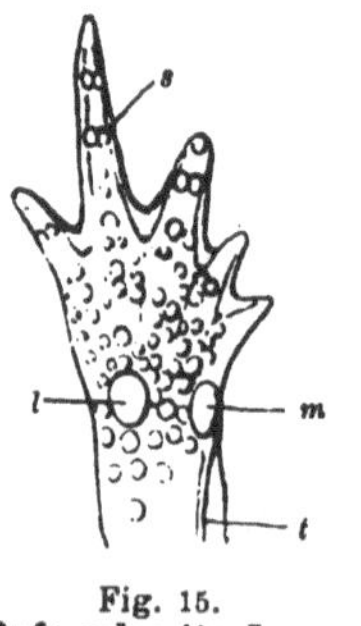

Fig. 15.
Bufo calamita Laur.
Hinterfuß von unten gesehen.
l = Laterale, *m* = mediale Metatarsaltuberkel,
s = Subartikulartuberkel,
t = Tarsalfalte.

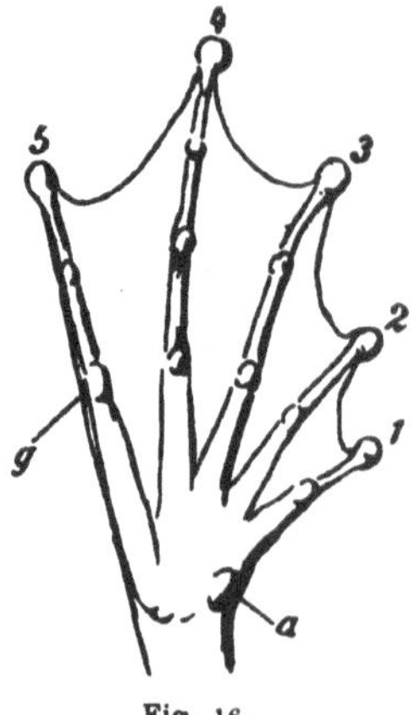

Fig. 16.
Rana zenkeri Nied.
Hinterfuß mit tief zwischen die Metatarsen der 4. und 5. Zehe eingreifender Schwimmhaut. *a* = mediale Metatarsaltuberkel,
g = Subartikulartuberkel,
1—5, 1.—5. Zehe.

Zahlreiche, für die Systematik der Anuren wichtige Merkmale finden sich an ihren Gliedmaßen (Fig. 6—22). Die Finger sind bei der vorliegenden Gruppe, ebenso wie auch die Zehen, stets mit mehr oder weniger großen Haftscheiben versehen (Fig. 6—13, 21—23), deren Größe und Gestalt gute Anhaltspunkte für die Erkennung der Arten abgeben. Bei der Familie der Polypedatidae werden diese Haftscheiben durch eine überzählige Phalange (Fig. 6, 7) besonders kenntlich gemacht, und erscheinen, von der Seite gesehen, deutlich von den vorhergehenden Phalangen abgesetzt. Bei vielen Arten sind die Finger, ebenso wie die Zehen, mit mehr oder weniger großen Schwimmhäuten miteinander verbunden, deren Ausdehnung bei den verschiedenen Arten wechselt und zur Unterscheidung der Spezies dient (Fig. 8 bis 13, 21—23). Unter den einzelnen Gliedern der Finger und Zehen befinden sich mehr oder weniger große Tuberkel, die Subartikulartuberkel (Fig. 16, 17), die mitunter auch doppelt sein können, und

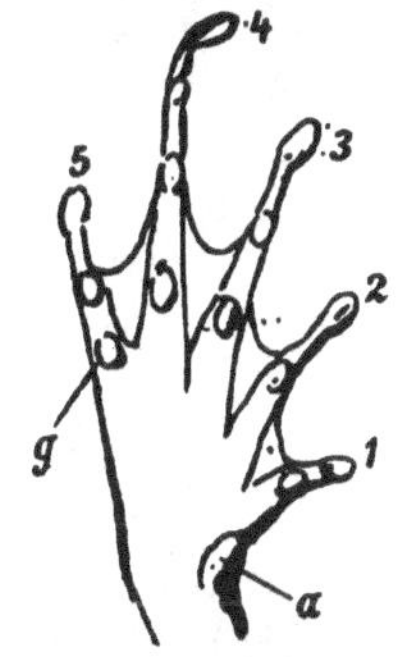

Fig. 17.
Astylosternus robustus Blgr.
Hinterfuß mit nicht zwischen die Metatarsen de 4. und 5. Zehe eingreifender Schwimmhaut. *a* = Mediale Metatarsaltuberkel, *g* = Subartikulartuberkel, 1—5, 1.—5. Zehe.

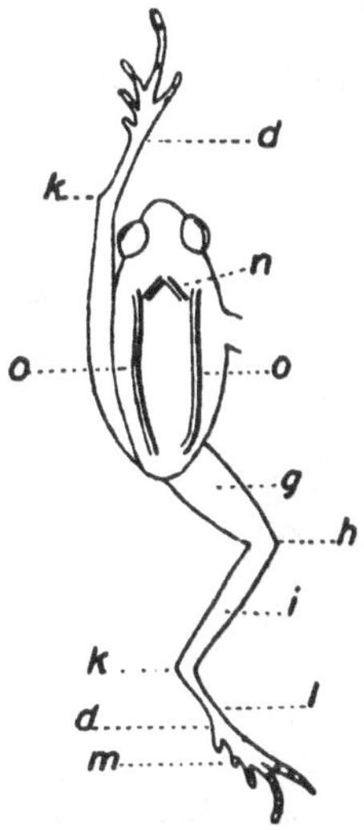

Fig. 18.
Rana agilis Steenstr. juv.
d = Tarsometatarsalgelenk, *g* = Oberschenkel, *h* = Knie, *i* = Unterschenkel, *k* = Tibiotarsalgelenk, *l* = Tarsus, *m* = Metatarsus, *n* = Nackenfalten, *o* = Dorsolateralfalten. (Nach Schreiber).

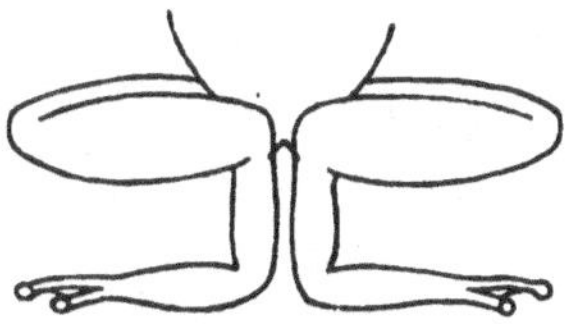

Fig. 19.
Hyla arborea arborea L.
Bei rechtwinklig angeknickten Hinterbeinen berühren einander die Fersen nicht.

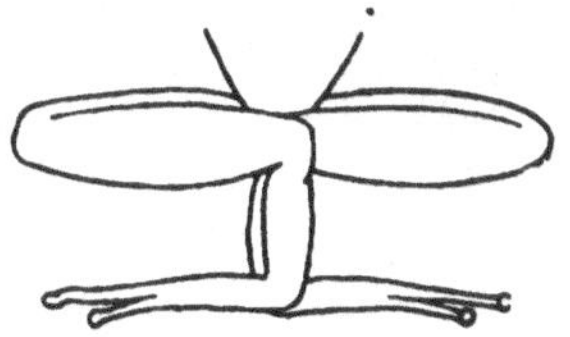

Fig. 20.
Hyla arborea meridionalis Boettg.
Bei rechtwinklig angeknickten Hinterbeinen überragen einander die Fersen ein wenig.

deren Ausbildung von einiger Wichtigkeit ist, ebenso wie das Vorhandensein und die Größe und Gestalt der als Metatarsal- und Tarsaltuberkel bezeichneten Höcker am Grunde des Metatarsus und der Mitte des Tarsus (Fig. 14). Der erste Finger bzw. die erste Zehe ist stets die mediane, von der aus lateralwärts die übrigen gezählt werden. Manchmal findet sich auch entlang der Hinterseite des Tarsus eine Hautfalte, die Tarsalfalte (Fig. 15), die ebenfalls zu systematischen Untersuchungen herangezogen wird. Als Fuß wird im allgemeinen nur der Teil von der Ansatzstelle des Metatarsus bis zu den Zehenspitzen gerechnet, ohne den Tarsus. Die Metatarsalia der lateralen Zehen können entweder durch Schwimmhaut getrennt sein oder fest miteinander verbunden, doch stehen manche Arten hinsichtlich der Ausbildung dieses Merkmales zwischen beiden Grundtypen in der Mitte (Fig. 16, 17).

Sehr wichtig in systematischer Beziehung ist die relative Länge der Hintergliedmaßen im Verhältnis zur Körperlänge, die man dadurch ermittelt, daß man das Hinterbein an den Körperseiten entlang nach vorn streckt und so den Punkt ermittelt, bis zu dem das Tibiotarsalgelenk reicht (Fig. 18).

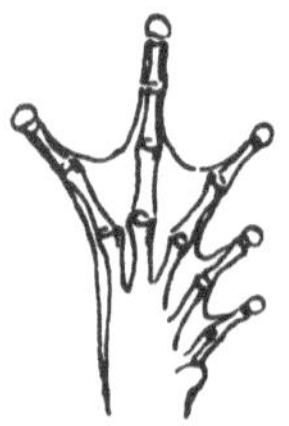

Fig. 21. Hinterfuß von **Hyla regilla** B. & G. Zehen zu $^1/_2$ ihrer Länge durch Schwimmhaut verbunden.

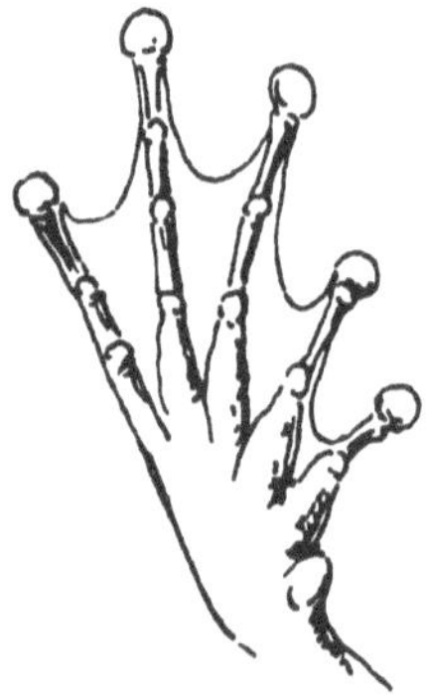

Fig. 22. Hinterfuß von **Hyla dominicensis** (Tsch.). Zehen zu $^3/_4$ ihrer Länge durch Schwimmhaut verbunden.

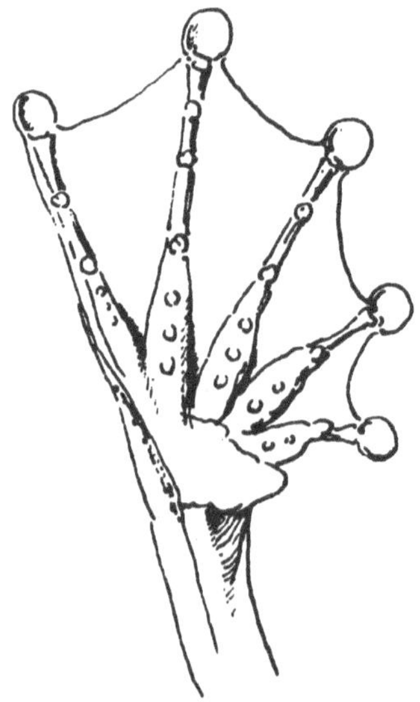

Fig. 23. Hinterfuß von **Hyla maxima** (Laur.). Zehen in ganzer Länge durch Schwimmhaut verbunden.

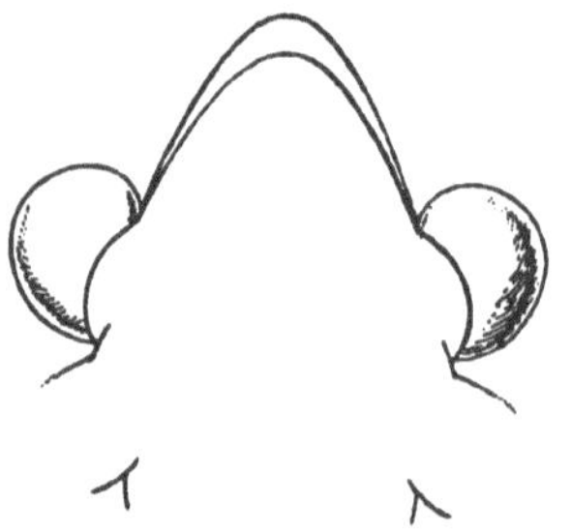

A

Fig. 24. **Rana esculenta** L. ♂ Unterseite des Kopfes mit ausgestülpten *äußeren* Schallblasen. (Nach Boulenger).

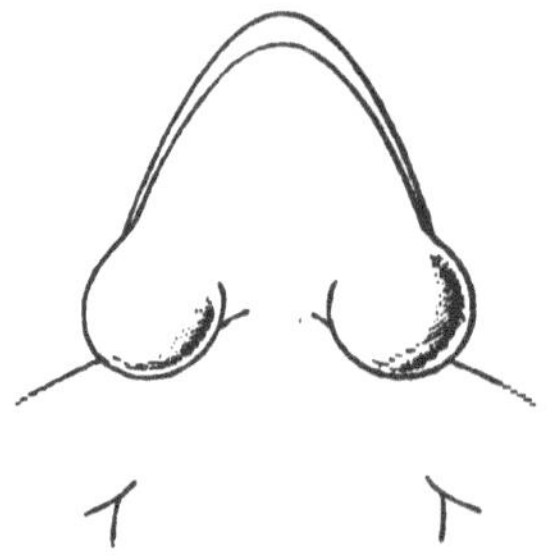

B

Fig. 25. **Rana temporaria** L. ♂ Unterseite des Kopfes mit aufgeblasenen *inneren* Schallblasen. (Nach Boulenger).

Als gute Unterscheidungsmerkmale sind ferner die Verhältniszahlen der Länge des *Femur* (am besten von der Ventralseite aus zu messen) zur Länge der *Tibia* und der des Fußes anzusehen, von der Tibia ferner noch das Verhältnis ihrer größten Breite zur Länge. Das Verhältnis des Femur zur Tibia wird auch durch das rechtwinklige Anknicken der Hinterbeine zur Körperachse ausgedrückt (Fig. 19, 20).

Die *Haut* ist entweder glatt oder mehr oder weniger granuliert oder mit mehr oder weniger großen Warzen versehen. Ausgesprochene Hautfalten befinden sich insbesondere über dem Trommelfell, die Supratympanalfalte, ferner manchmal auf dem Nacken und von der Schultergegend entlang dem Körper, die Dorsolateralfalten (Fig. 4, 5). An den Körperseiten direkt entlang zieht sich manchmal eine Temporofemoralfalte, und kurz vor bzw. kurz hinter der Brust eine Postgular- bzw. Postpektoralfalte.

Fig. 26. **Hyla arborea** L. ♂ mit eingefallener äußerer Schallblase.

Fig. 27. **Hyla arborea** L. ♂ mit aufgetriebener äußerer Schallblase.

Die Männchen und Weibchen lassen sich häufig nicht ohne weiteres äußerlich unterscheiden, häufig sind die Männchen erheblich kleiner als die Weibchen und durch die zur Verstärkung ihrer Stimme dienenden Schallblasen ausgezeichnet, die paarig oder unpaar sind und als äußere oder als innere Schallblasen ausgebildet sind (Fig. 24—27). Die Schallblasen stehen in der Regel durch paarige oder unpaare Öffnungen am Boden der Mundhöhle mit der Außenluft in Verbindung (Fig. 3). Manchmal sind sie noch von einer großen Haftscheibe, der Kehlscheibe, überdeckt.

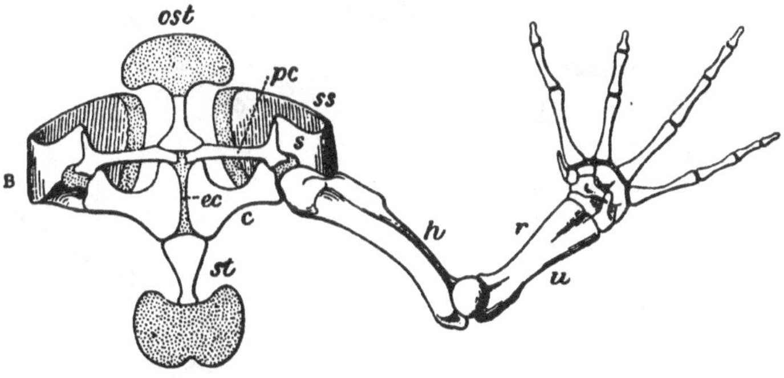

Fig. 28. **Rana esculenta** L.
Schultergürtel und Skelett des linken Vorderbeines (Knorpel punktiert).
c = Coracoid, *ec* = Epicoracoid, *h* = Humerus, *ost* = Omosternum, *pc* = Praecoracoid, *r* = Radius, *s* = Scapula, *ss* = Suprascapula, *st* = Sternum, *u* = Ulna. (Nach Boulenger).

Am Schultergürtel (Fig. 28), der für die Unterscheidung der Gattungen insbesondere in Betracht kommt, benutzt man neben dem Coracoid und dem Praecoracoid insbesondere die Ausbildung des Sternum und des an der Vorderseite gelegenen Omosternum; beide Bildungen stellen entweder eine einheitliche Knorpelplatte dar, (die aber, namentlich beim Sternum, bei älteren Tieren manchmal mehr oder weniger in der Mitte verknöchern kann), oder sie setzen sich aus einem knöchernen Stiel und aus einer knorpeligen Endplatte zusammen (Fig. 28).

Aus dem Ei entwickelt sich in der Regel zunächst eine fußlose, aber mit einem kräftigen Ruderschwanz versehene L a r v e, die Kaulquappe; die Larven haben gewöhnlich einen eiförmigen Körper und einen stark seitlich zusammengedrückten Ruderschwanz mit je einem dorsalen und ventralen Flossensaum (Fig. 29), aber zunächst keine Gliedmaßen. Die eben ausgeschlüpften Larven besitzen am Kinn Haftapparate (Spinndrüsen nach Tornier), mittels deren Sekret sie sich anheften (Fig. 29, 2). Zuerst erhalten die Larven jederseits 2 bis 3 verästelte äußere Kiemen (Fig. 29, 3), die dann wieder verschwinden und durch innere Kiemen ersetzt werden; diese werden von einer Hautfalte bedeckt, deren freier Rand zuletzt mit der Bauchhaut verwächst und so einen Perennibranchialraum bildet, der nur durch eine kleine Öffnung zum Austritt des verbrauchten Atemwassers, das Spiraculum, mit der Außenwelt in Verbindung bleibt. In der Regel ist nur ein unpaares Spiraculum vorhanden, das entweder in der Mittellinie des Bauches (Fig. 30, 31) oder an der linken Körperseite liegt (nur die Larven der *Xenopus*-Arten besitzen jederseits ein Spiraculum). Der After (Fig. 30, 31) der Larven liegt an der Basis des Schwanzes, entweder genau in der Mittellinie der Unterseite oder rechts neben derselben.

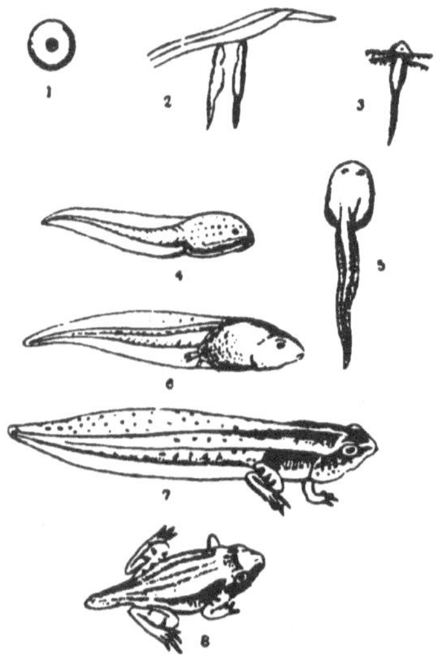

Fig. 29.
Entwicklungsstadien eines Frosches (**Rana**). Erklärung im Text. (Nach Tornier).

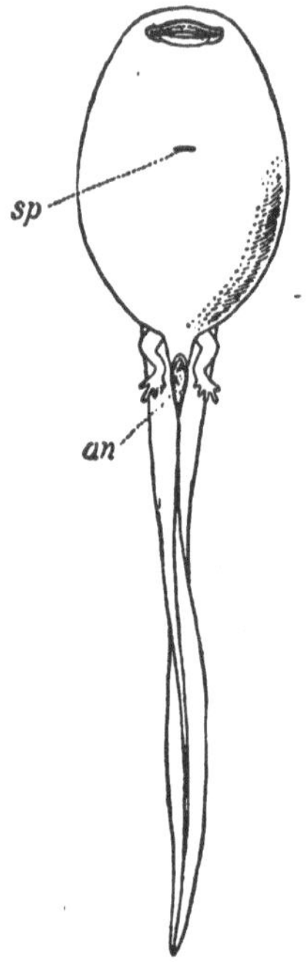

Fig. 30. Larve von **Alytes obstetricans** (Laur.), von unten gesehen. *an* = After, *sp* = Spiraculum. (Nach Boulenger).

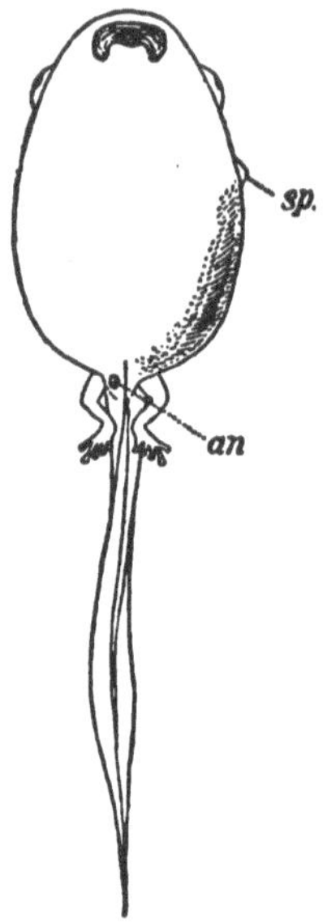

Fig. 31. Larve von **Hyla arborea** L., von unten gesehen. *an* = After, *sp* = Spiraculum. (Nach Boulenger).

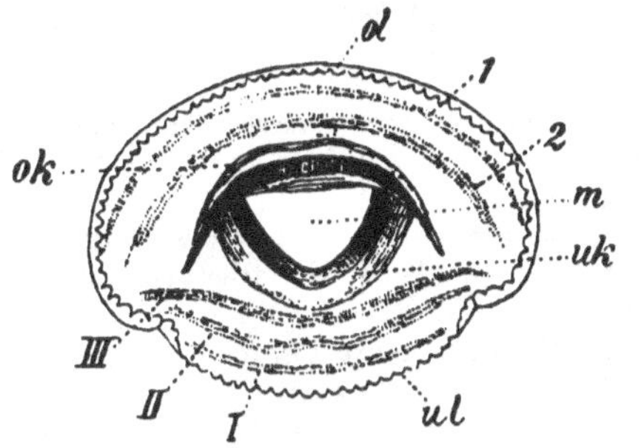

Fig. 32. **Alytes obstetricans** (Laur.).
Mundgegend der Larve.
ca. 7, 5/1; *m* = Mundöffnung, *ok* = Oberkiefer, *ol* = Oberlippe, *uk* = Unterkiefer, *ul* = Unterlippe, 1 und 2 Zähnchenreihen der Oberlippe, I—III Zähnchenreihen der Unterlippe. (Nach Boulenger aus Tornier).

Der Mund der Larve und seine Umgebung weichen erheblich von denen des fertig ausgebildeten Frosches ab (Fig. 32). Die eigentliche Mundöffnung wird von einem gewöhnlich schwarzen Hornschnabel begrenzt, der aus einem Ober- und einem Unterkiefer besteht (Fig. 32, ok. uk). Der Hornschnabel wird wieder von einer Ober- und einer Unterlippe (Fig. 32) umfaßt, deren freier Rand völlig oder teilweise mit einer oder mehreren Papillenreihen besetzt sein kann. Ober- und Unterlippe tragen jede noch zwei, drei oder mehr quere Zahnwülste, von denen jeder wieder 2—3 Reihen winzig kleiner Hornzähnchen trägt (Fig. 32, 1, 2, I—III). Zahl, Lage und Länge der Zähnchenreihen sind bei den einzelnen Arten verschieden und ermöglichen es, schon die Larvenstadien verschiedener Frösche zu unterscheiden.

12 Gattungen mit 527 Arten im afrikanischen und indo-malayischen Gebiet.

Bestimmungstabelle der Gattungen der Familie *Polypedatidae*:

A. Omosternum und Sternum mit knöchernem Stiel.
  B. Pupille horizontal.
    C. Oberkiefer bezahnt.
      D. Finger frei oder mit Schwimmhaut, Zehen stets mit Schwimmhaut.
        E. Finger ohne Schwimmhaut, fast stets ein paar große Drüsen an der Innenseite des Femur . 1. Gen. **Mantidactylus**
        EE. Finger mit Schwimmhaut, oder, wenn ohne diese, ohne Drüsen auf der Innenseite der Oberschenkel.
          F. Die beiden medialen den beiden lateralen Fingern opponierbar; Vomerzähne vorhanden . . . . 2. Gen. **Chiromantis**
          FF. Die beiden medialen den beiden lateralen Fingern nicht opponierbar, oder, wenn opponierbar, ohne Vomerzähne; Vomerzähne vorhanden oder fehlend . . . . . 3. Gen. **Rhacophorus**
      DD. Finger und Zehen ohne Schwimmhaut . . . 4. Gen. **Trachymantis**
    CC. Oberkiefer ohne Zähne . . . . 5. Gen. **Dendrobatorana**
  BB. Pupille vertikal, Vomerzähne vorhanden . . . . . 6. Gen. **Leptopelis**
AA. Sternum eine Knorpelplatte.
  B. Omosternum mit knöchernem Stiel.
    C. Pupille horizontal; keine Vomerzähne . . . . . . 7. Gen. **Hyperolius**
    CC. Pupille vertikal.

D. Vomerzähne fehlen; Finger und Zehen mit Schwimmhaut . . . . 8. Gen. **Megalixalus**
DD. Vomerzähne vorhanden.
E. Zehen frei oder nur mit einer Spur von Schwimmhaut; Spitzen der Finger und Zehen nur leicht verbreitert . . . . 9. Gen. **Kassina**
EE. Zehen mit Schwimmhaut; Spitzen der Finger und Zehen in deutliche Haftscheiben verbreitert . . . . 10. Gen. **Hylambates**
BB. Omosternum und Sternum knorpelig.
C. Pupille senkrecht . . . . 11. Gen. **Tornierella**
CC. Pupille horizontal . . . . 12. Gen. **Mocquardia**

1. Gen. **Mantidactylus** Blgr.

1882 *Rana* (part.), Boulenger, Cat. Batr. sal. Brit. Mus., ed. 2 p. 6 | 1895 *Mantidactylus*, Boulenger in: Ann. nat. Hist., ser. 6 *v.* 15 p. 450 | 1905 *M.*, J. Roux in: Zool. Anz., *v.* 28 p. 780 | 1918 *Aglyptodactylus*, Boulenger in: P. zool. Soc. London, p. 257 | 1919 *Mantidactylus*, Boulenger in: P. zool. Soc. London, p. 353.

Pupille horizontal; Zunge hinten frei und tief eingeschnitten; Vomerzähne meist vorhanden; Oberkiefer bezahnt; Zwischenknochen zwischen den Endphalangen der Finger und Zehen vorhanden; Finger frei; Zehen mit Schwimmhaut; laterale Metatarsalia durch Schwimmhaut getrennt oder mehr oder weniger fest verbunden; Endphalangen der Finger und Zehen in Haftscheiben verbreitert; Coracoide mäßig stark, gerade, wagerecht; Praecoracoide stark oder mäßig, gerade, schräg nach vorn laufend; Omosternum mit knöchernem, gegabeltem Stiel; Sternum mit knöchernem Stiel; meist Femoraldrüsen vorhanden.

Typus: *M. guttulatus* Boulenger.

Verbreitung: Madagaskar.

2 Untergattungen (siehe Tabelle), 36 Arten.

Bestimmungstabelle der Arten der Gattung *Mantidactylus*:

X. Haftscheiben auf der Unterseite mit ringförmiger Grube (Subgen. *Mantidactylus*)
A. Glandulare Dorsolateralfalte, wenn vorhanden, nicht mit der Supratemporalfalte zusammenfließend.
B. Haftscheiben der Finger klein, nicht doppelt so breit wie das letzte Gelenk.
C. Haftscheiben der Finger sehr klein, kleiner als die der Zehen.
D. Zehen mit ganzer oder fast ganzer Schwimmhaut; Kopf breiter als lang.
E. Trommelfell verborgen oder klein, sehr undeutlich . . . . 1. **M. (M.) guttulatus**
EE. Trommelfell deutlich.
F. Trommelfell klein; Tibiotarsalgelenk bis zum Auge oder Schnauzenspitze . . . . 2. **M. (M.) grandidieri**
FF. Trommelfell $^3/_4$ des Augendurchmessers; Tibiotarsalgelenk bis zum Hinterrand des Auges . . . . 3. **M. (M.) inaudax**
DD. Zehen mit $^1/_2$—$^2/_3$ Schwimmhaut; Kopf so lang wie breit.
E. Vomerzähne gleich weit voneinander und von den Choanen; Tibia $2^1/_4$—$2^1/_3$ mal in der Körperlänge . . . . 4. **M. (M.) alutus**

EE. Vomerzähne viel näher den Choanen als einander; Tibia $1^2/_3$—2mal in der Körperlänge . . . . 5. **M. (M.) betsileanus**

CC. Haftscheiben der Finger klein, so groß oder größer als die der Zehen.

D. Kopf so lang wie breit oder ein wenig breiter als lang; Zehen wenigstens mit $^1/_3$ Schwimmhaut.

E. Tibiotarsalgelenk bis zum Trommelfell oder dem Hinterrand des Auges reichend.

F. Trommelfell $^1/_2$—$^3/_5$ des Augendurchmessers; Zehen mit $^3/_4$ Schwimmhaut . . 6. **M. (M.) curtus**

FF. Trommelfell $^2/_3$—$^3/_4$ des Augendurchmessers; Zehen mit $^1/_3$—$^1/_2$ Schwimmhaut . . . . 7. **M. (M.) biporus**

EE. Tibiotarsalgelenk bis zum Auge oder weiter reichend.

F. Tibiotarsalgelenk bis zum Auge oder zwischen Auge und Nasenloch reichend.

G. Lorealgegend schräg.

H. Bauch völlig glatt . . . . 8. **M. (M.) ambohimitombi**

HH. Bauch gekörnelt an den Seiten und hinten . . . . 9. **M. (M.) ulcerosus**

GG. Lorealgegend fast senkrecht.

H. 2—3 Glandularfalten entlang dem Rücken.

I. Bauch völlig glatt . . . . 10. **M. (M.) bellyi**

II. Bauch an den Seiten und hinten gekörnelt . . . . 11. **M. (M.) brunneus**

HH. Rücken ohne kontinuierliche Glandularfalten . . . . 12. **M. (M.) brauni**

FF. Tibiotarsalgelenk über die Schnauzenspitze hinausreichend.

G. Zehen mit $^3/_4$ Schwimmhaut . . . . . 13. **M. (M.) purpureus**

GG. Zehen mit $^1/_2$ Schwimmhaut . . . . . 14. **M. (M.) opiparis**

DD. Kopf ein wenig länger als breit.

E. Zehen mit nicht mehr als $^1/_4$ Schwimmhaut.

F. Trommelfell größer als das Auge . . . . 15. **M. (M.) aerumnalis**

FF. Trommelfell etwa $^1/_2$ des Augendurchmessers . . . . 16. **M. (M.) glandulosus**

EE. Zehen mit $^3/_4$ Schwimmhaut . . . . . . 34. **M. (M.) mocquardi**

EEE. Zehen mit $^1/_2$ Schwimmhaut . . . . . . 35. **M. (M.) laevis**

BB. Haftscheiben der Finger ziemlich groß, wenigstens 2mal so breit wie das letzte Gelenk.

C. Bauch völlig glatt.

D. Kopf länger als breit.

E. Trommelfell $^3/_4$ so breit wie das Auge . . 17. **M. (M.) majori**

EE. Trommelfell $^1/_2$ so breit wie das Auge . . 36. **M. (M.) methueni**

DD. Kopf so lang wie breit; Trommelfell $^1/_2$—$^2/_3$ des Augendurchmessers . . . . 18. **M. (M.) cowanii**

CC. Bauch wenigstens hinten und an den Seiten gekörnelt.

D. Bauch nur an den Seiten und hinten gekörnelt.

E. Tibiotarsalgelenk zum Auge, Nasenloch oder Schnauzenspitze reichend; Tibia $1^3/_4$—2mal in Körperlänge . . . . 19. **M. (M.) lugubris**

EE. Tibiotarsalgelenk zur Schnauzenspitze oder darüber hinaus reichend; Tibia $1^{2}/_{3}$ mal in Körperlänge . . . . 20. **M. (M.) flavicrus**

DD. Bauch gekörnelt.

E. Tibiotarsalgelenk Auge oder Schnauzenspitze erreichend.

F. Trommelfell $^{3}/_{4}$ des Augendurchmessers . 21. **M. (M.) argenteus**

FF. Trommelfell $^{1}/_{2}$—$^{2}/_{3}$ des Augendurchmessers.

G. Mediale Metatarsaltuberkel klein, $^{1}/_{4}$ der Länge der medialen Zehe.

H. Zehen mit $^{2}/_{3}$ Schwimmhaut . . . . . 22. **M. (M.) granulatus**

HH. Zehen mit $^{1}/_{2}$ Schwimmhaut . . . . 23. **M. (M.) acuticeps**

GG. Mediale Metatarsaltuberkel stark, zusammengedrückt, $^{1}/_{2}$—$^{2}/_{3}$ der Länge der medialen Zehe . . . . 24. **M. (M.) redimitus**

EE. Tibiotarsalgelenk über die Schnauzenspitze hinausreichend.

F. Zehen mit fast ganzer Schwimmhaut . . 25. **M. (M.) luteus**

FF. Zehen mit $^{1}/_{2}$—$^{2}/_{3}$ Schwimmhaut.

G. Trommelfell $^{1}/_{2}$—$^{3}/_{5}$ des Auges.

H. Mediale Metatarsaltuberkel $^{1}/_{5}$ der Länge der medialen Zehe . . . . 26. **M. (M.) sculpturatus**

HH. Mediale Metatarsaltuberkel $^{1}/_{2}$—$^{3}/_{5}$ der Länge der medialen Zehe . . . . . 27. **M. (M.) pliciferus**

GG. Trommelfell $^{2}/_{3}$—$^{3}/_{4}$ des Auges.

H. Mediale Metatarsaltuberkel $^{1}/_{4}$—$^{1}/_{3}$ der Länge der medialen Zehe . . . . . . 28. **M. (M.) ceratophrys**

HH. Mediale Metatarsaltuberkel $^{2}/_{3}$—$^{3}/_{4}$ der Länge der medialen Zehe . . . . . 29. **M. (M.) asper**

AA. Glandulare Dorsolateralfalte von hinter dem Auge bis zur Hüfte reichend.

B. Zehen mit $^{1}/_{4}$ Schwimmhaut . . . . 30. **M. (M.) brevipalmatus**

BB. Zehen mit $^{1}/_{2}$ Schwimmhaut.

C. Tibiotarsalgelenk zur Schnauzenspitze oder nur wenig darüber hinaus reichend . . . . 31. **M. (M.) albofrenatus**

CC. Tibiotarsalgelenk weit über die Schnauzenspitze hinausragend . . . . 32. **M. (M.) frenatus**

XX. Haftscheiben auf der Unterseite ohne ringförmige Grube . . . . 33. **M. *(Aglyptodactylus)* madagascariensis**

1. **M. (M.) guttulatus** (Blgr.). 1881 ***Rana guttulata***, Boulenger in: Ann. nat. Hist., ser. 5 *v.* 7 p. 361 | 1882 ***R. g.***, Boulenger, Cat. Batr. sal. Brit. Mus., ed. 2 p. 21 t. 2 (Habitus) | 1895 ***Mantidactylus guttulatus***, Boulenger in: Ann. nat. Hist., ser. 6 *v.* 15 p. 450 | 1900 ***Rana pigra***, F. Mocquard in: Bull. Soc. philom., ser. 9 *v.* 2 p. 109 | 1900 ***R. p.***, F. Mocquard in: Bull. Mus. Paris, *v.* 6 p. 347 | 1901 ***Mantidactylus piger***, F. Mocquard in: Bull. Mus. Paris, *v.* 7 p. 255 | 1918 ***M. guttulatus***, Boulenger in: P. zool. Soc. London, p. 258.

Vomerzähne in zwei schrägen Gruppen hinter der Verbindungslinie der mäßig großen Choanen; Kopf ziemlich groß, breiter als lang; Schnauze abgerundet, auch im Profil, nicht oder nur wenig über das Maul hinwegragend, so lang wie das Auge, kleiner als der Abstand der vorderen Augenwinkel voneinander; Canthus rostralis abgerundet; Lorealgegend schräg, konkav; Nasenloch in der Mitte zwischen Auge und Schnauzenspitze, der Abstand der Nasenlöcher voneinander flach, gerade, so breit wie der Interorbitalraum, der so breit oder wenig breiter als ein oberes Augenlid ist; Trommelfell verborgen oder klein, sehr undeutlich, und vom Auge entfernt. Finger frei; Haftscheiben unten mit einer Ringgrube, sehr klein, nur wenig breiter als das letzte Glied; 1. Finger kleiner als der 2., der kürzer als der 4. ist, der von dem 3. überragt wird; 3. Finger länger als die Schnauze; Subartikulartuberkel mäßig; Zehen kurz, mit ganzen Schwimmhäuten, die an allen Zehen bis zu den Haftscheiben reichen; Haftscheiben größer als die der Finger; 3. und 5. Zehe gleichlang; laterale Metatarsalia bis zur Basis durch Schwimmhaut getrennt; laterale Zehe mit schwacher Hautfalte; Tarsalfalte fehlt; mediale

Fig. 33. **Mantidactylus (M.) guttulatus** (Blgr).
Habitus, rechts oben Mundöffnung, unten Unterseite der Oberschenkel mit den Femoraldrüsen.

Metatarsaltuberkel oval, flach, $^2/_5$—$^1/_2$ der Länge der medialen Zehe; laterale Metatarsaltuberkel rund, flach, sehr deutlich; Tarsaltuberkel fehlt. Subartikulartuberkel deutlich. Das Tibiotarsalgelenk reicht nicht über das Auge hinaus; Femur so lang oder etwas länger als die Tibia, die $2^1/_3$—3 mal so lang wie breit, $2^1/_3$—$2^2/_5$ mal in der Körperlänge enthalten, und so lang wie der Fuß ist; bei rechtwinklig angeknickten Beinen berühren sich oder berühren sich nicht die Fersen. Haut oben gekörnelt; eine deutliche Supratympanalfalte; eine runde, flache Drüse an der Unterseite jedes Schenkels; Unterseite glatt, hinten schwach gekörnelt.

Oberseite (in Alkohol) dunkelbraun, fein gelblich gepunktet; unten weißlich, ungefleckt. Männchen ohne Schallblasen. Totallänge 108 mm. (Fig. 33.)

Madagaskar.

2. **M. (M.) grandidieri** Mocq. 1895 *M. g.*, F. Mocquard in: Bull. Soc. philom., ser. 8 *v.* 7 p. 105 | 1918 *M. g.*, Boulenger in: P. zool. Soc. London, p. 258.

Vomerzähne in zwei kleinen Gruppen hinter der Verbindungslinie der Choanenhinterränder, manchmal fehlend; Kopf sehr groß, niedergedrückt, breiter als lang, Schnauze abgerundet, nicht oder nur wenig über das Maul hinwegragend; Canthus rostralis undeutlich; Lorealgegend sehr schräg, konkav; Nasenloch nahe der Schnauzenspitze; Interorbitalraum so breit wie das obere Augenlid; Trommelfell deutlich, klein, ebenso weit nach hinten entfernt vom Auge wie das Nasenloch. Finger frei; Haftscheiben sehr klein, gewöhnlich kleiner als die der Zehen, unten mit einer ringförmigen Grube; erster Finger etwas kürzer als der zweite; Zehen mit ganzen Schwimmhäuten; eine mediale, länglich ovale, etwas schaufelförmige Metatarsaltuberkel, keine laterale; das Tibiotarsalgelenk erreicht das Auge oder die Schnauzenspitze. Haut oben granuliert, unten ganz glatt; eine deutliche Supratympanalfalte; eine große, flache Femoraldrüse.

Färbung (in Alkohol) oben einfarbig dunkelbraun; graubraun unter dem Bauch, mit dunkleren Flecken an den Seiten und hellerer Wölkung unter den Gliedmaßen. Männchen mit zwei inneren Schallblasen. Totallänge 95 mm.

Madagaskar.

3. **M. (M.) inaudax** (Prcc.) 1893 *Rana i.*, Peracca in: Boll. Mus. Torino, *v.* 8 nr. 156 p. 7 | 1895 *Mantidactylus i.*, F. Mocquard in: Bull. Soc. philom., ser. 8 *v.* 7 p. 129 | 1918 *M. i.*, Boulenger in: P. zool. Soc. London, p. 258.

Vomerzähne in zwei schrägen Gruppen hinter der Verbindungslinie der Choanen. Zunge herzförmig, hinten mit zwei Zipfeln. Kopf mäßig groß, breiter als lang; Schnauze sehr stumpf zugespitzt, etwas über das Maul hinausragend; Canthus rostralis abgerundet; Lorealgegend schräg, leicht konkav; Interorbitalraum so breit wie ein oberes Augenlid, gleich dem Abstand des Nasenloches vom Auge. Trommelfell sehr deutlich, etwa $^3/_4$ des Augendurchmessers, gleich dem Abstand des Nasenloches vom Auge. Finger mäßig lang, frei; Haftscheiben sehr klein, kleiner als die der Zehen; erster Finger kürzer als der zweite, der gleich dem 4. ist; Subartikulartuberkel klein, rund, wenig vorragend. Zehen mit ganzen Schwimmhäuten; das Tibiotarsalgelenk reicht bis zum Hinterrand des Auges; mediale Metatarsaltuberkel oval, schaufelförmig, ziemlich groß; eine kleine, konische, laterale Metatarsaltuberkel. Haut oben granuliert; Bauch völlig glatt; eine deutliche Supratympanalfalte; Femoraldrüsen vorhanden.

Färbung (in Alkohol) oben heller oder dunkler graubraun; eine dunkle Querbinde zwischen den Augen; eine V-förmige Binde auf dem Rücken; Beine dunkel quergebändert. Unterseite weißlich, unter der Kehle grau, weißlich unregelmäßig gepunktet. Totallänge 33 mm.

Madagaskar.

4. **M. (M.) alutus** (Prcc.) 1893 *Rana aluta*, Peracca in: Boll. Mus. Torino, *v.* 8 nr. 156 p. 12 | 1918 *Mantidactylus alutus*, Boulenger in: P. zool. Soc. London, p. 258.

Vomerzähne in zwei kleinen Gruppen, fast gleichweit entfernt voneinander und von den Choanen. Kopf so lang wie breit; Maul stumpf zugespitzt; Canthus rostralis abgerundet, wenig vortretend; Lorealgegend schräg, leicht konkav; Interorbitalraum breiter als ein oberes Augenlid; Nasenloch näher der Schnauzenspitze als dem Auge; Trommelfell sehr deutlich, $^2/_3$—$^3/_4$ des Augendurchmessers. Finger mit rudimentärer Schwimmhaut; Haftscheiben sehr klein, etwa so groß wie ein Subartikulartuberkel; 1. Finger kürzer als der 2., der etwas kürzer als der 4. ist. Zehen mit etwa $^2/_3$ Schwimmhaut; Haftscheiben etwas größer als die der Finger; mediale Metatarsaltuberkel wenig deutlich, länglich. Das Tibiotarsalgelenk reicht bis zum Auge; Tibia $2^2/_3$—3mal so lang wie breit, $2^1/_4$—$2^1/_3$mal in der Körperlänge enthalten; bei rechtwinklig angeknickten Hinterbeinen berühren sich die Fersen. Haut oben und unten glatt, nur der Bauch hinten sehr schwach granuliert. Femoraldrüsen vorhanden.

Es lassen sich zwei Färbungsformen unterscheiden, die jedoch höchstens den Rang einer Varietät verdienen.

Forma A. — Oberseite dunkelbraun, mit grau untermischt in der Art, daß ein schmales, unregelmäßiges Netzwerk auf dem Rücken und den Seiten entsteht. Hinterbeine mit einigen Querbinden; Hinterseite der Schenkel braun marmoriert. Von der Schnauzenspitze durch das Nasenloch zum Auge eine schwarzbraune Binde, und durch dieses hindurch bis über das Trommelfell; unter dieser Binde ein feiner hellgrauer Strich. Unterseite weißlich; Kehle, Bauch und Innenseite der Schenkel unregelmäßig schwärzlichbraun gefleckt.

Forma B. — Oberseite hellbraun mit unregelmäßiger schwarzbrauner Netzzeichnung; eine hellgraue Vertebrallinie; Unterseite rein weiß, ungefleckt; keine Spur des Canthalstreifens der Forma A. Totallänge 29 mm.

Madagaskar.

5. **M. (M.) betsileanus** (Blgr.) 1882 *Rana betsileana*, Boulenger, Cat. Batr. sal. Brit. Mus., ed. 2 p. 460 | 1913 *Mantidactylus multiplicatus*, O. Boettger in: Voeltzkow, Reise O.-Afr., *v.* 3 p. 273 | 1918 *M. betsileanus*, Boulenger in: P. zool. Soc. London, p. 258.

Vomerzähne in zwei leicht schrägen Gruppen gerade hinter der Verbindungslinie der Hinterränder der kleinen Choanen, viel näher den Choanen als einander; Zunge mäßig groß, hinten mit zwei Zipfeln, ohne Papille. Kopf mäßig groß, etwa so lang wie breit; Schnauze abgerundet oder stumpf zugespitzt, im Profil abgerundet, nur schwach über das Maul hinwegragend, so lang wie das Auge, so groß wie der Abstand der vorderen Augenwinkel voneinander, länger als hoch. Canthus rostralis gerade, aber verrundet; Lorealgegend schräg, konkav; Nasenloch gleichweit entfernt von Auge und Schnauzenspitze, der Abstand der Nasenlöcher voneinander etwas konvex, so groß wie der Interorbitalraum, der so breit wie ein oberes Augenlid ist; Trommelfell sehr deutlich, $^3/_5$—$^3/_4$ des Augendurchmessers, der Abstand vom Auge etwa $^2/_5$ seines eigenen Durchmessers. Finger frei; erster Finger so lang oder wenig kürzer als der zweite, der etwas kürzer als der 4. ist, der von dem dritten überragt wird; dritter Finger länger als die Schnauze; Haftscheiben sehr klein, aber deutlich; Subartikulartuberkel klein; Zehen mit $^1/_2$—$^2/_3$ Schwimmhaut, die an allen Zehen das letzte halbe oder ganze Glied, bei der 4. Zehe die beiden letzten oder die letzten $1^1/_2$ Glieder freiläßt; Haftscheiben etwa so groß wie die der Finger; 3. Zehe etwas länger als die 5.; laterale Metatarsalia völlig durch Schwimmhaut getrennt; laterale Zehe mit sehr schwacher Hautfalte; Tarsalfalte fehlt; eine kleine, ovale, mediale Metatarsaltuberkel von etwa $^1/_3$ der Länge der medialen Zehe, und eine sehr kleine, runde, durch weiße Farbe scharf abgehobene laterale Metatarsaltuberkel; Tarsaltuberkel fehlt; Subartikulartuberkel klein; das Tibiotarsalgelenk reicht bis zur Schnauzenspitze, oder zwischen Auge und Schnauzenspitze; Femur etwas kürzer als die Tibia, die $3^1/_2$—4mal so lang wie breit, $1^2/_3$—2mal in der Körperlänge enthalten, und wenig länger als der Fuß ist; bei rechtwinklig angeknickten Hinterbeinen überragen sich die Fersen. Haut oben fein chagriniert, mit je einer schmalen Dorsolateralfalte, und dazwischenstehenden, mehr oder weniger in Einzelwarzen aufgelösten, kurzen Glandularfalten; eine deutliche Supratympanalfalte; Unterseite, mit Ausnahme der Hinterseite der Oberschenkel, glatt; eine flache Drüse auf der Unterseite der Schenkel.

Färbung (in Alkohol) oben braun, mit ziemlich großen schwärzlichen Flecken; ein dreieckiger oder winkliger schwärzlicher Fleck zwischen den Augen; gewöhnlich ein heller Fleck auf der Schnauzenspitze; manchmal ein heller Vertebralstreifen; Hinterbeine mit regelmäßigen Querbinden, breitere Binden wechseln gewöhnlich mit schmaleren ab; Unterseite, und manchmal auch die Körperseiten, schmutzig weiß; Kehl- und Weichengegend braun gewölkt; manchmal Kehle braun mit weißem Medianstreifen. Männchen mit inneren Schallblasen. Totallänge 36 mm.

Madagaskar.

6. **M. (M.) curtus** (Blgr.) 1882 *Rana curta*, Boulenger, Cat. Batr. sal. Brit. Mus., ed. 2 p. 461 | 1918 *Mantidactylus curtus*, Boulenger in: P. zool. Soc. London, p. 258.

Vomerzähne in zwei schrägen Gruppen hinter der Verbindungslinie der Choanen. Kopf mäßig groß, so lang wie breit oder ein wenig breiter als lang; Schnauze abgerundet; Canthus rostralis stumpf; Lorealgegend schräg, konkav; Interorbitalraum so breit wie das obere Augenlid; Trommelfell deutlich, $^1/_2$—$^3/_5$ des Augendurchmessers. Finger und Zehen mäßig lang, Finger frei, Zehen mit $^3/_4$ Schwimmhaut; Haftscheiben der Finger klein, so groß oder größer als die der Zehen; erster und zweiter Finger gleichlang; Subartikulartuberkel ziemlich klein; eine kleine, mediale Metatarsaltuberkel, keine laterale; das Tibiotarsalgelenk erreicht das Trommelfell oder den Hinterrand des Auges; Tibia $2^1/_3$—3 mal so lang wie breit, 2—$2^2/_5$ mal in der Körperlänge enthalten; bei rechtwinklig angeknickten Hinterbeinen berühren sich die Fersen nicht. Rücken glatt oder mit undeutlichen flachen Warzen; Bauch glatt.

Färbung (in Alkohol) oben olivbraun, mit ziemlich undeutlichen dunkleren Flecken; ein dunkler dreieckiger Fleck zwischen den Augen; ein dunkler Temporalfleck; Hinterbeine mit dunklen Querbinden; Unterseite schmutzig weiß, einfarbig oder braun bestäubt. Manchmal mit hellem Vertebralstreifen. Männchen mit zwei inneren Schallblasen. Totallänge 39 mm.

Madagaskar.

7. **M. (M.) biporus** (Blgr.) 1889 *Rana b.*, Boulenger in: Ann. nat. Hist., ser. 6 *v.* 4 p. 246 | 1918 *Mantidactylus b.*, Boulenger in: P. zool. Soc. London, p. 258.

Vomerzähne in zwei kleinen Gruppen hinter der Verbindungslinie der Choanen. Körperform gedrungen, Kopf kurz, so lang wie breit oder ein wenig breiter als lang. Schnauze abgerundet, etwas kürzer als der Augendurchmesser; Nasenloch ein wenig näher der Schnauzenspitze als dem Auge; Canthus rostralis stumpf; Lorealgegend schräg, leicht konkav; Interorbitalraum schmaler als das obere Augenlid; Trommelfell deutlich, $^2/_3$—$^3/_4$ des Augendurchmessers. Finger mäßig lang, frei; Haftscheiben klein, so groß oder größer als die der Zehen; erster und zweiter Finger gleich lang; Zehen mäßig lang, mit $^1/_3$—$^1/_2$ Schwimmhaut; Subartikulartuberkel klein; eine kleine mediale Metatarsaltuberkel. Das Tibiotarsalgelenk reicht bis zum Trommelfell oder dem Hinterrand des Auges; Tibia $2^1/_2$—3 mal so lang wie breit, 2 bis $2^2/_5$ mal in der Körperlänge enthalten; bei rechtwinklig angeknickten Hinterbeinen überragen sich die Fersen nicht. Haut oben glatt; keine Dorsolateralfalte; ein Paar von runden, flachen Drüsen, unter jedem Schenkel nahe dem proximalen Ende, jede mit einer Vertiefung in der Mitte; Bauch glatt.

Färbung (in Alkohol) dunkelbraun oben, mit oder ohne helle Vertebrallinie; ein mehr oder weniger deutliches, winkeliges, schwarzes Querband zwischen den Augen, vorn hell gesäumt; Seiten mit weißen Punkten; Beine mit sehr undeutlichen schwarzen Querbinden; Unterseite weiß, Kehle schwarz gewölkt oder marmoriert. Männchen mit inneren Schallblasen. Totallänge 38 mm.

Madagaskar.

8. **M. (M.) ambohimitombi** Blgr. 1918 *M. a.*, Boulenger in: P. zool. Soc. London, p. 260.

Vomerzähne in zwei kurzen queren oder schrägen Reihen, hinter der Verbindungslinie der Choanen, gleichweit entfernt von den letzteren und voneinander. Kopf ein wenig breiter als lang; Schnauze abgerundet, schwach über das Maul vorragend, mit undeutlichem Canthus rostralis und sehr schräger, konkaver Lorealgegend; Nasenloch gleich weit entfernt vom Auge und der Schnauzenspitze; Interorbitalraum so breit oder ein wenig schmaler als das obere Augenlid; Trommelfell deutlich, $^2/_3$—$^3/_4$ des Augendurchmessers, 1 bis $1^1/_2$ mal seines Abstandes von dem letzteren. Finger mäßig lang, der erste und der zweite gleichlang, oder der erste ein wenig länger, die Haftscheiben klein, nicht sehr viel größer als die gut entwickelten Subartikulartuberkeln. Zehen mäßig lang, mit $^3/_4$ Schwimmhaut, die Haftscheiben etwa so groß wie die der Finger; keine Tarsalfalte; mediale Metatarsaltuberkel oval, mäßig vorragend, $^1/_4$—$^1/_3$ der Länge der medialen Zehe; keine laterale Tuberkel. Das Tibiotarsalgelenk reicht bis zum Auge oder zwischen Auge und Nasenloch; Tibia $2^1/_2$—3 mal so lang wie breit, $1^4/_5$—2 mal in der Körperlänge enthalten, und so lang oder ein wenig kürzer als der Fuß. Haut oben fein gekörnelt, mit oder ohne verlängerte Warzen an den Seiten des Körpers; eine starke, gebogene Glandularfalte vom Auge zur Schulter; Unterseite glatt; Femoraldrüse mehr oder weniger deutlich, mit einer einzigen Öffnung, oder fehlend.

Färbung (in Alkohol) oben braun, dunkler gefleckt oder marmoriert, oft mit einem großen dunklen dreieckigen Fleck zwischen den Augen; ein dunkler Canthalstreifen und ein Temporalband, gewöhnlich unten mit hellem Saum, vorhanden; ein gelber Vertebralstrich manchmal ausgebildet; Beine mit mehr oder weniger deutlichen dunklen Querbinden; Hinterseite der Schenkel gewöhnlich dunkelbraun, mit kleinen gelben Flecken. Unterseite weiß, einfarbig oder braun gewölkt, oder fast gänzlich braun. Männchen ohne Schallblasen. Totallänge 65 mm.

Nasalia ziemlich groß, nur wenig getrennt voneinander und den Frontoparietalia; Omosternalstiel an der Basis gegabelt.

Madagaskar (Ambohimitombowald).

9. **M. (M.) ulcerosus** (Boettg.) 1880 *Limnodytes u.*, O. Boettger in: Zool. Anz., *v.* 3 p. 282 | 1881 *L. u.*, O. Boettger in: Abh. Senckenb. Ges., *v.* 12 p. 505 t. 4 f. 17 (Habitus) | 1882 *Rana ulcerosa*, Boulenger, Cat. Batr. sal. Brit. Mus., ed. 2 p. 462 | 1895 *Mantidactylus ulcerosus*, Boulenger in: Ann. nat. Hist., ser. 6 *v.* 15 p. 450 | 1913 *M. u.*, O. Boettger in: Voeltzkow, Reise O.-Afr., *v.* 3 p. 319 | 1918 *M. u.*, Boulenger in: P. zool. Soc. London, p. 259.

Körpergestalt gedrungen; Vomerzähne in zwei kleinen, schrägen Gruppen hinter der Verbindungslinie der Choanenhinterränder; Choanen klein; Zunge groß, hinten mit zwei Zipfeln, ohne Papille; Kopf mäßig groß, so lang wie breit; Schnauze abgerundet oder stumpf zugespitzt, Profil abgerundet, über das Maul hinausragend, so lang wie das Auge, so lang wie der Abstand der vorderen Augenwinkel voneinander, länger als hoch. Canthus rostralis deutlich; Lorealgegend schräg, konkav; Nasenloch näher der Schnauzenspitze als dem Auge, der Abstand der beiden Nasenlöcher voneinander etwa so groß wie der bis zum Auge, etwas größer als der Interorbitalraum, der kleiner als ein oberes Augenlid ist. Trommelfell etwa $^2/_3$ des Augendurchmessers, der Abstand vom Auge 2—3 mal im Trommelfell enthalten. Finger frei; Haftscheiben klein, etwa $^1/_4$ des Trommelfells, mit ringförmiger Grube auf der Unterseite; erster Finger ebenso lang wie der zweite, der kürzer als der 4. ist, der von dem 3. weit überragt wird; 3. Finger etwas länger als die Schnauze; Subartikulartuberkel mäßig. Zehen mäßig lang, mit $^3/_4$ Schwimmhaut, die an der längsten Zehe das letzte oder die letzten $1^1/_2$ Glieder freiläßt, bei den übrigen Zehen aber bis unter die Haftscheiben geht; Haftscheiben etwa so groß wie die der Finger; 3. Zehe etwas länger als die 5.; laterale Meta-

Fig. 34.
Mantidactylus (M.) ulcerosus (Boettg.).
Mitte Habitus, links Femoraldrüsen, rechts Mundhöhle.

tarsalia fast völlig durch Schwimmhaut getrennt; laterale Zehe mit deutlicher Hautfalte; Tarsalfalte fehlt; nur eine kleine, ovale, mediale Metatarsaltuberkel von $^1/_4$—$^1/_3$ der Länge der medialen Zehe, keine laterale, keine Tarsaltuberkel; Sohle glatt; Subartikulartuberkel mäßig. Hinterbein kurz; das Tibiotarsalgelenk reicht bis zum Auge oder bis zwischen Auge und Nasenloch; Femur so lang wie die Tibia, die 3—$3^1/_2$ mal so lang wie breit, $2^1/_4$ mal in der Körperlänge enthalten, und so lang wie der Fuß ist; bei rechtwinklig angeknickten Hinterbeinen berühren sich die Fersen. Haut oben mit mehr oder weniger deutlichen, unregelmäßig angeordneten, verlängerten Warzen oder Glandularfalten; eine deutliche Supratympanalfalte; Unterseite glatt, nur der Bauch an den Seiten und hinten granuliert. Eine flache, kraterförmige Warze an der Unterseite der Schenkel.

Färbung (in Alkohol) oben dunkel grau oder braun, mit oder ohne dunklere Zeichnungen, von denen am meisten ausgeprägt eine Querbinde zwischen den Augen und Querbinden auf den Hinterbeinen sind; manchmal eine helle Vertebrallinie; Unterseite schmutzig weiß, dicht marmoriert oder gefleckt mit Schwarz oder Braun. Unterlippe manchmal schwarz-weiß bzw. braun-weiß gemustert. Totallänge 47 mm. (Fig. 34).

Madagaskar, Nossi Bé.

10. **M. (M.) bellyi** Mocq. 1895 *M. b.*, F. Mocquard in: Bull. Soc. philom., ser. 8 *v.* 7 p. 126 | 1918 *M. b.*, Boulenger in: P. zool. Soc. London, p. 259.

Vomerzähne in zwei kleinen, weit getrennten Gruppen hinter der Verbindungslinie der Choanen. Kopf groß; Schnauze kurz und winkelig, vorn schräg nach unten und hinten abgestutzt; Canthus rostralis deutlich; Lorealgegend konkav, fast vertikal; Nasenloch etwas näher der Schnauzenspitze als dem Auge; Interorbitalraum breiter als ein oberes Augenlid, gleich dem Abstand des Auges vom Nasenloch; Trommelfell sehr deutlich, $^2/_3$ so groß wie das Auge, gleich dem Abstand des Auges vom Nasenloch. Zunge stark ausgeschnitten, in der Mitte mit einer großen konischen Papille; Unterkiefer mit zwei großen, zahnartigen Knochenvorsprüngen. Finger mäßig lang, frei; Haftscheiben klein, so groß oder größer als die der Zehen; erster Finger kürzer als der zweite, der viel kürzer als der vierte ist; Zehen mit $^3/_4$ Schwimmhaut; Subartikulartuberkel oval, vorstehend; mediale Metatarsaltuberkel länglich, $^1/_2$ der Länge der medialen Zehe; eine kleine, abgerundete, wenig deutliche, laterale Metatarsaltuberkel kann vorhanden sein. Das Tibiotarsalgelenk erreicht den Vorderrand des Auges. Ober- und Unterseite glatt; eine Supratympanalfalte vorhanden; eine wenig deutliche Dorsolateralfalte vom Auge nach hinten an den Körperseiten; keine Dorsalfalten; Unterseite der Schenkel granuliert mit einer runden, in der Mitte eingedrückten Femoraldrüse.

Rücken braun, mit weißlichgrauem Dorsalstreifen; in der Gegend des vorderen Augenrandes eine Querbinde von derselben Farbe; dunkelbraune Querbinden auf dem Tarsus, undeutliche auf Ober- und Unterschenkel; Unterseite weiß, braun bestäubt; braune Flecke auf der Medialseite. Totallänge 40 mm.

Madagaskar.

11. **M. (M.) brunneus** E. Ahl 1929 *M. b.*, E. Ahl in: Mt. Mus. Berlin, *v.* 14 p. 474.

Vomerzähne in zwei kleinen, ovalen, queren, weit voneinander getrennten Gruppen hinter der Verbindungslinie der kleinen Choanen; Zunge groß, hinten mit zwei Zipfeln, ohne Papille; Kopf mäßig groß, so lang wie breit; Schnauze stumpf zugespitzt, im Profil abgerundet, über das Maul hinausragend, so lang wie das Auge, so lang wie der Abstand der vorderen Augenwinkel voneinander, länger als hoch; Canthus rostralis gerade, deutlich; Lorealgegend fast senkrecht, konkav; Nasenloch wenig näher der Schnauzenspitze als dem Auge, der Abstand der beiden Nasenlöcher voneinander etwa so groß wie der bis zum Auge, etwas größer als der Interorbitalraum, der so groß wie ein oberes Augenlid ist; Trommelfell etwa $^2/_3$ des Augendurchmessers, um etwa $^1/_3$ seines eigenen Durchmessers vom Auge entfernt. Finger frei; Haftscheiben klein, aber deutlich; erster Finger wenig kürzer als der zweite, der kleiner als der vierte ist, der von dem 3. überragt wird; dritter Finger länger als die Schnauze; Subartikulartuberkel klein, deutlich; Zehen mäßig lang, mit $^2/_3$ Schwimmhaut, die an allen Zehen das letzte Glied, und bei der 4. Zehe die beiden letzten Glieder freiläßt; Haftscheiben etwa so groß wie die der Finger; 3. Zehe etwas länger als die 5.; laterale Metatarsalia fast völlig durch Schwimmhaut getrennt; laterale Zehe mit schwacher Hautfalte; Tarsalfalte fehlt; mediale Metatarsaltuberkel etwa $^2/_5$ der Länge der medialen Zehe; eine sehr kleine laterale Metatarsaltuberkel; keine Tarsaltuberkel; Sohle glatt; Subartikulartuberkel klein. Das Tibiotarsalgelenk reicht bis zum Nasenloch; Femur etwas kürzer als die Tibia, die $3^1/_2$ mal so lang wie breit, 2 mal in der Körperlänge enthalten, und etwas länger als der Fuß ist; bei rechtwinklig angeknickten

Hinterbeinen decken sich die Fersen etwas. Haut oben überall mit kleinen, rauhen Wärzchen besetzt, zwischen denen sich kurze, oft unterbrochene Glandularfalten befinden; besonders deutlich je eine dorsolaterale und eine vertebrale Glandularfalte. Oberes Augenlid mit einer Anzahl Warzen besetzt; eine deutliche Supratympanalfalte; Unterseite glatt, nur der Bauch an den Seiten und hinten granuliert; Hinterseite der Schenkel granuliert; jederseits eine kleine Femoraldrüse vorhanden.

Färbung (in Alkohol) oben einfarbig braun mit einer dunkleren Querbinde zwischen den Augen, und einigen dunkleren Flecken in der Sakralgegend; Beine mit dunkleren Querbinden; Unterseite schmutzig weiß, etwas dunkler marmoriert. Totallänge 32 mm.

NW.-Madagaskar.

12. **M. (M.) brauni** E. Ahl 1929 *M. b.*, E. Ahl in: Mt. Mus. Berlin, *v.* 14 p. 472.

Vomerzähne in zwei kleinen, ovalen, schrägen Gruppen hinter der Verbindungslinie der kleinen Choanen, der Zwischenraum zwischen ihnen größer als der bis zu den Choanen; Zunge mäßig groß, hinten mit zwei Zipfeln, ohne Papille; Kopf mäßig groß, wenig länger als breit; Schnauze stumpf zugespitzt, Profil spitz verrundet, über das Maul hinausragend, so lang wie das Auge, so lang wie der Abstand der vorderen Augenwinkel voneinander, länger als hoch; Canthus rostralis gerade, deutlich, doch abgerundet, Lorealgegend fast senkrecht, konkav; Nasenloch etwas näher der Schnauzenspitze als dem Auge, der Abstand der Nasenlöcher voneinander etwa so groß wie der bis zum Auge, so groß wie der Interorbitalraum, der so groß wie ein oberes Augenlid ist; Trommelfell deutlich, $^3/_5$ des Augendurchmessers, um etwa $^1/_2$ seines eigenen Durchmessers vom Auge entfernt. Finger frei; Haftscheiben klein, aber deutlich; 1. Finger so lang wie der 2., der kürzer als der 4. ist, der von dem 3. überragt wird; 3. Finger etwas länger als die Schnauze; Subartikulartuberkel klein, aber deutlich. Zehen mäßig lang, mit $^2/_3$ Schwimmhaut, die an der 1.—3. Zehe das letzte halbe Glied, an der 4. Zehe die beiden letzten Glieder freiläßt, und an der 5. Zehe bis unter die Haftscheibe geht; Haftscheiben etwa so groß wie die der Finger; 3. Zehe länger als die 5.; laterale Metatarsalia durch Schwimmhaut getrennt; laterale Zehe mit schwacher Hautfalte; Tarsalfalte fehlt; mediale Metatarsaltuberkel etwa $^1/_3$ der medialen Zehe; mediale Metatarsaltuberkel klein, rund, scharf weiß gefärbt; keine Tarsaltuberkel; Sohle glatt; Subartikulartuberkel klein, deutlich. Das Tibiotarsalgelenk reicht bis zum Vorderrand des Auges; Femur etwas kürzer als die Tibia, die etwa 3mal so lang wie breit, $2^1/_4$ mal in der Körperlänge enthalten, und so lang wie der Fuß ist; bei rechtwinklig angeknickten Hinterbeinen decken sich die Fersen etwas. Haut oben glatt; an den Seiten eine Anzahl mehr oder weniger deutlicher, kurzer, drüsiger, meist länglicher Warzen; eine Supratympanalfalte vorhanden; Unterseite glatt; Hinterseite der Schenkel granuliert; jederseits zwei deutliche Femoraldrüsen.

Färbung (in Alkohol) oberseits dunkelbraun mit einem scharfen, gelblichweißen Vertebralstreifen; Schenkel sehr undeutlich und verschwommen quer gebändert. Unterseite schmutzig weiß, fein braun bestäubt, besonders auf der Kehle und Brust; Hinterseite der Schenkel fein braun und schmutzigweiß gestäubt und gefleckt. Totallänge 37 mm.

Akkoraka (Zentral Madagaskar).

13. **M. (M.) purpureus** E. Ahl 1929 *M. p.*, E. Ahl in: Mt. Mus. Berlin, *v.* 14 p. 476.

Vomerzähne in zwei schrägen Gruppen zwischen und hinter den mäßig großen Choanen; Zunge groß, hinten mit zwei Zipfeln, ohne Papille. Kopf mäßig groß, so lang wie breit, oder ein wenig breiter als lang; Schnauze zugespitzt, im Profil abgerundet, kaum über das Maul hinausragend, ein wenig länger als das Auge, so lang wie der Zwischenraum zwischen den vorderen Augenwinkeln, länger als hoch; Canthus rostralis gerade, scharf; Lorealgegend wenig schräg, schwach konkav; Nasenloch näher der Schnauzenspitze als dem Auge, der Zwischenraum zwischen den Nasenlöchern gerade, flach, etwas größer als der Interorbitalraum, der schmaler als ein oberes Augenlid ist; Trommelfell deutlich, $^2/_3$ des Augendurchmessers, um die Hälfte seines eigenen Durchmessers vom Auge entfernt. Finger frei; Haftscheiben klein, aber deutlich, nur wenig breiter als das letzte Gelenk; 1. Finger länger als der zweite, etwa so lang wie der 4., der von dem 3. überragt wird; 3. Finger wenig länger als die Schnauze; Subartikulartuberkel sehr deutlich; Zehen mit $^3/_4$ Schwimmhaut, die an allen Zehen bis oder fast bis an die Haftscheiben reicht, außer bei der 4., wo das letzte Glied oder die letzten $1^1/_2$ Glieder frei sind; 5. Zehe etwas länger als die 3.; Haftscheiben etwa so groß wie die der Finger; laterale Metatarsalia völlig durch Schwimmhaut getrennt; laterale Zehe mit ganz schwacher Hautfalte; Tarsalfalte fehlt; nur eine ovale flache mediale Metatarsaltuberkel von $^1/_3$—$^2/_5$ der Länge der medialen Zehe, keine laterale, keine Tarsaltuberkel; Subartikulartuberkel deutlich. Das Tibiotarsalgelenk reicht über die Schnauzenspitze hinaus; Femur kürzer als die Tibia, die $4^1/_2$—5 mal so lang wie breit, $1^1/_2$—$1^3/_5$ mal in der Körperlänge enthalten, und länger als der Fuß ist; bei rechtwinklig angeknickten Hinterbeinen überragen sich die Fersen beträchtlich. Haut oben glatt; Bauch nur hinten und an den Seiten schwach gekörnelt; Hinterseite der Schenkel gekörnelt; eine starke Supratympanalfalte.

Färbung (in Alkohol) oben hellgrau bis purpurrot; manchmal heller und dunkler gezeichnet; Canthus rostralis und Supratympanalfalte weiß; unter dem Canthus rostralis und der Supratympanalfalte von der Schnauzenspitze bis zum Anfang des Oberarms eine schwarze, fein weiß gerandete Binde; Schenkel mit mehr oder weniger deutlichen dunklen Querbinden; Weichen schwarz und weiß marmoriert; Hinterseite der Schenkel schwarz und weiß genetzt; Unterseite schmutzig weiß oder chromgelb; Sohlen schwarz. Totallänge 55 mm.

NW.-Madagaskar.

14. **M. (M.) opiparis** (Prcc.) 1893 *Rana o.*, Peracca in: Boll. Mus. Torino, v. 8 nr. 156 p. 9 | 1918 *Mantidactylus o.*, Boulenger in: P. zool. Soc. London, p. 259.

Vomerzähne in zwei kleinen Gruppen hinter der Verbindungslinie der Choanen. Zunge oval, hinten mit zwei kurzen Zipfeln. Kopf mäßig groß, so lang wie breit oder ein wenig breiter als lang; Schnauze stumpf zugespitzt, ein wenig über das Maul hinausragend; Canthus rostralis deutlich, Lorealgegend fast senkrecht, tief konkav; Nasenloch näher dem Auge als der Schnauzenspitze; Interorbitalraum so breit wie ein oberes Augenlid; Trommelfell sehr deutlich, ein wenig kleiner als das Auge. Finger frei; Haftscheiben der Finger klein; 1. Finger kleiner als der 2., der kürzer als der 4. ist, der von dem 3. überragt wird. Subartikulartuberkel klein, rund, wenig vortretend, kleiner als die Haftscheiben. Zehen mit $^1/_2$ Schwimmhaut; Haftscheiben etwas kleiner als die der Finger; mediale Metatarsaltuberkel konisch, ziemlich hervortretend; eine kleine, konische, laterale Metatarsaltuberkel vorhanden; Subartikulartuberkel klein, konisch. Das Tibiotarsalgelenk reicht über die Schnauzenspitze hinaus. Über den Rücken ziehen sich drei Glandularfalten; eine mittlere, von der Schnauzenspitze zum Coccyx, und zwei seitliche vom Rande des oberen Augenlids, die leicht miteinander konvergieren, und sich in der Gegend des Coccyx verlieren. Oberseite sonst fein granuliert; auf dem hinteren Teil des oberen Augenlids eine größere Tuberkel; Bauch glatt. Femoralporen vorhanden.

Färbung (in Alkohol): Auf dem Rücken bemerkt man eine große helle Binde, von graubrauner Farbe, die die Zwischenräume zwischen den oben beschriebenen Glandularfalten einnimmt; die mittlere Falte dunkler; manchmal ein dreieckiger violetter Fleck zwischen den Augen und einige Flecke in der Sakralgegend; Lorealgegend grau-violett; vom Auge entspringt eine große dunkelviolette Binde, die sich bis zu den Flanken hinzieht. Kehle braun, spärlich weiß punktiert; eine schmale helle Mittellinie. Bauch weiß, mit unregelmäßigen braunen Flecken. Schenkel quer gebändert. Totallänge 29 mm.

Madagaskar.

15. **M. (M.) aerumnalis** (Prcc.) 1893 *Rana a.*, Peracca in: Boll. Mus. Torino, *v.* 8 nr. 156 p. 10 | 1918 *Mantidactylus a.*, Boulenger in: P. zool. Soc. London, p. 259.

Vomerzähne in zwei ovalen, kleinen Gruppen hinter der Verbindungslinie zwischen den Hinterrändern der Choanen. Zunge ziemlich klein, länglich, hinten mit zwei Zipfeln, mit zahlreichen kleinen runden Papillen an der Seite. Kopf klein, länglich, ein wenig länger als breit; Schnauze spitz, stark über das Maul hinausragend; Canthus rostralis deutlich; Lorealgegend konkav; Nasenloch näher der Schnauzenspitze als dem Auge. Trommelfell größer als das Auge. Finger frei; Haftscheiben mäßig klein; 1. Finger kürzer als der 2., der so lang wie der 4. ist; Subartikulartuberkel ziemlich groß, rund, wenig vortretend. Zehen mit rudimentärer Schwimmhaut; Haftscheiben so groß wie die der Finger; mediale Metatarsaltuberkel mäßig groß, wenig schaufelförmig; Subartikulartuberkel klein, rund. Das Tibiotarsalgelenk erreicht das Nasenloch. Zwei Glandularfalten auf dem Rücken, die an das obere Augenlid ansetzen, miteinander konvergieren, und in Coccygealregion verschwinden. Haut des Rückens leicht granuliert. Bauch glatt. Femoraldrüsen vorhanden.

Färbung (in Alkohol) rostrot mit Grau untermischt, mit einer mittleren Längslinie von hellgrauer Farbe, die sich in einen hellen Fleck auf der Schnauzenspitze verbreitert. Flanken bis zur seitlichen Glandularfalte dunkler. Vordere Kopfpartie braun marmoriert. Ein schwarzer Streifen vom Nasenloch durch das Auge zum Trommelfell; unterhalb dieses Streifens ein grauweißer Streifen; Schenkel mit 6—7 braunschwarzen Querbinden; Hinterseite der Schenkel braun genetzt. Bauch und Kehle weiß; Kehle braun genetzt, und mit einer grauweißen Mittellinie, die sich bis zu der Mittellinie der Oberseite fortsetzt. Totallänge 24 mm.

Madagaskar.

16. **M. (M.) glandulosus** Meth. & Hewitt 1913 *M. g.*, Methuen & Hewitt in: Ann. Transvaal Mus., *v.* 4 p. 60 f. 5 (Habitus) | 1918 *M. g.*, Boulenger in: P. zool. Soc. London, p. 259.

Vomerzähne in zwei Gruppen zwischen und hinter der Verbindungslinie der Choanenhinterränder. Zunge mäßig groß, hinten mit zwei Zipfeln. Kopf mäßig groß, ein wenig länger als breit; Schnauze ziemlich scharf zugespitzt; Canthus rostralis deutlich, vorn leicht nach auswärts gebogen; Lorealgegend fast senkrecht, etwas konkav; Nasenloch ein wenig näher der Schnauzenspitze als dem Auge; Interorbitalraum etwas breiter als ein oberes Augenlid; Trommelfell deutlich, etwa $^1/_2$ so groß wie das Auge. Finger nicht besonders schlank, frei; Haftscheiben klein oder mäßig groß; erster Finger so lang oder wenig kürzer als der zweite, der so lang oder ein wenig kürzer als der vierte ist; Zehen mit etwa $^1/_4$ Schwimmhaut. Haftscheiben etwa so groß wie die der Finger. Subartikulartuberkel mäßig deutlich; mediale Metatarsaltuberkel klein, aber deutlich, etwas länglich. Das Tibiotarsalgelenk reicht bis zum Vorderrand des Auges. Haut oben und an den Seiten stark drüsig; zwischen den Augen ist die Haut glatt, aber die Oberlippe ist granuliert, und die Warzen des Rückens gehen bis auf das obere Augenlid, die Coccygealregion, die besser als granuliert bezeichnet werden kann, und auf die oberen und hinteren Teile der Schenkel. Unterseite glatt; eine Supratympanalfalte vorhanden.

Färbung (in Alkohol) oben dunkelgrau mit schmutzigweißen Flecken; Lippen mit Grau und Weiß gemustert; eine etwas hellere Region zwischen den Vorderrändern der Augen; eine ausgedehnte helle Zone, sich bis und hinter den Oberarm erstreckend, befindet sich unmittelbar hinter dem Trommelfell, über dem sie als eine helle Linie bis zum Auge fortgeführt ist. Hinterseite der Flanken und Vorderseite der Schenkel marmoriert oder unregelmäßig gestreift mit Schwarz und Weiß. Beine mit dunklen Querbinden. Unten schmutzig gelblichgrau; Brust schmutzig weiß und dunkelbraun marmoriert. Schenkel hinten schwarz gefleckt. Manchmal mit einer hellen Vertebrallinie. Totallänge 23 mm.

Madagaskar.

17. **M. (M.) majori** Blgr. 1896 *M. m.*, Boulenger in: Ann. nat. Hist., ser. 6 *v.* 18 p. 420 | 1918 *M. m.*, Boulenger in: P. zool. Soc. London, p. 259.

Vomerzähne in zwei kleinen, schrägen, ovalen Gruppen nahe beieinander hinter der Verbindungslinie der kleinen Choanen. Zunge mäßig groß, hinten mit zwei Zipfeln, ohne Papille. Kopf mäßig groß, länger als breit, oben flach, Seiten fast senkrecht; Schnauze scharf zugespitzt, im Profil scharf nasenartig vorspringend, über das Maul weit hinausragend, so lang wie das Auge, kleiner als der Abstand der vorderen Augenwinkel voneinander, länger als hoch; Canthus rostralis scharf, gerade; Lorealgegend fast senkrecht, konkav; Nasenloch in der Mitte zwischen Auge und Schnauzenspitze, der Zwischenraum zwischen den Nasenlöchern flach, gerade, größer als der Interorbitalraum, der etwa so breit wie ein oberes Augenlid ist; Trommelfell sehr deutlich, $^2/_3$—$^3/_4$ des Augendurchmessers, nahe beim Auge. Finger frei; Haftscheiben ziemlich groß, etwa zweimal so groß wie das letzte Gelenk; erster Finger beträchtlich kleiner als der zweite, der viel kürzer als der vierte ist, der von dem dritten überragt wird; 3. Finger länger als die Schnauze. Subartikulartuberkel klein. Zehen mit ganzen Schwimmhäuten, die an allen Zehen bis zu den Haftscheiben reichen; 5. Zehe kaum länger als die 3.; laterale Metatarsalia völlig durch Schwimmhaut getrennt; laterale Zehe ohne Hautfalte; keine Tarsalfalte; eine sehr kleine, ovale, kaum hervortretende, mediale Metatarsaltuberkel, keine laterale, keine Tarsaltuberkel; Subartikulartuberkel klein. Das Tibiotarsalgelenk reicht bis zum Auge oder zwischen Auge und Nasenloch; Femur kürzer als die Tibia, die 3—$3^1/_2$ mal so lang wie breit, 2—$2^1/_4$ mal in der Körperlänge enthalten, und länger als der Fuß ist; bei rechtwinklig angeknickten Hinterbeinen berühren sich die Fersen. Haut oben fein chagriniert, mit verstreuten kleinen Warzen; unten völlig glatt; Femoraldrüsen vorhanden.

Färbung (in Alkohol) oben dunkel graubraun, mit weißlichen und undeutlichen dunklen Flecken; eine feine helle Vertebrallinie; Beine mit undeutlichen dunklen Querbändern; Hinterseite der Schenkel dunkelbraun, weiß gewölkt; Flanken und Unterseite weiß; Kehle graubraun gewölkt. Totallänge 47 mm.

Madagaskar (Ivohimanita).

18. **M. (M.) cowanii** (Blgr.) 1882 *Rana c.*, Boulenger, Cat. Batr. sal. Brit. Mus., ed. 2 p. 463 | 1893 *R. c.*, Peracca in: Boll. Mus. Torino, *v.* 8 nr. 156 p. 4 | 1913 *Mantidactylus c.*, O. Boettger in: Voeltzkow, Reise O.-Afr., *v.* 3 p. 273 | 1918 *M. c.*, Boulenger in: P. zool. Soc. London, p. 259.

Vomerzähne in zwei kleinen schrägen Gruppen hinter der Verbindungslinie der kleinen Choanen. Zunge mäßig groß, hinten mit zwei Zipfeln, ohne Papille. Kopf mäßig groß, so lang wie breit; Schnauze rundlich oder stumpf zugespitzt, vorn im Profil etwas zugespitzt, wenig über das Maul hinausragend, so lang wie das Auge, kürzer als der Abstand der vorderen Augenwinkel voneinander, länger als hoch; Canthus rostralis deutlich; Lorealgegend fast senkrecht, konkav; Nasenloch näher der Schnauzenspitze als dem Auge, der Zwischenraum zwischen den Nasenlöchern flach, gerade, so breit wie der Interorbitalraum, der etwa so breit wie das obere Augenlid, oder ein wenig breiter ist; Trommelfell deutlich, $^1/_2$—$^2/_3$ des Augendurchmessers, sein Abstand vom Auge etwa $^2/_5$—$^1/_2$ seiner eigenen Breite. Finger mäßig lang, frei; Haftscheiben ziemlich groß, wenigstens zweimal so breit wie das letzte Gelenk, unten mit einer Ringgrube, etwa $^1/_2$—$^2/_3$ des Trommelfells; 1. Finger kürzer als der zweite, der kleiner als der 4. ist, der von dem 3. überragt wird; dritter Finger länger als die Schnauze; Subartikulartuberkel klein; Zehen mit ganzer oder nahezu ganzer Schwimmhaut, die an allen Zehen bis unter die Haftscheiben reicht; Haftscheiben kleiner als die der Finger; 5. Zehe viel länger als die 3.; laterale Metatarsalia völlig durch Schwimmhaut getrennt; laterale Zehe mit schwacher Hautfalte; Tarsalfalte fehlt; mediale Metatarsaltuberkel flach, klein, etwa $^1/_4$ der Länge der medialen Zehe; keine laterale, keine Tarsaltuberkel; Subartikulartuberkel klein; das Tibiotarsalgelenk reicht bis zum Auge oder ein wenig darüber hinaus; Femur so lang wie die Tibia, die 3 mal so lang wie breit, 2—2$^1/_4$ mal in der Körperlänge enthalten, und so lang wie der Fuß ist; bei rechtwinklig angeknickten Hinterbeinen berühren sich die Fersen. Haut oben und unten glatt, an den Seiten gekörnelt; eine Falte über dem Trommelfell.

Färbung (in Alkohol) oben schwärzlich braun; zwei ziemlich undeutliche breite Binden über dem Rücken, ein dreieckiger Fleck zwischen den Augen und schwarze Querbinden auf den Schenkeln; manchmal mit feinen, weißen Punkten besetzt; Seiten des Körpers und der Hinterbeine mit leuchtend gelben Flecken; Unterseite braun, heller gefleckt und marmoriert. Männchen mit zwei inneren Schallblasen. Totallänge 42 mm.

Madagaskar.

19. **M. (M.) lugubris** (A. Dum.) 1853 *Polypedates l.*, A. Duméril in: Ann. Sci. nat., ser. 3 *v.* 19 p. 157 | 1882 *Rhacophorus? l.*, Boulenger, Cat. Batr. sal. Brit. Mus., ed. 2 p. 77 | 1882 *Rana femoralis*, Boulenger, ibid., p. 463 | 1889 *R. lugubris*, Boulenger in: Ann. nat. Hist., ser. 6 *v.* 4 p. 246 | 1895 *Mantidactylus ambreensis*, F. Mocquard in: Bull. Soc. philom., ser. 8 *v.* 7 p. 127 | 1909 *M. lugubris*, F. Mocquard in: N. Arch. Mus. Paris, ser. 5 *v.* 1 p. 56 | 1913 *M. ambreensis* + *M. l.*, O. Boettger in: Voeltzkow, Reise O.-Afr., *v.* 3 p. 273 | 1918 *M. l.*, Boulenger in: P. zool. Soc. London, p. 259 | 1925 *M. femoralis*, Parker in: Ann. nat. Hist., ser. 9 *v.* 16 p. 393.

Vomerzähne in zwei kleinen, ziemlich weit voneinander getrennten, schrägen Gruppen hinter der Verbindungslinie der Hinterränder der mäßig großen Choanen. Zunge groß, hinten mit zwei Zipfeln, mit einer konischen, zurückziehbaren Papille in der Mitte, die in seltenen Fällen fehlen kann. Kopf mäßig groß, etwas länger als breit. Schnauze dreieckig, etwas zugespitzt, im Profil spitz oder schräg nach hinten abgestutzt, über das Maul hinausragend, so lang wie das Auge, etwas kürzer als der Abstand der vorderen Augenwinkel voneinander, länger als hoch; Canthus rostralis gerade, scharf, winkelig; Lorealgegend fast senkrecht, deutlich konkav; Nasenloch näher der Schnauzenspitze als dem Auge, der Abstand der Nasenlöcher voneinander so weit oder weiter als der bis zum Auge, flach, gerade, so breit oder wenig breiter als der Interorbitalraum, der so breit oder etwas schmaler als das obere Augenlid ist; Trommelfell deutlich, $^2/_3$—$^4/_5$ des Augendurchmessers, vom Auge um etwa $^1/_4$—$^1/_3$ seiner eigenen Breite entfernt. Finger frei; Haftscheiben mit ringförmiger Grube auf der Unterseite, ziemlich groß, etwa zweimal so breit wie das letzte Glied, etwa $^2/_5$—$^1/_2$ so breit wie das Trommelfell; 1. Finger etwas kürzer als der zweite, der kürzer als der 4. ist, der von dem 3. überragt wird; dritter Finger länger als die Schnauze; Subartikulartuberkel klein. Zehen mit etwa $^3/_4$ Schwimmhaut, die bei allen Zehen bis unter die Haftscheiben geht, außer bei der 4., bei der das letzte Glied völlig frei ist; 5. Zehe ein wenig länger als die dritte; laterale Metatarsalia gänzlich durch Schwimmhaut getrennt; Haftscheiben so groß oder nur wenig kleiner als die der Finger; laterale Zehe mit schwacher Hautfalte; Tarsalfalte fehlt; mediale Metatarsaltuberkel klein, oval, $^1/_4$—$^1/_3$ der Länge der medialen Zehe, keine laterale, keine Tarsaltuberkel; Subartikulartuberkel klein, aber deutlich. Das Tibiotarsalgelenk reicht bis zum Auge, Nasenloch oder zur Schnauzenspitze; Femur kürzer als die Tibia, die $3^1/_2$—4mal so lang wie breit, $1^3/_4$—2mal in der Körperlänge enthalten, und ein wenig länger als der Fuß ist; bei rechtwinklig angeknickten Hinterbeinen überragen sich die Fersen. Haut oben mit kleinen, mehr oder weniger deutlichen, flachen Warzen; eine starke Supratympanalfalte; Unterseite glatt, nur die Seiten und die Hinterseite des Bauches, wie auch der Schenkel gekörnelt; eine runde flache Drüse mit mehr oder weniger deutlicher Einbuchtung in der Mitte an der Medialseite jedes Schenkels.

Färbung (in Alkohol) oben dunkelbraun oder schwärzlich; ein schwarzer Temporalfleck; Weichen leuchtend gelb und schwarz marmoriert; Achseln manchmal gelb; Hinterbeine mit undeutlichen dunkleren Querbinden; Hinterseite der Schenkel schwarz, gewöhnlich gelb gefleckt oder marmoriert; Unterseite hellbraun, oft schwärzlich gefleckt oder marmoriert. Manchmal ein weißer Streifen an der Oberlippe und eine breite helle Querbinde über die Rückenmitte. Männchen mit zwei inneren Schallblasen. Totallänge 65 mm.

Madagaskar.

20. **M. (M.) flavicrus** (Blgr.) 1889 *Rana f.*, Boulenger in: Ann. nat. Hist., ser. 6 *v.* 4 p. 245 | 1918 *Mantidactylus f.*, Boulenger in: P. zool. Soc. London, p. 259.

Vomerzähne in zwei kurzen transversalen Gruppen gerade hinter der Verbindungslinie der Choanen. Kopf mäßig groß, so lang wie breit; Schnauze zugespitzt, am Ende abgestutzt, so lang wie der Augendurchmesser; Nasenloch nahe der Schnauzenspitze; Canthus rostralis winkelig; Lorealgegend fast senkrecht, konkav; Interorbitalraum ein wenig schmaler als das obere Augenlid; Trommelfell deutlich, $^3/_4$ so groß wie das Auge. Finger und Zehen schlank; Finger frei; Haftscheiben ziemlich groß, wenigstens zweimal so breit wie das letzte Glied, so groß oder größer als die der Zehen; erster Finger ein wenig kürzer als der zweite; Zehen mit nahezu ganzen Schwimmhäuten; Subartikulartuberkel klein; mediale Metatarsaltuberkel $^1/_4$—$^1/_3$ der Länge der medialen Zehe; das Tibiotarsalgelenk reicht bis zur Schnauzenspitze oder darüber hinaus; Tibia $3^1/_2$—4mal so lang wie breit, $1^2/_3$mal in der Körperlänge enthalten; bei rechtwinklig angeknickten Hinterbeinen überragen sich die Fersen. Haut oben glatt, Bauch hinten und an den Seiten granuliert; keine Dorsolateralfalte.

Färbung (in Alkohol) oben dunkel olivgrau, mit wenigen verstreuten, winzigen weißen Flecken und einem helleren grauen Dorso-Lateralband, das unten von einem schwärzlichen durch das Trommelfell gehenden Seitenbande begrenzt wird; Lippen hellgrau, mit schwarzen Flecken; Weichen mit gelber Marmorzeichnung; Beine mit schwarzen Querbinden; Unterseite der Schenkel gelb, schwarz gefleckt und marmoriert; übrige Unterseite grau, mit undeutlicher brauner Wolkenzeichnung. Männchen mit inneren Schallblasen. Totallänge 55 mm.

Madagaskar.

21. **M. (M.) argenteus** Meth. 1920 *M. a.*, Methuen in: P. zool. Soc. London, p. 353.

Kopf flach und niedergedrückt, länger als breit; Vomerzähne hinter der Verbindungslinie der Choanen, mit großem Zwischenraum zwischen ihnen; Schnauze zugespitzt, stark über das Maul ragend; Nasenloch beträchtlich näher der Schnauzenspitze als dem Auge; Abstand zwischen Auge und Nasenloch $^4/_5$ des Augendurchmessers. Trommelfell deutlich, $^3/_4$ des Augendurchmessers; Interorbitalraum ein wenig breiter als das obere Augenlid; Lorealgegend konkav; Canthus rostralis leicht gebogen. Finger gut entwickelt, frei; Haftscheiben etwa doppelt so breit wie das letzte Gelenk; erster Finger viel kürzer als der zweite. Zehen mäßig lang, Haftscheiben viel kleiner, etwa $^1/_2$ so groß wie die der Finger; Zehen mit $^3/_5$ Schwimmhaut; laterale Metatarsalia völlig durch Schwimmhaut getrennt. Mediale Metatarsaltuberkel ziemlich klein, nicht vorragend. Das Tibiotarsalgelenk reicht bis zum Nasenloch. Tibia 5mal so lang wie breit, und $1^3/_4$mal in der Körperlänge enthalten. Bei rechtwinklig angeknickten Hinterbeinen überragen sich die Fersen stark. Oberseite ohne Rauhigkeiten, aber mit sehr feinem Netzwerk; einige drüsige Körner auf der Kreuzgegend. Bauch, Seiten, Unterseite der Schenkel und Umgebung des Afters granuliert.

Färbung (in Alkohol) oben bräunlich oder weißrot mit schmutzig weißen Flecken; Beine von derselben Farbe mit schmalen hellen Querbinden. Seiten braun und silbern marmoriert; Trommelfell schmutzig weiß mit silbernen Flecken; untere Hälfte des Auges, Lorealgegend, Schnauze und Lippen schmutzig weiß; Kehle und Brust silberweiß, gelblich auf der Brust, schmutzig weiß werdend auf dem Bauch und den Schenkeln. Totallänge 32 mm.

Ost-Madagaskar.

22. **M. (M.) granulatus** (Boettg.) 1881 *Limnodytes g.*, O. Boettger in: Zool. Anz., *v.* 4 p. 361 | 1881 *L. g.*, O. Boettger in: Abh. Senckenb. Ges., *v.* 12 p. 502 t. 4 f. 16 (Habitus) | 1895 *Mantidactylus g.*, F. Mocquard in: Bull. Soc. philom., ser. 8 *v.* 7 p. 128 | 1918 *M. g.*, Boulenger in: P. zool. Soc. London, p. 259.

Vomerzähne in zwei kleinen, runden Gruppen hinter der Verbindungslinie der kleinen Choanen; Zunge groß, herzförmig, hinten mit zwei Zipfeln. Kopf mäßig groß, länger als breit; Schnauze spitz, im Profil senkrecht abgestutzt, wenig über das Maul hinausragend, so lang wie das Auge, kürzer als der Abstand der vorderen Augenwinkel voneinander, länger als hoch. Canthus rostralis scharf, gerade; Lorealgegend fast senkrecht, konkav; Nasenloch näher der Schnauzenspitze als dem Auge, der Abstand der Nasenlöcher voneinander so groß wie der Interorbitalraum, der so breit wie ein oberes Augenlid ist. Trommelfell deutlich, etwa $^1/_2$ so breit wie das Auge, um die Hälfte seines Durchmessers von letzterem entfernt. Finger schlank, frei; Haftscheiben ziemlich groß, unten mit ringförmiger Grube, über zweimal so breit wie das letzte Gelenk, etwa $^2/_3$ so breit wie das Trommelfell; 1. Finger etwas kleiner als der zweite, der kürzer als der 4. ist, der von dem 3. überragt wird; 3. Finger länger als die Schnauze; Subartikulartuberkel deutlich. Zehen schlank, mit etwa $^2/_3$ Schwimmhaut, die an der 1.—3. Zehe das letzte $^1/_2$ bis

Fig. 35.
Mantidactylus (M.) granulatus (Boettg.).
Habitus, rechts Mundhöhle. (Nach Boettger).

1 Glied, bei der 4. Zehe die letzten $1^1/_2$—2 Glieder freiläßt, und an der 5. Zehe bis unter die Haftscheiben reicht; Haftscheiben so groß oder wenig kleiner als die der Finger; 5. Zehe wenig länger als die 3.; laterale Metatarsalia fast völlig durch Schwimmhaut getrennt; laterale Zehe mit schwacher Hautfalte. Tarsalfalte fehlt; mediale Metatarsaltuberkel klein, schwach vorspringend, $^1/_4$ der Länge der medialen Zehe; laterale Metatarsaltuberkel sehr klein, undeutlich, rundlich; Tarsaltuberkel fehlt; Subartikulartuberkel deutlich. Das Tibiotarsalgelenk reicht bis zur Schnauzenspitze oder ein wenig darüber hinaus; Femur kürzer als die Tibia, die $4—4^1/_2$ mal so lang wie breit, $1^3/_4$ mal in der Körperlänge enthalten, und länger als der Fuß ist; bei rechtwinklig angeknickten Hinterbeinen überragen sich die Fersen weit. Haut oben mit gröberen und feineren, rauhen Körnchen übersät, die an einzelnen Stellen des Rückens, auf den Schenkeln, und besonders den Unterschenkeln in regelmäßige Reihen gestellt erscheinen. Diese Körnerreihen auf den Unterschenkeln erinnern etwas an die Nervatur von Laubblättern oder noch mehr an ähnliche erhabene Skulpturen auf den Oberschenkeln gewisser Heuschrecken. Eine starke Supratympanalfalte; eine schmale, mit dieser nicht zusammenhängende Dorsolateralfalte. Kehle und Brust glatt, Bauch gekörnelt.

Färbung etwas wechselnd, von hell graubraun bis rötlich gelbgrau, mit Schwarz gefleckt und bespritzt; zwischen den Augen eine schwärzliche Querbinde; auf dem Nacken eine mehr oder weniger deutliche W-förmige schwärzliche Zeichnung; vom Nasenloch zieht sich unterhalb des Canthus rostralis bis zum Auge und von diesem unter der Supratympanalfalte ein breiter dunkelbrauner oder schwärzlicher Streifen. Die Gliedmaßen zeigen zahlreiche schwarze, schmale Querbinden; die Körperseiten sind unterhalb der Dorsolateralfalte dunkler und dichter gefleckt. Die Unterseite ist weißlich, Kehle und Brust dunkler gefleckt oder marmoriert. Hinterbacken braun und grau marmoriert. Totallänge 45 mm. (Fig. 35).

Nossi Bé (Madagaskar).

23. **M. (M.) acuticeps** E. Ahl 1929 *M. a.*, E. Ahl in: Mt. Mus. Berlin, *v.* 14 p. 471.

Körpergestalt schlank. Vomerzähne in zwei kleinen, schrägen Gruppen hinter der Verbindungslinie der Choanen. Zunge mäßig groß, hinten mit zwei Zipfeln. Kopf groß, länger als breit; Schnauze rundlich zugespitzt, im Profil schräg nach hinten abgestutzt, über das Maul hinwegragend, so lang wie das Auge, kürzer als der Abstand der vorderen Augenwinkel voneinander, länger als hoch; Canthus rostralis scharf, gerade; Lorealgegend fast senkrecht, konkav; Nasenloch näher der Schnauzenspitze als dem Auge; Abstand der Nasenlöcher voneinander schmaler als der Interorbitalraum, der breiter als ein oberes Augenlid ist; Trommelfell deutlich, $^1/_2$ so groß wie das Auge. Finger lang und schlank, frei; Haftscheiben groß, über 2mal so breit wie das letzte Gelenk, fast so groß wie das Trommelfell, der 1. Finger viel kleiner als der 2., der kürzer als der 4. ist, der von dem 3. überragt wird; 3. Finger viel länger als die Schnauze; Subartikulartuberkel klein, aber deutlich. Zehen schlank, mit $^1/_2$ Schwimmhaut, die an allen Zehen das Endglied, bei der 4. Zehe aber die beiden letzten Glieder frei läßt; Haftscheiben kleiner als die der Finger; 3. und 5. Zehe gleich lang; laterale Metatarsalia nur in ihrer distalen Hälfte durch eine schmale Schwimmhaut getrennt; laterale Zehe ohne Hautfalte; Tarsalfalte fehlt; mediale Metatarsaltuberkel klein, oval, flach, etwa $^1/_4$ der Länge der medialen Zehe; keine laterale, keine Tarsaltuberkel. Das Tibiotarsalgelenk reicht bis zur Mitte zwischen Auge und Schnauzenspitze; Femur kürzer als die Tibia, die 5mal so lang wie breit, $1^3/_4$mal in der Körperlänge enthalten, und nur wenig länger als der Fuß ist; bei rechtwinklig angeknickten Hinterbeinen überragen sich die Fersen stark. Haut oben mit feinen, spitzigen, in regelmäßigen Abständen stehenden, dunkel gefärbten Tuberkeln besetzt; Kehle und Brust glatt, Bauch und Unterseite der Schenkel granuliert; eine schwache Supratympanalfalte.

Färbung (in Alkohol) oben einfarbig grau, die Schnauze von zwischen den Augen an etwas heller; die feinen Tuberkel schwärzlich; Loreal- und Temporalgegend schwarz, scharf nach oben abgesetzt; Körperseiten weiß und schwarz marmoriert; alle Glieder mit feinen, schwarzen, manchmal nur durch Flecke angedeuteten Querbinden; Unterseite schmutzig weiß, mit vielen runden, schwarzen Punkten, die nach der Kehle zu spärlicher werden. Totallänge 35 mm.

Zentral-Madagaskar.

24. **M. (M.) redimitus** (Blgr.) 1889 *Rana redimita*, Boulenger in: Ann. nat. Hist., ser. 6 *v.* 4 p. 245 | 1918 *Mantidactylus redimitus*, Boulenger in: P. zool. Soc. London, p. 260.

Vomerzähne in zwei kleinen Gruppen weit hinter der Verbindungslinie der Choanen. Kopf mäßig groß; Schnauze zugespitzt, länger als das Auge; Canthus rostralis winkelig; Lorealgegend fast senkrecht, konkav; der Augendurchmesser ist gleich dem Abstand vom Nasenloch; Interorbitalraum so breit wie das obere Augenlid; Trommelfell deutlich, $^1/_2$—$^2/_3$ des Augendurchmessers. Finger und Zehen mäßig lang; Finger frei; Haftscheiben ziemlich groß, wenigstens zweimal so breit wie das letzte Gelenk, so groß oder größer als die der Zehen; erster und zweiter Finger gleichlang; Zehen mit $^1/_2$ Schwimmhaut; Subartikulartuberkel mäßig; mediale Metatarsaltuberkel stark und vortretend, zusammengedrückt, $^1/_2$—$^2/_3$ der Länge der medialen Zehe. Das Tibiotarsalgelenk reicht bis zum Auge; Tibia $3^1/_2$—$4^1/_2$ mal so lang wie breit, $1^3/_4$—2 mal in der Körperlänge enthalten; bei rechtwinklig angeknickten Hinterbeinen überragen sich die Fersen stark. Haut oben glatt, gekörnelt auf dem Bauch und unter den Schenkeln; keine Dorsolateralfalte.

Färbung (in Alkohol) oben dunkelbraun, mit kleinen helleren Flecken; zwei weißliche Streifen von unterhalb des Auges zum Lippenrand; Beine mit schwarzen, weiß gesäumten Querbinden; Kehle braun, dicht schwarz gefleckt und mit einem schwarzen Längsstrich an jeder Seite; Lippenrand schwarz, mit weißen Flecken; Bauch und Unterseite der Beine weißlich, mit zahlreichen, kleinen, schwarzen Flecken. Männchen mit inneren Schallblasen. Totallänge 47 mm.

Madagaskar.

25. **M. (M.) luteus** Meth. & Hewitt 1913 *M. l.*, Methuen & Hewitt in: Ann. Transvaal Mus., *v.* 4 p. 51 | 1918 *M. l.*, Boulenger in: P. zool. Soc. London, p. 260.

Vomerzähne in zwei kurzen, fast queren oder leicht schrägen Gruppen beträchtlich hinter dem Hinterrand der Choanen. Schnauze spitz; Canthus rostralis scharf; Lorealgegend schräg und etwas konkav; Nasenloch näher der Schnauzenspitze als dem Auge; Interorbitalraum breiter als das obere Augenlid; Trommelfell deutlich, $^1/_2$—$^2/_3$ des Augendurchmessers. Finger schlank, frei; Haftscheiben ziemlich groß, wenigstens zweimal so breit wie das letzte Gelenk; erster Finger so lang oder sehr wenig kürzer oder länger als der zweite; Zehen mit beinahe ganzen Schwimmhäuten; Haftscheiben kleiner als die der Finger; Subartikulartuberkel gut entwickelt; mediale Metatarsaltuberkel $^1/_3$ der Länge der medialen Zehe; keine laterale; das Tibiotarsalgelenk reicht über die Schnauzenspitze hinaus; Tibia $4^1/_2$—5 mal so lang wie breit, $1^1/_2$—$1^2/_3$ mal in der Körperlänge enthalten. Haut oben fein gekörnelt, etwas stärker auf der Oberlippe; Oberseite des Körpers und der Beine mit sehr feinen Hautleisten, die manchmal eine Netzfigur bilden; die Leisten mit kleinen Granulen besetzt; eine stark nach mediad gebogene Falte, laterad schwarz gerandet, erstreckt sich vom oberen Augenlid auf jeder Seite etwa $^1/_3$ der Körperlänge; etwas seitlicher gelegen ist eine viel schwächere Längsfalte von einem Punkt in der Nähe der Basis der oben erwähnten Falte, bis etwa zur Basis des Schenkels jeder Seite. Supratympanalfalte vorhanden. Ein kleiner Hautsporn an der Ferse vorhanden, aber manchmal wenig deutlich; ein ähnlicher Hautsporn kommt gewöhnlich am Mundwinkel vor. Kehle und Brust glatt; Bauch granuliert; Flanken mit großen drüsigen Tuberkeln; Unterseite der Schenkel gekörnelt, aber nicht stark; Femoraldrüsen vorhanden.

Färbung (in Alkohol) oben bräunlich mit verschiedenen dunklen und hellen Zeichnungen; ein helles, hinten dunkel begrenztes Band zwischen dem vorderen Teile der Augen; Hinterbein mit dunklen Querbinden; Umgebung des Afters und Hinterseite der Schenkel schwarz; Tibia medial mit einem schwarzen Strich vorn und einem etwas breiteren hinten, der letztere kontinuierlich mit einem tiefschwarzen Band, das entlang der Medialseite des Tarsus und über die Sohlen und Zehen läuft; ein schwarzer Strich unter dem Oberarm. Totallänge 46 mm.

Madagaskar.

26. **M. (M.) sculpturatus** E. Ahl 1929 *M. s.*, E. Ahl in: Mt. Mus. Berlin, *v.* 14 p. 477.

Vomerzähne in zwei schrägen, ovalen Gruppen hinter der Verbindungslinie der mäßig großen Choanen; Zunge mäßig groß, hinten mit zwei Zipfeln, ohne Papille; Kopf mäßig groß, wenig länger als breit; Schnauze stumpf zugespitzt, im Profil abgestutzt, nicht über das Maul hinausragend, so lang wie das Auge, kaum kürzer als der Abstand der vorderen Augenwinkel voneinander, länger als hoch; Canthus rostralis gerade, scharf; Lorealgegend fast senkrecht, konkav; Nasenloch näher der Schnauzenspitze als dem Auge, der Abstand der Nasenlöcher voneinander etwa so groß wie der Interorbitalraum, der so breit wie ein oberes Augenlid ist; Trommelfell deutlich, $^1/_2$ so groß wie das Auge, um die Hälfte seines eigenen Durchmessers von letzterem entfernt. Finger frei; Haftscheiben ziemlich groß, zweimal so breit wie das letzte Gelenk, etwa $^2/_3$ des Trommelfells; 1. Finger kleiner als der 2., der kürzer als der 4. ist, der von dem 3. überragt wird; dritter Finger länger als die Schnauze; Subartikulartuberkel deutlich. Zehen mit $^2/_3$ Schwimmhaut, die an der 1.—3. Zehe das letzte Glied, an der 4. Zehe die beiden letzten Glieder, und an der 5. Zehe das halbe letzte Glied freiläßt; Haftscheiben etwas kleiner als die der Finger; 3. und 5. Zehe gleich lang; laterale Metatarsalia völlig durch Schwimmhaut getrennt; laterale Zehe mit schwacher Hautfalte; Tarsalfalte fehlt; mediale Metatarsaltuberkel sehr klein, rundlich oval, etwa $^1/_5$ der Länge der medialen Zehe; Subartikulartuberkel deutlich; das Tibiotarsalgelenk reicht über die Schnauzenspitze hinaus; Femur kürzer als die Tibia, die 5 mal so lang wie breit, $1^1/_2$ mal in der Körperlänge enthalten, und länger als der Fuß ist; bei rechtwinklig angeknickten Hinterbeinen überragen sich die Fersen weit. Haut oben rauh und runzelig, zahlreiche schmale Glandularfalten, von denen besonders auffällig je eine vom Hinterrand des oberen Augenlids ist, die sich in der Schultergegend der gegenüberliegenden stark nähert, und von dort durch eine, seitlich davon entspringende, ähnliche Falte nach hinten fortgeführt wird. Der Rücken, die Seiten, und die Schenkel mit feinen Glandularfalten, die blattrippenartig verlaufen. Kehle und Brust glatt. Bauch und Schenkel gekörnelt; vereinzelte größere Warzen auf dem oberen Augenlid; Ferse mit einer kleinen Tuberkel.

Färbung (in Alkohol) oben grau, eine hellere Zone auf der Stirn-, Scheitel-, und Hinterhauptsgegend; Beine mit blassen Querbinden; Unterseite schmutzig weiß; Hinterseite der Schenkel einfarbig gelblichbraun. Totallänge 39 mm.

Nord-West-Madagaskar.

27. **M. (M.) pliciferus** (Blgr.) 1882 *Rana plicifera*, Boulenger, Cat. Batr. sal. Brit. Mus., ed. 2 p. 464 | 1895 *Mantidactylus pliciferus*, F. Mocquard in: Bull. Soc. philom., ser. 8 *v.* 7 p. 129 | 1918 *M. p.*, Boulenger in: P. zool. Soc. London, p. 260.

Vomerzähne in zwei kleinen, schrägen Gruppen hinter der Verbindungslinie der Hinterränder der kleinen Choanen. Zunge groß, hinten mit zwei Zipfeln, ohne Papille. Kopf mäßig groß, etwas länger als breit; Schnauze zugespitzt, im Profil vorn spitz oder schräg nach hinten abgestutzt, über das Maul hinwegragend, etwas länger als der Augendurchmesser, so lang wie der Abstand zwischen den vorderen Augenwinkeln, länger als hoch; Canthus rostralis scharf, fast gerade; Lorealgegend wenig schräg, konkav; Nasenloch näher der Schnauzenspitze als dem Auge, der Abstand der Nasenlöcher voneinander so groß wie der bis zum Auge, so breit wie der Interorbitalraum, der so breit oder etwas breiter als ein oberes Augenlid ist. Trommelfell $^1/_2$—$^3/_5$ des Augendurchmessers, um etwa der Hälfte seines eigenen Durchmessers vom Auge entfernt. Finger frei, die Haftscheiben etwa zweimal so breit wie das letzte Glied, etwa $^1/_2$ so breit wie das Trommelfell, der erste Finger kürzer als der zweite, der kürzer als der 4. ist, der von dem dritten überragt wird; 3. Finger wenig länger als die Schnauze; Subartikulartuberkel mäßig; Zehen mit $^1/_2$—$^2/_3$ Schwimmhaut, die an allen Zehen das letzte Glied ganz oder fast ganz, bei der 4. Zehe jedoch die beiden letzten Glieder freiläßt; Haftscheiben etwa so groß wie die der Finger; 5. Zehe etwas länger als die dritte; laterale Metatarsalia gänzlich durch Schwimmhaut getrennt; laterale Zehe mit schwacher Hautfalte; Tarsalfalte fehlt; mediale Metatarsaltuberkel klein, oval, $^2/_5$—$^3/_5$ der Länge der medialen Zehe; keine laterale; keine Tarsaltuberkel; Subartikulartuberkel mäßig. Das Tibiotarsalgelenk reicht weit über die Schnauzenspitze hinaus; Femur kürzer als die Tibia, die $4^1/_2$ bis 5 mal so lang wie breit, $1^1/_2$—$1^2/_3$ mal in der Körperlänge enthalten, und länger als der Fuß ist; bei rechtwinklig angeknickten Hinterbeinen überragen sich die Fersen weit. Haut oben glatt oder fein gekörnelt, eine in der Scapulargegend einwärts gebogene Glandularfalte auf jeder Seite vom oberen Augenlid, sich weit nach hinten fortsetzend; eine starke Supratympanalfalte; Kehle glatt, Bauch gekörnelt; eine kleine Tuberkel an der Ferse.

Oberseits (in Alkohol) dunkelbraun, eine Querbinde zwischen den Augen und die Falten heller; ein schmaler heller Strich an der Schnauzenspitze, und oft ein großer weißer Fleck in der Lorealgegend; manchmal ein heller Vertebralstreifen; Beine mit regelmäßigen dunklen Querbinden; Hinterseite der Schenkel einfarbig oder braun und weiß marmoriert. Unterseite gelblich oder weißlich, Kehle braun, mit Schwarz oder Weiß gefleckt; Männchen mit zwei Schallblasen, äußerlich sichtbar durch eine starke Falte an jeder Seite der Kehle. Totallänge 40 mm.

Madagaskar.

28. **M. (M.) ceratophrys** E. Ahl 1929 *M. c.*, E. Ahl in: Mt. Mus. Berlin, *v.* 14 p. 475.

Vomerzähne (manchmal fehlend) in zwei kleinen Gruppen hinter der Verbindungslinie der Choanen; Choanen klein; Zunge mäßig groß, hinten mit zwei Zipfeln, ohne Papille. Kopf mäßig groß, so lang oder etwas länger als breit; Schnauze zugespitzt, im Profil abgerundet, kaum über das Maul hinwegragend, so lang wie das Auge, so lang wie der Abstand der vorderen Augenwinkel voneinander, länger als hoch; Canthus rostralis etwas gebogen, deutlich; Lorealgegend erhöht, schräg, konkav. Nasenloch näher der Schnauzenspitze als dem Auge, der Zwischenraum zwischen den Nasenlöchern etwas konkav, so groß wie der bis zum Auge, so breit wie der Interorbitalraum, der so breit oder etwas schmaler als ein oberes Augenlid ist. Trommelfell deutlich, $^2/_3$ des Augendurchmessers, sein Abstand vom Auge etwa $^1/_3$ seines eigenen Durchmessers. Finger schlank, frei; Haftscheiben ziemlich groß, wenigstens zweimal so breit wie das letzte Glied; der 1. Finger so lang wie der zweite, der kürzer als der 4. ist, der von dem 3. überragt wird; dritter

Finger länger als die Schnauze; Subartikulartuberkel deutlich. Zehen schlank, mit $^1/_2$ Schwimmhaut, die an der 1.—3. Zehe das Endglied, an der 4. Zehe die beiden letzten Glieder freiläßt, aber an der 5. Zehe bis unter die Haftscheibe reicht; Haftscheiben so groß oder etwas kleiner als die der Finger; 3. und 5. Zehe gleichlang; laterale Metatarsalia fast bis zum Grunde durch Schwimmbaut getrennt; laterale Zehe ohne Hautfalte; Tarsalfalte fehlt; mediale Metatarsaltuberkel $^1/_4$—$^1/_3$ der Länge der medialen Zehe; laterale klein; Subartikulartuberkel klein, aber deutlich; das Tibiotarsalgelenk reicht bis über die Schnauzenspitze mehr oder weniger weit hinaus; Femur kürzer als die Tibia, die $4^1/_2$—5 mal so lang wie breit, $1^1/_2$—$1^2/_3$ mal in der Körperlänge enthalten, und länger als der Fuß ist; bei rechtwinklig angeknickten Hinterbeinen überragen sich die Fersen weit. Haut oben mit vorragenden Glandularfalten und Warzen bedeckt, von denen besonders zwei symmetrische leistenförmige Warzen zwischen den Augen und zwei, in der Achselgegend gebogene Längsfalten auf dem Rücken auffallen; eine deutliche Supratympanalfalte vorhanden; ein Sporn an der Ferse: eine Reihe von Tuberkeln vom medialen Metatarsaltuberkel zum Fersensporn. Kehle, Brust glatt, Bauch gekörnelt. Oberes Augenlid mit ausgezogenen Warzen besetzt.

Färbung (in Alkohol) sehr wechselnd; Grundfarbe hellbraun bis schwarzbraun, mit verschiedenartigen, symmetrischen dunkelbraunen oder schwarzen Flecken und Zeichnungen; manche Exemplare an den Seiten bis zu den Haupt- Rückenfalten weiß gefärbt, der Rücken dann sehr dunkelbraun; ein Stück mit einer hellblauen Binde zwischen den Augen und 2 großen hellblauen Flecken in der Sacralgegend, auf hellbraunem Grunde; Beine mit mehr oder weniger deutlichen dunklen Querbinden; Lippen meist schwarz und weiß gemustert; Unterseite schmutzig weiß, Kehle und Brust dunkel marmoriert. Hinterseite der Schenkel einfarbig braun. Totallänge 31 mm.

Madagaskar (Betsileo).

29. **M. (M.) asper** (Blgr.) 1882 *Rana aspera*, Boulenger, Cat. Batr. sal. Brit. Mus., ed. 2 p. 465 | 1893 *R. a.*, Peracca in: Boll. Mus. Torino, *v.* 8 nr. 156 p. 5 | 1909 *Mantidactylus asper*, F. Mocquard in: N. Arch. Mus. Paris, ser. 5 *v.* 1 p. 55 | 1913 *M. a.*, O. Boettger in: Voeltzkow, Reise O.-Afr., *v.* 3 p. 273 | 1918 *M. a.*, Boulenger in: P. zool. Soc. London, p. 260.

Vomerzähne in zwei kleinen Gruppen hinter der Verbindungslinie der Choanen; Kopf mäßig groß; Schnauze zugespitzt; Canthus rostralis winkelig; Lorealgegend sehr erhöht, schräg, konkav; Interorbitalraum schmaler als ein oberes Augenlid; Trommelfell $^2/_3$—$^3/_4$ des Augendurchmessers. Finger schlank, frei; Haftscheiben wenigstens zweimal so breit wie das letzte Glied; erster und zweiter Finger gleichlang; Haftscheiben der Zehen so groß oder etwas kleiner als die der Finger; Zehen mit $^1/_2$ Schwimmhaut; Subartikulartuberkel gut entwickelt; mediale Metatarsaltuberkel $^2/_3$—$^3/_4$ der Länge der medialen Zehe; laterale Metatarsaltuberkel sehr klein oder fehlend; das Tibiotarsalgelenk reicht über die Schnauzenspitze hinaus; Tibia $4^1/_2$—5 mal so lang wie breit, $1^1/_2$—$1^2/_3$ mal in der Körperlänge enthalten; bei rechtwinklig angeknickten Hinterbeinen überragen sich die Fersen weit. Oberseite, besonders Kopf und Rücken, mit vorstehenden Glandularfalten und Tuberkeln; oberes Augenlid mit konischen Tuberkeln; ein konischer Hautsporn gerade unter dem Tibiotarsalgelenk; Bauch gekörnelt.

Färbung (in Alkohol) oliv oder schwärzlich, schwarz gefleckt; Beine mit schwärzlichen Querbinden; Lippen mit senkrechten schwarzen Flecken; manchmal ein schmaler Vertebralstreifen oder ein breiter weißlicher Strich;

bei einem Stück ein großer, quer ovaler weißlicher Fleck zwischen den Schultern; unten weißlich, Kehle und Brust braun marmoriert.

Männchen mit zwei Schallblasen, die äußerlich bemerkbar sind durch eine starke Falte an jeder Seite der Kehle, von schwärzlicher Farbe. Totallänge 30 mm.

Madagaskar.

30. **M. (M.) brevipalmatus** E. Ahl 1929 *M. b.*, E. Ahl in: Mt. Mus. Berlin, *v.* 14 p. 473.

Vomerzähne in zwei dreieckigen Gruppen auf der Verbindungslinie der Hinterränder der mäßig großen Choanen; Zunge mäßig groß, hinten mit zwei Zipfeln, ohne Papille; Kopf mäßig groß, länger als breit; Schnauze zugespitzt, im Profil abgerundet, kaum über das Maul hinwegragend, etwas länger als das Auge, so lang wie der Abstand der vorderen Augenwinkel voneinander, länger als hoch; Canthus rostralis scharf, gerade; Lorealgegend fast senkrecht, konkav; Nasenloch näher der Schnauzenspitze als dem Auge, der Abstand der Nasenlöcher voneinander so groß wie der Interorbitalraum, der breiter als ein oberes Augenlid ist; Trommelfell deutlich, 2/3 so groß wie das Auge, um die Hälfte seines Durchmessers von letzterem entfernt. Finger frei, Haftscheiben mäßig groß, etwa doppelt so breit wie das letzte Gelenk; 1. Finger sehr wenig kürzer als der 2., der nur wenig kürzer als der 4. ist, der von dem 3. überragt wird; 3. Finger nur wenig länger als die Schnauze; Subartikulartuberkel klein. Zehen sehr lang und schlank, mit etwa $^1/_4$ Schwimmhaut, die eigentlich nur die Metatarsalia einnimmt, und bei der 1. und 2. Zehe das letzte Glied, bei der 3. und 5. Zehe die beiden letzten Glieder, und bei der 5. Zehe die letzten 3 Glieder freiläßt; Haftscheiben etwa so groß wie die der Finger; 5. Zehe etwas länger als die 3.; laterale Metatarsalia völlig durch Schwimmhaut getrennt; laterale Zehe ohne Hautfalte; keine Tarsalfalte; nur eine sehr kleine, ovale, flache, mediale Metatarsaltuberkel, keine laterale, keine Tarsaltuberkel; Subartikulartuberkel ziemlich klein. Das Tibiotarsalgelenk reicht weit über die Schnauzenspitze hinaus; Femur kürzer als die Tibia, die $4^1/_2$ mal so lang wie breit, $1^1/_2$ mal in der Körperlänge enthalten, und so lang wie der Fuß ist; bei rechtwinklig angeknickten Hinterbeinen überragen sich die Fersen weit. Haut oben glatt; vom Augenhinterrand bis zur Ansatzstelle der Hinterbeine eine einheitliche, dorsolaterale Glandularfalte, die mit der Supratemporalfalte zusammenfließt; Unterseite völlig glatt; Hinterseite der Oberschenkel gekörnelt, zwei kleine Femoraldrüsen vorhanden.

Färbung (in Alkohol) zwischen den beiden Dorsolateralfalten bräunlichgrau, in der Mitte mehr dunkelbräunlich, an den Seiten mehr hellgrau, die beiden Farben durch kleine Tüpfelzeichnungen miteinander verbunden; von der Schnauzenspitze zum After eine feine, helle Vertebrallinie; unterhalb des Canthus rostralis von der Schnauzenspitze durch das Auge, über die Temporalgegend, unter der Dorsolateralfalte bis in die Weichengegend eine schwarzbraune, wechselnd breite Längsbinde; Seiten heller und dunkler braungefleckt, gewölkt und marmoriert; Oberlippe mit einem leuchtend weißen Streifen; Beine undeutlich und unregelmäßig quergebändert; Hinterseite der Schenkel dunkelbraun und weiß marmoriert; Unterseite weiß, Kehle und Brust mit feinen, unregelmäßigen, schwarzbraunen Punkten. Totallänge 37 mm.

Nord-West-Madagaskar.

31. **M. (M.) albofrenatus** (Friedr. Müll.) 1892 *Rana albofrenata*, Friedr. Müller in: Festschr. Nat. Ges. Basel, p. 197 t. 3 f. 1 (Habitus) | 1901 *Rhacophorus*

melanopleura, F. Mocquard in: Bull. Mus. Paris, *v.* 7 p. 254 | 1902 *Mantidactylus albofrenatus* + *Rhacophorus melanopleura*, F. Mocquard in: Bull. Soc. philom., ser. 9 *v.* 4 p. 18 | 1913 *M. a.*, Methuen & Hewitt in: Ann. Transvaal Mus., *v.* 4 p. 60 | 1918 *M. a.*, Boulenger in: P. zool. Soc. London, p. 260.

Vomerzähne in zwei kleinen Gruppen vor der Verbindungslinie der Hinterränder der ziemlich kleinen Choanen; Zunge hinten mit zwei Zipfeln, ohne Papille, Kopf mäßig groß, niedergedrückt, länger als breit; Schnauze vorn abgestutzt, schräg abgestutzt im Profil, über das Maul hinausragend, so lang oder etwas länger als das Auge, länger als hoch; Canthus rostralis gerade, scharf, winkelig; Lorealgegend senkrecht, konkav; Nasenlöcher näher der Schnauzenspitze als dem Auge; Interorbitalraum viel breiter als ein oberes Augenlid; Trommelfell $^3/_4$—1 mal so groß wie das Auge, um $^1/_3$ seines eigenen Durchmessers von letzterem entfernt. Finger frei; Haftscheiben mäßig groß; 1. Finger kürzer als der 2., der etwas kürzer als der 4. ist, der von dem 3. überragt wird; Subartikulartuberkel oval, gut entwickelt; Zehen mit $^1/_2$ Schwimmhaut, die an der 1., 2. und 5. Zehe das letzte, an der 3. Zehe die beiden letzten, und an der 4. Zehe die 3 letzten Glieder freiläßt; Haftscheiben so groß wie die der Finger; 5. Zehe wenig länger als die 3.; laterale Metatarsalia nicht völlig durch Schwimmhaut getrennt; laterale Zehe mit Hautfalte; Tarsalfalte fehlt; mediale Metatarsaltuberkel oval, etwa $^1/_4$ der Länge der medialen Zehe; laterale Metatarsaltuberkel sehr klein, rund; Subartikulartuberkel mäßig groß, deutlich. Das Tibiotarsalgelenk reicht bis zur Schnauzenspitze oder ein wenig darüber hinaus, oder nicht ganz so weit. Femur etwas kürzer als die Tibia, die $4^1/_2$—5mal so lang wie breit, $1^2/_3$—2mal in der Körperlänge enthalten und etwa so lang wie der Fuß ist; bei rechtwinklig angeknickten Hinterbeinen überragen sich die Fersen weit. Haut oben leicht drüsig; eine drüsige Dorsolateralfalte erstreckt sich von hinter dem Auge bis zur Hüfte; Kehle und Brust glatt, Bauch hinten und an den Seiten granuliert; Schenkel mit kleiner Glandulardrüse.

Färbung (in Alkohol) oben weißlichgrau oder hellbräunlich; Seiten schwarz; eine weiße Linie unter dem Auge und Trommelfell; Unterseite dunkelbraun vorn, grau hinten mit brauner Zeichnung, und einer weißen Medianlinie im vorderen $^2/_3$; oder Kehle und Brust dunkelbraun und schmutzig weiß gefleckt oder marmoriert; eine weiße Linie vom Nasenloch zum Oberarm, wo sie allmählich verschwindet. Manchmal die Lippen dunkelbraun und schmutziggelb gebändert. Beine undeutlich quergebändert. Hinterbacken schwarz und weiß marmoriert oder gefleckt. Totallänge 31 mm.

Madagaskar.

32. **M. (M.) frenatus** Boettg. 1913 *M. f.*, O. Boettger in: Voeltzkow, Reise O.-Afr., *v.* 3 p. 274 t. 23 f. 2 (Habitus) | 1918 *M. f.*, Boulenger in: P. zool. Soc. London, p. 260.

Vomerzähne in zwei großen, dreieckigen, weit getrennten Gruppen, die in einer Linie mit dem Hinterrand der Choanen beginnen. Kopf niedergedrückt, von mäßiger Größe; Schnauze etwas zugespitzt, nur wenig über den Unterkiefer vorragend; Canthus rostralis deutlich; Lorealgegend konkav; Nasenloch viel näher der Schnauzenspitze als dem Auge; Interorbitalraum breiter als das obere Augenlid; Trommelfell sehr deutlich, fast so groß wie das Auge; Finger und Zehen schlank, Haftscheiben verhältnismäßig sehr klein; Finger frei; erster und zweiter Finger gleich lang; Zehen mit $^1/_2$ Schwimmhaut; Subartikulartuberkel mäßig; nur eine kleine, schmale, längliche, schwarz glänzende mediale Metatarsaltuberkel, keine laterale. Das Tibiotarsalgelenk reicht erheblich über die Schnauzenspitze hinaus. Rücken glatt, unter der Lupe äußerst fein und regelmäßig lederartig gekörnelt; eine schmale drüsige Seitenfalte, die die Rücken- von der Seitenfärbung abtrennt, vom Hinterrand des Auges bis zur Weiche; eine schmale weiße Drüsenfalte zieht vom Nasenloch schief herab bis zur Maulspalte. Die Körperseiten sind deutlich granuliert, und die Körnchen bilden nach oben hin zum Teil feine Längsfältchen; die Unterseite ist glatt; nur die Hinterseite der Oberschenkel ist schwach granuliert; Femoraldrüse vorhanden, bohnenförmig, mäßig groß.

Kopfoberseite und Rückenzone zwischen den Seitenfalten graubraun mit einer mäßig deutlichen, dreieckigen, schwärzlichen Makel zwischen den Augen, die nach hinten mit einer Längsreihe von zwei großen, aber auch sehr schwach entwickelten Rautenmakeln zusammenhängt. Kopf- und Rumpfseiten schwarz; die schmale Drüsenfalte auf der Oberlippe kreideweiß. Gliedmaßen schwarzbraun, ohne deutliche Querbinden; Oberschenkel hinten neben dem After jederseits mit einem kurzen weißlichen Streifen und gegen die Kniebeuge hin mit wenigen gelblichen Punktflecken. Unterseite gelblichweiß; Kehle ganz schwarz mit feiner weißer Mittellinie; Brust und Bauch weiß mit grober schwarzer Fleckung in der Art, daß eine breitere weiße Mittelbinde frei bleibt. Schenkel gegen die Gelenke hin und Füße unten reichlich schwarz bestäubt. Totallänge 39 mm.

Ost-Madagaskar.

33. **M. (Aglyptodactylus) madagascariensis** (A. Dum.) 1853 *Limnodytes m.*, A. Duméril in: Ann. Sci. nat., ser. 3 *v.* 19 p. 155 | 1858 *Hylarana m.*, Alb. Günther, Cat. Batr. sal. Brit. Mus., p. 73 | 1877 *Rana inguinalis*, Alb. Günther in: Ann. nat. Hist., ser. 4 *v.* 19 p. 316 | 1882 *R. i.* + *R. madagascariensis*, Boulenger, Cat. Batr. sal. Brit. Mus., ed. 2 p. 67 | 1883 *R. m.*, Boulenger in: Ann. nat. Hist., ser. 5 *v.* 11 p. 17 | 1902 *Mantidactylus m.*, F. Mocquard in: Bull. Soc. philom., ser. 9 *v.* 4 p. 17 | 1918 *Aglyptodactylus m.*, Boulenger in: P. zool. Soc. London, p. 257.

Körpergestalt schlank; Vomerzähne in zwei kleinen schrägen Gruppen von der Verbindungslinie der Choanenhinterränder sich nach hinten erstreckend; Choanen klein; Zunge groß, hinten mit zwei Zipfeln, ohne Papille. Kopf mäßig groß, so lang wie breit; Schnauze zugespitzt, im Profil vorn abgestutzt, wenig über das Maul hinausragend, so lang wie der Augendurchmesser, so lang wie der Abstand der vorderen Augenwinkel voneinander, länger als hoch. Canthus rostralis deutlich; Lorealgegend steil, wenig konkav. Nasenloch gleich weit entfernt von Auge und Schnauzenspitze, der Internasalraum flach, gerade, etwas größer als der Zwischenraum zwischen Auge und Nasenloch, etwa so breit wie der Interorbitalraum, der so breit oder ein wenig schmaler als das obere Augenlid ist. Trommelfell deutlich, $^2/_3$ des Augendurchmessers. Omosternum mit an der Basis gegabeltem Stiel; Nasalia klein, schräg und getrennt, sowohl voneinander als auch von den Frontoparietalia. Finger frei, die Haftscheiben auf der Unterseite ohne ringförmige Grube, sehr klein; erster Finger kaum den zweiten überragend, der kürzer ist als der 4., der von dem dritten weit überragt wird; 3. Finger etwas länger als die Schnauze; Subartikulartuberkel deutlich, vorspringend. Zehen schlank, mit etwa $^3/_4$ Schwimmhaut, die an der längsten Zehe das letzte oder die letzten $1^1/_2$ Glieder frei läßt, bei den übrigen aber bis an die Haftscheiben reicht; Haftscheiben größer als die der Finger, etwa $^1/_3$ des Trommelfells; 5. Zehe wenig länger als die 3.; laterale Metatarsalia weit durch Schwimmhaut getrennt; laterale Zehe mit schwacher Hautfalte; Tarsalfalte fehlt; nur eine kleine, mediale, ovale Metatarsaltuberkel von etwa $^2/_5$ der

Länge der medialen Zehe, keine laterale, keine Tarsaltuberkel; Sohle glatt; Subartikulartuberkel deutlich, vorspringend. Das Tibiotarsalgelenk reicht über die Schnauzenspitze hinaus; Femur kürzer als die Tibia, die 5mal so lang wie breit, $1^1/_2$mal in der Körperlänge enthalten, und länger als der Fuß ist; bei rechtwinklig angeknickten Hinterbeinen überragen sich die Fersen. Haut oben glatt; eine starke Supratympanalfalte; Kehle glatt; Bauch und Unterseite der Schenkel leicht gekörnelt.

Färbung (in Alkohol) oben bräunlichgrau, mit symmetrischen schwarzen Flecken; ein dreieckiger Fleck zwischen den Augen (manchmal fehlend); eine schwarze Binde unter dem Canthus rostralis und der Temporalgegend; ein kleiner schwarzer Fleck in der Inguinalgegend; Beine mit dunkleren Querbinden; unten weiß, ungefleckt. Aftergegend schwarz, nach oben weiß eingefaßt, Hinterbacken dunkelbraun, weiß gefleckt. Totallänge 34 mm.

Madagaskar.

34. **M. (M.) mocquardi** Angel 1929 *M. m.*, Angel in: Bull. Mus. Paris, ser. 2 *v.* 1 p. 359.

Vomerzähne in zwei kleinen Gruppen, etwas hinter dem hinteren Rand der Choanen, und weiter voneinander entfernt als von den Choanen. Kopf mäßig groß, länger als breit (so breit wie der Abstand von der Schnauzenspitze zum vorderen Rand des Trommelfells); Schnauze länger als der Augendurchmesser, vorn schräg nach hinten abgestutzt; Canthus rostralis deutlich; Lorealgegend leicht konkav, fast senkrecht; Nasenloch näher der Schnauzenspitze als dem Auge; Interorbitalraum so breit wie das obere Augenlid; Trommelfell deutlich, $^2/_3$ so breit wie das Auge, etwas kleiner als der Abstand zwischen dem Auge und dem Nasenloch, so groß wie der Interorbitalraum; Zunge groß, hinten wenig tief ausgeschnitten, der Zwischenraum zwischen den beiden Lappen so groß wie das Trommelfell; im vorderen Drittel der Zunge eine aufrichtbare Papille. Finger mäßig lang, 1. kürzer als der 2., der kürzer als der 4. ist; 3. Finger $^1/_2$ so lang wie der Kopf breit; Haftscheiben der Finger nicht doppelt so breit wie die letzte Phalange. Zehen mit $^3/_4$ Schwimmhaut, die die beiden letzten Phalangen der 3. Zehe frei läßt; bei den übrigen bis unter die Haftscheiben reichend; Haftscheiben so groß wie die der Finger; Subartikulartuberkel oval, vorspringend. Mediale Metatarsaltuberkel oval, flach, $^1/_3$ der Länge der medialen Zehe. Das Tibiotarsalgelenk erreicht das Nasenloch; Tibia $3^1/_2$mal so lang wie breit, 2mal in der Körperlänge enthalten. Haut oben und unten glatt; keine dorsale Glandularfalte; eine schwache Glandularfalte um das Trommelfell; Hinterseite der Schenkel glatt, ohne Glandulardrüse. Umgebung des Afters granuliert.

Färbung (in Alkohol) oben einfarbig rötlichbraun; Bauch und Kehle weißlich mit unregelmäßigen und zahlreichen kleinen braunen Flecken und Retikulationen; Unterseite der Hintergliedmaßen rötlichbraun mit weißlichen Flecken oder Netzzeichnungen. Einige helle Flecke auf der Oberlippe und einige dunkle Flecke auf der Unterlippe. Körperlänge 64 mm.

Ost-Madagaskar (Rogez).

35. **M. (M.) laevis** Angel 1929 *M. l.*, Angel in: Bull. Mus. Paris, ser. 2 *v.* 1 p. 360.

Zunge ohne mediane Papille. Vomerzähne in zwei kleinen Gruppen hinter dem Hinterrand der Choanen, weiter voneinander entfernt als von den Choanen. Kopf etwas länger als breit (die Breite gleich dem Abstand von der Schnauzenspitze zum Mittelpunkt des Trommelfells); Schnauze abgerundet, so lang oder etwas kürzer als der Augendurchmesser, etwas das Maul überragend; Canthus rostralis abgerundet; Lorealgegend konvex; Nasenloch gleichweit entfernt vom Auge und der Schnauzenspitze; Interorbitalraum so breit wie ein oberes Augenlid; Trommelfell mäßig deutlich, $^2/_5$ so breit wie das Auge, von dem letzteren um die Entfernung seines eigenen Durchmessers entfernt. Finger mäßig lang, der 1. kürzer als der 2., der so lang wie der 4. ist; dritter Finger so lang wie die Schnauze; Haftscheiben nicht doppelt so breit wie das letzte Phalangenglied; Zehen mit $^1/_2$ Schwimmhaut; Haftscheiben so groß wie die der Finger; mediale Metatarsaltuberkel oval, $^1/_3$ so lang wie die mediale Zehe; keine laterale; Subartikulartuberkel vorspringend. Das Tibiotarsalgelenk erreicht die Augenmitte; Tibia $3^1/_3$mal so lang wie breit, $2^1/_4$mal in der Körperlänge enthalten, so lang wie der Fuß; bei rechtwinklig angeknickten Hinterbeinen berühren die Fersen einander nicht. Haut oben und unten glatt; keine dorsale Glandularfalte; einige Granulae in der Analgegend und in den Weichen. Keine Supratympanalfalte. Femoraldrüse klein, niedergedrückt, wenig deutlich, so groß wie das Trommelfell.

Färbung des Rückens braun mit dunklen Flecken. Ein dorsolaterales Längsband von heller Farbe, aber nicht sehr deutlich, auf jeder Seite zwischen dem Hinterrand des Auges und den Weichen. Undeutliche dunkle Querbinden auf den Gliedmaßen. Hinterseite der Schenkel braun, netzartig gezeichnet. Unterseite einfarbig gelblichweiß. Körperlänge 32 mm.

Madagaskar (Tananarivo).

36. **M. (M.) methueni** (Angel) 1929 *Gephyromantis m.*, Angel in: Bull. Mus. Paris, ser. 2 *v.* 1 p. 361.

Zunge ohne Medianpapille. Vomerzähne in zwei kleinen Gruppen hinter dem Hinterrand der Choanen, jede Gruppe etwas näher der nächsten Choane als der anderen Gruppe. Kopf länger als breit, die Breite ist gleich dem Abstand der Schnauzenspitze von dem Hinterrand des Auges. Augen groß, stark vorspringend. Schnauze zugespitzt, über das Maul hinausragend; Canthus rostralis wenig deutlich, abgerundet; Lorealgegend leicht konkav, fast senkrecht; Nasenloch viel näher der Schnauzenspitze als dem Auge; Interorbitalraum breiter als ein oberes Augenlid; Trommelfell deutlich, kaum $^1/_2$ so breit wie das Auge, ungefähr um die Hälfte seines eigenen Durchmessers von diesem entfernt. Finger ziemlich lang, der 1. kürzer als der 2., der so lang oder kürzer als der 4. ist; 3. Finger so lang wie das Auge; Haftscheiben wenigstens 2mal so breit wie die letzte Phalange; Zehen mit $^1/_4$—$^1/_3$ Schwimmhaut, die letzten drei Phalangen der 4. Zehe frei; Haftscheiben kleiner als die der Finger; Subartikulartuberkel der Zehen kleiner als die der Finger; laterale Metatarsalia fest verbunden oder in ihrer distalen Hälfte durch Schwimmhaut getrennt; mediale Metatarsaltuberkel oval, $^2/_5$—$^1/_2$ so lang wie die mediale Zehe; eine kleine, konische, laterale Metatarsaltuberkel fast an der Basis der 4. Zehe. Das Tibiotarsalgelenk reicht bis zum vorderen Rand des Auges oder bis zwischen dieses und das Nasenloch; Tibia 4—$4^1/_2$mal so lang wie breit, 2mal (oder ein wenig mehr oder weniger) in der Körperlänge enthalten; bei rechtwinklig angeknickten Hinterbeinen decken die Fersen einander. Haut oben, unten und an den Seiten glatt; eine leichte glanduläre Supratympanalfalte, die noch vor der Insertion des Armes aufhört. Keine Femoraldrüse.

Oben hell gelblichbraun auf dem Rücken und den Gliedmaßen, einfarbig oder mit kleinen dunkelbraunen Flecken oder Punkten; eine unregelmäßige, hellere Dorsolateralbinde vom Auge zu den Weichen, mit kleinen dunklen Punkten besetzt; eine schwarze Binde vom Nasenloch zum Auge, sich auf die Supratympanalfalte verlängernd; Oberlippe weiß mit oder ohne kleine braune Flecken. Unterseite einfarbig gelblichweiß. Körperlänge 23 mm.

Madagaskar (Lagune von Ambila und Alaotra-See).

2. Gen. **Chiromantis** Peters

1855 *C.*, Peters in: Arch. Naturg., *v.* 21 I p. 56 | 1858 *C.*, Alb. Günther, Cat. Batr. sal. Brit. Mus., p. 84 | 1865 *C.*, E. D. Cope in: Nat. Hist. Rev., p. 116 | 1882 *C.*, Boulenger, Cat. Batr. sal. Brit. Mus., ed. 2 p. 92 | 1888 *C.*, Boulenger in: P. zool. Soc. London, p. 204 | 1905 *C.*, J. Roux in: Zool. Anz., *v.* 28 p. 784 | 1923 *C.*, F. Werner in: Verh. Ges. Wien, *v.* 72 p. 62.

Pupille horizontal; Zunge frei und hinten tief eingeschnitten; Vomerzähne vorhanden; Oberkiefer bezahnt; Zwischenknochen zwischen den Endphalangen der Finger und Zehen vorhanden; Finger mit Schwimmhaut, die beiden medialen den beiden lateralen opponierbar; Zehen mit Schwimmhaut; laterale Metatarsalia durch Schwimmhaut getrennt; Spitzen der Finger und Zehen zu großen Haftscheiben verbreitert; Coracoide mäßig stark, gerade; Präcoracoide schwach, gerade; Omosternum mit knöchernem, an der Basis gegabeltem Stiel. Nasalia getrennt, sowohl voneinander als auch von den Frontoparietalia.

Typus: *Chiromantis xerampelina* Peters.

12 Arten in Afrika.

Bestimmungstabelle der Arten der Gattung *Chiromantis*:

A. Das Tibiotarsalgelenk reicht über die Schnauzenspitze hinaus . . . . 1. **C. lepus**
AA. Das Tibiotarsalgelenk reicht höchstens bis zur Schnauzenspitze.
B. Mediale Metatarsaltuberkel groß, schaufelförmig . . . . 2. **C. kachowskii**
BB. Mediale Metatarsaltuberkel nur sehr klein.
C. Laterale Finger höchstens durch $^1/_3$ Schwimmhaut verbunden.
D. Haftscheiben sehr klein, höchstens $^1/_3$ des Trommelfelldurchmessers.
E. Laterale Finger frei von Schwimmhaut . . . . . . 3. **C. pygmaeus**
EE. Laterale Finger mit $^1/_3$ Schwimmhaut . . . . . . 4. **C. petersii**
DD. Haftscheiben mäßig groß oder groß, wenigstens $^1/_2$ so groß wie das Trommelfell.
E. Laterale Finger mit $^1/_3$ Schwimmhaut . . . . . . 5. **C. macrops**
EE. Laterale Finger nur am Grunde mit rudimentärer Schwimmhaut.
F. Tibia 2mal in Körperlänge . . . . 6. **C. albescens**
FF. Tibia $2^1/_2$mal in Körperlänge.
G. 1. Finger kaum kleiner als der 2.; keine Tarsalfalte . . . . 7. **C. fasciatus**
GG. 1. Finger etwas länger als der 2.; eine undeutliche Tarsalfalte . . . . 8. **C. kelleri**
CC. Laterale Finger wenigstens mit $^1/_2$ Schwimmhaut.
D. Zunge sehr klein . . . . 9. **C. microglossus**
DD. Zunge groß.
E. Tarsalfalte vorhanden . . . . 10. **C. rufescens**
EE. Tarsalfalte fehlt.

F. Haftscheiben $^2/_3$—$^3/_4$ so groß wie das Trommelfell; Tibiotarsalgelenk bis zum Augenvorderrand oder zwischen Auge und Schnauzenspitze . . . . . . 11. **C. xerampelina**

FF. Haftscheiben etwas größer als das Trommelfell; Tibiotarsalgelenk bis zum Hinterrand des Auges oder nicht ganz so weit . . . . 12. **C. umbelluzianus**

1. **C. lepus** L. G. Anderss. 1903 *C. l.*, L. G. Andersson in: Verh. Ges. Wien, *v.* 53 p. 142 | 1905 *C. l.*, L. G. Andersson in: Ark. Zool., *v.* 2 nr. 20 p. 9 t. 1 f. 1, 1a | 1923 *C. l.*, F. Werner in: Verh. Ges. Wien, *v.* 72 p. 64 | 1929 *C. l.*, E. Ahl in: Zool. Anz., *v.* 80 p. 28.

Vomerzähne in zwei deutlichen, nach hinten konvergierenden Gruppen zwischen den Choanen. Kopf flach, länger als breit; Schnauze vorn abgestumpft, länger als das Auge; Canthus rostralis deutlich; Lorealgegend länglich, konkav; Nasenloch viel näher der Schnauzenspitze als dem Auge; Trommelfell sehr deutlich, kreisrund, $^1/_2$ so groß wie das Auge; Zunge herzförmig, ausgeschnitten. Finger zu 2 und 2 gruppiert, die lateralen an der Basis verwachsen, an einigen Fingern keine Spur von Schwimmhaut vorhanden; Haftscheiben derselben wohl entwickelt, aber kleiner als das Trommelfell. Hintere Extremitäten sehr lang; das Tibiotarsalgelenk reicht über die Schnauzenspitze hinaus. Auch die Zehen sehr lang, alle durch vollständige Schwimmhaut verbunden; Haftscheiben klein, Subartikulartuberkel deutlich. Eine deutliche mediale Metatarsaltuberkel. Oberseite des Körpers fein granuliert, Gliedmaßen und Unterseite des Körpers glatt, mit Ausnahme der hintersten Partie des Bauches und der Subanalgegend, die granuliert sind.

Oberseite des Körpers und Kopfes olivenblau, welche Farbe an den Seiten von einem breiten braunen Bande begrenzt ist, das sich von der Schnauzenspitze über das Auge und Trommelfell bis an die hinteren Extremitäten erstreckt. Unterseite des Körpers und des Kopfes weiß, ungefleckt; die Seiten lichtblau mit braunschwarzen Flecken. Gliedmaßen oben und an den Seiten gelblichbraun mit dunkleren Flecken, unten weißlich. Körperlänge 53,5 mm.

Kamerun.

2. **C. kachowskii** Nikol. 1900 *C. k.*, Nikolsky in: Annuaire Mus. St.-Pétersb., *v.* 5 p. 246 | 1923 *C. k.*, F. Werner in: Verh. Ges. Wien, *v.* 72 p. 64 | 1924 *C. k.*, Noble in: Bull. Amer. Mus., *v.* 49 p. 320 | 1929 *C. k.*, E. Ahl in: Zool. Anz., *v.* 80 p. 28.

Vomerzähne in zwei schrägen Reihen zwischen den Choanen, der Zwischenraum zwischen ihnen gleich der Länge einer Reihe, die Gruppen den medialen Choanenrand erreichend. Kopf breiter als lang; Schnauze abgerundet, länger als das Auge; Lorealgegend konkav; Nasenloch kaum näher der Schnauzenspitze als dem Auge; Interorbitalraum schmaler als ein oberes Augenlid; Trommelfell $^1/_2$ des Augendurchmessers. Mediale Finger kaum mit Schwimmhaut versehen, laterale durch $^1/_3$ Schwimmhaut verbunden; Haftscheiben sehr klein oder undeutlich. Zehen fast völlig durch Schwimmhaut verbunden; Subartikulartuberkel groß; mediale Metatarsaltuberkel groß, schaufelförmig; laterale klein. Das Tibiotarsalgelenk reicht bis zum vorderen Augenrand. Haut glatt.

Färbung (in Alkohol) oben grau, Rücken mit rötlichen Makeln; eine weiße Linie von der Schnauzenspitze zum After; unten weiß; Rand des Unterkiefers schwarz. Körperlänge 35 mm.

Nähe von Ferad, Abessynien.

3. **C. pygmaeus** E. Ahl 1930 *C. p.*, E. Ahl in: Zool. Anz., *v.* 88 p. 219.

Körpergestalt mäßig gedrungen; Vomerzähne in zwei kleinen, schrägen Reihen zwischen und dicht bei den mäßig großen Choanen, um etwa die Länge einer Reihe voneinander getrennt; Zunge groß, hinten frei und mit zwei Zipfeln. Kopf ziemlich groß, so lang wie breit; Schnauze abgerundet, im Profil rundlich abgeflacht, nicht über das Maul hinausragend, so lang wie das große Auge, kürzer als der Abstand der vorderen Augenwinkel voneinander, länger als hoch; Canthus rostralis scharf; Lorealgegend fast vertikal, stark konkav; Nasenloch aufgetrieben, näher der Schnauzenspitze als dem Auge; Internasalraum so breit wie der Interorbitalraum, der etwa $1^1/_3$ mal so breit wie ein oberes Augenlid ist; Trommelfell deutlich, $^1/_2$ so breit wie das Auge, dicht bei dem letzteren liegend. Die zwei medialen Finger den beiden lateralen opponierbar; sowohl die beiden medialen wie auch die beiden lateralen frei von Schwimmhaut; Haftscheiben klein, etwa $^1/_3$ so breit wie das Trommelfell; 1. Finger etwas kürzer als der 2., 3. Finger länger als der 4.; dritter Finger etwas länger als die Schnauze; Subartikulartuberkel deutlich. Zehen mit etwa $^2/_3$ Schwimmhaut, die an der 5. Zehe bis an die Haftscheibe reicht, bei der 4. Zehe das letzte Glied, und bei den übrigen das halbe letzte Glied frei läßt; Haftscheiben sehr wenig kleiner als die der Finger; 5. Zehe länger als die 3.; laterale Metatarsalia nur schwach durch Schwimmhaut getrennt; eine undeutliche Tarsalfalte vorhanden; mediale Metatarsaltuberkel nur klein, flach; keine laterale, keine Tarsaltuberkel; Subartikulartuberkel klein. Das Tibiotarsalgelenk reicht bis zwischen Auge und Schnauzenspitze; Femur wenig kürzer als die Tibia, die $4^1/_2$ mal so lang wie breit, 2 mal in der Körperlänge enthalten, und viel länger als der Fuß ist; bei rechtwinklig angeknickten Hinterbeinen decken sich die Fersen. Haut oben und an den Seiten, ebenso wie die Oberseite der Extremitäten mit kleineren und größeren Warzen übersät; Kehle und Brust mit kleineren Tuberkeln besetzt; Bauch und Unterseite der Oberschenkel grob gekörnelt; eine dicht mit größeren Warzen besetzte Hautfalte über dem Trommelfell. Eine deutliche Postpektoralfalte.

Färbung (in Alkohol) auf der gesamten Oberseite hellgrau; von der Verbindungslinie der Augenmitte an nach vorn ist die Oberseite der Schnauze mit vielen wellenförmig verlaufenden, bräunlichen Querbinden versehen; in der Nackengegend eine undeutliche, unregelmäßige Zeichnung, die sich nach hinten ungleichmäßig und ebenso undeutlich bis etwas hinter die Kreuzgegend fortsetzt; Seiten der Schnauze bräunlich, mit dunkleren Querbinden, Ober- und Unterlippe schachbrettartig gemustert; vom Auge über das Trommelfell unterhalb der Supratympanalfalte bis zur Ansatzstelle der Vorderarme zieht sich eine breite dunkelbraune Binde. Oberseite der Extremitäten von der Farbe der Körperoberseite, mit einer Anzahl dunkelbrauner Querbinden. Unterseite der Kehle bräunlich, schwach dunkler gewölkt, die der Brust rein weiß, Bauch und Unterseite der Oberschenkel gelblich. Körperlänge 29 mm.

Kibwezi.

4. **C. petersii** Blgr. 1882 *C. p.*, Boulenger, Cat. Batr. sal. Brit. Mus., ed. 2 p. 93 t. 10 f. 1 | 1923 *C. p.*, F. Werner in: Verh. Ges. Wien, *v.* 72 p. 64 | 1924 *C. p.*, Noble in: Bull. Amer. Mus., *v.* 49 p. 320 | 1929 *C. p.*, E. Ahl in: Zool. Anz., *v.* 80 p. 29.

Vomerzähne in zwei schrägen Gruppen zwischen den Choanen. Kopf breiter als lang; Schnauze abgerundet, so lang wie der größte Augendurchmesser; Canthus rostralis undeutlich; Lorealgegend nicht konkav; Nasenloch gleichweit entfernt von Auge und Schnauzenspitze; Interorbitalraum kaum breiter als das obere Augenlid; Trommelfell $^1/_2$ so breit wie das Auge. Mediale Finger mit Schwimmhaut an der Basis, die lateralen mit $^1/_3$ Schwimmhaut; Zehen kurz, mit fast ganzen Schwimmhäuten; Haftscheiben sehr klein; Subartikulartuberkel gut entwickelt; eine kleine mediale Metatarsaltuberkel. Das Tibiotarsalgelenk erreicht das Auge. Haut glatt, gekörnelt auf dem Bauch und unter den Schenkeln; eine leichte Falte über dem Trommelfell.

Färbung (in Alkohol) oben graubraun, undeutlich marmoriert. Ein dunkelbrauner Streifen auf der Temporalgegend. Männchen mit innerer Schallblase. Körperlänge? (Fig. 36).

Inneres von Ost-Afrika.

Fig. 36.
Chiromantis petersii Blgr.
Habitus, rechts oben Mundhöhle. (Nach Boulenger).

5. **C. macrops** E. Ahl 1924 *C. petersii* (non Boulenger 1882), E. Ahl in: Mt. Mus. Berlin, *v.* 11 p. 7 | 1929 *C. macrops*, E. Ahl in: Zool. Anz., *v.* 80 p. 29.

Vomerzähne in zwei kleinen schrägen Gruppen zwischen und dicht bei den mäßig großen Choanen. Zunge groß, herzförmig, hinten frei und mit zwei Zipfeln. Kopf ziemlich groß, länger als breit; Schnauze stumpf abgerundet, im Profil abgerundet oder abgestutzt, nicht über das Maul hinausragend, so lang wie der größte Augendurchmesser, kürzer als der Abstand der vorderen Augenwinkel voneinander, länger als hoch; Canthus rostralis abgerundet; Lorealgegend konkav; Nasenloch aufgetrieben, gleichweit vom

Auge und der Schnauzenspitze oder sehr wenig näher der letzteren; Abstand der Nasenlöcher voneinander so breit wie der Interorbitalraum, der sehr wenig breiter als ein oberes Augenlid ist; Trommelfell mäßig deutlich, $^1/_2$ so groß wie das Auge, schräg oval, um etwa $^1/_3$ seines Durchmessers vom Auge entfernt. Die beiden medialen Finger den beiden lateralen opponierbar; mediale Finger nur an der Basis, laterale zu etwa $^1/_3$ durch Schwimmhaut verbunden; Haftscheiben groß, etwa $^3/_4$ so groß wie das Trommelfell; 1. Finger etwas länger als der 2., 3. etwas länger als der 4.; mediale Palmartuberkel deutlich; Subartikulartuberkel sehr groß und vortretend. Zehen mit fast ganzen Schwimmhäuten, die an allen Zehen bis zu den Haftscheiben gehen oder wenigstens als schmaler Hautsaum bis dorthin fortgeführt sind, außer an der 4., wo das letzte Glied fast frei, nur von einem sehr schmalen Hautsaum eingeschlossen ist; Haftscheiben etwas kleiner als die der Finger; 5. Zehe länger als die 3.; laterale Metatarsalia durch eine schmale Schwimmhaut getrennt; laterale Zehe mit einer deutlichen Hautfalte; Tarsalfalte fehlt; nur eine kleine, flache, mediale Metatarsaltuberkel, keine laterale, keine Tarsaltuberkel; Subartikulartuberkel sehr deutlich. Das Tibiotarsalgelenk reicht bis zur Augenmitte; Femur so lang wie die Tibia, die $4^1/_2$—5mal so lang wie breit, $2^1/_2$mal in der Körperlänge enthalten und viel länger als der Fuß ist; bei rechtwinklig angeknickten Hinterbeinen berühren die Fersen einander. Haut oben und besonders an den Seiten mit vielen, unregelmäßig angeordneten, verschieden großen Warzen und Erhebungen besetzt; Kehle und Brust mit kleinen Rauhigkeiten und Wärzchen, Bauch und Unterseite der Oberschenkel grob gekörnelt; eine deutliche, mit kleinen Warzen besetzte Supratympanalfalte und eine starke Querfalte auf der Brust.

Färbung (in Alkohol) oben grauweiß mit unregelmäßiger grauschwarzer, schwacher Zeichnung und ebensolchen Flecken; stets vorhanden sind eine aus einer Doppelreihe bestehende Querbinde zwischen den Augen, und eine dunkelgraue Temporalbinde. Kehle und Brust weiß, Bauch gelblich oder grau; Hinterseite der Oberschenkel marmoriert oder punktiert. Körperlänge 79 mm. Länge des eben verwandelten Tieres 19 mm.

Ganda Ali, Annia Galla und Arussi Galla.

6. **C. albescens** E. Ahl 1915 *C. petersii* (non Boulenger 1882), Nieden in: Mt. Mus. Berlin, *v.* 7 p. 363 | 1929 *C. albescens*, E. Ahl in: Zool. Anz., *v.* 80 p. 30.

Vomerzähne in zwei kleinen runden Gruppen zwischen und dicht bei den mäßig großen Choanen; Zunge ziemlich groß, hinten frei und mit zwei Zipfeln. Kopf ziemlich groß, so lang wie breit; Schnauze abgerundet, im Profil abgerundet, so lang wie das Auge, kürzer als der Abstand der vorderen Augenwinkel voneinander, länger als hoch; Canthus rostralis abgerundet; Lorealgegend nicht vertieft; Nasenloch aufgetrieben, nur wenig näher der Schnauzenspitze als dem Auge, Abstand der Nasenlöcher voneinander so breit wie der Interorbitalraum, der so breit wie ein oberes Augenlid ist; Trommelfell deutlich, $^1/_2$ so groß wie das Auge, dicht bei dem letzteren. Die zwei medialen Finger den zwei lateralen Fingern opponierbar, die medialen frei von Schwimmhaut, die lateralen mit einer Spur derselben an der Basis; Haftscheiben mäßig groß, etwa $^1/_2$ so groß wie das Trommelfell; 1. Finger etwas länger als der 2., 3. Finger wenig länger als der 4.; ein deutlicher medialer Palmarhöcker; Subartikulartuberkel deutlich, Zehen mit $^3/_4$ Schwimmhaut, die an der 1.—3. Zehe das letzte halbe Glied, an der 4. Zehe das ganze letzte Glied freiläßt, und an der 5. Zehe bis zur Haftscheibe geht; Haftscheiben etwas kleiner als die der Finger; 5. Zehe etwas länger als die 3.; laterale Metatarsalia nur schwach durch Schwimmhaut getrennt; laterale Zehe mit Hautfalte. Eine undeutliche Tarsalfalte vorhanden; mediale Metatarsaltuberkel sehr undeutlich, fast fehlend; keine laterale, keine Tarsaltuberkel; Subartikulartuberkel ziemlich klein. Das Tibiotarsalgelenk reicht bis zum Vorderrand des Auges; Femur sehr wenig kürzer als die Tibia, die 5mal so lang wie breit, 2mal in der Körperlänge enthalten und viel länger als der Fuß ist; bei rechtwinklig angeknickten Hinterbeinen decken die Fersen einander. Haut der Oberseite und der Seiten des Körpers sowie der Oberseite der Extremitäten mit kleineren und größeren Warzen übersät; Kehle und Brust mit kleineren Tuberkeln besetzt; Bauch und Unterseite der Oberschenkel grob gekörnelt; eine Hautfalte über dem Trommelfell und eine Querfalte über der Brust.

Färbung (in Alkohol) kalkweiß mit einigen schwachen dunkleren Punkten auf den größeren Warzen; Unterseite weiß; Hinterseite der Schenkel sowie die beim sitzenden Tier verborgenen Teile der Hinterbeine gelblich fleischfarben mit weißen Punkten; einige schwach angedeutete Querbinden auf den Schenkeln. Körperlänge 39 mm.

Pokomonie (Britisch-Ost-Afrika).

7. **C. fasciatus** E. Ahl 1915 *C. petersii* (non Boulenger 1882), Nieden in: Mt. Mus. Berlin, *v.* 7 p. 363 | 1929 *C. fasciatus*, E. Ahl in: Zool. Anz., *v.* 80 p. 31.

Vomerzähne in zwei kleinen schrägen Gruppen zwischen den mäßig großen Choanen; Zunge groß, hinten mit zwei Zipfeln. Kopf mäßig groß, breiter als lang; Schnauze abgerundet, im Profil abgerundet, kaum über das Maul hinausragend, so lang wie das Auge, kürzer als der Abstand der vorderen Augenwinkel voneinander, länger als hoch; Canthus rostralis abgerundet; Lorealgegend nicht vertieft; Nasenloch aufgetrieben, näher der Schnauzenspitze als dem Auge; Abstand der Nasenlöcher voneinander kaum schmaler als der Interorbitalraum, der kaum breiter als ein oberes Augenlid ist; Trommelfell mäßig deutlich, wenig mehr als $^1/_2$ bis $^2/_3$ des Augendurchmessers, dicht beim Auge liegend. Finger je zu zweien einander opponierbar, sowohl die beiden medialen wie die beiden lateralen nur am Grunde mit einer kaum sichtbaren Schwimmhaut; Haftscheiben mäßig groß, etwa $^1/_2$ so groß wie das Trommelfell; 1. Finger kaum kleiner als der 2., der von dem 4. überragt wird, der etwas kürzer als der 3. ist; ein deutlicher medialer Palmarhöcker; Subartikulartuberkel deutlich. Zehen mit $^3/_4$ Schwimmhaut, die an allen Zehen das letzte Glied freiläßt (höchstens als schmaler Hautsaum ein kurzes Stückchen hinaufgeht), außer an der 5. Zehe, wo sie bis zur Haftscheibe reicht; Haftscheiben kleiner als die der Finger; 5. Zehe ein wenig länger als die 3.; laterale Metatarsalia nur schwach durch Schwimmhaut getrennt; laterale Zehe mit deutlicher Hautfalte; Tarsalfalte fehlt; nur eine kleine, mediale Metatarsaltuberkel von etwa $^1/_4$ der Länge der medialen Zehe; keine laterale, keine Tarsaltuberkel; Subartikulartuberkel deutlich. Das Tibiotarsalgelenk reicht bis zur Augenmitte; Femur etwas kürzer als die Tibia, die 4mal so lang wie breit, $2^1/_2$mal in der Körperlänge enthalten und länger als der Fuß ist; bei rechtwinklig angeknickten Hinterbeinen berühren die Fersen einander. Haut oben im allgemeinen glatt, mit einer Anzahl verstreuter, teilweise recht großer, unregelmäßig angeordneter Warzen, die besonders hervortreten auf den Augenlidern, der Oberseite des Kopfes und an den Körperseiten; Kehle und Brust mit kleinen Rauhigkeiten und Wärzchen besetzt; Bauch und Unterseite der Oberschenkel stark granuliert.

Eine deutliche Hautfalte über dem Trommelfell und eine starke Querfalte auf der Brust.

Färbung (in Alkohol) oben weißlich grau, mit undeutlicher dunklerer Zeichnung auf dem Rücken; besonders auffallend sind einige dunkler gerandete Querbinden zwischen den Augen und auf der Oberseite der Schnauze. Ein dunkelbrauner Streifen auf der Temporalgegend. Die größeren Warzen des Rückens dunkelbraun gefärbt. Beine und Schenkel undeutlich quer gebändert. Unterseite einfarbig hell; Hinterseite der Oberschenkel gelblich. Körperlänge 55 mm.

Ikoma (Deutsch-Ost-Afrika), Taita (Britisch-Ost-Afrika).

8. **C. kelleri** Boettg. 1893 *C. k.*, O. Boettger in: Zool. Anz., *v.* 16 p. 131 | 1923 *C. k.*, F. Werner in: Verh. Ges. Wien, *v.* 72 p. 64 | 1924 *C. k.*, Noble in: Bull. Amer. Mus., *v.* 49 p. 320 | 1929 *C. k.*, E. Ahl in: Zool. Anz., *v.* 80 p. 33.

Vomerzähne in zwei schrägen Gruppen in einer Linie mit dem Hinterrande der Choanen; diese Gruppen voneinander wenig mehr entfernt als von den Choanen. Zunge ziemlich groß, hinten frei und mit zwei Zipfeln. Kopf ziemlich groß, etwas breiter als lang; Schnauze abgerundet, im Profil abgerundet, so lang wie das Auge, kürzer als der Abstand der vorderen Augenwinkel voneinander, länger als hoch; Canthus rostralis undeutlich; Lorealgegend nicht vertieft; Nasenloch aufgetrieben, wenig näher der Schnauzenspitze als dem Auge; Abstand der Nasenlöcher voneinander so breit wie der Interorbitalraum, der breiter als das obere Augenlid ist; Trommelfell deutlich, $^2/_3$ so breit wie das Auge, nahe bei dem letzteren. Die beiden medialen Finger den beiden lateralen opponierbar; die medialen frei von Schwimmhaut, die lateralen mit einer Spur derselben an der Basis; Haftscheiben mäßig groß, etwa $^1/_2$ so groß wie das Trommelfell; 1. Finger etwas länger als der 2., 3. wenig länger als der 4.; ein deutlicher medialer Palmarhöcker; Subartikulartuberkel deutlich. Zehen mit $^3/_4$ Schwimmhaut, die an der 1. bis 3. Zehe das letzte halbe Glied, an der 4. Zehe das ganze letzte Glied freiläßt, und an der 5. Zehe bis an die Haftscheibe geht; Haftscheiben etwas kleiner als die der Finger; 5. Zehe etwas länger als die 3.; laterale Metatarsalia nur schwach durch Schwimmhaut getrennt; laterale Zehe mit Hautfalte. Eine undeutliche Tarsalfalte vorhanden; mediale Metatarsaltuberkel sehr undeutlich, fast fehlend; keine laterale, keine Tarsaltuberkel; Subartikulartuberkel ziemlich klein. Das Tibiotarsalgelenk reicht bis zum Vorderrand des Auges; Femur sehr wenig kürzer als die Tibia, die $4^1/_2$ mal so lang wie breit, $2^1/_2$ mal in der Körperlänge enthalten und viel länger als der Fuß ist; bei rechtwinklig angeknickten Hinterbeinen decken die Fersen einander. Haut oben glatt, an den Seiten mit einzelnen Höckerchen und Wärzchen; unten auf Bauch und Oberschenkel sehr grob gekörnelt. Eine sehr kräftige Querfalte auf der Brust; eine gekrümmt abwärts steigende Falte über dem Trommelfell.

Färbung im Leben hell lehmfarben, zuweilen mit veränderlichen mattgrauen Flecken am Oberkörper und undeutlicher Bindenzeichnung der Hintergliedmaßen. Das Trommelfell und die Weichen leicht graulich bestäubt. Körperlänge 52,5 mm, ein auffallend großes Exemplar ist reichlich um $^1/_3$ größer.

Im Inneren der Somalisteppen häufig, besonders am Steppensee bei Laku und im Lande der Abdallah nördlich vom Webital.

9. **C. microglossus** E. Ahl 1929 *C. m.*, E. Ahl in: Zool. Anz., *v.* 80 p. 34.

Körpergestalt ziemlich schlank. Vomerzähne in zwei kurzen, schrägen Reihen zwischen den ziemlich kleinen Choanen. Zunge sehr klein, herzförmig;

hinten mit zwei Zipfeln. Kopf mäßig groß, so lang wie breit. Schnauze abgerundet, im Profil schwach verrundet, nicht über das Maul hinausragend, so lang wie das Auge, länger als hoch; Canthus rostralis abgerundet; Lorealgegend konkav; Nasenloch etwas aufgetrieben, in der Mitte zwischen Auge und Schnauzenspitze; Abstand der Nasenlöcher voneinander kleiner als der Interorbitalraum, der breiter als ein oberes Augenlid ist; Trommelfell deutlich, etwa $^1/_2$ so breit wie das Auge, nahe bei dem letzteren. Finger ziemlich lang, die beiden lateralen den beiden medialen opponierbar; die beiden medialen Finger und der 2. und 3. Finger nur durch ein Rudiment von Schwimmhaut miteinander verbunden; laterale Finger mit $^1/_2$ Schwimmhaut; Haftscheiben deutlich, etwa $^2/_3$ so groß wie das Trommelfell; 1. Finger kleiner als der 2., 4. wenig kürzer als der 3.; Subartikulartuberkel schwach entwickelt; ein sehr undeutlicher medialer Palmarhöcker. Zehen ziemlich kurz, mit fast ganzen Schwimmhäuten, die an allen Zehen völlig oder fast ganz bis an die Haftscheiben reichen; 5. Zehe länger als die 3.; laterale Metatarsalia durch Schwimmhaut getrennt; laterale Zehe mit schwacher Hautfalte; Tarsalfalte fehlt; nur eine sehr kleine, flache, mediale Metatarsaltuberkel, keine laterale, keine Tarsaltuberkel; Subartikulartuberkel schwach entwickelt. Das Tibiotarsalgelenk reicht bis zur Augenmitte; Femur so lang wie die Tibia, die 4 mal so lang wie breit, $2^1/_2$ mal in der Körperlänge enthalten und viel länger als der Fuß ist; bei rechtwinklig angeknickten Hinterbeinen berühren die Fersen einander. Oberseite glatt; Seiten des Körpers und des Kopfes und oberes Augenlid warzig; Kehle und Brust mit kleinen Tuberkeln besetzt; Bauch und Unterseite der Oberschenkel fein gekörnelt. Eine starke Querfalte auf der Brust; eine deutliche Supratympanalfalte.

Färbung (in Alkohol) oben grau mit wenigen dunklen Fleckchen; einige undeutliche Marmorierungen auf dem Rücken; Beine undeutlich quergebändert. Kehle und Brust weißlich, dunkler gefleckt; Bauch und Hinterseite der Oberschenkel schwärzlich-grau. Körperlänge 55 mm.

Damara.

10. **C. rufescens** (Günther) 1868 *Polypedates r.*, Alb. Günther in: P. zool. Soc. London, p. 486 | 1875 *Chiromantis guineensis*, Buchholz in: Peters in: Monber. Ak. Berlin, p. 203 t. 1 f. 1 | 1882 *C. rufescens*, Boulenger, Cat. Batr. sal. Brit. Mus., ed. 2 p. 92 t. 10 f. 2 | 1897 *C. r.*, Tornier, Kriechth. D.-O.-Afr., p. 96 | 1897 *C. r.*, Tornier in: Arch. Naturg., *v.* 63 I p. 65 | 1898 *C. r.*, F. Werner in: Verh. Ges. Wien, *v.* 48 p. 193 | 1899 *C. r.*, F. Mocquard in: Bull. Mus. Paris, *v.* 5 p. 219 | 1900 *C. r.*, Boulenger in: P. zool. Soc. London, p. 445 | 1905 *C. r.*, L. G. Andersson in: Ark. Zool., *v.* 2 nr. 20 p. 10 | 1906 *C. r.*, Boulenger in: Ann. Mus. Genova, ser. 3 *v.* 2 p. 165 | 1908 *C. r.*, F. Mocquard in: Foà, Result. Voy. Afr., p. 558 | 1908 *C. r.*, Nieden in: Mt. Mus. Berlin, *v.* 3 p. 500 | 1910 *C. r.*, Lorenz Müller in: Abh. Bayer. Ak., *v.* 24 p. 624 | 1910 *C. r.*, Nieden in: Fauna D. Kolon., ser. 1 Heft 2 p. 52 f. 102—104 | 1911 *C. r.*, Barbour in: Bull. Mus. Harvard, *v.* 54 p. 132 | 1911 *C. r.*, Despax in: Cottes, Miss. Cottes S.-Cameroun, p. 241 | 1911 *C. r.*, Lampe in: Jahrb. Ver. Nassau, *v.* 64 p. 212 | 1915 *C. r.* (part.), Nieden in: Mt. Mus. Berlin, *v.* 7 p. 363 | 1919 *C. r.*, Boulenger in: Rev. zool. Afr., *v.* 7 p. 9 | 1923 *C. xerampelina* (part.), F. Werner in: Verh. Ges. Wien, *v.* 72 p. 64 | 1924 *C. rufescens*, Noble in: Bull. Amer. Mus., *v.* 49 p. 229 | 1929 *C. r.*, E. Ahl in: Zool. Anz., *v.* 80 p. 35.

Vomerzähne in zwei schrägen oder fast geraden Gruppen zwischen den ziemlich kleinen Choanen. Zunge ziemlich groß, herzförmig, hinten frei und mit zwei Zipfeln. Kopf mäßig groß, so lang oder etwas länger als breit; Schnauze abgerundet oder rundlich zugespitzt, im Profil abgerundet, nicht oder nur sehr wenig über das Maul hinausragend, länger (sehr selten nur wenig länger) als der Augendurchmesser, viel kürzer als der Abstand der vorderen Augenwinkel voneinander, länger als hoch; Canthus rostralis abgerundet, mehr oder weniger deutlich; Lorealgegend flach oder konkav; Nasenloch aufgetrieben, viel näher der Schnauzenspitze als dem Auge, Abstand der Nasenlöcher voneinander viel kleiner als der Interorbitalraum, der breiter als das obere Augenlid ist; Trommelfell deutlich, $^{1}/_{2}$—$^{2}/_{3}$ des Auges, ziemlich nahe bei diesem. Die beiden lateralen Finger den beiden medialen opponierbar; mediale Finger nur an der Basis durch Schwimmhaut verbunden, ebenso wie zwischen den beiden medialen und den beiden lateralen Fingern; laterale Finger mit etwa $^{2}/_{3}$—$^{3}/_{4}$ Schwimmhaut, die fast bis an die Haftscheibe, wenigstens am 4. Finger, geht; 1. Finger kürzer als der 2., 4. Finger nur wenig kleiner als der 3.; Haftscheiben der beiden lateralen Finger etwa $^{3}/_{4}$ so groß wie das Trommelfell, die der medialen kleiner; Subartikulartuberkel ziemlich klein; Palmarhöcker deutlich. Zehen mäßig lang, mit ganzen Schwimmhäuten, die an allen Zehen bis unter die Haftscheiben reichen; Haftscheiben kleiner als die der

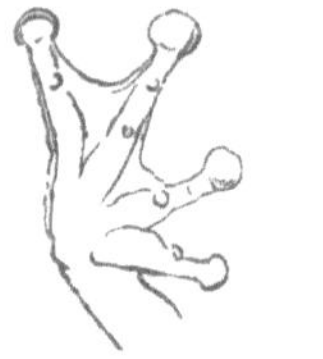

Fig. 37. **Chiromantis rufescens** (Günther). Hand. (Nach Nieden).

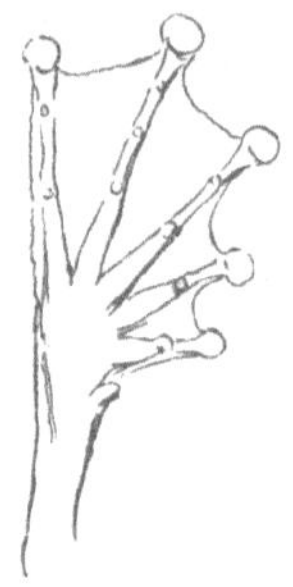

Fig. 38. **Chiromantis rufescens** (Günther). Fuß. (Nach Nieden).

Fig. 39. **Chiromantis rufescens** (Günther). Kopf von der Seite. (Nach Nieden).

Fig. 40. **Chiromantis rufescens** (Günther). Hand. (Nach Boulenger).

Finger; 5. Zehe länger als die 3.; laterale Metatarsalia weit durch Schwimmhaut getrennt; laterale Zehe mit Hautfalte; eine deutliche, jedoch etwas unterbrochene Tarsalfalte vorhanden; nur eine kleine, spitze, mediale Metatarsaltuberkel, keine laterale (oder nur eine sehr undeutliche), keine Tarsaltuberkel; Subartikulartuberkel ziemlich klein. Das Tibiotarsalgelenk reicht bis zur Augenmitte oder bis zwischen Auge und Schnauzenspitze; Femur kürzer als die Tibia, die $4^{1}/_{2}$—5mal so lang wie breit, 2mal oder wenig mehr in der Körperlänge enthalten und viel länger als der Fuß ist; bei rechtwinklig angeknickten Hinterbeinen überragen die Fersen einander. Haut oben mit einzeln stehenden, in ziemlich regelmäßigen Abständen befindlichen Tuberkeln, die sowohl auf dem Körper als auf der Oberseite des Kopfes sowie der Vorder- und Hintergliedmaßen bemerkbar sind; Seiten stark mit Warzen besetzt, an der Ferse und in der Umgebung des Afters eine Anzahl kleiner hervorragender Tuberkel; Kehle und Brust glatt oder mit kleinen Tuberkeln besetzt, Bauch und Unterseite der Oberschenkel fein gekörnelt; einige kleine, in einer schräg abwärts steigenden Reihe befindliche Warzen deuten eine Supratympanalfalte an. Eine schwache Querfalte auf der Brust.

Färbung (in Alkohol) oberseits hell bräunlichgelb, mit unregelmäßiger mehr oder weniger dunkelbrauner Zeichnung; konstant ist eine braune Querbinde zwischen den Augen und ein dunklerer Fleck auf dem Trommelfell;

manchmal fast einfarbig bräunlich. Beine mit dunklen Querbinden, Unterseite weiß. Hinterseite der Oberschenkel einfarbig bräunlich. Färbung im Leben (nach Buchholz): Oberseite rötlich braungelb mit einer Beimengung von roströtlich, besonders auf der Oberseite der Extremitäten; auf dieser Grundfärbung aderförmige schwarzbraune, aus feinen Pünktchen bestehende Marmorierungen. Zwischen den Augen bilden sie eine Art von Querband, zwischen Nasenloch und Auge jederseits einen etwas dunkleren Längsstreifen, der Rücken netzförmig marmoriert, auf dem Oberschenkel 5—6 dunklere Querbänder, 4—5 am Unterschenkel, ebensolche, doch weniger deutlich ausgeprägte über dem Fußrücken. Ebenso am Unterarm einige schwächer markierte Querbänder. Trommelfell dunkler schwärzlich. Iris von der Grundfarbe, goldglänzend schwärzlich geadert. Unterseite: Kehle und Brust

Fig. 41.
Chiromantis rufescens (Günther).
Habitus nach dem Leben. (Nach Noble).

gelblichweiß, Bauch hellgrünlich, Unterseite der Extremitäten hellgelblich. Unterhalb des Afters am Gesäß jederseits ein viereckiger weißer Fleck. Ein weißlicher Streif setzt sich von der Ferse auf den äußeren Rand der äußersten Zehe fort. Schwimmhäute dunkler bräunlich. Körperlänge 70 mm.

West-Afrika.

Larve: Körperhöhe $1^1/_2$ mal in der Körperlänge, und Körperbreite $1^5/_6$ bis fast 2 mal in der Körperlänge enthalten. Schwanz etwa 2 mal so lang wie der Körper, etwa $2^1/_2$ mal so lang wie hoch, die Höhe des muskulösen Teiles an der Basis $^1/_2$ so groß wie die größte Körperhöhe. Nasenloch nicht sichtbar. Augen groß, seitlich; viel näher dem Spiraculum als der Schnauzenspitze; Abstand der Augen voneinander 3 mal so groß wie die Breite des Maules. Spiraculum linksseitig, von oben und unten sichtbar, aufwärts und rückwärts gerichtet, etwas näher dem After als der Schnauzenspitze. After rechtsseitig. Schwanz in einen spitzen Faden endend, oberer

Saum so breit wie der untere, der obere sich weit auf den Rücken erstreckend. Lippen an den Seiten und am unteren Rande mit kleinen Papillen besetzt, die untere Reihe nicht unterbrochen; Kiefer schwarz gerandet; Oberkiefer mit einer einzigen, nicht unterbrochenen Zahnreihe, Unterkiefer mit 3 Reihen von Zähnen, von denen die beiden medialen Reihen in der

Fig. 42.
Chiromantis rufescens (Günther).
Laichmasse. (Nach Buchholz & Peters).

Mitte unterbrochen sind; jede dieser unterbrochenen Reihen halbmondförmig verlaufend. Haut glatt, am Kopf etwas chagriniert.

Färbung (in Alkohol) schwärzlich grau, am Bauche etwas heller grau. Totallänge der erwachsenen Kaulquappe mit Hinterbeinstummeln 75 mm, davon 52 mm auf den Schwanz. Körperlänge des frisch verwandelten Fröschchens (noch mit Stummelschwänzchen, der jedoch nicht mitgemessen wurde) 20 mm. (Fig. 37—42).

11. **C. xerampelina** Ptrs. 1855 *C. x.*, Peters in: Arch. Naturg., *v.* 21 I p. 56 | 1858 *C. x.*, Alb. Günther, Cat. Batr. sal. Brit. Mus., p. 85 | 1882 *C. x.*, Boulenger, Cat. Batr. sal. Brit. Mus., ed. 2 p. 93 | 1882 *C. x.*, Peters, Reise Mossamb., *v.* 3 p. 170 t. 24 f. 1 | 1897 *C. x.*, Tornier, Kriechth. D.-O.-Afr., p. 26 | 1913 *C. x.*, F. Werner in: Denk. Ak. Wien, *v.* 88 p. 718 | 1915 *C. x.*, Nieden in: Mt. Mus. Berlin, *v.* 7 p. 363 | 1923 *C. x.*, F. Werner in: Verh. Ges. Wien, *v.* 72 p. 64 | 1924 *C. x.*, Noble in: Bull. Amer. Mus., *v.* 49 p. 320 | 1929 *C. x.*, E. Ahl in: Zool. Anz., *v.* 80 p. 36.

Körpergestalt etwas gedrungener als bei *C. rufescens.* Vomerzähne in zwei schrägen Reihen zwischen den ziemlich kleinen Choanen; Zunge herzförmig, hinten mit zwei Zipfeln und frei abhebbar; Kopf kurz, breiter als lang; Schnauze kurz, abgerundet, im Profil verrundet, kaum über das Maul hinwegragend, so lang oder wenig länger als das Auge, viel kleiner als der Abstand der vorderen Augenwinkel voneinander, länger als hoch; Canthus rostralis abgerundet; Lorealgegend schwach vertieft; Nasenloch etwas aufgetrieben, etwas näher der Schnauzenspitze als dem Auge, Abstand der Nasenlöcher voneinander etwas schmaler als der Interorbitalraum, der etwas breiter als ein oberes Augenlid ist; Trommelfell $^1/_2$ bis $^2/_3$ so groß wie das Auge, nahe beim letzteren. Die beiden lateralen Finger den beiden medialen opponierbar; mediale Finger nur an der Basis durch Schwimmhaut verbunden,

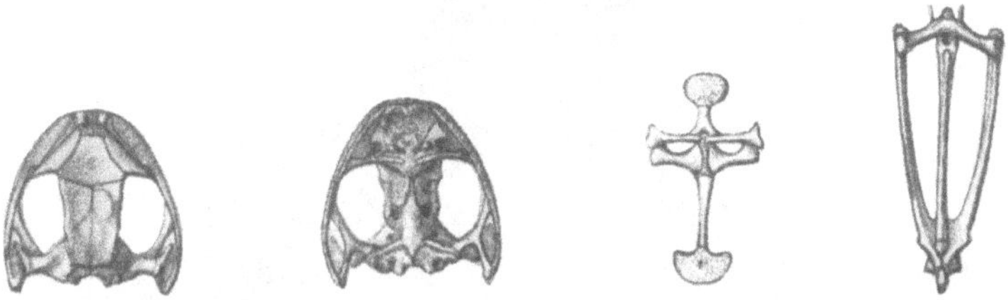

Fig. 43.
Chiromantis xerampelina Ptrs.
Schädel von oben, von unten, Schultergürtel, Beckengürtel.
(Nach Peters).

ebenso der 2. und 3. Finger; die beiden lateralen Finger mit $^1/_2$—$^3/_4$ Schwimmhaut, die, wenigstens bei dem 4. Finger ganz oder fast ganz bis zur Haftscheibe reicht; Haftscheiben etwa $^2/_3$ bis $^3/_4$ so groß wie das Trommelfell; Subartikulartuberkel ziemlich klein; Palmarhöcker nicht sehr deutlich. Zehen mäßig lang, mit ganzen Schwimmhäuten, die an allen Zehen bis unter die Haftscheiben reichen; Haftscheiben kleiner als die der Finger; 5. Zehe ein klein wenig länger als die 3.; laterale Metatarsalia völlig durch Schwimmhaut getrennt; laterale Zehe mit Hautfalte; Tarsalfalte, auch Andeutung einer solchen, fehlt völlig; nur eine kleine, flache, mediale Metatarsaltuberkel, keine laterale, keine Tarsaltuberkel; Subartikulartuberkel deutlich, papillenartig vorspringend. Das Tibiotarsalgelenk reicht bis zum Augenvorderrand oder zwischen Auge und Schnauzenspitze; Femur kürzer als die Tibia, die $4^1/_2$ bis 5 mal so lang wie breit, etwa 2 mal in der Körperlänge enthalten und viel länger als der Fuß ist; bei rechtwinklig angeknickten Hinterbeinen decken oder überragen die Fersen einander. Haut oben mehr oder weniger glatt, mit vereinzelten verstreuten Tuberkeln, besonders auf dem oberen Augenlid; Körperseiten stark warzig; Kehle und Brust mit Tuberkeln besetzt; Bauch und Unterseite der Oberschenkel fein granuliert; eine deutliche Supratympanalfalte; eine starke Querfalte auf der Brust.

Färbung (in Alkohol) mehr oder weniger weißlich oder aschgrau, fast stets einfarbig, nur sehr selten mit unregelmäßiger, dunklerer Zeichnung auf dem Rücken und dem Kopfe, fast stets einige dunkle Flecke und Zeichnungen an den Körperseiten; Beine manchmal mit undeutlichen Querbinden; Hinterseite der Oberschenkel bräunlich; Unterseite einfarbig weiß. Männchen ohne Schallblasen. Körperlänge 70 mm. Länge frisch verwandelter Frösche 14 mm. (Fig. 43, 44).

Ost-Afrika.

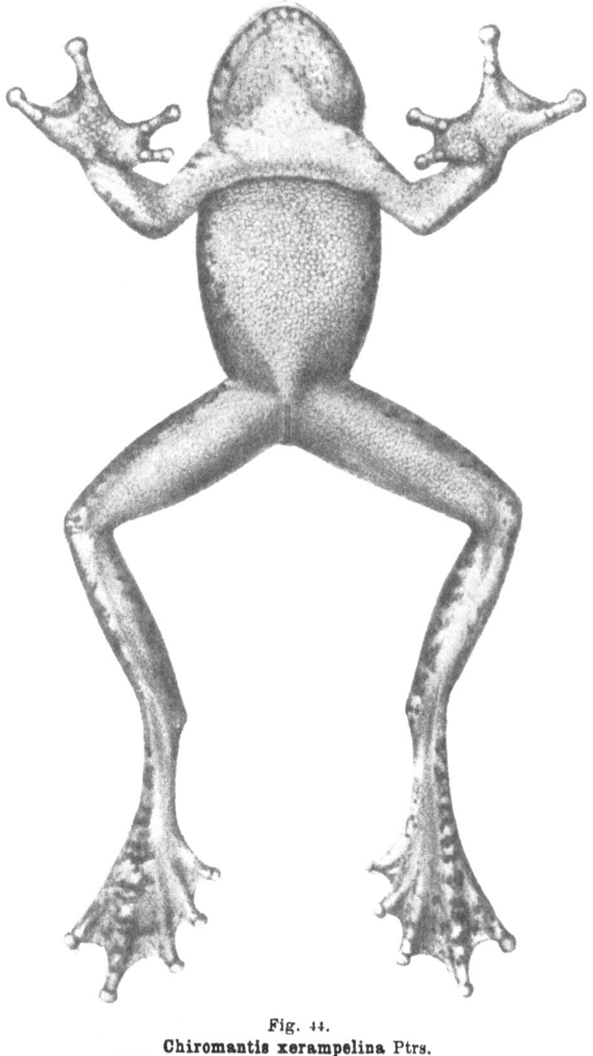

Fig. 44.
Chiromantis xerampelina Ptrs.
Habitus von der Ventralseite. (Nach Peters).

12. **C. umbelluzianus** Ferreira 1921 *C. u.*, Ferreira in: J. Ac. Lisboa, ser. 3 *v.* 2 p. 205 t. 1—2 | 1923 *C. u.*, F. Werner in: Verh. Ges. Wien, *v.* 72 p. 64 | 1929 *C. u.*, E. Ahl in: Zool. Anz., *v.* 80 p. 37.

Körpergestalt ziemlich gedrungen. Vomerzähne in zwei kurzen, schrägen Reihen zwischen den ziemlich kleinen Choanen, nahe an deren medialem vorderen Rand beginnend, weiter voneinander entfernt als eine Gruppe lang ist. Zunge groß, hinten frei und mit zwei kurzen Zipfeln. Kopf mäßig groß, breiter als lang. Schnauze abgerundet, im Profil verrundet, kaum über das Maul hinwegragend, so lang wie das Auge, viel kürzer als der Abstand der vorderen Augenwinkel voneinander, länger als hoch; Canthus rostralis abgerundet, Lorealgegend konkav; Nasenloch aufgetrieben, etwas näher der Schnauzenspitze als dem Auge; Abstand der Nasenlöcher voneinander kleiner als der Interorbitalraum, der breiter als das obere Augenlid ist; Trommelfell deutlich, $^1/_2$—$^2/_3$ so groß wie das Auge, um $^1/_3$ seiner eigenen Breite von dem letzteren entfernt. Finger stark und kräftig, mit etwa $^1/_2$ Schwimmhaut zwischen den beiden lateralen Fingern, die, wenigstens am 4. Finger, bis an die Haftscheiben (als schmaler Hautsaum) geht; 1. und 2., sowie 2. und 3. Finger nur am Grunde durch Schwimmhaut verbunden; Haftscheiben etwas größer als das Trommelfell; 1. Finger etwas kürzer als der 2., 4. Finger nur wenig kleiner als der 3.; Subartikulartuberkel deutlich, papillenartig vorspringend; ein deutlicher lateraler Palmarhöcker. Zehen ziemlich kurz, mit ganzen Schwimmhäuten, die an allen Zehen bis unter die Haftscheiben gehen; Haftscheiben kleiner als die der Finger; 5. Zehe etwas länger als die 3.; laterale Metatarsalia völlig durch Schwimmhaut getrennt; laterale Zehe mit deutlicher Hautfalte; Tarsalfalte fehlt; nur eine sehr kleine, flache, mediale Metatarsaltuberkel, keine laterale, keine Tarsaltuberkel; Subartikulartuberkel deutlich, papillenartig vorspringend. Das Tibiotarsalgelenk reicht bis zum Hinterrand des Auges oder nicht ganz so weit; Femur so lang oder nur wenig kürzer als die Tibia, die $3^1/_2$—4 mal so lang wie breit, $2^1/_3$—$2^1/_2$ mal in der Körperlänge enthalten und viel länger als der Fuß ist; bei rechtwinklig angeknickten Hinterbeinen berühren die Fersen einander. Haut oben stark warzig; Kehle und Brust glatt, mit vielen kleinen spitzen Wärzchen besetzt; Bauch und Unterseite der Oberschenkel stark und ungleichmäßig gekörnelt; eine starke Hautfalte über der Brust; eine starke Supratympanalfalte.

Färbung (in Alkohol) oben hellbräunlich, mit vielen unregelmäßigen dunkelbraunen Binden und Zeichnungen; besonders deutlich und fast stets erkennbar ist eine Querzeichnung zwischen den Augen und eine breite, Λ-förmige Zeichnung auf dem Nacken und dem vorderen Teil des Rückens. Seiten meist undeutlich quergebändert; Hinterbeine mit unregelmäßigen Querbinden. Unterseite einfarbig gelblichweiß, nur die Kehle mit dunkler Fleckenzeichnung, die am Unterkieferrande häufig in eine schachbrettartige Zeichnung übergeht. Körperlänge 80 mm.

Portugiesisch-Ost-Afrika.

3. Gattung **Rhacophorus** Kuhl

1827 *R.*, Kuhl in: Isis, *v.* 20 p. 294 | 1830 *Hypsiboas* (part.), Wagler, Syst. Amph., p. 200 | 1838 *Polypedates* + *Boophis* + *Bürgeria*, Tschudi, Classif. Batr., p. 34 | 1841 *P.* + *Ixalus* + *Rhacophorus*, C. Duméril & G. Bibron, Erpét., *v.* 8 p. 515, 523, 530 | 1848 *Philautus*, Gistel, Naturg. Thierr., p. 10 | 1858 *Ixalus* + *Polypedates* + *Rhacophorus*, Alb. Günther, Cat. Batr. sal. Brit. Mus., p. 74, 77, 82 | 1865 *I.* + *P.* + *R.*, E. D. Cope in: Nat. Hist. Rev., p. 116 | 1867 *Leptomantis*, Peters in: Monber. Ak. Berlin, p. 32 | 1882 *Rhacophorus* + *Ixalus*, Boulenger, Cat. Batr. sal. Brit. Mus., ed. 2 p. 73, 93 | 1893 *Phrynoderma* + *Chirixalus*, Boulenger in: Ann. Mus. Genova, ser. 2 *v.* 13 p. 341 | 1903 *Leptomantis*, Poche in: Zool. Anz., *v.* 26 p. 700 | 1905 *Philautus*, Stejneger in: P. U. S. Mus., *v.* 28 p. 346 | 1905 *Phrynoderma* + *Chirixalus* + *Rhacophorus*, J. Roux in: Zool. Anz., *v.* 28 p. 780, 784 | 1920 *Gephyromantis*, Methuen in: P. zool. Soc. London (1919), p. 351 | 1920 *Hazelia*, Taylor in: Philipp. J. Sci., *v.* 16 p. 292 | 1923 *Rhacophorus* + *Philautus*, Kampen, Amph. Indo-Austral. Archip., p. 242, 268.

Pupille horizontal; Zunge hinten frei, tief oder kaum eingeschnitten, mit allen Übergängen zwischen den Extremen; Oberkiefer bezahnt; Vomerzähne vorhanden oder fehlend; Zwischenknochen zwischen den Endphalangen der Finger und Zehen vorhanden; die beiden medialen Finger den beiden lateralen opponierbar oder nicht opponierbar; Finger frei oder mit Schwimmhaut, Zehen durch Schwimmhaut verbunden; laterale Metatarsalia meist durch Schwimmhaut getrennt, doch auch nur durch eine Grube getrennt oder fest verbunden; Finger und Zehen mit großen Haftscheiben, deren Ober- und Unterseite durch eine Furche getrennt sind; Endphalangen stumpf oder gegabelt. Coracoide mehr oder weniger stark, gerade; Praecoracoide schwächer, gerade, wagerecht; Omosternum und Sternum mit knöchernem Stiel.

Verbreitung: Tropisches Asien bis Mittel-China und Japan, Indo-Malayischer Archipel, Madagaskar.

194 Arten, 2 Unterarten, 1 unsichere Art, davon 153 Arten in Asien und 41 auf Madagaskar.

Die Gattung zerfällt in 4 Untergattungen, siehe Bestimmungstabelle.

Subgen. A. *Phrynoderma* Boulenger nr. 1—2.
„ B. *Philautus* Gistel nr. 3—66.
„ C. *Chirixalus* Boulenger nr. 67—72.
„ D. *Rhacophorus* Kuhl nr. 73—153.

Bestimmungstabelle der asiatischen Arten der Gattung *Rhacophorus*:

A. Vomerzähne fehlen (doch siehe auch *Rhacophorus edentulus* (nr. 133), *R. japonicus* (nr. 80), *R. microtympanum* (nr. 103)).
B. Zunge oval, fast ganzrandig, hinten kaum eingeschnitten . . . . A. Subgen. **Phrynoderma**
C. Finger mit halben Schwimmhäuten . . . . 1. **R. (P.) phrynoderma**
C'. Finger frei . . . . 2. **R. (P.) moloch**
B'. Zunge mehr oder weniger herzförmig, hinten mit zwei Zipfeln.
C. Die beiden medialen Finger den beiden lateralen Fingern nicht opponierbar . . . . B. Subgen. **Philautus**
CC. Laterale Finger mit $^1/_2$ Schwimmhaut.
D. Zehen mit $^2/_3$ Schwimmhaut (die beiden letzten Glieder der 4. Zehe freilassend) . . . . 3. **R. (P.) zamboagensis**
D'. Zehen mit $^3/_4$ oder ganzer Schwimmhaut.
E. Die Schwimmhaut läßt das letzte Glied der 4. Zehe frei . . . . 4. **R. (P.) bimaculatus**
E'. Die Schwimmhaut reicht auch bei der 4. Zehe bis an die Haftscheiben . . . . 5. **R. (P.) horridus**
CC'. Laterale Finger frei, oder nur mit einem Rudiment von Schwimmhaut.
DD. Finger völlig frei, auch zwischen den lateralen Fingern (doch siehe auch *Rhacophorus aurifasciatus*, *R. williamsi*).
EE. Zehen nur an der Basis durch Schwimmhaut verbunden.
F. Nasenloch näher der Schnauzenspitze als dem Auge.
G. Trommelfell undeutlich, kaum erkennbar.
H. Schnauze stumpf, so lang wie der Augendurchmesser . . . . 6. **R. (P.) hypomelas**
H'. Schnauze vorn mit einem zugespitzten, konischen Vorsprung, länger als das Auge . 7. **R. (P.) woodi**

G'. Trommelfell deutlich.
HH. Das Tibiotarsalgelenk reicht bis zum Auge oder nur wenig darüber . . . . 8. **R. (P.) hazelae**
HH'. Das Tibiotarsalgelenk reicht wenigstens bis zur Schnauzenspitze.
I. Das Tibiotarsalgelenk erreicht die Schnauzenspitze.
K. Trommelfell $^1/_4$ des Augendurchmessers . 9. **R. (P.) andersoni**
K'. Trommelfell $^3/_4$ des Augendurchmessers . 10. **R. (P.) flavosignatus**
I'. Das Tibiotarsalgelenk reicht über die Schnauzenspitze hinaus.
KK. Trommelfell $^2/_5$ des Augendurchmessers . 11. **R. (P.) cornutus**
KK'. Trommelfell fast so groß wie das Auge . 12. **R. (P.) anodon**
F'. Nasenloch gleich weit von Auge und Schnauzenspitze.
GG. Das Tibiotarsalgelenk erreicht die Schnauzenspitze . . . . 13. **R. (P.) kempiae**
GG'. Das Tibiotarsalgelenk reicht bis zur Schnauzenspitze oder nicht ganz so weit.
HHH. Trommelfell sehr deutlich . . . . . . 14. **R. (P.) garo**
HHH'. Trommelfell undeutlich.
II. Canthus rostralis undeutlich . . . . 15. **R. (P.) parvulus**
II'. Canthus rostralis deutlich.
KKK. Kehle glatt, Interorbitalraum breiter als das obere Augenlid . . . . 16. **R. (P.) annandalii**
KKK'. Kehle gekörnelt, Interorbitalraum fast doppelt so breit wie ein oberes Augenlid 17. **R. (P.) glandulosus**
EE'. Zehen wenigstens mit $^1/_3$ Schwimmhaut.
FF. Zehen wenigstens mit $^2/_3$ Schwimmhaut.
GGG. Zehen mit $^2/_3$ Schwimmhaut.
H. Trommelfell deutlich . . . . 18. **R. (P.) oxyrhynchus**
H'. Trommelfell verborgen.
I. Das Tibiotarsalgelenk reicht bis zur Schnauzenspitze oder fast so weit . . . . 19. **R. (P.) femoralis**
I'. Das Tibiotarsalgelenk reicht bis zur Augenmitte . . . . 20. **R. (P.) rugatus**
GGG'. Zehen mit $^3/_4$ oder ganzer Schwimmhaut.
HH. Trommelfell fast so groß wie das Auge . 21. **R. (P.) asperrimus**
HH'. Trommelfell $^1/_3$—$^1/_2$ des Augendurchmessers 22. **R. (P.) argus**
FF'. Zehen mit $^1/_3$—$^1/_2$ Schwimmhaut.
G. Außer der medialen noch eine kleine laterale Metatarsaltuberkel vorhanden (siehe auch *Rhacophorus basilanensis*).
H. Trommelfell undeutlich . . . . 23. **R. (P.) cinerascens**
H'. Trommelfell deutlich . . . . 24. **R. (P.) spinosus**
G'. Keine laterale Metatarsaltuberkel.
HH. Das Tibiotarsalgelenk reicht nicht über das Auge hinaus.
I. Interorbitalraum so breit wie ein oberes Augenlid.
K. Schnauze kürzer als das Auge, Trommelfell deutlich . . . . 25. **R. (P.) halyi**
K'. Schnauze so lang wie das Auge, Trommelfell undeutlich.
L. Schnauze zugespitzt . . . . 26. **R. (P.) signatus**
L'. Schnauze abgerundet . . . . 27. **R. (P.) flaviventris**

I'. Interorbitalraum breiter als das obere Augenlid.
KK. Kehle glatt.
LL. Haut oben glatt . . . . 28. **R. (P.) travancoricus**
LL'. Haut oben rauh, mit verstreuten zugespitzten Warzen . . . . 29. **R. (P.) bombayensis**
KK'. Kehle granuliert.
LLL. Schnauze so lang wie das Auge . . 30. **R. (P.) beddomii**
LLL'. Schnauze etwas kürzer als das Auge.
M. Haftscheiben größer als das Trommelfell 31. **R. (P.) brevipes**
M'. Haftscheiben so groß wie das Trommelfell . . . . 32. **R. (P.) parkeri**
HH'. Das Tibiotarsalgelenk reicht deutlich über das Auge hinaus (siehe auch *Rhacophorus signatus*).
I. Das Tibiotarsalgelenk reicht über die Schnauzenspitze hinaus (siehe auch *Rhacophorus pictus*).
K. Interorbitalraum so breit wie das obere Augenlid . . . . 33. **R. (P.) basilanensis**
K'. Interorbitalraum breiter als das obere Augenlid.
L. Trommelfell undeutlich.
M. Schnauze abgerundet, so lang wie das Auge . . . . 34. **R. (P.) pallidipes**
M'. Schnauze zugespitzt, länger als das Auge 35. **R. (P.) leitensis**
L'. Trommelfell deutlich.
MM. Trommelfell 1/4 des Augendurchmessers . . . . 36. **R. (P.) schmackeri**
MM'. Trommelfell 2/5 des Augendurchmessers . . . . 37. **R. (P.) longicrus**
I'. Das Tibiotarsalgelenk reicht nicht über die Schnauzenspitze hinaus.
KK. Trommelfell 2/3—3/4 des Augendurchmessers . . . . 38. **R. (P.) pictus**
KK'. Trommelfell höchstens 1/2 des Augendurchmessers oder undeutlich.
LL. Interorbitalraum so breit wie ein oberes Augenlid.
M. Haftscheiben der Finger größer als das Trommelfell . . . . 39. **R. (P.) castanomerus**
M'. Haftscheiben der Finger höchstens so groß wie das Trommelfell.
N. Haftscheiben der Finger so groß oder fast so groß wie das Trommelfell.
O. Das Tibiotarsalgelenk erreicht die Schnauzenspitze . . . . 40. **R. (P.) petersi**
O'. Das Tibiotarsalgelenk reicht bis zwischen Auge und Schnauzenspitze.
P. Schnauze etwas länger als das Auge . 41. **R. (P.) nasutus**
P'. Schnauze so lang wie das Auge . . 42. **R. (P.) larutensis**
N'. Haftscheiben der Finger 1/2 der Größe des Trommelfells . . . . 43. **R. (P.) schmardanus**
LL'. Interorbitalraum breiter als ein oberes Augenlid.
MM. Trommelfell verborgen . . . . 44. **R. (P.) chalazodes**
MM'. Trommelfell deutlich.

NN. Zehen mit $^1/_2$ Schwimmhaut, Schnauze weit über das Maul hinwegragend . . 45. **R. (P.) malcolmsmithi**
NN'. Zehen mit $^1/_3$ Schwimmhaut, Schnauze nicht oder nur wenig über das Maul hinwegragend.
OO. Schnauze so lang wie das Auge . . 46. **R. (P.) mindorensis**
OO'. Schnauze länger als das Auge . . . 47. **R. (P.) laevis**
DD'. Finger, wenigstens zwischen den lateralen, mit rudimentärer Schwimmhaut.
E. Zehen mit $^3/_4$ Schwimmhaut.
F. Trommelfell deutlich . . . . 48. **R. (P.) carinensis**
F'. Trommelfell verborgen . . . . 49. **R. (P.) vittatus**
E'. Zehen höchstens mit $^2/_3$ Schwimmhaut.
FF. Das Tibiotarsalgelenk reicht nicht über das Auge hinaus (siehe auch *Rhacophorus variabilis*).
G. Zehen nur mit $^1/_3$ Schwimmhaut . . . . . . 50. **R. (P.) leucorhinus**
G'. Zehen mit $^1/_2$—$^2/_3$ Schwimmhaut.
H. Schnauze etwas länger als das Auge . . . 51. **R. (P.) gryllus**
H'. Schnauze so lang wie das Auge.
II. Trommelfell deutlich . . . . 52. **R. (P.) dubius**
II'. Trommelfell undeutlich . . . . 53. **R. (P.) adspersus**
FF'. Das Tibiotarsalgelenk reicht über das Auge hinaus.
GG. Das Tibiotarsalgelenk reicht nicht über die Schnauzenspitze hinaus.
HH. Nasenloch ebenso weit von der Schnauzenspitze wie vom Auge . . . . 54. **R. (P.) aurifasciatus**
HH'. Nasenloch näher der Schnauzenspitze als dem Auge.
III. Interorbitalraum so breit wie das obere Augenlid . . . . 55. **R. (P.) vermiculatus**
III'. Interorbitalraum breiter als ein oberes Augenlid.
K. Schnauze länger als das Auge (siehe auch *R. temporalis*).
L. Zehen mit $^2/_3$ Schwimmhaut . . . . . . 56. **R. (P.) alticola**
L'. Zehen mit $^1/_3$ Schwimmhaut . . . . . . 57. **R. (P.) acutirostris**
K'. Schnauze so lang oder kürzer als das Auge.
LL. Schnauze so lang wie das Auge.
M. Zehen mit $^1/_3$ Schwimmhaut.
NN. Trommelfell verborgen . . . . . . 58. **R. (P.) semiruber**
NN'. Trommelfell deutlich . . . . 59. **R. (P.) temporalis**
M'. Zehen mit $^1/_2$—$^2/_3$ Schwimmhaut.
N. Trommelfell undeutlich, Kehle gekörnelt 60. **R. (P.) variabilis**
N'. Trommelfell deutlich, Kehle glatt.
O. Das Tibiotarsalgelenk reicht bis zur Schnauzenspitze . . . . 61. **R. (P.) vittiger**
O'. Das Tibiotarsalgelenk reicht bis zum Nasenloch . . . . 62. **R. (P.) noblei**
LL'. Schnauze kürzer als das Auge . . . . 63. **R. (P.) pulcherrimus**
GG'. Das Tibiotarsalgelenk reicht über die Schnauzenspitze hinaus.
H. Schnauze so lang wie das Auge . . . . . 64. **R. (P.) williamsi**
H'. Schnauze kürzer als das Auge.
I. Nasenloch näher der Schnauzenspitze als dem Auge . . . . 65. **R. (P.) similis**

I'. Nasenloch gleich weit entfernt von Schnauzenspitze und Auge . . . . 66. **R. (P.) jacobsoni**

B'. Die beiden medialen den beiden lateralen Fingern opponierbar, wenigstens teilweise . . . . C. Subgen. **Chirixalus**

C. Schnauze so lang oder etwas länger als der Augendurchmesser.

D. Trommelfell dicht am Auge liegend . . . . . 67. **R. (C.) striatus**

D'. Trommelfell um seinen eigenen oder fast um seinen eigenen Durchmesser vom Auge entfernt.

E. Interorbitalraum viel breiter als das obere Augenlid . . . . 68. **R. (C.) hansenae**

E'. Interorbitalraum so breit wie ein oberes Augenlid 69. **R. (C.) palpebralis**

C'. Schnauze kürzer als der Augendurchmesser.

D. Trommelfell $^1/_2$ des Augendurchmessers . . . . 70. **R. (C.) doriae**

D'. Trommelfell $^1/_3$ des Augendurchmessers.

E. Kopf breiter als lang, Schnauze abgestutzt . . 71. **R. (C.) simus**

E'. Kopf so breit wie lang, Schnauze zugespitzt, mit einer deutlichen Verlängerung an der äußersten Spitze . . . . 72. **R. (C.) nongkhorensis**

A'. Vomerzähne vorhanden . . . . D. Subgen. **Rhacophorus**

B. Finger frei von Schwimmhaut.

C. Vomerzähne hinter der Verbindungslinie der Choanenhinterränder.

D. Das Tibiotarsalgelenk reicht bis zwischen Auge und Nasenloch . . . . 73. **R. (R.) polillensis**

D'. Das Tibiotarsalgelenk reicht bis zur Schnauzenspitze oder etwas darüber hinaus . . . . 74. **R. (R.) depressus**

C'. Vomerzähne (mindestens deren Anfang) zwischen den Choanen.

DD. Zehen kaum mit halber Schwimmhaut.

EE. Nasenloch viel näher der Schnauzenspitze als dem Auge . . . . 75. **R. (R.) taeniatus**

EE'. Nasenloch gleichweit von Schnauzenspitze und Auge . . . . 76. **R. (R.) zimmeri**

DD'. Zehen mit ganzer oder fast ganzer Schwimmhaut.

E. Trommelfell $^1/_3$ des Augendurchmessers . . . 77. **R. (R.) tonkinensis**

E'. Trommelfell wenigstens $^3/_4$ des Augendurchmessers.

F. Trommelfell $^3/_4$ des Augendurchmessers . . . 78. **R. (R.) leporosus**

F'. Trommelfell so groß wie das Auge . . . . . 79. **R. (R.) corticalis**

B'. Finger wenigstens mit Spur von Schwimmhaut.

CC. Finger höchstens mit $^1/_3$ Schwimmhaut.

DD. Nasenloch gleichweit von Auge und Schnauzenspitze.

EE. Das Tibiotarsalgelenk reicht bis zur Schnauzenspitze oder darüber hinaus . . . . 80. **R. (R.) japonicus**

EE'. Das Tibiotarsalgelenk reicht höchstens bis zum Nasenloch.

FF. Zehen mit $^3/_4$ bis ganzer Schwimmhaut.

G. Interorbitalraum fast doppelt so breit wie das obere Augenlid . . . . 81. **R. (R.) exiguus**

G'. Interorbitalraum schmaler als das obere Augenlid . . . . 82. **R. (R.) robustus**

FF'. Zehen mit höchstens $^2/_3$ Schwimmhaut.

GG. Trommelfell $^1/_3$ des Augendurchmessers . . 83. **R. (R.) jerdonii**

GG'. Trommelfell wenigstens $^1/_2$ des Auges.

H. Keine laterale Metatarsaltuberkel . . . . . 84. **R. (R.) davidi**

H'. Eine, wenn auch nicht sehr deutliche, runde, laterale Metatarsaltuberkel . . . . 85. **R. (R.) batangensis**

DD'. Nasenloch näher der Schnauzenspitze als dem Auge.

E. Das Tibiotarsalgelenk reicht bis über die Schnauzenspitze hinaus (siehe auch *Rhacophorus macropus*, *R. cruciger*, *R. reticulatus*).

F. Haut fest mit dem Schädel verwachsen . . . 86. **R. (R.) kampeni**

F'. Haut lose auf den Schädelknochen.

G. Interorbitalraum schmaler als ein oberes Augenlid . . . . 87. **R. (R.) oxycephalus**

G'. Interorbitalraum wenigstens so breit wie ein oberes Augenlid.

H. Interorbitalraum so breit wie ein oberes Augenlid.

I. Trommelfell $^2/_3$ des Auges . . . . 88. **R. (R.) hecticus**

I'. Trommelfell $^1/_3$—$^1/_2$ des Auges.

K. Zehen mit $^1/_2$ Schwimmhaut . . . . . . 89. **R. (R.) surdus**

K'. Zehen mit $^3/_4$ bis fast ganzen Schwimmhäuten.

L. Ferse ohne Hautanhang oder Tuberkel . 90. **R. (R.) hosii**

L'. Ferse mit Hautanhang oder Tuberkeln.

M. Kleine Tuberkel entlang dem Lateralrand von Unterarm und Tarsus . . . 91. **R. (R.) everetti**

M'. Keine Tuberkel an Unterarm und Tarsus 92. **R. (R.) macroscelis**

H'. Interorbitalraum breiter als ein oberes Augenlid.

II. Finger mit $^1/_3$ Schwimmhaut, Zehen mit $^2/_3$ Schwimmhaut . . . . 93. **R. (R.) acanthostomus**

II'. Finger mit Rudiment von Schwimmhaut, Zehen fast mit ganzer Schwimmhaut. . . 94. **R. (R.) colletti**

E'. Das Tibiotarsalgelenk reicht höchstens bis zur Schnauzenspitze.

FF. Finger nur mit höchstens $^1/_4$ Schwimmhaut versehen.

GG. Trommelfell nicht mehr als $^1/_2$ des Augendurchmessers.

HH. Haftscheiben der Finger höchstens $^2/_3$ so groß wie das Trommelfell.

III. Haftscheiben $^1/_2$ des Trommelfells, Zehen mit weniger als $^1/_2$ Schwimmhaut . . . 95. **R. (R.) microdiscus**

III'. Haftscheiben $^2/_3$ des Augendurchmessers, Zehen fast mit ganzer Schwimmhaut . . 96. **R. (R.) cavirostris**

HH'. Haftscheiben der Finger wenigstens $^3/_4$ des Trommelfells.

I. Vomerzähne in langen Reihen stehend.

K. Ein spornähnlicher Hautlappen an der Ferse 97. **R. (R.) verrucosus**

K'. Kein Fersenanhang, keine Tuberkel.

L. Ober- und Unterseite fein gekörnelt . . 98. **R. (R.) pleurostictus**

L'. Oberseite grob warzig, Unterseite der Kehle glatt . . . . 99. **R. (R.) buergeri**

I'. Vomerzähne nur in Gruppen angeordnet.

KK. Das Tibiotarsalgelenk reicht höchstens bis zum Augenvorderrand.

LL. Zehen mit halber Schwimmhaut . . . 100. **R. (R.) pleurotaenia**

LL'. Zehen mit $^2/_3$ Schwimmhaut.

M. Schnauze spitz . . . . 101. **R. (R.) stictomerus**
M'. Schnauze abgerundet . . . . 102. **R. (R.) eiffingeri**
KK'. Das Tibiotarsalgelenk reicht über das Auge hinaus.
LLL. Das Tibiotarsalgelenk reicht zwischen Auge und Schnauzenspitze.
MM. Zehen mit $^1/_3$—$^1/_2$ Schwimmhaut . . 103. **R. (R.) microtympanum**
MM'. Zehen mit $^3/_4$ Schwimmhaut.
N. Medialfinger mit starkem Pollexrudiment 104. **R. (R.) pollicaris**
N'. Kein Pollexrudiment . . . . 105. **R. (R.) fergusonianus**
LLL'. Das Tibiotarsalgelenk reicht bis zur Schnauzenspitze.
MMM. Schnauze kürzer als das Auge . . 106. **R. (R.) macropus**
MMM'. Schnauze länger als das Auge . . 107. **R. (R.) reticulatus**
GG'. Trommelfell wenigstens $^2/_3$ des Augendurchmessers.
H. Zehen zu $^2/_3$ mit Schwimmhaut verbunden.
I. Ferse ohne Spornanhang.
K. Interorbitalraum $1^1/_3$ mal so breit wie das obere Augenlid; Haftscheiben der Finger etwa $^2/_5$—$^1/_2$ des Trommelfells; bei rechtwinklig angeknickten Hinterbeinen decken sich die Fersen . . . . 108. **R. (R.) maculatus**
K'. Interorbitalraum $1^1/_2$—2 mal so breit wie das obere Augenlid; Haftscheiben der Finger $^3/_5$—$^3/_4$ des Trommelfells; bei rechtwinklig angeknickten Hinterbeinen überragen sich die Fersen . . . . 109. **R. (R.) leucomystax**
I'. Ferse mit spornähnlichem Hautanhang.
KK. Haut der Kopfoberseite verwachsen mit den rauhen Frontoparietalia . . . . . . 110. **R. (R.) otilophus**
KK. Kopfhaut frei.
L. Schnauze dreieckig, etwas länger als das Auge . . . . 111. **R. (R.) eques**
L'. Schnauze zweimal so lang wie das Auge, vorn mit einem zugespitzten häutigen Anhang . . . . 112. **R. (R.) longinasus**
H'. Zehen wenigstens mit $^3/_4$ Schwimmhäuten.
II. Vomerzähne in runden Gruppen . . . . 113. **R. (R.) naso**
II'. Vomerzähne in Reihen.
KKK. Kopfhaut verwachsen mit den rauhen Frontoparietalia.
LL. Trommelfell etwa $^2/_3$—$^3/_4$ des Augendurchmessers . . . . 114. **R. (R.) cruciger**
LL'. Trommelfell so groß oder fast so groß wie das Auge . . . . 115. **R. (R.) macrotis**
KKK'. Kopfhaut frei.
LLL. Oberseite glatt oder fast glatt . . . 116. **R. (R.) lincki**
LLL'. Oberseite stark mit großen, rauhen Warzen besetzt . . . . 117. **R. (R.) fruhstorferi**
FF'. Finger mit $^1/_3$ Schwimmhaut.
G. Zehen mit $^2/_3$ Schwimmhaut . . . . 118. **R. (R.) modestus**
G'. Zehen mit fast ganzer Schwimmhaut.
H. Ein häutiger, kleiner Anhang an der Schnauzenspitze . . . . 119. **R. (R.) appendiculatus**
H'. Kein Schnauzenanhang . . . . 120. **R. (R.) schlegelii**
CC'. Laterale Finger wenigstens mit $^1/_2$ Schwimmhaut.

D. Laterale Finger mit $^1/_2$—$^2/_3$ Schwimmhaut.
E. Haftscheiben der Finger $^1/_2$—$^2/_3$ so groß wie das Trommelfell.
F. Zunge ungewöhnlich klein . . . . 121. **R. (R.) microglossus**
F'. Zunge von gewöhnlicher Größe.
G. Schnauze scharf zugespitzt, viel länger als das Auge . . . . 122. **R. (R.) chaseni**
G'. Schnauze so lang wie das Auge . . . . . . 123. **R. (R.) javanus**
E'. Haftscheiben der Finger wenigstens $^3/_4$ des Trommelfells.
FF. Nasenloch gleich weit von Auge und Schnauzenspitze (siehe auch *Rhacophorus bifasciatus*).
GG. Vomerzähne in Gruppen . . . . 124. **R. (R.) angulirostris**
GG'. Vomerzähne in Reihen.
H. Interorbitalraum ein wenig breiter als das obere Augenlid, Trommelfell $^2/_3$ des Auges . 125. **R. (R.) poecilonotus**
H'. Interorbitalraum so breit wie ein oberes Augenlid, Trommelfell $^1/_2$ des Auges . . . 126. **R. (R.) monticola**
FF. Nasenloch näher der Schnauzenspitze als dem Auge.
GGG. Zehen mit $^2/_3$ Schwimmhaut . . . . . . 127. **R. (R.) viridis**
GGG'. Zehen fast mit ganzer Schwimmhaut.
HH. Das Tibiotarsalgelenk reicht höchstens bis zur Augenmitte.
I. Trommelfell sehr undeutlich, Haftscheiben der Finger etwa so groß wie das Trommelfell 128. **R. (R.) moltrechti**
I'. Trommelfell deutlich, Haftscheiben der Finger etwa $^3/_4$ so groß wie das Trommelfell 129. **R. (R.) owstoni**
HH'. Das Tibiotarsalgelenk reicht über das Auge hinaus.
II. Interorbitalraum zweimal so breit wie ein oberes Augenlid . . . . 130. **R. (R.) georgii**
II'. Interorbitalraum so breit wie ein oberes Augenlid.
K. Ferse mit einem dreieckigen Hautanhang . 131. **R. (R.) bifasciatus**
K'. Ferse ohne Hautanhang.
L. Laterale Finger mit $^2/_3$ Schwimmhaut, eine schwache Hautfalte entlang Unterarm und Fuß . . . . 132. **R. (R.) notater**
L'. Laterale Finger mit $^1/_2$ Schwimmhaut, keine Falte entlang Unterarm und Fuß . 133. **R. (R.) edentulus**
D'. Laterale Finger mit wenigstens $^3/_4$ Schwimmhaut.
EE. Vomerzähne in runden Gruppen . . . . . . 134. **R. (R.) tuberculatus**
EE'. Vomerzähne in Reihen.
F. Nasenloch näher der Schnauzenspitze als dem Auge (siehe auch *Rhacophorus dulitensis*).
G. Das Tibiotarsalgelenk reicht nicht bis zur Schnauzenspitze (siehe auch *R. nigropalmatus*).
H. Schnauze so lang wie das Auge.
I. Trommelfell $^2/_5$ des Auges . . . . 135. **R. (R.) barbouri**
I'. Trommelfell $^3/_5$—$^2/_3$ des Auges.
K. Unterseite der Schenkel gleichmäßig gekörnelt . . . . 136. **R. (R.) robinsoni**
K'. Unterseite der Schenkel mit größeren Tuberkeln untermischt.
L. Haftscheiben der Finger fast so groß wie das Auge, Canthus rostralis deutlich . . 137. **R. (R.) feae**

L'. Haftscheiben der Finger so groß wie das Trommelfell, Canthus rostralis stumpf . . 138. **R. (R.) malabaricus**

H'. Schnauze länger als das Auge.

II. Das Tibiotarsalgelenk reicht zwischen Auge und Schnauzenspitze . . . . 139. **R. (R.) pardalis**

II'. Das Tibiotarsalgelenk reicht nicht über das Auge hinaus.

KK. Keine Tuberkel am Tarsus . . . . . . 140. **R. (R.) dennysii**

KK'. Eine häutige Tuberkel am Tarsus.

LL. Finger mit $^3/_4$ Schwimmhaut . . . . . 141. **R. (R.) calcaneus**

LL'. Schwimmhaut der drei lateralen Finger die Haftscheiben erreichend . . . . . 142. **R. (R.) annamensis**

G'. Das Tibiotarsalgelenk reicht bis zur Schnauzenspitze oder etwas darüber.

HH. Trommelfell $^4/_5$ des Auges . . . . 143. **R. (R.) prominanus**

HH'. Trommelfell $^1/_2$—$^2/_3$ des Auges.

III. Haftscheiben der Finger kleiner als das Trommelfell . . . . 144. **R. (R.) lateralis**

III'. Haftscheiben der Finger so groß oder kaum kleiner als das Trommelfell.

KKK. Canthus rostralis deutlich, Tibia 5 mal so lang wie breit . . . . 145. **R. (R.) pulchellus**

KKK'. Canthus rostralis stumpf, Tibia $6^1/_2$ mal so lang wie breit . . . . 146. **R. (R.) nigropalmatus**

F'. Nasenloch gleich weit von Auge und Schnauzenspitze.

GG. Das Tibiotarsalgelenk reicht nicht über das Nasenloch hinaus.

HHH. Interorbitalraum so breit wie ein oberes Augenlid . . . . 147. **R. (R.) calcadensis**

HHH'. Interorbitalraum breiter als ein oberes Augenlid.

I. Haftscheiben der Finger viel kleiner als das Trommelfell . . . . 148. **R. (R.) shelfordi**

I'. Haftscheiben kaum kleiner oder größer als das Trommelfell.

J. Haftscheiben so groß oder etwas kleiner als das Trommelfell.

K. Ferse mit dreieckigem Hautlappen, eine Hautfalte über dem After . . . . 149. **R. (R.) bipunctatus**

K'. Ferse ohne Hautanhang, keine Hautfalte über dem After . . . . 150. **R. (R.) maximus**

J'. Haftscheiben der Finger größer als das Trommelfell . . . . 151. **R. (R.) reinwardtii**

GG'. Das Tibiotarsalgelenk erreicht die Schnauzenspitze.

H. Trommelfell $^1/_2$—$^3/_5$ des Auges . . . . . . 152. **R. (R.) fasciatus**

H'. Trommelfell $^2/_3$—$^3/_4$ des Auges . . . . . . 153. **R. (R.) dulitensis**

A. Subgen. **Phrynoderma** Blgr.

1893 Genus *P.*, Boulenger in: Ann. Mus. Genova, ser. 2 *v.* 13 p. 371, weitere Literatur bei der Gattung, nr. 1. 2.

1. **R. (P.) phrynoderma** E. Ahl 1893 *P. asperum* (non *Ixalus asper* Boulenger 1886), Boulenger in: Ann. Mus. Genova, ser. 2 *v.* 13 p. 342 t. 11 f. 1 (Habitus) | 1927 *Rhacophorus phrynoderma*, E. Ahl in: SB. Ges. Fr. Berlin, p. 47.

Vomerzähne fehlen; Zunge oval, frei und hinten schwach eingekerbt. Schnauze kürzer als der Augendurchmesser, vorragend, schräg nach hinten an der Spitze abgestutzt; Canthus rostralis stumpf; Lorealgegend konkav; Nasenloch ganz an der Schnauzenspitze gelegen; Interorbitalraum ein wenig breiter als das obere Augenlid; Trommelfell sehr deutlich, so groß wie das Auge. Finger kräftig, stark verbreitert, mit halben Schwimmhäuten, mit sehr großen Haftscheiben, die nicht viel kleiner als das Auge sind; Zehen mit ganzen Schwimmhäuten, die Haftscheiben kleiner als die der Finger; Subartikulartuberkel der Finger und Zehen sehr undeutlich;

Fig. 45.
Rhacophorus (Phrynoderma) phrynoderma E. Ahl.
Habitus, links oben Kopf von der Seite, rechts Mundöffnung.
(Nach Boulenger).

eine kleine, schwach entwickelte mediale Metatarsaltuberkel. Das Tibiotarsalgelenk reicht bis zwischen Auge und Schnauzenspitze. Oberseite bedeckt mit rauhen Warzen, die mit harten Granulae besetzt sind; Unterseite glatt.

Oben dunkel olivengrau, die Granulae auf den Warzen weißlich; Beine mit schwarzen Querbinden; Unterseite schwärzlichbraun mit weißlichen Flecken. Totallänge 45 mm. (Fig. 45).

Burma (Thao).

2. **R. (P.) moloch** (Annand.) 1912 *P. m.*, Annandale in: Rec. Ind. Mus., *v.* 8 p. 18 t. 3 f. 4 (Habitus) | 1912 *P. m.*, Annandale, ibid., p. 25 t. 4 f. 6 (Larve).

Körperform schlank; Vomerzähne fehlen; Kopf kurz, breit, dreieckig, niedergedrückt, vorn quer, vertikal schräg abgestutzt; Nasenloch nahe der Schnauzenspitze, sehr hervorstehend; Auge groß, vorstehend; Canthus rostralis undeutlich; Lorealgegend senkrecht, leicht konkav; Interorbitalraum leicht konkav, breiter als ein oberes Augenlid; Trommelfell ziemlich deutlich, etwa $^2/_3$ so breit wie der Augendurchmesser.

Beine schlank, aber ziemlich kurz. Finger frei, schlank, verbreitert; Haftscheiben sehr groß, die des dritten Fingers fast so groß wie das Trommelfell; Subartikulartuberkel klein; laterale und mediale Subcarpaltuberkel undeutlich. Das Tibiotarsalgelenk erreicht das Trommelfell; Zehen mit $^3/_4$ Schwimmhaut, die Schwimmhaut erreicht die Haftscheiben bei allen Zehen außer bei der 4., bei der sie sich jedoch als schmaler Hautsaum ebenfalls bis zur Haftscheibe erstreckt. Subartikulartuberkel klein und keinesfalls vorragend; eine sehr kleine und undeutliche mediale Metatarsaltuberkel; ein schmaler gezähnter Saum an der 5. Zehe und ein weniger deutlicher gesägter Saum entlang der Mitte der ventralen Seite des Tarsus. Keine supratympanalen oder dorso-lateralen Falten; der Rücken besitzt sehr deutliche, leistenförmige, mehr oder weniger gesägte Warzen, die longitudinal und schräg verlaufen; diese Warzen sind größer auf dem Nacken und über den Schultern, wo sie $\wedge$-förmige Figuren bilden; kürzere Warzen befinden sich auf dem Kopf und der Oberseite der Schenkel; Kehle und Unterseite der Schenkel glatt; Bauch und Seiten grob gekörnelt.

Färbung auf dem Rücken grau mit schwarzen Flecken; die größeren Warzen braun; Trommelfell schwarz; ein großer schwarz und weiß gefärbter Fleck an jeder Seite zwischen Vorder- und Hinterbeinen, und ein weißer Fleck in der Achsel; Lateralseite der Schenkel unregelmäßig gebändert und marmoriert mit Schwarz, Weiß und Grau; Unterseite schwarz mit schwacher wurmartiger Netzzeichnung, die über den ganzen Körper und bis auf die Unterseite der Schenkel geht. Totallänge 41 mm.

Oberer Renging (755 m), Aborland.

Kaulquappe: Kopf und Körper sind abgeflacht und breit oval, nur wenig länger als breit. Der Schwanz verjüngt sich allmählich und ist fast zweimal so lang wie Kopf und Körper. Die Färbung ist fast gänzlich schwarz oder dunkelgrau, ausgenommen die Lippenränder, die weiß sind, und die Unterseite, die etwas heller als die Oberseite ist. Zu der Zeit, in der die Hinterbeine hervorzubrechen beginnen, ist die Haut noch ganz glatt, aber wenn sie sich weiterentwickeln, erscheinen die leistenartigen Warzen auf der Oberseite. Zahlreiche kleine Sinnesgruben sind in Linien auf Kopf und Körper angeordnet. Das Maul ist unterständig, klein; die Lippen sind keinesfalls stark entwickelt. Der Rand der Oberlippe ist größtenteils glatt, nur ein paar konische Tuberkel befinden sich an der Verbindungsstelle mit der Unterlippe, deren Rand mit einer doppelten Reihe ähnlicher Tuberkel völlig gesäumt ist. Die Zahnformel ist 1:3 + 3/3, die erste unterbrochene Reihe von Zähnen ist viel länger als die übrigen zwei. Der Kiefer besteht aus einem oberen und unteren Teil, deren jeder ungeteilt ist; beide sind ziemlich schmal; der obere ist eng kreisförmig, während der untere in der Mitte tief ausgehöhlt ist; keiner besitzt eine Einbuchtung an der Lateralseite, und beide sind fein gesägt. Nasenloch und Auge sind klein, dorsal, aufwärts gerichtet, keinesfalls vorragend. Der Internasalraum ist etwa $^2/_3$ des Interorbitalraums und $^1/_2$ des Zwischenraums zwischen Nasenloch und Auge; Nasenloch gleich weit entfernt von Schnauzenspitze und Auge. Auf der Oberseite von Kopf und Körper können 4 Längsreihen von kleinen weißen Gruben unterschieden werden, zwei auf jeder Seite der Mittellinie. Zwei von jeder Seite beginnen nahe beieinander auf der Schnauze, und nachdem sie sich voneinander entfernt haben in der Weise, daß sie zwischen sich je ein Auge und ein Nasenloch eingeschlossen haben, treffen sie hinter dem ersten wieder zusammen. Auf der Unterseite befinden sich drei nach hinten konkave Querlinien, eine gerade hinter dem Maul und zwei, deren Rand etwas gebogen ist, dahinter. Eine Seitenlinie von Sinnesgruben geht auch an dem muskulösen Teil des Schwanzes entlang, und eine Reihe größerer, isolierter entlang dem oberen Flossensaum. Spiraculum linksseitig, groß, rückwärts gerichtet, und etwas tief auf der Seite gelegen. After in der Mittellinie; der muskulöse Teil des Schwanzes ist schlank und läuft in eine feine Spitze aus; im mittleren Teil des Schwanzes hat die Membran oben und unten die gleiche Höhe wie der Mittelteil. Totallänge 58 mm, davon 38 mm auf den Schwanz.

Die Larven lebten in einem kleinen Loch mit Regenwasser innerhalb eines verrotteten Stammes.

B. Subgen. **Philautus** Gistel

1848 *P.*, Gistel, Naturg. Thierr., p. 10, weitere Literatur siehe bei der Gattung, nr. 3—66.

3. **R. (P.) zamboagensis** (Taylor) 1922 *P. z.*, Taylor in: Philipp. J. Sci., *v.* 21 p. 173 t. 1 f. 7 (Habitus).

Choanen groß, weit getrennt, teilweise verdeckt durch den überhängenden Kiefer; keine Vomerzähne; Zunge ziemlich kurz, hinten eingeschnitten; die Öffnungen der Schallblasen sind länglich, fast halb so lang wie der Kiefer; Schnauze kurz, abgestutzt; Auge groß, sein Durchmesser gleich oder nur sehr wenig geringer als sein Abstand von der Schnauzenspitze; der Abstand zwischen den Nasenlöchern ist größer als deren Abstand vom Auge; Trommelfell klein, deutlich, teilweise bedeckt von der Supratympanalfalte, etwa $^1/_3$ des Augendurchmessers; oberes Augenlid ein klein wenig geringer als der Interorbitalraum; Interorbitalraum mit einer deutlichen Erhöhung, gefolgt von einer runden, eingedrückten Zone; eine breite, flache, eingedrückte Zone bedeckt die Schnauze; Körperhaut glatt oben ohne Spur von Körnelung; keine Tuberkel auf den Augenlidern; Haut von Kinn und Kehle glatt oder fein gekörnelt; Bauch fein gekörnelt; zahlreiche stark vergrößerte Tuberkel um den Anus herum, Arm sehr kurz, die Finger mit wohl entwickelten, runden Haftscheiben; keine Schwimmhaut, oder nur eine sehr schmale, zwischen dem 1. und dem 2. Finger; 2. und 3. Finger mit $^1/_3$ Schwimmhaut, 3. und 4. fast mit $^1/_2$ Schwimmhaut; Subartikulartuberkel gut entwickelt; einige kleine Tuberkel auf der Handfläche; eine Hautfalte an der Lateralseite des 4. Fingers, endend in eine runde Carpaltuberkel; zwei große Tuberkel an der Basis des 1. Fingers; eine unterbrochene Glandularfalte an der Lateralseite des Vorderarmes; 1. Finger kürzer als der 2.; Fuß etwa mit $^2/_3$ Schwimmhaut, die Schwimmhaut reicht bis nahe an die Basis der Haftscheiben an der Lateralseite der 2. und 3. Zehe, erreicht aber nur knapp die Basis des vorletzten Gliedes an der 4.; Subartikulartuberkel gut entwickelt; eine starke mediale Metatarsaltuberkel an der Lateralseite der 1. Zehe nahe ihrer Basis; laterale Metatarsaltuberkel sehr klein; eine Falte an der Lateralseite der 5. Zehe ist nicht über die Tuberkel hinaus fortgesetzt; eine leichte Hautfalte an der Ferse; das Tibiotarsalgelenk erreicht die Schnauzenspitze.

Färbung im Leben oben grauweiß an Kopf und Körper; eine dunkle zinnoberbraune Binde zwischen den Augen, und dunkle zinnoberrote Flecke sind verstreut auf Rücken und Schenkel; Kehle cremefarben; Bauch zitronengelb; Unterseite der Schenkel und Weichen tief gelb; cremefarbene Flecke auf der Hinterseite der Schenkel und der Hautfalte der Ferse; Nasenlöcher heller als die Schnauze; ein scharf abgesetzter cremefarbener Fleck zwischen den Augen, der einen Teil des oberen Augenlids einnimmt; eine dunkle Zone auf dem Trommelfell, hinter dem cremefarbenen Fleck; eine schwarze Zone unter dem After und eine schwärzliche Linie von der Ferse zur Fußsohle; Unterseite der Hand gelb, des Fußes hellbraun. Kurz nach dem Fang wurde das einzige bis jetzt bekannte Exemplar tief orange. Totallänge 28 mm.

Zamboanga, Mindanao.

4. **R. (P.) bimaculatus** (Ptrs.) 1867 *Leptomantis bimaculata*, Peters in: Monber. Ak. Berlin, p. 32 | 1882 *Ixalus? bimaculatus*, Boulenger, Cat. Batr. sal. Brit. Mus., ed. 2 p. 106 | 1898 *I. b.*, Boulenger in: P. zool. Soc. London, p. 475 | 1920 *Philautus b.*, Taylor in: Philipp. J. Sci., *v.* 16 p. 305 | 1923 *P. b.*, Kampen, Amph. Indo-Austral. Archip., p. 269.

Vomerzähne fehlen; Choanen ziemlich groß, wenig durch die Kieferränder verborgen; Zunge mäßig groß, hinten mit zwei Zipfeln, ohne Papille; Kopf ziemlich groß, so lang wie breit; Schnauze abgerundet, vorn etwas schräg abgestutzt, etwas kürzer als der Augendurchmesser, kürzer als der Abstand der vorderen Augenwinkel voneinander; Canthus rostralis deutlich, etwas konkav gebogen; Lorealgegend ziemlich steil, leicht konkav; Nasenloch viel näher der Schnauzenspitze als dem Auge, der Zwischenraum zwischen den Nasenlöchern gerade, so groß wie der bis zum Auge, etwas kleiner als der Interorbitalraum, der wenig breiter als das obere Augenlid ist; Auge sehr groß und hervortretend; Trommelfell klein, unter der Haut verborgen, etwa $^1/_3$ des Augendurchmessers. Finger zwischen 2. und 3. mit $^1/_3$ Schwimmhaut, zwischen 3. und 4. mit $^1/_2$ Schwimmhaut; Haftscheiben mäßig groß, etwa so groß wie das Trommelfell; 1. Finger kleiner als der 2., den anderen opponierbar; 2. Finger kürzer als der 4., der von dem 3. weit überragt wird; Subartikulartuberkel sehr schwach; Zehen mit fast ganzer Schwimmhaut, die an allen Zehen bis an die Haftscheiben reicht, außer an der 4. Zehe, wo das letzte Glied nur von einem schmalen Saum umschlossen wird; 5. Zehe länger als die 3.; Haftscheiben etwas kleiner als die der Finger; laterale Metatarsalia völlig durch Schwimmhaut getrennt; laterale Zehe mit undeutlicher Hautfalte; keine Tarsalfalte; nur eine äußerst kleine, undeutliche, rudimentäre, mediale Metatarsaltuberkel, keine laterale, keine Tarsaltuberkel; Subartikulartuberkel schwach entwickelt; das Tibiotarsalgelenk reicht wenig über die Schnauzenspitze hinaus; Femur nur sehr wenig kürzer als die Tibia, die 5 mal so lang wie breit, etwas länger als die halbe Körperlänge und länger als der Fuß ist; bei rechtwinklig angeknickten Hinterbeinen berühren die Fersen einander. Haut oben glatt; Kehle glatt, Submentalgegend mit einigen größeren Warzen; Bauch und Unterseite der Schenkel fein gekörnelt; Unterseite der Schenkel, und ganz besonders die Gegend unter dem After mit verstreuten, größeren Warzen; am hinteren Augenwinkel eine kleine, spitze Tuberkel; eine kleine, spitze Tuberkel an der Ferse.

Oben violettbraun mit ungleichen, inselförmigen, dunkelbraunen Flecken und Querbändern; ein unregelmäßiges Band zwischen den Augen; Beine mit dunkleren Querbinden; unter dem Auge ein charakteristischer, breiter, scharf abgeschnittener, gelblichweißer Fleck; ein zweiter, viel kleinerer, unmittelbar hinter und unter dem Mundwinkel; unten gelblichweiß. Männchen mit äußerer Schallblase. Totallänge 34 mm.

Mindanao (Agusantal), Philippinen; (?Borneo).

5. **R. (P.) horridus** (Blgr.) 1903 *Ixalus h.*, Boulenger in: Fasc. Malay., *v.* 1 p. 139 t. 6 f. 2 (Habitus) | 1912 *I. h.*, Boulenger, Vert. Fauna Malay, Rept. Batr. p. 256.

Vomerzähne fehlen; Kopf ziemlich stark niedergedrückt, die stumpf zugespitzte Schnauze ein wenig länger als der Augendurchmesser; Canthus rostralis stumpf; Lorealgegend konkav; Nasenloch nahe der Schnauzenspitze; Interorbitalraum ein wenig schmaler als das obere Augenlid; Trommelfell deutlich, so groß wie das Auge. Finger mit $^1/_2$ Schwimmhaut, mit großen Haftscheiben, die breiter als lang sind und die Größe des Trommelfells besitzen; Zehen mit Schwimmhaut, die bis an die Haftscheiben geht, die kleiner als die der Finger sind; Subartikulartuberkel sehr klein; eine kleine, ovale, mediale Metatarsaltuberkel. Das Tibiotarsalgelenk reicht bis zwischen Auge und Schnauzenspitze. Oberseite mit stark hervortretenden, unregelmäßigen, großen Warzen, diese besetzt mit granulösen Rauhigkeiten bei den Erwachsenen; Kehle, Brust, Lumbar-, Antero-Femoralgegend und Unterseite der Schenkel glatt; Bauch und Aftergegend mit großen, flachen Granulae.

Oben dunkel warm-braun, mit ziemlich undeutlichen schwärzlichen Flecken auf dem Körper und regelmäßigen Querbinden auf den Beinen; die granulösen Rauhigkeiten grau; ein großer schwarzer Lumbarfleck; Schwimmhäute schwärzlich; Unterseite blaugrau, groß gefleckt und marmoriert mit Schwarz. Männchen mit einer glatten Brunstschwiele an der Medialseite des 1. Fingers, und einer inneren Schallblase. Totallänge 40 mm.

Malayische Halbinsel (Bukit Besar).

Die Kaulquappe besitzt einen stark niedergedrückten Körper; die Augen sind oberständig; das Maul hat eine kreisrunde Lippe wie bei *Rana*, die Seiten und der untere Rand mit Papillen umsäumt; Oberlippe mit einer langen Reihe feiner horniger Zähne, gefolgt an jeder Seite von 3 Reihen; 3 unterbrochene Reihen von Zähnen auf der Unterlippe. Spiraculum linksseitig, After rechtsseitig. Schwanz $2^2/_3$—3 mal so lang wie hoch, am Ende abgerundet, der obere Saum nicht auf den Körper übergehend.

Einfarbig dunkelbraun oder schwärzlich, mit weißlichen Linien der Sinnesorgane. Totallänge 50 mm.

Die Frösche wurden in einem Baum im Dschungel entdeckt, dessen unterer Teil große Asthöhlen besitzt, die mit Regenwasser und toten Blättern angefüllt sind; die Frösche legen ihre pigmentlosen Eier an den Stamm in einer schaumigen Masse von der Größe eines Kricketballes, ein oder zwei Fuß über der Wasseroberfläche dieser Höhlen; die Eier werden in das Wasser durch Regen gespült, innerhalb 3—4 Tagen, sonst trocknet der Schaum und die Eier verderben.

6. **R. (P.) hypomelas** (Günther) 1876 *Ixalus h.*, Alb. Günther in: Ann. nat. Hist., ser. 4 *v.* 17 p. 380 | 1882 *I. h.*, Boulenger, Cat. Batr. sal. Brit. Mus., ed. 2 p. 97 t. 10 f. 4 (Habitus) | 1890 *I. h.*, Boulenger in: Fauna Brit. Ind., Rept. Batr. p. 484.

Vomerzähne fehlen; Schnauze stumpf, so lang wie der Augendurchmesser; Canthus rostralis winklig; Lorealgegend gerade, fast senkrecht; Nasenloch näher der Schnauzenspitze als dem Auge; Interorbitalraum ein wenig breiter als das obere Augenlid; Trommelfell klein, undeutlich. Finger frei; Zehen an der Basis mit Schwimmhaut; Haftscheiben mäßig; eine kleine mediale

Metatarsaltuberkel; das Tibiotarsalgelenk reicht bis zur Schnauzenspitze oder etwas darüber hinaus. Haut oben glatt, schwach gekörnelt auf dem Bauch und unter den Schenkeln.

Oben und unten dunkelbraun; ein dunkleres Band an der Seite von Kopf und Körper; Bauch und Unterseite der Beine weißlich marmoriert; oft eine weiße Linie über die Brust und entlang der Unterseite der Vorderbeine, eine andere kreuzend, die vom Kinn zum After zieht; manchmal eine helle Vertebrallinie. Totallänge 20 mm. (Fig. 46).

Ceylon.

Fig. 46.
Rhacophorus (Philautus) hypomelas (Günther).
Habitus von der Ventral- und Dorsalseite.
(Nach Boulenger).

7. **R. (P.) woodi** (Stejn.) 1905 *Philautus w.*, Stejneger in: P. U. S. Mus., *v.* 28 p. 346 | 1920 *P. w.*, Taylor in: Philipp. J. Sci., *v.* 16 p. 296.

Vomerzähne fehlen, Schnauze länger als der Augendurchmesser, mit einem zugespitzten, konischen Vorsprung, der eine deutliche „Nase" bildet; Nasenlöcher näher der Schnauzenspitze als dem Auge; Canthus rostralis scharf; Lorealgegend stark vertieft, die Vertiefung nach vorn über die Nasenlöcher hinaus fortgesetzt; Interorbitalraum breiter als das obere Augenlid; Trommelfell kaum erkennbar, augenscheinlich nicht größer als der halbe Augendurchmesser; Finger frei, der 1. beträchtlich kürzer als der 2., welcher im gleichen Maße kürzer als der 4. ist; Haftscheiben der Finger rund, groß, besonders die des 3. und 4. Fingers; Zehen nur an der Basis mit Schwimmhaut versehen; Haftscheiben gut entwickelt, etwa ebenso groß wie die des 2. Fingers; Subartikulartuberkel gut entwickelt; eine kleine, ovale, mediale Metatarsaltuberkel, keine laterale; keine Tarsalfalte; Tibiotarsalgelenk reicht beträchtlich über die Schnauzenspitze hinaus; Haut oben fein chagriniert, leicht gekörnelt auf der gesamten Unterseite, einschließlich der Kehle, Unterseite der Schenkel, und sogar der Hände und Füße; eine starke Glandularfalte vom Auge zur Schulter; keine Dorsolateralfalte.

Färbung (in Alkohol) oben dunkel schokoladenbraun, mit einer haarfeinen Linie von der Schnauzenspitze über die Mittellinie des Rückens; Schnauze von der Spitze bis zu einer Linie über die Mitte der oberen Augenlider hellzinnober in starkem Kontrast; ein großer dunkler Fleck hinter dieser hellen Zone auf dem Interorbitalraum, die oberen Augenlider einschließend, doch nur schwer sichtbar wegen der dunklen Färbung der übrigen Oberseite; die ganze Loreal- und Temporalgegend dunkelbraun, ein wenig dunkler als der Rücken; Flanken, Vorder- und Hinterseite der Schenkel, Unterseite der Tibia und Fuß tief dunkelbraun; Unterseite weißlich mit einer Anzahl unregelmäßiger Flecke oder Tupfen von brauner Farbe; ein paar unregelmäßige weiße Flecke an den Körperseiten. Totallänge 29 mm.

Mindanao (2000 m).

8. **R. (P.) hazelae** (Taylor) 1920 *Philautus h.*, Taylor in: Philipp. J. Sci., *v.* 16 p. 298 | 1920 *P. h.*, Taylor in: ibid., p. 297 t. 3 f. 2 (Habitus).

Vomerzähne fehlen; Choanen sehr klein, nahe dem lateralen Rande des Palatinum; Zunge oval, hinten mit zwei Zipfeln; Kopf kurz, weder die Schnauze noch die Occipitalregion konkav; Canthus rostralis deutlich, ziemlich winklig; Lorealgegend konkav, schräg; Schnauze etwas länger als der Augendurchmesser; Nasenloch viel näher der Schnauzenspitze als dem Auge; der Abstand der Nasenlöcher voneinander ist gleich dem vom Auge; Interorbitalraum gleich dem oberen Augenlid; Trommelfell $^1/_3$—$^2/_5$ des Augendurchmessers. Finger ganz frei mit großen transversal-ovalen Haftscheiben, viel größer als das Trommelfell; 1. Finger nur etwa $^2/_3$ der Länge des 2., seine Haftscheibe sehr klein, aber ein wenig größer als die Subartikulartuberkel; 2. Finger kürzer als der 4.; Haftscheibe des 4. kaum die Basis der Haftscheibe des 3. erreichend; Subartikulartuberkel gut entwickelt; Zehen nur mit einem Rudiment von Schwimmhaut; Haftscheiben der Zehen von ungleicher Größe; Haftscheibe der 4. Zehe am größten, aber nicht so groß wie die größte der Finger; eine längliche, mediale Metatarsaltuberkel von mehr als der Hälfte der medialen Zehe; eine sehr schwache laterale; 5. Zehe länger als die 3.; das Tibiotarsalgelenk reicht bis zum Auge oder ein wenig darüber. Körperhaut oben glatt, durchscheinend; Seiten, Bauch und Unterseite der Schenkel stark gekörnelt; Kinn und Unterseite der Arme glatt; eine einzelne, deutliche, runde Tuberkel am hinteren Ende des Augenlids; eine Supratympanalfalte; eine kurze Falte über und vor dem Arm; eine sehr deutliche Tuberkel am Ende der Tibia, von mehreren kleineren Tuberkeln umgeben.

Färbung und Zeichnung selbst bei demselben Individuum äußerst variabel; Grundfärbung grau oder braun, mit unregelmäßigen Flecken oder symmetrischen Zeichnungen auf dem Rücken; Beine braun quergebändert; Bauch leuchtend kanariengelb, gefleckt, genetzt, oder gefleckt mit Braun; Hinterseite des Bauches und Unterseite der Beine und Seiten braun mit kleinen gelben Punkten; Weichen mit größeren gelben Flecken. Totallänge 34 mm.

Philippinen (Negros und Panay).

9. **R. (P.) andersoni** E. Ahl 1878 *Ixalus tuberculatus* (non *Rhacophorus t.*, John Anderson 1871), John Anderson, Anat. zool. Res. Exp. Yunnan, p. 855 t. 78 f. 7 | 1882 *I. t.*, Boulenger, Cat. Batr. sal. Brit. Mus., ed. 2 p. 104 | 1912 *I. t.*, Annandale in: Rec. Ind. Mus., *v.* 8 p. 17 t. 3 f. 1 (Habitus) | 1927 *Rhacophorus andersoni*, E. Ahl in: SB. Ges. Fr. Berlin, p. 36.

Vomerzähne fehlen. Schnauze kurz, abgerundet; Canthus rostralis schwach entwickelt; Nasenloch viel näher der Schnauzenspitze als dem Auge; Trommelfell deutlich, etwa $^1/_4$ des Augendurchmessers. Finger frei, Zehen leicht mit Schwimmhaut versehen. Haftscheiben der Finger groß, die der Zehen kleiner; das Tibiotarsalgelenk erreicht die Schnauzenspitze. Kleine, verstreute, isolierte Tuberkel auf der Oberseite und den Seiten des Körpers; auf dem Bauch und unter den Schenkeln fein gekörnelt.

Färbung (in Alkohol) oben einförmig olivfarben; alle kleinen Tuberkel weiß; bei einigen Stücken ein transversales helles Band zwischen den Augen und zwei ähnliche Bänder dahinter; ein großer, schwarzer, unregelmäßiger Fleck an den Weichen, und zwei gelbe an den Seiten; Beine quergebändert; Kehle und Bauch gelblich, erstere fein braun gepunktet.

Kakhyen Hills; Abor (180—1250 m); (Yunnan?).

10. **R. (P.) flavosignatus** (Boettg.) 1893 *Ixalus f.*, O. Boettger in: Zool. Anz., *v.* 16 p. 339 | 1923 *Philautus f.*, Kampen, Amph. Indo-Austral. Archip., p. 270.

Vomerzähne fehlen; Zunge ohne Papille; Kopf breiter als lang; Schnauze zugespitzt, ein wenig länger als der Augendurchmesser; Canthus rostralis deutlich; Lorealgegend etwas konkav; Nasenloch viel näher der Schnauzenspitze als dem Auge; Interorbitalraum zweimal so breit wie das obere Augenlid; Trommelfell $^{3}/_{4}$ des Augendurchmessers. Haftscheiben der Finger groß, die der Zehen etwas kleiner; 1. Finger viel kürzer als der 2.; Finger frei, Zehen an der Basis mit Schwimmhaut versehen; Subartikulartuberkel stark; eine sehr schwache, mediale Metatarsaltuberkel; das Tibiotarsalgelenk erreicht die Schnauzenspitze. Haut der Oberseite mit Granulae und spitzigen Tuberkeln bedeckt, die in der Parotoidgegend gehäufter sind; Kehle fein, Bauch und Unterseite der Schenkel gröber granuliert.

Oben aschgrau; eine Linie entlang dem Rand des oberen Augenlids und entlang dem Canthus rostralis leuchtend gelb, ein ebenso gefärbter Fleck in der Parotoidgegend und kleinere Flecke derselben Farbe auf dem Unterarm und den Hinterbeinen; die beiden medialen Finger und die drei medialen Zehen farblos; Unterseite elfenbeinweiß. Totallänge 45 mm.

Java.

11. **R. (P.) cornutus** (Blgr.) 1920 *Ixalus c.*, Boulenger in: J. feder. Malay Mus., *v.* 8 p. 295 t. 8 f. 2, 2a—c (Habitus, Kopf von Seite) | 1923 *Philautus c.*, Kampen, Amph. Indo-Austral. Archip., p. 274.

Vomerzähne fehlen; Kopf so lang wie breit; Schnauze zugespitzt, vorragend, so lang wie der Augendurchmesser; Canthus rostralis scharf; Lorealgegend konkav; Nasenloch näher der Schnauzenspitze als dem Auge; Interorbitalraum etwas breiter als ein oberes Augenlid; Trommelfell deutlich, $^{2}/_{5}$ des Augendurchmessers. Haftscheiben größer als das Trommelfell; Finger frei, Zehen nur mit einem Rudiment von Schwimmhaut; Subartikulartuberkel schwach; eine kleine mediale Metatarsaltuberkel; das Tibiotarsalgelenk reicht über die Schnauzenspitze hinaus; Tibia $^{3}/_{5}$—$^{2}/_{3}$ der Körperlänge. Oberseite mit kleinen granulären Rauhigkeiten und symmetrischen Glandularleisten, deren konstanteste vom Auge zur Sacralregion zieht und gegen die der anderen Seite konvergiert; eine andere Leiste kann sich über die Interokulargegend ziehen; eine starke Falte vom Auge zur Schulter; eine mehr oder weniger stark entwickelte konische Tuberkel auf dem oberen Augenlid; Unterseite gekörnelt, die Granulae größer beim Männchen, besonders an der Kehle.

Oben braun, grau oder gelblichgrün, mit sehr variablen dunkleren Zeichnungen; die größeren Tuberkel manchmal weißlich; ein schwarzer Streifen von der Schnauzenspitze zur Schulter, durch das Auge gehend, und ein anderer zwischen den Augen; ein gelblicher Fleck manchmal vorhanden auf der Oberseite der Schnauze, manchmal begleitet von einem gelblichen Querband zwischen den Augen; Beine mit mehr oder weniger deutlichen dunklen Querbinden; Unterseite gelblichbraun, dunkelbraun gefleckt; Kehle des Männchens manchmal schwärzlich. Männchen mit innerer Schallblase. Totallänge 28 mm.

Sumatra.

12. **R. (P.) anodon** Kamp. 1907 *R. a.*, Kampen in: M. Weber, Ergeb. Reise Niederl. O.-Ind., *v.* 4 p. 400 t. 16 f. 4 (Habitus) | 1923 *Philautus a.*, Kampen, Amph. Indo-Austral. Archip., p. 271 Abb. 29 (Habitus).

Vomerzähne fehlen; Zunge ohne Papille. Kopfbreite gleich der Länge und $^{1}/_{3}$ der Totallänge; Schnauze stark vorragend, quer abgestutzt; Canthus rostralis winkelig, gerade, so lang wie das obere Augenlid; Lorealgegend fast senkrecht, konkav; Nasenloch ganz nahe der Schnauzenspitze; Interorbitalraum zweimal so breit wie das obere Augenlid; Trommelfell deutlich, fast so groß wie und nahe beim Auge. Finger mit großen Haftscheiben, die des 3. Fingers mehr als die Hälfte des Trommelfelldurchmessers; Haftscheiben der Zehen ein wenig kleiner als die der Finger; 1. Finger kürzer als der 2., der kürzer als der 4. ist; Finger frei, Zehen mit einem Rudiment von Schwimmhaut, die zwischen den drei lateralen Zehen nur etwa $^1/_2$ der ersten Phalange einnimmt; Subartikulartuberkel deutlich, keine Metatarsaltuberkel; keine Tarsalfalte; Terminalphalangen T-förmig; das Tibiotarsalgelenk reicht über die Schnauzenspitze hinaus; Tibia fast $^2/_3$ der Länge von Kopf und Körper. Haut mit dem Schädel verwachsen, gänzlich glatt.

Fig. 47.
Rhacophorus (Philautus) anodon Kamp.
Habitus von oben. (Nach Kampen).

Oben bräunlich, unten heller; einige kleine weiße Flecke, einige verstreut auf Rücken und Bauch, eine Reihe entlang dem Canthus rostralis und dem Lateralrand des oberen Augenlids, andere entlang den Lippen, auf den Fingern und Zehen, und in Querbinden angeordnet auf den Beinen; ein größerer, schwarz gerandeter Fleck hinter jedem Trommelfell. Totallänge 24 mm. (Fig. 47).

Sumatra.

13. **R. (P.) kempiae** (Blgr.) 1919 *Ixalus k.*, Boulenger in: Rec. Ind. Mus., *v.* 16 p. 208.

Vomerzähne fehlen; Schnauze abgerundet, kaum vorragend, ein wenig kürzer als der Augendurchmesser; Canthus rostralis undeutlich; Lorealgegend schräg, schwach konkav; Nasenloch gleich weit entfernt von Auge und Schnauzenspitze; Interorbitalraum breiter als das obere Augenlid; Trommelfell verborgen; Finger kurz, frei; Zehen kurz, an der Basis mit Schwimmhaut versehen; Haftscheiben der Finger und Zehen groß; das Tibiotarsalgelenk erreicht die Schnauzenspitze; bei rechtwinklig angeknickten Hinterbeinen überragen einander die Fersen; Tibia $1^3/_4$mal in der Körperlänge; Oberseite mit kleinen Warzen; Kehle glatt; Bauch gekörnelt.

Oben grau, mit kleinen schwärzlichen Punkten; eine schwärzliche Querbinde zwischen den Augen und eine)(-förmige Zeichnung auf dem Rücken;

Beine mit unregelmäßigen schwärzlichen Querbinden; Oberlippe mit senkrechten dunklen Binden; Kehle und Bauch weißlich, gefleckt und marmoriert mit Braun. Totallänge 17 mm.

Assam (Garoberge, Tura).

14. **R. (P.) garo** (Blgr.) 1919 *Ixalus g.*, Boulenger in: Rec. Ind. Mus., *v.* 16 p. 207.

Vomerzähne fehlen; Schnauze abgestutzt, kaum vorragend, ein wenig kürzer als der Augendurchmesser; Canthus rostralis deutlich; Lorealgegend etwas schräg, konkav; Nasenloch gleich weit entfernt vom Auge und der Schnauzenspitze; Interorbitalraum breiter als das obere Augenlid; Trommelfell deutlich, $^1/_3$ des Augendurchmessers. Finger kurz, frei; Zehen kurz, an der Basis mit Schwimmhaut; Haftscheiben der Finger und Zehen groß, so groß wie das Trommelfell; das Tibiotarsalgelenk erreicht das Auge; bei rechtwinklig angeknickten Hinterbeinen überragen einander die Fersen; Tibia $^1/_2$ der Körperlänge. Haut oben glatt; eine deutliche Supratympanalfalte; Kehle glatt; Bauch gekörnelt.

Oben grau, mit einem großen, scharf abgesetzten, sanduhrförmigen, dunkelbraunen Fleck auf dem Hinterkopf von zwischen den Augen ab und dem Rücken; Loreal- und Temporalgegend dunkelbraun; Beine mit dunklen Querbändern; Unterseite grau, weiß gefleckt. Totallänge 13 mm.

Assam (Tura, Garoberge).

15. **R. (P.) parvulus** (Blgr.) 1893 *Ixalus p.*, Boulenger in: Ann. Mus. Genova, ser. 2 *v.* 13 p. 339 t. 10 f. 4 (Habitus).

Vomerzähne fehlen; Choanen klein, weit voneinander getrennt; Zunge hinten mit zwei Zipfeln, ziemlich groß; Kopf mäßig groß, so lang wie breit; Schnauze rundlich zugespitzt, etwas über das Maul hinausragend, ein wenig kürzer als der Augendurchmesser, etwas kürzer als der Abstand zwischen den vorderen Augenwinkeln. Canthus rostralis undeutlich; Lorealgegend steil, konkav; Nasenloch gleich weit entfernt von Auge und Schnauzenspitze, der Abstand zwischen den Nasenlöchern breiter als der bis zum Auge, schmaler als der Interorbitalraum, der breiter als ein oberes Augenlid ist; Trommelfell völlig unter der Haut verborgen. Finger kurz, frei; Haftscheiben groß; 1. Finger kürzer als der 2., der kürzer als der 4. ist; Subartikulartuberkel schwach. Zehen kurz, nur am Grunde mit Schwimmhaut, die an der längsten Zehe die beiden Endglieder, an den übrigen Zehen das letzte Glied freiläßt; Haftscheiben nur wenig kleiner als die der Finger; 3. und 5. Zehe gleich lang; laterale Zehe ohne Hautfalte; keine Tarsalfalte; nur eine sehr kleine, flache, mediale Metatarsaltuberkel, keine laterale, keine Tarsaltuberkel. Das Tibiotarsalgelenk reicht bis zum Hinterrand des Auges; Femur so lang wie die Tibia, die 3mal so lang wie breit, $2^1/_2$mal in der Körperlänge enthalten, und nur sehr wenig länger als der Fuß ist. Bei rechtwinklig angeknickten Hinterbeinen berühren die Fersen einander nicht. Haut oben glatt oder mit kleinen, konischen, verstreuten Warzen besetzt; eine mehr oder weniger deutliche Supratympanalfalte vorhanden; Kehle glatt; Bauch und Unterseite der Schenkel gekörnelt.

Fig. 48. **Rhacophorus (Philautus) parvulus** (Blgr.). Habitus von oben. (Nach Boulenger).

Oben grau oder braun, einfarbig oder mit einer dunklen Querbinde oder einem dreieckigen Fleck zwischen den Augen, und einer gebogenen dunklen Binde entlang jeder Seite des Rückens; Lumbargegend mit dunkelbrauner Marmorierung, die einen mehr oder weniger deutlichen weißlichen Fleck einschließt; eine mehr oder weniger deutliche dunkle Binde über dem Femur und eine oder zwei über der Tibia; Unterseite braun oder weißlich, stark braun gewölkt. Männchen mit sehr großer äußerer Schallblase. Totallänge 23 mm. (Fig. 48).

Karinberge (Burma).

16. **R. (P.) annandalii** (Blgr.) 1906 *Ixalus a.*, Boulenger in: J. Asiat. Soc. Bengal, *v.* 2 p. 385 | 1912 *I. a.*, Annandale in: Rec. Ind. Mus., *v.* 8 p. 16 t. 3 f. 2 (Habitus) | 1913 *I. a.*, Annandale, ibid., *v.* 9 p. 304.

Vomerzähne fehlen; Schnauze zugespitzt, stark vorragend, ein wenig kürzer als der Augendurchmesser; Canthus rostralis deutlich; Lorealgegend konkav; Nasenloch gleich weit entfernt von Auge und Schnauzenspitze; Interorbitalraum breiter als das obere Augenlid; Trommelfell gerade unterscheidbar. Finger kurz, frei; Zehen kurz, an der Basis durch Schwimmhaut verbunden; Haftscheiben der Finger und Zehen ziemlich klein. Das Tibiotarsalgelenk erreicht das Auge. Haut oben glatt; eine starke Glandularfalte vom Auge zur Schulter; Kehle glatt; Bauch und Unterseite der Schenkel gekörnelt.

Oben grauoliv; eine dunkle Binde zwischen den Augen; eine gebogene, dunkle Binde an jeder Seite des Rückens, von hinter dem Auge bis über die Weichen; ein dunkler Streifen unter dem Canthus rostralis, ein anderer, senkrechter unter dem Auge, und ein dritter vom Auge zur Schulter; eine dunkle Binde an jedem Segment der Beine; Unterseite grau, braun gefleckt oder marmoriert. Männchen mit großer subgularer Schallblase. Totallänge 16 mm.

Ost-Himalaya.

Kaulquappe: Das obere Profil von Kopf und Körper bildet eine ziemlich gleichmäßige Kurve; das Maul ist nahezu endständig, verhältnismäßig klein; die Lippen relativ schmal, beide vorwärts gerichtet; Oberlippe glatt außer an den Ecken, die zahlreiche runde Papillen tragen; Unterlippe mit einem in der Mitte unterbrochenen Saum, und mit ähnlichen Papillen besetzt; Zahnformel 1 : 3 + 3/1 + 1 : 2 oder 1 : 3 + 3/3; Kiefer in zwei Teilen. Augen seitlich, auswärts gerichtet; Nasenloch näher der Schnauzenspitze als dem Auge. Spiraculum linksseitig, rückwärts und ein wenig aufwärts gerichtet. After rechtsseitig. Schwanz breit lanzettförmig; er ist ziemlich kurz und hoch an der Basis, und fällt ziemlich schnell zur Spitze ab. Die Färbung ist ziemlich hell.

Der junge Frosch ist, unmittelbar nach seiner Verwandlung, schon so groß wie der alte.

17. **R. (P.) glandulosus** (Jerd.) 1853 *Ixalis? glandulosa*, Jerdon in: J. Asiat. Soc. Bengal, *v.* 22 p. 532 | 1853 *? Phyllomedusa tinniens*, Jerdon, ibid., p. 533 | 1871 *Ixalus punctatus*, John Anderson in: ibid., *v.* 40 p. 27 | 1875 *I. glandulosus*, Alb. Günther in: P. zool. Soc. London, p. 573 | 1875 *I. montanus*, Alb. Günther, ibid., p. 574 t. 66 f. A (Habitus) | 1882 *I. glandulosus*, Boulenger, Cat. Batr. sal. Brit. Mus., ed. 2 p. 103 | 1890 *I. g.*, Boulenger in: Fauna Brit. Ind., Rept. Batr. p. 488 | 1892 *I. punctatus*, W. Sclater in: P. zool. Soc. London, p. 347 | 1913 *I. glandulosus*, Annandale in: Rec. Ind. Mus., *v.* 9 p. 304.

Vomerzähne fehlen; Choanen mäßig, wenigstens zum Teil unter dem Kieferrande verborgen; Zunge mit einer spitzen Papille im vorderen Teile der Mittellinie; Kopf mäßig groß, etwa so lang wie breit, oder wenig breiter als lang; Schnauze abgerundet, vorn stumpf abgestutzt, so lang wie der Augendurchmesser, kürzer als der Abstand der vorderen Augenwinkel voneinander; Canthus rostralis deutlich; Lorealgegend ziemlich steil, wenig konkav; Nasenloch etwa gleich weit von Auge und Schnauzenspitze entfernt, der Zwischenraum zwischen den Nasenlöchern wenig konkav, größer als der bis zum Auge, kleiner als der Interorbitalraum, der fast doppelt so breit wie ein oberes Augenlid ist; Trommelfell sehr klein, verborgen. Finger frei; Haftscheiben gut entwickelt; 1. Finger kleiner als der 2., der kürzer als der 3. ist, der weit von dem 4. überragt wird; Subartikulartuberkel mäßig; 5. Zehe etwas länger als die 3.; Zehen nur an der Basis durch Schwimmhaut verbunden; Haftscheiben so groß wie die der Finger; laterale Metatarsalia nicht durch Schwimmhaut getrennt; laterale Zehe ohne Hautfalte; Tarsalfalte fehlt, nur eine sehr kleine, rundliche, mediale Metatarsaltuberkel, keine laterale, keine Tarsaltuberkel; Subartikulartuberkel deutlich; Sohle mit kleinen, spitzen Tuberkeln besetzt. Das Tibiotarsalgelenk reicht bis zum Auge oder nicht ganz so weit; Femur kürzer als Tibia, die 3mal so lang wie breit, $2^1/_4$ bis $2^1/_3$mal in der Körperlänge enthalten, und kürzer als der Fuß ist; bei rechtwinklig angeknickten Hinterbeinen berühren die Fersen einander. Haut oben glatt oder mit kleinen Tuberkeln; Seiten gewöhnlich glandulär oder tuberkulär; eine Falte vom Auge zur Schulter; Unterseite gekörnelt.

Fig. 49.
Rhacophorus (Philautus) glandulosus (Jerd.).
Habitus. (Nach Günther).

Oben dunkel olivbraun, einfarbig oder mit undeutlicher Zeichnung, oder graubraun mit symmetrischen dunkleren und helleren Zeichnungen; unten ungefleckt oder braun gefleckt. Männchen mit innerer Schallblase. Totallänge 25 mm. (Fig. 49).

Süd- und Südwest-Indien.

18. **R. (P.) oxyrhynchus** (Günther) 1872 *Ixalus o.*, Alb. Günther in: Ann. nat. Hist., ser. 4 *v.* 9 p. 88 | 1882 *I. o.*, Boulenger, Cat. Batr. sal. Brit. Mus., ed. 2 p. 97 t. 10 f. 5 (Habitus) | 1890 *I. o.*, Boulenger in: Fauna Brit. Ind., Rept. Batr. p. 482.

Fig. 50.
Rhacophorus (Philautus) oxyrhynchus (Günther).
Habitus von oben.
(Nach Boulenger).

Vomerzähne fehlen; Zunge ohne Papille; Schnauze zugespitzt, länger als der Augendurchmesser; Canthus rostralis winklig; Lorealgegend nicht vertieft, vertikal; Nasenloch näher der Schnauzenspitze als dem Auge; Interorbitalraum viel breiter als das obere Augenlid; Trommelfell deutlich, halb so groß wie das Auge. Finger frei, Zehen $^2/_3$ mit Schwimmhaut; Haftscheiben sehr klein; Subartikulartuberkel gut entwickelt; eine kleine mediale Metatarsaltuberkel. Das Tibiotarsalgelenk reicht bis zur Schnauzenspitze oder darüber hinaus. Haut glatt, auf dem Bauche und unter den Schenkeln gekörnelt.

Färbung (in Alkohol) oben hellbraun, mit einem großen dunklen Fleck; Loreal- und Temporalregion schwärzlichbraun; Kehle braun gefleckt. Länge 25 mm. (Fig. 50).

Zentral-Ceylon.

19. **R. (P.) femoralis** (Günther) 1864 *Ixalus f.*, Alb. Günther, Rept. Brit. Ind., p. 434 t. 26 f. D (Habitus) | 1872 *I. pulchellus*, Alb. Günther in: Ann. nat. Hist., ser. 4 *v.* 9 p. 88 | 1876 *I. fergusonii*, Alb. Günther in: Ann. nat. Hist., ser. 4 *v.* 17 p. 379 | 1882 *I. femoralis*, Boulenger, Cat. Batr. sal. Brit. Mus., ed. 2 p. 101 | 1890 *I. f.*, Boulenger in: Fauna Brit. Ind., Rept. Batr. p. 485.

Vomerzähne fehlen; Choanen mäßig groß, nicht unter dem Kieferrand verborgen; Zunge groß, ohne Papille; Kopf groß, breiter als lang; Schnauze abgerundet, ebenso vorn, kaum so lang wie der Augendurchmesser, wenig kürzer als der Abstand der vorderen Augenwinkel voneinander; Canthus rostralis mäßig deutlich; Lorealgegend sehr schräg, sehr wenig konkav; Nasenloch näher der Schnauzenspitze als dem Auge, der Zwischenraum zwischen den Nasenlöchern konkav, so groß wie der bis zum Auge, kleiner als der Interorbitalraum, der nur wenig breiter als das obere Augenlid ist; Trommelfell klein, unter der Haut verborgen. Finger frei; Haftscheiben ziemlich groß; 1. Finger kleiner als der 2., der kürzer als der 4. ist, der von dem 3. überragt wird; Subartikulartuberkel deutlich. 5. Zehe länger als die 3.; Haftscheiben etwa ebenso groß wie die der Finger; Zehen mit $^2/_3$ Schwimmhaut, die an der längsten Zehe die $1^1/_2$—2 letzten Glieder, bei den übrigen das letzte $^1/_2$ bis ganze Glied freiläßt; laterale Metatarsalia nur in ihrem distalen Viertel durch Schwimmhaut getrennt; laterale Zehe mit Hautfalte; Tarsalfalte fehlt; nur eine kleine, mediale Metatarsaltuberkel, keine laterale; keine Tarsaltuberkel. Subartikulartuberkel mäßig; Sohle mit kleinen Granulae besetzt; das Tibiotarsalgelenk reicht bis zur Schnauzenspitze oder fast so weit; Femur kürzer als die Tibia, die $4^1/_2$ mal so lang wie breit, $^1/_2$ mal der Körperlänge, und länger als der Fuß ist; bei rechtwinklig angeknickten Hinterbeinen decken die Fersen einander. Haut oben glatt oder granuliert; eine leichte Falte vom Auge zur Schulter; Kehle, Bauch und Unterseite der Schenkel gekörnelt, die Granulae sehr groß auf dem Bauch.

Fig. 51. **Rhacophorus (Philautus) femoralis** (Günther). Habitus. (Nach Günther).

Oben grün (bläulich oder purpurn in Alkohol), ungefleckt oder mit schwarzen Flecken; Oberarm farblos, Schenkel mit grünem Streifen auf der Oberseite. Männchen mit innerer Schallblase. Totallänge 25 mm. (Fig. 51).

Ceylon.

20. **R. (P.) rugatus** E. Ahl 1927 *R. r.*, E. Ahl in: SB. Ges. Fr. Berlin, p. 36.

Vomerzähne fehlen; Choanen klein, teilweise unter dem Kieferrande verborgen; Zunge groß, hinten mit 2 langen Zipfeln, ohne Papille; Kopf groß, etwas breiter als lang; Schnauze zugespitzt, vorn etwas steil abgestutzt, über das Maul hinwegragend, so lang wie der Augendurchmesser, kürzer als der Abstand der beiden vorderen Augenwinkel voneinander; Canthus rostralis scharf; Lorealgegend fast senkrecht abfallend, stark vertieft; Nasenloch ein klein wenig näher der Schnauzenspitze als dem Auge, der Zwischenraum zwischen den Nasenlöchern gerade, flach, etwa so groß wie der bis zum Auge, kleiner als der Interorbitalraum, der breiter als ein oberes Augenlid ist. Trommelfell völlig unter der Haut verborgen.

Finger kräftig, frei, der erste kleiner als der zweite, der nur wenig kürzer als der vierte ist. Haftscheiben groß, nicht ganz $^1/_3$ so groß wie das Auge; Subartikulartuberkel deutlich. Fuß kräftig, mit $^2/_3$ Schwimmhaut die an allen Zehen das letzte Glied freiläßt; 3. und 5. Zehe gleich lang. Haftscheiben so groß wie die der Finger; laterale Metatarsalia nur wenig durch Schwimmhaut getrennt; laterale Zehe ohne Hautfalte; keine Tarsalfalte; nur eine kleine, mediale, spitze Metatarsaltuberkel, keine laterale; keine Tarsaltuberkel; die ganze Fußsohle mit kleinen, spitzen Tuberkeln besetzt; Subartikulartuberkel mäßig; das Tibiotarsalgelenk reicht bis zur Augenmitte; Femur kürzer als Tibia, die $3^1/_2$ mal so lang wie breit, 2 mal in der Körperlänge enthalten und länger als der Fuß ist; bei rechtwinklig angeknickten Hinterbeinen decken die Fersen einander. Haut oben warzig, besonders an den Seiten des Kopfes und Körpers; eine starke Supratympanalfalte vorhanden; Kehle und Brust schwach, Bauch und Unterseite der Schenkel stark gekörnelt. Eine besonders deutliche Warzenreihe entlang der Mitte des Kopfes.

Färbung (in Alkohol) oben hellgraubraun, auf dem Rücken eine sehr große, scharf abgesetzte, dunkelbraune, X-förmige Zeichnung; Beine dicht quer gebändert; zwischen den Augen eine unterbrochene dunkelbraune Querbinde; Canthus rostralis und Supratemporalfalte hellbraun, darunter ein dunkelbrauner Streifen; vom Auge abwärts eine breite, braune, weiß begrenzte Binde; Unterseite hellbraun, dunkler bestäubt. Totallänge 19 mm.

Ceylon (Farnlands).

21. **R. (P.) asperrimus** E. Ahl 1886 *Ixalus asper* (non *Rana a.*, Boulenger 1882), Boulenger in: P. zool. Soc. London, p. 416 t. 39 f. 1 (Habitus) | 1892 *I. a.*, W. Sclater in: P. zool. Soc. London, p. 347 | 1893 *I. a.*, Boulenger in: Ann. Mus. Genova, ser. 2 *v.* 13 p. 340 | 1903 *I. a.*, Butler in: J. Bombay Soc., *v.* 15 p. 204 | 1912 *I. a.*, Boulenger, Vert. Fauna Malay, Rept. Batr. p. 255 | 1927 *Rhacophorus asperrimus*, E. Ahl in: SB. Ges. Fr. Berlin, p. 37.

Fig. 52.
Rhacophorus (Philautus) asperrimus E. Ahl. Habitus von oben. (Nach Boulenger).

Schnauze abgerundet, so lang wie der Augendurchmesser; Vomerzähne fehlen; Canthus rostralis sehr schwach markiert; Lorealgegend schräg, konkav; Nasenloch näher der Schnauzenspitze als dem Auge; Interorbitalraum breiter als das obere Augenlid; Trommelfell sehr deutlich, fast so groß wie das Auge. Finger frei, Zehen mit $^3/_4$ oder nahezu ganzen Schwimmhäuten; Haftscheiben groß, aber kleiner als das Trommelfell; Subartikulartuberkel schwach; eine kleine, sehr schwach hervortretende, mediale Metatarsaltuberkel. Das Tibiotarsalgelenk erreicht die Schnauzenspitze. Oberseite rauh mit kleinen, konischen, granulären Tuberkeln; Kehle glatt, Bauch grob gekörnelt.

Schwärzlich, die Granulae auf der Oberseite als weiße Flecke erscheinend, oder aschfarbengrau mit einer großen rechteckigen oder dreieckigen dunkelbraunen Zeichnung auf dem Rücken, einer Querbinde zwischen den Augen, und Querbinden auf den Beinen; Kehle schwarz, Bauch und Unterseite der Beine schwarz und blaugrau marmoriert. Totallänge 35 mm. (Fig. 52).

Perak (1000—1200 m), Burma und Siam.

22. **R. (P.) argus** (Annand.) 1912 *Ixalus a.*, Annandale in: Rec. Ind. Mus., *v.* 8 p. 16 t. 3 f. 3 (Habitus).

Vomerzähne fehlen; ein kleiner Zahn an der Symphyse des Unterkiefers; keine Papille auf der Zunge; Choanen klein, weit getrennt, weit vorwärts gelegen. Kopf kurz und breit, dreieckig; Schnauze stumpf, etwas an der Spitze niedergedrückt, vorn schräg vertikal abgestutzt, vorragend, etwas länger als der Augendurchmesser; Nasenloch näher der Schnauzenspitze als dem Auge; Canthus rostralis ziemlich deutlich; Lorealgegend vertikal, konkav; Trommelfell deutlich, klein, etwa $^1/_3$ so groß wie das Auge; Interorbitalraum breiter als das obere Augenlid. Finger schlank, frei, mit großen Haftscheiben, die des dritten Fingers so groß wie das Trommelfell; 1. Finger ein wenig kürzer als der 2., Subartikulartuberkel groß, rund, etwas vorragend; keine Metacarpaltuberkel; das Tibiotarsalgelenk reicht bis zum Nasenloch; Beine schlank, Zehen mit ganzer Schwimmhaut; Haftscheiben etwas kleiner als die der Finger; Subartikulartuberkel deutlich, aber nicht vortretend; eine sehr deutliche mediale, aber keine laterale Metatarsaltuberkel; keine Tarsalfalte. Haut des Kopfes und Nackens glatt, die des Rückens mit kleinen, verstreuten Tuberkeln besetzt; Unterseite glatt; keine Latero-, Dorsal- oder Supratympanalfalten.

Oberseite dunkelgrau mit hellerer Netzzeichnung auf dem Rücken, die den Anschein erweckt, als sei das Tier mit feinen Augenflecken besetzt; Beine und Finger dunkelgrau und weiß geringelt; Unterseite schmutzig weiß, fein grau gefleckt an Kehle und Brust; Sohlen der Hände und Füße dunkelgrau.

Abor (Ober-Renging, 645 m).

23. **R. (P.) cinerascens** (Stol.) 1870 *Ixalus c.*, Stoliczka in: P. Asiat. Soc. Bengal, p. 273 | 1872 *I. c.*, Stoliczka, ibid., p. 109 | 1882 *I. c.*, Boulenger, Cat. Batr. sal. Brit. Mus., ed. 2 p. 102 | 1890 *Leptobrachium monticola* (part.), Boulenger in: Fauna Brit. Ind., Rept. Batr. p. 510 | 1892 *Ixalus cinerascens*, W. Sclater in: P. zool. Soc. London, p. 347 | 1913 *I. c.*, Annandale in: Rec. Ind. Mus., *v.* 9 p. 304 t. 15 f. 4 (Habitus).

Vomerzähne fehlen; keine Zungenpapille; Schnauze stumpf, vorn abgestutzt, kürzer als der Augendurchmesser; Nasenloch näher der Schnauzenspitze als dem Auge; Trommelfell ganz undeutlich. Finger ganz frei, Zehen kaum mit halber Schwimmhaut; Haftscheiben gut entwickelt; eine kleine mediale Metatarsaltuberkel und eine sehr undeutliche laterale. Das Tibiotarsalgelenk reicht bis zur Schnauzenspitze. Oben mit wenigen verstreuten Tuberkeln; auf dem oberen Augenlid einige vorragende Tuberkel; Bauch und Unterseite der Schenkel dicht und grob gekörnelt; eine Falte vom Auge zur Schulter.

Fig. 53. **Rhacophorus (Philautus) cinerascens** (Stol.). Habitus von oben. (Nach Annandale).

Färbung (in Alkohol) oben grauoliv, sehr fein dunkel gefleckt, heller an den Seiten; Beine quer gebändert; unten hell bräunlichweiß, etwas heller an Kinn und Kehle, und überall fein dunkel gefleckt und gepunktet. Totallänge 30 mm. (Fig. 53).

Moulmein.

24. **R. (P.) spinosus** (Taylor) 1920 *Hazelia spinosa*, Taylor in: Philipp. J. Sci., *v.* 16 p. 292 t. 7 f. 1.

Vomerzähne fehlen; Choanen groß, länglich, etwas unter dem Kieferrand liegend, aber voll sichtbar; Zunge länglich, hinten geteilt, mit zwei kleinen abgerundeten Hörnern, keine Papille; Kopf länger als breit; Schnauze ziemlich abgestutzt, hoch, abwärts und rückwärts gegen das Maul zu abfallend, oberer Teil weit über das Maul hinausragend; Schnauze mit deutlichem, vorragenden Canthus rostralis; ziemlich konkav zwischen Auge und Nasenloch; Schnauze etwas schmaler hinter den Nasenlöchern als sonst; Lorealgegend ziemlich konkav, deutlich vertikal im oberen Teil, dann schräg zum Maul abfallend; Nasenlöcher nahe der Schnauzenspitze; Auge groß, sein Durchmesser gleich seinem Abstand vom Nasenloch; Trommelfell sehr deutlich, sehr nahe am Auge gelegen, sein Durchmesser etwa $^4/_5$ des Augendurchmessers; zwei knöcherne Leisten bilden Parallelen zum Canthus rostralis, beginnend vor dem Auge und sich fortsetzend an jeder Seite der Interorbitalgegend bis zum Nacken; der Abstand zwischen diesen Leisten ist am größten vor dem Auge; Interorbitalraum eingedrückt, $1^1/_2$ bis $1^2/_3$ mal so groß wie das obere Augenlid; eine schwache Leiste über dem Trommelfell; Temporalregion leicht konkav; Finger frei von Schwimmhaut, mit deutlichen, transversal verbreiterten Haftscheiben; jede Haftscheibe mit einer deutlichen Grube rund um den lateralen Rand, kontinuierlich mit einer transversalen Grube auf der Unterseite nahe der Mitte; 1. Finger kürzer als der 2., der viel kürzer als der 4. ist; 4. Finger reicht bis zur Basis der Haftscheibe des 3.; Zehen etwa mit $^1/_3$—$^1/_2$ Schwimmhaut, die Membran erreicht die Subartikulartuberkel der 1. und 2. Zehe und ein wenig höher als bei der 3.; 3. Zehe deutlich länger als die 5. Haftscheiben der Zehen kleiner als die der Finger; Subartikulartuberkel gut entwickelt; eine deutliche mediale und eine kleine laterale Metatarsaltuberkel; Tibiotarsalgelenk reicht etwas über die Schnauzenspitze hinaus; Haut oben bedeckt mit harten, stacheligen Warzen und Tuberkeln, dem Frosch ein sehr stacheliges Aussehen gebend; Haut des vorderen Teiles des Kopfes fest verwachsen mit dem Schädel und den knöchernen Leisten; Tuberkel sind außerdem vorhanden auf der Oberseite der Beine und Finger, an den Kopfseiten und sogar unter den Beinen; Augenlider äußerst rauh; Kinn mit kleinen Tuberkeln; Bauch gekörnelt; Medialseite der Schenkel und Tibien glatt.

Färbung im Leben oben bräunlich, dunkler am vorderen Teil des Kopfes, mit verstreuten zitronengelben bis orangefarbenen Flecken; zwei hervorragende, dunkel gerandete, orangefarbene, interskapulare Flecke über und etwas hinter dem Trommelfell; kleinere gelbe Flecke in der Supraciliargegend, entlang der Lippe und dem Canthus rostralis, unter dem Trommelfell und entlang beiden Seiten des Rückens; ein kleiner deutlicher Fleck auf der Schnauzenspitze; Beine oben bräunlich; rötlich orange ist die Vorder- und Hinterseite der Arme und Beine, mit zwei gelben, dunkler gerandeten Flecken auf den Armen, und größeren, ziemlich regulär verteilten gelben Flecken auf den Schenkeln; Bauch, Seiten und Unterseite der Beine orangegelb; Finger und Zehen mit gelben Flecken. Das Männchen besitzt keine Schallblasen. Totallänge 41 mm.

Der arboricole Frosch ist sehr regsam und springt mit großer Schnelligkeit und Kraft. Seine Nahrung besteht vorzugsweise aus Ameisen.

Bunawan, Agusan auf Mindanao.

Außerdem ist die Art noch bekannt von Basilan. Die meisten der dort gefangenen Stücke sind dunkler als die von Mindanao, der Bauch ist orange, mit zahlreichen ziemlich großen gelblichweißen Flecken an den Seiten von Bauch und Kinn; die stacheligen Tuberkel an den Fersen und unter dem Anus sind gelblich. Außerdem sind bei dieser Rasse die 3. und 5. Zehe gleich lang oder nahezu gleich lang, und der Abstand des Nasenloches von der Schnauzenspitze ist geringer. Vielleicht genügen diese Unterschiede, wenn die Art erst besser bekannt ist, um eine Lokalrasse zu unterscheiden und zu benennen.

Kaulquappe: Länge mit Hinterbeinen, 6,5 mm; Körper fast $1^1/_2$ mal so lang wie breit, aber viel kürzer als der Schwanz; Höhe des Schwanzes in seiner Länge mehr als 4mal; Nasenlöcher viel näher der Schnauzenspitze als dem Auge; Augen auf der oberen Seite des Körpers; der Zwischenraum zwischen diesen gleich ihrem Abstand von den Nasenlöchern; eine tiefe Grube zwischen und hinter den Augen, nach vorn fortgesetzt als eine schmale lineare Grube bis zur Schnauzenspitze; vor den Augen und etwas darunter sind 2 große, runde Flecke; Maul klein; im Maul befinden sich 2 Reihen dunkelbrauner Zähne; die obere ist nur in einem sehr kleinen Winkel gebogen; die untere Reihe ist ziemlich V-förmig; diese Zahnplatten scheinen älteren Larven zu fehlen.

Ihre Färbung im Leben ist dunkelbraun bis schwarz; Bauch viel heller; ältere Stücke haben winzige gelbe Flecke, und in der Zeit, wo die Vorderbeine hervorsprießen, erscheinen auch die Schulterflecke.

Die wenigen Stücke, die bisher bekannt sind, wurden in einem mit Wasser gefüllten Baumstumpf gefangen.

25. **R. (P.) halyi** (Blgr.) 1904 *Ixalus h.*, Boulenger in: J. Bombay Soc., *v.* 15 p. 431 t. 1 f. 3 (Habitus).

Schnauze abgerundet, ein wenig kürzer als der Augendurchmesser; Vomerzähne fehlen; Canthus rostralis deutlich; Lorealgegend leicht konkav; Nasenloch ein wenig näher der Schnauzenspitze als dem Auge; Interorbitalraum so breit wie das obere Augenlid; Trommelfell deutlich, etwas mehr als die Hälfte des Augendurchmessers. Finger frei, Zehen mit halber Schwimmhaut; Haftscheiben gut entwickelt, ein wenig kleiner als das Trommelfell. Das Tibiotarsalgelenk erreicht das Auge. Oberseite rauh; eine erhabene Leiste entlang der Vertebrallinie, eine andere in der Interorbitalgegend kreuzend; eine starke Falte vom Auge zur Schulter. Kehle, Bauch und Unterseite der Schenkel grob granuliert.

Oben rötlichbraun, mit undeutlichen dunkleren Zeichnungen an Kopf und Körper und Querbinden auf den Schenkeln; Lorealgegend dunkelbraun; Seiten und Unterseite weiß. Männchen mit innerer Schallblase. Totallänge 28 mm.

Ceylon (Pattipola).

26. **R. (P.) signatus** (Blgr.) 1882 *Ixalus s.*, Boulenger, Cat. Batr. sal. Brit. Mus., ed. 2 p. 106 t. 11 f. 2 (Habitus) | 1890 *I. s.*, Boulenger in: Fauna Brit. Ind., Rept. Batr. p. 487 | 1891 *I. s.*, Boulenger in: Ann. nat. Hist., ser. 6 *v.* 8 p. 292 | 1913 *I. s.*, Annandale in: Rec. Ind. Mus., *v.* 9 p. 303.

Fig. 54.
Rhacophorus (Philautus) signatus (Blgr.). Habitus von oben. (Nach Boulenger).

Vomerzähne fehlen; Zunge mit einer kleinen zugespitzten Papille im vorderen Teil der Medianlinie; Schnauze zugespitzt, so lang wie der Augendurchmesser; Canthus rostralis deutlich; Lorealgegend wenig konkav; Nasenloch näher der Schnauzenspitze als dem Auge; Interorbitalraum so groß wie ein oberes Augenlid; Trommelfell klein, unter der Haut verborgen; Finger frei, Zehen mit halben Schwimmhäuten; Haftscheiben wohl entwickelt; eine kleine, mediale Metatarsaltuberkel. Das Tibiotarsalgelenk reicht bis zum Auge oder ein wenig darüber. Haut oben glatt, unten gekörnelt.

Oben grau oder bräunlich; eine dunkle Querbinde zwischen den Augen und eine große X-förmige Zeichnung auf dem Rücken; Oberlippe mit wenigen weißen Punkten; Beine mit dunklen Querbinden; Hinterseite der Schenkel ungefärbt, oder mit brauner Netzzeichnung; unten ungefleckt. Männchen mit innerer Schallblase. Länge 43 mm. (Fig. 54).

Malabar, Ceylon, Nilgherries.

27. **R. (P.) flaviventris** (Blgr.) 1882 *Ixalus f.*, Boulenger, Cat. Batr. sal. Brit. Mus., ed. 2 p. 105 t. 11 f. 1 (Habitus) | 1890 *I. f.*, Boulenger in: Fauna Brit. Ind., Rept. Batr. p. 487.

Vomerzähne fehlen; Choanen mäßig, fast völlig unter den Kieferrändern verborgen; Zunge mäßig groß, mit einer zugespitzten Papille im vorderen Teil der Mittellinie; Kopf ziemlich groß, breiter als lang; Schnauze abgerundet, vorn ebenfalls abgerundet, etwas über das Maul hinwegragend, so lang wie der Augendurchmesser, nicht ganz so lang wie der Abstand der vorderen Augenwinkel voneinander; Canthus rostralis deutlich; Lorealgegend nicht sehr schräg, nur sehr wenig konkav; Nasenloch näher der Schnauzenspitze als dem Auge, der Zwischenraum zwischen den Nasenlöchern gerade, flach, so

Fig. 55.
Rhacophorus (Philautus) flaviventris (Blgr.).
Habitus von oben. (Nach Boulenger).

groß wie der bis zum Auge, kleiner als der Interorbitalraum, der so breit wie das obere Augenlid ist; Trommelfell klein, undeutlich. Finger frei; Haftscheiben gut entwickelt; 1. Finger kleiner als der 2., der kürzer als der 4. ist, der von dem 3. weit überragt wird; Subartikulartuberkel klein. 5. Zehe länger als die 3.; Haftscheiben wenig kleiner als die der Finger; Zehen mit $^1/_2$ Schwimmhaut, die an der 4. Zehe die beiden letzten Glieder, an den übrigen Zehen die Endphalange frei läßt; laterale Metatarsalia nur in ihrem distalen Teile wenig durch Schwimmhaut getrennt; laterale Zehe mit Hautfalte; Tarsalfalte fehlt; nur eine außerordentlich kleine mediale Metatarsaltuberkel, keine laterale; keine Tarsaltuberkel; Subartikulartuberkel mäßig. Das Tibiotarsalgelenk reicht bis zum Auge; Femur nur wenig kürzer als Tibia, die $3^1/_2$ mal so lang wie breit, $2^1/_3$ mal in der Körperlänge enthalten und etwas länger als der Fuß ist; bei rechtwinklig angeknickten Hinterbeinen berühren die Fersen einander. Haut oben glatt oder fein gekörnelt, die Seiten mit kleinen Warzen besetzt; Unterseite granuliert; eine deutliche Supratympanalfalte.

Oben dunkelbraun mit runden, gelben Flecken oder braun mit dunklen Zeichnungen oder Flecken; Hinterseite der Schenkel dunkelbraun, mit runden, gelben Flecken; Unterseite gelb, manchmal braun marmoriert. Männchen mit innerer Schallblase. Totallänge 29 mm. (Fig. 55).

Malabar.

28. **R. (P.) travancoricus** (Blgr.) 1891 *Ixalus t.*, Boulenger in: Ann. nat. Hist., ser. 6 *v.* 8 p. 291.

Vomerzähne fehlen; Schnauze abgerundet, so lang wie der Augendurchmesser; Canthus rostralis stumpf; Lorealgegend leicht konkav; Nasenloch viel näher der Schnauzenspitze als dem Auge; Interorbitalraum breiter als das obere Augenlid; Trommelfell verborgen; Finger frei; Zehen mit $^1/_3$ Schwimmhäuten; Haftscheiben gut entwickelt; Metatarsaltuberkel flach, sehr undeutlich. Das Tibiotarsalgelenk reicht bis zum Auge. Haut glatt, auf dem Bauch und unter den Schenkeln gekörnelt.

Oben cremefarben, fein gefleckt mit Schwarz; einige größere, schwarze Flecke verstreut auf dem Rücken und auf der Tibia; ein schwarzer Streifen von Schulter zu Schulter rund um die Schnauze, durch die Augen und die Nasenlöcher gehend; ein schwärzlicher Streifen an jeder Seite der vorderen Hälfte des Rückens; ein schmales pigmentiertes Band entlang der Oberseite des Femur; Bauch weiß, die anderen Teile farblos. Länge 31 mm.

Travancore (Bodanaikanur).

29. **R. (P.) bombayensis** (Annand.) 1919 *Ixalus b.*, Annandale in: Rec. Ind. Mus., *v.* 16 p. 124 t. 1 f. 1 (Habitus).

Vomerzähne fehlen; Zunge mit einer freien spitzen Papille, oft unsichtbar, im vorderen Teil der Mittellinie; Schnauze rund, so lang oder ein wenig länger als der Augendurchmesser; Canthus rostralis deutlich; Lorealgegend konkav; Nasenloch viel näher der Schnauzenspitze als dem Auge; Auge sehr groß und vorstehend; Interorbitalraum breiter als das obere Augenlid; Trommelfell klein, verborgen. Finger frei; Zehen nicht mehr als $^1/_3$ durch Schwimmhaut verbunden; Haftscheiben und Subartikulartuberkel mäßig; eine ziemlich große, aber nicht hervorstehende mediale Metatarsaltuberkel; laterale Zehe mit leichter Hautfalte; das Tibiotarsalgelenk reicht bis zum Auge. Haut oben mehr oder weniger deutlich rauh, mit verstreuten zugespitzten Warzen oder Tuberkeln; oberes Augenlid tuberkular; Kehle und Brust glatt; Bauch grob gekörnelt, eine Falte vom Auge zur Schulter; eine niedrige Leiste, manchmal in eine Reihe von Tuberkeln zerfallend, auf der Mittellinie des Kopfes.

Färbung variabel; Oberseite dunkelbraun oder grau, schwarz gefleckt, manchmal fast gänzlich bedeckt durch einen großen, amboßähnlichen, rötlichbraunen Fleck, der schwarz gerandet und gefleckt ist; eine dunkle, hell gerandete Querbinde oft zwischen den Augen vorhanden; Seiten dunkel, gefleckt und gepunktet mit Dunkelgelb; ein großer, schwarz und zitronengelb gefärbter Fleck vor den Weichen bei erwachsenen Fröschen; Beine hellgrau, mit mehr oder weniger regelmäßigen, schwarzen Querbinden; Unterseite grünlichgelb mit Schwarz untermischt. Der Frosch führt eine nächtliche Lebensweise. Totallänge 30 mm.

Bombay (760—1200 m).

30. **R. (P.) beddomii** (Günther) 1875 *Ixalus b.*, Alb. Günther in: P. zool. Soc. London, p. 575 | 1882 *I. b.*, Boulenger, Cat. Batr. sal. Brit. Mus., ed. 2 p. 101 t. 10 f. 7 (Habitus) | 1890 *I. b.*, Boulenger in: Fauna Brit. Ind., Rept. Batr. p. 486.

Vomerzähne fehlen; Choanen klein, teilweise unter dem Kieferrand verdeckt; Zunge mäßig groß, ohne Papille, hinten mit zwei kurzen Zipfeln. Kopf ziemlich groß, etwa so lang wie breit; Schnauze rund oder rundlich zugespitzt, vorn schräg nach hinten abgestutzt, so lang wie der Augendurchmesser, kürzer als der Abstand zwischen den vorderen Augenwinkeln; Canthus rostralis deutlich, gerade; Lorealgegend fast senkrecht, sehr wenig konkav; Nasenloch näher der Schnauzenspitze als dem Auge, der Zwischenraum zwischen den Nasenlöchern gerade, flach, wenig größer als der bis zum Auge, kleiner als der Interorbitalraum, der etwa doppelt so breit wie das obere Augenlid ist; Trommelfell klein, unter der Haut verborgen. Finger frei; Haftscheiben deutlich, mäßig groß; 1. Finger kleiner als der 2., der kürzer als der 4. ist, der von dem 3. überragt wird; Subartikulartuberkel deutlich. Zehen mit etwa $^1/_2$ Schwimmhaut, die an allen Zehen das letzte Glied frei läßt; Haftscheiben etwa ebenso groß wie die der Finger; 5. Zehe etwas länger als die 3.; laterale Metatarsalia nur in ihrem distalen $^1/_4$ durch Schwimmhaut getrennt; laterale Zehe nur mit einer Andeutung von Falte; Tarsalfalte fehlt; nur eine kleine, flache, mediale Metatarsaltuberkel, keine laterale; Tarsaltuberkel fehlt; Sohle granuliert; Subartikulartuberkel deutlich; das Tibiotarsalgelenk reicht bis zum Auge; Femur etwas kürzer als die Tibia, die $3^1/_2$ mal so lang wie breit, etwa $2^1/_3$ mal in der Körperlänge enthalten, und länger als der Fuß ist; bei rechtwinklig angeknickten Hinterbeinen berühren die Fersen einander. Oben glatt oder fein granuliert, Unterseite gekörnelt, eine Falte vom Auge zur Schulter.

Fig. 56.
Rhacophorus (Philautus) beddomii (Günther).
Habitus von oben. (Nach Boulenger).

Oben einfarbig grün (bläulich oder purpurn in Alkohol); Schenkel farblos, außer einem grünen Streifen entlang der Oberseite; Unterseite farblos. Männchen mit innerer Schallblase. Totallänge 25 mm. (Fig. 56).

Travancore und Anaimalaiberge (1200—1430 m), Südwestindien.

31. **R. (P.) brevipes** (Blgr.) 1908 *Ixalus b.*, Boulenger in: J. feder. Malay Mus., *v.* 3 p. 63 t. 4 f. 1 (Habitus) | 1912 *I. b.*, Boulenger, Vert. Fauna Malay, Rept. Batr. p. 253 | 1922 *Philautus b.*, M. A. Smith in: J. feder. Malay Mus., *v.* 10 p. 279.

Vomerzähne fehlen; Kopf groß, stark niedergedrückt; Schnauze abgerundet, kürzer als das Auge; Canthus rostralis stumpf; Lorealgegend konkav; Nasenloch näher der Schnauzenspitze als dem Auge; Interorbitalraum breiter als das obere Augenlid; Trommelfell nicht sehr deutlich, $^1/_3$ des Augendurchmessers. Finger kurz, frei, mit großen Haftscheiben, die größer als das Trommelfell sind; Zehen kurz, kaum mit halber Schwimmhaut; eine kleine mediale Metatarsaltuberkel. Das Tibiotarsalgelenk reicht bis zum hinteren oder vorderen Rand des Auges. Haut oben glatt oder fein chagriniert, warzig an den Seiten, granuliert an Kehle und Bauch.

Färbung variabel; oben grauoliv, mit verstreuten schwarzen Flecken; oft ein großes Querband zwischen den Augen und eine große Zeichnung auf dem vorderen Teil des Rückens, vorn dreispitzig, der Mittelast zweispitzig und sich bis zu den oberen Augenlidern erstreckend, hinten zweispitzig; ein dunkler Canthalstreifen; Seiten oft rötlichbraun mit weißen Flecken; Beine mit dunklen Querbinden; Unterseite schmutzig weiß. Totallänge 36 mm. Das Weibchen hat nur wenige, große, pigmentierte Eier, deren Durchmesser 2 mm beträgt.

Pahang (Malayische Halbinsel, 920—1500 m).

32. **R. (P.) parkeri** E. Ahl 1927 *R. p.*, E. Ahl in: SB. Ges. Fr. Berlin, p. 38.

Vomerzähne fehlen, doch eine kleine, schräge, knöcherne Leiste vom vorderen medialen Winkel der Choanen. Zunge mäßig groß, mit einer kleinen konischen Papille in dem vorderen Teil der Mittellinie der Zunge, und einer etwas größeren undeutlichen dahinter. Choanen klein, weit voneinander getrennt; Kopf etwas breiter als lang; Schnauze rundlich in der Laterallinie, schräg abgestutzt vorn, ein wenig über das Maul hinausragend, etwas kürzer als der Augendurchmesser und der Abstand zwischen den vorderen Augenwinkeln. Canthus rostralis nicht sehr deutlich. Lorealgegend ziemlich steil, konkav; Nasenloch bedeutend näher der Schnauzenspitze als dem Auge. Der Abstand der Nasenlöcher voneinander so lang wie ihr Abstand vom Auge, schmaler als der Interorbitalraum, der etwas breiter als das obere Augenlid ist. Trommelfell unter der Haut verborgen, sehr undeutlich sichtbar, etwa $^1/_3$ des Augendurchmessers. Finger frei, die Haftscheiben der beiden lateralen Finger etwa so groß wie das Trommelfell, rundlich; 1. Finger kürzer als der 2., der kürzer als der 4. ist; Subartikulartuberkel deutlich; eine deutliche Hautfalte entlang der Vorderseite des Ober- und Unterarms. Zehen mit $^1/_2$ Schwimmhaut, die an der 3. und 5. Zehe das letzte Glied, an der 4. Zehe die beiden letzten Glieder frei läßt, und die dort nur als schmaler Hautsaum höher geht; 3. und 5. Zehe etwa gleich lang; Haftscheiben der Zehen etwas kleiner als die der Finger, laterale Zehe ohne Hautfalte. Keine Tarsalfalte. Nur eine sehr kleine, flache, mediale Metatarsaltuberkel, keine laterale; keine Tarsaltuberkel. Subartikulartuberkel deutlich. Das Tibiotarsalgelenk reicht bis zum Augenvorderrand. Femur etwas kürzer als die Tibia, die $4^1/_2$ mal so lang wie breit, 2 mal in der Körperlänge enthalten und länger als der Fuß ist; bei rechtwinklig angeknickten Hinterbeinen berühren die Fersen einander. Haut oben am Kopf glatt; Rücken und Seitenteile gekörnelt, eine deutliche Supratympanalfalte; Kehle, Brust, Bauch und Unterseite der Oberschenkel gekörnelt.

Färbung (in Alkohol) oben graubraun; Lorealgegend dunkelbraun; Oberlippe mit wenigen weißen Punkten; Seiten dunkel genetzt; Beine mit dunklen Querbinden; Vorder- und Hinterseite der Schenkel mit brauner Netzzeichnung. Unterseite weißlich, mit braunen Flecken und Zeichnungen besonders an der Kehle, die dadurch dunkelbraun erscheint. ♂ mit innerer Schallblase. Totallänge 35 mm.

Malabar.

33. **R. (P.) basilanensis** (Taylor) 1922 *P. b.*, Taylor in: Philipp. J. Sci., *v.* 21 p. 169 t. 1 f. 1 + 2 (Habitus).

Vomerzähne fehlen; Choanen klein, nicht vom Kieferrand bedeckt; Zunge schmal, länglich, hinten eingeschnitten, mit einer kleinen, runden Tuberkel im vorderen Teil der Zunge; Öffnungen der Schallblasen klein, nahe dem Mundwinkel; Schnauze mäßig lang, zugespitzt, in eine kleine stumpfe, konische Spitze endend, so lang wie der Augendurchmesser; Canthus rostralis deutlich, leicht gerundet; Lorealgegend wenig schräg, konkav; Nasenlöcher aufgetrieben, viel näher der Schnauzenspitze als dem Auge; Interorbitalraum so breit wie das obere Augenlid; Trommelfell klein, undeutlich, mit Haut bedeckt, nicht mehr als $^1/_3$ des Augendurchmessers; Haftscheiben der Finger groß, doppelt so breit wie das Glied; Subartikulartuberkel deutlich; Sohle fein granuliert; Unterseite des Unterarmes mit zwei oder drei vergrößerten Tuberkeln. Finger frei; Haftscheiben der Zehen etwas kleiner als die der Finger; Zehen mit etwa $^1/_3$ Schwimmhaut; Subartikulartuberkel deutlich; Unterseite des Fußes stark granuliert; eine deutliche mediale Metatarsaltuberkel; laterale Tuberkel, wenn vorhanden, nicht deutlich. Das Tibiotarsalgelenk reicht über die Schnauzenspitze hinaus. Eine starke Supratympanalfalte; Oberseite sehr stark granuliert, mit größeren Tuberkeln untermischt; Tuberkel an Kopf und Schultern in mehr oder weniger regelmäßigen Linien über die Augenlider und die Schultern; Tuberkel auf Femur und Tibia in Querlinien angeordnet; zahlreiche Tuberkel auf dem Augenlid, eine deutlicher als die anderen; Unterseite mit großen, mosaikähnlichen Granulae; Unterkiefer mit einer Reihe von Glandulartuberkeln entlang dem Rande, mit einer hervortretenden Tuberkel an der Spitze des Unterkiefers.

Färbung im Leben oben rötlichbraun, heller und dunkler gefärbt, doch ohne deutliche Zeichnung; Spitzen der größeren Tuberkel gelb; Schnauzenspitze heller braun als der Körper; Lorealgegend dunkel; Bauch weiß oder grau; die beiden medialen Finger leuchtend gelb; Rand des Ober- und Unterkiefers gelb; Tuberkel der Unterlippe gelb; Unterseite der Hand gelb bis cremefarben, des Fußes rötlichbraun. Totallänge 22 mm.

Basilan (Philippinen).

Die Stimme ist ein schrilles Zirpen.

34. **R. (P.) pallidipes** (Barb.) 1908 *Ixalus p.*, Barbour in: P. biol. Soc. Washington, *v.* 21 p. 190 | 1912 *Philautus p.*, Barbour in: Mem. Mus. Harvard, *v.* 44 p. 69 | 1923 *P. p.*, Kampen, Amph. Indo-Austral. Archip., p. 273.

Vomerzähne fehlen; Schnauze abgerundet, so lang wie der Augendurchmesser; Canthus rostralis mäßig deutlich; Lorealgegend leicht konkav; Nasenloch ein wenig näher der Schnauzenspitze als dem Auge; Interorbitalraum breiter als das obere Augenlid; Trommelfell ziemlich undeutlich, rund, $^1/_5$ des Augendurchmessers; Haftscheiben der Finger und Zehen deutlich, größer als das Trommelfell; Finger frei, Zehen nicht ganz mit halben Schwimmhäuten; Subartikulartuberkel klein, eine kleine, längliche, mediale Metatarsaltuberkel; das Tibiotarsalgelenk reicht über die Schnauzenspitze hinaus. Haut oben fein gekörnelt; Kehle und Bauch gröber granuliert.

Oberseite einfarbig braun, variierend von dunkelrötlich bis grau; Finger und Zehenspitzen gelb; Unterseite gelb, dunkelbraun gefleckt, am dichtesten an der Kehle, Schenkel braun gebändert. Totallänge 25 mm.

Java (nahe der Spitze des Berges Pangeranggo!).

35. **R. (P.) leitensis** (Blgr.) 1897 *Ixalus l.*, Boulenger in: Ann. nat. Hist., ser. 6 *v.* 19 p. 107 | 1920 *Philautus l.*, Taylor in: Philipp. J. Sci., *v.* 16 p. 301 t. 1 f. 3 (Habitus).

Vomerzähne fehlen; Schnauze zugespitzt, nicht vorragend; Kopf so breit wie lang; Canthus rostralis deutlich, Lorealgegend etwas konkav, etwas schräg; Schnauze etwas länger als der Augendurchmesser; Trommelfell undeutlich, mit Haut bedeckt, sehr nahe beim Auge; Nasenloch etwas näher der Schnauzenspitze als dem Auge; Interorbitalraum deutlich breiter als das obere Augenlid. Finger frei, mit großen Haftscheiben, der 1. Finger sehr klein und schlank, der 2. kürzer als der 4.; eine Reihe von stumpfen Tuberkeln an der Lateralseite des vorderen Teiles des Armes; Subartikulartuberkel gut entwickelt; Hinterbein lang; das Tibiotarsalgelenk reicht etwas über die Schnauzenspitze hinaus; Zehen etwa mit $^1/_3$ Schwimmhaut, die 3. Zehe etwas länger als die 5.; Haftscheiben gut entwickelt; Subartikulartuberkel groß; Sohle granuliert; eine starke, mediale Metatarsaltuberkel; eine Reihe undeutlicher Tuberkel entlang der Lateralseite von Fuß und Ferse; eine ziemlich deutliche Tuberkel am Ende der Tibia. Eine deutliche Supratympanalfalte; Haut oben fein chagriniert am Kopf, Rücken und Seiten; Bauch stark gekörnelt; die Granulae groß, mosaikähnlich; Kinn und Kehle glatt.

Oben hellgelbbraun, mit verstreuten dunkelbraunen Flecken oder Gruppen von Flecken; ein Fleck zwischen den Augen, einer hinter der Occipitalregion, einer an jeder Seite der Rückenmitte; ein großer Fleck in den Weichen, der sich auf den vorderen Teil der Schenkel fortsetzt; Hinterseite des Femur, der Tibia, und Unterseite des Tarsus braun; Beine dünn gebändert oder mit Braun gefleckt; Bauch ungefleckt, cremefarben. Totallänge 26 mm.

Philippinen (Leyte, Biliraninsel).

36. **R. (P.) schmackeri** (Boettg.) 1892 *Ixalus s.*, O. Boettger, Kat. Batr. Mus. Senckenb., p. 17 | 1920 *Philautus s.*, Taylor in: Philipp. J. Sci., *v.* 16 p. 302.

Vomerzähne fehlen; Zunge birnförmig, hinten tief ausgeschnitten, ohne Papille. Kopf groß, breiter als der Rumpf; Schnauze kurz zugespitzt, wenig länger als der Augendurchmesser; Canthus rostralis deutlich markiert, Lorealgegend leicht ausgehöhlt; Nasenloch viel näher der Schnauzenspitze als dem Auge; Interorbitalraum breiter als das obere Augenlid; Trommelfell deutlich, nur von $^1/_4$ Augengröße. Finger ohne Spannhaut; 1. viel kürzer und schwächer als der 2., 3. bemerkenswert lang und kräftig; Zehen mit halber Schwimmhaut; Haftscheiben mäßig groß, deutlich größer als das Trommelfell; Subartikulartuberkel mäßig entwickelt; eine schwache mediale Metatarsaltuberkel. Tibiotarsalgelenk reicht mit $^2/_5$ des Unterschenkels noch über die Schnauzenspitze hinaus, mit dem Kniegelenk bis zum Trommelfell. Haut oben glatt, unten granuliert; eine leichte Hautfalte zieht bogenförmig vom Auge zur Schulter.

Oben dunkelolivbraun; eine weißgrüne Linie, die sich auf der Schnauzenspitze mit der der anderen Seite winkelig vereinigt, zieht seitlich über Nasenloch und lateralen Lidrand bis oberhalb des Trommelfells und auf die Körperseite, wo sie sich je zu einem großen rhomboïdischen Längsfleck von gleicher Farbe verbreitert. In der Mitte des Rumpfes wird durch die großen weißgrünen, von den Körperseiten winkelförmig heraufreichenden Makeln die dunkelbraune Färbung des Rückens uhrglasförmig verschmälert. In der Ellenbogengegend liegt auf dem Oberarme, in der Kniegegend auf der Vorderseite des Oberschenkels eine größere, helle, gelbweiße Makel; im übrigen sind die Gliedmaßen verloschen dunkler gebändert. Die Lippenränder sind dunkelbraun mit reinweißen Punkten; die ganze Unterseite ist bräunlich marmoriert, namentlich aber die Kehle braun mit weißlichen Punkten und quer über den Bauch eine schwärzlich gepunktete und marmorierte Zone. Totallänge 18,5 mm.

Mindoro, Philippinen.

37. **R. (P.) longicrus** (Blgr.) 1894 *Ixalus l.*, Boulenger in: Ann. nat. Hist., ser. 6 *v.* 14 p. 88 | 1923 *Philautus l.*, Kampen, Amph. Indo-Austral. Archip., p. 272.

Vomerzähne fehlen; Schnauze zugespitzt, so lang wie der Augendurchmesser; Canthus rostralis winklig; Lorealgegend konkav; Nasenloch näher der Schnauzenspitze als dem Auge; Interorbitalraum breiter als das obere Augenlid; Trommelfell deutlich, etwa $^2/_5$ des Augendurchmessers. Haftscheiben der Finger ein wenig kleiner als das Trommelfell; Finger frei; Zehen mit halben Schwimmhäuten; das Tibiotarsalgelenk reicht weit über die Schnauzenspitze hinaus, das Knie erreicht die Schulter. Oben rauh mit kleinen Warzen; zwei schräge Glandularleisten, hinten konvergierend, zwischen den Schultern; Kehle glatt, Bauch und Unterseite der Schenkel gekörnelt.

Oben grau, mit einer großen, X-förmigen, dunklen Zeichnung oder ein Paar)(-förmigen Bändern auf dem Rücken, eine dunkle Querbinde oder ein dreieckiger Fleck zwischen den Augen, und regelmäßige Querbinden auf den Schenkeln; ein schwarzer, hell umrandeter Fleck auf dem Knie; ein Streifen unter dem Canthus rostralis, eine Binde unter dem Auge; die ganze Temporalgegend schwärzlich; unten schmutzig weiß, Kehle fein braun gefleckt, eine Reihe kleiner runder Punkte auf der Unterlippe. Männchen mit inneren Schallblasen. Totallänge 21 mm.

Palawan.

38. **R. (P.) pictus** (Ptrs.) 1871 *Ixalus p.*, Peters in: Monber. Ak. Berlin, p. 580 | 1872 *I. p.*, Peters in: Ann. Mus. Genova, *v.* 3 p. **44** t. 6 f. 2 (Habitus) | 1882 *I. p.*, Boulenger, Cat. Batr. sal. Brit. Mus., ed. 2 p. 99 | 1912 *I. p.*, Boulenger, Vert. Fauna Malay, Rept. Batr. p. 255 | 1923 *Philautus p.*, Kampen, Amph. Indo-Austral. Archip., p. 269.

Vomerzähne fehlen; Schnauze zugespitzt, länger als der Augendurchmesser; Canthus rostralis sehr deutlich; Lorealgegend nahezu vertikal, leicht konkav; Nasenloch näher der Schnauzenspitze als dem Auge; Interorbitalraum breiter als das obere Augenlid; Trommelfell sehr deutlich, $^2/_3$—$^3/_4$ des Augendurchmessers. Haftscheiben der Finger und Zehen groß, aber kleiner als das Trommelfell; Finger frei, Zehen mit halben Schwimmhäuten; Subartikulartuberkel mäßig; eine kleine, sehr schwache, vorragende, mediale Metatarsaltuberkel vorhanden. Das Tibiotarsalgelenk reicht bis zur Schnauzenspitze oder etwas darüber. Oberseite rauh mit kleinen Granulartuberkeln; Kehle glatt, Bauch schwach gekörnelt.

Oben hellbraun oder glänzend rötlichorange; Kopf, Körper und Beine mit cremefarbenen, dunkelgerandeten Flecken; Bauch weiß, mit oder ohne grünlichschwarze Flecke. Totallänge 35 mm.

Borneo, Malayische Halbinsel (bis 1200 m), Singapore.

39. **R. (P.) castanomerus** (Blgr.) 1905 *Ixalus c.*, Boulenger in: J. feder. Malay Mus., *v.* 1 p. 39 t. 4 f. 1 (Habitus) | 1912 *I. c.*, Boulenger, Vert. Fauna Malay, Rept. Batr. p. 254 | 1922 *Philautus c.*, M. A. Smith in: J. feder. Malay Mus., *v.* 10 p. 280.

Vomerzähne fehlen; Kopf ziemlich groß; Schnauze stumpf zugespitzt, so lang wie der Augendurchmesser; Canthus rostralis deutlich; Lorealgegend konkav; Nasenloch ein wenig näher der Schnauzenspitze als dem Auge; Interorbitalraum so breit wie das obere Augenlid; Trommelfell wenig deutlich, $^2/_5$ des Augendurchmessers. Finger frei; Zehen mit halben Schwimmhäuten; Haftscheiben der Finger größer als das Trommelfell; Subartikulartuberkel mäßig; eine kleine mediale Metatarsaltuberkel: das Tibiotarsalgelenk erreicht die Schnauzenspitze. Oberseite fein chagriniert; Kehle, Bauch und Unterseite der Schenkel granuliert.

Färbung variabel, entweder einfarbig dunkelbraun, oder dunkelbraun mit undeutlichen Flecken von hellerer Farbe in Form eines X, oder grauweiß, mit einem großen dunkleren grauen Fleck, der den größeren Teil des Rückens einnimmt und sich in Form eines T zwischen den Augen ausbreitet; dieser Fleck, der wiederum schwarz gefleckt ist, mit scharfer konkaver Laterallinie an jeder Seite; Oberlippe und Loreal- und Temporalgegend mit dunkler Marmorierung; Beine mit schrägen dunklen Querbinden; Seiten der Schenkel und Unterseite der Tibiae nußbraun; Unterseite weißlich, mit braunem Netzwerk, oder hellgelblichbraun mit dichten, dunklen Punkten. Totallänge 32 mm.

Pahang, Selangor (auf den Bergen).

40. **R. (P.) petersi** (Blgr.) 1872 *Ixalus aurifasciatus* (non *Hyla aurifasciata*, Schlegel), Peters in: Ann. Mus. Genova, *v.* 3 p. 44 | 1900 *I. petersi*, Boulenger in: P. zool. Soc. London, p. 185 t. 17 f. 3 (Habitus) | 1923 *Philautus p.*, Kampen, Amph. Indo-Austral. Archip., p. 275.

Vomerzähne fehlen; Choanen klein, weit auseinander; Zunge groß, ohne Papille, hinten mit zwei Zipfeln; Kopf so lang wie breit; Schnauze stumpf zugespitzt, vorn konvex abgerundet, etwas über das Maul hinausragend, so lang wie der Augendurchmesser, so lang wie der Abstand zwischen den vorderen Augenwinkeln; Canthus rostralis scharf; Lorealgegend fast senkrecht, konkav; Nasenloch ein wenig näher der Schnauzenspitze als dem Auge, der Abstand der Nasenlöcher voneinander so groß wie der bis zum Auge, wenig kleiner als der Interorbitalraum, der so breit wie das obere Augenlid ist; Trommelfell deutlich, $^2/_5$—$^1/_2$ des Augendurchmessers. Finger frei, Haftscheiben groß, fast so groß wie das Trommelfell; 1. Finger kleiner als der 2., der kürzer als der 4. ist; Subartikulartuberkel mäßig. Zehen mit nicht ganz $^1/_2$ Schwimmhaut, die an der längsten Zehe die beiden letzten Glieder, an den übrigen das letzte Glied freiläßt; 3. und 5. Zehe gleichlang; Haftscheiben der Zehen so groß wie die der Finger; keine Hautfalte an der lateralen Zehe; Tarsalfalte fehlt, nur eine kleine, flache, ovale, mediale Metatarsaltuberkel; keine laterale, keine Tarsaltuberkel; Subartikulartuberkel mäßig. Das Tibiotarsalgelenk reicht bis zur Schnauzenspitze; Femur kürzer als die Tibia, die 4mal so lang wie breit, $1^2/_3$mal in der Körperlänge enthalten, und länger als der Fuß ist; bei rechtwinklig angeknickten Hinterbeinen überragen die Fersen einander weit. Haut oberseits mit vielen kleinen, flachen Warzen besetzt; eine etwas größere spitzige auf dem oberen Augenlid; Kehle, Brust, Bauch und Unterseite der Schenkel granuliert; eine deutliche Supratympanalfalte.

Oben graubraun, mit dunkelbraunen symmetrischen Zeichnungen; eine Querbinde zwischen den Augen ist konstant; gewöhnlich eine)(-förmige oder)—(-förmige Zeichnung auf dem vorderen Teil des Körpers; ein dunkler Strich auf dem Canthus rostralis; Beine mit dunklen Querbinden; Unterseite weiß, mit oder ohne braune Punkte an der Kehle. Totallänge 40 mm.

Natunainseln und Borneo.

41. **R. (P.) nasutus** (Günther) 1868 *Ixalus n.*, Alb. Günther in: P. zool. Soc. London, p. 484 | 1882 *I. n.*, Boulenger, Cat. Batr. sal. Brit. Mus., ed. 2 p. 100 t. 10 f. 6 (Habitus) | 1890 *I. n.*, Boulenger in: Fauna Brit. Ind., Rept. Batr. p. 484.

Vomerzähne fehlen; Zunge ohne Papille; Schnauze zugespitzt, etwas länger als der Augendurchmesser; Canthus rostralis deutlich; Lorealgegend leicht konkav; Nasenloch näher der Schnauzenspitze als dem Auge; Interorbitalraum so breit wie ein oberes Augenlid; Trommelfell deutlich, $^1/_3$ des Augendurchmessers; Finger frei, Zehen mit nicht ganz halben Schwimmhäuten; Haftscheiben so groß wie das Tympanum; eine kleine mediale Metatarsaltuberkel. Das Tibio-

Fig. 57.
Rhacophorus (Philautus) nasutus (Günther).
Habitus von oben. (Nach Boulenger).

tarsalgelenk reicht bis zwischen Auge und Schnauzenspitze. Oben mit sehr kleinen Warzen oder schrägen Granularlinien; eine sehr schmale, weißliche Granularlinie entlang der Mitte von Kopf und Körper; Unterseite gekörnelt.

Oben grau, dunkler gewölkt; Loreal- und Temporalgegend schwärzlich; Beine mit dunklen Querbinden; Unterseite braun gefleckt. Männchen mit innerer Schallblase. Totallänge 25 mm. (Fig. 57).

Ceylon.

42. **R. (P.) larutensis** (Blgr.) 1900 *Ixalus l.*, Boulenger in: Ann. nat. Hist., ser. 7 *v.* 6 p. 187 | 1903 *I. l.*, Boulenger in: Fasc. Malay., *v.* 1 p. 139 t. 5 f. 3, 4 (Habitus) | 1912 *I. l.*, Boulenger, Vert. Fauna Malay, Rept. Batr. p. 253.

Vomerzähne fehlen; Schnauze abgerundet oder stumpf zugespitzt, so lang wie der Augendurchmesser; Canthus rostralis deutlich; Lorealgegend konkav; Nasenloch ein wenig näher der Schnauzenspitze als dem Auge; Interorbitalraum so breit wie ein oberes Augenlid; Trommelfell mäßig deutlich bei den Erwachsenen, undeutlich bei den Jungen, $1/2$ des Augendurchmessers. Finger frei, Zehen mit halben Schwimmhäuten; Haftscheiben der Finger so groß wie das Trommelfell; Subartikulartuberkel mäßig; eine kleine mediale Metatarsaltuberkel. Das Tibiotarsalgelenk reicht zwischen Auge und Schnauzenspitze. Oberseite glatt oder mit kleinen flachen Warzen; Kehle, Bauch und Unterseite der Schenkel granuliert.

Oben graubraun oder rötlichbraun, mit dunkelbraunen symmetrischen Zeichnungen, von denen eine Querbinde zwischen den Augen konstant ist; eine weißliche Vertebrallinie und eine ähnliche Linie entlang der Oberseite von Schenkel und Fuß manchmal vorhanden; gewöhnlich eine)(- oder)—(-förmige Zeichnung auf dem vorderen Teil des Körpers; Seiten des Körpers und der Schenkel mit weißen Flecken auf braunem Grunde, oder zwischen den Maschen eines braunen Netzwerkes; ein dunkelbrauner Lumbarfleck manchmal vorhanden; Beine mit dunklen Querbinden; Unterseite weiß, mit Braun gefleckt oder gepunktet, manchmal eine weiße Medianlinie vom Kinn zur Brust. Totallänge 35 mm.

Perak (Larutberge, von 1220—1370 m, Bukit Besar, 630—930 m, und Gunong Tahan, Pahang, 915 m).

43. **R. (P.) schmardanus** (Kelaart) 1854 *Polypedates (?) schmardana*, Kelaart, Prodr. Faun. Zeyl., *v.* 2 p. 22 | 1856 *Ixalus poecilopleurus*, H. Lichtenstein & E. Martens, Nomencl. Rept. Mus. Berolin., p. 36 | 1858 *I. p.*, Alb. Günther, Cat. Batr. sal. Brit. Mus., p. 75 | 1860 *I. schmardae*, Peters in: Monber. Ak. Berlin, p. 186 | 1864 *Polypedates? schmardana*, Alb. Günther, Rept. Brit. Ind., p. 433 | 1882 *Ixalus schmardanus*, Boulenger, Cat. Batr. sal. Brit. Mus., ed. 2 p. 99 | 1890 *I. s.*, Boulenger in: Fauna Brit. Ind., Rept. Batr. p. 483.

Vomerzähne fehlen; Choanen klein, mäßig weit voneinander entfernt; Zunge ziemlich groß, hinten tief eingeschnitten; ohne Papille; Kopf groß, so lang wie breit; Schnauze zugespitzt, etwas länger als der Augendurchmesser, länger als der Abstand der vorderen Augenwinkel, vorn mit einem kleinen, nasenähnlichen Fortsatz; Canthus rostralis scharf; Lorealgegend tief konkav; Nasenloch näher der Schnauzenspitze als dem Auge, der Abstand der beiden Nasenlöcher voneinander wenig kürzer als der bis zum Auge, kleiner als der Interorbitalraum, der so breit wie ein oberes Augenlid ist; Trommelfell deutlich, knapp $1/2$ so groß wie das Auge. Finger frei, die Haftscheiben der drei lateralen Finger kleiner, etwa $1/2$ so breit wie das Trommelfell, die des medialen Fingers am kleinsten; 1. Finger kleiner als der 2., der kleiner als der 4. ist, welcher bis an die Haftscheibe des 3. reicht; Subartikulartuberkel einfach, deutlich. Zehen mäßig lang, die 3. Zehe ein klein wenig länger als die 5., mit halben Schwimmhäuten, die an der 3. und 5. Zehe das letzte Glied, an der 4. Zehe die beiden Endglieder freilassen; Haftscheiben kleiner als die der Finger; laterale Zehe mit schwacher Hautfalte; Tarsalfalte fehlt; nur eine kleine mediale Metatarsaltuberkel vorhanden, keine laterale; Subartikulartuberkel deutlich. Das Tibiotarsalgelenk reicht fast bis zur Schnauzenspitze; Femur kürzer als die Tibia, die 5 mal so lang wie breit, etwas mehr als $^1/_2$ der Körperlänge und länger als der Fuß ist. Bei rechtwinklig angeknickten Beinen decken die Fersen einander. Haut oben stark warzig; besonders große, konische, fast stachelförmige Warzen auf den Augenlidern, den Seiten des Kopfes und Rumpfes, dem Rücken und den Schenkeln; auf dem Kopf fließen diese Warzen zu symmetrischen Linien zusammen, ebenso auch in der Schultergegend; ein spornähnlicher Hautlappen an der Ferse; die Lateralseite der Tibia, des Fußes und des Unterarmes mit großen, sägeförmigen Hautlappen besetzt, so daß der Frosch, wenn er zusammengekauert sitzt, eine schrotsägeförmige Außenlinie besitzt. Unterseits gekörnelt, besonders große Tuberkel an der Unterlippe. Eine deutliche Supratympanalfalte.

Oben graubräunlich, undeutlich heller und dunkler gezeichnet. Seiten, Bauch, Vorder-, Hinter- und Unterseite der Schenkel weiß, mit großen, dunkelbraunen Marmelflecken. Männchen mit innerer Schallblase. Totallänge 37 mm.

Ceylon.

44. **R. (P.) chalazodes** (Günther) 1875 *Ixalus c.*, Alb. Günther in: P. zool. Soc. London, p. 574 t. 66 f. B (Habitus) | 1882 *I. c.*, Boulenger, Cat. Batr. sal. Brit. Mus., ed. 2 p. 105 | 1890 *I. c.*, Boulenger in: Fauna Brit. Ind., Rept. Batr. p. 488 | 1913 *I. c.*, Annandale in: Rec. Ind. Mus., *v.* 9 p. 304.

Vomerzähne fehlen; Zunge mit einer spitzen Papille im vorderen Teil der Medianlinie; Schnauze abgerundet, so lang wie der Augendurchmesser; Canthus rostralis undeutlich; Lorealgegend sehr wenig konkav; Nasenloch näher der Schnauzenspitze als dem Auge; Interorbitalraum breiter als das obere Augenlid; Trommelfell klein, verborgen. Finger frei; Zehen mit halben Schwimmhäuten; Haftscheiben gut entwickelt; Subartikulartuberkel doppelt an dem 2. und 4. Finger; eine kleine mediale Metatarsaltuberkel. Das Tibiotarsalgelenk reicht zwischen Auge und Schnauzenspitze. Haut der Oberseite glatt; ein paar runde Tuberkel auf den Flanken, auf der Hinterseite des Rückens und auf dem Metatarsus; eine schwache Supratympanalfalte; unten gekörnelt.

Fig. 58.
Rhacophorus (Philautus) chalazodes (Günther).
Habitus. (Nach Günther).

Oben einfarbig grün, die runden Tuberkel weiß; Unterseite einfarbig weiß. Totallänge 27,5 mm. (Fig. 58).

Travancore.

45. **R. (P.) malcolmsmithi** E. Ahl 1927 *R. m.*, E. Ahl in: SB. Ges. Fr. Berlin, p. 39.

Vomerzähne fehlend. Choanen mäßig groß, frei sichtbar; Zunge hinten mit zwei kurzen Zipfeln, ohne Papille. Kopf mäßig groß, länger als breit, Schnauze zugespitzt, vorn schräg nach hinten abgestutzt, weit über das Maul hinwegragend, etwas länger als der Augendurchmesser, so lang wie der Abstand der vorderen Augenwinkel voneinander. Canthus rostralis scharf; Lorealgegend vertikal, nur sehr wenig vertieft; Nasenloch etwas näher der Schnauzenspitze als dem Auge, der Zwischenraum zwischen den Nasenlöchern flach, gerade, etwas größer als der bis zum Auge, kleiner als der Interorbitalraum, der $1^1/_2$ mal so breit wie ein oberes Augenlid ist. Trommelfell deutlich, $^1/_3$ so breit wie das Auge. Finger sehr kurz, frei, der 1. kürzer als der 2., der nur wenig kürzer als der 4. ist. Haftscheibe der lateralen Finger sehr klein, etwa $^1/_3$ der Größe des Trommelfelles; Subartikulartuberkel deutlich. Zehen mäßig lang, mit halber Schwimmhaut, die an der 3. und 5. Zehe das Endglied, an der längsten Zehe die beiden letzten Glieder freiläßt. 5. Zehe wenig länger als die 3. Laterale Zehe ohne Hautfalte, keine Tarsalfalte; Haftscheiben der Zehen etwas kleiner als die der Finger; nur eine kleine, spitzige, mediale Metatarsaltuberkel, keine laterale; keine Tarsaltuberkel; eine kleine gelbliche, spitze, dreieckige Tuberkel an der Ferse. Subartikulartuberkel deutlich; das Tibiotarsalgelenk reicht bis zur Schnauzenspitze; Femur kürzer als die Tibia, die $3^1/_2$ mal so lang wie breit, $1^3/_4$ mal in der Körperlänge enthalten und länger als der Fuß ist; bei rechtwinklig angeknickten Hinterbeinen berühren die Fersen einander. Haut oben glatt, mit wenigen verstreuten Tuberkeln. In der Scapulargegend jederseits eine schräge Glandularfalte, deren Endpunkte von einer größeren Tuberkel gebildet werden; von der Schnauzenspitze zum After über den Rücken eine schmale Glandularfalte, und eine ähnliche entlang der Oberseite des Femur und der Tibia. Supratympanalfalte sehr deutlich. Die ganze Unterseite gekörnelt.

Färbung (in Alkohol) oben grau, mit verschwommener X-förmiger dunklerer Zeichnung in der Scapulargegend; die Vertebral-Glandularlinie ebenso wie die des Femur und der Tibia weiß; Canthus rostralis sowie Supratympanalfalte weiß; Loreal- und Temporalgegend schwarz; Schenkel mit dunklen Querbinden, Unterseite hellgrau, schwärzlich bestäubt; Hinterseite der Oberschenkel schwarz, mit wenigen weißen Makeln; Tarsus und Unterseite des Fußes schwarz. Totallänge 16 mm.

Ceylon.

46. **R. (P.) mindorensis** (Blgr.) 1897 *Ixalus m.*, Boulenger in: Ann. nat. Hist., ser. 6 *v.* 19 p. 107 | 1920 *Philautus m.*, Taylor in: Philipp. J. Sci., *v.* 16 p. 303.

Vomerzähne fehlen; Schnauze zugespitzt, nicht vorragend, so lang wie der Augendurchmesser; Canthus rostralis deutlich; Lorealgegend konkav; Nasenloch etwas näher der Schnauzenspitze als dem Auge; Interorbitalraum breiter als das obere Augenlid; Trommelfell deutlich, $^1/_3$—$^2/_5$ des Augendurchmessers. Finger frei; Zehen mit $^1/_3$ Schwimmhaut; Haftscheiben so groß oder ein wenig kleiner als das Trommelfell; eine kleine mediale Metatarsaltuberkel; das Tibiotarsalgelenk erreicht das Nasenloch oder die Schnauzenspitze. Haut oben glatt; Kehle und Bauch gekörnelt.

Oben grau, Seiten heller, manchmal mit dunkelbraunem Lumbarstreifen; Temporalgegend und manchmal auch die Lorealregion dunkelbraun; ein weißer Strich entlang der Oberlippe, oder ein schräger weißer Streifen unter dem Auge; Beine mit mehr oder weniger deutlichen, dunklen Querbinden; Unterseite weiß, einfarbig oder braun gefleckt oder marmoriert. Totallänge 29 mm.

Mindoro (Dulanganberg, 1520 m), Philippinen.

47. **R. (P.) laevis** (M. A. Sm.) 1924 *Philautus l.*, M. A. Smith in: P. zool. Soc. London, p. 230 t. 2 f. 2, 2a (Habitus).

Vomerzähne fehlen; Choanen klein, rund, teilweise durch die Kieferränder verdeckt, Kopf so lang wie breit, stark niedergedrückt; Schnauze stumpf zugespitzt, länger als der Augendurchmesser, leicht über das Maul hinwegragend; Canthus rostralis wenig deutlich; Lorealgegend schräg, kaum konkav; Nasenloch sehr nahe der Schnauzenspitze, Interorbitalraum breiter als das obere Augenlid; Trommelfell deutlich, $^1/_2$ des Augendurchmessers, sein Abstand von ihm gleich seinem eigenen Durchmesser. Finger ganz frei, der 1. $^1/_2$ so lang wie der 3., der 4. kürzer als der 2., Haftscheibe des 3. kleiner als das Trommelfell; Zehen mit $^1/_3$ Schwimmhaut, ihre Haftscheiben etwa ebenso groß wie die der Finger; Subartikulartuberkel mäßig; Palmar- und Plantarseite der Hände und Füße glatt; eine kleine, ovale, mediale Metatarsaltuberkel, keine laterale; das Tibiotarsalgelenk reicht fast bis zum Nasenloch. Haut der Oberseite, der Kehle und der Brust ganz glatt, Bauch und Schenkel schwach gekörnelt.

Fig. 59. **Rhacophorus (Philautus) laevis** (M. A. Sm.). Habitus. (Nach M. A. Smith).

Färbung im Leben: Reich rotbraun, oben mit undeutlichen dunklen Längsstreifen; ein hellgelbes Band an jeder Seite des Rückens vom Auge bis zum After; Seiten des Kopfes und Körpers schwärzlichbraun; Trommelfell rötlich. Unten ganz weiß. Totallänge 26 mm. (Fig. 59).

Südannam (Sui Kat, 1000 m, Langbian-Plateau).

48. **R. (P.) carinensis** (Blgr.) 1893 *Ixalus c.*, Boulenger in: Ann. Mus. Genova, ser. 2 *v.* 13 p. 339 t. 10 f. 3 (Habitus).

Vomerzähne fehlen; Choanen klein, teilweise unter dem Kieferrand verborgen; Zunge groß, hinten mit zwei Zipfeln, ohne Papille; Kopf mäßig groß, etwa so lang wie breit; Schnauze abgerundet, vorn rundlich, wenig über das Maul hinwegragend, so lang oder etwas kürzer als der Augendurchmesser, kürzer als der Abstand zwischen den vorderen Augenwinkeln; Canthus rostralis deutlich, konkav; Lorealgegend ziemlich steil, konkav; Nasenloch näher der Schnauzenspitze als dem Auge, der Zwischenraum zwischen den Nasenlöchern ein wenig konvex, etwas größer als der bis zum Auge, kleiner als der Interorbitalraum, der etwas breiter als das obere Augenlid ist; Trommelfell deutlich, etwa $^1/_2$ so groß wie das Auge. Finger mit einem Rudiment von Schwimmhaut; Haftscheiben wenig kleiner als das Trommelfell; 1. Finger kleiner als der 2., der kürzer als der 4. ist, der von dem 3. gut überragt wird; Subartikulartuberkel deutlich. Zehen mit $^3/_4$ Schwimmhaut, die bei allen Zehen bis an die Haftscheiben oder nicht ganz so weit reicht, außer an der 4., wo das letzte Glied frei ist; 3. und 5. Zehe gleichlang; Haftscheiben kleiner als die der Finger; laterale Metatarsalia in ihrem distalen $^2/_3$ durch Schwimmhaut getrennt; laterale Zehe mit undeutlicher Hautfalte; Tarsalfalte fehlt; nur eine sehr kleine, rudimentäre, mediale Metatarsaltuberkel, keine laterale, keine Tarsaltuberkel; Subartikulartuberkel mäßig entwickelt. Das Tibiotarsalgelenk reicht bis zum Auge, oder zwischen Auge und Nasenloch; Femur etwas kürzer als die Tibia, die 3—3$^1/_2$ mal so lang wie breit, etwa $2^1/_4$ mal in der Körperlänge enthalten, und länger als der Fuß ist; bei rechtwinklig angeknickten Hinterbeinen decken die Fersen einander. Haut oben glatt oder mit kleinen Warzen auf dem Kopf und dem vorderen Teil des Rückens; eine Falte vom Auge zur Schulter; Kehle, Bauch und Unterseite der Schenkel granuliert.

Oben gelblich, purpurn, rötlich oder graubraun, mit dunkleren Flecken, und gewöhnlich zwei mehr oder weniger deutlichen, gebogenen, dunkelbraunen Bändern in Form eines)(, die verbunden sein können durch eine interokulare Querbinde; Beine mit mehr oder weniger deutlichen Querbinden; Hinterseite der Schenkel gelblich, einfarbig, oder mit verschwommenen weißen Punkten; Unterseite weiß. ♂ mit innerer Schallblase. Totallänge 38 mm. (Fig. 60).

Karinberge, Burma.

Fig. 60.
Rhacophorus (Philautus) carinensis (Blgr.).
Habitus von oben. (Nach Boulenger).

49. **R. (P.) vittatus** (Blgr.) 1887 *Ixalus v.*, Boulenger in: Ann. Mus. Genova, ser. 2 *v.* 5 p. 421 Abb. (Habitus) | 1890 *I. v.*, Boulenger in: Fauna Brit. Ind., Rept. Batr. p. 485 | 1924 *Philautus v.*, M. A. Smith in: Rec. Ind. Mus., *v.* 26 p. 141 (Kaulquappe) t. 7 f. 4 (Kaulquappe).

Vomerzähne fehlen; Schnauze zugespitzt, kaum länger als der Augendurchmesser; Canthus rostralis stumpf; Lorealgegend leicht konkav; Nasenloch etwas näher der Schnauzenspitze als dem Auge; Interorbitalraum breiter als das obere Augenlid; Trommelfell verborgen; Finger mit einem Rudiment von Schwimmhaut; Zehen mit $^3/_4$ Schwimmhaut; Haftscheiben gut entwickelt; eine sehr schwache mediale Metatarsaltuberkel; das Tibiotarsalgelenk reicht bis zum Auge; Haut glatt, auf dem Bauche und unter den Schenkeln gekörnelt.

Oben gelblich, dicht gefleckt mit Braun; die Flecke am dichtesten an den Kopfseiten, wo sie ein dunkles Band bilden, das durch das Auge zieht; ein breites gelblichweißes Seitenband, nach vorn fortgesetzt als eine schmale Linie entlang dem Rande des oberen Augenlids und des Canthus rostralis bis zur Schnauzenspitze, wo es sich mit dem der anderen Seite vereinigt; Unterseite weiß. Länge?.

Ober-Burma, Siam, Cochin China.

Der Frosch sitzt meist im niedrigen Gebüsch in der Umgebung von Sümpfen und Weihern. Er macht ein schaumiges Nest, ähnlich dem des *Rhacophorus leucomystax* (Gravenh.); dieses ist befestigt an einem über das Wasser hängenden Zweig, und die ausgeschlüpften Larven werden durch den Regen in dieses hineingespült, wo sie dann auf die gewöhnliche Art und Weise ihre Entwicklung vollenden.

Beschreibung der Larve: Länge von Kopf und Körper $1^2/_3$ mal seiner Breite; Schnauze stumpf zugespitzt; Nasenlöcher näher der Schnauzenspitze als dem Auge; Auge aufwärts und auswärts gerichtet, zweimal so weit entfernt wie die Nasenlöcher. Spiraculum linksseitig, näher dem Auge als dem After; letzterer rechtsseitig; Schwanz etwa $3^1/_2$ mal so lang wie hoch, Spitze zugespitzt. Säume mäßig, der obere fast zweimal so hoch wie der untere, nicht auf den Rücken übergreifend. Maul unter-endständig; Lippen mit kurzen Papillen an den Seiten und unten, für einen kurzen Abstand in der Mittellinie unterbrochen; Kiefer schwarz gerandet. Oberlippe mit 4 oder 5 Reihen von Zähnen, die beiden ersten nicht unterbrochen, die letzten 2 oder 3 breit unterbrochen, die 5. Reihe, wenn vorhanden, sehr kurz; Unterlippe mit 3 langen ununterbrochenen Reihen, oder die oberste wenig unterbrochen.

Färbung hellbraun, dicht gefleckt mit Dunkelbraun und Gold; unten weißlich; Membranen meist farblos.

Eine andere Form hat ein dunkles Band entlang jeder Seite von Kopf und Körper, das sich fortsetzt auf den muskulösen Teil des Schwanzes, dessen hinterer Teil schwarz ist. Länge der Larve mit entwickelten Hinterbeinen 33 mm.

Die hier beschriebene Larve stammt aus Bangkok, Siam.

50. **R. (P.) leucorhinus** (Lcht. & Marts.) 1856 *Ixalus l.*, H. Lichtenstein & E. Martens, Nomencl. Rept. Mus. Berolin., p. 36 | 1858 *I. l.*, Alb. Günther, Cat. Batr. sal. Brit. Mus., p. 75.

Vomerzähne fehlen; Choanen mäßig groß; Zunge mäßig groß, hinten mit zwei Zipfeln, ohne Papille; Kopf ziemlich groß, breiter als lang; Schnauze abgerundet; nach vorn konvex abfallend, kaum über das Maul hinwegragend, kürzer als das Auge, so lang wie der Abstand zwischen den vorderen Augenwinkeln; Canthus rostralis deutlich, etwas gebogen; Lorealgegend ziemlich steil, konkav; Nasenloch etwas näher der Schnauzenspitze als dem Auge, der Zwischenraum zwischen den Nasenlöchern leicht konkav, so lang wie der bis zum Auge, kleiner als der Interorbitalraum, der so breit wie ein oberes Augenlid ist; Trommelfell undeutlich, etwa $^1/_4$—$^1/_3$ des Augendurchmessers. Finger mit deutlichen Haftscheiben, nur am Grunde durch ein Rudiment von Schwimmhaut verbunden; 1. Finger kleiner als der 2., der kürzer als der 4. ist, der von dem 3. bedeutend überragt wird; Subartikulartuberkel klein, aber deutlich. Zehen nur mit $^1/_3$ Schwimmhaut, die an der längsten Zehe die beiden letzten Glieder, an den übrigen das Endglied freiläßt; 3. und 5. Zehe gleichlang; Metatarsalia nur in ihrem distalen Teil durch Schwimmhaut getrennt; laterale Zehe ohne Hautfalte; Tarsalfalte fehlt; nur eine kleine, runde, mediale Metatarsaltuberkel vorhanden, keine laterale, keine Tarsaltuberkel; Sohle mit kleinen Tuberkeln besetzt; das Tibiotarsalgelenk reicht bis zum Vorderrand des Auges; Femur kürzer als die Tibia, die 4 mal so lang wie breit, $^1/_2$ der Körperlänge, und viel länger als der Fuß ist; bei rechtwinklig angeknickten Hinterbeinen decken die Fersen einander. Haut oben und an den Seiten mit Warzen besetzt, Unterseite gekörnelt; eine schwache Supratympanalfalte.

Oberseits hellgelblich; ein sechseckiger, scharf begrenzter weißer Fleck an der Schnauzenspitze vor den Augen; von den Nasenlöchern durch das Auge bis in die Weichengegend jederseits eine breite dunkelbraune Binde über den Rücken; Schenkel quergebändert; Unterseite hellgelblichbraun. Totallänge 21 mm.

Ceylon.

51. **R. (P.) gryllus** (M. A. Sm.) 1924 *Philautus g.*, M. A. Smith in: P. zool. Soc. London, p. 231 t. 3 f. 2—5 (Habitusbilder von verschieden gezeichneten Exemplaren).

Vomerzähne fehlen; Zunge hinten tief eingeschnitten; Choanen klein, rund, nicht verborgen unter dem Kieferrand. Kopf breiter als lang; Schnauze zugespitzt, länger als der Augendurchmesser; Canthus rostralis kaum deutlich; Lorealgegend schräg, leicht konkav; Nasenloch gleich weit entfernt von Auge und Schnauzenspitze, oder ein wenig näher der letzteren;

Fig. 61.
Rhacophorus (Philautus) gryllus (M. A. Sm.).
Habitusbilder von oben; Kopf von der Seite. (Nach M. A. Smith).

Interorbitalraum so breit oder wenig breiter als das obere Augenlid; Trommelfell undeutlich, $^2/_5$ des Augendurchmessers. Finger frei, außer einem Rudiment von Schwimmhaut zwischen den beiden lateralen Fingern; Haftscheibe des 3. Fingers so groß wie das Trommelfell; Zehen ein wenig mehr als $^1/_2$ bis $^2/_3$ mit Schwimmhaut verbunden, die Membran erreicht die Haftscheibe der 5., aber nicht die der 3. Zehe, und läßt 2 Phalangen der 4. Zehe frei; Haftscheiben nicht ganz so groß wie die der Finger; Subartikulartuberkel einfach; Palmar- und Plantarseite der Hände und Füße mit zahlreichen Granulae von ungleicher Größe; eine kleine mediale Metatarsaltuberkel; laterale Metatarsalia etwa $^2/_3$ ihrer Länge durch Schwimmhaut getrennt; das Tibiotarsalgelenk erreicht den Vorderrand des Auges. Oberseite glatt außer einigen kleinen Tuberkeln auf dem oberen Augenlid und dem Kopf, und, bei manchen Exemplaren, auch auf dem Rücken; Kehle fein granuliert, Bauch und Unterseite der Schenkel grob gekörnelt; Ferse mit einem kleinen, spitzen Hautanhang; eine Reihe von Tuberkeln entlang der Lateralseite des Unterarmes und des Fußes; eine Falte über dem Trommelfell.

Färbung äußerst variabel. Im Leben trifft man die verschiedensten Töne von hell- oder dunkelbraun, grün, gelb oder grau. Viele haben einen leuchtend grünen Fleck auf der Schnauze, und Flecke von ähnlicher Farbe auf den Knien und rund um den After. Einige sind einfarbig, andere haben eine)(-förmige Zeichnung auf dem Rücken, die einen dunklen Fleck einschließt, und der übrige Teil ist einfarbig oder dicht gefleckt. Unterseite gelblichweiß, braun gefleckt oder einfarbig. Totallänge 27 mm. (Fig. 61).

Süd-Annam (Langbian Plateau, 1500—2000 m).

Kaulquappe: Kopf und Körper etwa $^1/_3$ länger als breit, nicht auffällig niedergedrückt. Nasenlöcher ein wenig weiter voneinander entfernt als die Interokularbreite, gleichweit von Auge und Schnauzenspitze, die abgerundet ist. Spiraculum linksseitig, rückwärts- und aufwärtsgerichtet, näher dem Auge als dem After, der rechtsseitig ist. Maul unterständig; ein Saum von Papillen an den Seiten und unten; Kiefer schmal schwarz gerandet; Oberlippe mit 5 oder 6 Reihen von Zähnen, die ersten beiden lang und zusammenhängend, die unteren 3 oder 4 breit unterbrochen; Unterlippe mit 4 langen Reihen, deren oberste schmal unterbrochen ist. Schwanz $3^1/_2$ mal so lang wie hoch, stumpf zugespitzt, die Säume mäßig, gleich. Färbung bräunlich, oben und an den Seiten dunkler gefleckt. Totallänge 43 mm, davon 29 mm auf den Schwanz.

52. **R. (P.) dubius** Blgr. 1875 *Ixalus jerdonii* (non *Polypedates j.*, Günther 1875), Alb. Günther in: P. zool. Soc. London, p. 575 | 1882 *Rhacophorus dubius*, Boulenger, Cat. Batr. sal. Brit. Mus., ed. 2 p. 81 t. 8 f. 2 (Habitus) | 1890 *R. d.*, Boulenger in: Fauna Brit. Ind., Rept. Batr. p. 477.

Vomerzähne bei dem einzigen bisher bekanntgewordenen Exemplar fehlend; Zunge mit einer freien konischen Papille in der Mitte. Schnauze

Fig. 62.
Rhacophorus (Philautus) dubius Blgr.
Habitus von oben. (Nach Boulenger).

abgerundet, nicht länger als der Augendurchmesser; Canthus rostralis deutlich; Lorealgegend leicht konkav; Nasenloch ein wenig näher der Schnauzenspitze als dem Auge; Interorbitalraum breiter als das obere Augenlid; Trommelfell $^1/_3$ des Augendurchmessers. Finger leicht, Zehen kaum $^2/_3$ mit Schwimmhaut verbunden, die Schwimmhaut kaum entwickelt zwischen den 2 medialen Zehen; Haftscheiben der Finger so groß wie das Trommelfell, die der Zehen kleiner; Subartikulartuberkel gut entwickelt. Das Tibiotarsalgelenk erreicht das Auge. Haut oben glatt, unten gekörnelt; eine Falte vom Auge zur Schulter.

Oben rötlichbraun, mit undeutlichen Zeichnungen; Schenkel farblos vorn und hinten; Beine mit ziemlich undeutlichen dunklen Querbinden. Totallänge 37 mm. (Fig. 62).

Darjeeling.

53. **R. (P.) adspersus** (Günther) 1872 *Ixalus a.*, Alb. Günther in: Ann. nat. Hist., ser. **4** *v.* 9 p. 87 | 1882 *I. a.*, Boulenger, Cat. Batr. sal. Brit. Mus., ed. 2 p. 105 t. 10 f. 8 (Habitus) | 1890 *I. a.*, Boulenger in: Fauna Brit. Ind., Rept. Batr. p. 486.

Fig. 63.
Rhacophorus (Philautus) adspersus (Günther).
Habitus von oben. (Nach Boulenger).

Vomerzähne fehlen; Schnauze abgerundet, so lang wie der Augendurchmesser; Canthus rostralis deutlich; Lorealgegend leicht konkav; Nasenloch ein wenig näher der Schnauzenspitze als dem Auge; Interorbitalraum ein wenig breiter als das obere Augenlid; Trommelfell klein, undeutlich. Finger mit einem deutlichen Rudiment von Schwimmhaut, Zehen mit $^2/_3$ Schwimmhaut; Haftscheiben gut entwickelt; eine kleine, mediale Metatarsaltuberkel. Das Tibiotarsalgelenk reicht bis zum Hinterrand des Auges. Haut oben glatt, unten granuliert; eine Falte vom Auge zur Schulter. Oberseite dunkel violettbraun, mit zahlreichen runden, kleineren und größeren gelblichen Flecken; Hinterseite der Schenkel und Kehle und Brust braun marmoriert. Männchen mit inneren Schallblasen, deren Öffnungen größer als gewöhnlich sind. Totallänge 34 mm. (Fig. 63).

Zentral-Ceylon.

54. **R. (P.) aurifasciatus** (Schl.) 1823 *Hyla aurifasciata* (nom. nud.), Kuhl in: J. C. v. Hasselt in: Alg. Konst- en Letter-Bode, *v.* 1 p. 104 | 1837—**44** *H. a.*, H. Schlegel, Abbild. Amph., p. 27 t. 9 f. 4 (Habitus) | 1838 *Orchestes aurifasciatus*, Tschudi, Classif. Batr., p. 76 | 1882 *Ixalus a.*, Boulenger, Cat. Batr. sal. Brit. Mus., ed. 2 p. 100 | 1892 *I. a.*, O. Boettger in: Ber. Offenb. Ver., *v.* 29—32 p. 142 | 1907 *I. a.*, Kampen in: M. Weber, Ergeb. Reise Niederl. O.-Ind., *v.* 4 p. 404 | 1923 *Philautus a.*, Kampen, Amph. Indo-Austral. Archip., p. 276.

Vomerzähne fehlen; Choanen mäßig groß, teilweise vom Kieferrand bedeckt; Zunge groß, hinten mit 2 Zipfeln, ohne Papille. Kopf groß, so lang wie breit; Schnauze stumpf zugespitzt, vorn zugespitzt, etwas über das Maul hinwegragend, so lang wie das Auge, etwas kürzer als der Abstand der vorderen Augenwinkel voneinander, länger als hoch; Canthus rostralis deutlich, gebogen; Lorealgegend schräg, leicht konkav; Nasenloch aufgetrieben, ebensoweit vom Auge wie von der Schnauzenspitze entfernt, der Zwischenraum zwischen den Nasenlöchern konkav, größer als der bis zum Auge, etwas kleiner als der Interorbitalraum, der breiter als das obere Augenlid ist; Trommelfell mäßig deutlich, $^1/_3$ bis fast $^1/_2$ des Augendurchmessers, nahe beim Auge. Finger frei oder mit einem Rudiment von Schwimmhaut; Haftscheiben groß, die des 3. Fingers so groß wie das Trommelfell; 1. Finger kleiner als der 2., der kürzer als der 4. ist, der von dem 3. überragt wird; Subartikulartuberkel mäßig. Zehen mit $^1/_3$—$^1/_2$ Schwimmhaut, die an allen Zehen das letzte Glied, an der 4. Zehe die beiden letzten Glieder als schmaler Hautsaum umschließt;

Haftscheiben so groß wie die der Finger, die der 4. Zehe so groß wie das Trommelfell; 3. und 5. Zehe gleich lang; laterale Metatarsalia nur wenig durch Schwimmhaut getrennt; laterale Zehe mit sehr schwacher Hautfalte; Tarsalfalte fehlt; nur eine kleine, flache, rundliche, mediale Metatarsaltuberkel, keine laterale, keine Tarsaltuberkel; Sohle schwach granuliert; Subartikulartuberkel mäßig. Das Tibiotarsalgelenk reicht bis zum Nasenloch oder der Schnauzenspitze; Femur kürzer als die Tibia, die $3^1/_2$—4mal so lang wie breit, $^1/_2$ oder etwas länger als die Körperlänge, länger als der Fuß ist; bei rechtwinklig angeknickten Hinterbeinen decken die Fersen einander. Haut oben mit wenigen deutlichen, kleinen Tuberkeln; Unterseite der Kehle, Brust, Bauch und Oberschenkel gekörnelt; eine deutliche Supratympanalfalte.

Färbung sehr variabel; oben braun, schwarz, grau oder grün, dunkler marmoriert oder mit unregelmäßigen gelben Strichen; manchmal eine schmale helle Vertebrallinie; obere Teile der Schnauze oft hell, gewöhnlich nach hinten begrenzt durch eine dunkle Querbinde zwischen den Augen; die helle Farbe der Schnauze dehnt sich manchmal entlang der Rückenmitte aus; manchmal ein bis drei große gelbe oder weiße Flecke in den Weichen; Beine mit dunklen Querbinden; Unterseite gelblich, grau oder bräunlich, manchmal mit einer schmalen weißen Medianlinie. Totallänge 31 mm.

Sumatra, Java; (meist auf den Gebirgen!).

55. **R. (P.) vermiculatus** (Blgr.) 1900 *Ixalus v.*, Boulenger in: Ann. nat. Hist., ser. 7 *v.* 6 p. 187 | 1905 *I. v.*, Boulenger in: J. feder. Malay Mus., *v.* 1 p. 39 t. 4 f. 2 (Habitus) | 1912 *I. v.*, Boulenger, Vert. Fauna Malay, Rept. Batr. p. 254.

Vomerzähne fehlen; Kopf groß; Schnauze abgerundet, so lang wie der Augendurchmesser; Canthus rostralis deutlich; Lorealgegend konkav; Nasenloch ein wenig näher der Schnauzenspitze als dem Auge; Interorbitalraum so breit wie das obere Augenlid; Trommelfell deutlich, $^2/_5$ des Augendurchmessers. Finger mit einem Rudiment von Schwimmhaut; Zehen mit halben Schwimmhäuten; Haftscheiben der Finger so groß wie das Trommelfell; Subartikulartuberkel mäßig groß; eine kleine mediale Metatarsaltuberkel. Das Tibiotarsalgelenk reicht zwischen Auge und Schnauzenspitze; obere Teile glatt; Kehle, Bauch und Unterseite der Schenkel gekörnelt.

Oben olivgrün, dicht schwarz vermikuliert; Oberseite der Schenkel mit einer Reihe großer schwarzer Flecken; Seiten der Schenkel und Analgegend orangegelb; unten weiß. Männchen mit großer gularer Schallblase. Totallänge 33 mm.

Perak (Larutberge, 1220 m).

Zwischen Farn und Moos.

56. **R. (P.) alticola** E. Ahl nom. nov. 1920 *Philautus montanus* (non *Ixalus m.*, Günther 1875), Taylor in: Philipp. J. Sci., *v.* 16 p. 305 t. 3 f. 5.

Vomerzähne fehlen; Choanen groß, vorragend; Zunge länglich, mit einer großen V-förmigen Grube, hinten zwei ziemlich lange Zipfel bildend; Kopf länger als breit, stumpf zugespitzt; Canthus rostralis abgerundet; Schnauze länger als der Augendurchmesser, der Abstand vom Nasenloch zum Auge gleich dem Durchmesser des letzteren; Nasenloch $2^1/_2$ mal weiter vom Auge als von der Schnauzenspitze entfernt; Lorealgegend schräg, leicht konkav; Trommelfell deutlich, etwas mehr als $^1/_2$ des Augendurchmessers, vom Auge durch einen Zwischenraum von $^1/_3$ seines eigenen Durchmessers getrennt; Interorbitalraum $1^1/_2$ mal so breit wie ein oberes Augenlid. Arme kurz; Finger breit, leicht an der Basis durch Schwimmhaut verbunden, mit wohl entwickelten Haftscheiben, die etwa $^{2}/_{3}$ so groß wie das Trommelfell sind; 1. Finger viel kürzer als der 2., doch die Haftscheibe nicht viel kleiner; 1. und 2. Finger den beiden anderen opponierbar; 4. Finger nur wenig kürzer als der 3.; eine undeutliche Hautfalte an der Lateralseite des 4. Fingers, an der Lateralseite des Unterarmes fortgesetzt bis zum Ellenbogen; 1. Finger mit Brunftschwiele beim Männchen; Zehen mit $^{2}/_{3}$ Schwimmhaut; 5. Zehe etwas länger als die 3.; eine sehr kleine konische, mediale Metatarsaltuberkel; keine laterale Tuberkel; keine Hautfalte entlang der Lateralseite der 5. Zehe und keine Tarsalfalte. Subartikulartuberkel gut entwickelt; das Tibiotarsalgelenk reicht bis zur Schnauzenspitze. Haut oben glatt; Kehle glatt, hinterer Teil des Bauches und Unterseite der Schenkel stark gekörnelt; eine schwache Supratympanalfalte.

Färbung im Leben oben einfarbig durchscheinend grau, mit zahlreichen sehr kleinen, nicht scharf begrenzten gelben Flecken; Schnauzenspitze dunkler als der Rücken; Lorealgegend und Oberlippe grau, mit kleinen braunen Punkten bestäubt; ein cremegelber Fleck vor und etwas unter dem Trommelfell; letzteres hellbraun; undeutliche dunkle Flecke vom Auge über den Arm und entlang den Seiten, und Areale von cremegelber Farbe; Bauch schmutzig weiß bis cremefarben; Kinn mit zahlreichen, kleinen, dunklen Flecken; Bauch gefleckt; Unterseite der Beine braun gepudert; Aftergegend mit einer dunklen Zone, umrandet mit einer hellgelben Binde; Arme, Finger, Beine und Füße mit purpurbraunen Binden. Totallänge 39 mm.

Philippinen (Bongaoberg, Bongaoinsel, nahe dem Südende von Tawitawi, 700 m).

57. **R. (P.) acutirostris** (Ptrs.) 1867 *Ixalus a.*, Peters in: Monber. Ak. Berlin, p. 32 | 1882 *I. a.*, Boulenger, Cat. Batr. sal. Brit. Mus., ed. 2 p. 99 | 1886 *I. a.*, O. Boettger in: Ber. Senckenb. Ges., p. 123 | 1895 *I. a.*, Casto de Elera, Cat. Fauna Filipinas, *v.* 1 p. 449 | 1920 *Philautus a.*, Taylor in: Philipp. J. Sci., *v.* 16 p. 304.

Vomerzähne fehlen; Choanen klein, nicht unter dem Kieferrand verborgen; Zunge hinten mit zwei Zipfeln, mäßig groß, ohne Papille; Kopf groß, so lang wie breit; Schnauze zugespitzt, vorn leicht abgestutzt, über das Maul hinausreichend, wenig länger als der Augendurchmesser, kürzer als der Abstand zwischen den vorderen Augenwinkeln; Canthus rostralis deutlich, sehr schwach gebogen; Lorealgegend wenig schräg, konkav; Nasenloch näher der Schnauzenspitze als dem Auge, der Zwischenraum zwischen den Nasenlöchern leicht konkav, fast $^{1}/_{2}$mal des Abstandes bis zum Auge, kleiner als der Interorbitalraum, der breiter als das obere Augenlid ist; Trommelfell sehr klein, unter der Haut verborgen. Finger nur an der Basis mit einem leichten Rudiment von Schwimmhaut; Haftscheiben mäßig, aber deutlich; erster Finger kleiner als der zweite, der kürzer als der vierte ist, der von dem dritten weit überragt wird; Subartikulartuberkel mäßig; Zehen mit etwa $^{1}/_{3}$ Schwimmhaut, die an allen Zehen das Endglied, an der 4. Zehe die beiden letzten Glieder frei läßt; Haftscheiben kleiner als die der Finger; 3. und 5. Zehe gleich lang; laterale Metatarsalia nur wenig durch Schwimmhaut getrennt; laterale Zehe ohne deutliche Hautfalte; Tarsalfalte fehlt; nur eine sehr schwache, flache, mediale Metatarsaltuberkel, keine laterale; Tarsaltuberkel fehlt; Subartikulartuberkel schwach entwickelt; das Tibiotarsalgelenk reicht bis zum Nasenloch; Femur kürzer als die Tibia, die $4^{1}/_{2}$ mal so lang wie breit, $1^{3}/_{4}$mal in der Körperlänge enthalten, und länger als der Fuß ist; bei rechtwinklig angeknickten Hinterbeinen überragen die Fersen einander. Haut oben glatt, mit kleinen, verstreuten Tuberkeln auf dem Rücken und dem oberen Augenlid; Unterseite der Kehle, Brust, Bauch und Schenkel granuliert; eine starke Falte vom Auge zum Vorderbein.

Oben braun, an den Seiten grau; kleine, weiße Flecke überall verstreut; zwischen den Augen ein undeutlicher, brauner, dreieckiger Fleck, mit einem deutlichen Fleck nahe ihrem hinteren Rand; Vorder- und Hinterseite der Schenkel braun; unten gelblich weiß. Totallänge 22 mm.

Philippinen (Mindanao).

58. **R. (P.) semiruber** (Annand.) 1913 *Ixalus s.*, Annandale in: Rec. Ind. Mus., *v.* 9 p. 305 t. 15 f. 3 (Habitus).

Vomerzähne fehlen. Körpergestalt kräftig; Beine mäßig lang, das Tibiotarsalgelenk reicht in die Mitte zwischen Auge und Schnauzenspitze. Schnauze stumpf gerundet, etwa so lang wie der Augendurchmesser; das Nasenloch etwas näher der Schnauzenspitze als dem Auge; Lorealgegend leicht konkav; Trommelfell verborgen; Augen groß und vorstehend; Dorsalseite des Kopfes leicht konkav; Interorbitalraum breiter als das obere Augenlid. Zunge mit einer kleinen freien Papille; Unterkiefer mit einem Zahn an der Spitze. Haut der Oberseite glatt, in hohem Maße drüsig, doch ohne hervortretende, einzelne Warzen; Kehle und Brust glatt, Bauch und Unterseite der Schenkel gekörnelt; eine Falte vom Auge zur Schulter. Finger mit sehr kleinen aber deutlichen Haftscheiben; Finger mit einer Spur von Schwimmhaut; Zehen mit $^1/_3$ Schwimmhaut; 1. Finger kürzer als der 2.; Subartikulartuberkel groß, rund; Metacarpaltuberkel deutlich; eine große, ovale, mediale Metatarsaltuberkel vorhanden, keine Tarsalfalte.

Fig. 64. **Rhacophorus (Philautus) semiruber** (Annand.). Habitus von oben. (Nach Annandale).

Oberseite des Kopfes, der Vorderbeine und des vorderen Teiles des Körpers dunkelbraun; Hinterseite des Körpers und Hinterbeine hellbraun (im Leben rot); Kehle und Brust dunkel pigmentiert; Bauch hellbraun mit weißlicher Körnelung; Vorderbeine dunkel gebändert, alle Finger ebenfalls; keine Netzzeichnung. Totallänge 12 mm. (Fig. 64).

Pattipola, nahe bei Nuwara Eliya, Zentralprovinz, Ceylon, in einer Höhe von etwa 1830 m.

Häufig unter alten Baumstümpfen im Dschungel um Pattipola.

59. **R. (P.) temporalis** (Günther) 1864 *Ixalus t.*, Alb. Günther, Rept. Brit. Ind., p. 434 t. 26 f. E (Habitus) | 1882 *I. leucorhinus* (non Martens), Boulenger, Cat. Batr. sal. Brit. Mus., ed. 2 p. 98 | 1890 *I. l.*, Boulenger in: Fauna Brit. Ind., Rept. Batr. p. 483 | 1909 *I. nasutus* (non Günther), Annandale in: Rec. Ind. Mus., *v.* 3 p. 286 | 1913 *I. leucorhinus* (non Martens), Annandale in: Rec. Ind. Mus., *v.* 9 p. 303.

Vomerzähne fehlen, doch ein paar scharfe, schräge, leicht gebogene Knochenleisten vom vorderen medialen Rande der ziemlich kleinen Choanen; Zunge mäßig groß, hinten mit zwei Zipfeln, ohne Papille; Kopf mäßig groß, so lang wie breit; Schnauze zugespitzt, vorn schräg nach hinten abgestutzt, über das Maul hinwegragend, so lang oder ein wenig länger als der Augendurchmesser, kürzer als der Abstand zwischen den vorderen Augenwinkeln; Canthus rostralis scharf, fast gerade, wenig konkav gebogen; Lorealgegend steil, nur sehr wenig vertieft; Nasenloch näher der Schnauzenspitze als dem Auge, der Zwischenraum zwischen den Nasenlöchern gerade, flach, kaum kleiner als der bis zum Auge, kleiner als der Interorbitalraum, der breiter als das obere Augenlid ist; Trommelfell deutlich, etwa $^1/_2$ so groß wie das

Auge. Finger nur am Grunde mit einem Rudiment von Schwimmhaut; Haftscheiben ziemlich groß, $^2/_3$—$^3/_4$ so groß wie das Trommelfell; 1. Finger wenig kleiner als der 2., der kürzer als der 4. ist, der nur wenig von dem 3. überragt wird; Subartikulartuberkel deutlich; Zehen mit etwa $^1/_3$ Schwimmhaut, die die beiden letzten Glieder an der längsten Zehe, und das Endglied bei den übrigen Zehen frei läßt; Haftscheiben etwas kleiner als die der Finger; 5. Zehe deutlich länger als die 3.; laterale Metatarsalia nur in ihrem distalen Teil durch Schwimmhaut getrennt; laterale Zehe mit deutlicher Hautfalte; Tarsalfalte fehlt; eine kleine, konische, mediale Metatarsaltuberkel, keine laterale, keine Tarsaltuberkel; Subartikulartuberkel deutlich; das Tibiotarsalgelenk reicht bis zwischen Auge und Schnauzenspitze; Femur kürzer als Tibia, die 4mal so lang wie breit, $^1/_2$ der Körperlänge, und länger als der Fuß ist; bei rechtwinklig angeknickten Hinterbeinen decken die Fersen einander. Haut der Oberseite glatt oder fein gekörnelt; Kehle und Brust glatt oder fein granuliert, Bauch und Unterseite der Oberschenkel grob gekörnelt; eine deutliche Supratympanalfalte vorhanden.

Oben grau oder braun; ein dunkles Band unter dem Canthus rostralis und der Temporalgegend; gewöhnlich ein dunkles Band zwischen den Augen und ein gebogenes an jeder Rückenseite; manchmal eine helle Vertebrallinie; Kehle gewöhnlich braun gefleckt, manchmal ganz braun mit weißlicher Medianlinie. Männchen mit innerer Schallblase. Totallänge 32 mm.

Ceylon und Berge nahe der Malabarküste bis Nord-Kanara.

60. **R. (P.) variabilis** (Günther) 1853 *? Phyllomedusa wynaadensis*, Jerdon in: J. Asiat. Soc. Bengal, *v.* 22 p. 533 | 1858 *Ixalus variabilis*, Alb. Günther, Cat. Batr. sal. Brit. Mus., p. 74 t. 4 f. A, B (Habitus) | 1864 *I. v.*, Alb. Günther, Rept. Brit. Ind., p. 433 | 1882 *I. v.*, Boulenger, Cat. Batr. sal. Brit. Mus., ed. 2 p. 102 | 1890 *I. v.*, Boulenger in: Fauna Brit. Ind., Rept. Batr. p. 487 | 1918 *Nyctibatrachus pygmaeus* (non Günther), Annandale in: Rec. Ind. Mus., *v.* 15 p. 21 t. 1 f. 5, 5a | 1919 *Ixalus variabilis*, Annandale in: Rec. Ind. Mus., *v.* 16 p. 303 (Kaulquappen).

Körpergestalt ziemlich gedrungen; Vomerzähne fehlen, doch geht je eine knöcherne Leiste vom vorderen, medialen Ende der mäßig großen Choanen schräg nach hinten, etwas über die zwischen dem Hinterrand der Choanen gezogene Linie hinausragend, und so die fehlenden Vomerzähne vortäuschend. Zunge groß, hinten mit zwei nicht sehr langen Zipfeln, manchmal eine kleine Zungenpapille vorhanden. Kopf etwas breiter als lang; Schnauze abgerundet, ein wenig über das Maul hinausragend, so lang wie der Augendurchmesser, länger als hoch; der Abstand zwischen den vorderen Augenwinkeln etwas länger als die Schnauze; Canthus rostralis deutlich; Lorealgegend schräg abfallend, konkav; Nasenloch viel näher der Schnauzenspitze als dem Auge, der Abstand der Nasenlöcher voneinander so groß oder etwas kürzer als der bis zum Auge, kleiner als der Interorbitalraum, der ein wenig breiter als ein oberes Augenlid ist; Trommelfell sehr undeutlich, etwa $^1/_3$ des Augendurchmessers. Finger mäßig kurz, mit rudimentärer Schwimmhaut, die Haftscheiben mäßig groß, etwa so groß wie das Trommelfell bei den drei lateralen Fingern, kleiner bei dem medialen; 1. Finger kürzer als der 2., der viel kürzer als der 4. ist; Subartikulartuberkel deutlich. Zehen mäßig lang, mit $^1/_2$ Schwimmhaut, die an der 3. und 5. Zehe das letzte Glied, an der 4. Zehe die letzten beiden Glieder frei läßt und nur als schmaler Hautsaum bis zu den Haftscheiben geht; 3. Zehe kürzer als die 5.; laterale Zehen mit schwacher Hautfalte; keine Tarsalfalte vorhanden; eine kleine, ovale, flache, mediale Metatarsaltuberkel, keine laterale; keine Tarsaltuberkel; Subartikulartuberkel deutlich; das Tibiotarsalgelenk reicht nur selten bis zur Augenmitte, meist zwischen Auge und Nasenloch; Femur etwas kürzer als die Tibia, die 4mal so lang wie breit, 2—$2^1/_4$ mal in der Körperlänge enthalten und länger als der Fuß ist. Bei rechtwinklig angeknickten Hinterbeinen berühren die Fersen einander. Haut oben fein gekörnelt; eine deutliche Supratemporalfalte vorhanden; Unterseite an Kehle und Brust schwach, unter dem Bauch und der Unterseite der Schenkel grob gekörnelt.

Färbung (in Alkohol) oben bräunlichgrau, Loreal- und Temporalgegend dunkelbraun, Tympanalfalte heller; Weichen und Bauchseiten mit dunklen Flecken oder dunkler Längsbinde, Vorder- und Hinterseite der Oberschenkel mit schwärzlichbrauner Längsbinde; beide Binden nach oben scharf weiß begrenzt. Unterseite gelblichweiß. Außerdem ist eine andersartige Färbung nicht selten, da der Frosch imstande ist, seine Färbung stark zu verändern. Totallänge 35 mm. (Fig. 65).

Ceylon, Süd-Indien.

Fig. 65.
Rhacophorus (Philautus) variabilis (Günther).
Habitus. (Nach Günther).

Die Larven sind von mäßiger Größe; Kopf und Körper sind ziemlich schmal oval, mäßig zusammengedrückt, die Bauchseite deutlich konvex; Schnauze abgerundet, die Nasenlöcher ziemlich weit voneinander getrennt, näher zueinander und zu den Augen als zu der Schnauzenspitze, der Abstand zwischen ihnen viel mehr als die Hälfte der Interorbitalbreite; die Augen liegen dorsal, aber auswärts gerichtet, ungefähr gelegen auf $^1/_3$ des Abstandes zwischen der Schnauzenspitze und der Basis der Hinterbeine. Das Spiraculum ist linksseitig, etwas tubular, laterad und rückwärts gerichtet. Die Mundscheibe ist groß und etwas saugnapfähnlich, gänzlich ventral, aber mit gegenüberstehenden Lippen und einer seitlichen Verbreiterung an jeder Seite. Die Unterlippe ist mit kleinen fingerähnlichen Fortsätzen besetzt, die Seitengegend des Saugnapfes, die in 2 Lappen ausgezogen ist, ist dicht bedeckt mit ähnlichen Fortsätzen; der Oberkiefer ist flach, breit u-förmig, ganz schwarz, mit glatten oder fast glatten Rändern, der Unterkiefer viel schmaler, v-förmig, deutlich, aber klein, gesägt an den Rändern, weiß an der Basis bis wenigstens der Hälfte seiner Tiefe. Die Zahnformel ist 2 : 5 + 5/1 + 1 : 5, die drei oberen Zahnreihen sind gleich, und die Unterbrechung bei der 3. ist nur sehr gering; die 5 oberen Zahnreihen der Unterlippe sind gleich lang, und die sechste etwas kürzer; die Unterbrechung in der ersten Reihe der Unterlippe ist sehr gering. Der Schwanz ist lang und schlank, schmal lanzenförmig, der muskulöse Teil in der Mitte verhältnismäßig hoch, das

Ganze in eine feine Spitze auslaufend; beide Membranen setzen erst ein beträchtliches Stück hinter der Basis der Hinterbeine an.

Rücken und Seiten von Kopf und Körper sind purpurbraun mit wenigen dunklen Flecken, etwas heller zwischen den Augen; Bauchseite gelblich, das proximale Drittel des Schwanzes braun mit einigen dunklen Flecken; die distalen $^2/_3$ sind gewöhnlich stärker pigmentiert, manchmal fast schwarz, purpurbraun marmoriert, oder gänzlich purpurbraun; die Membranen tragen verstreute Pigmentzellen. Totallänge 51 mm, davon 32 mm auf den Schwanz.

61. **R. (P.) vittiger** (Blgr.) 1897 *Ixalus v.*, Boulenger in: Ann. nat. Hist., ser. 6 *v.* 19 p. 106 | 1923 *Philautus v.*, Kampen, Amph. Indo-Austral. Archip., p. 275.

Vomerzähne fehlen; Schnauze abgestutzt, nicht vorragend, so lang wie das Auge; Canthus rostralis deutlich; Lorealgegend konkav; Nasenloch näher der Schnauzenspitze als dem Auge; Interorbitalraum breiter als das obere Augenlid; Trommelfell deutlich, $^1/_2$ des Augendurchmessers; Haftscheiben der Finger und Zehen kleiner als das Trommelfell; Finger mit rudimentärer Schwimmhaut, Zehen mit $^2/_3$ Schwimmhaut; eine kleine, mediale Metatarsaltuberkel; Tibiotarsalgelenk reicht bis zur Schnauzenspitze; Haut oben glatt; Kehle glatt, Bauch gekörnelt.

Oben hellgrau, völlig schwarz gefleckt; ein weißer, schwarzgerandeter Streifen an jeder Seite vom Auge zu den Weichen, ein anderer am Arm, und ein 3. auf den Schenkeln; Vorderarm und Tibia schwarz gefleckt; Unterseite weiß. Totallänge 22 mm.

Java (Pengalengan, 1200 m).

62. **R. (P.) noblei** E. Ahl 1927 *R. n.*, E. Ahl in: SB. Ges. Fr. Berlin, p. 40.

Vomerzähne fehlen; Zunge ziemlich groß, hinten mit zwei Zipfeln, ohne Papille; Choanen ziemlich groß, weit voneinander getrennt, teilweise unter dem Kieferrand verborgen; Kopf mäßig groß, niedergedrückt, so lang wie breit; Schnauze zugespitzt, über das Maul hinwegragend, vorn schräg nach hinten abgestutzt, so lang wie der Augendurchmesser, wenig geringer als der Abstand zwischen den vorderen Augenwinkeln; Canthus rostralis scharf, winkelig; Lorealgegend vertikal, nicht vertieft; Nasenloch näher der Schnauzenspitze als dem Auge, seitwärts gerichtet; der Abstand zwischen den Nasenlöchern gerade, so lang wie der bis zum Auge, schmaler als der Interorbitalraum, der fast doppelt so breit wie ein oberes Augenlid ist; Trommelfell deutlich, $^2/_5$ des Augendurchmessers, nahe am Auge. Finger mäßig groß, die beiden lateralen mit rudimentärer Schwimmhaut; 1. kleiner als 2., der kleiner als der 4. ist; Haftscheiben der beiden lateralen Finger klein, etwa $^1/_2$ so groß wie das Tympanum; Subartikulartuberkel deutlich. Zehen nicht sehr lang, mit $^2/_3$ Schwimmhaut, die an der längsten Zehe die letzten beiden Glieder, an den übrigen das letzte Glied freiläßt; 5. Zehe länger als die 3.; Haftscheiben kleiner als die der Finger; laterale Zehe ohne Hautfalte; Tarsalfalte fehlt; nur eine sehr kleine, flache, längliche, mediale Metatarsaltuberkel vorhanden, keine laterale; Tarsaltuberkel fehlt; Subartikulartuberkel mäßig. Das Tibiotarsalgelenk reicht bis zum Nasenloch; Femur kürzer als die Tibia, die $4^1/_2$ mal so lang wie breit, $1^3/_4$ mal in der Körperlänge enthalten, und viel länger als der Fuß ist. Bei rechtwinklig angeknickten Hinterbeinen decken die Fersen einander. Haut oben glatt, einige verstreute Warzen hinter dem Auge; Seiten, Bauch und Unterseite der Schenkel gekörnelt, Kehle und Brust glatt; eine undeutliche Supratympanalfalte.

Oben und unten farblos, nur Kehle etwas dunkel pigmentiert. Totallänge 20 mm.

Malabar.

63. **R. (P.) pulcherrimus** E. Ahl 1882 *Ixalus pulcher* (non *Rhacophorus p.*, Boulenger 1882), Boulenger, Cat. Batr. sal. Brit. Mus., ed. 2 p. 469 | 1890 *I. p.*, Boulenger in: Fauna Brit. Ind., Rept. Batr. p. 485 | 1927 *Rhacophorus pulcherrimus*, E. Ahl in: SB. Ges. Fr. Berlin, p. 41.

Vomerzähne fehlen; Zunge ohne Papille; Schnauze leicht zugespitzt, ein wenig kürzer als der Augendurchmesser; Canthus rostralis deutlich; Lorealgegend sehr wenig vertieft; Nasenloch näher der Schnauzenspitze als dem Auge; Interorbitalraum breiter als das obere Augenlid; Trommelfell klein, undeutlich; Finger mit rudimentärer Schwimmhaut; Zehen mit $^1/_2$ oder $^2/_3$ Schwimmhaut; Haftscheiben gut entwickelt; eine sehr kleine, mediale Metatarsaltuberkel. Das Tibiotarsalgelenk erreicht die Schnauzenspitze oder zwischen letztere und das Auge. Haut oben glatt, gekörnelt auf dem Bauch und unter den Schenkeln; eine Supratympanalfalte vorhanden; Kehle glatt.

Oben grün (blau oder purpurn in Alkohol), gewöhnlich einfarbig, manchmal mit kleinen schwarzen Flecken; ein purpurbrauner Streifen auf dem Canthus rostralis und gewöhnlich auch auf der Temporalfalte; Lorealgegend weiß, einfarbig, oder mit purpurbraunen Flecken, oder einförmig purpurbraun oder weiß gefleckt; Arme, und oft auch Unterarme, farblos; Schenkel farblos, außer einem grünen Streifen auf der Oberseite. Männchen mit äußerer Schallblase in der Brustgegend. Totallänge 23 mm.

Manatoddy, Wynaad, Südindien.

64. **R. (P.) williamsi** (Taylor) 1922 *P. w.*, Taylor in: Philipp. J. Sci., *v.* 21 p. 167 t. 1 f. 3—6 (Habitus).

Choanen mäßig groß, weit voneinander getrennt, nicht verdeckt durch den überhängenden Kiefer; Vomerzähne fehlen; Zunge mäßig groß, mit zwei breiten, abgerundeten Hörnern hinten, die an der Basis nur wenig getrennt sind; keine Tuberkel vorhanden; Kopf sehr breit, fast gleich der halben Körperlänge; Auge groß, der Augendurchmesser gleich der Schnauzenlänge; Interorbitalraum so breit wie ein oberes Augenlid; Schnauze kurz, in einen sehr kleinen konischen Vorsprung endend; die Gegend um die Nasenlöcher herum leicht erhöht und vorragend mit einer Einbuchtung zwischen ihnen. Oberer Teil der Lorealgegend nahezu senkrecht, unterer Teil schräg zum Maul abfallend; eine deutliche Einbuchtung vor dem Auge, nicht bis zum Nasenloch reichend; Trommelfell klein, undeutlich, mit Haut bedeckt, sein Durchmesser etwa gleich $^1/_3$ des Auges; eine starke Falte vom Auge über den oberen Teil des Trommelfells bis zum Ansatz des Armes; eine leicht gebogene Falte kreuzt den Mundwinkel; Haut des Körpers leicht rauh; Kopf mit verstreuten Tuberkeln, 1 oder 2 Tuberkel auf dem oberen Augenlid, 2 Tuberkel hinter den Augen, die hintere größte mit einem anderen Paar warziger Tuberkel in der Mitte des Rückens; diese Tuberkel verbunden mit dem vorderen Paar durch eine sehr dünne Falte; Tibia mit undeutlichen Tuberkeln; einige Stücke besitzen zahlreiche Tuberkel zwischen den Augen und auf der Schnauze; Haut der Kehle leicht rauh; Bauch, Brust, Unterseite des Vorderarmes und Femur stark gekörnelt; Finger mit breiten Haftscheiben, die 2 lateralen viel größer; die der 2 medialen Finger klein, und teilweise den 2 anderen opponierbar; Subartikulartuberkel groß, rund, wohl entwickelt; Carpaltuberkel schwach entwickelt; Zehen mit Haftscheiben, die kleiner sind als die der Finger, mit $^1/_3$—$^1/_2$ Schwimmhaut; Subartikulartuberkel mäßig deutlich; eine lose Hautfalte an der Lateralseite der 5. Zehe und eines Teiles des Fußes; mediale Metatarsaltuberkel deutlich, groß, flach; laterale, wenn vorhanden, sehr undeutlich; das Tibiotarsalgelenk reicht gerade über die Schnauzenspitze hinaus.

Färbung im Leben oben gelblichbraun mit dunklen, braunen Zeichnungen; oberes Augenlid schwarz; Schnauze und oberer Teil der Lorealgegend dunkelbraun; 2 helle Stellen hinter den Augen; ein großer regulärer brauner Fleck beginnt an den Schultern, gabelt sich in der Mitte des Rückens, und geht dann bis zu den Weichen; die Gegend zwischen den beiden Ästen nur wenig heller als die Äste selbst; eine breite, braune Binde über Femur und Tibia und eine andere schmale lateral; Unterseite der Tibia und Unterseite des Fußes völlig weiß; Hinterseite der Schenkel fast weiß, leicht braun marmoriert; die 2. Tuberkel hinter den Augen sehr dunkel; Rand des Oberkiefers etwas heller als die Lorealgegend, und ein schwacher hell cremefarbener Fleck unter und etwas hinter dem Auge; Kehle, Brust, Bauch, Unterseite der Arme, Finger, Füße, Zehen und Schwimmhaut zwischen den Zehen stark mit Zinnoberbraun bepudert; die 2 medialen Finger ungefleckt. Männchen ohne Schallblasen. Totallänge 22 mm.

Polillo, Luzon (Philippinen).

65. **R. (P.) similis** (Kamp.) 1923 *P. s.*, Kampen, Amph. Indo-Austral. Archip., p. 273.

Vomerzähne fehlen; Zunge ohne Papille; Kopf ein wenig breiter als lang; Schnauze zugespitzt, vorragend, bedeutend kürzer als das obere Augenlid, länger als hoch; Canthus rostralis deutlich; Lorealgegend schräg, konkav; Nasenloch näher der Schnauzenspitze als dem Auge; Interorbitalraum so breit wie ein oberes Augenlid; Trommelfell fast unsichtbar, etwa $^1/_3$ des Augendurchmessers; Haftscheiben der Finger groß, die der 2 lateralen Finger ein wenig größer als das Trommelfell; Haftscheiben der Zehen ein wenig kleiner; 1. Finger kürzer als der 2., der viel kürzer als der 4. ist; Finger mit einem schwachen Rudiment von Schwimmhaut; 3. und 5. Zehe gleich lang; Zehen mit halben Schwimmhäuten; Subartikulartuberkel gut entwickelt; eine längliche, mediale, keine laterale Metatarsaltuberkel; keine Tarsalfalte; Tibiotarsalgelenk reicht bedeutend über die Schnauzenspitze; Tibia etwas mehr als die halbe Körperlänge. Oberseite glatt; Kehle, Bauch und Unterseite der Schenkel gekörnelt.

Schwärzlich, oben heller braun gefleckt; Beine mit dunklen Querbinden; Unterseite gelblichbraun. Totallänge 29 mm.

Sumatra (Mt. Talaman, 1200 m).

66. **R. (P.) jacobsoni** (Kamp.) 1912 *Ixalus j.*, Kampen in: Not. Leyden Mus., v. 34 p. 78 | 1923 *Philautus j.*, Kampen, Amph. Indo-Austral. Archip., p. 272.

Vomerzähne fehlen; Zunge ohne Papille; Kopf so lang wie breit; Schnauze zugespitzt, vorragend, ein wenig kürzer als das obere Augenlid, länger als hoch; Canthus rostralis deutlich; Lorealgegend schräg, konkav; Nasenloch in der Mitte zwischen Auge und Schnauzenspitze; Interorbitalraum breiter als das obere Augenlid; Trommelfell ziemlich deutlich, $^1/_3$ des Augendurchmessers. Haftscheiben der Finger groß, die der 2 lateralen Finger ein wenig größer als das Trommelfell; Haftscheiben der Zehen ein wenig kleiner; 1. Finger kürzer als der 2., der viel kürzer als der 4. ist; Finger mit einem schwachen Rudiment von Schwimmhaut; 3. und 5. Zehe gleich lang; Zehen mit halben Schwimmhäuten; Subartikulartuberkel gut entwickelt; eine längliche, mediale Metatarsaltuberkel, keine laterale; keine Tarsalfalte; Endphalangen klauenförmig; das Tibiotarsalgelenk reicht über die Schnauzenspitze hinaus; Tibia ein wenig mehr als $^1/_2$ der Totallänge. Haut der Oberseite glatt, mit wenigen kleinen Tuberkeln auf dem Hinterhaupt; Kehle, Bauch und Unterseite der Schenkel granuliert.

Oberseite dunkelviolettbraun, Unterseite dunkel gewölkt; Weichen und Vorder- und Hinterseite der Schenkel hell gefärbt. Totallänge 24 mm.

Java.

C. Subgen. **Chirixalus** Blgr.

1893 Gen. *Chirixalus*, Boulenger in: Ann. Mus. Genova, ser. 2 *v.* 13 p. 340, weitere Literaturen siehe bei der Gattung, nr. 67—72.

67. **R. (C.) striatus** E. Ahl 1930 *R. (C.) s.*, E. Ahl in: Zool. Anz., *v.* 84 p. 229.

Körpergestalt ziemlich schlank; Vomerzähne fehlen; Choanen klein, teilweise unter dem Kieferrand verborgen; Zunge mäßig groß, hinten frei und tief eingeschnitten. Kopf groß, zugespitzt, vorn mit einer kleinen Tuberkel an der Nasenspitze, im Profil zugespitzt, wenig über das Maul hinausragend, so lang wie das große Auge, wenig kürzer als der Abstand der vorderen Augenwinkel voneinander, viel länger als hoch; Canthus rostralis deutlich, gebogen; Lorealgegend senkrecht, konkav; Nasenloch in der Mitte zwischen Auge und Schnauzenspitze; Internasalraum etwas schmaler als der Interorbitalraum, der etwa $1^1/_2$ mal so breit wie ein oberes Augenlid ist; Trommelfell deutlich, $^1/_3$ so breit wie das Auge, dicht bei diesem liegend. Finger kräftig, die beiden lateralen den beiden medialen vollständig opponierbar; die beiden medialen mit einem Rudiment von Schwimmhaut an ihrer Basis, die beiden lateralen mit etwa $^1/_3$ Schwimmhaut verbunden; Haftscheiben groß, so groß wie das Trommelfell; 1. Finger kleiner als der 2., der kürzer als der 4. ist, der von dem 3. überragt wird; 3. Finger die Schnauze überragend; Subartikulartuberkel deutlich. Zehen mit $^2/_3$ Schwimmhaut, die an der 4. Zehe das letzte Glied frei lassen, und bei den übrigen bis oder fast bis zu den Haftscheiben reichen; Haftscheiben etwas kleiner als die der Finger; 5. Zehe etwas länger als die 3.; laterale Metatarsalia durch eine schmale Schwimmhaut getrennt; keine Tarsalfalte; nur eine sehr kleine, flache, mediale Metatarsaltuberkel, keine laterale, keine Tarsaltuberkel; Sohle granuliert; Subartikulartuberkel klein, aber deutlich. Das Tibiotarsalgelenk reicht bis zwischen Auge und Nasenloch; Femur kürzer als die Tibia, die $5^1/_2$ mal so lang wie breit, 2 mal in der Körperlänge enthalten, und viel länger als der Fuß ist; bei rechtwinklig angeknickten Hinterbeinen decken die Fersen einander. Haut oben chagriniert; Kehle sehr fein, Bauch und Unterseite der Oberschenkel grob granuliert; eine scharfe Supratympanalfalte vom Hinterrand des Auges zur Ansatzstelle der Vorderbeine, und eine undeutliche Falte vom Mundwinkel zu derselben Stelle. Eine Tuberkel an der Schnauzenspitze.

Färbung (in Alkohol) oben gelblichgrau mit undeutlichen Zügen dunkler Längsstreifen auf dem Rücken. Oberlippe mit einer weißen Binde. Unterseite weiß. Körperlänge 28 mm.

Carinberge, Burma, 900—1000 m hoch.

68. **R. (C.) hansenae** (Cochran) 1927 *Philautus h.*, Cochran in: P. biol. Soc. Washington, *v.* 40 p. 181.

Körpergestalt schlank. Zunge hinten tief eingeschnitten; keine Papille; Choanen klein, rund, teilweise durch den Kieferrand verborgen; Kopf ein wenig länger als breit, mäßig niedergedrückt. Schnauze stumpf zugespitzt, über das Maul hinausragend, ein wenig länger als der Augendurchmesser; Nasenloch näher der Schnauzenspitze als dem Auge; Canthus rostralis deutlich; Lorealgegend fast senkrecht, konkav; Interorbitalraum viel breiter als das obere Augenlid; Trommelfell mäßig deutlich, ein wenig kleiner als $^1/_2$ des Augendurchmessers, sein Abstand vom Auge etwas geringer als sein eigener Durchmesser; die ersten beiden Finger den anderen opponierbar; die beiden lateralen Finger miteinander verbunden bis zum proximalen Ende der vorletzten Phalange, und mit der geringsten Andeutung einer Schwimmhaut dazwischen, der 4. Finger bis zur Haftscheibe des 3. reichend; der 2. Finger nur $^1/_2$ so lang wie der 3.; Haftscheiben so lang wie breit, die des 3. und 4. Fingers so groß wie das Trommelfell. Zehen mit $^1/_2$ Schwimmhaut, die Haftscheiben kleiner als die der Finger; Subartikulartuberkel gut entwickelt; Handfläche mit zahlreichen flachen Granulae; mediale Metatarsaltuberkel sehr klein und undeutlich; keine laterale Tuberkel; laterale Metatarsalia nur am distalen Ende getrennt. Das Tibiotarsalgelenk reicht beim Männchen bis zum Nasenloch, beim Weibchen bis zum Vorderrand des Auges oder ein wenig darüber. Haut ganz glatt außer auf dem Bauch und der Unterseite der Schenkel, die grob gekörnelt sind; eine schwache Falte über und hinter dem Trommelfell; eine innere Schallblase beim Männchen.

Färbung sehr variabel; Grundfarbe oben und unten cremegelb; die Lippen heller; ein sehr deutlicher weißer Streifen von der Schnauzenspitze über den Canthus rostralis zum Auge, dann sich dahinter verbreiternd und fortgesetzt als ein breiter, deutlicher Dorsolateralstreifen bis zum Ansatz der Hinterbeine; die gesamte Oberseite außer Kehle und Bauch gefleckt mit kleinen, rötlichen Flecken, die am dichtesten am oberen und unteren Rande des weißen, dorsolateralen Streifens sind; eine unterbrochene Dorsalreihe dunkler länglicher Flecke; ein runder, leuchtend blauer Fleck an jeder Seite des Rückens etwa in einer Linie mit der Insertion der Hinterbeine; einige undeutliche Züge von dunklen Querbinden auf der Tibia. Andere Stücke besitzen keine dunklen Zeichnungen, der ganze Rücken ist bestreut mit feinen rötlichen Punkten, dichter an den Rändern der lateralen weißen Streifen, wo sie eine Umrandung zu bilden scheinen. Wieder andere erscheinen oben rötlichgelb, mit 3 Reihen von braunen Flecken, einer mittleren von der Nasenspitze, und 2 seitlichen am oberen Rande der Lateralstreifen; bei diesen Stücken sind die feinen Fleckchen auf dem Rücken nicht so deutlich; nur unterhalb des weißen Lateralstreifens erscheinen sie ebenfalls deutlich; diese Frösche besitzen eine unregelmäßige Zeichnung auf dem Femur, und eine Anzahl unregelmäßiger Querbinden auf der Tibia. Totallänge des Männchens 21 mm, des Weibchens 23 mm.

Nong Khor, Ban Sadet, S.-O.-Siam.

Eier sehr groß.

69. **R. (C.) palpebralis** (M. A. Sm.) 1924 *Philautus p.*, M. A. Smith in: P. zool. Soc. London, p. 233 t. 3 f. 1, 1a (Habitus).

Vomerzähne fehlen; Zunge hinten tief eingeschnitten, ohne Papille; Choanen klein, rund, teilweise verborgen unter dem überhängenden Rand des Kiefers. Kopf so lang wie breit, mäßig niedergedrückt; Schnauze stumpf zugespitzt, schwach über das Maul hinwegragend, ein wenig länger als der Augendurchmesser; Nasenloch näher der Schnauzenspitze als dem Auge; Canthus rostralis deutlich; Lorealgegend nahezu vertikal, konkav; Interorbitalraum so breit wie ein oberes Augenlid; Trommelfell größtenteils verborgen, $^2/_5$ des Augendurchmessers, sein Abstand vom Auge gleich seinem eigenen Durchmesser. Die ersten beiden Finger sind den anderen teilweise opponierbar; ein Schwimmhautrudiment zwischen den beiden lateralen; Haftscheiben so lang wie breit, die des dritten Fingers so groß wie das Trommelfell; Zehen mit halben Schwimmhäuten, ihre Haftscheiben kleiner als die der Finger. Subartikulartuberkel gut entwickelt, Palmar- und Plantar-Unterseiten von Hand und Fuß mit zahlreichen Granulae; mediale Metatarsaltuberkel $^1/_3$ der Länge der medialen Zehe; keine laterale Tuberkel; laterale Metatarsalia um die Hälfte ihrer Länge getrennt; das Tibiotarsalgelenk reicht bis

Fig. 66.
Rhacophorus (Chirixalus) palpebralis (M. A. Sm.).
Rechts Habitus von oben, links Kopf von der Seite. (Nach M. A. Smith).

zum Auge. Haut ganz glatt außer auf dem Bauche und der Unterseite der Schenkel, wo sie gekörnelt ist; eine schwache Supratympanalfalte vorhanden.

Oben einfarbig rötlichbraun, unten hellgelblich. Ein gelber Streifen von unter dem Auge zur Schulter; die Nickhaut dicht braun gefleckt; im Leben ein grüner Fleck auf dem Oberkopf. Totallänge 30 mm. (Fig. 66).

Süd-Annam (Langbian-Peaks, 2000 m hoch).

70. **R. (C.) doriae** (Blgr.) 1893 *C. d.*, Boulenger in: Ann. Mus. Genova, ser. 2 *v.* 13 p. 341 t. 10 f. 5 (Habitus von oben), 5a (Hand von oben) | 1912 *C. d.*, Annandale in: Rec. Ind. Mus., *v.* 8 p. 18.

Vomerzähne fehlen; Zunge hinten frei und tief eingeschnitten. Schnauze abgerundet oder stumpf zugespitzt, kürzer als der Augendurchmesser; Canthus rostralis stumpf; Lorealgegend fast senkrecht, konkav; Nasenloch näher der Schnauzenspitze als dem Auge; Interorbitalraum breiter als das obere Augenlid; Trommelfell deutlich, $^1/_2$ so groß wie das Auge. Die beiden medialen den beiden lateralen Fingern vollständig opponierbar; die medialen Finger an der Basis mit Schwimmhaut, die beiden lateralen mit $^1/_3$ Schwimmhaut; Zehen mit $^2/_3$ Schwimmhaut; Haftscheiben der Finger so groß wie das Trommelfell, die der Zehen kleiner; Subartikulartuberkel gut entwickelt;

eine kleine mediale Metatarsaltuberkel; keine laterale. Endphalangen stumpf. Das Tibiotarsalgelenk reicht bis zum Auge oder zwischen Auge und Nasenloch. Haut glatt, fein granuliert unter der Kehle, dicht und grob gekörnelt unter dem Bauch und unter den Schenkeln.

Färbung oben gelblich oder rötlichgrau, einfarbig oder mit kleinen schwärzlichen Flecken und drei dunklen Streifen entlang dem Kopf und dem Rücken. Unterseite weiß. Männchen mit innerer Schallblase. Körperlänge 34 mm. (Fig. 67).

Burma, Nord-Assam.

Fig. 67.
Rhacophorus (Chirixalus) doriae (Blgr.).
Habitus von oben, Hand von oben. (Nach Boulenger).

71. **R. (C.) simus** (Annand.) 1915 *C. s.*, Annandale in: Rec. Ind. Mus., *v.* 11 p. 345 f. (Kopf von oben, von der Seite).

Kopf groß, breiter als lang; Schnauze von oben und im Profil gesehen abgestutzt, beträchtlich kürzer als der Augendurchmesser; Canthus rostralis kaum unterscheidbar; Lorealgegend senkrecht, leicht konkav; Nasenloch viel näher der Schnauzenspitze als dem Auge; Interorbitalraum breiter als das obere Augenlid, flach; Trommelfell deutlich, etwa $^1/_3$ des Augendurchmessers. Mediale Finger den lateralen vollständig opponierbar, die medialen mit einem

Fig. 68.
Rhacophorus (Chirixalus) simus (Annand.).
Kopf von oben und von der Seite. (Nach Annandale).

sehr leichten Rudiment von Schwimmhaut; Zehen mit etwa $^2/_3$ Schwimmhaut; Haftscheiben der Finger kleiner als das Trommelfell, etwas größer als die der Zehen; Subartikulartuberkel gut entwickelt; eine kleine und ziemlich undeutliche, mediale Metatarsaltuberkel vorhanden. Das Tibiotarsalgelenk erreicht die Schnauzenspitze. Haut an den Seiten des Kopfes mit kleinen, runden, verstreuten Warzen, die des Rückens fast glatt; Seiten und Kehle mit ähnlichen Warzen, Bauch und Innenseite der Schenkel grob granuliert; eine Glandularfalte vom Supraciliarrand bis über die Schulter, und eine andere, etwas unterbrochene, vom Maul zu derselben Stelle.

Färbung oben hellgraubraun mit einigen undeutlichen dunklen Längslinien und zahlreichen verstreuten schwarzen Flecken. Bauchseite gelblich; Kehle und Brust mit zahlreichen kleinen schwarzen und weißen Fleckchen. Beine ohne deutliche Zeichnung, Hinterseite der Schenkel rötlich. Körperlänge 22 mm. (Fig. 68).

Mangaldai, Assam nördlich des Brahmaputra.

72. **R. (C.) nongkhorensis** (Cochran) 1924 *C. doriae* (non Boulenger 1893), M. A. Smith in: P. zool. Soc. London, p. 226 | 1927 *Philautus nongkhorensis*, Cochran in: P. biol. Soc. Washington, *v.* 40 p. 180.

Körper gedrungen: Zunge frei und hinten tief eingeschnitten; keine Papille; Choanen klein, rund, fast gänzlich vom Kieferrand verborgen. Kopf groß, so breit wie lang; Schnauze kürzer als der Augendurchmesser, zugespitzt, mit einer deutlichen Verlängerung an der äußersten Spitze, die besonders deutlich im Profil ist; Canthus rostralis sehr deutlich; Lorealregion leicht konkav, vertikal; Nasenlöcher viel näher der Schnauzenspitze als dem Auge, die Gegend über jedem Nasenloch geschwollen und vorgewölbt; Interorbitalraum breiter als ein oberes Augenlid; Trommelfell etwa $^1/_3$ des Augendurchmessers; die ersten beiden Finger den anderen opponierbar; eine kleine, aber deutliche Schwimmhaut vorhanden, die am größten zwischen den lateralen Fingern ist, und an allen Fingern fast bis an die Haftscheiben geht; vierter Finger bis zur Mitte der Haftscheibe des 3. Fingers reichend; Haftscheiben des 3. und 4. Fingers so groß wie das Trommelfell, die der ersten zwei Finger kleiner; Zehen mit $^2/_3$ Schwimmhaut, die bis zu den Haftscheiben reicht, die kleiner als das Trommelfell sind; Subartikulartuberkel gut entwickelt; eine kleine, stumpfe, mediale Metatarsaltuberkel; das Tibiotarsalgelenk reicht bis zur Schnauzenspitze. Haut des Kopfes, Rückens und der Seiten mit kleinen, runden, verstreuten Warzen, die am zahlreichsten auf der Schnauze sind; Kehle und Schenkel fein granuliert, Bauch grob gekörnelt; eine Glandularfalte von der Superciliargegend zur Schulter; andere Glandulae am Mundwinkel und auf der Schulter; eine große äußere Schallblase.

Färbung (in Alkohol) oben hellbräunlich, mit einer undeutlichen dunkleren Zeichnung, die als eine Querbinde auf dem Kopf durch die Mitte der oberen Augenlider beginnt, gefolgt von einem dunklen, medianen Fleck, der verblaßt, kurz nachdem er die Höhe der Schultern erreicht hat; sehr feine graue Flecke auf der ganzen Oberseite, einschließlich der Arme und Beine, die dazu Andeutungen dunkler Querbinden besitzen; über dem Bauch eine weiße Linie, unten von grauen Flecken begrenzt; Kehle und Bauch ungefleckt weiß; Unterseite der Schenkel cremefarben. Totallänge ♂ 28 mm, ♀ 32 mm.

Nong Khor, S.-O.-Siam.

D. Subgen. **Rhacophorus** Kuhl

1827 Genus *R.*, Kuhl in: Schlegel in: Isis, *v.* 20 p. 294, weitere Literatur oben bei der Gattung, nr. 73—153.

73. **R. (R.) polillensis** (Taylor) 1922 *Philautus p.*, Taylor in: Philipp. J. Sci., *v.* 21 p. 171 t. 2 f. 1—4 (Habitus).

Kopf etwa so breit wie der Körper, zugespitzt; Zunge mäßig lang mit zwei kurzen „Hörnern“, wenig getrennt an der Basis; Choanen klein, weit getrennt; Vomerzähne in zwei kleinen Reihen, beträchtlich hinter den Choanen, getrennt voneinander durch einen Abstand von $1^1/_2$ mal ihrer eigenen Länge;

Zunge mit einer erhöhten Vorwölbung nahe dem vorderen Teil; Schnauzenspitze konisch; Nasenlöcher viel näher der Schnauzenspitze als dem Auge; Augendurchmesser etwas geringer als die Schnauzenlänge; eine einzige, große, konische Tuberkel auf dem oberen Augenlid nahe dem lateralen mittleren Rand; Pupille horizontal; Canthus rostralis deutlich; Lorealregion konkav, sanft zum Kieferrand abfallend; Trommelfell ziemlich undeutlich, sein Durchmesser $^1/_3$—$^1/_4$ des Augendurchmessers; eine starke Hautfalte über dem Trommelfell bis nahe an den Anfang des Oberarmes, leicht gekörnelt; eine zweite Falte von einem Punkt über und hinter dem Trommelfell zum Unterkiefer; eine Reihe von Granulae von hinter dem Tympanum zum Arm, parallel mit der Supratympanalfalte; eine deutliche Einbuchtung zwischen diesen beiden Falten; Haut oben glatt, mit zwei kleinen Tuberkeln zwischen den Schultern, und zwei Paaren auf dem Rücken; eine kleine Tuberkel auf dem Rücken über dem After; eine deutliche Tuberkel an der Schnauzenspitze; Haut der Kehle und Brust glatt, mit zahlreichen kleinen nadelähnlichen Eindrücken; Bauch und Unterseite des Femur stark gekörnelt; eine starke Tuberkel an der Ferse; Spitze jedes der drei lateralen Finger mit einer stark verbreiterten Haftscheibe, fast 2 mal so breit wie der Finger; medialer Finger sehr klein, schlank, ohne Haftscheibe; Subartikulartuberkel groß, flach, mäßig deutlich; eine einzige große Carpaltuberkel; keine Andeutung von Schwimmhaut; Spitzen der Zehen deutlich verbreitert, nicht mehr als $1^1/_2$ mal der Zehenbreite; 4. Zehe sehr lang, 3. und 5. gleich lang, kaum die dritte Subartikulartuberkel von der Haftscheibe der 4. Zehe erreichend; mediale Metatarsaltuberkel ziemlich groß, aber undeutlich; laterale klein; das Tibiotarsalgelenk reicht zwischen Auge und Nasenloch.

Färbung im Leben oben cremeweiß bis -gelb, leicht pigmentiert mit kleinen, zinnoberroten Flecken; ein zinnoberrotes Band zwischen den Augen, und wenige Flecke um die Dorsaltuberkel; oberes Augenlid dunkelgrau bis schwärzlich; Flecke an den lateralen Fingern aller Extremitäten; dünne Querbinden auf Tibia und Femur; Kinn und Kehle gelb mit spärlichen braunen Fleckchen; Unterseite der Hand und Bauch ungefleckt; Unterseite des Schenkels und Fußes braun gepfeffert. Totallänge 27 mm.

Polilloinsel (Philippinen).

Unter Blättern niedrig wachsender Pflanzen.

74. **R. (R.) depressus** E. Ahl 1927 *R. d.*, E. Ahl in: SB. Ges. Fr. Berlin 1926, p. 115.

Körpergestalt von oben nach unten stark zusammengedrückt. Vomerzähne in zwei kleinen, fast transversalen Gruppen hinter der Verbindungslinie des Hinterrandes der Choanen. Zunge hinten mit zwei Zipfeln, ohne Papille; Kopf breiter als lang. Schnauze so lang wie der Augendurchmesser, schräg abgestutzt vorn, viel länger als hoch. Lorealgegend steil, stark vertieft. Canthus rostralis scharf. Nasenloch in der Mitte zwischen Auge und Schnauzenspitze. Interorbitalraum so breit wie ein oberes Augenlid. Trommelfell unsichtbar, völlig unter der Haut verborgen, kaum $^1/_3$ des Augendurchmessers. Finger ohne Spur einer Schwimmhaut, die Haftscheiben der zwei lateralen Finger größer als das Trommelfell (fast $^1/_2$ so groß wie das Auge), die der beiden medialen Finger und der Zehen etwas kleiner. 1. Finger kürzer als der 2., der kürzer als der 4. ist; 3. Finger so lang wie die Schnauze und das halbe Auge. 3. Zehe so lang wie die 5., alle Zehen mit ganzen Schwimmhäuten; ein sehr kleiner, rundlicher, medialer

Metatarsalhöcker; Subartikulartuberkel schwach entwickelt. Das Tibiotarsalgelenk reicht bis zur Schnauzenspitze oder etwas darüber hinaus. Femur 2mal in der Körperlänge, kürzer als die Tibia, die $3^1/_2$mal so lang wie breit, $1^2/_3$mal in der Körperlänge enthalten, und länger als der Fuß ist. Bei rechtwinklig angeknickten Hinterbeinen überragen die Fersen einander. Haut oben und an den Seiten mit kleineren und größeren Warzen besetzt. Eine, wenn auch nicht sehr deutliche, Hautfalte vom Auge über das Trommelfell zum Oberarmansatz. Unterseite völlig glatt.

Färbung (in Alkohol) oben bräunlich, die Warzen dunkelbraun, meist mit hellerem Zentrum. Ober- und Unterschenkel mit dunkelbraunen Querbinden. Unterseite weiß, Kehle und Brust mehr oder weniger bräunlich gefleckt. Männchen ohne Schallblasen, doch mit bedornten Schwielen an der Medialseite des medialen Fingers. Totallänge 45 mm.

Java.

75. **R. (R.) taeniatus** Blgr. 1906 *R. t.*, Boulenger in: J. Asiat. Soc. Bengal, *v.* 2 p. 385.

Vomerzähne in zwei schrägen Reihen zwischen den Choanen. Kopf ein wenig länger als breit; Schnauze abgestutzt oder stumpf zugespitzt, so lang wie der Augendurchmesser; Canthus rostralis deutlich; Lorealgegend fast vertikal, konkav; Nasenloch viel näher der Schnauzenspitze als dem Auge; Interorbitalraum breiter als ein oberes Augenlid; Trommelfell $^2/_3$—$^3/_4$ des Augendurchmessers. Finger frei; Zehen kaum mit halben Schwimmhäuten; Haftscheiben mäßig groß, die des 3. Fingers etwa $^2/_5$ des Augendurchmessers; Subartikulartuberkel mäßig. Tibiotarsalgelenk reicht bis zum Auge. Haut oben glatt oder fein gefeldert; Bauch gekörnelt.

Oben dunkelbraun; eine schmale, hellere Vertebrallinie; ein breites helles Band vom oberen Augenlid zu den Weichen, oben und unten durch ein dunkelbraunes Band begrenzt, das untere sich ausdehnend über die Schläfen und die Lorealgegend bis zur Schnauzenspitze; ein weißer Strich von unter dem Auge zur Schulter; keine dunklen Binden auf den Schenkeln; ein heller Streifen entlang der Lateralseite der Tibia; Unterseite weiß. Totallänge 47 mm.

Purneah, Bengalen.

76. **R. (R.) zimmeri** E. Ahl 1927 *R. z.*, E. Ahl in: SB. Ges. Fr. Berlin, p. 41.

Vomerzähne in kurzen schrägen Reihen zwischen den Choanen (bei dem Typusexemplar nur auf einer Seite ausgebildet); Choanen klein, teilweise unter dem überhängenden Kieferrand verborgen. Zunge mäßig groß, hinten mit zwei Zipfeln, im vorderen Teil der Mittellinie mit einer kleinen, konischen, zurückziehbaren Papille. Kopf ziemlich groß, so lang wie breit; Schnauze stumpf zugespitzt, im Profil spitz verrundet, über das Maul hinwegragend, so lang wie der Augendurchmesser, etwas kürzer als der Abstand der vorderen Augenwinkel zueinander, länger als hoch. Canthus rostralis scharf, leicht konkav; Lorealgegend schräg, konkav. Nasenloch kaum aufgetrieben, in der Mitte zwischen Auge und Schnauzenspitze, der Internasalraum gerade, flach, so groß wie sein Abstand vom Auge, kleiner als der Interorbitalraum, der breiter als ein oberes Augenlid ist, Trommelfell deutlich, $^2/_5$ des Augendurchmessers, dicht beim Auge. Finger frei, Haftscheiben klein, die des 3. Fingers etwa $^2/_3$ so groß wie das Trommelfell; 1. Finger kleiner als der 2., der kürzer als der 4. ist, der von dem 3.

überragt wird; 3. Finger wenig länger als die Schnauze; Subartikulartuberkel sehr deutlich, vorspringend. Zehen mit halber Schwimmhaut, die an der 4. Zehe die beiden letzten, an den übrigen das letzte Glied frei läßt; Haftscheiben so groß wie die der Finger; 5. Zehe ein wenig länger als die 3.; laterale Metatarsalia nur in ihrem distalen Ende durch eine ganz schmale Schwimmhaut getrennt; laterale Zehe mit Hautfalte. Tarsalfalte fehlt; nur eine kleine, längliche, ovale, mediale Metatarsaltuberkel, keine laterale, keine Tarsaltuberkel; Sohle granuliert; Subartikulartuberkel deutlich; das Tibiotarsalgelenk reicht bis zum Nasenloch; Femur kürzer als die Tibia, die 4mal so lang wie breit, $1^3/_4$mal in der Körperlänge enthalten, und länger als der Fuß ist; bei rechtwinklig angeknickten Hinterbeinen überragen die Fersen einander etwas. Haut oberseits und an den Seiten mit kleinen Tuberkeln und Warzen besetzt; von der Schnauzenspitze bis zum After eine feine Glandularfalte in der Rückenmitte; eine starke Falte vom Auge zur Schulter; eine Reihe von Tuberkel entlang der Lateralseite des Tarsus; eine kleine Tuberkel an der Ferse; Unterseite grob gekörnelt.

Färbung (in Alkohol) oberseits grau, mit schwachem, grünlichen Bronzeglanz; eine dunkelbraune Linie vom Nasenloch entlang dem Canthus rostralis, durch das Auge und das Trommelfell zur Schulter. Schenkel mit dunklen Querbinden; eine schwache, aus zwei Längsbinden bestehende, dunkle Zeichnung auf dem Rücken, und eine schmale dunkle Querbinde zwischen den Augen. Unterseite einfarbig schmutzig gelblich. Totallänge 32 mm.

Point de Galle (Ceylon).

77. **R. (R.) tonkinensis** E. Ahl 1927 *R. t.*, E. Ahl in: SB. Ges. Fr. Berlin 1926, p. 116.

Körpergestalt von oben nach unten stark zusammengedrückt. Vomerzähne in zwei sehr schrägen Reihen von zwischen den Choanen nach rückwärts, in der Mitte nur durch einen kleinen Zwischenraum getrennt. Zunge hinten eingeschnitten, ohne Papille. Kopf wenig breiter als lang. Schnauze zugespitzt, vorn schräg nach hinten abgestutzt, über das Maul hinwegragend, so lang wie der Augendurchmesser, länger als hoch. Lorealgegend steil, vertieft; Canthus rostralis scharf, Nasenloch gleich weit entfernt vom Auge und der Schnauzenspitze. Interorbitalraum so breit wie ein oberes Augenlid. Trommelfell deutlich, $^1/_3$ so groß wie das Auge. Finger frei von Schwimmhaut, die Haftscheiben der beiden lateralen Finger größer als das Trommelfell, $^1/_2$ so groß wie das Auge, die der übrigen Finger etwas kleiner; 1. Finger kürzer als der 2., der nur wenig kürzer als der 4. ist; 3. Finger so lang wie die Schnauze und das halbe Auge, Haftscheiben der Zehen kaum kleiner als die der lateralen Finger; 5. Zehe ein wenig länger als die 3.; Zehen mit ganzen Schwimmhäuten. Mediale Metatarsaltuberkel sehr klein, länglich, undeutlich; Subartikulartuberkel deutlich. Das Tibiotarsalgelenk reicht bis zur Augenmitte. Femur $2^1/_3$mal in der Körperlänge enthalten, ein wenig kürzer als die Tibia, die 4mal so lang wie breit, $2^1/_6$mal in der Körperlänge enthalten und etwas länger als der Fuß ist. Haut oben mit größeren und kleineren Warzen besetzt; Unterseite granuliert.

Färbung (in Alkohol) oben bräunlich, die Warzen dunkelbraun, heller und dunkler marmoriert. Ober- und Unterschenkel schwärzlich, nur undeutlich quergebändert. Unterseite weißlich, Kehle, Brust und Bauch braun marmoriert. Totallänge 56 mm.

Tonkin.

78. **R. (R.) leporosus** (S. Müll.) 1838 *Theloderma leporosa*, S. Müller (MS.) in: Tschudi, Classif. Batr., p. 73 | 1837—44 *Hyla l.*, H. Schlegel, Abbild. Amph., p. 105 | 1858 *H. l.*, H. Schlegel, Handl. Dierk., *v.* 2 p. 55 t. 4 f. 68 (Habitus) | 1883 *Theloderma l.*, Horst in: Not. Leyden Mus., *v.* 5 p. 237 | 1887 *Polypedates leporosus*, Alb. Günther in: Ann. nat. Hist., ser. 5 *v.* 20 p. 315 t. 16 f. A, a, a[1] | 1912 *Rhacophorus l.*, Boulenger, Vert. Fauna Malay, Rept. Batr. p. 247 | 1923 *R. l.*, Kampen, Amph. Indo-Austral. Archip., p. 244.

Vomerzähne in 2 kurzen, fast transversalen Reihen nahe dem medialen vorderen Rande der Choanen. Kopf breiter als lang; Schnauze abgerundet, senkrecht abgestutzt, so lang wie das obere Augenlid, länger als hoch; Canthus rostralis abgerundet; Lorealgegend sehr schräg, schwach konkav; Nasenloch nahe der Schnauzenspitze; Interorbitalraum so breit oder etwas breiter als das obere Augenlid; Trommelfell sehr deutlich, $^3/_4$ des Augendurchmessers. Haftscheiben der lateralen Finger $^1/_2$ bis fast so groß wie das Trommelfell, die des 1. Fingers und die der Zehen kleiner; 1. Finger kürzer als der 2., der kürzer als der 4. ist; Finger frei; 3. Zehe so lang wie die 5.; Zehen mit fast ganzer Schwimmhaut, die die Haftscheiben der 5. und 3. Zehe erreicht, die 3. Phalange der 4. Zehe aber nur als schmaler Saum umschließt. Subartikulartuberkel gut entwickelt; eine kleine mediale Metatarsaltuberkel; das Tibiotarsalgelenk reicht zwischen Auge und Schnauzenspitze; Tibia $^1/_2$ so lang wie Kopf und Körper. Oberseite gänzlich bedeckt mit sehr vorragenden, rauhen Warzen verschiedener Größe; Unterseite von Kopf und Körper, Armen und Schenkeln granuliert.

Färbung im Leben oben schokoladebraun, die Spitze der Warzen heller, einige von diesen auf dem Rücken gelb; unten kohlschwarz, hellbläulichgrau marmoriert; Unterseite der Finger und Zehen, Interdigitalschwimmhaut und Haftscheiben rosenrot. Männchen ohne Schallblasen. Totallänge 65 mm.

Sumatra, Malayische Halbinsel, in Höhen von 800—1370 m.

79. **R. (R.) corticalis** Blgr. 1903 *R. c.*, Boulenger in: Ann. nat. Hist., ser. 7 *v.* 12 p. 188.

Vomerzähne in 2 schrägen Gruppen zwischen den Choanen. Kopf groß, sehr stark niedergedrückt; Schnauze abgerundet; Canthus rostralis vorragend; Lorealgegend sehr schräg, leicht konkav; Interorbitalraum so breit wie das obere Augenlid; Trommelfell so groß wie das Auge. Finger frei, mit sehr großen Haftscheiben; Zehen mit ganzen Schwimmhäuten, die Haftscheiben kleiner als die der Finger. Das Tibiotarsalgelenk reicht bis zum Vorderrand des Auges. Haut oben sehr rauh mit großen unregelmäßigen Warzen, die mit kleinen Granulae besetzt sind; Unterseite gekörnelt; große konische Tuberkel auf der Hinterseite der Schenkel nahe dem After.

Oben dunkel oliv, schwärzlich marmoriert; Seiten und Unterseite gelb, gefleckt oder marmoriert mit Schwarz; Beine mit dunklen Binden, die sich über die Unterseite des Fußes fortsetzen. Männchen ohne Schallblasen. Totallänge 70 mm.

Tonkin.

80. **R. (R.) japonicus** (Hallow.) 1860 *Ixalus j.*, Hallowell in: P. Ac. Philad., p. 501 | 1886 *Rana macropus*, Boulenger in: P. zool. Soc. London, p. 414 | 1891 *Ixalus japonicus*, Okada, Cat. Vert. Jap., p. 66 | 1892 *Rana macropus*, Boulenger in: Ann. nat. Hist., ser. 6 *v.* 10 p. 302 | 1894 *Ixalus japonicus* + *R. m.*, Fritze in: Zool. Jahrb., Syst. *v.* 7 p. 865 | 1895 *R. m.*, O. Boettger in: Ber. Offenb. Ver., *v.* 33—36 p. 103 | 1907 *Polypedates japonicus*, Stejneger in: Bull. U. S. Mus., *v.* 58 p. 155 f. (Kopf von oben, von der Seite, Mundhöhle).

Vomerzähne in 2 schrägen, sehr undeutlichen, manchmal fehlenden Reihen zwischen und sehr nahe dem medialen vorderen Rande der Choanen; Choanen klein, gut sichtbar; Zunge hinten mit 2 Zipfeln, ohne Papille; Kopf mäßig groß, so lang wie breit; Schnauze abgerundet oder stumpf zugespitzt, vorn etwas steil abgeschrägt, kaum über das Maul hinwegragend, so lang wie der Augendurchmesser und der Abstand der vorderen Augenwinkel; Canthus rostralis mäßig deutlich, konkav gebogen; Lorealgegend ziemlich steil, konkav; Nasenloch gleich weit oder ein wenig näher der Schnauzenspitze als dem Auge, der Zwischenraum zwischen den Nasenlöchern etwas konkav, so groß wie der bis zum Auge, ebenso breit wie der Interorbitalraum, der schmaler als das obere Augenlid ist; Trommelfell deutlich, $^2/_5$—$^1/_2$ des Augendurchmessers. Finger nur am Grunde durch ein schwaches Rudiment von Schwimmhaut verbunden; Haftscheiben mäßig groß, die des

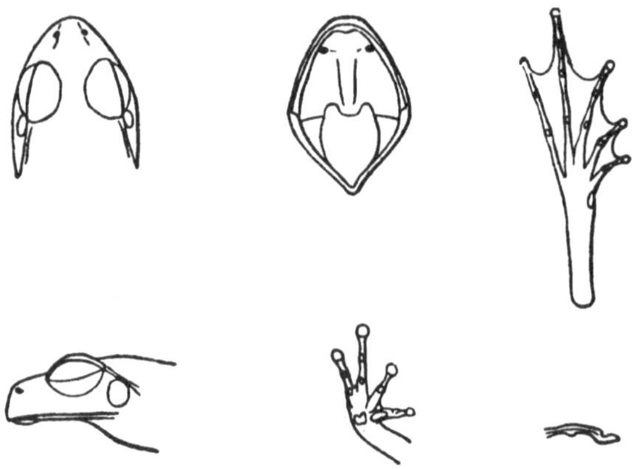

Fig. 69.
Rhacophorus (R.) japonicus (Hallow.).
Kopf von oben, von der Seite, Mundöffnung, Hand von unten, Fuß von unten, Zehe von der Seite. (Nach Stejneger).

3. Fingers etwa $^1/_2$ so groß wie das Trommelfell; 1. Finger wenig kleiner als der 2., der viel kleiner als der 4. ist, den der 3. beträchtlich überragt; Subartikulartuberkel deutlich. Haftscheiben der Zehen etwa ebenso groß wie die der Finger; Schwimmhaut der Zehen bei allen bis an die Haftscheiben reichend, außer an der 4. Zehe, wo das Endglied nur durch einen schmalen Hautsaum umgeben ist; 5. Zehe länger als die 3.; laterale Metatarsalia völlig durch Schwimmhaut getrennt; laterale Zehe mit schwacher Hautfalte; Tarsalfalte fehlt; nur eine kleine, ovale, mediale Metatarsaltuberkel, keine laterale; keine Tarsaltuberkel; Subartikulartuberkel spitz, deutlich; das Tibiotarsalgelenk reicht bis zur Schnauzenspitze oder über die Schnauzenspitze hinaus; Femur kürzer als Tibia, die $4^1/_2$ mal so lang wie breit, $1^3/_5$ mal in der Körperlänge enthalten, und länger als der Fuß ist; bei rechtwinklig angeknickten Hinterbeinen überragen die Fersen einander. Haut oben mit verstreuten, kleinen Tuberkeln, am zahlreichsten an der Seite, und zahlreichen, sehr schmalen, nicht zusammenhängenden Längsfalten, die manchmal 2)(-förmige Falten auf der Schultergegend bilden; Kehle und Brust glatt, oder nur sehr undeutlich granuliert; Bauch und Unterseite der Oberschenkel gekörnelt; eine deutliche Supratympanalfalte.

Oben dunkelgrau mit dunkleren Zeichnungen; ein winkliger Fleck, die Spitze nach hinten, zwischen den Augen; auf den Schultern oft 2)(-förmige Flecke; eine dunkle Querbinde auf der Oberlippe vor dem Auge; manchmal ein dunkler Canthal- und Temporalstreifen; Beine quergebändert; Unterseite weiß, Kehle und Brust manchmal braun bestäubt; eine dunkle Längslinie an der Insertionslinie des Oberarmes. Männchen mit inneren Schallblasen. Totallänge 35 mm. (Fig. 69).

Riu-Kiu-Inseln, Formosa, China?

81. **R. (R.) exiguus** Boettg. 1894 *R. e.*, O. Boettger in: Ber. Senckenb. Ges., p. 148 t. 3 f. 3a–b.

Vomerzähne in 2 wenig schrägen Querreihen, die in der Mitte des Medialrandes der Choanen ansetzen und ziemlich weit voneinander entfernt sind; Zunge von mäßiger Größe, hinten tief ausgeschnitten, ohne Papille; Kopf groß, breiter als der Körper; Schnauze kurz, so lang wie der Augendurchmesser, abgerundet, an der Spitze schief abgestutzt; Canthus rostralis deutlich, aber abgerundet; Lorealgegend konkav; Nasenloch in der Mitte zwischen Schnauzenspitze und Auge; Interorbitalraum fast doppelt so breit wie das obere Augenlid; Trommelfell $^1/_2$ so groß wie das Auge. Finger mit $^1/_3$ Schwimmhaut, Zehen kurz, mit $^3/_4$ Schwimmhaut; Haftscheiben der Finger und Zehen von mäßiger Größe, $^2/_3$ so groß wie das Trommelfell; Subartikulartuberkel groß, ziemlich stark vorragend; eine kleine, ovale, mediale Metatarsaltuberkel. Das Tibiotarsalgelenk reicht bis zum Vorderrand des Auges. Haut oben glatt; eine feine, schiefe Falte über dem Trommelfell; Bauch und Unterseite der Oberschenkel granuliert.

Fig. 70.
Rhacophorus (R.) exiguus Boettg.
Habitus von oben.
(Nach Boettger).

Oberseits einfarbig dunkelblaugrün; proximaler Teil des Oberarmes und Oberschenkel mit Ausnahme eines schmalen, blaugrünen Längsstreifens auf seiner Oberseite ungefärbt; Rand des Oberkiefers schmal weißlich gesäumt; ein weißer Hautsaum längs dem Unterarm und dem Tarsus und eine weiße Querlinie hinter der Afteröffnung. Unterseite gelblichweiß, die Oberschenkel chromgelb. Totallänge 21 mm. (Fig. 70).

Chinhai bei Ningpo.

82. **R. (R.) robustus** Blgr. 1909 *R. r.*, Boulenger in: Ann. nat. Hist., ser. 8 *v.* 4 p. 494.

Vomerzähne in zwei starken schrägen Reihen zwischen den Choanen, nur wenig getrennt voneinander und fast den vorderen medialen Rand der letzteren berührend. Kopf ziemlich groß, nicht sehr von oben nach unten zusammengedrückt, so lang wie breit; Schnauze abgerundet oder spitz, leicht über dem Unterkiefer vorragend; Canthus rostralis stumpf, Lorealgegend konkav; Nasenloch gleich weit entfernt vom Auge und von der Schnauzenspitze; Interorbitalraum schmaler als das obere Augenlid; Trommelfell mäßig deutlich, etwa $^1/_2$ so groß wie der Augendurchmesser. Finger mäßig lang, mit rudimentärer Schwimmhaut, die Haftscheiben so groß wie das Trommelfell. Zehen mäßig lang, mit ganzen oder nahezu ganzen Schwimmhäuten, die Haftscheiben ein wenig kleiner als die der Finger; mediale Metatarsaltuberkel klein, oval, wenig vorragend. Das Tibiotarsalgelenk erreicht das Auge oder das Nasenloch; Tibia etwa 1/2 so lang wie Kopf und Körper. Haut oben glatt oder chagriniert, an den Seiten, auf dem Bauch und unter den Schenkeln gekörnelt; eine starke schräge Glandularfalte vom Auge zur Schulter.

Oben grau oder bräunlich, einfarbig oder mit dunkleren Zeichnungen, manchmal mit verstreuten weißen Flecken; eine mehr oder weniger deutliche dunkle Zone zwischen den Augen, nach vorn scharf abgegrenzt; Beine mit oder ohne dunkle Querbinden; Weichen und Seiten der Schenkel mit dunkler Marmorierung, oder marmoriert mit Schwarz, oder schwarz mit gelben Flecken; Unterseite weiß. Männchen mit innerer Schallblase. Totallänge 75 mm.

Formosa.

83. **R. (R.) jerdonii** (Günther) 1875 *Polypedates j.*, Alb. Günther in: P. zool. Soc. London, p. 571 | 1882 *Rhacophorus j.*, Boulenger, Cat. Batr. sal. Brit. Mus., ed. 2 p. 80 t. 8 f. 1 (Habitus) | 1890 *R. j.*, Boulenger in: Fauna Brit. Ind., Rept. Batr. p. 478.

Vomerzähne in zwei kleinen schrägen Gruppen zwischen den Choanen; Schnauze abgerundet, ein wenig kürzer als der Augendurchmesser; Canthus

Fig. 71.
Rhacophorus (R.) jerdonii (Günther).
Habitus von oben. (Nach Boulenger).

rostralis abgerundet; Lorealgegend sehr leicht konkav; Nasenloch gleich weit entfernt von Auge und Schnauzenspitze; Interorbitalraum breiter als das obere Augenlid; Trommelfell 1/3 des Augendurchmessers. Finger mit sehr deutlicher Schwimmhaut an der Basis; Zehen mit 2/3 Schwimmhaut; Haftscheiben größer als das Trommelfell; Subartikulartuberkel mäßig. Das Tibiotarsalgelenk reicht bis zum Auge. Haut glatt, auf dem Bauch und unter den Schenkeln gekörnelt; eine Supratympanalfalte vorhanden.

Oben grau, Vorderkopf und Körperseiten heller; Beine mit unregelmäßigen dunklen Querbinden; Seiten der Schenkel farblos; Kehle braun gefleckt. Männchen mit inneren Schallblasen. Totallänge 40 mm. (Fig. 71).

Darjeeling.

84. **R. (R.) davidi** (Sauv.) 1877 *Polypedates d.*, Sauvage in: Bull. Soc. philom., ser. 7 *v.* 1 p. 117 | 1882 *Rhacophorus d.*, Boulenger, Cat. Batr. sal. Brit. Mus., ed. 2 p. 83 | 1899 *R. d.*, Boulenger in: P. zool. Soc. London, p. 169.

Vomerzähne in zwei kurzen, geraden oder wenig schrägen Reihen vom vorderen medialen Rande der ziemlich kleinen Choanen; Zunge ziemlich groß, ohne Papille. Kopf mäßig groß, breiter als lang; Schnauze abgerundet, vorn schräg abfallend, kaum vorragend, so lang oder wenig länger als der Augendurchmesser, fast so lang wie der Abstand der vorderen Augenwinkel voneinander; Canthus rostralis rund, aber deutlich; Lorealgegend ziemlich steil, stark vertieft; Nasenloch in der Mitte zwischen Auge und Schnauzenspitze, der Zwischenraum zwischen den Nasenlöchern leicht konkav, breiter als der bis zum Auge, nur wenig schmaler als der Interorbitalraum, der breiter als das obere Augenlid ist; Trommelfell deutlich, $^3/_5$ so groß wie das Auge. Finger mit etwa $^1/_3$ Schwimmhaut, Haftscheiben der lateralen Finger so groß wie das Trommelfell; 1. Finger kleiner als der 2., der wenig kürzer als der 4. ist, der wenig vom 3. überragt wird; Subartikulartuberkel deutlich, einfach. Zehen mit etwas über $^1/_2$ Schwimmhaut, die an der 5. und 3. Zehe das letzte Glied, an der 4. Zehe die letzten beiden oder die letzten $1^1/_2$ Glieder nur als schmaler Hautsaum begleitet; Haftscheiben viel kleiner als die der Finger; 3. und 5. Zehe gleich lang; laterale Metatarsalia nur im distalen $^2/_3$ durch eine schmale Schwimmhaut getrennt; laterale Zehe mit Hautfalte; keine Tarsalfalte; nur eine große, schaufelförmige, mediale Metatarsaltuberkel von etwa $^1/_2$ der Länge der medialen Zehe; keine laterale, keine Tarsaltuberkel; Subartikulartuberkel mäßig. Das Tibiotarsalgelenk reicht bis zum Auge oder nicht ganz so weit; Femur so lang wie die Tibia, die 3mal so lang wie breit, etwa $2^1/_2$mal in der Körperlänge enthalten, und etwas kürzer als der Fuß ist; bei rechtwinklig angeknickten Hinterbeinen berühren die Fersen einander nicht. Haut oben fein gekörnelt; Unterseite grob gekörnelt; eine schwache Supratympanalfalte.

Oben olivgrau, mit großen dunkelgrüngelben, schwarz umrandeten Flecken; Körperseiten, Vorder- und Hinterseite der Oberschenkel gelblich oder weiß, mit wellenförmigen schwarzen Linien; Bauch, Brust und Kehle gelblich oder weiß, dicht schwarz gepunktet. Totallänge 58 mm.

S.-China.

85. **R. (R.) batangensis** T. Vogt 1924 *R. pleurostictus b.*, T. Vogt in: Zool. Anz., *v.* 60 p. 341 | 1927 *R. b.*, E. Ahl in: SB. Ges. Fr. Berlin, p. 43.

Vomerzähne in zwei etwas schrägen Reihen zwischen den mäßig großen Choanen, ihr Abstand voneinander ein wenig kürzer als eine Reihe; Zunge mäßig groß, hinten mit zwei kleinen Zipfeln, die ziemlich weit voneinander getrennt sind, ohne Papille; Kopf breiter als lang; Schnauze abgerundet, vorn abgeschrägt, wenig über das Maul hinwegragend, länger als der Augendurchmesser, so lang oder ein wenig kürzer als der Abstand der vorderen Augenwinkel voneinander. Canthus rostralis deutlich, Lorealgegend ziemlich steil, tief konkav. Nasenloch auf einem Wulst liegend, in der Mitte zwischen Auge und Schnauzenspitze, der Abstand der Nasenlöcher voneinander größer als der bis zum Auge, geringer als der Interorbitalraum, der $1^1/_2$mal so breit wie ein oberes Augenlid ist; Trommelfell deutlich, $^1/_2$ so groß wie das Auge. Finger lang und kräftig, mit $^1/_4$—$^1/_3$ Schwimmhaut; 1. Finger kleiner als der 2., der kürzer als der 4. ist; Haftscheiben der drei lateralen Finger so groß wie das Trommelfell, die des ersten Fingers viel kleiner; Subartikulartuberkel deutlich, einfach. Zehen kräftig, mit etwas mehr als $^1/_2$ Schwimmhaut, die an der 3. und 5. Zehe das letzte Glied, an der 4. Zehe die beiden Endglieder freiläßt; Haftscheiben kleiner als die der Finger; laterale Zehe mit schwacher Hautfalte; Tarsalfalte fehlt; eine große, schaufelförmige, mediale Metatarsaltuberkel von $^1/_2$ der Länge der medialen Zehe, und eine sehr undeutliche, runde, laterale vorhanden; Tarsaltuberkel fehlt; Subartikulartuberkel deutlich, einfach. Das Tibiotarsalgelenk reicht bis zum Trommelfell oder Auge. Femur so lang wie die Tibia, die $3^1/_2$ mal so lang wie breit, $2^1/_4$—$2^1/_2$ mal in der Körperlänge enthalten, und etwa so lang wie der Fuß ist; bei rechtwinklig angeknickten Beinen berühren die Fersen einander nicht. Haut oberseits fein gekörnelt; Kehle und Brust fein, Bauch und Unterseite der Schenkel grob granuliert; eine starke Supratemporalfalte vorhanden.

Die Färbung ist äußerst variabel. Ausgewachsene Stücke sind oben blau (in Alkohol) gefärbt, mit zahlreichen inselförmigen rot- bis schwarzbraunen Flecken übersät. An der Seite vereinigen sich die Flecke zu einem schmalen Streifen. Vorder- und Hinterseite der Schenkel braun marmoriert, mit weißen Flecken. Keine Querbänder auf der Oberseite der Schenkel, sondern nur ebensolche Flecke wie auf dem Rücken. Schnauzenkante und Supratympanalfalte sind braun. Die Oberlippe zeigt dunkle Längsflecke. Unterseite der Schenkel und Bauch gelblichweiß, schwach, Kehle und Brust stark braun gefleckt.

Die jungen Tiere sind auf der Oberseite meist einfarbig blau (in Alkohol), bei einigen zeigen sich die inselförmigen Flecke. Bei fast allen reicht an den Seiten eine weiße, dunkel begrenzte Linie vom Mundwinkel bis zur Leistengegend. Die Hinter-, Unter- und Vorderseite der Schenkel ist ungefärbt, bei manchen mit einem Anflug brauner Marmorierung. Über dem After ist eine feine, weiße Linie, unter demselben ein dunkler Fleck. Die Oberlippe ist hell, oft mit Andeutung der dunklen Längsflecke. Unterseite gelblichweiß, manchmal mit leicht dunklen Flecken. Totallänge 53 mm.

Batang (Ost-Tibet).

86. **R. (R.) kampeni** E. Ahl 1927 *R. k.*, E. Ahl in: SB. Ges. Fr. Berlin, p. 43.

Vomerzähne in zwei kleinen, etwas schrägen Gruppen vom vorderen medialen Rande der großen Choanen; Zunge groß, hinten mit zwei Zipfeln, ohne Papille; Kopf groß, so lang wie breit; Schnauze spitz abgerundet, vorn konvex abgerundet, über das Maul hinwegragend, länger als der Augendurchmesser, kürzer als der Abstand zwischen den vorderen Augenwinkeln; Canthus rostralis scharf; Lorealgegend steil, stark vertieft; Nasenloch viel näher der Schnauzenspitze als dem Auge, der Zwischenraum zwischen den Nasenlöchern leicht konkav, viel kleiner als der bis zum Auge, viel kleiner als der Interorbitalraum, der fast doppelt so breit wie das obere Augenlid ist; Trommelfell deutlich, $^1/_2$ so groß wie das Auge. Finger stark, nur mit einem schwachen Rudiment von Schwimmhaut; Haftscheiben der 3 lateralen Finger groß, so groß wie das Trommelfell; 1. Finger kleiner als der 2., der kürzer als der 4. ist, der von dem 3. weit überragt wird; Subartikulartuberkel gut entwickelt. 3. und 5. Zehe gleich lang; Zehen mit $^3/_4$ Schwimmhaut, die an der 4. Zehe das letzte Glied frei läßt, bei den übrigen bis an die Haftscheiben reicht; Haftscheiben etwas kleiner als die der Finger; laterale Metatarsalia weit durch Schwimmhaut getrennt; laterale Zehe mit Hautfalte; Tarsalfalte fehlt; nur eine vorragende, kleine, rundliche Metatarsaltuberkel, keine laterale, keine Tarsaltuberkel; Subartikulartuberkel gut entwickelt; das Tibiotarsalgelenk ragt über die Schnauzenspitze hinaus; Femur etwas kürzer als die Tibia, die 4mal so lang wie breit, etwas über $^1/_2$ der Körperlänge, und viel länger als der Fuß ist; bei rechtwinklig angeknickten Hinterbeinen überragen sich die Fersen. Schädelknochen rauh, die Haut der Kopfoberseite mit den ersteren verwachsen; Haut oben mit vielen, kleinen Tuberkeln besetzt; Kehle und Brust schwach, Bauch und

Unterseite der Schenkel grob granuliert; eine glatte knöcherne Leiste über dem Trommelfell, die in die starke Supratympanalfalte übergeht.

Oberseite dunkelbraun, ohne Zeichnungen; Hinterseite der Schenkel dunkelbraun; Unterseite gelblichweiß, Kehle mit wenigen grauen Flecken. Totallänge 75 mm.

Sumatra.

87. **R. (R.) oxycephalus** Blgr. 1899 *R. o.*, Boulenger in: P. zool. Soc. London, p. 959 t. 67 f. 3 (Habitus) | 1923 *R. o.*, M. A. Smith in: J. nat. Hist. Soc. Siam, *v.* 6 p. 211.

Vomerzähne in zwei schrägen Gruppen zwischen den Choanen, deren medialen vorderen Rand sie fast berühren. Kopf so lang wie breit; Schnauze zugespitzt, so lang wie oder ein wenig länger als der Augendurchmesser; Canthus rostralis deutlich; Lorealgegend konkav; Nasenloch ein wenig näher der Schnauzenspitze als dem Auge. Finger mit einem deutlichen Rudiment von Schwimmhaut; Interorbitalraum ein wenig schmaler

Fig. 72.
Rhacophorus (R.) oxycephalus Blgr.
Habitus von oben. (Nach Boulenger).

als das obere Augenlid; Trommelfell deutlich, $^1/_2$ des Augendurchmessers; Zehen mit ganzer Schwimmhaut; Haftscheiben der Finger fast so groß wie das Trommelfell, die der Zehen kleiner; eine sehr kleine, mediale Metatarsaltuberkel. Das Tibiotarsalgelenk reicht über die Schnauzenspitze hinaus. Haut glatt oder oben mit kleinen Warzen; Bauch gekörnelt.

Oben grau oder bräunlich, dunkler gefleckt oder marmoriert; ein transversales dunkles Band oder ein dreieckiger Fleck, die Spitze nach hinten zwischen den Augen; Beine mit dunklen Querbinden; Weichen und Hinterseite der Schenkel schwarz und gelb marmoriert; Unterseite weiß. Männchen mit innerer Schallblase. Totallänge 57 mm. (Fig. 72).

Hainan.

88. **R. (R.) hecticus** (Ptrs.) 1863 *Polypedates h.*, Peters in: Monber. Ak. Berlin, p. 457 | 1882 *Rhacophorus h.*, Boulenger, Cat. Batr. sal. Brit. Mus., ed. 2 p. 78 | 1886 *R. h.*, O. Boettger in: Ber. Senckenb. Ges., p. 122 | 1895 *R. h.*, Casto de Elera, Cat. Fauna Filipinas, *v.* 1 p. 448 | 1899 *R. h.*, S. Flower in: P. zool. Soc. London, p. 898 (unsicher) | 1920 *Polypedates h.*, Taylor in: Philipp. J. Sci., *v.* 16 p. 286.

Vomerzähne in zwei kleinen, schrägen Gruppen zwischen den ziemlich großen Choanen; Zunge ziemlich klein, herzförmig, ohne Papille; Öffnungen der Tubae Eustachii größer als die Choanen; Kopf länger als breit, groß;

Schnauze stumpf zugespitzt, vorn abgestutzt, über das Maul hinwegragend, so lang wie der Augendurchmesser, etwas kürzer als der Abstand der vorderen Augenwinkel voneinander; Canthus rostralis scharf; Lorealgegend vertikal, konkav; Nasenloch näher der Schnauzenspitze als dem Auge, der Zwischenraum zwischen den Nasenlöchern leicht konkav, kaum kleiner als der bis zum Auge, kaum schmaler als der Interorbitalraum, der so breit wie das obere Augenlid ist; Trommelfell sehr deutlich, länger als hoch, etwa $^2/_3$ des Augendurchmessers. Haftscheiben der Finger sehr groß, breit herzförmig, vorn deutlich zugespitzt, $^1/_2$ so groß wie das Trommelfell, außer der des 1. Fingers; nur am Grunde durch ein Rudiment von Schwimmhaut verbunden; 1. Finger kleiner als der 2., der kürzer als der 4. ist; der von dem 3. bedeutend überragt wird; Subartikulartuberkel schwach entwickelt. 5. Zehe länger als die 3.; Haftscheiben ähnlich denen der Finger, nur viel kleiner; Zehen mit beinahe ganzer Schwimmhaut, bei allen bis unter die Haftscheiben reichend, außer an der 4., wo sie das Endglied nur als schmaler Hautsaum umgibt; laterale Metatarsalia völlig durch Schwimmhaut getrennt; laterale Zehe mit Hautfalte; eine längliche mediale Metatarsaltuberkel von etwa $^1/_3$ der Länge der medialen Zehe, und eine kleine, rundliche, laterale; keine Tarsaltuberkel; Subartikulartuberkel mäßig; das Tibiotarsalgelenk reicht etwas über die Schnauzenspitze hinaus; Femur kürzer als die Tibia, die 6mal so lang wie breit, etwas mehr als $^1/_2$ der Körperlänge, und länger als der Fuß ist; bei rechtwinklig angeknickten Hinterbeinen überragen die Fersen einander weit. Haut oben granuliert; eine deutliche, wohlentwickelte Dorsolateralfalte vom Auge bis zum Körperende; eine Falte von dem Maulende, unter das Trommelfell, zur Achsel; eine Hautfalte an der Medialseite des Armes; eine undeutliche Hautfalte entlang der Lateralseite des Unterarmes, eine deutliche Hautfalte entlang der Lateralseite des Tarsus und der 5. Zehe; Kehle und Brust glatt, Bauch und Unterseite der Schenkel fein gekörnelt; 2 etwas vergrößerte, weiß gefärbte Tuberkel über dem Anus.

Oben graublau, die Falte auf dem Rücken weiß, schwarz gerandet; eine weiße Linie von der Schnauzenspitze entlang der Oberlippe, sich nach unten erweiternd vor dem Trommelfell, und sich bis zum Oberarm hinziehend; dunkle Flecke auf der Temporalgegend, einer vor, einer hinter dem Trommelfell; hellblau an den Seiten, mit kleinen schwärzlichen Flecken; Beine bräunlich mit mehr oder weniger deutlichen Flecken, besonders an der Hinterseite der Schenkel; alle Hautfalten weiß; Unterseite weiß. Männchen ohne innere Schallblasen. Totallänge 51 mm.

Philippinen (Loquilocum, Samar); Malayische Halbinsel?

89. **R. (R.) surdus** (Ptrs.) 1863 *Polypedates s.*, Peters in: Monber. Ak. Berlin, p. 459 | 1882 *Rhacophorus s.*, Boulenger, Cat. Batr. sal. Brit. Mus., ed. 2 p. 79 | 1886 *R. s.*, O. Boettger in: Ber. Senckenb. Ges., p. 122 | 1895 *R. s.*, Casto de Elera, Cat. Fauna Filipinas, *v.* 1 p. 449 | 1920 *Polypedates s.*, Taylor in: Philipp. J. Sci., *v.* 16 p. 291.

Vomerzähne in zwei kurzen schrägen Gruppen, beginnend am medialen Rande der mäßig großen Choanen, und zwischen und hinter ihnen liegend; Zunge herzförmig, hinten sehr tief eingeschnitten; Kopf so lang wie breit; Schnauze abgerundet, ein wenig über das Maul hinausragend, so lang wie das Auge, länger als hoch, der Abstand zwischen den vorderen Augenwinkeln größer als die Schnauzenlänge. Canthus rostralis deutlich, Lorealgegend tief konkav; Nasenloch näher der Schnauzenspitze als dem Auge; der Abstand der Nasenlöcher voneinander ist kleiner als der Interorbitalraum, der so groß wie ein oberes Augenlid ist; Trommelfell unter der Haut verborgen, doch sein Außenrand noch sichtbar, sein Durchmesser nicht ganz $^1/_3$ des Augendurchmessers, der Abstand des Trommelfells vom Auge gleich dem halben Durchmesser des Trommelfells; Finger mäßig lang, nur am Grunde mit Schwimmhaut versehen, der 1. Finger etwas kürzer als der 2., der viel kürzer als der 4. ist; 3. Finger bedeutend länger als die Schnauze; Haftscheiben der Finger groß, rund, so groß wie der Augendurchmesser, die des 1. Fingers klein; Subartikular- und Carpaltuberkel groß, erstere einfach; Zehen mäßig lang, die 5. Zehe sehr wenig länger als die 3.; Zehen mit halben Schwimmhäuten, die die beiden letzten Glieder der 4. und das letzte Glied an den übrigen Zehen freilassen; Haftscheiben der Zehen so groß wie die der Finger. Tarsalfalte fehlt; eine kleine, flache, mediale Metatarsaltuberkel von nicht ganz der halben Länge der medialen Zehe vorhanden; eine sehr undeutliche laterale Metatarsaltuberkel, kein Tarsalhöcker; Subartikulartuberkel gut entwickelt, einfach. Tibiotarsalgelenk reicht etwas über die Schnauzenspitze hinaus; Femur etwas kürzer als die Tibia, die $4^1/_2$mal so lang wie breit, $1^4/_5$mal in der Körperlänge enthalten und länger als der Fuß ist; bei rechtwinklig angeknickten Hinterbeinen decken die Fersen einander. Haut oben glatt, mit vereinzelten Tuberkeln besetzt, Unterseite gänzlich gekörnelt.

Oben dunkelbraun; ein kleiner heller Strich an der Schnauzenspitze und ein größerer auf der Lippe vor dem Auge; ein grünlichweißer Streifen vom Auge zur Achsel; Seiten des Körpers weißlich, braun marmoriert; Unterseite bräunlich, Kehle gelblich gefleckt; Beine mit braunen Querbinden; Hinterseite der Schenkel braun marmoriert. Totallänge 26 mm.

Samar, Luzon (Philippinen).

90. **R. (R.) hosii** Blgr. 1895 *R. h.*, Boulenger in: Ann. nat. Hist., ser. 6 *v.* 16 p. 169 | 1923 *R. h.*, Kampen, Amph. Indo-Austral. Archip., p. 253.

Vomerzähne in 2 schrägen Gruppen zwischen den ziemlich großen Choanen, beginnend an deren vorderen medialen Rändern; Schnauze abgestutzt, so lang wie der Augendurchmesser; Canthus rostralis winkelig; Lorealgegend konkav; Nasenloch nahe der Schnauzenspitze; Interorbitalraum so breit wie das obere Augenlid; Trommelfell deutlich, $^1/_2$ des Augendurchmessers. Haftscheiben kleiner als das Trommelfell; Finger mit einem leichten Rudiment von Schwimmhaut; Zehen mit beinahe ganzer Schwimmhaut, die vorletzte Phalange der 4. Zehe frei; Subartikulartuberkel mäßig; eine kleine, mediale Metatarsaltuberkel; das Knie erreicht die Schulter, das Tibiotarsalgelenk geht weit über die Schnauzenspitze hinaus. Oben fein, auf dem Bauch grob gekörnelt.

Oben dunkelgraubraun; Lippen mit dunkleren senkrechten Binden; ein oder zwei kleine schwarze Flecke über der Achsel; Beine mit dunklen Querbinden; Analgegend schwarz; Hinterseite der Schenkel dunkelbraun; unten weißlich, Kehle braun marmoriert, Bauch braun gefleckt. Totallänge 48 mm.

Borneo.

91. **R. (R.) everetti** Blgr. 1894 *R. e.*, Boulenger in: Ann. nat. Hist., ser. 6 *v.* 14 p. 87 | 1923 *R. e.*, Kampen, Amph. Indo-Austral. Archip., p. 251.

Vomerzähne in 2 schrägen Gruppen zwischen den Choanen, die mäßig groß sind. Kopf etwas breiter als lang; Schnauze abgerundet, kürzer als der Augendurchmesser; Canthus rostralis stumpf, gebogen; Lorealgegend sehr schräg, konkav; Nasenloch nahe der Schnauzenspitze; Interorbitalraum so breit wie das obere Augenlid; Trommelfell deutlich, $^2/_5$ der Augenbreite. Haftscheiben der Finger nahezu so groß wie das Trommelfell; Finger mit einem leichten Rudiment von Schwimmhaut, Zehen mit $^3/_4$ Schwimmhaut; eine sehr kleine, mediale Metatarsaltuberkel; keine Tarsalfalte; das Tibiotarsalgelenk reicht ein wenig über die Schnauzenspitze hinaus. Haut frei vom Schädel. Oben fein granuliert, unten grob gekörnelt; kleine konische Tuberkel unter dem After, an der Ferse, und entlang dem Lateralrand von Unterarm und Tarsus.

Oben hellgelblich oder rötlichbraun, mit dunkelbraunen Zeichnungen, zwischen denen eine Querbinde zwischen den Augen ist; Beine mit dunklen Querbinden; Unterseite einfarbig weiß. Totallänge 32 mm.

Palawan.

92. **R. (R.) macroscelis** Blgr. 1896 *R. m.*, Boulenger in: Ann. nat. Hist., ser. 6 *v.* 17 p. 403 | 1923 *R. m.*, Kampen, Amph. Indo-Austral. Archip., p. 252.

Vomerzähne in 2 kleinen schrägen Gruppen nahe dem Medialrande der Choanen; Kopf groß, so lang wie breit; Schnauze abgerundet, kürzer als der Augendurchmesser; Canthus rostralis stark; Lorealgegend tief konkav; Nasenloch nahe der Schnauzenspitze; Interorbitalraum so breit wie das obere Augenlid; Trommelfell deutlich, $^1/_2$ so groß wie das Auge; Finger an der Basis mit Schwimmhaut versehen; Zehen bis an die Haftscheiben der 3. und 5. durch Schwimmhaut verbunden, vorletzte Phalange der 4. Zehe frei; eine sehr kleine, mediale Metatarsaltuberkel; das Knie erreicht die Schulter, das Tibiotarsalgelenk reicht weit über die Schnauzenspitze hinaus. Haut oben mit verstreuten, kleinen Warzen; Ferse mit einer konischen Tuberkel: Kehle und Bauch gekörnelt.

Oben oliv, dunkler marmoriert; eine gelbe Querbinde zwischen den Augen, und eine große w-förmige Zeichnung auf dem Hinterhaupt; Oberlippe weiß, mit senkrechten schwarzen Flecken; Flanken weiß, mit großen schwarzen Flecken; Beine mit dunklen Querbinden; unten schmutzig weiß, Bauch und Hinterbeine braun gefleckt. Totallänge 31 mm.

Borneo.

93. **R. (R.) acanthostomus** Wern. 1901 *R. a.*, F. Werner in: Zool. Anz., *v.* 24 p. 98.

Vomerzähne vorhanden; Kopf bedeutend breiter als lang, doppelt so breit wie der Rumpf. Schädelhaut nicht mit den Knochen verwachsen, wenngleich dicht anliegend. Schnauze quer abgestutzt, oben an der Spitze etwas eingedrückt. Interorbitalraum doppelt so breit wie ein oberes Augenlid. Der Augendurchmesser ist gleich der Schnauzenlänge. Schnauzenkante schwach wulstig, Lorealgegend etwas vertieft. Nasenloch der Schnauzenspitze sehr genähert. Trommelfell sehr deutlich, $^2/_3$ des Augendurchmessers; darunter ein dreieckiger, scharfer, horizontal abstehender, knöcherner Fortsatz des Jugale. Saugscheiben an den Fingern halb so breit wie das Trommelfell, die der Zehen etwas kleiner. Finger mit $^1/_3$, Zehen mit $^2/_3$ Schwimmhäuten. Das Tibiotarsalgelenk reicht etwas über die Schnauzenspitze hinaus. Oberseite glatt, Bauch granuliert; kein Fersenanhang.

Oberseite graubraun, dunkel getüpfelt, Extremitäten mit Einschluß der Zehen dunkel quergebändert. Oberlippe weißlich, dunkel punktiert. Seiten mit dunklen Flecken. Unterseite weiß. Totallänge 40 mm.

Ceylon (Ratnapura).

94. **R. (R.) colletti** Blgr. 1890 *R. c.*, Boulenger in: P. zool. Soc. London, p. 36 | 1890 ? *R. cruciger* (non Blyth), F. Mocquard in: N. Arch. Mus. Paris, ser. 3 *v.* 2 p. 150 | 1900 *R. colletti*, F. Werner in: Zool. Jahrb., Syst. *v.* 13 p. 494 t. 32 f. 4 (Habitus) | 1923 *R. c.*, Kampen, Amph. Indo-Austral. Archip., p. 250.

Vomerzähne in zwei schrägen Gruppen zwischen den sehr großen Choanen, und beginnend an deren medialen vorderen Rändern. Kopf so lang wie breit; Schnauze dreieckig, ein wenig länger als der Augendurchmesser; Canthus rostralis winklig; Lorealgegend schräg, leicht konkav; Nasenloch näher der Schnauzenspitze als dem Auge; Interorbitalraum ein wenig breiter als das obere Augenlid; Trommelfell sehr deutlich, $^3/_4$—$^3/_5$ des Augendurchmessers. Haftscheiben der Finger etwa $^1/_2$ der Größe des Trommelfells, die der Zehen kleiner; Finger mit einem leichten Rudiment von Schwimmhaut, Zehen mit nahezu ganzen Schwimmhäuten; Subartikulartuberkel mäßig; eine sehr kleine, mediale Metatarsaltuberkel; das Knie reicht bis zum Oberarm, das Tibiotarsalgelenk weit über die Schnauzenspitze hinaus; Tibia $^2/_3$ der Körperlänge. Kopfhaut frei; Oberseite glatt, Bauch und Unterseite der Schenkel gekörnelt; eine Falte über dem Trommelfell.

Oben grau oder graubraun, Lorealgegend und Seiten des Körpers heller; Rücken gewöhnlich mit einer sanduhrähnlichen dunklen Zeichnung; Lippen mit einem feinen, schwärzlichen Rand; Seiten dunkel marmoriert; Beine mit dunklen Querbinden; Analgegend schwärzlich, oben mit einem weißen Rand; Unterseite weißlich, die Kehle manchmal mit brauner Wurmzeichnung. Totallänge 75 mm.

Sumatra, Natunainseln, Borneo.

95. **R. (R.) microdiscus** Annand. 1912 *R. m.*, Annandale in: Rec. Ind. Mus., *v.* 8 p. 13 t. 2 f. 4 (Habitus).

Körperform schlank; Kopf groß, flach, breit eiförmig; Schnauze vorn abgerundet, keineswegs vorragend, etwas kürzer als der Augendurchmesser; Nasenloch viel näher der Schnauzenspitze als dem Auge; Canthus rostralis undeutlich; Lorealgegend schräg, konkav; Trommelfell deutlich, nahe beim Auge, $^1/_3$ des Augendurchmessers; Interorbitalraum so breit wie ein oberes Augenlid, flach. Keine Zungenpapille; Choanen groß; Vomerzähne in zwei kurzen schrägen Reihen von nahe dem vorderen medialen Rande der Choanen, aber weit voneinander getrennt. Beine schlank, aber kurz; Finger mit einem leichten Rudiment von Schwimmhaut; Haftscheiben sehr klein, die am 3. Finger viel kleiner als die Hälfte des Trommelfells; Subartikulartuberkel gut entwickelt; eine große, runde, mediale Metacarpaltuberkel. Das Tibiotarsalgelenk erreicht kaum das Auge; Haftscheiben der Zehen wie die der Finger; Zehen mit weniger als $^1/_2$ Schwimmhäuten; Subartikulartuberkel gut entwickelt; eine längliche aber nicht vorragende mediale Metatarsaltuberkel vorhanden. Haut der Oberseite, der Kehle und Brust glatt; Bauch gefeldert mit einem sehr deutlichen Netzwerk von Gruben; im hinteren Teil nehmen diese Felder die Gestalt niedriger konischer Tuberkel an; isolierte runde Tuberkel auf dem basalen Teil der Schenkel; eine undeutliche Supratympanalfalte.

Oberseite hellgrau mit unregelmäßigen dunkleren Zeichnungen und schwarzer Bestäubung; Oberseite der Gliedmaßen undeutlich quergebändert; Außenrand der Schenkel rötlich; Unterseite schmutzig weiß. Totallänge 29 mm.

Kobo, am Fuße der Aborberge (122 m).

96. **R. (R.) cavirostris** (Günther) 1868 *Polypedates c.*, Alb. Günther in: P. zool. Soc. London, p. 486 t. 39 f. 1 (Habitus) | 1872 *Ixalus fimbriatus*, Alb. Günther

in: Ann. nat. Hist., ser. 4 *v.* 9 p. 87 | 1882 *Rhacophorus cavirostris*, Boulenger, Cat. Batr. sal. Brit. Mus., ed. 2 p. 82 | 1890 *R. c.*, Boulenger in: Fauna Brit. Ind., Rept. Batr. p. 481.

Vomerzähne in zwei kleinen Gruppen zwischen den Choanen. Schnauze abgerundet, so lang wie der Augendurchmesser; Canthus rostralis winkelig; Lorealgegend tief konkav; Nasenloch viel näher der Schnauzenspitze als dem Auge; Interorbitalraum so breit oder breiter als das obere Augenlid; Trommelfell fast $^1/_2$ des Augendurchmessers. Finger nur an der Basis, Zehen fast ganz durch Schwimmhaut verbunden; Haftscheiben etwa $^2/_3$ so groß wie der Augendurchmesser; Subartikulartuberkel mäßig ausgebildet. Das Tibiotarsalgelenk reicht bis zwischen Auge und Schnauzenspitze. Oberseite mit kleinen Tuberkeln besetzt; eine Falte über dem Tympanum; Lateralseite des Unterarmes und des Tarsus mit einem gezähnten Saum; ein Fleck mit konischen Tuberkeln unter dem Anus; Bauch und Unterseite der Schenkel gekörnelt.

Fig. 73.
Rhacophorus (R.) cavirostris (Günther).
Habitus. (Nach Günther).

Oben rötlichbraun, dunkelbraun marmoriert und schwarz gefleckt; Beine mit dunklen Querbinden; Seiten der Schenkel ungefärbt; Kehle braun gefleckt. Männchen mit inneren Schallblasen. Totallänge 50 mm. (Fig. 73).

Ceylon.

97. **R. (R.) verrucosus** Blgr. 1893 *R. v.*, Boulenger in: Ann. Mus. Genova, ser. 2 *v.* 13 p. 337 t. 10 f. 2.

Körpergestalt ziemlich gedrungen; Vomerzähne in zwei schrägen Reihen vom vorderen medialen Rand der Choanen, die Reihen selbst nur wenig kürzer als ihr Abstand voneinander. Zunge ziemlich groß, hinten mit zwei Zipfeln. Kopf mäßig groß, etwas breiter als lang; Schnauze vorn zugespitzt, über das Maul hinwegragend, so lang oder etwas länger als der Augendurchmesser, länger als hoch; Canthus rostralis stumpf, aber deutlich, Lorealgegend stark vertieft. Nasenloch näher der Schnauzenspitze als dem Auge, der Abstand der Nasenlöcher voneinander schmaler als der Interorbitalraum, der $1^1/_3$mal so breit wie das obere Augenlid ist. Trommelfell deutlich, kaum $^1/_2$ so groß wie das Auge, nur durch einen schmalen Zwischenraum von diesem getrennt. Finger mäßig lang, die Haftscheiben groß, die der 3 lateralen Finger etwa so groß wie das Trommelfell, die des ersten Fingers kleiner; die Finger nur am Grunde mit Schwimmhaut versehen; 1. Finger bedeutend kleiner als der 2., der kleiner als der 4. ist; 3. Finger länger als die Schnauze; Subartikularhöcker gut entwickelt, einfach; Zehen mäßig lang,

5. Zehe ein wenig länger als die 3.; Zehen mit $^3/_4$ Schwimmhaut, die an der 4. Zehe das letzte Glied freiläßt, bei den anderen aber bis unter die Haftscheiben reicht. Eine durch Hautlappen gebildete, unterbrochene Tarsalfalte vorhanden; nur eine sehr kleine, rundliche, flache, mediale Metatarsaltuberkel vorhanden, keine laterale; ein spornähnlicher Hautlappen am Tibiotarsalgelenk. Subartikulartuberkel deutlich, einfach; bei nach vorn gelegtem Hinterbein reicht das Tibiotarsalgelenk bis zum Augenvorderrand oder zwischen Auge und Nasenloch; Femur kürzer als die Tibia, die $4^1/_2$ mal so lang wie breit, 2 mal in der Körperlänge enthalten und länger als der Fuß ist; bei rechtwinklig angeknickten Hinterbeinen decken sich die Fersen ein wenig. Haut oben mit zahlreichen Warzen besetzt, die besonders an den Lateralseiten der Extremitäten und am After sehr hervortreten, wo sie eine gezackte Laterallinie bilden; eine starke Falte über dem Trommelfell

Fig. 74.
Rhacophorus (R.) verrucosus Blgr.
Habitus von oben. (Nach Boulenger).

vorhanden. Unterseite der Kehle und Brust glatt, Bauch und Schenkel grob gekörnelt. Schnauzenspitze mit einem kleinen Zipfel.

Färbung (in Alkohol) oben bräunlichgrau mit helleren und dunkleren, flechten- oder borkenähnlichen Flecken. Unterseite weiß, Kehle mit undeutlichen dunkleren Flecken. Beine mit undeutlichen dunklen Querbinden. Seiten der Schenkel und Hinterseite leuchtend gelb. Totallänge 57 mm. (Fig. 74).

Karinhügel (Birma).

98. **R. (R.) pleurostictus** (Günther) 1864 *Polypedates p.*, Alb. Günther, Rept. Brit. Ind., p. 430 t. 26 f. 1 (Habitus) | 1882 *Rhacophorus p.*, Boulenger, Cat. Batr. sal. Brit. Mus., ed. 2 p. 79 | 1890 *R. p.*, Boulenger in: Fauna Brit. Ind., Rept. Batr. p. 479 | 1915 *R. p.*, Rao in: Rec. Ind. Mus., *v.* 11 p. 349 (Kaulquappe) f.

Vomerzähne in zwei kleinen schrägen Gruppen zwischen den Choanen, der Abstand zwischen ihnen so groß wie eine Reihe. Zunge groß, hinten mit zwei kleinen Zipfeln, die ziemlich weit voneinander getrennt sind; ohne Papille. Kopf breiter als lang; Schnauze abgerundet, vorn abgeschrägt, über das Maul hinwegragend, etwas länger als der Augendurchmesser, kürzer als der Abstand der vorderen Augenwinkel voneinander; Canthus rostralis deutlich; Lorealgegend etwas abgeschrägt, leicht konkav; Nasenlöcher hervortretend, ein wenig näher der Schnauzenspitze als dem Auge, der Abstand der Nasenlöcher voneinander so groß wie der bis zum Auge, kleiner als der Interorbitalraum, der so breit oder nur wenig breiter als das obere Augenlid ist; Trommelfell nicht sehr deutlich, $^1/_3$—$^1/_2$ des Augendurchmessers. Finger lang und kräftig; mit etwa $^1/_5$—$^1/_4$ Schwimmhaut an der Basis; 1. Finger kleiner als der 2., der kürzer als der 4. ist; Haftscheiben der 3 lateralen Finger so groß wie das Trommelfell, die des 1. Fingers viel kleiner; Subartikulartuberkel deutlich, einfach; Zehen kräftig, fast mit ganzer Schwimmhaut, die an der längsten Zehe das letzte Glied frei läßt, und bei den übrigen bis unter die Haftscheiben reicht; Haftscheiben kleiner als die der Finger; laterale Zehe ohne deutliche Hautfalte; Tarsalfalte fehlt; eine kleine, mediale, flache Metatarsaltuberkel von etwa $^1/_3$ der Länge der medialen Zehe; keine laterale, keine Tarsaltuberkel; Subartikulartuberkel einfach, deutlich; das Tibiotarsalgelenk reicht bis zum Auge, oder bis

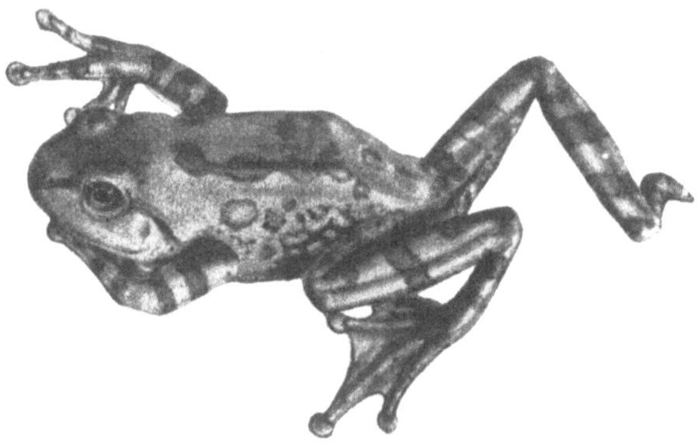

Fig. 75.
Rhacophorus (R.) pleurostictus (Günther).
Habitus. (Nach Günther).

zwischen letzteres und die Schnauzenspitze; Femur kürzer als die Tibia, die 4mal so lang wie breit, 2mal in der Körperlänge enthalten, und länger als der Fuß ist; bei rechtwinklig angeknickten Hinterbeinen berühren die Fersen einander. Haut oberseits fein gekörnelt; Kehle, Brust, Bauch und Unterseite der Schenkel granuliert; eine starke Supratympanalfalte vorhanden.

Oberseite grünlich oder grün (olivfarben in Alkohol), gewöhnlich mit großen, inselförmigen, rötlichbraunen, runden Flecken, die dunkler und heller umrandet sind; Weichen und Seiten der Schenkel purpurbraun mit gelblichen Flecken oder Marmorierung; Beine mit enggestellten, dunklen Querbändern; Unterseite gelblich, mit vielen, kleinen, verschwommenen braunen Flecken. Männchen mit innerer Schallblase. Totallänge 53 mm. (Fig. 75).

Nilgiri und Anaimalaiberge, Malabar.

Beschreibung der Kaulquappe: Der Kopf und Körper ist oben abgeflacht und breit oval, unterseits konvex. Die Schnauze ist abgerundet. Die Länge des Körpers ist im Verhältnis zur Breite wie 7 : 5. Der Körper ist oben fein gepunktet, unten glatt bei Stücken, bei denen Hinterbeine bereits vorhanden sind, und oben und unten glatt bei den jüngeren. Zwei deutliche, ovale Parotoiden sind vorhanden. Das Auge und das Nasenloch sind beide klein, dorsal gelegen, keineswegs hervorragend. Das Nasenloch ist sehr klein, nach vorn gerichtet, gleich weit vom Auge und der Schnauzenspitze entfernt. Der Internasalraum ist 2mal im Interorbitalraum enthalten.

Das Maul ist unter-endständig, klein. Seine größte Breite ist nur wenig größer als der Interorbitalraum (wie 7 : 5). Die Unterlippe ist stark entwickelt, nach rückwärts gerichtet; die obere nicht vorragend. Die Verteilung der Tuberkel variiert; gewöhnlich fehlen sie oder sind nur sparsam vorhanden auf der Oberlippe, während stärkere die Ecken und die Unterlippe umsäumen. Die Zahnformel variiert etwas. Man kann sie vielleicht wie folgt ausdrücken: 2—3 : 5—7 + 5—7 | 5—7 + 5—7 : 4—6. Die ununterbrochenen Zahnreihen an beiden Lippen sind am längsten. Der Unterkiefer ist V-förmig mit granuliertem oder gezähneltem Rand. Der Oberkiefer ist breit hufeisenförmig. Spiraculum linksseitig, groß, sehr wenig tubular; die Öffnung direkt unter dem Parotoid, näher diesem als dem Auge; die Öffnung ist leicht aufwärts gerichtet, nicht sichtbar von oben oder unten, so groß wie das Auge. After tubulär, median oder leicht rechtsseitig, so groß wie die Spiraculumöffnung. Der Schwanz ist allmählich zugespitzt oder nur leicht abgerundet an der Spitze. Die Totallänge des Schwanzes ist fast $1^1/_2$ mal der von Kopf und Körper; beide Flossensäume sind stark konvex und von gleicher Höhe.

Die jungen Kaulquappen sind nahezu durchscheinend, und die Parotoiden leuchtend gelb mit dunklem zentralem Fleck. Ein paar Flecke auf dem Schwanz. Bei älteren Stücken ist der Körper dunkelgrau (leicht bläulich in Alkohol), mit zahlreichen Flecken auf dem Rücken und dem muskulösen Teil des Schwanzes. Gewöhnlich ist ein Ring von kleinen Flecken mit einem größeren in der Mitte auf den Parotoiden. Die Mitte der Oberfläche ist schmutzig weiß, ungefleckt bei den meisten Stücken. Totallänge 92 mm.

In schmutzigen Tümpeln, in denen sie kaum zu sehen sind. Wasserschlangen verzehren sie in Mengen.

99. **R. (R.) buergeri** (Schl.) 1838 *Hyla Bürgeri*, Temminck & Schlegel in: P. Siebold, Fauna Jap., Rept. p. 113 t. 3 f. 7—8b (Habitus) | 1838 *Buergeria subversicolor*, Tschudi, Classif. Batr., p. 34, 75 | 1841 *Polypedates bürgeri*, C. Duméril & G. Bibron, Erpét., *v.* 8 p. 521 | 1837—1844 *Hyla b.*, H. Schlegel, Abbild. Amph., p. 140 t. 50 f. 5 (Habitus) | 1856 *H. mackloti*, H. Schlegel (MS.) in: H. Lichtenstein & E. Martens, Nomencl. Rept. Mus. Berolin., p. 37 | 1871 *Polypedates m.*, Peters in: Monber. Ak. Berlin, p. 650 | 1878 *Hyla buergeri*, O. Boettger in: Ber. Offenb. Ver., *v.* 17/18 p. 8 | 1882 *Rana mackloti* + *b.*, Boulenger, Cat. Batr. sal. Brit. Mus., ed. 2 p. 72, 73 | 1886 *R. b.*, Boulenger in: P. zool. Soc. London, p. 412 | 1888 *Rhacophorus b.*, Boulenger, ibid., p. 205 | 1891 *Rana b.*, Okada, Cat. Vert. Jap., p. 67 | 1892 *R. b*, O. Boettger, Kat. Batr. Mus. Senckenb., p. 13 | 1897 *R. b*, Krefft in: Verh. Ges. D. Naturf., *v.* 69 p. 187 | 1907 *Polypedates b.*, Stejneger in: Bull. U. S. Mus., *v.* 58 p. 150 f. (Kopf, Mundhöhle), t. 12 (Habitus).

Vomerzähne in zwei langen, wenig schrägen, fast geraden Gruppen vom vorderen medialen Rande der großen Choanen, und getrennt voneinander durch einen Zwischenraum, der geringer als die Länge einer Reihe ist; Zunge groß, hinten mit zwei kurzen Zipfeln, ohne Papille; Kopf groß, stark niedergedrückt, breiter als lang; Schnauze abgerundet, vorn konvex verrundet, über das Maul hinwegragend, so lang oder länger als das Auge, kaum kürzer als der Abstand der vorderen Augenwinkel voneinander; Canthus rostralis ziemlich undeutlich, stark konkav; Lorealgegend schräg, vertieft; Nasenloch näher der Schnauzenspitze als dem Auge, der Zwischenraum zwischen den Nasenlöchern flach, so groß wie der bis zum Auge, so groß wie der Interorbitalraum, der etwa so breit oder wenig schmaler als ein oberes Augenlid ist; Trommelfell deutlich, etwa $^1/_2$ so groß wie das Auge oder etwas kleiner, gut von oben sichtbar infolge des schrägen Abfalls der Temporalregion. Finger nur am Grunde mit einem Rudiment von Schwimmhaut; Haftscheiben der lateralen Finger so groß wie das Trommelfell oder etwas größer; 1. Finger kleiner als der 2., der kürzer als der 4. ist, der von dem 3. bedeutend überragt wird; Subartikulartuberkel deutlich. Zehen mit ganzer Schwimmhaut, die bei allen Zehen bis zu den Haftscheiben reicht, außer bei der 4., wo sie manchmal nur als schmaler Hautsaum das Endglied begleitet; Haftscheiben etwas kleiner als die der Finger; 5. Zehe nur wenig länger als die 3.; laterale Metatarsalia völlig durch Schwimmhaut getrennt; laterale Zehe mit schwacher Hautfalte; keine Tarsalfalte; nur eine kleine, flache, mediale Metatarsaltuberkel, keine laterale;

Fig. 76.
Rhacophorus (R.) buergeri (Schl.).
Habitus von oben. (Nach Temminck und Schlegel).

keine Tarsaltuberkel; Subartikulartuberkel deutlich; das Tibiotarsalgelenk reicht bis zum Auge oder zwischen Auge und Nasenloch; Femur kürzer als die Tibia, die $3^1/_2$mal so lang wie breit, etwas weniger als $^1/_2$ der Körperlänge, und länger als der Fuß ist; bei rechtwinklig angeknickten Hinterbeinen decken sich oder überragen die Fersen einander leicht. Haut oben, einschließlich Augenlider, Schnauze, Seiten des Kopfes und Körpers, und Oberseite der Beine warzig; Kehle und Brust glatt; Bauch und Unterseite der Oberschenkel gekörnelt; eine starke Supratympanalfalte.

Oberseite bräunlichgrau mit undeutlichen dunklen Flecken, die deutlicher und mehr schwärzlich an den Seiten und den Hinterbeinen werden; manchmal ein winkliger, dunkler Fleck, die Spitze nach hinten, zwischen den Augen, und zwei gebogene Längslinien zwischen den Schultern, mit der konvexen Seite nach der Mittellinie zu; Beine undeutlich quer gebändert und marmoriert mit Schwarz; Hinterseite des Femur schwarz marmoriert; Unterseite weißlich, Unterlippe und anstoßende Teile der Kehle, Unterseite der Oberschenkel und der Tibia mit zahlreichen kleinen, schwarzen Flecken. Männchen mit Brunftschwielen am 1. Finger und innerer Schallblase; Weibchen größer. Totallänge 76 mm. (Fig. 76).

Japan, ? Java.

100. **R. (R.) pleurotaenia** Blgr. 1904 *R. p.*, Boulenger in: J. Bombay Soc., *v.* 15 p. 430 t. 1 f. 2 (Habitus).

Vomerzähne in zwei sehr kleinen Gruppen nahe beieinander zwischen den Choanen. Schnauze abgerundet, ein wenig kürzer als der Augendurchmesser; Canthus rostralis stumpf; Lorealgegend leicht konkav; Nasenloch näher der Schnauzenspitze als dem Auge; Interorbitalraum breiter als das obere Augenlid; Trommelfell mäßig deutlich, nicht ganz $^1/_2$ des Augendurchmessers. Finger mit einem leichten Rudiment von Schwimmhaut; Zehen mit halber Schwimmhaut, die Schwimmhaut sehr kurz zwischen den medialen Zehen; Haftscheiben ein wenig kleiner als das Trommelfell. Das Tibiotarsalgelenk erreicht den Hinterrand des Auges. Oberseite mit feinen wurmähnlichen Rauhigkeiten; Bauch und Unterseite der Schenkel mit großen, flachen Granulae,

Oben braun (in Alkohol), mit einem breiten, weißen, schwarz gerandeten Band an jeder Seite, vom Auge zu den Schenkeln, fortgesetzt als ein schmaler Streifen am Rande des oberen Augenlids und auf dem Canthus rostralis, den der anderen Seite auf der Schnauzenspitze treffend; Seiten des Körpers und der Schenkel mit schwarzen Flecken; Beine mit regelmäßigen dunklen Querbinden; Unterseite weiß, mit wenigen kleinen, schwarzen Flecken an der Kehle. Totallänge 27 mm.

Ceylon.

101. **R. (R.) stictomerus** (Günther) 1875 *Ixalus s.*, Alb. Günther in: P. zool. Soc. London, p. 575 t. 66 f. C (Habitus) | 1882 *Rhacophorus s.*, Boulenger, Cat. Batr. sal. Brit. Mus., ed. 2 p. 78 | 1890 *R. s.*, Boulenger in: Fauna Brit. Ind., Rept. Batr. p. 480.

Vomerzähne in 2 kleinen Gruppen nahe dem medialen Rande der Choanen; Schnauze ziemlich spitz; Canthus rostralis deutlich; Lorealgegend fast flach; Nasenloch näher der Schnauzenspitze als dem Auge; Interorbitalraum kaum breiter als das obere Augenlid; Trommelfell $^1/_3$ des Augendurchmessers. Finger wenig, Zehen zu $^2/_3$ mit Schwimmhaut versehen; Haftscheiben und Subartikulartuberkel mäßig groß. Das Tibiotarsalgelenk reicht bis vor das Auge; Haut glatt, auf dem Bauch und unter den Schenkeln gekörnelt; eine Falte über dem Trommelfell.

Oben hellbraun, mit undeutlichen symmetrischen Zeichnungen; Lorealgegend dunkelbraun, ein schwarzer Temporalstreifen; Beine undeutlich quergebändert; Vorder- und Hinterseite der Schenkel fein schwärzlich gepunktet. Totallänge 34 mm. (Fig. 77).

Ceylon.

Fig. 77. **Rhacophorus (R.) stictomerus** (Günther). Habitus von oben. (Nach Günther).

102. **R. (R.) eiffingeri** (Boettg.) 1895 *Rana e.*, O. Boettger in: Zool. Anz., *v.* 18 p. 267 | 1909 *Rhacophorus e.*, Boulenger in: Ann. nat. Hist., ser. 8 *v.* 4 p. 495 | 1913 *R. e.*, F. Werner in: Mt. Mus. Hamburg, *v.* 30 p. 50.

Vomerzähne in 2 kleinen schrägen Gruppen vom vorderen medialen Rande der kleinen Choanen; Zunge ziemlich groß, hinten mit 2 Zipfeln, ohne Papille; Kopf mäßig groß, so breit oder etwas breiter als lang; Schnauze abgerundet, vorn konvex verrundet, wenig über das Maul hinwegragend, so lang oder wenig länger als das Auge, wenig kürzer als der Abstand der vorderen Augenwinkel; Canthus rostralis deutlich, aber rund, konkav verlaufend; Lorealgegend schräg, konkav; Nasenloch etwas vorgetrieben, etwas näher der Schnauzenspitze als dem Auge, der Zwischenraum zwischen den Nasenlöchern konkav, etwa so groß wie der bis zum Auge, etwas kleiner als der Interorbitalraum, der etwa so breit oder wenig breiter als das obere Augenlid ist; Trommelfell deutlich, nahe beim Auge, etwa $^{2}/_{5}$ des Augendurchmessers. Finger nur mit einer Spur von Schwimmhaut; Haftscheiben groß, etwa so groß wie das Trommelfell; 1. Finger kürzer als der 2., der kürzer als der 4. ist, der von dem 3. überragt wird; Subartikulartuberkel deutlich, einfach; kein Pollexrudiment. 5. Zehe ein klein wenig länger als die 3.; Zehen mit $^{2}/_{3}$ Schwimmhaut, die bei allen Zehen bis fast unter die Haftscheiben reicht, außer bei der 4., wo das letzte Glied nur von einem schmalen Hautsaum umschlossen wird; mediale Metatarsalia nur in ihrem distalen Teile durch Schwimmhaut getrennt; laterale Zehe mit Hautfalte; nur eine kleine, mediale Metatarsaltuberkel, keine laterale; keine Tarsaltuberkel; Subartikulartuberkel deutlich; Sohle granuliert. Das Tibiotarsalgelenk reicht bis zum Vorder- oder Hinterrand des Auges; Femur kürzer als die Tibia, die etwa 4mal so lang wie breit, etwas weniger als $^{1}/_{2}$ der Körperlänge, und länger als der Fuß ist; bei rechtwinklig angeknickten Hinterbeinen decken die Fersen einander. Haut oben glatt oder mit verstreuten, kleinen Wärzchen besetzt; Kehle und Brust glatt, Bauch und Unterseite der Schenkel grob granuliert; eine schwache Supratympanalfalte; Lateralseite des Unterarmes und des Tarsus mit einer Reihe kleiner, weiß gefärbter Tuberkel.

Fig. 78. **Rhacophorus (R.) eiffingeri** (Boettg.). Obere Mundhöhle.

Färbung oben grau, manchmal ins Rosafarbene spielend, mit 2)(-förmigen Streifen in der Schultergegend; Unterseite weißlich, besonders am Bauche, dunkel gefleckt. Beine unregelmäßig quergebändert. Zwischen den Augen ein in der Mitte unterbrochenes Querband. Totallänge 41 mm. (Fig. 78).

Formosa, Riu-Kiu-Inseln.

103. **R. (R.) microtympanum** (Günther) 1858 *Polypedates m.*, Alb. Günther, Cat. Batr. sal. Brit. Mus., p. 77 t. 6 f. A (Habitus) | 1864 *P. m.*, Alb. Günther, Rept. Brit. Ind., p. 430 | 1882 *Rhacophorus m.*, Boulenger, Cat. Batr. sal. Brit. Mus., ed. 2 p. 79 | 1890 *R. m.*, Boulenger in: Fauna Brit. Ind., Rept. Batr. p. 479.

Vomerzähne selten fehlend, in 2 kleinen, schrägen Gruppen zwischen den Choanen, die ziemlich groß sind und teilweise vom Kieferrand bedeckt werden. Zunge groß, meist mit deutlicher Papille. Kopf mäßig groß, so lang wie breit; Schnauze abgerundet, oder stumpf zugespitzt, vorn schräg abgestutzt oder abgerundet, so lang oder etwas kürzer als der Augendurchmesser, kürzer als der Zwischenraum zwischen den vorderen Augenwinkeln; Canthus rostralis deutlich; Lorealgegend etwas schräg, stark vertieft; Nasenloch näher der Schnauzenspitze als dem Auge, der Zwischenraum zwischen den Nasenlöchern wenig konkav, so groß wie der vom Auge, kleiner als der Interorbitalraum, der breiter als ein oberes Augenlid ist; Trommelfell deutlich, $^1/_3$—$^2/_5$ so groß wie das Trommelfell. Finger nur mit einem winzigen Rudiment von Schwimmhaut; 1. Finger kleiner als der 2., der kürzer als der 4. ist; Haftscheiben etwas kleiner als das Trommelfell, die des 1. Fingers sehr klein; Subartikulartuberkel deutlich. Zehen mit $^1/_3$—$^1/_2$ Schwimmhaut, die an der 3. und 5. Zehe das letzte Glied, an der 4. Zehe die beiden letzten Glieder frei läßt; die beiden medialen Zehen fast frei von Schwimmhaut; 5. Zehe kaum länger als die 3.; Haftscheiben etwas kleiner als die der Finger; eine Hautfalte an der 5. Zehe; Tarsalfalte fehlt; mediale Metatarsaltuberkel klein, flach, etwa $^2/_5$ der Länge der medialen Zehe; keine laterale; keine Tarsaltuberkel; das Tibiotarsalgelenk reicht bis zwischen Auge und Schnauzenspitze; Femur etwas kürzer als die Tibia, die 4 mal so lang wie breit, etwas über $^1/_2$ der Körperlänge, und länger als der Fuß ist; bei rechtwinklig angeknickten Hinterbeinen decken die Fersen einander. Haut oben glatt oder mit kleinen Warzen; eine schwache Supratympanalfalte; Unterseite gekörnelt.

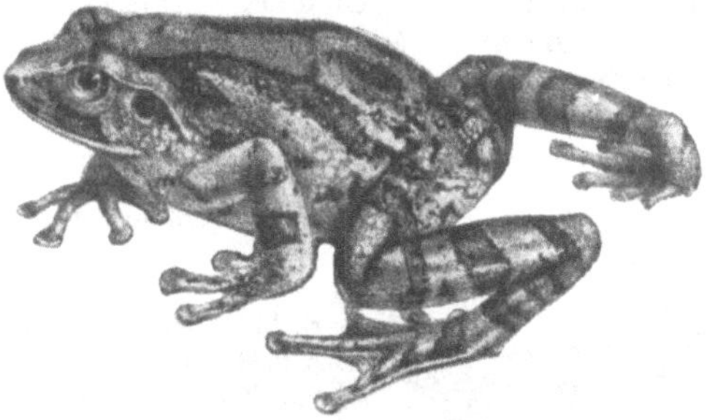

Fig. 79.
Rhacophorus (R.) microtympanum (Günther).
Habitus. (Nach Günther).

Färbung und Zeichnung sehr wechselnd; oben grau oder bräunlich, mit schwärzlichen Flecken; gewöhnlich ein dunkles Dorsolateralband und eine Querbinde zwischen den Augen; die Dorsalgegend manchmal dunkelbraun mit einer hellen Vertebrallinie; manchmal die ganze Dorsalgegend hell gelblichbraun, ohne Zeichnung, nur an den Seiten dunkel umrahmt; Beine mit dunklen Querbinden; Seiten der Schenkel schwärzlich gefleckt oder marmoriert; Kehle häufig braun gefleckt. Männchen mit inneren Schallblasen. Totallänge 46 mm. (Fig. 79).

Ceylon.

104. **R. (R.) pollicaris** Wern. 1913 *R. p.*, F. Werner in: Mt. Mus. Hamburg, *v.* 30 p. 50.

Gaumenzähne kaum bemerkbar oder in sehr kleinen rundlichen Gruppen nahe dem Medialrande der Choanen, weit voneinander entfernt; Kopf breiter als lang, vorn abgerundet, mit sehr deutlich gebogener Schnauzenkante und konkaver Lorealgegend; Nasenloch näher der Schnauzenspitze als dem Auge, auf einem runden, wulstartigen Vorsprung; Tympanum dem Auge mehr oder weniger genähert, etwa halb so breit wie der Augendurchmesser, mehr oder weniger deutlich; Interorbitalraum wenig breiter als das obere Augenlid; Schwimmhäute zwischen den Fingern schwach entwickelt, am stärksten zwischen dem 2. und 3., wo sie bis zum Ende der 1. Phalange reichen; Haftscheiben der Finger so groß oder etwas kleiner als das Trommelfell; Medialfinger mit starkem Pollexrudiment; Schwimmhäute der Zehen reichen bis zu den Saugscheiben, nur bei der 4. Zehe bis zum Ende der vorletzten Phalange; Saugscheiben kaum merkbar kleiner als an den Fingern; Tibiotarsalgelenk reicht bis zwischen Auge und Nasenloch; Tibia deutlich kürzer als die Hälfte der Körperlänge; Lateralrand des Unterarmes, manchmal auch des Tarsus und der 5. Zehe mit einer Reihe von vorspringenden, mitunter weißgefärbten Wärzchen; Subartikulartuberkel deutlich; kein lateraler Metatarsalhöcker; Männchen mit sehr starker Schwiele an der Basis des Medialfingers. Oberseite glatt oder mit feinen, runden Warzen, die auf der Oberseite des Kopfes und an den Kopfseiten am dichtesten stehen; Bauch und Unterseite des Femur nicht gleichförmig granuliert, sondern einzelne Granulae vergrößert und stark vorspringend; eine scharfe Falte vom hinteren Augenrand über das Tympanum zum Vorderbeinansatz.

Färbung der Oberseite in Alkohol sehr verschieden graublau, grauviolett, graurötlich, einfarbig oder mit einer w- oder x-förmigen dunklen Zeichnung in der Scapulargegend und sehr wenigen dunklen Querbinden auf den Gliedmaßen; Hinterbacken pigmentlos oder mit spärlichen bräunlichen feinen Linien; Flanken einfarbig weiß oder mit größeren dunklen Flecken. Unterseite vollkommen ungefleckt, höchstens gleichartig dunkler pigmentiert. Totallänge 30—36 mm (Männchen kleiner als Weibchen).

Formosa (Kanshirei, Fuhosho).

Fig. 80.
Rhacophorus (R.) fergusonianus E. Ahl.
Habitus von oben, unten Mundöffnung.
(Nach Boulenger).

105. **R. (R.) fergusonianus** E. Ahl 1882 *R. fergusonii* (non *Ixalus f.*, Alb. Günther 1876), Boulenger, Cat. Batr. sal. Brit. Mus., ed. 2 p. 82 t. 8 f. 3 (Habitus) | 1890 *R. f.*, Boulenger in: Fauna Brit. Ind., Rept. Batr. p. 480 | 1927 *R. fergusonianus*, E. Ahl in: SB. Ges. Fr. Berlin, p. 44.

Vomerzähne in zwei sehr kleinen Gruppen nahe dem medialen vorderen Rand der Choanen; Schnauze dreieckig, so lang wie der Augendurchmesser; Canthus rostralis deutlich; Lorealgegend leicht konkav; Nasenloch näher der Schnauzenspitze als dem Auge; Interorbitalraum ein wenig breiter als das obere Augenlid; Trommelfell $^1/_2$ des Augendurchmessers. Finger mit einem Rudiment von Schwimmhaut; Zehen mit $^3/_4$ Schwimmhaut; Haftscheiben ein wenig kleiner als das Trommelfell; Subartikulartuberkel mäßig. Das Tibiotarsalgelenk reicht zwischen Auge und Schnauzenspitze. Oberseite glatt; eine Falte über dem Trommelfell; Bauch und Unterseite der Schenkel granuliert; Unterseite von Unterarm und Tarsus tuberkular.

Oben grau, undeutlich dunkler marmoriert; Beine mit dunklen Querbinden; Kehle braun gefleckt. Totallänge 45 mm. (Fig. 80).

Ceylon.

106. **R. (R.) macropus** (Günther) 1868 *Ixalus m.*, Alb. Günther in: P. zool. Soc. London, p. 484 t. 39 f. 4 (Habitus) | 1868 *Polypedates nanus*, Alb. Günther, ibid., p. 485 t. 39 f. 3 (Habitus) | 1882 *Rhacophorus n.*, Boulenger, Cat. Batr. sal. Brit. Mus., ed. 2 p. 81 | 1890 *R. n.*, Boulenger in: Fauna Brit. Ind., Rept. Batr. p. 478.

Vomerzähne in zwei kleinen Gruppen zwischen den Choanen, manchmal fehlend; eine konische Papille in der Zungenmitte vorhanden. Schnauze abgerundet oder zugespitzt, ein wenig kürzer als der Augendurchmesser; Canthus rostralis winklig; Lorealgegend leicht konkav; Nasenloch näher der Schnauzenspitze als dem Auge; Interorbitalraum so breit wie ein oberes Augenlid oder etwas breiter; Trommelfell $^1/_3$ des Augendurchmessers; Finger

Fig. 81.
Rhacophorus (R.) macropus (Günther).
Habitus von oben, Mundhöhle. (Nach Günther).

mit einem Rudiment von Schwimmhaut; Zehen bei den Jungen mit halben Schwimmhäuten, bei den Alten fast ganz durch Schwimmhaut verbunden; Haftscheiben der Finger und Zehen so groß wie das Trommelfell; Subartikulartuberkel mäßig. Das Tibiotarsalgelenk reicht bis zur Schnauzenspitze oder etwas darüber hinaus. Oberseite glatt oder mit kleinen Tuberkeln; eine Falte über dem Trommelfell; Bauch und Unterseite der Schenkel gekörnelt.

Oben bräunlich, mit symmetrischen dunklen Zeichnungen auf dem Rücken; manchmal ein heller Vertebralstreifen; Beine mit dunklen Querbinden; unten gelblich, Kehle manchmal braun gefleckt. Männchen mit inneren Schallblasen. Totallänge 40 mm. (Fig. 81).

Ceylon.

107. **R. (R.) reticulatus** (Günther) 1864 *Polypedates r.*, Alb. Günther, Rept. Brit. Ind., p. 431 t. 26 f. F (Habitus) | 1882 *Rhacophorus r.*, Boulenger, Cat. Batr. sal. Brit. Mus., ed. 2 p. 80 | 1890 *R. r.*, Boulenger in: Fauna Brit. Ind., Rept. Batr. p. 477.

Vomerzähne in zwei kleinen, schrägen Gruppen zwischen den Choanen, nahe an ihrem vorderen, medialen Rande beginnend; Choanen ziemlich klein; Zunge hinten eingekerbt, ziemlich groß, eine konische Papille im vorderen Teile der Mittellinie vorhanden. Kopf breiter als lang; Schnauze abgerundet, vorn schräg nach hinten abgestutzt, über das Maul hinausragend, länger als das Auge, kürzer als der Abstand zwischen den vorderen Augenwinkeln, länger als hoch; Canthus rostralis scharf; Lorealgegend ziemlich steil, wenig vertieft; Nasenloch näher der Schnauzenspitze als dem Auge, der Abstand der Nasenlöcher voneinander so groß wie der Abstand bis zum Auge, kleiner als der Interorbitalraum, der etwas breiter als das obere Augenlid ist; Trommelfell deutlich, etwa $^1/_2$ so groß wie der Augendurchmesser. Finger nur mit einer Spur von Schwimmhaut, die Haftscheiben nicht groß, $^3/_4$ so groß wie das Trommelfell; der 1. Finger kleiner als der 2., der kleiner als der 4. ist. Subartikulartuberkel einfach, deutlich. Zehen mäßig lang, fast mit ganzen Schwimmhäuten, die an der längsten Zehe das

Fig. 82.
Rhacophorus (R.) reticulatus (Günther).
Habitus. (Nach Günther).

letzte Glied frei lassen, bei den übrigen bis unter die Haftscheiben reichen. Haftscheiben der Zehen etwas kleiner als die der Finger; 5. Zehe länger als die 3.; laterale Zehe mit schwacher Hautfalte; keine Tarsalfalte; nur eine kleine, längliche, mediale Metatarsaltuberkel von $^1/_3$ Länge der medialen Zehe, keine laterale; an der Ferse ein kleiner, weiß gefärbter, vorragender, dreieckiger Hautlappen. Subartikulartuberkel deutlich; das Tibiotarsalgelenk reicht bis zur Schnauzenspitze, oder ein wenig darüber hinaus. Femur kürzer als die Tibia, die 5mal so lang wie breit, $1^3/_4$mal in der Körperlänge enthalten, und viel länger als der Fuß ist; bei rechtwinklig angeknickten Hinterbeinen überragen die Fersen einander. Haut oben glatt. Kehle und Brust glatt, Bauch und Unterseite der Schenkel gekörnelt; eine schmale Supratympanalfalte.

Färbung oben braun oder graubraun, mit oder ohne kleine, dunklere Punkte; oft ein mehr oder weniger deutliches, dunkles Band zwischen den Augen; Loreal- und Temporalgegend schwärzlich, der Canthus rostralis und die Supratympanalfalte heller gefärbt; Flanken und Hinterseite der Schenkel mit einem feinen Netzwerk dunkelbrauner Linien; Schenkel undeutlich quergebändert; Unterseite bräunlich, Kehle fein braun gepunktet. Totallänge 40 mm. (Fig. 82).

Das Weibchen dieses Frosches trägt die Eier angeheftet auf dem Bauch; die hirsekorngroßen Eier, etwa 20 an der Zahl, kleben fest aneinander und bilden leichte Eindrücke auf der Bauchhaut der Mutter.

Ceylon.

108. **R. (R.) maculatus** (Gray) 1832 *Hyla maculata*, J. E. Gray, Ill. Ind. Zool., *v.* 1 t. 82 f. 1 (Habitus) | 1838 *Buergeria m.*, Tschudi, Classif. Batr., p. 75 | 1841 *Polypedates leucomystax*, C. Duméril & G. Bibron, Erpét., *v.* 8 p. 519 | 1852 *P. l.* (part.), Kelaart, Prodr. Faun. Zeyl., *v.* 1 p. 193 | 1858 *P. maculatus* (part.), Alb. Günther, Cat. Batr. sal. Brit. Mus., p. 78 | 1864 *P. m.* (part.), Alb. Günther, Rept. Brit. Ind., p. 428 | 1870 *P. m.*, W. Blanford in: J. Asiat. Soc. Bengal, *v.* 39 p. 376 | 1871 *P. biscutiger*, Peters in: Monber. Ak. Berlin, p. 649 | 1872 *P. maculatus*, Stoliczka in: P. Asiat. Soc. Bengal, p. 106 | 1882 *Rhacophorus m.* (part.), Boulenger, Cat. Batr. sal. Brit. Mus., ed. 2 p. 83 | 1889 *R. m.*, Boulenger in: P. zool. Soc. London, p. 30 tf. | 1890 *R. m.*, Boulenger in: Fauna Brit. Ind., Rept. Batr. p. 475 | 1904 *R. m.*, Ferguson in: J. Bombay Soc., *v.* 15 p. 503 f. (Laich, Kaulquappen) | 1912 *R. m.*, Annandale in: Rec. Ind. Mus., *v.* 8 p. 14, 24 (Kaulquappen) t. 4 f. 4 (Larve).

Vomerzähne in zwei mehr oder weniger schrägen Gruppen zwischen oder vom vorderen medialen Rande der mäßig großen Choanen; Zunge ziemlich groß, ohne Papille; Kopf mäßig groß, so breit oder etwas breiter als lang; ein wohl entwickelter Parieto-Squamosalbogen, manchmal schlank und zum Teil sehnig, manchmal sehr dick und geschwollen; Haut der Kopfoberseite frei; Schnauze stumpf zugespitzt, vorn abgerundet, etwas über das Maul ragend, etwas länger als der Augendurchmesser, kürzer als der Abstand zwischen den vorderen Augenwinkeln; Canthus rostralis deutlich; Lorealgegend wenig schräg, konkav; Nasenloch viel näher der Schnauzenspitze als dem Auge, der Zwischenraum zwischen den Nasenlöchern etwas konvex, kleiner als der bis zum Auge, kleiner als der Interorbitalraum, der etwa $1^1/_3$ mal so groß wie das obere Augenlid ist; Trommelfell deutlich, etwa $^3/_4$ so groß wie das Auge, nahe bei letzterem. Finger groß, nur mit einem leichten Rudiment von Schwimmhaut; Haftscheiben mäßig groß, die der drei lateralen Finger $^2/_5$—$^1/_2$ der Größe des Trommelfells, die des ersten Fingers kleiner; 1. Finger wenig kleiner als der 2., der kürzer als der 4., der nur wenig kürzer als der 3. ist; eine deutliche Hautfalte am Lateralfinger; Subartikulartuberkel groß. Zehen schlank; 5. Zehe ein wenig länger als die 3.; Haftscheiben etwas kleiner als die der Finger; Zehen durch $^2/_3$ Schwimmhaut verbunden, die an allen Zehen das Endglied oder das halbe Endglied freiläßt, bei der 4. sogar fast die beiden letzten Glieder; laterale Metatarsalia fast völlig durch Schwimmhaut getrennt; laterale Zehe mit Hautfalte; Tarsalfalte fehlt; nur eine kleine, stumpf kegelförmige, mediale Metatarsaltuberkel, etwas weniger als 4mal in der medialen Zehe enthalten; keine laterale, keine Tarsaltuberkel; Subartikulartuberkel deutlich. Das Tibiotarsalgelenk reicht bis zwischen Auge und Schnauzenspitze; Femur kürzer als die Tibia, die etwa 4—$4^1/_2$ mal so lang wie breit, etwa $^1/_2$ der Körperlänge, und viel länger als der Fuß ist; bei rechtwinklig angeknickten Hinterbeinen decken die Fersen einander. Haut oben glatt oder fein gekörnelt; Kehle und Brust sehr schwach, Bauch und Unterseite der Schenkel stärker granuliert; eine deutliche Supratympanalfalte.

Oberseite bräunlich, gelblich, grau oder weißlich, mit dunkleren Flecken oder Zeichnungen; sehr selten mit einer sanduhrähnlichen Zeichnung auf dem Rücken; Loreal- und Temporalgegend dunkelbraun; eine helle Linie entlang der Oberlippe; Hinterseite der Schenkel, und oft auch die Weichen, mit gelben Flecken, die durch ein dunkelbraunes Netzwerk getrennt werden.

Unterseite weißlich oder gelblich, die Kehle manchmal braun bestäubt; eine oben weiße, unten schwarzbraune Binde an der Lateralseite von Unterarm und Hand; Tarsus und Unterseite des Fußes schwärzlich, an der Lateralseite durch eine schmale weiße Linie begrenzt; Schenkel oben mit undeutlichen Querbinden. Totallänge 80 mm.

Indien und Ceylon, Kalkutta.

Kaulquappe: Kopf und Körper oben flach, eiförmig, vorn abgerundet, konvex auf der Bauchseite. Maul nahezu endständig, verhältnismäßig klein; Lippen sehr schmal, beide nach vorwärts gerichtet; Oberlippe glatt, außer an den Ecken, die zahlreiche abgerundete Papillen tragen; Unterlippe mit einem in der Mitte unterbrochenen Saum. Zahnformel 1 : 3 + 3/1 + 1 oder 1 : 3 + 3/3; Auge seitlich, lateralwärts gerichtet, Nasenloch näher der Schnauzenspitze als dem Auge; eine große Drüse vor und etwas unter jedem Auge; Spiraculum linksseitig, rückwärts und ein wenig aufwärts zeigend, groß; Anus rechtsseitig; Schwanz lang und schlank, scharf zugespitzt; seine Außenlinie nicht sehr gebogen; Färbung sehr hellbraun oder grün mit verstreuten, etwas dunkleren Pigmentflecken auf dem Rücken und den Seiten.

Diese Art wird häufig in heißen, trockenen Gegenden gefunden. Die Kaulquappen leben in stehendem Wasser; die in einer schaumigen Masse befindlichen Eier werden gewöhnlich am Rande kleiner Tümpel abgelegt.

109. **R. (R.) leucomystax** (Kuhl) 1829 *Hyla l.*, Kuhl in: C. Gravenhorst, Delic. Mus. Vratislav., fasc. 1 p. 26 | 1829 *H. sexvirgata*, Reinward, ibid., p. 28 | 1835 *H. quadrilineata*, Boie in: Wiegmann in: N. Acta Ac. Leop., *v.* 17 p. 260 t. 22 f. 1 (Habitus) | 1837—44 *H. leucomystax*, H. Schlegel, Abbild. Amph., p. 140 t. 50 f. 1, 2, 4 | 1838 *Polypedates l.*, Tschudi, Classif. Batr., p. 75 | 1841 *P. rugosus* + *l.*, C. Duméril & G. Bibron, Erpét., *v.* 8 p. 520 | 1852 *P. l.*, Kelaart, Prodr. Faun. Zeyl., *v.* 1 p. 193 | 1858 *P. quadrilineatus*, Alb. Günther, Cat. Batr. sal. Brit. Mus., p. 79 | 1860 *P. megacephalus*, Hallowell in: P. Ac. Philad., p. 507 | 1864 *P. quadrilineatus*, Steindachner in: Verh. Ges. Wien, *v.* 14 p. 253 t. 10 f. 2 – 2c | 1882 *Rhacophorus maculatus* (part.) + *R. m.* var. *quadrilineata*, Boulenger, Cat. Batr. sal. Brit. Mus., ed. 2 p. 83, 84 | 1885 *Hylorana longipes*, J. G. Fischer in: Arch. Naturg., *v.* 51 I p. 47 | 1889 *Rhacophorus leucomystax*, Boulenger in: P. zool. Soc. London, p. 29 Abb. (Habitus) | 1896 *R. l.*, S. Flower in: P. zool. Soc. London, p. 905 t. 44 f. 2 (mit Kaulquappe) | 1899 *R. l.*, S. Flower, ibid., p. 898 t. 59 f. 3, 3a (mit Kaulquappe) | 1907 *Polypedates l.*, Stejneger in: Bull. U. S. Mus., *v.* 58 p. 157 | 1907 *Rhacophorus l.*, Kampen in: M. Weber, Ergeb. Reise Niederl. O.-Ind., *v.* 4 p. 399 (mit Kaulquappe) | 1912 *R. maculatus l.*, Annandale in: Rec. Ind. Mus., *v.* 8 p. 14 | 1912 *R. l.*, Boulenger, Vert. Fauna Malay, Rept. Batr. p. 248 | 1917 *R. l.*, M. A. Smith in: J. nat. Hist. Soc. Siam, *v.* 2 p. 267 | 1920 *Polypedates l.*, Taylor in: Philipp. J. Sci., *v.* 16 p. 288 t. 2 f. 4 | 1922 *Rhacophorus l.*, M. A. Smith in: J. feder. Malay Mus., *v.* 10 p. 278 | 1923 *R. l.* + *R. l.* var. *sexvirgata*, Kampen, Amph. Indo-Austral. Archip., p. 247, 249 Abb. (Habitus).

Vomerzähne in zwei mehr oder weniger schrägen Gruppen zwischen den mäßig großen Choanen, ihr Anfang nahe dem medialen vorderen Rande der letzteren; Zunge groß, hinten mit zwei Zipfeln ohne Papille; Kopf ziemlich groß, so lang wie breit oder etwas länger, Schnauze stumpf zugespitzt, etwas über das Maul hinwegragend, vorn abgestutzt oder etwas abgerundet, etwas länger als der Augendurchmesser, kürzer als der Abstand zwischen den vorderen Augenwinkeln; Canthus rostralis scharf, gerade; Lorealregion fast senkrecht, konkav; Nasenloch viel näher der Schnauzenspitze als dem Auge, der Zwischenraum zwischen den Nasenlöchern etwas konkav, kürzer als der bis zum Auge, kleiner als der Interorbitalraum, der etwa $1^1/_2$—2 mal so breit wie das obere Augenlid ist; Trommelfell deutlich,

$^2/_3$—$^3/_4$ des Augendurchmessers; Finger kräftig, nur durch ein Rudiment von Schwimmhaut verbunden; Haftscheiben der drei lateralen Finger ziemlich groß, $^3/_5$—$^3/_4$ so groß wie das Trommelfell; 1. Finger nur wenig kürzer als der 2., der bedeutend kürzer als der 4. ist, der nur wenig kürzer als der 3. ist; Subartikulartuberkel deutlich. 5. Zehe ein wenig länger als die 3.; Haftscheiben kleiner als die der Finger; Zehen mit $^2/_3$ Schwimmhaut, die die Haftscheiben ganz oder beinahe bei allen Zehen erreicht, außer an der 4., wo das letzte oder die letzten $1^1/_2$ Glieder frei sind; laterale Metatarsalia

Fig. 83.
Rhacophorus (R.) leucomystax (Kuhl) var. **sexvirgata** Reinw.
Habitus von oben. (Nach Kampen).

durch Schwimmhaut getrennt; laterale Zehe mit deutlicher Hautfalte; Tarsalfalte fehlt; eine kleine, flache, mediale Metatarsaltuberkel, manchmal eine rudimentäre laterale; Tarsaltuberkel fehlt; Subartikulartuberkel deutlich. Das Tibiotarsalgelenk reicht zwischen Auge und Schnauzenspitze, manchmal sogar etwas über letztere hinaus; Femur kürzer als die Tibia, die etwa 5—6mal so lang wie breit, $^1/_2$—$^3/_5$ der Körperlänge, und länger als der Fuß ist; bei rechtwinklig angeknickten Hinterbeinen überragen die Fersen einander. Haut mit den rauhen Schädelknochen verwachsen, und zwar mit den Frontoparietalia, und, bei älteren Stücken, gewöhnlich auch mit den Nasalia und Squamosa. (Bei jungen Stücken bis etwa 35 mm Körperlänge ist die Haut noch nicht mit dem Schädel verwachsen.) Haut oben fein granuliert, ebenso an Kehle und Brust; Bauch und Unterseite der Schenkel grob granuliert; eine deutliche Supratympanalfalte.

Färbung sehr variabel, sogar bei demselben Individuum. Oberseite grau, gelb, bronzefarben, braun, rötlich oder grünlich, gewöhnlich braun oder schwarz gefleckt und gezeichnet; manchmal ein schwarzer Streifen von der Temporalgegend rückwärts, und ein paar dunkle Flecke an den Seiten; Kieferränder weiß; Beine mit dunklen Querbinden; Hinterseite der Schenkel einfarbig oder mit hellen Flecken; Unterseite weiß oder gelblich, Brust und Kehle manchmal mit dunkler Netzzeichnung. Außer dieser stark veränderlichen Zeichnung kommt eine, anscheinend ziemlich beständige, Färbungsart vor, die als var. *sexvirgata* oder *quadrilineata* bekannt geworden ist. Sie unterscheidet sich von der typischen Form durch das Vorhandensein von 4—6 mehr oder weniger deutlicher dunkler Längsbinden auf der Oberseite von Kopf und Körper, die jedoch je nach der Gemütsstimmung des Frosches entweder scharf hervortreten, oder auch gänzlich verschwinden können; bei allen diesen Individuen ist der schwarze Lateralstreifen stets vorhanden. Ich glaube jedoch nicht, daß dieser Färbungsspielart auch nur der Name einer Varietät zugebilligt werden kann, zumal man oft nicht in der Lage ist, diesen oder jenen Frosch der einen oder der anderen Varietät zuzuweisen. Im Gegensatz hierzu wollen einige andere Autoren diese Form sogar als besondere Art angesehen wissen. Männchen mit inneren Schallblasen. Totallänge 81 mm. (Fig. 83).

Indo-Malayischer Archipel, Palawan, Philippinen, Singapur, Süd-China bis zur Malayischen Halbinsel, Assam.

Kaulquappe: Körperlänge $1^1/_2$—2mal ihrer Breite; Schwanz $1^1/_2$ bis 2mal so lang wie der Körper, oder auch mehr, $2^1/_2$ bis etwas mehr als 3mal so lang wie hoch; die Höhe des muskulösen Teiles an der Basis ist

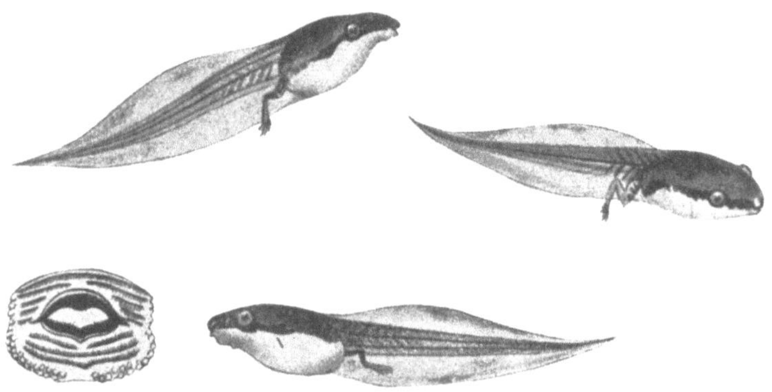

Fig. 84.
Rhacophorus (R.) leucomystax (Kuhl).
Kaulquappen. Links Mundöffnung. (Nach Boulenger).

etwas mehr als die Hälfte der größten Körperhöhe. Nasenloch näher der Schnauzenspitze als dem Auge; Augen seitlich, näher dem Spiraculum als der Schnauzenspitze, der Abstand zwischen ihnen mehr als 2mal so groß wie der zwischen den Nasenlöchern, und viel größer als die Breite des Maules; Spiraculum linksseitig, von oben und von unten sichtbar, aufwärts und rückwärts gerichtet, näher dem After als der Schnauzenspitze; After rechtsseitig.

Schwanz spitz endend, der obere Saum etwa ebenso hoch wie der untere oder etwas niedriger, sich nicht auf den Rücken fortsetzend. Die Lippen mit Papillen entlang den Seiten und dem unteren Rand, außer einer kleinen Unterbrechung in der Mitte der Unterlippe; Kiefer schwarz gerandet; Zahnreihen 3^1 3/3 oder 4^1 4/3, die innere des Unterkiefers manchmal ein wenig unterbrochen.

Oben braun oder schmutzig grau, unregelmäßig dunkler gefleckt; unten weiß oder grau; Seiten und Schwanz grau, braun gewölkt; Säume farblos. Totallänge 46 mm.

Die Eier sind $1^1/_2$ mm im Durchmesser, und völlig unpigmentiert. Der Laich wird am Rande kleiner Tümpel abgelegt oder an Blätter oder andere Gegenstände darüber, und zwar in einer schaumigen Masse; die Kaulquappen fallen in das Wasser, wo die übrige Entwicklung stattfindet. (Fig. 84).

Diese Art hat außer der typischen noch 2 Unterarten:

109a. **R. (R.) l. braueri** T. Vogt 1911 *R. b.*, T. Vogt in: SB. Ges. Fr. Berlin, p. 180.

Diese Unterart unterscheidet sich von der Stammform dadurch, daß die Schädelknochen deutlich rauh sind, die Haut der Kopfoberseite aber nicht mit ihnen verwachsen ist; auch scheint der Interorbitalraum ein wenig schmaler zu sein. Die Färbung und Zeichnung der Hinterseite der Schenkel ist sehr lebhaft, indem zahlreiche weiße Flecke durch oft ganz tiefschwarze, netzförmige Zeichnungen abgegrenzt werden. Totallänge 49 mm.

Formosa.

109b. **R. (R.) l. himalayensis** Annand. 1912 *R. maculatus h.*, Annandale in: Rec. Ind. Mus., *v.* 8 p. 14, 24 (Kaulquappe) t. 4 f. 4.

Diese Unterart unterscheidet sich von der Stammform dadurch, daß die Schädelknochen glatt sind und daß die Haut des Oberkopfes nicht mit ihnen verwachsen ist. Totallänge?

Die Larve ist ähnlich der Stammform, bis 62 mm lang, die Außenlinie des Schwanzes ist weniger stark gebogen.

Östlicher Himalaya, Assam.

110. **R. (R.) otilophus** Blgr. 1893 *R. o.*, Boulenger in: P. zool. Soc. London, p. 527 t. 44 (Habitus, Kaulquappe) | 1905 *R. o.*, Kampen in: Zool. Jahrb., Syst. *v.* 22 p. 705 | 1923 *R. o.*, Kampen, Amph. Indo-Austral. Archip., p. 245.

Vomerzähne in zwei kleinen, schrägen Gruppen nahe dem medialen vorderen Rande der großen Choanen; Kopf stark niedergedrückt, groß, ein wenig breiter als lang; Schnauze zugespitzt, ein wenig länger als der Augendurchmesser; Canthus rostralis scharf; Lorealgegend tief konkav; Nasenloch nahe der Schnauzenspitze; Interorbitalraum ein wenig breiter als das obere Augenlid; Trommelfell fast so groß wie das Auge; Haftscheiben der Finger ziemlich groß, die der Zehen kleiner; Finger mit rudimentärer Schwimmhaut, Zehen zu $^2/_3$ mit Schwimmhaut versehen; das Tibiotarsalgelenk reicht bis zwischen Auge und Nasenloch; die Haut ist verwachsen mit den rauhen Frontoparietalia; eine starke, stachelige, knöcherne Leiste über dem Trommelfell; ein Stachel an den Mundwinkeln; Rücken fein, Bauch und Unterseite der Schenkel grob gekörnelt; Ferse, und manchmal auch der Ellenbogen, mit einem kleinen, dreieckigen Hautanhang.

Oben hellolivfarben, mit dunkelgrauen Flecken und Längsstreifen; Hinterbeine mit dunklen Querbinden. Männchen mit inneren Schallblasen. Totallänge 80 mm.

Sumatra, Borneo.

Kaulquappe: Körperlänge $1^1/_2$—$1^2/_3$mal der Breite, $^3/_5$—$^4/_5$ der Schwanzlänge, der $2^1/_3$—3mal so lang wie hoch ist; die Höhe des muskulösen Teiles ist etwa $^3/_5$ der Totalhöhe; Nasenloch näher der Schnauzenspitze als dem Auge; Augen seitlich, gleich weit vom Spiraculum und der Schnauzenspitze oder ein wenig näher dem ersteren, der Abstand zwischen ihnen ist $2^1/_2$—3mal desjenigen zwischen den Nasenlöchern, und $2^1/_4$—$2^1/_3$mal der Breite des Maules; Spiraculum linksseitig, aufwärts und rückwärts gerichtet, gleich weit von der Schnauzenspitze und dem After entfernt; After rechtsseitig, über dem unteren Rande des Schwanzes. Schwanz scharf zugespitzt. Unterer Rand der Lippen mit Papillen besetzt; Kiefer schwarz; Zahnreihen 3^1 3/3. Totallänge 80 mm.

111. **R. (R.) eques** (Günther) 1858 *Polypedates e.*, Alb. Günther, Cat. Batr. sal. Brit. Mus., p. 80 t. 6 f. B (Habitus) | 1864 *P. e.*, Alb. Günther, Rept. Brit. Ind., p. 431 | 1882 *Rhacophorus e.*, Boulenger, Cat. Batr. sal. Brit. Mus., ed. 2 p. 85 | 1890 *R. e.*, Boulenger, Fauna Brit. Ind., Rept. Batr. p. 476.

Vomerzähne in zwei schrägen Gruppen vom medialen vorderen Rande der großen Choanen; Zunge groß, hinten mit zwei Zipfeln, ohne Papille. Kopf groß, so lang wie breit; Schnauze dreieckig, zugespitzt, vorn spitz, etwas länger als der Augendurchmesser, kürzer als der Zwischenraum zwischen den vorderen Augenwinkeln; Canthus rostralis deutlich, scharf, gerade; Lorealgegend steil, konkav; Nasenloch viel näher der Schnauzenspitze als dem Auge, der Zwischenraum zwischen den Nasenlöchern leicht konkav, viel kleiner als der bis zum Auge, kleiner als der Interorbitalraum, der breiter als ein oberes Augenlid ist; Trommelfell deutlich, $^2/_3$—$^3/_4$ des Augendurchmessers. Finger nur am Grunde mit einem Rudiment von Schwimmhaut versehen; Haftscheiben groß, $^2/_3$ des Trommelfells; 1. Finger kleiner als der 2., der kürzer als der 4. ist, der von dem 3. nur wenig überragt wird; Subartikulartuberkel gut entwickelt, einfach. 5. Zehe länger als die 3.; Zehen mit $^2/_3$ Schwimmhaut, die an allen Zehen das letzte Glied, an der 4. Zehe die beiden letzten Glieder nur als schmaler Hautsaum umschließt; Haftscheiben etwas kleiner als die der Finger; laterale Metatarsalia nur wenig durch Schwimmhaut getrennt; laterale Zehe mit Hautfalte; nur eine sehr kleine, wenig vorragende, mediale Metatarsaltuberkel; Subartikulartuberkel mäßig. Das Tibiotarsalgelenk reicht bis zwischen Auge und Schnauzenspitze; Femur kürzer als die Tibia, die etwa 5mal so lang wie breit, etwa $^1/_2$ der Körperlänge, und länger als der Fuß ist; bei rechtwinklig angeknickten Hinterbeinen decken die Fersen einander. Haut oben glatt; Kehle und Brust glatt oder fast glatt, Bauch gekörnelt; Unterseite der Schenkel gekörnelt, mit größeren Tuberkeln vermischt; eine gerade Falte von hinter dem Auge über das Trommelfell bis hinter die Schulter; eine schmale Glandularfalte entlang der Lateralseite des Vorderarmes und des Tarsus; ein häutiger Sporn an der Ferse; Afteröffnung von großen Tuberkeln umgeben.

Fig. 85.
Rhacophorus (R.) eques (Günther). Habitus. (Nach Günther).

Oben heller oder dunkler grau oder graubraun, mit oder selten ohne eine dunkle, sanduhrähnliche Zeichnung, die zwischen den Augen beginnt; manchmal dunkel gefleckt auf dem Rücken; Oberlippe meist mit weißem Streifen, der sich häufig entlang der Körperseite fortsetzt, und nach oben von einem scharfen, schwarzen Streifen begrenzt wird; manchmal die Seiten dunkel gefleckt oder marmoriert; vielfach entlang dem Canthus rostralis ein schwarzer Strich; Beine mit dunklen Querbinden. Unterseite weiß, einfarbig oder dunkel gefleckt. Männchen mit inneren Schallblasen. Totallänge 71 mm. (Fig. 85).

Ceylon.

112. **R. (R.) longinasus** E. Ahl 1868 *Polypedates nasutus* (non *Ixalus n.*, Alb. Günther 1868), Alb. Günther in: P. zool. Soc. London, p. 486 t. 39 f. 2 (Habitus) | 1882 *Rhacophorus n.*, Boulenger, Cat. Batr. sal. Brit. Mus., ed. 2 p. 85 | 1890 *R. n.*, Boulenger in: Fauna Brit. Ind., Rept. Batr. p. 477 | 1927 *R. longinasus*, E. Ahl in: SB. Ges. Fr. Berlin, p. 44.

Vomerzähne in zwei schrägen Gruppen vom medialen vorderen Rande der Choanen; Schnauze sehr lang, zweimal so lang wie das Auge, vorn mit einem zugespitzten häutigen Anhang; Canthus rostralis winkelig; Lorealgegend konkav; Nasenloch viel näher der Schnauzenspitze als dem Auge; Interorbital-

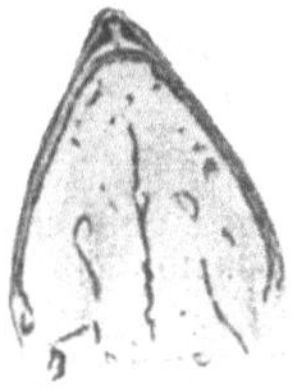

Fig. 86.
Rhacophorus (R.) longinasus E. Ahl.
Habitus. Rechts Unterseite des Kopfes. (Nach Günther).

raum breiter als das obere Augenlid; Trommelfell wenigstens $^2/_3$ des Augendurchmessers. Finger mit einem Rudiment von Schwimmhaut; Zehen mit $^2/_3$ Schwimmhaut; Haftscheiben groß, die des 3. Fingers $^2/_3$ so groß wie das Auge; Subartikulartuberkel mäßig. Das Tibiotarsalgelenk reicht bis zwischen Auge und Schnauzenspitze. Haut oben glatt, unten gekörnelt; eine schmale Supratympanalfalte; eine schmale Hautfalte entlang dem Unterarm und dem Tarsus; die Ferse mit einem häutigen Sporn; Afteröffnung umgeben von großen Tuberkeln.

Oben bräunlich olivfarben; Schenkel mit dunklen Querbinden; zwei schwärzliche Linien entlang jeder Seite des Körpers, und eine andere entlang der Mitte der Kehle; Unterlippe mit schwarzem Rand. Totallänge 55 mm. (Fig. 86).

Ceylon.

113. **R. (R.) naso** Annand. 1912 *R. n.*, Annandale in: Rec. Ind. Mus., *v.* 8 p. 12 t. 2 f. 3 (Habitus).

Körpergestalt mäßig stark; Kopf ziemlich breit, dreieckig, mit konvexen Seiten; Schnauze viel länger als der Augendurchmesser, zugespitzt, oben konvex, Nasenloch viel näher der Schnauzenspitze als dem Auge; Canthus rostralis undeutlich; Lorealregion konkav, ziemlich horizontal; Durchmesser des Trommelfells, das sehr deutlich ist, etwa $^2/_3$ von dem des Auges. Kein vorragender Zahn an der Symphyse des Unterkiefers; keine Zungenpapille; Vomerzähne in zwei kleinen, ziemlich runden Gruppen, nahe dem medialen Rande der kleinen Choanen. Interorbitalraum breiter als das obere Augenlid. Beine stark, nicht sehr lang; Finger mit einem Rudiment von Schwimmhaut; ihre Haftscheiben gut entwickelt, queroval; die des 3. Fingers etwa so groß wie das Trommelfell; Subartikulartuberkel gut entwickelt; das Tibiotarsalgelenk reicht bis zum Auge; Zehen fast vollständig mit Schwimmhaut versehen; die Haftscheiben ebenso groß wie die der Finger; Subartikulartuberkel gut entwickelt; eine etwas längliche, aber nicht sehr hervortretende mediale Metatarsaltuberkel; keine laterale. Haut oben rauh, mit vielen vorragenden und unregelmäßigen Tuberkeln; ein kleiner, viereckiger, häutiger Vorsprung an der Schnauze; rundliche Tuberkel sind verstreut auf dem basalen Teile der Schenkel; Unterseite grob gekörnelt, mehr an Brust und Kehle als am Bauch. Eine mäßig deutliche Dorso-Lateralfalte und eine deutliche Supratympanalfalte vorhanden. Gezähnte Hautsäume am Lateralrand des Unterarmes und des Tarsus vorhanden.

Oberseite purpurbraun, mit unregelmäßigen dunklen Flecken; unregelmäßige hellere Zeichnungen an den Seiten; Beine mit unregelmäßigen Querbinden; Finger und Zehen mit alternierenden braunen und grauen Ringen. Unterseite schmutzig weiß, hinten dunkelgrau gewölkt; dunkle graue Flecke auf der Kehle und eine unregelmäßige Netzzeichnung von derselben Farbe auf der Brust. Unterseite von Hand und Fuß grau, die Tuberkel weiß; ein weißer Fleck auf der Sohle, an der Stelle, wo sich die laterale Metatarsaltuberkel befindet. Totallänge 43 mm.

Abor (Egarstrom zwischen Renging und Rotung).

114. **R. (R.) cruciger** (Blyth) 1852 *Polypedates leucomystax* (part.), Kelaart, Prodr. Faun. Zeyl., *v.* 1 p. 193 | 1852 *P. cruciger*, Blyth in: Kelaart, Prodr. Faun. Zeyl., *v.* 1 App. p. 48 | 1858 *P. maculatus* (part.), Alb. Günther, Cat. Batr. sal. Brit. Mus., p. 78 | 1864 *P. m.* (part.), Alb. Günther, Rept. Brit. Ind., p. 428 | 1882 *Rhacophorus m.* (part.), Boulenger, Cat. Batr. sal. Brit. Mus., ed. 2 p. 83 | 1888 *R. cruciger*, Nevill in: Taprobanian, *v.* 3 p. 6 | 1889 *R. c.*, Boulenger in: P. zool. Soc. London, p. 31 | 1890 *R. c.*, Boulenger in: Fauna Brit. Ind., Rept. Batr. p. 476.

Vomerzähne in zwei leicht schrägen, langen Gruppen vom vorderen medialen Rande der Choanen; Choanen groß; Zunge groß, hinten mit zwei Zipfeln, ohne Papille; Kopf ziemlich groß, so lang wie breit; Schnauze rund oder rundlich zugespitzt, vorn konvex verrundet, über das Maul hinwegragend, etwas länger als das Auge, kürzer als der Zwischenraum zwischen den vorderen Augenwinkeln; Canthus rostralis deutlich, fast gerade; Lorealgegend ziemlich steil, konkav; Nasenloch ein wenig aufgetrieben, viel näher der Schnauzenspitze als dem Auge, der Zwischenraum zwischen den Nasenlöchern ein wenig konkav, viel kleiner als der bis zum Auge, kleiner als der Interorbitalraum, der $1—1^1/_2$ mal so breit wie ein oberes Augenlid ist; Trommelfell deutlich, $^2/_3—^3/_4$ des Augendurchmessers. Finger groß, nur mit einem schwachen Rudiment von Schwimmhaut, die Haftscheiben der drei lateralen Finger groß, etwa $^1/_2—^2/_3$ des Trommelfells; 1. Finger etwas kürzer als der zweite, der viel kürzer als der 4. ist, den der 3. nicht sehr viel überragt; Subartikulartuberkel deutlich; Zehen mit $^3/_4$ Schwimmhaut, die an der 4. Zehe das letzte Glied freiläßt, an allen anderen Zehen aber bis zu den Haftscheiben reichen; 5. Zehe ein wenig länger als die 3., laterale Metatarsalia völlig durch Schwimmhaut getrennt; Haftscheiben etwas kleiner als die der Finger; laterale Zehe mit Hautfalte; Tarsalfalte fehlt; nur eine kräftige, rundliche, vorspringende, mediale Metatarsaltuberkel vorhanden, keine laterale, keine Tarsaltuberkel; Subartikulartuberkel kräftig entwickelt. Das Tibiotarsalgelenk reicht bis zur Schnauzenspitze oder ein wenig darüber hinaus; Femur kürzer als die Tibia, die etwa $4^1/_2$ mal so lang wie breit, etwa $^1/_2$ der Körperlänge, und länger als der Fuß ist; bei rechtwinklig angeknickten Hinterbeinen überragen die Fersen einander etwas. Ein schlanker Parieto-Squamosalbogen vorhanden; Schädelknochen rauh, die Haut der Kopfoberseite verwachsen mit den Frontoparietalia und den Nasalia. Haut oben, auf der Brust und der Kehle fein granuliert, am Bauch und unter den Schenkeln grob gekörnelt; eine starke Supratympanalfalte, die sich in eine Dorsolateralfalte verlängern kann.

Oberseite bräunlich, mit einer großen, dunklen oder dunkelgerandeten sanduhrförmigen Zeichnung auf dem Hinterkopf und dem Vorderrücken. Schenkel mit dunklen Querbinden; Hinterseite der Oberschenkel bräunlich, einfarbig oder mit kleinen, weißen Flecken. Männchen 56 mm, Weibchen 85 mm lang.

Ceylon.

115. **R. (R.) macrotis** Blgr. 1891 *R. m.*, Boulenger in: Ann. nat. Hist., ser. 6 *v.* 7 p. 282 | 1920 *R. m.*, Taylor in: Philipp. J. Sci., *v.* 16 p. 285 | 1923 *R. m.*, Kampen, Amph. Indo-Austral. Archip., p. 251.

Vomerzähne in zwei schrägen Gruppen auf der Verbindungslinie der Vorderränder der sehr großen Choanen; Zunge groß, hinten mit zwei Zipfeln, ohne Papille; Kopf groß, so lang oder fast so lang wie breit; Schnauze rundlich zugespitzt, vorn konvex verrundet, ein wenig über das Maul hinausragend, länger als der Augendurchmesser, kleiner als der Zwischenraum zwischen den vorderen Augenwinkeln; Canthus rostralis scharf, gerade; Lorealgegend ziemlich steil, tief konkav; Nasenloch nahe der Schnauzenspitze, der Abstand zwischen ihm und dem Auge fast so groß wie der Durchmesser des letzteren, größer als der Zwischenraum zwischen den Nasenlöchern, der gerade und flach ist, schmaler als der Interorbitalraum, der so breit oder etwas breiter als das obere Augenlid ist; Trommelfell deutlich, so groß oder fast so groß wie das Auge. Finger mit deutlichem Rudiment von Schwimmhaut, die Haftscheiben groß, etwa $^1/_2$ so groß wie das Trommelfell; 1. Finger nur wenig kleiner als der 2., der viel kürzer als der 4. ist, der von dem 3. nur wenig überragt wird; Subartikulartuberkel mäßig; Zehen mäßig lang, fast mit ganzen Schwimmhäuten, die an der 4. Zehe das letzte Glied frei lassen, an den übrigen Zehen bis an die Haftscheiben gehen; Haftscheiben kleiner als die der Finger; laterale Metatarsalia völlig durch Schwimmhaut getrennt; laterale Zehe mit Hautfalte; Tarsalfalte fehlt; nur eine sehr kleine, flache, mediale Metatarsaltuberkel, keine laterale, keine Tarsaltuberkel; Subartikulartuberkel mäßig; das Tibiotarsalgelenk reicht bis zur Schnauzenspitze; Femur kürzer als die Tibia, die $4^1/_2$ mal so lang wie breit, $^1/_2$ der Körperlänge, und länger als der Fuß ist; bei rechtwinklig angeknickten Hinterbeinen decken die Fersen einander. Kopfhaut verwachsen mit den rauhen Frontoparietalia; Oberseite glatt oder fein gekörnelt; Kehle und Brust fein, Bauch und Unterseite der Oberschenkel grob gekörnelt. Eine deutliche Supratympanalfalte.

Oben grau- oder gelblichbraun, mit wenigen, kleinen dunkelbraunen Flecken oder zwei undeutlichen schwarzen Längsbinden; Lorealgegend grauweiß; eine dunkelbraune Binde von der Schnauzenspitze durch das Nasenloch, das Auge und das Trommelfell zu den Körperseiten; Beine mit unregelmäßigen Querbinden; Hinterseite der Schenkel braun mit weißen Flecken; Unterseite weiß, braun gefleckt. Totallänge 80 mm.

Sumatra, Natuna Inseln, Borneo, Palawan, Balabak.

116. **R. (R.) lincki** (Taylor) 1922 *Polypedates l.*, Taylor in: Philipp. J. Sci., *v.* 21 p. 276 t. 3 f. 2 (Habitus).

Choanen groß, nicht oder nur wenig von dem überhängenden Kiefer bedeckt; Vomerzähne in zwei kurzen, schmalen, schrägen Gruppen nahe dem medialen vorderen Rande, nicht über die Verbindungslinie der Hinterränder der Choanen hinwegragend; die Zahnreihen durch einen Abstand von etwa ihrer eigenen Länge getrennt; Zunge ziemlich klein, ohne Tuberkel; Schnauze kurz, abgestutzt, länger als der Augendurchmesser; Lorealgegend leicht schräg, konkav; Canthus rostralis deutlich, der Rand etwas abgerundet; Interorbitalraum so breit oder etwas schmaler als das obere Augenlid; Nasenloch viel näher der Schnauzenspitze als dem Auge, von letzterem um den Durchmesser des Auges entfernt; Abstand der Nasenlöcher geringer als der bis zum Auge, kleiner als der Interorbitalraum; Trommelfell deutlich, groß, $^2/_3$ so groß wie der Augendurchmesser; Finger mit stark verbreiterten Haftscheiben; Subartikulartuberkel kräftig; nur eine schwache Spur von Schwimmhaut zwischen den Fingern; eine etwas undeutliche Falte an der Lateralseite des Armes; Haftscheiben der Zehen etwas kleiner als die der Finger; Zehen mit Schwimmhäuten, die bis an die Haftscheiben der 3. und 5. Zehe gehen; letzte Phalange der 4. Zehe frei; Subartikulartuberkel klein aber deutlich; eine deutliche, mediale Metatarsaltuberkel; laterale, wenn vorhanden, sehr schwach und undeutlich; eine schwache Hautfalte an der Lateralseite der 5. Zehe; Sohle mit feiner Körnelung; das Tibiotarsalgelenk reicht bis zwischen Auge und Nasenloch.

Eine wohl entwickelte Supratympanalfalte; Haut des Rückens meist glatt; Haut der Kopfoberseite glatt, nicht in die Schädelverknöcherung mit einbezogen; die das Auge begrenzenden Ränder der Frontoparietalia leicht erhöht, eine undeutliche, niedrige Leiste bildend, die hinten ziemlich stark konvergiert; oberes Augenlid, hinterer Teil des Körpers, Femur und Kehle glatt oder fein granuliert; Bauch und Unterseite der Oberschenkel stark gekörnelt, 3 oder 4 Tuberkel etwas vergrößert, rund um den Anus.

Färbung im Leben sehr veränderlich, creme- bis zitronengelb, ohne irgendwelche Zeichnung außer einer weißlichen Zone unter dem Auge vor dem Trommelfell; Unterseite cremefarben; bei konservierten Stücken ist die Körperfarbe hellgrau bis graubraun, mit wenigen Querbinden auf den Schenkeln und einigen dunklen Flecken auf der Kehle. Totallänge 63 mm.

Joloinsel (Philippinen). Männchen ohne Schallblasen; die Eier sind gelb und haben einen Durchmesser von 3—4 mm.

117. **R. (R.) fruhstorferi** E. Ahl 1927 *R. f.*, E. Ahl in: SB. Ges. Fr. Berlin, p. 44.

Vomerzähne in zwei kurzen, schrägen Gruppen von dem vorderen medialen Rande der großen Choanen; Zunge groß, hinten mit zwei Zipfeln, ohne Papille; Kopf breiter als lang, groß; Schnauze abgerundet, vorn senkrecht abgestutzt, nicht über das Maul hinwegragend, viel länger (fast doppelt so lang) als das Auge, fast so groß wie der Abstand zwischen den vorderen Augenwinkeln; Canthus rostralis mäßig deutlich; Lorealgegend schräg, konkav; Nasenloch vorgewölbt, fast an der Schnauzenspitze liegend, der Zwischenraum zwischen den Nasenlöchern konkav, viel kleiner als der bis zum Auge, viel kleiner als der Interorbitalraum, der $1^1/_2$mal so breit wie das obere Augenlid ist; Trommelfell deutlich, $^3/_4$ so groß wie das Auge, um die Hälfte seines Durchmessers von letzterem entfernt. Haftscheiben der Finger breiter als lang, oben mit zwei, nur schwer abhebbaren Hautlappen, die Breite fast so groß wie das Trommelfell; Finger nur am Grunde mit Schwimmhaut versehen; 1. Finger kleiner als der 2., der kürzer als der 4. ist, der von dem 3. überragt wird; Subartikulartuberkel deutlich, einfach. 5. Zehe länger als die 3., die Haftscheiben kleiner als die der Finger, ebenfalls mit 2 kleinen Hautlappen versehen; Zehen mit fast ganzen Schwimmhäuten, die an allen Zehen bis zu den Haftscheiben reichen, außer bei der 4., wo das Endglied nur von einem schmalen Saum umschlossen wird; laterale Metatarsalia nur in ihrer distalen Hälfte durch Schwimmhaut getrennt; Tarsalfalte fehlt; nur eine kleine, ovale, mediale Metatarsaltuberkel von $^2/_5$ der Länge der medialen Zehe, keine laterale; das Tibiotarsalgelenk reicht bis zwischen Auge und Schnauzenspitze; Femur nur wenig kürzer als die Tibia, die 5mal so lang wie breit, etwa $^1/_2$ der Körperlänge und viel länger als der Fuß ist; bei rechtwinklig angeknickten Hinterbeinen decken die Fersen einander. Haut auf der gesamten Oberseite mit ungleich großen, rauhen Warzen besetzt; Unterseite an der Kehle grob, an Brust und Bauch feiner granuliert, überall mit verstreuten, größeren Tuberkeln vermischt.

Färbung oben bräunlich, die Warzen heller grau; Körperseiten weißlich marmoriert; Schenkel, auch vorn und hinten, braun quergestreift; Unterseite weißlich, Kehle stark, Bauch schwach braun gefleckt. Totallänge 69 mm.

Tonkin.

118. **R. (R.) modestus** Blgr. 1920 *R. m.*, Boulenger in: J. feder. Malay Mus., *v.* 8 p. 293 | 1923 *R. m.*, Kampen, Amph. Indo-Austral. Archip., p. 259.

Vomerzähne in zwei schrägen Gruppen zwischen den Choanen, Kopf so lang wie breit; Schnauze abgerundet, so lang wie der Augendurchmesser; Canthus rostralis deutlich, gerade oder leicht gebogen; Lorealgegend schräg, leicht konkav; Nasenloch ein wenig näher der Schnauzenspitze als dem Auge; Interorbitalraum so breit oder ein wenig breiter als das obere Augenlid; Trommelfell deutlich, $^1/_2$—$^2/_3$ so groß wie das Auge. Finger und Zehen mit großen Haftscheiben, die der lateralen Finger so groß wie das Trommelfell, die des 1. Fingers und der Zehen kleiner; 1. Finger kürzer als der 2., der kürzer als der 4. ist; laterale Finger zu $^1/_3$, Zehen zu $^2/_3$ mit Schwimmhaut versehen; Subartikular- und mediale Metatarsaltuberkel schwach, keine laterale; das Tibiotarsalgelenk reicht bis zum Auge oder zwischen Auge und Schnauzenspitze; Tibia etwa $^1/_2$ der Körperlänge. Haut oben glatt, Bauch und Unterseite der Schenkel gekörnelt.

Oben grau oder braun, manchmal dunkler an den Seiten, gewöhnlich mit einem weißen Streifen oder einer Reihe weißer Flecke entlang den Flanken; ein dunkler Canthal- und Temporalstreifen; Beine mit dunklen Querbinden; Unterseite weiß, einfarbig oder braun gefleckt. Totallänge 41 mm. Männchen mit subgularer Schallblase.

Sumatra (2200 m).

119. **R. (R.) appendiculatus** (Günther) 1858 *Polypedates a.*, Alb. Günther, Cat. Batr. sal. Brit. Mus., p. 79 | 1882 *Rhacophorus a.*, Boulenger, Cat. Batr. sal. Brit. Mus., ed. 2 p. 86 t. 8 f. 4 (Habitus) | 1886 *R. a.*, O. Boettger in: Ber. Senckenb. Ges., p. 122 | 1890 *R. a.*, F. Mocquard in: N. Arch. Mus. Paris, ser. 3 *v.* 2 p. 150 | 1899 *R. a.*, O. Boettger in: Abh. Mus. Dresden, *v.* 7 nr. 1 p. 2 | 1900 *R. phyllopygus*, F. Werner in: Zool. Jahrb.,

Syst. *v.* 13 p. 494 t. 32 f. 5 (Habitus) | 1918 *R. appendiculatus*, J. Roux in: Rev. Suisse Zool., *v.* 26 p. 414 | 1920 *Polypedates a.*, Taylor in: Philipp. J. Sci., *v.* 16 p. 280 | 1922 *P. a.*, Taylor in: Philipp. J. Sci., *v.* 21 p. 278 | 1923 *Rhacophorus a.*, Kampen, Amph. Indo-Austral. Archip., p. 255.

Vomerzähne in zwei schrägen Gruppen zwischen den mäßig großen Choanen, die medialen vorderen Ränder derselben berührend; Zunge ziemlich groß, hinten mit zwei Zipfeln, ohne Papille; Kopf ziemlich groß, so breit oder breiter als lang; Schnauze vorn zugespitzt, mit einem kleinen „nasenähnlichen" Anhang an der Spitze, etwa so lang wie das Auge, etwas kürzer als der Abstand der vorderen Augenwinkel voneinander, länger als hoch; Canthus rostralis mehr oder weniger rund, gebogen; Lorealgegend schräg, konkav; Nasenloch aufgetrieben, näher der Schnauzenspitze als dem Auge,

Fig. 87.
Rhacophorus (R.) appendiculatus (Günther).
Habitus von oben, Mundhöhle. (Nach Boulenger).

der Zwischenraum zwischen den Nasenlöchern konkav, so groß wie der bis zum Auge, kleiner als der Interorbitalraum, der 1—$1^1/_3$mal so breit wie das obere Augenlid ist; Trommelfell deutlich, $^2/_5$—$^1/_2$ so groß wie das Auge, nahe bei letzterem. Finger, wenigstens die beiden lateralen, mit $^1/_3$ Schwimmhaut; Haftscheiben groß, fast so groß wie das Trommelfell; 1. Finger kleiner als der 2., der kürzer als der 4. ist, der von dem 3. überragt wird; Subartikulartuberkel deutlich, die des 3. und 4. Fingers doppelt. Zehen mit fast ganzer Schwimmhaut; Haftscheiben kaum kleiner als die der Finger; 5. Zehe länger als die 3.; laterale Metatarsalia völlig durch Schwimmhaut getrennt; laterale Zehe mit Hautfalte; nur eine kleine, mediale Metatarsaltuberkel, keine laterale; Tarsaltuberkel fehlt; Subartikulartuberkel deutlich. Das Tibiotarsalgelenk reicht bis zum Auge oder der Schnauzenspitze; Femur kürzer als die Tibia, die etwa 5mal so lang wie breit, $^1/_2$ der Körperlänge, und länger als der Fuß ist; bei rechtwinklig angeknickten Hinterbeinen decken die Fersen einander, oder überragen einander ein wenig. Haut oben glatt, oder mit kleinen, verstreuten Warzen; an der

Schnauzenspitze eine kleine, häutige „Nase"; stark vergrößerte Tuberkel am After, und etwas kleinere an der Ferse; eine mehr oder weniger starke Hautfalte, manchmal gezackt, entlang der Lateralseite des Unterarmes und Lateralfingers und des Tarsus und der 5. Zehe; manchmal eine schwache, gezähnte Hautfalte entlang dem Rande des Unterkiefers; Bauch gekörnelt oder glatt, Unterseite der Schenkel granuliert.

Oben grau; eine rötliche oder schwärzliche Querbinde zwischen den Augen, eine andere auf der Schnauze und eine dritte auf dem Nacken können vorhanden sein; ebenso einige Flecke von derselben Farbe auf dem Rücken; Beine mit mehr oder weniger deutlichen Querbinden; Unterseite weißlich-cremefarben. Totallänge 46 mm. (Fig. 87).

Mentaweiinseln, Sumatra, Borneo, Philippinen.

Die Eier werden in die Wasseransammlungen der Blattachsen großer Pflanzen (Caladium) abgelegt.

120. **R. (R.) schlegelii** (Günther) 1858 *Polypedates s.*, Alb. Günther, Cat. Batr. sal. Brit. Mus., p. 81 t. 6 f. C (Habitus) | 1866, 1876 *P. s.*, E. Martens in: Preuss. Exp. O.-Asien, *v.* 1 p. 111, 383 | 1880 *P. s.*, Hilgendorf in: SB. Ges. Fr. Berlin, p. 120 | 1882 *Rhacophorus s.*, Boulenger, Cat. Batr. sal. Brit. Mus., ed. 2 p. 86 t. 9 f. 1 (Habitus) | 1891 *R. s.*, Okada, Cat. Vert. Jap., p. 67 | 1892 *R. s.*, O. Boettger, Kat. Batr. Mus. Senckenb., p. 16 | 1897 *R. s.*, Ikeda in: Annot. zool. Jap., *v.* 1 p. 113 | 1907 *Polypedates s.*, Stejneger in: Bull. U. S. Mus., *v.* 58 p. 145 f. (Mundöffnung, Kopf von oben und von der Seite).

Vomerzähne in zwei nahezu geraden Gruppen zwischen und nahe den ziemlich kleinen Choanen, jede Reihe etwas kürzer als der Abstand zwischen ihnen; Zunge ziemlich groß, hinten mit 2 Zipfeln; Kopf mäßig groß, breiter als lang; Schnauze abgerundet, niedergedrückt, etwas über das Maul hinausragend, etwas länger als der Augendurchmesser, so lang wie der Abstand zwischen den vorderen Augenwinkeln, länger als hoch; Canthus rostralis deutlich; Lorealgegend abgeschrägt, nur schwach vertieft; Nasenloch nur wenig näher dem Auge als der Schnauzenspitze; der Abstand der Nasenlöcher voneinander größer als der bis zum Auge, etwa ebenso groß oder etwas kleiner als der Interorbitalraum, der etwa $1^1/_2$ mal so breit wie das obere Augenlid ist. Das Trommelfell ist kreisrund, deutlich, $^3/_5$—$^2/_3$ des Augendurchmessers; Trommelfell nahe beim Auge. Laterale Finger mit $^1/_3$ Schwimmhaut, die das letzte Glied freilassen, die anderen mit Schwimmhaut an der Basis; 1. Finger viel kleiner als der 2., der kleiner als der 4. ist; 4. Finger nur wenig kürzer als der 3., der bis unter die Haftscheibe dieses Fingers reicht; Haftscheiben der drei lateralen Finger groß, etwa $^3/_4$—$^4/_5$ des Durchmessers des Trommelfells; die des ersten Fingers sehr klein. Die Haftscheiben vorn abgerundet. Subartikulartuberkel deutlich, einfach. Zehen mäßig lang; fast mit ganzen Schwimmhäuten, die an der längsten Zehe das letzte Glied freilassen, und an den übrigen Zehen fast bis an die Haftscheiben reichen; dritte Zehe kürzer als die fünfte; Haftscheiben kleiner als die der Finger; laterale Zehe mit ganz schwacher Hautfalte; Tarsalfalte fehlt; eine ziemlich große, quer gestellte, vorragende, mediale Metatarsaltuberkel von der halben Länge der medialen Zehe, und eine große, runde, aber nicht vortretende laterale; keine Tarsaltuberkel; Subartikulartuberkel deutlich; das Tibiotarsalgelenk reicht bis zum Trommelfell oder dem Hinterrand des Auges; das Femur ist etwa so lang wie die Tibia, die $2^1/_2$—$2^2/_3$ mal so lang wie breit, etwa $2^1/_2$ mal in der Körperlänge enthalten und so lang wie der Fuß ist. Bei rechtwinklig angeknickten Hinterbeinen berühren die Fersen einander nicht. Haut oben fein chagriniert; eine starke Supratympanalfalte vorhanden; Unterseite granuliert, und zwar stärker werdend von der Kehle nach hinten.

Färbung im Leben oben grün, in Alkohol stumpf blau; unten gelblich, welche Farbe auch die Oberseite der zwei medialen Finger, der drei medialen Zehen, und alle Haftscheiben besitzen. Einzelne dunkle Flecke oder schwache Marmorierungen an den Körperseiten sowie der Vorder- und Hinterseite der Oberschenkel. Keine dunklen Querbinden auf denselben. Kehle beim Männchen dunkel. Männchen mit innerer Schallblase. Totallänge 50 mm. (Fig. 88).

Japan.

Fig. 88.
Rhacophorus (**R.**) **schlegelii** (Günther).
Habitus von oben. (Nach Boulenger).

121. **R.** (**R.**) **microglossus** Blgr. 1882 *R. m.*, Boulenger, Cat. Batr. sal. Brit. Mus., ed. 2 p. 87 t. 9 f. 2 (Habitus).

Zunge ungewöhnlich klein; Vomerzähne in zwei leicht schrägen Gruppen von dem vorderen medialen Rande der Choanen. Schnauze abgerundet; Canthus rostralis deutlich; Lorealregion leicht konkav; Nasenloch gleich weit von

Fig. 89.
Rhacophorus (**R.**) **microglossus** Blgr.
Habitus von oben, Mundöffnung. (Nach Boulenger).

Auge und Schnauzenspitze entfernt; Interorbitalraum breiter als das obere Augenlid; Trommelfell $^1/_2$ so groß wie das Auge. Finger mit halben Schwimmhäuten, Zehen mit $^3/_4$ Schwimmhaut; Haftscheiben der Finger und Zehen mäßig groß, nicht ganz $^2/_3$ des Trommelfells; Subartikulartuberkel nicht sehr vorstehend; eine kleine, mediale Metatarsaltuberkel. Das Tibiotarsalgelenk reicht bis zum Vorderrand des Auges. Haut oben glatt, unten gekörnelt; eine Falte über dem Trommelfell.

Oben violett, ungefleckt; Schenkel farblos, außer einem schmalen violetten Streifen entlang ihrer Oberseite; Seiten des Körpers und der Schenkel mit kleinen, schwärzlichen Punkten; eine weiße Linie entlang dem Lateralrand von Unterarm und Tarsus. Männchen mit innerer Schallblase. Totallänge etwa 40 mm. (Fig. 89).

Fundort unbekannt.

Fig. 90.
Rhacophorus (R.) chaseni M. A. Sm.
Habitus von oben, Kopf von der Seite. (Nach M. A. Smith).

122. **R. (R.) chaseni** M. A. Sm. 1924 *R. c.*, M. A. Smith in: P. zool. Soc. London, p. 226 t. 1 f. 1 (Habitus).

Vomerzähne in zwei leicht schrägen Gruppen, die den vorderen medialen Rand der Choanen berühren; Zunge tief eingeschnitten, ohne Papille. Kopf länger als breit, stark niedergedrückt, von dreieckiger Form; Haut der Cranialgegend nicht mit den Knochen verwachsen; Schnauze scharf zugespitzt, über die Nasenlöcher in eine vorgezogene Spitze vorragend, viel länger als der Augendurchmesser; Canthus rostralis deutlich; Lorealgegend sehr schräg, konkav; Nasenloch beträchtlich näher der Schnauzenspitze als dem Auge; Interorbitalraum fast zweimal so breit wie das obere Augenlid; Trommelfell deutlich, $^3/_5$ des Augendurchmessers, sein Abstand vom Auge die Hälfte seines eigenen Durchmessers, deutlich von oben sichtbar wegen des ungewöhnlich schrägen Abfalls der Temporalgegend. Die beiden lateralen Finger fast mit halber Schwimmhaut, die medialen Finger etwas weniger; Haftscheiben der Finger so breit wie lang, $^2/_3$ so groß wie das Trommelfell; Zehen mit ganzen Schwimmhäuten, die Haftscheiben nicht so groß wie die der Finger; Subartikulartuberkel gut entwickelt; eine vorragende, mediale Metatarsaltuberkel von $^1/_3$ der Länge der medialen Zehe, keine laterale; Hinterbein schlank, Tibia 6mal so lang wie breit, das Tibiotarsalgelenk reicht fast bis zum Nasenloch. Haut oben glatt, stark gekörnelt auf dem Bauch und unter den Schenkeln, Kehle glatt; eine Falte vom Auge zur Schulter; eine schwach gesägte Hautfalte vom Ellbogen entlang der Lateralseite von Unterarm und Hand, eine andere entlang der Lateralseite des Fußes, am Tarso-Metatarsalgelenk in einen spitzen Lappen endend; eine starke, in der Mitte unterbrochene Falte über dem After, und ein gezahnter Saum entlang der Lateralseite des Unterkiefers.

Oben grau, dunkler gefleckt; unten grauweiß, mediale Finger und Zehen heller als die lateralen; Interdigitalmembranen dunkelgrau. Totallänge 50 mm. (Fig. 90).

Gunong Takon (Malayische Halbinsel), 1500 m.

123. **R. (R.) javanus** Boettg. 1822 ?*R. moschata* (nom. nud.), Kuhl in: J. C. v. Hasselt in: Alg. Konst- en Letter-Bode, *v.* 1 p. 104 | 1837—44? *Hyla margaritifera*, H. Schlegel, Abbild. Amph., p. 107 | 1893 *Rhacophorus javanus*, O. Boettger in: Zool. Anz., *v.* 16 p. 338 | 1907 *R. j.*, Kampen in: M. Weber, Ergeb. Reise Niederl. O.-Ind., *v.* 4 p. 402 | 1910 *R. j.*, Kampen in: Natuurk. Tijdschr. Nederl. Ind., *v.* 69 p. 42 t. 2 f. 7, 8 (Habitus) | 1912 *Polypedates j.*, Barbour in: Mem. Mus. Harvard, *v.* 44 p. 68 t. 8 f. 31 (Habitus) | 1923 *Rhacophorus j.*, Kampen, Amph. Indo-Austral. Archip., p. 254.

Vomerzähne in zwei schrägen Gruppen vom vorderen medialen Rande der Choanen; Kopf breiter als lang; Schnauze schwach vorragend, so lang wie das obere Augenlid, länger als hoch; Canthus rostralis ziemlich deutlich; Lorealgegend schräg, konkav; Nasenloch näher der Schnauzenspitze als dem Auge; Interorbitalraum ein wenig breiter als das obere Augenlid; Trommelfell $^2/_5$—$^1/_2$ des Augendurchmessers. Haftscheiben der drei lateralen Finger etwa $^1/_2$ so groß wie das Auge, die des medialen Fingers und der Zehen kleiner; 1. Finger kürzer als der 2., der kürzer als der 4. ist; die drei lateralen Finger mit $^1/_2$—$^2/_3$ Schwimmhaut, der 1. nur an der Basis; 5. Zehe ein wenig länger als die 3.; die Schwimmhaut an den Zehen erreicht überall die Haftscheiben, außer an der 4. Zehe, wo das Endglied nur von einem schmalen Saum umschlossen ist; Subartikulartuberkel klein, einfach; eine kleine mediale, keine laterale Metatarsaltuberkel; keine Tarsalfalte; das Tibiotarsalgelenk reicht ein wenig über die Schnauzenspitze hinaus; Tibia ein wenig mehr als $^1/_2$ der Körperlänge. Haut oben glatt; eine quere Leiste über dem After, ein dreieckiger Hautlappen an der Ferse und Hautfalten entlang der Lateralseite von Unterarm, lateralem Finger, Tarsus und 5. Zehe; eine Falte über dem Trommelfell; Bauch und proximaler Teil der Unterseite der Schenkel gekörnelt.

Oberseite grauweiß, fein schwärzlich gefleckt; eine schmale dunkle Querbinde zwischen den Augen und eine andere, undeutliche, hinter ihnen; Beine ohne Querbinden; die Hautfalten und der Lappen an der Ferse weißlich; unten gelblich rot, Kehle und Bauch weißlich. Totallänge 59 mm.

Java.

Beschreibung der (wahrscheinlich) hierher gehörenden Kaulquappe: Körperlänge $1^1/_2$ bis fast 2 mal ihrer Breite; Schwanz $1^1/_2$ (bei jungen Stücken) bis $2^1/_4$ mal (bei älteren) so lang wie der Körper und $3^1/_2$ (bei jungen) bis $4^1/_2$ mal (bei älteren) so lang wie hoch; Nasenloch etwa ebenso weit entfernt vom Auge wie von der Schnauzenspitze; Augen oberständig, in der Mitte zwischen Spiraculum und Schnauzenspitze; der Abstand zwischen ihnen $1^1/_2$—2 mal des Abstandes zwischen den Nasenlöchern; Spiraculum

Fig. 91.
Rhacophorus (R.) javanus Boettg
Habitus. (Nach Barbour).

linksseitig, aufwärts und rückwärts gerichtet, von oben und von unten sichtbar, gleich weit entfernt von Schnauzenspitze und After; After rechtsseitig; Schwanz zugespitzt; der obere Saum ein wenig höher als der untere, und die Basis des Schwanzes erreichend. Maul bauchständig; Seiten und Unterrand der Lippen mit einer kontinuierlichen Reihe von Papillen; die entlang den Seiten sind in 2—3, die entlang dem unteren Rande in 3—4 Reihen; Kiefer schwarz gerandet; Zahnreihen 5^1 5/3, die zweite und dritte Reihe der Oberlippe schmal unterbrochen (die zweite manchmal zusammenhängend);

die Reihen der Unterlippe fast gleich lang, die vorderste manchmal kaum unterbrochen.

Körper oben grau, unten weiß; Schwanz gelblich mit hellgrauen, durchsichtigen Säumen; hinterer Teil des Schwanzes mit großen schwärzlichgrauen Flecken. Totallänge 58 mm. (Fig. 91).

124. **R. (R.) angulirostris** E. Ahl 1890 *R. acutirostris* (non *Ixalus a.*, Peters 1867), F. Mocquard in: N. Arch. Mus. Paris, ser. 3 *v.* 2 p. 151 t. 11 f. 1 (Habitus) | 1890 *R. a.*, F. Mocquard in: Naturaliste, ser. 2 *v.* 12 p. 163 | 1923 *R. a.*, Kampen, Amph. Indo-Austral. Archip., p. 260 | 1927 *R. angulirostris*, E. Ahl in: SB. Ges. Fr. Berlin, p. 45.

Vomerzähne in zwei weit getrennten, kleinen Gruppen zwischen den Choanen. Schnauze winkelig, kaum länger als der Augendurchmesser; Canthus rostralis deutlich; Nasenloch gleich weit entfernt von Auge und Schnauzenspitze; Interorbitalraum breiter als das obere Augenlid; Trommelfell etwas mehr als $^1/_3$ der Augenbreite. Haftscheiben der Zehen so groß wie das Trommelfell, die der Finger größer; laterale Finger mit $^2/_3$ Schwimmhaut, der mediale fast frei; Zehen mit $^3/_4$ Schwimmhaut; Subartikulartuberkel gut entwickelt; eine kleine mediale, keine laterale Metatarsaltuberkel; das Tibiotarsalgelenk reicht bis zum Auge oder ein wenig darüber hinaus. Oben glatt; eine Reihe von 6—7 kleinen, runden Tuberkeln entlang dem Lateralrand des Unterarmes; eine starke Falte über dem Trommelfell; Bauch und Unterseite der Schenkel stark granuliert.

Oben glänzend braun; eine schmale Querbinde zwischen den Augen oft vorhanden; Seiten des Körpers und der Schenkel mit großen, fast schwarzen Flecken; die Tuberkel entlang dem Unterarm weiß; manchmal ein kleiner, weißer Fleck unter dem Auge; Unterseite gelblichweiß, braun gefleckt; bei jungen Stücken ist die Oberseite rostbraun, mit wenigen braunen Flecken oder Querbinden; die Hinterbeine können ebenfalls solche Querbinden besitzen, und die Unterseite ist einfarbig grau oder gelblichweiß. Totallänge 47 mm.

Borneo (Kina Balu, 1200 m).

125. **R. (R.) poecilonotus** Blgr. 1920 *R. p.*, Boulenger in: J. feder. Malay Mus., *v.* 8 p. 294 | 1923 *R. p.*, Kampen, Amph. Indo-Austral. Archip., p. 256.

Vomerzähne in zwei langen, queren oder leicht schrägen Gruppen zwischen den Choanen; Kopf sehr stark niedergedrückt; Schnauze abgerundet oder mehr oder weniger zugespitzt; Canthus rostralis gebogen; Lorealgegend sehr schräg, konkav; Nasenloch gleich weit entfernt von Schnauzenspitze und Auge; Interorbitalraum ein wenig breiter als das obere Augenlid; Trommelfell deutlich, $^2/_3$ des Augendurchmessers; Haftscheiben der Finger so groß wie das Trommelfell, die der Zehen kleiner; Finger mit halben Schwimmhäuten, die Zehen mit ganzen Schwimmhäuten bis an die Haftscheiben; Subartikularhöcker und mediale Metatarsaltuberkel schwach; das Tibiotarsalgelenk reicht bis zum Auge oder zwischen Auge und Schnauzenspitze. Oben glatt; Ferse mit einer mehr oder weniger deutlichen, konischen Tuberkel; Bauch und Unterseite der Schenkel gekörnelt.

Färbung sehr veränderlich; oben grau oder hellbraun, mit braunen oder schwarzen Marmelflecken oder symmetrischen Zeichnungen, oder schwärzlichbraun mit hellgrauen oder weißlichen Flecken, die zwei Querbinden auf der Schnauze und zwei Längsbinden auf dem Rücken bilden; Beine orange, mit dunkelbraunen Querlinien, die sehr zahlreich sein können; Unterseite weiß. Totallänge 48 mm. Männchen mit subgularer Schallblase.

Sumatra (Sungai Kumbang, 1400 m, Kurintji Peak).

126. **R. (R.) monticola** Blgr. 1896 *R. m.*, Boulenger in: Ann. nat. Hist., ser. 6 *v.* 17 p. 395 | 1897 *R. m.*, Boulenger in: P. zool. Soc. London, p. 234 t. 16 f. 3 (Habitus) | 1907 *R. m.*, Kampen in: M. Weber, Ergeb. Reise Niederl. O.-Ind., *v.* 4 p. 403 (Kaulquappe) | 1923 *R. m.*, Kampen, Amph. Indo-Austral. Archip., p. 261.

Vomerzähne in zwei schrägen Gruppen zwischen den Choanen. Schnauze mehr oder weniger zugespitzt, so lang wie der Augendurchmesser; Canthus rostralis deutlich; Lorealgegend leicht konkav; Nasenloch gleich weit entfernt vom Auge und der Schnauzenspitze; Interorbitalraum so breit wie ein oberes Augenlid; Trommelfell mäßig deutlich, $^1/_2$ so groß wie das Auge. Haftscheiben der Finger so groß oder ein wenig größer als das Trommelfell; laterale Finger mit $^2/_3$ Schwimmhaut; Zehen mit fast vollen Schwimmhäuten, die an der 3. und 5. Zehe bis zu den Haftscheiben reichen, an der 4. Zehe das letzte Glied freilassen. Subartikulartuberkel schwach; eine sehr kleine, mediale Metatarsaltuberkel; keine Tarsalfalte, das Tibiotarsalgelenk reicht bis zum Auge oder dessen Vorderrand. Oben fein chagriniert, auf dem Bauch und unter den Schenkeln granuliert; eine Supratympanalfalte.

Färbung sehr variabel. Oben grau oder grün (bläulich oder bräunlich in Alkohol), einfarbig oder mit verstreuten, kleinen, gelben Flecken, oder dunkler gefleckt, gewölkt oder genetzt, oder mit großen, symmetrischen Zeichnungen, wie einer Querbinde zwischen den Augen, einem stundenglas- oder X-förmigen Fleck auf dem vorderen Teil des Rückens, und einer Querbinde über dem Sacrum; Beine mit dunklen Querbinden; Flanken weiß oder purpurn, mit großen, weißen Flecken; Unterseite weiß. Männchen ohne Schallblasen. Totallänge 48 mm.

Celebes (von 600—1070 m).

Beschreibung der wahrscheinlich zu dieser Art gehörenden Kaulquappe (aus Loka):

Körperlänge fast $1^1/_2$ mal ihrer Breite; Schwanz $1^1/_2$—2 mal der Körperlänge. Nasenloch gleich weit entfernt von der Schnauzenspitze und dem Auge; Augen oberständig, etwa ebenso weit entfernt von der Schnauzenspitze wie vom Spiraculum, der Zwischenraum zwischen ihnen viel größer als der zwischen den Nasenlöchern, etwa gleich der Maulbreite, und etwa $^1/_2$ der Körperbreite; Spiraculum linksseitig, seitwärts, aufwärts und rückwärts gerichtet, in der Mitte zwischen Schnauzenspitze und Afteröffnung; After rechtsseitig, über dem unteren Rand des Schwanzsaumes. Schwanz zugespitzt, der obere Saum erreicht die Basis des Schwanzes. Der ganze untere und die seitlichen Ränder der Lippen mit Papillen; Zahnreihen $5\,{}^1 5/{}^1 2^1$ oder $6^1 6/{}^1 2^1$, die zweite Reihe der oberen, und die dritte der unteren Lippe sehr schmal unterbrochen, die drei Reihen der Unterlippe etwa gleich lang.

Körper oben braun, unten gelblichweiß; Schwanz gelblichweiß; bei alten Stücken eine glänzende Querbinde zwischen den Augen. Totallänge 44 mm.

127. **R. (R.) viridis** (Hallow.) 1860 *Polypedates v.*, Hallowell in: P. Ac. Philad., p. 500 | 1887 *Rhacophorus v.*, Boulenger in: P. zool. Soc. London, p. 149 | 1894 *R. v.*, Fritze in: Zool. Jahrb., Syst. *v.* 7 p. 865 | 1895 *R. v.*, O. Boettger in: Ber. Offenb. Ver., *v.* 33—36 p. 106 | 1902 *R. v.*, A. E. Brown in: P. Ac. Philad., *v.* 54 p. 185 | 1907 *Polypedates v.*, Stejneger in: Bull. U. S. Mus., *v.* 58 p. 147 f. (Kopf von oben, von der Seite, Maulöffnung).

Vomerzähne in zwei leicht schrägen Gruppen, beginnend am medialen vorderen Rand der Choanen. Kopf ziemlich groß; Schnauze kurz und stumpf; Canthus rostralis deutlich und rund; Lorealgegend leicht vertieft; Nasenloch nahe der Schnauzenspitze; Interorbitalraum fast 2 mal so breit wie das obere

Augenlid; Trommelfell deutlich, $^2/_3$ des Augendurchmessers. Finger mit halber und Zehen mit $^2/_3$ Schwimmhaut; Finger mit ziemlich breitem Hautsaum jederseits, der Hautsaum so breit wie der knöcherne Teil der Phalange; Haftscheiben der Finger fast so groß wie das Trommelfell, die der Zehen kleiner; Subartikulartuberkel ziemlich klein; mediale Metatarsaltuberkel länglich, laterale nicht vorhanden; das nach vorn gelegte Hinterbein reicht mit dem Tibiotarsalgelenk bis zur Schnauzenspitze oder nicht ganz so weit. Der Abstand von der Spitze des Coccyx bis zum Ende der Sacral-Diapophyse ist gleich der Kopfbreite. Die Haut des Rückens ist glatt, die des Bauches und der Unterseite der Schenkel stark gekörnelt. Eine leichte Falte vom Auge über das Trommelfell zur Schulter.

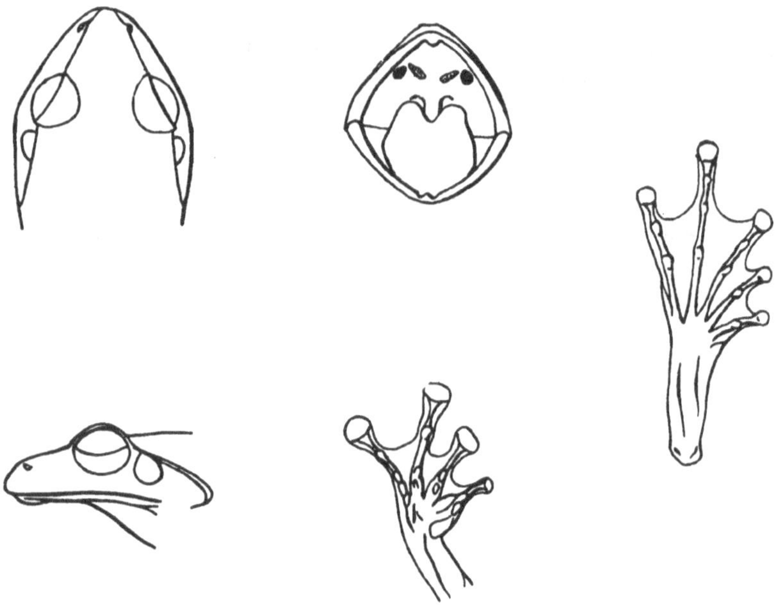

Fig. 92.
Rhacophorus (R.) viridis (Hallow.).
Kopf von oben, Mundhöhle, Kopf von der Seite, Unterseite von rechter Hand und rechtem Fuß.
(Nach Stejneger).

Oberseite (in Alkohol) helloliv; Unterseite gelblich, mit kleinen unregelmäßigen, dunklen Flecken auf der Kehle. Die Vorder- und Hinterseite der Schenkel sind weißlich, mit kleinen, dunklen Flecken, die sich auch auf den medialen Tarsus erstrecken, und manchmal auch auf die Oberseite des Fußes. Im Leben ist die Färbung oben grasgrün, unten hellrot; keine dunkle Trennungslinie zwischen diesen Farben. Totallänge 83 mm. (Fig. 92).

Okinawa-shima (Riu-Kiu-Inseln), daselbst häufig.

128. **R. (R.) moltrechti** Blgr. 1908 *R. m.*, Boulenger in: Ann. nat. Hist., ser. 8 *v.* 2 p. 221 | 1911 *R. viridis* (non Hallowell), T. Vogt in: SB. Ges. Fr. Berlin, p. 179.

Körpergestalt ähnlich der *Hyla arborea*; Vomerzähne in zwei fast geraden Gruppen zwischen den kleinen Choanen, jede Reihe länger als der Abstand voneinander, ihr Anfang am oberen Ende der Choanen. Zunge ziemlich klein, hinten mit zwei Zipfeln. Kopf breiter als lang; Schnauze abgerundet, nur wenig über das Maul hinausragend, länger als das Auge, länger als hoch; Canthus rostralis mäßig deutlich, Lorealgegend ziemlich steil, schwach vertieft. Nasenloch näher der Schnauzenspitze als dem Auge, der Abstand der Nasenlöcher voneinander nur wenig schmaler als der Interorbitalraum, der $1^1/_3$ mal so breit wie das obere Augenlid ist. Trommelfell sehr undeutlich, unter der Haut verborgen, etwa $^3/_5$—$^2/_3$ so groß wie das Auge, der Abstand vom Auge sehr schmal. Finger ziemlich groß, mit $^1/_2$ bis $^2/_3$ Schwimmhaut, die Schwimmhaut zwischen allen Fingern bis zum Grunde der letzten Phalange gehend, als Hautsaum bis an die Haftscheiben reichend, dieser Hautsaum so breit wie der knöcherne Teil der Phalange; 1. Finger viel kürzer als der 2., der kürzer als der 4. ist; 3. Finger länger als die Schnauze; Haftscheiben des 3. und 4. Fingers so groß wie das Trommelfell, die des 2. etwas kleiner und die des 1. noch kleiner. Palmarhöcker gut entwickelt. Zehen mäßig lang, die 5. Zehe ein wenig länger als die 3.; Schwimmhaut der Zehen an der 4. bis zur Basis des Endgliedes, und bei den übrigen bis unter die Haftscheiben reichend; Haftscheiben der Zehen kleiner als die der Finger; Zehen fast völlig durch Schwimmhaut verbunden. Eine undeutliche Tarsalfalte vorhanden; eine Hautfalte über der Ferse; nur eine ovale, flache, mediale Metatarsaltuberkel vorhanden, $^1/_3$ der Länge der medialen Zehe; keine laterale Metatarsaltuberkel und keine Tarsaltuberkel. Subartikulartuberkel mäßig; bei nach vorn an den Körper angelegtem Hinterbein reicht das Tibiotarsalgelenk bis zum Augenhinterrand oder zur Augenmitte; Femur $2^1/_3$—$2^1/_4$ mal im Körper, so lang oder etwas kürzer als die Tibia, die $3^1/_2$ bis 4 mal so lang wie breit, $2^1/_3$—$2^1/_6$ mal im Körper und kürzer als der Fuß ist; bei rechtwinklig angeknickten Beinen berühren sich die Fersen. Haut oben glatt oder fein chagrinartig, unten grob gekörnelt an Bauch und Oberschenkeln, etwas feiner gekörnelt an Kehle und Brust. Eine starke Supratympanalfalte vorhanden.

Oben grün, unten weiß; Axillar- und Lumbargegend mit großen, schwarzen Flecken; Seiten der Hinterbeine glänzend orange, mit großen schwarzen Flecken; Interdigitalmembran orange, schwarz gefleckt. Totallänge 50 mm.

Formosa.

129. **R. (R.) owstoni** (Stejn.) 1907 *Polypedates o.*, Stejneger in: Bull. U. S. Mus., *v.* 58 p. 149.

Vomerzähne in zwei fast geraden Gruppen zwischen und nahe bei den Choanen, jede Reihe kürzer als der Abstand zwischen ihnen; Schnauze vorn abfallend, rundlich zugespitzt; Nasenlöcher viel näher der Schnauzenspitze als dem Auge, wenigstens zweimal so weit vom Auge als das letztere vom Lippenrande entfernt; Interorbitalraum mehr als $1^1/_2$ mal des oberen Augenlids; Trommelfell kreisrund, etwa $^2/_3$ des Augendurchmessers; Finger mit halber Schwimmhaut, die zwischen den beiden Lateralfingern bis zum distalen Ende des Basalgliedes geht, bei den andern nur an der Basis vorhanden ist; häutiger Rand der Finger jederseits gleich der Breite der knöchernen Phalanx; Haftscheiben der drei lateralen Finger groß, etwa $^3/_4$ so groß wie das Trommelfell; 1. Finger kleiner als der 2., der kürzer als der 4. ist; Zehen mäßig lang, fast mit voller Schwimmhaut; die Haftscheiben kleiner als die der Finger; das Tibiotarsalgelenk reicht bis zur Augenmitte; der Abstand vom Ende des Coccyx bis zum Ende der Sacraldiapophyse viel geringer als die Breite des Kopfes und nicht mehr als der Abstand von der Schnauzenspitze zum Hinterrand des Trommelfells; mediale

Metatarsaltuberkel größer als bei *R. viridis;* keine laterale vorhanden. Haut oben fein chagriniert; eine deutliche Supratympanalfalte vorhanden; Kehle, Brust, Bauch und Unterseite der Schenkel gekörnelt, von vorn nach hinten gröber.

Oben bläulich (grün im Leben), unten hell; die meisten Stücke haben die Seiten, den vorderen und hinteren Teil des Femur, und die Unterseite der Tibia, mit kleinen, rundlichen, purpurbraunen Punkten besetzt.

Riu-Kiu-Inseln (Ishigaki-shima, Yaeyama Gruppe).

130. **R. (R.) georgii** J. Roux 1904 *R. g.*, J. Roux in: Verh. Ges. Basel, *v.* 15 p. 430 t. 8 (Habitus) | 1923 *R. g.*, Kampen, Amph. Indo-Austral. Archip., p. 253.

Vomerzähne in zwei schrägen Gruppen vom medialen vorderen Rande der Choanen; Kopf so lang wie breit; Schnauze abgerundet; Canthus rostralis deutlich; Lorealgegend schwach konkav; Nasenloch näher der Schnauzenspitze als dem Auge; Interorbitalraum zweimal so breit wie das obere Augenlid; Trommelfell sehr deutlich, oval, sein Durchmesser so groß wie der Abstand zwischen Nasenloch und Schnauzenspitze. Haftscheiben der Finger groß, die des 3. Fingers etwa so breit wie der kleinere Durchmesser des Trommelfells; 1. Finger kürzer als der 2.; Finger mit $^2/_3$ Schwimmhaut; Zehen, mit Ausnahme der 4., bis zu den Haftscheiben mit Schwimmhaut; Subartikularhöcker und mediale Metatarsaltuberkel schwach vorragend; keine laterale Metatarsaltuberkel; das Tibiotarsalgelenk reicht über die Schnauzenspitze hinaus. Hinterhaupt mit 4 steifen, stachelähnlichen Gebilden; ein seitlich zusammengedrücktes über jedem Trommelfell, und zwei zwischen den Tympana; Haut der Oberseite mit kleinen Warzen oder Tuberkeln; eine schmale Falte entlang dem Lateralrand des 4. Fingers, und eine andere entlang dem Lateralrand der 5. Zehe, sich ein wenig entlang dem Unterarm und dem Tarsus ausdehnend; Ferse mit einem kleinen, zweizipfligen Hautlappen; Bauch, Kehle und Unterseite der Schenkel gekörnelt; einige große Tuberkel nahe dem After.

Färbung im Leben auf dem Rücken hellgrün (graublau in Alkohol), heller gefleckt; Seiten des Körpers und der Beine dunkelgrün und gelb marmoriert (in Alkohol violett und weiß); Kehle und Bauch mit roter Wurmzeichnung. Totallänge 70 mm.

Celebes.

131. **R. (R.) bifasciatus** Kamp. 1923 *R. b.*, Kampen, Amph. Indo-Austral. Archip., p. 257.

Vomerzähne in zwei leicht schrägen Gruppen zwischen den Choanen; Kopf so lang oder fast so lang wie breit; Schnauze mehr oder weniger zugespitzt, so lang wie das obere Augenlid, länger als hoch; Canthus rostralis winklig, gebogen; Lorealgegend schräg, konkav; Nasenloch gewöhnlich ein wenig näher der Schnauzenspitze als dem Auge; Interorbitalraum so breit wie das obere Augenlid; Trommelfell deutlich, $^1/_2$—$^2/_3$ so breit wie das Auge.

Haftscheiben der drei lateralen Finger etwa so groß wie das Trommelfell, die des 1. Fingers und der Zehen kleiner; 1. Finger kürzer als der 2., der kürzer als der 4. ist; laterale Finger etwa mit $^2/_3$ Schwimmhaut, die Membran die Haftscheiben nicht erreichend; 1. Finger nur an der Basis mit Schwimmhaut; 5. Zehe ein wenig länger als die 3.; Zehen mit nahezu ganzen Schwimmhäuten, die Membran reicht an allen Zehen, außer an der 4., bis zu den Haftscheiben; Subartikulartuberkel gut entwickelt, einfach; eine schwache mediale, keine laterale Metatarsaltuberkel. Das Tibiotarsalgelenk reicht bis zur Schnauzenspitze oder zwischen Auge und Schnauzenspitze; Tibia $^1/_2$ der Totallänge oder wenig länger. Oben glatt; schwache Hautfalten über dem After und entlang den Lateralseiten des Unterarmes und Lateralfingers und des Tarsus und der Lateralzehe; Ferse mit einem dreieckigen Hautanhang; eine schwache Falte über dem Trommelfell; Bauch und Unterseite der Schenkel gekörnelt.

Oben purpurn, mit zwei unregelmäßigen, weißen Dorsolateralbändern, die in der Gegend des Coccyx zusammenfließen; bei jungen Stücken sind sie in Flecke aufgelöst. Vorderkopf, einschließlich des vorderen Teils der oberen Augenlider, weiß, mit purpurnen Streifen; Schwimmhaut zwischen den Fingern und Zehen teilweise dunkel; gewöhnlich ein paar schmale, dunkle Querstreifen auf den Beinen; unten weiß.

Sumatra.

132. **R. (R.) notater** M. A. Sm. 1924 *R. n.*, M. A. Smith in: P. zool. Soc. London, p. 227 t. 1 f. 2 (Habitus).

Vomerzähne vorhanden; Kopf so lang wie breit; Schnauze abgerundet; Nasenloch näher der Schnauzenspitze als dem Auge; Lorealgegend nahezu vertikal; Interorbitalraum so breit wie ein oberes Augenlid; Trommelfell undeutlich, etwa $^1/_2$ so groß wie das Auge, und nahe bei letzterem. Die lateralen zwei Finger mit $^2/_3$ Schwimmhaut, die medialen Finger mit weniger; Haftscheiben der Finger etwa so groß wie das Trommelfell. Zehen fast mit ganzen Schwimmhäuten, ihre Haftscheiben kleiner als die der Finger; Subartikulartuberkel gut entwickelt, eine kleine, ovale, mediale Metatarsaltuberkel, keine laterale; laterale Metatarsalia völlig getrennt. Das Tibiotarsalgelenk erreicht die Schnauzenspitze. Haut des Rückens ganz glatt, Kehle glatt, Bauch und Unterseite der Schenkel grob gekörnelt; eine schwach entwickelte Hautfalte entlang der Lateralseite von Unterarm und Fuß. Eine deutliche Supratympanalfalte.

Fig. 93.
Rhacophorus (R.) notater M. A. Sm.
Habitus von oben. (Nach M. A. Smith).

Oben hellgrau mit großen unregelmäßigen schwarzen Flecken; Beine mit dunklen Bändern. Unterseite weiß. Totallänge etwa 30 mm. (Fig. 93).

S. Annam (Daban, 200 m, Phan-Rang-Provinz).

133. **R. (R.) edentulus** Friedr. Müll. 1894 *R. e.*, Friedr. Müller in: Verh. Ges. Basel, *v.* 10 p. 840, 869 | 1897 *R. e.*, Boulenger in: P. zool. Soc. London, p. 234 t. 16 f. 2 (Habitus) | 1923 *R. e.*, Kampen, Amph. Indo-Austral. Archip., p. 259.

Vomerzähne fehlend oder schwach ausgebildet, in zwei sehr kleinen, undeutlichen Gruppen nahe dem Medialrand der ziemlich großen Choanen. Schnauze abgerundet, ein wenig kürzer als das Auge; Canthus rostralis deutlich; Lorealgegend leicht konkav; Nasenloch näher der Schnauzenspitze als dem Auge; Interorbitalraum so breit wie das obere Augenlid; Trommelfell mäßig deutlich, $^2/_5$—$^1/_2$ des Augendurchmessers. Haftscheiben der Finger so groß wie oder größer als das Trommelfell; laterale Finger mit halben

Schwimmhäuten; Zehen mit Schwimmhaut, die bis an die Haftscheiben der 3. und 5. Zehe gehen, das letzte Glied der 4. aber freilassen; Subartikulartuberkel schwach entwickelt; eine sehr kleine, mediale Metatarsaltuberkel; keine Tarsalfalte; das Tibiotarsalgelenk reicht bis zur Schnauzenspitze oder darüber hinaus. Oben glatt oder fein chagriniert; eine Falte vom Auge zur Schulter; Bauch und Unterseite der Schenkel granuliert.

Oben grün (in Alkohol blaugrau oder lila), einfarbig oder mit dunklen Flecken; ein großer, rostroter Fleck auf dem Kopf und ein anderer auf dem Körper kann vorhanden sein; Oberarm gelblichweiß; Schenkel gelblichweiß mit einem schmalen, grünen Streifen; unten weiß. Männchen ohne Schallblasen. Totallänge 40 mm.

Celebes.

134. **R. (R.) tuberculatus** (John Anders.) 1871 *Polypedates t.*, John Anderson in: J. Asiat. Soc. Bengal, *v.* 40 p. 26 | 1882 *Rhacophorus t.*, Boulenger, Cat. Batr. sal. Brit. Mus., ed. 2 p. 86 | 1890 *R. t.*, Boulenger in: Fauna Brit. Ind., Rept. Batr. p. 474 | 1912 *R. t.*, Annandale in: Rec. Ind. Mus., *v.* 8 p. 14.

Kopf mäßig groß; Schnauze abgerundet und etwas zugespitzt. Canthus rostralis undeutlich, abgerundet; Nasenlöcher unter ihm, nahe der Schnauzenspitze; Trommelfell etwa $^2/_3$ des Augendurchmessers; Vomerzähne nahe dem medialen Winkel der Choanen, rund und klein, durch einen großen Zwischenraum getrennt; Finger mit breiten Schwimmhäuten, die die Haftscheiben des 2. und 4. Fingers erreichen. Haftscheiben der Finger groß, etwa $^1/_8$ größer als die der Zehen. Eine kleine, längliche Metatarsaltuberkel. Länge vom After zur Metatarsaltuberkel beträchtlich größer als die des Körpers. Eine starke Falte vom Auge über das Trommelfell zur Schulter. Haut oben glatt; Bauch fein gekörnelt, mit zahlreichen mäßig großen, runden Tuberkeln; Unterseite der Schenkel gekörnelt, untermischt mit großen, runden Tuberkeln.

Oberseite (in Alkohol) einfarbig dunkelbraun. Unten bräunlichgelb, mit einer schwärzlichen Region um den After, und ein wenig an den Schenkeln. Die Tuberkel des Abdomen und der Schenkel sind dunkler. Schwache, schwarze Querbinden auf der Tibia und dem Femur. Manche Exemplare mit einem violetten Fleck auf der Schnauzenspitze, einem anderen vor dem Auge und einem breiten, violetten Bande mit dunklem Rande vom Auge entlang den Seiten bis zur Weiche. Totallänge 45 mm.

Sibságar, Assam.

Von Annandale in Löchern in Bambusrohr gefunden.

135. **R. (R.) barbouri** E. Ahl 1927 *R. b.*, E. Ahl in: SB. Ges. Fr. Berlin, p. 45.

Vomerzähne in zwei, nicht sehr langen, wenig schrägen Gruppen zwischen den mäßig großen Choanen; der Abstand zwischen ihnen ist größer als jede Reihe lang ist, deren Anfang am vorderen medialen Rande der Choanen liegt. Zunge groß, hinten mit zwei Zipfeln, ohne Papille; Kopf breiter als lang; Schnauze abgerundet, ein wenig über das Maul hinwegragend, vorn konvex abgeschrägt, so lang wie der Augendurchmesser, kürzer als der Abstand zwischen den vorderen Augenwinkeln, länger als hoch; Canthus rostralis stumpf; Lorealregion ziemlich schräg, etwas konkav; Nasenloch viel näher der Schnauzenspitze als dem Auge, der Abstand der Nasenlöcher voneinander kleiner als der bis zum Auge, kleiner als der Interorbitalraum, der breiter als ein oberes Augenlid ist; Trommelfell deutlich, $^2/_5$ so groß wie das Auge. Finger ziemlich groß und stark, die Haftscheiben der drei lateralen Finger viel größer als das Trommelfell; 1. Finger kleiner als der 2., der kürzer als der 4. ist; 1. Finger fast frei von Schwimmhaut, die bei den übrigen Fingern bis an die Basis der Haftscheiben geht, diese aber nicht einschließt, besonders beim 3. Finger nicht; Subartikulartuberkel mäßig stark. Zehen ziemlich lang, die Haftscheiben kleiner als die der Finger, so groß wie das Trommelfell. 5. Zehe etwas länger als die 3.; Zehen mit ganzen Schwimmhäuten, die bis an die Haftscheiben reichen; laterale Zehe mit schwacher Hautfalte; eine deutliche Tarsalfalte; eine kleine, flache, mediale, keine laterale Metatarsaltuberkel; keine Tarsaltuberkel; Subartikulartuberkel deutlich; ein großer, dreieckiger Hautsporn an der Ferse. Das Tibiotarsalgelenk reicht bis zwischen Auge und Nasenloch; Femur kürzer als die Tibia, die etwa 5mal so lang wie breit, etwas über $^1/_2$mal so lang wie der Körper, und länger als der Fuß ist; bei rechtwinklig angeknickten Hinterbeinen überragen die Fersen einander. Haut oben glatt; Bauch, Seiten des Körpers und Unterseite der Schenkel gekörnelt. Eine starke Supratympanalfalte; eine häutige Falte entlang der Lateralseite des Unterarmes und des 4. Fingers, und eine andere entlang des Tarsus und der 5. Zehe; einige größere Tuberkel um den Anus.

Färbung (in Alkohol) oben und unten einfarbig weißlich, Hinterseite der Schenkel etwas dunkler gefleckt. Totallänge 55 mm.

West-Java.

136. **R. (R.) robinsoni** Blgr. 1903 *R. r.*, Boulenger in: Fasc. Malay., *v.* 1 p. 136 t. 5 f. 2 (Habitus) | 1908 *R. r.*, Boulenger in: J. feder. Malay Mus., *v.* 3 p. 63 | 1912 *R. r.*, Boulenger, Vert. Fauna Malay, Rept. Batr. p. 249.

Vomerzähne in zwei langen, schrägen Gruppen, die den medialen vorderen Rand der Choanen berühren. Schnauze stumpf zugespitzt, so lang wie der Augendurchmesser, mit geradem Canthus rostralis und fast senkrechter, leicht konkaver Lorealregion; Nasenloch ein wenig näher der Schnauzenspitze als dem Auge; Interorbitalraum ein wenig breiter als das obere Augenlid; Trommelfell sehr deutlich, $^2/_3$ des Augendurchmessers. Finger und Zehen bis an die Haftscheiben mit Schwimmhaut versehen; Haftscheiben der Finger so groß wie das Trommelfell, die der Zehen etwas kleiner; Subartikulartuberkel klein; eine sehr kleine, mediale Metatarsaltuberkel. Das Tibiotarsalgelenk reicht bis zum Auge oder bis zwischen Auge und Schnauzenspitze. Haut glatt, granuliert auf dem Bauche und unter den Schenkeln; eine starke Falte über dem Trommelfell.

Oben schwärzlichbraun oder hellkaffeebraun, bläulichgrau an den Seiten des Körpers und den Beinen; Seiten des Kopfes dunkler, purpurgrau bis schwärzlich, welche Farbe scharf begrenzt wird am Canthus rostralis; mehr oder weniger deutliche dunkle Flecke auf dem Rücken; Beine mit graubraunen Querbinden; Interdigital-Schwimmhaut schwärzlich, mit hellen Adern; unten weißlich, Kehle gefleckt oder gepunktet, Bauch marmoriert mit Grau. Totallänge 82 mm.

Bukit Besar, Kuala Teku, Pahang (150—760 m).

Im dichten Dschungel.

137. **R. (R.) feae** Blgr. 1893 *R. f.*, Boulenger in: Ann. Mus. Genova, ser. 2 *v.* 13 p. 338 t. 9 (Habitus).

Vomerzähne in zwei queren oder leicht schrägen Gruppen nahe beieinander und auf der Verbindungslinie des vorderen medialen Randes der Choanen; Schnauze abgerundet, so lang wie der Augendurchmesser; Canthus rostralis deutlich; Lorealgegend konkav; Nasenloch näher der Schnauzen-

Fig. 94. **Rhacophorus (R.) feae** Blgr.
Habitus von oben, Oberkiefer von innen, Analgegend von unten.
(Nach Boulenger).

spitze als dem Auge; Interorbitalraum breiter als das obere Augenlid; Trommelfell sehr deutlich, $^2/_3$ des Augendurchmessers. Finger mit beinahe ganzen Schwimmhäuten, mit sehr großen Haftscheiben, die des 4. Fingers fast so groß wie das Auge; Zehen mit ganzen Schwimmhäuten; Subartikulartuberkel gut entwickelt, sehr vorragend; mediale Metatarsaltuberkel sehr klein, oval, flach, schwach vorragend, $^1/_3$ der Länge der medialen Zehe. Das Tibiotarsalgelenk erreicht das Auge oder reicht bis zwischen Auge und Nasenloch. Haut oben glatt oder fein granuliert; eine starke Falte von hinter dem Auge bis über die Schulter; Bauch und Unterseite der Schenkel mit kleinen Granulae, die mit größeren vermischt sind.

Oben grün, mit kleinen, goldenen Flecken auf dem Rücken; ein goldener Streifen an jeder Seite von der Schnauzenspitze zur Schulter, auf dem Canthus rostralis, der unteren Hälfte des oberen Augenlids und der drüsigen Supratympanalfalte; interdigitale Schwimmhaut gelb, Kehle purpurn, mit weißem Labialrand; Brust, Bauch und Unterseite der Beine weiß. Männchen mit innerer Schallblase. Totallänge 125 mm. (Fig. 94).

Thao, Burma.

138. **R. (R.) malabaricus** Jerd. 1837—44 *Hyla reinwardtii* (part.), H. Schlegel, Abbild. Amph., p. 105 t. 30 f. 3 (Habitus) | 1841 *Rhacophorus r.* (part.), C. Duméril & G. Bibron, Erpét., *v.* 8 p. 532 t. 89 f. 1 (Habitus) | 1870 *R. malabaricus*, Jerdon in: P. Asiat. Soc. Bengal, p. 84 | 1882 *R. m.*, Boulenger, Cat. Batr. sal. Brit. Mus., ed. 2 p. 90 | 1890 *R. m.*, Boulenger in: Fauna Brit. Ind., Rept. Batr. p. 473 | 1904 *R. m.*, Ferguson in: J. Bombay Soc., *v.* 15 p. 503 t. A—C (Laich und Kaulquappen) | 1915 *R. m.*, Ayyangar in: Rec. Ind. Mus., *v.* 11 p. 140.

Einer der typischen „Fliegenden Frösche". Vomerzähne in zwei geraden oder leicht schrägen Gruppen vom vorderen medialen Rande der Choanen, die mäßig groß sind; Zunge mäßig groß, hinten mit zwei Zipfeln, ohne Papille; Kopf ziemlich groß, etwas breiter als lang; Schnauze rundlich zugespitzt, etwas über das Maul hinausragend, vorn sanft abfallend, so lang wie der Augendurchmesser, kleiner als der Zwischenraum zwischen den vorderen Augenwinkeln; Canthus rostralis stumpf; Lorealgegend abgeschrägt, vertieft; Nasenloch näher der Schnauzenspitze als dem Auge, wenig aufgetrieben; der Zwischenraum zwischen den Nasenlöchern nur sehr wenig konkav, fast gerade, flach, so groß wie der bis zum Auge, kleiner als der Interorbitalraum, der etwa $1^1/_2$ mal so breit wie das obere Augenlid ist; Trommelfell deutlich, $^3/_5$—$^2/_3$ des Augendurchmessers, nahe beim Auge. Finger groß und stark, bis zu den Haftscheiben durch Schwimmhaut verbunden, außer am 1. Finger, wo sie das Endglied freiläßt; Haftscheiben so groß wie das Trommelfell; 1. Finger kleiner als der 2., der kürzer als der 4., der fast ebenso groß wie der 3. ist; Subartikulartuberkel deutlich; Zehen mit ganzen Schwimmhäuten, die die Basis der Haftscheiben einschließen; 3. und 5. Zehe gleich lang; Haftscheiben etwas kleiner als die der Finger; laterale Metatarsalia völlig durch Schwimmhaut getrennt; nur eine sehr kleine, rundliche, mediale Metatarsaltuberkel, keine laterale; keine Tarsaltuberkel; Subartikulartuberkel deutlich; das Tibiotarsalgelenk erreicht das Auge oder das Nasenloch; Femur kürzer als die Tibia, die 5mal so lang wie breit, etwa $^1/_2$ der Körperlänge, und länger als der Fuß ist; bei rechtwinklig angeknickten Hinterbeinen überragen die Fersen einander etwas. Haut oben fein granuliert, unten gröber; Kehle und Brust fast glatt; die Granulae unter den Schenkeln mit größeren vermischt; Lateralseite des Unterarmes und der 4. Zehe mit einer Hautfalte, ebenso Lateralseite des

Tarsus und der 5. Zehe; Ferse mit deutlicher, fast dreieckiger, querer Hautfalte; ebenso eine schwache, quere Hautfalte über dem Anus; eine schwache Supratympanalfalte vorhanden.

Färbung (in Alkohol) oben violett oder purpurn, oft schwärzlich gefleckt, oder mit verstreuten weißen, kleinen, runden Flecken; Unterseite gelblichweiß; Schwimmhäute ungefleckt. Färbung im Leben oben grasgrün, unten leuchtend gelb, die Schwimmhäute leuchtend feuerrot. Totallänge 60 mm.

Malabar.

Der Frosch lebt nur auf hohen Urwaldbäumen, wo er imstande ist riesenhafte, gleitflugartige Sprünge zu vollführen.

Die Fortpflanzungszeit reicht vom Juni bis zum November, und Kaulquappen in allen Stadien werden zwischen diesen Monaten gefunden. Das Weibchen baut ein Nest, gewöhnlich in der Nachbarschaft am Wasser. Es wird durch ein schaumiges Sekret gebildet und ist an den Blättern oder den Zweigen eines Busches oder Baumes befestigt, der über einem Gewässer hängt oder nahe bei einem solchen steht. Innerhalb 24 Stunden erhält die Außenseite des Nestes eine pergamentähnliche Beschaffenheit und eine bräunliche Farbe. Die Eier liegen in der Mitte, und die ausgeschlüpften Larven nähren sich von dem Inhalte des Nestes bis die äußeren Kiemen absorbiert sind. Dann fallen sie aus dem Nest in das Wasser, oder, wenn sich das Nest nicht über demselben befindet, schlängeln sie sich auf dem feuchten Boden bis zu diesem hin. Bevor die Nestmasse erhärtet, legt manchmal eine Art von Schmarotzerfliege ihre Eier hinein, und die Maden nähren sich von den Froscheiern und verbringen ihr Puppenstadium im Nest. Die Froschlarven ernähren sich karnivor von der Zeit an, wo sie ins Wasser gelangen.

Beschreibung der Kaulquappe: Die Körperlänge ist zweimal der Körperbreite, und mehr als die Hälfte des Schwanzes. Die Nasenlöcher sind gleich weit entfernt von den Augen und der Schnauzenspitze. Die Augen liegen auf der Oberseite und sind näher dem Spiraculum als der Schnauzenspitze. Der Raum zwischen den Augen ist mehr als $1^{2}/_{5}$ des Zwischenraums zwischen den Nasenlöchern und gleich der Breite des Maules. Das Spiraculum liegt an der linken Körperseite, ist rückwärts und aufwärts gerichtet, und gleich weit vom After und der Schnauzenspitze entfernt, von oben und unten sichtbar. Afteröffnung auf der rechten Seite, wenn die Beine zuerst erscheinen, in späteren Stadien auf der Mittellinie. Schwanz mehr als dreimal so lang wie hoch, höher als der Körper; der muskulöse Teil ist geringer als die Hälfte der ganzen Höhe. Kiefer des Maules schwarz, leicht gezähnelt. Sieben oder acht Reihen von Zähnen auf der Oberlippe, die erste am Rande. Die ersten beiden Reihen sind kontinuierlich, die dritte ist in der Mitte schmal unterbrochen, die übrigen breit unterbrochen durch den Kiefer. Drei ununterbrochene Reihen von Zähnen auf der Unterlippe. Fleischige Papillen an den Seiten. Die Zehen fast mit ganzen Schwimmhäuten. Körperfarbe purpurn, dicht bräunlichschwarz gefleckt, Schwanz heller. Totallänge 42 mm, davon 26 mm auf den Schwanz.

139. **R. (R.) pardalis** Günther 1858 *R. p.*, Alb. Günther, Cat. Batr. sal. Brit. Mus., p. 83 t. 6 f. D (Habitus) | 1882 *R. p.*, Boulenger, Cat. Batr. sal. Brit. Mus., ed. 2 p. 91 | 1886 *R. p.*, O. Boettger in: Ber. Senckenb. Ges., p. 123 | 1895 *R. p.*, Casto de Elera, Cat. Fauna Filipinas, *v.* 1 p. 449 | 1899 *R. rizali*, O. Boettger in: Abh. Mus. Dresden, *v.* 7 nr. 1 p. 1 | 1920 *R. pardalis*, Taylor in: Philipp. J. Sci., *v.* 16 p. 281 t. 4 f. 1, t. 6 f. 2, 2a (Habitus).

Vomerzähne in zwei geraden oder leicht gebogenen Gruppen zwischen den mäßig großen Choanen, ihr Anfang am medialen vorderen Rand der Choanen gelegen. Zunge mäßig groß, hinten mit zwei Zipfeln. Kopf so lang wie breit oder etwas breiter als lang; Schnauze abgerundet oder rundlich zugespitzt, über das Maul hinwegragend, länger als der Augendurchmesser, kürzer als der Abstand zwischen den vorderen Augenwinkeln; Canthus rostralis mäßig deutlich, abgerundet; Lorealgegend ziemlich steil, wenig konkav; Nasenloch viel näher der Schnauzenspitze als dem Auge, der Abstand der Nasenlöcher voneinander so groß wie der bis zum Auge, kleiner als der Interorbitalraum, der etwa $1^1/_2$ mal so breit wie das obere Augenlid ist; Trommelfell deutlich, $^1/_2$—$^2/_3$ des Augendurchmessers. Finger kräftig, die Schwimmhäute zwischen den lateralen Fingern bis zur Basis der Haftscheiben reichend; mediale Finger fast frei; Haftscheiben der lateralen Finger etwa so groß wie das Trommelfell; 1. Finger kürzer als der 2., der kürzer als der 4., und welcher nur wenig kleiner als der 3. ist; Subartikulartuberkel deutlich; Zehen mäßig, bis zu den Haftscheiben mit Schwimmhaut verbunden; Haftscheiben kleiner als die der Finger; 3. und 5. Zehe gleich lang; das Tibiotarsalgelenk reicht bis zwischen Auge und Nasenloch; Femur kürzer als die Tibia, die $4^1/_2$ mal so lang wie breit, etwa $^1/_2$ mal der Körperlänge und viel länger als der Fuß ist. Bei rechtwinklig angeknickten Hinterbeinen decken die Fersen einander. Haut oben glatt oder fein granuliert (besonders am

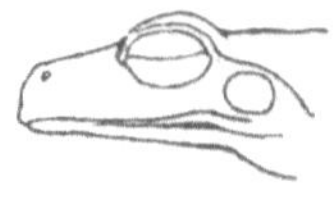

Fig. 95.
Rhacophorus (R.) pardalis Günther.
Kopf von der Seite.
(Nach M. A. Smith).

Fig. 96.
Rhacophorus (R.) pardalis Günther.
Habitus, Mundöffnung. (Nach Günther).

Kopf); eine Hautfalte entlang der Lateralseite von Unterarm und Hand, eine ähnliche entlang dem Tarsus und der lateralen Zehe und ein häutiger Lappen an der Ferse und über dem After. Eine deutliche Supratympanalfalte. Kehle und Brust glatt, Bauch und Unterseite der Schenkel gekörnelt.

Färbung (in Alkohol) sehr variabel; oben braun, grau oder purpurn, gewöhnlich dunkler marmoriert oder gefleckt; Hinterbeine mit dunklen Querbinden; dunkle Flecke an den Körperseiten und ein runder, weißer Fleck über der Ferse kann vorhanden sein; Schwimmhäute an Fingern und Zehen ohne schwarze Flecke. Färbung im Leben oberseits hellrötlichbraun bis orangebraun oder orangegelb, mit verschiedenen, dunkelbraunen Zeichnungen; die gesamte Oberseite bei helleren Exemplaren mit dunkleren, bei dunkleren

Exemplaren mit leuchtend gelben Punkten übersät. Schenkel gelb, mit dunkleren Querbinden. Membran zwischen den Zehen gelb, mit großem, orangefarbenen Fleck in der Mitte. Unterseite zitronengelb. Totallänge 65 mm. (Fig. 95, 96).

Philippinen, Palawan.

140. **R. (R.) dennysii** W. Blanf. 1881 *R. d.*, W. Blanford in: P. zool. Soc. London, p. 224 t. 21 f. 3 (Habitus) | 1882 *R. d.*, Boulenger, Cat. Batr. sal. Brit. Mus., ed. 2 p. 87 | 1899 *R. d.*, Boulenger in: P. zool. Soc. London, p. 169 | 1907 *R. d.*, Kreyenberg in: Wochenschr. Aquar. Terrar. Kunde, Lacerta *v.* 4 p. 521 | 1914 *R. d.*, T. Vogt in: SB. Ges. Fr. Berlin, p. 101 | 1922 *R. d.*, T. Vogt in: Mell in: Arch. Naturg., *v.* 88 A. 10 p. 134 t. 3 f. 2 (Habitus in natürlicher Färbung).

Vomerzähne in zwei geraden Gruppen vom vorderen medialen Rande der ziemlich kleinen Choanen; Zunge mäßig groß, ohne Papille. Kopf ziemlich groß, etwa so lang wie breit oder etwas breiter; Schnauze abgerundet, vorn abgeschrägt, etwas über das Maul hinwegragend, länger als das Auge, kürzer als der Abstand zwischen den vorderen Augenwinkeln; Canthus rostralis rundlich, aber deutlich; Lorealgegend wenig schräg, ziemlich steil, stark vertieft; Nasenloch seitlich etwas aufgetrieben, etwas näher der Schnauzenspitze als dem Auge, der Zwischenraum zwischen den Nasenlöchern wenig konkav, etwas breiter als der bis zum Auge, kleiner als der Interorbitalraum, der breiter als das obere Augenlid ist; Trommelfell mäßig deutlich, etwa $^2/_3$—$^3/_4$ so groß wie das Auge. Finger mit $^3/_4$ Schwimmhaut, die zwischen den lateralen Fingern bis fast an die Haftscheiben reicht, und zwischen den anderen geringer ist; Haftscheiben der lateralen Finger etwas größer als das Trommelfell; 1. Finger kleiner als der 2., der kürzer als der 4. ist, der nur wenig von dem 3. überragt wird; Subartikulartuberkel deutlich doppelt; Zehen mit beinahe ganzen Schwimmhäuten, die an allen Zehen bis unter die Haftscheiben reichen, außer bei der 4. Zehe, wo sie das Endglied nur als schmaler Hautsaum umschließen; 5. Zehe wenig länger als die 3.; Haftscheiben wenig kleiner als die der Finger; laterale Metatarsalia völlig durch Schwimmhaut getrennt; laterale Zehe mit Hautfalte; nur eine kleine, flache, mediale Metatarsaltuberkel, keine laterale, keine Tarsaltuberkel; Subartikulartuberkel mäßig groß, deutlich. Das Tibiotarsalgelenk reicht bis zum Auge; Femur wenig kürzer als die Tibia, die $3^1/_2$—4 mal so lang wie breit, etwa $2^1/_3$ mal in der Körperlänge enthalten, und länger als der Fuß ist; bei rechtwinklig angeknickten Hinterbeinen berühren die Fersen einander. Haut oben gekörnelt oder mit kleinen Tuberkeln dicht besetzt; eine schwache Supratympanalfalte; Kehle und Brust schwach, Bauch und Unterseite der Schenkel grob granuliert, die Schenkel mit etwas größeren Tuberkeln untermischt.

Färbung oben blau (im Leben grün); auf dem Hinterkopf und dem Vorderrücken einige große orangefarbene, breit weiß umrandete Flecke; auf der Oberlippe und an den Körperseiten häufig große, weiße, oft schwarz umrandete Flecke; entlang der Lateralseite des Unterarmes, des Tarsus und der 5. Zehe eine breite weiße, nach hinten dunkelbraun begrenzte Linie, ebensolche auch über dem After; Unterseite gelblichweiß, mit leicht orangefarbenen Flecken an der Kehle oder ohne solche. Totallänge 100 mm.

Südchina.

141. **R. (R.) calcaneus** M. A. Sm. 1924 *R. c.*, M. A. Smith in: P. zool. Soc. London, p. 228 t. 1 f. 3 (Habitus).

Vomerzähne in schwach schrägen Gruppen, beginnend gegenüber dem vorderen Rande der Choanen, doch dieselben nicht berührend. Kopf etwas breiter als lang, mäßig niedergedrückt; Schnauze stumpf niedergedrückt, schwach über das Maul hinwegragend, länger als das Auge; Nasenloch näher der Schnauzenspitze als dem Auge; Canthus rostralis deutlich; Lorealgegend schräg, schwach konkav; Interorbitalraum breiter als das obere Augenlid; Trommelfell deutlich, $^{3}/_{5}$ des Augendurchmessers, sein Abstand vom Auge $^{1}/_{2}$ seines eigenen Durchmessers. Laterale Finger mit $^{3}/_{4}$, die beiden medialen mit $^{1}/_{4}$ Schwimmhaut; Haftscheiben der Finger breiter als lang, die des 3. Fingers größer als das Trommelfell. Zehen mit nahezu ganzen Schwimmhäuten, ihre Haftscheiben kleiner als die der Finger; Subartikulartuberkel gut entwickelt; eine kleine, ovale, mediale Metatarsaltuberkel, keine laterale; laterale Metatarsalia nahezu vollständig durch Schwimmhaut getrennt. Tibia $4^{1}/_{2}$mal so lang wie breit; das Tibiotarsalgelenk erreicht die Mitte des Auges. Haut oben ganz glatt; Bauch und Unterseite der Schenkel grob gekörnelt; eine starke Falte vom Auge zur Schulter; Ferse mit einer deutlich ausgebildeten, spitzen, häutigen Tuberkel; eine ziemlich breite, wenig deutliche Leiste entlang der Lateralseite des Unterarmes, und eine andere entlang der Lateralseite des Fußes; eine Reihe undeutlicher Tuberkel unter dem After.

Fig. 97.
Rhacophorus (R.) calcaneus M. A. Sm.
Habitus von oben, Kopf von der Seite.
(Nach M. A. Smith).

Oben oliv (im Leben hellgrün) mit zahlreichen kleinen, punktförmigen, hellgelben Flecken, besonders auf dem Rücken. Eine gelbe Linie von der Nasenspitze entlang dem Canthus rostralis und entlang dem Rande des oberen und unteren Augenlides. Oberlippe, die ganze Unterseite, die drei medialen Finger und die vier medialen Zehen hellgelb; laterale Finger und Zehen gelb und oliv; Interdigitalmembran der lateralen Finger und Zehen mit dunklen Flecken; ein runder Fleck in der Achsel und ein anderer in der Weichengegend. Totallänge 38 mm. (Fig. 97).

Süd-Annam (Langbian Peaks, 2000 m).

142. **R. (R.) annamensis** M. A. Sm. 1924 *R. a.*, M. A. Smith in: P. zool. Soc. London, p. 229 f. (Kopf von der Seite), t. 2 f. 1 (Habitus von oben).

Vomerzähne in fast geraden, transversalen Gruppen vom medialen vorderen Rande der Choanen. Kopf etwas breiter als lang, stark niedergedrückt; Schnauze abgerundet, vorn sanft abfallend, schwach über das Maul hinwegragend, länger als das Auge; Nasenloch wenig näher der Schnauzenspitze als dem Auge; Canthus rostralis schwach deutlich; Lorealgegend schräg, konkav; Interorbitalraum breiter als das obere Augenlid; Trommelfell deutlich, ½ so groß wie das Auge, der Abstand vom Auge ½ seiner eigenen Länge. Finger mit großen Schwimmhäuten, die zwischen den drei lateralen Fingern die Haftscheiben erreichen; Haftscheiben breiter als lang, die des dritten Fingers größer als das Trommelfell. Zehen mit ganzen Schwimmhäuten, die Haftscheiben bedeutend kleiner als die der Finger; Subartikulartuberkel gut entwickelt; eine kleine, ovale, mediale Metatarsaltuberkel von ⅓ der Länge der medialen Zehe, keine laterale; laterale Metatarsalia bis zur Basis durch Schwimmhaut getrennt. Tibia 4½ mal so lang wie breit; das Tibiotarsalgelenk reicht bis zum Vorderrand des Auges. Haut oben glatt, mit wenigen

Fig. 98.
Rhacophorus (R.) annamensis M. A. Sm.
Kopf von der Seite.
(Nach M. A. Smith).

Fig. 99.
Rhacophorus (R.) annamensis M. A. Sm.
Habitus von oben. (Nach M. A. Smith).

verstreuten, flachen Tuberkeln; Bauch und Unterseite der Schenkel grob gekörnelt; eine Falte vom Auge zur Schulter; ein wohl ausgebildeter Saum entlang der Lateralseite des Unterarmes und der Hand, ein anderer weniger hervortretender entlang der Lateralseite des Fußes; eine Tarsalfalte mit einer kleinen Tuberkel, die nicht kontinuierlich mit dem Hautsaum ist; eine Reihe von Tuberkeln unter dem After.

Oben braun mit dunklen Zeichnungen, deren deutlichste ein undeutliches X auf dem Nacken und dunkle Querbinden auf den Beinen sind; Seiten braun und gelb gefleckt; unten gelb (weiß im Leben), die Kehle mit einigen braunen Flecken. Interdigitalmembranen oben braun, unten gelblich. Totallänge 61 mm. (Fig. 98, 99).

Daban (Phan-Rang-Provinz, Südannam).

143. **R. (R.) prominanus** M. A. Sm. 1924 *R. p.*, M. A. Smith in: J. feder. Malay Mus., *v.* 11 p. 185.

Vomerzähne in zwei geraden, transversalen Gruppen zwischen den Choanen und in einer Reihe mit deren vorderem Rand, nicht die Choanen berührend, und getrennt voneinander durch etwa ihre eigene Länge. Kopf breiter als lang, stark niedergedrückt; Schnauze abgerundet, schwach über das Maul hinwegragend, beträchtlich länger als der Augendurchmesser; Nasenloch ein wenig näher der Schnauzenspitze als dem Auge; Canthus rostralis deutlich, Lorealgegend schräg, konkav; Interorbitalraum viel breiter als das obere Augenlid; Trommelfell sehr deutlich, $^4/_5$ der Augengröße, und entfernt von diesem durch $^1/_3$ seiner eigenen Größe. Finger mit breiten Schwimmhäuten, die Membran zwischen den drei lateralen die Haftscheiben einschließend; Haftscheiben groß, breiter als lang, die des 3. Fingers größer als das Trommelfell; Zehen mit ganzen Schwimmhäuten, die Haftscheiben viel kleiner als die der Finger; Subartikulartuberkel gut entwickelt; eine kleine, ovale, mediale Metatarsaltuberkel von $^2/_5$ der Länge der medialen Zehe; laterale Metatarsalia völlig getrennt; das Tibiotarsalgelenk reicht bis zur Schnauzenspitze. Haut oben ganz glatt, nicht einbezogen in die Verknöcherung des Schädels; Haut der Kehle und Brust glatt, die des Bauches leicht gekörnelt. Eine starke Hautfalte entlang der Lateralseite des Armes und der Hand, und eine ähnliche entlang der Lateralseite des Fußes, an der Ferse endend. Analgegend mit einer vorragenden, häutigen Falte, die Afteröffnung befindet sich in der Mitte ihrer Unterseite. Die Rückenhaut der Stücke aus Patani besitzt zahlreiche kleine, verstreute Tuberkel.

Oben hellgelblichbraun (im Leben tief grasgrün) mit zahlreichen kleinen, dunkelbraunen Flecken; unten gelblichweiß, einfarbig. Supraorbitalgegend und Analgegend ockergelb, die Schwimmhaut zwischen den Fingern grünlichgelb, die Schwimmhaut zwischen den Zehen gelb an der Basis und karminrot am Rande. Totallänge 68 mm.

Perak (600 m) und Patani.

144. **R. (R.) lateralis** Blgr. 1883 *R. l.*, Boulenger in: Ann. nat. Hist., ser. 5 *v.* 12 p. 162 | 1890 *R. l.*, Boulenger in: Fauna Brit. Ind., Rept. Batr. p. 473.

Vomerzähne in zwei kleinen, schrägen Gruppen zwischen den Choanen; Schnauze abgerundet; Canthus rostralis deutlich; Lorealgegend leicht konkav; Nasenloch näher der Schnauzenspitze als dem Auge; Interorbitalraum breiter als das obere Augenlid; Trommelfell $^1/_2$ des Augendurchmessers. Die drei lateralen Finger fast ganz durch Schwimmhaut verbunden; Zehen mit fast ganzen Schwimmhäuten; Haftscheiben der Finger und Zehen kleiner als das Trommelfell; Subartikulartuberkel nicht sehr deutlich; das Tibiotarsalgelenk erreicht die Schnauzenspitze. Haut oben glatt, auf dem Bauch und unter den Schenkeln gekörnelt; eine Hautfalte entlang des Unterarmes.

Oben (in Alkohol) purpurn, unten weiß; Kopf und Rücken mit dunklen Flecken; gefärbte Teile der Schenkel mit dunklen Querbinden; ein weißer Streifen an jeder Seite vom Nasenloch entlang dem Lateralrande des oberen Augenlides bis zu den Weichen; Arm, die drei medialen Finger und die 4 medialen Zehen ungefärbt. Totallänge 31 mm.

Malabar.

145. **R. (R.) pulchellus** Wern. 1841 *R. reinwardtii* (non Boie), Eydoux & Souleyet in: Voy. Bonite, *v.* 1 p. 150 t. Rept. 10 f. 1, 1 A—B (Habitus) | 1858 *R. pardalis* (part.), Alb. Günther, Cat. Batr. sal. Brit. Mus., p. 83 | 1882 *R. p.* (part.), Boulenger, Cat. Batr. sal. Brit. Mus., ed. 2 p. 91 | 1900 *R. pulchellus*, F. Werner in: Zool. Jahrb., Syst. *v.* 13 p. 495 t. 33 f. 7 (Habitus) | 1918 *R. pardalis* (part.), J. Roux in: Rev. Suisse Zool., *v.* 26 p. 415 | 1923 *R. p.* (part.), Kampen, Amph. Indo-Austral. Archip., p. 263 | 1924 *R. p.* (part.), L. G. Andersson in: Nyt Mag. Naturv., *v.* 61 p. 121.

Vomerzähne in zwei geraden oder leicht gebogenen Gruppen zwischen den mäßig großen Choanen, ihr Anfang am medialen vorderen Rand derselben gelegen; Zunge mäßig groß, hinten mit zwei Zipfeln. Kopf etwas länger als breit; Schnauze abgerundet oder rundlich zugespitzt, über das Maul hinwegragend, so lang wie der Augendurchmesser, kürzer als der Abstand zwischen den vorderen Augenwinkeln; Canthus rostralis deutlich; Lorealgegend ziemlich schräg, leicht konkav; Nasenloch viel näher der Schnauzenspitze als dem Auge, der Abstand der Nasenlöcher voneinander kleiner als der bis zum Auge, kleiner als der Interorbitalraum, der so breit oder nur wenig breiter als das obere Augenlid ist; Trommelfell deutlich, $^1/_2$—$^2/_3$ des Augendurchmessers. Finger kräftig, die Schwimmhäute zwischen den lateralen Fingern bis zur Basis der Haftscheiben reichend; mediale Finger fast frei; Haftscheiben der lateralen Finger so groß oder wenig kleiner als das Trommelfell; 1. Finger kürzer als der 2., der kleiner als der 4. ist, der nur wenig kleiner als der 3. ist; Subartikulartuberkel deutlich. Zehen mäßig lang, bis zu den Haftscheiben mit Schwimmhaut verbunden; Haftscheiben kleiner als die der Finger; 3. und 5. Zehe gleich lang; das Tibiotarsalgelenk reicht bis zur Schnauzenspitze; Femur kürzer als die Tibia, die 5mal so lang wie breit, etwa $^1/_2$mal der Körperlänge und viel länger als der Fuß ist. Bei rechtwinklig angeknickten Hinterbeinen überragen die Fersen einander. Haut oben glatt oder fein granuliert, besonders am Kopf; eine Hautfalte entlang der Lateralseite von Unterarm und Hand, eine ähnliche entlang dem Tarsus und der lateralen Zehe, und ein häutiger Lappen an der Ferse (keiner oder nur ein sehr schwacher über dem After). Eine deutliche Supratympanalfalte vorhanden. Kehle und Brust glatt, Bauch und Unterseite der Schenkel gekörnelt.

Färbung sehr variabel; oben braun, grau oder purpurn, gewöhnlich dunkler marmoriert oder gefleckt; Hinterbeine mit dunklen Querbinden; dunkle Flecke an den Körperseiten, und manchmal ein runder, weißer Fleck über der Ferse vorhanden; Schwimmhäute an Fingern und Zehen ohne schwarze Flecke, im Leben feuerrot. Unterseite einfarbig weiß. Totallänge 55 mm.

Mentaweiinseln, Sumatra, Borneo.

146. **R. (R.) nigropalmatus** Blgr. 1887 *R. reinwardtii* (non Boie), Hubrecht in: Midden-Sumatra, *v.* 4 I p. 9 | 1895 *R. nigropalmatus*, Boulenger in: Ann. nat. Hist., ser. 6 *v.* 16 p. 170 | 1900 *R. n.*, F. Werner in: Zool. Jahrb., Syst. *v.* 13 p. 496 t. 34 f. 8 (Habitus) | 1903 *R. n.*, Boulenger in: Fasc. Malay., *v.* 1 p. 137 t. 6 f. 1 (Habitus) | 1904 *R. n.*, Isenschmid in: Mt. Ges. Bern, Abh. p. 73, 85 t. 2 (Skelett), t. 6 (Embryonen) |

1912 *R. n.*, Boulenger, Vert. Fauna Malay, Rept. Batr. p. 251 f. 71 (Habitus) | 1916 *R. n.*, L. G. Andersson in: Svenska Ak. Handl., *v.* 55 nr. 4 p. 17 | 1923 *R. n.*, Kampen, Amph. Indo-Austral. Archip., p. 267.

Vomerzähne in zwei langen, geraden oder leicht gebogenen, queren Gruppen zwischen den vorderen Rändern der großen Choanen; Zunge groß, hinten mit zwei Zipfeln, ohne Papille. Kopf so breit oder ein wenig breiter als lang; Schnauze abgerundet, ein wenig über das Maul hinausragend, so lang oder wenig länger als der Augendurchmesser, kürzer als der Abstand zwischen den vorderen Augenwinkeln; Canthus rostralis stumpf, gebogen; Lorealgegend ziemlich schräg, konkav; Nasenloch näher der Schnauzenspitze als dem Auge, auf einem Wulst liegend, seitwärts gerichtet; Zwischenraum zwischen den Nasenlöchern stark konkav, kleiner als der bis zum Auge, geringer als der Interorbitalraum, der breiter als ein oberes Augenlid ist; Trommelfell deutlich, $^1/_2$—$^2/_3$ des Augendurchmessers. Finger groß und stark, alle bis zu den Haftscheiben mit Schwimmhaut versehen; 1. Finger kleiner als der 2., der kürzer als der 4. ist; Haftscheiben groß, so groß wie das Trommelfell; Subartikulartuberkel deutlich. Zehen lang, mit ganzen Schwimmhäuten, die an allen Zehen bis zu den Haftscheiben gehen; 3. und 5. Zehe gleich lang; Haftscheiben etwas kleiner als die der Finger; laterale Metatarsalia völlig durch Schwimmhaut getrennt; nur eine kleine, spitzige, mediale Metatarsaltuberkel, keine laterale; das Tibiotarsalgelenk reicht bis zum Nasenloch, zur Schnauzenspitze oder darüber; Femur kürzer als die Tibia, die $6^1/_2$ mal so lang wie breit, $1^3/_4$ mal in der Körperlänge enthalten, und länger als der Fuß ist; bei rechtwinklig angeknickten Hinterbeinen überragen die Fersen einander. Haut oben glatt oder fein gekörnelt; Bauch, Seiten des Körpers und Unterseite der Schenkel grob gekörnelt; eine starke Hautfalte entlang der Lateralseite des Unterarmes und eine andere an der Ferse; weniger starke Hautfalten entlang den Lateralseiten des 4. Fingers, des Tarsus und der 5. Zehe; eine dreieckige Falte entlang der Medialseite des Armes und oft eine kleine Falte über dem After.

Im Leben oben grün, gewöhnlich weiß bestäubt oder mit kleinen weißen Zeichnungen; ein oder zwei weiße Flecke auf der Oberseite der Schenkel; Flanken gelb oder orange, schwarz geadert; Interdigital-Membranen schwarz an der Basis und nach dem Rande zu gelb oder orange, schwarz geadert; Kehle und Brust cremefarben, Bauch und Unterseite der Schenkel lachsfarben, manchmal gelb gefleckt. Totallänge 105 mm.

Sumatra, Borneo, Siam, Malayische Halbinsel.

Der Laich wird auf der Erde in Schaummassen abgelegt, jedes Gelege enthält 20—30 Eier, die reich an Eidotter sind. Flugfrosch!

147. **R. (R.) calcadensis** E. Ahl 1882 *R. beddomii* (non *Ixalus b.*, Alb. Günther 1875), Boulenger, Cat. Batr. sal. Brit. Mus., ed. 2 p. 468 | 1890 *R. b.*, Boulenger in: Fauna Brit. Ind., Rept. Batr. p. 473 | 1927 *R. calcadensis*, E. Ahl in: SB. Ges. Fr. Berlin, p. 46.

Vomerzähne in zwei schrägen Gruppen zwischen den sich nach hinten etwas über dieselben hinaus erstreckenden Choanen; Schnauze dreieckig; Canthus rostralis deutlich; Lorealgegend leicht konkav; Nasenloch gleich weit von Auge und Schnauzenspitze; Interorbitalraum so breit wie das obere Augenlid. Trommelfell $^2/_5$ so breit wie das obere Augenlid. Finger und Zehen bis zu den Haftscheiben mit Schwimmhaut versehen; Haftscheiben so groß wie das Trommelfell; Subartikulartuberkel mäßig; eine kleine, mediale Metatarsaltuberkel; das Tibiotarsalgelenk reicht bis zum Vorderrand des Auges. Oberseite mit sehr kleinen, glatten Tuberkeln; eine Falte vom Auge zur Schulter; ein leichter Saum entlang dem Unterarm und dem Tarsus; eine häutige Querfalte über dem After; Unterseite gekörnelt.

Oben hellrötlichbraun, undeutlich grau gefleckt; Hinterbeine ziemlich undeutlich grau quergebändert. Männchen mit innerer Schallblase. Totallänge 49 mm.

Calcadberge, Tinnevelly (910 m).

148. **R. (R.) shelfordi** Blgr. 1900 *R. s.*, Boulenger in: P. zool. Soc. London, p. 185 t. 17 f. 2 (Habitus) | 1923 *R. s.*, Kampen, Amph. Indo-Austral. Archip., p. 262.

Vomerzähne in zwei langen, fast geraden, queren Reihen in der Mitte zwischen den Choanen. Schnauze zugespitzt, so lang wie der Augendurchmesser; Canthus rostralis stark; Lorealgegend leicht konkav; Nasenloch gleich weit entfernt vom Auge wie von der Schnauzenspitze; Interorbitalraum breiter als das obere Augenlid; Trommelfell deutlich, $^{3}/_{5}$ des Augendurchmessers. Haftscheiben der Finger viel kleiner als das Trommelfell, die der Zehen kleiner als die der Finger; Finger und Zehen mit Schwimmhaut bis an die Haftscheiben versehen; Subartikular- und mediale Metatarsaltuberkel sehr klein; keine Tarsalfalte; Tibiotarsalgelenk reicht zwischen Auge und Nasenloch. Oben glatt, Bauch gekörnelt.

Oben purpurbraun; eine dunkle Binde um die Schnauze, eine andere zwischen den Augen und drei über den Rücken; eine X-förmige dunkle Zeichnung in der Scapulargegend. Loreal- und Temporalgegend schwärzlich; eine feine, gelbe Linie an jeder Seite des Kopfes von der Schnauzenspitze entlang dem Canthus rostralis und dem Superciliarrand bis über das Trommelfell; Seiten des Körpers gelblich, mit schwarzem Netzwerk; Beine mit dunklen Querbinden; Seiten der Schenkel schwärzlich, dicht weiß gefleckt; die Schwimmhaut zwischen den Zehen schwärzlich marmoriert; Unterseite farblos. Länge 45 mm.

Borneo (Mt. Penrissen, Serawak).

149. **R. (R.) bipunctatus** E. Ahl 1870 *R. reinwardtii* (non *Kuhl*), Jerdon in: P. Asiat. Soc. Bengal, p. 84 | 1871 *R. maculatus* (non Gray), John Anderson in: J. Asiat. Soc. Bengal, *v.* 40 p. 27 | 1882 *R. bimaculatus* (non *Leptomantis bimaculata*, Peters 1867), Boulenger, Cat. Batr. sal. Brit. Mus., ed. 2 p. 90 | 1890 *R. b.*. Boulenger in: Fauna Brit. Ind., Rept. Batr. p. 472 | 1903 *R. b.*. Butler in: J. Bombay Soc., *v.* 15 p. 202 | 1912 *R. b.*, Annandale in: Rec. Ind. Mus., *v.* 8 p. 12 | 1912 *R. b.*, Boulenger, Vert. Fauna Malay, Rept. Batr. p. 250 | 1922 *R. b.*, M. A. Smith in: J. feder. Malay Mus., *v.* 10 p. 278 | 1927 *R. bipunctatus*, E. Ahl in: SB. Ges. Fr. Berlin, p. 46.

Vomerzähne in zwei langen, leicht schrägen oder geraden Reihen vom vorderen medialen Rand der ziemlich großen Choanen; Zunge hinten mit zwei Zipfeln, groß, ohne Papille. Kopf ziemlich groß, etwas breiter als lang; Schnauze abgerundet oder rundlich zugespitzt, vorn schräg abfallend, so lang oder wenig länger als der Augendurchmesser, kürzer als der Abstand zwischen den vorderen Augenwinkeln; Canthus rostralis wenig deutlich, leicht konkav gebogen; Lorealgegend ziemlich steil, konkav; Nasenloch etwa in der Mitte zwischen Auge und Schnauzenspitze, der Zwischenraum zwischen den Nasenlöchern flach, größer als der bis zum Auge, kleiner als der Interorbitalraum, der breiter als ein oberes Augenlid ist; Trommelfell mäßig deutlich, etwa $^{1}/_{2}$ so groß wie das Auge. Finger mit nahezu ganzer Schwimmhaut, die bei allen fast bis an die Haftscheiben geht, außer bei dem 1. Finger, wo das letzte Glied völlig frei ist; Haftscheiben so groß oder wenig kleiner als das Trommelfell; 1. Finger kürzer als der 2., der wenig kürzer als der 4. ist.

der von dem 3. nur wenig überragt wird; Subartikulartuberkel mäßig groß, deutlich; ein kleines Pollexrudiment. 5. und 3. Zehe gleich lang; Haftscheiben etwas kleiner als die der Finger; Zehen mit ganzen Schwimmhäuten, die an allen Zehen bis zu den Haftscheiben reichen; laterale Metatarsalia fast völlig durch Schwimmhaut getrennt; laterale Zehe mit Hautfalte; nur eine kleine flache, mediale Metatarsaltuberkel von $^{2}/_{5}$ der Länge der medialen Zehe, keine laterale, keine Tarsaltuberkel; Subartikulartuberkel klein, aber deutlich. Das Tibiotarsalgelenk reicht bis zum Auge oder Nasenloch; Femur kürzer als die Tibia, die $4^{1}/_{2}$—5 mal so lang wie breit, $^{1}/_{2}$ der Körperlänge und länger als der Fuß ist; bei rechtwinklig angeknickten Hinterbeinen decken sich die Fersen. Haut oben glatt, an den Seiten und unten gekörnelt; eine deutliche Supratympanalfalte; Ferse mit einem dreieckigen Hautlappen, der sich in eine Hautfalte am Lateralrand des Tarsus und der 5. Zehe fortsetzt; eine ähnliche Hautfalte am Lateralrand des Unterarmes und des Lateralfingers; eine Hautfalte über dem After.

Oben grün (in Alkohol blau oder violett), einfarbig oder mit dunkleren Flecken; ein großer schwarzer Fleck auf jeder Seite hinter dem Arm, meist von einem kleineren gefolgt. Im Leben ist die Färbung sehr variabel, die Oberseite kann die verschiedensten Farbtöne von Grün, Grau, Schwärzlich oder Braun haben, gewöhnlich einfarbig, manchmal mit einem undeutlichen)(-förmigen Fleck auf dem Rücken. Unten schmutziggelb; die Membranen zwischen den Fingern gelb, zwischen den Zehen rot oder orange, welche Farbe manchmal ebenfalls die Oberarme, Flanken und ein Band entlang den Schenkeln besitzen. Sehr junge Stücke sind oben hellbräunlichgrün, mit weißer Kehle, weißem Bauch und gelben Gliedmaßen. Totallänge 65 mm.

Assam, Burma, Malayische Halbinsel, Siam, nicht unter 700 m. Flugfrosch!

Kaulquappe: Körperlänge $1^{2}/_{3}$ der Breite; Schwanz mehr als $1^{1}/_{2}$ mal so lang wie der Körper, mehr als 3 mal so lang wie hoch; Nasenloch gleich weit entfernt vom Auge und der Schnauzenspitze; Augen oberständig, kaum näher dem Spiraculum als der Schnauzenspitze, der Abstand zwischen ihnen größer als der zwischen den Nasenlöchern; Spiraculum linksseitig, seitlich, rückwärts und aufwärts gerichtet, gleich weit entfernt von der Schnauzenspitze und dem Anus, dieser rechtsseitig, in der Mitte zwischen dem Muskelteil und dem unteren Rand des Schwanzes. Schwanz abgerundet, der obere Saum ein wenig höher als der untere, die Basis des Schwanzes erreichend. Seiten der Lippen mit einem oder zwei, unterer Rand mit zwei ununterbrochenen Reihen von Papillen; Kiefer gezähnt, schmal schwarz gerandet; Zahnreihen 5^{1} 5/3, die zweite und dritte Reihe der Oberlippe schmal unterbrochen, die drei Reihen der Unterlippe etwa gleich lang.

Oben grau, unten gelblichweiß, ungefleckt; Säume und Spitze des Schwanzes farblos. Totallänge 26 mm.

150. **R. (R.) maximus** Günther 1858 *R. m.*, Alb. Günther, Cat. Batr. sal. Brit. Mus., p. 83 | 1864 *R. m.*, Alb. Günther, Rept. Brit. Ind., p. 435 | 1870 *R. gigas*, Jerdon in: P. Asiat. Soc. Bengal, p. 84 | 1871 *R. maximus*, John Anderson in: P. zool. Soc. London, p. 210 | 1872 *R. m.*, Stoliczka in: P. Asiat. Soc. Bengal, p. 108 | 1882 *R. m.*, Boulenger, Cat. Batr. sal. Brit. Mus., ed. 2 p. 88 t. 9 f. 3 (Kopf, Mundöffnung, Hand) | 1890 *R. m.*, Boulenger in: Fauna Brit. Ind., Rept. Batr. p. 472 | 1912 *R. m.*, Annandale in: Rec. Ind. Mus., *v.* 8 p. 12.

Körpergestalt gedrungen; Vomerzähne in zwei geraden oder leicht schrägen Reihen vom vorderen medialen Rand der großen Choanen; Zunge groß, hinten mit zwei Zipfeln, ohne Papille; Kopf ziemlich groß, breiter als lang; Schnauze abgerundet, vorn flach abfallend, etwas über das Maul hinausragend, länger als der Augendurchmesser, kürzer als der Abstand der vorderen Augenwinkel voneinander; Canthus rostralis deutlich; Lorealgegend mäßig steil, stark vertieft; Nasenloch in der Mitte zwischen Auge und Schnauzenspitze, der Zwischenraum zwischen den Nasenlöchern ziemlich gerade, flach, größer als der bis zum Auge, kleiner als der Interorbitalraum, der viel breiter als ein oberes Augenlid ist; Trommelfell deutlich, $^3/_5$—$^2/_3$ des Augendurchmessers. Finger groß und kräftig, mit fast ganzen Schwimmhäuten, die die Haftscheiben des 4., und an der Lateralseite des 2. und 3. berühren; Haftscheiben der drei lateralen Finger groß, so groß wie das Trommelfell; 1. Finger kleiner als der 2., der nur wenig kürzer als der 4., der nur wenig kürzer als der 3. ist; Subartikulartuberkel deutlich; Zehen lang, die 3. und 5. Zehe gleich lang, die Haftscheiben ein wenig kleiner als die der Finger, mit ganzen Schwimmhäuten, die an allen Zehen bis an die Haftscheiben reichen; laterale Metatarsalia völlig durch Schwimmhaut getrennt; laterale Zehe mit deutlicher Hautfalte; eine deutliche Falte am Lateralrande des

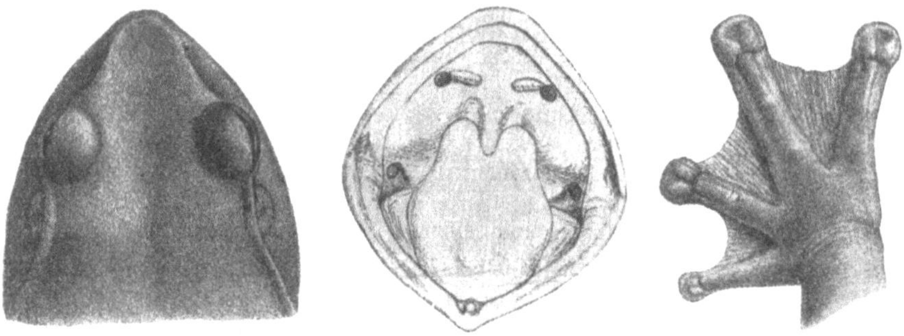

Fig. 100.
Rhacophorus (**R.**) **maximus** Günther.
Kopf von oben, Mundöffnung, Hand von oben. (Nach Boulenger).

Tarsus; nur eine ovale, flache, mediale Metatarsaltuberkel von $^1/_3$ der Länge der medialen Zehe, keine laterale; keine Tarsaltuberkel; Subartikulartuberkel deutlich; das Tibiotarsalgelenk reicht bis zum Auge oder Nasenloch; Femur etwas kürzer als die Tibia, die 4 mal so lang wie breit, etwa $^1/_2$ der Körperlänge, und länger als der Fuß ist; bei rechtwinklig angeknickten Hinterbeinen decken die Fersen einander. Haut oben glatt oder fein gekörnelt, insbesondere Oberseite der Hintergliedmaßen mit feinen Warzen besetzt; Unterseite grob gekörnelt; eine Hautfalte am Lateralrande des Unterarmes und des 4. Fingers, und eine ähnliche am Tarsus und der 5. Zehe; eine deutliche Supratympanalfalte vorhanden.

Oben grün (in Alkohol blau oder violett), ungefleckt; Seiten des Bauches und Hinterseite der Oberschenkel oft purpurbraun gefleckt; ein gelblicher, braun gerandeter Streifen an der Lateralseite des Unterarmes und des Tarsus, und ein ähnlicher quer über dem After; hellbraun oder weiß unten. Männchen mit innerer Schallblase. Totallänge etwa 100 mm. (Fig. 100).

Östlicher Himalaya, Assam und Khási-Berge, in einer Höhe von 300—600 m. Diese Art lebt nahe dem Bette der Ströme im dichtesten Dschungel.

151. **R.** (**R.**) **reinwardtii** (Boie) 1822 *R. reinwardti* (nom. nud.), Kuhl in: J. C. van Hasselt in: Alg. Konst- en Letter-Bode, *v.* 1 p. 104 | 1830 *Hypsiboas reinwardtii*, Boie in: Wagler, Syst. Amph., p. 200 | 1837—44 *Hyla r.* (part.), H. Schlegel,

Abbild. Amph., p. 105 t. 30 f. 1, 2, 4 (nicht 3) (Habitus) | 1841 *Rhacophorus r.*, C. Duméril & G. Bibron, Erpét., *v.* 8 p. 532 | 1854 *R. r.*, C. Duméril & G. Bibron, Erpét., *v.* 9 p. 403 t. 89 f. 1, 1a (Habitus) | 1882 *R. r.*, Boulenger, Cat. Batr. sal. Brit. Mus., ed. 2 p. 88 (excl. Kaulquappe) | 1900 *R. reinwardti var. lateralis*, F. Werner in: Zool. Jahrb., Syst. *v.* 13 p. 495 t. 33 f. 6 (Habitus) | 1909 *Polypedates reinwardtii*, Siedlecki in: Biol. Centralbl., *v.* 29 p. 704 t. 9—10 | 1910 *Rhacophorus r.*, Kampen in: Natuurk. Tijdschr. Nederl. Ind., *v.* 69 p. 43 (Kaulquappe) | 1923 *R. reinwardti*, Kampen, Amph. Indo-Austral. Archip., p. 264 f. (Habitus).

Vomerzähne in zwei geraden oder nur wenig schrägen Reihen zwischen den Choanen, von deren vorderem medialen Rande beginnend, etwa so lang wie der Abstand zwischen ihnen; Zunge hinten mit zwei Zipfeln, ziemlich

Fig. 101.
Rhacophorus (R.) reinwardtii (Boie).
Habitus von oben. (Nach Kampen).

groß, ohne Papille; Kopf etwas breiter als lang; Schnauze abgerundet, vorn abgeflacht, über das Maul hinausragend, so lang oder wenig länger als das Auge, viel kürzer als der Abstand zwischen den beiden vorderen Augenwinkeln; Canthus rostralis stumpf, Lorealgegend schräg, wenig vertieft; Nasenloch gleichweit von Auge und Schnauzenspitze, der Abstand zwischen den Nasenlöchern breiter als der bis zum Auge, fast so breit wie der Interorbitalraum, der breiter als ein oberes Augenlid ist; Trommelfell deutlich, $^2/_3$—$^3/_4$ des Augendurchmessers. Finger groß und stark, die Haftscheiben der drei lateralen Finger größer als das Trommelfell. 1. Finger kürzer als der 2., der kürzer ist als der 4., der fast so lang wie der 3. ist; die Schwimmhäute reichen bis an die Haftscheiben, die des ersten Fingers nur sehr klein, das letzte Glied freilassend. Subartikulartuberkel mäßig; Zehen lang und kräftig; 3. Zehe so lang wie die 5.; Haftscheiben der Zehen kleiner als die der Finger; Schwimmhaut bis an die Haftscheiben reichend; Subartikulartuberkel mäßig; eine Hautfalte an der 5. Zehe und am Tarsusrande vorhanden; ein Hautlappen an der Ferse; nur eine kleine, mediale Metatarsaltuberkel vorhanden, keine laterale; keine Tarsaltuberkel. Das Tibiotarsalgelenk reicht bis zwischen Auge und Schnauzenspitze; Femur kürzer als die Tibia, die 5mal so lang wie breit, $^1/_2$ so lang wie der Körper, und länger als der Fuß ist. Bei rechtwinklig angeknickten Beinen decken die Fersen einander. Haut oben glatt; Kehle und Brust fein, Bauch, Seiten des Körpers und Unterseite der Schenkel grob gekörnelt; eine Supratympanalfalte vorhanden; ein starker Hautsaum entlang der Lateralseite des Unterarmes und des 4. Fingers, und ein ähnlicher entlang dem Tarsus und der 5. Zehe; eine quere Hautfalte über dem After und eine andere an der Ferse.

Färbung sehr variabel, selbst bei demselben Exemplar. Gewöhnlich oben oliv oder lila (im Leben grün bis oliv); ein schwarzer Fleck in der Achsel gewöhnlich vorhanden; die Schwimmhaut zwischen den 2 oder 3 lateralen Fingern und den 3 oder 4 lateralen Zehen mit einem großen schwarzen Fleck; Seiten, Bauch und Unterseite der Schenkel können schwarz genetzt sein. Bei der von Werner aufgestellten var. *lateralis* ist die schwarze Farbe ausgeprägter. Männchen mit innerer Schallblase. Totallänge ♂ 52 mm, ♀ 76 mm. (Fig. 101).

Sumatra, Banka, Borneo?, Java.

Kaulquappe: Länge des Körpers $1^2/_3$ seiner Breite; Schwanz mehr als $1^1/_2$mal so lang wie der Körper, mehr als 3mal so lang wie hoch; Nasenloch gleich weit entfernt vom Auge und der Schnauzenspitze; Augen oberständig, kaum näher dem Spiraculum als der Schnauzenspitze, der Abstand zwischen ihnen größer als der zwischen den Nasenlöchern; Spiraculum linksseitig, seitlich, rückwärts und aufwärts gerichtet, gleich weit entfernt von Schnauzenspitze und After. After rechtsseitig, in der Mitte zwischen dem Muskelteil und dem unteren Rand des Schwanzes. Schwanz rund, der obere Saum etwas höher als der untere, die Basis des Schwanzes erreichend. Seiten der Lippen mit einer oder zwei, unterer Rand mit zwei ununterbrochenen Reihen von Papillen; Kiefer gezähnt, schmal schwarz gerandet; Reihen der Zähne 5^1 5/3, die zweite und dritte Reihe der Oberlippe schmal unterbrochen, die drei Reihen der Unterlippe etwa von gleicher Länge.

Oben grau, unten gelblichweiß, ungefleckt; Säume und Spitze des Schwanzes farblos. Totallänge 26 mm.

Die Umarmung während der Kopulation ist axillar. Die Eier sind ziemlich groß, 3 mm im Durchmesser, unpigmentiert. Der Laich wird gewöhnlich zwischen Buschblätter in einer schaumigen Masse abgelegt, über oder nicht weit von Wasser, in das die jungen Kaulquappen durch Regen gewaschen werden. Flugfrosch!

152. **R. (R.) fasciatus** Blgr. 1895 *R. f.*, Boulenger in: Ann. nat. Hist., ser. 6 v. 16 p. 169 | 1923 *R. f.*, Kampen, Amph. Indo-Austral. Archip., p. 262.

Vomerzähne in zwei langen, schrägen Reihen vom vorderen medialen Rand der Choanen; Schnauze zugespitzt, so lang wie der Augendurchmesser; Canthus rostralis winkelig; Lorealgegend leicht konkav; Nasenloch gleich weit entfernt vom Auge und von der Schnauzenspitze; Interorbitalraum breiter als das obere Augenlid; Trommelfell deutlich; $^1/_2$—$^3/_5$ des Augendurchmessers. Haftscheiben der Finger fast so groß wie das Trommelfell, die der Zehen kleiner; Finger und Zehen mit ganzen Schwimmhäuten; Subartikularhöcker und mediale Metatarsaltuberkel sehr klein; keine Tarsalfalte; das Tibiotarsalgelenk erreicht die Schnauzenspitze. Oben glatt, Bauch granuliert.

Oben hell rötlichbraun, fein braun gefleckt, und mit sechs braunen Querbinden, die erste über die Schnauze, die zweite zwischen den Augen, die dritte, die breiteste, zwischen den Tympana; eine feine, gelbe, braun gerandete Linie begrenzt den Kopf oben, und zieht von der Schnauzenspitze entlang dem Canthus rostralis und dem Supraciliarrand bis über das Trommelfell; Beine mit dunklen Querbinden; Unterseite und Hinterseite der Schenkel farblos. Männchen mit innerer Schallblase. Totallänge 54 mm.

Borneo.

153. **R. (R.) dulitensis** Blgr. 1892 *R. d.*, Boulenger in: P. zool. Soc. London, p. 507 t. 30 f. 1 (Habitus) | 1896 *R. chiropterus*, F. Werner in: Verh. Ges. Wien, *v.* 46 p. 22 t. 1 f. 2 (Habitus) | 1923 *R. dulitensis*, Kampen, Amph. Indo-Austral. Archip., p. 258.

Vomerzähne in zwei leicht schrägen Reihen zwischen den Choanen. Kopf breiter als lang; Schnauze abgerundet, so lang wie das obere Augenlid; Canthus rostralis deutlich; Lorealgegend nahezu vertikal, konkav; Nasenloch in der Mitte zwischen Auge und Schnauzenspitze oder ein wenig näher der letzteren; Interorbitalraum viel breiter als das obere Augenlid; Trommelfell

Fig. 102.
Rhacophorus (R.) dulitensis Blgr.
Habitus von oben. (Nach Boulenger).

deutlich, $^2/_3$—$^3/_4$ des Augendurchmessers. Haftscheiben der Zehen kleiner als die der Finger, die kleiner als das Trommelfell sind; 1. Finger kleiner als der 2., der kürzer als der 4. ist; Finger mit nahezu ganzen Schwimmhäuten, die Schwimmhaut erreicht die Haftscheibe des 4.; Zehen mit nahezu ganzer Schwimmhaut; Subartikularhöcker und mediale Metatarsaltuberkel schwach; keine laterale Tuberkel; das Tibiotarsalgelenk erreicht die Schnauzenspitze; Tibia etwa $^1/_2$ so lang wie Kopf und Körper. Oben glatt; eine leichte Hautfalte entlang dem Lateralrand von Unterarm und Tarsus, und ein Hautlappen über dem After und an der Ferse; Bauch und Unterseite der Oberschenkel gekörnelt.

Oben gelblich (im Leben grasgrün oder graugrün); Kopf und Rücken mit purpurnen Flecken; eine purpurne Linie rund um die Schnauze, von Auge zu Auge, durch die Nasenlöcher gehend und manchmal über das Trommelfell zu den Körperseiten ziehend; Hautfalten des Unterarmes und des Tarsus sowie der Rand des Hautlappens über dem After gelblich; Schwimmhaut zwischen den lateralen Zehen rot, unten gelb; der Bauch beim lebenden Frosch mit grünen Flecken; Kinn im Leben gelblichgrün, die Unterlippe mit einem gelben Rand. Totallänge 43 mm. (Fig. 102).

Sumatra, Borneo.

Unsichere Art:

R. (R.) stellatus Kelaart 1852 *R. s.*, Kelaart, Prodr. Faun. Zeyl., v. 1 p. 194.

„Oben leuchtend grün, mit dunkleren Querbändern und unregelmäßig weiß gefleckt. Beine braun, quergebändert und weiß gefleckt. Unten rötlichweiß. Körper oval. Körperlänge 57 mm. Nuwara-Ellia, Ceylon.

Dieser Frosch kann seine grüne Farbe in purpurbraun verwandeln, die Querbinden werden dann braun, aber die weißen Flecke sind stets vorhanden."

Bestimmungstabelle der Arten aus Madagaskar:

A. Finger mit fast ganzer Schwimmhaut, die bis an die Haftscheiben bei den beiden lateralen reicht.
B. Tibiotarsalgelenk reicht bis zur Schnauzenspitze 154. **R. (R.) albilabris**
BB. Tibiotarsalgelenk reicht über die Schnauzenspitze hinaus.
C. Ferse mit Hautsporn . . . . 155. **R. (R.) madagascariensis**
CC. Ferse ohne Hautsporn . . . . 156. **R. (R.) brachychir**
AA. Laterale Finger höchstens mit $^1/_2$ Schwimmhaut.
B. Laterale Finger mit $^1/_2$ Schwimmhaut.
C. Nasenloch gleich weit von Auge und Schnauzenspitze oder näher der Schnauzenspitze.
D. Nasenloch gleich weit von Auge und Schnauzenspitze.
E. Haftscheiben $^2/_3$ des Trommelfells; Zehen mit $^2/_3$ Schwimmhaut . . . . 157. **R. (R.) herthae**
EE. Haftscheiben so groß wie das Trommelfell; Zehen mit $^3/_4$ Schwimmhaut . . . . 158. **R. (R.) isabellinus**
DD. Nasenloch näher der Schnauzenspitze als dem Auge . . . . 159. **R. (R.) rappiodes**
CC. Nasenloch näher dem Auge als der Schnauzenspitze.
D. Canthus rostralis deutlich; Zehen mit $^2/_3$ Schwimmhaut.
E. Kehle granuliert; Haut oben fein gekörnelt 160. **R. (R.) hyloides**
EE. Kehle glatt; Haut oben glatt . . . . . . 161. **R. (R.) majori**
DD. Canthus rostralis undeutlich; Zehen mit $^3/_4$ Schwimmhaut . . . . 162. **R. (R.) luteus**
BB. Laterale Finger höchstens mit $^1/_3$ Schwimmhaut.
C. Laterale Finger mit $^1/_3$ Schwimmhaut.
D. Tibiotarsalgelenk nicht bis zur Schnauzenspitze oder ein wenig darüber hinaus.
E. Vomerzähne in zwei kleinen Gruppen zwischen den Choanen; Nasenloch fast an der Schnauzenspitze . . . . 163. **R. (R.) miniatus**
EE. Vomerzähne in zwei queren Reihen hinter der Verbindungslinie der Choanen; Nasenloch näher dem Auge als der Schnauzenspitze.

F. Kopf so lang wie breit; Interorbitalraum so breit wie das obere Augenlid . . . . 164. **R. (R.) flavoguttatus**
FF. Kopf breiter als lang; Interorbitalraum breiter als das obere Augenlid . . . . . 165. **R. (R.) goudoti**
DD. Tibiotarsalgelenk reicht nicht bis zur Schnauzenspitze.
E. Zehen mit $^2/_3$ Schwimmhaut.
F. Kopf breiter als lang; Schnauze so lang wie das Auge; Nasenloch gleich weit von Auge und Schnauzenspitze; Haftscheiben so groß wie das Trommelfell . . . . 166. **R. (R.) andrangolóaka**
FF. Kopf so lang wie breit; Schnauze etwas länger als das Auge; Nasenloch etwas näher dem Auge als der Schnauzenspitze; Haftscheiben $^2/_3$ des Trommelfells . . . . . . 167. **R. (R.) rhodoscelis**
EE. Zehen mit $^3/_4$ bis fast ganzer Schwimmhaut.
F. Nasenloch viel näher der Schnauzenspitze als dem Auge . . . . 168. **R. (R.) anceps**
FF. Nasenloch näher dem Auge als der Schnauzenspitze.
G. Trommelfell $^2/_3$ des Auges . . . . 169. **R. (R.) obscurus**
GG. Trommelfell $^1/_2$ des Auges.
H. Haftscheiben vorn abgestutzt, $^2/_3$ des Trommelfells . . . . 170. **R. (R.) kanbergi**
HH. Haftscheiben fast so groß wie das Trommelfell.
I. Kopf so lang wie breit; Schnauze so lang wie das Auge . . . . 171. **R. (R.) callichromus**
II. Kopf breiter als lang; Schnauze länger als das Auge . . . . 172. **R. (R.) fasciolatus**
CC. Finger frei oder nur durch ein Rudiment von Schwimmhaut verbunden.
D. Das Tibiotarsalgelenk reicht über die Schnauzenspitze hinaus.
E. Trommelfell $^1/_3$ des Augendurchmessers . . . 173. **R. (R.) sikorae**
EE. Trommelfell $^2/_3$ des Augendurchmessers . . 174. **R. (R.) fumigatus**
DD. Das Tibiotarsalgelenk reicht höchstens bis zur Schnauzenspitze.
E. Nasenloch in der Mitte zwischen Auge und Schnauzenspitze.
F. Das Tibiotarsalgelenk erreicht das Nasenloch oder die Schnauzenspitze.
G. Trommelfell gänzlich unter der Haut verborgen, sehr klein . . . . 175. **R. (R.) arboreus**
GG. Trommelfell deutlich, $^1/_2$ des Augendurchmessers.
H. Interorbitalraum so breit wie ein oberes Augenlid; Haftscheiben so groß wie das Trommelfell . . . . 176. **R. (R.) peraccae**
HH. Interorbitalraum breiter als ein oberes Augenlid; Haftscheiben etwa $^2/_3$ des Trommelfells . . . . 177. **R. (R.) untersteini**
FF. Das Tibiotarsalgelenk reicht nicht über das Auge hinaus.
G. Zehen mit $^1/_3$—$^2/_3$ Schwimmhaut.
H. Zehen mit $^1/_3$ Schwimmhaut . . . . . . 178. **R. (R.) brevirostris**
HH. Zehen mit $^2/_3$ Schwimmhaut . . . 179. **R. (R.) boettgeri**

GG. Zehen mit $^3/_4$ Schwimmhaut . . . . . . 180. **R. (R.) albiventer**
EE. Nasenloch näher der Schnauzenspitze als dem Auge.
F. Trommelfell $^3/_4$ des Augendurchmessers . . 181. **R. (R.) opisthodon**
FF. Trommelfell höchstens $^1/_2$ des Augendurchmessers.
G. Zehen mit höchstens $^1/_3$ Schwimmhaut.
H. Finger frei . . . . 182. **R. (R.) bicalcaratus**
I. Laterale Metatarsalia fast völlig durch Schwimmhaut getrennt.
II. Laterale Metatarsalia fest verbunden . . 183. **R. (R.) gephyromantis**
HH. Finger mit einem Rudiment von Schwimmhaut.
I. Tibiotarsalgelenk bis zum Auge. 2. Finger etwa so lang wie der 4. . . . . 184. **R. (R.) pulcher**
II. Tibiotarsalgelenk zwischen Auge und Nasenloch; 2. Finger kürzer als der 4. . . . . 185. **R. (R.) liber**
GG. Zehen mit wenigstens $^1/_2$ Schwimmhaut
H. Zehen mit $^1/_2$—$^2/_3$ Schwimmhaut.
I. Nur eine einzige, kleine, mediale Metatarsaltuberkel.
K. Eine gezähnte Hautfalte an der Lateralseite der Extremitäten . . . . 186. **R. (R.) aglavei**
KK. Extremitäten ohne Hautfalte . . . . 187. **R. (R.) depressiceps**
II. Zwei Metatarsaltuberkel.
K. Tibiotarsalgelenk bis zwischen Auge und Schnauzenspitze . . . . 188. **R. (R.) mocquardti**
KK. Tibiotarsalgelenk bis zur Augenmitte 189. **R. (R.) tornieri**
HH. Zehen mit $^3/_4$ bis fast ganzer Schwimmhaut.
I. Interorbitalraum so breit wie ein oberes Augenlid.
K. Kopf länger als breit; Tibiotarsalgelenk bis zwischen Auge und Nasenloch; Fersen überragen einander . . . . 190. **R. (R.) hildebrandti**
KK. Kopf so lang wie breit; Tibiotarsalgelenk bis zum Nasenloch oder Schnauzenspitze; Fersen decken einander . . . . 191. **R. (R.) tephraeomystax**
II. Interorbitalraum breiter als ein oberes Augenlid.
K. Vomerzähne in Reihen . . . . 192. **R. (R.) boulengeri**
KK. Vomerzähne in Gruppen.
L. Haftscheiben der Zehen so groß wie die der Finger . . . . 193. **R. (R.) crossleyi**
LL. Haftscheiben der Zehen $^1/_2$ so groß wie die der Finger . . . . 194. **R. (R.) difficilis**

154. **R. (R.) albilabris** Blgr. 1888 *R. a.*, Boulenger in: Ann. nat. Hist., ser. 6 *v.* 1 p. 105 t. 6 f. 1 (Habitus).

Vomerzähne in zwei sehr kleinen, weit getrennten, transversalen Gruppen hinter der Verbindungslinie der Choanen; Kopf groß; Schnauze abgerundet; Canthus rostralis winklig; Lorealgegend konkav; Nasenloch gleich weit entfernt von Auge und Schnauzenspitze; Auge groß; Interorbitalraum breiter als das obere Augenlid; Trommelfell $^1/_2$ so groß wie das Auge. Finger stark zusammengedrückt, mit ausgedehnten Schwimmhäuten; die Schwimmhaut zwischen den beiden lateralen Fingern geht bis zu den Haftscheiben, die zwischen dem 2. und 3. von der Mitte des letzteren zur Haftscheibe des ersteren; Zehen bis zu den Haftscheiben durch Schwimmhaut verbunden; Haftscheiben so groß wie das Trommelfell; Subartikulartuberkel mäßig; eine kleine, mediale Metatarsaltuberkel. Das Tibiotarsalgelenk erreicht die Schnauzenspitze. Haut oben glatt, an Kehle und Bauch granuliert; die gularen Granula sehr ungleich an Größe; eine starke Falte vom Auge zur Schulter; eine leichte Hautfalte entlang der Lateralseite von Unterarm und Tarsus.

Oben bläulich (grün im Leben), Beine mit ziemlich undeutlichen, schmalen, dunkleren Querbinden; ein weißer Streifen rund um die Oberlippe und entlang der Lateralseite von Unterarm und Tarsus; Unterseite hellbräunlich. Männchen mit äußerer Schallblase an jeder Seite hinter dem Mundwinkel. Totallänge 75 mm.

Madagaskar (östliches Imerina).

155. **R. (R.) madagascariensis** Ptrs. 1874 *R. m.*, Peters in: Monber. Ak. Berlin, p. 618 t. 1 f. 3 (Habitus) | 1882 *R. m.*, Boulenger, Cat. Batr. sal. Brit. Mus., ed. 2 p. 91 | 1909 *R. m.*, F. Mocquard in: N. Arch. Mus. Paris, ser. 5 *v.* 1 p. 59 | 1913 *R. m.*, O. Boettger in: Voeltzkow, Reise O.-Afr., *v.* 3 p. 278.

Vomerzähne in zwei geraden oder wenig schrägen Reihen auf und hinter der Verbindungslinie der großen Choanen; Zunge groß, hinten mit zwei Zipfeln, stark mit kleinen Tuberkeln besetzt; Kopf groß, etwas breiter als lang oder so lang wie breit; Schnauze abgerundet, vorn konvex abgeflacht, etwas über das Maul hinwegragend, so lang wie der Augendurchmesser, kürzer als der Abstand zwischen den vorderen Augenwinkeln; Canthus rostralis gebogen, scharf; Lorealgegend schräg abfallend, konkav; Nasenloch aufgetrieben, in der Mitte zwischen Auge und Schnauzenspitze, der Zwischenraum zwischen den Nasenlöchern konkav, breiter als der bis zum Auge, etwas schmaler als der Interorbitalraum, der breiter als das obere Augenlid ist; Trommelfell deutlich, etwa $^1/_2$—$^2/_3$ der Augenbreite, nahe am Auge. Finger stark, mit fast ganzer Schwimmhaut, die zwischen den beiden lateralen Fingern fast die Haftscheiben, wenigstens als schmaler Hautsaum, erreicht, die zwischen 2. und 3. Finger, bei ersterem bis zur Haftscheibe, geht, beim 3. Finger aber die beiden letzten Glieder freiläßt, und die zwischen 1. und 2. Finger die Endglieder freiläßt; 1. Finger kleiner als der 2., der kürzer als der 4. ist, der fast so lang wie der 3. ist; Haftscheiben fast so groß oder so groß wie das Trommelfell, nur die des 1. Fingers viel kleiner; Subartikulartuberkel deutlich. Zehen mit ganzen Schwimmhäuten, die nur an der 4. Zehe das letzte Glied als schmaler Saum begleiten; 3. und 5. Zehe gleich lang; Haftscheiben etwas kleiner als die der Finger; laterale Metatarsalia völlig durch Schwimmhaut getrennt; nur eine ovale, flache, mediale Metatarsaltuberkel von etwa $^1/_3$ der Länge der medialen Zehe; keine laterale; keine Tarsaltuberkel; Subartikulartuberkel gut entwickelt; das Tibiotarsalgelenk reicht über die Schnauzenspitze hinaus; Femur etwas kürzer als die Tibia, die etwa $4^3/_4$—5 mal so lang wie breit, $1^3/_4$—2 mal in der Körperlänge enthalten und viel länger als der Fuß ist; bei rechtwinklig angeknickten Hinterbeinen decken die Fersen einander. Haut oben glatt; Kehle und Brust glatt; Bauch und Unterseite der Schenkel grob gekörnelt; eine starke Supratympanalfalte; eine Hautfalte an der Lateralseite von Unterarm und 4. Finger, und eine ähnliche an der Lateralseite von Tarsus und 5. Zehe, beide Hautfalten am Ellenbogen und an der Ferse in einen großen, dreieckigen, spornähnlichen Hautlappen ausgezogen; eine quere, schwache Hautfalte über dem After; ein paar große, weiße Tuberkel an der Unterseite der Oberschenkel nahe dem After.

Oben rötlichbraun oder grau, einfarbig oder mit großen, unregelmäßigen, grauen, helleren und dunkleren Flecken, und auf der ganzen Oberseite schwarz gesprenkelt: Beine meist mit zahlreichen, dicht gestellten Querbinden: Seiten

Fig. 103.
Rhacophorus (R.) madagascariensis Ptrs.
Habitus, a = Mundöffnung, b = Schultergürtel. (Nach Peters).

des Körpers, insbesondere die Weichen, mit brauner Netzzeichnung oder einfarbig hell: Hinterseite der Schenkel schwärzlichbraun, mit dicht gedrängten, weißen Flecken; oft jedoch einfarbig hellbraun. Unterseite schmutzig weiß. Totallänge 70 mm. (Fig. 103).

Madagaskar.

156. **R. (R.) brachychir** Boettg. 1882 *R. b.*, O. Boettger in: Zool. Anz., *v.* 5 p. 480 | 1895 *R. b.*, F. Mocquard in: Bull. Soc. philom., ser. 8 *v.* 7 p. 130 | 1902 *R. b.*, F. Mocquard, ibid. ser. 9 *v.* 4 p. 19.

Vomerzähne in zwei schrägen Reihen hinter der Verbindungslinie der Choanen; Kopf ziemlich klein; Schnauze sehr stumpf; Canthus rostralis scharf; Lorealgegend konkav; Nasenloch in der Mitte zwischen Auge und Schnauzenspitze; Interorbitalraum bedeutend breiter als ein oberes Augenlid; Trommelfell $^1/_2$ so groß wie das Auge. Extremitäten etwas kürzer als bei *R. madagascariensis*; Finger mit fast ganzer Schwimmhaut, die zwischen den lateralen Fingern bis zu den Haftscheiben reicht; Zehen mit ganzen Schwimmhäuten; Haftscheiben abgerundet, groß; Subartikulartuberkel gut entwickelt; nur eine kleine, mediale Metatarsaltuberkel; das Tibiotarsalgelenk reicht über die Schnauzenspitze hinaus. Haut oben fast glatt, unten granuliert; eine Supratympanal- und eine Lateralfalte vorhanden.

Oben einfarbig bräunlichschwarz; vom Auge zur Lippe zwei gelblichweiße Flecke; etwa 6 Querbinden auf den Schenkeln; vor dem After zwei schwarze, weiß umrandete Flecke; unten gelblichgrau, dunkler bestäubt. Totallänge 71 mm.

Madagaskar.

157. **R. (R.) herthae** E. Ahl 1929 *R. h.*, E. Ahl in: Mt. Mus. Berlin, *v.* 14 p. 480.

Vomerzähne in zwei kleinen, runden Gruppen hinter der Verbindungslinie der Hinterränder der ziemlich großen Choanen, ebensoweit voneinander entfernt wie von den Choanen; Zunge mäßig groß, hinten flach ausgeschnitten; Kopf breiter als der Körper, so lang wie breit; Schnauze spitz verrundet, im Profil abgeschrägt, nicht über das Maul hinwegragend, so lang wie das Auge, kürzer als der Abstand der vorderen Augenwinkel voneinander, länger als hoch; Canthus rostralis scharf, gebogen; Lorealgegend ziemlich steil abfallend, konkav; Nasenloch seitlich, etwas aufgetrieben, in der Mitte zwischen Auge und Schnauzenspitze; Abstand der Nasenlöcher voneinander sehr wenig größer als der Interorbitalraum, der nur wenig breiter als ein oberes Augenlid ist; Trommelfell mäßig deutlich, $^1/_3$ des Augendurchmessers, um die Hälfte seines eigenen Durchmessers vom Auge entfernt. Finger ziemlich kurz, gedrungen, die beiden lateralen mit $^1/_2$ Schwimmhaut, die der übrigen etwas kürzer; Haftscheiben etwa $^2/_3$ des Trommelfells; 1. Finger kürzer als der 2., der von dem 4. überragt wird, der kürzer als der 3. ist; 1. Finger den übrigen opponierbar; ein schwaches Pollexrudiment; Subartikulartuberkel deutlich. Zehen ziemlich kurz, mit $^2/_3$ Schwimmhaut, die an allen Zehen das letzte Glied, bei der 4. Zehe die letzten $1^1/_2$ bzw. 2 Glieder freiläßt; Haftscheiben etwas kleiner als die der Zehen; 3. und 5. Zehe gleich lang; laterale Metatarsalia nahezu völlig durch Schwimmhaut getrennt; laterale Zehe mit schwacher Hautfalte. Tarsalfalte fehlt. Nur eine längliche, ovale,

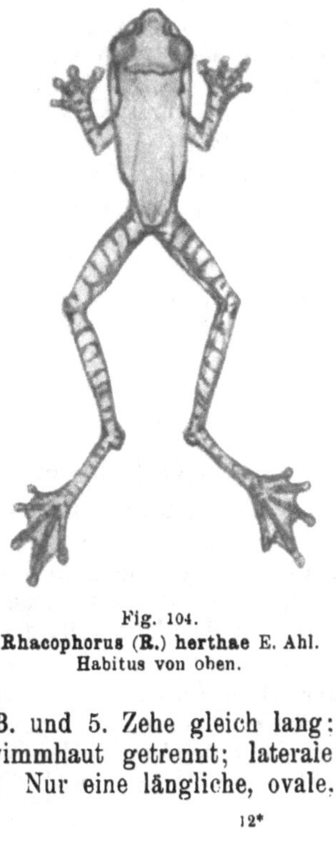

Fig. 104.
Rhacophorus (R.) herthae E. Ahl.
Habitus von oben.

flache, mediale Metatarsaltuberkel von etwa $^1/_3$ der Länge der medialen Zehe, keine laterale, keine Tarsaltuberkel. Subartikulartuberkel ziemlich klein aber verhornt. Das Tibiotarsalgelenk reicht sehr wenig über die Schnauzenspitze hinaus; Femur kürzer als die Tibia, die $6^1/_2$ mal so lang wie breit, etwas über $^1/_2$ der Körperlänge und bedeutend länger als der Fuß ist. Bei rechtwinklig angeknickten Hinterbeinen überragen die Fersen einander. Haut oben glatt; Kehle und Brust glatt, Bauch und Hinterseite der Oberschenkel fein gekörnelt; eine deutliche Supratympanalfalte; After von einigen großen Tuberkeln umgeben; Ferse mit schwachem Hautlappen.

Färbung (in Alkohol) sehr eigenartig. Grundfarbe ein schönes Isabell bis Gelblichgrau; von der Schnauzenspitze unterhalb des Canthus rostralis zum Auge eine breite schwarzbraune Binde, eine ebensolche vom Auge schräg nach vorn abwärts zur Maulspalte; die Zone zwischen diesen Binden und ein großer Fleck dahinter, den Rest der Oberlippe einnehmend, milchweiß. Die Supratympanalfalte mit einer feinen, dunkelbraunen Linie, und eine ebensolche feine Linie hinter den Augen quer über das Hinterhaupt. Arme und Schenkel fein quergebändert. Medial- und Unterseite von Armen, Händen, Tarsus und Fuß dunkelbraun. Hinterseite der Schenkel braun bestäubt. Unterseite einfarbig grauweiß. Totallänge 25 mm. (Fig. 104).

Akkoraka, Zentralmadagaskar.

158. **R. (R.) isabellinus** Boettg. 1913 *R. i.*, O. Boettger in: Voeltzkow, Reise O.-Afr., *v.* 3 p. 277 t. 23 f. 6 (Habitus).

Vomerzähne in zwei kleinen, runden Gruppen hinter der Verbindungslinie der Choanen; Zunge mit langen, weit auseinandergerückten Zipfeln; Kopf kurz und breit; Schnauze abgerundet; Canthus rostralis ziemlich undeutlich; Lorealgegend nicht vertieft; Nasenloch gleich weit von Auge und Schnauzenspitze entfernt. Interorbitalraum breiter als das obere Augenlid; Trommelfell mäßig deutlich, $^1/_3$ des Augendurchmessers; Rachenspalte wie bei *Hyperolius* hinten etwas bogenförmig nach aufwärts gekrümmt. Lateralfinger mit $^1/_2$, Zehen mit $^3/_4$ Schwimmhaut; Haftscheiben der Finger so groß wie das Trommelfell, die der Zehen ein wenig kleiner; 1. Finger wenig kürzer als der 2., zugespitzt, ohne deutliche Haftscheibe. Subartikulartuberkel mäßig: eine kleine, mediale Metatarsaltuberkel. Das Tibiotarsalgelenk reicht etwas über die Schnauzenspitze hinaus. Haut oben glatt, unten fein granuliert; eine schmale Längsfalte über dem Trommelfell; ein halbkreisförmiger, quergestellter Hautzipfel an der Lateralseite des Tibiotarsalgelenks.

Einfarbig isabellgelb; Bauch und Hinterseite der Oberschenkel dunkler, braungelb. Totallänge 25 mm.

Ostmadagaskar.

159. **R. (R.) rappiodes** E. Ahl 1928 *R. r.*, E. Ahl in: Zool. Anz., *v.* 75 p. 315.

Körpergestalt ähnlich den Arten der Gattung *Hyperolius*. Vomerzähne in zwei kleinen, runden Gruppen hinter der Verbindungslinie der kleinen Choanen; Zunge ziemlich klein, hinten eingekerbt, ohne Papille; Kopf kurz, ziemlich groß, breiter als lang; Schnauze abgerundet, im Profil abgerundet, kürzer als das Auge, viel kürzer als der Abstand der vorderen Augenwinkel voneinander, etwas länger als hoch; Canthus rostralis deutlich, etwas gebogen; Lorealgegend ziemlich steil, nur sehr wenig konkav; Nasenloch näher der Schnauzenspitze als dem Auge, der Abstand der Nasenlöcher voneinander kleiner als der Interorbitalraum, der breiter als das obere Augenlid ist; Trommelfell völlig unter der Haut verborgen. Rachenspalte wie bei *Hyperolius* hinten etwas bogenförmig nach aufwärts gekrümmt. Finger kurz, die lateralen mit $^1/_2$ Schwimmhaut; Haftscheiben ziemlich groß, auch die des 1. Fingers gut entwickelt; 1. Finger kürzer als der 2., der kürzer als der 4. ist, der von dem 3. überragt wird; 3. Finger so lang wie die Schnauze; Subartikulartuberkel schwach entwickelt: Zehen mit $^3/_4$ Schwimmhaut, die an allen Zehen bis unter die Haftscheiben geht, und nur an der 4. Zehe das Endglied freiläßt; Haftscheiben so groß wie die der Finger; 5. Zehe ein wenig länger als die 3.; laterale Metatarsalia völlig durch Schwimmhaut getrennt; laterale Zehe mit rudimentärer Hautfalte; Tarsalfalte fehlt; nur eine sehr kleine, mediale, keine laterale Metatarsaltuberkel; keine Tarsaltuberkel; Subartikulartuberkel schwach entwickelt. Das Tibiotarsalgelenk reicht über die Schnauzenspitze hinaus; Femur kaum kürzer als die Tibia, die 5 mal so lang wie breit, etwas weniger als 2 mal in der Körperlänge enthalten und viel länger als der Fuß ist; bei rechtwinklig angeknickten Hinterbeinen berühren die Fersen einander. Haut oben glatt, unten fein granuliert; eine schmale Längsfalte über dem Trommelfell.

Färbung (in Alkohol) oben und unten einfarbig hell gelblichgrau; bei Betrachtung mit der Lupe ist die Oberseite dicht mit feinen schwarzen Pigmentfleckchen besetzt; von der Schnauzenspitze entlang dem Canthus rostralis, das obere Augenlid einnehmend und auf die Supratympanalfalte fortgesetzt ein leuchtend silberweißer Streifen. Totallänge 25 mm.

Ankoraka Sahambendrana (Madagaskar).

160. **R. (R.) hyloides** E. Ahl 1929 *R. h.*, E. Ahl in: Mt. Mus. Berlin, *v.* 1 p. 481.

Vomerzähne in zwei kurzen, queren Reihen hinter der Verbindungslinie der kleinen Choanen. Zunge ziemlich groß, hinten mit zwei Zipfeln, ohne Papille. Kopf mäßig groß, so lang wie breit; Schnauze abgerundet, im Profil rund abgeflacht, kaum vorragend, so lang wie das Auge, kürzer als der Abstand der vorderen Augenwinkel voneinander, länger als hoch; Canthus rostralis deutlich, gebogen; Lorealgegend schräg, konkav; Nasenloch näher dem Auge als der Schnauzenspitze, der Abstand der beiden Nasenlöcher voneinander kaum schmaler als der Interorbitalraum, der breiter als ein oberes Augenlid ist; Trommelfell $^1/_2$ des Augendurchmessers, nahe beim Auge. Finger, wenigstens die beiden lateralen, mit $^1/_2$ Schwimmhaut; Haftscheiben mäßig groß, etwa $^2/_3$ des Trommelfells; 1. Finger kleiner als der 2., der kürzer als der 4. ist, der von dem 3. weit überragt wird; 3. Finger länger als die Schnauze; Subartikulartuberkel deutlich, nicht sehr groß. Zehen mit $^2/_3$ Schwimmhaut, die an allen Zehen das letzte ganze oder halbe Glied oder an der 4. die beiden letzten oder letzten $1^1/_2$ Glieder freiläßt; Haftscheiben kleiner als die der Finger; 3. und 5. Zehe gleich lang; laterale Metatarsalia völlig durch Schwimmhaut getrennt; laterale Zehe mit rudimentärer Hautfalte; Tarsalfalte fehlt; nur eine kleine, ovale, flache, mediale Metatarsaltuberkel von $^1/_3$ der Länge der medialen Zehe, keine laterale, keine Tarsaltuberkel; Subartikulartuberkel mäßig groß, deutlich. Das Tibiotarsalgelenk reicht bis zum Nasenloch; Femur kürzer als die Tibia, die 4 mal so lang wie breit, nicht ganz 2 mal in der Körperlänge enthalten und länger als der Fuß ist; bei rechtwinklig angeknickten Hinterbeinen decken die Fersen einander. Haut oben und an den Seiten fein gekörnelt, auf dem Kopf und dem Rücken nicht so deutlich; Kehle, Brust, Bauch und Unterseite der Schenkel granuliert; eine deutliche Supratympanalfalte.

Oberseite (in Alkohol) braun mit unregelmäßigen, wolkigen, helleren rehbraunen und dunkelbraunen Flecken und Zeichnungen; Lorealgegend dunkelbraun, am Canthus rostralis scharf abgesetzt. Beine mit dunklen Querbinden; Unterseite gelblichweiß, Kehle grau mit helleren Punkten. Hinterseite der Schenkel dunkelgrau mit dichten weißlichen Punkten. Totallänge 40 mm.

Zentralmadagaskar.

161. **R. (R.) majori** Blgr. 1896 *R. m.*, Boulenger in: Ann. nat. Hist., ser. 6 *v.* 17 p. 402.

Vomerzähne in zwei kurzen, queren Reihen hinter der Verbindungslinie der Choanen. Schnauze abgerundet; Canthus rostralis deutlich; Lorealregion sehr wenig konkav; Nasenloch näher dem Auge als der Schnauzenspitze: Interorbitalraum breiter als ein oberes Augenlid; Trommelfell $^1/_2$ so groß wie das Auge; laterale Finger mit $^1/_2$ Schwimmhaut; Zehen mit $^2/_3$ Schwimmhaut; Haftscheiben der Finger und Zehen kleiner als das Trommelfell; Subartikulartuberkel gut entwickelt; eine kleine, mediale Metatarsaltuberkel; das Tibiotarsalgelenk reicht bis zur Mitte zwischen Auge und Schnauzenspitze; Haut oben glatt, auf dem Bauch und der Unterseite der Schenkel gekörnelt, Kehle glatt.

Oben karminrot, manchmal mit verstreuten, schwärzlichen Flecken auf dem Rücken, mit oder ohne eine große, braune, symmetrische Zeichnung, die vom Kopf bis zum Sacrum reicht und die sechs schräge Äste abgibt, das vordere Paar nach vorn, die anderen nach hinten; Beine mit graubraunen oder schwärzlichen Querbinden; Kehle und Bauch weiß, Unterseite der Schenkel ganz oder teilweise karminrot. Männchen mit äußerer, gularer Schallblase. Totallänge 28 mm.

Madagaskar (Ambohimitombo-Wald).

162. **R. (R.) luteus** Blgr. 1882 *R. l.*, Boulenger, Cat. Batr. sal. Brit. Mus., ed. 2 p. 468 | 1895 *R. l.*, F. Mocquard in: Bull. Soc. philom., ser. 8 *v.* 7 p. 131 | 1925 *R. l.* + var. *longicrus*, Parker in: Ann. nat. Hist., ser. 9 *v.* 16 p. 393.

Vomerzähne in zwei kurzen, queren Reihen hinter der Verbindungslinie der Choanenhinterränder. Choanen mäßig, Zunge hinten mit zwei langen Zipfeln. Kopf mäßig groß, etwa so lang wie breit; Schnauze abgerundet, vorn abgeflacht, wenig über das Maul hinausragend, etwas länger als das Auge, etwas kürzer als der Abstand der vorderen Augenwinkel voneinander, länger als hoch; Canthus rostralis undeutlich: Lorealgegend konvex; Nasenloch näher dem Auge als der Schnauzenspitze, der Zwischenraum zwischen den Nasenlöchern größer als der bis zum Auge, etwa so groß wie der Interorbitalraum, der bedeutend breiter, fast doppelt so breit wie das obere Augenlid ist. Trommelfell sehr undeutlich, etwa $^1/_2$ des Augendurchmessers. Laterale Finger mit $^1/_2$ Schwimmhaut, die übrigen nur an der Basis durch Schwimmhaut verbunden; Haftscheiben nicht ganz $^1/_2$ so groß wie der Augendurchmesser; 1. Finger kürzer als der 2., der kürzer als der 4. ist, welcher von dem 3. bedeutend überragt wird; ein sehr schwaches, nur angedeutetes Pollexrudiment: Subartikulartuberkel deutlich. Zehen mit $^3/_4$ Schwimmhaut, die an allen Zehen bis an die Haftscheiben geht, nur bei der 4. Zehe das letzte Glied freiläßt; Haftscheiben etwas kleiner als die der Finger; 3. und 5. Zehe gleich lang; laterale Metatarsalia bis zur Basis durch Schwimmhaut getrennt; laterale Zehe mit Hautfalte. Tarsalfalte fehlt; nur eine kleine, konische, mediale Metatarsaltuberkel, keine laterale, keine Tarsaltuberkel;

Subartikulartuberkel mäßig. Das Tibiotarsalgelenk reicht bis zwischen Auge und Schnauzenspitze. Femur kürzer als die Tibia, die etwa 5 mal so lang wie breit, 2 – $2^1/_4$ mal in der Körperlänge enthalten und länger als der Fuß ist. Bei rechtwinklig angeknickten Hinterbeinen decken oder überragen die Fersen einander. Haut oben glatt, unten gekörnelt; ein paar vergrößerte Tuberkel unter dem After; eine angedeutete Hautfalte entlang der Lateralseite des 4. Fingers und des Ellenbogens und eine ähnliche entlang der Lateralseite der 5. Zehe und des Tarsus; eine quere Hautfalte über der Ferse.

Oberseite leuchtend gelb; Unterseite und Seiten der Schenkel ungefärbt; Seiten des Körpers weiß gefleckt; eine weiße Linie entlang der Lateralseite des Unterarmes und des 4. Fingers, auf dem Tibiotarsalgelenklappen und entlang der Lateralseite des Tarsus und der 5. Zehe. Männchen mit äußerer Schallblase. Totallänge 57 mm.

Madagaskar.

163. **R. (R.) miniatus** Mocq. 1902 *R. m.*, F. Mocquard in: Bull. Soc. philom., ser. 9 *v.* 4 p. 19 t. 2 f. 1 (Habitus).

Kopf breiter als der Körper; Schnauze abgestutzt, so lang wie der Augendurchmesser; Nasenloch fast an der Schnauzenspitze liegend; Canthus rostralis deutlich; Lorealgegend mäßig schräg, konkav; Interorbitalraum viel breiter als das obere Augenlid; Trommelfell deutlich, so groß wie der halbe Augendurchmesser, nahe beim Auge; Vomerzähne in zwei kleinen Gruppen zwischen den Choanen, etwas schräg gerichtet und nahe an der Medianlinie; Finger und Haftscheiben viel kleiner als das Tympanum, der zweite viel länger als der erste, die beiden lateralen zu $^1/_3$ durch Schwimmhaut versehen; Zehen mit $^2/_3$ Schwimmhaut, Haftscheiben kleiner als die der Finger; Subartikulartuberkel wenig entwickelt; eine längliche, ovale, mediale Metatarsaltuberkel, keine laterale. Das Tibiotarsalgelenk erreicht die Schnauzenspitze. Haut oben und an der Kehle glatt, am Bauch und unter den Schenkeln gekörnelt.

Oberseite des Körpers und der Gliedmaßen kirschrot mit schwarzen Punkten; eine aus diesen Punkten gebildete, etwas konkave Linie zwischen den Augen; eine zweite, noch stärker gebogene, zwischen den Augenhinterrändern über dem Hinterhaupt; Unterseite weißlichgrau; Tibia mit 5—6 dunklen Querbinden. Totallänge 29 mm.

Südmadagaskar.

164. **R. (R.) flavoguttatus** E. Ahl 1929 *R. f.*, E. Ahl in: Mt. Mus. Berlin, *v.* 14 p. 479.

Vomerzähne in zwei kurzen, queren Reihen oder Gruppen gerade hinter der Verbindungslinie der Hinterränder der mäßig großen Choanen; Zunge groß, hinten mit zwei Zipfeln, ohne Papille; Kopf groß, so lang wie breit; Schnauze rundlich zugespitzt, im Profil zugespitzt, über das Maul hinausragend, so lang wie der Augendurchmesser, etwas kürzer als der Abstand der vorderen Augenwinkel voneinander, länger als hoch; Canthus rostralis deutlich; Lorealgegend etwas schräg, konkav; Nasenloch näher dem Auge als der Schnauzenspitze, der Zwischenraum zwischen den Nasenlöchern flach, gerade, kaum breiter als der Interorbitalraum, der so breit wie das obere Augenlid ist; Trommelfell deutlich, etwa $^3/_5$ des Augendurchmessers, sein Abstand vom Auge etwa $^1/_2$ seines eigenen Durchmessers. Laterale Finger mit etwa $^1/_3$ Schwimmhaut; Haftscheiben ziemlich groß, etwa $^3/_4$ des Trommelfells; 1. Finger kleiner als der 2., der kürzer als der

4. ist, der von dem 3. beträchtlich überragt wird; Subartikulartuberkel mäßig groß; Zehen mit $^2/_3$ Schwimmhaut, die an allen Zehen das letzte halbe Glied, und an der 4. Zehe die letzten $1^1/_2$ Glieder freiläßt; Haftscheiben etwas kleiner als die der Finger; laterale Metatarsalia völlig durch Schwimmhaut getrennt; 3. und 5. Zehe gleich lang; laterale Zehe nur mit Andeutung einer Hautfalte; keine Tarsalfalte; nur eine kleine, mediale Metatarsaltuberkel von etwa $^1/_4$ der Länge der medialen Zehe; keine laterale, keine Tarsaltuberkel; Subartikulartuberkel deutlich; das Tibiotarsalgelenk reicht etwas über die Schnauzenspitze hinaus. Femur kürzer als die Tibia, die 4mal so lang wie breit, $1^3/_4$ mal in der Körperlänge enthalten, und länger als der Fuß ist; bei rechtwinklig angeknickten Hinterbeinen überragen die Fersen einander. Haut oben glatt; Kehle und Brust glatt, Bauch und Unterseite der Schenkel gekörnelt; eine deutliche Supratympanalfalte.

Färbung (in Alkohol) oben braunschwarz, mit zahlreichen, ziemlich großen, unregelmäßig verstreuten, gelblichweißen Tropfenflecken auf der Oberseite und den Seiten des Kopfes, Körpers und der Gliedmaßen; Hinterbacken einfarbig schwarzbraun, Unterseite dunkelbraun, Kehle und Brust sehr fein gelblich gepunktet. Totallänge 70 mm.

Zentralmadagaskar.

165. **R. (R.) goudoti** (Tsch.) 1838 *Boophis g.*, Tschudi, Classif. Batr., p. 77 | 1841 *Polypedates goudotii*, C. Duméril & G. Bibron, Erpét., v. 8 p. 517 | 1858 *P. g.*, Alb. Günther, Cat. Batr. sal. Brit. Mus., p. 82 | 1864 *P. goudoti* + var. *variolosa*, Steindachner in: Verh. Ges. Wien, v. 14 p. 253 t. 10 f. 1 (Habitus) | 1882 *Rhacophorus g.*, Boulenger, Cat. Batr. sal. Brit. Mus., ed. 2 p. 76.

Vomerzähne in zwei geraden, queren Reihen hinter der Verbindungslinie der Hinterränder der ziemlich kleinen Choanen; Zunge groß, hinten mit ziemlich kurzen Zipfeln, ohne Papille; Kopf groß, breiter als lang; Schnauze abgerundet, vorn sanft abfallend, nicht über das Maul hinausragend, etwas länger als der Augendurchmesser, kaum kürzer als der Abstand zwischen den vorderen Augenwinkeln; Canthus rostralis deutlich; Lorealgegend sehr schräg, konkav; Nasenloch näher dem Auge als der Schnauzenspitze, der Zwischenraum zwischen den Nasenlöchern gerade, flach, größer als der bis zum Auge, kaum kleiner als der Interorbitalraum, der breiter als das obere Augenlid ist; Trommelfell deutlich, $^2/_3$—$^3/_4$ des Augendurchmessers, sein Abstand vom Auge $^1/_3$—$^1/_2$ des Trommelfelldurchmessers. Finger etwa $^1/_3$ mit Schwimmhaut zwischen den beiden lateralen versehen; Haftscheiben mäßig groß, etwa $^1/_2$ so groß wie das Trommelfell; 1. Finger kleiner als der 2., der kürzer als der 4. ist, der von dem 3. beträchtlich überragt wird; Subartikulartuberkel mäßig groß; Zehen fast mit ganzen Schwimmhäuten, die an der 4. Zehe das Endglied freilassen, bei den übrigen aber bis unter die Haftscheiben reichen; Haftscheiben wenig kleiner als die der Finger; laterale Metatarsalia völlig durch Schwimmhaut getrennt; 3. und 5. Zehe gleich lang; laterale Zehe mit Hautfalte; Tarsalfalte fehlt; nur eine kleine, mediale Metatarsaltuberkel vorhanden; keine laterale, keine Tarsaltuberkel; Subartikulartuberkel deutlich, flach; das Tibiotarsalgelenk reicht bis zur Schnauzenspitze oder ein wenig darüber hinaus; Femur kürzer als die Tibia, die 3—4mal so lang wie breit, $1^3/_4$—$1^4/_5$ mal in der Körperlänge enthalten und länger als der Fuß ist; bei rechtwinklig angeknickten Hinterbeinen überragen die Fersen einander. Haut oben glatt, Unterseite fein gekörnelt; eine starke Falte über dem Trommelfell.

Oben bräunlich, manchmal mit großen, runden, hellen Flecken; Seiten manchmal dunkel gefleckt; Beine mit schmalen, dunklen Querbinden; Unterseite weißlich, mehr oder weniger stark dunkelbraun gefleckt oder gepunktet. Totallänge 96 mm.

Madagaskar.

166. **R. (R.) andrangolóaka** E. Ahl 1928 *R. a.*, E. Ahl in: Zool. Anz., *v.* 75 p. 311.

Vomerzähne in zwei geraden, queren, kurzen Reihen weit hinter der Verbindungslinie der mäßig großen Choanen. Zunge ziemlich klein, hinten mit zwei Zipfeln, ohne Papille. Kopf mäßig groß, breiter als lang; Schnauze abgerundet, im Profil abgeflacht, kaum über das Maul hinausragend, so lang wie das Auge, kürzer als der Abstand der vorderen Augenwinkel voneinander, länger als hoch; Canthus rostralis deutlich, etwas gebogen; Lorealgegend ziemlich steil, konkav; Nasenloch gleich weit entfernt von Auge und Schnauzenspitze, der Abstand der Nasenlöcher voneinander schmaler als der Interorbitalraum, der breiter als ein oberes Augenlid ist; Trommelfell deutlich, $^1/_2$ so groß wie das Auge, nahe bei diesem. Laterale Finger mit etwa $^1/_3$ Schwimmhaut; Haftscheiben ziemlich groß, etwa so groß wie das Trommelfell; 1. Finger kleiner als der 2., der kürzer als der 4. ist, der von dem 3. überragt wird; 3. Finger länger als die Schnauze; Subartikulartuberkel deutlich; Handfläche deutlich granuliert. Zehen mit $^2/_3$ Schwimmhaut, die an der 3. und 5. Zehe das letzte Glied, an der 4. Zehe die beiden Endglieder nur als schmaler Hautsaum einschließt; Haftscheiben etwas kleiner als die der Finger; 3. und 5. Zehe gleich lang; laterale Metatarsalia fast völlig durch Schwimmhaut getrennt; laterale Zehe ohne Hautfalte; Tarsalfalte fehlt; mediale Metatarsaltuberkel sehr klein, flach, oval; keine laterale, keine Tarsaltuberkel; Sohle granuliert; Subartikulartuberkel deutlich; das Tibiotarsalgelenk reicht bis zum Vorderrand des Auges; Femur wenig kürzer als die Tibia, die 5mal so lang wie breit, $2^1/_4$mal in der Körperlänge enthalten und wenig länger als der Fuß ist; bei rechtwinklig angeknickten Hinterbeinen decken die Fersen einander. Haut oben fein granuliert, Unterseite gekörnelt; eine starke Supratympanalfalte.

Färbung (in Alkohol) oben gelblich, mit wolkigen, bräunlichen Zeichnungen; Loreal- und Tympanalgegend bräunlich, fein weiß bestäubt; entlang der Oberlippe bis zum Ansatz des Oberarmes eine leuchtend silberweiße Längsbinde. Weichen, Vorder- und Hinterseite der Oberschenkel, Medialseite der Tibia und des Tarsus, die drei medialen Zehen, sowie die Schwimmhaut zwischen den beiden lateralen und den lateralen Fingern karminrot; Arme und Beine mit dunkelbraunen Querbinden; Unterseite gelblich mit braunen Flecken. Im Leben ist (nach Hildebrandt) der Frosch oben braun mit grünen Aderzeichnungen, unten hell mit braunvioletten Zeichnungen; Schenkel gelb gefleckt. Totallänge 35 mm.

Zentralmadagaskar (Andrangolóaka).

167. **R. (R.) rhodoscelis** Blgr. 1882 *R. r.*, Boulenger, Cat. Batr. sal. Brit. Mus., ed. 2 p. 466 | 1909 *R. r.*, F. Mocquard in: N. Arch. Mus. Paris, ser. 5 *v.* 1 p. 58 | 1913 *R. r.*, O. Boettger in: Voeltzkow, Reise O.-Afr., *v.* 3 p. 276.

Vomerzähne in zwei ganz kurzen Reihen hinter der Verbindungslinie der Choanenhinterränder; Choanen klein; Zunge groß, hinten mit zwei Zipfeln; Kopf mäßig groß, so lang wie breit; Schnauze abgerundet, nur wenig über das Maul hinausragend, etwas länger als das Auge, länger als hoch, der Abstand zwischen den vorderen Augenwinkeln etwas größer als die Schnauzenlänge; Canthus rostralis deutlich; Lorealgegend ziemlich steil, etwas vertieft; Nasenloch etwas näher dem Auge als der Schnauzenspitze, der Abstand der beiden Nasenlöcher voneinander größer als der bis zum Auge, etwas kleiner als der Interorbitalraum, der breiter als ein oberes Augenlid ist; Trommelfell deutlich, $^1/_2$ so groß wie das Auge. Finger mäßig lang, mit fast $^1/_3$ Schwimmhaut; die Haftscheiben etwa $^2/_3$ so groß wie das Trommelfell; 1. Finger kleiner als der 2., der kleiner als der 4. ist; Subartikulartuberkel deutlich, einfach. Zehen mäßig lang, mit $^2/_3$ Schwimmhäuten, die an der längsten Zehe die beiden letzten Glieder, an den übrigen das letzte Glied freilassen; Haftscheiben etwas kleiner als die der Finger; 5. Zehe etwas länger als die 3.; laterale Zehe mit schwacher Hautfalte; Tarsalfalte fehlt; nur ein flacher, ovaler, kleiner medialer Metatarsalhöcker von $^1/_3$ der Länge der medialen Zehe; keine laterale Metatarsaltuberkel, keine Tarsaltuberkel; Subartikulartuberkel schwach entwickelt. Das Tibiotarsalgelenk reicht bis zum Auge oder wenig darüber hinaus; Femur etwas kürzer als die Tibia, die 5mal so lang wie breit, $^1/_2$ mal in der Körperlänge enthalten und länger als der Fuß ist. Bei rechtwinklig angeknickten Beinen berühren die Fersen einander. Haut oben glatt; Seiten des Körpers, Kehle und Brust schwach, Bauch und Unterseite der Schenkel stärker gekörnelt. Eine Supratympanalfalte vorhanden.

Oben hellbraun oder gelblich, heller und dunkler mit Grau oder Schwarz gefleckt und gezeichnet; ein schwärzlicher, nach oben scharf abgesetzter Streifen von der Schnauzenspitze über den Canthus rostralis, die Lorealgegend einnehmend, durch das Auge, zur Temporalgegend; Hinterbeine mit mehr oder weniger deutlichen Querbinden; Weichen, Seiten der Oberschenkel, Unterseite der Tibia, Medialseite des Tarsus, die drei medialen Zehen, und die Membran zwischen den letzteren und den beiden lateralen Fingern karminrot; Unterseite weiß, schwärzlich oder braun gefleckt oder marmoriert, besonders an der Kehle; bei einigen Stücken auch der Bauch karminrot marmoriert oder die Unterseite der Vorderbeine karminrot gefärbt. Totallänge 38 mm.

Madagaskar.

168. **R. (R.) anceps** Mocq. 1902 *R. a.*, F. Mocquard in: Bull. Soc. philom., ser. 9 *v.* 4 p. 20.

Vomerzähne bei dem einzigen bis jetzt bekannten Exemplar noch nicht entwickelt; Schnauze kurz, so lang wie der Augendurchmesser, vorn abgestumpft; Nasenloch viel näher der Schnauzenspitze als dem Auge; Canthus rostralis rund; Lorealgegend mäßig schräg, wenig konkav; Interorbitalraum breiter als das obere Augenlid; Trommelfell wenig deutlich, klein, etwa $^1/_3$ des Augendurchmessers; Finger mit großen Haftscheiben, die so groß wie das Trommelfell sind; der 1. viel schwächer und kürzer als der 2., die beiden lateralen durch $^1/_3$ Schwimmhaut verbunden; Zehen mit etwas kleineren Haftscheiben als die Finger, mit vollständigen Schwimmhäuten, außer an der 4. Zehe; Subartikulartuberkel gut entwickelt; eine wenig vortretende, mediale Metatarsaltuberkel, keine laterale; das Tibiotarsalgelenk reicht bis zum Nasenloch. Oberseite und Kehle glatt; Bauch und Unterseite der Oberschenkel granuliert.

Oberseite olivbraun, heller an den Gliedmaßen, die braun quergebändert sind, und, besonders auf der Tibia und der Lateralseite des Tarsus, weißlich graue Punkte zeigen; zwei helle, weiße Streifen gehen vom After an den

Rückenseiten entlang über das obere Augenlid bis zur Schnauzenspitze, wo sie sich vereinigen; Unterseite hellbräunlich, ohne Zeichnung. Totallänge 18 mm.

Südmadagaskar (Fort Dauphin).

169. **R. (R.) obscurus** Boettg. 1913 *R. o.*, O. Boettger in: Voeltzkow, Reise O.-Afr., *v.* 3 p. 275 t. 23 f. 3 (Habitus).

Körpergestalt ziemlich kräftig. Vomerzähne in zwei, nur sehr wenig schrägen, ovalen Gruppen hinter der Verbindungslinie der mäßig großen, freiliegenden Choanen. Zunge groß, hinten mit zwei Zipfeln, ohne Papille; Kopf groß, niedergedrückt, so lang wie breit; Schnauze abgerundet, vorn abgeschrägt, über das Maul hinausragend, länger als der Augendurchmesser, kaum kürzer als der Zwischenraum zwischen den vorderen Augenwinkeln; Canthus rostralis deutlich, Lorealgegend sehr schräg, abschüssig, stark vertieft; Nasenloch näher dem Auge als der Schnauzenspitze, nach hinten seitlich gerichtet; der Abstand zwischen den Nasenlöchern gerade, flach, größer als der bis zum Auge, fast so breit wie der Interorbitalraum, der etwa $1^1/_2$ mal so breit wie das obere Augenlid ist; Trommelfell deutlich, etwa $^2/_3$ mal so groß wie das Auge. Finger ziemlich lang, durch fast $^1/_3$ Schwimmhaut verbunden; 1. Finger kleiner als der 2., der kürzer als der 4. ist; Daumenschwiele des brünstigen Männchens länglich oval, glatt, hellbraun; Haftscheiben der drei lateralen Finger etwa $^2/_3$ mal so groß wie das Trommelfell; Subartikulartuberkel deutlich. Zehen ziemlich lang, durch fast vollkommene Schwimmhaut verbunden, die an der längsten Zehe das letzte Glied freiläßt, bei den übrigen bis unter die Haftscheiben reicht; 5. Zehe etwas länger als die 3.; Haftscheiben etwas kleiner als die der Finger; laterale Zehe mit deutlicher Hautfalte; Tarsalfalte fehlt; nur eine kleine, flache, mediale Metatarsaltuberkel von etwa $^1/_8$ der Länge der medialen Zehe vorhanden; keine laterale, keine Tarsaltuberkel; Subartikulartuberkel deutlich; das Tibiotarsalgelenk reicht bis zum Nasenloch oder etwas darüber hinaus. Femur kürzer als die Tibia, die 4mal so lang wie breit, $^1/_2$ der Körperlänge und länger als der Fuß ist; bei rechtwinklig angeknickten Beinen decken die Fersen einander. Haut der Oberseite des Kopfes glatt, Rücken und Gliedmaßen mit spitzen Körnchen übersät und sich rauh anfühlend; Unterseite samt der Kehle sehr fein und dicht, aber stark granuliert; eine kräftige Supratympanalfalte.

Oberseite einfarbig schwarz bis rötlichbraun (beim Männchen) oder blau- oder grünschwarz mit düster rotbraunen oder fuchsroten, wenig deutlichen Makeln, die auch auf den Gliedmaßen Querbinden bilden können (beim Weibchen). Unterseite heller oder dunkler grau, der Umkreis des Bauches und die ganze Kehle schwärzlich oder dunkelbraun bestäubt oder marmoriert. Totallänge der Männchen 54 mm, der Weibchen 71 mm.

Südliches Zentralmadagaskar (Fianarantsoa).

170. **R. (R.) kanbergi** E. Ahl 1929 *R. k.*, E. Ahl in: Mt. Mus. Berlin, *v.* 14 p. 482.

Vomerzähne in zwei kleinen, runden Gruppen gerade hinter der Verbindungslinie der Hinterränder der mäßig großen Choanen, ebensoweit voneinander entfernt wie von den Choanen; Zunge mäßig groß, hinten mit zwei Zipfeln, ohne Papille; Kopf ziemlich groß, so lang wie breit; Schnauze abgerundet, im Profil abgeflacht, kaum über das Maul hinausragend, etwas länger als das Auge, so lang wie der Abstand der vorderen Augenwinkel voneinander, länger als hoch; Canthus rostralis gebogen, deutlich; Lorealgegend schräg, konkav; Nasenloch näher dem Auge als der Schnauzenspitze, der Abstand der Nasenlöcher voneinander geringer als der Interorbitalraum, der breiter als ein oberes Augenlid ist: Trommelfell mäßig deutlich, $^1/_2$ so groß wie das Auge, nahe bei letzterem. Finger mit etwa $^1/_3$ Schwimmhaut zwischen den beiden lateralen; Haftscheiben vorn abgestutzt, etwa $^2/_3$ der Größe des Trommelfells; 1. Finger kleiner als der 2., der kürzer als der 4. ist, der von dem 3. überragt wird; 3. Finger kaum länger als die Schnauze; Subartikulartuberkel klein; Zehen mit etwa $^2/_3$ Schwimmhaut, die an allen Zehen das letzte Glied, bei der 4. die beiden letzten Glieder nur als schmaler Hautsaum umschließt; Haftscheiben etwas kleiner als die der Finger; 5. Zehe länger als die 3.; laterale Metatarsalia fast völlig durch Schwimmhaut getrennt; laterale Zehe mit schwacher Hautfalte; Tarsalfalte fehlt; mediale Metatarsaltuberkel klein, oval, flach, etwa $^1/_3$ der Länge der medialen Zehe; keine laterale, keine Tarsaltuberkel; Sohle fein granuliert: Subartikulartuberkel klein. Das Tibiotarsalgelenk reicht bis zum vorderen Augenrand; Femur kürzer als die Tibia, die 5 mal so lang wie breit, 2 mal in der Körperlänge enthalten und länger als der Fuß ist; bei rechtwinklig angeknickten Hinterbeinen decken die Fersen einander. Haut oben glatt; Seiten, Bauch und Unterseite der Oberschenkel fein gekörnelt; Kehle und Brust glatt; eine lose, dorsolaterale Hautfalte an jeder Seite des Körpers; Supratympanalfalte deutlich.

Färbung (in Alkohol) hellbraun mit wolkigen, dunkleren Zeichnungen; von der Schnauzenspitze unter dem Canthus rostralis und der Supratympanalfalte eine dunkelbraune Längsbinde; Schenkel mit dunklen Querbinden; Unterseite einfarbig schmutzigweiß; Hinterseite der Schenkel braun mit weißen Punkten. Eine weiße Linie an der Außenseite von Hand und Fuß. Totallänge 32 mm.

Nordwestmadagaskar.

171. **R. (R.) callichromus** E. Ahl 1928 *R. c.*, E. Ahl in: Zool. Anz., *v.* 75 p. 314.

Vomerzähne in zwei geraden oder etwas schrägen, ovalen Gruppen hinter der Verbindungslinie der Hinterränder der ziemlich kleinen Choanen. Zunge oval, mäßig groß, hinten mit zwei Zipfeln, ohne Papille. Kopf ziemlich groß, so lang wie breit; Schnauze abgerundet, im Profil abgeflacht, wenig über das Maul hinausragend, so lang wie das Auge, kaum kleiner als der Abstand zwischen den vorderen Augenwinkeln, länger als hoch. Canthus rostralis deutlich, etwas konkav gebogen; Lorealgegend schräg, konkav; Nasenloch etwas näher dem Auge als der Schnauzenspitze, der Zwischenraum zwischen den Nasenlöchern etwas konkav, etwa so breit wie der Interorbitalraum, der breiter als ein oberes Augenlid ist. Trommelfell deutlich, $^1/_2$ so groß wie das Auge, nahe bei dem letzteren. Finger mit $^1/_3$ Schwimmhaut zwischen den lateralen Fingern; Haftscheiben groß, fast so groß wie das Trommelfell; der 1. Finger kleiner als der 2., der kürzer als der 4. ist, der von dem 3. überragt wird; 3. Finger länger als die Schnauze; Subartikulartuberkel deutlich. Zehen mit $^3/_4$ Schwimmhaut, die an allen Zehen bis unter die Haftscheiben reicht, außer an der 4., wo sie das letzte Glied freiläßt; Haftscheiben nur wenig kleiner als die der Finger; 3. und 5. Zehe gleich lang; laterale Metatarsalia fast völlig durch Schwimmhaut getrennt; laterale Zehe mit schwacher Hautfalte; Tarsalfalte fehlt; mediale Metatarsaltuberkel klein, oval, flach, etwa $^1/_3$ der Länge der medialen Zehe; keine laterale, keine Tarsaltuberkel; Subartikulartuberkel mäßig groß, deutlich. Das Tibiotarsalgelenk reicht bis zum Nasenloch; Femur kürzer als die Tibia, die $4^1/_2$—5mal so lang wie breit, etwa $1^4/_5$mal in der Körperlänge enthalten und länger als der Fuß ist; bei rechtwinklig angeknickten Hinterbeinen decken die Fersen einander. Haut oben glatt; Kehle und Brust glatt, Bauch und Unterseite der Oberschenkel fein gekörnelt; eine deutliche Supratympanalfalte.

Färbung (in Alkohol) oben bläulichgrau, mit unregelmäßig verstreuten, kleinen, runden, rotbraunen Flecken; von der Schnauzenspitze unter dem Canthus rostralis durch das Auge bis zum Oberarm eine schwarzbraune, breite Längsbinde. Seiten des Körpers schwarzbraun und weiß marmoriert; Vorder- und Hinterseiten der Extremitäten bräunlich; von der Lateralseite der Zehen bis zur Ferse und der Finger bis zum Ellenbogen eine weiße Linie. Extremitäten mit schmalen, meist doppelten Querbinden. Hinterbacken braun mit spärlichen, weißen Punkten. Unterseite schmutzig gelblich. Totallänge 38 mm.

Nordwestmadagaskar.

172. **R. (R.) fasciolatus** E. Ahl 1929 *R. f.*, E. Ahl in: Mt. Mus. Berlin, v. 14 p. 478.

Vomerzähne in zwei kurzen, queren Reihen hinter der Verbindungslinie der mäßig großen Choanen; Zunge groß, hinten mit zwei Zipfeln, ohne Papille; Kopf groß, breiter als lang; Schnauze abgerundet, im Profil abgerundet, kaum über das Maul hinausragend, länger als das Auge, kaum kürzer als der Abstand der vorderen Augenwinkel voneinander; Canthus rostralis deutlich; Lorealgegend schräg, wenig konkav; Nasenloch näher dem Auge als der Schnauzenspitze, der Abstand der Nasenlöcher voneinander so groß wie der Interorbitalraum, der breiter als ein oberes Augenlid ist; Trommelfell deutlich, $^1/_2$ so groß wie das Auge, nahe bei letzterem. Finger mit $^1/_3$ Schwimmhaut zwischen den beiden lateralen; Haftscheiben wenig kleiner als das Trommelfell; der 1. Finger kleiner als der 2., der kürzer als der 4. ist, der von dem 3. überragt wird; 3. Finger länger als die Schnauze; Subartikulartuberkel klein; Zehen mit $^3/_4$ Schwimmhaut, die an allen Zehen bis unter die Haftscheiben reicht, nur bei der 4. das letzte Glied freiläßt; Haftscheiben etwas kleiner als die der Finger; 3. und 5. Zehe gleich lang; laterale Metatarsalia völlig durch Schwimmhaut getrennt; laterale Zehe mit Hautfalte; Tarsalfalte fehlt; mediale Metatarsaltuberkel klein, oval, flach; keine laterale, keine Tarsaltuberkel; Subartikulartuberkel mäßig; das Tibiotarsalgelenk reicht bis zum Nasenloch; Femur kürzer als die Tibia, die $4^1/_2$ bis 5mal so lang wie breit, $1^4/_5$—2mal in der Körperlänge enthalten und länger als der Fuß ist; bei rechtwinklig angeknickten Hinterbeinen decken die Fersen einander. Haut oben glatt, an den Seiten gekörnelt; Kehle und Brust glatt, Bauch und Unterseite der Schenkel granuliert; eine deutliche Supratympanalfalte.

Färbung (in Alkohol) oben gelbbraun bis schwarzbraun, mit verstreuten, schwarzen Flecken; Loreal- und Temporalgegend schwärzlich, scharf nach oben abgesetzt; Seiten grau mit dunkleren Fleckchen; Schenkel mit enggestellten, schmalen, manchmal paarig stehenden, dunklen Querbinden; Hinterseite der Schenkel grau und braun marmoriert; Unterseite weißlich oder bräunlich, mit oder ohne dunklere Fleckchen. Oberlippe manchmal weiß. Totallänge 57 mm.

Nordwestmadagaskar.

173. **R. (R.) sikorae** Boettg. 1913 *R. s.*, O. Boettger in: Voeltzkow. Reise O.-Afr., *v.* 3 p. 276 t. 23 f. 4 (Habitus).

Vomerzähne in zwei großen, dreieckigen, mäßig weit voneinander entfernten Gruppen hinter den großen, einander ziemlich nahe gerückten Choanen. Kopf groß, fast breiter als der Rumpf, kaum länger als breit, stark niedergedrückt. Schnauze verrundet zugespitzt, vorn schief abgestutzt, $1^{1}/_{2}$mal so lang wie der Augendurchmesser. Schnauzenkante deutlich; Lorealgegend ausgehöhlt, fast wagerecht. Nasengegend beiderseits etwas aufgeworfen; Nasenloch etwas röhrenförmig vorragend, viel näher der Schnauzenspitze als dem Auge; Interorbitalraum viel breiter als das obere Augenlid. Trommelfell deutlich, von $^{1}/_{3}$ Augengröße. Finger lang, niedergedrückt, die beiden Lateralfinger mit deutlicher Schwimmhaut; Zehen mäßig lang, mit wenig mehr als halber Schwimmhaut. Haftscheiben quer trapezförmig, vorn gerade abgestutzt, sehr groß, die der Finger größer als das Trommelfell. Subartikulartuberkel gut entwickelt; eine kleine, mediale Metatarsaltuberkel. Tibiotarsalgelenk reicht über die Schnauzenspitze hinaus. Haut oberseits mit zahlreichen, feinen, gekrümmten Faltenzügen, Warzen und Höckerchen, von denen eine gebogene Längsfalte über dem Trommelfell und ein W-förmig gestellter Faltenzug auf dem Vorderrücken besonders konstant sind. Augenlider mit Warzen und Höckerchen bedeckt. Unterseits sind Brust und Bauch fein, der Oberschenkel etwas gröber granuliert. Unter der weißlich gefärbten Aftergegend steht eine Querreihe von vier dreieckigen Hautzipfeln; der Lateralrand des Unterarmes, der Hand und des lateralen Fingers sowie der des Tibiotarsalgelenks, des Tarsus, des Fußes und der 5. Zehe ist mit schrotsägeartigen Hautsäumen geschmückt, die zahlreiche, abwechselnd längere und kürzere, dreieckige Hautzipfel aussenden.

Oberseite braungrau, fein schwarz gepunktet und gewölkt, die Faltenzüge dunkler, die W-förmige Rückenzeichnung oft schwarz abgehoben; Gliedmaßen mit mäßig deutlichen, fleckenartigen, dunklen Querbinden; Unterseite hellbräunlich. Alle Hautzipfel weißlich. Totallänge 45 mm.

Ostmadagaskar (Moramanga).

174. **R. (R.) fumigatus** Mocq. 1895 *R. f.*, F. Mocquard in: Bull. Soc. philom., ser. 8 *v.* 7 p. 106.

Vomerzähne in zwei kleinen, schrägen Gruppen hinter der Verbindungslinie der Choanen; Schnauze dreieckig, vorn abgerundet; Nasenlöcher näher der Schnauzenspitze als dem Auge; Canthus rostralis stumpf; Lorealgegend konkav; Interorbitalraum breiter als das obere Augenlid; Trommelfell deutlich, $^{2}/_{3}$ des Augendurchmessers. Finger frei, Zehen mit halben Schwimmhäuten; Haftscheiben sehr klein; 1. Finger wenig kürzer als der 2.; Subartikulartuberkel gut entwickelt; eine kleine, ziemlich scharfe, mediale Metatarsaltuberkel, keine laterale. Das Tibiotarsalgelenk ragt über die Schnauzenspitze hinaus. Haut oben fein granuliert, am Bauch glatt; eine schwache Supratympanalfalte.

Dunkelbraun, auf der hinteren Hälfte des Abdomen heller, auf dem Rücken untermischt mit dunkleren Punkten; die Vorderbeine fast schwarz, mit vier oder fünf kleinen, grauen, senkrechten Strichen; Hinterbeine mit dunklen, ziemlich undeutlichen Querbinden. Totallänge 35 mm.

Westmadagaskar.

175. **R. (R.) arboreus** E. Ahl 1928 *R. a.*, E. Ahl in: Zool. Anz., *v.* 75 p. 312.

Vomerzähne in zwei kleinen, queren Gruppen hinter der Verbindungslinie der kleinen Choanen; Zunge mäßig groß, hinten mit zwei Zipfeln, ohne

Papille; Kopf ziemlich groß, so lang wie breit; Schnauze rund, im Profil abgeflacht, kaum über das Maul hinwegragend, so lang wie das Auge, länger als hoch; Canthus rostralis gerade, deutlich; Lorealgegend schräg, konkav; Nasenloch in der Mitte zwischen Auge und Schnauzenspitze, der Zwischenraum zwischen den Nasenlöchern sehr wenig konkav, kleiner als der Interorbitalraum, der breiter als ein oberes Augenlid ist; Trommelfell gänzlich unter der Haut verborgen, sehr klein. Finger nur mit einem Rudiment von Schwimmhaut; Haftscheiben klein: 1. Finger kleiner als der 2., der kürzer als der 4. ist, der von dem 3. überragt wird; 3. Finger länger als die Schnauze: Subartikulartuberkel mäßig. Zehen mit $^1/_2$ Schwimmhaut, die an allen Zehen das letzte Glied, an der 4. Zehe die beiden letzten Glieder völlig freiläßt: Haftscheiben klein, so groß wie die der Finger: 5. Zehe ein wenig länger als die 3.: laterale Metatarsalia nur in ihrer distalen Hälfte durch Schwimmhaut getrennt; laterale Zehe ohne Hautfalte; Tarsalfalte fehlt: nur eine sehr kleine, flache, mediale Metatarsaltuberkel, keine laterale, keine Tarsaltuberkel: Sohle granuliert: Subartikulartuberkel schwach entwickelt. Das Tibiotarsalgelenk reicht bis zur Schnauzenspitze: Femur etwas kürzer als die Tibia, die 4mal so lang wie breit, 2mal in der Körperlänge enthalten und etwas länger als der Fuß ist; bei rechtwinklig angeknickten Hinterbeinen berühren die Fersen einander. Haut oben glatt, unten gekörnelt.

Färbung (in Alkohol) in der Hauptsache an *Hyla arborea* erinnernd: Oberseite bläulich (grün im Leben?): von der Schnauzenspitze über die Rückenmitte zum After zieht sich eine etwas hellere Linie, die an jeder Seite von einigen Augenflecken begleitet wird, die im Leben wahrscheinlich rot sind und von einem helleren Ring umsäumt werden. Von der Schnauzenspitze entlang dem Canthus rostralis, über das Auge und entlang den Seiten bis zu den Weichen zieht sich eine rotbraune, oben weiß gesäumte Längsbinde; Schenkel vorn und hinten mit einer ebensolchen Binde. Hinterseite der Schenkel braun mit einigen feinen, helleren Punkten. Unterseite schmutzig weiß. Totallänge 24 mm.

Zentralmadagaskar.

176. **R. (R.) peraccae** Blgr. 1896 *R. p.*, Boulenger in: Ann. nat. Hist., ser. 6 *v.* 18 p. 421.

Vomerzähne in zwei leicht schrägen, ovalen Gruppen gerade hinter der Verbindungslinie der Choanenhinterränder. Kopf so lang wie breit; Schnauze abgerundet, nicht vorragend, so lang wie der Augendurchmesser: Canthus rostralis stumpf; Lorealgegend konkav; Nasenloch in der Mitte zwischen Auge und Schnauzenspitze; Interorbitalraum so breit wie ein oberes Augenlid: Trommelfell deutlich, $^1/_2$ so groß wie das Auge; Finger mit rudimentärer Schwimmhaut, der 1. viel kürzer als der 2.; Haftscheiben groß, so groß wie das Trommelfell; Zehen mit halben Schwimmhäuten, mit kleineren Haftscheiben und kleinen Subartikulartuberkeln; zwei kleine Metatarsaltuberkel, die mediale oval, die laterale rund; keine Tarsalfalte. Das Tibiotarsalgelenk erreicht das Nasenloch. Kopf und Rücken mit kleinen, glatten Warzen; eine Supratympanalfalte; Beine und Kehle glatt; Bauch und Unterseite der Schenkel gekörnelt.

Oben hellbraun, mit dunkelbraunen, hell gerandeten, inselförmigen Flecken; diese bilden ein Kreuz auf dem Kopf, dessen horizontale Äste über die oberen Augenlider gehen, mit regelmäßigen Binden auf den Beinen. Unterseite weiß, mit wenigen, braunen Flecken auf der Brust und unter den Schenkeln. Totallänge 33 mm.

Madagaskar (Ivohimanita), Nordwestmadagaskar.

177. **R. (R.) untersteini** E. Ahl 1928 *R. u.*, E. Ahl in: Zool. Anz., *v.* 75 p. 317.

Vomerzähne in zwei queren, ovalen Gruppen gerade hinter der Verbindungslinie der Hinterränder der kleinen Choanen. Zunge mäßig, hinten mit zwei Zipfeln, ohne Papille. Kopf groß, so lang wie breit; Schnauze abgerundet, im Profil vorn abgeflacht, kaum über das Maul hinausragend, so lang wie das Auge, länger als hoch; Canthus rostralis deutlich, gebogen; Lorealgegend schräg, konkav; Nasenloch in der Mitte zwischen Auge und Schnauzenspitze, der Zwischenraum zwischen den Nasenlöchern gerade, flach, so breit wie der Interorbitalraum, der breiter als ein oberes Augenlid ist; Trommelfell deutlich, $^1/_2$ des Augendurchmessers, nahe beim Auge. Finger mit einem Rudiment von Schwimmhaut; Haftscheiben mäßig, kleiner, etwa $^2/_3$ so groß wie das Trommelfell; 1. Finger kleiner als der 2., der kürzer als der 4. ist, der von dem 3. überragt wird; 3. Finger etwas länger als die Schnauze; Subartikulartuberkel mäßig groß, deutlich. Zehen mit $^1/_2$ Schwimmhaut, die an allen Zehen das letzte oder letzte halbe Glied, und bei der 4. Zehe die beiden letzten oder die letzten $1^1/_2$ Glieder freiläßt; Haftscheiben kleiner als die der Finger; 5. Zehe etwas länger als die 3.; laterale Metatarsalia fast völlig durch Schwimmhaut getrennt; laterale Zehe mit schwacher Hautfalte; Tarsalfalte fehlt; nur eine sehr kleine, längliche, mediale Metatarsaltuberkel, keine laterale, keine Tarsaltuberkel; das Tibiotarsalgelenk reicht bis zum Nasenloch; Femur kürzer als die Tibia, die 5 mal so lang wie breit, 2 mal in der Körperlänge enthalten und länger als der Fuß ist; bei rechtwinklig angeknickten Hinterbeinen decken die Fersen einander. Haut oben glatt; Kehle und Brust glatt, Bauch und Unterseite der Schenkel gekörnelt; eine schwache Supratympanalfalte vorhanden.

Färbung (in Alkohol) oben einfarbig dunkelbraun; unter dem Auge schräg nach hinten ein breiter, weißer Fleck; Oberlippe hellgrau; entlang dem Canthus rostralis und unter der Supratympanalfalte ein schwarzbrauner Streifen; Trommelfell dunkelbraun. Unterseite einfarbig grau. Hinterseite der Schenkel einfarbig dunkelbraun. Schenkel undeutlich, dunkel quergebändert; eine feine, helle Linie entlang der Lateralseite der Arme und Beine. Totallänge 25 mm.

Zentralmadagaskar.

178. **R. (R.) brevirostris** E. Ahl 1928 *R. b.*, E. Ahl in: Zool. Anz., *v.* 75 p. 313.

Vomerzähne in kleinen, runden, dicht beieinander stehenden Gruppen hinter der Verbindungslinie der kleinen Choanen; Zunge mäßig groß, hinten mit zwei Zipfeln, ohne Papille; Kopf mäßig groß, so lang wie breit; Schnauze abgerundet, im Profil abgerundet, wenig über das Maul hinausragend, kürzer als das Auge, kürzer als der Abstand zwischen den vorderen Augenwinkeln, länger als hoch; Canthus rostralis rund, aber deutlich; Lorealgegend schräg, konkav; Nasenloch in der Mitte zwischen Auge und Schnauzenspitze, der Abstand der Nasenlöcher voneinander kleiner als der Interorbitalraum, der so breit wie ein oberes Augenlid ist; Trommelfell mäßig deutlich, $^1/_2$ so groß wie das Auge, nahe bei letzterem. Finger mit $^1/_4$ Schwimmhaut zwischen den lateralen Fingern; Haftscheiben breiter als lang, ziemlich klein, etwa $^1/_2$ des Trommelfells; 1. Finger kleiner als der 2., der kürzer als der 4. ist; 3. Finger länger als die Schnauze; Subartikulartuberkel klein; Zehen mit $^1/_3$ Schwimmhaut, die an allen Zehen das letzte Glied, an der 4. Zehe die beiden letzten Glieder freiläßt; Haftscheiben etwa so groß wie die der Finger; 5. Zehe etwas länger als die 3.; laterale Metatarsalia kaum durch Schwimmhaut getrennt;

laterale Zehe ohne Hautfalte; keine Tarsalfalte; mediale Metatarsaltuberkel klein, flach, etwa $^1/_3$ der Länge der medialen Zehe, keine laterale, keine Tarsaltuberkel; Subartikulartuberkel klein. Das Tibiotarsalgelenk reicht bis zur Augenmitte; Femur kürzer als die Tibia, die 4mal so lang wie breit, $2^1/_5$mal in der Körperlänge enthalten und wenig länger als der Fuß ist; bei rechtwinklig angeknickten Hinterbeinen decken die Fersen einander. Haut oben und an den Seiten mit kleinen, flachen Warzen besetzt; Kehle, Brust, Bauch und Unterseite der Oberschenkel gekörnelt; eine deutliche Supratympanalfalte.

Färbung (in Alkohol) oben hellbraun, mit dunkleren Fleckchen; Loreal- und Temporalregion dunkelbraun, scharf von der helleren Oberseite abgesetzt; Oberlippe silberweiß; Seiten weiß mit vereinzelten, schwarzen Flecken; Arme und Beine scharf dunkel gebändert; Hinterseite der Schenkel einfarbig hell; Unterseite weißlich, an Kehle und Brust braun marmoriert. Totallänge 28 mm.

Nordwestmadagaskar.

179. **R. (R.) boettgeri** Blgr. 1881 *Hylambates microtympanum*, O. Boettger in: Zool. Anz., *v.* 4 p. 47 | 1881 *H. m.*, O. Boettger in: Abh. Ver. Bremen, *v.* 7 p. 185 | 1881 *H. m.* (part.), O. Boettger in: Abh. Senckenb. Ges., *v.* 12 p. 514 | 1882 *Rhacophorus boettgeri*, Boulenger, Cat. Batr. sal. Brit. Mus., ed. 2 p. 467.

Vomerzähne in zwei kleinen Gruppen hinter der Verbindungslinie der Hinterränder der kleinen Choanen; Zunge groß, hinten mit zwei kleinen Zipfeln, ohne Papille. Kopf mäßig groß, etwa so lang wie breit; Schnauze abgerundet, vorn konvex, über das Maul etwas hinausragend, so lang wie das Auge, kaum kürzer als der Abstand zwischen den vorderen Augenwinkeln; Canthus rostralis wenig deutlich, gerade; Lorealgegend schräg, wenig konkav; Nasenloch in der Mitte zwischen Auge und Schnauzenspitze, der Zwischenraum zwischen den Nasenlöchern flach, größer als der bis zum Auge, kaum kleiner als der Interorbitalraum, der breiter als das obere Augenlid ist; Trommelfell klein, undeutlich. Finger an der Basis mit Schwimmhaut versehen; Haftscheiben sehr klein; 1. Finger kleiner als der 2., der kürzer als der 4. ist, der von dem 3. überragt wird; Subartikulartuberkel wenig entwickelt; Zehen mit $^2/_3$ Schwimmhaut, die an allen Zehen das letzte Glied, an der 4. Zehe die beiden Endglieder nur als schmaler Hautsaum umschließt; 3. und 5. Zehe gleich lang; Haftscheiben klein, etwa ebenso groß wie die der Finger; laterale Metatarsalia fast völlig durch Schwimmhaut getrennt; laterale Zehe mit undeutlicher Hautfalte; Tarsalfalte fehlt; nur eine sehr kleine, rudimentäre, mediale Metatarsaltuberkel, keine laterale, keine Tarsaltuberkel; Subartikulartuberkel sehr schwach entwickelt. Das Tibiotarsalgelenk reicht bis zum hinteren oder vorderen Rand des Auges; Femur nur wenig kürzer als die Tibia, die 4—5mal so lang wie breit, $2^1/_4$mal in der Körperlänge enthalten und etwa so lang wie der Fuß ist; bei rechtwinklig angeknickten Hinterbeinen berühren sich die Fersen. Haut oben glatt; an der Kehle schwach gekörnelt; unter dem Bauch und den Schenkeln gefeldert.

Oben grün oder grauoliv, mit kleinen, inselförmigen, hellgerandeten, rötlichbraunen Flecken oder Ocellen; ein brauner, oben hellgerandeter Streifen von der Schnauzenspitze durch das Auge entlang den Körperseiten; letztere braun, weiß gefleckt; eine braune, hellgerandete Linie entlang beiden Seiten der Schenkel; Beine mit dunklen Querstreifen; Hinterseite der Schenkel braun, mit weißen Flecken; Unterseite schmutzig weiß oder bräunlich, mit oder ohne dunklere Marmelflecke an Kehle und Brust. Männchen mit innerer Schallblase. Totallänge 34 mm.

Madagaskar.

180. **R. (R.) albiventer** E. Ahl 1882 *R. femoralis* (non *Ixalus f.*, Günther), Boulenger, Cat. Batr. sal. Brit. Mus., ed. 2 p. 466 | 1893 *R. f.*, Peracca in: Boll. Mus. Torino, *v.* 8 nr. 156 p. 13 | 1909 *R. f.*, F. Mocquard in: N. Arch. Mus. Paris, ser. 5 *v.* 1 p. 61 | 1913 *R. f.*, O. Boettger in: Voeltzkow, Reise O.-Afr., *v.* 3 p. 277 | 1929 *R. albiventer*, E. Ahl in: Mt. Mus. Berlin, *v.* 14 p. 478.

Vomerzähne in zwei kleinen Gruppen nahe beieinander hinter der Verbindungslinie der Choanen; Schnauze kurz, rund; Canthus rostralis deutlich; Lorealgegend leicht konkav; Nasenloch in der Mitte zwischen Auge und Schnauzenspitze; Interorbitalraum ein wenig breiter als das obere Augenlid; Trommelfell klein, undeutlich. Finger mit $^1/_4$ Schwimmhaut; Zehen mit $^3/_4$ Schwimmhaut; Haftscheiben mäßig groß; Subartikulartuberkel gut entwickelt; eine kleine, mediale Metatarsaltuberkel. Das Tibiotarsalgelenk reicht bis zur Mitte oder dem Vorderrand des Auges. Haut oben glatt; auf dem Bauch und unter den Schenkeln granuliert.

Oben grau mit grünem Metallglanz, dunkler und heller gefleckt; Oberlippe weiß gefleckt; Kehlseiten und Flanken schwarz und weiß marmoriert; vom Auge zieht nach hinten ein breites Seitenband von etwas hellerer, silbergrauer Farbe; Humerus oben schwarz, mit einem weißen Längsstrich; ein anderer weißer Strich entlang dem Femur; der letztere hinten einfarbig schwarz, vorn weiß mit senkrechten, schwarzen Flecken; unten schmutzig weiß, ungefleckt. Totallänge 27 mm.

Madagaskar.

181. **R. (R.) opisthodon** Blgr. 1888 *R. o.*, Boulenger in: Ann. nat. Hist., ser. 6 *v.* 1 p. 105.

Vomerzähne in zwei starken, schrägen Reihen hinter der Verbindungslinie der großen Choanen. Kopf groß, stark niedergedrückt; Schnauze ziemlich lang, abgestutzt; Canthus rostralis deutlich, gerade; Lorealgegend konkav; Nasenloch viel näher der Schnauzenspitze als dem Auge; Interorbitalraum breiter als das obere Augenlid; Trommelfell groß, $^3/_4$ des Augendurchmessers. Finger mit sehr undeutlichem Rudiment von Schwimmhaut; Zehen fast mit ganzen Schwimmhäuten; Haftscheiben ziemlich groß, etwa $^3/_5$ des Trommelfells; eine kleine, mediale Metatarsaltuberkel. Das Tibiotarsalgelenk reicht bis zwischen Auge und Nasenloch. Haut glatt, Bauch und Unterseite der Schenkel gekörnelt; eine starke Supratympanalfalte vorhanden.

Oben braun, mit schwärzlicher Marmorierung; Loreal- und Temporalgegend schwärzlich; ein weißlicher Streifen auf der Oberlippe, von unterhalb des Auges bis unter das Trommelfell. Totallänge 87 mm.

Madagaskar.

182. **R. (R.) bicalcaratus** Boettg. 1913 *R. b.*, O. Boettger in: Voeltzkow, Reise O.-Afr., *v.* 3 p. 320.

Vomerzähne in zwei kleinen, weit voneinander getrennten, schrägen Gruppen hinter der Verbindungslinie der Choanen, ihr Anfang am hinteren, medialen Rande der letzteren; Choanen mäßig, teilweise vom Kieferrand bedeckt; Zunge ziemlich groß, hinten mit zwei kurzen Zipfeln, ohne Papille. Kopf mäßig groß, etwas länger als breit, ziemlich niedergedrückt; Augen stark hervortretend; Schnauze zugespitzt, vorn konvex vorspringend, so lang wie das Auge, kürzer als der Abstand der vorderen Augenwinkel voneinander, länger als hoch; Canthus rostralis scharf, gerade; Lorealgegend fast senkrecht, leicht konkav; Nasenloch näher der Schnauzenspitze als dem Auge, der

Zwischenraum zwischen den Nasenlöchern leicht konvex oder flach, so groß wie der bis zum Auge, etwas kleiner als der Interorbitalraum, der breiter (etwa $1^1/_2$ mal) als das obere Augenlid ist; Trommelfell mäßig deutlich, etwa $^2/_5$ so groß wie das Auge, nahe bei letzterem. Finger frei; Haftscheiben mäßig, etwa $^1/_2$—$^3/_5$ so groß wie das Trommelfell; 1. Finger kürzer als der 2., der kürzer als der 4. ist, der von dem 3. überragt wird; Subartikulartuberkel mäßig. Zehen mit $^1/_3$ Schwimmhaut, die an allen Zehen wenigstens das letzte Glied, an der 4. Zehe jedoch die beiden letzten oder die letzten $2^1/_2$ Glieder frei läßt; Haftscheiben etwas kleiner als die der Finger; 3. Zehe etwas länger als die 5.; laterale Metatarsalia fast völlig durch Schwimmhaut getrennt; laterale Zehe ohne Hautfalte; Tarsalfalte fehlt; eine ovale, mediale und eine etwa ebenso große, kräftige, spitze, laterale Metatarsaltuberkel; keine Tarsaltuberkel; Subartikulartuberkel mäßig. Das Tibiotarsalgelenk reicht bis zum Vorderrand des Auges oder bis zwischen letzteres und die Schnauzenspitze; Femur kürzer als die Tibia, die etwa $3^1/_2$mal so lang wie breit, $^1/_2$ der Körperlänge und länger als der Fuß ist; bei rechtwinklig angeknickten Hinterbeinen überragen die Fersen einander etwas. Haut oben fein lederartig chagriniert; Kehle, Brust und vorderer Teil des Bauches glatt, hinterer Teil des Bauches schwächer, Unterseite der Oberschenkel stärker granuliert; eine nicht sehr deutliche Supratympanalfalte; eine deutliche Falte über dem After; eine sehr schwache, undeutliche Tuberkel auf der Ferse.

Oben hellrötlichgrau, bald mit wenigen, bald mit reichlichen kleinen, schwarzbraunen Punkten übersät; die Punkte sind nicht selten in drei Längszonen angeordnet; mitunter ein dunkles Querband zwischen den Augen; eine schwarze, oben oft silberweiß gerandete, von der Schnauzenspitze über Nasenloch und Auge bis zum Trommelfell und darüber hinaus ziehende Linie ist konstant; die Drüsenfalte über dem Trommelfell und meist auch dieses selbst ist ebenfalls immer von dunkler Farbe; die Punktfleckung kann sich auf dem Ober- und Unterschenkel zu Querstreifen verdichten, die auch dem Unterarm fast niemals fehlen; solcher Querstreifchen zählt man daselbst 3—5. Unterseite einfarbig hell, wahrscheinlich orangegelb, von welcher Farbe man namentlich auf der Kehlmitte und der Unterseite der Oberschenkel noch Reste wahrnehmen kann; bei Stücken, an denen die Punktzeichnung geschwunden ist, sind die Punkte doch wenigstens auf dem Unterarm immer noch in deutlichen Resten erhalten. Totallänge 28 mm.

Insel Ste. Marie (Nordostmadagaskar), Nordwestmadagaskar.

183. **R. (R.) gephyromantis** E. Ahl 1920 *Gephyromantis boulengeri* (non *Rhacophorus b.*, Peracca), Methuen in: P. zool. Soc. London, (1919) p. 351 | 1929 *Rhacophorus gephyromantis*, E. Ahl in: Mt. Mus. Berlin, *v.* 14 p. 480.

Kopf länger als breit; Schnauze zugespitzt; Nasenloch ein wenig näher der Schnauzenspitze als dem Auge; Lorealgegend tief konkav; Canthus rostralis gebogen; Augendurchmesser fast gleich dem Abstand vom Auge zur Schnauzenspitze; Interorbitalraum so breit wie ein oberes Augenlid; Trommelfell deutlich, $^1/_2$ des Augendurchmessers. Vomerzähne in zwei kleinen, runden Gruppen hinter der Verbindungslinie der kleinen Choanen. Finger frei, mäßig lang; 1. Finger ein wenig kürzer als der 2., beträchtlich kürzer als der 4., die Haftscheiben etwa doppelt so breit wie das letzte Gelenk; Subartikulartuberkel deutlich; Zehen mäßig lang, mit $^1/_4$ Schwimmhaut, die Haftscheiben nicht ganz so groß wie die der Finger; laterale Metatarsalia fest verbunden; mediale Metatarsaltuberkel etwa $^1/_2$ der Länge der medialen

Zehe; eine kleine laterale. Das Tibiotarsalgelenk reicht bis zwischen Auge und Nasenloch; Tibia etwa $3^1/_2$ mal so lang wie breit und $^1/_2$ der Körperlänge; bei rechtwinklig angeknickten Hinterbeinen überragen die Fersen einander stark. Oberseite von Kopf, Körper und Beinen stark granuliert mit zahlreichen Warzen und länglichen Tuberkeln, die auf dem Kopf und dem Rücken ein unregelmäßiges Muster bilden; Bauch, Seiten und Medialteile der Schenkel gekörnelt.

Färbung (in Alkohol) oben dunkelbläulichbraun mit unregelmäßigen helleren Zeichnungen, die mehr auf dem Kopf in Erscheinung treten; Oberlippe, Lorealgegend, Kehle und Brust schmutzig weiß und dunkelbraun gewölkt; ein unregelmäßiger, medianer, schmutzig weißer Streifen auf Kehle und Brust. Oberseite der Schenkel von derselben Farbe wie der Rücken, die hellere, braune Farbe der Innenteile ist über die Oberseite als dünne, unregelmäßige Querbinden hinübergeführt. Totallänge 27,5 mm.

Ostmadagaskar (Folohy).

Größe der im Ovidukt befindlichen Eier 2,75 mm im Durchmesser.

184. **R. (R.) pulcher** Blgr. 1882 *R. p.*, Boulenger, Cat. Batr. sal. Brit. Mus., ed. 2 p. 467.

Vomerzähne in zwei kleinen, schrägen Gruppen hinter der Verbindungslinie der Choanenhinterränder, beginnend am medialen hinteren Rand der kleinen Choanen. Zunge hinten mit zwei Zipfeln, ohne Papille. Kopf etwas niedergedrückt, ziemlich groß, länger als breit. Schnauze zugespitzt, vorn etwas abgestutzt, über das Maul hinwegragend, länger als das Auge, so lang wie der Abstand zwischen den vorderen Augenwinkeln; Canthus rostralis scharf; Lorealgegend nahezu senkrecht, wenig vertieft; Nasenloch näher der Schnauzenspitze als dem Auge, der Abstand vom Auge gleich dem Augendurchmesser; der Internasalraum etwas geringer als der Abstand bis zum Auge, kleiner als der Interorbitalraum, der viel größer, fast doppelt so breit, als das obere Augenlid ist; Trommelfell mäßig deutlich, etwa $^1/_3$ des Augendurchmessers. Finger mäßig lang, nur an der Basis mit Schwimmhaut versehen; Haftscheiben der drei lateralen Finger etwa so groß wie das Trommelfell; 1. Finger kürzer als der 2., der etwa so lang wie der 4. ist; Subartikulartuberkel mäßig. Zehen mäßig lang, mit etwa $^1/_3$ Schwimmhaut, die an der 3. und 5. Zehe die beiden letzten, an der 4. Zehe die drei letzten Glieder frei läßt; 3. Zehe länger als die 5.; laterale Zehe mit schwacher Hautfalte; keine Tarsalfalte; eine längliche, mediale und eine runde, deutliche, laterale Metatarsaltuberkel vorhanden; keine Tarsaltuberkel; das Tibiotarsalgelenk reicht bis zum Auge; Femur kürzer als die Tibia, die $4^1/_2$ mal so lang wie breit, etwa $2^1/_3$ mal in der Körperlänge enthalten und länger als der Fuß ist; bei rechtwinklig angeknickten Beinen decken die Fersen einander. Haut oben und unten glatt, nur der hintere Teil des Bauches undeutlich gefeldert; eine sehr schwache Supratympanalfalte vorhanden.

Färbung oben hellgrau oder weißlich, mit vielen, großen, violettroten Punkten auf dem Rücken, den Seiten, Vorder- und Hintergliedmaßen; ein breiter Streifen von derselben Farbe geht von der Schnauzenspitze durch das Auge bis zur Mitte der Seiten, wo er meist in einem großen Punkt endigt; Unterseite einfarbig hell. Skelett leuchtend grün. Totallänge 26 mm.

Madagaskar (Betsileo).

185. **R. (R.) liber** Prcc. 1893 *R. l.*, Peracca in: Boll. Mus. Torino, *v.* 8 nr. 156 p. 14.

Vomerzähne in zwei schrägen Gruppen hinter der Verbindungslinie der Choanen. Kopf etwas breiter als lang; Schnauze kurz, abgerundet; Nasenloch etwas näher der Schnauzenspitze als dem Auge; Canthus rostralis abgerundet, aber deutlich; Lorealgegend konkav; Interorbitalraum $1^1/_3$ mal so breit wie das obere Augenlid, so groß wie der horizontale Durchmesser des Auges; Trommelfell gut sichtbar, klein. Haftscheiben der Finger groß, so groß wie das Trommelfell; Finger nur an der Basis durch ein Rudiment von Schwimmhaut verbunden; 1. Finger kleiner als der 2., der kürzer als der 4. ist, der von dem 3. überragt wird. Subartikulartuberkel gut entwickelt, vorspringend, konisch; Zehen mit etwa $^1/_3$ Schwimmhaut; Haftscheiben etwas kleiner als die der Finger; Subartikulartuberkel abgerundet, wenig vorspringend; eine längliche, vorragende, mediale und eine konische, kleine, laterale Metatarsaltuberkel. Das Tibiotarsalgelenk reicht bis zwischen Auge und Nasenloch. Haut oben, an der Kehle und der vorderen Bauchpartie glatt; Bauch, Flanken und Unterseite der Oberschenkel gekörnelt. Supratympanalfalte deutlich.

Rücken rötlich oder grau, der Kopf vor einer Verbindungslinie zwischen den Augen grau; Unterseite gelblich oder rötlich, mit braunem Netzwerk, das aber häufig fehlen kann. Zwischen den Augen befindet sich eine dunkelbraune Binde; auf dem Rücken und den Flanken befinden sich zahlreiche kleine, dunkelbraune Punkte, mit der Tendenz, sich an den Flanken zusammenzudrängen, wo sie zwei bis drei weißliche, unregelmäßige Flecke umgeben. Temporalgegend dunkel; ebenso ein dunkler Fleck auf der Oberlippe. Totallänge 31 mm.

Madagaskar.

186. **R. (R.) aglavei** Meth. & Hewitt 1913 *R. a.*, Methuen & Hewitt in: Ann. Transvaal Mus., *v.* 4 p. 54 t. 9 (Habitus).

Vomerzähne in leicht gebogenen Gruppen von mäßiger Größe, hinter dem Hinterrand der Choanen. Zunge mäßig groß, hinten mit zwei kurzen Zipfeln, ohne Papille. Kopf niedergedrückt, so lang wie breit; Schnauze abgerundet; Lorealgegend konkav; Canthus rostralis nicht deutlich, einwärts gebogen; Nasenloch vorgewölbt, näher der Schnauzenspitze als dem Auge; Interorbitalraum breiter als ein oberes Augenlid, etwa so lang wie der Abstand des Nasenloches vom Auge. Trommelfell deutlich, etwas kleiner als $^1/_2$ des Auges. Finger an der Basis mit Schwimmhaut, die Schwimmhaut geht als schmaler Saum entlang den Fingern und ist als ein leicht gezähnter Saum auf den lateralen Fingern ausgebildet; 1. Finger beträchtlich kürzer als der 2.; 4. Finger länger als der 2. Zehen mit $^1/_2$—$^2/_3$ Schwimmhaut; Haftscheiben dreieckig, die der Finger groß, in der Breite beträchtlich größer als das Trommelfell, ausgenommen die Haftscheibe des 1. Fingers, die nur wenig kleiner als das Trommelfell ist. Eine ziemlich kleine, mediale Metatarsaltuberkel, elliptisch und wenig hervortretend; keine laterale; Subartikulartuberkel sehr deutlich, besonders die der Finger. Hände und Sohlen dicht granuliert. Das Tibiotarsalgelenk reicht bis zum Nasenloch. Haut oben stark und auf dem Kopf uneben rauh, aber etwas glatter auf dem Rücken und den Beinen; Unterseite fein gekörnelt, etwas gröber unter den Schenkeln. Eine gezähnte Hautfalte säumt das vordere Bein vom Lateralfinger bis zum Ellenbogen und das Hinterbein von der lateralen Zehe bis zur Ferse; vier bis sechs deutliche Hautzähne in einer queren Reihe gerade über dem After; eine ununterbrochene kontinuierliche Falte an den Flanken.

Färbung im Leben dunkler und heller grün gewölkt, die Hauptfarbe ist außerordentlich gut geeignet, das Tier zwischen den Flechten und dem Moos zu verbergen, das die Borke der Baumstämme bedeckt. Färbung in

Alkohol bläulichschwarz; Extremitäten quergebändert; Unterseite hell, fein dunkelbraun gesprenkelt. Totallänge 43 mm.

Madagaskar (Analamazotra).

187. **R. (R.) depressiceps** Blgr. 1882 *R. d.*, Boulenger, Cat. Batr. sal. Brit. Mus., ed. 2 p. 467.

Vomerzähne in zwei leicht schrägen Gruppen hinter der Verbindungslinie der Choanen. Kopf stark niedergedrückt; Schnauze zugespitzt; Canthus rostralis winklig; Lorealgegend leicht konkav, fast vertikal; Nasenloch ein wenig näher der Schnauzenspitze als dem Auge; Interorbitalraum breiter als das obere Augenlid; Trommelfell $^1/_2$ des Augendurchmessers. Finger lang, leicht an der Basis mit Schwimmhaut versehen; Zehen lang, mit halben Schwimmhäuten; Haftscheiben fast so groß wie das Trommelfell; Subartikulartuberkel ziemlich klein; eine kleine, mediale Metatarsaltuberkel. Das Tibiotarsalgelenk reicht bis zwischen Auge und Schnauzenspitze. Haut glatt; Bauch leicht granuliert.

Oben olivenfarben, Schnauze heller; Loreal- und Temporalgegend schwärzlich; Seiten des Körpers dunkelbraun marmoriert; Hinterbeine undeutlich quergebändert; unten grauweiß, dunkelbraun gefleckt. Männchen mit inneren Schallblasen. Totallänge 39 mm.

Madagaskar.

188. **R. (R.) mocquardti** Blgr. 1896 *R. m.*, Boulenger in: Ann. nat. Hist., ser. 6 *v.* 17 p. 402.

Vomerzähne in zwei schrägen Gruppen hinter der Verbindungslinie der ziemlich kleinen Choanen; Zunge mäßig groß, hinten mit zwei Zipfeln, ohne Papille; Kopf stark niedergedrückt, mäßig groß, länger als breit; Schnauze zugespitzt, im Profil zugespitzt, über das Maul hinwegragend, länger als das Auge, wenig kürzer als der Abstand der vorderen Augenwinkel voneinander, länger als hoch; Canthus rostralis scharf, gerade; Lorealgegend fast senkrecht, leicht konkav; Nasenloch ein wenig näher der Schnauzenspitze als dem Auge, der Abstand der Nasenlöcher voneinander so breit wie der Interorbitalraum, der breiter als das obere Augenlid ist; Trommelfell $^1/_2$ des Augendurchmessers, deutlich. Finger kurz, frei oder mit sehr undeutlicher, rudimentärer Schwimmhaut; Haftscheiben ein wenig kleiner als das Trommelfell; 1. Finger kleiner als der 2., der kürzer als der 4. ist, der von dem 3. nur wenig überragt wird; 3. Finger so lang oder nur wenig länger als die Schnauze; Subartikulartuberkel mäßig; Zehen mit $^1/_2$—$^2/_3$ Schwimmhaut, die an allen Zehen das letzte Glied, an der 4. Zehe aber die beiden letzten Glieder freiläßt; 5. Zehe ein wenig länger als die 3.; laterale Metatarsalia völlig durch Schwimmhaut getrennt; laterale Zehe ohne Hautfalte; keine Tarsalfalte; eine elliptische mediale und eine runde laterale Metatarsaltuberkel; keine Tarsaltuberkel; Subartikulartuberkel deutlich; das Tibiotarsalgelenk reicht bis zwischen Auge und Schnauzenspitze; Femur kürzer als die Tibia, die 4—5mal so lang wie breit, $1^2/_3$—2mal in der Körperlänge enthalten und etwas länger als der Fuß ist; bei rechtwinklig angeknickten Hinterbeinen überragen die Fersen einander. Haut oben glatt oder mit feinen Warzen besetzt; eine sehr deutliche Supratympanalfalte; Kehle und Brust glatt, Bauch und Unterseite der Oberschenkel gekörnelt.

Färbung (in Alkohol) oben hellbraun bis hellgrau; ein dunkelbrauner bis schwarzer Canthal- und Temporalstreifen; meist eine dunkle Querbinde zwischen den Augen; Flanken braun, mit 3—6 weißen Flecken, oder weiß, grob braun marmoriert oder gemustert; Beine mit dunklen Querbinden; Hinterseite der Schenkel mit hellen Flecken in einem dunkelbraunen Netzwerk; Unterseite leuchtend weiß, mit oder ohne runde, braune Punkte; manchmal ein schmaler oder breiter weißer Vertebralstreifen, der sich auch auf die Oberseite der Schenkel fortsetzen kann. Totallänge 42 mm.

Zentral- und Nordwestmadagaskar.

189. **R. (R.) tornieri** E. Ahl 1928 *R. t.*, E. Ahl in: Zool. Anz., *v.* 75 p. 316.

Vomerzähne in zwei schrägen Gruppen hinter der Verbindungslinie der ziemlich großen Choanen. Zunge mäßig groß, hinten mit zwei Zipfeln, ohne Papille; Kopf niedergedrückt, ziemlich groß, länger als breit; Schnauze zugespitzt, im Profil abgerundet, wenig über das Maul hinausragend, etwas länger als das Auge, wenig kürzer als der Abstand der vorderen Augenwinkel voneinander, länger als hoch; Canthus rostralis scharf, gerade; Lorealgegend fast senkrecht, tief konkav; Nasenloch näher der Schnauzenspitze als dem Auge, der Abstand der Nasenlöcher voneinander schmaler als der Interorbitalraum, der breiter als das obere Augenlid ist; Trommelfell $^2/_5$ des Augendurchmessers, mäßig deutlich, um etwa die Hälfte seines eigenen Durchmessers vom Auge entfernt. Finger mäßig lang, nur mit einem schwachen Rudiment von Schwimmhaut; Haftscheiben so groß wie das Trommelfell; 1. Finger kleiner als der 2., der kürzer als der 4. ist, der von dem 3. überragt wird; 3. Finger länger als die Schnauze; Subartikulartuberkel deutlich; Zehen mit $^2/_3$ Schwimmhaut, die an der 1.—3. Zehe das letzte Glied, an der 4. Zehe die beiden letzten Glieder freiläßt und bei der 5. Zehe bis unter die Haftscheibe reicht; 5. Zehe länger als die 3.; laterale Metatarsalia völlig durch Schwimmhaut getrennt; laterale Zehe ohne Hautfalte; keine Tarsalfalte; eine elliptische mediale und eine runde laterale Metatarsaltuberkel; keine Tarsaltuberkel; Subartikulartuberkel deutlich. Das Tibiotarsalgelenk reicht bis zur Augenmitte; Femur kürzer als die Tibia, die 4 mal so lang wie breit, $2^1/_3$ mal in der Körperlänge enthalten und nur wenig länger als der Fuß ist; bei rechtwinklig angeknickten Hinterbeinen decken die Fersen einander. Haut oben mit feinen Warzen besetzt; eine deutliche Supratympanalfalte; Kehle und Brust fein, Bauch und Unterseite der Oberschenkel grob gekörnelt.

Färbung (in Alkohol) dunkelbraun, mit unregelmäßig verstreuten, schwarzbraunen, fein hell umrandeten Flecken; Loreal- und Temporalgegend schwarzbraun; vorn unterhalb des Auges zum Ansatz des Oberarmes eine weiße, schmale Längsbinde; Seiten weißlichgrau, braun bestäubt und gefleckt; Arme und Beine mit dunkelbraunen, fein hell umrandeten Querbinden; ein sehr feiner, heller Vertebralstreifen, der sich auf die Schenkel fortsetzt; eine dunkle Querbinde zwischen den Augen; Unterseite bräunlichweiß, braun bestäubt; Hinterseite der Schenkel hell mit je zwei parallelen, braunen Längsbinden. Totallänge 48 mm.

Ankoraka Sahambendrana (Madagaskar).

190. **R. (R.) hildebrandti** E. Ahl 1925 *R. h.*, E. Ahl in: Zool. Anz., *v.* 65 p. 18.

Körpergestalt ziemlich schlank, Vomerzähne in zwei kleinen, schrägen, ovalen Gruppen unterhalb der Verbindungslinie der Choanen, ihr Abstand voneinander ebenso groß wie eine Gruppe, die ebenso groß wie die Choanen ist. Zunge mit einer Papille in der Mitte. Kopf länger als breit. Schnauze ziemlich spitz, über das Maul hinausragend, so lang wie das Auge, länger als hoch. Lorealgegend schräg, leicht konkav. Canthus rostralis scharf, gerade.

Nasenloch näher der Schnauzenspitze als dem Auge. Interorbitalraum so breit wie ein oberes Augenlid. Trommelfell länglich oval, sein horizontaler Durchmesser halb so groß wie der des Auges. Haftscheiben der Finger klein, viel kleiner als das Trommelfell. Finger nur an der Basis mit einer Spur von Schwimmhaut. 1. Finger sehr wenig kürzer als der 2., der viel kürzer als der 4. ist; 3. Finger etwas länger als die Schnauze. Haftscheiben der Zehen ebenso groß wie die der Finger. 5. Zehe so lang wie die 3.; $^3/_4$ Schwimmhäute; Schwimmhaut an allen Zehen, wenigstens als schmaler Hautsaum, bis unter die Haftscheiben reichend, nur bei der 4. Zehe die Endphalange frei; laterale Zehe mit Hautfalte. Ein kleiner, rundlicher, medialer Metatarsalhöcker, kein lateraler; Subartikulartuberkel deutlich. Bei nach vorn an den Körper angelegtem Hinterbein reicht das Tibiotarsalgelenk bis zwischen Auge und Nasenloch. Femur $2^1/_3$ mal in der Körperlänge enthalten, kürzer als die Tibia, die 5 mal so lang wie breit, 2 mal in der Körperlänge enthalten und länger als der Fuß ist. Bei rechtwinklig angeknickten Beinen überragen die Fersen einander. Haut oberseits stark granuliert, die Extremitäten glatt; Unterseite an Kehle und Brust glatt, Bauch und Oberschenkel stark gekörnelt. Vom Auge über das Trommelfell zum Oberarmansatz eine deutliche Falte.

Färbung (in Alkohol) oberseits hellgraubraun, mit dunkleren Flecken und Marmorierungen. Seiten des Kopfes und der Schnauze dunkelbraun, nach oben hell abgesetzt. An den Körperseiten zwei weiße Längsstreifen. Schenkel quergebändert. Unterseite einfarbig hell. Hinterseite der Oberschenkel dunkelbraun mit spärlichen, weißen Fleckchen. Totallänge 40 mm.

Nordwestmadagaskar.

191. **R. (R.) tephraeomystax** (A. Dum.) 1853 *Polypedates t.*, A. Duméril in: Ann. Sci. nat., ser. 3 *v.* 19 p. 158 | 1879 *P. dispar*, O. Boettger in: Ber. Senckenb. Ges., p. 86 | 1879 *P. d.*, O. Boettger in: Abh. Senckenb. Ges., *v.* 11 p. 489 | 1881 *Rhacophorus d.*, O. Boettger in: Abh. Senckenb. Ges., *v.* 12 p. 510 t. 5 f. 18 (Habitus) | 1882 *R. d.* + *R. tephraeomystax*, Boulenger, Cat. Batr. sal. Brit. Mus., ed. 2 p. 77, 78 | 1913 *R. t.*, O. Boettger in: Voeltzkow, Reise O.-Afr., *v.* 3 p. 276.

Vomerzähne in zwei schrägen Gruppen hinter der Verbindungslinie der Choanenhinterränder. Zunge ziemlich groß, hinten mit zwei Zipfeln. Kopf ziemlich groß, so lang wie breit; Schnauze abgerundet, nur wenig über das Maul ragend, so lang wie der Augendurchmesser, länger als hoch. Canthus rostralis scharf, Lorealregion ziemlich steil, konkav. Nasenloch fast an der Schnauzenspitze liegend; Abstand der Nasenlöcher voneinander fast so breit wie der Interorbitalraum, der so breit wie ein oberes Augenlid ist. Trommelfell deutlich, etwa $^1/_2$ so groß wie das Auge, nur durch einen geringen Abstand von diesem getrennt. Finger mäßig lang, nur am Grunde mit schmaler Schwimmhaut, der 1. Finger kürzer als der 2., der kürzer als der 4. ist; 3. Finger länger als die Schnauze; Haftscheiben der Finger mäßig, etwa $^1/_2$ so groß wie das Trommelfell. Subartikulartuberkel deutlich. Zehen mäßig lang, mit $^3/_4$ Schwimmhaut, die an der längsten Zehe das letzte Glied freiläßt und bei der 3. und 5. Zehe nicht ganz bis an die Haftscheiben reicht, an allen Zehen als schmaler Hautsaum zur Haftscheibe; 3. Zehe so lang wie die 5.; Haftscheiben etwa ebenso groß wie die der Finger. Tarsalfalte fehlt. Nur eine kleine, ovale, flache, mediale Metatarsaltuberkel vorhanden, deren Länge etwa $^1/_3$—$^1/_4$ der medialen Zehe beträgt. Subartikulartuberkel deutlich. Bei nach vorn gestrecktem Hinterbein reicht das Tibiotarsalgelenk bis zum Nasenloch oder zur Schnauzenspitze. Femur etwas kürzer als die Tibia, die 5mal so lang wie breit, 2mal oder nicht ganz in der Körperlänge enthalten und länger als der Fuß ist. Bei rechtwinklig angeknickten Hinterbeinen decken die Fersen einander. Haut oben glatt, beim Männchen mit kleinen Warzen besetzt; Unterseite der Kehle und Brust glatt, Bauch und Schenkel gekörnelt. Eine deutliche Tympanalfalte vorhanden.

Färbung (in Alkohol) oben gelblich oder bräunlichgrau, mit einer hellen, weißlichen oder gelblichen, nach unten von einem dunkelbraunen Bande begleiteten Binde zwischen Achsel und Weichen. Hinterseite der Schenkel dunkel mit feinen, weißlichen Punkten. Oberseite vielfach heller und dunkler gezeichnet. Unterseite einfarbig weißlich. Schenkel mehr oder weniger deutlich quergebändert. Meist ein weißer Oberlippenstreifen vorhanden. Manchmal ein dunkler Canthal- und Tympanalstreifen. Totallänge 42 mm. (Fig. 105).

Nossi Bé (Madagaskar) und umliegende Inseln.

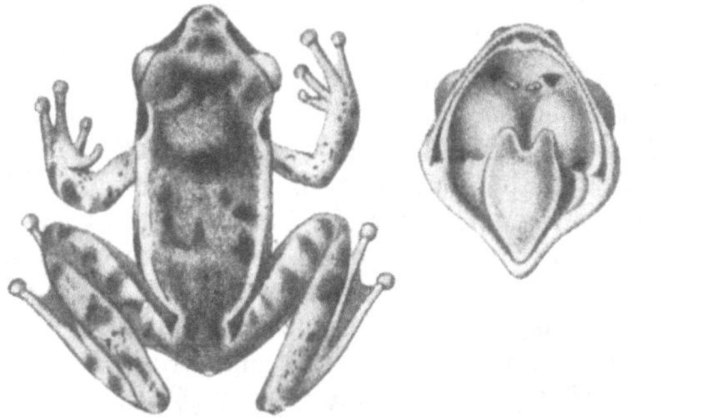

Fig. 105.
Rhacophorus (R.) tephraeomystax (A. Dum.).
Habitus von oben, Mundöffnung. (Nach O. Boettger).

192. **R. (R.) boulengeri** Prcc. 1892 *R. b.*, Peracca in: Boll. Mus. Torino, v. 7 nr. 112 p. 4 t. 1 f. 3 (Habitus).

Vomerzähne in zwei schrägen Gruppen auf der Verbindungslinie der Choanenhinterränder; Zunge ziemlich groß, hinten mit zwei Zipfeln, im vorderen Teil mit deutlichen, kleinen Papillen; keine Lingualpapille; Schnauze abgerundet; Canthus rostralis deutlich; Nasenloch vorragend, näher der Schnauzenspitze als dem Auge; Lorealgegend wenig konkav; Interorbitalraum 2mal so breit wie das obere Augenlid; Trommelfell wenig deutlich, klein, etwa $^1/_3$ des Augendurchmessers. Finger nur mit einem Rudiment von Schwimmhaut; Zehen fast mit ganzer Schwimmhaut; Haftscheiben der Finger dreieckig, so groß wie das Trommelfell, doppelt so groß wie die der Zehen; Subartikulartuberkel wenig entwickelt; eine kleine, mediale Metatarsaltuberkel. Das Tibiotarsalgelenk ragt wenig über den vorderen Augenrand hinaus. Oben glatt, unten gekörnelt, außer an der Kehle, der Brust, der Medialseite des Vorderfußes und der Tibia. Eine deutliche Supratympanalfalte.

Oberseite hellbräunlich, etwas dunkler in der Loreal- und Temporalgegend und auf dem Kopfe vor den Augen; ein dunkler Canthalstreifen; auf dem Rücken eine dunkle, x-förmige Zeichnung; Beine mit 5—6 Querbinden. Unterseite gelblichweiß, Kehle fein dunkelbraun gefleckt. Totallänge 47 mm.

Madagaskar (Andrangolóaka).

193. **R. (R.) crossleyi** (Ptrs.) 1874 *Polypedates c.*, Peters in: Monber. Ak. Berlin, p. 618 | 1882 *Rhacophorus c.*, Boulenger, Cat. Batr. sal. Brit. Mus., ed. 2 p. 77 | 1895 *R. c.*, F. Mocquard in: Bull. Soc. philom., ser. 8 *v.* 7 p. 106.

Vomerzähne in zwei schrägen Gruppen, deren Anfang auf der Verbindungslinie der Hinterränder der mäßig großen Choanen liegt; Zunge ziemlich groß, hinten mit zwei Zipfeln, ohne Papille. Kopf mäßig groß, so lang wie breit; Schnauze abgerundet, vorn abgeflacht, nicht vorragend, so lang wie das Auge, kürzer als der Abstand der vorderen Augenwinkel voneinander; Canthus rostralis gerade, deutlich; Lorealgegend wenig schräg, nur sehr wenig konkav; Nasenloch näher der Schnauzenspitze als dem Auge, der Zwischenraum zwischen den Nasenlöchern gerade, flach, so groß wie der bis zum Auge, kleiner als der Interorbitalraum, der breiter als das obere Augenlid ist; Trommelfell deutlich, $^1/_2$ der Augenbreite. Finger nur mit einem leichten Rudiment von Schwimmhaut; Haftscheiben so groß wie das Trommelfell; 1. Finger etwas kürzer als der 2., der kürzer als der 4. ist, der von dem 3. beträchtlich überragt wird; Subartikulartuberkel mäßig. Zehen mit fast ganzen Schwimmhäuten, die an allen Zehen bis zu den Haftscheiben reichen, außer an der 4. Zehe, wo sie das letzte Glied nur als schmaler Hautsaum umschließen; Haftscheiben so groß wie die der Finger; 3. und 5. Zehe gleich lang; laterale Metatarsalia völlig durch Schwimmhaut getrennt; laterale Zehe mit Hautfalte; Tarsalfalte fehlt; nur eine kleine, mediale Metatarsaltuberkel, keine laterale, keine Tarsaltuberkel; Subartikulartuberkel mäßig. Das Tibiotarsalgelenk reicht bis zum Auge oder etwas darüber hinaus; Femur etwas kürzer als die Tibia, die $4^1/_2$ mal so lang wie breit, $^1/_2$ der Körperlänge und länger als der Fuß ist; bei rechtwinklig angeknickten Hinterbeinen decken die Fersen einander. Oben glatt; Kehle und Brust glatt, Bauch und Unterseite der Oberschenkel gekörnelt; eine starke Falte über dem Trommelfell.

Oben hellgraubraun, mit kleinen, schwarzen Flecken; Loreal- und Temporalgegend dunkler; Beine mit undeutlichen Querbinden; Unterseite schmutzig weiß, Kehle etwas dunkler gewölkt. Hinterseite der Oberschenkel einfarbig grau, wenig heller bestäubt. Männchen mit innerer Schallblase. Totallänge 78 mm.

Madagaskar.

194. **R. (R.) difficilis** Boettg. 1892 *R. d.*, O. Boettger, Kat. Batr. Mus. Senckenb., p. 14 | 1909 *R. d.*, F. Mocquard in: N. Arch. Mus. Paris, ser. 5 *v.* 1 p. 61 | 1913 *R. d.*, O. Boettger in: Voeltzkow, Reise O.-Afr., *v.* 3 p. 276.

Vomerzähne in zwei kleinen Gruppen unmittelbar hinter der Choanenlinie; Kopf niedergedrückt; Schnauze kurz, so lang wie das Auge, vorn leicht zugespitzt; Oberlippe etwas geschwungen; Canthus rostralis deutlich, etwas konkav gebogen; Lorealgegend etwas abgeschrägt, konkav; Nasenloch vortretend, deutlich näher der Schnauzenspitze als dem Auge; Interorbitalraum etwas breiter als ein oberes Augenlid; Trommelfell von $^3/_8$ Augengröße. Finger mit sehr schwacher Schwimmhaut, 1. kürzer als der 2.; Haftscheiben der Finger so groß wie das Trommelfell; Zehen mit über $^3/_4$ Schwimmhaut; Haftscheiben halb so groß wie die der Finger; Subartikulartuberkel mäßig entwickelt; eine kleine, mediale Metatarsaltuberkel. Hinterbeine schlank; das Tibiotarsalgelenk reicht bis zum Nasenloch. Haut oben glatt; unten auf der hinteren Bauchhälfte und wenig ausgedehnt auch in der Gesäßgegend stark und grob granuliert; eine kräftige Falte über dem Trommelfell.

Oben hellgraubraun, dunkler braun auf Hinterkopf und Vorderrücken, heller, gelblichweiß links und rechts über der Ohrgegend, im übrigen undeutlich heller und dunkler gewölkt; eine schwarze, vorn hellgesäumte Querbinde zwischen den Augen; 6—8 ziemlich symmetrische, kleine, schwarze Rundflecken auf dem Rücken verteilt; Unterarm mit 3—4, Oberschenkel mit 7, Unterschenkel mit 6, Fuß mit 5 schmalen, braunen Querbinden. Unterseite einfarbig weißlich. Totallänge 28,5 mm.

Ostmadagaskar.

4. Gen. **Trachymantis** Meth.

1913 *Microphryne*, Methuen & Hewitt (nom. praeocc.) in: Ann. Transvaal Mus., *v.* 4 p. 55 | 1920 *Trachymantis*, Methuen in: P. zool. Soc. London, 1919 p. 352.

Pupille horizontal; Zunge ziemlich klein, hinten zweilappig; die basale Befestigung sehr groß, nur eine kurze Strecke hinten frei; keine Vomerzähne; Oberkiefer bezahnt. Zwischenknochen zwischen den Endphalangen der Finger und Zehen vorhanden; Endphalangen gegabelt. Finger und Zehen ohne Schwimmhaut; laterale Metatarsalia fest verbunden. Omosternum und Sternum mit langem, knöchernen Stiel.

Typus: *Microphryne malagasia* Meth. & Hewitt.

Zwei Arten in Madagaskar.

1. **T. malagasia** (Meth. & Hewitt) 1913 *Microphryne m.*, Methuen & Hewitt in: Ann. Transvaal Mus., *v.* 4 p. 55 | 1920 *Trachymantis m.*, Methuen in: P. zool. Soc. London, (1919) p. 352.

Kopf groß, leicht von oben nach unten zusammengedrückt, etwa so breit wie lang; Schnauze spitz abgerundet; Canthus rostralis leicht mediad gebogen, aber nicht scharf ausgeprägt; Nasenloch näher der Schnauzenspitze als dem Auge; Lorealgegend schräg und konkav; Auge mäßig groß; Interorbitalraum etwa gleich dem Abstand zwischen dem Nasenloch und dem Auge; Trommelfell klein, kaum $^1/_2$ des Augendurchmessers. Finger völlig frei von Schwimmhaut, schlank, am Ende mit Haftscheiben, die des 1. und 2. Fingers klein, die des 3. und 4. mäßig groß und von dreieckiger Form; 1. Finger deutlich kürzer als der 2., der beträchtlich kürzer als der 4. ist; Subartikulartuberkel deutlich; die Knöchel mit ein paar kleinen Tuberkeln und zwei große Metacarpaltuberkel nahe der Beuge, und nahe bei diesen eine einzelne kleine, vorragende Tuberkel; außerdem befindet sich eine große, langgestreckte Tuberkel an der Basis des 1. Fingers in einer Reihe mit den eben beschriebenen zwei großen Metacarpaltuberkeln. Zehen frei von Schwimmhaut, ihre Spitzen nur leicht verbreitert; eine vorragende, elliptische, mediale Metatarsaltuberkel, und in einer Reihe mit dieser 3 in einzelnen Abständen stehende Tuberkel entlang der Medialseite des Tarsus, die erste dieser Reihe nahe der lateralen Metatarsaltuberkel. Bei nach vorn gestrecktem Hinterbein reicht das Tibiotarsalgelenk etwas über die Schnauzenspitze hinaus. Die Oberseite ist völlig bedeckt mit zahlreichen Warzen verschiedener Größe und Anordnung; an einzelnen Stellen, an der Lateralseite des Vorderarmes und der Schenkel, an den Mundwinkeln und an den Flanken, haben diese Tuberkel stachelige Auswüchse. Bauch und Oberschenkel unten warzig, Kehle glatt. Nahe der Basis jedes Schenkels ist eine große Drüse, doppelt an jeder Seite.

Färbung (in Alkohol) oben rötlichbraun, unten hell; Schenkel dunkel quergebändert; Hinterseite der Schenkel und Tibia mit großen, weißen

Flecken. Lippen mit zwei oder drei schrägen, dunklen Bändern an jeder Seite. Körperlänge 20 mm.

Madagaskar (Folohy).

2. **T. horridus** (Boettg.) 1880 *Hemimantis horrida*, O. Boettger in: Zool. Anz., *v.* 3 p. 282 | 1881 *H. h.*, O. Boettger in: Abh. Senckenb. Ges., *v.* 12 p. 495 t. 3 f. 14 a—d (Habitus in natürlichen Farben, Mundöffnung, Unterseite der Hand und des Fußes) | 1882 *Arthroleptis horridus*, Boulenger, Cat. Batr. sal. Brit. Mus., ed. 2 p. 118 | 1920 *Trachymantis horrida*, Methuen in: P. zool. Soc. London, (1919) p. 352.

Kopf groß, deutlich breiter als der Körper; Trommelfell ziemlich deutlich, $^1/_4$ des Augendurchmessers. Finger und Zehen mit deutlichen Haftscheiben, die der letzteren kleiner. Eine einzelne Metatarsaltuberkel. Haut warzig.

Färbung (in Alkohol) oben grau; drei schwarze Querstreifen auf dem Rücken; Beine quergebändert; Seiten des Bauches schwarz, mit einigen großen, weißen Flecken. Körperlänge 17,5 mm.

Fig. 106.
Trachymantis horridus (Boettg.).
Habitus von oben, Mundöffnung, Hand und Fuß von unten. (Nach O. Boettger).

Verglichen mit *T. malagasia* ergeben sich folgende Unterschiede: Bei *T. malagasia* ist die Schnauze etwas länger als der Augendurchmesser und mehr zugespitzt als bei *T. horridus;* bei letzterem sind die Haftscheiben der Finger größer als bei *T. malagasia*. Das Trommelfell ist bei *T. horridus* sichtbarer und etwas größer als bei der anderen Art. Das Femur ist bei *T. horridus* drüsig, es fehlen jedoch die großen Drüsen des *T. malagasia*. Bei *T. horridus* enden die Warzen der Bauchseite in eine scharfe Spitze und können als kleine spitze Tuberkel bezeichnet werden; bei *T. malagasia* sind sie durch geschwollene Warzen von größerem Umfang ersetzt. (Fig. 106).

Nossi Bé, Madagaskar.

5. Gen. **Dendrobatorana** E. Ahl

1927 *D.*, E. Ahl in: SB. Ges. Fr. Berlin, (1926) p. 112.

Pupille horizontal; Zunge groß, herzförmig, hinten tief eingeschnitten, Ober- und Unterkiefer ohne Zähne; Vomerzähne fehlen, eine erhabene Knochenleiste geht vom vorderen medialen Rande der Choanen schräg nach hinten, doch nicht bis zur Hälfte des Zwischenraumes der Choanen.

Zwischenknochen an Fingern und Zehen vorhanden. Finger frei von Schwimmhaut, Zehen mit Schwimmhaut. Laterale Metatarsalia fest verbunden. Spitzen der Finger und Zehen zu Haftscheiben erweitert; Coracoide ziemlich stark, gerade, an den Seiten schräg aufwärts gerichtet; Praecoracoide schwach, nicht verknöchert, nur knorpelig, gerade, wagerecht; Omosternum mit schlankem, an der Basis ungegabelten Stiel; Sternum mit schlankem, knöchernen Stiel.

Typus der Gattung ist *Hylambates dorsalis* Ptrs.

Fundort des einzigen bekannten Exemplares Yoruba.

1. **D. dorsalis** (Ptrs.) 1875 *Hylambates d.*, Peters in: Monber. Ak. Berlin, p. 209 t. 3 f. 5 | 1882 *H. d.*, Boulenger, Cat. Batr. sal. Brit. Mus., ed. 2 p. 137 | 1908 *Cardioglossa d.*, Nieden in: Zool. Anz., *v.* 32 p. 661 | 1927 *Dendrobatorana d.*, E. Ahl in: SB. Ges. Fr. Berlin, (1926) p. 112.

Körpergestalt ziemlich gedrungen. Ober- und Unterkiefer ohne Zähne; Vomerzähne fehlen, eine erhabene Knochenleiste geht vom vorderen medialen Rande der Choanen schräg nach hinten, doch nicht bis zur Hälfte des Zwischen-

Fig. 107.
Dendrobatorana dorsalis (Ptrs.).
Habitus, Mundöffnung. (Nach Peters).

raumes der Choanen. Zunge ziemlich groß, herzförmig, hinten frei und eingeschnitten. Kopf ziemlich flach, so lang wie breit; Schnauze stumpf zugespitzt, im Profil abgeflacht, nicht über das Maul hinausragend, so lang wie das Auge, viel kürzer als der Abstand der vorderen Augenwinkel voneinander, viel länger als hoch; Canthus rostralis sehr deutlich; Lorealgegend stark konkav; Nasenloch seitlich, etwa doppelt so weit vom Auge entfernt wie von der Schnauzenspitze; Abstand der Nasenlöcher voneinander etwa ebenso breit wie der Interorbitalraum, der so breit wie ein oberes Augenlid ist; Trommelfell deutlich, $^1/_2$ so groß wie das Auge, nahe bei diesem. Finger kurz, frei von Schwimmhaut, Haftscheiben sehr klein, etwa $^1/_3$ des Trommelfells, der 1. Finger etwas kürzer als der 2., der viel kürzer als der 4. ist, der nur wenig von dem 3. überragt wird; Subartikulartuberkel deutlich. Zehen mit etwa $^1/_2$ Schwimmhaut, die an allen Zehen das letzte Glied und an der 4. Zehe die beiden letzten Glieder frei läßt; Haftscheiben so groß wie die der Finger; 3. und 5. Zehe gleich lang; laterale Metatarsalia kaum durch Schwimmhaut getrennt; laterale Zehe mit Andeutung einer Hautfalte; Tarsalfalte fehlt; nur eine kleine, etwas schaufelförmige, mediale Metatarsaltuberkel, von etwa $^1/_3$ der Länge der medialen Zehe, keine laterale, keine Tarsaltuberkel. Das Tibiotarsalgelenk reicht bis zum Auge; Femur kürzer als die Tibia, die 5mal so lang wie breit, etwas weniger als 2mal in der Körperlänge enthalten und viel länger als der Fuß ist; die Fersen überragen einander. Haut oben und an der Kehle und Brust sehr fein granuliert, die des Bauches und der Unterseite der Oberschenkel stark gekörnelt.

Oben (in Alkohol) dunkelbraun, mit einem breiteren, hellen Band, das nach hinten schmaler wird; Beine mit undeutlichen Querbinden; Unterseite schwach gefleckt. Körperlänge 26 mm. (Fig. 107).

Yoruba in Lagos.

6. Gen. **Leptopelis** Günther

1858 *L.*, Alb. Günther, Cat. Batr. sal. Brit. Mus., p. 89 | 1865 *L.*, E. D. Cope in: Nat. Hist. Rev., p. 115 | 1882 *Hylambates* (part.), Boulenger, Cat. Batr. sal. Brit. Mus., ed. 2 p. 132 | 1924 *Leptopelis*, E. Ahl in: Zool. Anz., *v.* 60 p. 270 | 1924 *L.*, Noble in: Bull. Amer. Mus., *v.* 49 p. 234 | 1924 *Pseudocassina*, E. Ahl in: Mt. Mus. Berlin, *v.* 11 p. 8.

Pupille senkrecht; Zunge frei, mehr oder weniger hinten eingeschnitten; Vomerzähne vorhanden; Oberkiefer bezahnt; Zwischenknochen zwischen den Endgliedern der Finger und Zehen vorhanden; Finger frei oder durch Schwimmhaut verbunden; Zehen mit Schwimmhaut; laterale Metatarsalia fest verbunden; Spitzen der Finger und Zehen zu Haftscheiben verbreitert. Coracoide stark, gerade, wagerecht; Praecoracoide stark, gerade, wagerecht; Omosternum mit knöchernem, nicht gegabelten Stiel; Sternum mit knöchernem Stiel.

Typus: *L. aubryi* (A. Dum.).

51 Arten im tropischen Afrika.

Bestimmungstabelle der Arten der Gattung *Leptopelis*:

A. Finger frei, Zehen nur mit einer kurzen Schwimmhaut.
B. Haftscheiben sehr klein, nicht oder kaum breiter als die letzte Phalange.
C. Mediale Metatarsaltuberkel etwas über $^1/_2$ der Länge der medialen Zehe . . . . 1. **L. anchietae**
CC. Mediale Metatarsaltuberkel nicht ganz so lang wie die mediale Zehe . . . . 2. **L. bocagii**
BB. Haftscheiben mehr oder weniger breit, stets breiter als die letzte Phalange.
C. Eine große, schaufelförmige, mediale Metatarsaltuberkel von der Länge oder nicht ganz der Länge der medialen Zehe.
D. Nasenloch näher der Schnauzenspitze als dem Auge.
E. Zehen mit $^1/_3$ Schwimmhaut . . . . 3. **L. viridis**
EE. Zehen nur mit einem Rudiment von Schwimmhaut 4. **L. cinnamomeus**
DD. Nasenloch in der Mitte zwischen Auge und Schnauzenspitze.
E. Mediale Metatarsaltuberkel etwas länger als die mediale Zehe; das Tibiotarsalgelenk reicht kaum bis zum hinteren Rand des Trommelfells . . . . 5. **L. angolensis**
EE. Mediale Metatarsaltuberkel nicht ganz so lang wie die mediale Zehe; das Tibiotarsalgelenk reicht bis zum Hinterrand des Auges . . . . 6. **L. togoensis**
CC. Mediale Metatarsaltuberkel höchstens $^2/_3$ so lang wie die mediale Zehe.
D. Das Tibiotarsalgelenk reicht bis zum Trommelfell.

E. Kopf breiter als lang; Interorbitalraum so breit wie ein oberes Augenlid; Trommelfell 1/2 so breit wie das Auge . . . . 7. **L. hyloides**

EE. Kopf so lang wie breit; Interorbitalraum breiter als ein oberes Augenlid; Trommelfell 1/3 so breit wie das Auge . . . . 8. **L. concolor**

DD. Das Tibiotarsalgelenk reicht bis zum Auge.

E. Kopf so lang wie breit . . . . 9. **L. nanus**

EE. Kopf breiter als lang . . . . 10. **L. argenteus**

AA. Finger wenigstens mit einem Rudiment von Schwimmhaut.

B. Finger nur mit einem Rudiment von Schwimmhaut.

C. Mediale Metatarsaltuberkel klein, oval, flach, nicht zusammengedrückt.

D. Interorbitalraum so breit oder schmaler als ein oberes Augenlid.

E. Schwimmhaut der Zehen an der 5. das letzte Glied, an der 4. die beiden letzten Glieder frei lassend.

F. Vomerzähne zwischen den Choanen; Kopf länger als breit . . . . 11. **L. vannutellii**

FF. Vomerzähne hinter den Choanen; Kopf so lang wie breit . . . . 12. **L. acuticeps**

EE. Schwimmhaut der Zehen an der 5. bis zur Haftscheibe reichend, an der 4. das letzte Glied frei lassend . . . . 13. **L. enantiodactylus**

DD. Interorbitalraum breiter als ein oberes Augenlid.

E. Nasenloch näher der Schnauzenspitze als dem Auge.

F. Das Tibiotarsalgelenk reicht bis zum Auge . . . . 14. **L. notatus**

FF. Das Tibiotarsalgelenk reicht bis zur Schnauzenspitze 15. **L. buchholzi**

EE. Nasenloch in der Mitte zwischen Auge und Schnauzenspitze . . . . 16. **L. karissimbensis**

CC. Mediale Metatarsaltuberkel stark, seitlich zusammengedrückt.

D. Vomerzähne zwischen den Choanen.

E. Das Tibiotarsalgelenk reicht nicht bis zur Schulter . 17. **L. rugosus**

EE. Das Tibiotarsalgelenk reicht wenigstens bis zum Trommelfell.

F. Mediale Metatarsaltuberkel von 1/3 der Länge der medialen Zehe . . . . 18. **L. ocellatus**

FF. Mediale Metatarsaltuberkel 1/2—2/3 der Länge der medialen Zehe.

G. Eine scharfe weiße Linie an der Oberlippe; Rand der Lateralseite des Tarsus und der Unterarme mit einer weißen Linie . . . . 19. **L. johnstoni**

GG. Oberlippe und Lateralseite des Tarsus und Unterarmes ohne weiße Streifen.

H. Zehen nur am Grunde mit rudimentärer Schwimmhaut . . . . 20. **L. liberiensis**

HH. Zehen mit 1/2—2/3 Schwimmhaut.

I. Trommelfell in seiner ganzen Breite von oben sichtbar, 1/3 so breit wie das Auge, um die Hälfte seines eigenen Durchmessers von diesem entfernt . . . . 21. **L. amaniensis**

II. Trommelfell seitlich, wenigstens 2/5 so breit wie das Auge, dicht bei diesem oder höchstens um 1/4 seines eigenen Durchmessers vom Auge entfernt.

J. Trommelfell 2/5—3/5 so breit wie das Auge . . 22. **L. aubryi**

JJ. Trommelfell 3/4—7/8 so breit wie das Auge . 23. **L. barbouri**

DD. Vomerzähne unmittelbar hinter der Verbindungslinie der Choanen.
E. Das Tibiotarsalgelenk reicht bis zur Schulter . . . 24. **L. brevipes**
EE. Das Tibiotarsalgelenk reicht wenigstens bis zum Auge.
F. Das Tibiotarsalgelenk erreicht das Auge . . . . . 25. **L. christyi**
FF. Das Tibiotarsalgelenk reicht bis zur Schnauzenspitze 26. **L. haugi**
BB. Finger wenigstens mit $^1/_3$ Schwimmhaut.
C. Interorbitalraum so breit oder schmaler als ein oberes Augenlid.
D. Vomerzähne hinter der Verbindungslinie der Hinterränder der Choanen . . . . 27. **L. budduensis**
DD. Vomerzähne zwischen den Choanen.
E. Kopf etwas breiter als lang . . . . 28. **L. millsoni**
EE. Kopf so lang wie breit.
F. Nasenloch in der Mitte zwischen Auge und Schnauzenspitze . . . . 29. **L. guineensis**
FF. Nasenloch näher der Schnauzenspitze als dem Auge.
G. Trommelfell $^1/_2$ so breit wie das Auge; 3. Finger so lang wie die Schnauze . . . . 30. **L. violescens**
GG. Trommelfell $^2/_3$ so breit wie das Auge; 3. Finger länger als die Schnauze . . . . 31. **L. poensis**
CC. Interorbitalraum breiter als ein oberes Augenlid.
D. Nur das letzte Glied der 4. Zehe frei von Schwimmhaut.
E. Trommelfell $^1/_2$ so breit wie das Auge; Finger mit etwa $^2/_3$ Schwimmhaut . . . . 32. **L. palmatus**
EE. Trommelfell verborgen oder mäßig deutlich, $^1/_4$—$^1/_3$ so breit wie das Auge.
F. Finger mit etwas über $^1/_2$ Schwimmhaut . . . . . 33. **L. rufus**
FF. Finger mit $^1/_3$ Schwimmhaut.
G. Das Tibiotarsalgelenk erreicht das Auge kaum oder gerade . . . . 34. **L. uluguruensis**
GG. Das Tibiotarsalgelenk reicht bis zum Nasenloch oder bis zwischen Auge und Nasenloch.
H. Canthus rostralis abgerundet; eine kleine Tuberkel an Ferse und Ellenbogen . . . . 35. **L. usambarae**
HH. Canthus rostralis deutlich; Ferse und Ellenbogen ohne Tuberkel . . . . 36. **L. parkeri**
DD. Die beiden letzten Glieder der 4. Zehe frei oder fast frei.
E. Kopf so lang wie breit.
F. Trommelfell $^1/_2$ so breit wie das Auge, dicht bei diesem liegend; ein Fersensporn meist vorhanden . 37. **L. calcaratus**
FF. Trommelfell $^1/_3$ so breit wie das Auge, um etwa $^1/_3$—$^1/_2$ seines eigenen Durchmessers von diesem entfernt.
G. Schnauze so lang wie das Auge . . . . 38. **L. kivuensis**
GG. Schnauze viel länger als das große Auge . . . 39. **L. grandiceps**
EE. Kopf breiter als lang.
F. Finger mit $^1/_2$ Schwimmhaut (siehe auch **L. signifer**).
G. Schnauze länger als das Auge; mediale Metatarsaltuberkel groß, schaufelförmig, etwa $^1/_2$—$^3/_5$ der Länge der medialen Zehe . . . . 40. **L. boulengeri**
GG. Schnauze so lang wie das Auge; mediale Metatarsaltuberkel klein, flach, etwa $^1/_3$ der Länge der medialen Zehe . . . . 41. **L. flaviventer**
FF. Finger mit $^1/_3$ bis höchstens $^2/_5$ Schwimmhaut.

G. Kopf groß, extrem breit gedrückt, etwa $1^1/_2$mal so breit wie lang . . . . 42. **L. brevirostris**

GG. Kopf höchstens $1^1/_4$mal so breit wie lang.

H. Das Tibiotarsalgelenk reicht über das Auge hinaus.

I. Mediale Metatarsaltuberkel von etwa $^1/_2$ der Länge der medialen Zehe; Haftscheiben der Finger $^1/_2$ so breit wie das Trommelfell . . . . 43. **L. vermiculatus**

II. Mediale Metatarsaltuberkel von etwa $^1/_3$ der Länge der medialen Zehe; Haftscheiben der Finger $^2/_3$ so breit wie das Trommelfell . . . 44. **L. graueri**

HH. Das Tibiotarsalgelenk reicht höchstens bis zum Vorderrand des Auges.

I. Trommelfell dicht beim Auge liegend.

J. 3. Finger etwas länger als die Schnauze; Tibia $2^1/_3$mal in der Körperlänge enthalten; so lang wie der Fuß . . . . 45. **L. natalensis**

JJ. 3. Finger so lang wie die Schnauze; Tibia $2—2^1/_4$mal in der Körperlänge enthalten, länger als der Fuß . . . . 46. **L. modestus**

II. Trommelfell wenigstens um $^1/_4$ seines eigenen Durchmessers vom Auge entfernt.

J. Trommelfell wenigstens fast $^1/_2$ so breit wie das Auge.

K. Auf dem Rücken eine große, mit der Spitze nach vorn gerichtete winklige Zeichnung von dunkelbrauner bis schwärzlicher Farbe, die stets deutlich ist . . . . 47. **L. signifer**

KK. Wenn überhaupt gezeichnet, keine winkelförmige Zeichnung auf dem Rücken.

L. Haftscheiben etwa $^2/_3$ so breit wie das Trommelfell; Zehen mit etwa $^2/_3$ Schwimmhaut, die an der 5. Zehe bis fast an die Haftscheiben reicht . . . . 48. **L. tessmanni**

LL. Haftscheiben so breit oder fast so breit wie das Trommelfell; Zehen mit $^1/_2$ Schwimmhaut, die an der 5. Zehe das letzte Glied frei läßt oder nur als schmaler Hautsaum umschließt . . . . 49. **L. rugegensis**

JJ. Trommelfell $^1/_3$ so breit wie das Auge.

K. Nur eine kleine, flache, mediale Metatarsaltuberkel von etwa $^1/_3$ der Länge der medialen Zehe . . . . 50. **L. martiensseni**

KK. Mediale Metatarsaltuberkel groß, schaufelförmig, etwas mehr als $^1/_2$ der Länge der medialen Zehe . . . . 51. **L. tanganus**

1. **L. anchietae** (Boc.) 1873 *Hylambates a.*, Bocage in: J. Ac. Lisboa, *v.* 4 p. 226 | 1882 *H. a.*, Boulenger, Cat. Batr. sal. Brit. Mus., ed. 2 p. 133 | 1890 *H. a.*, Boulenger in: P. zool. Soc. London, p. 324 | 1895 *H. a.*, Bocage, Herpét. Angola, p. 177 t. 19 f. 4, 4a | 1897 *H. a.*, Bocage in: J. Ac. Lisboa, ser. 2 *v.* 4 p. 205 | 1905 *H. a.*, Boulenger in: Ann. nat. Hist., ser. 7 *v.* 16 p. 110 | 1906 *H. a.*, Boulenger in: Ann. Mus. Genova, ser. 3 *v.* 2 p. 170 | 1910 *H. a.*, Nieden in: Arch. Naturg., *v.* 76 I p. 243 | 1910 *H. a.*, Nieden in: Fauna D. Kolon., ser. 1 fasc. 2 p. 54 f. 54, 55 | 1924 *Leptopelis a.*, Noble in: Bull. Amer. Mus., *v.* 49 p. 234 t. 31 f. 4 (Schultergürtel), t. 38 f. 2 (Habitus nach Photographie).

Körpergestalt ziemlich gedrungen. Vomerzähne in zwei kleinen, schrägen Gruppen nahe beieinander, zwischen und etwas hinter den mäßig großen Choanen. Zunge mäßig groß, herzförmig, hinten frei und mit zwei Zipfeln.

Kopf groß, viel länger als breit; Schnauze abgerundet, ganz schwach zugespitzt, im Profil abgeflacht, so lang oder nur sehr wenig länger als das Auge, kürzer als der Abstand der vorderen Augenwinkel voneinander, fast so hoch wie lang; Canthus rostralis deutlich, etwas gebogen; Lorealgegend

Fig. 108.
Leptopelis anchietae (Boc.).
Rechter Hinterfuß von unten.
(Nach Nieden).

Fig. 109.
Leptopelis anchietae (Boc.).
Rechte Hand von unten.
(Nach Nieden).

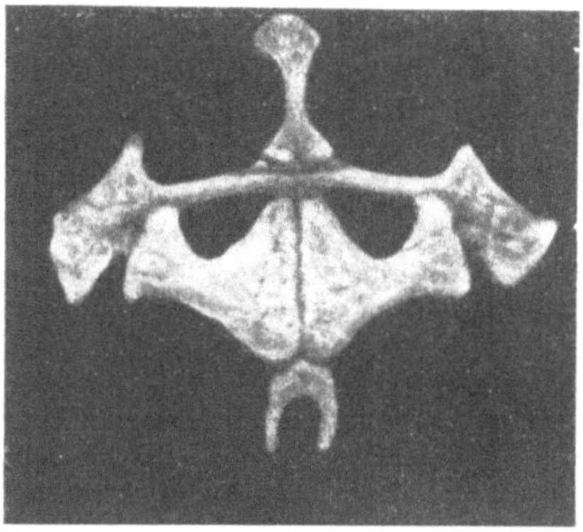

Fig. 110.
Leptopelis anchietae (Boc.).
Schultergürtel.
(Nach Noble).

schräg, konkav; Nasenlöcher seitlich, in der Mitte zwischen Auge und Schnauzenspitze, Abstand der Nasenlöcher voneinander so groß wie der Interorbitalraum, der so breit oder nur sehr wenig breiter als ein oberes Augenlid ist; Trommelfell deutlich, dicht beim Auge, etwas schräg oval. $^1/_2$

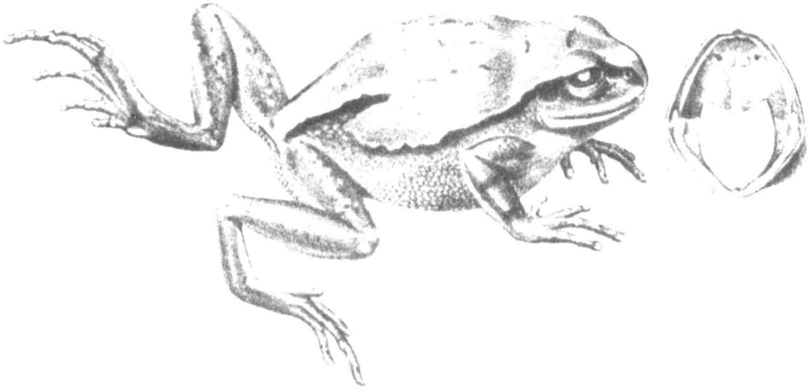

Fig. 111.
Leptopelis anchietae (Boc.).
Habitus, Mundöffnung. (Nach Bocage).

so groß wie das Auge. Finger lang, frei von Schwimmhaut; Haftscheiben ziemlich klein, kaum breiter als das vorhergehende Zehenglied, etwa $^1/_3$—$^1/_4$ des Trommelfells; 1. Finger kleiner als der 2., der viel kürzer als der 4. ist, der nur wenig von dem 3. überragt wird; Subartikulartuberkel deutlich.

Zehen nur am Grunde mit Schwimmhaut, Haftscheiben so groß wie die der Finger; 5. Zehe viel länger als die 3.; laterale Metatarsalia fest verbunden; laterale Zehe ohne Hautfalte; Tarsalfalte fehlt; nur eine sehr große, schaufelförmige, mediale Metatarsaltuberkel von über ½ der Länge der medialen Zehe, keine laterale, keine Tarsaltuberkel; Subartikulartuberkel deutlich; das Tibiotarsalgelenk reicht bis zum Trommelfell oder nicht ganz so weit; Femur etwas länger als die Tibia, die etwa 3mal so lang wie breit, fast 3mal in der Körperlänge enthalten, etwas länger als das Os cruris und kürzer als der Fuß ist; die Fersen berühren einander nicht. Haut oben glatt (sehr fein chagriniert), Bauch und Unterseite der Oberschenkel grob, Kehle fein gekörnelt.

Färbung (in Alkohol) oben heller oder dunkler bräunlich, grünlich oder bläulich; Oberlippe weiß gerandet; ein brauner, weiß gerandeter Streifen zieht sich von der Schnauzenspitze entlang dem Canthus rostralis, über das obere Augenlid entlang den Körperseiten bis zu den Weichen; Flanken braun, mit kleinen, weißen Fleckchen; Hinterseite der Oberschenkel braun, mit wenigen gelblichen Fleckchen; Unterseite gelblichweiß. Körperlänge 51 mm. (Fig. 108—112).

Fig. 112.
Leptopelis anchietae (Boc.).
Habitus nach dem Leben. (Nach Noble).

Savannen nördlich, östlich und südlich des Regenwaldes. Am häufigsten in Angola und Kamerun.

2. **L. bocagii** (Günther) 1864 *Cystignathus B.*, Alb. Günther in: P. zool. Soc. London, p. 481 t. 33 f. 2 | 1866 *C. B.*, Bocage in: J. Ac. Lisboa, *v.* 1 p. 54 | 1882 *Hylambates b.*, Boulenger, Cat. Batr. sal. Brit. Mus., ed. 2 p. 133 | 1895 *H. b.*, Bocage, Herpét. Angola, p. 176 | 1906 *H. b.*, Boulenger in: Ann. Mus. Genova, ser. 3 *v.* 2 p. 166 (part.) f. (Maul der Kaulquappe) | 1924 *H. b.*, Noble in: Bull. Amer. Mus., *v.* 49 p. 321.

Fig. 113.
Leptopelis bocagii (Günther).
Habitus von oben. (Nach Günther).

Körpergestalt mäßig schlank. Vomerzähne in zwei kleinen, schrägen, konvergierenden Gruppen zwischen den Choanen. Kopf groß und kurz; Schnauze stumpf; Canthus rostralis wenig deutlich; Trommelfell deutlich, etwas mehr als ½ des Augendurchmessers. Finger frei, die Haftscheiben sehr klein, nicht breiter als die letzte Phalange. Zehen an der Basis mit einer Spur von Schwimmhaut; Haftscheiben noch etwas kleiner als die der Finger. Eine große, leicht zusammengedrückte, mediale Metatarsaltuberkel von fast der Länge der medialen Zehe. Der 4. Finger etwas kürzer als der 3. Die 4. Zehe überragt die 5. um die beiden letzten Phalangen. Das

Tibiotarsalgelenk reicht bis zur Mitte oder zum vorderen Rand des Trommelfells. Fuß nicht mehr als 2 mal in der Körperlänge enthalten. Haut oben glatt, die gesamte Unterseite gekörnelt.

Oberseite (in Alkohol) olivbräunlich; unten gelblich, lebhafter an den Handflächen und den Fußsohlen; Lateralseiten der Unterarme und der Hand, des Beines und der Füße mit einer braunen Linie, die weiß gesäumt ist. Ein doppelter Streifen, braun und weiß, bedeckt gleichmäßig den Rand des Trommelfells. Manchmal eine Doppellinie von Braun und Weiß, die von der Schnauzenspitze durch das Auge bis zur Schulter geht. Körperlänge 26 mm. (Fig. 113).

Westafrika, Angola.

Larve: Entwickelte Kaulquappen mit hervorgebrochenen Hinterbeinen besitzen einen langen, fein zugespitzten Schwanz mit hohen Säumen, ähnlich wie *Hyla arborea* L., nur setzt sich der Saum nicht auf den Rücken fort. Spiraculum linksseitig, After rechtsseitig. Kiefer normal, schwarz gerandet; der mit Papillen besetzte Rand der Lippe breit unterbrochen über der lateralen Reihe der Labialzähne; diese sind in 5 Reihen oben und in 4 Reihen unten, in der Oberlippe ist die 2. Reihe schmal unterbrochen in der Mitte, die folgenden sind deutlich lateral und graduell schmaler; in der Unterlippe ist die mediale Reihe schmal unterbrochen in der Mitte und die drei anderen kontinuierlich.

Körper und Schwanz sind mit Schwarz gefleckt und marmoriert; ein schwarzer Strich entlang der Mitte der Seite in der hinteren Hälfte des Schwanzes. Kopf und Körper 18 mm; Schwanz 32 mm; Breite des Körpers 13 mm; Höhe des Schwanzes 12 mm.

3. **L. viridis** (Günther) 1868 *Hylambates v.*, Alb. Günther in: P. zool. Soc. London, p. 487 | 1873 *H. v.*, Bocage in: J. Ac. Lisboa, *v.* 4 p. 226 | 1882 *H. v.*, Boulenger, Cat. Batr. sal. Brit. Mus., ed. 2 p. 134 t. 12 f. 5 (Habitus).

Vomerzähne in zwei kleinen, runden Gruppen zwischen den Choanen, einen Zwischenraum lassend. Kopf groß, Schnauze abgerundet; Nasenloch

Fig. 114.
Leptopelis viridis (Günther).
Habitus von oben. (Nach Boulenger).

näher der Schnauzenspitze als dem Auge; Trommelfell $^1/_2$ so groß wie das Auge. Finger lang und frei, der 1. viel kürzer als der 2.; Haftscheiben klein, aber breiter als die vorletzte Phalange. Zehen mit $^1/_3$ Schwimmhaut; mediale Metatarsaltuberkel groß, schaufelförmig, fast so lang wie die mediale

Zehe. Das Tibiotarsalgelenk reicht bis zum Trommelfell. Fuß nicht mehr als die Hälfte, Tibia mehr als $^1/_3$ der Körperlänge. Haut oben glatt, auf dem Bauch und unter den Oberschenkeln gekörnelt.

Färbung (in Alkohol) oben grünlich oder bräunlich, ungefleckt oder mit zwei oder vier dunkelbraunen Längsstreifen; Körperlänge 40 mm. (Fig. 114).

Westafrika.

4. **L. cinnamomeus** (Boc.) 1893 *Hylambates c.*, Bocage in: J. Ac. Lisboa, ser. 2 *v.* 3 p. 120 | 1895 *H. c.*, Bocage, Herpét. Angola, p. 180.

Vomerzähne in zwei runden Gruppen zwischen den Choanen, einen Zwischenraum zwischen sich freilassend. Kopf groß, Schnauze abgerundet. Nasenlöcher näher der Schnauzenspitze als dem Auge; Trommelfell kreisrund, etwas mehr als $^1/_2$ des Augendurchmessers. Finger und Zehen lang. Finger frei, Haftscheiben mäßig groß, breiter als die vorletzte Phalange; 1. Finger kürzer als der 2., 4. mit seiner Spitze die Basis des letzten Gliedes des 3. erreichend. Zehen an der Basis durch eine sehr kleine Schwimmhaut verbunden; 5. Zehe viel kürzer als die 4. und etwas länger als die 3.; mediale Metatarsaltuberkel groß, seitlich zusammengedrückt, fast so lang wie die mediale Zehe. Das Tibiotarsalgelenk reicht bis zum Hinterrand des Auges. Haut oben glatt, unten und unter den Schenkeln gekörnelt.

Färbung (in Alkohol) oben rötlich; unten etwas heller, oft nach der Kehle zu weißlich werdend. Von jeder Seite der Schnauze unter dem Canthus rostralis ein großer, schwarzer Fleck, der sich nach hinten über das obere Augenlid, den oberen Rand des Trommelfells und mehr oder weniger weit entlang den Flanken erstreckt. Auf dem Rücken ein symmetrischer Fleck, der sich aus einem dreieckigen Fleck zusammensetzt, dessen Basis sich zwischen den Augen befindet und den Nacken auf dem Rücken berührt, in Form eines Hufeisens mit stark verlängerten Schenkeln sich nach hinten erstreckend; im Zwischenraum dieses hufeisenähnlichen Fleckes eine Reihe oft zusammenfließender schwarzer Flecke. Lateralseite der Unterarme und Schenkel oft mit schwarzen Querflecken. Körperlänge (Männchen) 42 mm.

Angola.

5. **L. angolensis** (Boc.) 1893 *Hylambates a.*, Bocage in: J. Ac. Lisboa, ser. 2 *v.* 3 p. 119 | 1895 *H. a.*, Bocage, Herpét. Angola, p. 179 t. 17 f. 1, 1a (Habitus, Mundhöhle).

Vomerzähne in zwei elliptischen Gruppen zwischen und etwas hinter den Choanen, einen kleinen Zwischenraum zwischen sich lassend. Kopf groß; Schnauze kurz und stumpf; Canthus rostralis wenig deutlich; Augen groß; Nasenlöcher in der Mitte zwischen Auge und Schnauzenspitze. Trommelfell deutlich, oval, $^1/_2$—$^2/_3$ so groß wie das Auge, nahe bei diesem. Finger und Zehen verhältnismäßig kurz. Finger frei; Haftscheiben mäßig groß, breiter als das vorletzte Glied; der 3. Finger überragt mit seiner letzten Phalange kaum den 4. Zehen mit einer rudimentären Schwimmhaut; mediale Metatarsaltuberkel groß und seitlich zusammengedrückt, etwas länger als die mediale Zehe; 5. Zehe viel kürzer als die 4., länger als die 3. Das Tibiotarsalgelenk reicht kaum bis zum hinteren Rand des Trommelfells. Haut oben chagriniert, unten und an den Seiten stark granuliert; eine Anzahl starker Granulationen hinter dem Winkel des Maules.

Färbung (in Alkohol) variabel: manche Stücke sind oben grünlich oder rötlich, fast einfarbig, kaum etwas dunkler in der Mitte des Rückens; bei anderen Exemplaren bedeckt ein großer, teils schwarzer, teils rötlichbrauner oder weinroter Fleck die Mitte des Rückens; der Rand dieses Fleckes ist oft markiert durch einen schwarzen Saum. Unterseite einfarbig gelblich. Ein länglicher, schwarzer Fleck bedeckt die Schnauzenseiten unter dem Canthus rostralis und folgt als schmaler Strich dem Rand des oberen Augenlides, umschließt das Trommelfell und endet nahe der Ansatzstelle des Vorderbeines. Lateralseite der Gliedmaßen von der Farbe des Rückens. Flanken und Hinterseite der Oberschenkel weinrot mit kleinen, weißen, runden Tupfen. Körperlänge (Männchen) 69 mm. (Fig. 115).

Angola und Tsanasee.

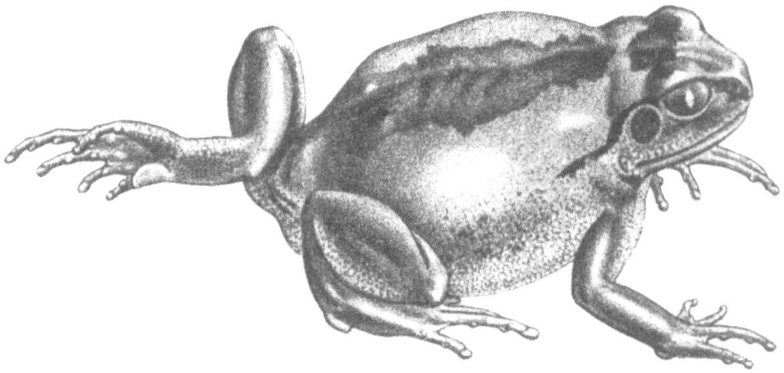

Fig. 115.
Leptopelis angolensis (Boc.).
Habitus. (Nach Bocage).

6. **L. togoensis** E. Ahl 1929 *L. t.*, E. Ahl in: SB. Ges. Fr. Berlin, p. 191.

Körpergestalt gedrungen. Vomerzähne in zwei schrägen Gruppen zwischen oder zwischen und etwas hinter den kleinen Choanen; Zunge groß, herzförmig, hinten flach ausgeschnitten. Kopf mäßig groß, etwas breiter als lang; Schnauze abgerundet, im Profil abgeflacht, nicht über das Maul hinausragend, so lang oder wenig länger als das große Auge, so lang wie der Abstand der vorderen Augenwinkel voneinander, etwas länger als hoch; Canthus rostralis deutlich; Lorealgegend ziemlich steil, konkav; Nasenloch seitlich, in der Mitte zwischen Auge und Schnauzenspitze oder etwas näher der ersteren; Abstand der Nasenlöcher voneinander etwas schmaler als der Interorbitalraum, der fast doppelt so breit wie ein oberes Augenlid ist; Trommelfell deutlich, $^1/_2$ so breit wie das Auge, dicht bei diesem liegend. Finger frei von Schwimmhaut; Haftscheiben klein, jedoch etwas breiter als die letzte Phalange; 1. Finger den übrigen opponierbar, nur wenig kleiner als der 2., der viel kürzer als der 4. ist, der nur wenig von dem 3. überragt wird; 3. Finger so lang wie die Schnauze; Subartikulartuberkel deutlich, papillenartig vorspringend. Zehen nur am Grunde mit einem Rudiment von Schwimmhaut; Haftscheiben so groß wie die der Finger; 5. Zehe etwas länger als die 3.; laterale Metatarsalia fest verbunden; laterale Zehe mit rudimentärer Hautfalte; Tarsalfalte fehlt; nur eine große, schaufelförmige, mediale Metatarsaltuberkel von nicht ganz der Länge der medialen Zehe; keine laterale, keine Tarsaltuberkel; Sohle granuliert; Subartikulartuberkel deutlich, papillenartig vorspringend; das Tibiotarsalgelenk reicht bis zum Hinterrand des Auges; Femur etwas länger als die Tibia, die 3mal so lang wie breit, $2^3/_4$mal in der Körperlänge enthalten, $1^2/_3$mal so lang wie das Os cruris und etwa so lang wie der Fuß ist; die Fersen berühren einander nicht. Haut oben rauh, mit sehr kleinen Wärzchen besetzt; Unterseite granuliert.

Färbung (in Alkohol) oben hellbräunlichgrau, ohne irgendwelche Zeichnung; Seiten des Kopfes unterhalb des Canthus rostralis und unterhalb einer durch eine dunklere Linie angedeuteten Temporalfalte dunkelbraun. Unterseite einfarbig schmutzig weiß; Hinterseite der Oberschenkel einfarbig bräunlich. Körperlänge 35 mm.

Bumbuna (Panpamba), Togo.

7. **L. hyloides** (Blgr.) 1906 *Hylambates h.*, Boulenger in: Ann. Mus. Genova, ser. 3 *v.* 2 p. 167 t. 2 f. 1, 2, 2a (Habitus, Maulöffnung) | 1924 *H. h.*, Noble in: Bull. Amer. Mus., *v.* 49 p. 322.

Vomerzähne in zwei kleinen Gruppen zwischen den Choanen. Kopf breiter als lang; Schnauze abgerundet, so lang wie das Auge; Interorbitalraum so breit wie das obere Augenlid; Trommelfell mäßig deutlich, etwa

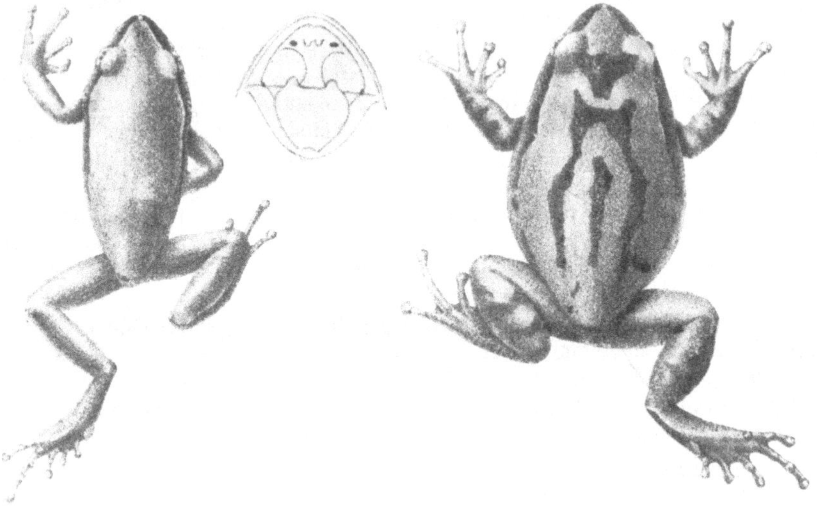

Fig. 116.
Leptopelis hyloides (Blgr.).
Habitus von oben, Mundöffnung. (Nach Boulenger).

$^1/_2$ so groß wie das Auge. Finger mäßig lang, frei; Zehen nur mit einem Rudiment von Schwimmhaut; Haftscheiben der Finger und Zehen ziemlich groß, so stark entwickelt wie bei *Hyla arborea;* mediale Metatarsaltuberkel stark, zusammengedrückt, kürzer als die mediale Zehe. Das Tibiotarsalgelenk erreicht das Trommelfell. Haut oben fein areoliert, unten grob granuliert.

Oben grün oder bräunlicholiv, einfarbig oder mit dunklen symmetrischen Flecken oder Streifen, oft verbunden mit einem dreieckigen oder T-förmigen Fleck zwischen den Augen; stets vorhanden ist ein dunkler, oben hell gerandeter Streifen von der Schnauzenspitze entlang dem Canthus rostralis und über dem Trommelfell zu den Körperseiten, wo er in kleine Flecke aufgelöst sein kann; Beine manchmal mit dunklen Querbinden. Männchen mit mäßig entwickelter subgularer Schallblase. Körperlänge 48 mm. (Fig. 116).

Portugiesisch-Guinea südlich bis Liberia.

8. **L. concolor** E. Ahl 1929 *L. c.*, E. Ahl in: SB. Ges. Fr. Berlin, p. 192.

Körpergestalt ziemlich gedrungen. Vomerzähne in zwei runden Gruppen zwischen den ziemlich kleinen Choanen; Zunge groß, hinten kaum eingeschnitten. Kopf mäßig groß, so lang wie breit; Schnauze abgerundet, im Profil schräg abgeflacht, nicht über das Maul hinausragend, so lang wie das große Auge, wenig kürzer als der Abstand der vorderen Augenwinkel voneinander, fast so lang wie hoch; Canthus rostralis deutlich; Lorealgegend ziemlich steil, konkav; Nasenloch seitlich, in der Mitte zwischen Auge und Schnauzenspitze; der Abstand der Nasenlöcher voneinander nur wenig schmaler als der Interorbitalraum, der breiter als ein oberes Augenlid ist; Trommelfell mäßig deutlich, $^1/_3$ so breit wie das Auge, um $^1/_2$ seines eigenen Durchmessers von diesem entfernt. Finger frei; Haftscheiben deutlich, breiter als die letzte Phalange, etwa $^2/_3$ so breit wie das kleine Trommelfell; 1. Finger den übrigen opponierbar, etwas kleiner als der 2., der viel kleiner als der 4. ist, der nur wenig von dem 3. überragt wird; 3. Finger so lang wie die Schnauze; Subartikulartuberkel deutlich, einige doppelt. Zehen nur am Grunde mit Schwimmhaut; Haftscheiben etwas kleiner als die der Finger; 5. Zehe länger als die 3.; laterale Metatarsalia fest verbunden; laterale Zehe ohne Hautfalte; Tarsalfalte fehlt; nur eine schaufelförmige, mediale Metatarsaltuberkel von etwa $^1/_2$ der Länge der medialen Zehe; keine laterale, keine Tarsaltuberkel; Sohle gekörnelt; Subartikulartuberkel deutlich. Das Tibiotarsalgelenk reicht bis zum Trommelfell; Femur kürzer als die Tibia, die 3mal so lang wie breit, $2^1/_2$mal in der Körperlänge enthalten, $1^1/_3$mal so lang wie das Os cruris und so lang wie der Fuß ist; die Fersen berühren einander nicht. Haut oben glatt; Unterseite gekörnelt; einige kleine Warzen an den Mundwinkeln.

Färbung (in Alkohol) oben einfarbig gelblichgrau; entlang dem Canthus rostralis eine dunkelbraune Linie; Unterseite weißlichgrau, nach hinten zu bräunlich werdend; Weichen, Medialseiten der Arme und Achseln, Vorder- und Hinterseite der Oberschenkel dunkelbraun. Männchen mit Brunftschwielen unter den Ansatzstellen der Oberarme. Körperlänge 27 mm.

Wito, Ostafrika.

9. **L. nanus** E. Ahl 1923 *L. n.*, E. Ahl in: Arch. Naturg., *v.* 90 A. p. 252.

Körpergestalt mäßig gedrungen. Vomerzähne in zwei kleinen, runden Gruppen zwischen den mäßig großen Choanen. Zunge groß, hinten mit zwei Zipfeln. Kopf groß, so lang wie breit; Schnauze abgerundet, im Profil sanft abgeflacht, nicht über das Maul hinausragend, so lang wie das Auge, so lang wie der Abstand der vorderen Augenwinkel voneinander, fast so hoch wie lang; Canthus rostralis deutlich; Lorealgegend schräg, nur wenig vertieft; Nasenloch seitlich, in der Mitte zwischen Auge und Schnauzenspitze, der Abstand der Nasenlöcher voneinander etwa ebenso groß wie der Interorbitalraum, der breiter als das obere Augenlid ist; Trommelfell mäßig deutlich, $^1/_2$ so groß wie das Auge, dicht bei dem letzteren. Finger lang, frei von Schwimmhaut; Haftscheiben klein, etwa $^1/_2$ so breit wie das Trommelfell; 1. Finger den übrigen opponierbar, kaum kürzer als der 2., der viel kürzer als der 4. ist, der von dem 3. überragt wird; 3. Finger so lang wie die Schnauze; Subartikulartuberkel deutlich. Zehen lang, nur am Grunde mit einem Rudiment von Schwimmhaut; Haftscheiben klein, kleiner als die der Finger; 5. Zehe länger als die 3.; laterale Metatarsalia fest verbunden; laterale Zehe mit rudimentärer Hautfalte; Tarsalfalte fehlt; nur eine ziemlich große, schaufelförmige, zusammengedrückte, mediale Metatarsaltuberkel von etwa $^2/_3$ der Länge der medialen Zehe; keine laterale, keine Tarsaltuberkel; Subartikulartuberkel nicht sehr deutlich. Das Tibiotarsalgelenk reicht bis zum Hinterrand des Auges; Femur so lang wie die Tibia, die 4mal so lang wie breit, $2^1/_2$mal in der Körperlänge enthalten, länger als das Os cruris und so lang wie der Fuß ist; bei rechtwinklig angeknickten Hinterbeinen berühren die Fersen einander. Haut oben glatt, Kehle fein, Bauch und Unterseite der Oberschenkel grob granuliert.

Färbung (in Alkohol) oben bläulich (grün im Leben?); Unterseite gelblichweiß. Eine braune, schmal gelblich eingefaßte Linie von der Schnauzenspitze entlang dem Canthus rostralis über das Trommelfell zur Ansatzstelle des Oberarmes; unterhalb dieses Streifens die Seiten der Schnauze und die Temporalgegend bräunlich. Körperlänge 22 mm.

Mangu, Togo.

10. **L. argenteus** (Pfeff.) 1893 *Hylambates a.*, Pfeffer in: Mt. Mus. Hamburg, *v.* 10 nr. 3 p. 32 t. 2 f. 3 (Habitus von oben) | 1897 *H. a.*, Tornier, Kriechth. D.-O.-Afr., p. 159 | 1906 *H. a.*, Boulenger in: Ann. Mus. Genova, ser. 3 *v.* 2 p. 170 | 1915 *H. a.*, Nieden in: Mt. Mus. Berlin, *v.* 7 p. 367 | 1924 *H. a.*, Noble in: Bull. Amer. Mus., *v.* 49 p. 321.

Körpergestalt mäßig schlank. Vomerzähne in zwei kleinen, runden Gruppen zwischen den kleinen, weit auseinander stehenden Choanen. Zunge mäßig groß, herzförmig, hinten eingeschnitten. Kopf groß, breiter als lang; Leib sich allmählich verschmälernd bis zu den sehr schlanken Hüften. Schnauze abgerundet, im Profil fast senkrecht abgestutzt, nicht über das Maul hinausragend, so lang wie das große Auge, etwas kleiner als der Abstand der vorderen Augenwinkel voneinander, länger als hoch; Canthus rostralis deutlich; Lorealgegend fast senkrecht, konkav; Tympanalgegend fast senkrecht; Nasenloch seitlich, in der Mitte zwischen Auge und Schnauzenspitze; Abstand der Nasenlöcher voneinander etwas geringer als der Interorbitalraum, der breiter als ein oberes Augenlid ist; Trommelfell senkrecht oval, der horizontale Durchmesser etwa $^1/_2$ des Auges, nahe bei dem letzteren. Finger frei von Schwimmhaut, Haftscheiben deutlich, ihre Breite $^1/_2$ des horizontalen Trommelfelldurchmessers; 1. Finger kleiner als der 2., der kürzer als der 4. ist, der von dem 3. überragt wird; Subartikulartuberkel deutlich, papillenartig vorspringend; Handfläche warzig. Zehen nur am Grunde durch Schwimmhaut verbunden; Haftscheiben nur wenig kleiner als die der Finger; 5. Zehe länger als die 3.; laterale Metatarsalia fest verbunden; Tarsalfalte fehlt; nur eine große, schaufelförmige, mediale Metatarsaltuberkel von $^1/_2$ der Länge der medialen Zehe; keine laterale, keine Tarsaltuberkel; Sohle granuliert; Subartikulartuberkel deutlich, papillenartig vorspringend. Das Tibiotarsalgelenk reicht bis zum Vorder- oder Hinterrand des Auges; Femur so lang wie die Tibia, die 3mal so lang wie breit, $2^1/_2$mal in der Körperlänge enthalten, länger als das Os cruris und kürzer als der Fuß ist; die Fersen berühren einander nicht. Oberseite porös auf Kopf, Augenlidern und Seiten, sonst glatt; ganze Unterseite gekörnelt.

Fig. 117.
Leptopelis argenteus (Pfeff.).
Habitus von oben. (Nach Pfeffer).

Färbung (in Alkohol) der Type (Hamburger Museum) bräunlich silbern: der Mittellinie entlang läuft ein brauner, dünner Strich. Über den oberen Augenlidern beginnend bis zum Hinterende des Leibes je ein braunes Band; ein gleiches jederseits von der Schnauzenspitze durch das Auge über das Trommelfell bis zur Weiche; der ganze Rücken ist silbrig, die hellen Teile weißlich, die dunklen grünlich schimmernd; die Granula der Bauchfläche sind silbrig, die Gruben zwischen ihnen deutliche braune Striche, so daß dadurch eine ganz besonders schöne und auffallende Zeichnung entsteht. Das zweite, bis jetzt bekannt gewordene Exemplar (im Berliner Museum) weicht etwas in der Färbung ab. Von der gelblichen Grundfarbe heben sich zwei dunkle Längsbinden auf dem Rücken ab, die allerdings nicht wie bei dem Typexemplar in ihrer ganzen Länge voneinander getrennt sind, sondern mit ihren Vorderenden in der Schultergegend zusammenfließen und an die sich hier ein dreieckiger, mit der Spitze nach hinten gerichteter Fleck von gleicher Farbe anschließt, dessen beide anderen Ecken auf den oberen Augenlidern liegen; ein weiterer dunkelbrauner Streifen zieht von der Mitte der Oberlippe über das Nasenloch durch das Auge hindurch, oberhalb des Trommelfells hinweg und läßt sich in schwachen Spuren auch noch an den Flanken des Tieres entlang verfolgen. In den übrigen Merkmalen stimmt er mit dem Typus überein. Körperlänge 33 mm. (Fig. 117).

Bagamoyo; Usambara.

11. **L. vannutellii** (Blgr.) 1898 *Hylambates v.*, Boulenger in: Ann. Mus. Genova, ser. 2 *v.* 18 p. 722 t. 10 f. 3 (Habitus) | 1906 *H. v.*, Boulenger, ibid., ser. 3 *v.* 2 p. 171 | 1924 *H. v.*, Noble in: Bull. Amer. Mus., *v.* 49 p. 323.

Vomerzähne in zwei kleinen Gruppen zwischen den Choanen. Kopf mäßig groß, länger als breit; Schnauze abgerundet, so lang wie das Auge;

Fig. 118.
Leptopelis vannutellii (Blgr.).
Habitus von oben. (Nach Boulenger).

Interorbitalraum so breit wie ein oberes Augenlid; Trommelfell deutlich, $^1/_2$ so breit wie das Auge, nahe bei diesem. Finger nur mit einem Rudiment von Schwimmhaut; Haftscheiben groß und deutlich; 1. Finger kleiner als der 2., der kürzer als der 4. ist, der nur wenig von dem 3. überragt wird. Zehen mit $^1/_2$ Schwimmhaut, die an der 5. Zehe das letzte Glied und an der 4. Zehe die beiden letzten Glieder frei lassen; Haftscheiben nur wenig kleiner als die der Finger; 5. Zehe etwas länger als die 3.; mediale Metatarsaltuberkel oval, nicht zusammengedrückt, etwa $^2/_3$ der Länge der medialen Zehe. Das Tibiotarsalgelenk reicht bis zum Auge; Tibia etwa $3^1/_2$ mal so lang wie breit, etwa $2^1/_3$ mal in der Körperlänge enthalten und so lang wie der Fuß. Oberseite mit verstreuten, kleinen, runden Warzen; Kehle, Bauch und Unterseite der Oberschenkel gekörnelt.

Oben olivgrau, mit einigen großen, dunklen Flecken und Marmelzeichnungen auf dem Körper und Querbinden auf den Beinen; eine weiße Linie von der Schnauzenspitze entlang dem Canthus rostralis bis zum Rand des oberen Augenlides; eine weiße Querlinie über dem After und eine andere an der Ferse; Unterseite weiß, mit kleinen, dunkelbraunen Punkten. Körperlänge 45 mm. (Fig. 118).

Zwischen Badditu und Dime, Somaliland.

12. **L. acuticeps** E. Ahl 1929 *L. a.*, E. Ahl in: SB. Ges. Fr. Berlin, p. 193.

Körpergestalt ziemlich schlank. Vomerzähne in zwei kleinen, runden Gruppen hinter der Verbindungslinie der Hinterränder der ziemlich kleinen Choanen; Zunge mäßig groß, hinten mit zwei Zipfeln. Kopf mäßig groß, so lang wie breit; Schnauze zugespitzt, im Profil spitz verrundet, über das Maul hinausragend, so lang wie das große Auge, so lang wie der Abstand der vorderen Augenwinkel voneinander, länger als hoch; Canthus rostralis deutlich, scharf; Lorealgegend steil, konkav; Nasenloch in der Mitte zwischen Auge und Schnauzenspitze; Abstand der Nasenlöcher voneinander etwa so groß wie der Interorbitalraum, der so breit wie ein oberes Augenlid ist; Trommelfell sehr deutlich, $^1/_2$ so breit wie das Auge, nahe bei diesem. Finger nur mit einem Rudiment von Schwimmhaut; Haftscheiben deutlich, etwa $^1/_2$ so groß wie das Trommelfell; 1. Finger kleiner als der 2., der kürzer als der 4. ist, der nur wenig von dem 3. überragt wird; 3. Finger so lang wie die Schnauze; Subartikulartuberkel deutlich, einige doppelt. Zehen mit $^1/_2$ Schwimmhaut, die an allen Zehen das letzte Glied frei läßt und nur an der 4. Zehe die beiden letzten Glieder; Haftscheiben etwas kleiner als die der Finger; 5. Zehe wenig länger als die 3.; laterale Metatarsalia fest verbunden; laterale Zehe mit einer rudimentären Hautfalte; Tarsalfalte fehlt; nur eine kleine, flache, nicht zusammengedrückte, mediale Metatarsaltuberkel von etwa $^1/_3$ der Länge der medialen Zehe; keine laterale, keine Tarsaltuberkel; Sohle granuliert; Subartikulartuberkel deutlich, einige doppelt. Das Tibiotarsalgelenk reicht bis zur Augenmitte; Femur so lang wie die Tibia, die $3^1/_2$ mal so lang wie breit, $2^1/_3$ mal in der Körperlänge enthalten, $1^1/_2$ mal so lang wie das Os cruris und etwas länger als der Fuß ist; die Fersen berühren einander. Haut oben glatt oder sehr fein warzig; unten gekörnelt; eine feine Querfalte über der Ferse; eine Andeutung einer Tuberkel an dem Ellenbogen.

Färbung (in Alkohol) oben dunkelbraun; von der Schnauzenspitze entlang dem Canthus rostralis, durch das Auge und Trommelfell bis zur Ansatzstelle der Vorderbeine zieht sich eine schwärzliche, nach oben fein, hell umrandete Binde, die sich nach hinten bis zu den Weichen in eine Anzahl schwärzlicher, hell umrandeter, großer Augenflecke auflöst. Hinter- und Vorderseite der Oberschenkel rosa und schwärzlichbraun marmoriert; Unterseite weißlichgrau. Körperlänge 41 mm.

Südkamerun.

13. **L. enantiodactylus** (Calabresi) 1916 *Hylambates e.*, Calabresi in: Monit. zool. Ital., *v.* 27 p. 36 t. 2 f. 2 (Habitus) | 1924 *H. e.*, Noble in: Bull. Amer. Mus., *v.* 49 p. 322.

Vomerzähne in zwei schrägen Gruppen zwischen den Choanen. Kopf etwas länger als breit; Schnauze abgerundet, so lang wie das Auge; Canthus rostralis stumpf; Interorbitalraum schmaler als das obere Augenlid; Trommelfell deutlich, etwas breiter als $^1/_2$ des Auges. Finger und Zehen mit großen Haftscheiben; Finger nur mit einem Rudiment von Schwimmhaut; 1. Finger den übrigen opponierbar. Schwimmhaut der Zehen bis zur Haftscheibe des 5., das letzte Glied frei lassend bei dem 4.; Subartikulartuberkel groß und vortretend; mediale Metatarsaltuberkel klein und konisch. Das Tibiotarsalgelenk reicht bis über das Auge hinaus. Haut der Oberseite und der Kehle glatt, die des Bauches und der Unterseite der Oberschenkel granuliert; eine Querfalte über der Brust.

Färbung oben braun mit einer schwarzen, unregelmäßigen Zeichnung auf dem Rücken und einem großen, dreieckigen Fleck in der Interorbitalgegend; Weichen mit schwarzen Querbinden, Bauch genetzt; unten ist die Farbe etwas heller und einfarbig. Körperlänge 66 mm.

Bardera, Somaliland.

14. **L. notatus** (Ptrs.) 1875 *Hylambates n.*, Peters in: Monber. Ak. Berlin, p. 205 t. 2 f. 1 (Habitus) | 1882 *H. rufus* (part.), Boulenger, Cat. Batr. sal. Brit. Mus., ed. 2 p. 136 | 1906 *H. cubito-albus*, Boulenger in: Ann. nat. Hist., ser. 7 *v.* 17 p. 323 | 1906 *H. c.*, Boulenger in: Ann. Mus. Genova, ser. 3 *v.* 2 p. 171 | 1908 *H. notatus*, Nieden in: Mt. Mus. Berlin, *v.* 3 p. 505 | 1909 *H. n.*, Nieden in: Arch. Naturg., *v.* 75 I p. 365 | 1909 *H. aubryi* (part.), L. G. Andersson in: Jahrb. Ver. Nassau, *v.* 62 p. 107 | 1910 *H. notatus*, Nieden in: Fauna D. Kolon., ser. 1 fasc. 2 p. 55 f. 111 | 1911 *H. cubito-albus*, Barbour in: Bull. Mus. Harvard, *v.* 54 p. 134 | 1924 *Leptopelis notatus*, Noble in: Bull. Amer. Mus., *v.* 49 p. 236.

Körpergestalt mäßig gedrungen. Vomerzähne in zwei kleinen, runden Gruppen auf der Verbindungslinie der Hinterränder der mäßig großen Choanen. Zunge mäßig groß, hinten mit zwei Zipfeln. Kopf groß, niedergedrückt, etwas breiter als lang; Schnauze abgerundet, im Profil abgestutzt, nicht oder nur wenig über das Maul hinausragend, so lang wie das Auge, etwas kürzer als der Abstand der vorderen Augenwinkel voneinander, länger als hoch; Canthus rostralis abgerundet, Lorealgegend fast senkrecht, konkav; Nasenloch näher der Schnauzenspitze als dem Auge; Abstand der Nasenlöcher voneinander kleiner als der Interorbitalraum, der breiter als ein oberes Augenlid ist; Trommelfell deutlich, $^1/_2$—$^2/_3$ so breit wie das Auge, nahe bei diesem. Finger nur mit einem Rudiment von Schwimmhaut; Haftscheiben ziemlich groß, etwa $^1/_2$ so groß wie das Trommelfell; 1. Finger kleiner als der 2., der kürzer als der 4. ist, der von dem 3. überragt wird; 3. Finger so lang oder nicht ganz so lang wie die Schnauze; Subartikulartuberkel deutlich, manchmal doppelt. Zehen mit $^1/_2$ Schwimmhaut, die an allen Zehen das letzte Glied, an der 4. Zehe die beiden letzten Glieder frei läßt; Haftscheiben etwas kleiner als die der Finger; 5. Zehe länger als die 3.; laterale Metatarsalia fest verbunden; laterale Zehe mit Hautfalte; eine, wenn auch schwache Tarsalfalte vorhanden; nur eine kleine,

Fig. 119.
Leptopelis notatus (Ptrs.).
Habitus von oben.
(Nach Nieden).

ovale, flache, mediale Metatarsaltuberkel von etwa $^1/_3$ der Länge der medialen Zehe; keine laterale, keine Tarsaltuberkel; Subartikulartuberkel deutlich, manchmal doppelt. Das Tibiotarsalgelenk reicht bis zum Auge; Femur so lang wie die Tibia, die 5mal so lang wie breit, $2^1/_4$mal in der Körperlänge enthalten, viel länger als das Os cruris und länger als der Fuß ist; die Fersen berühren einander. Haut oben glatt, unten granulär.

Färbung (in Alkohol) bläulich (im Leben grün); eine weiße Linie säumt die Oberlippe, eine andere die Analgegend ein, und je eine andere entlang der Lateralseite der Hand, des Unterarmes. lateral des Fußes und des Tarsus; Ellenbogen, Knie und Ferse mit einem großen, weißen Fleck; Seiten der Schenkel braun; Unterseite weiß oder gelblich. Körperlänge 33 mm. (Fig. 119).

Kamerun-Gabun.

15. **L. buchholzi** E. Ahl 1929 *L. b.*, E. Ahl in: SB. Ges. Fr. Berlin, p. 194.

Körpergestalt ziemlich schlank. Vomerzähne in zwei queren Gruppen zwischen den ziemlich großen Choanen; Zunge ziemlich klein, hinten mit zwei Zipfeln. Kopf niedergedrückt, so lang wie breit; Schnauze spitz abgerundet, im Profil abgestutzt, nicht über das Auge hinausragend, etwas länger als das Auge, so lang wie der Abstand der vorderen Augenwinkel voneinander, länger als hoch; Canthus rostralis mäßig deutlich; Lorealgegend fast senkrecht, nur wenig konkav; Nasenloch etwas näher der Schnauzenspitze als dem Auge; Abstand der Nasenlöcher voneinander schmaler als der Interorbitalraum, der doppelt so breit wie ein oberes Augenlid ist; Trommelfell deutlich, $^1/_2$ so breit wie das Auge, nahe bei diesem liegend. Finger nur mit einem Rudiment von Schwimmhaut; Haftscheiben mäßig groß, $^1/_2$ so breit wie das Trommelfell; 1. Finger kleiner als der 2., den übrigen opponierbar, der 2. kürzer als der 4., der von dem 3. überragt wird; 3. Finger so lang wie die Schnauze; Subartikulartuberkel deutlich, papillenartig vorspringend. Zehen mit $^1/_2$ Schwimmhaut, die an allen Zehen das letzte Glied und an der 4. Zehe die beiden letzten Glieder frei läßt; Haftscheiben etwas kleiner als die der Finger; 5. Zehe länger als die 3.; laterale Metatarsalia fest verbunden; laterale Zehe mit einer schwachen Hautfalte; Tarsalfalte fehlt; nur eine kleine, ovale, flache, mediale Metatarsaltuberkel von etwa $^1/_3$ der Länge der medialen Zehe; keine laterale, keine Tarsaltuberkel; Subartikulartuberkel deutlich, papillenartig vorspringend. Das Tibiotarsalgelenk reicht bis zur Schnauzenspitze; Femur kürzer als die Tibia, die $4^1/_2$—5mal so lang wie breit, nicht ganz 2mal in der Körperlänge enthalten, $1^3/_4$mal so lang wie das Os cruris und länger als der Fuß ist; die Fersen decken einander. Haut oben fein chagriniert; Kehle und Brust fein, Bauch und Unterseite der Unterschenkel gröber granuliert; eine Hautfalte quer über die Ferse, quer über den After und entlang der Lateralseite der Hand und des Unterarmes; eine schwache Temporalfalte.

Färbung (in Alkohol) oben hellbräunlich, unten weiß, eine feine, weiße Linie entlang der Lateralseite der Hand, des Unterarmes, des Fußes und des Tarsus, quer über die Ferse und quer über den After. Hinterbeine mit einigen dunklen, schmalen Querbinden. Hinterseite der Oberschenkel einfarbig bräunlich. Körperlänge 20 mm.

Kamerun.

16. **L. karissimbensis** E. Ahl 1912 *Hylambates rufus* (non A. Reichenow) (part.), Nieden in: Ergeb. D. Zentr.-Afr.-Exp., *v.* 4 p. 179 | 1929 *Leptopelis karissimbensis*, E. Ahl in: SB. Ges. Fr. Berlin, p. 195.

Körpergestalt mäßig schlank. Vomerzähne in zwei kleinen, runden Gruppen zwischen den kleinen Choanen; Zunge groß, hinten mit zwei Zipfeln. Kopf ziemlich groß, so lang wie breit; Schnauze abgerundet, im Profil abgeflacht, nicht über das Maul hinausragend, so lang wie das Auge, so lang wie der Abstand der beiden vorderen Augenwinkel voneinander, länger als hoch; Canthus rostralis deutlich; Lorealgegend ziemlich steil, konkav; Nasenloch in der Mitte zwischen Auge und Schnauzenspitze, der Abstand der Nasenlöcher voneinander schmaler als der Interorbitalraum, der breiter als ein oberes Augenlid ist; Trommelfell mäßig deutlich, $^2/_5$ so breit wie das Auge, dicht bei diesem. Finger lang und mäßig schlank, nur mit einem Rudiment von Schwimmhaut; Haftscheiben etwa $^2/_3$ so breit wie das Trommelfell; 1. Finger viel kleiner als der 2., der kleiner als der 4. ist, der von dem 3. überragt wird; 3. Finger so lang wie die Schnauze; Subartikulartuberkel deutlich, einige doppelt. Zehen mit $^1/_2$ Schwimmhaut, die an allen Zehen das letzte Glied, an der 4. Zehe die beiden letzten Glieder frei läßt; Haftscheiben kleiner als die der Finger: 5. Zehe länger als die 3.; laterale Metatarsalia fest verbunden; Tarsalfalte fehlt; nur eine sehr kleine, flache, mediale Metatarsaltuberkel von etwa $^1/_4$ der Länge der medialen Zehe; keine laterale, keine Tarsaltuberkel; Subartikulartuberkel deutlich. Das Tibiotarsalgelenk reicht bis zum Hinterrand des Auges; Femur etwas kürzer als die Tibia, die $4^1/_2$ mal so lang wie breit, $2^1/_3$ mal in der Körperlänge enthalten, $1^1/_2$ mal so lang wie das Os cruris und so lang wie der Fuß ist; die Fersen berühren einander. Haut oben chagriniert, unten gekörnelt; ein Sporn an der Ferse.

Färbung (in Alkohol) oben bläulich, unten gelblichweiß; unter dem Auge ein scharfer, weißer Fleck; Fersensporn weiß; über dem After eine schmale weiße, unten schwarz begrenzte Linie; Lateralseite des Fußes und des Tarsus mit einer schmalen, weißen Linie. Hinterseite der Oberschenkel rötlich. Männchen mit zwei gelblichen, runden Brunstwarzen unter den Oberarmen. Körperlänge 28 mm.

Dorf des Mtulia Gahama am Karissimbi (Deutschostafrika).

17. **L. rugosus** (E. Ahl) 1924 *Pseudocassina ocellata*, E. Ahl (non *Hylambates ocellatus*, F. Mocquard 1902) in: Mt. Mus. Berlin, *v.* 11 p. 8 | 1924 *P. rugosa*, E. Ahl, ibid. p. 9.

Körpergestalt sehr gedrungen. Vomerzähne in zwei kleinen Gruppen zwischen den kleinen Choanen. Zunge ziemlich klein, herzförmig, hinten mit zwei kurzen Zipfeln. Kopf mäßig groß, viel breiter als lang. Schnauze abgerundet, im Profil abgeflacht, nicht über das Maul hinausragend, so lang wie das Auge, nur wenig kürzer als der Abstand der vorderen Augenwinkel voneinander, so lang oder fast so lang wie hoch; Canthus rostralis deutlich; Lorealgegend schräg, mäßig konkav; Nasenloch seitlich, in der Mitte zwischen Auge und Schnauzenspitze; Abstand der Nasenlöcher voneinander fast so breit wie der Interorbitalraum, der breiter als ein oberes Augenlid ist; Trommelfell deutlich, $^2/_5$—$^1/_3$ des Auges, fast um seinen eigenen Durchmesser von dem letzteren entfernt. Finger lang und schlank, fast frei, nur am Grunde mit einem Rudiment von Schwimmhaut, die als schmaler Hautsaum sichtbar ist; Haftscheiben sehr klein, nicht breiter als das letzte Glied; 1. Finger etwas kürzer als der 2., der etwas kürzer als der 4. ist, der von dem 3. überragt wird; Subartikulartuberkel deutlich, papillenartig vorspringend. Zehen nur am Grunde mit Schwimmhaut, Haftscheiben so groß wie die der Finger, nicht verbreitert; 3. und 5. Zehe gleich lang; laterale Metatarsalia fest miteinander verbunden; laterale Zehe nur mit schwacher Hautfalte; Tarsalfalte fehlt; mediale Metatarsaltuberkel groß, schaufelförmig, $^2/_3$ der Länge der medialen Zehe; nur eine sehr undeutliche, laterale Metatarsaltuberkel, keine Tarsaltuberkel; Subartikulartuberkel deutlich, papillenartig vorspringend. Das Tibiotarsalgelenk reicht nicht bis zur Schulter, das Tarsometatarsalgelenk bis zum Trommelfell; Femur etwas länger als die Tibia, die etwa 2mal so lang wie breit, 3mal oder wenig mehr in der Körperlänge enthalten, sehr wenig länger als das Os cruris und kürzer als der Fuß ist; bei rechtwinklig angeknickten Hinterbeinen berühren die Fersen einander nicht. Oberseite mehr oder weniger glatt oder krötenartig gefeldert; Seiten stets granuliert; Unterseite an Brust und Kehle fein, an Bauch und Unterseite der Oberschenkel grob gekörnelt.

Färbung (in Alkohol) veränderlich; oben und an den Seiten bläulich (im Leben grün), unterseits gelb, an der Brust und der Kehle etwas marmoriert; von der Schnauzenspitze durch das Auge und noch etwas darüber hinaus ein olivschwarzer, schmal weiß gesäumter Streifen, der an den Körperseiten durch 3—4 große olivschwarze, schmal weiß eingefaßte Augenflecke fortgesetzt wird. (Type von *Pseudocassina ocellata.*) Die Cotype von *P. o.* zeigt insofern einige Abweichungen von der Zeichnung, als die an den Seiten gelegenen Augenflecke zu einer schmal weiß begrenzten Längsbinde zusammenfließen; Unterseite gelblichweiß, ohne Marmorierungen. Die Type von *Pseudocassina rugosa* ist oberseits einfarbig dunkelolivbraun, Unterseite gelblich. Rostralgegend braunschwarz, oben von einer schmalen, gelblichweißen Linie begrenzt, die von der Schnauzenspitze am Canthus rostralis, dem Rand des oberen Augenlides entlang zieht und sich nach hinten bis in die Höhe des Oberarmes erstreckt, wo sie sich dann allmählich verliert. Körperlänge 49 mm.

Somaliland.

18. **L. ocellatus** (Mocq.) 1902 *Hylambates o.*, F. Mocquard in: Bull. Mus. Paris, *v.* 8 p. 413 | 1906 *H. o.*, Steindachner in: Ann. Hofmus. Wien, *v.* 21 p. 154 | 1911 *H. o.*, Barbour in: Bull. Mus. Harvard, *v.* 54 p. 134.

Körpergestalt ziemlich schlank. Vomerzähne in zwei kleinen, runden Gruppen zwischen den mäßig großen Choanen; Zunge groß, hinten mit zwei Zipfeln. Kopf ziemlich groß, so lang wie breit; Schnauze rundlich zugespitzt; im Profil abgeflacht, nicht über das Maul hinausragend, sehr wenig länger als das Auge, kürzer als der Abstand der vorderen Augenwinkel voneinander, länger als hoch; Canthus rostralis scharf, Lorealgegend ziemlich steil, konkav; Nasenloch seitlich, wenig näher der Schnauzenspitze als dem Auge, Abstand der Nasenlöcher voneinander schmaler als der Interorbitalraum, der breiter als ein oberes Augenlid ist; Trommelfell deutlich, $^2/_3$ so groß wie das Auge, nahe dem letzteren. Finger nur am Grunde mit rudimentärer Schwimmhaut; Haftscheiben groß, etwa $^1/_2$ so groß wie das Trommelfell; 1. Finger kleiner als der 2., der kürzer als der 4. ist, der von dem 3. nur wenig überragt wird; 3. Finger wenig länger als die Schnauze; Subartikulartuberkel deutlich, doppelt. Zehen mit etwa $^1/_2$ Schwimmhaut, die an allen Zehen das letzte Glied, an der 4. Zehe die beiden letzten Glieder frei läßt; Haftscheiben etwas kleiner als die der Finger; 5. Zehe länger als die 3.; laterale Metatarsalia fest verbunden; laterale Zehe mit rudimentärer Hautfalte; Tarsalfalte fehlt; nur eine kleine, quergestellte, zusammengedrückte, mediale Metatarsaltuberkel von $^1/_3$ der Länge der medialen Zehe; keine laterale, keine Tarsaltuberkel; Sohle granuliert; Subartikulartuberkel deutlich, doppelt; das Tibiotarsalgelenk reicht bis zum Vorderrand des Auges; Femur so lang wie die Tibia, die 4mal so lang wie breit, $2^1/_4$mal in der Körperlänge enthalten, viel länger als das Os cruris und länger als der Fuß ist; bei rechtwinklig angeknickten Hinterbeinen berühren die Fersen einander. Haut oben glatt; Kehle und Brust glatt, Bauch und Unterseite der Oberschenkel gekörnelt; eine Hautfalte von hinter den Augen über das Trommelfell bis zu den Weichen.

Färbung (in Alkohol) oben olivbraun oder grau; von der Schnauzenspitze über das Auge, durch das Trommelfell zieht sich eine breite, dunkelbraune Binde, die schmal hell umrandet ist und die sich hinter den Oberarmen in eine Reihe ebensolcher Augenflecke auflöst, die sich in einer Reihe bis zu den Weichen hin erstrecken; Weichen, Vorderseite und Hinterseite der Oberschenkel auf weißem Grunde hellbraun marmoriert; eine wenig deutliche, hellgraue Linie über der Ferse; Unterseite rein weiß. Körperlänge 53 mm.

Kamerun-Gabun.

19. **L. johnstoni** (Blgr.) 1897 *Hylambates j.*, Boulenger in: P. zool. Soc. London, p. 803 t. 46 f. 4 (Habitus) | 1906 *H. j.*, Boulenger in: Ann. Mus. Genova, ser. 3 *v.* 2 p. 171 | 1907 *H. j.*, Lönnberg in: Ergeb. Schwed. Exp. Kilimandjaro, *v.* 1 nr. 4 p. 25 | 1910 *H. rufus* (part.), Nieden in: SB. Ges. Fr. Berlin, p. 441—452 | 1915 *H. johnstoni*, Nieden in: Mt. Mus. Berlin, *v.* 7 p. 367 | 1924 *H. j.*, Noble in: Bull. Amer. Mus., *v.* 49 p. 322 | ?1928 *Leptopelis j.*, Barbour & Loveridge in: Mem. Mus. Harvard, *v.* 50 p. 239.

Körpergestalt ziemlich gedrungen. Vomerzähne in zwei kleinen, runden Gruppen zwischen den ziemlich kleinen Choanen. Zunge groß, hinten mit zwei Zipfeln. Kopf ziemlich groß, breiter als lang; Schnauze abgerundet, im Profil rundlich abgeflacht oder schräg abgestutzt, nur wenig über das Maul hinausragend, etwa so lang wie das Auge, etwas kleiner als der Abstand der vorderen Augenwinkel voneinander, etwas länger als hoch; Canthus rostralis scharf, etwas gebogen; Lorealgegend schräg, stark konkav; Nasenloch aufgetrieben, in der Mitte zwischen Auge und Schnauzenspitze, der Abstand der Nasenlöcher voneinander kleiner als der Interorbitalraum, der breiter als ein oberes Augenlid ist; Trommelfell deutlich, schräg oval, etwa $^1/_2$ so groß wie das Auge, nahe bei diesem. Finger mäßig lang, nur mit einem Rudiment von Schwimmhaut; Haftscheiben mäßig groß, etwa $^1/_2$—$^2/_3$ des Trommelfells; 1. Finger kleiner als der 2., der viel kürzer als der 4. ist, der von dem 3. nur wenig überragt wird; 3. Finger etwa so lang wie die Schnauze; Subartikulartuberkel sehr deutlich, manche zweilappig. Zehen mit $^1/_2$ Schwimmhaut, die an allen Zehen das letzte Glied und an der 4. Zehe die beiden letzten Glieder frei läßt; 5. Zehe länger als die 3.; laterale Metatarsalia fest verbunden; laterale Zehe ohne deutliche Hautfalte; Tarsalfalte fehlt; nur eine große, schaufelförmige, mediale Metatarsaltuberkel von etwa $^1/_2$ der Länge der medialen Zehe; keine laterale, keine Tarsaltuberkel; Sohle gekörnelt; Subartikulartuberkel deutlich, manche zweilappig. Das Tibiotarsalgelenk reicht bis zum Hinterrand des Auges; Femur so lang oder sehr wenig kürzer als die Tibia, die $3^1/_2$—$4^1/_2$ mal so lang wie breit, $2^1/_4$—$2^1/_2$ mal in der Körperlänge enthalten, viel länger als das Os cruris und so lang oder wenig länger als der Fuß ist; bei rechtwinklig angeknickten Hinterbeinen berühren die Fersen einander nicht oder kaum. Haut oben glatt oder fein gekörnelt. Kehle sehr fein, Bauch und Unterseite der Oberschenkel grob granuliert.

Färbung oben gelblich oder violett (im Leben vermutlich grün), fast stets einfarbig, selten mit verstreuten, kleinen, weißen Pünktchen; Weichen mit einem dunklen Streifen oder mehr oder weniger deutlich marmoriert oder gefleckt. Oberlippe mit einem scharfen, weißen Streifen; Lateralrand des Unterarmes sowie des 4. Fingers mit einem weißen Streifen, ebenso der

Lateralrand der 5. Zehe und des Tarsus; am Ellenbogen und an der Ferse diese weißen Streifen zu einem weißen Fleck verbreitert; eine weiße Querlinie über dem After. Unterseite einfarbig weiß; Hinterseite der Oberschenkel bräunlich. Färbung im Leben niemals grün, in allen Tönen von Braun bis Gelblichgrau, auffallend durch die weiße Umrandung der Lippe und der Lateralseiten von Hand und Fuß. Männchen mit subgularer Schallblase. Körperlänge 52 mm (Weibchen), 37 mm (Männchen). Länge des verwandelten Fröschchens (noch mit Schwanzstummel, der jedoch nicht mitgemessen wurde) 17 mm.

Von Transvaal nördlich bis Usambara.

20. **L. liberiensis** E. Ahl 1929 *L. l.*, E. Ahl in: SB. Ges. Fr. Berlin, p. 196.

Körpergestalt ziemlich gedrungen. Vomerzähne in zwei runden oder schrägen Gruppen zwischen den ziemlich kleinen Choanen; Zunge mäßig groß, hinten mit zwei Zipfeln. Kopf mäßig groß, breiter als lang; Schnauze abgerundet, im Profil abgeflacht, nicht über das Maul hinausragend, länger als das Auge, so lang wie der Abstand der vorderen Augenwinkel voneinander, wenig länger als hoch; Canthus rostralis nicht sehr scharf; Lorealgegend mäßig steil, konkav; Nasenloch in der Mitte zwischen Auge und Schnauzenspitze, Abstand der Nasenlöcher voneinander nur wenig schmaler als der Interorbitalraum, der breiter als ein oberes Augenlid ist; Trommelfell deutlich, $^1/_2$ so breit wie das Auge, um $^1/_4$—$^1/_8$ seines eigenen Durchmessers von diesem entfernt. Finger lang, mit ganz schwachem Rudiment von Schwimmhaut; Haftscheiben deutlich, breiter als das vorletzte Glied, $^1/_2$ so breit wie das Trommelfell; 1. Finger den übrigen opponierbar, kleiner als der 2., der kürzer als der 4. ist, der von dem 3. überragt wird; 3. Finger so lang wie die Schnauze; Subartikulartuberkel deutlich. Zehen nur am Grunde mit rudimentärer Schwimmhaut; Haftscheiben etwas kleiner als die der Finger; 5. Zehe länger als die 3.; laterale Metatarsalia fest verbunden; laterale Zehe ohne Hautfalte; Tarsalfalte fehlt; nur eine große, schaufelförmige, mediale Metatarsaltuberkel von $^2/_3$ der Länge der medialen Zehe, keine laterale, keine Tarsaltuberkel; Sohle gekörnelt; Subartikulartuberkel deutlich. Das Tibiotarsalgelenk reicht bis zum Trommelfell (Weibchen) oder bis zum Hinterrand des Auges (Männchen); Femur so lang wie die Tibia, die 3mal so lang wie breit, $2^1/_2$ (Männchen) bis $2^3/_4$ (Weibchen) mal in der Körperlänge enthalten, $1^1/_2$mal so lang wie das Os cruris und so lang oder sehr wenig kürzer als der Fuß ist; die Fersen berühren einander nicht. Haut oben glatt (Weibchen) oder mit unregelmäßigen, deutlichen Warzen besetzt (Männchen); Unterseite grob gekörnelt und gefeldert; eine Supratympanalfalte vorhanden.

Oberseite (in Alkohol) hellbraun mit unregelmäßigen, dunkelbraunen Zeichnungen und Marmorierungen auf dem Rücken. Supratympanalfalte fein braun gerandet; Arme und Beine mit mehr oder weniger regelmäßigen, braunen Querbinden. Unterseite einfarbig weißlich. Männchen mit subgularer Schallblase. Körperlänge 36 mm (Männchen); 45 mm (Weibchen).

Liberia.

21. **L. amaniensis** E. Ahl 1915 *Hylambates rufus* (non A. Reichenow) (part.), Nieden in: Mt. Mus. Berlin, *v.* 7 p. 368 | 1929 *Leptopelis amaniensis*, E. Ahl in: SB. Ges. Fr. Berlin, p. 197.

Körpergestalt ziemlich schlank. Vomerzähne in zwei runden oder etwas schrägen Gruppen zwischen den großen Choanen; Zunge ziemlich groß, hinten mit zwei Zipfeln. Kopf groß, länger als breit; Schnauze abgerundet, im Profil abgeschrägt oder abgestutzt, so lang oder sehr wenig länger als das große Auge, nicht über das Maul hinausragend, kürzer als der Abstand der vorderen Augenwinkel voneinander, länger als hoch; Canthus rostralis deutlich, aber abgerundet; Lorealgegend ziemlich steil, konkav; Nasenloch in der Mitte zwischen Auge und Schnauzenspitze oder etwas näher der letzteren; Abstand der Nasenlöcher voneinander wenig schmaler als der Interorbitalraum, der etwas breiter als ein oberes Augenlid ist; Temporalgegend schräg; Trommelfell fast in seiner ganzen Breite von oben sichtbar, $^1/_3$ so breit wie das Auge, um die Hälfte seines eigenen Durchmessers von diesem entfernt. Finger lang und schlank, mit einem Rudiment von Schwimmhaut; Haftscheiben deutlich, fast so groß wie das Trommelfell; 1. Finger kleiner als der 2., der kürzer als der 4. ist, der nur wenig von dem 3. überragt wird; 3. Finger so lang wie die Schnauze; Subartikulartuberkel deutlich, an einigen Gelenken doppelt. Zehen mit $^1/_2$ Schwimmhaut, die an allen Zehen das letzte Glied und an der 4. Zehe die beiden letzten Glieder frei läßt; Haftscheiben kleiner als die der Finger; 5. Zehe länger als die 3.; laterale Metatarsalia fest verbunden; laterale Zehe mit sehr schwacher Hautfalte; Tarsalfalte fehlt; nur eine große, schaufelförmige, zusammengedrückte, mediale Metatarsaltuberkel von $^1/_2$ der Länge der medialen Zehe; keine laterale, keine Tarsaltuberkel; Sohle granuliert; Subartikulartuberkel deutlich, an einigen Gelenken doppelt. Das Tibiotarsalgelenk reicht bis zum Vorderrand des Auges; Femur so lang wie die Tibia, die $5^1/_2$ mal so lang wie breit, etwa 2 mal in der Körperlänge enthalten, $1^1/_2$ mal so lang wie das Os cruris und so lang oder nur wenig länger als der Fuß ist; die Fersen berühren einander ganz knapp. Haut oben glatt oder schwach gekörnelt; unten granuliert.

Färbung oberseits einfarbig gelblich-bräunlich, unten weiß. Lateralrand des oberen Augenlides leuchtend gelblichweiß. Hinterbacken einfarbig bräunlichgelb. Körperlänge 47 mm.

Amani.

22. **L. aubryi** (A. Dum.) 1856 *Hyla a.*, A. Duméril in: Rev. Mag. Zool., ser. 2 *v.* 8 p. 561 | 1858 *Leptopelis a.*, Alb. Günther, Cat. Batr. sal. Brit. Mus., p. 89 | 1878 *Hylambates a.*, Peters in: Monber. Ak. Berlin, p. 618 | 1882 *H. a.*, Boulenger, Cat. Batr. sal. Brit. Mus., ed. 2 p. 135 | 1884 *H. a.*, Sauvage in: Bull. Soc. zool. France, *v.* 9 p. 201 | 1884 *H. a.*, L. Vaillant in: Bull. Soc. philom., ser. 7 *v.* 8 p. 171 | 1884 *H. a.*, L. Vaillant in: Bull. Soc. zool. France, *v.* 9 p. 353 | 1885 *H. a.*, Friedr. Müller in: Verh. Ges. Basel, *v.* 7 p. 671 | 1887 *H. a.*, Friedr. Müller in: Verh. Ges. Basel, *v.* 8 p. 257 | 1888 *H. a.*, O. Boettger in: Ber. Senckenb. Ges., p. 99 | 1892 *H. a*, O. Boettger, Kat. Batr. Mus. Senckenb., p. 21 | 1895 *H. a.*, Bocage, Herpét. Angola, p. 181 | 1897 *H. a.*, Tornier, Kriechth. D.-O.-Afr., p. 158 | 1897 *H. a.*, Tornier in: Arch. Naturg., *v.* 63 I p. 66 | 1903 *H. a.*, Boulenger in: Mem. Soc. Españ., *v.* 1 p. 64 | 1905 *H. a.*, L. G. Andersson in: Ark. Zool., *v.* 2 nr. 20 p. 20 | 1906 *H. a.*, Boulenger in: Ann. Mus. Genova, ser. 3 *v.* 2 p. 168 | 1907 *H. a.*, L. G. Andersson in: Jahrb. Ver. Nassau, *v.* 60 p. 242 | 1908 *H. a.*, Nieden in: Mt. Mus. Berlin, *v.* 3 p. 502 | 1909 *H. a.*, L. G. Andersson in: Jahrb. Ver. Nassau, *v.* 62 p. 107 | 1909 *H. a.*, Nieden in: Arch. Naturg., *v.* 75 I p. 365 f. 1c, 2c | 1910 *H. a.*, Nieden in: Fauna D. Kolon., ser. 1 fasc. 2 p. 55 f. 112–114 | 1910 *H. a.*, Nieden in: SB. Ges. Fr. Berlin, p. 448 | 1911 *H. a.* + *Nyctibates laevis*, Barbour in: Bull. Mus. Harvard, *v.* 54 p. 134, 131 t. 2 f. 1 | 1911 *H. a.*, Lampe in: Jahrb. Ver. Nassau, *v.* 64 p. 215 | 1913 *H. a.*, L. G. Andersson in: Jahrb. Ver. Nassau, *v.* 66 p. 78 | 1915 *H. a.*, Nieden in: Mt. Mus. Berlin, *v.* 7 p. 368 | 1921 *H. a.*, Chabanaud in: Bull. Com. Afr. occid. Franç., p. 460 | 1924 *Leptopelis a.*, Noble in: Bull. Amer. Mus., *v.* 49 p. 239 t. 31 f. 6 (Schultergürtel), t. 38 f. 8 (Habitus nach Photographie).

Körpergestalt mäßig schlank. Vomerzähne in zwei kleinen, runden, manchmal etwas schrägen Gruppen zwischen den mäßig großen Choanen. Zunge ziemlich groß, herzförmig, hinten mit zwei Zipfeln. Kopf groß, breiter als lang; Schnauze rundlich zugespitzt oder spitz verrundet, im

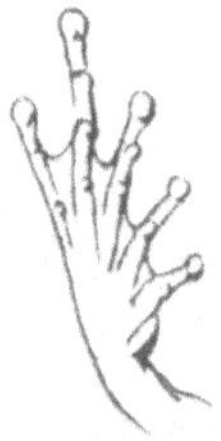

Fig. 120.
Leptopelis aubryi (A. Dum.).
Rechter Hinterfuß von unten.
(Nach Nieden).

Fig. 121.
Leptopelis aubryi (A. Dum.).
Rechte Hand von unten.
(Nach Nieden).

Profil rundlich abgeflacht, nicht über das Maul vorragend, so lang wie das große Auge, etwas kürzer als der Abstand der vorderen Augenwinkel voneinander, etwas länger als hoch; Canthus rostralis scharf; Lorealgegend schräg, konkav; Nasenloch seitlich, etwas näher der Schnauzenspitze als dem Auge oder in der Mitte; Abstand der Nasenlöcher kleiner als der Inter-

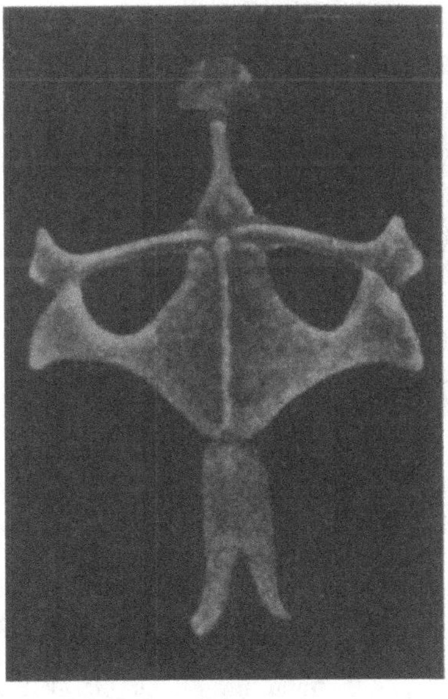

Fig. 122.
Leptopelis aubryi (A. Dum.).
Schultergürtel. (Nach Noble).

Fig. 123.
Leptopelis aubryi (A. Dum.).
Habitus von oben. (Nach Nieden).

orbitalraum, der wenig größer als ein oberes Augenlid ist; Temporalgegend wenig schräg; Trommelfell rundlich oder etwas schräg oval, $^2/_5$—$^3/_5$ so groß wie das Auge, dicht bei diesem oder höchstens um $^1/_4$ seines Durchmessers entfernt. Finger nur mit einer geringen Schwimmhaut (höchstens $^1/_4$); Haftscheiben ziemlich groß, etwa $^1/_2$—$^2/_3$ des Trommelfells; 1. Finger kleiner als der 2., der kürzer als der 4. ist, der von dem 3. überragt wird; Subartikulartuberkel deutlich, papillenartig vorspringend, Handfläche warzig. Zehen ziemlich lang, mit $^1/_2$—$^2/_3$ Schwimmhaut, die an allen Zehen das letzte Glied, und an der 4. Zehe die beiden letzten Glieder frei läßt; Haftscheiben etwas kleiner als die der Finger; 5. Zehe länger als die 3.; laterale Metatarsalia fest verbunden; laterale Zehe mit schwacher Hautfalte; Tarsalfalte fehlt; nur eine große, schaufelförmige, mediale Metatarsaltuberkel von etwa $^1/_2$—$^2/_3$ der Länge der medialen Zehe; keine laterale, keine Tarsaltuberkel; Sohle granuliert; Subartikulartuberkel deutlich, papillenartig vorspringend. Das Tibiotarsalgelenk reicht bis zum Auge oder wenig darüber; Femur so lang wie die Tibia, die $3^1/_2$—4mal so lang wie breit, 2—$2^1/_4$mal in der Körperlänge enthalten, viel länger als das Os cruris und etwas länger oder so lang wie der Fuß ist; die Fersen berühren einander nicht oder kaum.

Fig. 124.
Leptopelis aubryi (A. Dum.).
Habitus nach dem Leben. (Nach Noble).

Haut oben glatt, mit spärlichen, sehr feinen Wärzchen besetzt; an den Seiten gekörnelt; Kehle und Brust sehr fein, Bauch und Unterseite der Oberschenkel gröber granuliert.

Färbung (in Alkohol) oben bräunlich, gelblich, grau oder grünlich, mit oder ohne Zeichnung; häufig eine dreieckige Figur zwischen den Augen, und daran nach hinten anschließend eine mehr oder weniger regelmäßige, braune, meist linienartige Zeichnung, die sich nach hinten zu oft in Punkte oder Flecke auflöst. Seiten des Kopfes mit einer braunen Linie vom Auge unterhalb des Canthus rostralis bis zur Schnauzenspitze, und eine andere vom Auge abwärts zur Schnauze. Seiten des Körpers häufig mit einigen unregelmäßig angeordneten dunkelbraunen Flecken oder Marmorierungen. Unterseite weiß. Beine mit dunklen, unregelmäßigen Querbinden; eine feine weiße oder gelbliche Linie über dem After und an der Ferse. Färbung (im Leben) nach Noble oben hellbraun; an jeder Seite des Körpers ein breites unregelmäßiges, graues Band vom Nasenloch bis zur Lumbargegend, wo es sich in eine Reihe graugrüner Flecke auflöst. Dieses Band ist oben von einer schmalen, dunkelroten Linie begrenzt. Wellenartige Linien von dunkelbrauner Farbe auf dem Rücken; Kopf mit derselben Farbe gefleckt; Beine undeutlich quergebändert; über dem After und an der Ferse eine schmale gelbliche Linie; Unterseite einförmig weiß, nach hinten ins Gelbliche spielend; Iris leuchtend goldbronze. Körperlänge 52 mm. (Fig. 120—124).

Westafrika und Albertsee.

23. **L. barbouri** E. Ahl 1928 *L. aubryi* (non A. Duméril), Barbour & Loveridge in: Mem. Mus. Harvard, *v.* 50 p. 233 | 1929 *L. barbouri*, E. Ahl in: SB. Ges. Fr. Berlin, p. 199.

Vomerzähne in zwei kleinen Gruppen zwischen den Choanen. Trommelfell bei Erwachsenen $^3/_4$—$^7/_8$ so breit wie das Auge, bei sehr jungen (11 mm) fehlt es noch. Finger wenig, Zehen mit $^1/_2$ Schwimmhaut; Haftscheiben gut entwickelt; eine ziemlich starke, zusammengedrückte, mediale Metatarsaltuberkel. Das Tibiotarsalgelenk reicht bis zum Auge oder etwas darüber. Haut oben glatt, unten gekörnelt.

Färbung im Leben ein sehr schönes, helles Grün. Körperlänge 58 mm.

Lutindiberg (Usambaragebirge).

24. **L. brevipes** (Blgr.) 1906 *Hylambates b.*, Boulenger in: Ann. Mus. Genova, ser. 3 *v.* 2 p. 168 t. 2 f. 4 (Habitus) | 1924 *H. b.*, Noble in: Bull. Amer. Mus., *v.* 49 p. 321.

Fig. 125.
Leptopelis brevipes (Blgr.).
Habitus von oben, Mundöffnung. (Nach Boulenger).

Vomerzähne in einer queren, kaum unterbrochenen Gruppe gerade hinter der Verbindungslinie der Choanen. Kopf $1\,^1/_3$ mal so breit wie lang; Schnauze abgerundet, so lang wie das Auge; Interorbitalraum breiter als ein oberes Augenlid; Trommelfell $^2/_3$ des Augendurchmessers. Finger ziemlich kurz, mit kaum $^1/_4$ Schwimmhaut, mit großen Haftscheiben; Zehen mit halben Schwimmhäuten, mit großen Haftscheiben; mediale Metatarsaltuberkel stark, zusammengedrückt, etwa $^2/_3$ der Länge der medialen Zehe. Das Tibiotarsalgelenk reicht bis zur Schulter; Tibia $^2/_5$ der Körperlänge. Haut oben und auf dem Bauch granuliert, auf der Brust glatt.

Färbung (in Alkohol) oben bläulichgrau, mit gelblichen Zeichnungen, die eine stundenglasähnliche Zeichnung einschließen von der Grundfarbe, von der Interorbitalgegend bis zu etwa $^2/_3$ des Rückens; Seiten weiß, braun marmoriert; Unterseite weiß, Kehle und Brust braun gefleckt. Körperlänge 65 mm. (Fig. 125).

Fernando Po.

25. **L. christyi** (Blgr.) 1912 *Hylambates c.*, Boulenger in: Ann. nat. Hist., ser. 8 *v.* 10 p. 141 | 1924 *H. c.*, Noble in: Bull. Amer. Mus., *v.* 49 p. 322.

Vomerzähne in zwei kleinen Gruppen gerade hinter der Verbindungslinie der Choanen. Kopf viel breiter als lang; Schnauze abgerundet, so lang wie das Auge; Canthus rostralis stumpf; Interorbitalraum so breit wie ein oberes Augenlid; Trommelfell deutlich, $^3/_4$ des Augendurchmessers. Finger ziemlich kurz, mit einem Rudiment von Schwimmhaut; Zehen mit halben Schwimmhäuten; Haftscheiben ziemlich groß, aber viel kleiner als das Trommelfell; mediale Metatarsaltuberkel groß, zusammengedrückt, etwa $^2/_3$ der Länge der medialen Zehe; das Tibiotarsalgelenk erreicht das Auge; Tibia fast $^1/_2$ so lang wie der Körper. Haut oben glatt; eine feine Glandularfalte verläuft vom Auge abwärts bis zur Mitte der Seiten.

Oben rötlichbraun, mit ziemlich undeutlichen Querbinden auf den Gliedmaßen. Die laterale Glandularfalte und eine Querlinie über dem After gelblich, nach unten dunkel gerandet. Zwei oder drei dunkelbraune, gelblich eingefaßte Ocellarflecke in der Lumbargegend. Unterseite weiß. Körperlänge 53 mm.

Mabirawald, Chagwe, Uganda.

26. **L. haugi** (Mocq.) 1902 *Hylambates h.*, F. Mocquard in: Bull. Mus. Paris, *v.* 8 p. 413 | 1906 *H. h.*, Boulenger in: Ann. Mus. Genova, ser. 3 *v.* 2 p. 171 | 1924 *H. h.*, Noble in: Bull. Amer. Mus., *v.* 49 p. 322.

Körpergestalt schlank. Vomerzähne unmittelbar hinter der Verbindungslinie der Choanen. Kopf ein wenig breiter als lang; Schnauze abgerundet, gekrümmt, kurz, kaum länger als das Auge; Nasenloch etwas näher der Schnauzenspitze als dem Auge; Canthus rostralis winklig bis zum Nasenloch; Lorealgegend schräg, konkav; Interorbitalraum so breit wie das obere Augenlid; Trommelfell deutlich, $^1/_2$ so groß wie das Auge. Finger fast frei, der 1. deutlich kürzer als der 2., mit mittelgroßen Haftscheiben, kleiner als das Trommelfell; Zehen mit $^1/_2$ Schwimmhaut, Haftscheiben kleiner als die der Finger; Subartikulartuberkel groß und vortretend, die distalen der 4. und 5. Zehe geteilt; eine mäßig große, zusammengedrückte, mediale Metatarsaltuberkel, keine laterale. Das Tibiotarsalgelenk reicht bis zur Schnauzenspitze. Haut auf dem Rücken und unter der Kehle glatt, auf dem Bauch und unter den Oberschenkeln granuliert. Keine Hautfalte zwischen Auge und Schulter.

Grau-aschfarben, oben ein wenig dunkler, mit feinen schwarzen Pünktchen, unten etwas heller; Hinterseite der Oberschenkel und Unterseite des Tarsus hellbraun, über dem After weiß gerandet. Drei wenig deutliche Querbinden auf der Tibia. Körperlänge 44 mm.

Nähe von Lambaréné, Gabun.

27. **L. budduensis** E. Ahl 1912 *Hylambates rufus* (non A. Reichenow) (part.), Nieden in: Ergeb. D. Zentr.-Afr.-Exp., *v.* 4 p. 179 | 1929 *Leptopelis budduensis*, E. Ahl in: SB. Ges. Fr. Berlin, p. 199.

Körpergestalt mäßig gedrungen. Vomerzähne in zwei runden Gruppen hinter der Verbindungslinie der kleinen Choanen; Zunge mäßig groß, hinten mit zwei Zipfeln. Kopf groß, viel breiter als lang; Schnauze abgerundet, im Profil abgeflacht, nicht über das Maul hinausragend, so lang wie das Auge, so lang wie der Abstand der vorderen Augenwinkel voneinander, länger als hoch; Canthus rostralis sehr deutlich und scharf; Lorealgegend schräg, konkav; Nasenloch seitlich, in der Mitte zwischen Auge und Schnauzenspitze, Abstand der Nasenlöcher voneinander schmaler als der Interorbitalraum, der so breit wie ein oberes Augenlid ist; Trommelfell sehr deutlich, $^1/_2$ so groß wie das Auge, dicht bei diesem liegend. Finger lang und stark, mit $^1/_3$ Schwimmhaut; Haftscheiben deutlich, $^1/_2$ so breit wie das Trommelfell; 1. Finger kleiner als der 2., der kürzer als der 4. ist, der von dem 3. überragt wird; 3. Finger etwas länger als die Schnauze; Subartikulartuberkel deutlich. Zehen lang und schlank, mit $^1/_2$ Schwimmhaut, die an allen Zehen das letzte Glied und an der 4. Zehe die beiden letzten Glieder freiläßt; 5. Zehe länger als die 3.; laterale Metatarsalia fest verbunden; laterale Zehe mit schwacher Hautfalte; Tarsalfalte fehlt; nur eine kleine, flache, mediale Metatarsaltuberkel von etwa $^1/_3$ der Länge der medialen Zehe, keine laterale, keine Tarsaltuberkel; Sohle granuliert; Subartikulartuberkel deutlich, vorspringend; das Tibiotarsalgelenk reicht bis zum Augenhinterrand; Femur so lang wie die Tibia, die 4mal so lang wie breit, $2^1/_2$mal in der Körperlänge enthalten, $1^1/_4$mal so lang wie das Os cruris und so lang wie der Fuß ist; die Fersen berühren einander nicht. Haut oben glatt oder sehr fein chagriniert, unten granuliert; eine deutliche Supratympanalfalte, die sich an den Körperseiten entlang bis zu den Weichen fortsetzt.

Färbung (in Alkohol) oben graubraun, gegen die Seiten zu mit etwas undeutlichen, dunkleren Flecken; Canthus rostralis und Supratympanalfalte fein schwarz und weiß gerandet; Oberlippe weiß; Unterseite einfarbig gelblich. Körperlänge 43 mm.

Nordwestlicher Budduwald.

28. **L. millsoni** (Blgr.) 1894 *Hylambates m.*, Boulenger in: P. zool. Soc. London, p. 644 t. 39 f. 4 (Habitus) | 1906 *H. m.*, Boulenger in: Ann. Mus. Genova, ser. 3 *v.* 2 p. 171 | 1911 *H. m.*, Barbour in: Bull. Mus. Harvard, *v.* 54 p. 135.

Vomerzähne in zwei kleinen Gruppen zwischen den Choanen. Kopf nur wenig breiter als lang; Schnauze so lang wie das Auge, abgerundet; Interorbitalraum so breit wie das obere Augenlid; Trommelfell $^2/_3$ des Augendurchmessers. Finger mit völlig $^1/_2$ Schwimmhaut; Haftscheiben gut entwickelt; Zehen mit fast ganzen Schwimmhäuten; eine kleine, ovale, mediale Metatarsaltuberkel; das Tibiotarsalgelenk reicht bis zwischen Auge und Schnauzenspitze. Haut oben chagriniert, unten granuliert.

Färbung (in Alkohol) oben dunkelpurpurfarben, die Seiten mit weißen Flecken; keine weiße Linie entlang der Oberlippe; undeutliche dunkle Querbinden auf Kopf und Gliedmaßen. Unten weißlich, mit kleinen, braunen Flecken. Körperlänge 65 mm. (Fig. 126).

Nigermündung, Kamerun.

Fig. 126.
Leptopelis millsoni (Blgr.).
Habitus von oben. (Nach Boulenger).

29. **L. guineensis** E. Ahl 1908 *Hylambates rufus* (non A. Reichenow) (part.), Nieden in: Mt. Mus. Berlin, *v.* 3 p. 505 | 1929 *Leptopelis guineensis*, E. Ahl in: SB. Ges. Fr. Berlin, p. 200.

Körpergestalt ziemlich schlank. Vomerzähne in zwei kleinen, runden Gruppen zwischen den ziemlich großen Choanen; Zunge groß, hinten mit zwei Zipfeln. Kopf groß, so lang wie breit; Schnauze rundlich zugespitzt, im Profil abgeflacht, nicht über das Maul hinausragend, so lang wie das große Auge, so lang oder kaum kürzer als der Abstand der vorderen Augenwinkel voneinander, länger als hoch; Canthus rostralis deutlich, Lorealgegend schräg, konkav; Nasenloch in der Mitte zwischen Auge und Schnauzenspitze, der Abstand der Nasenlöcher voneinander so breit wie der Interorbitalraum, der schmaler als ein oberes Augenlid ist; Trommelfell deutlich, $^1/_2$ so groß wie das Auge, nahe bei diesem. Finger breit, mit $^1/_2$ Schwimmhaut; Haftscheiben deutlich, $^1/_2$ so groß wie das Trommelfell; 1. Finger kleiner als der 2., der kürzer als der 4. ist, der von dem 3. überragt wird; 3. Finger so lang wie die Schnauze; Subartikulartuberkel deutlich, doppelt. Zehen mit $^3/_4$ Schwimmhaut, die an allen Zehen bis an die Haftscheiben geht und nur an der 4. Zehe das letzte Glied frei läßt; Haftscheiben so groß wie die der Finger; 5. Zehe deutlich länger als die 3.; laterale Metatarsalia fest verbunden; laterale Zehe mit schwacher Hautfalte; eine schwache Tarsalfalte; nur eine kleine, flache, mediale Metatarsaltuberkel, keine laterale, keine Tarsaltuberkel; Sohle granuliert; Subartikulartuberkel deutlich, doppelt. Das

Tibiotarsalgelenk reicht bis zum Vorderrand des Auges; Femur etwas kürzer als die Tibia, die 4mal so lang wie breit, 2mal in der Körperlänge enthalten, viel länger (etwa $1^1/_8$ so lang) als das Os cruris und länger als der Fuß ist; die Fersen decken einander. Haut oben fein chagriniert, unten granuliert; eine feine Hautfalte entlang der Lateralseite des lateralen Fingers und des Unterarmes und eine ebensolche entlang der lateralen Zehe und des Tarsus und eine etwas stärker ausgeprägte quer über der Ferse; unterhalb der Ansatzstelle jedes Oberarmes je eine runde, flache Brunstschwiele.

Färbung (in Alkohol) oben bräunlich; auf dem Rücken eine undeutliche, wolkige Zeichnung, deutlich nur ein schmales Querband zwischen den Augen; vom Auge nach dem Schnauzenrande jederseits zwei weiße Binden, die eine senkrecht unter der Augenmitte, die andere schräg nach vorn. Seiten dunkelbraun mit dunklerer und hellerer Marmorierung; Hinterseite der Oberschenkel einfarbig hellbraun; Unterseite einfarbig weiß, nach dem Bauche zu etwas gelblich. Beine mit unregelmäßigen, dunklen Querbinden; Fersen- und Aftergegend dunkel, nach oben schmal weiß gerandet. Männchen mit zwei runden, dunklen Brunstschwielen unter der Ansatzstelle der Oberarme. Körperlänge 43 mm.

Makomo, Spanisch-Guinea.

30. **L. violescens** E. Ahl 1908 *Hylambates rufus* (non A. Reichenow) (part.), Nieden in: Mt. Mus. Berlin, *v.* 3 p. 505 | 1929 *Leptopelis violescens*, E. Ahl in: SB. Ges. Fr. Berlin, p. 201.

Körpergestalt ziemlich schlank. Vomerzähne in zwei kleinen, runden Gruppen zwischen den ziemlich großen Choanen; Zunge mäßig groß, hinten mit zwei Zipfeln. Kopf groß, so breit wie lang; Schnauze rundlich zugespitzt, im Profil abgeflacht, nicht über das Maul hinausragend, so lang wie das Auge, so lang wie der Abstand der vorderen Augenwinkel voneinander, länger als hoch; Canthus rostralis deutlich, Lorealgegend schräg, konkav; Nasenloch viel näher der Schnauzenspitze als dem Auge, der Abstand der Nasenlöcher voneinander kleiner als der Interorbitalraum, der so breit wie ein oberes Augenlid ist; Trommelfell deutlich, $^1/_2$ so breit wie das Auge, nahe bei diesem. Finger mit $^1/_3$ Schwimmhaut; Haftscheiben deutlich, $^1/_2$ so breit wie das Trommelfell; 1. Finger kleiner als der 2., der kürzer als der 4. ist, der von dem 3. überragt wird; 3. Finger so lang wie die Schnauze; Subartikulartuberkel deutlich, doppelt. Zehen mit $^2/_3$ Schwimmhaut, die an der 1. Zehe das letzte Glied, an der 2., 3. und 5. Zehe das letzte halbe Glied und an der 4. Zehe die beiden letzten Glieder frei läßt; Haftscheiben kleiner als die der Finger; 5. Zehe länger als die 3.; laterale Metatarsalia fest verbunden; laterale Zehe mit sehr schwacher Hautfalte; Tarsalfalte fehlt; eine kleine, flache, mediale Metatarsaltuberkel von etwa $^1/_3$ der Länge der medialen Zehe; eine sehr schwache, undeutliche, laterale Metatarsaltuberkel, keine Tarsaltuberkel; Sohle granuliert; Subartikulartuberkel deutlich. Das Tibiotarsalgelenk reicht bis zum Nasenloch; Femur kürzer als die Tibia, die 5mal so lang wie breit, 2mal in der Körperlänge enthalten, fast doppelt so lang wie das Os cruris und viel länger als der Fuß ist; die Fersen decken einander. Haut oben feiner, unten gröber granuliert. Auf jeder Seite unterhalb der Ansatzstelle der Oberarme je eine runde, dunkle Brunftschwiele.

Färbung (in Alkohol) oben einfarbig violettbräunlich, unten weiß; unter dem Auge ein deutlicher, weißer Fleck; eine feine, helle Linie entlang der

Lateralseite von Hand und Fuß und von Unterarm und Tarsus. Körperlänge 42 mm.

Makomo, Spanisch-Guinea.

31. **L. poensis** E. Ahl ?1882 *Hylambates rufus* (non A. Reichenow) (part.), Boulenger, Cat. Batr. sal. Brit. Mus., ed. 2 p. 136 | ?1900 *H. r.* (part.), Boulenger in: P. zool. Soc. London, p. 445 | ?1903 *H. r.* (part.), Bocage in: J. Ac. Lisboa, ser. 2 *v.* 7 p. 45 | ?1906 *H. r.* (part.), Boulenger in: Ann. Mus. Genova, ser. 3 *v.* 2 p. 169 | 1908 *H. r.* (part.), Nieden in: Mt. Mus. Berlin, *v.* 3 p. 505 | 1929 *Leptopelis poensis*, E. Ahl in: SB. Ges. Fr. Berlin, p. 202.

Körpergestalt ziemlich schlank. Vomerzähne in zwei kleinen, runden Gruppen zwischen den ziemlich großen Choanen; Zunge mäßig groß, hinten mit zwei Zipfeln. Kopf groß, so lang wie breit; Schnauze abgerundet oder rundlich zugespitzt, im Profil abgerundet oder abgestutzt, nicht über das Maul hinausragend, so lang wie das große Auge, kürzer als der Abstand der vorderen Augenwinkel voneinander, länger als hoch; Canthus rostralis scharf; Lorealregion wenig schräg, konkav; Nasenloch deutlich näher der Schnauzenspitze als dem Auge, Abstand der Nasenlöcher voneinander so breit wie der Interorbitalraum, der so breit wie ein oberes Augenlid ist; Trommelfell sehr deutlich, etwa $^2/_3$ so breit wie das Auge, ganz dicht bei diesem liegend, den oberen Schnauzenrand berührend. Finger mit $^1/_3$ Schwimmhaut; Haftscheiben deutlich, etwa $^1/_2$ so breit wie das Trommelfell; 1. Finger kleiner als der 2., der kürzer als der 4. ist, der von dem 3. nur wenig überragt wird; 3. Finger etwas länger als die Schnauze; Subartikulartuberkel deutlich, doppelt. Zehen mit $^2/_3$ Schwimmhaut, die an der 1. Zehe das letzte Glied, an der 2., 3. und 5. Zehe das letzte halbe Glied und an der 4. Zehe die beiden letzten Glieder frei läßt; Haftscheiben etwas kleiner als die der Finger; 5. Zehe etwas länger als die 3.; laterale Metatarsalia fest verbunden; laterale Zehe mit kleiner Hautfalte; eine schwache Tarsalfalte; nur eine kleine, flache, mediale Metatarsaltuberkel von etwa $^1/_3$ der Länge der medialen Zehe; keine laterale, keine Tarsaltuberkel; Sohle gekörnelt; Subartikulartuberkel deutlich; das Tibiotarsalgelenk reicht zwischen Auge und Schnauzenspitze; Femur so lang oder etwas kürzer als die Tibia, die $4^1/_2$—5mal so lang wie breit, 2mal oder nicht ganz 2mal in der Körperlänge enthalten, fast doppelt so lang wie das Os cruris und länger als der Fuß ist; die Fersen berühren einander. Haut oben chagriniert, unten gekörnelt; eine große, weiße Warze am hinteren Maulwinkel; eine feine Hautfalte an der Lateralseite von Hand und Unterarm, der Lateralseite des Fußes und des Tarsus, quer über der Ferse und quer über der Afteröffnung.

Färbung (in Alkohol) oben einfarbig bläulich oder bräunlich, unten weißlich oder gelblich. Unterhalb des Auges ein großer, weißer Fleck; Seiten des Körpers weißlich mit dunkelbrauner Marmorierung oder Querbänderung, die jedoch auch mehr oder weniger undeutlich werden kann. Oberkieferrand weißlich; eine schmale, weiße Linie entlang der Lateralseite von Hand und Fuß einschließlich Unterarm und Tarsus; Ferse und After dunkelbraun, nach oben von einer schmalen, weißen Binde eingefaßt. Hinterseite der Oberschenkel einfarbig dunkelbraun. Männchen mit je einer großen, kreisrunden Brunftschwiele auf der Brust unterhalb des Ansatzes des Oberarmes. Körperlänge 39 mm.

Körperlänge des frischverwandelten Jungfrosches 12 mm.

Fernando Po.

32. **L. palmatus** (Ptrs.) 1868 *Hylambates p.*, Peters in: Monber. Ak. Berlin, p. 453 t. 2 f. 2 (Habitus) | 1882 *H. p.*, Boulenger, Cat. Batr. sal. Brit. Mus., ed. 2 p. 136 f. a, b (Hand und Fuß) | 1908 *H. p.*, Nieden in: Mt. Mus. Berlin, *v.* 3 p. 505 | 1909 *H. p.*, Nieden in: Arch. Naturg., *v.* 75 I p. 362 f. 1, 2 (Hand und Fuß) | 1924 *Leptopelis p.*, Noble in: Bull. Amer. Mus., *v.* 49 p. 332.

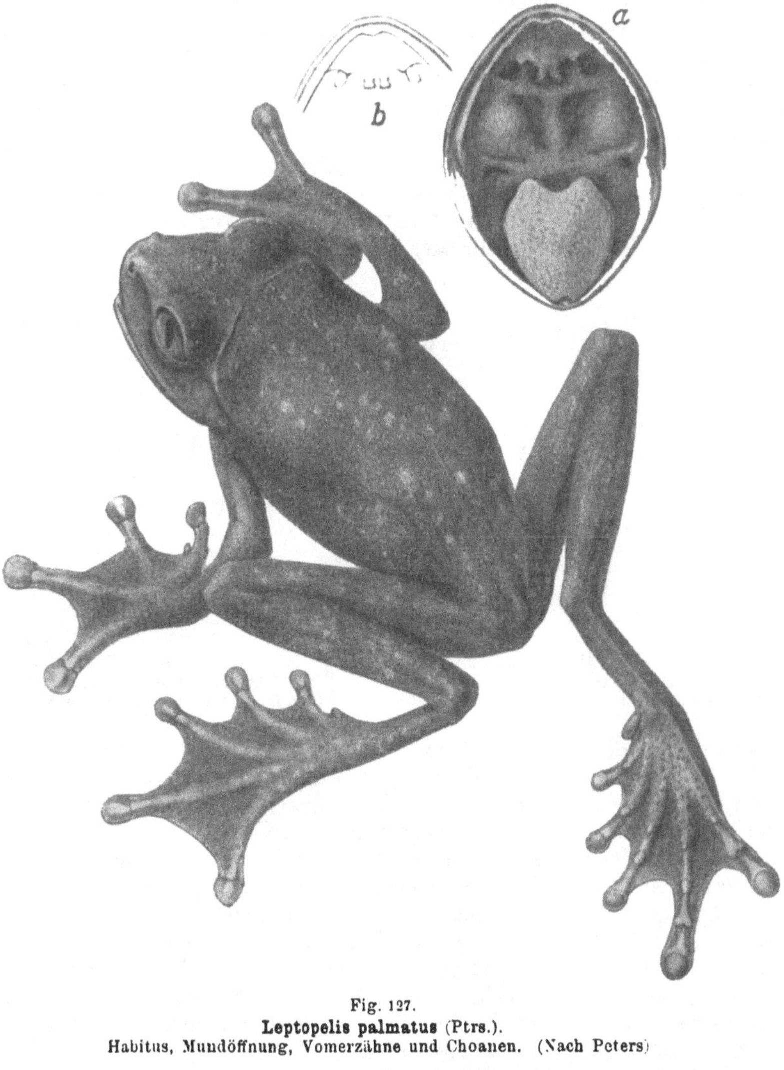

Fig. 127.
Leptopelis palmatus (Ptrs.).
Habitus, Mundöffnung, Vomerzähne und Choanen. (Nach Peters)

Körpergestalt mäßig schlank. Vomerzähne in zwei kleinen, runden oder schrägen Gruppen zwischen den großen Choanen. Zunge ziemlich groß, hinten mit zwei Zipfeln. Kopf groß, niedergedrückt, breiter als lang; Schnauze abgerundet, im Profil abgeflacht oder abgestutzt, länger als das Auge, nicht über das Maul hinausragend, so lang oder etwas kürzer als der Abstand der vorderen Augenwinkel voneinander, länger als hoch; Canthus rostralis deutlich, Lorealgegend schräg, konkav; Nasenloch näher der

Schnauzenspitze als dem Auge, der Abstand der Nasenlöcher voneinander kleiner als der Interorbitalraum, der breiter als ein oberes Augenlid ist; Trommelfell sehr deutlich, etwa $^1/_2$ so breit wie das Auge, um etwa $^1/_8$ seines eigenen Durchmessers von diesem entfernt. Finger mit etwa $^2/_3$ Schwimmhaut; Haftscheiben groß, so breit wie das Trommelfell oder nur wenig kleiner; 1. Finger kleiner als der 2., der von dem 4. überragt wird, der nur wenig kürzer als der 3. ist; 3. Finger so lang oder länger als die Schnauze; Subartikulartuberkel deutlich, doppelt. Zehen mit fast ganzen Schwimmhäuten, die an allen Zehen bis unter die Haftscheiben gehen und nur bei der 4. Zehe das letzte Glied frei lassen oder als schmalen Hautsaum umschließen; Haftscheiben sehr wenig kleiner als die der Finger; 3. und 5. Zehe gleich lang; laterale Metatarsalia fest verbunden; laterale Zehe mit deutlicher Hautfalte; Tarsalfalte meist vorhanden, seltener fehlend; nur eine flache, ovale, mediale Metatarsaltuberkel von etwa $^1/_2$ der Länge der medialen Zehe; keine laterale, keine Tarsaltuberkel; Sohle granuliert;

Fig. 128.
Leptopelis palmatus (Ptrs.).
Rechter Vorderfuß von unten. (Nach Nieden).

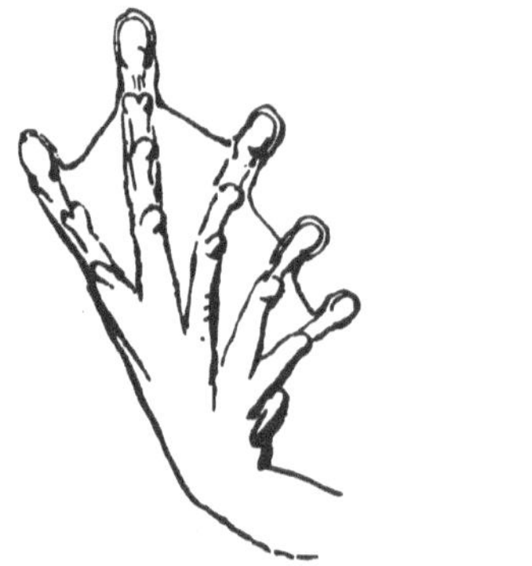

Fig. 129.
Leptopelis palmatus (Ptrs.).
Rechter Hinterfuß von unten. (Nach Nieden).

Subartikulartuberkel deutlich, doppelt. Das Tibiotarsalgelenk reicht bis zum Vorderrand des Auges oder bis zwischen Auge und Schnauzenspitze; Femur so lang oder etwas kürzer als die Tibia, die 4—5mal so lang wie breit, 2mal oder etwas mehr oder weniger in der Körperlänge enthalten, viel länger als das Os cruris und länger als der Fuß ist; die Fersen berühren oder decken einander. Haut oben chragriniert, unten granuliert.

Färbung (in Alkohol) oben einfarbig bräunlich oder mit einer regelmäßigen, Λ-förmigen Zeichnung auf dem Rücken, auch öfter mit unregelmäßigen, schwärzlichen, zebraartigen Streifen auf dem Rücken und auf den Schenkeln; häufig ein scharfer, weißer Fleck unter dem Auge; Unterseite einfarbig weißlich, grau oder bräunlich, manchmal mit dunkelgrauen Flecken und Marmorierungen. Körperlänge 82 mm. (Fig. 127—129).

Kamerun-Gabun-Gegend, einschließlich Fernando Po und der Insel Principe.

33. **L. rufus** Rchw. 1874 *L. r.*, A. Reichenow in: Arch. Naturg., *v.* 40 I p. 291 t. 9 f. 1a und 1b | 1908 *Hylambates r.* (part.), Nieden in: Mt. Mus. Berlin, *v.* 3 p. 505 | 1909 *H. r.* (part.), Nieden in: Arch. Naturg., *v.* 75 I p. 362 | 1929 *Leptopelis r.*, E. Ahl in: SB. Ges. Fr. Berlin, p. 204.

Körpergestalt mäßig schlank. Vomerzähne in zwei schrägen, nach hinten konvergierenden Gruppen zwischen den mäßig großen Choanen. Zunge herzförmig, hinten mit zwei Zipfeln. Kopf mäßig groß, so lang wie breit; Schnauze rundlich zugespitzt, im Profil abgerundet, so lang wie das Auge, kürzer als der Abstand der vorderen Augenwinkel voneinander, länger als hoch; Canthus rostralis deutlich; Lorealgegend ziemlich steil, konkav; Nasenloch seitlich, näher der Schnauzenspitze als dem Auge, Abstand der Nasenlöcher voneinander schmaler als der Interorbitalraum, der nur wenig breiter als ein oberes Augenlid ist; Trommelfell deutlich, $^1/_3$ so breit wie das Auge, um die Hälfte seines Durchmessers von diesem entfernt. Finger mit etwas über $^1/_2$ Schwimmhäuten, die an allen Fingern das letzte Glied ganz oder zur Hälfte frei lassen; Haftscheiben deutlich, so groß wie das Trommelfell; 1. Finger den übrigen opponierbar, kleiner als der 2., der nur wenig kürzer als der 4. ist, der nur wenig von dem 3. überragt wird; 3. Finger so lang wie die Schnauze; Subartikulartuberkel deutlich, die größeren doppelt. Zehen mit $^3/_4$ Schwimmhaut, die an allen Zehen bis unter die Haftscheiben geht und nur bei der 4. Zehe das letzte Glied frei läßt; Haftscheiben kleiner als die der Finger; 5. Zehe kaum länger als die 3.; laterale Metatarsalia in ihrem distalen Ende etwas durch Schwimmhaut getrennt; laterale Zehe ohne Hautfalte; Tarsalfalte fehlt; nur eine sehr kleine, mediale, flache Metatarsaltuberkel von etwa $^1/_3$ der Länge der medialen Zehe; keine laterale, keine Tarsaltuberkel; Subartikulartuberkel mäßig deutlich, nur wenig zweilappig. Das Tibiotarsalgelenk reicht bis zum Nasenloch; Femur kürzer als die Tibia, die $4^1/_2$mal so lang wie breit, nicht ganz 2mal in der Körperlänge enthalten, etwa doppelt so lang wie das Os cruris und länger als der Fuß ist; die Fersen decken einander. Haut oben sehr fein chagriniert; Kehle fein, Bauch und Unterseite der Oberschenkel grob granuliert; auf der Brust, in Höhe der Oberarme, jederseits eine kreisrunde, dunkelbraun gefärbte Brunstschwiele. Eine deutliche Supratympanalfalte.

Färbung (nach Reichenow) oben einfarbig rotbraun, unten weiß, auf den Körperseiten und Unterseiten der Schenkel dunkel gefleckt, unter jeder Achsel ein runder, dunkler Fleck. Männchen mit zwei Brunstschwielen auf der Brust in Höhe der Oberarme. Körperlänge 45 mm.

Victoria, Kamerun.

34. **L. uluguruensis** Barb. & Loveridge 1928 *L. n.*, Barbour & Loveridge in: Mem. Mus. Harvard, *v.* 50 p. 235 t. 3 f. 3 (Habitus von oben, farbig).

Vomerzähne in zwei nebeneinander stehenden Gruppen zwischen den Choanen. Kopf breiter als lang; der Zwischenraum zwischen den Nasenlöchern gleich dem Abstand zwischen dem Nasenloch und dem Vorderrand des Auges, $^2/_3$ des Längsdurchmessers des Auges; Canthus rostralis kurz und deutlich, Lorealgegend konkav; Trommelfell verborgen oder schwach sichtbar, $^1/_4$ des Augendurchmessers. Medialer Finger kaum mit Schwimmhaut, der laterale mit $^1/_3$ Schwimmhaut; Haftscheiben gut entwickelt. Zehen mit Schwimmhaut bis zu den Haftscheiben an der Medialseite des 2., 3. und 5.; nur als ein sehr undeutlicher schmaler Saum bis zur Haftscheibe des 4.; 1. Zehe mit halber Schwimmhaut. Eine mäßig große, leicht zusammengedrückte, mediale Metatarsaltuberkel. Das Tibiotarsalgelenk reicht kaum oder gerade bis zum Auge. Haut oben chagriniert, unten stark granuliert, außer an der Tibia und der Fußsohle.

Färbung (in Alkohol) oben am Kopfe purpurbraun, nach dem Rücken zu gelblich werdend, mit gelblichgrünen Flecken; Beine fahlgelb, Schenkel fast farblos. Unterseite weiß. Färbung im Leben: Oben lebhaft grün, obere Augenlider bräunlich, der untere Rand gelb; sieben orangefarbene, unregelmäßig angeordnete Flecke auf dem Rücken; Schenkel durchsichtig gelblich, jeder mit einem orangefarbenen Fleck; Unterarme ebenso, aber so stark mit winzigen, braunen Fleckchen besetzt, daß sie bräunlich erscheinen. Unterseite: Kehle blau, das übrige weiß, mehr oder weniger mit Blau vermischt, besonders an der Achsel und an den Weichen. Iris weiß, schwarz gefleckt; Pupille schwarz. Nur wenig Variabilität in der Färbung, der Rücken kann grünlichbraun sein und an den Flanken können sich sehr wenige gelbe Flecke befinden. Körperlänge des Männchens 42 mm, des Weibchens 59 mm. (Fig. 130).

Durchmesser der Eier etwa 2 mm (im Oktober).

Alle bis jetzt bekannten Exemplare sind in Bananen gefunden.

Uluguruberge.

Fig. 130.
Leptopelis uluguruensis Barb. & Loveridge.
Habitus von oben. (Nach Barbour & Loveridge).

35. **L. usambarae** E. Ahl 1915 *Hylambates rufus* (non A. Reichenow) (part.), Nieden in: Mt. Mus. Berlin, *v.* 7 p. 368 | 1929 *Leptopelis usambarae,* E. Ahl in: SB. Ges. Fr. Berlin, p. 205.

Körpergestalt ziemlich schlank. Vomerzähne in zwei schrägen, nach hinten konvergierenden Gruppen zwischen den großen Choanen; Zunge groß, hinten mit zwei Zipfeln. Kopf mäßig groß, breiter als lang; Schnauze abgerundet, im Profil abgeflacht, länger als der Augendurchmesser, so lang wie der Abstand der vorderen Augenwinkel voneinander, länger als hoch; Canthus rostralis abgerundet; Lorealgegend schräg, konkav; Nasenloch in der Mitte zwischen Auge und Schnauzenspitze; Abstand der Nasenlöcher voneinander schmaler als der Interorbitalraum, der doppelt so breit wie ein oberes Augenlid ist; Trommelfell mäßig deutlich, $^1/_3$ so breit wie das Auge, um die Hälfte seines Durchmessers von diesem entfernt. Finger mit $^1/_3$ Schwimmhaut, ziemlich kurz und gedrungen; Haftscheiben deutlich, so groß wie das Trommelfell; 1. Finger kleiner als der 2., der so lang wie der 4. ist, der von dem 3. weit überragt wird; 3. Finger so lang wie die Schnauze; Subartikulartuberkel deutlich, einige doppelt. Zehen mit $^2/_3$ Schwimmhaut, die an der 1., 2. und 4. Zehe das letzte Glied frei läßt und an der 3. und 5. Zehe bis fast unter die Haftscheiben geht; Haftscheiben kleiner als die der Finger; 5. Zehe etwas länger als die 3.; laterale Metatarsalia in ihrem distalen Ende etwas durch Schwimmhaut getrennt; laterale Zehe mit schwacher Hautfalte; Tarsalfalte fehlt; nur eine sehr kleine, mediale Metatarsaltuberkel von etwa $^1/_3$ der Länge der medialen Zehe, nicht schaufelförmig; keine laterale, keine Tarsaltuberkel; Subartikulartuberkel mäßig deutlich, einige doppelt. Das Tibiotarsalgelenk reicht bis zwischen Auge und Nasenloch; Femur etwas kürzer als die Tibia, die 4 mal so lang wie breit, etwas über 2 mal in der Körperlänge enthalten, etwa $1^1/_2$ mal so lang wie das Os cruris und länger als der Fuß ist; die Fersen decken einander. Haut oben glatt; Unterseite fein gekörnelt. Eine kleine Tuberkel an der Ferse und an dem Ellenbogen vorhanden.

Färbung (in Alkohol) oben gelblich, unten weiß. Hinterseite der Oberschenkel gelblich. Körperlänge 47 mm.

Usambara.

36. **L. parkeri** Barb. & Loveridge 1928 *L. p.*, Barbour & Loveridge in: Mem. Mus. Harvard, *v.* 50 p. 236 t. 4 f. 9, 10 (Hand und Fuß von oben).

Vomerzähne in zwei gut voneinander getrennten Gruppen zwischen den Choanen. Kopf breiter als lang; Abstand zwischen den Nasenlöchern wenig kürzer als der Abstand zwischen einem Nasenloch und dem Vorderrand des Auges, kaum mehr als $^2/_3$ des Längsdurchmessers des Auges; Canthus rostralis deutlich, Lorealgegend konkav; Trommelfell gerade erkennbar, $^1/_3$ des Augendurchmessers. Medialer Finger kaum mit Schwimmhaut, lateraler mit $^1/_3$ Schwimmhaut, Haftscheiben gut entwickelt. Zehen mit Schwimmhäuten bis zu den Haftscheiben an der Medialseite der 2., 3. und 5.; nur als ein nicht sehr deutlicher Saum bis zur Haftscheibe der 4.; 1. Zehe mit $^1/_2$ Schwimmhaut. Eine kleine, ganz schwach zusammengedrückte, mediale Metatarsaltuberkel. Das Tibiotarsalgelenk reicht bis zum Nasenloch. Haut oben glatt, unten gekörnelt, außer unter der Tibia und der Fußsohle; die Granulationen der Kehle nur bei genauerer Besichtigung bemerkbar.

Färbung (in Alkohol) oben fahlgelb mit sehr unregelmäßigen Streifchen und Fleckchen von dunkelrotbrauner Färbung auf dem Rücken, neben mehreren hellen Flecken; eine Linie solcher „Stichflecke“ verbindet die oberen Augenlider; Lorealgegend bis zum Trommelfell und entlang den Flanken weiß und braun gewölkt, ebenso wie die vier Querbinden des Vorderarmes durch eine Verbindung dieses Musters gebildet sind; auf der Tibia befinden sich ebenfalls vier auf ähnliche Weise gebildete Querbinden; die Oberseite der Schenkel und Füße gewölkt wie die Flanken. Unterseite ungefleckt, außer einer kleinen, wolkigen Zeichnung auf dem äußeren Rande des Unterkiefers. Körperlänge des Weibchens 45 mm.

Vituri, Uluguruberge.

37. **L. calcaratus** (Blgr.) 1906 *Hylambates c.*, Boulenger in: Ann. nat. Hist., ser. 7 *v.* 17 p. 322 | 1906 *H. c.*, Boulenger in: Ann. Mus. Genova, ser. 3 *v.* 2 p. 169 | 1908 *H. c.*, Nieden in: Mt. Mus. Berlin, *v.* 3 p. 506 | 1909 *H. rufus* (part.), Nieden in: Arch. Naturg., *v.* 75 I p. 364 | 1911 *H. calcaratus*, Barbour in: Bull. Mus. Harvard, *v.* 54 p. 135 | 1924 *Leptopelis c.*, Noble in: Bull. Amer. Mus., *v.* 49 p. 237 t. 31 f. 3 (Schultergürtel).

Körpergestalt schlank. Vomerzähne in zwei runden Gruppen zwischen den mäßig großen Choanen. Zunge mäßig groß, hinten mit zwei Zipfeln. Kopf groß, so lang wie breit; Schnauze abgerundet, im Profil abgeflacht oder abgerundet, nicht über das Maul hinausragend; so lang wie das Auge, kürzer als der Abstand der vorderen Augenwinkel voneinander, länger als hoch; Canthus rostralis deutlich, schwach gebogen; Lorealgegend schräg, konkav; Nasenloch etwas aufgetrieben, in der Mitte zwischen Auge und Schnauzenspitze oder etwas näher der letzteren. Abstand der Nasenlöcher voneinander etwas schmaler als der Interorbitalraum, der etwas breiter als ein oberes Augenlid ist; Trommelfell deutlich, kreisrund, lateral, $^1/_2$ so groß wie das Auge, dicht bei dem letzteren liegend. Finger kräftig, mit nicht ganz $^1/_2$ Schwimmhaut; Haftscheiben groß, etwa $^1/_2$—$^3/_5$ des Trommelfells; 1. Finger kleiner als der 2., der kürzer als der 4. ist, der von dem 3. überragt wird; Subartikulartuberkel deutlich, vorspringend, die größeren doppelt. Zehen mit etwa $^2/_3$ Schwimmhaut, die an der 2., 3. und 5. Zehe bis fast an die Haftscheiben geht, an der 1. Zehe das letzte Glied frei läßt und an der 4. Zehe die letzten beiden Glieder frei läßt oder nur als schmaler Hautsaum umschließt; Haftscheiben so groß wie die der Finger; 5. Zehe etwas länger als die 3.; laterale Metatarsalia fest verbunden; laterale Zehe mit schwacher Hautfalte; eine schwache, etwas gezähnte Tarsalfalte vorhanden; eine mediale, flache Metatarsaltuberkel von etwa $^1/_2$ der Länge der medialen Zehe; keine laterale, keine Tarsaltuberkel; Subartikulartuberkel deutlich, vorspringend, an einigen Gelenken der 4. Zehe doppelt. Das Tibiotarsalgelenk reicht bis zwischen Auge und Schnauzenspitze; Femur so lang oder kürzer als die Tibia, die 4—$4^1/_2$ mal so lang wie breit, 2mal in der Körperlänge enthalten, viel länger als das Os cruris und länger als der Fuß ist: die Fersen berühren oder decken einander. Haut oben sehr fein chagriniert; Kehle und Brust fein, Bauch und Unterseite der Oberschenkel grob granuliert; ein gezähnter Saum entlang dem Unterarm; ein ähnlicher Saum entlang dem Tarsus; ein deutlicher Sporn an der Ferse.

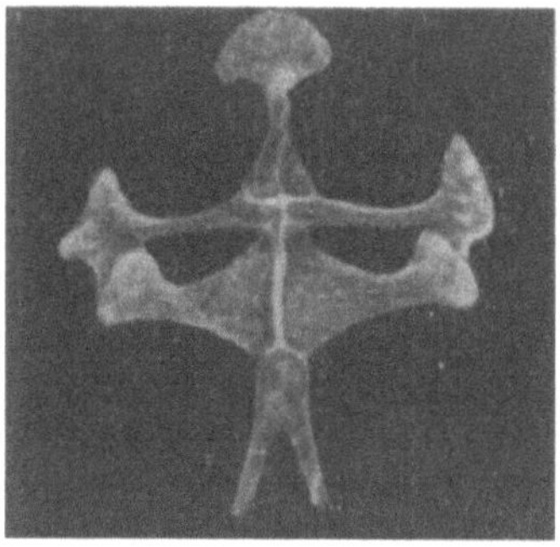

Fig. 131.
Leptopelis calcaratus (Blgr.).
Schultergürtel. (Nach Noble).

Färbung (in Alkohol) oben rötlichbraun, mit Andeutung einer dunklen Fleckung; zuweilen einfarbig grau; stets vorhanden ist eine hellere Farbe an der Schnauzenspitze· Unterseite weißlich, mit einer dunklen Marmelzeichnung oder einem dunklen Wischer an den Seiten des Bauches und über der Brust; der mittlere Teil des Bauches weiß oder leicht gefleckt. Färbung im Leben oben grau oder gelblichgrau, Schnauzenspitze heller; ein bräunlicher, heller gesäumter Fleck auf dem Anus; Haut oben granuliert, die größeren Granula gelblich; Iris golden mit dunkelbraunem, lateralen Rand. Färbung im übrigen stark wechselnd, Beine oft mit dunklen Querbinden. Körperlänge 58 mm (Weibchen), 40 mm (Männchen). (Fig. 131).

Kamerun-Gabun.

38. **L. kivuensis** E. Ahl 1912 *Hylambates rufus* (non A. Reichenow) (part.), Nieden in: Ergeb. D. Zentr.-Afr.-Exp., *v.* 4 p. 179 | 1929 *Leptopelis kivuensis*, E. Ahl in: SB. Ges. Fr. Berlin, p. 206.

Körpergestalt mäßig gedrungen. Vomerzähne in zwei kleinen, runden Gruppen zwischen den kleinen Choanen; Zunge mäßig groß, hinten mit zwei Zipfeln. Kopf mäßig groß, so lang wie breit; Schnauze abgerundet, im Profil rundlich abgeflacht, nicht über das Maul hinausragend, so lang wie das Auge, etwas kürzer als der Abstand der vorderen Augenwinkel voneinander, länger als hoch; Canthus rostralis deutlich, Lorealgegend etwas schräg, konkav; Nasenloch seitlich, in der Mitte zwischen Schnauzenspitze und Auge, der Abstand der Nasenlöcher voneinander schmaler als der Interorbitalraum, der breiter als ein oberes Augenlid ist; Trommelfell deutlich, $^1/_3$ so breit wie das Auge, um etwa $^1/_3$ seines eigenen Durchmessers vom Auge entfernt. Finger lang und schlank; mit $^1/_8$ Schwimmhaut; Haftscheiben deutlich, 1. Finger kleiner als der 2., der kürzer als der 4. ist, der von dem 3. überragt wird; 3. Finger länger als die Schnauze; Subartikulartuberkel deutlich, doppelt. Zehen mit etwa $^1/_2$ Schwimmhaut, die an allen Zehen das letzte Glied, an der 4. Zehe die beiden letzten Glieder frei läßt; Haftscheiben kleiner als die der Finger; 5. Zehe länger als die 3.; laterale Metatarsalia fest verbunden; laterale Zehe mit schwacher Hautfalte; Tarsalfalte fehlt; nur eine kleine, flache, mediale Metatarsaltuberkel von etwa $^1/_2$ der Länge der medialen Zehe; keine laterale, keine Tarsaltuberkel; Sohle granuliert; Subartikulartuberkel deutlich. Das Tibiotarsalgelenk reicht bis zum Vorderrand des Auges; Femur etwas kürzer als die Tibia, die 5 mal so lang wie breit, 2 mal in der Körperlänge enthalten, fast doppelt so lang wie das Os cruris und länger als der Fuß ist; die Fersen decken einander. Haut oben glatt oder sehr fein granuliert; unten gekörnelt: eine Supratympanalfalte vorhanden.

Färbung (in Alkohol) oben gelblichbraun, mit einer großen, dunkler braunen Zeichnung auf dem Rücken und einem dunklen, dreieckigen Fleck zwischen den Augen, der durch einen schmalen Halsteil mit dem Rückenfleck verbunden ist; Oberseite der Oberschenkel fahl gelb, mit je zwei gelblichbraunen, queren Bandflecken; Unterschenkel und Unterarme mit dichtstehenden, dunklen Querbändern; Kopfseiten dunkelbraun mit drei strahlenförmig verlaufenden, weißlichen Binden vom Auge, deren mittelste direkt unter dem Auge liegt und am deutlichsten ist; von hinter dem Auge zieht sich diese dunkle Zone als schmale Binde bis zur Ansatzstelle der Oberarme, wo sie sich in kleine, dunkle Flecke auflöst, die sich bis zur Mitte der Flanken erstrecken; Unterseite reinweiß; Hinterseite der Oberschenkel hellgelblich. Männchen mit zwei Brunftschwielen unter der Ansatzstelle der Oberarme. Körperlänge 35 mm.

Kissenji, südlich des Kivu-Sees.

39. **L. grandiceps** E. Ahl 1929 *L. g.*, E. Ahl in: SB. Ges. Fr. Berlin, p. 207.

Körpergestalt ziemlich schlank. Vomerzähne in zwei kleinen, schrägen Gruppen zwischen den großen Choanen; Zunge groß, hinten mit zwei Zipfeln. Kopf groß, so lang wie breit; Schnauze rundlich zugespitzt, im Profil abgeflacht, nicht über das Maul hinausragend, viel länger als der Durchmesser des großen Auges, so lang wie der Abstand der vorderen Augenwinkel voneinander, viel länger als hoch; Canthus rostralis abgerundet, Lorealgegend schräg, konkav; Nasenloch in der Mitte oder näher der Schnauzenspitze als dem Auge; der Abstand der Nasenlöcher voneinander schmaler als der Interorbitalraum, der breiter als ein oberes Augenlid ist; Trommelfell deutlich, ein senkrechtes Oval, seine Breite $^1/_3$ des Augendurchmessers, um die Hälfte seines horizontalen Durchmessers vom Auge entfernt. Finger ziemlich kurz, mit $^1/_8$ Schwimmhaut; Haftscheiben deutlich, so breit wie der horizontale Durchmesser des Trommelfells; 1. Finger kleiner als der 2., der etwa so lang wie der 4. ist, der von dem 3. weit überragt wird; 3. Finger kürzer als die Schnauze; Subartikulartuberkel deutlich, einige doppelt. Zehen mit etwa $^2/_3$ Schwimmhaut, die an der 1. und 2. Zehe das letzte Glied, an der 4. Zehe die beiden letzten Glieder frei läßt und an der 3. und 5. Zehe fast bis unter die Haftscheiben geht; Haftscheiben kleiner als die der Finger; 5. Zehe länger als die 3.; laterale Metatarsalia fest verbunden; laterale Zehe mit schwacher Hautfalte; Tarsalfalte fehlt; nur eine kleine, flache, mediale Metatarsaltuberkel von etwa $^1/_3$ der Länge der medialen Zehe; keine laterale, keine Tarsaltuberkel; Sohle glatt; Subartikulartuberkel deutlich, einige doppelt. Das Tibiotarsalgelenk reicht bis zwischen Auge und Schnauzenspitze oder bis zur letzteren. Femur so lang wie die Tibia, die etwa 5—6 mal so lang wie breit, 2 mal oder nicht ganz in der Körperlänge enthalten, etwa $1^1/_2$ mal so lang wie das Os cruris und viel länger als der Fuß ist; die Fersen berühren einander. Haut oben glatt; unten sehr fein granuliert. Eine Hautfalte entlang der Lateralseite des Unterarmes und des Ellenbogens, an der Lateralseite des Fußes und der Ferse und über dem After.

Färbung (in Alkohol) oben bräunlich violett ohne besondere Abzeichen, unten weiß. Hinterseite der Oberschenkel einfarbig silberweiß. Körperlänge 40 mm.

Deutsch-Ostafrika. (Amani?)

40. **L. boulengeri** (Wern.) 1882 *Hylambates rufus* (non A. Reichenow) (part.), Boulenger, Cat. Batr. sal. Brit. Mus., ed. 2 p. 136 | 1884 *H. r.* (part.), Sauvage in: Bull. Soc. zool. France, *v.* 9 p. 201 | 1898 *H. r.* var. *boulengeri*, F. Werner in: Verh. Ges. Wien, *v.* 48 p. 197 | 1900 *H. r.* (part.), Boulenger in: P. zool. Soc. London, p. 445 | ?1903 *H r.* (part.), Bocage in: J. Ac. Lisboa, ser. 2 *v.* 7 p. 45 | ?1903 *H. r.* (part.), Boulenger in: Mem. Soc. Españ., *v.* 1 p. 64 | 1905 *H. r* (part.), L. G. Andersson in: Ark. Zool., *v.* 2 nr. 20 p. 18 1906 *H. r.* (part.), Boulenger in: Ann. Mus. Genova, ser. 3 *v.* 2 p. 169 | 1907 *H. r.* var. *boulengeri*, L. G. Andersson in: Jahrb. Ver. Nassau, *v.* 60 p. 241 | 1908 *H. r.* (part.), Nieden in: Mt. Mus. Berlin, *v.* 3 p. 505 | ?1910 *H. r.* (part.), Lorenz Müller in: Abh. Bayer. Ak., *v.* 24 p. 625 | ?1911 *H. r.* (part.), Barbour in: Bull. Mus. Harvard, *v.* 54 p. 134 | 1911 *H. r.* (part.), Lampe in: Jahrb. Ver. Nassau, *v.* 64 p. 216 | 1924 *Leptopelis r*, Noble in: Bull. Amer. Mus., *v.* 49 p. 242 t. 37 (Habitus nach Photographie) | 1929 *L. boulengeri*, E. Ahl in: SB. Ges. Fr. Berlin, p. 209.

Körpergestalt mäßig gedrungen. Vomerzähne in zwei runden Gruppen zwischen den ziemlich großen Choanen; Zunge groß, herzförmig, hinten mit zwei Zipfeln. Kopf groß, breiter als lang; Schnauze abgerundet, im Profil abgeflacht, nicht über das Maul hinausragend, deutlich länger als das Auge, nur sehr wenig kürzer als der Abstand der vorderen Augenwinkel voneinander, länger als hoch; Canthus rostralis scharf; Lorealgegend schräg, konkav; Nasenloch seitlich, viel näher der Schnauzenspitze als dem Auge, Abstand der Nasenlöcher voneinander etwa $^1/_2$ so breit wie der Interorbitalraum, der breiter als ein oberes Augenlid ist; Trommelfell deutlich, etwa $^1/_2$ so groß wie das Auge, um $^1/_3$ seines eigenen Durchmessers von diesem entfernt. Finger mit $^1/_2$ Schwimmhaut; Haftscheiben groß, $^2/_3$ so breit wie das Trommelfell; 1. Finger kleiner als der 2., der etwas kürzer als der 4. ist, der von dem 3. etwas überragt wird; 3. Finger etwas länger als die Schnauze; Subartikulartuberkel deutlich, doppelt. Zehen mit etwa $^3/_4$ Schwimmhaut, die an der 1. Zehe das letzte Glied frei läßt, an der 2., 3. und 5. Zehe bis fast an die Haftscheiben reicht und an der 4. Zehe die letzten

$1^1/_2$ Glieder frei läßt oder als schmaler Hautsaum umschließt; Haftscheiben kleiner als die der Finger; 5. Zehe etwas länger als die 3.; laterale Metatarsalia fest verbunden; laterale Zehe mit Hautfalte; eine schwache Tarsal-

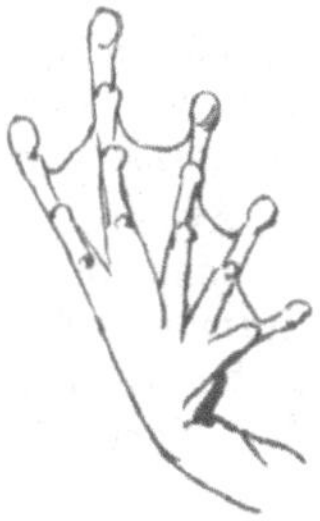

Fig. 132.
Leptopelis boulengeri (Wern.).
Rechter Hinterfuß von unten. (Nach Nieden).

Fig. 133.
Leptopelis boulengeri (Wern.).
Kopf von der Seite. (Nach Nieden).

falte; nur eine schaufelförmige, mediale Metatarsaltuberkel von $^1/_2 - ^3/_5$ der Länge der medialen Zehe; keine laterale, keine Tarsaltuberkel; Subartikulartuberkel deutlich, einige doppelt. Das Tibiotarsalgelenk reicht bis zwischen

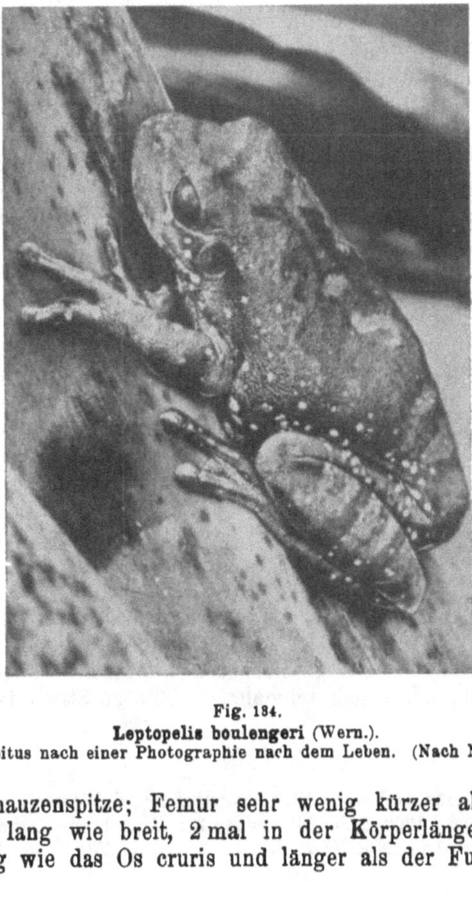

Fig. 134.
Leptopelis boulengeri (Wern.).
Habitus nach einer Photographie nach dem Leben. (Nach Noble).

Auge und Schnauzenspitze; Femur sehr wenig kürzer als die Tibia, die $4-4^1/_2$ mal so lang wie breit, 2 mal in der Körperlänge enthalten, etwa $1^1/_2$ mal so lang wie das Os cruris und länger als der Fuß ist; die Fersen berühren einander. Haut oben chagriniert; Unterseite granuliert; eine Hautfalte entlang dem Tarsus, dem Unterarm, quer über dem After und quer über der Ferse. Eine schwache Supratympanalfalte.

Färbung oben lichtbraun mit grünen (in Alkohol violetten) Zeichnungen, die gelb eingefaßt sind; es befindet sich ein schmales Querband zwischen den Augen, ein großer, dreieckiger, mit der Spitze nach vorn gerichteter Fleck auf dem Rücken; auch die Extremitäten sind in derselben Farbe gebändert; ein rein weißer Fleck unter dem Auge; Flanken schwarz gefleckt; Unterseite einfarbig weiß. Grundfarbe manchmal dunkelgrün; manchmal noch ein kleinerer, weißer Fleck am Mundwinkel. Oft verblaßt die Zeichnung, so daß solche Tiere dann ganz einfarbig erscheinen; mitunter tritt eine wolkige Fleckung des Körpers auf. Körperlänge 74 mm. (Fig. 132—134).

Kamerun, Fernando Po, Congo (wahrscheinlich ganz Westafrika).

41. **L. flaviventer** E. Ahl 1929 *L. f.*, E. Ahl in: SB. Ges. Fr. Berlin, p. 210.

Körpergestalt mäßig schlank. Vomerzähne in zwei kleinen, runden Gruppen zwischen den mäßig großen Choanen; Zunge mäßig groß, herzförmig, hinten mit zwei Zipfeln. Kopf groß, etwas breiter als lang; Schnauze abgerundet, im Profil abgerundet, sehr wenig über das Maul hinausragend, so lang wie der Augendurchmesser, fast so lang wie der Abstand der vorderen Augenwinkel voneinander, länger als hoch; Canthus rostralis deutlich; Lorealgegend schräg, konkav; Nasenloch seitlich, etwas näher der Schnauzenspitze als dem Auge, Abstand der Nasenlöcher voneinander schmaler als der Interorbitalraum, der breiter als ein oberes Augenlid ist; Trommelfell deutlich, $^1/_2$ so groß wie das Auge, um etwa $^1/_3$ seines Durchmessers von diesem entfernt. Finger gedrungen, mit etwa $^1/_2$ Schwimmhaut; Haftscheiben deutlich, $^1/_2$ so groß wie das Trommelfell; 1. Finger kleiner als der 2., der kürzer als der 4. ist, der von dem 3. kaum überragt wird; 3. Finger etwas länger als die Schnauze; Subartikulartuberkel deutlich. Zehen mit $^3/_4$ Schwimmhaut, die an der 1. Zehe das letzte Glied frei läßt, an der 4. Zehe die beiden letzten Glieder und bei den übrigen fast bis unter die Haftscheiben reicht; 5. Zehe kaum länger als die 3.; laterale Metatarsalia fest verbunden; laterale Zehe nur mit einem Rudiment von Hautfalte; Tarsalfalte fehlt; nur eine kleine, flache, mediale Metatarsaltuberkel von etwa $^1/_8$ der Länge der medialen Zehe; keine laterale, keine Tarsaltuberkel; Sohle granuliert; Subartikulartuberkel deutlich. Das Tibiotarsalgelenk reicht etwas über das Auge hinaus; Femur kürzer als die Tibia, die 4 mal so lang wie breit, 2 mal in der Körperlänge enthalten, viel länger als das Os cruris und länger als der Fuß ist; die Fersen decken einander. Haut oben fein chagriniert, unten granuliert; eine schwache Supratympanalfalte; eine undeutliche Hautfalte über dem After und eine über der Ferse.

Färbung oben violettbraun, mit undeutlichen Querbinden zwischen den Augen; Flanken und Bauch leuchtend gelb; Oberlippe schachbrettartig gemustert; Unterkiefer dunkel gezeichnet und bestäubt. After- und Fersengegend schwärzlich, mit einem schmalen, weißlichen Strich darüber. Körperlänge 37 mm.

Kamerun.

42. **L. brevirostris** (Wern.) 1898 *Hylambates b.*, F. Werner in: Verh. Ges. Wien, *v.* 48 p. 199 t. 2 f. 5, 6 | 1900 *H. b.*, Boulenger in: P. zool. Soc. London, p. 445 | 1906 *H. b.*, Boulenger in: Ann. Mus. Genova, ser. 3 *v.* 2 p. 172 | 1909 *H. b.*, Nieden in:

Arch. Naturg., *v.* 75 l p. 361 | 1924 *Leptopelis b.*, Noble in: Bull. Amer. Mus., *v.* 49 p. 243, 331 | 1929 *L. b.*, E. Ahl in: SB. Ges. Fr. Berlin, p. 211.

Vomerzähne in zwei runden Gruppen zwischen oder etwas hinter den ziemlich großen Choanen. Zunge mäßig groß, hinten mit zwei kurzen Zipfeln. Kopf groß, extrem breit gedrückt, etwa $1^1/_2$ mal so breit wie lang; Schnauze breit abgerundet, im Profil senkrecht abgestutzt, nicht über das Maul hinausragend, so lang oder etwas kürzer als das große Auge, viel kürzer als der Abstand der vorderen Augenwinkel voneinander, so lang oder nur wenig länger als hoch; Canthus rostralis scharf, gebogen; Lorealgegend abgeschrägt, konkav; Nasenloch etwas aufgetrieben, viel näher der Schnauzenspitze als dem Auge, Abstand der Nasenlöcher voneinander $^1/_2$ so groß wie der Interorbitalraum, der viel breiter als ein oberes Augenlid ist; Trommelfell dorso-lateral gelegen, in seiner ganzen Breite von oben sichtbar, etwa $^1/_2$ so groß wie das Auge, um etwa die Hälfte seines eigenen Durchmessers von diesem entfernt; der Kopf verbreitert sich hinter den Augen stark. Finger mit etwa $^1/_3$ Schwimmhaut; Haftscheiben groß, etwa $^2/_3$ so breit wie das Trommelfell; 1. Finger kleiner als der 2., der kürzer als der 4. ist, der von dem 3. nur wenig überragt wird; Subartikulartuberkel sehr deutlich, wenigstens an einigen Gelenken doppelt; Zehen mit etwa $^2/_3$ Schwimmhaut, die an allen Zehen bis unter die Haftscheiben geht, außer an der 4., wo sie die beiden letzten Phalangen frei läßt oder nur als schmaler Hautsaum umschließt; Haftscheiben so groß wie die der Finger; 5. Zehe länger als die 3.; laterale Metatarsalia fest verbunden; laterale Zehe mit Hautfalte; Tarsalfalte fehlt; mediale Metatarsaltuberkel deutlich, nicht oder nur sehr wenig zusammengedrückt, $^2/_5$—$^1/_3$ der Länge der medialen Zehe; keine laterale, keine Tarsaltuberkel; Subartikulartuberkel deutlich, wenigstens an einigen Gelenken der 5. Zehe doppelt. Das Tibiotarsalgelenk reicht bis zum hinteren oder vorderen Rand des Auges oder etwas darüber hinaus; Femur so lang oder etwas kürzer als die Tibia, die 4—$4^1/_2$ mal so lang wie breit, 2—$2^1/_4$ mal in der Körperlänge enthalten, viel länger als das Os cruris und länger als der Fuß ist; die Fersen berühren oder decken einander. Haut oben granuliert, meist sogar sehr deutlich, insbesondere an den Kopfseiten und hinter dem Mundwinkel; Kehle und Brust feiner, Bauch und Unterseite der Oberschenkel gröber gekörnelt.

Fig. 135.
Leptopelis brevirostris (Wern.).
Kopf von der Seite.
(Nach Nieden).

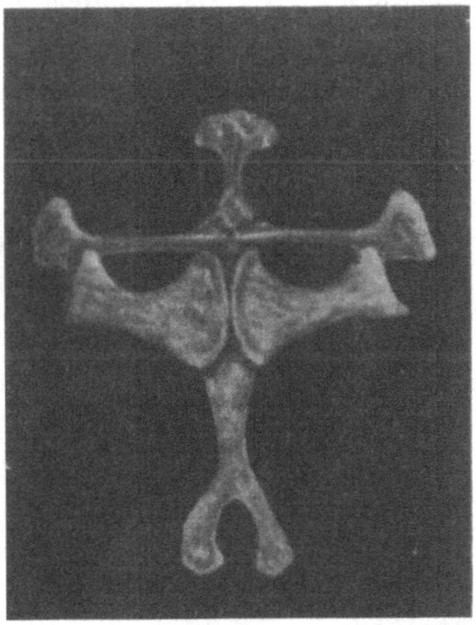

Fig. 136.
Leptopelis brevirostris (Wern.).
Schultergürtel. (Nach Noble).

Färbung (in Alkohol) oben meist einfarbig violett oder mehr oder weniger gelblich oder bräunlich, seltener einige dunklere, kleine, unregelmäßig verteilte Flecke auf dem Rücken; manchmal eine schwärzliche Linie von der Schnauzenspitze jederseits unterhalb des Canthus rostralis bis zum Auge und eine ebensolche Binde vom Auge zur Schnauze nach abwärts;

an der Lateralseite der 5. Zehe beginnend, zieht sich eine scharf ausgeprägte, weiße Linie entlang dem Lateralrande dieser Zehe und entlang dem Lateralrande des Tarsus bis zur Ferse, die sie völlig einschließt; über dem After eine ebensolche Binde; unterhalb dieser Linie sowohl der Fuß und Tarsus, als auch der After schwarzbraun gefärbt, scharf zu der weißen Linie kontrastierend; eine ähnliche, meist nicht so scharf ausgeprägte Linie an der Außenseite des Unterarmes und des 4. Fingers. Unterseite einfarbig weiß oder gelblich; Flanken einfarbig oder weiß mit dunklerer Marmelzeichnung. Hinterseite der Oberschenkel einfarbig dunkel. Körperlänge 60 mm. Länge frisch verwandelter Fröschchen 11 mm. (Fig. 135, 136).

Kamerun-Gabun einschließlich Fernando Po.

43. **L. vermiculatus** (Blgr.) 1897 *Hylambates aubryi* (part.), Tornier, Kriechth. D.-O.-Afr., p. 158 t. 5 f. 1, 2 (Habitus) | 1909 *H. vermiculatus*, Boulenger in: Ann. nat. Hist., ser. 8 *v.* 4 p. 496 | 1910 *H. v.*, Nieden in: SB. Ges. Fr. Berlin, p. 448 | 1915 *H. v.*, Nieden in: Mt. Mus. Berlin, *v.* 7 p. 370 | 1924 *H. v.*, Noble in: Bull. Amer. Mus., *v.* 49 p. 323 | 1928 *Leptopelis v.*, Barbour & Loveridge in: Mem. Mus. Harvard, *v.* 50 p. 238.

Körpergestalt mäßig schlank. Vomerzähne in zwei kleinen, runden Gruppen zwischen den mäßig großen Choanen; Zunge mäßig groß, hinten mit zwei Zipfeln. Kopf groß, deutlich abgesetzt, breiter als lang; Schnauze abgerundet, im Profil rundlich abgestutzt oder abgeflacht, so lang oder nur sehr wenig länger als der Augendurchmesser, nicht über das Maul hinausragend, fast so lang wie der Abstand der beiden vorderen Augenwinkel voneinander, länger als hoch; Canthus rostralis deutlich; Lorealgegend schräg, konkav; Nasenloch in der Mitte zwischen Auge und Schnauzenspitze oder sehr wenig näher der letzteren; Abstand der Nasenlöcher voneinander kleiner als der Interorbitalraum, der etwas breiter als ein oberes Augenlid ist; Trommelfell deutlich, $^1/_2$ so breit wie das Auge, um etwa $^1/_4$—$^1/_3$ seines eigenen Durchmessers von diesem entfernt. Finger lang und ziemlich schlank, mit etwa $^1/_3$ Schwimmhaut, die am 4. Finger als schmaler Hautsaum bis unter die Haftscheibe geht; Haftscheiben deutlich, etwa $^1/_2$ so breit wie das Trommelfell; 1. Finger kleiner als der 2., der kürzer als der 4. ist, der von dem 3. nur wenig überragt wird; 3. Finger etwas länger als die Schnauze; Subartikulartuberkel deutlich, teilweise doppelt. Zehen lang und ziemlich schlank, mit etwa $^1/_2$ Schwimmhaut, die an allen Zehen das letzte halbe Glied und an der 4. Zehe die beiden letzten oder letzten $1^1/_2$ Glieder frei läßt oder nur als schmaler Hautsaum umschließt; Haftscheiben groß, etwas kleiner als die der Finger; 5. Zehe länger als die 3.; laterale Metatarsalia fest verbunden; laterale Zehe mit schwacher Hautfalte; Tarsalfalte fehlt, nur eine flache, mediale Metatarsaltuberkel von etwa $^1/_2$ der Länge der medialen Zehe, keine laterale, keine Tarsaltuberkel; Sohle granuliert; Subartikulartuberkel deutlich, teilweise doppelt; das Tibiotarsalgelenk reicht bis zur Schnauzenspitze oder bis zwischen Auge und Schnauzenspitze (bei jungen Fröschen noch nicht so weit!); Femur etwas kürzer als die Tibia, die $4^1/_2$—6 mal so lang wie breit, 2 mal in der Körperlänge enthalten, etwa $1^1/_2$ mal so lang wie das Os cruris und etwas länger als der Fuß ist; die Fersen berühren einander. Haut oben glatt (bei Jungen) oder fein gekörnelt (bei Erwachsenen); Unterseite gröber gekörnelt.

Fig. 137. **Leptopelis vermiculatus** (Blgr.). Habitus von oben. (Nach Tornier).

Färbung (in Alkohol) oben schön grau oder bräunlich, mit einem dichten Netz feiner, schwarzer Pünktchen oder einer feinen, aus ebensolchen Pünktchen zusammengesetzten, netzförmigen Zeichnung; Seiten des Körpers schwarz oder schwarzbraun mit weißer Marmorierung oder weißer Fleckung; Oberlippe mit einer Anzahl weißer, dunkel eingefaßter, großer Flecke, von denen stets einer unter dem Auge vorhanden ist; Unterseite weiß, unter dem Bauche mit einigen dunklen Punkten; Ellbogen, Knie, Ferse und After fast stets mit einem großen, porzellanweißen Fleck; Oberarm, Unterarm, Oberseite der Hand, Oberschenkel, Tarsus und Oberseite des Fußes fast stets mit einigen weißen, regelmäßig angeordneten Flecken oder weißen Marmorierungen, oder auch weißen Querbinden; Arme und Beine fast stets auch mit einigen dunklen Querbinden; Hinterseite der Oberschenkel schwärzlich mit runden, weißen Flecken oder Marmorierungen. Körperlänge des Weibchens 48 mm, die des Männchens 44 mm; Körperlänge des frisch verwandelten Frosches 17 mm. (Fig. 137).

Deutsch-Ostafrika.

44. **L. graueri** E. Ahl 1912 *Hylambates rufus* (part.), Nieden in: Ergeb. D. Zentr.-Afr.-Exp., *v.* 4 p. 180 | 1929 *Leptopelis graueri*, E. Ahl in: SB. Ges. Fr. Berlin, p. 213.

Körpergestalt ziemlich schlank. Vomerzähne in zwei kleinen, runden Gruppen zwischen den kleinen Choanen; Zunge groß, hinten mit zwei Zipfeln; Kopf mäßig groß, breiter als lang; Schnauze abgerundet, im Profil abgerundet, kaum über das Maul hinausragend, länger als das Auge, etwas kürzer als der Abstand der vorderen Augenwinkel voneinander, länger als hoch; Canthus rostralis deutlich, Lorealgegend schräg, konkav; Nasenloch in der Mitte zwischen Auge und Schnauzenspitze. Abstand der Nasenlöcher voneinander schmaler als der Interorbitalraum, der breiter als ein oberes Augenlid ist; Trommelfell deutlich, $^1/_2$ so breit wie das Auge, um etwa $^1/_3$ seines eigenen Durchmessers von diesem entfernt. Finger ziemlich gedrungen, mit $^1/_3$ Schwimmhaut; Haftscheiben deutlich, etwa $^2/_3$ so breit wie das Trommelfell; 1. Finger viel kleiner als der 2., der viel kürzer als der 4. ist, der von dem 3. nur wenig überragt wird; 3. Finger etwas länger als die Schnauze; Subartikulartuberkel deutlich, teilweise doppelt. Zehen mit $^2/_3$ Schwimmhaut, die an der 1.—3. Zehe das letzte Glied, an der 4. Zehe die beiden letzten Glieder frei läßt und an der 5. Zehe bis an die Haftscheibe reicht; Haftscheiben etwa so groß wie die der Finger; 5. Zehe nur wenig länger als die 3.; laterale Metatarsalia fest verbunden; laterale Zehe mit sehr schwacher Hautfalte; Tarsalfalte fehlt; nur eine zusammengedrückte, mediale Metatarsaltuberkel von etwa $^1/_3$ der Länge der medialen Zehe; keine laterale, keine Tarsaltuberkel; Sohle granuliert; Subartikulartuberkel deutlich, einige doppelt; das Tibiotarsalgelenk reicht bis zwischen Auge und Nasenloch; Femur so lang wie die Tibia, die $4^1/_2$ mal so lang wie breit, 2 mal in der Körperlänge enthalten, $1^1/_2$ mal so lang wie das Os cruris und länger als der Fuß ist; die Fersen berühren einander. Haut oben fein chagriniert, unten granuliert; eine schwache Hautfalte quer über den Fersen und eine ebensolche quer über dem After.

Färbung (in Alkohol) oben einfarbig gelblichbraun; die Kopfseiten unterhalb des Canthus rostralis und die Temporalgegend schwärzlichbraun, mit einigen helleren Flecken und einem undeutlichen, weißlichen Fleck unter dem Auge; Vorder- und Hinterbeine mit schwarzen Querbinden; die Querfalten über den Fersen und über dem After weiß; Unterseite einfarbig gelblichweiß. Hinterseite der Oberschenkel gelblich. Körperlänge 46 mm.

Fundort des einzigen bekannten Exemplares 70 km westlich des Südendes des Albert-Edward-Sees.

45. **L. natalensis** (A. Sm.) 1849 *Polypedates n.*, A. Smith, Ill. Zool. S.-Afr., App. p. 25 | 1858 *Leptopelis n.*, Alb. Günther, Cat. Batr. sal. Brit. Mus., p. 144 | 1882 *Hylambates n.*, Boulenger, Cat. Batr. sal. Brit. Mus., ed. 2 p. 135 f. a, b (Hand und Fuß) | 1906 *H. n.*, Boulenger in: Ann. Mus. Genova, ser. 3 *v.* 2 p. 171 | 1924 *H. n.*, Noble in: Bull. Amer. Mus., *v.* 49 p. 323.

Körpergestalt mäßig gedrungen. Vomerzähne in zwei kleinen, runden Gruppen zwischen den ziemlich kleinen Choanen. Zunge mäßig groß, hinten mit zwei Zipfeln. Kopf groß, breiter als lang; Schnauze abgerundet, im Profil abgeflacht, nicht über das Maul hinausragend, so lang wie das Auge, kürzer als der Abstand der vorderen Augenwinkel voneinander, länger als hoch; Canthus rostralis deutlich; Lorealgegend schräg, konkav; Nasenloch seitlich, in der Mitte zwischen Auge und Schnauzenspitze; Abstand der Nasenlöcher voneinander etwas schmaler als der Interorbitalraum, der etwas breiter als ein oberes Augenlid ist; Trommelfell deutlich, $^1/_2$—$^3/_4$ so breit wie das Auge, dicht bei diesem. Finger mit etwa $^1/_3$ Schwimmhaut; Haftscheiben groß, $^1/_2$—$^2/_3$ so breit wie das Trommelfell; 1. Finger kleiner als der 2., der kürzer als der 4. ist, der nur wenig von dem 3. überragt wird; 3. Finger etwas länger als die Schnauze; Subartikulartuberkel deutlich, doppelt gelappt. Zehen mit $^1/_2$ Schwimmhaut, die an allen Zehen das letzte Glied, an der 4. Zehe die beiden letzten Glieder frei läßt; Haftscheiben so groß wie die der Finger; 5. Zehe länger als die 3.; laterale Metatarsalia fest verbunden; laterale Zehe mit einer rudimentären Hautfalte; Tarsalfalte fehlt; nur eine ovale, wenig zusammengedrückte, mediale Metatarsaltuberkel von etwa $^1/_2$ der Länge der medialen Zehe; keine laterale, keine Tarsaltuberkel; Subartikulartuberkel deutlich, doppelt; Sohle gekörnelt. Das Tibiotarsalgelenk reicht bis zum Auge; Femur so lang wie die Tibia, die $2^1/_3$ mal in der Körperlänge enthalten, 4 mal so lang wie breit, viel länger als das Os cruris und so lang wie der Fuß ist; die Fersen berühren einander. Haut oben glatt oder fein chagriniert, unten gekörnelt.

Färbung (in Alkohol) oben bräunlich oder oliv, mit einem grünlichen oder dunkelbraunen, schwarz gerandeten Streifen von der Schnauzenspitze über das Auge zur Schulter; oben und an den Seiten große, inselförmige Flecke von derselben Farbe; Vorder- und Hinterbeine mit unregelmäßigen Querbinden; Unterseite einfarbig weiß; Hinterseite der Oberschenkel einfarbig gelblichweiß. Körperlänge 40 mm.

Natal.

46. **L. modestus** (Wern.) ?1882 *Hylambates rufus* (non A. Reichenow) (part.), Boulenger, Cat. Batr. sal. Brit. Mus., ed. 2 p. 136 | ?1884 *H. r.* (part.), Sauvage in: Bull. Soc. zool. France, *v.* 9 p. 201 | 1898 *H. r.* var. *modesta* + var. *ventrimaculata*, F. Werner in: Verh. Ges. Wien, *v.* 48 p. 197, 198 | ?1900 *H. r.* (part.), Boulenger in: P. zool. Soc. London, p. 445 | ?1903 *H. r.* (part.), Bocage in: J. Ac. Lisboa, ser. 2 *v.* 7 p. 45 | ?1905 *H. r.* (part.), L. G. Andersson in: Ark. Zool., *v.* 2 nr. 20 p. 18 | 1906 *H. r.* (part.), Boulenger in: Ann. Mus. Genova, ser. 3 *v.* 2 p. 169 | 1907 *H. r.* + var. *aubryoides*, L. G. Andersson in: Jahrb. Ver. Nassau, *v.* 60 p. 241 | 1908 *H. r.* (part.), Nieden in: Mt. Mus. Berlin, *v.* 3 p. 505 | ?1910 *H. r.* (part.), Lorenz Müller in: Abh. Bayer. Ak., *v.* 24 p. 625 | ?1911 *H. r.* (part.), Barbour in: Bull. Mus. Harvard, *v.* 54 p. 134 | ?1911 *H. r.* (part.), Lampe in: Jahrb. Ver. Nassau, *v.* 64 p. 216 | 1929 *Leptopelis modestus*, E. Ahl in: SB. Ges. Fr. Berlin, p. 214.

Körpergestalt ziemlich gedrungen. Vomerzähne in zwei kleinen, runden Gruppen zwischen den ziemlich kleinen Choanen; Zunge groß, herzförmig, hinten mit zwei Zipfeln. Kopf mäßig groß, breiter als lang; Schnauze abgerundet, im Profil abgeflacht, nicht über das Maul hinwegragend, so lang oder etwas länger als der Augendurchmesser, so lang oder nur wenig kürzer als der Abstand der vorderen Augenwinkel voneinander, länger als hoch; Canthus rostralis scharf; Lorealgegend schräg, konkav; Nasenloch in der Mitte zwischen Auge und Schnauzenspitze, der Abstand der Nasenlöcher voneinander etwas schmaler als der Interorbitalraum, der breiter als ein oberes Augenlid ist; Trommelfell sehr deutlich, $^1/_2$—$^3/_5$ so breit wie das Auge, nahe bei diesem liegend. Finger mit $^1/_3$ Schwimmhaut; Haftscheiben deutlich, etwa $^1/_2$ so breit wie das Trommelfell; 1. Finger kleiner als der 2., der kürzer als der 4. ist, der fast so lang wie der 3. ist; 3. Finger so lang wie die Schnauze; Subartikulartuberkel deutlich, doppelt. Zehen mit $^2/_3$ Schwimmhaut, die an allen Zehen das letzte Glied nur als schmaler Hautsaum umschließt, fast bis zu den Haftscheiben reichend, außer der 4. Zehe, an der die letzten zwei Glieder frei sind oder nur von einem schmalen Hautsaum umschlossen werden; Haftscheiben kleiner als die der Finger; 5. Zehe wenig länger als die 3.; laterale Metatarsalia fest verbunden; laterale Zehe mit schwacher Hautfalte; eine schwache Tarsalfalte vorhanden; eine Querfalte über der Ferse; nur eine zusammengedrückte, mediale Metatarsaltuberkel von etwa $^3/_5$—$^2/_3$ der Länge der medialen Zehe; keine laterale, keine Tarsaltuberkel; Subartikulartuberkel deutlich, doppelt. Das Tibiotarsalgelenk reicht bis zur Mitte oder dem Vorderrand des Auges; Femur nur sehr wenig kürzer als die Tibia, die 4—4$^1/_2$ mal so lang wie breit, 2—2$^1/_4$ mal in der Körperlänge enthalten, 1$^1/_2$ mal so lang wie das Os cruris und länger als der Fuß ist; die Fersen berühren einander. Haut oben glatt oder sehr schwach granuliert; Unterseite grob granuliert; eine schwache Hautfalte über dem After, entlang dem Tarsus und dem Unterarm: keine Supratympanalfalte.

Färbung (in Alkohol) oben bräunlich, mit oder ohne dunklere Zeichnung auf dem Rücken und mit oder ohne dunkle Querbinden auf den Schenkeln; Unterseite gelblich oder weißlich, mitunter gefleckt. Seiten des Kopfes gewöhnlich dunkel. Färbung im Leben oben bräunlich graugrün, unten bläulich. Körperlänge (Weibchen) 46 mm.

Kamerun, Westafrika.

Eier gelblich, unpigmentiert, 3 mm im Durchmesser.

47. **L. signifer** E. Ahl 1897 *Hylambates anchietae* (non Bocage) (part.), Tornier, Kriechth. D.-O.-Afr., p. 157 | 1910 *H. rufus* (non A. Reichenow) (part.), Nieden in: SB. Ges. Fr. Berlin, p. 447 | 1910 *H. r.* (part.), P. Krefft in: Bl. Aquar. Terrar., *v.* 21 p. 463 | 1915 *H. r.* (part.), Nieden in: Mt. Mus. Berlin, *v.* 7 p. 368 | ?1928 *Leptopelis r.*, Barbour & Loveridge in: Mem. Mus. Harvard, *v.* 50 p. 233 | 1929 *L. signifer*, E. Ahl in: SB. Ges. Fr. Berlin, p. 216.

Körpergestalt ziemlich gedrungen. Vomerzähne in zwei dicht beieinander stehenden, runden oder schrägen Gruppen zwischen den großen Choanen; Zunge groß, hinten mit zwei Zipfeln. Kopf groß, breiter als lang; Schnauze abgerundet, im Profil abgerundet oder abgeflacht, nicht oder kaum über das Maul hinausragend, so lang oder etwas länger als das Auge, so lang oder etwas kürzer als der Abstand der vorderen Augenwinkel voneinander, etwas länger als hoch; Canthus rostralis deutlich; Lorealgegend mäßig schräg oder ziemlich steil, konkav; Nasenloch gleich weit entfernt von Auge und Schnauzenspitze oder sehr wenig näher der letzteren; Abstand der Nasenlöcher voneinander schmaler als der Interorbitalraum, der breiter als ein oberes Augenlid ist; Trommelfell sehr deutlich, $^1/_2$—$^2/_3$ so breit wie das Auge, um etwa $^1/_4$—$^1/_3$ seines eigenen Durchmessers von diesem entfernt. Finger lang und kräftig, mit $^2/_5$—$^1/_3$ Schwimmhaut, die oft als schmaler Hautsaum bis fast zur Haftscheibe an den lateralen Fingern reicht; Haftscheiben groß, $^1/_2$—$^3/_4$ so breit wie das Trommelfell; 1. Finger kleiner als der 2., der viel kürzer als der 4. ist, der von dem 3. nur wenig überragt wird; 3. Finger so lang oder etwas länger als die Schnauze; Subartikulartuberkel sehr deutlich, einige doppelt. Zehen mit $^1/_2$—$^2/_3$ Schwimmhaut, die an allen Zehen bis oder fast bis an die Haftscheiben reicht, manchmal jedoch nur als schmaler Hautsaum und an der 4. Zehe die beiden letzten Glieder frei oder fast frei läßt; Haftscheiben nur wenig kleiner als die der Finger; 5. Zehe etwas länger als die 3.; laterale Metatarsalia fest verbunden; laterale Zehe mit schwacher Hautfalte; Tarsalfalte fehlt; nur eine große, schaufelförmige, mediale Metatarsaltuberkel von etwa $^1/_2$—$^2/_3$ der Länge der medialen Zehe; keine laterale, keine Tarsaltuberkel; Sohle granuliert; Subartikulartuberkel sehr deutlich, einige doppelt. Das Tibiotarsalgelenk reicht bis zum Hinterrand oder Vorderrand des Auges; Femur so lang oder sehr wenig länger als die Tibia, die 3—4$^1/_2$ mal so lang wie breit, 2—2$^1/_2$ mal in der Körperlänge enthalten, 1$^1/_4$—1$^1/_2$ mal so lang wie das Os cruris und so lang oder sehr wenig länger als der Fuß ist; die Fersen berühren einander nicht oder kaum. Haut oben chagriniert oder gekörnelt, unten grob gekörnelt.

Färbung (in Alkohol) oben mehr oder weniger bräunlich oder gelblich, oft mit einem grauen Ton; auf dem Rücken eine große, mit der Spitze nach vorn gerichtete, dreieckige Zeichnung von dunkelbrauner oder schwärzlicher Farbe, die stets deutlich ist; die Grundfarbe meist sehr fein schwärzlich gesprenkelt; Seiten des Kopfes meist dunkelbraun, fast immer ein scharfer, weißer Fleck unter dem Auge oder die Oberlippe weiß gerandet; Flanken fast stets deutlich dunkelbraun und weiß marmoriert oder auf dunkelbraunem Grund mit runden, weißen Flecken verziert; manchmal eine dunkle Temporalbinde bis zur Ansatzstelle der Vorderbeine, die sich nach hinten in einer Reihe dunkler Flecke fortsetzt. Hinterseite der Oberschenkel und deren Vorderseite ähnlich den Weichen gefleckt oder marmoriert oder auch einfarbig; Unterseite gelblichweiß, mit mehr oder weniger deutlichen, braunen Flecken und Zeichnungen; Hinterbeine manchmal mit undeutlichen Querbinden. Körperlänge des Männchens 52 mm, die des Weibchens 71 mm.

Deutsch-Ostafrika (Tanga, Derema, Usambara, Amani, Magila und Usegua).

48. **L. tessmanni** (Nied.) 1909 *Hylambates t.*, Nieden in: Arch. Naturg., *v.* 75 I p. 365 f. 4a, 4b (Hand und Fuß) | 1909 *H. aubryi* (part.), L. G. Andersson in: Jahrb. Ver. Nassau, *v.* 62 p. 107 | 1913 *H. a.* (part.), L. G. Andersson ibid., *v.* 66 p. 78 | 1924 *Leptopelis tessmanni*, Noble in: Bull. Amer. Mus., *v.* 49 p. 245.

Körpergestalt ziemlich gedrungen. Vomerzähne in zwei runden Gruppen zwischen den ziemlich großen Choanen; Zunge ziemlich groß, hinten mit zwei Zipfeln. Kopf mäßig groß, viel breiter als lang; Schnauze abgerundet, im Profil rundlich abgeflacht, nicht über das Auge hinausragend, so lang oder etwas länger als das große Auge, fast so lang wie der Abstand der vorderen Augenwinkel voneinander, länger als hoch; Canthus rostralis abgerundet, aber deutlich; Lorealgegend schräg, konkav; Nasenloch in der Mitte zwischen Auge und Schnauzenspitze; Abstand der Nasenlöcher voneinander schmaler als der Interorbitalraum, der breiter als ein oberes

Augenlid ist; Trommelfell deutlich, etwa $^1/_2$ so breit wie das Auge, um etwa $^1/_4$—$^1/_3$ seines eigenen Durchmessers von dem letzteren entfernt. Finger mit $^1/_3$ Schwimmhaut; Haftscheiben groß, etwa $^2/_3$ so breit wie das Trommelfell; 1. Finger kleiner als der 2., der kürzer als der 4. ist, der von dem 3. nur wenig überragt wird; 3. Finger länger als die Schnauze; Subartikulartuberkel deutlich, doppelt. Zehen mit etwa $^2/_3$ Schwimmhaut, die an der 1. Zehe das letzte Glied, an der 4. Zehe die beiden letzten Glieder frei läßt und an den übrigen bis fast an die Haftscheiben reicht; Haftscheiben kleiner als die der Finger; 5. Zehe länger als die 3.; laterale Metatarsalia fest verbunden; laterale Zehe mit sehr schwacher Hautfalte; Tarsalfalte fehlt; nur eine sehr große, schaufelförmige, mediale Metatarsaltuberkel, keine laterale, keine Tarsaltuberkel; Sohle granuliert; Subartikulartuberkel deutlich, teilweise doppelt. Das Tibiotarsalgelenk reicht bis zum Vorder- oder Hinterrand des Auges; Femur so lang wie die Tibia, die 4—4$^1/_2$mal so lang wie breit, 2—2$^1/_4$mal in der Körperlänge enthalten,

Fig. 138.
Leptopelis tessmanni (Nied.).
Rechte Hand von unten. (Nach Nieden).

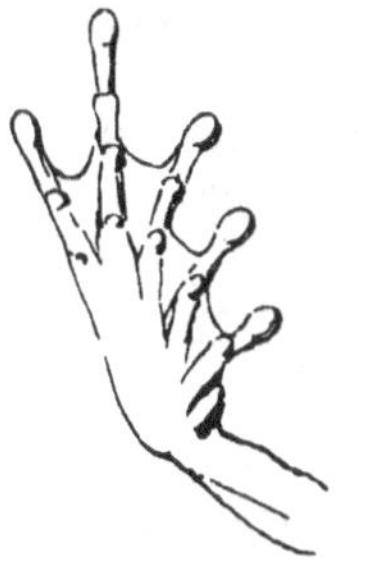

Fig. 139.
Leptopelis tessmanni (Nied.).
Rechter Fuß von unten. (Nach Nieden).

1$^1/_2$mal so lang wie das Os cruris und wenig länger als der Fuß ist; die Fersen berühren einander. Haut oben glatt, unten gekörnelt; eine Querfalte über dem After und über den Fersen. Eine Falte entlang dem Unterarm.

Färbung (in Alkohol) oben einfarbig grünlich, bräunlich oder bläulich; Oberlippe mit einem weißen Rand; Körperseiten braun mit weißen Marmorierungen oder weißen Flecken; eine weiße Linie entlang der Lateralseite des Fußes und der Tibia bis über die Ferse und eine ebensolche weiße Linie entlang der Lateralseite der Hand und des Unterarmes; Unterhalb dieser Linie Hand und Fuß bräunlich; über dem After eine weiße Linie, die nach unten von einer braunen Zone begleitet wird; Unterseite weißlich, mit hellbraunen Zeichnungen und Flecken. Hinterseite der Oberschenkel einfarbig braun. Im Leben ist die Oberseite einfarbig grün bis braun. Körperlänge 67 mm. (Fig. 138, 139).

Kamerun-Gabun.

49. **L. rugegensis** E. Ahl 1912 *Hylambates rufus* (non A. Reichenow) (part.), Nieden in: Ergeb. D. Zentr.-Afr.-Exp., *v.* 4 p. 179 | 1929 *Leptopelis rugegensis*, E. Ahl in: SB. Ges. Fr. Berlin, p. 218.

Körpergestalt ziemlich gedrungen. Vomerzähne in zwei kleinen, runden Gruppen zwischen den kleinen Choanen; Zunge mäßig groß, hinten mit zwei Zipfeln. Kopf groß, breiter als lang; Schnauze abgerundet, im Profil abgeflacht, nicht über das Auge hinausragend, so lang oder länger als das Auge, so lang oder nur sehr wenig kürzer als der Abstand der vorderen Augenwinkel voneinander, länger als hoch; Canthus rostralis deutlich; Lorealgegend mäßig schräg, konkav; Nasenloch in der Mitte zwischen Auge und Schnauzenspitze; Abstand der Nasenlöcher voneinander kleiner als der Interorbitalraum, der breiter als ein oberes Augenlid ist; Trommelfell deutlich, $^2/_5$—$^1/_2$ so groß wie das Auge, um etwa $^2/_5$—$^1/_3$ seines eigenen Durchmessers von diesem entfernt. Finger mit $^1/_3$ Schwimmhaut; Haftscheiben so groß oder fast so groß wie das Trommelfell; 1. Finger kleiner als der 2., der kürzer als der 4. ist, der nur wenig von dem 3. überragt wird; 3. Finger länger als die Schnauze; Subartikulartuberkel deutlich, teilweise doppelt. Zehen lang, mit etwa $^1/_2$ Schwimmhaut, die an allen Zehen das letzte Glied und an der 4. Zehe die beiden letzten Glieder frei läßt oder als schmaler Hautsaum umschließt; Haftscheiben kleiner als die der Finger; 5. Zehe länger als die 3.; laterale Metatarsalia fest verbunden; laterale Zehe mit schwacher Hautfalte; Tarsalfalte fehlt; nur eine zusammengedrückte, etwas schaufelförmige, mediale Metatarsaltuberkel von etwa $^1/_3$—$^1/_2$ der Länge der medialen Zehe; keine laterale, keine Tarsaltuberkel; Sohle granuliert; Subartikulartuberkel deutlich, zuweilen doppelt. Das Tibiotarsalgelenk reicht bis zum Hinterrand des Auges; Femur so lang oder nur wenig kürzer als die Tibia, die $3^1/_3$—$4^1/_2$mal so lang wie breit, $2^1/_4$—$2^1/_3$mal in der Körperlänge enthalten, etwa $1^1/_2$mal so lang wie das Os cruris und so lang wie der Fuß ist; die Fersen berühren einander. Haut oben glatt oder fein chagriniert, mit verstreuten, deutlichen Warzen besetzt, besonders auf der Oberseite des Kopfes und des Vorderrückens; Unterseite grob granuliert; hinter den Mundwinkeln einige größere Warzen. Männchen mit zwei runden Brunftschwielen auf der Brust.

Färbung (in Alkohol) oben dunkelbraun bis bläulichbraun oder gelblichbraun; zuweilen eine dunklere Zeichnung auf dem Rücken und einige dunkle Flecke oder Marmelzeichnungen an den Seiten; Kopfseiten unterhalb des Canthus rostralis schwärzlich, mit einem weißlichen Fleck unter dem Auge; Schnauzenspitze meist wenig heller. Hinterbeine mit Andeutungen einiger Querbinden; Unterseite gelblichgrau; Hinterseite der Oberschenkel einfarbig rötlichgelb bis rötlichbraun. Körperlänge des Weibchens 55 mm, die des Männchens 41 mm.

Rugege-Wald, Deutsch-Ost-Afrika.

50. **L. martienssení** E. Ahl 1929 *L. m.*, E. Ahl in: SB. Ges. Fr. Berlin, p. 219.

Körpergestalt ziemlich schlank. Vomerzähne in zwei kleinen, runden Gruppen zwischen den mäßig großen Choanen; Zunge groß, hinten mit zwei Zipfeln. Kopf groß, breiter als lang; Schnauze abgerundet, im Profil abgeflacht, nicht über das Maul hinausragend, länger als das Auge, so lang wie der Abstand der vorderen Augenwinkel voneinander, länger als hoch; Canthus rostralis deutlich; Lorealgegend sehr schräg, konkav; Nasenloch etwas näher der Schnauzenspitze als dem Auge, der Abstand der Nasenlöcher voneinander bedeutend schmaler als der Interorbitalraum, der breiter als ein oberes Augenlid ist; Trommelfell mäßig deutlich, $^1/_3$ so breit wie das Auge, um etwa die Hälfte seines eigenen Durchmessers von diesem entfernt. Finger lang und schlank, mit etwa $^1/_3$ Schwimmhaut; Haftscheiben groß, so breit wie das Trommelfell; 1. Finger kleiner als der 2., der kürzer als der 4. ist, der von dem 3. weit überragt wird; 3. Finger etwas länger als die Schnauze; Subartikulartuberkel deutlich, einige doppelt; Zehen mit etwa $^2/_3$ Schwimmhaut, die an der 4. Zehe die beiden letzten, an der 1. und 2. das letzte Glied frei läßt und an der 3. und 5. Zehe bis nahezu an die Haftscheiben heranreicht; Haftscheiben etwas kleiner als die der Finger; 5. Zehe etwas länger als die 3.; laterale Metatarsalia fest verbunden; laterale Zehe mit schwacher Hautfalte; Tarsalfalte schwach angedeutet; nur eine kleine, flache, mediale Metatarsaltuberkel von etwa $^1/_3$ der Länge der medialen Zehe; keine laterale, keine Tarsaltuberkel; Sohle schwach granuliert; Subartikulartuberkel deutlich, einige doppelt. Das Tibiotarsalgelenk reicht bis zum Vorderrand des Auges; Femur so lang wie die Tibia, die 4mal so lang wie breit, 2mal in der Körperlänge enthalten, $1^1/_2$mal so lang wie das Os cruris und länger als der Fuß ist; die Fersen berühren einander. Haut oben sehr fein chagriniert, unten fein gekörnelt; eine in kleine Tuberkel aufgelöste Hautfalte entlang dem Unterarm; eine Tuberkel an der Ferse und eine Querfalte über derselben; eine ähnliche, nicht sehr deutliche Hautfalte quer über dem After.

Färbung (in Alkohol) oben hellbräunlich, mit einer Anzahl dunkelbrauner Querbinden auf dem Rücken; die erste befindet sich zwischen den Augen und etwa 4—5 folgen dann über den ganzen Rücken; Beine quergebändert; Ober- und Unterlippe, Querfalte über der Ferse und über dem After, sowie die Tuberkelreihe entlang dem Unterarm weiß. Unterseite gelblichweiß; am Kinn einige dunkle Stäubchen. Hinterseite der Oberschenkel gelblich. Körperlänge 40 mm.

Deutsch-Ostafrika.

51. **L. tanganus** E. Ahl 1910 *Hylambates rufus* (non A. Reichenow) (part.), Nieden in: SB. Ges. Fr. Berlin, p. 447 | 1910 *H. r.* (part.), P. Krefft in: Bl. Aquar. Terrar., *v.* 21 p. 463 | 1915 *H. r.* (part.), Nieden in: Mt. Mus. Berlin, *v.* 7 p. 368 | 1929 *Leptopelis tanganus*, E. Ahl in: SB. Ges. Fr. Berlin, p. 221.

Körpergestalt ziemlich schlank. Vomerzähne in zwei runden Gruppen zwischen den großen Choanen; Zunge groß, hinten mit zwei Zipfeln. Kopf groß, $1^1/_4$mal so breit wie lang; Schnauze abgerundet, im Profil abgestutzt, so lang wie das große Auge, nicht über das Maul hinausragend, kürzer als der Abstand der vorderen Augenwinkel voneinander, nur wenig länger als hoch; Canthus rostralis deutlich; Lorealgegend fast senkrecht, konkav; Nasenloch in der Mitte zwischen Auge und Schnauzenspitze; Abstand der Nasenlöcher voneinander viel schmaler als der Interorbitalraum, der etwa doppelt so breit wie ein oberes Augenlid ist; Temporalgegend schräg; Trommelfell in seiner ganzen Breite von oben sichtbar, $^1/_3$ so breit wie das Auge, um die Hälfte seines eigenen Durchmessers von diesem entfernt. Finger lang und schlank, mit $^1/_3$—$^2/_5$ Schwimmhaut; Haftscheiben groß, so breit wie das Trommelfell; 1. Finger kleiner als der 2., der kürzer als der 4. ist, der nur wenig von dem 3. überragt wird; 3. Finger sehr wenig länger als die Schnauze; Subartikulartuberkel deutlich, an einigen Gelenken doppelt; Zehen mit $^1/_2$—$^2/_3$ Schwimmhaut, die an der 1. und 2. Zehe das letzte Glied und an der 4. Zehe die beiden letzten Glieder frei läßt und bei der 3. und 5. Zehe bis fast unter die Haftscheiben reicht; Haftscheiben etwas kleiner als die der Finger; 5. Zehe länger als die 3.; laterale Metatarsalia fest verbunden; laterale Zehe mit schwacher Hautfalte; Tarsalfalte fehlt; nur eine große, schaufelförmige, mediale Metatarsaltuberkel von etwas mehr als $^1/_2$ der Länge der medialen Zehe; keine laterale, keine Tarsaltuberkel; Sohle granuliert; Subartikulartuberkel deutlich, an einigen Gelenken doppelt. Das Tibiotarsalgelenk reicht kaum bis zum Hinterrand oder der Mitte des Auges; Femur etwas länger als die Tibia, die etwa 4 mal so lang wie breit, 2—$2^1/_2$ mal in der Körperlänge enthalten, $1^1/_2$ mal so lang wie das Os cruris und so lang oder länger als der Fuß ist; die Fersen berühren einander nicht. Haut oben, besonders am Kopf, schwach gekörnelt; Unterseite an Kehle und Brust schwächer, an Bauch und Unterseite der Oberschenkel stärker granuliert. Eine schwache Hautfalte entlang dem Unterarm.

Färbung (in Alkohol) oben einfarbig gelblich, unten weiß; Unterrand des oberen Augenlides leuchtend gelblichweiß; Hinterseite der Oberschenkel einfarbig bräunlich. Körperlänge 50 mm (Weibchen).

Tanga, Amani.

7. Gattung **Hyperolius** Rapp

1838 *Eucnemis* (part.), Tschudi, Classif. Batr., p. 35 | 1841 *E.* (part.), C. Duméril & G. Bibron, Erpét., *v.* 8 p. 525 | 1842 *Hyperolius*, Rapp in: Arch. Naturg., *v.* 8 I p. 289 | 1858 *H.*, Alb. Günther, Cat. Batr. sal. Brit. Mus., p. 85 | 1864 *Rappia*, Alb. Günther in: Zool. Rec., *v.* 1 p. 130 | 1882 *R.*, Boulenger, Cat. Batr. sal. Brit. Mus., ed. 2 p. 119 | 1924 *Hyperolius*, Noble in: Bull. Amer. Mus., *v.* 49 p. 250.

Pupille horizontal. Zunge herzförmig, hinten frei. Vomerzähne fehlen. Oberkiefer bezahnt. Zwischenknochen zwischen den Endphalangen der Finger und Zehen vorhanden. Finger mehr oder weniger durch Schwimmhaut verbunden. Laterale Metatarsalia fest verbunden. Spitzen der Finger und Zehen zu Haftscheiben verbreitert. Zehen durch Schwimmhaut verbunden. Omosternum mit knöchernem Stiel. Sternum eine Knorpelplatte. Endphalangen stumpf.

189 Arten in Afrika und Madagaskar.

Bestimmungstabelle der afrikanischen Arten der Gattung *Hyperolius*:

A. Finger mit weniger als $^1/_3$ Schwimmhaut.
B. Finger frei von Schwimmhaut oder so gut wie frei.
C. Das Tibiotarsalgelenk reicht nicht über das Auge hinaus.
D. Schnauze so lang wie das Auge.
E. Kopf nicht breiter als lang.
F. Kopf etwas länger als breit . . . . 1. **H. spurelli**
FF. Kopf so lang wie breit.
G. Trommelfell deutlich . . . . 2. **H. stenodactylus**
GG. Trommelfell verborgen.
H. Schnauze abgerundet . . . . 3. **H. angolanus**
HH. Schnauze mehr oder weniger spitz.
I. Zehen mit $^2/_3$ Schwimmhaut . . . . 4. **H. cinnamomeiventris**
II. Zehen mit nicht ganz $^1/_2$ Schwimmhaut . 5. **H. pygmaeus**
EE. Kopf etwas breiter als lang . . . . 6. **H. petersi**
DD. Schnauze länger als der Augendurchmesser.
E. Eine wellenförmig gebogene, rauhe Querfalte auf der Brust . . . . 7. **H. rhizophilus**
EE. Keine Querfalten auf der Brust, höchstens eine angedeutete glatte Postgularfalte.
F. 3. Finger so lang oder etwas länger als die Schnauze; 5. Zehe länger als die 3. . . . . . . 8. **H. vermicularis**
FF. 3. Finger etwas kürzer als die Schnauze; 3. und 5. Zehe gleich lang . . . . 9. **H. sansibaricus**
CC. Das Tibiotarsalgelenk reicht über das Auge hinaus.
D. Schnauze zugespitzt . . . . 10. **H. quinquevittatus**

DD. Schnauze vorn quer abgestutzt.
E. Zehen mit 1/2 Schwimmhaut . . . . 11. **H. punctulatus**
EE. Zehen mit ganzen Schwimmhäuten . . . . . 12. **H. protchei**
BB. Finger an der Basis durch eine kleine, höchstens 1/4 Schwimmhaut verbunden.
C. Das Tibiotarsalgelenk überragt nicht den Vorderrand des Auges (siehe auch *H. papyri*).
D. Das Tibiotarsalgelenk erreicht nicht den hinteren Augenrand (siehe auch *H. adametzi* und *H. pictus*).
E. An allen Zehen das letzte Glied völlig frei von Schwimmhaut.
F. Haut des Rückens dick, mit deutlichen, tief in die Haut gesenkten, kleinen Porenöffnungen . 13. **H. heuglini**
FF. Haut oben völlig glatt . . . . 14. **H. multifasciatus**
EE. Schwimmhaut der Zehen wenigstens an der 3. und 5. Zehe bis oder fast bis unter die Haftscheiben reichend.
F. 3. Finger viel länger als die Schnauze . . . 15. **H. brevipalmatus**
FF. 3. Finger so lang wie die Schnauze.
G. Nur eine einzige, mediale Metatarsaltuberkel . 16. **H. kivuensis**
GG. Eine mediale und eine laterale Metatarsaltuberkel . . . . 17. **H. bituberculatus**
DD. Das Tibiotarsalgelenk erreicht das Auge.
E. Kopf nicht breiter als lang.
F. Kopf etwas länger als breit.
G. Haut oben glatt . . . . 18. **H. acuticeps**
GG. Haut oben granuliert oder mit konischen Tuberkeln versehen.
H. Haut oben gleichmäßig granuliert . . . . 19. **H. oxyrhynchus**
HH. Haut oben mit einer Anzahl konischer, erhabener, weißer, mit brauner Spitze versehenen Tuberkel . . . . 20. **H. rossii**
FF. Kopf so lang wie breit (siehe auch *H. pictus*).
G. Schnauze länger als der Augendurchmesser.
H. Haut mit einigen Längsfalten auf dem Rücken . . . . 21. **H. tristis**
HH. Rücken ohne Längsfalten.
I. Trommelfell, wenn auch manchmal nicht deutlich, sichtbar.
J. 3. Finger bedeutend länger als die Schnauze . 22. **H. insignis**
JJ. 3. Finger so lang wie die Schnauze.
K. Das letzte Glied der 4. Zehe frei . . . 23. **H. guineensis**
KK. Die beiden letzten Glieder der 4. Zehe frei.
L. Haut oben mit sehr vielen, sehr kleinen, spitzen Warzen besetzt . . . . 24. **H. castaneus**
LL. Haut oben glatt . . . . 25. **H. scriptus**
II. Trommelfell unter der Haut verborgen.
J. Lorealgegend senkrecht . . . . 26. **H. albolabris**
JJ. Lorealgegend abgeschrägt.
K. Eine breite, weiße Binde an den Seiten des Kopfes und Körpers . . . . 27. **H. ferreirai**
KK. Eine schwarze, dorsolaterale Längsbinde an den Seiten des Kopfes und Körpers . 28. **H. balfouri**
GG. Schnauze so lang oder etwas kürzer als der Augendurchmesser.
H. Nasenloch näher der Schnauzenspitze als dem Auge (siehe auch *H. variabilis*).

I. Haut oben granuliert . . . . 29. **H. granulatus**
II. Haut oben glatt oder fein chagriniert.
J. Lorealgegend schräg.
K. Schnauze abgerundet; Bauch fein areoliert 30. **H. platyceps**
KK. Schnauze vorn quer abgestutzt; Bauch granuliert . . . . 31. **H. platyrhinus**
JJ. Lorealgegend steil.
K. 3. Finger länger als die Schnauze.
L. Entlang den Seiten des Kopfes und des Körpers ein dunkelbraunes, nach oben weiß gerandetes Band . . . . 32. **H. baumanni**
LL. Oben rot mit einer weißen vertebralen und je einer weißen dorsolateralen Binde 33. **H. raveni**
KK. 3. Finger so lang wie die Schnauze.
L. Das letzte Glied der 4. Zehe frei von Schwimmhaut . . . . 34. **H. olivaceus**
LL. Die letzten $1^1/_2$—2 Glieder der 4. Zehe frei.
M. Nasenloch etwas näher der Schnauzenspitze als dem Auge; Internasalraum etwas schmaler als der Interorbitalraum, der fast doppelt so breit wie ein oberes Augenlid ist; Tibia $3^1/_2$ mal so lang wie breit . . . . 35. **H. pleurotaenius**
MM. Nasenloch viel näher der Schnauzenspitze als dem Auge; Internasalraum viel schmaler als der Interorbitalraum, der mehr als doppelt so breit wie ein oberes Augenlid ist; Tibia $4^1/_2$ mal so lang wie breit . . . . 36. **H. pusillus**
HH. Nasenloch in der Mitte zwischen Auge und Schnauzenspitze.
I. Die letzten $1^1/_2$—2 Glieder der 4. Zehe frei von Schwimmhaut . . . . 37. **H. adametzi**
II. Nur das letzte Glied frei.
J. Eine dunkle Binde an den Seiten des Kopfes und Körpers . . . . 38. **H. kwidjwiensis**
JJ. Auf weißem Grunde mehr oder weniger große, inselförmige, rot- bis schwarzbraune Flecke . . . . 39. **H. variabilis**
EE. Kopf breiter als lang (siehe auch *H. adametzi*, *H. variabilis*, *H. olivaceus*).
F. Schnauze etwas kürzer als der Augendurchmesser.
G. Oben gelblichweiß, mit vielen runden, mehr oder weniger zusammenfließenden, hellbraunen Flecken; eine Linie von derselben Farbe vom Nasenloch zum Auge . . . . 40. **H. soror**
GG. Oben mehr oder weniger heller grau mit kleinen, feinen, schwarzen Pünktchen; entlang der Oberlippe zieht sich ein scharf abgesetzter, weißer Streifen gradlinig nach hinten bis zur Ansatzstelle der Oberschenkel . 41. **H. punctatissimus**
FF. Schnauze so lang oder länger als das Auge.
GG. Schnauze so lang wie das Auge.
H. 3. Finger so lang wie die Schnauze . . . . 42. **H. ipianae**
HH. 3. Finger viel länger als die Schnauze . . 43. **H. pictus**

GG. Schnauze länger als das Auge (siehe auch *H. pictus*).
H. 3. Finger länger als die Schnauze . . . . 44. **H. concolor**
HH. 3. Finger so lang wie die Schnauze . . . 45. **H. tornieri**
CC. Das Tibiotarsalgelenk überragt das Auge.
D. Schnauze länger als das Auge.
E. Das Tibiotarsalgelenk überragt die Schnauzenspitze.
F. Haut des Rückens stark granuliert . . . . . 46. **H. benguellensis**
FF. Haut oben glatt . . . . 47. **H. platycephalus**
EE. Das Tibiotarsalgelenk reicht bis zwischen Auge und Schnauzenspitze.
F. Lorealgegend abgeschrägt . . . . 48. **H. simus**
FF. Lorealgegend senkrecht.
G. Schnauze fast doppelt so lang wie das Auge; Interorbitalraum mehr als doppelt so breit wie ein oberes Augenlid . . . . 49. **H. papyri**
GG. Schnauze etwas länger als das Auge; Interorbitalraum $1^1/_2$ mal so breit wie ein oberes Augenlid . . . . 50. **H. pulcher**
DD. Schnauze so lang wie das Auge.
E. Kopf so lang wie breit.
F. Zehen mit $^1/_2$ Schwimmhaut; oben einfarbig bräunlich . . . . 51. **H. aylmeri**
FF. Zehen mit $^3/_4$ Schwimmhaut; von der Schnauzenspitze zum After zieht sich jederseits eine breite, dunkle, mit leuchtend gelben Punkten besetzte Binde hin; ein großer, dunkler Fleck von der Interorbitalgegend bis zum Rücken . 52. **H. osorioi**
EE. Kopf breiter als lang.
F. Haut mit vielen granulösen Falten; eine dieser Falten bildet an jeder Seite des Halses eine gebogene, scharfe Linie . . . . 53. **H. pliciferus**
FF. Haut des Rückens ohne Falten.
G. Zehen mit $^3/_4$ Schwimmhaut.
H. Schnauze abgerundet.
I. Haut oben glatt . . . . 54. **H. fuscigula**
II. Haut oben mit sehr vielen kleineren und größeren Warzen und Tuberkeln besetzt . 55. **H. asper**
HH. Schnauze zugespitzt.
I. Unterseite einfarbig . . . . 56. **H. moseri**
II. Unterseite mit großen, schwarzen, mehr oder weniger zusammenfließenden Flecken . . 57. **H. thomensis**
GG. Zehen mit höchstens $^3/_5$ Schwimmhaut.
H. Haut oben schwach rauh . . . . 58. **H. sugillatus**
HH. Haut oben glatt.
I. Eine deutliche Postgularfalte; oben grau (im Leben grün) mit vielen kleinen, schwarzen Flecken und Strichen . . . . 59. **H. striolatus**
II. Keine Postgularfalte; oben einfarbig grau (im Leben grün) . . . . 60. **H. oeseri**
AA. Finger mit $^1/_3$ oder mehr Schwimmhaut.
B. Das Tibiotarsalgelenk reicht nicht über das Auge hinaus (siehe auch *H. bayoni*).
C. Kopf so lang wie breit oder ein wenig länger als breit.
D. Kopf ein wenig länger als breit . . . . 61. **H. burgeoni**

DD. Kopf so lang wie breit.
E. Schnauze höchstens so lang wie das Auge.
F. Schnauze kürzer als das Auge (siehe auch *H. picturatus* und *fimbriolatus*).
G. Nasenloch etwas näher der Schnauzenspitze als dem Auge; Haut oben glatt . . . . . . 62. **H. albofrenatus**
GG. Nasenloch in der Mitte zwischen Auge und Schnauzenspitze; Haut oben porös und mit kleinen Warzen übersät . . . . 63. **H. breviceps**
FF. Schnauze so lang wie das Auge.
G. Nasenloch in der Mitte zwischen Auge und Schnauzenspitze.
H. Färbung oben schwarz mit einem breiten, weißen Längsstreifen in der Rückenmitte und je einem an jeder Seite; 3. Finger so lang wie die Schnauze . . . . 64. **H. parallelus**
HH. Oben braun mit einer dunklen Dorsalzeichnung und einer wellenförmigen Lateralzeichnung . . . . 65. **H. undulatus**
GG. Nasenloch näher der Schnauzenspitze als dem Auge (siehe auch *H. parallelus* und *undulatus*).
H. Oberseite regelmäßig gefleckt.
I. Zehen mit $^3/_4$ oder ganzen Schwimmhäuten.
J. Färbung ein zartes Grün mit gelben Flecken . . . . 66. **H. viridiflavus**
JJ. Oben braun mit vielen kleinen, runden, oder zu wurmartigen Zeichnungen zusammenfließenden, weißen, schmal dunkelbraun umrandeten Flecken . . . . . . 67. **H. buchholzi**
II. Zehen mit $^1/_2$ Schwimmhaut . . . . . . 68. **H. guttolineatus**
HH. Oberseite in anderer Weise gefärbt.
I. Die letzten $1^1/_2$—2 Glieder der 4. Zehe frei von Schwimmhaut (siehe auch *H. fimbriolatus* und *taeniatus*).
J. Von der Schultergegend bis etwa in die Gegend des Ansatzes der Hinterbeine auf jeder Seite des Rückens ein sehr breiter, leuchtend weiß gefärbter Glandularwulst . 69. **H. bitaeniatus**
JJ. Kein Glandularwulst.
K. Brust, Bauch und Unterseite der Oberschenkel mit flachen, in Mosaikform nebeneinander liegenden Granula . . . . . . 70. **H. montanus**
KK. Kehle und Brust fein, Bauch gröber granuliert . . . . 71. **H. ngoriensis**
II. Nur das letzte Glied der 4. Zehe frei von Schwimmhaut.
J. Die beiden lateralen Finger mit $^1/_2$ oder fast $^1/_2$ Schwimmhaut.
K. Unterseite schwarz oder dunkelbraun mit weißlichen oder goldgelben Flecken . . 72. **H. steindachneri**
KK. Unterseite einfarbig.
L. Zwischen den Augen eine Zeichnung, die ein mit der Spitze nach hinten gerichtetes Dreieck bildet, an das sich auf dem Rücken eine sanduhrförmige Figur anschließt . . . . 73. **H. depressus**
LL. Rücken einfarbig.

M. An den Seiten des Kopfes und des Körpers eine schmale, dunkelbraune Längsbinde . . . . 74. **H. kandti**

MM. Von der Schulter zum After eine weißliche Lateralbinde . . . . . . 75. **H. rhodoscelis**

JJ. Die beiden lateralen Finger mit $^1/_3$ Schwimmhaut.

K. 5. Zehe etwas länger als die 3. (siehe auch *H. fulvovittatus*).

L. Färbung oben graublau, mit sehr vielen kleinen, punkt- oder wurmförmigen, sehr dicht stehenden und eine Marmelzeichnung hervorrufenden, schwarzen Flecken . 76. **H. schubotzi**

LL. Oben weiß mit etwa 4—6 breiten, schwarzen Längsbinden über dem Rücken . . . . 77. **H. taeniatus**

KK. 5. und 3. Zehe gleich lang.

L. 3. Finger länger als die Schnauze (siehe auch *H. fimbriolatus*). . . . . 78. **H. fulvovittatus**

LL. 3. Finger so lang wie die Schnauze.

M. Eine weiße Dorsolateralbinde . . . . 79. **H. fimbriolatus**

MM. Ein von vielen kleinen, hellen Flecken unterbrochener, dunkelbrauner Lateralstreifen . . . . . . 80. **H. picturatus**

EE. Schnauze länger als das Auge (siehe auch *H. fimbriolatus* und *montanus*).

F. Trommelfell deutlich sichtbar . . . . 81. **H. hildebrandti**

FF. Trommelfell verborgen.

G. Haut oben glatt . . . . 82. **H. sordidus**

GG. Haut oben sehr fein granuliert oder mit feinen Warzen besetzt.

H. Schnauze vorn rundlich quer abgestutzt . . 83. **H. latifrons**

HH. Schnauze zugespitzt . . . . 84. **H. puncticulatus**

CC. Kopf breiter als lang (doch siehe auch *H. steindachneri, puncticulatus, parallelus, montanus, fimbriolatus, picturatus, undulatus*).

D. Schnauze höchstens so lang wie das Auge.

E. Schnauze kürzer als das Auge.

F. Nasenloch in der Mitte zwischen Auge und Schnauzenspitze.

G. 3. und 5. Zehe gleich lang . . . . 85. **H. vermiculatus**

GG. 5. Zehe etwas länger als die 3.

H. Schnauze so lang wie hoch . . . . 86. **H. symetricus**

HH. Schnauze länger als hoch.

I. Interorbitalraum $1^1/_2$—$1^3/_4$ mal so breit wie ein oberes Augenlid; das Tibiotarsalgelenk erreicht den vorderen Augenrand . . . . 87. **H. nyassae**

II. Interorbitalraum 2 mal so breit wie ein oberes Augenlid; das Tibiotarsalgelenk reicht bis zum Hinterrand oder der Mitte des Auges . . . . 88. **H. marginatus**

FF. Nasenloch näher der Schnauzenspitze als dem Auge (siehe auch *H. nyassae* und *marginatus*).

G. 3. Finger so lang wie die Schnauze.

H. Das letzte Glied der 4. Zehe frei von Schwimmhaut . . . . 89. **H. melanophthalmus**

HH. Die letzten $1^1/_2$—2 Glieder der 4. Zehe frei.

I. Interorbitalraum $1^1/_2$mal so breit wie ein oberes Augenlid; laterale Finger mit gut $^1/_2$ Schwimmhaut . . . . 90. **H. laticeps**

II. Interorbitalraum 2mal so breit wie ein oberes Augenlid; laterale Finger mit $^1/_3$ Schwimmhaut . . . . 91. **H. wettsteini**

GG. 3. Finger länger als die Schnauze.

H. Eine schwach angedeutete Tarsalfalte; Interorbitalraum fast doppelt so breit wie ein oberes Augenlid; laterale Finger mit fast $^1/_2$ Schwimmhaut . . . . 92. **H. phrynoderma**

HH. Keine Tarsalfalte; Interorbitalraum $1^1/_2$mal so breit wie ein oberes Augenlid; laterale Finger mit $^1/_3$ Schwimmhaut . . . . . . 93. **H. glandicolor**

EE. Schnauze so lang wie das Auge (siehe auch *H. nyassae*).

F. Nasenloch in der Mitte zwischen Auge und Schnauzenspitze (siehe auch *H. callichromus*).

G. Trommelfell deutlich . . . . 94. **H. argentovittis**

GG. Trommelfell verborgen.

H. 3. Finger so lang wie die Schnauze.

I. Finger mit $^1/_3$ Schwimmhaut; bei rechtwinklig angeknickten Hinterbeinen berühren die Fersen einander; Brust und Bauchmitte glatt . . . . 95. **H. bergeri**

II. Finger mit fast $^1/_2$ Schwimmhaut; bei rechtwinklig angeknickten Hinterbeinen decken die Fersen einander; Unterseite granuliert . 96. **H. marmoratus**

HH. 3. Finger länger als die Schnauze.

I. Die beiden letzten Glieder der 4. Zehe fast frei von Schwimmhaut . . . . 97. **H. karissimbiensis**

II. Nur das letzte Glied der 4. Zehe frei von Schwimmhaut.

J. Oberseite weiß mit mehr oder weniger hervortretenden und miteinander zusammenfließenden, schwarzen Flecken, die zu einer dunklen Marmorierung zusammenfließen . . . . 98. **H. fuelleborni**

JJ. Oberseite mit Punkten oder Flecken.

K. Schnauze viel kürzer als der Abstand der vorderen Augenwinkel voneinander, so lang wie hoch . . . . 99. **H. coeruleopunctatus**

KK. Schnauze nur sehr wenig kürzer als der Abstand der vorderen Augenwinkel voneinander; etwas länger als hoch.

L. Oberseite glatt; oben schwarz mit großen, weißen Flecken . . . . 100. **H. marungaensis**

LL. Oberseite chagriniert und mehr oder weniger mit feinen Warzen besetzt.

M. Oben weinrot, mit großen, weißen, schwarz umrandeten Flecken, die in der Rückenmitte und an jeder Seite zu je einer Längsbinde zusammenfließen . 101. **H. decoratus**

MM. Oben weinrot mit vielen kleinen, unregelmäßig gestalteten und spitzen, weißen Fleckchen . . . . 102. **H. microstictus**

FF. Nasenloch näher der Schnauzenspitze als dem Auge (siehe auch *H. decoratus* und *fuelleborni*).
G. 3. Finger nicht länger als die Schnauze.
H. 3. Finger bedeutend kürzer als die Schnauze . 103. **H. guttatus**
HH. 3. Finger so lang wie die Schnauze (siehe auch *H. ferniquei* und *tuberculatus*).
I. 3. und 5. Zehe gleich lang (siehe auch *H. substriatus*).
J. Trommelfell unter der Haut verborgen . 104. **H. albifrons**
JJ. Trommelfell mehr oder weniger deutlich.
K. Haut oben fein runzelig; eine deutliche Postgularfalte . . . . 105. **H. rugegensis**
KK. Haut oben glatt; keine Postgularfalte . 106. **H. reticulatus**
II. 5. Zehe länger als die 3.
J. Die letzten $1^1/_2$—2 Glieder der 4. Zehe frei von Schwimmhaut.
K. Färbung gleichmäßig bräunlichweiß, ohne irgendwelche Zeichnung . . . . 107. **H. argentophthalmus**
KK. Wenigstens an den Kopfseiten eine breite, weiße, breit schwarzbraun umrandete Binde . . . . 108. **H. substriatus**
JJ. Nur das letzte Glied der 4. Zehe frei.
K. Eine sehr deutliche Temporofemoralfalte und eine starke ventrale Ringfalte . . . 109. **H. cinctiventris**
KK. Keine Temporofemoralfalte.
L. Über den ganzen Rücken, die Kopfseiten, die Körperseiten und die Oberseite der Extremitäten finden sich kleine, runde, lebhaft rot gefärbte Drüsenwarzen verstreut . . . . 110. **H. mobasicus**
LL. Haut auf dem Rücken glatt.
M. Oben gelblichbraun mit sehr enggestellter dunklerer Marmorierung . . . 111. **H. brachiofasciatus**
MM. Oben einfarbig, selten mit einigen verstreuten dunklen Punkten.
N. Färbung des Körpers einfarbig gelblichweiß . . . . 112. **H. rubripes**
NN. Eine breite, dunkle, nach unten durch weiße Fleckenzeichnung aufgelöste Lateralbinde . . . . 113. **H. nitidulus**
GG. 3. Finger länger als die Schnauze (siehe auch *H. nitidulus*, *substriatus* und *rubripes*).
H. Die letzten $1^1/_2$ Glieder der 4. Zehe frei von Schwimmhaut . . . . 114. **H. discodactylus**
HH. Nur das letzte Glied der 4. Zehe frei von Schwimmhaut.
I. Lateralseite der Hand und des Unterarmes, ebenso die Lateralseite des Fußes und der Tibia mit kleinen, spitzen Tuberkeln und ausgezackten Hautanhängen besetzt . . . 115. **H. obstetricans**
II. Lateralseite der genannten Extremitäten ohne Hautanhänge.
J. Laterale Finger mit etwa $^1/_3$ Schwimmhaut.
K. Oben einfarbig grünlich . . . . 116. **H. maximus**
KK. Oben verschiedenartig gemustert.
L. 3. und 5. Zehe gleich lang . . . . . . 117. **H. pulchromarmoratus**
LL. 5. Zehe länger als die 3.

M. Tibia so lang oder fast so lang wie der Fuß . . . . 118. **H. multicolor**
MM. Tibia länger als der Fuß.
N. Haftscheiben, insbesondere des 3. Fingers, sehr groß . . . . 119. **H. macrodactylus**
NN. Haftscheiben wohl entwickelt, aber nicht ungewöhnlich groß.
O. Oben dunkelbraun, mit zahlreichen, runden, hellen Flecken . . . . . . 120. **H. flavoguttatus**
OO. Oben hellgrau, mit vielen kleinen, runden oder meist vieleckigen und unregelmäßig gestalteten, hellbraunen Fleckchen übersät . . . . 121. **H. udjidjiensis**
JJ. Laterale Finger mit etwa $^1/_2$ Schwimmhaut.
K. Brust auffällig stark granuliert und gefeldert . . . . 122. **H. thoracotuberculatus**
KK. Brust glatt oder fein granuliert.
L. An jeder Körperseite eine weiße Dorsolateralbinde.
M. Zehen mit $^3/_5$ Schwimmhaut; Rücken mit dunklen Flecken . . . . 123. **H. fasciatus**
MM. Zehen mit $^3/_4$ Schwimmhaut; Rückenmitte rotbraun, mit einer breiten, schwarz umrandeten Längsbinde vom Internasalraum zum After . . . . . 124. **H. callichromus**
LL. Keine weiße Dorsolateralbinde.
M. Ein dunkler Lateralstreifen.
N. Finger mit $^2/_3$ Schwimmhaut; Oberseite fein chagriniert, mit kleinen, rauhen, warzigen, runden, verstreuten Tuberkeln . . . . 125. **H. tuberculatus**
NN. Finger mit $^1/_2$ Schwimmhaut; Haut oben und an den Seiten glatt . . 126. **H. houyi**
MM. Kein dunkler Lateralstreifen.
N. Keine Querfalten auf der Brust . . 127. **H. ferniquei**
NN. Wenigstens eine deutliche Postgularfalte.
O. 5. Zehe so lang wie die 3. . . . . 128. **H. huillensis**
OO. 5. Zehe länger als die 3.
P. Bei rechtwinklig angeknickten Hinterbeinen berühren die Fersen einander; oben weiß, mit in 4 Längsreihen angeordneten, kleinen, hellbraunen Flecken . . . . 129. **H. monticola**
PP. Bei rechtwinklig angeknickten Hinterbeinen überragen die Fersen einander ein wenig; oben bräunlichgrau mit zahlreichen, unregelmäßig verstreuten, hellen, in der Mitte einen feinen, rotbraunen Punkt tragenden Augenflecken . . . . 130. **H. oculatus**
DD. Schnauze länger als das Auge (siehe auch *H. flavoguttatus* und *substriatus*).
E. 3. und 5. Zehe gleich lang.
F. Haut oben und an den Seiten granuliert . . 131. **H. nigropalmatus**
FF. Haut oben und an den Seiten glatt . . . . 132. **H. rosaceus**

EE. 5. Zehe länger als die 3.
F. 3. Finger länger als die Schnauze.
G. Unterseite einfarbig gelb . . . . 133. **H. alticola**
GG. Über die vordere Hälfte des Bauches zieht sich eine breite, schwarze Querbinde, die am vorderen und hinteren Rande etwas ausgezackt ist . . . . 134. **H. ventrimaculatus**
FF. 3. Finger so lang wie die Schnauze.
G. Haut oben und an den Seiten glatt . . . . 135. **H. adspersus**
GG. Haut oben und an den Seiten stark warzig.
H. Nasenloch normal, nur sehr wenig näher der Schnauzenspitze als dem Auge; Interorbitalraum doppelt so breit wie ein oberes Augenlid . . . . 136. **H. dermatus**
HH. Nasenloch wulstig aufgetrieben, mit dem vorderen Augenwinkel durch eine wulstige Falte verbunden, viel näher der Schnauzenspitze als dem Auge; Interorbitalraum $1^1/_2$mal so breit wie ein oberes Augenlid . 137. **H. narinus**
BB. Das Tibiotarsalgelenk reicht über das Auge hinaus (siehe auch *H. parallelus*).
C. Kopf so lang wie breit oder länger als breit (siehe auch *H. lucani*).
D. Kopf länger als breit . . . . 138. **H. mariae**
DD. Kopf so lang wie breit.
E. Schnauze länger als das Auge (siehe auch *H. toulsonii*).
F. Finger mit $^1/_3$ Schwimmhaut . . . . 139. **H. nasutus**
FF. Finger mit $^1/_2$ Schwimmhaut.
G. Zehen mit $^1/_2$ Schwimmhaut; oben violett mit weißen Punkten . . . . 140. **H. maestus**
GG. Zehen mit $^3/_4$ Schwimmhaut; oben kreideweiß . . . . 141. **H. pachyderma**
EE. Schnauze so lang wie das Auge.
F. Laterale Finger mit $^1/_3$ Schwimmhaut.
G. Zunge vorn mit zwei konischen Papillen . . 142. **H. tuberilinguis**
GG. Zunge ohne konische Papillen.
H. Färbung oben und an den Seiten einfarbig gelblichweiß . . . . 143. **H. scheffleri**
HH. Stets irgendeine andersfarbige Zeichnung auf der Oberseite oder den Seiten vorhanden.
I. Entlang den Seiten des Kopfes und des Rumpfes eine scharf ausgeprägte Längsbinde.
J. Außer den beiden lateralen noch eine breite, weiße, mediale Längsbinde . . . 144. **H. toulsonii**
JJ. Keine mediale Längsbinde.
K. Trommelfell völlig verborgen . . . . . 145. **H. bayoni**
KK. Trommelfell mehr oder weniger deutlich.
L. Die durch die Haut durchscheinenden Knochen von grüner Farbe; oben grün; ein silberner, dunkel gerandeter Streifen an jeder Seite von der Schnauzenspitze zu den Weichen . . . . 146. **H. chlorosteus**

LL. Knochen nicht durchscheinend; von der Schnauzenspitze bis zu den Weichen jederseits eine dunkelbraune Längsbinde; auf der Oberseite des Kopfes und Rückens viele dunkle Flecke und Punkte . . . . 147. **H. togoensis**

II. Keine scharf ausgeprägte Längsbinde entlang den Seiten des Kopfes und Rumpfes.

J. Schnauze vorn quer abgestutzt oder stark abgerundet.

K. Oben rot mit gelber, wurm- oder marmelartiger Zeichnung . . . . 148. **H. angolensis**

KK. Auf roter Grundfarbe eine durch einen medial gelben, lateral schwarzen Saum begrenzte blaue Zeichnung, die aus großen rundlichen oder bandartig auseinander gezogenen Flecken besteht . 149. **H. riggenbachi**

JJ. Schnauze zugespitzt . . . . 150. **H. acutirostris**

FF. Laterale Finger mit 1/2 Schwimmhaut.

G. Trommelfell deutlich, fast 1/2 so breit wie das Auge . . . . 151. **H. phantasticus**

GG. Trommelfell unter der Haut verborgen.

H. Keine Postgularfalte.

I. Oben einfarbig graubraun . . . . 152. **H. salinae**

II. Oberseite dunkelgrau; Hände und Füße, die Seiten und die Unterseite der Hinterbeine, ein Streifen vom Nasenloch zum Auge, und Marmorzeichnungen an den Seiten des Körpers und hinter dem Auge karminrot . . . . 153. **H. burtonii**

HH. Eine deutliche Postgularfalte.

I. Oben grau; Seiten mit verstreuten, kleinen, schwarzen Punkten; eine schwarze Linie vom Nasenloch durch das Auge bis in die Lumbargegend . . . . 154. **H. seabrai**

II. Oben und an den Seiten weißlich mit vielen kleinen, sehr unregelmäßig gestalteten Fleckchen, neben denen sich auch noch einige hellere Flecke finden . . . . . . 155. **H. stuhlmanni**

CC. Kopf breiter als lang (siehe auch *H. toulsonii, tuberilinguis, salinae, phantasticus, bayoni, pachyderma, maestus, burtonii* und *acutirostris*).

D. Schnauze nicht länger als der Augendurchmesser.

E. Schnauze kürzer als der Augendurchmesser.

F. Laterale Finger mit 1/3 Schwimmhaut . . . . 156. **H. irregularis**

FF. Laterale Finger mit 1/2 Schwimmhaut.

G. Oben einfarbig gelblichweiß . . . . 157. **H. renschi**

GG. Oben dunkler gezeichnet.

H. Oben auf rosenrotem Grunde sehr fein kastanienbraun vermiculiert . . . . 158. **H. lucani**

HH. Oben schön braun, von der Schnauze bis zur Ansatzstelle der Vorderbeine schwarz; eine schwarze Querbinde zwischen den Augen geht nach hinten in eine dunkle Zeichnung über, vor den Hinterbeinen ein halbmondförmiges Band über dem Rücken . 159. **H. festivus**

EE. Schnauze so lang wie der Augendurchmesser (siehe auch *H. irregularis*).
F. Laterale Finger mit etwa $^1/_3$ Schwimmhaut (siehe auch *H. spatzi*).
G. Interorbitalraum höchstens $1^1/_2$mal so breit wie ein oberes Augenlid.
H. Nur das letzte Glied der 4. Zehe frei von Schwimmhaut . . . . 160. **H. langi**
HH. Die letzten $1^1/_2$ Glieder der 4. Zehe frei.
I. 3. Finger länger als die Schnauze; Tibia $3^1/_2$mal so lang wie breit, $2^1/_4$mal in der Körperlänge enthalten . . . . 161. **H. adolphi-friederici**
II. 3. Finger so lang wie die Schnauze; Tibia $4^1/_2$mal so lang wie breit, 2mal in der Körperlänge enthalten . . . . 162. **H. noblei**
GG. Interorbitalraum doppelt so breit wie ein oberes Augenlid.
H. 3. Finger viel länger als die Schnauze . . 163. **H. microps**
HH. 3. Finger so lang wie die Schnauze.
I. Eine weiße, sich an den Seiten des Kopfes und Körpers hinziehende Längsbinde . . . 164. **H. flavoviridis**
II. Eine dunkle Binde in der Rückenmitte und je ein dunkles Lateralband über Kopf und Körper . . . . 165. **H. trifasciatus**
FF. Laterale Finger mit etwa $^1/_2$ Schwimmhaut.
G. Auf dem Rücken und an den Seiten einfarbig oder nur mit feinen, dunklen Punkten besetzt.
H. Gesamte Oberseite auf hellem Grunde dunkel gepunktet . . . . 166. **H. bocagei**
HH. Oberseite höchstens fein bestäubt.
I. 3. Finger länger als die Schnauze.
J. Interorbitalraum doppelt so breit wie ein oberes Augenlid; Unterseite weiß . . . . 167. **H. decipiens**
JJ. Interorbitalraum $1^1/_2$mal so breit wie ein oberes Augenlid; Unterseite gelblichgrau, Kehle bräunlichschwarz . . . . 168. **H. koehli**
II. 3. Finger so lang wie die Schnauze.
J. Die letzten $1^1/_2$ Glieder der 4. Zehe frei von Schwimmhaut . . . . 169. **H. unicolor**
JJ. Nur das letzte Glied der 4. Zehe frei von Schwimmhaut.
K. Canthus rostralis abgerundet, aber deutlich; Nasenloch in der Mitte zwischen Auge und Schnauzenspitze . . . . . . 170. **H. spatzi**
KK. Canthus rostralis scharf, gerade; Nasenloch viel näher der Schnauzenspitze als dem Auge . . . . 171. **H. chabanaudi**
GG. Irgendwelche Zeichnungen auf dem Rücken oder den Seiten.
H. Nasenloch in der Mitte zwischen Auge und Schnauzenspitze.
I. 3. Finger so lang wie die Schnauze; oben dunkelbraun mit einem breiten, hellbraunen Längsstreifen über dem Rücken; Seiten des Kopfes und Körpers gelblichweiß . . . . 172. **H. gularis**
II. 3. Finger etwas länger als die Schnauze; oben und an den Seiten tief schwarz; von

dieser Grundfarbe heben sich dichte, weißlich- bis grünlichgraue Marmorierungen sehr wirkungsvoll ab . . . . 173. **H. hieroglyphicus**

HH. Nasenloch näher der Schnauzenspitze als dem Auge.

I. 3. Finger so lang wie die Schnauze.

J. Oben hell rötlichbraun mit einer Anzahl kleiner, dunkler, schmal hell umrandeter Augenflecke; Seiten des Körpers mit einem breiten, mit dichtstehenden, weißen Punkten besetzten Band. Unterseite weißlich . . 174. **H. ocellatus**

JJ. Oben und an den Seiten violett; gesamte Unterseite dunkelbraun; beide Farben getrennt durch eine grünlichweiße Binde 175. **H. fusciventris**

II. 3. Finger länger als die Schnauze.

J. Schnauze abgerundet, nicht über das Maul hinausragend.

K. Oben hell bräunlich bis rein weiß (orangerot) mit einer großmaschigen, schwarzen Marmorierung auf dem Rücken . . . . 176. **H. lagoensis**

KK. Oben gelblichweiß, mit etwa einem Dutzend paarweise angeordneter, großer, dunkelbrauner, quadratischer Flecke auf Hinterhaupt und Rücken . . . . . . 177. **H. quadratomaculatus**

JJ. Schnauze stumpf zugespitzt.

K. Canthus rostralis abgerundet, aber deutlich; Seiten des Kopfes, des Körpers und der Extremitäten mit großen, zu Marmorierungen zusammenfließenden Flecken 178. **H. goetzei**

KK. Canthus rostralis scharf, gerade.

L. Oberseite und Seiten des Kopfes gelblichbraun, mit schwach angedeuteter Querbinde zwischen den Augen und ebensolcher Canthalbinde; übriger Teil der Körperoberseite weißlichgelb . . . . . 179. **H. bicolor**

LL. Ein dunkles, oben breit weiß eingefaßtes Band von der Schnauzenspitze durch das Auge entlang jeder Seite des Körpers . . . . 180. **H. horstockii**

DD. Schnauze länger als der Augendurchmesser (siehe auch *H. microps, fusciventris, hieroglyphicus, lagoensis*).

E. Die beiden lateralen Finger mit $^1/_2$ Schwimmhaut.

F. 3. Finger so lang wie die Schnauze; oben dunkelgrau oder -braun, dicht besetzt mit kleinen, runden, hellen Punkten . . . . . . 181. **H. guttulatus**

FF. 3. Finger kürzer als die Schnauze; oben rötlichgelb mit einigen kreisrunden, weißen, fein dunkelbraun umrandeten Flecken . . . . . 182. **H. argus**

EE. Die beiden lateralen Finger mit etwa $^1/_3$ Schwimmhaut.

F. Schnauze stark zugespitzt; Nasenloch nur sehr wenig näher der Schnauzenspitze als dem Auge; Interorbitalraum fast 3mal so breit wie ein oberes Augenlid . . . . 183. **H. acuticephalus**

FF. Schnauze spitz verrundet; Nasenloch viel näher der Schnauzenspitze als dem Auge; Interorbitalraum doppelt so breit wie ein oberes Augenlid . . . . 184. **H. graueri**

Bestimmungstabelle der Madagassischen Arten der Gattung *Hyperolius:*

A. Finger mit $^1/_4$, Zehen mit $^1/_2$ Schwimmhaut . . . . 185. **H. rutenbergi**

AA. Finger mit wenigstens $^1/_3$, Zehen mit wenigstens $^3/_4$ Schwimmhaut.

B. Trommelfell deutlich sichtbar . . . . 186. **H. idae**

BB. Trommelfell unter der Haut verborgen.

C. Nasenloch in der Mitte zwischen Auge und Schnauzenspitze; bei rechtwinklig angeknickten Hinterbeinen berühren die Fersen einander . . 187. **H. nossibeensis**

CC. Nasenloch viel näher der Schnauzenspitze als dem Auge; bei rechtwinklig angeknickten Hinterbeinen überragen die Fersen einander ein wenig 188. **H. friedrichsi**

Übersicht über die afrikanischen *Hyperolius*-Arten nach Zeichnungsmustern:

A. Finger mit weniger als $^1/_3$ Schwimmhaut.

B. Das Tibiotarsalgelenk reicht nicht über das Auge hinaus.

C. Oben einfarbig (außer an den Kopfseiten) . . . . . . *H. concolor*, *H. platyrhinus*, *H. pusillus*

CC. Oben gefleckt oder marmoriert, mit oder ohne Seitenstreifen . . . . *H. pleurotaenius*, *H. granulatus*, *H. petersi*, *H. vermicularis*, *H. tristis*, *H. sansibaricus*, *H. adametzi*, *H. rossii*, *H. tornieri*, *H. soror*, *H. rhizophilus*, *H. scriptus*, *H. stenodactylus*, *H. variabilis*, *H. albolabris*, *H. punctatissimus*, *H. pygmaeus*

CCC. Oben gestreift . . . . *H. molleri*, *H. spurelli*, *H. insignis*, *H. ipianae*, *H. oxyrhynchus*, *H. acuticeps*, *H. multifasciatus*, *H. brevipalmatus*, *H. raveni*

CCCC. Nur an den Seiten gestreift oder gefleckt . . . . *H. pictus*, *H. balfouri*, *H. cinnamomeiventris*, *H. ferreirai*, *H. heuglini*, *H. kivuensis*, *H. kwidjwiensis*, *H. olivaceus*, *H. bituberculatus*, *H. baumanni*

CCCCC. Ein Occipitalfleck und eine mehr oder weniger zusammenfließende Medianzeichnung . . . . . .
H. platyceps
H. castaneus
H. guineensis
H. angolanus

BB. Das Tibiotarsalgelenk reicht über das Auge hinaus.

C. Oben einfarbig . . . .
H. thomensis
H. aylmeri
H. oeseri

CC. Oben gefleckt oder punktiert . . . .
H. benguellensis
H. platycephalus
H. punctulatus
H. striolatus
H. asper
H. pulcher

CCC. Oben marmoriert und gefleckt . . . .
H. pliciferus
H. moseri

CCCC. Oben gestreift . . . .
H. quinquevittatus
H. protchei

CCCCC. Nur an den Seiten gestreift oder gefleckt . . .
H. simus
H. cinctiventris
H. osorioi
H. sugillatus
H. fuscigula
H. papyri

AA. Finger mit $^1/_3$ oder mehr Schwimmhaut.

B. Das Tibiotarsalgelenk reicht nicht über das Auge hinaus.

C. Oben einfarbig . . . .
H. steindachneri
H. dermatus
H. rubripes
H. phrynoderma
H. maximus
H. alticola
H. argentophthalmus
H. rosaceus
H. ventrimaculatus

CC. Oben gefleckt oder punktiert . . . .
H. guttatus
H. sordidus
H. viridiflavus
H. reticulatus
H. hildebrandti
H. albofrenatus
H. guttolineatus
H. breviceps
H. marungaensis
H. huillensis
H. monticola
H. mohasicus
H. udjidjiensis
H. coeruleopunctatus
H. buchholzi
H. wettsteini
H. discodactylus
H. obstetricans
H. rugegensis
H. puncticulatus
H. adspersus
H. houyi
H. ferniquei

	H. nyassae *H. flavoguttatus* *H. oculatus* *H. substriatus*
CCC. Oben marmoriert	*H. buchholzi* *H. marmoratus* *H. bergeri* *H. schubotzi* *H. fuelleborni* *H. brachiofasciatus* *H. vermiculatus* *H. pulchromarmoratus* *H. macrodactylus*
CCCC. Oben gestreift	*H. fulvovittatus* *H. montanus* *H. parallelus* *H. taeniatus* *H. callichromus* *H. argentovittis* *H. ngoriensis* *H. bitaeniatus* *H. narinus* *H. karissimbiensis*
CCCCC. Nur an den Seiten gestreift, gefleckt oder marmoriert	*H. bayoni* *H. fasciatus* *H. picturatus* *H. rhodoscelis* *H. fimbriolatus* *H. burgeoni* *H. tuberculatus* *H. marginatus* *H. nitidulus* *H. nigropalmatus* *H. cinctiventris* *H. glandicolor* *H. melanophthalmus* *H. latifrons* *H. kandti*
CCCCCC. Ein Occipitalfleck und eine mehr oder weniger zusammenfließende, mediane Zeichnung . . .	*H. symetricus* *H. undulatus* *H. festivus* *H. depressus* *H. laticeps* *H. multicolor*
CCCCCCC. Schnauze vor den Augen weiß, jederseits ein weißer Dorsolateralstreifen	*H. albifrons*
BB. Das Tibiotarsalgelenk reicht über das Auge hinaus.	
C. Zwei unregelmäßige, mehr oder weniger diagonale Farbzonen oben	*H. phantasticus*
CC. Oben einfarbig	*H. salinae* *H. tuberilinguis* *H. mariae* *H. pachyderma* *H. unicolor* *H. bicolor* *H. spatzi*

H. chabanaudi
H. decipiens
H. scheffleri
H. koehli
H. renschi

CCC. Oben gefleckt oder punktiert . . . .
H. lucani
H. langi
H. ocellatus
H. maestus
H. argus
H. togoensis
H. irregularis
H. noblei
H. quadratomaculatus
H. guttulatus

CCCC. Oben marmoriert . . . .
H. lagoensis
H. riggenbachi
H. lucani
H. hieroglyphicus
H. stuhlmanni

CCCCC. Oben gestreift . . . .
H. toulsonii
H. gularis
H. trifasciatus

CCCCCC. Nur an den Seiten gestreift oder marmoriert .
H. burtonii
H. chlorosteus
H. horstockii
H. microps
H. seabrai
H. goetzei
H. flavoviridis
H. nasutus
H. fusciventris
H. adolphi-friederici

CCCCCCC. Ein symmetrischer Fleck und eine mehr oder weniger zusammenfließende, mediane Zeichnung
H. acutirostris
H. festivus

1. **H. spurelli** (Blgr.) 1917 *Rappia s.*, Boulenger in: Ann. nat. Hist., ser. 8 *v.* 19 p. 408 | 1924 *Hyperolius s.*, Noble in: Bull. Amer. Mus., *v.* 49 p. 329.

Kopf etwas länger als breit; Schnauze zugespitzt, so lang wie das Auge, stark über das Maul hinausragend; Canthus rostralis abgerundet; Lorealgegend fast vertikal und schwach konkav; Nasenloch ein wenig näher der Schnauzenspitze als dem Auge; Interorbitalraum etwas breiter als das obere Augenlid; Trommelfell unter der Haut verborgen. Finger mäßig lang, frei; Haftscheiben ziemlich groß. Zehen mit $^2/_3$ Schwimmhaut, zwei Phalangen der 4. Zehe frei; Subartikulartuberkel klein und schwach vortretend. Das Tibiotarsalgelenk erreicht das Auge; Tibia $2\,^1/_4$mal in der Körperlänge enthalten, beträchtlich länger als der Fuß. Haut oben glatt unter dem Bauch und unter den Oberschenkeln granuliert. Männchen mit einer großen, äußeren Schallblase, die von einer großen, runden, flachen Scheibe bedeckt wird.

Färbung (in Alkohol) oben rötlichbraun, mit vier schwärzlichen Längsstreifen; ein schwärzlicher Streifen vom Nasenloch zum Auge und ein dunkelbraunes Temporalband; untere Teile weiß. Körperlänge 28 mm.

Obuasi, S.-Ashanti.

2. **H. stenodactylus** E. Ahl 1931 *H. s.*, E. Ahl in: Mt. Mus. Berlin, *v.* 17 (im Druck).

Körpergestalt schlank; Vomerzähne fehlen; Choanen klein, unter dem Kieferrand verborgen; Zunge groß, hinten frei und mit zwei Zipfeln; Kopf groß, so lang wie breit; Schnauze abgerundet, im Profil abgeflacht, nicht über das Maul hinausragend, so lang wie das große Auge, kürzer als der Abstand der vorderen Augenwinkel voneinander, länger als hoch; Canthus rostralis abgerundet, aber deutlich; Lorealgegend schräg, konkav; Nasenloch etwas näher der Schnauzenspitze als dem Auge; Internasalraum schmaler als der Interorbitalraum, der $1^1/_2$ mal so breit wie ein oberes Augenlid ist; Trommelfell deutlich, $^1/_3$ so breit wie das Auge, dicht bei diesem liegend. Finger außergewöhnlich lang und schlank, fast frei von Schwimmhaut; Haftscheiben sehr klein, aber deutlich; 1. Finger kleiner als der 2., der kürzer als der 4. ist, der nur sehr wenig von dem 3. überragt wird; 3. Finger bedeutend länger als die Schnauze; Subartikulartuberkel klein. Zehen lang und schlank, mit nicht ganz $^1/_2$ Schwimmhaut, die an der 4. Zehe die beiden letzten und bei den übrigen das letzte Glied frei läßt; Haftscheiben ebenso klein wie die der Finger; 5. Zehe etwas länger als die 3.; laterale Metatarsalia fest verbunden; keine Tarsalfalte; nur eine sehr kleine, flache, undeutliche, mediale Metatarsaltuberkel, keine laterale, keine Tarsaltuberkel; Subartikulartuberkel klein und undeutlich. Das Tibiotarsalgelenk reicht bis zum Vorderrand des Auges; Femur etwas kürzer als die Tibia, die 5 mal so lang wie breit, 2 mal in der Körperlänge enthalten und länger als der Fuß ist; bei rechtwinklig angeknickten Hinterbeinen decken die Fersen einander. Haut oben, an den Seiten, unter der Kehle und der Brust glatt; Bauch und Unterseite der Oberschenkel granuliert; keine Postgular-, Postpectoral- oder Temporofemoralfalten.

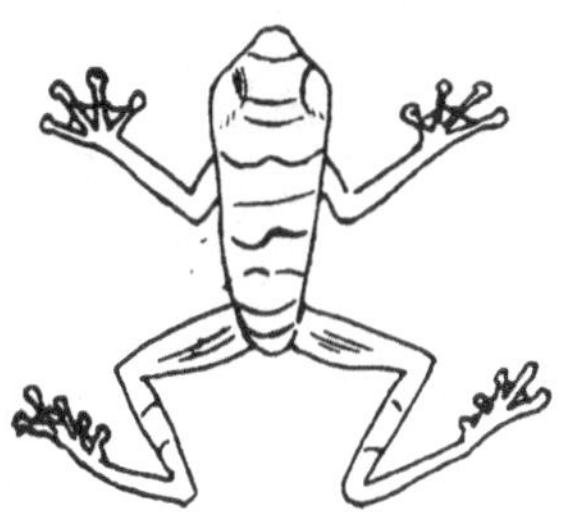

Fig. 140.
Hyperolius stenodactylus E. Ahl.
Habitus von oben.

Färbung (in Alkohol) oben hellbräunlich; eine goldgelbe Querbinde zwischen den Augen; eine sehr schmale, strichförmige, schön kastanienbraune Querbinde über der Schnauze; etwa sechs ebensolche, sehr schmale, strichförmige Querbinden in größerem Abstand quer über dem Rücken. Extremitäten von der Färbung des Rückens; Tibia mit Andeutungen von zwei ähnlichen schmalen Querbinden; Lateralseite des Unterarmes und der Hand und Lateralseite des Tarsus und des Fußes mit einer schmalen, schneeweißen Linie. Unterseite einfarbig weiß. Körperlänge 19 mm. (Fig. 140).

Bipindi, Kamerun.

3. **H. angolanus** E. Ahl 1906 *Rappia platyceps* var. *angolensis*, Ferreira in: J. Ac. Lisboa, ser. 2 *v.* 7 p. 161 f. (Habitus von oben) | 1931 *Hyperolius angolanus*, E. Ahl in: Mt. Mus. Berlin, *v.* 17 (im Druck).

Kopf ziemlich groß, so lang wie breit, stark niedergedrückt; Schnauze abgerundet, so lang wie das Auge; Lorealgegend schräg; Interorbitalraum breiter als das obere Augenlid; Trommelfell verborgen. Laterale Finger ohne Spur von Schwimmhaut; Zehen mit $^2/_3$ Schwimmhaut; Haftscheiben ziemlich groß. Das Tibiotarsalgelenk erreicht das Auge. Haut glatt, auf dem Bauche fein areoliert.

Färbung hellbräunlich, mit zwei großen, dunkelbraunen Zeichnungen auf dem Rücken. Die 1., unregelmäßig gestaltete, befindet sich zwischen den Augen und verlängert sich nach hinten bis zum Rücken, ist auch an den Seiten manchmal von einigen Fleckchen begleitet; die 2. Zeichnung befindet sich in Form einer mit der Spitze nach vorn gerichteten V-förmigen Binde auf der Lumbargegend; an den Kopfseiten bis in die Gegend des Oberarmansatzes zieht sich eine ähnliche dunkle Längsbinde hin. Alle diese dunkelbraunen Zeichnungen sind sehr fein hell umrandet. Die Seiten des Kopfes und des Körpers, ebenso ein Teil der Oberseite der Glieder, ist kastanienbraun, an den Gelenken mit hellen Querbinden. Unterseite einförmig weiß. Körperlänge 28 mm. (Fig. 141).

Angola.

Fig. 141.
Hyperolius angolanus E. Ahl.
Habitus von oben. (Nach Ferreira).

Fig. 142.
Hyperolius cinnamomeiventris Boc.
Habitus. (Nach Bocage).

4. **H. cinnamomeiventris** Boc. 1866 *H. c.*, Bocage in: J. Ac. Lisboa, *v.* 1 p. 55, 75 | 1895 *Rappia c.*, Bocage, Herpét. Angola, p. 172 t. 19 f. 1 (Habitus) | 1924 *Hyperolius c.*, Noble in: Bull. Amer. Mus., *v.* 49 p. 325.

Körpergestalt schlank; Vomerzähne fehlen; Choanen ziemlich groß, teilweise unter dem Kieferrand verborgen; Zunge groß, breit herzförmig, hinten frei und mit zwei Zipfeln. Kopf mäßig groß, so lang wie breit; Schnauze zugespitzt, im Profil zugespitzt, etwas über das Maul hinausragend, so lang wie das Auge, fast so lang wie der Abstand der vorderen Augenwinkel voneinander, viel länger als hoch; Canthus rostralis ziemlich scharf, gerade; Lorealgegend senkrecht, etwas konkav; Nasenloch wenig näher der Schnauzenspitze als dem Auge; Internasalraum viel schmaler als der Interorbitalraum, der doppelt so breit wie ein oberes Augenlid ist; Trommelfell unter der Haut verborgen. Finger lang und kräftig, frei oder nur mit einem winzigen Rudiment von Schwimmhaut; Haftscheiben wohl entwickelt; 1. Finger kleiner als der 2., der kürzer als der 4. ist, der von dem 3. überragt wird; 3. Finger so lang wie die Schnauze; Subartikulartuberkel klein, aber deutlich. Zehen mit $^2/_3$ Schwimmhaut, die an der 4. Zehe die letzten $1^1/_2$ Glieder, an der 1. und 2. Zehe das letzte Glied und an der 3. und 5. Zehe das halbe letzte Glied frei läßt; Haftscheiben so groß wie die der Finger; 5. Zehe sehr wenig länger als die 3.; laterale Metatarsalia fest verbunden; laterale Zehe ohne Hautfalte; Tarsalfalte fehlt; nur eine sehr kleine, flache, mediale Metatarsaltuberkel, keine laterale, keine Tarsaltuberkel; Sohle granuliert; Subartikulartuberkel klein, flach. Das Tibiotarsalgelenk reicht bis zum Vorderrand des Auges; Femur kürzer als die Tibia, die 4mal so lang wie breit,

$2^1/_5$ mal in der Körperlänge enthalten und länger als der Fuß ist; bei rechtwinklig angeknickten Hinterbeinen decken die Fersen einander. Haut oben glatt, ebenso an der Kehle; Bauch und Unterseite der Oberschenkel granuliert; keine Postgular-, Postpectoral- und Temporofemoralfalten.

Färbung (in Alkohol) oben einfarbig bräunlich bis bläulichgrün; der Bauch gelblich oder rötlich, heller unter der Kehle; eine schwarze, recht ausgeprägte Linie zieht sich vom Mundwinkel bis zum After, die Flanken von der Unterseite trennend; eine andere schwarze Linie geht von der Schnauzenspitze entlang dem Canthus rostralis, durch das Auge und endet an den Seiten des Halses. Die Schenkel von der Farbe des Bauches, ohne Flecke; die Vorder- und Lateralseite der Extremitäten von der Farbe des Rückens und die Medialseiten von der Farbe des Bauches; Arm, Unterarm, Bein und Fuß tragen an ihrem Lateralrande einen schwarzen Saum. Körperlänge 29 mm. (Fig. 142).

Angola bis Spanisch-Guinea.

5. **H. pygmaeus** E. Ahl 1931 *H. p.*, E. Ahl in: Mt. Mus. Berlin, *v.* 17 (im Druck).

Körpergestalt schlank; Vomerzähne fehlen; Choanen klein, nicht unter dem Kieferrand verborgen; Zunge mäßig groß, herzförmig, hinten frei und eingeschnitten. Kopf groß, so lang wie breit; Schnauze stumpf zugespitzt, im Profil abgestutzt, nicht über das Maul hinausragend, so lang wie das große Auge, nur eine Wenigkeit kürzer als der Abstand der vorderen Augenwinkel voneinander, länger als hoch; Canthus rostralis scharf, gerade; Lorealgegend fast senkrecht, nicht vertieft; Nasenloch viel näher der Schnauzenspitze als dem Auge; Internasalraum kleiner als der Interorbitalraum, der nicht ganz doppelt so breit wie ein oberes Augenlid ist; Trommelfell gänzlich unter der Haut verborgen. Finger lang und schlank, frei von Schwimmhaut; Haftscheiben klein, aber deutlich; 1. Finger kleiner als der 2., der kürzer als der 4. ist, der von dem 3. überragt wird; 3. Finger so lang wie die Schnauze; Subartikulartuberkel klein, flach, undeutlich. Zehen lang und schlank, mit nicht ganz $^1/_2$ Schwimmhaut, die an allen Zehen das letzte Glied und an der 4. Zehe die beiden letzten Glieder frei läßt; Haftscheiben so groß wie die der Finger; 3. und 5. Zehe gleich lang; laterale Metatarsalia fest verbunden; laterale Zehe ohne Hautfalte; eine sehr schwache Tarsalfalte vorhanden; nur eine sehr kleine, flache, undeutliche, mediale Metatarsaltuberkel, keine laterale, keine Tarsaltuberkel; Subartikulartuberkel klein, flach. Das Tibiotarsalgelenk reicht bis zum Hinterrand des Auges; Femur nur sehr wenig kürzer als die Tibia, die 4mal so lang wie breit, $2^1/_2$ mal in der Körperlänge enthalten und nur sehr wenig länger als der Fuß ist; bei rechtwinklig angeknickten Hinterbeinen berühren die Fersen einander. Haut oben glatt; Kehle, Bauch und Unterseite der Oberschenkel fein gekörnelt; nur eine deutliche Postgularfalte, keine Postpectoral- oder Temporofemoralfalte; Männchen mit subgularer Schallblase und großer, länglicher, freier Kehlscheibe.

Fig. 143. **Hyperolius pygmaeus** E. Ahl. Habitus von oben.

Färbung (in Alkohol) auf der Oberseite des Kopfes und Körpers sowie der Ober- und Lateralseite der Extremitäten silberweiß mit vielen kleinen, in der Längsrichtung verlaufenden Flecken und Strichelchen von brauner Farbe; die Kopfseiten von unterhalb des Canthus rostralis an werden von einem breiten, braunen Streifen eingenommen, der sich nach hinten bis zur

Ansatzstelle der Hinterbeine hinzieht und der die ganze Breite der Körperseite einnimmt; in dieser breiten, braunen Längsbinde finden sich viele sehr kleine Punkte von rein weißer Farbe eingestreut. Kehle und Bauch gelblichweiß, Medialseite der Gliedmaßen und Femur rötlichgelb. Körperlänge 17 mm. (Fig. 143).

Tanga.

6. **H. petersi** E. Ahl 1931 *H. p.*, E. Ahl in: Mt. Mus. Berlin, *v.* 17 (im Druck).

Körpergestalt verhältnismäßig schlank; Vomerzähne fehlen; Choanen mäßig groß, teilweise unter dem Kieferrand verborgen; Zunge mäßig groß, herzförmig, hinten frei und mit zwei Zipfeln. Kopf ziemlich groß, etwas breiter als lang; Schnauze stumpf zugespitzt, im Profil rundlich abgestutzt, nicht über das Maul hinausragend, so lang wie das große Auge, kürzer als der Abstand der vorderen Augenwinkel voneinander, länger als hoch; Canthus rostralis scharf, deutlich, gerade; Lorealgegend fast senkrecht, konkav; Nasenloch viel näher der Schnauzenspitze als dem Auge; Internasalraum schmaler als der Interorbitalraum, der doppelt so breit wie ein oberes Augenlid ist; Trommelfell gänzlich unter der Haut verborgen. Finger kräftig, die beiden lateralen fast frei von Schwimmhaut; Haftscheiben wohl entwickelt; 1. Finger kleiner als der 2., der etwas kürzer als der 4. ist, der von dem 3. weit überragt wird; 3. Finger so lang wie die Schnauze; Subartikulartuberkel klein, aber deutlich. Zehen ziemlich lang, mit nicht ganz $^{1}/_{2}$ Schwimmhaut, die an allen Zehen das letzte Glied und an der 4. Zehe die beiden letzten Glieder frei läßt; Haftscheiben so groß wie die der Finger; 3. und 5. Zehe gleich lang; laterale Metatarsalia fest verbunden; keine Tarsalfalte; nur eine sehr kleine, flache, undeutliche, mediale Metatarsaltuberkel, keine laterale, keine Tarsaltuberkel; Subartikulartuberkel klein und undeutlich. Das Tibiotarsalgelenk reicht bis zum Vorderrand des Auges; Femur kürzer als die Tibia, die 4mal so lang wie breit, 2mal in der Körperlänge enthalten und länger als der Fuß ist; bei rechtwinklig angeknickten Hinterbeinen decken die Fersen einander. Haut oben mit vielen sehr feinen Granula besetzt; Unterseite grob granuliert; eine deutliche Postgularfalte; keine Postpectoralfalte; eine sehr schwach angedeutete Temporofemoralfalte. Männchen mit subgularer Schallblase und Kehlscheibe.

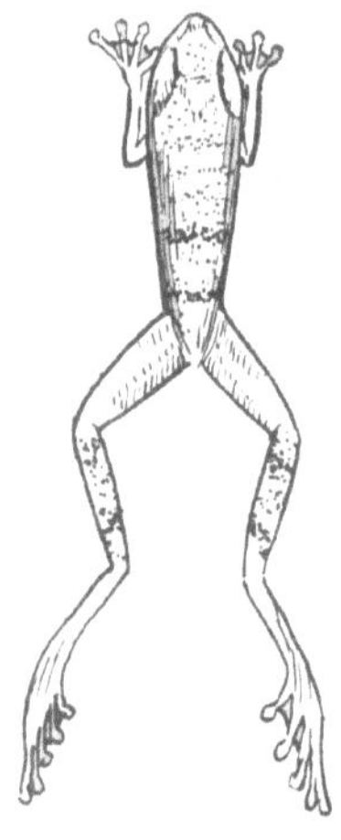

Fig. 144.
Hyperolius petersi E. Ahl.
Habitus von oben.

Färbung (in Alkohol) oben weißlichgrau mit sehr vielen, meist einer Tuberkel aufsitzenden, dunkelbraunen Flecken, die sich in der Sacralgegend zu verschwommenen Querbinden anordnen. Unterseite einfarbig weißlich. Körperlänge 24 mm. (Fig. 144).

Mombas.

7. **H. rhizophilus** Rochebr. 1885 *H. r.*, Rochebrune in: Bull. Soc. philom., ser. 7 *v.* 9 p. 92.

Körper schlank. Schnauze abgestumpft, $1^{1}/_{2}$ mal so lang wie der Augendurchmesser; Trommelfell verborgen; Interorbitalraum $1^{1}/_{2}$ mal in der Kopflänge enthalten. Finger kurz, breit, frei von Schwimmhaut. Zehen mit halben Schwimmhäuten. Das Tibiotarsalgelenk erreicht den vorderen Augenrand. Eine wellenförmig gebogene, rauhe Querfalte auf der Brust.

Färbung oben hell rosaviolett; mit viereckigen, quadratischen, breiten, intensiv blauen Makeln geschmückt; Unterseite rot. Körperlänge 23 mm.

Landana.

8. **H. vermicularis** E. Ahl 1893 *Rappia vermiculata* (non *Hyperolius vermiculatus* Peters 1882), Pfeffer in: Mt. Mus. Hamburg, *v.* 10 nr. 3 p. 30 t. 1 f. 12 (Habitus) | 1897 „*Rappiae denseretieulatae*", Tornier, Kriechth. D.-O.-Afr., p. 140 t. 4 f. 37 (Habitus) | 1915 *Rappia vermiculata*, Nieden in: Mt. Mus. Berlin, *v.* 7 p. 375 | 1924 *Hyperolius vermiculatus*, Noble in: Bull. Amer. Mus., *v.* 49 p. 330 | 1931 *H. vermicularis*, E. Ahl in: Mt. Mus. Berlin, *v.* 17 (im Druck).

Körpergestalt mäßig schlank; Vomerzähne fehlen; Choanen klein, unter dem Kieferrand verborgen; Zunge groß, herzförmig, hinten mit zwei Zipfeln. Kopf groß, so lang wie breit; Schnauze dreieckig, stumpf zugespitzt, im Profil abgestutzt, nicht über das Maul hinausragend, fast $1^1/_2$ mal so lang wie das Auge, so lang wie der Abstand der vorderen Augenwinkel voneinander, viel länger als hoch; Canthus rostralis abgerundet, aber deutlich; Lorealgegend steil, konkav; Nasenloch viel näher der Schnauzenspitze als dem Auge, fast an der Schnauzenspitze liegend; Internasalraum nur sehr wenig schmaler als der Interorbitalraum, der etwa doppelt so breit wie ein oberes Augenlid ist; Trommelfell unter der Haut verborgen. Finger ziemlich lang, ohne Schwimmhaut; Haftscheiben mäßig groß; 1. Finger kleiner als der 2., der nur wenig kürzer als der 4. ist, der von dem 3. überragt wird; 3. Finger etwa so lang wie die Schnauze oder sehr wenig länger; Subartikulartuberkel mäßig deutlich. Zehen lang und schlank, mit nicht ganz $^1/_2$ Schwimmhaut, die an allen Zehen das letzte Glied und an der 4. Zehe die beiden letzten Glieder frei läßt; Haftscheiben so groß wie die der Finger; 5. Zehe länger als die 3.; laterale Metatarsalia fest verbunden; Tarsalfalte fehlt; nur eine sehr kleine, mediale, flache Metatarsaltuberkel, keine laterale, keine Tarsaltuberkel; Subartikulartuberkel klein. Das Tibiotarsalgelenk reicht bis zur Augenmitte; Femur kürzer als die Tibia, die $3^1/_2$ mal so lang wie breit, 2 mal in der Körperlänge enthalten und länger als der Fuß ist; bei rechtwinklig angeknickten Hinterbeinen decken die Fersen einander. Haut der Oberseite sehr fein warzig oder grubig, wie ausgefressen, besonders auf Kopf und Nacken und den oberen Augenlidern. Der Bauch ist völlig von sehr großen, runden, platten Granulationen bedeckt. Eine Postgularfalte fehlt völlig oder ist nur schwach angedeutet; Postpectoral- und Temporofemoralfalte fehlen. Keinerlei Sack- oder Faltenbildung an der Kehle.

Fig. 145.
Hyperolius vermicularis E. Ahl.
Habitus von oben. (Nach Pfeffer).

Färbung oben schön braun mit außerordentlich vielen, kleinen, gelben Flecken, die zuweilen zu kleinen, wurmartigen Zeichnungen zusammenfließen können. Vom Auge zur Schnauzenspitze ein etwas dunkleres Band; Augenlider sehr dunkel mit dünnem, gelblichem Rande. Schenkel sehr dicht mit kleinen, braunen Punkten bedeckt. Unterschenkel und Tarsen dicht und fein braun und weiß marmoriert. Unterseite weißlich. Körperlänge 16 mm. (Fig. 145).

Insel Sansibar bis Quelimane (Mozambique).

9. **H. sansibaricus** (Pfeff.) 1893 *Rappia sansibarica*, Pfeffer in: Mt. Mus. Hamburg, *v.* 10 nr. 3 p. 29 t. 2 f. 4 (Habitus) | 1897 *R. s.*, Tornier, Kriechth. D.-O.-Afr., p. 135 | 1910 *R. s.*, J. Roux in: Rev. Suisse Zool., *v.* 18 p. 102 | 1915 *R. s.*, Nieden in: Mt. Mus. Berlin, *v.* 7 p. 376 | 1924 *Hyperolius sansibaricus*, Noble in: Bull. Amer. Mus., *v.* 49 p. 329.

Körpergestalt mäßig schlank; Vomerzähne fehlen; Choanen klein, nicht unter dem Kieferrand liegend; Zunge mäßig groß, hinten frei und tief eingeschnitten; Kopf mäßig groß, so lang wie breit oder wenig breiter als lang; Schnauze stark zugespitzt, im Profil zugespitzt, über das Maul hinausragend, $1^1/_4$—$1^1/_2$ mal so lang wie das Auge, etwas kürzer als der Abstand der vorderen Augenwinkel voneinander, viel länger als hoch; Canthus rostralis deutlich, gerade; Lorealgegend sehr steil, konkav; Nasenloch näher der Schnauzenspitze als dem Auge; Internasalraum nur wenig über $^1/_2$ des Interorbitalraumes, der etwa doppelt so breit wie ein oberes Augenlid ist; Trommelfell völlig unter der Haut verborgen. Finger mäßig lang, so gut wie frei von Schwimmhaut; Haftscheiben wohl entwickelt; 1. Finger kleiner als der 2., der kürzer als der 4. ist, der von dem 3. überragt wird; 3. Finger etwas kürzer als die Schnauze; Subartikulartuberkel klein, mäßig deutlich.

Fig. 146
Hyperolius sansibaricus (Pfeff.).
Habitus von oben. (Nach Pfeffer).

Zehen lang und kräftig, mit etwas über $^1/_2$ Schwimmhaut, die an allen Zehen fast das ganze letzte Glied und an der 4. Zehe fast die beiden letzten Glieder frei läßt; Haftscheiben etwa so groß wie die der Finger; 3. und 5. Zehe etwa gleich lang; laterale Metatarsalia fest verbunden; keine Tarsalfalte; nur eine äußerst kleine, mediale Metatarsaltuberkel, keine laterale, keine Tarsaltuberkel; Subartikulartuberkel klein und undeutlich. Das Tibiotarsalgelenk reicht bis zur Mitte oder dem vorderen Rand des Auges; Femur etwas kürzer als die Tibia, die 4—$4^1/_2$ mal so lang wie breit, $2^1/_6$—$2^1/_4$ mal in der Körperlänge enthalten und viel länger als der Fuß ist; bei rechtwinklig angeknickten Hinterbeinen decken die Fersen einander. Haut oben glatt, ebenso an der Kehle und an der Brust; Bauch und Unterseite der Oberschenkel granuliert; keine Postgular- oder Postpectoralfalte. Einige größere Warzen hinter dem Auge.

Färbung (in Alkohol) oben hellrötlichbraun; auf dem Kopfe finden sich kleine, erhabene, braunviolette Flecke und außerdem auf dem Scheitel ein undeutlicher, etwa augengroßer, braunviolett umrandeter Augenfleck. Von der Schnauzenspitze zum Auge findet sich die Andeutung eines dunklen Streifens, der sich noch ein Stück über das Auge hinaus fortsetzt; die Lateralseite der Hinterschenkel ist farblos; die Arme und Beine sind einfarbig nach Art des Rückens. Körperlänge 31 mm. (Fig. 146).

Deutsch-Ostafrika, von Sansibar bis Bukoba.

10. **H. quinquevittatus** Boc. 1866 *H. q*, Bocage in: J. Ac. Lisboa, *v.* 1 p. 56, 77 | 1882 *Rappia fulvovittata* (part.), Boulenger, Cat. Batr. sal. Brit. Mus., ed. 2 p. 121 | 1884 *Hyperolius quinquevittatus*, Rochebrune, Faune Sénég., Amph. p. 26 t. 6 f. 1 (Habitus in natürlichen Farben) | 1895 *Rappia quinquevittata*, Bocage, Herpét. Angola, p. 174.

Fig. 147.
Hyperolius quinquevittatus Boc. Habitus. (Nach Rochebrune).

Kopf breit; Schnauze zugespitzt; Trommelfell verborgen. Finger frei; Zehen mit halben Schwimmhäuten. Das Tibiotarsalgelenk erreicht die Schnauzenspitze. Haut des Bauches und der Unterseite der Schenkel granuliert.

Oben bräunlicholiv, sehr fein schwärzlich punktiert; unten hellbraungelb. Fünf breite, silberweiße, schwarz gerandete Längsstreifen, der eine in der Mitte des Rückens, zwei an jeder Seite des Rumpfes, die sich an der Schnauzenspitze und unter dem After vereinigen; ein silberweißes Band, ähnlich denen des Rückens, über beide Ränder des Fußes, oben und über den lateralen Rand des Unterarmes und des Tarsus. Alle Längsbinden sind sehr fein, nur unter der Lupe sichtbar, rötlich punktiert. Körperlänge 20 mm. (Fig. 147).

Angola und oberer Kongo.

11. **H. punctulatus** (Boc.) 1895 *Rappia punctulata*, Bocage, Herpét. Angola p. 168

Kopf groß, Schnauze kurz und am Ende abgestutzt; der Abstand vom Auge zur Schnauzenspitze ist so groß wie der Interorbitalraum. Finger und Zehen lang, kräftig, mit großen Haftscheiben; Finger frei; Zehen mit halben Schwimmhäuten. Das Tibiotarsalgelenk erreicht die Schnauzenspitze. Haut der Oberseite und der Kehle glatt; Bauch und Unterseite der Oberschenkel mit sehr feinen, nur unter der Lupe sichtbaren Granula besetzt. Eine Querfalte unter der Kehle; keine Kehlscheibe beim Männchen.

Färbung (in Alkohol) weiß, leicht gelblich; der gelbliche Ton auf der Unterseite deutlicher. Die Oberseite des Kopfes, des Rückens, die Oberseite des Unterarmes und des Beines mit kleinen, schwarzen Punkten besetzt, die regelmäßig auf dem Rücken angeordnet, kleiner und mehr zusammenfließend auf der Schnauze und mehr verbreitert auf den Gliedern sind. Körperlänge 25 mm.

Angola.

12. **H. protchei** Rochebr. 1885 *H. p*, Rochebrune in. Bull Soc. philom., ser. 7 *v.* 9 p. 92

Körpergestalt gedrungen. Schnauze viereckig, so lang wie der Augendurchmesser; Trommelfell unter der Haut verborgen; Interorbitalraum 2mal in der Kopflänge enthalten. Finger kurz, gedrungen, frei von Schwimmhaut. Zehen schlank, mit ganzen Schwimmhäuten. Das Tibiotarsalgelenk reicht wenig über die Schnauzenspitze hinaus. Eine wenig deutliche Querfalte auf der Brust.

Färbung oben purpurrot, mit drei hellen Binden; Schenkel rosarot, mit feinen, kastanienbraunen Flecken; Unterseite dunkelgelb. Körperlänge 32 mm.

Landana.

13. **H. heuglini** Stnd. 1864 *H h.*, Steindachner in Verb. Ges. Wien, *v.* 14 p. 244 t. 15 f. 4 (Habitus), 4a (Mundöffnung), 4b (Handfläche), 4c (Fuß von innen).

Schnauze zugespitzt; Oberseite des Kopfes schwach gewölbt. Laterale Finger mit einer Schwimmhaut, die ein wenig über die ersten Phalangenglieder hinausreicht, während die übrigen Finger völlig frei sind. Schwimmhaut der Zehen das letzte Glied völlig frei lassend; 5. Zehe länger als die 3. Das Tibiotarsalgelenk reicht nicht bis zum Auge. Die Haut des Rückens und der Lateralseite der Extremitäten ist dick und mit unbewaffnetem Auge gesehen, augenscheinlich glatt; unter dem Mikroskop bemerkt man zahlreiche feine, in die Haut eingesenkte Porenöffnungen, die bräunlichen Punkten gleichen und die hier und da bereits mit freiem Auge sichtbar sind. Die

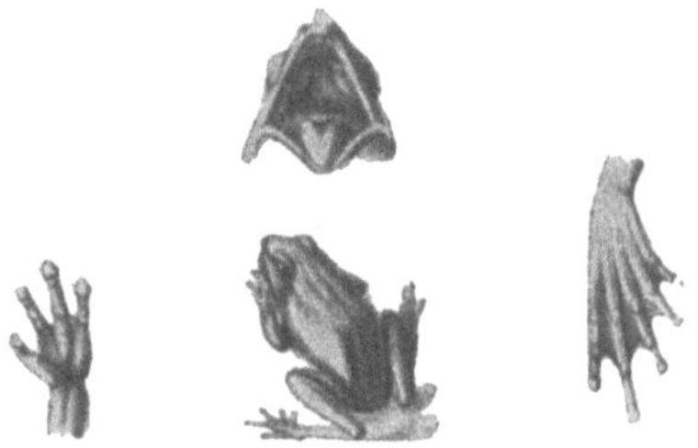

Fig. 148.
Hyperolius heuglini Stnd.
Habitus, Mundöffnung, Hand und Fuß von unten. (Nach Steindachner).

Körperseiten, der Bauch und die Unterseite der Schenkel sind mit dicht aneinander gedrängten, flachgedrückten Warzen besetzt und, gleich der Rückenhaut, mit zahlreichen, äußerst feinen Porenöffnungen versehen.

Die Färbung (in Alkohol) ist auf dem Rücken weißlichgrau, ohne gelbe Flecke oder Punkte. Die Schnauze und das obere Augenlid zeigen einen rostbraunen Anflug. Die Seiten des Körpers sowie die Unterseite der Extremitäten sind wässerig schwärzlich oder bräunlich. Körperlänge 15 mm. (Fig. 148).

Abessynien.

14. **H. multifasciatus** E. Ahl 1931 *H. m.*, E. Ahl in: Mt. Mus. Berlin, *v.* 17 (im Druck).

Körpergestalt ziemlich schlank; Choanen mäßig groß, teilweise unter dem Kieferrand verborgen; Zunge mäßig groß, hinten frei und nicht sehr tief eingeschnitten. Kopf niedergedrückt, mäßig groß, wenig breiter als lang; Schnauze zugespitzt, im Profil abgerundet, etwas länger als das große Auge, etwas über das Maul hinausragend, fast so lang wie der Abstand der vorderen Augenwinkel voneinander, viel länger als hoch; Canthus rostralis scharf, gerade; Lorealgegend ziemlich steil, tief konkav; Nasenloch viel näher der Schnauzenspitze als dem Auge; Internasalraum wenig über $^1/_2$ mal so breit wie der Interorbitalraum, der doppelt so breit wie ein oberes Augenlid ist; Trommelfell unter der Haut verborgen. Finger ziemlich schlank, die beiden lateralen nur am Grunde mit einem Rudiment von Schwimmhaut; Haftscheiben klein; 1. Finger kürzer als der 2., der kürzer als der 4. ist, der nur wenig von dem 3. überragt wird; 3. Finger so lang wie die Schnauze; Subartikulartuberkel klein und undeutlich. Zehen mit kaum $^1/_2$ Schwimmhaut, die an allen Zehen das letzte Glied und an der 4. Zehe die beiden letzten Glieder frei läßt; Haftscheiben so groß wie die der Finger;

Fig. 149.
Hyperolius multifasciatus E. Ahl.
Habitus von oben.

5. Zehe viel länger als die 3.; laterale Metatarsalia fest verbunden; keine Tarsalfalte; eine kleine, flache, mediale Metatarsaltuberkel, keine laterale, keine Tarsaltuberkel; Sohle grob granuliert; Subartikulartuberkel klein. Das Tibiotarsalgelenk reicht nur bis zur Ansatzstelle des Oberarmes; Femur etwas kürzer als die Tibia, die 5mal so lang wie breit, etwas über $2^1/_2$mal in der Körperlänge enthalten, und länger als der Fuß ist; bei rechtwinklig angeknickten Hinterbeinen decken die Fersen einander. Haut oben glatt; Seiten des Körpers und die Kehle sehr fein granuliert; Bauch und Unterseite der Oberschenkel sehr grob gefeldert. Nur eine deutliche Postgularfalte, keine Postpectoralfalte.

Färbung (in Alkohol) hell silberbraun auf dem Kopf und Rücken; von der Schnauzenspitze entlang der Vertebrallinie bis zum After, von der Schnauzenspitze unterhalb des Canthus rostralis, durch das Auge und entlang den Rückenseiten bis zum After je ein breites, silberweißes Band und ein ebensolches von der Schnauzenspitze entlang der Oberlippe, über die Ansatzstelle des Oberarmes hinweg entlang den Bauchseiten bis zu den Weichen; alle fünf weißen Bänder von sehr breiten, dunkelbraunen Binden umsäumt, die zum Teil ebenso breit wie die weißen Binden sind. Oberseite der Vorder- und Hinterextremitäten ebenso wie der Rücken mit je einer breiten, weißen und dunkelbraunen Längsbinde. Unterseite weißlichgrau. Körperlänge 22 mm. (Fig. 149).

Rungwe.

15. **H. brevipalmatus** E. Ahl 1931 *H. b.*, E. Ahl in: Mt. Mus. Berlin, *v.* 17 (im Druck).

Körpergestalt schlank; Choanen klein, unter dem Kieferrand verborgen; Zunge groß, hinten frei und eingeschnitten. Kopf mäßig groß, wenig länger als breit; Schnauze zugespitzt, im Profil zugespitzt, über das Maul hinausragend, so lang wie das sehr große Auge, kaum kürzer als der Abstand der vorderen Augenwinkel voneinander, länger als hoch; Canthus rostralis abgerundet; Lorealgegend senkrecht, nicht vertieft; Nasenloch näher der Schnauzenspitze als dem Auge; Internasalraum $^2/_3$ so breit wie der Interorbitalraum, der nur wenig breiter als ein oberes Augenlid ist; Trommelfell unter der Haut verborgen. Finger lang und schlank, die beiden lateralen nur mit einem Rudiment von Schwimmhaut; Haftscheiben wohl entwickelt; 1. Finger kleiner als der 2., der kürzer als der 4. ist, der von dem 3. überragt wird; 3. Finger viel länger als die Schnauze; Subartikulartuberkel klein, aber sehr deutlich. Zehen mit etwa $^1/_2$ Schwimmhaut, die an allen Zehen nicht ganz bis unter die Haftscheiben reicht und bei der 4. Zehe die letzten $1^1/_2$ Glieder frei läßt; Haftscheiben so groß wie die der Finger; 5. Zehe sehr wenig länger als die 3.; laterale Metatarsalia fest verbunden; keine Tarsalfalte; eine kleine, elliptische, deutliche, mediale Metatarsaltuberkel und eine kleine, runde, deutliche, laterale; keine Tarsaltuberkel; Sohle schwach granuliert; Subartikulartuberkel klein, aber sehr deutlich. Das Tibiotarsalgelenk reicht nicht bis zum Hinterrand des Auges, etwa bis in die Gegend des Trommelfells; Femur kürzer als die Tibia, die $3^1/_2$mal so lang wie breit, $2^1/_2$mal in der Körperlänge enthalten und nur wenig länger als der Fuß ist; bei rechtwinklig angeknickten Hinterbeinen decken die Fersen einander. Haut

Fig. 150.
Hyperolius brevipalmatus E. Ahl.
Habitus von oben.

oben und an den Seiten glatt; Bauch und Hinterseite der Schenkel grob granuliert; einige große Warzen hinter dem Mundwinkel; Männchen mit großer, auf der nach hinten weit ausgebogenen Postgularfalte liegenden Schallblase; eine große, runde Kehlscheibe auf der Schallblase.

Färbung (in Alkohol) oben und an den Seiten dunkel graubraun, mit drei breiten Längsbinden auf dem Rücken; die mittelste geht von der Schnauzenspitze entlang der Vertebrallinie bis zum After und die beiden seitlichen von der Schnauzenspitze über das obere Augenlid entlang der Dorsolaterallinie bis zu den Weichen; auf der Schnauzenspitze stoßen alle drei Linien zusammen; jede dieser drei hellen Linien trägt in ihrer Mitte noch einen sehr schmalen, dunkelbraunen Längsstrich. Die beim sitzenden Tier sichtbaren Teile der Vorder- und Hinterextremitäten von der Grundfarbe des Körpers, mit einem ebensolchen hellen, in der Mitte mit einem feinen, dunklen Strich versehenen Längsband. Die beim Sitzen verborgenen Teile der Gliedmaßen ebenso wie die Unterseite gelblichgrau. Körperlänge 23 mm. (Fig. 150).

Sangmelina, Süd-Kamerun.

16. **H. kivuensis** E. Ahl 1931 *H. k.*, E. Ahl in: Mt. Mus. Berlin, *v.* 17 (im Druck).

Körpergestalt mäßig gedrungen; Vomerzähne fehlen; Choanen ziemlich groß, teilweise unter dem Kieferrand verborgen; Zunge groß, birnenförmig, hinten frei und mit zwei Zipfeln. Kopf groß, etwas breiter als lang; Schnauze stumpf zugespitzt, im Profil abgerundet, wenig über das Maul hinausragend, so lang wie das große, stark hervortretende Auge, kürzer als der Abstand der vorderen Augenwinkel voneinander, länger als hoch; Canthus rostralis scharf; Lorealgegend schräg, nicht konkav; Nasenloch viel näher der Schnauzenspitze als dem Auge; Internasalraum schmaler als der Interorbitalraum, der doppelt so breit wie ein oberes Augenlid ist; Trommelfell gänzlich unter der Haut verborgen. Finger lang und kräftig, nur am Grunde mit einem Rudiment von Schwimmhaut; Haftscheiben wohl entwickelt; 1. Finger kleiner als der 2., der kürzer als der 4. ist, der von dem 3. überragt wird; 3. Finger so lang wie die Schnauze; Subartikulartuberkel klein, aber deutlich. Zehen lang und schlank, mit etwa $^{3}/_{5}$ Schwimmhaut, die an der 5. Zehe bis unter die Haftscheibe reicht, an der 4. Zehe lateral das letzte Glied, medial die beiden letzten Glieder und an den übrigen Zehen das letzte Glied nur als schmaler Hautsaum umschließt; Haftscheiben so groß wie die der Finger; 5. Zehe etwas länger als die 3.; laterale Metatarsalia fest verbunden; laterale Zehe ohne Hautfalte; keine Tarsalfalte; nur eine sehr kleine, flache, mediale Metatarsaltuberkel, keine laterale, keine Tarsaltuberkel; Sohle granuliert; Subartikulartuberkel klein und wenig deutlich. Das Tibiotarsalgelenk erreicht nicht ganz den hinteren Rand des Auges; Femur kürzer als die Tibia, die $3^{1}/_{2}$mal so lang wie breit, $2^{2}/_{3}$mal in der Körperlänge enthalten und länger als der Fuß ist; bei rechtwinklig angeknickten Hinterbeinen berühren die Fersen einander. Haut oben glatt; einige Warzen hinter dem Mundwinkel; Kehle glatt; Bauch und Unterseite der Oberschenkel grob granuliert; keine Postgular- oder Postpectoralfalte; eine sehr schwache Temporofemoralfalte.

Fig. 151. **Hyperolius kivuensis** E. Ahl. Kopf.

Färbung (in Alkohol) oben bläulichviolett (wahrscheinlich im Leben grün), nach den Seiten zu mehr ins Bläuliche gehend; vom Nasenloch unterhalb des Canthus rostralis zum Auge zieht sich eine schmale, dunkelbraune

Längsbinde, die sich hinter dem Auge bis etwa in die Gegend des Ansatzes des Oberarmes deutlich fortsetzt und sich dann, in Marmorierungen aufgelöst, bis zu den Weichen hinzieht; Vorder-, Hinter- und Unterseite des Oberschenkels sowie die medialen Teile der Extremitäten rötlichgelb; Oberseite der Arme und Beine von der Farbe der Körperoberseite; Kehle und Brust gelblichweiß, Bauch dunkelgrau. Iris metallisch schimmernd. Körperlänge 34 mm. (Fig. 151).

Kivu-See.

17. **H. bituberculatus** E. Ahl 1931 *H. b.*, E. Ahl in: Mt. Mus. Berlin, *v.* 17 (im Druck).

Körpergestalt mäßig schlank; Vomerzähne fehlen; Choanen klein, völlig unter dem Kieferrand verborgen; Zunge sehr groß, hinten frei und tief eingeschnitten. Kopf mäßig groß, niedergedrückt, so lang wie breit; Schnauze dreieckig zugespitzt, im Profil abgerundet, über das Maul hinausragend, so lang wie das große Auge, etwas kürzer als der Abstand der vorderen Augenwinkel voneinander, viel länger als hoch; Canthus rostralis abgerundet, aber deutlich, gerade; Lorealgegend fast senkrecht, tief konkav; Nasenloch viel näher der Schnauzenspitze als dem Auge; Internasalraum $^2/_3$ so breit wie der Interorbitalraum, der $1^1/_2$ mal so breit wie ein oberes Augenlid ist; Trommelfell gänzlich unter der Haut verborgen. Finger mäßig lang, die beiden lateralen nur am Grunde mit einem sehr kleinen Rudiment von Schwimmhaut; Haftscheiben ziemlich groß und wohl entwickelt; 1. Finger kleiner als der 2., der um etwa die Länge der Haftscheibe kürzer als der 4. ist, der von dem 3. um die Länge der Haftscheibe überragt wird; 3. Finger so lang wie die Schnauze; Subartikulartuberkel klein und wenig deutlich. Zehen mäßig lang, mit etwa $^2/_3$ Schwimmhaut, die an der 1. und 4. Zehe das letzte Glied frei läßt und bei den übrigen bis unter die Haftscheiben reicht, bei der 5. Zehe allerdings nur als schmaler Hautsaum; Haftscheiben so groß wie die der Finger; 3. und 5. Zehe gleich lang; laterale Metatarsalia fest verbunden; keine Tarsalfalte; eine kleine, ovale, mediale und eine kleine, deutliche, runde, laterale Metatarsaltuberkel vorhanden; keine Tarsaltuberkel; Sohle granuliert; Subartikulartuberkel klein und wenig deutlich. Das Tibiotarsalgelenk reicht nicht ganz bis zum hinteren Augenrand; Femur bedeutend kürzer als die Tibia, die $3^1/_2$ mal so lang wie breit, $2^1/_2$ mal in der Körperlänge enthalten und länger als der Fuß ist; bei rechtwinklig angeknickten Hinterbeinen überragen die Fersen einander ein wenig. Haut oben glatt; einige größere Warzen hinter dem Mundwinkel, Kehle und Brust sehr fein, Bauch und Unterseite der Oberschenkel grob granuliert; keine Postgular-, Postpectoral- oder Temporofemoralfalten.

Fig. 152. Hyperolius bituberculatus E. Ahl. Habitus von oben.

Färbung (in Alkohol) auf der Oberseite des Kopfes und des Rückens einfarbig grau; von der Schnauzenspitze bis zum Auge zieht sich eine dunkelbraune, zum Teil aus kleinen Fleckchen bestehende Längsbinde, die sich hinter dem Auge bis zu den Weichen fortsetzt; hinter dem Auge jedoch zerfällt diese Binde in zwei parallel miteinander verlaufende Fleckenreihen; Oberseite der Extremitäten einfarbig grau; Femur dunkelrotbraun, auf der Oberseite mit einem breiten, grauen, schwärzlich eingefaßten Längsstreifen; Unterseite einfarbig dunkelgrau. Körperlänge 26 mm. (Fig. 152).

Mohasi-See, Ruanda.

18. **H. acuticeps** E. Ahl 1931 *H. a.*, E. Ahl in: Mt. Mus. Berlin, *v.* 17 (im Druck).

Körpergestalt sehr schlank; Vomerzähne fehlen; Choanen sehr klein, unter dem Kieferrand verborgen; Zunge groß, birnenförmig, hinten frei und mit zwei Zipfeln. Kopf ziemlich klein, etwas länger als breit; Schnauze sehr spitz, im Profil zugespitzt oder schräg nach hinten abgestutzt, über das Maul hinausragend, etwas länger als das Auge, etwas kürzer als der Abstand der vorderen Augenwinkel voneinander, länger als hoch; Canthus rostralis abgerundet, aber deutlich; Lorealgegend senkrecht abfallend, nicht konkav; Nasenloch bedeutend näher der Schnauzenspitze als dem Auge; Internasalraum $^1/_2$ so breit wie der Interorbitalraum, der doppelt so breit wie ein oberes Augenlid ist; Trommelfell gänzlich unter der Haut verborgen. Finger kurz, die beiden lateralen mit einem deutlichen Rudiment von Schwimmhaut; Haftscheiben klein; 1. Finger kleiner als der 2., der kürzer als der 4. ist, der so lang oder nur sehr wenig kürzer als der 3. ist; 3. Finger so lang wie die Schnauze; Subartikulartuberkel klein, aber deutlich. Zehen lang und schlank, mit $^1/_2$ Schwimmhaut, die an allen Zehen das letzte Glied und an der 4. Zehe die beiden letzten Glieder frei läßt; Haftscheiben so groß wie die der Finger; 5. Zehe länger als die 3.; laterale Metatarsalia fest verbunden; keine Tarsalfalte; nur eine kleine, weiche, flache, mediale Metatarsaltuberkel, keine laterale, keine Tarsaltuberkel; Subartikulartuberkel klein. Das Tibiotarsalgelenk reicht bis zur Mitte oder dem vorderen Rand des Auges; Femur kürzer als die Tibia, die $3^1/_2$ mal so lang wie breit, $2-2^1/_4$ mal in der Körperlänge enthalten und viel länger als der Fuß ist; bei rechtwinklig angeknickten Hinterbeinen decken die Fersen einander. Haut oben und an den Seiten glatt; Kehle, Bauch und Unterseite der Oberschenkel fein granuliert; eine sehr deutliche Postgularfalte; eine mehr oder weniger deutliche Postpectoralfalte; keine Temporofemoralfalte. Männchen mit subgularer Schallblase und großer Kehlscheibe.

Fig. 153. Hyperolius acuticeps E. Ahl. Habitus von oben.

Färbung (in Alkohol) oben hellgrau oder hellbräunlich; in der Rückenmitte befindet sich ein schmaler, dunkelbrauner Längsstrich von zwischen den Augen bis zum After; entlang dem Canthus rostralis, durch das Auge bis zum After zieht sich eine breite, weiße, dunkelbraun eingefaßte Dorsolateralbinde, bei der das Weiß jedoch bis zur Körperfarbe verblassen kann, so daß dann noch zwei dunkelbraune Längsbinden auf dem Rücken oder an den Seiten jederseits verlaufen. Die ganze Oberseite des Körpers, einschließlich der Lateralseiten der Extremitäten, ist mit sehr feinen, dunklen Pigmentfleckchen übersät. Unterseite einfarbig gelblichweiß bis weiß. Körperlänge 20 mm. (Fig. 153).

Konde-Nika, Deutsch-Ost-Afrika.

19. **H. oxyrhynchus** (Blgr.) 1901 *Rappia o.*, Boulenger in: Ann. Mus. Congo, Zool. *v.* 2 p. 5 t. 2 f. 4 (Habitus) | 1924 *Hyperolius o.*, Noble in: Bull. Amer. Mus., *v.* 49 p. 327.

Kopf etwas länger als breit; Schnauze stark zugespitzt und weit über das Maul hinausragend; Canthus rostralis abgerundet; Lorealgegend fast senkrecht abgestutzt; Nasenloch näher der Schnauzenspitze als dem Auge; Interorbitalraum viel breiter als ein oberes Augenlid; Trommelfell unter der Haut verborgen. Finger und Zehen mäßig lang, mäßig stark am Ende verbreitert; nur ein Rudiment von Schwimmhaut zwischen den Fingern; Zehen mit halben Schwimmhäuten; eine sehr kleine, weiche Tuberkel an der Basis der ersten Zehe. Das Tibiotarsalgelenk erreicht das Auge. Haut oben, unter der Kehle, dem Bauch und der Unterseite der Oberschenkel granuliert. Männchen mit subgularer Schallblase, die unter einer Postgularfalte verborgen ist.

Färbung oben rosafarben, fein braun punktiert; vier helle, braun eingefaßte Streifen auf dem Körper, die lateralen sich über jede Seite des Kopfes bis über den Canthus rostralis verlängernd. Körperlänge 18 mm. (Fig. 154).

Pweto und Lofoi, Belgischer Kongo.

Fig. 154.
Hyperolius oxyrhynchus (Blgr.)
Habitus von oben. (Nach Boulenger).

Fig. 155.
Hyperolius rossii (Calabresi).
Habitus von oben (Nach Calabresi).

20. **H. rossii** (Calabresi) 1925 *Rappia r.*, Calabresi in Atti Soc. Ital., *v.* 64 p. 121 f. (Habitus).

Kopf etwas länger als breit; Schnauze breit abgerundet; so lang wie der Augendurchmesser; Nasenloch näher der Schnauzenspitze als dem Auge; Canthus rostralis leicht gebogen; Lorealgegend deutlich konkav. Interorbitalraum etwa doppelt so breit wie ein oberes Augenlid; Trommelfell undeutlich. Finger mit einer rudimentären Schwimmhaut; die Extremitäten am Ende stark verbreitert; Zehen mit $^3/_4$ Schwimmhaut; eine kleine, ovale, mediale Metatarsaltuberkel. Das Tibiotarsalgelenk reicht bis zum Vorderrand des Auges. Die Haut des Rückens ist mit einer Anzahl konischer, erhabener Tuberkel versehen; Kehle granuliert; Bauch glatt. Das Männchen besitzt eine Schallblase unter der Kehle und eine Haftscheibe an der Brust, welch letztere ebenfalls das Weibchen besitzt.

Die Färbung der Oberseite ist graublau, während die Tuberkel weiß an der Basis und mit einer lebhaft braunen Spitze versehen sind. Oberschenkel und Finger, ebensowie der größte Teil des Fußes, sind korallenrot. Unterseite weißlich mit einem Stich ins Rötliche. Körperlänge 30 mm. (Fig. 155).

Uelle, Belgischer Kongo.

21. **H. tristis** Boc. 1866 *H t.*, Bocage in: J. Ac. Lisboa, *v.* 1 p. 56, 76 | 1882 *Rappia t.*, Boulenger, Cat. Batr. sal. Brit. Mus., ed. 2 p. 121 | 1895 *R. t.*, Bocage, Herpét. Angola, p. 171 t. 19 f. 2 (Habitus) | 1924 *Hyperolius t.*, Noble in: Bull. Amer Mus., *v.* 49 p. 330.

Kopf regelmäßig, so lang wie breit; Schnauze ein wenig verlängert und am Ende abgestutzt. Trommelfell unsichtbar. Eine rudimentäre Schwimmhaut an der Basis der Finger; Zehen mit $^3/_4$ Schwimmhaut. Das Tibiotarsalgelenk erreicht den Hinterrand des Auges. Haut oben glatt, mit einigen Längsfalten auf dem Rücken; Bauch und Unterseite der Oberschenkel granuliert; einige deutliche Granula am Mundwinkel.

Fig. 156.
Hyperolius tristis Boc.
Habitus. (Nach Bocage).

Oben dunkelolivbraun mit zusammenfließenden, schwarzen Punkten. Unterseite hellgelb. Schenkel graugelb, auf der Oberseite schwarz gepunktet; Schenkel und Fuß auf ihrer Ober- bzw. Unterseite von der Farbe des Rückens bzw. Bauches. Eine breite, schwarze Binde von der Schnauzenspitze zum Auge und vom Auge zur Schulter; Unterarm und Bein schwarz gerandet. Körperlänge 26 mm. (Fig. 156).

Angola und Unterer Kongo.

22. **H. insignis** Boc. 1867 *H. i.*, Bocage in: P. zool. Soc. London, p. 844 f. 2 (Habitus) | 1868 *Rappia i.*, Alb. Günther in: P. zool. Soc. London, p. 479 | 1882 *R. marmorata* (part.), Boulenger, Cat. Batr. sal. Brit. Mus., ed. 2 p. 121 | 1887 *Hyperolius insignis*, Bocage in: J. Ac. Lisboa, *v.* 11 p. 191 | 1895 *Rappia marmorata* var. *i.*, Bocage, Herpét. Angola, p. 164 | 1896 *R. m.* var. *i.*, Bocage in: J. Ac. Lisboa, ser. 2 *v.* 4 p. 80 | 1906 *R. m.* var. *i.*, Ferreira in: J. Ac. Lisboa, ser. 2 *v.* 7 p. 160.

Körpergestalt gedrungen; Vomerzähne fehlen; Choanen ziemlich klein; Zunge groß, herzförmig, hinten mit zwei Zipfeln. Kopf ziemlich groß, so lang wie breit, 3 mal in der Körperlänge enthalten; Schnauze abgerundet, im Profil abgeflacht, länger als das Auge, nicht über das Maul hinausragend, fast so lang wie der Abstand der vorderen Augenwinkel voneinander, länger als hoch; Canthus rostralis abgerundet, aber deutlich; Lorealgegend schräg, konkav; Nasenloch näher der Schnauzenspitze als dem Auge; Internasalraum etwa $^1/_2$ so breit wie der Interorbitalraum, der wenigstens doppelt so breit wie ein oberes Augenlid ist; Trommelfell deutlich, sehr klein, kreisrund, $^1/_4$ so breit wie das Auge, um etwa seinen eigenen Durchmesser von dem letzteren entfernt. Finger nur am Grunde mit einem Rudiment von Schwimmhaut; Haftscheiben deutlich; 1. Finger kleiner als der 2., der nur wenig kürzer als der 4. ist, der von dem 3. weit überragt wird; 3. Finger bedeutend länger als die Schnauze; Subartikulartuberkel deutlich; Zehen mit etwa $^1/_2$ Schwimmhaut, die an der 4. Zehe das letzte Glied, an der 1., 2. und 3. Zehe das halbe letzte Glied frei läßt und bei der 5. Zehe bis unter die Haftscheibe reicht; 5. Zehe etwas länger als die 3.; laterale Metatarsalia fest verbunden; laterale Zehe mit deutlicher Hautfalte; eine schwache Tarsalfalte vorhanden; nur eine kleine, flache, sehr undeutliche, mediale Metatarsaltuberkel, keine laterale, keine Tarsaltuberkel; Subartikulartuberkel mäßig deutlich. Das Tibiotarsalgelenk reicht bis zum Vorderrand des Auges; Femur kürzer als die Tibia, die 4 mal so lang wie breit, 2 mal in der Körperlänge enthalten und länger als der Fuß ist; die Fersen decken einander. Haut

Fig. 157.
Hyperolius insignis Boc.
Habitus, Mundöffnung.
(Nach Bocage).

oben glatt; Kehle mit kleinen Warzen besetzt, Bauch fein granuliert; einige Warzen hinter dem Mundwinkel; Postgularfalte, Postpectoralfalte und Temporofemoralfalte vorhanden.

Färbung (in Alkohol) oben schwarz, mit einem silberweißen, manchmal unterbrochenen Band von der Schnauzenmitte zum After entlang der Rückenmitte und an jeder Körperseite mit einem ähnlichen breiten Bande vom oberen Augenlid bis zu den Weichen; Schnauzenspitze und Oberlippe breit weiß gerandet; Seiten mit einem grauschwarzen Längsband; Vorderbeine weiß mit schwarzen Querbinden; Tibia weiß mit einem schwarzen, breiten Längsband und einem schwarzen Querband über der Ferse; Lateralseite des Tarsus weiß mit feinen, schwarzen Punkten; Medianseite der Vorder- und Hinterbeine sowie das Femur rot; Kehle weiß, mit sehr feinen, schwarzen Fleckchen, Bauch gelblich. Körperlänge 35 mm. (Fig. 157).

Angola, Port.-Guinea.

23. **H. guineensis** E. Ahl 1931 *H. g.*, E. Ahl in: Mt. Mus. Berlin, *v.* 17 (im Druck).

Körpergestalt ziemlich schlank; Vomerzähne fehlen; Choanen ziemlich klein, teilweise unter dem Kieferrand verborgen; Zunge groß, birnenförmig, hinten frei und eingeschnitten; Kopf niedergedrückt, so lang wie breit; Schnauze dreieckig abgerundet, im Profil rundlich abgestutzt, etwas länger als das Auge, kürzer als der Abstand der vorderen Augenwinkel voneinander, viel länger als hoch; Canthus rostralis deutlich, gerade; Lorealgegend abgeschrägt, konkav; Nasenloch viel näher der Schnauzenspitze als dem Auge; Internasalraum schmaler als der Interorbitalraum, der doppelt so breit wie ein oberes Augenlid ist; Trommelfell deutlich, klein. Finger schlank, die beiden lateralen mit etwa $1/4$ Schwimmhaut; Haftscheiben wohl entwickelt, etwa so groß wie das Trommelfell; 1. Finger kleiner als der 2., der nur wenig kürzer als der 4. ist, der von dem 3. weit überragt wird; 3. Finger so lang wie die Schnauze; Subartikulartuberkel deutlich, aber klein. Zehen kräftig, mit etwa $2/3$ Schwimmhaut, die an der 1. und 4. Zehe das letzte Glied frei läßt und bei den übrigen nicht ganz bis unter die Haftscheiben reicht; Haftscheiben so groß wie die der Finger; 3. und 5. Zehe gleich lang; laterale Metatarsalia fest verbunden; eine sehr schwache Tarsalfalte vorhanden; nur eine äußerst kleine, flache, undeutliche, mediale Metatarsaltuberkel, keine laterale, keine Tarsaltuberkel; Subartikulartuberkel klein, wenig deutlich. Das Tibiotarsalgelenk reicht bis zum Vorderrand des Auges; Femur kürzer als die Tibia, die $4^1/_2$ mal so lang wie breit, 2 mal in der Körperlänge enthalten und länger als der Fuß ist; bei rechtwinklig angeknickten Hinterbeinen überragen die Fersen einander. Haut oben glatt; einige Warzen hinter dem Mundwinkel; Kehle glatt; Bauch areoliert; eine deutliche Postgularfalte; keine Postpectoralfalte; Temporofemoralfalte angedeutet.

Fig. 158.
Hyperolius guineensis E. Ahl.
Habitus von oben.

Färbung (in Alkohol) hellbräunlich mit einer nicht sehr deutlichen, etwas dunkleren, hell schmal umrandeten Zeichnung, die zwischen den Augen ein großes, mit der Spitze nach hinten gerichtetes Dreieck bildet, das sich nach dem Rücken zu in eine allmählich verschwimmende, breite Längsbinde fortsetzt; vom Auge nach hinten zieht sich bis etwa in die Höhe des Oberarmes eine dunkelbraune, nach oben schmal hell gerandete Binde; Oberseite der Vorder- und Hinterextremitäten von der Färbung des Rückens, mit einer Anzahl kleiner, nicht sehr deutlicher, runder Flecken, die sich übrigens auch auf der Oberseite des Körpers zeigen. Unterseite einfarbig weißlich. Körperlänge 30 mm. (Fig. 158).

Guinea.

24. **H. castaneus** E. Ahl 1931 *H. c.*, E. Ahl in: Mt. Mus. Berlin, *v.* 17 (im Druck).

Körpergestalt ziemlich schlank; Vomerzähne fehlen; Choanen sehr klein, unter dem Kieferrand verborgen; Zunge mäßig groß, herzförmig, hinten mit zwei Zipfeln. Kopf groß, niedergedrückt, so lang wie breit; Schnauze stumpf zugespitzt, im Profil abgeflacht, nicht über das Maul hinausragend, etwa $1^1/_2$ mal so lang wie das Auge, nur sehr wenig kürzer als der Abstand der vorderen Augenwinkel voneinander, viel länger als hoch; Canthus rostralis scharf, gerade; Lorealgegend wenig abgeschrägt, nur sehr wenig konkav; Nasenloch näher der Schnauzenspitze als dem Auge; Internasalraum schmaler als der Interorbitalraum, der über doppelt so breit wie ein oberes Augenlid ist; Trommelfell klein, nur undeutlich sichtbar. Finger groß und kräftig, die beiden lateralen nur mit $^1/_4$ Schwimmhaut; Haftscheiben sehr groß und deutlich; 1. Finger kleiner als der 2., der kürzer als der 4. ist, der von dem 3. überragt wird; 3. Finger so lang wie die Schnauze; Subartikulartuberkel groß und deutlich, stark vorspringend; Handfläche granuliert. Zehen lang und schlank, mit nicht ganz $^1/_2$ Schwimmhäuten, die an allen Zehen das letzte Glied und an der 4. Zehe die beiden letzten Glieder frei läßt; Haftscheiben etwas kleiner als die der Finger; 3. Zehe etwas länger als die 5.; laterale Metatarsalia fest verbunden; eine deutliche Tarsalfalte vorhanden; nur eine sehr kleine, flache, mediale Metatarsaltuberkel, keine laterale, keine Tarsaltuberkel; Sohle granuliert; Subartikulartuberkel deutlich. Das Tibiotarsalgelenk reicht bis zur Augenmitte; Femur nur sehr wenig kürzer als die Tibia, die 4mal so lang wie breit, $2^1/_4$mal in der Körperlänge enthalten und viel länger als der Fuß ist; bei rechtwinklig angeknickten Hinterbeinen berühren die Fersen einander. Haut oben und an den Seiten mit sehr vielen, sehr kleinen, mehr oder weniger spitzen Warzen besetzt; hinter dem Mundwinkel eine Anzahl großer, auffallender Warzen; Bauchseite stark gefeldert; eine deutliche Postgularfalte; Postpectoralfalte nur angedeutet; keine Temporofemoralfalte. Männchen mit subgularer Schallblase und großer, an den Seiten freier Kehlscheibe.

Fig. 159. **Hyperolius castaneus** E. Ahl. Habitus von oben.

Färbung (in Alkohol) auf der Oberseite des Kopfes und Rückens schön kastanienbraun; ein unregelmäßig gestalteter, dunkler, fein bläulichweiß eingefaßter Occipitalfleck und ein kleinerer, dunkelbrauner, fein bläulichweiß eingefaßter Fleck in der Rückenmitte etwa in der Gegend hinter der Ansatzstelle der Oberarme; von der Schnauzenspitze zieht sich, unter der Schnauzenkante, durch das Auge, über die Temporalgegend entlang den Körperseiten bis in die Gegend der Weichen eine breite, dunkelbraune Längsbinde, welche die Körperseiten vollständig einnimmt. Oberseite und Lateralseite der Vorder- und Hinterbeine einfarbig kastanienbraun; Hinterseite der Oberschenkel hellbraun; Gesamtunterseite einfarbig gelb, nur die Kehle sehr fein dunkelbraun bestäubt. Körperlänge 19 mm. (Fig. 159).

Vulkangebiet nordöstlich des Kivu-Sees.

25. **H. scriptus** E. Ahl 1931 *H. s.*, E. Ahl in: Mt. Mus. Berlin, *v.* 17 (im Druck).

Körpergestalt ziemlich schlank; Vomerzähne fehlen; Choanen mäßig klein, teilweise unter dem Kieferrand verborgen; Zunge groß, herzförmig, hinten eingeschnitten. Kopf groß, so lang wie breit; Schnauze spitz verrundet, im Profil abgeflacht, nicht über das Maul hinausragend, etwas länger als das Auge, fast so lang wie der Abstand der vorderen Augenwinkel voneinander, viel länger als hoch; Canthus rostralis deutlich, gerade; Lorealgegend etwas abgeschrägt, wenig konkav; Nasenloch etwas näher der Schnauzenspitze als dem Auge; Internasalraum schmaler als der Interorbitalraum, der mehr als doppelt so breit wie ein oberes Augenlid ist; Trommelfell klein, nur undeutlich sichtbar. Finger ziemlich klein, die beiden lateralen nur am Grunde mit einem Rudiment von Schwimmhaut; Haftscheiben mäßig groß; 1. Finger kleiner als der 2., der nur sehr wenig kürzer als der 4. ist, der von dem 3. weit überragt wird; 3. Finger so lang wie die Schnauze; Subartikulartuberkel sehr klein. Zehen schlank, mit etwa $^1/_2$ Schwimmhaut, die an allen Zehen das letzte Glied und an der 4. Zehe die beiden letzten Glieder frei läßt; Haftscheiben nur sehr wenig kleiner als die der Finger; 5. Zehe nur sehr wenig länger als die 3.; laterale Metatarsalia fest verbunden; Tarsalfalte fehlt; nur eine sehr kleine, flache, mediale Metatarsaltuberkel, keine laterale, keine Tarsaltuberkel; Subartikulartuberkel klein. Das Tibiotarsalgelenk reicht bis zum Hinterrand des Auges; Femur kürzer als die Tibia, die $4^1/_2$mal so lang wie breit, $2^1/_5$mal in der Körperlänge enthalten und länger als der Fuß ist; bei rechtwinklig angeknickten Hinterbeinen decken die Fersen einander. Haut oben glatt, unten granuliert; eine sehr deutliche Postgularfalte; keine Postpectoral- oder Temporofemoralfalte; Männchen mit subgularer Schallblase und großer Kehlscheibe.

Fig. 160.
Hyperolius scriptus E. Ahl.
Habitus von oben.

Färbung (in Alkohol) oben und an den Seiten rötlichweiß, mit einer Anzahl verschnörkelter, marmorähnlicher Linien, die besonders in der Längsrichtung verlaufen; Oberseite der Arme und der Beine ebenso gefärbt. Unterseite gelblichweiß, Hinterseite der Oberschenkel rötlich. Körperlänge 26 mm. (Fig. 160).

Tanga.

26. **H. albolabris** E. Ahl 1931 *H. a.*, E. Ahl in: Mt. Mus. Berlin, *v.* 17 (im Druck).

Körpergestalt ziemlich gedrungen; Vomerzähne fehlen; Choanen klein, teilweise unter dem Kieferrand verborgen; Zunge groß, herzförmig, hinten frei und tief eingeschnitten. Kopf groß, so lang wie breit; Schnauze stumpf zugespitzt, im Profil stumpf zugespitzt, über das Maul hinausragend, sehr wenig länger als das große Auge, kürzer als der Abstand der vorderen Augenwinkel voneinander, länger als hoch; Canthus rostralis abgerundet, aber deutlich; Lorealgegend senkrecht, wenig konkav; Nasenloch viel näher der Schnauzenspitze als dem Auge; Internasalraum schmaler als der Interorbitalraum, der über doppelt so breit wie ein oberes Augenlid ist; Trommelfell gänzlich unter der Haut verborgen. Finger lang und kräftig, die beiden lateralen nur mit einem Rudiment von Schwimmhaut am Grunde; Haftscheiben wohl entwickelt; 1. Finger kleiner als der 2., der kürzer als der

4. ist, der von dem 3. überragt wird; 3. Finger so lang wie die Schnauze; Subartikulartuberkel mäßig deutlich. Zehen lang und schlank, mit etwa $^1/_2$ Schwimmhaut, die an der 4. Zehe das letzte Glied völlig frei läßt und an den übrigen Zehen nicht bis an die Haftscheiben reicht; Haftscheiben so groß wie die der Finger; 5. Zehe etwas länger als die 3.; laterale Metatarsalia fest verbunden; eine schwache Tarsalfalte vorhanden; nur eine sehr kleine, mediale Metatarsaltuberkel, keine laterale, keine Tarsaltuberkel; Subartikulartuberkel mäßig. Das Tibiotarsalgelenk reicht bis zur Augenmitte; Femur etwas kürzer als die Tibia, die 4mal so lang wie breit, 2mal in der Körperlänge enthalten und länger als der Fuß ist; bei rechtwinklig angeknickten Hinterbeinen decken die Fersen einander. Haut oben fein runzelig; Unterseite granuliert; Postgular-, Postpectoral- und Temporofemoralfalte deutlich; Männchen mit subgularer Schallblase und verlängerter Postgularfalte, aber ohne Kehlscheibe.

Fig. 161.
Hyperolius albolabris E. Ahl.
Habitus von oben.

Färbung (in Alkohol) oben, auf dem gesamten Rücken, der oberen Hälfte der Körperseiten und der Oberseite der Extremitäten weißlichrosa; auf diesem Grunde finden sich überall etwas dunklere, fleischfarbene oder violettbraune Flecke und Streifen, die sich meist in Längsreihen anordnen und nicht sehr scharf begrenzt sind; Oberlippen mit einem breiten, weißen Streifen, der sich geradlinig nach hinten bis in die Gegend der Weichen fortsetzt und die Färbung der Oberseite von der der Unterseite trennt; Kehle rein weiß; Bauch und Unterseite der Oberschenkel gelblichweiß; Hinterseite der Oberschenkel gelb. Körperlänge 25 mm. (Fig. 161).

Kwa Buosch oder Bnorch (Deutsch-Ostafrika).

27. **H. ferreirai** Noble 1906 *Rappia bivittatus* (non *Hyperolius b.*, Peters 1855), Ferreira in: J. Ac. Lisboa, ser. 2 *v.* 7 p. 161 t. (Habitus von oben) | 1924 *Hyperolius ferreirai*, Noble in: Bull. Amer. Mus., *v.* 49 p. 324.

Kopf so lang wie breit; Schnauze stumpf zugespitzt, etwas länger als das Auge; Lorealgegend leicht abgeschrägt; Interorbitalraum breiter als ein oberes Augenlid; Trommelfell unsichtbar. Vordergliedmaßen und Finger ziemlich kurz, mit kleinen Haftscheiben am Ende, die beiden lateralen mit sehr kleinen Schwimmhäuten; das Tibiotarsalgelenk reicht bis zum Auge. Haut oben glatt, unten granuliert, insbesondere am Bauch und unter den Schenkeln. Männchen mit subgularer Schallblase.

Fig. 162.
Hyperolius ferreirai Noble.
Habitus von oben. (Nach Ferreira).

Grundfarbe grau, auf der Oberseite mehr bleifarben, übersät mit kleinen, schwarzen Pünktchen, die auf den Gliedern mehr zusammenfließen. Eine breite, weiße Binde zieht sich vom Nasenloch entlang dem Canthus rostralis, über das obere Augenlid, sich in der Temporalgegend verbreiternd, an den Seiten des Körpers bis zum After, wo sie verschwindet. Nach unten ist diese Binde von einer dunklen begrenzt. Manchmal noch eine undeutliche, helle Längsbinde auf der Medianlinie des Rückens. Unterseite hellgelblich. Körperlänge 20 mm. (Fig. 162).

Angola.

28. **H. balfouri** (Wern.) 1907 *Rappia b.*, F. Werner in: SB. Ak. Wien, *v.* 116 1904 t. 4 f. 15 (Habitus von oben) | 1924 *Hyperolius b.*, Noble in: Bull. Amer. Mus., *v.* 49 p. 324.

Kopf so lang wie breit; Schnauze vorn abgerundet, wenig über das Maul vorspringend, etwa $1^1/_3$ mal so lang wie der Augendurchmesser, ebenso lang wie die Entfernung vom Auge zum Nasenloch; Lorealgegend schräg, Canthus rostralis gerade. Interorbitalraum doppelt so breit wie ein oberes Augenlid. Trommelfell verborgen. Finger und Zehen mit mäßig großen Haftscheiben, die ersteren nur am Grunde, die letzteren bis etwa $^2/_3$ durch Schwimmhaut verbunden. Das Tibiotarsalgelenk reicht bis zum Vorderrande des Auges. Rückenhaut fein gerunzelt oder glatt. Kehle, Bauch und Unterseite der Schenkel fein granuliert.

Fig. 163. **Hyperolius balfouri** (Wern.). Habitus von oben. (Nach Werner).

Färbung hellgraubraun mit Bronzeschimmer; eine schwarze Längsbinde vom Nasenloch zum Auge und von hier gegen die Hüfte ziehend, in der Mitte zwischen Vorder- und Hinterbeinansatz in eine Punktreihe sich auflösend; Tibia und Unterarm oben und lateral mit einer braunen Längslinie; dunkle Punkte auf der Oberlippe und der Schläfengegend; Unterseite rotbraun, Unterkieferränder und After weißlich, braun gesprenkelt. Jüngere Exemplare haben ein silbergraues Band oberhalb des dunklen, dorsolateralen Längsbandes; dieses helle Band ist medianwärts durch eine Reihe brauner Punkte begrenzt; eine ähnliche Punktbinde beiderseits von der Medianlinie. Körperlänge 21 mm. (Fig. 163).

Gondokoro, Sudan.

Im Grase.

29. **H. granulatus** (Blgr.) 1901 *Rappia granulata*, Boulenger in: Ann. Mus. Congo, Zool. *v.* 2 p. 4 t. 4 f. 3 (Habitus von oben) | 1924 *Hyperolius granulatus*, Noble in: Bull. Amer. Mus., *v.* 49 p. 326.

Kopf so lang wie breit; Schnauze kurz und abgerundet, so lang wie das Auge, ein wenig zugespitzt, abgestutzt und hervorragend; Canthus rostralis abgerundet, Lorealgegend fast senkrecht abfallend; Nasenloch sehr nahe der Schnauzenspitze; Interorbitalraum viel breiter als das obere Augenlid; Trommelfell unter der Haut verborgen. Finger und Zehen mäßig lang, am Ende schwach verbreitert; nur ein Rudiment von Schwimmhaut zwischen den Fingern; Zehen mit halben Schwimmhäuten; eine sehr kleine, weiche, mediale Metatarsaltuberkel an der Basis der ersten Zehe. Das Tibiotarsalgelenk erreicht den vorderen Rand des Auges. Haut oben und unter der Kehle granuliert; ebenso auch unter dem Bauch und unter der Unterseite der Oberschenkel. Männchen mit äußerer Schallblase und großer, hinten halbmondförmiger Kehlscheibe.

Fig. 164. **Hyperolius granulatus** (Blgr.). Habitus von oben. (Nach Boulenger).

Färbung (in Alkohol) oben graurötlich, fein braun getüpfelt, unten weißlich. Körperlänge 22 mm. (Fig. 164).

Moeru-See und Deutsch-Ost-Afrika.

30. **H. platyceps** (Blgr.) 1900 *Rappia p.*, Boulenger in: P. zool. Soc. London, p. 444 t. 27 f. 4 (Habitus von oben) | 1924 *Hyperolius p.*, Noble in: Bull. Amer. Mus., *v.* 49 p. 328.

Kopf ziemlich groß, so lang wie breit, stark niedergedrückt; Schnauze abgerundet, so lang wie das Auge; Lorealgegend schräg; Interorbitalraum breiter als das obere Augenlid; Trommelfell verborgen; Nasenloch näher der Schnauzenspitze als dem Auge. Laterale Finger mit $^1/_4$ Schwimmhaut; Zehen mit $^2/_3$ Schwimmhaut. Haftscheiben ziemlich groß; das Tibiotarsalgelenk erreicht das Auge. Haut glatt, auf dem Bauche fein areoliert.

Oben hellbräunlich, mit einer großen, schwärzlichbraunen Zeichnung mit Einschnürungen von zwischen den Augen bis zur Sacralgegend; Seiten des Kopfes und des Körpers und Oberseite der Schenkel schwärzlichbraun; ein weißlicher Fleck auf dem Schenkel über dem Tibiotarsalgelenk; Oberseite des Schenkels weißlich, mit einem schmalen, dunkelbraunen Streifen; Unterseite weiß. Körperlänge 29 mm. (Fig. 165).

Kamerun-Gabun-Gegend.

Fig. 165.
Hyperolius platyceps (Blgr.).
Habitus von oben. (Nach Boulenger).

Fig. 166.
Hyperolius platyrhinus (Procter).
Habitus von oben. (Nach Procter).

31. **H. platyrhinus** (Procter) 1920 *Rappia p.*, Procter in: P. zool. Soc. London, p. 416 f. (Habitus von oben) | 1924 *Hyperolius p.*, Noble in: Bull. Amer. Mus., *v.* 49 p. 328.

Kopf klein, so breit wie lang, mäßig niedergedrückt; Schnauze flach, bemerkenswert abgestutzt, so lang wie der Augendurchmesser; Canthus rostralis schwach markiert; Lorealregion schräg, konkav; Nasenloch an der Schnauzenspitze; Interorbitalraum fast zweimal so breit wie ein oberes Augenlid; Trommelfell unter der Haut verborgen. Finger lang, mit $^1/_4$ Schwimmhaut, der 2. länger als der 1.; Zehen schlank, mit ganzen Schwimmhäuten; Subartikulartuberkel weich, flach, klein; mediale Metatarsaltuberkel ebenfalls weich und klein; keine laterale. Das Tibiotarsalgelenk erreicht die Augenmitte; Tibia 5mal so lang wie breit, $1^1/_8$ mal in der Körperlänge enthalten. Haut oben glatt, unten granuliert. Männchen mit innerer Schallblase und Kehlscheibe.

Oben einförmig bräunlichgrau, fein übersät mit schwarzen Pigmentzellen, die entlang dem Canthus rostralis leicht zusammengedrängt erscheinen. Körperlänge 28 mm. (Fig. 166).

Nairobi.

32. **H. baumanni** E. Ahl 1931 *H. b.*, E. Ahl in: Mt. Mus. Berlin, *v.* 17 (im Druck).

Körpergestalt verhältnismäßig schlank; Choanen klein, teilweise unter dem Kieferrand gelegen; Zunge groß, hinten frei und mit zwei Zipfeln. Kopf mäßig groß, niedergedrückt, etwa so lang wie breit; Schnauze zugespitzt, im Profil zugespitzt, etwas über das Maul hinausragend, so lang wie das große Auge, kürzer als der Abstand der vorderen Augenwinkel voneinander, viel länger als hoch; Canthus rostralis deutlich, gerade; Lorealgegend steil, wenig konkav; Nasenloch viel näher der Schnauzenspitze als dem Auge; Internasalraum etwa $^2/_3$ so breit wie der Interorbitalraum, der doppelt so breit wie ein oberes Augenlid ist; Trommelfell völlig unter der Haut verborgen. Finger kräftig, die beiden lateralen höchstens mit $^1/_4$ Schwimmhaut; Haftscheiben groß und wohl entwickelt; 1. Finger kleiner als der 2., der kürzer als der 4. ist, der von dem 3. überragt wird; 3. Finger viel länger als die Schnauze; Subartikulartuberkel deutlich. Zehen mit etwa $^1/_2$ Schwimmhaut, die an allen Zehen das letzte Glied und bei der 4. Zehe die beiden letzten Glieder völlig oder fast völlig frei läßt; Haftscheiben so groß wie die der Finger; 5. Zehe etwas länger als die 3.; laterale Metatarsalia fest verbunden; keine Tarsalfalte; nur eine kleine, mediale Metatarsaltuberkel, keine laterale, keine Tarsaltuberkel. Sohle granuliert; Subartikulartuberkel deutlich. Das Tibiotarsalgelenk erreicht den hinteren Augenrand; Femur kürzer als die Tibia, die 4mal so lang wie breit, $2^1/_4$ mal in der Körperlänge enthalten und länger als der Fuß ist; bei rechtwinklig angeknickten Hinterbeinen decken die Fersen einander. Haut oben glatt, ebenso an den Seiten und unter der Kehle; einige größere Warzen hinter dem Mundwinkel; Bauch und Unterseite der Oberschenkel granuliert; eine schwache Postgularfalte.

Fig 167.
Hyperolius baumanni E. Ahl.
Habitus von oben.

Färbung (in Alkohol) oben mehr oder weniger heller oder dunkler braun; von der Schnauzenspitze zieht sich durch das Auge entlang den Körperseiten bis in die Weichengegend ein breiter, dunkelbrauner, nach oben von einer mehr oder weniger breiten, weißen Binde begleiteter Längsstreifen entlang. Unterhalb dieses dunklen Streifens sind die Kopfseiten dunkelbraun mit weißen, runden Punkten. Auch an den Körperseiten unterhalb dieser dunklen Binde, zum Teil noch auf derselben, finden sich ähnliche weiße Flecke, die mit der dunkelbraunen Grundfarbe mitunter eine schöne Marmelzeichnung ergeben. Die beim sitzenden Tier sichtbaren Teile der Vorder- und Hinterextremitäten von der Farbe des Rückens, die beim Sitzen verborgenen Teile der Gliedmaßen ebenso wie die Unterseite gelblichweiß. Färbung im Leben (nach Baumann): „Kopf und Rücken olivbraun mit breiter, weißlichgrauer Saumlinie. Körperseiten schwarzbraun mit gelben Flecken. Ganze Unterseite hellgelb; Hände oberseits hellbraun, unterseits hellgelb; Beine oberseits hellbraun, unterseits hellgelb, Medial- und Lateralseite der Schenkel, Medialseite des Unterschenkels blutrot; Zehenspitzen rot." Körperlänge 32 mm. (Fig. 167).

Misahöhe, Togo.

33. **H. raveni** E. Ahl 1931 *H. r.*, E. Ahl in: Mt. Mus. Berlin, *v.* 17 (im Druck).

Körpergestalt gedrungen; Choanen klein, teilweise unter dem Kieferrand verborgen; Zunge groß, herzförmig, hinten frei und mit zwei Zipfeln.

Kopf mäßig groß, so lang wie breit; Schnauze rundlich zugespitzt, im Profil abgerundet, etwas über das Maul hinausragend, so lang wie das große Auge, fast so lang wie der Abstand der vorderen Augenwinkel voneinander, viel länger als hoch; Canthus rostralis deutlich; Lorealgegend steil, konkav; Nasenloch näher der Schnauzenspitze als dem Auge; Internasalraum $^2/_3$ so breit wie der Interorbitalraum, der doppelt so breit wie ein oberes Augenlid ist; Trommelfell unter der Haut verborgen. Finger lang und schlank, die beiden lateralen nur am Grunde mit einem Rudiment von Schwimmhaut; Haftscheiben groß und wohl entwickelt; 1. Finger kleiner als der 2., der kürzer als der 4. ist, der nur wenig von dem 3. überragt wird; 3. Finger sehr wenig länger als die Schnauze; Subartikulartuberkel nicht sehr deutlich, klein. Zehen mit $^1/_2$ Schwimmhaut, die an allen Zehen bis fast an die Haftscheiben reicht und bei der 4. Zehe die letzten $1^1/_2$ Glieder frei läßt; Haftscheiben etwa so groß wie die der Finger; 5. Zehe länger als die 3.; laterale Metatarsalia fest verbunden; keine Tarsalfalte; nur eine sehr kleine, mediale Metatarsaltuberkel, keine laterale, keine Tarsaltuberkel; Subartikulartuberkel klein und wenig deutlich. Das Tibiotarsalgelenk erreicht den vorderen Augenrand; Femur etwas kürzer als die Tibia, die $4^1/_2$mal so lang wie breit, 2mal in der Körperlänge enthalten und viel länger als der Fuß ist; bei rechtwinklig angeknickten Hinterbeinen decken die Fersen einander. Haut oben und an den Seiten glatt; Kehle und Mitte des Bauches glatt, nur an den Seiten des Bauches granuliert. Eine deutliche Postgularfalte.

Fig. 168.
Hyperolius raveni E. Ahl.
Habitus von oben.

Färbung (in Alkohol) oben rot, mit drei weißen Längsbinden auf dem Rücken. Die medialste zieht sich von der Schnauzenspitze entlang der Vertebrallinie bis zum After und an jeder Seite verläuft eine ähnliche silberweiße Binde von der Schnauzenspitze entlang dem Canthus rostralis, über das obere Augenlid und von da dorsolateral bis in die Gegend der Weichen. Oberlippe mit einem weißen Streifen. Seiten des Körpers rot mit weißen Punkten und Flecken, die zu unterbrochenen Längsbinden oder zu einer Marmelzeichnung zusammenfließen können. Die beim sitzenden Tier sichtbaren Teile der Vorder- und Hinterextremitäten rot mit schmalen, weißen Längsbinden oder ebensolchen Flecken. Kehle gelblichweiß; übrige Unterseite sowie die beim Sitzen verborgenen Teile der Gliedmaßen leuchtend gelb. Körperlänge 23 mm. (Fig. 168).

Vulkangebiet nordöstlich des Kivu-Sees.

34. **H. olivaceus** Buchh. & Ptrs. 1876 *H. o.*, Buchholz & Peters in: Peters in: Monber. Ak. Berlin, p. 120.

Körpergestalt mäßig gedrungen; Vomerzähne fehlen; Choanen mäßig groß, unter dem Kieferrand liegend; Zunge groß, hinten frei und eingeschnitten. Kopf mäßig groß, so lang wie breit oder nur wenig breiter als lang; Schnauze rundlich zugespitzt, im Profil abgerundet, nur wenig über das Maul hinausragend, so lang wie das große Auge, etwas kürzer als der Abstand der vorderen Augenwinkel voneinander, viel länger als hoch; Canthus rostralis abgerundet, aber deutlich; Lorealgegend steil, konkav; Nasenloch viel näher der Schnauzenspitze als dem Auge; Internasalraum etwa $^2/_3$ so breit wie der Interorbitalraum, der etwa $1^1/_2$mal so breit wie ein oberes Augenlid ist; Trommelfell unter der Haut verborgen oder nur undeutlich sichtbar. Finger kräftig, die beiden lateralen nur an der Basis mit einem Rudiment von Schwimmhaut; Haftscheiben wohl entwickelt; 1. Finger kleiner als der 2., der kürzer als der 4. ist, der von dem 3. um die Länge einer Haftscheibe überragt wird; 3. Finger so lang wie die Schnauze; Subartikulartuberkel klein, aber deutlich. Zehen kräftig, mit etwa $^2/_3$ Schwimmhaut, die an der 5. Zehe bis unter die Haftscheibe reicht, bei der 1. und 4. Zehe das letzte Glied frei läßt. und bei der 2. und 3. Zehe nicht ganz bis unter die Haftscheiben reicht; Haftscheiben etwa so groß wie die der Finger; 3. und 5. Zehe etwa gleich lang, oder die 5. Zehe nur unwesentlich länger als die 3.; laterale Metatarsalia fest verbunden; keine Tarsalfalte; nur eine sehr kleine, flache, undeutliche, mediale Metatarsaltuberkel, keine laterale, keine Tarsaltuberkel; Sohle granuliert; Subartikulartuberkel schwach. Das Tibiotarsalgelenk reicht bis zum Hinterrand des Auges; Femur etwas kürzer als die Tibia, die 4mal so lang wie breit, $2^1/_3$—$2^1/_2$mal in der Körperlänge enthalten und viel länger als der Fuß ist; bei rechtwinklig angeknickten Hinterbeinen decken die Fersen einander. Haut oben, an den Seiten und unter der Kehle glatt; ein paar verstreute, kleine Warzen hinter dem Mundwinkel; Bauch und Unterseite der Oberschenkel granuliert; keine Postgular- oder Postpectoralfalte; eine nicht sehr deutliche Temporofemoralfalte vorhanden.

Färbung der drei Typen (in Alkohol) gänzlich verblaßt. Färbung nach Peters oben olivengrün; eine unregelmäßig gezackte, schwarze Linie von der unteren Seite des Unterkiefers ausgehend steigt in einem Bogen über die Achsel und verläuft dann bis zur Inguinalgegend, um dann an der vorderen Seite des Oberschenkels bis zum Knie und der 4. Zehe zu gehen. Die vordere und hintere Seite der vorderen Extremität, sowie die hintere Seite der hinteren Extremität ebenfalls mit einer schwarzen, unregelmäßigen Binde, wodurch die olivengrüne Farbe der Oberseite von der gelbweißen der Unterseite geschieden wird. Körperlänge 28 mm.

Limbareni am Ogowe.

35. **H. pleurotaenius** (Blgr.) 1906 *Rappia pleurotaenia*, Boulenger in: Ann. nat. Hist., ser. 7 *v.* 17 p. 322 | 1906 *R. p.*, Boulenger in: Ann. Mus. Genova, ser. 3 *v.* 2 p. 165 | 1908 *R. p.*, Nieden in: Mt. Mus. Berlin, *v.* 3 p. 504 | 1910 *R. p.*, Nieden in: Fauna D. Kolon., ser. 1 fasc. 2 p. 60 | 1924 *Hyperolius pleurotaenius*, Noble in: Bull. Amer. Mus., *v.* 49 p. 258 t. 40 f. 1 (Habitus nach Photographie des lebenden Tieres).

Körpergestalt gedrungen; Vomerzähne fehlen; Choanen klein, nicht unter dem Kieferrande; Zunge groß, breit herzförmig, hinten eingeschnitten. Kopf groß, so lang wie breit; Schnauze spitz abgerundet, im Profil abgerundet, etwas über das Maul hinausragend, so lang wie das große Auge, kürzer als der Abstand der vorderen Augenwinkel voneinander, länger als hoch; Canthus rostralis deutlich; Lorealgegend mäßig steil, wenig konkav; Nasenloch etwas näher der Schnauzenspitze als dem Auge; Internasalraum etwas schmaler als der Interorbitalraum, der nicht ganz doppelt so breit wie ein oberes Augenlid ist; Trommelfell gänzlich unter der Haut verborgen. Finger ziemlich lang, nur am Grunde mit Schwimmhaut; Haftscheiben groß; 1. Finger kleiner als der 2., der kürzer als der 4. ist, der von dem 3. überragt wird; 3. Finger so lang wie die Schnauze; Subartikulartuberkel klein, aber deutlich. Zehen lang und schlank, mit nicht ganz $^1/_2$ Schwimmhaut, die an der 5. Zehe bis fast an die Haftscheibe reicht, bei der 4. fast die beiden letzten Glieder und bei den übrigen fast das ganze letzte Glied frei läßt; Haftscheiben so groß wie die der Finger; 5. Zehe etwas länger als die 3.; laterale Metatarsalia fest verbunden; keine Tarsalfalte; nur eine sehr kleine, flache, mediale Metatarsaltuberkel, keine laterale, keine Tarsaltuberkel; Subartikulartuberkel klein. Das Tibiotarsalgelenk reicht bis zum hinteren Augenrand; Femur kürzer als die Tibia, die $3^1/_2$ mal so lang wie breit, etwas über 2 mal in der Körperlänge enthalten und länger als der Fuß ist; bei rechtwinklig angeknickten Hinterbeinen decken die Fersen einander. Haut oben glatt; ein paar Warzen hinter dem Mundwinkel; Kehle glatt; Bauch und Unterseite der Oberschenkel granuliert. Keine Postgular-, Postpectoral- und Temporofemoralfalte.

Fig. 169.
Hyperolius pleurotaenius (Blgr.).
Habitus nach dem Leben. (Nach Noble).

Färbung (in Alkohol) oben mehr oder weniger braun, mit oder ohne verstreute, weiße Flecke; ein weißer, manchmal schwarz gerandeter Streifen an jeder Seite von Kopf und Körper, den der anderen Seite an der Schnauzenspitze treffend, das Augenlid säumend, sich an den Körperseiten verbreiternd und mehr oder weniger plötzlich vor den Weichen endend; einige kleine, schwarze oder dunkelbraune Flecke auf dem Lateralstreifen; Oberseite der Schenkel einfarbig braun. Unterseite leuchtend gelb oder weißlichgelb. Färbung im Leben (nach Noble) oben grünlich oder bräunlich bis purpurn; der Dorsolateralstreifen ist gelb. Körperlänge 31 mm. (Fig. 169).

Kamerun-Gabun-Zone und oberer Kongo.

36. **H. pusillus** (Cope) 1862 *Crumenifera pusilla*, E. D. Cope in: P. Ac. Philad., p. 343 | 1882 *Rappia p.*, Boulenger, Cat. Batr. sal. Brit. Mus., ed. 2 p. 127 | 1889 *R. p.*, Schilthuis in: Tijdschr. Nederl. dierk. Ver., ser. 2 *v.* 2 p. 285 | 1889 *R. p.*, Friedr. Müller in: Verh. Ges. Basel, *v.* 8 p. 688 | 1890 *R. p.*, Boulenger in: P. zool. Soc London, p. 324 | 1898 *R. p.*, W. Sclater in: Ann. S. Afr. Mus., *v.* 1 p. 108 | 1900 *R. p.*, Boulenger in: P. zool. Soc. London, p. 445 | 1902 *R. p.*, F. Mocquard in: Bull. Mus. Paris, *v.* 8 p. 410 | 1908 *R. p.*, Nieden in: Mt. Mus. Berlin, *v.* 3 p. 504 | 1910 *R. p.*, Lorenz Müller in: Abh. Bayer. Ak., *v.* 24 p. 624 | 1910 *R. p.*, Nieden in: Fauna D. Kolon., ser. 1 fasc. 2 p. 61 | 1911 *R. p.*, Hewitt in: Rec. Albany Mus., *v.* 2 p. 210, 224 | 1924 *Hyperolius pusillus*, Noble in: Bull. Amer. Mus., *v.* 49 p. 256.

Körpergestalt ziemlich gedrungen; Vomerzähne fehlen; Choanen mäßig groß, teilweise unter dem Kieferrand verborgen; Zunge groß, hinten frei und tief eingeschnitten; Kopf groß, niedergedrückt, dreieckig, so lang wie breit; Schnauze vorn mäßig abgestutzt, im Profil zugespitzt, etwas über das Maul hinausragend, so lang wie das sehr große Auge, etwas kürzer als der Abstand der vorderen Augenwinkel voneinander, viel länger als hoch; Canthus rostralis scharf, gerade; Lorealgegend ziemlich steil, konkav; Nasenloch viel näher der Schnauzenspitze als dem Auge; Internasalraum viel schmaler als der Interorbitalraum, der mehr a's doppelt so breit wie ein oberes Augenlid ist; Trommelfell unter der Haut verborgen oder nur sehr undeutlich sichtbar. Finger ziemlich lang und schlank, nur mit rudimentärer Schwimmhaut; Haftscheiben wohl entwickelt; 1. Finger kleiner als der 2., der kürzer als der 4. ist, der von dem 3. überragt wird; 3. Finger so lang wie die Schnauze; Subartikulartuberkel deutlich. Zehen mäßig lang, mit etwa $^2/_3$ Schwimmhaut, die an der 5. Zehe fast bis an die Haftscheibe reicht, bei der 4. Zehe die letzten $1^1/_2$ Glieder und bei den übrigen die letzten $^1/_2$ Glieder frei läßt; Haftscheiben nur wenig kleiner als die der Finger; 5. Zehe etwas länger als die 3.; laterale Metatarsalia fest verbunden; nur eine äußerst schwache Tarsalfalte; nur eine sehr kleine, flache, mediale Metatarsaltuberkel, keine laterale, keine Tarsaltuberkel; Subartikulartuberkel klein, aber deutlich. Das Tibiotarsalgelenk reicht bis zum Auge; Femur kürzer als die Tibia, die $4^1/_2$ mal so lang wie breit, etwas über 2 mal in der Körperlänge enthalten und viel länger als der Fuß ist; bei rechtwinklig angeknickten Hinterbeinen decken die Fersen einander. Haut oben glatt oder fein chagriniert, hinter dem Mundwinkel eine Anzahl größerer Warzen; Bauch und Unterseite der Oberschenkel granuliert oder quer areoliert. Männchen mit subgularer Schallblase und großer Kehlscheibe, die nach hinten verlängert ist, hinten durch ein medianes Band geheftet, an dessen Seiten sich eine faltige Tasche befindet, die tief in die Vesicularhöhle eingreift.

Fig. 170.
Hyperolius pusillus (Cope).
Habitus von oben.

Färbung sehr variabel; meist von bräunlicher Grundfarbe und einem dunklen Frenalstreifen; sie kann jedoch wechseln bis zu einem gelblichen Grundton, der mit rötlichen Flecken bedeckt ist, die gerade noch einen Zwischenraum lassen; ferner kann eine schwarze Netzzeichnung vorkommen, die regelmäßig um die Flecke angeordnet ist, und schließlich kann die gesamte Oberseite fast schwarz erscheinen mit Ausnahme der leicht angedeuteten, rötlichen Flecken. Unterseite einfarbig gelblichweiß. Körperlänge 32 mm. (Fig. 170).

Nigerien und Sudan südwärts bis Natal.

37. **H. adametzi** E. Ahl 1931 *H. a.*, E. Ahl in: Mt. Mus. Berlin, *v.* 17 (im Druck).

Körpergestalt gedrungen; Vomerzähne fehlen; Choanen klein, teilweise unter dem Kieferrand verborgen; Zunge groß, hinten frei und mit zwei Zipfeln. Kopf mäßig groß, so lang wie breit oder ein wenig breiter; Schnauze dreieckig, mehr oder weniger zugespitzt, im Profil abgerundet oder abgeflacht, nicht oder nur wenig über das Maul hinausragend, so lang wie das große Auge, kürzer als der Abstand der vorderen Augenwinkel voneinander, länger als hoch; Canthus rostralis abgerundet, aber deutlich; Lorealgegend fast senkrecht, etwas konkav; Nasenloch in der Mitte zwischen Auge und Schnauzenspitze liegend, sehr stark seitlich gelegen; Internasalraum schmaler als der Interorbitalraum, der nicht ganz doppelt so breit wie ein oberes Augenlid ist; Trommelfell vollständig unter der Haut verborgen. Finger kräftig, die beiden lateralen nur am Grunde mit einem Rudiment von Schwimmhaut; Haftscheiben groß und wohl entwickelt; 1. Finger kleiner als der 2., der nur außerordentlich wenig kürzer als der 4. ist, der von dem 3. überragt wird; 3. Finger etwas länger als die Schnauze; Subartikulartuberkel klein, aber deutlich. Zehen lang und kräftig, mit etwa $^1/_2$ Schwimmhaut, die an der 1. Zehe das letzte Glied, an der 2., 3. und 5. Zehe das halbe letzte Glied und bei der 4. Zehe die beiden letzten oder die $1^1/_2$ letzten Glieder frei läßt; Haftscheiben so groß wie die der Finger; 5. Zehe etwas länger als die 3.; laterale Metatarsalia fest verbunden; keine Tarsalfalte; nur eine sehr kleine, flache, mediale Metatarsaltuberkel, keine laterale; keine Tarsaltuberkel; Sohle grob granuliert; Subartikulartuberkel groß, aber nicht sehr deutlich. Das Tibiotarsalgelenk reicht bis zum Hinterrand des Auges oder nicht ganz so weit; Femur kürzer als die Tibia, die $3^1/_2$—4mal so lang wie breit, $2^1/_6$ bis $2^1/_3$ mal in der Körperlänge enthalten und länger als der Fuß ist; bei rechtwinklig angeknickten Hinterbeinen decken oder überragen die Fersen einander leicht. Haut oben mehr oder weniger fein chagriniert und mit mehr oder weniger großen Warzen versehen; Kehle und Brust glatt, Bauch und Unterseite der Oberschenkel granuliert; einige größere Warzen hinter dem Mundwinkel; keine Postgular-, Postpectoral- oder Temporofemoralfalten; Männchen mit subgularer Schallblase, aber ohne Kehlscheibe.

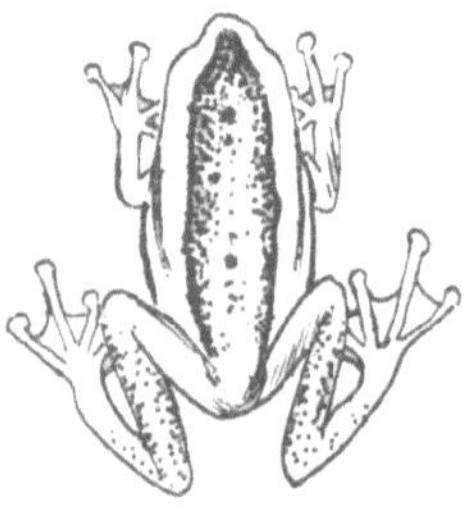

Fig. 171.
Hyperolius adametzi E. Ahl.
Habitus von oben.

Färbung (in Alkohol) auf der Oberseite des Kopfes und Rückens mehr oder weniger dunkelbraun; von der Schnauzenspitze, wo sie zusammenfließen, zieht sich nach jeder Seite entlang der Schnauzenkante, über das obere Augenlid und sich dahinter stark verbreiternd bis etwa in die Gegend der Weichen jederseits ein heller Streifen; zwischen diesen beiden Dorsolateralstreifen befinden sich viele kleine, schwarze Punkte und Flecke, die besonders dicht am Rande dieser Binden stehen und oft eine schmale, schwarze Umrandung derselben bilden; Oberarm, Unterarm, Handoberseite, Oberseite der Tibia und des Fußes braun mit vielen kleinen, schwarzen Flecken. Femur und gesamte Unterseite einfarbig gelblichweiß. Die Körperseiten sind von der Farbe des Rückens, nach dem Bauche zu allmählich in dessen Färbung übergehend. Körperlänge 28 mm. (Fig. 171).

Bamenda, Kamerun.

38. **H. kwidjwiensis** E. Ahl 1931 *H. k.*, E. Ahl in: Mt. Mus. Berlin, *v.* 17 (im Druck).

Körpergestalt mäßig gedrungen; Vomerzähne fehlen; Choanen ziemlich klein, teilweise unter dem Kieferrand verborgen; Zunge groß, hinten frei und tief eingeschnitten. Kopf mäßig groß, so lang wie breit; Schnauze stumpf zugespitzt, im Profil abgerundet, wenig über das Maul hinausragend, so lang wie das große Auge, etwas kürzer als der Abstand der vorderen Augenwinkel voneinander, länger als hoch; Canthus rostralis abgerundet, aber deutlich, gebogen; Lorealgegend ziemlich steil, konkav; Nasenloch in der Mitte zwischen Auge und Schnauzenspitze; Internasalraum etwas schmaler als der Interorbitalraum, der doppelt so breit wie ein oberes Augenlid ist; Trommelfell unter der Haut verborgen. Finger kräftig, mit etwa $^1/_4$ Schwimmhaut zwischen den beiden lateralen; Haftscheiben wohl entwickelt; 1. Finger

Fig. 172.
Hyperolius kwidjwiensis E. Ahl.
Habitus.

kleiner als der 2., der kürzer als der 4. ist, der von dem 3. überragt wird; 3. Finger länger als die Schnauze; Subartikulartuberkel klein, aber deutlich. Zehen kräftig, mit etwa $^3/_4$ Schwimmhaut, die an der 4. Zehe das letzte Glied frei läßt und bei den übrigen bis unter die Haftscheiben reicht; Haftscheiben so groß wie die der Finger; 5. Zehe etwas länger als die 3.; laterale Metatarsalia fest verbunden; keine Tarsalfalte; nur eine sehr kleine, flache, undeutliche, mediale Metatarsaltuberkel, keine laterale, keine Tarsaltuberkel; Subartikulartuberkel undeutlich, flach. Das Tibiotarsalgelenk reicht bis zum Vorderrand des Auges; Femur kürzer als die Tibia, die 4mal so lang wie breit, 2mal in der Körperlänge enthalten und länger als der Fuß ist; bei rechtwinklig angeknickten Hinterbeinen überragen die Fersen einander. Haut oben glatt, nur hinter dem Mundwinkel einige kleine Warzen; Bauch quer gerunzelt. Eine deutliche Subgularfalte und eine sehr undeutliche Postpectoralfalte; keine Temporofemoralfalte. Männchen mit subgularer Schallblase und großer Kehlscheibe.

Färbung (in Alkohol) oben einfarbig gelblichweiß; vom Nasenloch bis zum Auge entlang dem Canthus rostralis zieht sich eine schmale, braune Binde, die sich hinter dem Auge als breite, braune Binde fortsetzt und bis in die Gegend der Weichen zieht; in der Mitte verblaßt diese Binde bis zur Körperfarbe, so daß von der Gegend des Oberarmansatzes sich zwei schmale, braune Streifen nach hinten zu ziehen scheinen. Tibia von der Farbe der Körperoberseite, an dem freien Rande mit einer braunen Längsbinde; Unterseite einfarbig weiß. Körperlänge 32 mm. (Fig. 172).

Insel Kwidjwi im Kivu-See.

39. **H. variabilis** E. Ahl 1931 *H. v.*, E. Ahl in: Mt. Mus. Berlin, *v.* 17 (im Druck).

Körpergestalt mäßig gedrungen; Vomerzähne fehlen; Choanen klein, nicht unter dem Kieferrand verborgen; Zunge groß, herzförmig, hinten frei und tief eingeschnitten. Kopf mäßig groß, so lang wie breit oder breiter als lang; Schnauze abgerundet oder stumpf zugespitzt, im Profil abgestutzt oder abgerundet, nicht oder nur sehr wenig über das Maul hinausragend, so lang oder etwas kürzer als der Augendurchmesser, viel kürzer als der Abstand der vorderen Augenwinkel voneinander, länger als hoch; Canthus rostralis abgerundet, aber deutlich; Lorealgegend steil, konkav; Nasenloch in der Mitte zwischen Auge und Schnauzenspitze oder sehr wenig näher der letzteren; Internasalraum kleiner als der Interorbitalraum, der doppelt so breit wie ein oberes Augenlid ist; Trommelfell gänzlich unter der Haut verborgen. Finger kräftig, nur am Grunde mit einem Rudiment von Schwimmhaut; Haftscheiben groß; 1. Finger kleiner als der 2., der von dem 4. überragt wird, der kürzer als der 3. ist; 3. Finger länger als die Schnauze; Subartikulartuberkel klein, aber deutlich; Zehen mäßig lang, mit etwa $^2/_3$ Schwimmhaut, die an der 4. Zehe das letzte Glied frei läßt und an den übrigen bis oder fast bis an die Haftscheiben reicht; Haftscheiben so groß wie die der Finger; 5. Zehe länger als die 3.; laterale Metatarsalia fest verbunden; Tarsalfalte fehlt; nur eine sehr kleine, flache, mediale Metatarsaltuberkel, keine laterale, keine Tarsaltuberkel; Subartikulartuberkel klein, wenig vortretend. Das Tibiotarsalgelenk reicht bis zum Vorder- oder Hinterrand des Auges; Femur kürzer als die Tibia, die 4—$4^1/_2$mal so lang wie breit, 2mal in der Körperlänge enthalten und viel länger als der Fuß ist; bei rechtwinklig angeknickten Hinterbeinen decken oder überragen die Fersen einander ein wenig. Haut oben glatt; Kehle, Bauch und Unterseite der Oberschenkel sehr fein granuliert; eine sehr deutliche Postgularfalte; Postpectoralfalte mäßig deutlich; keine Temporofemoralfalte; Männchen mit subgularer Schallblase; die Haut der Kehle bei dem Männchen taschenartig aufgetrieben, aber ohne Kehlscheibe.

Färbung (in Alkohol) oben silber- oder grauweiß, bis zu hellem, leuchtenden Porzellanweiß; auf diesem Grunde finden sich sehr variable, unregelmäßig oder regelmäßig gestaltete, inselförmige, große, abgerundete Flecke von rotbrauner oder schwarzbrauner Farbe, die häufig ineinanderfließen; mit-

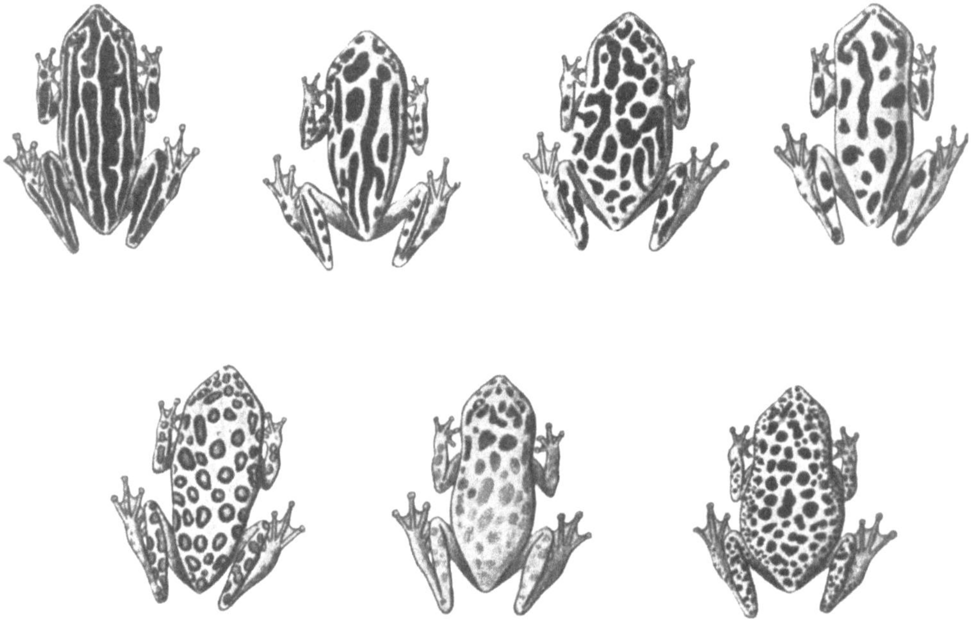

Fig. 173.
Hyperolius variabilis E. Ahl.
Habitus von oben.

unter gewinnen diese Flecke so sehr die Oberhand, daß die Grundfarbe rotbraun mit wenigen weißen Abzeichen erscheint. Körperseiten weiß mit kleineren oder auch großen, runden, rotbraunen Flecken. Vorder- und Hinterbeine ebenfalls weiß mit rotbraunen Flecken, Streifen oder Marmorierung, manchmal rotbraun mit weißen Abzeichen. Kehle weiß, selten einfarbig, fast immer mit runden, kleinen oder größeren, rotbraunen Flecken. Bauch und Unterseite der Schenkel weißlich. Färbung im Leben eines Stückes vom Mohasi-See (nach Schubotz): „Bauch graublau; Unterseite der Schenkel weiß mit roten, schwarz getupften Flecken. Rücken hellgrau mit grauer Zeichnung."

Ein anderes Stück von demselben Fundort beschreibt Schubotz folgendermaßen: „Bauch blau, mit roten Flecken; Unterseite der Schenkel weiß mit roten Flecken; Oberseite hellgrau mit roten Flecken."

Wahrscheinlich ist diese Art, wie die meisten der Gattung, befähigt, die Intensität und den Grad der Färbung (nicht der Zeichnung), zu ändern. Körperlänge 34 mm. (Fig. 173).

Deutsch-Ost-Afrika.

40. **H. soror** (Chabanaud) 1921 *Rappia s.*, Chabanaud in: Bull. Com. Afr. occid. Franç., p. 458.

Kopf breiter als lang; Schnauze breit abgerundet, kaum so lang wie der Augendurchmesser; Canthus rostralis undeutlich; Lorealregion schräg; Nasenloch viel näher der Schnauzenspitze als dem Auge. Finger mit $^1/_4$ Schwimmhaut; die Schwimmhaut übersteigt nicht die Basis der ersten Phalange des 1. und 2. Fingers, jedoch die Spitze dieser selben Phalange des 3. und 4. Fingers. Zehen mit $^2/_3$ Schwimmhaut. Das Tibiotarsalgelenk erreicht die Augenmitte. Haut der Oberseite glatt; Bauch quergerunzelt. Färbung gänzlich gelblichweiß; die ganze Oberseite des Körpers mit runden Flecken, mehr oder weniger zusammenfließend, von hellbrauner Färbung; eine Linie von derselben Farbe vom Nasenloch zum Auge. Iris rot. Körperlänge 12 mm.

N.-Zérékoré (Franz. Guinea).

41. **H. punctatissimus** E. Ahl 1897 „*Rappiae punctulatae*", Tornier, Kriechth. D.-O.-Afr., p. 135 t. 4 f. 9—11 (Habitus) | 1931 *Hyperolius punctatissimus*, E. Ahl in: Mt. Mus. Berlin, *v.* 17 (im Druck).

Körpergestalt mäßig gedrungen; Vomerzähne fehlen; Choanen klein, teilweise unter dem Kieferrand verborgen; Zunge groß, herz- oder birnenförmig, hinten frei und eingeschnitten. Kopf mäßig groß, etwas breiter als lang; Schnauze stumpf zugespitzt, im Profil abgerundet oder abgeflacht, wenig über das Maul hinausragend, kürzer als das Auge, kürzer als der Abstand der vorderen Augenwinkel voneinander, etwas länger als hoch; Canthus rostralis stumpf; Lorealgegend ziemlich steil, wenig konkav; Nasenloch etwas näher der Schnauzenspitze als dem Auge; Internasalraum etwa

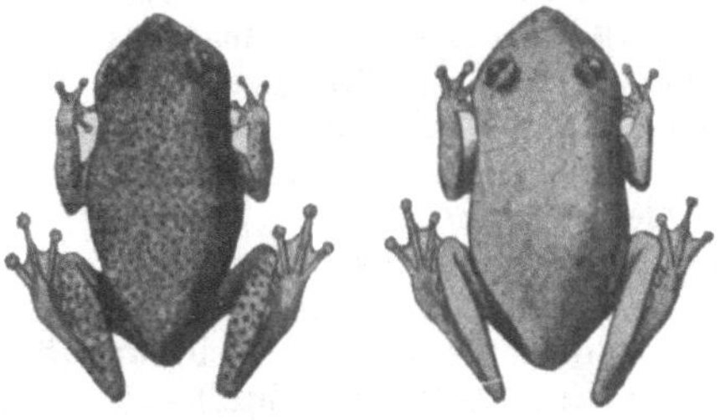

Fig. 174.
Hyperolius punctatissimus E. Ahl.
Habitus von oben. (Nach Tornier).

$^2/_3$ so breit wie der Interorbitalraum, der etwa doppelt so breit wie ein oberes Augenlid ist; Trommelfell völlig unter der Haut verborgen. Finger gedrungen, die beiden lateralen mit $^1/_4$ bis nicht ganz $^1/_3$ Schwimmhaut; Haftscheiben wohl entwickelt; 1. Finger kleiner als der 2., der kürzer als der 4. ist, der von dem 3. mehr oder weniger weit überragt wird; 3. Finger etwas länger als die Schnauze; Subartikulartuberkel ziemlich groß, deutlich. Zehen kräftig, mit etwa $^2/_3$ Schwimmhaut, die an der 5. Zehe bis zur Haftscheibe geht, bei der 1.—3. Zehe das halbe letzte Glied und bei der 4. Zehe das ganze letzte Glied frei läßt; Haftscheiben so groß wie die der Finger; 5. Zehe etwas länger als die 3.; laterale Metatarsalia fest verbunden; Tarsalfalte fehlt; nur eine sehr kleine, flache, mediale Metatarsaltuberkel, keine laterale, keine Tarsaltuberkel; Subartikulartuberkel deutlich. Das Tibiotarsalgelenk reicht bis zum Hinterrand oder der Mitte des Auges; Femur kürzer als die Tibia, die $4-4^1/_3$ mal so lang wie breit, 2 mal oder wenig mehr in der Körperlänge enthalten und viel länger als der Fuß ist; bei rechtwinklig angeknickten Hinterbeinen berühren oder decken die Fersen einander. Haut oben glatt oder sehr fein chagriniert; Bauch granuliert oder gefeldert; eine sehr deutliche Postgularfalte und eine mehr oder minder deutliche Postpectoralfalte; Temporofemoralfalte fehlend oder schwach entwickelt. Männchen mit ein wenig lappenartig ausgezogener Postgularfalte, ohne Kehlscheibe.

Färbung (in Alkohol) oben mehr oder weniger hellgrau, mit kleinen, feinen, schwarzen Pünktchen und Fleckchen, die so klein sein können, daß die ganze Oberseite einfarbig grau erscheint; in seltenen Fällen fließen diese Pünktchen zu kleinen Strichelchen oder Vermiculierungen zusammen. Entlang der Oberlippe zieht sich ein scharf abgesetzter, weißer Streifen geradlinig bis zum Anfang der Oberschenkel nach hinten, so die dunklere Färbung des Rückens gegen die Unterseite scharf abgrenzend. Lateralseite der Arme, der Tibia und des Fußes ebenso gefärbt und gezeichnet wie die Oberseite des Kopfes und Rückens. Femur gelblich mit braunen, mehr oder weniger großen Flecken, meist ziemlich groß und in Längsreihen angeordnet. Unterseite weiß, Kehle mehr oder weniger dicht fein schwarz gepunktet oder bestäubt. Körperlänge 30 mm. (Fig. 174).

Ost-Afrika (Gegend des Victoria- und Kivu-Sees).

Beschreibung der Kaulquappe: Körperhöhe $2^1/_2$ mal, Körperbreite $1^3/_4$ mal in der Körperlänge enthalten; Nasenloch ebenso weit entfernt vom Auge wie von der stumpfen Schnauzenspitze; Augen halb oberständig, in der Mitte zwischen Spiraculum und Schnauzenspitze, der Zwischenraum zwischen den Augen über doppelt so breit wie der zwischen den Nasenlöchern und viel breiter als die Breite des Maules; Spiraculum linksseitig, von oben und unten sichtbar, in der Mitte zwischen After und Schnauzenspitze; After rechtsseitig; Schwanz bei dem einzigen vorliegenden Exemplar stark verstümmelt; die Höhe des muskulösen Teiles an der Basis etwa 3 mal in seiner Länge enthalten. Lippen an den Seiten und am unteren Rand mit einer schmalen Reihe von Papillen; dieser Papillensaum in der Mitte des Unterkiefers nicht unterbrochen; Kiefer schwarz gerandet; Unterkiefer mit drei etwa gleich langen Zahnreihen, von denen keine unterbrochen ist; Oberkiefer mit vier Zahnreihen, von denen allein die laterale nicht unterbrochen ist, während die drei übrigen in der Mitte sehr weit unterbrochen sind und den Kiefer gewissermaßen nur an den Seiten einrahmen.

Färbung (in Alkohol) oben und unten weißlichgrau, mit vielen kleinen, dunkelbraunen, runden Flecken auf der Ober- und Unterseite des Kopfes, Körpers und Schwanzes. Körperlänge (ohne Schwanz) 19 mm.

Fundort des beschriebenen Stückes: Bukoba.

42. **H. ipianae** E. Ahl 1931 *H. i.*, E. Ahl in: Mt. Mus. Berlin, *v.* 17 (im Druck).

Körpergestalt ziemlich schlank. Vomerzähne fehlen. Choanen klein, unter dem Kieferrand verborgen. Zunge ziemlich groß, hinten mit zwei Zipfeln. Kopf mäßig groß, 3 mal in der Körperlänge enthalten, etwas breiter als lang. Schnauze zugespitzt, im Profil rundlich zugespitzt, über das Maul hinausragend, so lang wie das Auge, fast so lang wie der Abstand der vorderen Augenwinkel voneinander, viel länger als hoch; Canthus rostralis stumpf, aber deutlich; Lorealgegend steil, wenig konkav; Nasenloch näher der Schnauzenspitze als dem Auge; Internasalraum schmaler als der Interorbitalraum, der fast doppelt so breit wie ein oberes Augenlid ist; Trommelfell unter der Haut verborgen. Finger kurz und gedrungen, nur am Grunde mit einem Rudiment von Schwimmhaut; Haftscheiben groß; 1. Finger kleiner als der 2., der kürzer als der 4. ist, der von dem 3. überragt wird; 3. Finger so lang wie die Schnauze; Subartikulartuberkel mäßig deutlich, schwach vorragend. Zehen ziemlich kurz, mit $^1/_2$ Schwimmhaut, die an allen Zehen das letzte Glied, an der 4. Zehe die beiden letzten Glieder frei läßt oder nur als schmaler Hautsaum umschließt; Haftscheiben so groß wie die der Finger; 5. Zehe länger als die 3.; laterale Metatarsalia fest verbunden; Tarsalfalte fehlt; nur eine sehr kleine, undeutliche, flache, mediale Metatarsaltuberkel, keine laterale, keine Tarsaltuberkel; Sohle granuliert; Subartikulartuberkel mäßig deutlich, nur sehr schwach vortretend. Das Tibiotarsalgelenk erreicht den Hinterrand des Auges; Femur kürzer als die Tibia, die 4mal so lang wie breit, $2^1/_4$mal in der Körperlänge enthalten und länger als der Fuß ist; bei rechtwinklig angeknickten Hinterbeinen berühren die Fersen einander. Haut oben glatt; Kehle und Brust glatt, Bauch und Unterseite der Oberschenkel granuliert; keine Postgular-, Postpectoral- und Temporofemoralfalten.

Fig. 175.
Hyperolius ipianae E. Ahl.
Habitus von oben.

Färbung (in Alkohol) oben bräunlich mit drei silberweißen Längsbinden auf dem Rücken; die medialste erstreckt sich in der Rückenmitte von der Schnauzenspitze zum After und die beiden anderen an jeder Seite des Rückens von der Schnauzenspitze entlang dem Canthus rostralis, über das obere Augenlid und an den Körperseiten entlang bis zum After. Jedes dieser schmalen, weißen Bänder schmal, dunkelbraun eingefaßt. Körperseiten braun mit einem silberweißen Bande, das sich entlang der Oberlippe bis zu den Weichen erstreckt. Arme und Oberseite der Ober- und Unterschenkel braun mit zwei silberweißen Längsstreifen. Hinterseite der Oberschenkel fleischfarben. Unterseite rein weiß. Körperlänge 20 mm. (Fig. 175).

Ipiana.

43. **H. pictus** E. Ahl 1931 *H. p.*, E. Ahl in: Mt. Mus. Berlin, *v.* 17 (im Druck).

Körpergestalt gedrungen; Vomerzähne fehlen; Choanen klein, teilweise unter dem Kieferrand verborgen; Zunge groß, breit, hinten frei und mit zwei Zipfeln. Kopf groß, breiter als lang oder so lang wie breit, Schnauze abgerundet oder stumpf zugespitzt, im Profil abgerundet oder abgeflacht, nicht oder nur wenig über das Maul hinausragend, so lang oder etwas länger als das Auge, kürzer als der Abstand der vorderen Augenwinkel voneinander, länger als hoch; Canthus rostralis deutlich, gerade; Lorealgegend ziemlich steil, tief konkav; Nasenloch viel näher der Schnauzenspitze als dem Auge; Internasalraum nur wenig mehr als $^1/_2$ des Interorbitalraumes, der doppelt so breit wie ein oberes Augenlid ist; Trommelfell unter der Haut verborgen oder nur sehr undeutlich sichtbar. Finger lang und kräftig, nur am Grunde mit einem Rudiment von Schwimmhaut; Haftscheiben wohl entwickelt; 1. Finger kleiner als der 2., der etwas kürzer als der 4. ist, der von dem 3. überragt wird; 3. Finger viel länger als die Schnauze; Subartikulartuberkel klein, aber deutlich vortretend. Zehen mit $^1/_2$ Schwimmhaut, die an allen Zehen das letzte Glied und an der 4. Zehe die beiden letzten Glieder nur als schmaler Hautsaum umschließt; Haftscheiben so groß wie die der Finger; 3. und 5. Zehe gleich lang; laterale Metatarsalia fest verbunden; laterale Zehe ohne Hautfalte; keine Tarsalfalte;

nur eine sehr kleine, flache, mediale Metatarsaltuberkel, keine laterale, keine Tarsaltuberkel; Sohle granuliert; Subartikulartuberkel klein, aber deutlich hervortretend. Das Tibiotarsalgelenk reicht bis zum Hinterrand des Auges oder nicht ganz so weit; Femur so lang oder nur wenig kürzer als die Tibia, die $3^1/_2$—4mal so lang wie breit, $2^1/_4$—$2^1/_2$mal in der Körperlänge enthalten und so lang oder etwas länger als der Fuß ist; bei rechtwinklig angeknickten Hinterbeinen berühren oder decken die Fersen einander. Haut oben und an den Seiten glatt oder mehr oder weniger fein warzig; Kehle glatt oder äußerst fein granuliert; Bauch und Unterseite der Oberschenkel granuliert. Nur eine deutliche Postgularfalte vorhanden, keine Postpectoral-

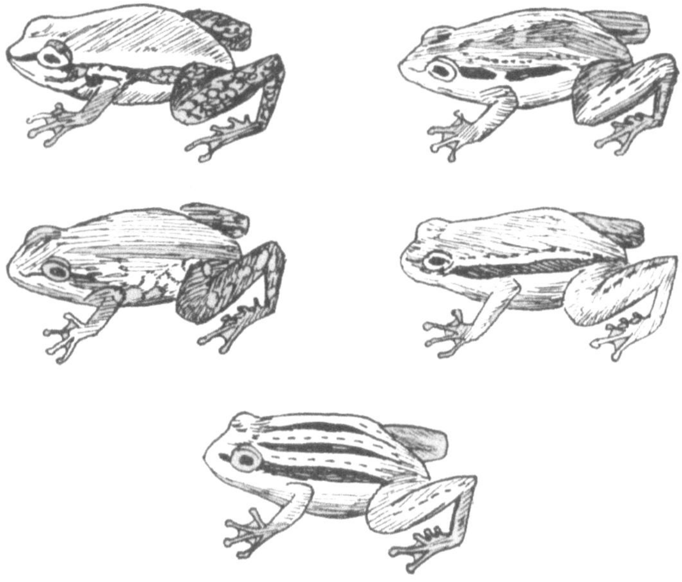

Fig. 176.
Hyperolius pictus E. Ahl.
Habitus.

oder Temporofemoralfalte. Männchen mit subgularer Schallblase, die Postgularfalte ein wenig nach hinten verlängert; eine Kehlscheibe beim Männchen vorhanden.

Färbung (in Alkohol) oben ein helleres oder dunkleres Braun; entweder einfarbig oder mit einigen dunkleren Flecken in der Rückenzone oder Zügen von verschwundener Längsbänderung; manchmal auch jederseits ein weißlichgrauer, wie mit weißer Aquarellfarbe gezeichneter, breiter Längsstrich von der Schnauzenspitze über das obere Augenlid bis in die Kreuzgegend, zuweilen auch ein ähnlicher, verlöschender Vertebralstreifen. Auch kleine, runde, weiße Flecke können auf dem hinteren Teil des Rückens auftreten; von der Schnauzenspitze entlang dem Canthus rostralis zieht sich durch das Auge bis zu den Weichen ein breites, dunkleres Seitenband, das besonders deutlich bei jungen Stücken ist und bei diesen auch nach oben von einem schmalen, weißen Streifen eingefaßt wird; auf diesem Bande befinden sich unregelmäßig verteilte, besonders hinten stark auftretende, runde, weiße Flecke, die wie große, weiße Spritzer anmuten; ebensolche

Spritzflecke befinden sich auch meist auf den Hinterbeinen, die dunkelbraun gefärbt sind und oft braun marmoriert erscheinen. Die Zeichnung ist bei dieser Art äußerst variabel; Unterseite einfarbig weiß, nur in seltenen Fällen die Kehle grau getupft. Körperlänge 36 mm. (Fig. 176).

Ost-Afrika (Uhehe, Ngori-See, Rugwe am Nyassa-See, Nairobi).

44. **H. concolor** (Hallow.) 1844 *Ixalus c.*, Hallowell in: P. Ac. Philad., *v.* 2 p. 60 | 1858 *Hyperolius modestus*, Alb. Günther, Cat. Batr. sal. Brit. Mus., p. 88 | 1862 *H. concolor* + *coccotis*, E. D. Cope in: P. Ac. Philad., p. 342 | 1875 *H. concolor*, Peters in: Monber. Ak. Berlin, p. 208 | 1882 *Rappia c.*, Boulenger, Cat. Batr. sal. Brit. Mus., ed. 2 p. 124 | 1884 *R. c.*, J. G. Fischer in: Jahrb. Hamburg. Anst., *v.* 1 p. 27 | 1887 *R. c.*, Friedr. Müller in: Verh. Ges. Basel, *v.* 8 p. 257 | 1891 *R. c.*, Boulenger in: P. zool. Soc. London, p. 308 | 1892 *R. c.*, Matschie in: SB. Ges. Fr. Berlin, p. 110 | 1893 *R. c.*, Matschie in: Mt. D. Schutzgeb., *v.* 6 p. 215 | 1894 *R. c.*, Boulenger in: P. zool. Soc. London, p. 88 | 1895 *R. c.*, Bocage, Herpét. Angola, p. 173 | 1896 & 97 *R. c.*, Bocage in: J. Ac. Lisboa, ser. 2 *v.* 4 p. 101, 211 | 1897 *R. c.* (part.), Tornier, Kriechth. D.-O.-Afr., p. 146 | 1897 *R. c.*, F. Mocquard in: Bull. Soc. philom., ser. 8 *v.* 9 p. 19 | 1901 *R. c.*, Boulenger in: Ann. Mus. Congo, Zool. *v.* 2 p. 2 | 1903 *R. c.*, Bocage in: J. Ac. Lisboa, ser. 2 *v.* 7 p. 54 | 1906 *R. c.*, Boulenger in: Ann. Mus. Genova, ser. 3 *v.* 2 p. 165 | 1907 *R. c.*, L. G. Andersson in: Jahrb. Ver. Nassau, *v.* 60 p. 237 | 1908 *R. c.*, Boulenger in: Ann. Mus. Genova, ser. 3 *v.* 4 p. 6 | 1908 *R. c.*, Boulenger in: Ann. Natal Govt. Mus., *v.* 1 p. 223 | 1909 *R. c.*, Boulenger in: Ann. Mus. Genova, ser. 3 *v.* 4 p. 304 | 1910 *R. c.*, J. Roux in: Rev. Suisse Zool., *v.* 18 p. 102 | 1911 *R. c.*, L. G. Andersson in: Svenska Ak. Handl., *v.* 47 nr. 6 p. 32 | 1911 *R. c.*, Hewitt in: Rec. Albany Mus., *v.* 2 p. 223 | 1911 *R. c.*, E. Lampe in: Jahrb. Ver. Nassau, *v.* 64 p. 214 | 1912 *R. c.*, Peracca in: Annuario Mus. Napoli, ser. 2 *v.* 3 nr. 25 p. 8 | 1913 *R. c.*, O. Boettger in: Voeltzkow, Reise O.-Afr., *v.* 3 p. 346 | 1915 *R. c.*, Nieden in: Mt. Mus. Berlin, *v.* 7 p. 375 | 1919 *R. c.*, Chabanaud in: Bull. Mus. Paris, *v.* 25 p. 456 | 1921 *R. c.*, Chabanaud in: Bull. Com. Afr. occid. Franç., p. 457 | 1924 *Hyperolius c.*, Noble in: Bull. Amer. Mus., *v.* 49 p. 254 t. 39 f. 3 (Habitus nach Photographie).

Körpergestalt ziemlich gedrungen; Vomerzähne fehlen; Choanen mäßig groß, teilweise unter dem Kieferrand verborgen; Zunge groß, hinten frei und tief eingeschnitten. Kopf groß, niedergedrückt, dreieckig, breiter als lang; Schnauze zugespitzt, im Profil abgerundet oder spitz verrundet, etwas über das Maul hinausragend, etwas länger als das große Auge, etwas kürzer als der Abstand der vorderen Augenwinkel voneinander, viel länger als hoch; Canthus rostralis scharf, gerade; Lorealgegend schräg, konkav; Nasenloch viel näher der Schnauzenspitze als dem Auge; Internasalraum viel schmaler als der Interorbitalraum, der wenigstens doppelt so breit wie ein oberes Augenlid ist; Trommelfell unter der Haut verborgen oder nur undeutlich sichtbar. Finger ziemlich lang und schlank, nur an der Basis mit Schwimmhaut; Haftscheiben wohl entwickelt; 1. Finger kleiner als der 2., der kürzer als der 4. ist, der von dem 3. überragt wird; 3. Finger länger als die Schnauze; Subartikulartuberkel deutlich. Zehen mäßig lang, mit etwa $^2/_3$ Schwimmhaut, die an der 5. Zehe bis fast an die Haftscheibe geht, bei der 4. Zehe die letzten $1^1/_2$ Glieder und bei den übrigen Zehen das letzte oder das letzte halbe Glied frei läßt; Haftscheiben etwa so groß oder nur wenig kleiner als die der Finger; 5. Zehe etwas länger als die 3., laterale Metatarsalia fest verbunden; keine oder nur eine sehr schwache Tarsalfalte; nur eine sehr kleine, flache, mediale Metatarsaltuberkel, keine laterale, keine Tarsaltuberkel; Subartikulartuberkel klein, aber deutlich. Das Tibiotarsalgelenk reicht bis zum Auge; Femur kürzer als die Tibia, die

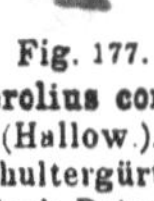

Fig. 177. **Hyperolius concolor** (Hallow.). Schultergürtel. (Nach Peters).

4—4½ mal so lang wie breit, 2⅓ mal in der Körperlänge enthalten und viel länger als der Fuß ist; bei rechtwinklig angeknickten Hinterbeinen decken die Fersen einander. Haut oben glatt oder fein chagriniert; hinter dem Auge und hinter dem Mundwinkel eine Anzahl vergrößerter Warzen. Bauch und Unterseite der Oberschenkel granuliert.

Färbung (in Alkohol) einfarbig bräunlich; Unterseite weißlich oder gelblich; ein schwacher Streifen auf dem Canthus rostralis und ein bläulichgrauer Dorsolateralstreifen, ebenso wie eine feine, dunkelbraune Tüpfelung auf dem Rücken manchmal vorhanden. Diese Flecke auf der Medianlinie des Rückens in seltenen Fällen zu einem schmalen, bläulichgrauen Vertebralband vereinigt. Körperlänge 36 mm. (Fig. 177, 178).

Tropisches Afrika.

Fig. 178.
Hyperolius concolor (Hallow.).
Habitus nach einer Photographie nach dem Leben. (Nach Noble).

45. **H. tornieri** E. Ahl 1931 *H. t.*, E. Ahl in: Mt. Mus. Berlin, *v.* 17 (im Druck).

Körpergestalt ziemlich gedrungen. Vomerzähne fehlen. Choanen sehr klein, unter dem Kieferrand verborgen; Zunge groß, herzförmig, hinten mit zwei Zipfeln. Kopf groß, etwas breiter als lang. Schnauze rundlich, im Profil schräg nach hinten abgestutzt, über das Maul hinausragend, etwas länger als das Auge, nur wenig kürzer als der Abstand der vorderen Augenwinkel voneinander, länger als hoch. Canthus rostralis abgerundet, aber deutlich; Lorealgegend senkrecht, konkav. Nasenloch viel näher der Schnauzenspitze als dem Auge; Abstand der Nasenlöcher voneinander schmaler als der Interorbitalraum, der fast doppelt so breit wie ein oberes Augenlid ist; Trommelfell gänzlich unter der Haut verborgen. Finger ziemlich stark, nur mit einem Rudiment von Schwimmhaut; Haftscheiben ziemlich groß; 1. Finger kleiner als der 2., der nur wenig kürzer als der 4. ist, der von dem 3. weit überragt wird; 3. Finger so lang wie die Schnauze. Zehen mit $^2/_3$ Schwimmhaut, die an allen Zehen das letzte Glied fast völlig und an der 4. Zehe die beiden letzten Glieder fast völlig frei läßt; Haftscheiben so groß wie die der Finger; 5. Zehe etwas länger als die 3.; laterale Metatarsalia fest verbunden. Tarsalfalte fehlt; nur eine sehr kleine, flachgedrückte, mediale Metatarsaltuberkel, keine laterale, keine Tarsaltuberkel; Subartikulartuberkel ziemlich klein. Das Tibiotarsalgelenk reicht bis zum Hinterrand des Auges; Femur so lang wie die Tibia, die 4mal so lang wie breit, 2mal in der Körperlänge enthalten und viel länger als der Fuß ist. Die Fersen berühren einander nicht. Haut oben glatt; hinter dem Mundwinkel und an den Körperseiten befinden sich einige Warzen. Kehle glatt, Bauch und Unterseite der Oberschenkel gekörnelt. Keine Postgular- oder Postpectoralfalten.

Fig. 179. **Hyperolius tornieri** E. Ahl. Habitus von oben.

Färbung (in Alkohol) oben weißgrau mit etwa acht dunkelbraunen Querbinden auf dem Rücken, deren zweite sich zwischen den Augen befindet und die sich nach hinten zu in große Flecke auflösen. Auf der Grundfarbe sichtbar sind noch außerordentlich kleine, silberweiße und dunkelbraune, runde Pünktchen. Vorderbeine, ein schmaler Streifen auf der Oberseite des Femur, Tibia und Fuß von der Grundfarbe des Rückens und mit ebensolchen dunkelbraunen Querbinden. Vom Nasenloch durch das Auge bis etwa in die Gegend des Tympanum zieht sich eine dunkelbraune Längsbinde. Seiten des Körpers ungefleckt. Gesamte Unterseite einschließlich der Medialseite der Schenkel einfarbig gelblichweiß. Körperlänge 18 mm. (Fig. 179).

Ukami (Deutsch-Ost-Afrika).

46. **H. benguellensis** (Boc.) 1893 *Rappia b.*, Bocage in: J. Ac. Lisboa, ser. 2 *v.* 3 p. 119 | 1895 *R. b.*, Bocage, Herpét. Angola, p. 169.

Schnauze stark vorspringend und zugespitzt, länger als das Auge; Körpergestalt klein und schlank. Trommelfell undeutlich. Finger an der Basis kaum durch eine Spur von Schwimmhaut verbunden; Zehen mit halben Schwimmhäuten. Das Tibiotarsalgelenk überragt die Schnauzenspitze ein wenig. Haut des Rückens, der Kehle und des Bauches mit Granula bedeckt, die sehr deutlich und stark zusammengedrängt sind. Eine Hautfalte vor der Brust; keine subgulare Kehlscheibe beim Männchen.

Allgemeine Färbung hellbraun; der Rücken und die laterale Seite der Gliedmaßen mit einzeln stehenden, braunen Punkten besetzt; Schenkel und Unterseite einförmig hellbraun. Körperlänge 23 mm.

Angola.

47. **H. platycephalus** (Pfeff.) 1893 *Rappia platycephala*, Pfeffer in: Mt. Mus. Hamburg, *v.* 10 nr. 3 p. 28 t. 2 f. 2 (Habitus von oben).

Kopf platt, breit und sehr niedrig. Schnauze durch die Breite des Kopfes kurz erscheinend, immerhin beträchtlich länger als der Augendurchmesser; Canthus rostralis nicht ausgeprägt, rundlich; die Schnauze fällt von den Nasenlöchern aus fast senkrecht ab; Trommelfell nicht sehr deutlich, $^1/_3$ des Augendurchmessers. Finger nur am Grunde mit Schwimmhaut. Zehen mit Ausnahme der großen 4. Zehe bis unter die Haftscheiben mit Schwimmhäuten versehen. Das Tibiotarsalgelenk reicht etwas über die

Schnauzenspitze hinaus. Haut oberseits glatt, unterseits von der Achselhöhle bis zu den Weichen mit außerordentlich kräftigen, platten Granula bedeckt. Unterseite der Oberschenkel völlig glatt.

Fig. 180.
Hyperolius platycephalus (Pfeff.).
Habitus von oben. (Nach Pfeffer).

Färbung (in Alkohol) oben violettbräunlich, genauer gesprochen ganz hellbraun, mit außerordentlich vielen runden, braunen Pünktchen bedeckt. Ab und zu bleiben kleinere, hellere Flecke frei, die dann in der Mitte meist einen etwas größeren, braunen Punkt haben, ferner finden sich einige anscheinend symmetrische, größere, helle Flecke. Die Oberschenkel sind ungefärbt, die Unterschenkel wie der Rücken. Auf der Schnauzenspitze steht ein heller, dunkel gesäumter Augenfleck, von dem ein dunkelbrauner Streifen zum Auge zieht. Das obere Augenlid ist schwarzbraun, am freien Rande sehr deutlich und schön weiß gesäumt. Hinter dem Trommelfell ein dunkel geränderter Augenfleck von etwa dem halben Augendurchmesser. Unterseite des Bauches ganz hellockergelb. Das junge Tier hat auf dem Rücken viel weniger Chromatophoren; sie stehen ganz zerstreut. Die Schnauze ist dunkler; von dem Auge nach den Weichen ein heller Streifen. Körperlänge 26 mm. (Fig. 180).

Quilimane.

48. **H. simus** E. Ahl 1931 *H. s.*, E. Ahl in: Mt. Mus. Berlin, *v.* 17 (im Druck).

Körpergestalt gedrungen; Vomerzähne fehlen; Choanen mäßig groß, teilweise unter dem Kieferrand verborgen; Zunge groß, hinten frei und weit eingeschnitten. Kopf mäßig groß, niedergedrückt, so lang wie breit oder nur sehr wenig breiter als lang; Schnauze dreieckig, spitz, im Profil zugespitzt, über das Maul hinausragend, etwas länger als das Auge, fast so lang wie der Abstand der vorderen Augenwinkel voneinander, viel länger als hoch; Canthus rostralis scharf, gerade; Lorealgegend abgeschrägt, konkav; Nasenloch viel näher der Schnauzenspitze als dem Auge; Internasalraum viel schmaler als der Interorbitalraum, der doppelt so breit wie ein oberes Augenlid ist; Trommelfell unter der Haut verborgen. Finger kräftig, die beiden lateralen nur am Grunde mit einem Rudiment von Schwimmhaut; Haftscheiben groß und wohl entwickelt; 1. Finger kleiner als der 2., der kürzer als der 4. ist, der von dem 3. nur sehr wenig überragt wird; 3. Finger so lang wie die Schnauze; Subartikulartuberkel klein, aber deutlich. Zehen kräftig, mit etwa $^3/_4$ Schwimmhaut, die an der 4. Zehe das letzte Glied frei läßt und bei den übrigen bis unter die Haftscheiben reicht; Haftscheiben etwas kleiner als die der Finger; 5. Zehe nur sehr wenig länger als die 3.; laterale Metatarsalia fest verbunden; keine Tarsalfalte; nur eine sehr kleine, flache, mediale Metatarsaltuberkel, keine laterale, keine Tarsaltuberkel; Sohle granuliert; Subartikulartuberkel sehr klein, flach. Das Tibiotarsalgelenk reicht über den vorderen Augenrand hinaus; Femur sehr wenig kürzer als die Tibia,

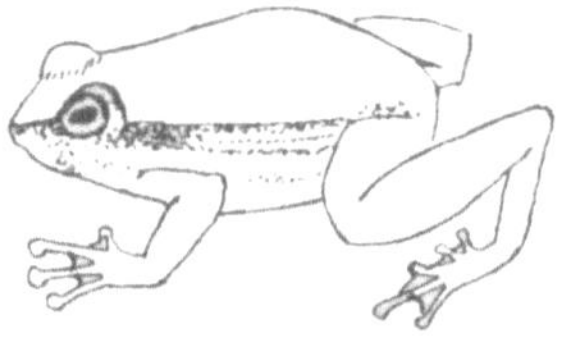

Fig. 181.
Hyperolius simus E. Ahl.
Habitus.

die 4—4$^1/_2$mal so lang wie breit, 2—2$^1/_4$mal in der Körperlänge enthalten und viel länger als der Fuß ist; bei rechtwinklig angeknickten Hinterbeinen decken die Fersen einander. Haut oben glatt oder nur sehr spärlich mit einigen Höckerchen besetzt; einige größere Warzen hinter dem Mundwinkel; Kehle fein, Bauch und Unterseite der Oberschenkel gröber granuliert; eine deutliche Postgularfalte; Postpectoralfalte nur angedeutet; keine Temporofemoralfalte; Männchen mit subgularer Schallblase und großer Kehlscheibe.

Färbung (in Alkohol) oben gelblich oder bräunlich; Rücken und Oberseite des Kopfes einfarbig, ungefleckt; nur selten von den Seiten her ein paar dunklere Fleckchen übergreifend; von der Schnauzenspitze zieht sich entlang dem Canthus rostralis durch das Auge ein dunkelbraunes Band, das sich nach hinten bis in die Gegend der Weichen fortsetzt, sich aber in der Gegend des Trommelfells in zwei bis drei Reihen dunkelbrauner Flecke auflöst; diese Fleckenreihen sind nicht immer deutlich ausgeprägt, häufig befindet sich an ihrer Stelle eine einfache Anhäufung von Flecken; bei Jungtieren sind die Flecken und Binden gerade nur angedeutet; Oberseite der Vorder- und Hinterbeine von der Körperfarbe mit in Längsreihen angeordneten, dunkelbraunen Fleckchen. Unterseite einfarbig gelblichgrau oder gelblichweiß. Hinterseite der Schenkel gelblich. Körperlänge 30 mm. (Fig. 181).

Usumbura am Tanganyika-See.

49. **H. papyri** (Wern.) 1907 *Rappia p.*, F. Werner in: SB. Ak. Wien, *v.* 116 p. 1903 t. 4 f. 14 (Habitus von oben).

Schnauze zugespitzt, vorspringend, mit geradem Canthus rostralis und steil abfallender Lorealgegend, fast doppelt so lang wie der Augendurchmesser. Interorbitalraum mehr als doppelt so breit wie ein oberes Augenlid. Trommelfell verborgen. Kopflänge in der Körperlänge etwas mehr als 3mal enthalten. Finger mit kleinen Haftscheiben, nur am Grunde durch Schwimmhaut verbunden. Zehen ebenfalls mit kleinen Haftscheiben und etwa $^2/_3$ Schwimmhaut. Das Tibiotarsalgelenk erreicht den Augenvorderrand oder das Nasenloch. Haut der Oberseite und der Kehle fein chagriniert oder gleichmäßig granuliert, auf dem Bauche und der Oberseite der Schenkel glatt. Männchen mit deutlichem Kehlsack.

Fig. 182.
Hyperolius papyri (Wern.).
Habitus von oben.
(Nach Werner).

Färbung im Leben hellgrün mit einem weißen Längsband jederseits von der Schnauzenspitze über das obere Augenlid und von da bis seitlich vom After. Diese Form findet sich in den Papyrussümpfen von Khor Attar und Mongalla. Die Exemplare aus den Sümpfen bei Gondokoro sind mehr bräunlich, die Längsstreifen mit feinen, braunen Punktreihen oder Linien gesäumt, in der Rückenmitte von der Schnauzenspitze zum After gleichfalls eine braune Punktreihe oder Linie. Überdies sind feine, braune Punkte namentlich auf dem Kopfe, aber auch auf Rücken und Gliedmaßen verstreut zu sehen. Femora unpigmentiert. Unterseite weißlich. Körperlänge 14 mm. (Fig. 182).

Sudan (Khor Attar, Mongalla, Gondokoro).

Diese Art lebt nur direkt im Sumpf, soweit der Boden mit Wasser bedeckt oder wenigstens sehr feucht ist. Hier sieht man sie zwischen den Papyrusstengeln herumspringen oder zusammengekauert nach Art unseres Laubfrosches in der Sonne schlafen.

50. **H. pulcher** E. Ahl 1931 *H. p.*, E. Ahl in: Mt. Mus. Berlin, *v.* 17 (im Druck).

Körpergestalt ziemlich schlank; Vomerzähne fehlen; Choanen klein, unter dem Kieferrand verborgen; Zunge mäßig groß, herzförmig, hinten frei und mit zwei Zipfeln. Kopf niedergedrückt, so lang wie breit; Schnauze dreieckig zugespitzt, im Profil zugespitzt, wenig über das Maul hinausragend, etwas länger als das Auge, kürzer als der Abstand der vorderen Augenwinkel voneinander, viel länger als hoch; Canthus rostralis scharf, gerade; Lorealgegend fast senkrecht, konkav; Nasenloch näher der Schnauzenspitze als dem Auge; Internasalraum schmaler als der Interorbitalraum, der $1^1/_2$mal so breit wie ein oberes Augenlid ist; Trommelfell klein, nur undeutlich sichtbar. Finger kräftig, nur am Grunde mit einem Rudiment von Schwimmhaut; Haftscheiben wohl entwickelt; 1. Finger kleiner als der 2., der so lang wie der 4. ist, der von dem 3. weit überragt wird; 3. Finger etwas kürzer als die Schnauze; Subartikulartuberkel klein, aber deutlich. Zehen lang und kräftig, mit etwa $^2/_3$ Schwimmhaut, die an der 1. und 4. Zehe das letzte Glied frei läßt und bei den übrigen bis unter die Haftscheiben reicht; Haftscheiben so groß wie die der Finger; 5. Zehe sehr wenig länger als die 3.; laterale Metatarsalia fest verbunden; eine schwache Tarsalfalte vorhanden; eine kleine, flache, mediale und eine runde, laterale Metatarsaltuberkel; keine Tarsaltuberkel; Sohle glatt; Subartikulartuberkel klein, aber deutlich. Das Tibiotarsalgelenk reicht bis zwischen Auge und Schnauzenspitze; Femur kürzer als die Tibia, die 4mal so lang wie breit, 2mal in der Körperlänge enthalten und viel länger als der Fuß ist; bei rechtwinklig angeknickten Hinterbeinen überragen die Fersen einander. Haut oben glatt, Kehle sehr fein, Bauch und Unterseite der Oberschenkel etwas gröber granuliert; keine Postgular- oder Postpectoralfalte; eine schwache Temporofemoralfalte vorhanden.

Fig. 183.
Hyperolius pulcher E. Ahl.
Habitus von oben.

Oberseite (in Alkohol) graubraun, mit einer sehr hübschen und eigenartigen Zeichnung; zwischen den Augen befindet sich eine große, dreieckige, aus einer dunklen und hellen Linie bestehende Zeichnung; etwa in der Schultergegend befindet sich eine ähnliche, aus einer dunklen Umrandung bestehende Zeichnung in Form einer breiten Querbinde; eine ganz ähnliche, aus einer dunklen Umrandung gebildete, breite Querbinde findet sich in der Gegend des Kreuzes. Eine schmale, dunkle Linie befindet sich unterhalb des Canthus rostralis; ein paar kleine, dunkle Flecke auf dem Rücken. Beine mit einigen unscharfen, schmalen Querbinden. Unterseite und Seiten einfarbig rötlichgelb. Körperlänge 25 mm. (Fig. 183).

Japoma, Kamerun.

51. **H. aylmeri** (Blgr.) 1915 *Rappia a.*, Boulenger in: P. zool. Soc. London, p. 243.

Kopf so lang wie breit; Schnauze abgerundet, so lang wie der Durchmesser des Auges. Trommelfell unter der Haut verborgen. Finger an ihrer Basis nur sehr wenig durch Schwimmhaut verbunden. Zehen mit $^1/_2$ Schwimmhaut. Das Tibiotarsalgelenk reicht wenig über das Auge hinaus. Haut glatt, unter dem Bauch und unter den Schenkeln granuliert.

Färbung im Leben oben bräunlich, einfarbig. Körperlänge?

Sierra Leone.

52. **H. osorioi** (Ferreira) 1906 *Rappia o.*, Ferreira in: J. Ac. Lisboa, ser. 2 *v.* 7 p. 162 t. (Habitus von oben).

Kopf so lang wie breit; Schnauze kurz und stumpf, so lang wie das Auge; Lorealgegend fast senkrecht; Interorbitalraum breiter als ein oberes Augenlid; Trommelfell verborgen. Laterale Finger mit 1/4 Schwimmhaut; Zehen mit 3/4 Schwimmhaut; Haftscheiben mäßig groß. Das Tibiotarsalgelenk reicht bis zwischen Auge und Nasenloch. Haut oben glatt, am Bauch und unter den Oberschenkeln granuliert.

Fig. 184.
Hyperolius osorioi (Ferreira).
Habitus von oben.
(Nach Ferreira).

Grundfarbe grünlich, unten oliv mit gelblichem Schimmer; von der Schnauzenspitze bis zum After zieht sich eine breite, dunkle Binde hin, die dicht mit kleinen, leuchtend gelben Punkten besetzt ist. Ein großer Fleck breitet sich von der Interorbitalgegend bis zur Mitte des Rückens aus; um diesen Fleck herum liegt ein Saum von derselben Farbe, nur um einen Ton heller. Körperlänge 29 mm. (Fig. 184).

Angola (Quilombo).

53. **H. pliciferus** (Boc.) 1893 *Rappia plicifera*, Bocage in: J. Ac. Lisboa, ser. 2 *v.* 3 p. 118 | 1895 *R. p.*, Bocage, Herpét. Angola, p. 167.

Körperform mäßig gedrungen; Kopf groß, breiter als lang; Schnauze kurz, so lang wie das Auge; der Abstand des vorderen Augenrandes von der Schnauzenspitze ist so groß wie der Interorbitalraum; Trommelfell unter der Haut verborgen. An der Basis der Finger eine kleine Schwimmhaut, die sich als schmaler Saum bis an die Spitzen fortsetzt. Zehen mit vollständiger Schwimmhaut. Finger und Zehen kräftig und mit großen Haftscheiben versehen. Das Tibiotarsalgelenk erreicht die Schnauzenspitze. Haut des Kopfes und des Rückens mit verstreuten Granula und symmetrischen, granulösen Falten; eine dieser Falten bildet an jeder Seite des Halses eine gebogene, scharfe Linie, die vom hinteren Rand des oberen Augenlides ausgeht und hinter der Insertion des Armes endet, eine andere, ähnliche Falte von gleicher Beschaffenheit begrenzt die hintere Seite des Rückens; andere Querfalten zeigen sich auf den Flanken. Männchen mit subgularer Schallblase und wohl entwickelter Kehlscheibe.

Oberseite bräunlichviolett marmoriert und gefleckt auf gelblichem Grunde; die Granulationen der Rückenfalten sind oft von hellerer Farbe, so daß sie um so deutlicher erscheinen. Unterseite und Schenkel einfarbig gelb, mehr oder weniger lebhaft, mit Ausnahme der Kehlscheibe des Männchens, die breit bräunlichviolett eingefaßt ist oder völlig diese Färbung aufweist, mit kleinen, hellen Fleckchen besetzt. Unterseite des Fußes dunkelbraun. Die eben beschriebene Färbung besitzen Exemplare aus Caconda; Tiere aus Duque de Braganca sind lebhafter gefärbt und der Rücken trägt eine regelmäßige, braunrote Zeichnung auf graugelbem Grunde. Körperlänge 36 mm.

Angola.

54. **H. fuscigula** Boc. 1866 *H. f.*, Bocage in: J. Ac. Lisboa, *v.* 1 p. 76 | 1882 *Rappia f.*, Boulenger, Cat. Batr. sal. Brit. Mus., ed. 2 p. 124 | 1884 *Hyperolius f.*, Rochebrune, Faune Sénég., Amph. p. 31 t. 7 f. 5 (Habitus in natürlichen Farb.) | 1888 *Rappia f.*, O. Boettger in: Ber. Senckenb. Ges., p. 97 | 1895 *R. f.*, Bocage, Herpét. Angola, p. 170.

Kopf groß, breiter als lang; Schnauze kurz, abgerundet, so lang wie das Auge; Trommelfell unsichtbar. Eine kleine Schwimmhaut an der Basis der Finger; Zehen mit $^3/_4$ Schwimmhaut. Das Tibiotarsalgelenk überragt das Auge. Haut der Oberseite glatt; Bauch und Unterseite der Oberschenkel granuliert. Keine Querfalte unter der Kehle.

Fig. 185. **Hyperolius fusciguls** Boc. Habitus. (Nach Rochebrune).

Färbung (in Alkohol) oben hell grauolivfarben, fein braun punktiert, unten gelb; ein breites, schwarzes Längsband, unten gelb gesäumt, geht entlang den Flanken von der Ansatzstelle der Vorderbeine zur Insertion der Hinterbeine. Die Kehle ist gefleckt mit länglichen, schwarzen Flecken auf braun marmoriertem Grund. Vorder- und Hinterbeine oben von der Farbe des Rückens und unten gelblich. Körperlänge 20 mm. (Fig. 185).

Liberia bis Angola.

55. **H. asper** E. Ahl 1931 *H. a.*, E. Ahl in: Mt. Mus. Berlin, *v.* 17 (im Druck).

Körpergestalt gedrungen; Vomerzähne fehlen; Choanen ziemlich groß, teilweise unter dem Kieferrand verborgen; Zunge groß, herzförmig, breit, hinten frei und mit zwei langen Zipfeln. Kopf groß, viel breiter als lang; Schnauze abgerundet, im Profil abgestutzt, nicht über das Maul hinausragend, so lang wie das Auge, viel kürzer als der Abstand der vorderen Augenwinkel voneinander, so lang wie hoch; Canthus rostralis abgerundet, aber deutlich; Lorealgegend senkrecht, konkav; Nasenloch näher der Schnauzenspitze als dem Auge; Internasalraum $^2/_3$ so breit wie der Interorbitalraum, der doppelt so breit wie ein oberes Augenlid ist; Trommelfell gänzlich unter der Haut verborgen. Finger lang und kräftig, die beiden lateralen nur am Grunde mit rudimentärer Schwimmhaut; Haftscheiben groß; 1. Finger kleiner als der 2., der um etwa die Länge der Haftscheibe kleiner als der 4. ist, der von dem 3. um die Länge der Haftscheibe überragt wird; 3. Finger viel länger als die Schnauze; Subartikulartuberkel deutlich, vorspringend. Zehen lang und kräftig, mit $^3/_4$ Schwimmhaut, die an der 4. und 1. Zehe das letzte Glied frei läßt und an den übrigen bis unter die Haftscheiben reicht; Haftscheiben ein wenig kleiner als die der Finger; 5. Zehe länger als die 3.; laterale Metatarsalia fest verbunden; laterale Zehe ohne Hautfalte; eine sehr deutliche Tarsalfalte vorhanden; nur eine äußerst kleine, flache, mediale Metatarsaltuberkel, keine laterale, keine Tarsaltuberkel; Sohle sehr schwach granuliert; Subartikulartuberkel deutlich, vorspringend. Das Tibiotarsalgelenk reicht bis zwischen Auge und Schnauzenspitze; Femur kürzer als die Tibia, die $3^1/_2$mal so lang wie breit, 2mal in der Körperlänge enthalten und länger als der Fuß ist; bei rechtwinklig angeknickten Hinterbeinen decken die Fersen einander. Haut oben und an den Seiten, ebenso auf der Ober- und Lateralseite der Extremitäten chagriniert und mit sehr vielen kleineren und größeren Warzen und Tuberkeln besetzt, die besonders an den Seiten des Kopfes und des Körpers hervortreten und die an den Körperseiten und dem hinteren Teile des Körpers mit vielen Längs- und Querrunzeln der Haut zusammenfallen; Kehle sehr fein granuliert; Bauch und Unterseite der Oberschenkel quer gerunzelt, eine sehr deutliche Postgularfalte und eine deutliche Postpectoralfalte; keine Temporofemoralfalte. Männchen mit subgularer Schallblase, aber ohne Kehlscheibe.

Färbung (in Alkohol) auf der Oberseite und den Seiten des Kopfes und Körpers und der Ober- und Lateralseite der Extremitäten grauweiß; von dieser Grundfarbe heben sich bei näherer Betrachtung eine sehr große Anzahl äußerst feiner, kleiner, blauschwarzer Pünktchen ab, die wie sehr feine Tintenspritzer wirken. Kehle und Bauch gelblichweiß, Medialseite der Arme und Beine, Femur, Schwimmhaut der Zehen sowie die medialen drei Zehen leuchtend goldgelb. Körperlänge 32 mm.

Nairobi.

56. **H. moseri** E. Ahl 1931 *H. m.*, E. Ahl in: Mt. Mus. Berlin, *v.* 17 (im Druck).

Körpergestalt mäßig gedrungen; Vomerzähne fehlen; Choanen ziemlich groß, teilweise unter dem Kieferrand verborgen; Zunge groß, hinten frei und mit zwei Zipfeln. Kopf niedergedrückt, etwas breiter als lang; Schnauze dreieckig zugespitzt, im Profil senkrecht abgestutzt, nicht über das Maul hinausragend, so lang wie das große Auge, bedeutend kürzer als der Abstand der vorderen Augenwinkel voneinander, viel länger als hoch; Canthus rostralis deutlich; Lorealgegend senkrecht, nicht konkav; Nasenloch viel näher der Schnauzenspitze als dem Auge; Internasalraum $1/2$ so breit wie der Interorbitalraum, der doppelt so breit wie ein oberes Augenlid ist; Trommelfell unter der Haut verborgen. Finger kräftig, die beiden lateralen nur am Grunde mit einem Rudiment von Schwimmhaut; Haftscheiben wohl entwickelt; 1. Finger kleiner als der 2., der kürzer als der 4. ist, der nur wenig von dem 3. überragt wird; 3. Finger so lang wie die Schnauze; Subartikulartuberkel klein und undeutlich. Zehen mit etwa $3/4$ Schwimmhaut, die an der 4. Zehe das letzte Glied frei läßt und bei den übrigen bis an die Haftscheiben reicht; Haftscheiben so groß wie die der Finger: 5. Zehe etwas länger als die 3.; laterale Metatarsalia fest verbunden; keine Tarsalfalte; nur eine sehr kleine, flache, undeutliche, mediale Metatarsaltuberkel, keine laterale, keine Tarsaltuberkel; Subartikulartuberkel klein und undeutlich. Das Tibiotarsalgelenk reicht etwas über den vorderen Augenrand hinaus; Femur kürzer als die Tibia, die $4\,1/2$ mal so lang wie breit, 2mal in der Körperlänge enthalten und länger als der Fuß ist; bei rechtwinklig angeknickten Hinterbeinen decken die Fersen einander. Haut oben und an den Seiten mit sehr feinen Warzen versehen; Bauch und Unterseite der Oberschenkel granuliert; nur eine deutliche Postgularfalte vorhanden, keine Postpectoralfalte. Männchen mit subgularer Schallblase und großer, dreieckiger Kehlscheibe, der Winkel des Dreiecks nach vorn gerichtet. Einige größere Warzen hinter dem Mundwinkel.

Fig. 186.
Hyperolius moseri E. Ahl.
Habitus von oben.

Färbung (in Alkohol) oben fein hellbraun; von zwischen den Augen zieht sich in der Rückenmitte ein breiter, fein weiß eingefaßter, etwas dunklerer, brauner Längsstreifen hin, der etwa in der Kreuzgegend verschwindet; vom Nasenloch zieht sich auf jeder Seite nach hinten durch das Auge bis etwa in die Mitte der Weichen eine ähnliche breite Längsbinde; zwischen diesen Binden, der Dorsal- und der Lateralbinde, befindet sich noch auf jeder Seite ein schmalerer, ähnlich gefärbter Streifen, der etwa in der Körpermitte anfängt und sich nach hinten etwas über die Kreuzgegend hinaus erstreckt. Extremitäten einfarbig gelblich. Unterseite einfarbig gelblichweiß. Körperlänge 27 mm. (Fig. 186).

Togo (Misahöhe).

57. **H. thomensis** Boc. 1886 *H. t.*, Bocage in: J. Ac. Lisboa, nr. 42 p. 74.

Zunge herzförmig, hinten nicht sehr tief eingeschnitten. Kopf breiter als lang, abgeflacht; Schnauze kurz, zugespitzt, kaum so lang wie der Augendurchmesser; Augen groß und vorstehend; Trommelfell verborgen. Finger an der Basis durch eine kleine Schwimmhaut verbunden; Zehen mit vollständiger Schwimmhaut, die aber leicht ausgeschnitten ist; Finger und Zehen mit großen Haftscheiben. Das Tibiotarsalgelenk reicht bis zwischen Auge und Nasenloch. Haut oben glatt oder mit kleinen, stacheligen, regelmäßig verteilten Tuberkeln auf Kopf, Rumpf und Gliedmaßen bedeckt; Bauch, Unterseite der Oberschenkel und Umgebung des Afters stark granuliert.

Färbung (in Alkohol) einfarbig grünlich bis bräunlichviolett; Unterseite mit schwarzen Flecken, die auf der Brust und dem Bauch mehr oder weniger zusammenfließen; die Schenkel von der Farbe des Bauches, unten mit einigen schwarzen Flecken und oben mit einem Längsband von der Farbe des Rückens; manchmal kommen Individuen vor, deren Oberseite einfarbig hellgrau und deren Unterseite einfarbig weißlichgelb, ohne Flecke ist. Körperlänge 38 mm.

S.-Thomé.

58. **H. sugillatus** Cope 1862 *H. s.*, E. D. Cope in: P. Ac. Philad., p. 342.

Kopf sehr breit, Augenlider nicht sehr stark entwickelt; Schnauze spitz, vorn abgestutzt, im Profil senkrecht abgestutzt, so lang wie das Auge; Zunge abgerundet, breit ausgeschnitten. Trommelfell unter der Haut verborgen. Arm sehr kurz; Finger wenig, Zehen mit $^3/_5$ Schwimmhaut; Hinterextremität lang, das Femur reicht, angelegt, weit über den Ellbogen hinaus. Das Tibiotarsalgelenk reicht über das Auge hinaus. Haut oben schwach rauh.

Bauch gelb; oben strohfarben, ein gelbes Band von der Schnauzenspitze bis in die Sacralgegend; an der Schnauze wird es unten von einer braunen Linie begrenzt. Ein brauner Fleck auf jedem Augenlid. Körperlänge 25 mm.

Umvoti, Natal.

59. **H. striolatus** Ptrs. 1882 *H. s.*, Peters in: SB. Ges. Fr. Berlin, p. 9 | 1897 „*Rappiae striolatae*" (part.), Tornier, Kriechtb. D.-O.-Afr., p. 139 t. 4 f. 22 (Habitus).

Körpergestalt gedrungen; Vomerzähne fehlen; Choanen klein, unter dem Kieferrand verborgen; Zunge groß, herzförmig, hinten tief eingeschnitten. Kopf mäßig groß, etwas breiter als lang; Schnauze breit abgerundet, im Profil senkrecht abgestutzt oder abgerundet, nicht oder nur wenig über das Maul hinausragend, so lang wie das Auge, kürzer als der Abstand der vorderen Augenwinkel voneinander, länger als hoch; Canthus rostralis abgerundet, aber deutlich; Lorealgegend senkrecht, konkav; Nasenloch näher der Schnauzenspitze als dem Auge; Internasalraum schmaler als der Interorbitalraum, der etwa doppelt so breit wie ein oberes Augenlid ist; Trommelfell unter der Haut verborgen. Finger lang und kräftig, die beiden lateralen nur am Grunde durch ein Rudiment von Schwimmhaut verbunden; Haftscheiben wohl entwickelt; 1. Finger kleiner als der 2., der kürzer als der 4. ist, der von dem 3. überragt wird; 3. Finger so lang wie die Schnauze; Subartikulartuberkel deutlich. Zehen mäßig lang, mit etwas über $^1/_2$ Schwimmhaut, die an der 5. Zehe bis zur Haftscheibe reicht, bei den übrigen nicht so weit, bei der 4. Zehe läßt sie lateral ein und medial zwei Glieder frei;

Haftscheiben etwa so groß wie die der Finger; 5. Zehe etwas länger als die 3.; laterale Metatarsalia fest verbunden; Tarsalfalte fehlt; nur eine sehr kleine, flache, mediale Metatarsaltuberkel, keine laterale, keine Tarsaltuberkel; Subartikulartuberkel mäßig deutlich. Das Tibiotarsalgelenk reicht etwas über den vorderen Augenrand hinaus; Femur kürzer als die Tibia, die 4mal so lang wie breit, 2mal in der Körperlänge enthalten und viel länger als der Fuß ist; bei rechtwinklig angeknickten Hinterbeinen decken die Fersen einander. Haut oben glatt; Bauch und Unterseite der Oberschenkel granuliert; eine deutliche Postgularfalte, keine oder nur eine undeutliche Postpectoral- und Temporofemoralfalte; Männchen mit subgularer Schallblase und großer Kehlscheibe.

Fig. 187.
Hyperolius striolatus Ptrs.
Habitus von oben. (Nach Tornier).

Färbung (in Alkohol) oben grau, ebenso an den Körperseiten, den Lateralseiten der Gliedmaßen, mit Ausnahme des Oberarmes und des Oberschenkels, mit vielen kleinen, schwarzen Fleckchen, Pünktchen und Strichelchen. Unterseite, Oberarm und Oberschenkel schwärzlichgrau. Färbung im Leben grün mit schwarzer Zeichnung. Körperlänge 27 mm. (Fig. 187).

Taita.

60. **H. oeseri** E. Ahl 1931 *H. o*, E. Ahl in: Mt. Mus. Berlin, *v.* 17 (im Druck).

Körpergestalt mäßig gedrungen; Vomerzähne fehlen; Choanen klein, teilweise unter dem Kieferrand verborgen; Zunge ziemlich klein, hinten frei und eingeschnitten. Kopf mäßig groß, etwas breiter als lang; Schnauze abgerundet, im Profil rundlich abgestutzt, etwas über das Maul hinausragend, so lang wie das große Auge, kürzer als der Abstand der vorderen Augenwinkel voneinander, länger als hoch; Canthus rostralis abgerundet, aber deutlich; Lorealgegend senkrecht, konkav; Nasenloch viel näher der Schnauzenspitze als dem Auge; Internasalraum nur wenig mehr als $^1/_2$ des Interorbitalraumes, der fast doppelt so breit wie ein oberes Augenlid ist; Trommelfell völlig unter der Haut verborgen. Finger kräftig, nur am Grunde mit einer schwachen Schwimmhaut verbunden; Haftscheiben klein, aber deutlich; 1. Finger kleiner als der 2., der kürzer als der 4. ist, der von dem 3. nur wenig überragt wird; 3. Finger so lang wie die Schnauze; Subartikulartuberkel klein und wenig deutlich. Zehen kräftig, mit nicht ganz $^2/_3$ Schwimmhaut, die an allen Zehen nicht ganz bis unter die Haftscheiben geht und bei der 4. Zehe fast die beiden letzten Glieder frei läßt; Haftscheiben etwas kleiner als die der Finger; 5. Zehe etwas länger als die 3.; laterale Metatarsalia fest verbunden; laterale Zehe mit einer schwachen Hautfalte; eine undeutliche Tarsalfalte vorhanden; nur eine sehr kleine, flache, undeutliche, mediale Metatarsaltuberkel, keine laterale, keine Tarsaltuberkel; Sohle fein granuliert; Subartikulartuberkel klein und undeutlich. Das Tibiotarsalgelenk überragt etwas den vorderen Augenrand; Femur kürzer als die Tibia, die 4mal so lang wie breit, 2mal in der Körperlänge enthalten und länger als der Fuß ist; bei rechtwinklig angeknickten Hinterbeinen decken die Fersen einander. Haut oben, an den Seiten, der Kehle und Brust glatt; nur ein paar Granula hinter dem Mundwinkel und in der Temporalgegend. Bauch und Unterseite der Oberschenkel sehr fein gekörnelt. Keine Postgular- oder Postpectoralfalten vorhanden.

Färbung (in Alkohol) oben auf Kopf und Rücken, an den Seiten des Kopfes und Körpers, der Oberseite der Extremitäten mit Ausnahme des Femur, dunkelgrau; Oberseite des Femur, Oberseite der drei medialen Zehen und Oberseite der beiden medialen Finger weiß; gesamte Unterseite des Körpers und der Extremitäten tiefschwarz. Lippenrand sehr fein weiß. Färbung im Leben (nach Oeser, der ihn auf einer sumpfigen Wiese inmitten des Ortes fing): Oberseite leuchtend grün, Unterseite bläulichschwarz, Schenkel und Zehen korallenrot. Das Tier ist nicht imstande, die Färbung zu verändern. Körperlänge 25 mm.

Grand Bassa, Liberia.

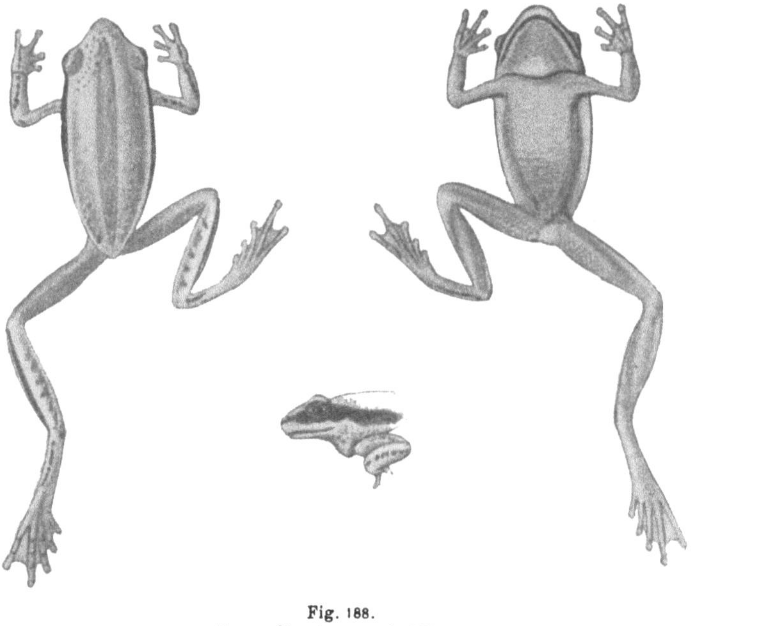

Fig. 188.
Hyperolius burgeoni (Witte).
Habitus von oben, von unten, Kopf von der Seite. (Nach Witte).

61. **H. burgeoni** (Witte) 1921 *Rappia b.*, Witte in: Rev. zool. Afr., *v.* 9 p. 19 t. 5 f. 2, 2a, 2b (Habitus von oben, von unten, Kopf von der Seite).

Kopf ein wenig länger als breit; Schnauze kurz, stumpf zugespitzt, leicht über das Maul hinausragend und so lang wie das Auge; Nasenloch viel näher der Schnauzenspitze als dem Auge; Canthus rostralis undeutlich; Lorealgegend senkrecht, leicht konkav; Interorbitalraum viel breiter als das obere Augenlid; Trommelfell verborgen. Finger und Zehen ziemlich kurz, am Ende stark verbreitert; laterale Finger mit $^1/_3$ Schwimmhaut; Zehen mit $^{2}/_{3}$ Schwimmhaut, die zwei Phalangen an der 1. Zehe, eine Phalange an der 2., eine Phalange an der 3., zwei an der 4. und eine an der 5. Zehe frei läßt; eine sehr kleine, weiche Tuberkel an der Basis der 1. Zehe. Das Tibiotarsalgelenk erreicht das Auge. Haut glatt, auf der Oberseite sehr leicht granuliert, an den Seiten, der Kehle, dem Bauch und unter den Schenkeln granuliert; eine sehr starke Falte quer über die Kehle. In dieser Falte verbirgt sich die Schallblase des Männchens, dessen Kehlgegend einen Anhang trägt und dessen freie Kontur halbkreisförmig verläuft.

Oben gelblichweiß, mit einem dunkelbraunen Seitenband, das von der Schnauzenspitze durch das Auge bis zum After verläuft; ein Band von gleicher Farbe entlang der Lateralseite des Beines, ein kleiner Fleck an der Ferse und zwei mehr oder weniger gebogene Linien an der Medial- und Lateralseite des Fußes. Ein hellbrauner Fleck, am Oberarm dunkel gerandet; unter der Lupe erscheint die Oberseite fein schwarz gepudert; diese kleinen Punkte zeigen sich am zahlreichsten auf der Rückengegend und bilden eine Art breiten, dunkleren Bandes von der Schnauze zum After. Unterseite gelblich weiß, mit Ausnahme der Gliedmaßen, die heller sind. Körperlänge 17 mm. (Fig. 188).

Madyu (Uelé, Belgisch Kongo).

62. **H. albofrenatus** E. Ahl 1931 *H. a.*, E. Ahl in: Mt. Mus. Berlin, *v.* 17 (im Druck).

Körpergestalt ziemlich gedrungen; Vomerzähne fehlen; Choanen sehr klein, am Kieferrande liegend; Zunge fast kreisrund, hinten nur wenig eingeschnitten. Kopf groß, so lang wie breit; Schnauze abgerundet, im Profil schräg nach hinten abgestutzt, wenig über das Maul hinausragend, kürzer als das Auge, kürzer als der Abstand der vorderen Augenwinkel voneinander, wenig länger als hoch. Canthus rostralis abgerundet, aber deutlich; Lorealgegend steil, nicht vertieft. Nasenloch nur wenig näher der Schnauzenspitze als dem Auge; Internasalraum nur wenig schmaler als der Interorbitalraum, der etwa $1^{1}/_{2}$ mal so breit wie ein oberes Augenlid ist. Trommelfell deutlich, etwa $^{1}/_{3}$ so groß wie das Auge. Finger kräftig, mit etwa $^{1}/_{3}$ Schwimmhaut; Haftscheiben gut entwickelt; 1. Finger kleiner als der 2., der kürzer als der 4. ist, der von dem 3. überragt wird; 3. Finger etwas länger als die Schnauze. Zehen mit etwa $^{2}/_{3}$ Schwimmhäuten, die an der 1. und 4. Zehe das letzte Glied frei lassen und bei den übrigen bis unter die Haftscheiben reichen. Haftscheiben etwa so groß wie die der Finger; 3. und 5. Zehe gleich lang. Laterale Metatarsalia fest verbunden; Tarsalfalte fehlt; nur eine kleine, deutliche, flache, mediale Metatarsaltuberkel, keine laterale, keine Tarsaltuberkel; Subartikulartuberkel sehr klein und undeutlich. Das Tibiotarsalgelenk reicht bis zum Vorderrand des Auges; Femur etwas kürzer als die Tibia, die etwa $3^{1}/_{2}$ mal so lang wie breit, 2 mal in der Körperlänge enthalten und viel länger als der Fuß ist; die Fersen decken einander. Haut oben glatt; ein paar kleine Warzen hinter dem Mundwinkel; Kehle glatt, Bauch und Unterseite der Oberschenkel gekörnelt; eine Postgularfalte, Postpectoralfalte und eine Temporofemoralfalte vorhanden.

Fig. 189. **Hyperolius albofrenatus** E. Ahl. Habitus von oben.

Färbung (in Alkohol) oben silberweiß, mit einer Anzahl ziemlich großer, dunkelbrauner, runder Punkte, die auch die Oberseite der Vorder- und Hinterbeine einnehmen. Auf der Lorealregion und unter dem Auge befindet sich je ein großer, leuchtend silberweißer Fleck auf brauner Grundfarbe. Seiten ungefleckt, einfarbig gelblich. Gesamte Unterseite kräftig gelb. Körperlänge 14 mm. (Fig. 189).

Deutsch-Ostafrika (genauerer Fundort unbekannt).

63. **H. breviceps** E. Ahl 1931 *H. b.*, E. Ahl in: Mt. Mus. Berlin, *v.* 17 (im Druck).

Körpergestalt ziemlich gedrungen. Vomerzähne fehlen; Choanen sehr klein, teilweise unter dem Kieferrand verborgen; Zunge klein, herzförmig, tief eingeschnitten, hinten mit zwei Zipfeln. Kopf mäßig groß, etwa 3mal in der Kopf-Rumpflänge enthalten, so lang wie breit; Schnauze abgerundet, im Profil rundlich abgestutzt, nicht über das Maul hinausragend, etwas kürzer als das Auge, kürzer als der Abstand der vorderen Augenwinkel voneinander, so lang wie hoch; Canthus rostralis abgerundet, aber deutlich, etwas konkav gebogen; Lorealgegend senkrecht, konkav; Nasenloch in der Mitte zwischen Auge und Schnauzenspitze; Internasalraum nur wenig schmaler als der Interorbitalraum, der $1^1/_2$mal so breit wie ein oberes Augenlid ist; Trommelfell unter der Haut verborgen. Finger kräftig, mit etwa $^1/_2$ Schwimmhaut; Haftscheiben wohl entwickelt; 1. Finger kleiner als der 2., der wenig kürzer als der 4. ist, der von dem 3. nur wenig überragt wird; 3. Finger etwas länger als die Schnauze; Subartikulartuberkel deutlich. Zehen mit $^3/_4$ Schwimmhaut, die an der 1. und 4. Zehe das letzte Glied frei läßt und an den übrigen bis unter die Haftscheiben reicht; Haftscheiben kleiner als die der Finger; 5. Zehe etwas länger als die 3.; laterale Metatarsalia fest verbunden; eine deutliche Tarsalfalte vorhanden; nur eine sehr kleine, flache, undeutliche, mediale Metatarsaltuberkel, keine laterale, keine Tarsaltuberkel; Sohle granuliert; Subartikulartuberkel klein, wenig deutlich. Das Tibiotarsalgelenk reicht bis zur Augenmitte oder dem Augenvorderrand. Femur kürzer als die Tibia, die $3^1/_2$mal so lang wie breit, etwas über 2mal in der Körperlänge enthalten und länger als der Fuß ist; die Fersen decken einander. Haut oben porös, mit kleinen Warzen übersät, die besonders am Kopf und den Seiten vortreten und am größten hinter dem Mundwinkel sind; Kehle stark warzig; Bauch undeutlich granuliert, mit deutlicheren Querrunzeln versehen; eine deutliche Postgularfalte; Postpectoralfalte ebenfalls deutlich; Temporofemoralfalte deutlich. Beim Männchen eine nach hinten ausgebogene Kehlscheibe, die an den Rändern ganzrandig verläuft. Rings um den Bauch eine starke Falte.

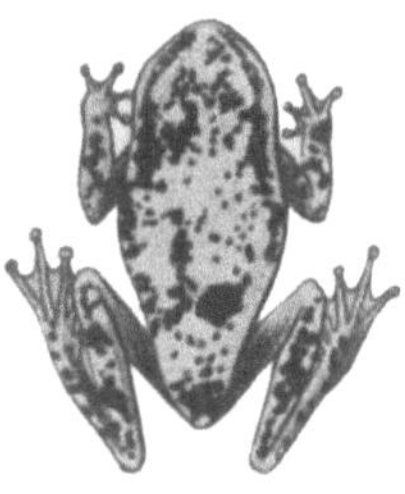

Fig. 190.
Hyperolius breviceps E. Ahl.
Habitus von oben.

Färbung (in Alkohol) oben kreideweiß oder hellgraubraun; ebenso Lateralseite der Vorderbeine, des Fußes und der Tibia; auf diesem Grunde finden sich unregelmäßig verstreut viele kleine, schwarze oder dunkelbraune Flecke von runder oder unregelmäßiger Form; am Canthus rostralis, der Oberlippe und der Temporalgegend fließen diese Flecke zu unterbrochenen Längsbinden zusammen; Kehle weiß, mit kleinen, dunkelbraunen Punkten; Seiten gelblich; Femur hell fleischfarben; Bauch und Brust, Medialseite der Arme, der Tibia und des Fußes gelblichweiß. Körperlänge 31 mm. (Fig. 190).

Tschimbo, Port. Ostafrika und Baringo-See, Britisch-Ostafrika.

64. **H. parallelus** Günther 1858 *H. p.*, Alb. Günther, Cat. Batr. sal. Brit. Mus., p. 86 t. 8 f. A (Habitus) | 1877 *H. p.*, Peters in: Monber. Ak. Berlin, p. 618 | 1882

Rappia marmorata (part.), Boulenger, Cat. Batr. sal. Brit. Mus., ed. 2 p. 121 | 1888 *R. m.* var. *parallelus*, O. Boettger in: Ber. Senckenb. Ges., p. 96 | 1892 *R. m.* var. *p.*, O. Boettger, Kat. Batr. Mus. Senckenb., p. 20 | 1895 *R. m.* var. *p.*, Bocage, Herpét. Angola, p. 164 | 1898 *R. m.* var. *p.*, F. Werner in: Jahresber. Ver. Magdeburg, p. 148 | 1901 *R. m.* (non Rapp), Tornier in: Zool. Anz., *v.* 24 p. 64 | 1924 *Hyperolius marmoratus* (non Rapp), Noble in: Bull. Amer. Mus., *v.* 49 p. 260.

Körpergestalt gedrungen; Vomerzähne fehlen; Choanen klein, teilweise unter dem Kieferrand verborgen; Zunge groß, herzförmig, hinten tief eingeschnitten. Kopf mäßig groß, 3mal in der Körperlänge enthalten, so lang wie breit oder nur sehr wenig breiter als lang; Schnauze spitz abgerundet, im Profil abgeflacht oder abgerundet, nicht oder nur sehr wenig über das Maul hinausragend, so lang wie das Auge, etwas kürzer als der Abstand der vorderen Augenwinkel voneinander, länger oder fast so lang wie hoch; Canthus rostralis abgerundet; Lorealgegend ziemlich steil, konkav; Nasenloch in der Mitte zwischen Auge und Schnauzenspitze oder nur sehr wenig näher der letzteren; Internasalraum $^1/_2$ so breit oder nur sehr wenig breiter als $^1/_2$ des Interorbitalraumes, der über doppelt so breit wie ein oberes Augenlid ist; Trommelfell unter der Haut verborgen. Finger kräftig, mit $^1/_2$ oder nicht ganz $^1/_2$ Schwimmhaut; Haftscheiben kräftig entwickelt; 1. Finger kleiner als der 2., der kürzer als der 4. ist, der von dem 3. nur wenig überragt wird; 3. Finger so lang wie die Schnauze; Subartikulartuberkel deutlich. Zehen kräftig, mit $^3/_4$ Schwimmhaut, die an der 4. Zehe das letzte Glied frei läßt und an den übrigen bis an die Haftscheiben reicht; Haftscheiben so groß wie die der Finger; 5. Zehe etwas länger als die 3.; laterale Metatarsalia fest verbunden; Tarsalfalte fehlt; nur eine kleine, flache, mediale Metatarsaltuberkel, keine laterale, keine Tarsaltuberkel; Sohle granuliert; Subartikulartuberkel klein, aber deutlich. Das Tibiotarsalgelenk reicht bis zwischen den Hinterrand des Auges und das Nasenloch; Femur wenig kürzer als die Tibia, die $3^1/_2$—$4^1/_2$mal so lang wie breit, 2—$2^1/_3$mal in der Körperlänge enthalten und länger als der Fuß ist; die Fersen decken oder überragen einander leicht. Haut oben glatt; Kehle glatt oder äußerst fein granuliert; Bauch fein granuliert oder fein quer gerunzelt; eine deutliche Postgularfalte, die beim Männchen hinten zu einer sehr kleinen Kehlscheibe ausgezogen ist; Postpectoralfalte vorhanden; keine Temporofemoralfalte. Ein paar Warzen hinter dem Mundwinkel.

Fig. 191.
Hyperolius parallelus Günther.
Habitus, Mundöffnung.
(Nach Günther).

Färbung (in Alkohol) oben schwarz, mit einem breiten, silberweißen Längsstreifen in der Rückenmitte und je einem weißen, manchmal gebogenen Längsstreifen an jeder Körperseite vom oberen Augenlid bis zum After; Oberlippe reinweiß mit feinen, schwarzen Flecken. Vordergliedmaßen, ein feiner Streifen entlang dem Femur, Oberseite der Tibia und des Fußes weiß oder gelblich mit einer großen Anzahl runder, schwarzer Punkte; auf der Tibia in der Nähe der Ferse fließen diese Punkte häufig zusammen und bilden auf silberweißer Grundfarbe eine kleine Zeichnung; die weiße Lateralbinde der Körperseiten ist nach unten von einer Reihe größerer, schwarzer Flecke begrenzt, die zu einer unzusammenhängenden Binde zusammenfließen können, unter der sich eine oder mehrere Reihen kleiner, schwarzer Punkte befinden; Unterseite und beim Sitzen verborgene Teile der Vorder- und

Hinterbeine gelblichweiß, Kehle manchmal mit einigen kleinen, runden schwarzen Punkten. Färbung (im Leben) dunkelgrün, mit drei weißen Längsstreifen, deren beide laterale am Becken oft unterbrochen sind. Bauch an den Seiten bläulich, Unterseite hell zinnober; dies auch Grundfarbe der Beine, deren Oberseite weiß und dunkelgrün gesprenkelt ist. Körperlänge 36 mm. (Fig. 191).

Westafrika, von Südafrika bis Loango.

Beschreibung der Kaulquappe: Körperhöhe etwa $2^1/_4$ mal, Breite des Körpers etwa 2mal in der Körperlänge enthalten; Nasenloch in der Mitte zwischen Augen und Schnauzenspitze; Augen lateral, wenig nach dorsal verlagert, in der Mitte zwischen Spiraculum und Schnauzenspitze; Interorbitalraum bedeutend breiter als der Abstand der Nasenlöcher voneinander, ebenso bedeutend breiter als die Breite des Maules; Spiraculum linksseitig, von oben und unten sichtbar, aufwärts und rückwärts gerichtet, näher dem After als der Schnauzenspitze; After rechtsseitig. Schwanz doppelt so lang wie der Körper, 4mal so lang wie hoch, Höhe des muskulösen Teiles an der Basis $7^1/_2$ mal in der Schwanzlänge und 2mal in der größten Körperhöhe enthalten; Schwanz hinten spitz endend, oberer Saum etwas breiter als der untere, sich nicht auf den Rücken hinauf fortsetzend. Lippen unten und an den Seiten mit einer doppelten Reihe von Papillen, die an den Seiten einwärts in einem Winkel gebogen sind; diese Papillenreihe auf dem Unterkiefer nicht unterbrochen. Kiefer schwarz gerandet; Unterlippe mit drei fast gleich langen Reihen von Zähnen, von denen die mediale sehr wenig unterbrochen ist; Oberkiefer mit vier Zahnreihen, von denen die laterale allein nicht unterbrochen ist, während die drei medialen sehr weit unterbrochen sind.

Färbung (in Alkohol) ein schönes Hellgrau; Oberseite des Körpers fast ungefleckt, die Seiten dagegen mit sehr kleinen, runden, schwarzen Flecken übersät; Unterseite einfarbig grau; muskulöser Teil des Schwanzes gelblichgrau, mit großen, runden, schwarzen Flecken; die Säume sind grau, leicht durchscheinend, mit kleinen, runden, schwarzen Punkten. Totallänge einer Larve mit eben hervorsprossenden Hinterbeinen 44 mm, davon 29 mm auf den Schwanz.

Fundort der beschriebenen Larven Chinchoxo.

65. **H. undulatus** (Blgr.) 1901 *Rappia undulata*, Boulenger in: Ann. Mus. Congo, Zool. *v.* 2 p. 4 t. 2 f. 2 (Habitus von oben) | 1924 *Hyperolius undulatus*, Noble in: Bull. Amer. Mus., *v.* 49 p. 330.

Körpergestalt gedrungen; Vomerzähne fehlen; Choanen klein, teilweise unter dem Kieferrand verborgen; Zunge herzförmig, hinten mit zwei Zipfeln. Kopf mäßig groß, 3mal in der Körperlänge enthalten, so lang wie breit, oder etwas breiter; Schnauze abgerundet, im Profil abgerundet, etwas über das Maul hinausragend, so lang wie das Auge, etwas kürzer als der Abstand zwischen den vorderen Augenwinkeln, etwas länger als hoch; Canthus rostralis abgerundet, aber deutlich; Lorealgegend steil, konkav; Nasenloch in der Mitte zwischen Auge und Schnauzenspitze oder sehr wenig näher der letzteren; Internasalraum schmaler als der Interorbitalraum, der $1^1/_2$—2mal so breit wie ein oberes Augenlid ist; Trommelfell unter der Haut verborgen. Finger kurz, mit etwa $^1/_3$—$^2/_5$ Schwimmhaut zwischen den beiden lateralen; Haftscheiben wohl entwickelt; 1. Finger kleiner als der 2., der kürzer als der 4. ist, der von dem 3. um die Länge der Haftscheibe überragt wird; 3. Finger unbedeutend länger als die Schnauze; Subartikulartuberkel klein, wenig vortretend. Zehen mit $^3/_4$ Schwimmhaut, die an allen Zehen bis unter die Haftscheiben reicht, außer an der 4. Zehe, wo sie das letzte Glied frei läßt; Haftscheiben so groß wie die der Finger; 5. Zehe etwas länger als die 3.; laterale Metatarsalia fest verbunden; Tarsalfalte fehlt; nur eine sehr kleine, flache, mediale Metatarsaltuberkel, keine laterale, keine Tarsaltuberkel; Subartikulartuberkel klein. Das Tibiotarsalgelenk reicht bis zur Mitte oder dem Vorderrand des Auges; Femur etwas kürzer als die Tibia, die 3—4mal so lang wie breit, 2mal oder etwas mehr oder weniger in der Körperlänge enthalten und viel länger als der Fuß ist; bei rechtwinklig angeknickten Hinterbeinen decken die Fersen einander. Haut oben sehr fein chagriniert, selten mit einzelnen kleinen, verstreuten Wärzchen besetzt; Kehle, Brust, Bauch und Unterseite der Oberschenkel granuliert; Postgular- und Postpectoralfalte deutlich; keine Temporofemoralfalte; Männchen mit subgularer Schallblase, die von einer Hautscheibe bedeckt wird, die hinten flach abgerundet ist und nur wenig über die Postgularfalte hinaus reicht; an den Seiten dieser Hautscheibe ist die Kehlhaut sehr faltig.

Fig. 192. **Hyperolius undulatus** (Blgr.). Habitus von oben. (Nach Boulenger).

Färbung (in Alkohol) stark wechselnd; entweder oben einfarbig dunkelbraun ohne irgendwelche Zeichnung oder höchstens etwas dunkler bestäubt; Körperseiten weißlich, fein braun bestäubt; desgleichen Hinterseite der Oberschenkel und Unterseite der Hände und Füße; Bauch weißlich; Kehlsack schwärzlich, die Kehle gelblichweiß und fein braun bestäubt. Eine andere Zeichnungsphase ist etwas heller braun, mit dunkelbraunen Abzeichen; ein dunkles Band zwischen den Augen; entlang dem Canthus rostralis, über das Auge, die Temporalgegend bis fast zur Mitte der Weichen zieht sich ein dunkelbraunes, breites, nach oben fein weiß umrandetes, manchmal wellenförmiges Längsband; in der Gegend des Coccyx befindet sich jederseits ein ähnlicher, dunkelbrauner, fein hell umrandeter Fleck; desgleichen ein ähnlicher in der Aftergegend; Vorder- und Hinterbeine ebenfalls braun, die Unterarme und die Tibia kurz hinter der Mitte auf dem distalen Ende mit einer nach vorn dunkleren, hinten fein hell begrenzten Querbinde; Hinterseite der Oberschenkel fein braun bestäubt; Unterseite weißlich, die Kehle des Männchens oft fein bräunlich bestäubt. Eine dritte Zeichnungsphase ähnlich der eben beschriebenen, nur die Grundfarbe heller, fast gelblichbraun; zu den eben beschriebenen Zeichnungen kommt noch ein oder mehrere große, rhombische, dunkel umrandete Flecke auf der Rückenmitte hinzu. Diese drei Zeichnungsmuster sind zum Teil durch Übergänge verbunden. Hinterseite der Schenkel und Unterseite der Hinterfüße rosenrot. Körperlänge 29 mm. (Fig. 192).

Kamerun bis Moeru-See bis zur Kap-Kolonie.

66. **H. viridiflavus** (Dum. & Bibr.) 1841 *Eucnemis v.*, C. Duméril & G. Bibron, Erpét., *v.* 8 p. 528 | 1924 *Hyperolius v.*, Noble in: Bull. Amer. Mus., *v.* 49 p. 330.

Kopf so lang wie breit; Zunge herzförmig; Augen ziemlich groß, wenig vorstehend; Schnauze so lang wie das Auge; Maul vorn abgestutzt; Nasenloch näher der Schnauzenspitze als dem Auge; Trommelfell unter der Haut verborgen. Finger mit $^1/_2$ Schwimmhaut; Zehen mit ganzen Schwimmhäuten. Haut hinter den Mundwinkeln gekörnelt. Das Tibiotarsalgelenk erreicht das Auge.

Färbung ein zartes Grün, mit gelben Flecken übersät, das den Rücken, die Oberseite des Kopfes, die Vorderbeine, die Füße und die Lateralseite des Tarsus bedeckt. Die Schenkel, die Hände und die Füße sind fleischfarben. Ein schönes Gelb bedeckt die gesamte Unterseite, ebenso wie den Kieferrand. Die untere Seite der Flanken ist ebenso gelb gefärbt und unregelmäßig mit kleinen, blutroten Punkten gezeichnet. Körperlänge 34 mm. (Fig. 193).

Abessinien.

Fig. 193.
Hyperolius viridiflavus (Dum. & Bibr.).
Habitus. (Nach Rochebrune).

Fig. 194.
Hyperolius buchholzi E. Ahl.
Habitus von oben.

67. **H. buchholzi** E. Ahl 1931 *H. b.*, E. Ahl in: Mt. Mus. Berlin, *v.* 17 (im Druck).

Körpergestalt ziemlich gedrungen; Choanen klein, dicht am Kieferrande liegend; Zunge groß, mit vielen kleinen Papillen besetzt, hinten frei und tief eingeschnitten. Kopf mäßig groß, so lang wie breit; Schnauze abgerundet, im Profil abgestutzt, nicht über das Maul hinausragend, so lang wie das große Auge, kürzer als der Abstand der vorderen Augenwinkel voneinander, länger als hoch; Canthus rostralis abgerundet; Lorealgegend steil, konkav; Nasenloch viel näher der Schnauzenspitze als dem Auge; Internasalraum schmaler als der Interorbitalraum, der doppelt so breit wie ein oberes Augenlid ist; Trommelfell unter der Haut verborgen. Finger kräftig, die beiden lateralen mit $^1/_2$ Schwimmhaut; Haftscheiben kräftig entwickelt; 1. Finger kleiner als der 2., der kürzer als der 4. ist, der von dem 3. überragt wird; 3. Finger etwas länger als die Schnauze; Subartikulartuberkel klein, aber deutlich. Zehen mit $^3/_4$ Schwimmhaut, die an allen Zehen bis unter die Haftscheiben reicht, nur bei der 4. Zehe das letzte Glied frei läßt; Haftscheiben so groß wie die der Finger; 5. Zehe etwas länger als die 3.; laterale Metatarsalia in ihrem distalen Teil etwas durch Schwimmhaut getrennt; keine Tarsalfalte; nur eine kleine, flache, mediale Metatarsaltuberkel, keine laterale, keine Tarsaltuberkel; Sohle granuliert; Subartikulartuberkel klein, aber deutlich. Das Tibiotarsalgelenk reicht bis zum vorderen Augenrand; Femur kürzer als die Tibia, die $3^1/_2$ mal so lang wie breit, 2 mal in der Körperlänge enthalten und viel länger als der Fuß ist; bei rechtwinklig angeknickten Hinterbeinen decken die Fersen einander. Haut auf dem Rücken und an den Seiten glatt, vermischt mit einigen glatten, größeren Warzen, die besonders auf der Oberseite und den Seiten des Kopfes und des Körpers hervortreten; Kehle, Bauch und Unterseite der Oberschenkel granuliert; eine deutliche Postgular- und Postpectoralfalte.

Färbung (in Alkohol) oben braun; auf der Oberseite und den Seiten des Kopfes, Körpers und der beim sitzenden Tier sichtbaren Teile der Extremitäten befinden sich viele kleine, runde oder zu wurmartigen Zeichnungen zusammenfließende, weiße, schmal dunkelbraun umrandete Flecke; unterhalb des Canthus rostralis und vom Auge bis etwa in die Schultergegend bilden diese Flecke eine schmale Längsbinde. Die beim Sitzen verborgenen Teile der Gliedmaßen und die Unterseite sind weißlichgrau. Körperlänge 27 mm. (Fig. 194).

Accra.

68. **H. guttolineatus** E. Ahl 1931 *H. g.*, E. Ahl in: Mt. Mus. Berlin, *v.* 17 (im Druck).

Körpergestalt ziemlich schlank; Vomerzähne fehlen; Choanen sehr klein, teilweise unter dem Kieferrand verborgen; Zunge mäßig groß, hinten tief eingeschnitten, hinten frei und mit zwei langen Lappen. Kopf mäßig groß, so lang wie breit; Schnauze abgerundet, im Profil abgestutzt, nicht über das Maul hinausragend, so lang wie das Auge, etwas kürzer als der Abstand der vorderen Augenwinkel voneinander, länger als hoch; Canthus rostralis abgerundet, aber deutlich, Lorealgegend ziemlich steil, tief konkav; Nasenloch viel näher der Schnauzenspitze als dem Auge; Internasalraum etwa $^1/_2$ so breit wie der Interorbitalraum, der mehr als doppelt so breit wie ein oberes Augenlid ist; Trommelfell unter der Haut verborgen. Finger kräftig, mit etwa $^1/_3$ Schwimmhaut, die Haftscheiben groß und gut entwickelt; 1. Finger kleiner als der 2., der nur sehr wenig kürzer als der 4. ist, der von dem 3. weit überragt wird; 3. Finger bedeutend länger als die Schnauze; Subartikulartuberkel sehr klein. Zehen mit etwa $^1/_2$ Schwimmhaut, die an der 4. Zehe die beiden letzten und an den übrigen Zehen das letzte Glied frei läßt; 5. Zehe bedeutend länger als die 3.; laterale Metatarsalia fest verbunden; Tarsalfalte fehlt; nur eine sehr kleine, flache, unbedeutende, mediale Metatarsaltuberkel, keine laterale, keine Tarsaltuberkel; Subartikulartuberkel sehr klein und undeutlich. Das Tibiotarsalgelenk reicht bis zum vorderen Augenrand; Femur ein wenig kürzer als die Tibia, die $4^1/_2$ mal so lang wie breit, etwas weniger als 2 mal in der Körperlänge enthalten und viel länger als der Fuß ist; die Fersen decken einander. Haut oben und unten glatt, ohne Granulationen; eine runde Kehlscheibe vorhanden; keine Postpectoral- und Temporofemoralfalten.

Fig. 195.
Hyperolius guttolineatus E. Ahl.
Habitus von oben.

Färbung (in Alkohol) oben weißlichgrau; auf dem Kopf befinden sich drei zu Querbinden verbreiterte, große, dunkelbraune Flecke, von denen der erste sich auf der Schnauzenspitze befindet, der 2. zwischen den Vorderrändern der Augen, der 3. zwischen den Hinterrändern der Augen; der Rücken selbst ist mit sehr großen, dunkelbraunen Flecken besetzt, die sich auf dem Rücken selbst in zwei Längsreihen anordnen und außerdem an jeder Seite; Oberseite der Vorderbeine, der Tibia und des Fußes ebenfalls mit je zwei Reihen solcher dunkelbrauner Flecke. Kehle grünlichgelb, mit einigen schwachen, großen, dunklen Flecken; Bauch, Oberschenkel und Medialseite der Vorder- und Hinterbeine grünlichgrau. Körperlänge 25 mm. (Fig. 195).

Deutsch-Ostafrika (näherer Fundort unbekannt).

69. **H. bitaeniatus** E. Ahl 1931 *H. b.*, E. Ahl in: Mt. Mus. Berlin, *v.* 17 (im Druck).

Körpergestalt ziemlich schlank; Vomerzähne fehlen; Choanen mäßig groß, unter dem Kieferrand verborgen; Zunge mäßig groß, herzförmig, hinten mit zwei Zipfeln. Kopf ziemlich klein, so lang wie breit; Schnauze abgerundet, im Profil abgerundet, wenig über das Maul hinausragend, so lang wie das große Auge, kürzer als der Abstand der vorderen Augenwinkel voneinander, fast so hoch wie lang; Canthus rostralis abgerundet, aber deutlich; Lorealgegend senkrecht, nur sehr wenig konkav; Nasenloch etwas näher der Schnauzenspitze als dem Auge; Internasalraum schmaler als der Interorbitalraum, der doppelt so breit wie ein oberes Augenlid ist; Trommelfell unter der Haut verborgen. Finger lang und schlank, die beiden lateralen mit $^1/_3$ Schwimmhaut; Haftscheiben wohl entwickelt; 1. Finger kleiner als der 2., der kürzer als der 4. ist, der von dem 3. nur sehr wenig überragt wird; 3. Finger etwas länger als die Schnauze; Subartikulartuberkel klein und flach. Zehen lang und schlank, mit etwa $^1/_2$ Schwimmhaut, die an der 4. Zehe lateral das letzte, medial die beiden letzten Glieder nur als schmaler Hautsaum begleitet, das letzte Glied der ersten Zehe ganz frei läßt und bei den übrigen Zehen das halbe letzte Glied nur als sehr schmaler Hautsaum umschließt; Haftscheiben so groß wie die der Finger; 5. Zehe etwas länger als die 3.; laterale Metatarsalia fest verbunden; keine Tarsalfalte; nur eine sehr kleine, undeutliche, flache, mediale Metatarsaltuberkel, keine laterale, keine Tarsaltuberkel; Subartikulartuberkel klein und undeutlich. Das Tibiotarsalgelenk reicht bis zum Vorderrand des Auges; Femur kürzer als die Tibia, die 4mal so lang wie breit, $2^1/_4$mal in der Körperlänge enthalten und länger als der Fuß ist; bei rechtwinklig angeknickten Hinterbeinen berühren die Fersen einander. Haut oben glatt, nur hinter dem Mundwinkel einige Warzen. Kehle, Brust, Bauch und Unterseite der Oberschenkel sehr fein granuliert; von der Schultergegend nach hinten, bis etwa in die Gegend vor der Ansatzstelle der Hinterbeine, zieht sich auf jeder Seite des Rückens ein sehr breiter, leuchtend weiß gefärbter Glandularwulst hin. Eine sehr deutliche Postgularfalte; keine Postpectoral- oder Temporofemoralfalte vorhanden. Männchen mit subgularer Schallblase, aber ohne eine ausgeprägte Kehlscheibe.

Fig. 196.
Hyperolius bitaeniatus E. Ahl.
Habitus von oben.

Färbung (in Alkohol) oben hell bräunlich; die beiden Glandularwülste des Rückens leuchtend weiß oder leuchtend gelb gefärbt. Unterseite einfarbig gelblichweiß. Ober- und Lateralseite der Vorder- und Hinterbeine von der Farbe der Körperoberseite. An den Seiten des Körpers zwischen der Ansatzstelle der Vorder- und Hinterbeine ein sehr großer, dunkler Fleck, der bis zum Rücken hinaufreicht. Körperlänge 27 mm. (Fig. 196).

Konde-Nika, Deutsch-Ostafrika.

70. **H. montanus** (Angel) 1924 *Rappia montana*, Angel in: Bull. Mus. Paris, *v.* 30 p. 269 | 1925 *R. m.*, Angel in: Alluaud & Jeannel, Voy. Afr. Or., Rept. & Batr. p. 53 t. 3 f. 1, 2, 3 (Habitus von oben).

Kopf so lang wie breit oder ein wenig breiter als lang; Schnauze stumpf zugespitzt, über das Maul hinausragend, so lang oder ein wenig länger als das Auge; Canthus rostralis ziemlich deutlich, Lorealgegend fast senkrecht, wenig konkav; Nasenloch näher der Schnauzenspitze als dem Auge; Interorbitalraum $1^1/_2$—2 mal so breit wie ein oberes Augenlid; Trommelfell unter der Haut verborgen. Finger und Zehen mäßig lang, am Ende stark verbreitert. 1. Finger viel kürzer als der 2., der kürzer als der 4. ist; der 3. überragt den 4. um die Länge der Haftscheibe; laterale Finger mit etwa $^1/_3$ Schwimmhaut. Zehen mit $^2/_3$ Schwimmhaut, die an der 4. Zehe die beiden letzten Glieder frei läßt; eine längliche, weiche Tuberkel an der Medialseite der 1. Zehe; das Tibiotarsalgelenk erreicht das Auge. Haut auf dem

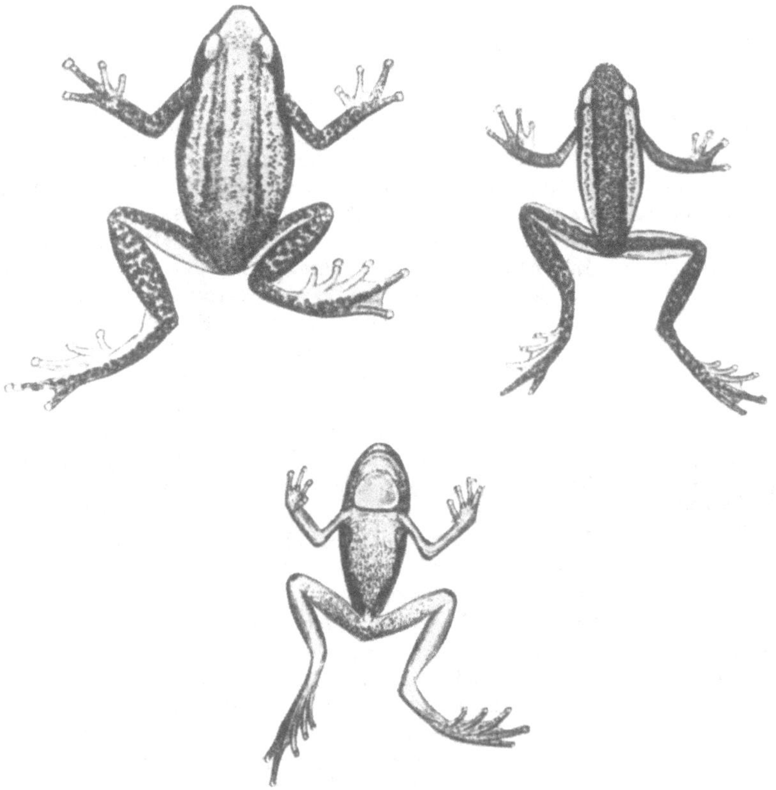

Fig. 107.
Hyperolius montanus (Angel).
Habitus von oben und von unten. (Nach Angel).

Rücken und an den Seiten glatt oder leicht granuliert; Brust, Bauch und Unterseite der Oberschenkel wie übersät mit flachen, polygonalen, in Mosaikform nebeneinanderliegenden Granula. Kehle glatt; eine mehr oder weniger deutliche Subgularfalte vorhanden; hinter dem Mundwinkel eine Gruppe runder, deutlicher, konischer Granula. Männchen mit Kehlscheibe, die an allen Seiten frei ist.

Oberseite mehr oder weniger dunkler gelblichbraun, einfarbig oder schwarz gepunktet. Ein schwärzliches Band geht von der Schnauzenspitze durch das Nasenloch, das Auge und die Tympanalgegend, um entweder in der Gegend des Anus oder in der Mitte der Flanken zu enden, wo es sich im dunklen Untergrund verliert. Von jeder Seite der Vertebrallinie geht ein, manchmal undeutliches oder fehlendes Band vom oberen Augenlid zur Analgegend. Unterseite einfarbig gelblichweiß, außer der Kehle, die braun bestäubt sein kann. Unterseite der Schenkel und Medialseite der Beine unpigmentiert. Körperlänge des Männchen 26 mm, die des Weibchen 29 mm. (Fig. 197).

Ostafrika (Kinangopgebirge), in Höhen von 2400—3100 m.

In Bambuswäldern und auf Bergwiesen.

71. **H. ngoriensis** E. Ahl 1931 *H. n.*, E. Ahl in: Mt. Mus. Berlin, *v.* 17 (im Druck).

Körpergestalt ziemlich schlank. Vomerzähne fehlen; Choanen sehr klein, unter dem Kieferrand verborgen; Zunge groß, herzförmig, hinten mit zwei Zipfeln. Kopf mäßig groß, 3 mal in der Körperlänge enthalten, etwa so lang wie breit; Schnauze rundlich zugespitzt, im Profil rundlich zugespitzt, etwas über das Maul hinausragend, so lang wie das Auge, nur wenig kürzer als der Abstand der vorderen Augenwinkel voneinander, etwas länger als hoch; Canthus rostralis abgerundet, aber sehr deutlich; Lorealgegend vertikal, nicht konkav; Nasenloch etwas näher der Schnauzenspitze als dem Auge; Internasalraum etwas schmaler als der Interorbitalraum, der doppelt so breit wie ein oberes Augenlid ist; Trommelfell unter der Haut verborgen. Finger kurz, kräftig, die lateralen mit $^1/_3$ Schwimmhaut; Haftscheiben deutlich; 1. Finger kleiner als der 2., der kürzer als der 4. ist, der nur wenig von dem 3. überragt wird; 3. Finger so lang wie die Schnauze; Subartikulartuberkel deutlich, doch wenig vortretend. Zehen mit etwa $^2/_3$ Schwimmhaut, die an allen Zehen das letzte Glied und an der 4. Zehe die beiden letzten Glieder nur als schmaler Hautsaum umschließt; Haftscheiben so groß wie die der Finger; 5. Zehe etwas länger als die 3.; laterale Metatarsalia fest verbunden; Tarsalfalte fehlt; nur eine sehr kleine, flache, undeutliche, mediale Metatarsaltuberkel, keine laterale, keine Tarsaltuberkel; Sohle granuliert; Subartikulartuberkel mäßig deutlich, wenig vorspringend. Das Tibiotarsalgelenk reicht bis zum Hinterrand oder dem Mittelpunkt des Auges; Femur kürzer als die Tibia, die $3^1/_2$ mal so lang wie breit, $2—2^1/_4$ mal in der Körperlänge enthalten und etwas länger als der Fuß ist; bei rechtwinklig angeknickten Hinterbeinen decken die Fersen einander. Haut oben glatt; Kehle und Brust fein, Bauch gröber granuliert; hinter dem Mundwinkel einige kleine Warzen; Postgular- und Postpectoralfalte schwach entwickelt; Temporofemoralfalte fehlend.

Fig. 198.
Hyperolius ngoriensis E. Ahl.
Habitus von oben.

Färbung (in Alkohol) oben braun oder grau, vielfach dunkler gewölkt oder gefleckt; in der Körpermitte zieht sich von der Schnauzenspitze zum After eine helle, dunkler gerandete Linie über den Rücken; eine ähnliche Binde zieht sich jederseits von der Schnauzenspitze entlang dem Canthus rostralis und den Körperseiten bis in die Gegend der Weichen; zwischen diesen drei Binden können noch eine oder zwei auf jeder Rückenseite auftreten, die mit der vertebralen oder den lateralen durch Querbinden verbunden sein können; während die Seitenbinden stets deutlich sind, können die auf dem Rücken liegenden Längsbinden mehr oder weniger undeutlich sein und nur durch ihre dunklere Umrandung auffallen; unterhalb des Seitenbandes sind die Körperseiten braun mit weißlichen, dunkel umrandeten, länglichen Flecken oder Streifen, die bei den kleineren Stücken jedoch fehlen können. Unterseite einfarbig gelblichweiß. Seiten des Kopfes braun, mit einer schrägen weißen, schmalen Binde von unterhalb des Auges zum Maul; Vorder- und Hinterbeine bräunlich, die Tibia an ihrem Lateralrande mit einer schmalen, silberweißen Längsbinde. Körperlänge 20 mm. (Fig. 198).

Krater des Ngori-Sees (Deutsch-Ostafrika).

72. **H. steindachneri** Boc. 1866 *H. s.*, Bocage in: J. Ac. Lisboa, *v.* 1 p. 55, 75 | 1868 *Rappia s.*, Alb. Günther in: P. zool. Soc. London, p. 479 | 1882 *R. s.*, Boulenger, Cat. Batr. sal. Brit. Mus., ed. 2 p. 125 | 1895 *R. s.*, Bocage, Herpét. Angola, p. 171 t. 19 f. 3, 3a (Habitus von oben und von unten) | 1924 *Hyperolius s.*, Noble in: Bull. Amer. Mus., *v.* 49 p. 329.

Körpergestalt ziemlich gedrungen; Choanen ziemlich groß, dicht am Kieferrande liegend; Zunge groß, hinten frei und eingeschnitten. Kopf groß, so lang wie breit oder etwas breiter als lang; Schnauze abgerundet oder rundlich zugespitzt, im Profil abgerundet, wenig über das Maul hinausragend, so lang wie das große Auge, viel kürzer als der Abstand der vorderen Augenwinkel voneinander, viel länger als hoch; Canthus rostralis

Fig. 199.
Hyperolius steindachneri Boc.
Habitus von oben und von unten. (Nach Bocage).

ziemlich deutlich; Lorealgegend steil, wenig konkav; Nasenloch sehr wenig näher der Schnauzenspitze als dem Auge; Internasalraum schmaler als der Interorbitalraum, der doppelt so breit wie ein oberes Augenlid ist; Trommelfell nicht sehr deutlich, klein, dicht am Auge liegend. Finger kräftig, die beiden lateralen mit $^1/_2$ Schwimmhaut; Haftscheiben kräftig; 1. Finger kleiner als der 2., der nur sehr wenig kürzer als der 4. ist, der von dem 3. weit überragt wird; 3. Finger etwa so lang wie die Schnauze oder nur unbedeutend länger; Subartikulartuberkel klein, aber deutlich. Zehen mit etwa $^2/_3$—$^3/_4$ Schwimmhaut, die an der 5. Zehe bis unter die Haftscheiben reicht, bei der 4. Zehe das letzte Glied frei läßt und bei den übrigen bis oder nicht ganz bis an die Haftscheiben reicht; Haftscheiben etwas kleiner als die der Finger; 5. Zehe sehr wenig länger als die 3.; laterale Metatarsalia fest verbunden; keine Tarsalfalte; nur eine sehr kleine, flache, undeutliche, mediale Metatarsaltuberkel, keine laterale, keine Tarsaltuberkel; Sohle granuliert; Subartikulartuberkel klein und undeutlich. Das Tibiotarsalgelenk reicht bis zum Vorder- oder Hinterrand des Auges; Femur kürzer als die Tibia, die 4—$4^1/_2$mal so lang wie breit, etwa 2mal in der Körperlänge enthalten und viel länger als der Fuß ist; bei rechtwinklig angeknickten Hinterbeinen überragen die Fersen einander. Haut oben glatt, ebenso unter der Kehle; Bauch und Unterseite der Oberschenkel granuliert; keine Querfalten auf der Brust.

Färbung (in Alkohol) oben hellbräunlich bis dunkelbraun oder grünlich-violett; manchmal sehr fein braun punktiert; die Unterseite ist schwarz oder dunkelbraun, mit unregelmäßig verstreuten, mehr oder weniger großen und mehr oder weniger kreisrunden bis länglichen, weißlichen bis goldgelben Flecken; manchmal trennt eine ebensolche goldgelbe Linie die helle Oberseite von der schwarzen Unterseite und erstreckt sich von der Schnauzenspitze bis zum After; Unterseite der Vordergliedmaßen, Ober- und Unterseite des Femur und Unterseite der Tibia und des Fußes ebenfalls schwarz oder dunkelbraun mit großen, runden, goldgelben Flecken; Oberseite der Vordergliedmaßen, der Tibia und des Fußes von der Farbe des Rückens; Tibia mitunter mit einem sehr großen, weißlichen oder goldgelben Fleck an der Ferse. Körperlänge 28 mm. (Fig. 199).

Angola und Regenwaldgebiet bis Kamerun.

73. **H. depressus** E. Ahl 1931 *H. d.*, E. Ahl in: Mt. Mus. Berlin, *v.* 17 (im Druck).

Körpergestalt stark niedergedrückt; Vomerzähne fehlen; Choanen klein, teilweise unter dem Kieferrand verborgen; Zunge groß, hinten frei und mit zwei Zipfeln. Kopf groß, niedergedrückt, so lang wie breit; Schnauze dreieckig zugespitzt, im Profil zugespitzt, über das Maul hinausragend, so lang wie das große Auge, etwas kürzer als der Abstand der vorderen Augenwinkel voneinander, viel länger als hoch; Canthus rostralis deutlich, scharf, gerade; Lorealgegend senkrecht, wenig konkav; Nasenloch deutlich näher der Schnauzenspitze als dem Auge; Internasalraum viel schmaler als der Interorbitalraum, der nur wenig breiter als das obere Augenlid ist; Trommelfell nur sehr undeutlich sichtbar. Finger lang und kräftig, mit nicht ganz $^1/_2$ Schwimmhaut; Haftscheiben groß und wohl entwickelt; 1. Finger kleiner als der 2., der kürzer als der 4. ist, der von dem 3. um die Länge der Haftscheibe überragt wird; 3. Finger um die Größe der Haftscheibe länger als die Schnauze; Subartikulartuberkel klein, aber deutlich. Zehen kräftig, mit etwa $^2/_3$ Schwimmhaut, die an der 1. und 4. Zehe das letzte Glied frei läßt und bei den übrigen bis unter die Haftscheiben reicht; Haftscheiben sehr wenig kleiner als die der Finger; 5. Zehe etwas länger als die 3.; laterale Metatarsalia fest verbunden; keine Tarsalfalte; nur eine sehr kleine, flache, mediale Metatarsaltuberkel, keine laterale, keine Tarsaltuberkel; Subartikulartuberkel klein, aber deutlich. Das Tibiotarsalgelenk reicht bis zur Augenmitte; Femur kürzer als die Tibia, die $4^1/_2$ mal so lang wie breit, etwas über 2 mal in der Körperlänge enthalten und viel länger als der Fuß ist; bei rechtwinklig angeknickten Hinterbeinen überragen einander die Fersen ein wenig. Haut oben und an den Seiten fein chagriniert; Bauch und Unterseite der Oberschenkel granuliert; keine Postgular-, Postpectoral- oder Temporofemoralfalte vorhanden; eine starke Rundfalte rings um den Bauch; Männchen mit subgularer Schallblase und großer Kehlscheibe, die auf allen Seiten völlig frei ist.

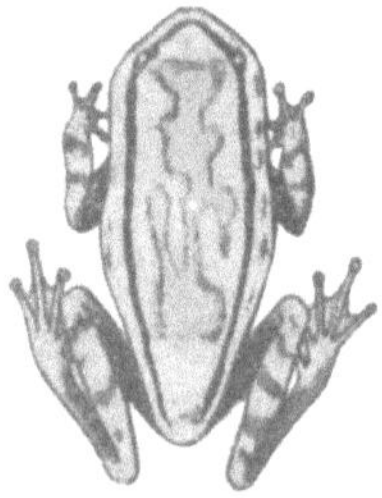

Fig. 200. **Hyperolius depressus** E. Ahl. Habitus von oben.

Färbung (in Alkohol) oben silberweiß; zwischen den Augen befindet sich eine bräunliche Zeichnung, die ein mit der Spitze nach hinten gerichtetes, gleichseitiges Dreieck darstellt und an die sich nach hinten eine sanduhrförmige Figur anschließt; in der Rückenmitte geht diese sich stark verschmälernde Zeichnung bis fast zum After entlang; seitlich hiervon wird diese Zeichnung von einigen länglichovalen Flocken von derselben Färbung begleitet; von der Schnauzenspitze, die ganze Frenalgegend einnehmend, zieht sich durch das Auge, die ganze Temporalgegend bis etwa in die Mitte der Seiten eine braune Längsbinde ähnlich den Zeichnungen auf dem Rücken. Vorderextremitäten, Tibia und Fuß silberweiß mit großen, braunen Querflecken. Femur gelb; Unterseite gelblichweiß. Körperlänge 30 mm. (Fig. 200).

Misahöhe, Togo.

74. **H. kandti** E. Ahl 1931 *H. k.*, E. Ahl in: Mt. Mus. Berlin, *v.* 17 (im Druck).

Körpergestalt mäßig gedrungen; Choanen ziemlich klein, unter dem überhängenden Kieferrand verborgen; Zunge ziemlich klein, birnenförmig, hinten frei und eingeschnitten. Kopf mäßig groß, niedergedrückt, so lang wie breit; Schnauze rundlich zugespitzt, im Profil abgerundet, etwas über das Maul hinausragend, so lang wie das große Auge, wenig kürzer als der Abstand der vorderen Augenwinkel voneinander, viel länger als hoch; Canthus rostralis scharf; Lorealgegend steil, tief konkav; Nasenloch viel näher der Schnauzenspitze als dem Auge, etwas aufgetrieben; Internasalraum $^2/_3$ so breit wie der Interorbitalraum, der doppelt so breit wie ein oberes Augenlid ist; Trommelfell unter der Haut verborgen. Finger lang und schlank, die beiden lateralen mit fast $^1/_2$ Schwimmhaut; Haftscheiben, insbesondere des 3. Fingers, sehr groß; 1. Finger kleiner als der 2., der viel kürzer als der 4. ist, der nur sehr wenig von dem 3. überragt wird; 3. Finger bedeutend länger als die Schnauze; Subartikulartuberkel klein, aber deutlich. Zehen mit $^3/_4$ Schwimmhaut, die an allen Zehen bis unter die Haftscheiben reicht und nur bei der 4. Zehe das letzte Glied frei läßt; Haftscheiben etwas kleiner als die der Finger; 5. Zehe länger als die 3.; laterale Metatarsalia fest verbunden; keine Tarsalfalte; nur eine kleine, mediale Metatarsaltuberkel, keine laterale, keine Tarsaltuberkel; Sohle stark granuliert; Subartikulartuberkel klein und deutlich. Das Tibiotarsalgelenk reicht bis zum Vorderrand des Auges; Femur kürzer als die Tibia, die 4 mal so lang wie breit, 2 mal in der Körperlänge enthalten und länger als der Fuß ist; bei rechtwinklig angeknickten Hinterbeinen überragen einander die Fersen ein wenig. Haut oben und an den Seiten mit kleinen Tuberkeln und Warzen besetzt, die besonders in der Gegend hinter dem Mundwinkel auffallen. Unterseite granuliert; Männchen mit subgularer Schallblase und großer Kehlscheibe.

Färbung (in Alkohol) oben und an den Seiten einfarbig rehbraun; vom Nasenloch unterhalb des Canthus rostralis bis zum Auge zieht sich eine schmale, dunkelbraune Linie, die sich hinter dem Auge als breite Lateralbinde bis in die Gegend der Weichen hinzieht. Tibia schwach dunkel gefleckt. Unterseite einfarbig hellbraun. Körperlänge 33 mm.

Kivu-See.

75. **H. rhodoscelis** (Blgr.) 1901 *Rappia r.*, Boulenger in: Ann. Mus. Congo, Zool. *v.* 2 p. 3 t. 2 f. 1 (Habitus von oben) | 1925 *R. r.*, Calabresi in: Atti Soc. Ital., *v.* 64 p. 121.

Kopf so lang wie breit; Schnauze kurz und abgerundet, so lang wie das Auge, etwas über das Maul hinausragend; Nasenloch etwas näher der Schnauzenspitze als dem Auge; Canthus rostralis undeutlich; Lorealgegend leicht konkav; Interorbitalraum etwas breiter als ein oberes Augenlid; Trommelfell verborgen. Finger und Zehen mäßig lang, am Ende stark verbreitert; laterale Finger mit fast $^1/_2$ Schwimmhaut. Die Schwimmhaut des Fußes läßt das letzte Glied der 4. Zehe frei; eine sehr kleine, weiche Tuberkel an der Basis der 1. Zehe. Das Tibiotarsalgelenk erreicht das Auge. Haut oben glatt, Unterseite granuliert mit Ausnahme der Brust, des Vorderbeines, des Fußes und des Rumpfes; eine sehr starke Falte quer über der Kehle. In dieser Falte verbirgt sich die Schallblase des Männchens; eine halbkreisförmige Kehlscheibe bedeckt die Schallblase.

Oben graubraun, mit einem weißlichen Seitenband, das mehr oder weniger deutlich ist und sich von der Schulter zum After zieht; unter der Lupe erscheinen die Teile der Oberseite fein schwarz bestäubt; Unterseite der Gliedmaßen, der Finger und der medialen Zehen, ebenso wie die Unterseite der Oberschenkel, schön lebhaft rosenrot; zuweilen befinden sich ein oder zwei kleine, schwarze Flecke am Handgelenk und an der Basis des Fußes. Körperlänge 35 mm. (Fig. 201).

Pweto, Moeru-See.

Fig. 201.
Hyperolius rhodoscelis (Blgr.).
Habitus von oben. (Nach Boulenger).

76. **H. schubotzi** E. Ahl 1931 *H. s.*, E. Ahl in: Mt. Mus. Berlin, *v.* 17 (im Druck).

Körpergestalt mäßig schlank; Vomerzähne fehlen. Choanen sehr klein, teilweise unter dem Kieferrand verborgen; Zunge klein. Kopf mäßig groß, so lang wie breit. Schnauze abgerundet, im Profil abgestutzt, nicht über das Maul hinausragend, so lang wie der Augendurchmesser, kürzer als der Abstand der vorderen Augenwinkel voneinander, länger als hoch; Canthus rostralis scharf; Lorealgegend senkrecht, tief konkav. Nasenloch viel näher der Schnauzenspitze als dem Auge; Abstand der Nasenlöcher voneinander geringer als der Interorbitalraum, der fast doppelt so breit wie ein oberes Augenlid ist; Trommelfell unter der Haut verborgen. Finger mäßig schlank; laterale Finger mit etwa $^1/_3$ Schwimmhaut; Haftscheiben deutlich; 1. Finger kleiner als der 2., der kürzer als der 4. ist, der von dem 3. überragt wird. Zehen mit etwa $^3/_4$ Schwimmhaut, die an der 1. und 4. Zehe das letzte Glied frei läßt, bei den übrigen bis unter die Haftscheiben reicht; 5. Zehe länger als die 3.; laterale Metatarsalia fest verbunden. Tarsalfalte fehlt; nur eine sehr kleine, flache, undeutliche, mediale Metatarsaltuberkel, keine laterale, keine Tarsaltuberkel; Sohle fein granuliert; Subartikulartuberkel schwach entwickelt. Das Tibiotarsalgelenk reicht bis zum Hinterrand des Auges; Femur kürzer als die Tibia, die $4^1/_2$ mal so lang wie breit, 2 mal in der Körperlänge enthalten und länger als der Fuß ist; das Os cruris ist $1^1/_2$ mal in der Tibia enthalten; die Fersen berühren einander. Haut oben glatt; Kehle glatt; Bauch und Unterseite der Oberschenkel granuliert; Postgularfalte sehr deutlich, einen spitz verrundeten Lappen bildend; Postpectoralfalte schwach, ebenso die Temporofemoralfalte nur sehr undeutlich. Ein schwacher Hautlappen über dem After.

Färbung (in Alkohol) oben graublau, über die ganze Oberfläche verstreut finden sich eine große Anzahl sehr kleiner, punkt- oder wurmartiger, kurzer, schwarzer Fleckchen, die sehr dicht stehen und fast einen marmorierten Eindruck machen. Oberseite der Vorderbeine und der Tibia und des Fußes ebenso wie die Oberseite des Körpers gefärbt. Kehle weißlichgrau mit kleinen, runden, schwarzen Flecken. Unterseite gelb; Oberschenkel und Medialseite der Tibia ebenso wie die drei medialen Zehen rot. Oberkiefer mit weißlicher Grundfarbe und ebensolchen Zeichnungen wie die Oberseite. Körperlänge 33 mm. (Fig. 202).

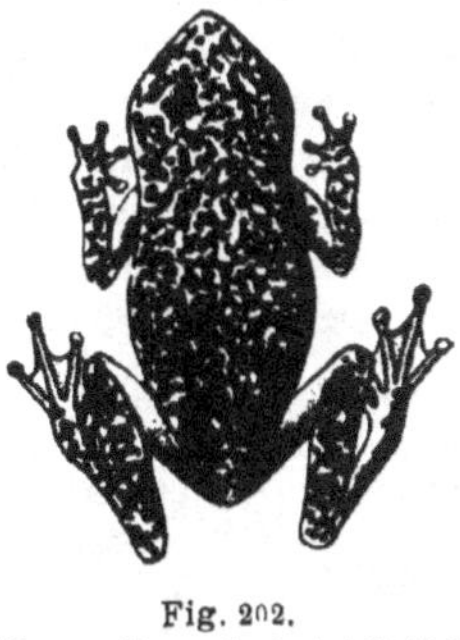

Fig. 202.
Hyperolius schubotzi E. Ahl.
Habitus von oben.

Kissenji.

77. **H. taeniatus** Ptrs. 1854 *H. t.*, Peters in: Ber. Ak. Berlin, p. 627 | 1855 *H. t.*, Peters in: Arch. Naturg., *v.* 21 I p. 57 | 1858 *H. t.*, Alb. Günther, Cat. Batr. sal. Brit. Mus., p. 87 | 1868 *Rappia taeniata*, Alb. Günther in: P. zool. Soc. London, p. 479 | 1882 *Hyperolius variegatus*, Peters in: SB. Ges. Fr. Berlin, p. 8 | 1882 *H. taeniatus*, Peters, Reise Mossamb., *v.* 3 p. 166 t. 22 f. 7 (Habitus) | 1882 *Rappia marmorata* (part.), Boulenger, Cat. Batr. sal. Brit. Mus., ed. 2 p. 121.

Körpergestalt gedrungen; Choanen klein, teilweise unter dem Kieferrand verborgen; Zunge groß, hinten mit zwei Zipfeln. Kopf mäßig groß, so lang wie breit; Schnauze abgerundet, im Profil abgerundet, wenig über das Maul hinausragend, so lang wie das große Auge, kürzer als der Abstand der vorderen Augenwinkel voneinander, länger als hoch; Canthus rostralis abgerundet, aber deutlich; Lorealgegend steil, fast senkrecht, wenig vertieft; Nasenloch näher der Schnauzenspitze als dem Auge; Internasalraum schmaler als der Interorbitalraum, der etwa doppelt so breit oder nicht ganz doppelt so breit wie ein oberes Augenlid ist; Trommelfell unter der Haut verborgen oder nur undeutlich sichtbar. Finger mit etwa $^1/_3$ Schwimmhaut; Haftscheiben wohl entwickelt; 1. Finger kleiner als der 2., der kürzer als der 4. ist, der von dem 3. nur wenig überragt wird; 3. Finger wenig länger als die Schnauze; Subartikulartuberkel deutlich. Zehen mit etwa $^2/_3$ Schwimmhaut, die an der 1. Zehe das letzte oder das letzte halbe Glied und bei der 4. Zehe das letzte oder die letzten $1^1/_2$ Glieder frei läßt und bei den übrigen Zehen bis oder fast bis unter die Haftscheiben reicht; Haftscheiben etwas kleiner als die der Finger; 5. Zehe etwas länger als die 3.; laterale Metatarsalia fest verbunden; keine Tarsalfalte; nur eine sehr kleine, flache, mediale Metatarsaltuberkel, keine laterale, keine Tarsaltuberkel; Sohle granuliert; Subartikulartuberkel klein, aber deutlich. Das Tibiotarsalgelenk reicht bis zum Vorder- oder Hinterrand des Auges; Femur kürzer als die Tibia, die 4—5mal so lang wie breit, nicht ganz $2-2^1/_4$mal in der Körperlänge enthalten und länger als der Fuß ist; bei rechtwinklig angeknickten Hinterbeinen decken oder überragen die Fersen einander. Haut oben glatt; einige kleine Warzen hinter dem Mundwinkel; Kehle, Bauch und Unterseite der Oberschenkel granuliert; Postgular-, Postpectoral- und Temporofemoralfalte vorhanden. Männchen mit subgularer Schallblase und großer Kehlscheibe.

Färbung (in Alkohol) oben und an den Seiten des Kopfes und Körpers, ebenso auf den beim sitzenden Tier sichtbaren Teilen der Vorder- und Hinterextremitäten, weiß, mit etwa vier bis sechs schwärzlichen Längslinien von etwa derselben Breite wie ihre Zwischenräume; diese Längsbinden sind häufig durch Querbalken miteinander verbunden, so daß eine Art von Längsfleckenmuster entsteht. Unterseite und beim Sitzen verborgene Teile der Gliedmaßen weißlich oder gelblich. Färbung im Leben (nach Peters) (Type von *taeniatus*) oben goldgelb, mit vier am Rande etwas helleren, schwarzen Längsbinden, von welchen zuerst zwei über dem Auge und dann alle am Schnauzenende zusammenfließen. An jeder Körperseite eine aus kleinen, schwarzen und

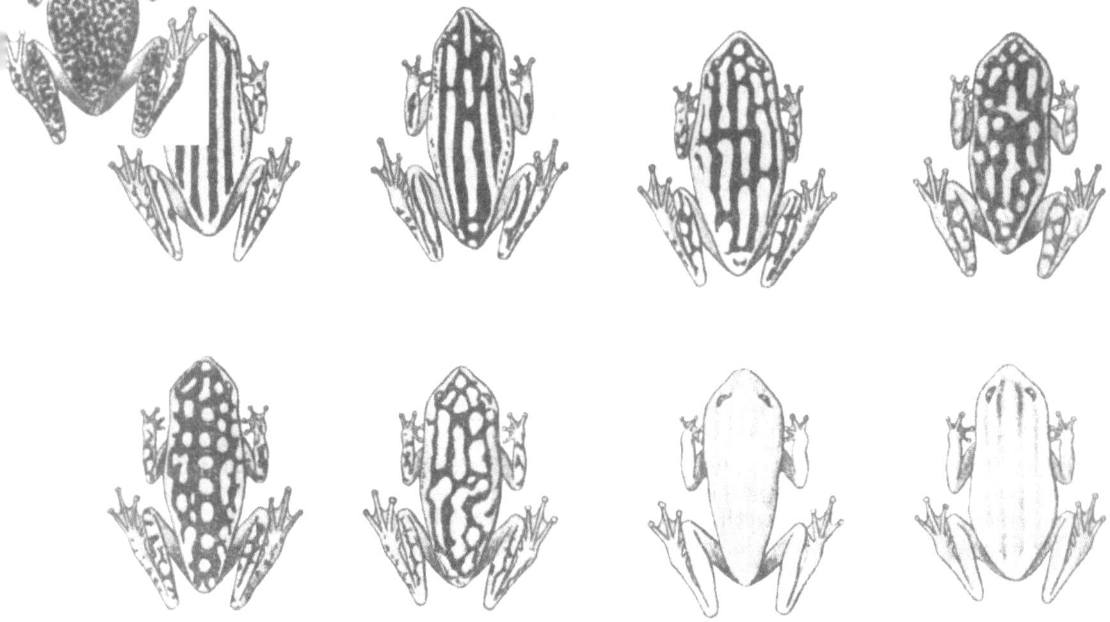

Fig. 203.
Hyperolius taeniatus Ptrs.
Habitus von oben. (Nach Tornier).

roten Flecken zusammengesetzte Binde. Das granulierte Submentum ist mit roten und schwärzlichen Längsbinden geziert, der Bauch ist weiß. Die Lateralseite des Unterschenkels und der vorderen Extremität ist gelb mit schwarzer Längsbinde, die der übrigen Teile der Extremitäten rot und schwarz meliert, der ganze Oberschenkel und die Unterseite sämtlicher Gliedmaßen sind blutrot. Die metallisch glänzende Iris bildet eine elliptisch horizontale Pupille. Färbung im Leben (Type von *variegatus*) (nach Peters): Oben braunschwarz, mit großen, goldgelben Flecken und Streifen; Lippenrand, Lateralseite des Vorderarmes, des Unterschenkels und des Fußes schwarz mit goldgelben, rot pupillierten Flecken. Oberarm, Oberschenkel, Unterseite des Körpers und der Gliedmaßen blutrot, Submentalgegend gelb marmoriert. Iris metallisch. Körperlänge 30 mm. (Fig. 203).

Ostafrika.

78. **H. fulvovittatus** Cope 1861 *H. f.*, E. D. Cope in: P. Ac. Philad., (1860) p. 517 | 1866 *H. f.*, Bocage in: J. Ac. Lisboa, *v.* 1 p. 55, 77 | 1868 *H. f.*, Alb. Günther in: P.

zool. Soc. London, p. 479 | 1882 *Rappia fulvovittata*, Boulenger, Cat. Batr. sal. Brit. Mus., ed. 2 p. 121 | 1895 *R. f.*, Bocage, Herpét. Angola, p. 175 | 1924 *Hyperolius fulvovittatus*, Noble in: Bull. Amer. Mus., *v.* 49 p. 325.

Körpergestalt mäßig schlank; Vomerzähne fehlen; Choanen klein, teilweise unter dem Kieferrand verborgen; Zunge groß, hinten frei und mit zwei Zipfeln; Kopf groß, so lang wie breit; Schnauze abgerundet, im Profil rundlich abgeflacht, nicht über das Maul hinausragend, so lang wie das große Auge, so lang wie der Abstand der vorderen Augenwinkel voneinander, viel länger als hoch; Canthus rostralis abgerundet, aber deutlich; Lorealregion fast senkrecht, wenig konkav; Nasenloch näher der Schnauzenspitze als dem Auge; Internasalraum $^2/_3$ so breit wie der Interorbitalraum, der nur wenig breiter als ein oberes Augenlid ist; Trommelfell gänzlich unter der Haut verborgen. Finger ziemlich lang, die beiden lateralen mit knapp $^1/_3$ Schwimmhaut; Haftscheiben groß und wohl entwickelt; 1. Finger kleiner als der 2., der kürzer als der 4. ist, der von dem 3. um etwa die Länge der Haftscheibe überragt wird; 3. Finger um etwa die Länge der Haftscheibe länger als die Schnauze; Subartikulartuberkel deutlich. Zehen ziemlich lang, mit etwa $^2/_3$ Schwimmhaut, die an der 1. und 4. Zehe das letzte Glied frei läßt und bei den übrigen bis fast unter die Haftscheiben reicht; Haftscheiben so groß wie die der Finger; 3. und 5. Zehe gleich lang oder die 5. sehr wenig länger; laterale Metatarsalia fest verbunden; keine Tarsalfalte; eine kleine, flache, ovale, mediale Metatarsaltuberkel und eine mehr oder weniger deutliche, kleine, runde, laterale; keine Tarsaltuberkel; Subartikulartuberkel deutlich. Das Tibiotarsalgelenk reicht nicht ganz bis zum Hinterrand des Auges; Femur kürzer als die Tibia, die $3^1/_2$ mal so lang wie breit, $2^1/_2$ mal in der Körperlänge enthalten und wenig länger als der Fuß ist; bei rechtwinklig angeknickten Hinterbeinen berühren die Fersen einander. Haut oben, an den Seiten, der Kehle und Brust glatt; einige Warzen hinter dem Mundwinkel; Bauch und Unterseite der Oberschenkel grob granuliert oder gefeldert. Keine Postgular-, Postpectoral- oder Temporofemoralfalten.

Fig. 204.
Hyperolius fulvovittatus Cope.
Habitus von oben. (Nach Nieden).

Färbung (in Alkohol) oben weiß, leicht gelblich getönt und mitunter mit dieser Farbe fein gefleckt; unten einfarbig weißlich; ein breites, rotbraunes Band beginnt auf jeder Seite an der Schnauzenspitze, durchquert das Auge und reicht bis zur Ansatzstelle der Hinterbeine; auf dem Rücken befinden sich zwei breite Binden von derselben Farbe, beginnend zwischen den Augen, wo sie sich manchmal in einem Punkte treffen und am After enden. Die Gliedmaßen besitzen die Farbe des Rückens; die Arme und die Schenkel sind einfarbig; an der Lateralseite des Unterarmes und der Hand, des Unterschenkels und des Fußes befindet sich eine breite Binde von derselben Farbe wie die des Rückens. Körperlänge 30 mm. (Fig. 204).

Westafrika.

79. **H. fimbriolatus** Ptrs. 1876 *H. f.*, Peters in: Monber. Ak. Berlin, p. 121 | 1882 *Rappia fulvovittata* (part.), Boulenger, Cat. Batr. sal. Brit. Mus., ed. 2 p. 121 | 1924 *Hyperolius fimbriolatus*, Noble in: Bull. Amer. Mus., *v.* 49 p. 325.

Körpergestalt schlank; Vomerzähne fehlen; Choanen sehr klein, unter dem Kieferrand verborgen; Zunge groß, herzförmig, hinten frei und eingeschnitten. Kopf groß, so lang wie breit oder etwas breiter als lang; Schnauze stumpf zugespitzt, im Profil abgestutzt oder abgerundet, nicht oder nur sehr wenig über das Maul hinausragend, so lang oder etwas kürzer oder länger als das große Auge, viel kürzer als der Abstand der vorderen Augenwinkel voneinander, länger als hoch; Canthus rostralis deutlich; Lorealgegend steil, wenig konkav; Nasenloch viel näher der Schnauzenspitze als dem Auge; Internasalraum schmaler als der Interorbitalraum, der wenigstens doppelt so breit wie ein oberes Augenlid ist; Trommelfell unter der Haut verborgen oder nur undeutlich sichtbar. Finger lang, die beiden lateralen mit etwa $^1/_3$ Schwimmhaut; Haftscheiben wohl entwickelt; 1. Finger kleiner als der 2., der kürzer als der 4. ist, der von dem 3. überragt wird; 3. Finger so lang oder etwas länger als die Schnauze; Subartikulartuberkel klein, aber deutlich. Zehen mit etwa $^2/_3$—$^3/_4$ Schwimmhaut, die an allen Zehen, außer der 4., das letzte halbe Glied frei läßt oder bis unter die Haftscheiben geht, und bei der 4. Zehe das letzte oder die letzten $1^1/_2$ Glieder frei läßt; Haftscheiben so groß wie die der Finger; 5. Zehe etwa so lang wie die 3.; laterale Metatarsalia fest verbunden; keine Tarsalfalte; nur eine sehr kleine, flache, mediale Metatarsaltuberkel, keine laterale, keine Tarsaltuberkel; Subartikulartuberkel klein und flach. Das Tibiotarsalgelenk reicht bis zum Vorderrand des Auges; Femur kürzer als die Tibia, die $4—4^1/_2$ mal so lang wie breit, 2 mal oder etwas mehr in der Körperlänge enthalten und viel länger als der Fuß ist; bei rechtwinklig angeknickten Hinterbeinen decken oder überragen einander die Fersen ein wenig. Haut oben glatt; Unterseite granuliert; nur eine undeutliche Postgularfalte; keine Postpectoralfalte und keine Temporofemoralfalte.

Fig. 205. **Hyperolius fimbriolatus Ptrs.** Habitus von oben. (Nach Tornier).

Färbung (in Alkohol) oben bräunlich, mit dicht gedrängten, sehr kleinen, braunen Punkten, unten gelblichweiß. Eine schmale, helle Binde, mitunter schmal dunkel gesäumt, beginnt auf der Schnauzenspitze und verläuft über dem Auge und jederseits bis zu der Inguinalgegend. An jeder Körperseite unter derselben und parallel mit ihr meist eine zweite feine, weniger deutliche und weniger ausgedehnte, weiße Linie. Körperlänge 26 mm. (Fig. 205).

Kamerun-Gabun-Zone und unterer Kongo.

80. **H. picturatus** Ptrs. 1875 *H. p.*, Peters in: Monber. Ak. Berlin, p. 206 t. 2 f. 2 (Habitus), 2a (Maul) | 1882 *Rappia marmorata* (part.), Boulenger, Cat. Batr. sal. Brit. Mus., ed. 2 p. 121 | 1893 *R. picturata*, Matschie in: Mt. D. Schutzgeb., *v.* 6 p. 215 | 1898 *R. p.*, F. Werner in: Verh. Ges. Wien, *v.* 48 p. 195 | 1906 *R. p.*, Boulenger in: Ann. Mus. Genova, ser. 3 *v.* 2 p. 165 | 1911 *R. p.*, Barbour in: Bull. Mus. Harvard, *v.* 54 p. 133 | 1913 *R. p.*, O. Boettger in: Voeltzkow, Reise O.-Afr., *v.* 3 p. 349 | 1919 *R. p.*, Boulenger in: Rev. zool. Afr., *v.* 7 p. 10 | 1924 *Hyperolius picturatus*, Noble in: Bull. Amer. Mus., *v.* 49 p. 263 t. 40 f. 3 (Habitus).

Körpergestalt gedrungen; Vomerzähne fehlen; Choanen klein, unter dem Kieferrand verborgen; Zunge groß, breit herzförmig, hinten frei und mit zwei Zipfeln. Kopf groß, so lang wie breit oder ein wenig breiter; Schnauze stumpf zugespitzt, im Profil abgerundet oder zugespitzt, nicht oder nur wenig über das Maul hinausragend, so lang oder etwas kürzer als das Auge, viel kürzer als der Abstand der vorderen Augenwinkel voneinander, viel länger als hoch; Canthus rostralis scharf, gerade; Lorealgegend fast senkrecht, konkav; Nasenloch näher der Schnauzenspitze als dem Auge; Internasalraum viel schmaler als der Interorbitalraum, der doppelt so breit oder nicht ganz doppelt so breit wie ein oberes Augenlid ist; Trommelfell unter der Haut verborgen oder nur undeutlich sichtbar. Finger kurz, gedrungen, die beiden lateralen mit etwa $^1/_3$ Schwimmhaut; Haftscheiben groß; 1. Finger kleiner als der 2., der so lang oder nur sehr wenig kürzer als der 4. ist, der von dem 3. weit überragt wird; 3. Finger so lang wie die Schnauze; Subartikulartuberkel klein, aber deutlich. Zehen mit etwa $^2/_3$ Schwimmhaut, die an der 4. Zehe das letzte Glied frei läßt, und bei den übrigen bis unter die Haftscheiben geht oder das letzte halbe Glied frei läßt; Haftscheiben so groß wie die der Finger; 3. und 5. Zehe gleich lang; laterale Metatarsalia fest verbunden; keine Tarsalfalte; nur eine sehr kleine, flache, mediale Metatarsaltuberkel, keine laterale, keine Tarsaltuberkel; Sohle granuliert; Subartikulartuberkel klein, aber deutlich. Das Tibiotarsalgelenk reicht bis zum Vorder- oder Hinterrand des Auges; Femur kürzer als die Tibia, die 4mal so lang wie breit, $2—2^1/_2$mal in der Körperlänge enthalten, und viel länger als der Fuß ist; bei rechtwinklig angeknickten Hinterbeinen decken oder überragen einander die Fersen ein wenig. Haut oben glatt oder sehr fein chagriniert; einige größere Warzen hinter dem Mundwinkel; Kehle, Bauch und Unterseite der Oberschenkel fein granuliert. Eine deutliche Postgularfalte ist immer vorhanden; manchmal eine undeutliche Postpectoral- oder Temporofemoralfalte.

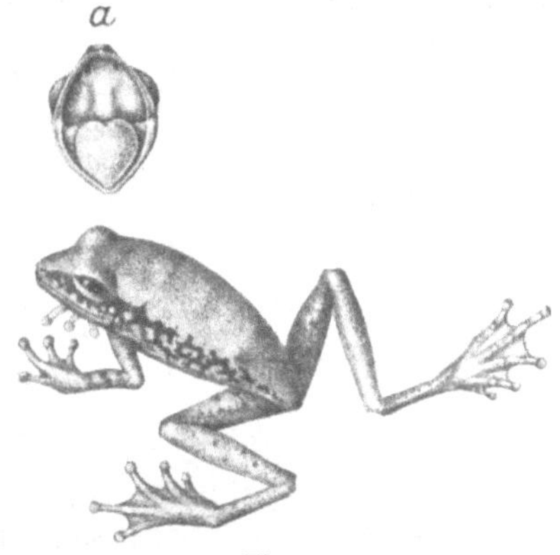

Fig. 206.
Hyperolius picturatus Ptrs.
Habitus, Mundöffnung. (Nach Peters).

Färbung (in Alkohol) auf dem Rücken und den Lateralseiten der Gliedmaßen mehr oder weniger hell bräunlich; Kopf und Rücken meist einfarbig, öfter jedoch auch eine dunklere Zeichnung, die mit einer breiten Querbinde zwischen den Augen beginnt und sich, undeutlicher werdend, nach hinten auf die Rückenmitte erstreckt. Vorder- und Hinterbeine einfarbig oder mit dunklerer Querbinden- oder Marmorzeichnung; an den Kopfseiten unterhalb des Canthus rostralis zieht sich ein dunkler Streifen entlang den Körperseiten bis zu den Weichen, die ganze Breite der Seiten meist einnehmend; häufig ist dieser Seitenstreifen von vielen kleinen, weißen oder hellbraunen Flecken unterbrochen, die in seltenen Fällen das dunkle Seitenband zur fast völligen Auflösung bringen; manche Exemplare besitzen ein sehr dunkles, nicht unterbrochenes Seitenband, das nach oben zu von einem sehr breiten, weißen Bande begleitet wird; zwischen diesen beiden Extremen finden sich alle Übergänge. Unterseite einfarbig gelblichweiß. Färbung im Leben (nach Noble) oben entweder einfarbig braun oder grün, an den Seiten mit Gelb gemischt. Die Vorder- und Hinterseite der Schenkel sind leuchtend rot. Unterseite cremefarben; Iris bronzefarben. Körperlänge 40 mm. (Fig. 206).

Regenwaldgebiet Westafrikas; angeblich auch Kenya-Gebiet. (Die Typen stammen aus Boutry.)

Beschreibung der Kaulquappe: Körpergestalt ziemlich plump; Körperhöhe 2mal, Körperbreite etwa $1^1/_2$mal in der Körperlänge enthalten; Nasenloch in der Mitte zwischen Auge und Schnauzenspitze; Augen dorsolateral, etwas näher der Schnauzenspitze als dem Spiraculum; Abstand der Augen voneinander etwas breiter als der Abstand der Nasenlöcher voneinander und breiter als die Breite des Maules; Spiraculum linksseitig, von oben, nicht von unten sichtbar; nach aufwärts und rückwärts gerichtet, viel näher dem After als der Schnauzenspitze; After rechtsseitig. Schwanz lang, etwa $1^3/_4$mal so lang wie der Körper; Höhe des Schwanzes etwa 4mal in seiner Länge enthalten; Höhe des muskulösen Teiles an der Basis etwa 2mal so groß wie die größte Höhe des Körpers; hinten spitz endend; oberer Saum sehr wenig höher als der untere, sich nicht auf den Rücken fortsetzend. Lippen unten und an den Seiten mit einem breiten Saum kleiner Papillen; Kiefer schwarz gerandet; Unterlippe mit drei langen Reihen von Zähnen, von denen die mediale Reihe in der Mitte ein wenig unterbrochen ist; Oberkiefer mit vier Reihen von Zähnen, deren laterale Reihe vollständig ist, deren zweite Reihe in der Mitte schmal und deren beide mediale Reihen in der Mitte sehr breit unterbrochen sind.

Färbung (in Alkohol) an Kopf, Körper und Schwanz gelblichbraun, etwas heller am Kopf; Kopf, Körper und Schwanz durch eine Anzahl kleinerer oder größerer, dunkelbrauner Flecke geziert. Totallänge 51 mm, davon 34 mm auf den Schwanz.

Fundort der beschriebenen Larven Togo.

81. **H. hildebrandti** E. Ahl 1875 *H. guttatus* (part.), Peters in: Monber. Ak. Berlin, p. 207, Anm., t. 2 f. 3 (Habitus), 3a (Mundöffnung) | 1931 *H. hildebrandti*, E. Ahl in: Mt. Mus. Berlin, *v.* 17 (im Druck).

Fig. 207.
Hyperolius hildebrandti E. Ahl.
Habitus von oben, *a* = Mundöffnung.
(Nach Peters).

Körpergestalt ziemlich schlank; Vomerzähne fehlen; Choanen sehr klein, unter dem Kieferrand verborgen; Zunge mäßig groß, herzförmig, hinten eingeschnitten. Kopf ziemlich groß, etwa so lang wie breit. Schnauze spitz abgerundet, im Profil abgestutzt, nicht oder kaum über das Maul hinausragend, etwas länger als das Auge, fast so lang wie der Abstand der vorderen Augenwinkel voneinander, viel länger als hoch; Canthus rostralis sehr deutlich, scharf; Lorealregion fast senkrecht, konkav; Nasenloch viel näher der Schnauzenspitze als dem Auge; Abstand der Nasenlöcher voneinander schmaler als der Interorbitalraum, der wenigstens doppelt so breit wie ein oberes Augenlid ist; Trommelfell sichtbar, wenn auch nicht sehr deutlich, etwa $^1/_3$ so breit wie das Auge. Finger ziemlich kurz und gedrungen; laterale Finger mit fast $^1/_2$ Schwimmhaut; Haftscheiben mäßig groß; 1. Finger kleiner als der 2., der viel kürzer als der 4. ist, der von dem 3. weit überragt wird; 3. Finger etwa so lang wie die Schnauze. Zehen mit etwa $^2/_3$ Schwimmhaut, die an der 5. Zehe bis an die Haftscheibe geht, bei der 4. Zehe die letzten $1^1/_2$ Glieder frei läßt und an den übrigen Zehen das letzte halbe Glied frei läßt; 3. und 5. Zehe gleich lang; laterale Metatarsalia fest verbunden. Tarsalfalte fehlt; nur eine sehr kleine, flache, mediale Metatarsaltuberkel, keine laterale, keine Tarsaltuberkel; Subartikulartuberkel schwach entwickelt. Das Tibiotarsalgelenk reicht bis zum Vorderrand des Auges; Femur nur wenig kürzer als die Tibia, die 5mal so lang wie breit, 2mal in der Körperlänge enthalten und viel länger als der Fuß ist. Die Fersen decken einander. Haut oben glatt; einige Granulationen am Mundwinkel; Kehle glatt, Bauch und Unterseite der Oberschenkel granuliert.

Färbung oben hell rosenrot oder gelblich, mit dunkleren, aus Punkten zusammengesetzten, großen Flecken. Ein schwarzer Strich befindet sich unter dem Canthus rostralis, der sich an beiden Seiten bis in die Gegend der Weichen als feine, schwarze Punktlinie fortsetzt. Auf der Lateralseite des Vorderarmes und des Unterschenkels finden sich dunkelbraune, runde Flecke. Körperlänge 22 mm. (Fig. 207).

Kamerun.

82. **H. sordidus** (J. G. Fisch.) 1888 *Rappia sordida*, J. G. Fischer in: Jahrb. Hamburg. Anst., *v.* 5 p. 10.

Kopf so lang wie breit; Zunge herzförmig, tief ausgeschnitten; Schnauze länger als der Augendurchmesser; Nasenloch vom Vorderrande des Auges 3mal so weit entfernt wie von der abgerundeten Schnauzenspitze; Canthus rostralis deutlich, aber abgerundet; Lorealgegend schräg; Interorbitalraum mehr als doppelt so breit wie ein oberes Augenlid. Trommelfell unter der Haut verborgen. Finger mit kaum $^1/_3$ Schwimmhaut; Zehen fast ganz durch Schwimmhäute verbunden. Das Tibiotarsalgelenk reicht bis zum Vorderrand des Auges. Haut oben glatt; am Bauch, an der Unterseite der Oberschenkel und in der Gegend hinter dem Mundwinkel grobkörnelig. Eine starke Querfalte an der Brust; vor derselben beim Männchen eine große, den Raum zwischen den Unterkieferhälften ausfüllende Kehlscheibe.

Färbung (in Alkohol) oben schmutzig gelb, schwarz gestrichelt und gefleckt. Kopf des Männchens oben und an den Seiten schwarz, ebenso die Oberseite der Unterschenkel. Bauchseite gelblich. Körperlänge?

Kamerun.

83. **H. latifrons** E. Ahl 1931 *H. l.*, E. Ahl in: Mt. Mus. Berlin, *v.* 17 (im Druck).

Körpergestalt schlank; Vomerzähne fehlen; Choanen klein, dicht am Kieferrand liegend; Zunge klein, hinten frei und mit zwei Zipfeln. Kopf groß, so lang wie breit; Schnauze vorn rundlich, quer abgestutzt, im Profil flach abgestutzt, nicht über das Maul hinausragend, $1^1/_2$mal so lang wie das große Auge, kürzer als der Abstand der vorderen Augenwinkel voneinander, viel länger als hoch, stark niedergedrückt; Canthus rostralis scharf, gerade; Lorealgegend ziemlich steil, wenig konkav; Nasenloch sehr viel näher der Schnauzenspitze als dem Auge; Internasalraum viel schmaler als der Interorbitalraum, der über doppelt so breit wie ein oberes Augenlid ist; Trommelfell völlig unter der Haut verborgen. Finger kräftig, die beiden lateralen mit etwa $^1/_3$ Schwimmhaut; Haftscheiben klein, aber deutlich; 1. Finger kleiner als der 2., der kürzer als der 4. ist, der nur sehr wenig von dem 3. überragt wird; 3. Finger so lang wie die Schnauze; Subartikulartuberkel klein. Zehen mit etwas über $^1/_2$ Schwimmhäuten, die an der 4. Zehe das letzte Glied frei lassen und bei den übrigen nicht ganz bis unter die Haftscheiben reichen; Haftscheiben etwa so groß wie die der Finger; 5. Zehe etwas länger als die 3.; laterale Metatarsalia fest verbunden; keine Tarsalfalte; nur eine sehr kleine, mediale Metatarsaltuberkel, keine

Fig. 208.
Hyperolius latifrons E. Ahl.
Habitus von oben.

laterale, keine Tarsaltuberkel; Subartikulartuberkel klein und undeutlich. Das Tibiotarsalgelenk reicht bis zum Hinterrand des Auges; Femur etwas kürzer als die Tibia, die $4^1/_2$ mal so lang wie breit, etwas über 2 mal in der Körperlänge enthalten und länger als der Fuß ist; bei rechtwinklig angeknickten Hinterbeinen decken die Fersen einander. Haut oben und an den Seiten sehr fein warzig; Bauch und Unterseite der Oberschenkel fein granuliert; keine Postgular- oder Postpectoralfalte; Männchen mit subgularer Schallblase, aber ohne Kehlscheibe.

Färbung (in Alkohol) oben hellgelblichbraun; von der Schnauzenspitze unterhalb des Canthus rostralis durch das Auge, bis in die Gegend der Weichen, zieht sich eine unten dunkelbraune, oben breit weiß gesäumte Längsbinde hin. Kehle und Bauchmitte gelblich. Unterseite der Vorder- und Hinterextremitäten, Seiten des Bauches und Oberseite des Femur und der Tibia rötlichgelb (im Leben wahrscheinlich rot); die gesamte Oberseite mit sehr feinen, unter der Lupe gut sichtbaren Pigmenthäufchen. Körperlänge 21 mm. (Fig. 208).

Karissimbi, 2400 m hoch.

84. **H. puncticulatus** (Pfeff.) 1893 *Rappia puncticulata*, Pfeffer in: Mt. Mus. Hamburg, *v.* 10 nr. 3 p. 31 t. 2 f. 2 (Habitus von oben) | 1907 *R. p*, Lönnberg in: Ergeb. Schwed. Exp. Kilimandjaro, *v.* 1 nr. 4 Rept. Batr. p. 25 | 1910 *R. p.*, J. Roux in: Rev. Suisse Zool., *v.* 18 p. 102 | 1915 *R. p.*, Nieden in: Mt. Mus. Berlin, *v.* 7 p. 375 | 1920 *R. p.*, Procter in: P. zool. Soc. London, p. 415 f. (Habitus von oben) | 1928 *Hyperolius puncticulatus*, Barbour & Loveridge in: Mem. Mus. Harvard, *v.* 50 p. 219.

Fig. 209.
Hyperolius puncticulatus (Pfeff.). Habitus von oben. (Nach Pfeffer).

Körpergestalt ziemlich schlank; Vomerzähne fehlen; Choanen klein, teilweise unter dem Kieferrand verborgen; Zunge groß, herzförmig, hinten eingeschnitten. Kopf mäßig groß, so lang wie breit oder nur wenig breiter als lang; Schnauze zugespitzt, im Profil senkrecht abgestutzt oder rundlich zugespitzt, niedergedrückt, nicht oder nur wenig über das Maul hinausragend, etwas länger als das Auge, nur wenig kürzer als der Abstand der vorderen Augenwinkel voneinander, viel länger als hoch; Canthus rostralis deutlich; Lorealgegend senkrecht, sehr wenig konkav; Nasenloch näher der Schnauzenspitze als dem Auge; Internasalraum schmaler als der Interorbitalraum, der wenigstens doppelt so breit wie ein oberes Augenlid ist; Trommelfell unter der Haut verborgen. Finger ziemlich gedrungen; die beiden lateralen mit etwa $^1/_3$ Schwimmhaut; Haftscheiben wohl entwickelt; 1. Finger kleiner als der 2., der kürzer als der 4. ist, der nur sehr wenig von dem 3. überragt wird; 3. Finger so lang oder sehr wenig kürzer als die Schnauze; Subartikulartuberkel klein, wenig vortretend. Zehen ziemlich kurz, mit etwa $^2/_3$ Schwimmhaut, die an der 1. und 4. Zehe das letzte Glied und an den übrigen das halbe letzte Glied frei läßt; Haftscheiben so groß wie die der Finger; 5. Zehe etwas länger als die 3.; laterale Metatarsalia fest verbunden; Tarsalfalte fehlt; nur eine sehr kleine, flache, mediale Metatarsaltuberkel, keine laterale, keine Tarsaltuberkel; Subartikulartuberkel klein, wenig vortretend. Das Tibiotarsalgelenk reicht bis zum Hinterrand oder der Mitte des Auges; Femur kürzer als die Tibia, die 3—4 mal so lang wie breit, $2^1/_6$—$2^1/_4$ mal in der Körperlänge enthalten und viel länger als der Fuß ist; bei rechtwinklig angeknickten Hinterbeinen decken die Fersen einander. Haut oben chagriniert oder mit äußerst feinen Warzen besetzt, Kehle äußerst fein, Bauch und Unterseite der Oberschenkel etwas gröber granuliert; Postgular-, Postpectoral- und Temporofemoralfalte fehlen. Männchen mit subgularer Schallblase und großer Kehlscheibe.

Färbung (in Alkohol) auf dem Rücken und der Oberseite der Gliedmaßen hellrötlichbraun; auf dieser Grundfarbe finden sich verstreut einige stecknadelkopfgroße Flecke von schwarzbrauner Farbe und zwar ebenso auf dem Rücken wie auf den Gliedern; auf der Schnauzenspitze entspringt eine breite, silber- oder porzellanweiße Längsbinde, die sich auf jeder Seite entlang der Schnauzenkante, über das obere Augenlid und dahinter geradlinig bis zu den Weichen hinzieht. Diese weiße Längsbinde ist oben und unten von einem breiten, schwarzbraunen Rand gesäumt; manchmal findet sich hinter dieser Binde noch ein ähnlicher weißer, dunkel umrandeter, großer Fleck, der gewissermaßen die Fortsetzung dieses Längsstreifens bildet. Das Tibiotarsalgelenk besitzt, gewissermaßen als Ergänzung und Fortsetzung der Längsbinde bei geschlossenen Hinterbeinen, einen porzellanweißen, großen Fleck an der Ferse, der lateralwärts ebenfalls schwärzlichbraun begrenzt ist. Unterseite gleichfarbig gelblichweiß; Hinterseite der Oberschenkel rötlich. Oft ändert die Zeichnung insofern ab, als die Längsbinden schwächer werden, fast verschwinden, oder die Punktflecke des Rückens stark aufgelöst sind. Färbung im Leben (nach Barbour & Loveridge): Oben weiß bis bräunlichorange, in allen Abstufungen über Gelb; der helle Streifen weiß, gelb und schwarz eingefaßt, ebenso die Flecke auf den Fersen, oder diese Streifen gelb, schwarz begrenzt; Unterseite gelb, fleischfarben oder orange. Die Tiere sind außerordentlich stark befähigt ihre Färbung zu verändern, so daß sich kaum zwei Individuen gleichen. Körperlänge 27 mm. (Fig. 209, 210).

Fig. 210.
Hyperolius puncticulatus (Pfeff.).
Habitus von oben.
(Nach Procter).

Zentrales Deutsch-Ostafrika.

85. **H. vermiculatus** Ptrs. 1882 *H. v.*, Peters in: SB. Ges. Fr. Berlin, p. 8 | 1897 *Rappia vermiculata*, Tornier, Kriechth. D.-O.-Afr., p. 139 t. 4 f. 29 (Habitus).

Körpergestalt mäßig gedrungen; Vomerzähne fehlen; Choanen mäßig groß, nicht unter dem Kieferrand verborgen; Kopf groß, breiter als lang; Schnauze abgerundet, im Profil abgerundet, über das Maul hinausragend, etwas kürzer als der Augendurchmesser, viel kürzer als der Abstand der vorderen Augenwinkel voneinander, länger als hoch; Canthus rostralis abgerundet, aber deutlich; Lorealgegend senkrecht, sehr wenig konkav; Nasenloch in der Mitte zwischen Auge und Schnauzenspitze; Internasalraum so breit wie der Interorbitalraum, der so breit oder wenig breiter als ein oberes Augenlid ist; Trommelfell unter der Haut verborgen. Finger lang und kräftig, die beiden lateralen mit fast $^1/_2$ Schwimmhaut; Haftscheiben wohl entwickelt; 1. Finger kleiner als der 2., der etwas kürzer als der 4. ist, der von dem 3. um die Länge der Haftscheibe überragt wird; 3. Finger etwas länger als die Schnauze; Subartikulartuberkel klein, aber deutlich. Zehen lang und schlank, mit etwa $^2/_3$ Schwimmhaut, die an der 5. Zehe bis an die Haftscheiben geht, bei den übrigen nicht ganz so weit und an der 4. Zehe das letzte Glied frei läßt; Haftscheiben so groß wie die der Finger; 3. und 5. Zehe gleich lang; laterale Metatarsalia fest verbunden; keine Tarsalfalte; nur eine sehr kleine, flache, mediale Metatarsaltuberkel, keine laterale, keine Tarsaltuberkel; Subartikulartuberkel sehr klein, wenig hervortretend. Das Tibiotarsalgelenk reicht bis zum Vorderrand des Auges; Femur etwas kürzer als die Tibia, die $3^1/_2$ mal so lang wie breit, etwas über 2 mal in der Körperlänge enthalten und etwas länger als der Fuß ist; bei rechtwinklig angeknickten Hinterbeinen decken die Fersen einander. Haut oben glatt; Kehle, Bauch und Unterseite der Oberschenkel granuliert; eine deutliche Postgular- und Postpectoralfalte; Temporofemoralfalte weniger deutlich. An den Körperseiten einige kleine, flache Warzen.

Fig. 211.
Hyperolius vermiculatus Ptrs.
Habitus von oben.
(Nach Tornier).

Färbung (in Alkohol) oben und an den Seiten, ebenso auf der Lateral- und Oberseite der Vorder- und Hinterextremitäten dunkel mit wurmförmigen, helleren Linien, die manchmal am Rande ein etwas dunkleres Pigment zeigen. Unterseite einfarbig gelblich. Färbung im Leben (nach Peters): Oben, an den Körperseiten, an der Lateralseite des Oberarmes, Vorderarmes, der Hand, des Unterschenkels und des Fußes ziegelrot mit wurmförmigen, gelben Linien, welche am Rande hier und da schwarzes Pigment zeigen; Unterseite gelb. Körperlänge 31 mm. (Fig. 211).

Malange (Angola).

86. **H. symetricus** (Mocq.) 1902 *Rappia symetrica*, F. Mocquard in: Bull. Mus. Paris, *v.* 8 p. 407 | 1924 *Hyperolius symetricus*, Noble in: Bull. Amer. Mus., *v.* 49 p. 329.

Fig. 212.
Hyperolius symetricus (Mocq.).
Habitus.

Körperform sehr gedrungen; Vomerzähne fehlen; Choanen mäßig groß, unter dem Kieferrand verborgen; Zunge groß, hinten frei und mit zwei Zipfeln. Kopf mäßig groß, breiter als lang; Schnauze kurz, abgerundet, im Profil abgerundet, nicht oder nur wenig über das Maul hinausragend, etwa $^2/_3$ so lang wie das große Auge, kürzer als der Abstand der vorderen Augenwinkel voneinander, so lang wie hoch; Canthus rostralis abgerundet, aber deutlich; Lorealgegend senkrecht, konkav; Nasenloch in der Mitte zwischen Auge und Schnauzenspitze, oder wenig näher der letzteren; Internasalraum etwas schmaler als der Interorbitalraum, der etwa $1^1/_2$ mal so breit wie ein oberes Augenlid ist; Trommelfell völlig unter der Haut verborgen. Finger lang und kräftig; die beiden lateralen mit etwa $^1/_3$ bis nicht ganz $^1/_2$ Schwimmhaut; Haftscheiben groß; 1. Finger kleiner als der 2., der kürzer als der 4. ist, der von dem 3. überragt wird; 3. Finger bedeutend länger als die Schnauze; Subartikulartuberkel deutlich. Zehen lang und kräftig, mit etwa $^3/_4$ Schwimmhaut, die an der 4. Zehe das letzte Glied nur als schmaler Hautsaum umschließt und bei allen übrigen bis unter die Haftscheiben reicht; Haftscheiben so groß wie die der Finger; 5. Zehe wenig länger als die 3.; laterale Metatarsalia fest verbunden; laterale Zehe mit kleiner, aber sehr deutlicher Hautfalte; eine, wenn auch nicht immer sehr deutliche Tarsalfalte; nur eine sehr kleine, mediale Metatarsaltuberkel, keine laterale, keine Tarsaltuberkel; Sohle granuliert; Subartikulartuberkel deutlich. Das Tibiotarsalgelenk reicht bis zur Mitte oder dem vorderen Rand des Auges; Femur wenig kürzer als die Tibia, die $3^1/_2$mal so lang wie breit, 2mal oder etwas mehr in der Körperlänge enthalten, und etwas länger als der Fuß ist; bei rechtwinklig angeknickten Hinterbeinen berühren oder decken die Fersen einander. Haut oben mehr oder weniger stark mit kleineren oder größeren Warzen überall besetzt und granuliert; eine deutliche Postgular-, Postpectoral-, Temporofemoral- und ventrale Ringfalte vorhanden; der Raum zwischen der Temporofemoralfalte und der ventralen Ringfalte granuliert; der Bauch innerhalb der ventralen Ringfalte stark quergerunzelt. Männchen mit subgularer Schallblase und riesiger, mit Tuberkeln besetzter Kehlscheibe.

Färbung (in Alkohol) oben heller oder dunkler bräunlichweiß bis dunkel braunschwarz, mit oder ohne dunkle Zeichnungen; die ganze Oberseite stets mit kleinen, dunkleren Fleckchen übersät; die eigentliche Zeichnung ist sehr charakteristisch; zwischen den Augen befindet sich ein dreieckiger Fleck, dessen Spitze nach hinten zeigt; vom Nasenloch zum Auge zieht sich unterhalb des Canthus rostralis eine dunkle Binde hin, die, sehr stark verbreitert, über die Temporalgegend bis etwa in die Gegend des Ellenbogens bei angelegtem Vorderbein reicht; nach oben ist diese fleckenartige Binde in einem Winkel etwa hinter der Temporalgegend ausgedehnt; nach unten ist sie nicht scharf begrenzt, wenigstens nicht in ihrem hinteren Teil, und geht hier in die weiße Bauchfärbung über; ein zweiter, ähnlicher, dunkler Fleck befindet sich in etwa der gleichen horizontalen Ebene dahinter, um etwa seinen eigenen Durchmesser von dem ersteren getrennt, nach vorn konkav, nach hinten konvex gebogen; er reicht etwa bis zum Kreuz auf die Oberseite hinauf; über dem After ein ähnlicher, aber kleinerer Fleck; über die Mitte des Unterarmes und der Tibia sowie des Fußes zieht sich eine ebensolche breite, dunkle Binde; alle diese dunklen Zeichnungen besitzen einen feinen, schwarzen Rand, und sind außerdem lateral weiß umsäumt, bei manchen Exemplaren kann die dunkle Zeichnung so aufhellen, daß sie nur mit Mühe zu erkennen ist, ein Zeichen dafür, daß diese Frösche außerordentlich stark ihre Färbung ändern können. Unterseite gelblichweiß; Femur leuchtend gelb; Kehle beim Männchen dunkel bis schwarz. Körperlänge 33 mm. (Fig. 212).

Ostafrika.

87. **H. nyassae** E. Ahl 1931 *H. n.*, E. Ahl in: Mt. Mus. Berlin, *v.* 17 (im Druck).

Körpergestalt gedrungen; Vomerzähne fehlen; Choanen klein, teilweise unter der Haut verborgen; Zunge groß, hinten frei und mit zwei Zipfeln. Kopf mäßig groß, etwas breiter als lang; Schnauze abgerundet, im Profil abgerundet oder abgeflacht, nicht oder nur wenig über das Maul hinausragend, so lang oder etwas kürzer als das Auge, kürzer als der Abstand der vorderen Augenwinkel voneinander, länger als hoch; Canthus rostralis abgerundet, aber deutlich; Lorealgegend fast senkrecht, tief konkav; Nasenloch in der Mitte zwischen Auge und Schnauzenspitze oder etwas näher der letzteren; Internasalraum schmaler als der Interorbitalraum, der $1^1/_2$—$1^3/_4$mal so breit wie ein oberes Augenlid ist; Trommelfell völlig unter der Haut verborgen. Finger kräftig, die beiden lateralen mit $^1/_3$—$^1/_2$ Schwimmhäuten; Haftscheiben wohl entwickelt; 1. Finger kleiner als der 2., der kürzer als der 4. ist, der nur um die Länge der Haftscheibe vom 3. überragt wird; 3. Finger länger als die Schnauze; Subartikulartuberkel klein, aber deutlich. Zehen kräftig, mit $^3/_4$ Schwimmbaut, die bei der 4. Zehe das letzte Glied frei läßt, und bei den übrigen bis unter die Haftscheiben reicht; Haftscheiben so groß wie die der Finger; 5. Zehe etwas länger als die 3.; laterale Metatarsalia fest verbunden; keine Tarsalfalte; nur eine sehr kleine, flache, mediale Metatarsaltuberkel, keine laterale, keine Tarsaltuberkel; Subartikulartuberkel klein; Sohle granuliert. Das Tibiotarsalgelenk reicht bis zum vorderen Augenrand; Femur kürzer als die Tibia, die $3^1/_2$—$4^1/_2$mal so lang wie breit, 2mal oder etwas mehr oder weniger in der Körperlänge enthalten, und länger als der Fuß ist; bei rechtwinklig angeknickten Hinterbeinen decken oder überragen einander die Fersen ein wenig. Haut oben glatt oder fein rauh; Unterseite an Kehle, Brust und Seiten des Bauches granuliert, die Mitte des Bauches quergerunzelt; eine deutliche Postgular- und Postpectoralfalte vorhanden, ebenso eine, wenn auch nicht allzu deutliche Ringfalte um den Bauch. Männchen mit subgularer Schallblase und großer Kehlscheibe.

Fig. 213.
Hyperolius nyassae E. Ahl.
Habitus.

Färbung (in Alkohol) auf der Oberseite und den Seiten des Kopfes, des Körpers und der Extremitäten weißlich oder sehr hell gelblich oder bräunlich; zwischen den Augen befindet sich, jedoch nicht bei allen Exemplaren, eine große, dreieckige Zeichnung, mit der Spitze nach hinten gerichtet; vom Nasenloch zum Auge entlang dem Canthus rostralis zieht sich eine ebensolche, etwas dunkler gefärbte Binde, die sich hinter dem Auge in eine sehr breite Längsbinde fortsetzt, die jedoch nur im oberen Teil scharf abgegrenzt ist und in der Mitte des Körpers aufhört; in der Gegend der Weichen bis in die Gegend des Kreuzes hinauf befinden sich ein paar ähnliche große Flecke; mitunter noch ein paar ebensolcher Flecke über dem After; alle diese nur wenig dunkleren Zeichnungen werden fein weiß oder gelb eingefaßt; die sich an das obere Augenlid anschließende, helle Einfassung ist häufig durch eine Tuberkelreihe sichtbar gemacht. Tibia mit einer ebensolchen breiten, hell eingefaßten Querbinde. Unterseite einfarbig weiß oder gelblich. Oberlippe mit einem weißen Längsstreifen. Körperlänge 31 mm. (Fig. 213).

Nyassa-See-Gebiet bis Transvaal.

88. **H. marginatus** Ptrs. 1854 *H. m.*, Peters in: Ber. Ak. Berlin, p. 627 | 1855 *H. m.*, Peters in: Arch. Naturg., *v.* 21ɪ p. 57 | 1858 *H. m.*, Alb. Günther, Cat. Batr. sal. Brit. Mus., p. 87 | 1868 *Rappia marginata*, Alb. Günther in: P. zool. Soc. London, p. 479 | 1882 *R. marmorata* (part.), Boulenger, Cat. Batr. sal. Brit. Mus., ed. 2 p. 121 | 1882 *Hyperolius marginatus*, Peters, Reise Mossamb., *v.* 3 p. 165 t. 22 f. 8 (Habitus in natürlichen Farben).

Körpergestalt mäßig gedrungen; Vomerzähne fehlen; Choanen klein, unter dem Kieferrande verborgen; Zunge mäßig groß, hinten frei und mit zwei Zipfeln. Kopf mäßig groß, etwas breiter als lang; Schnauze abgerundet oder stumpf zugespitzt, im Profil abgerundet, nicht oder nur sehr wenig über das Maul hinausragend, etwas kürzer als das Auge, kürzer als der Abstand der vorderen Augenwinkel voneinander, wenig länger als hoch; Canthus rostralis abgerundet, aber deutlich; Lorealgegend senkrecht, konkav; Nasenloch in der Mitte zwischen Auge und Schnauzenspitze oder sehr wenig näher der letzteren; Internasalraum schmaler als der Interorbitalraum, der doppelt so breit wie ein oberes Augenlid ist; Trommelfell gänzlich unter der Haut verborgen. Finger ziemlich klein, mit nicht ganz $^1/_2$ Schwimmhaut; Haftscheiben wohl entwickelt; 1. Finger kleiner als der 2., der kürzer als der 4. ist, der von dem 3. um etwa die Länge der Haftscheibe überragt wird; 3. Finger länger als die Schnauze; Subartikulartuberkel klein, aber deutlich. Zehen mit etwa $^2/_3$ Schwimmhaut, die an der 1. und 4. Zehe das Endglied nur als schmaler Hautsaum umschließt und bei den anderen nicht ganz bis zur Haftscheibe reicht; Haftscheiben so groß wie die der Finger; 5. Zehe etwas länger als die 3.; laterale Metatarsalia fest verbunden; keine Tarsalfalte; nur eine sehr kleine, flache, mediale Metatarsaltuberkel, keine laterale, keine Tarsaltuberkel; Subartikulartuberkel klein, aber deutlich. Das Tibiotarsalgelenk reicht bis zum Hinterrand oder der Mitte des Auges; Femur kürzer als die Tibia, die $3^1/_2$—4mal so lang wie breit, 2 bis $2^1/_4$ mal in der Körperlänge enthalten und länger als der Fuß ist; bei rechtwinklig angeknickten Hinterbeinen decken die Fersen einander. Haut oben glatt oder chagriniert, mit sehr feinen Warzen und Tuberkeln besetzt, namentlich an den Seiten; Unterseite fein granuliert; eine starke Postgular- und Postpectoralfalte; Temporofemoralfalte vorhanden oder fehlend. Männchen mit subgularer Schallblase und etwas nach hinten verlängerter Postgularfalte; mit kleiner Kehlscheibe.

Fig. 214.
Hyperolius marginatus Ptrs.
Habitus, Mundöffnung. (Nach Peters).

Färbung (in Alkohol) auf der Oberseite des Kopfes, Körpers und der Gliedmaßen hellgrau; Körperumriß und Lateralseite der Extremitäten weiß mit schwarzen Flecken; Kehle gelblichweiß, mit oder ohne schwarze, runde Flecke. Bauch gelblichweiß; Medial- und Unterseite der Gliedmaßen rötlich. Färbung im Leben (nach Peters) oben goldgelb, die Kopf- und Körperseiten, die Lateralseite der ganzen vorderen und der hinteren Extremitäten vom Knie an schwarzrot gefleckt und punktiert; die Bauchseite, die ganzen Oberschenkel, die Medialseite der übrigen Teile der Gliedmaßen und die vier medialen Zehen sind rot fleischfarben. Die Submentalgegend ist schwarzrot, klein gefleckt. Alle Teile sind, mit der Lupe betrachtet, fein punktiert. Die Iris ist bronzefarben. Körperlänge 28 mm. (Fig. 214).

Mozambique bis Deutsch-Ostafrika.

89. **H. melanophthalmus** E. Ahl 1931 *H. m.*, E. Ahl in: Mt. Mus. Berlin, *v.* 17 (im Druck).

Körpergestalt mäßig gedrungen; Vomerzähne fehlen; Choanen klein, teilweise oder völlig unter dem Kieferrand verborgen; Zunge mäßig groß, hinten frei und mit zwei Zipfeln. Kopf mäßig groß, etwas breiter als lang; Schnauze spitz abgerundet, im Profil abgerundet, etwas über das Maul hinausragend, etwa $^3/_4$ des Augendurchmessers, kürzer als der Abstand der vorderen Augenwinkel voneinander, etwas länger als hoch; Canthus rostralis abgerundet; Lorealgegend fast senkrecht, konkav; Nasenloch etwas näher der Schnauzenspitze als dem Auge; Internasalraum schmaler als der Interorbitalraum, der etwa $1^1/_2$ mal so breit wie ein oberes Augenlid ist; Trommelfell nur sehr undeutlich sichtbar oder unter der Haut verborgen. Finger kurz, kräftig, die beiden lateralen mit nicht ganz $^1/_2$ Schwimmhaut; Haftscheiben wohl entwickelt; 1. Finger kleiner als der 2., der kürzer als der 4. ist, der von dem 3. nur wenig überragt wird; 3. Finger so lang wie die Schnauze; Subartikulartuberkel klein und wenig deutlich. Zehen kräftig, mit $^{3}/_{4}$ Schwimmhaut, die an der 4. Zehe das letzte Glied frei läßt und bei den übrigen bis unter die Haftscheiben reicht; Haftscheiben so groß wie die der Finger; 5. Zehe etwas länger als die 3.; laterale Metatarsalia fest verbunden; keine Tarsalfalte; nur eine sehr kleine, mediale Metatarsaltuberkel, keine laterale, keine Tarsaltuberkel; Subartikulartuberkel klein und undeutlich. Das Tibiotarsalgelenk reicht bis zur Augenmitte; Femur kürzer als die Tibia, die 4mal so lang wie breit, etwas über 2mal in der Körperlänge enthalten und viel länger als der Fuß ist; bei rechtwinklig angeknickten Hinterbeinen überragen einander die Fersen ein wenig. Haut oben und an den Seiten fein chagriniert oder fein warzig; Bauch und Unterseite der Oberschenkel granuliert; eine deutliche Postgularfalte und eine mehr oder weniger deutlich hervortretende Postpectoralfalte vorhanden; Männchen mit subgularer Schallblase und großer, die ganze Kehle einnehmender, hinten quer und breit viereckig abgestutzter Kehlscheibe.

Fig. 215.
Hyperolius melanophthalmus E. Ahl.
Habitus von oben.

Färbung (in Alkohol) oben und an den Seiten, ebenso auf der Oberseite der Extremitäten gelblich- oder grauweiß; Nasenloch meist von einem schwärzlichen Ring umgeben; oberes Augenlid mit einem schwarzen, breiten Fleck; Seiten des Körpers zwischen der Ansatzstelle der Vorder- und Hinterbeine mit einer schwärzlichen oder violetten Linie oder ebensolchen Flecken und Marmorierungen. Extremitäten einfarbig, von der Farbe der Körperoberseite. Gesamte Unterseite grünlichgelb; Kehle weiß. Körperlänge 25 mm. (Fig. 215).

Sansibar.

90. **H. laticeps** E. Ahl 1931 *H. l.*, E. Ahl in: Mt. Mus. Berlin, *v.* 17 (im Druck).

Körpergestalt gedrungen, niedergedrückt; Vomerzähne fehlen; Choanen klein, teilweise unter dem Kieferrand verborgen; Zunge groß, hinten frei und mit zwei Zipfeln. Kopf groß, breit, niedergedrückt, etwas breiter als lang; Schnauze stark abgerundet, im Profil senkrecht abgestutzt, nicht über das Maul hinausragend, bedeutend kürzer als das große Auge, etwa $^{1}/_{2}$ so lang wie der Abstand der vorderen Augenwinkel voneinander, viel länger als hoch; Canthus rostralis scharf, gerade; Lorealgegend senkrecht, konkav; Nasenloch viel näher der Schnauzenspitze als dem Auge; Internasalraum $^{1}/_{2}$ so breit wie der Interorbitalraum, der $1^{1}/_{2}$ mal so breit wie ein oberes Augenlid ist; Trommelfell gänzlich unter der Haut verborgen. Finger gedrungen, die beiden lateralen mit gut $^{1}/_{2}$ Schwimmhaut; Haftscheiben verhältnismäßig groß und wohl entwickelt; 1. Finger kleiner als der 2., der kürzer als der 4. ist, der von dem 3. etwas überragt wird; 3. Finger so lang wie die Schnauze; Subartikulartuberkel klein und undeutlich. Zehen mäßig lang, mit $^{2}/_{3}$ Schwimmhaut, die an der 4. Zehe die beiden letzten und an den übrigen das halbe letzte Glied frei läßt; Haftscheiben so groß wie die der Finger; 5. Zehe etwas länger als die 3.; laterale Metatarsalia fest verbunden;

Fig. 216.
Hyperolius laticeps E. Ahl.
Habitus von oben.

keine Tarsalfalte; nur eine sehr kleine, flache, undeutliche, mediale Metatarsaltuberkel, keine laterale, keine Tarsaltuberkel; Subartikulartuberkel klein und undeutlich. Das Tibiotarsalgelenk erreicht kaum den hinteren Augenrand; Femur kürzer als die Tibia, die 4mal so lang wie breit, $2^1/_3$mal in der Körperlänge enthalten und länger als der Fuß ist; bei rechtwinklig angeknickten Hinterbeinen decken die Fersen einander. Haut oben, an den Seiten, auf der Kehle und Brust glatt; Bauch und Unterseite der Oberschenkel granuliert; einige größere Warzen hinter dem Mundwinkel; keine Postgular-, Postpectoral- oder Temporofemoralfalten.

Färbung (in Alkohol) oben auf Rücken und Kopf hell weißlichbraun; drei breite, dunkler braune Querbinden ziehen sich über den Kopf und Körper; die erste befindet sich zwischen den Augen, die zweite in der Gegend der Schulter und ist mit der ersteren, dreieckigen, durch eine schmale Brücke in der Rückenmitte verbunden; die dritte Querbinde erstreckt sich über das Kreuz; Canthus rostralis mit einer ebensolchen, ziemlich breiten Binde, die fast den gesamten Lorealraum einnimmt. Vorder- und Hinterbeine breit quer gebändert in den Farben des Rückens. Unterseite einfarbig bräunlichweiß; Kehle an den Rändern fein bräunlich bestäubt. Körperlänge 15 mm. (Fig. 216).

Togo.

91. **H. wettsteini** E. Ahl 1931 *H. w.*, E. Ahl in: Mt. Mus. Berlin, *v.* 17 (im Druck).

Körpergestalt mäßig gedrungen; Vomerzähne fehlen; Choanen klein, teilweise unter dem Kieferrand verborgen; Zunge groß, hinten frei und mit zwei Zipfeln. Kopf ziemlich klein, etwas breiter als lang; Schnauze spitz abgerundet, im Profil abgestutzt, nicht über das Maul hinausragend, etwas kürzer als der Augendurchmesser, viel kürzer als der Abstand der vorderen Augenwinkel voneinander, wenig länger als hoch; Canthus rostralis abgerundet, aber deutlich; Lorealgegend senkrecht, wenig konkav; Nasenloch etwas näher der Schnauzenspitze als dem Auge; Internasalraum schmaler als der Interorbitalraum, der doppelt so breit wie ein oberes Augenlid ist; Trommelfell unter der Haut verborgen. Finger mäßig lang, die beiden lateralen mit etwa $^1/_3$ Schwimmhaut; Haftscheiben deutlich, nicht sehr groß; 1. Finger kleiner als der 2., der kürzer als der 4. ist, der von dem 3. überragt wird; 3. Finger so lang wie die Schnauze; Subartikulartuberkel mäßig deutlich. Zehen mit etwa $^2/_3$ Schwimmhaut, die an der 4. Zehe die letzten $1^1/_2$ Glieder und an den übrigen Zehen das letzte halbe Glied frei läßt; Haftscheiben so groß wie die der Finger; 5. Zehe länger als die 3.; laterale Metatarsalia fest verbunden; keine Tarsalfalte; nur eine sehr kleine, flache, mediale Metatarsaltuberkel, keine laterale, keine Tarsaltuberkel; Subartikulartuberkel mäßig deutlich. Das Tibiotarsalgelenk erreicht den Hinterrand des Auges; Femur kürzer als die Tibia, die $4^1/_2$mal so lang wie breit, $2^1/_4$mal in der Körperlänge enthalten und länger als der Fuß ist; bei rechtwinklig angeknickten Hinterbeinen überragen einander die Fersen ein wenig. Haut oben, an den Seiten und auf der Lateralseite der Extremitäten glatt; Kehle, Bauch und Unterseite der Oberschenkel fein granuliert. Eine deutliche Postgularfalte; Postpectoral- und Temporofemoralfalte fehlen.

Fig. 217.
Hyperolius wettsteini E. Ahl.
Habitus von oben.

Färbung (in Alkohol) oben, an den Seiten und auf der Lateralseite der Extremitäten violettgrau, mit in Längsreihen angeordneten, ziemlich großen, dunkelviolettbraunen Flecken; Unterseite gelblichweiß, einfarbig, nur die Kehle fein braun bestäubt. Körperlänge 25 mm. (Fig. 217).

Bukoba.

92. **H. phrynoderma** E. Ahl 1931 *H. p.*, E. Ahl in: Mt. Mus. Berlin, *v.* 17 (im Druck).

Körpergestalt mäßig gedrungen; Vomerzähne fehlen; Choanen mäßig groß, nicht unter dem Kieferrand verborgen; Zunge groß, herzförmig, hinten frei und mit zwei Zipfeln. Kopf mäßig groß, breiter als lang; Schnauze dreieckig abgerundet, im Profil mehr oder weniger abgerundet, etwas über das Maul hinausragend, etwas kürzer als das große Auge, kürzer als der Abstand der vorderen Augenwinkel voneinander, so lang oder nur wenig länger als hoch; Canthus rostralis abgerundet, aber deutlich; Lorealgegend fast senkrecht, konkav; Nasenloch näher der Schnauzenspitze als dem Auge; Internasalraum schmaler als der Interorbitalraum, der nicht ganz doppelt so breit wie ein oberes Augenlid ist; Trommelfell unter der Haut verborgen oder nur sehr undeutlich sichtbar. Finger kräftig, mit nicht ganz $^1/_2$ Schwimmhaut zwischen den beiden lateralen; Haftscheiben wohl entwickelt; 1. Finger kleiner als der 2., der kürzer als der 4. ist, der von dem 3. überragt wird; 3. Finger länger als die Schnauze; Subartikulartuberkel klein. Zehen mit $^3/_4$ Schwimmhaut, die an der 4. Zehe das letzte Glied frei läßt und bei den übrigen bis unter die Haftscheiben reicht; Haftscheiben sehr wenig kleiner als die der Finger; 5. Zehe länger als die 3.; laterale Metatarsalia fest verbunden; nur eine sehr schwach angedeutete Tarsalfalte; nur eine sehr kleine, flache, undeutliche, mediale Metatarsaltuberkel, keine laterale, keine Tarsaltuberkel; Subartikulartuberkel klein, wenig vorspringend. Das Tibiotarsalgelenk reicht bis zum Vorder- oder Hinterrand des Auges; Femur etwas kürzer als die Tibia, die $3^2/_3$—4mal so lang wie breit, 2—$2^1/_4$mal in der Körperlänge enthalten und länger als der Fuß ist; bei rechtwinklig angeknickten Hinterbeinen decken die Fersen einander. Haut oben und an den Seiten mit vielen kleinen, runden, oft mit einer kleinen Spitze versehenen Warzen besetzt; Unterseite grob granuliert. Eine sehr deutliche Postgularfalte vorhanden; Postpectoralfalte nur sehr schwach oder fehlend; keine Temporofemoralfalte.

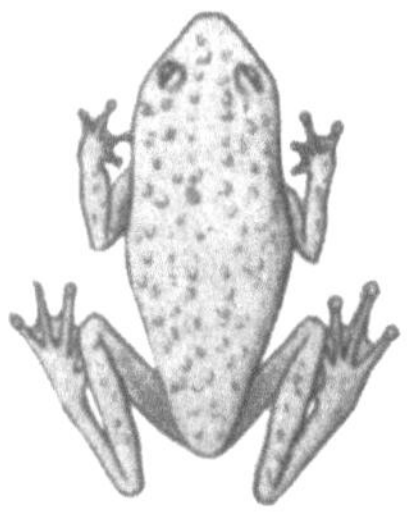

Fig. 218. Hyperolius phrynoderma E. Ahl. Habitus.

Färbung (in Alkohol) oben und unten, sowie Vorder- und Hinterbeine einfarbig gelblichweiß. Körperlänge 30 mm. (Fig. 218).

Zentrales Deutsch-Ostafrika.

93. **H. glandicolor** Ptrs. 1878 *H. g.*, Peters in: Monber. Ak. Berlin, p. 208 t. 2 f. 9 (Habitus und Mund von innen).

Körpergestalt gedrungen; Vomerzähne fehlen; Choanen mäßig groß, teilweise unter dem Kieferrand verborgen; Zunge klein, birnenförmig, hinten frei und mit zwei Zipfeln. Kopf mäßig groß, etwas breiter als lang; Schnauze abgerundet, im Profil rundlich abgestutzt, nicht oder nur sehr wenig über das Maul hinausragend, viel kürzer als das sehr große Auge, kürzer als der Abstand der vorderen Augenwinkel voneinander, fast so hoch wie lang; Canthus rostralis abgerundet, aber deutlich; Lorealgegend senkrecht, sehr wenig konkav; Nasenloch sehr wenig näher der Schnauzenspitze als dem Auge; Internasalraum etwas schmaler als der Interorbitalraum, der $1^1/_2$mal so breit wie ein oberes Augenlid ist; Trommelfell unter der Haut verborgen. Finger kräftig, die beiden lateralen mit etwas über $^1/_3$ Schwimmhaut; Haftscheiben wohl entwickelt; 1. Finger kleiner als der 2., der kürzer als der 4. ist, der von dem 3. überragt wird; 3. Finger viel länger als die Schnauze; Subartikulartuberkel klein, aber deutlich. Zehen mit etwa $^2/_3$ Schwimmhaut, die an der 4. Zehe das letzte Glied frei läßt und bei den übrigen bis oder fast bis unter die Haftscheiben reicht; Haftscheiben etwa so groß wie die der Finger; 5. Zehe deutlich länger als die 3.; laterale Metatarsalia fest verbunden; keine Tarsalfalte; nur eine sehr kleine, flache, undeutliche, mediale Metatarsaltuberkel, keine laterale, keine Tarsaltuberkel; Sohle schwach granuliert; Subartikulartuberkel klein und undeutlich. Das Tibiotarsalgelenk reicht bis zur Mitte oder dem Vorderrand des Auges; Femur

Fig. 219.
Hyperolius glandicolor Ptrs.
Habitus, Mundöffnung. (Nach Peters).

etwas kürzer als die Tibia, die $3^2/_3$—4mal so lang wie breit, 2mal oder etwas mehr in der Körperlänge enthalten und länger als der Fuß ist; bei rechtwinklig angeknickten Hinterbeinen decken die Fersen einander. Haut oben glatt und mit einigen verstreuten, runden Tuberkeln besetzt; Seiten des Bauches und Unterseite der Oberschenkel grob granuliert; Bauchmitte quergerunzelt, von einer starken Ringfalte umgeben; eine deutliche Postgular- und Postpectoralfalte; Temporofemoralfalte fehlt; Männchen mit subgularer Schallblase und großer Kehlscheibe.

Färbung (in Alkohol) oben weißlich bis hellbräunlich; die subgulare Schallblase des Männchens, die Oberschenkel, die Medialseiten der Vorder- und Hinterextremitäten und die Ventralseiten rings um die Bauchfalten herum sind schwarz. Kehlscheibe und Bauch weiß; Unterseite der Hände und Füße ebenfalls schwarz. Körperlänge 31 mm. (Fig. 219).

Taita.

94. **H. argentovittis** E. Ahl 1931 *H. a.*, E. Ahl in: Mt. Mus. Berlin, *v.* 17 (im Druck).

Körpergestalt gedrungen; Vomerzähne fehlen; Choanen mäßig groß; Zunge mäßig groß, hinten mit zwei Zipfeln; Kopf mäßig groß, 3mal in der Körperlänge enthalten, kaum breiter als lang; Schnauze abgerundet, im

Profil stumpf zugespitzt, etwas über das Maul hinausragend, so lang wie das große, hervortretende Auge, etwas kürzer als der Abstand der vorderen Augenwinkel voneinander, viel länger als hoch; Canthus rostralis deutlich, doch abgerundet; Lorealgegend steil, konkav; Nasenloch in der Mitte zwischen Auge und Schnauzenspitze; Internasalraum schmaler als der Interorbitalraum, der etwa doppelt so breit wie ein oberes Augenlid ist; Trommelfell deutlich, etwa $^1/_3$ so breit wie das Auge. Finger kräftig, die lateralen mit etwa $^2/_5$ Schwimmhaut; Haftscheiben groß und deutlich; 1. Finger kleiner als der 2., der kürzer als der 4. ist, der von dem 3. überragt wird; 3. Finger nur sehr wenig länger als die Schnauze; Subartikulartuberkel klein, aber deutlich; Zehen kräftig, mit etwa $^3/_4$ Schwimmhaut, die an der 4. Zehe das letzte Glied nur als schmaler Hautsaum umschließt und bei den übrigen Zehen bis fast an die Haftscheiben reicht; 5. Zehe etwas länger als die 3.; laterale Metatarsalia fest verbunden; nur eine sehr schwache Tarsalfalte; nur eine ganz undeutliche, kleine, flache, mediale Metatarsaltuberkel, keine laterale, keine Tarsaltuberkel; Subartikulartuberkel klein, aber deutlich; Sohle fein granuliert. Das Tibiotarsalgelenk reicht bis zum Vorderrand des Auges; Femur wenig kürzer als die Tibia, die $4^1/_2$ mal so lang wie breit, 2 mal in der Körperlänge enthalten und nur sehr wenig länger als der Fuß ist; die Fersen decken einander. Haut oben mit sehr feinen Granula besetzt; einige größere Warzen hinter dem Mundwinkel; Kehle, Bauch und Unterseite der Oberschenkel granuliert; Postgular-, Postpectoral- und Temporofemoralfalte deutlich entwickelt; eine sehr kleine Kehlscheibe an der Postgularfalte.

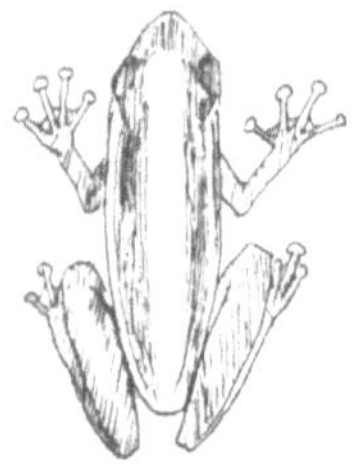

Fig. 220.
Hyperolius argentovittis E. Ahl.
Habitus von oben.

Färbung (in Alkohol) oben gelblichbraun mit drei silberweißen Längsbinden; die mittelste geht von der Schnauzenspitze entlang der Vertebrallinie bis zum After und die beiden seitlichen gehen je vom oberen Augenlid bis zur Ansatzstelle der Hinterbeine entlang den Weichen; Oberlippe weiß; Finger und Zehen weißlich, alle übrigen Teile der Vorder- und Hinterbeine gelblich; Kehle und Bauch weiß. Körperlänge 28 mm. (Fig. 220).

Deutsch-Ostafrika, Udjidji, Tanganjikasee.

95. **H. bergeri** E. Ahl 1931 *H. b.,* E. Ahl in: Mt. Mus. Berlin, *v.* 17 (im Druck).

Vomerzähne fehlen; Choanen klein; Zunge klein, hinten mit zwei Zipfeln. Kopf mäßig groß, etwas breiter als lang; Schnauze abgerundet, im Profil rund abgestutzt, etwas über das Maul hinausragend, so lang wie das Auge, fast so lang wie der Abstand der vorderen Augenwinkel voneinander, länger als hoch; Canthus rostralis abgerundet; Lorealgegend steil, wenig konkav; Nasenloch in der Mitte zwischen Auge und Schnauzenspitze; Abstand der Nasenlöcher voneinander schmaler als der Interorbitalraum, der doppelt so breit wie ein oberes Augenlid ist; Trommelfell unter der Haut verborgen. Finger mit $^1/_3$ Schwimmhaut; Haftscheiben deutlich; 1. Finger kleiner als der 2., der kürzer als der 4. ist, der von dem 3. überragt wird; 3. Finger so lang wie die Schnauze; Subartikulartuberkel deutlich. Zehen mit fast ganzen Schwimmhäuten, die an allen Zehen bis an die Haftscheiben gehen und nur an der 4. Zehe das letzte Glied frei lassen; Haftscheiben etwa so groß wie die der Finger; 5. Zehe etwas länger als die 3.; laterale Metatarsalia fest verbunden; Tarsalfalte fehlt; nur eine sehr kleine, flache, mediale Metatarsaltuberkel, keine laterale, keine Tarsaltuberkel; Sohle granuliert; Subartikulartuberkel deutlich. Das Tibiotarsalgelenk reicht bis zum Hinterrand des Auges; Femur kürzer als die Tibia, die $4^1/_2$ mal so lang wie breit, etwas über 2mal in der Körperlänge enthalten und länger als der Fuß ist; die Fersen berühren einander. Haut oben chagriniert; hinter den Mundwinkeln einige größere Warzen. Kehle und Bauchseiten fein gekörnelt, Brust und Bauchmitte glatt. Eine sehr kleine Kehlscheibe an der deutlichen Postgularfalte; Postpectoralfalte wenig deutlich, aber Temporofemoralfalte ziemlich deutlich.

Färbung (in Alkohol) oben leuchtend gelblichgrün, mit nicht sehr deutlicher, hellblauer Marmorierung auf dem Rücken und auf den Unterschenkeln; Oberschenkel dunkelbraun (dunkelrot im Leben?), auf der Oberseite der Oberschenkel ein sehr schmaler, grünlichgelber Längsstreifen; auf der Unterseite der Schenkel jederseits in der Nähe des Afters ein großer, gelblichgrüner Fleck, ebenso die Knie leuchtend gelblichgrün; Medialseite der Unterschenkel und des Fußes ebenfalls dunkelbraun; Unterseite einfarbig gelblichweiß. Medialseite der Unterarme ebenfalls dunkelbraun. Körperlänge 29 mm. (Fig. 221).

Fig. 221.
Hyperolius bergeri E. Ahl.
Habitus von oben.

Guaso Narok (Englisch-Ostafrika).

96. **H. marmoratus** Rapp 1842 *H. m.*, Rapp in: Arch. Naturg., *v.* 8 I p. 289 t. 6 f. 1—2 (Habitus) | 1858 *H. m.*, Alb. Günther, Cat. Batr. sal. Brit. Mus., p. 85 | 1882 *Rappia marmorata* (part.), Boulenger, Cat. Batr. sal. Brit. Mus., ed. 2 p. 121 | 1898 *R. m.*, F. Werner in: Jahresber. Ver. Magdeburg, p. 148 | 1898 *R. m.*, W. Sclater in: Ann. S. Afr. Mus., *v.* 1 p. 108 | 1910 *R. m.* (part.), Boulenger in: Ann. S. Afr. Mus., *v.* 5 p. 530.

Körpergestalt gedrungen; Vomerzähne fehlen; Choanen mäßig groß, unter dem Kieferrand verborgen; Zunge groß, hinten mit zwei Zipfeln. Kopf mäßig groß, breiter als lang; Schnauze abgerundet, im Profil abgerundet, nicht oder nur wenig über das Maul hinausragend, so lang wie

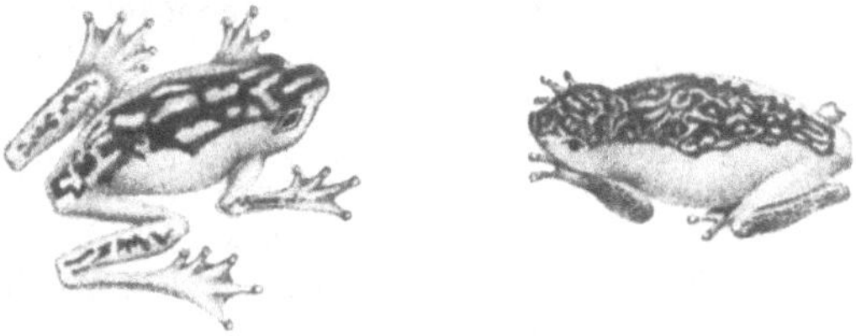

Fig. 222.
Hyperolius marmoratus Rapp.
Habitus. (Nach Rapp).

das große Auge, kürzer als der Abstand der vorderen Augenwinkel voneinander, länger als hoch; Canthus rostralis abgerundet, aber deutlich; Lorealgegend senkrecht, wenig konkav; Nasenloch in der Mitte zwischen Auge und Schnauzenspitze; Internasalraum schmaler als der Interorbitalraum, der doppelt so breit wie ein oberes Augenlid ist; Trommelfell unter der Haut verborgen. Finger mit nicht ganz $^1/_2$ Schwimmhaut; Haftscheiben groß;

1. Finger kleiner als der 2., der kürzer als der 4. ist, der von dem 3. um die Länge der Haftscheibe überragt wird; 3. Finger so lang wie die Schnauze; Subartikulartuberkel deutlich. Zehen mit etwa $^2/_3$ Schwimmhäuten, die an allen Zehen bis oder fast bis an die Haftscheiben reichen, außer an der 4. Zehe, wo sie das letzte Glied frei lassen; Haftscheiben so groß wie die der Finger; 5. Zehe länger als die 3.; laterale Metatarsalia fest verbunden; Tarsalfalte fehlt; nur eine sehr kleine, flache, mediale Metatarsaltuberkel, keine laterale, keine Tarsaltuberkel; Sohle granuliert; Subartikulartuberkel mäßig deutlich. Das Tibiotarsalgelenk reicht bis zur Augenmitte; Femur etwas kürzer als die Tibia, die $3^2/_3$—4mal so lang wie breit, 2mal oder etwas mehr oder weniger in der Körperlänge enthalten und viel länger als der Fuß ist; bei rechtwinklig angeknickten Hinterbeinen decken die Fersen einander. Haut oben glatt; hinter dem Mundwinkel einige kleine Warzen; Unterseite granuliert; Männchen mit subgularer Schallblase und einer Kehlscheibe; eine, wenn auch nicht sehr starke Postgular- und Postpectoralfalte vorhanden; keine Temporofemoralfalte.

Färbung (in Alkohol) auf der Oberseite des Rückens und zwar nur auf der eigentlichen Oberseite, bräunlichschwarz oder grauschwarz; auf dieser Grundfarbe befinden sich viele, unregelmäßig geformte, silberweiße Flecke und Binden, die gewissermaßen die dunkle Färbung zerreißen; die Oberseite der Vorderbeine, ebenso die der Tibia von derselben Färbung und Zeichnung des Rückens; Seiten des Kopfes, Körpers, die Vorder- und Hinterfüße und die gesamte Unterseite einfarbig weiß; Oberschenkel gelblichrosa. Oberlippe manchmal mit einigen schwärzlichen Punkten; die hellen Flecke des Rückens und der Extremitäten manchmal sehr fein schwarz umrandet. Körperlänge 29 mm. (Fig. 222).

Natal.

97. **H. karissimbiensis** E. Ahl 1931 *H. k.*, E. Ahl in: Mt. Mus. Berlin, *v.* 17 (im Druck).

Körpergestalt gedrungen; Vomerzähne fehlen; Choanen klein, teilweise unter dem Kieferrand verborgen; Zunge groß, hinten frei und mit zwei Zipfeln. Kopf groß, viel breiter als lang; Schnauze abgerundet, im Profil abgerundet, nicht über das Maul hinausragend, so lang wie das große Auge, kaum länger als der Abstand der vorderen Augenwinkel voneinander, etwas länger als hoch; Canthus rostralis abgerundet; Lorealgegend ziemlich schräg, konkav; Nasenloch in der Mitte zwischen Auge und Schnauzenspitze; Internasalraum wenig schmaler als der Interorbitalraum, der $1^1/_2$ mal so breit wie ein oberes Augenlid ist; Trommelfell völlig unter der Haut verborgen. Finger kräftig, die beiden lateralen mit $^1/_3$ Schwimmhaut; Haftscheiben klein, aber deutlich; 1. Finger kleiner als der 2., der kürzer als der 4. ist, der von dem 3. überragt wird; 3. Finger etwas länger als die Schnauze; Subartikulartuberkel klein, aber deutlich. Zehen mit $^2/_3$ Schwimmhaut, die an der 5. Zehe bis unter die Haftscheibe reicht, bei der 4. Zehe fast die beiden letzten und bei den übrigen Zehen das halbe letzte Glied frei läßt; Haftscheiben so groß wie die der Finger; 5. Zehe etwas länger als die 3.; laterale Metatarsalia fest verbunden; keine Tarsalfalte; nur eine kleine, flache, mediale Metatarsaltuberkel, keine laterale, keine Tarsaltuberkel; Sohle

Fig. 223.
Hyperolius karissimbiensis E. Ahl.
Habitus von oben.

deutlich granuliert; Subartikulartuberkel klein. Das Tibiotarsalgelenk erreicht knapp den hinteren Augenrand; Femur etwas länger als die Tibia, die 4mal so lang wie breit, $2^1/_3$ mal in der Körperlänge enthalten und länger als der Fuß ist; bei rechtwinklig angeknickten Hinterbeinen berühren die Fersen einander. Haut oben und an den Seiten glatt; Bauch und Unterseite der Oberschenkel quergerunzelt; eine deutliche Postgular- und Postpectoralfalte vorhanden, ebenso eine, wenn auch nicht allzu deutliche, ventrale Ringfalte, Männchen mit subgularer Schallblase und großer, an den Seiten und hinten freier Kehlscheibe.

Färbung (in Alkohol) oben hellgrau, mit einem Stich ins Bläuliche; von der Schnauzenspitze unterhalb des Canthus rostralis bis zum Auge zieht sich eine schmale, dunkle Längslinie, die sich horizontal hinter dem Auge bis etwa in die Gegend der Weichen fortsetzt; diese Binde ist nach oben fein weiß gesäumt; auf der Vertebrallinie des Rückens verläuft ein nicht sehr deutlicher, blaugrauer Längsstreifen und an jeder Seite davon je ein, zwischen den Augen entspringender, in der Achselgegend wenig unterbrochener, breiterer, dunkelbrauner Längsstreifen bis in die Gegend des Afters; dieser Streifen ist fein hell gesäumt. Oberseite der Vorderbeine und der Tibia gelblich mit je einem breiten, graublauen Längsstreifen; Femur und Unterseite der Extremitäten goldgelb; Bauch innerhalb der ventralen Ringfalte weißlich, das übrige gelb; Kehle hellgrau. Körperlänge 23 mm. (Fig. 223).

Karissimbi, 2400 m.

98. **H. fuelleborni** E. Ahl 1931 *H. f.*, E. Ahl in: Mt. Mus. Berlin, *v.* 17 (im Druck).

Körpergestalt gedrungen; Vomerzähne fehlen; Choanen mäßig groß, unter dem Kieferrand verborgen; Zunge mäßig groß, hinten mit zwei Zipfeln. Kopf mäßig groß, breiter als lang; Schnauze abgerundet, im Profil abgerundet, nicht oder nur sehr wenig über das Maul hinausragend, so lang

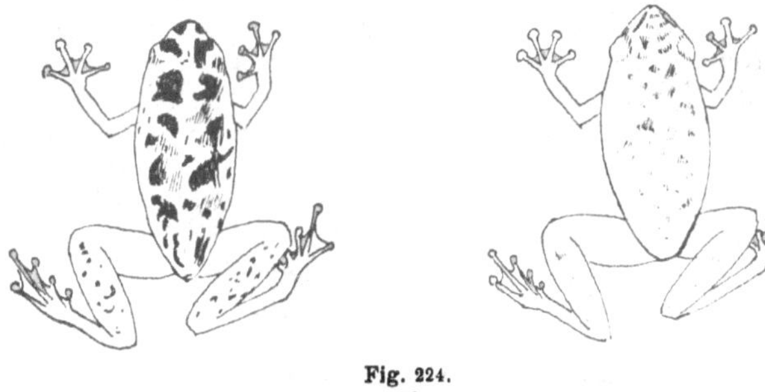

Fig. 224.
Hyperolius fuelleborni E. Ahl.
Habitus von oben.

wie das große Auge, viel kürzer als der Abstand der vorderen Augenwinkel voneinander, länger als hoch; Canthus rostralis abgerundet, aber deutlich; Lorealgegend fast senkrecht, konkav; Nasenloch in der Mitte zwischen Auge und Schnauzenspitze oder wenig näher der letzteren; Internasalraum schmaler als der Interorbitalraum, der doppelt so breit wie ein oberes Augenlid ist; Trommelfell unter der Haut verborgen oder nicht sehr deutlich. Finger mit etwa $^1/_2$ Schwimmbaut; Haftscheiben groß; 1. Finger kleiner als der 2., der kürzer als der 4. ist, der von dem 3. um etwa die Länge der Haftscheibe überragt wird; 3. Finger länger als die Schnauze; Subartikulartuberkel deutlich; Zehen mit $^3/_4$ Schwimmhäuten, die an der 4. Zehe das letzte Glied frei lassen und an den übrigen Zehen bis oder fast bis unter die Haftscheiben reichen; Haftscheiben so groß wie die der Finger; 5. Zehe länger als die 3.; laterale Metatarsalia fest verbunden; Tarsalfalte fehlt; nur eine sehr kleine, flache, mediale Metatarsaltuberkel, keine laterale, keine Tarsaltuberkel; Sohle granuliert; Subartikulartuberkel deutlich. Das Tibiotarsalgelenk reicht bis zum Vorderrand des Auges oder etwas darüber hinaus; Femur sehr wenig kürzer als die Tibia, die $3^2/_3$—4mal so lang wie breit, 2mal oder etwas mehr in der Körperlänge enthalten und etwas länger als der Fuß ist; bei rechtwinklig angeknickten Hinterbeinen berühren oder decken die Fersen einander. Haut oben glatt oder sehr fein chagriniert; einige kleine Warzen hinter dem Mundwinkel; Unterseite schwach granuliert; eine deutliche Postgularfalte; Postpectoralfalte fehlend oder sehr schwach entwickelt; keine Temporofemoralfalte. Männchen mit subgularer Schallblase und nicht allzu deutlicher Kehlscheibe.

Färbung (in Alkohol) oben weißlichgrau oder bräunlichweiß; die Oberseite des Rückens ist mit mehr oder weniger deutlich vortretenden und miteinander zusammenfließenden, dunkelbraunen bis schwarzen Flecken und Makeln versehen, die meist zu einer marmorähnlichen Zeichnung verschmelzen. Die Körperseiten einfarbig hell; die Vorder- und Hinterextremitäten sind in der Regel einfarbig hell, ohne irgendwelche Zeichnung; nur in seltenen Fällen finden sich bei einigen Individuen schwarze oder dunkelbraune Flecke auf der Oberseite der Tibia und manchmal auch des Armes. Gesamte Unterseite einfarbig gelblich, ohne irgendwelche Zeichnung. Körperlänge 33 mm. (Fig. 224).

Nyassa-Gebiet.

99. **H. coeruleopunctatus** E. Ahl 1931 *H. c.*, E. Ahl in: Mt. Mus. Berlin, *v.* 17 (im Druck).

Körpergestalt gedrungen; Vomerzähne fehlen; Choanen ziemlich groß, teilweise unter dem Kieferrand verborgen; Zunge sehr groß, herzförmig, breit, hinten frei und mit zwei spitzen Zipfeln. Kopf mäßig groß, viel breiter als lang; Schnauze stumpf zugespitzt, im Profil abgerundet, wenig über das Maul hinausragend, so lang wie der Augendurchmesser, viel kürzer als der Abstand der vorderen Augenwinkel voneinander, so lang wie hoch; Canthus rostralis deutlich, aber abgerundet; Lorealgegend senkrecht, wenig konkav; Nasenloch in der Mitte zwischen Auge und Schnauzenspitze; Internasalraum $^3/_4$ der Breite des Interorbitalraumes, die nicht ganz doppelt so breit wie ein oberes Augenlid ist; Trommelfell gänzlich unter der Haut verborgen. Finger lang und kräftig, die beiden lateralen mit etwas über $^1/_3$ Schwimmhaut; Haftscheiben groß, wohl entwickelt; 1. Finger kleiner als der 2., der nur wenig kürzer als der 4. ist, der von dem 3. beträchtlich überragt wird; 3. Finger deutlich länger als die Schnauze; Subartikulartuberkel deutlich, vorspringend. Zehen lang und kräftig, mit $^3/_4$ Schwimmhaut, die an der 1. und 4. Zehe das letzte Glied fast ganz frei läßt und bei den übrigen bis unter die Haftscheiben reicht; Haftscheiben so groß wie die der Finger; 5. Zehe länger als die 3.; laterale Metatarsalia fest verbunden; laterale Zehe ohne Hautfalte; Tarsalfalte fehlt; nur eine sehr kleine, flache, mediale Metatarsaltuberkel, keine laterale, keine Tarsaltuberkel; Sohle fein granuliert; Subartikulartuberkel deutlich, vorspringend. Das Tibiotarsalgelenk reicht knapp bis zum Hinterrand oder der Mitte des Auges; Femur etwas kürzer als die Tibia, die

3—$3^1/_2$mal so lang wie breit, etwas über 2mal in der Körperlänge enthalten und etwas länger als der Fuß ist; bei rechtwinklig angeknickten Hinterbeinen decken die Fersen einander. Haut oben, an den Seiten und auf der Oberseite der Extremitäten chagriniert; Männchen mit vielen kleinen, hervortretenden Warzen besetzt; Kehle und Seiten des Bauches fein granuliert; Bauch und Unterseite der Oberschenkel quergerunzelt. Hinter den Mundwinkeln einige größere Warzen; eine sehr deutliche Postgularfalte und eine wenig deutliche Postpectoralfalte; keine Temporofemoralfalte. Männchen mit subgularer Schallblase und großer Kehlscheibe.

Färbung (in Alkohol) oben, an den Seiten und auf der Ober- und Lateralseite der Extremitäten hell grauweiß; auf dieser Grundfarbe finden sich verstreut sehr viele kleine, runde, winzige Punkte von blauschwarzer Farbe (im Leben leuchtend blau), die wie kleine Tintenspritzer aussehen. Gesamte Unterseite gelblichweiß, leuchtender gelb auf der Unterseite der Hände und Füße und des Femur. Körperlänge 33 mm. (Fig. 225).

Britisch-Ostafrika.

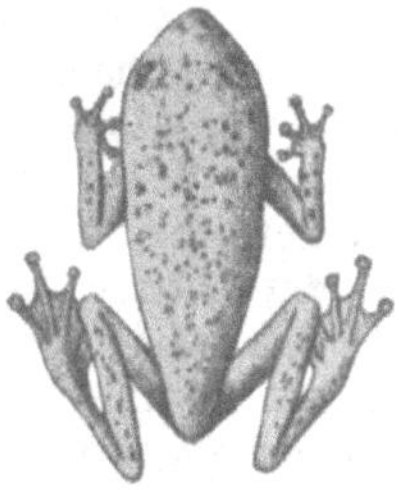

Fig. 225.
Hyperolius coeruleopunctatus E. Ahl.
Habitus von oben.

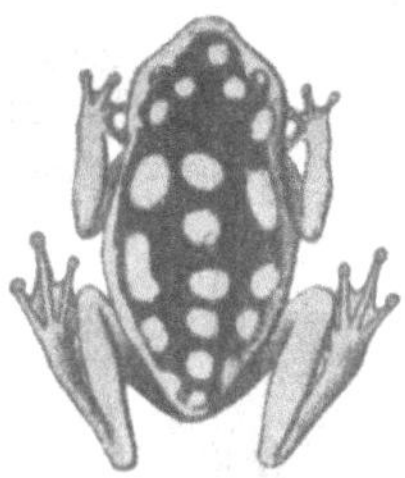

Fig. 226.
Hyperolius marungaensis E. Ahl.
Habitus von oben.

100. **H. marungaensis** E. Ahl 1931 *H. m.*, E. Ahl in: Mt. Mus. Berlin, *v*. 17 (im Druck).

Körpergestalt gedrungen; Vomerzähne fehlen; Choanen sehr klein, unter dem Kieferrand verborgen; Zunge groß, herzförmig, hinten tief eingeschnitten, mit zwei langen Zipfeln; Kopf mäßig groß, $3^1/_3$mal in der Körperlänge enthalten, etwas breiter als lang; Schnauze abgerundet, im Profil abgerundet, wenig über das Maul hinausragend, so lang wie das Auge, etwas kürzer als der Abstand der vorderen Augenwinkel voneinander, etwas länger als hoch; Canthus rostralis abgerundet, aber deutlich; Lorealgegend fast senkrecht, konkav; Nasenloch in der Mitte zwischen Auge und Schnauzenspitze; Internasalraum nur wenig schmaler als der Interorbitalraum, der etwa $1^1/_2$mal so breit wie ein oberes Augenlid ist; Trommelfell unter der Haut verborgen. Finger mit $^1/_2$ Schwimmhaut; Haftscheiben sehr groß und deutlich; 1. Finger kleiner als der 2., der nur wenig kürzer als der 4. ist, der von dem 3. weit überragt wird; 3. Finger bedeutend länger als die Schnauze; Subartikulartuberkel deutlich; Zehen mit $^3/_4$ Schwimmhaut, die an der 4. Zehe das letzte Glied nur als schmaler Hautsaum umschließt, und an den übrigen Zehen bis unter die Haftscheiben reicht; Haftscheiben so groß wie die der Finger; 5. Zehe etwas länger als die 3.; laterale Metatarsalia fest verbunden; Tarsalfalte fehlt; nur eine sehr kleine, undeutliche, flache, mediale Metatarsaltuberkel, keine laterale, keine Tarsaltuberkel; Subartikulartuberkel sehr klein, aber deutlich. Das Tibiotarsalgelenk erreicht den Hinterrand des Auges;

Femur so lang wie die Tibia, die 4mal so lang wie breit, $2^1/_4$mal in der Körperlänge enthalten, und etwas länger als der Fuß ist; die Fersen berühren einander. Haut oben glatt; Kehle leicht warzig, Bauch fein granuliert; eine gut ausgebildete, nach hinten etwas verlängerte Postgularfalte vorhanden; Postpectoral- und Temporofemoralfalte fehlen.

Färbung (in Alkohol) oben schwarz; drei große, runde, weiße Flecke auf dem Kopf; fünf große, kreisrunde, weiße Flecke in der Rückenlinie bilden eine dorsale Fleckenreihe; vom Hinterrand des Auges bis in die Gegend der Weichen ziehen sich etwa fünf längliche, weiße Flecke auf jeder Körperseite entlang; unterhalb dieser lateralen Fleckenreihen sind die Seiten grauschwarz; Vorder- und Hinterbeine einfarbig fleischfarben ohne irgendwelche Zeichnung; Bauch gelblich. Oberlippe mit einem breiten, weißen Bande. Körperlänge 30 mm. (Fig. 226).

Marunga (Angola).

101. **H. decoratus** E. Ahl 1931 *H. d.*, E. Ahl in: Mt. Mus. Berlin, *v.* 17 (im Druck).

Körpergestalt gedrungen; Choanen ziemlich groß, teilweise unter dem Kieferrand verborgen; Zunge groß, hinten frei und eingeschnitten. Kopf mäßig groß, etwas breiter als lang; Schnauze mehr oder weniger spitz verrundet, im Profil mehr oder weniger spitz abgerundet, etwas über das Maul hinausragend, so lang wie das große Auge, fast so lang wie der Abstand der vorderen Augenwinkel voneinander, fast so hoch wie lang; Canthus rostralis abgerundet, aber deutlich; Lorealgegend steil, fast senkrecht, konkav; Nasenloch in der Mitte zwischen Auge und Schnauzenspitze oder sehr wenig näher der letzteren; Internasalraum wenig schmaler als der Interorbitalraum, der etwa $1^1/_2$mal so breit wie ein oberes Augenlid ist; Trommelfell völlig unter der Haut verborgen. Finger kräftig, die beiden lateralen mit $^1/_3$ oder etwas mehr Schwimmhaut; Haftscheiben groß und wohl entwickelt; 1. Finger kleiner als der 2., der kürzer als der 4. ist, der von dem 3. überragt wird; 3. Finger etwas länger als die Schnauze; Subartikulartuberkel klein, aber deutlich. Zehen ziemlich lang, mit $^3/_4$ Schwimmhaut, die an allen Zehen bis unter die Haftscheiben reicht, und bei der 4. das letzte Glied frei läßt; Haftscheiben so groß wie die der Finger; 5. Zehe etwas länger als die 3.; laterale Metatarsalia fest verbunden; eine sehr deutliche Tarsalfalte; nur eine kleine, flache, mediale Metatarsaltuberkel, keine laterale, keine Tarsaltuberkel; Sohle granuliert; Subartikulartuberkel klein und mäßig deutlich. Das Tibiotarsalgelenk reicht bis zum Vorder- oder Hinterrand des Auges; Femur nur sehr wenig kürzer als die Tibia, die $3^1/_4$—5mal so lang wie breit, 2—$2^1/_3$mal in der Körperlänge enthalten und nur wenig länger als der Fuß ist; bei rechtwinklig angeknickten Hinterbeinen berühren oder decken die Fersen einander. Haut oben chagriniert und mehr oder weniger rauh und mit kleinen Warzen besetzt, insbesondere die Gegend hinter dem Mundwinkel; Kehle und Brust warzig, Bauch granuliert und quergerunzelt, Hinterseite der Oberschenkel mit einigen großen Warzen und Granulationen besetzt; eine sehr deutliche Postgularfalte. Postpectoralfalte mehr oder weniger deutlich.

Fig. 227.
Hyperolius decoratus E. Ahl.
Habitus von oben.

Männchen mit subgularer Schallblase und großer, runder, hinten spitzer Kehlscheibe.

Färbung (in Alkohol) oben prachtvoll weinrot; Rücken und Seiten mit zahlreichen, mehr oder weniger großen, runden, weißen, mehr oder weniger breit schwarz umrandeten Flecken, die fast immer zu drei breiten Längsbinden zusammenfließen; die erste dieser Längsbinden zieht sich von der Schnauzenspitze entlang der Medianlinie des Rückens bis zum After, die beiden anderen ziehen sich jederseits von unterhalb des Canthus rostralis durch das Auge bis in die Weichengegend; von derselben Färbung und Zeichnung wie der Rücken und die Seiten sind auch die beim sitzenden Tier sichtbaren Teile der Extremitäten; die beim Sitzen verborgenen Teile der Gliedmaßen sind leuchtend gelb; Unterseite gelblich, Kehle manchmal dunkelrot marmoriert. Körperlänge 33 mm. (Fig. 227).

Kamerun bis Angola.

Sitzen nach Art unserer Laubfrösche auf Blättern von Sträuchern. Beim Anfassen verändern sie die Farbe bis weißgelb.

102. **H. microstictus** E. Ahl 1931 *H. m.*, E. Ahl in: Mt. Mus. Berlin, *v.* 17 (im Druck).

Körpergestalt gedrungen; Choanen ziemlich groß, teilweise unter dem Kieferrand verborgen; Zunge groß, hinten frei und eingeschnitten. Kopf mäßig groß, etwas breiter als lang; Schnauze mehr oder weniger spitz verrundet, im Profil mehr oder weniger zugespitzt, über das Maul hinausragend, so lang wie das große Auge, fast so lang wie der Abstand der vorderen Augenwinkel voneinander, nur wenig länger als hoch; Canthus rostralis abgerundet, aber deutlich; Lorealgegend fast senkrecht, konkav; Nasenloch in der Mitte zwischen Auge und Schnauzenspitze; Internasalraum etwas schmaler als der Interorbitalraum, der etwa $1^1/_2$ mal so breit wie ein oberes Augenlid ist; Trommelfell unter der Haut verborgen. Finger kräftig, die beiden lateralen mit fast $^1/_2$ Schwimmhaut; Haftscheiben groß und kräftig entwickelt; 1. Finger kleiner als der 2., der kürzer als der 4. ist, der von dem 3. überragt wird; 3. Finger etwas länger als die Schnauze; Subartikulartuberkel klein, aber deutlich. Zehen mit $^3/_4$ Schwimmhaut, die an allen Zehen bis unter die Haftscheiben reicht, außer an der 4. Zehe, wo sie das letzte Glied frei läßt; Haftscheiben so groß wie die der Finger; 5. Zehe etwas länger als die 3.; laterale Metatarsalia fest verbunden; eine deutliche Tarsalfalte vorhanden; nur eine kleine, mediale Metatarsaltuberkel; keine laterale, keine Tarsaltuberkel; Subartikulartuberkel klein. Das Tibiotarsalgelenk reicht bis zum Hinterrand oder der Mitte des Auges; Femur etwas kürzer als die Tibia, die 4 mal so lang wie breit, $2^1/_5$—$2^1/_3$ mal in der Körperlänge enthalten und wenig länger als der Fuß ist; bei rechtwinklig angeknickten Hinterbeinen berühren die Fersen einander. Haut oben und an den Seiten chagriniert und fein warzig; einige besonders große Warzen hinter dem Mundwinkel; Kehle und Brust fein warzig, Bauch granuliert und quergerunzelt; Hinterseite der Oberschenkel granuliert; eine deutliche Postgularfalte.

Fig. 228.
Hyperolius microstictus E. Ahl.
Habitus von oben.

Färbung (in Alkohol) oben und auf den beim sitzenden Tier sichtbaren Teilen der Extremitäten hellweinrot mit vielen kleinen, unregelmäßig gestalteten und spitzen, weißen Fleckchen; die beim Sitzen verborgenen Teile der Gliedmaßen gelblichrot; Unterseite einfarbig gelblichweiß. Körperlänge 33 mm. (Fig. 228).

Kamerun (Longa).

103. **H. guttatus** Ptrs. 1875 *H. g.*, Peters in: Monber. Ak. Berlin, p. 207 | 1924 *H. g.*, Noble in: Bull. Amer. Mus., *v.* 49 p. 326.

Körpergestalt ziemlich gedrungen; Vomerzähne fehlen; Choanen sehr klein, teilweise unter dem Kieferrand verborgen; Zunge mäßig groß, herzförmig, hinten gekerbt. Kopf mäßig groß, breiter als lang; Schnauze abgerundet, im Profil abgerundet, kaum über das Maul hinausragend, etwa so lang wie das Auge, viel kürzer als der Abstand der vorderen Augenwinkel voneinander, viel länger als hoch. Canthus rostralis abgerundet; Lorealgegend schräg, gerade; Nasenloch viel näher der Schnauzenspitze als dem Auge; der Abstand der Nasenlöcher voneinander ist etwa $^1/_2$ so breit wie der Interorbitalraum, der wenigstens doppelt so breit wie ein oberes Augenlid ist; Trommelfell gerade sichtbar, etwa $^1/_3$ so breit wie das Auge. Finger sehr kurz und gedrungen; die lateralen mit etwa $^1/_3$ Schwimmhaut; 1. Finger kleiner als der 2., der kürzer als der 4. ist, der von dem 3. überragt wird; 3. Finger bedeutend kürzer als die Schnauze. Zehen mit etwa $^2/_3$ Schwimmhaut, die an der 5. Zehe bis unter die Haftscheibe reicht und bei den übrigen Fingern das letzte Glied frei läßt; 5. Zehe etwas länger als die 3.; laterale Metatarsalia fest verbunden; Tarsalfalte fehlt; nur eine sehr kleine, flache, mediale Metatarsaltuberkel, keine laterale, keine Tarsaltuberkel; Subartikulartuberkel schwach entwickelt. Das Tibiotarsalgelenk reicht bis zum Vorderrand des Auges; Femur viel kürzer als die Tibia, die $4^1/_2$mal so lang wie breit, weniger als 2mal in der Körperlänge enthalten und viel länger als der Fuß ist. Bei rechtwinklig angebogenen Hinterbeinen überragen die Fersen einander. Haut oben glatt; am Mundwinkel befinden sich ein paar Warzen. Kehle glatt, Bauch und Unterseite der Oberschenkel granuliert. Eine schwache Postgularfalte vorhanden; keine Postpectoralfalte und keine Temporofemoralfalte.

Fig. 229.
Hyperolius guttatus Ptrs.
Habitus von oben.

Färbung hellrosenrot oder gelblich; auf dem Rücken und der Lateralseite der Extremitäten finden sich eine Anzahl tropfenförmiger, dunkelbrauner Flecke. Unterseite einfarbig. Körperlänge 21 mm. (Fig. 229).

Boutry.

104. **H. albifrons** E. Ahl 1931 *H. a.*, E. Ahl in: Mt. Mus. Berlin, *v.* 17 (im Druck).

Körpergestalt ziemlich gedrungen; Vomerzähne fehlen; Choanen mäßig groß, frei vom Kieferrand; Zunge ziemlich klein, rundlich herzförmig, hinten frei und tief eingeschnitten. Kopf groß, breiter als der Körper, etwas breiter als lang; Schnauze abgerundet, im Profil abgeflacht, nicht über das Maul hinausragend, etwa so lang wie das große Auge, wenig kürzer als der Abstand der vorderen Augenwinkel voneinander, viel länger als hoch; Canthus rostralis deutlich, aber nicht sehr scharf; Lorealgegend abgeschrägt, konkav; Nasenloch viel näher der Schnauzenspitze als dem Auge; Internasalraum schmaler als der Interorbitalraum, der doppelt so breit wie ein oberes Augenlid ist; Trommelfell völlig unter der Haut verborgen. Finger kräftig, die beiden lateralen mit $^1/_3$ Schwimmhaut; Haftscheiben groß und wohl ausgebildet; 1. Finger kleiner als der 2., der viel kürzer als der 4. ist, der von dem 3. um die Länge der Haftscheibe überragt wird; 3. Finger so lang wie die Schnauze; Subartikulartuberkel klein und undeutlich; Zehen mäßig lang, mit $^1/_2$ Schwimmhaut, die an allen Zehen das letzte Glied und bei der 4. Zehe die beiden letzten Glieder fast völlig frei läßt; Haftscheiben so groß wie die der Finger; 3. und 5. Zehe gleich lang; laterale Metatarsalia fest verbunden; keine Tarsalfalte; nur eine kleine, flache, mediale Metatarsaltuberkel, keine laterale, keine Tarsaltuberkel; Sohle granuliert; Subartikulartuberkel klein und undeutlich. Das Tibiotarsalgelenk reicht bis zum vorderen Augenrand; Femur kürzer als die Tibia, die $4^1/_2$mal so lang wie breit, 2mal in der Körperlänge enthalten und viel länger als der Fuß ist; bei rechtwinklig angeknickten Hinterbeinen überragen die Fersen einander. Haut oben und an den Seiten, ebenso an der Kehle, glatt; hinter dem Mundwinkel einige größere Warzen. Bauch und Unterseite der Oberschenkel fein granuliert und quergerunzelt. Keine Postgular-, Postpectoral- oder Temporofemoralfalten.

Fig. 230.
Hyperolius albifrons E. Ahl.
Habitus von oben.

Färbung (in Alkohol) oben und an den Seiten gelblichbraun; die gesamte Oberseite der Schnauze bis zu einer Linie, die die Mitte der oberen Augenlider verbindet, ist silberweiß; von dieser weißen Zone zieht sich an jeder Seite je ein breites, silberweißes Dorsolateralband nach hinten, das sich bis etwa in die Gegend des Kreuzes erstreckt. Vorder- und Hinterbeine von der Farbe des Körpers; Unterseite weißlichgelb. Körperlänge 24 mm. (Fig. 230).

Afrika (ohne genaueren Fundort).

105. **H. rugegensis** E. Ahl 1931 *H. r.*, E. Ahl in: Mt. Mus. Berlin, *v.* 17 (im Druck).

Körpergestalt ziemlich gedrungen; Vomerzähne fehlen; Choanen klein, teilweise unter dem Kieferrand verborgen; Zunge klein, herzförmig, hinten frei und eingeschnitten. Kopf groß, etwas breiter als lang; Schnauze abgerundet, im Profil steil abgeflacht, nicht über das Maul hinausragend, so lang wie das große Auge, etwas kürzer als der Abstand der vorderen Augenwinkel voneinander, länger als hoch; Canthus rostralis scharf; Lorealgegend mäßig schräg, sehr wenig konkav; Nasenloch etwas näher der Schnauzenspitze als dem Auge; Internasalraum schmaler als der Interorbitalraum, der doppelt so breit wie ein oberes Augenlid ist; Trommelfell deutlich, klein, etwa $^1/_3$ des Augendurchmessers. Finger lang, die beiden lateralen mit etwa $^1/_3$ Schwimmhaut; Haftscheiben wohl entwickelt; 1. Finger kleiner als der 2., der kürzer als der 4. ist, der von dem 3. überragt wird; 3. Finger so lang wie die Schnauze; Subartikulartuberkel klein, flach. Zehen lang und schlank, mit etwa $^1/_2$ Schwimmhaut, die an allen Zehen das letzte Glied und an der

Fig. 231.
Hyperolius rugegensis E. Ahl.
Habitus von oben.

4. Zehe die beiden letzten Glieder frei läßt; Haftscheiben so groß wie die der Finger; 3. und 5. Zehe gleich lang; laterale Metatarsalia fest verbunden; laterale Zehe ohne Hautfalte; eine sehr schwache Tarsalfalte vorhanden; nur eine sehr kleine, flache, mediale Metatarsaltuberkel, keine laterale, keine Tarsaltuberkel; Sohle sehr fein granuliert; Subartikulartuberkel klein, wenig deutlich. Das Tibiotarsalgelenk reicht bis zum Hinterrand des Auges; Femur kürzer als die Tibia, die $3^1/_2$mal so lang wie breit, etwas über 2mal in der Körperlänge enthalten und länger als der Fuß ist; bei rechtwinklig angeknickten Hinterbeinen berühren die Fersen einander. Haut oben sehr fein runzelig; Kehle, Bauch und Unterseite der Oberschenkel granuliert; Postgularfalte deutlich; Postpectoral- und Temporofemoralfalte nur angedeutet. Männchen mit subgularer Schallblase und großer, an den Seiten freier Kehlscheibe.

Färbung (in Alkohol) oben hellbräunlich mit silbrigem Schimmer; dieselbe Färbung besitzen auch die Lateralseiten der Extremitäten; von dieser Grundfarbe heben sich eine Anzahl großer, rundlicher, dunkelbrauner Flecke in unregelmäßigen Abständen voneinander ab; von der Schnauzenspitze zieht sich entlang dem Canthus rostralis durch das Auge bis zur Ansatzstelle der Hinterbeine eine breite, braune Binde, die die ganzen Seiten einnimmt; diese Binde ist dorsal zu schmal silbrig eingefaßt. Tibia mit einigen großen, braunen Flecken; Kehle weiß, übrige Unterseite gelblich. Körperlänge 24 mm. (Fig. 231).

Rugege-Wald, 2000 m.

106. **H. reticulatus** Günther 1864 *H. r.*, Alb. Günther in: P. zool. Soc. London, p. 482 t. 33 f. 4 (Habitusbild und Kopf von der Seite) | 1868 *Rappia reticulata*, Alb. Günther in: P. zool. Soc. London, p. 480 | 1882 *R. r.*, Boulenger, Cat. Batr. sal. Brit. Mus., ed. 2 p. 125.

Körpergestalt gedrungen; Choanen klein, teilweise unter dem Kieferrand verborgen; Zunge groß, herzförmig; Kopf mäßig groß, niedergedrückt, wenig breiter als lang; Schnauze abgerundet, im Profil abgerundet, kaum über das

Fig. 232.
Hyperolius reticulatus Günther.
Habitus, Kopf von der Seite. (Nach Günther).

Maul hinausragend, so lang wie das große Auge, nur sehr wenig kürzer als der Abstand der vorderen Augenlider voneinander, viel länger als hoch; Canthus rostralis abgerundet, aber deutlich; Lorealgegend ziemlich steil, konkav; Nasenloch näher der Schnauzenspitze als dem Auge; Internasalraum viel schmaler als der Interorbitalraum, der doppelt so breit wie ein oberes Augenlid ist; Trommelfell mehr oder weniger deutlich sichtbar, klein, nahe beim Auge liegend. Finger kräftig, die beiden lateralen mit etwas über $^1/_3$ Schwimmhaut; Haftscheiben deutlich, wohl entwickelt; 1. Finger kleiner als der 2., der kürzer als der 4. ist, der von dem 3. bedeutend überragt wird; 3. Finger so lang wie die Schnauze; Subartikulartuberkel klein, aber deutlich. Zehen mit fast $^3/_4$ Schwimmhaut, die an allen Zehen bis unter die Haftscheiben reicht, nur bei der 4. Zehe das letzte Glied frei läßt; Haftscheiben etwa so groß wie die der Finger; 3. und 5. Zehe gleich lang; laterale Metatarsalia fest verbunden; nur eine angedeutete Tarsalfalte; nur eine sehr kleine, mediale Metatarsaltuberkel, keine laterale, keine Tarsaltuberkel; Subartikulartuberkel klein, aber deutlich. Das Tibiotarsalgelenk reicht bis zum vorderen Augenrand; Femur etwas kürzer als die Tibia, die $5^1/_2$ mal so lang wie breit, 2mal in der Körperlänge enthalten und etwas länger als der Fuß ist; bei rechtwinklig angeknickten Hinterbeinen überragen die Fersen einander ein wenig. Haut oben und an den Seiten glatt; Kehle, Bauch und Unterseite der Oberschenkel granuliert; einige größere Warzen hinter dem Mundwinkel.

Färbung (in Alkohol) oben und an den Seiten rotbraun, dicht bedeckt mit großen, runden, weißen Flecken, etwa von der Größe des Auges oder nur wenig kleiner und einer von dem anderen durch die Grundfarbe getrennt, so daß auf diese Weise ein regelmäßiges Netzwerk entsteht. Die beim sitzenden Tier sichtbaren Teile der Vorder- und Hinterextremitäten sind hellrosa und dunkelbraun gefleckt oder marmoriert; die beim Sitzen verborgenen Teile der Gliedmaßen sind rötlichgelb gefärbt. Kehle und Bauch leuchtend weiß. Ein dunkelbrauner Streifen unterhalb des Canthus rostralis von der Schnauzenspitze bis zum Auge. Körperlänge 31 mm. (Fig. 232).

Nigeria.

107. **H. argentophthalmus** E. Ahl 1931 *H. a.*, E. Ahl in: Mt. Mus. Berlin, *v.* 17 (im Druck).

Körpergestalt gedrungen; Vomerzähne fehlen; Choanen klein, teilweise unter dem Kieferrand verborgen; Zunge groß, hinten frei und mit zwei Zipfeln. Kopf mäßig groß, breiter als lang; Schnauze abgerundet, im Profil abgerundet, nur sehr wenig über das Maul hinausragend, so lang wie das große Auge, kürzer als der Abstand der vorderen Augenwinkel voneinander, so lang wie hoch; Canthus rostralis abgerundet, aber deutlich; Lorealgegend steil, wenig konkav; Nasenloch näher der Schnauzenspitze als dem Auge; Internasalraum schmaler als der Interorbitalraum, der nicht ganz doppelt so breit wie ein oberes Augenlid ist; Trommelfell nur undeutlich sichtbar. Finger kräftig, die beiden lateralen mit $^1/_3$ Schwimmhaut; Haftscheiben wohl entwickelt; 1. Finger kleiner als der 2., der kürzer als der 4. ist, der von dem 3. um die Länge der Haftscheibe überragt wird; 3. Finger so lang wie die Schnauze; Subartikulartuberkel deutlich. Zehen ziemlich schlank, mit etwa $^2/_3$ Schwimmhaut, die an der 1. und 4. Zehe die letzten $1^1/_2$ Glieder frei läßt und bei den übrigen nicht ganz bis an die Haftscheiben reicht; Haftscheiben so groß wie die der Finger; 5. Zehe ein wenig länger als die 3.; laterale Metatarsalia fest verbunden; keine Tarsalfalte; nur eine sehr kleine, flache, undeutliche mediale Metatarsaltuberkel, keine laterale, keine Tarsaltuberkel; Subartikulartuberkel klein und undeutlich. Das Tibiotarsalgelenk reicht bis zum vorderen Rand des Auges; Femur kürzer als die Tibia, die 4mal so lang wie breit, 2mal in der Körperlänge enthalten und länger als der Fuß ist; bei rechtwinklig angeknickten Hinterbeinen decken die Fersen einander. Haut oben auf Kopf, Rücken und Gliedmaßen glatt; hinter dem Mundwinkel und an den Körperseiten eine Anzahl kleiner Warzen und Tuberkel; Kehle glatt; Bauch, Unterseite der Oberschenkel und Sohlen der

Fig. 233. **Hyperolius argentophthalmus** E. Ahl. Habitus von oben.

Füße granuliert; eine deutliche Postgularfalte; keine Postpectoralfalte; Temporofemoralfalte nur sehr schwach entwickelt.

Färbung (in Alkohol) oben und unten einfarbig hellbräunlichweiß; die Iris des großen Auges ist lebhaft silberfarben. Körperlänge 32 mm. (Fig. 233).

Ohne genauen Fundort.

108. **H. substriatus** E. Ahl 1897 *Rappiae x*; series: *substriatae* (part.), Tornier, Kriechth. D.-O.-Afr., p. 145 t. 5 f. 65—71, 74—76 (Habitus) | 1931 *Hyperolius substriatus*, E. Ahl in: Mt. Mus. Berlin, *v.* 17 (im Druck).

Körpergestalt ziemlich gedrungen; Choanen groß, teilweise unter dem Kieferrand verborgen; Zunge groß, hinten frei und eingeschnitten. Kopf mäßig groß, nur sehr wenig breiter als lang; Schnauze spitz abgerundet, im Profil abgerundet, wenig über das Maul hinausragend, so lang oder nur wenig länger als das Auge, bedeutend kürzer als der Abstand der vorderen Augenwinkel voneinander, viel länger als hoch; Canthus rostralis abgerundet, aber deutlich; Lorealgegend steil, konkav; Nasenloch viel näher der Schnauzenspitze als dem Auge; Internasalraum $^2/_3$ so breit wie der Interorbitalraum,

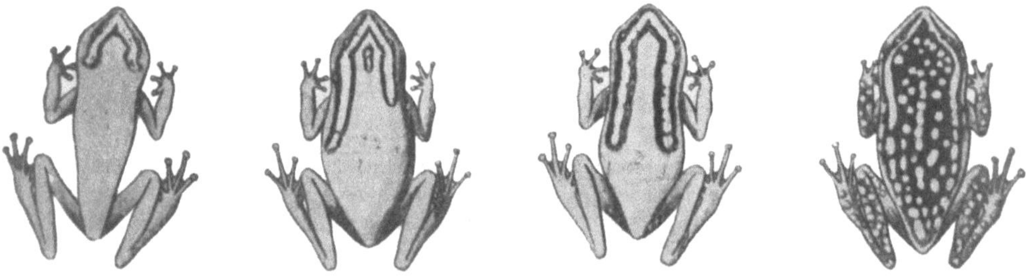

Fig. 234.
Hyperolius substriatus E. Ahl.
Habitus von oben. (Nach Tornier).

der $1^1/_2$—2 mal so breit wie ein oberes Augenlid ist; Trommelfell völlig unter der Haut verborgen. Finger kräftig, die beiden lateralen mit $^1/_8$ Schwimmhaut; Haftscheiben groß und wohl entwickelt; 1. Finger kleiner als der 2., der kürzer als der 4. ist, der von dem 3. überragt wird; 3. Finger so lang oder nur wenig länger als die Schnauze; Subartikulartuberkel klein, aber deutlich. Zehen mit etwa $^1/_2$ Schwimmhaut, die an allen Zehen das letzte halbe Glied, an der 1. Zehe das letzte Glied und an der 4. Zehe fast die beiden letzten Glieder frei läßt; Haftscheiben etwas kleiner als die der Finger; 5. Zehe kaum merkbar länger als die 3.; laterale Metatarsalia fest verbunden; keine Tarsalfalte; nur eine sehr kleine, mediale Metatarsaltuberkel, keine laterale, keine Tarsaltuberkel; Sohle granuliert; Subartikulartuberkel klein, aber deutlich. Das Tibiotarsalgelenk reicht bis zur Mitte oder zum Vorderrand des Auges; Femur etwas kürzer als die Tibia, die 4—5 mal so lang wie breit, etwas über 2 mal in der Körperlänge enthalten und länger als der Fuß ist; bei rechtwinklig angeknickten Hinterbeinen decken die Fersen einander. Haut oben und an den Seiten glatt; Kehle glatt; Bauch und Unterseite der Oberschenkel grob granuliert; keinerlei Hautfalten.

Färbung (in Alkohol) gewöhnlich oben, an den Seiten des Kopfes und Körpers und den beim sitzenden Tier sichtbaren Teilen der Vorder- und Hinterextremitäten gelb; vorhanden ist immer eine breite, weißliche oder rosafarbene, breit dunkelbraun umrandete Binde, die sich von der Schnauzenspitze an entlang dem Canthus rostralis erstreckt und das obere Augenlid einnimmt; meist zieht sich diese Binde noch etwas nach hinten entlang den Kopfseiten und denen des Rumpfes, jedoch seltener bis zu den Weichen; von dieser Binde aus können sich, besonders auf dem Kopf und dem vorderen Teil des Rumpfes, nach der Rückenmitte zu ähnliche große, runde, dunkelbraun eingefaßte Flecke nach der Körpermitte zu anschließen; manchmal nehmen diese Flecke so überhand, daß die Grundfarbe dunkelbraun erscheint, mit vielen regelmäßig oder unregelmäßig eingelagerten, großen, mehr oder weniger runden, hellen Flecken. Bei so gezeichneten Exemplaren sind auch die Lateralseiten der Vorder- und Hinterbeine wie der Körper gefärbt. Die beim Sitzen verborgenen Teile der Vorder- und Hinterbeine sind lebhaft rötlichgelb; Unterseite gelblichweiß. Im Leben sind die großen Flecke gelb, die Umrandungen schwarz; die Grundfarbe des Rückens ist gelb bis gelbbraun. Körperlänge 35 mm. (Fig. 234).

Ostafrika.

109. **H. cinctiventris** Cope 1862 *H. c.*, E. D. Cope in: P. Ac. Philad., p. 342 | 1864 *H. citrinus*, Alb. Günther in: P. zool. Soc. London, p. 311 t. 27 f. 2 (Habitus, farbig) | 1866 *H. c.* + *H. granulosus*, Peters in: Monber. Ak. Berlin, p. 891 | 1868 *Rappia citrina*, Alb. Günther in: P. zool. Soc. London, p. 481 | 1881 *Hyperolius cinctiventris*, O. Boettger in: Abh. Senckenb. Ges., *v.* 12 p. 112 | 1882 *Rappia c.*, Boulenger, Cat. Batr. sal. Brit. Mus., ed. 2 p. 126 | 1882 *Hyperolius granulosus*, Peters, Reise Mossamb., *v.* 3 p. 161 t. 22 f. 3 (Habitus, Mundöffnung) | 1882 *H. citrinus*, Peters, ibid., p. 163 | 1910 *Rappia cinctiventris*, J. Roux in: Rev. Suisse Zool., *v.* 18 p. 102 | 1915 *R. c.*, Nieden in: Mt. Mus. Berlin, *v.* 7 p. 375 | 1924 *Hyperolius c.*, Noble in: Bull. Amer. Mus., *v.* 49 p. 325.

Körpergestalt gedrungen; Vomerzähne fehlen; Choanen mäßig groß, teilweise unter dem Kieferrand verborgen; Zunge groß, hinten frei und mit zwei Zipfeln. Kopf groß, wenig breiter als lang; Schnauze abgerundet, im Profil abgerundet oder rundlich abgestutzt, nicht oder nur wenig über das Maul hinausragend, so lang wie das Auge, kürzer als der Abstand der vorderen Augenwinkel voneinander, länger als hoch; Canthus rostralis abgerundet, aber deutlich; Lorealgegend steil, wenig konkav; Nasenloch etwas näher der Schnauzenspitze als dem Auge; Internasalraum schmaler als der Interorbitalraum, der doppelt so breit wie ein oberes Augenlid ist; Trommelfell gänzlich unter der Haut verborgen. Finger kräftig, die beiden lateralen mit etwa $^1/_3$ Schwimmhaut; Haftscheiben wohl entwickelt; 1. Finger kleiner als der 2., der kürzer als der 4. ist, der von dem 3. überragt wird; 3. Finger so lang wie die Schnauze; Subartikulartuberkel klein, aber deutlich. Zehen mit etwa $^2/_3$ Schwimmhaut, die an der 4. Zehe das letzte Glied frei läßt und bei den übrigen bis oder fast bis an die Haftscheiben reicht; 5. Zehe länger als die 3.; laterale Metatarsalia fest verbunden; keine Tarsalfalte; nur eine sehr kleine, flache, undeutliche, mediale Metatarsaltuberkel, keine laterale, keine Tarsaltuberkel; Subartikulartuberkel klein und undeutlich. Das Tibiotarsalgelenk reicht bis zur Mitte oder dem Vorderrand des Auges; Femur kürzer als die Tibia, die $3^1/_2$—4mal so lang wie breit, 2—$2^1/_5$mal in der Körperlänge enthalten und länger als der Fuß ist; bei rechtwinklig angeknickten Hinterbeinen überragen die Fersen einander. Haut der Oberseite und der Seiten, ebenso der Extremitäten mit vielen, mehr oder weniger dicht stehenden, unregelmäßig verstreuten, runden Warzen

Fig. 235. **Hyperolius cinctiventris** Cope. Habitus. (Nach Günther).

besetzt; Kehle, Seiten des Bauches und Unterseite der Oberschenkel grob granuliert; Mitte des Bauches von einer Ringfalte umschlossen, die Mitte selbst quergerunzelt; eine deutliche Postgular-, Postpectoral- und Temporofemoralfalte. Männchen mit subgularer Schallblase, und mit oder ohne Kehlscheibe.

Färbung (in Alkohol) oben einfarbig weiß bis gelblichbraun; Seiten mit oder ohne ein braunes Band, das sich von der Schnauzenspitze durch das Auge bis in die Gegend der Weichen erstrecken kann. Der Zwischenraum zwischen der Abdominalfalte und der Temporofemoralfalte schwärzlich; Oberschenkel und Unterseite der Vorder- und Hinterextremitäten rot. Bauch und Kehle weiß. Bei einem Exemplar aus Mutarara zieht sich jederseits vom Auge zu den Weichen und von der Schnauzenspitze zum After entlang der Vertebrallinie eine orangefarbene Linie. Körperlänge 30 mm. (Fig. 235).

Tropisches Afrika.

110. **H. mohasicus** E. Ahl 1931 *H. m.*, E. Ahl in: Mt. Mus. Berlin, *v.* 17 (im Druck).

Körpergestalt mäßig schlank; Vomerzähne fehlen; Choanen sehr klein, unter dem Kieferrand verborgen; Zunge mäßig groß, hinten frei und mit zwei Zipfeln. Kopf mäßig groß, breiter als lang; Schnauze stumpf zugespitzt, im Profil rundlich zugespitzt, über das Maul hinausragend, so lang wie das Auge, viel kürzer als der Abstand der vorderen Augenwinkel voneinander, fast so hoch wie lang; Canthus rostralis abgerundet, aber deutlich; Lorealgegend senkrecht, wenig konkav; Nasenloch etwas näher der Schnauzenspitze als dem Auge; Internasalraum schmaler als der Interorbitalraum, der über doppelt so breit wie ein oberes Augenlid ist; Trommelfell gänzlich unter der Haut verborgen. Finger ziemlich schlank, die beiden lateralen mit etwa $^1/_3$ Schwimmhaut; Haftscheiben mäßig groß; 1. Finger kleiner als der 2., der von dem 4. überragt wird, der nur wenig kürzer als der 3. ist; 3. Finger so lang wie die Schnauze; Subartikulartuberkel klein, wenig deutlich. Zehen schlank, mit etwa $^2/_3$ Schwimmhaut, die an der 4. Zehe das letzte Glied frei läßt und an den übrigen nicht ganz bis unter die Haftscheiben reicht; Haftscheiben so groß wie die der Finger; 5. Zehe etwas länger als die 3.; laterale Metatarsalia fest verbunden; eine sehr schwache Tarsalfalte vorhanden; nur eine sehr kleine, undeutliche, mediale Metatarsaltuberkel, keine laterale, keine Tarsaltuberkel; Subartikulartuberkel klein, wenig deutlich. Das Tibiotarsalgelenk reicht bis zur Mitte des Auges; Femur kürzer als die Tibia, die $3^2/_3$mal so lang wie breit, 2mal in der Körperlänge enthalten und viel länger als der Fuß ist; bei rechtwinklig angeknickten Hinterbeinen berühren die Fersen einander. Haut oben gerunzelt, an den Seiten deutlich gefeldert; über den ganzen Rücken, die Kopfseiten, die Körperseiten und die Oberseite der Extremitäten finden sich kleine, runde, lebhaft rot gefärbte Drüsenwarzen verstreut. Kehle und Bauch, ebenso Unterseite der Oberschenkel granuliert; eine deutliche Postgular- und Postpectoralfalte; keine Temporofemoralfalte. Männchen mit subgularer Schallblase, doch ohne Kehlscheibe.

Fig. 236. **Hyperolius mohasicus** E. Ahl. Habitus von oben.

Färbung (in Alkohol) oben auf dem Rücken, den Seiten und der Oberseite der Vorder- und Hinterextremitäten weiß mit vielen, mäßig großen, rundlichen oder länglichen, in unregelmäßigen Längsreihen angeordneten Flecken von rotbrauner Färbung. Die kleinen Warzen sind hellbraunrot gefärbt. Unterseite einfarbig weißlich. Oberschenkel bräunlich-fleischfarben. Färbung im Leben (nach Schubotz): Schwimmhaut der Zehen, Flecken auf der Unterseite der Schenkel rot; desgleichen die Warzen auf der Oberseite des Rückens. Bauch zart blau, Kehle zart gelb; Rücken mit blaugrauen Flecken. Körperlänge 21 mm. (Fig. 236).

Mohasi-See, Ruanda.

111. **H. brachiofasciatus** E. Ahl 1931 *H. b.*, E. Ahl in: Mt. Mus. Berlin, *v.* 17 (im Druck).

Körpergestalt gedrungen; Vomerzähne fehlen; Choanen mäßig groß, teilweise unter dem Kieferrand verborgen; Zunge mäßig groß, herzförmig, hinten mit zwei langen Zipfeln; Kopf groß, breiter als lang; Schnauze abgerundet, im Profil abgerundet, nicht über das Maul hinausragend, so lang wie das große Auge, kürzer als der Abstand der vorderen Augenwinkel voneinander, länger als hoch; Canthus rostralis rund, aber deutlich; Lorealgegend senkrecht, nur sehr wenig konkav; Nasenloch etwas näher der Schnauzenspitze als dem Auge; Internasalraum schmaler als der Interorbitalraum, der doppelt so breit wie ein oberes Augenlid ist; Trommelfell unter der Haut verborgen. Finger kräftig, die beiden lateralen mit etwa $^1/_2$ Schwimmhaut; Haftscheiben mäßig groß; 1. Finger kleiner als der 2., der um die Länge der Haftscheibe kürzer als der 4. ist, der von dem 3. um die Länge der Haftscheibe überragt wird; 3. Finger so lang wie die Schnauze; Subartikulartuberkel mäßig deutlich. Zehen mit $^3/_4$ Schwimmhaut, die an der 4. Zehe das letzte Glied frei läßt und an den übrigen bis unter die Haftscheiben reicht; Haftscheiben kleiner als die der Finger; 5. Zehe etwas länger als die 3.; laterale Metatarsalia fest verbunden; eine schwache Tarsalfalte vorhanden; nur eine kleine, flache, mediale Metatarsaltuberkel, keine laterale, keine Tarsaltuberkel; Subartikulartuberkel klein, aber deutlich. Das Tibiotarsalgelenk reicht bis zur Augenmitte; Femur kürzer als die Tibia, die 4mal so lang wie breit, 2mal in der Körperlänge enthalten und länger als der Fuß ist; bei rechtwinklig angeknickten Hinterbeinen decken die Fersen einander. Haut oben fein chagriniert; Unterseite des Körpers und der Schenkel fein granuliert; eine deutliche Postgularfalte vorhanden; keine Postpectoral- oder Temporofemoralfalte.

Fig. 237.
Hyperolius brachiofasciatus E. Ahl.
Habitus von oben.

Färbung (in Alkohol) oben gelblichbraun mit sehr enggestellter, dunklerer Marmorierung; entlang dem Canthus rostralis ein dunkles Band; zwischen den Augen eine deutliche, dunkle Querbinde; etwa in der Gegend der Körpermitte drei ziemlich undeutliche, unregelmäßige, große, dunkle Flecke; Oberseite der Vorder- und Hinterbeine wie die Oberseite des Rückens; je eine breite, dunkle Querbinde über die Mitte des Unterarmes, des Femur, der Tibia und des Tarsus. Körperseiten, Hinterseite des Oberschenkels und gesamte Unterseite einfarbig gelblich. Totallänge 29 mm. (Fig. 237).

Ngoto, Lobajegebiet, Westafrika.

112. **H. rubripes** E. Ahl 1931 *H. r.*, E. Ahl in: Mt. Mus. Berlin, *v.* 17 (im Druck).

Körpergestalt gedrungen; Vomerzähne fehlen; Choanen klein, teilweise unter dem Kieferrande verborgen; Zunge groß, hinten mit zwei Zipfeln.

Kopf groß, 3mal in der Körperlänge enthalten, breiter als lang; Schnauze dreieckig zugespitzt, im Profil abgeflacht und schwach zugespitzt, etwas über das Maul hinausragend, so lang wie das Auge, kürzer als der Abstand der vorderen Augenwinkel voneinander, fast so hoch wie lang; Canthus rostralis abgerundet, aber deutlich; Lorealgegend steil, etwas konkav; Nasenloch etwas näher der Schnauzenspitze als dem Auge; Internasalraum viel schmaler als der Interorbitalraum, der doppelt so breit wie ein oberes Augenlid ist; Trommelfell unter der Haut verborgen. Finger kräftig, die beiden lateralen mit etwas über $^1/_2$ Schwimmhaut; Haftscheiben groß; 1. Finger kleiner als der 2., der kürzer als der 4. ist, der von dem 3. nur wenig überragt wird; 3. Finger so lang oder ein wenig länger als die Schnauze; Subartikulartuberkel deutlich, etwas vorspringend. Zehen mit $^3/_4$ Schwimmhaut, die an allen Zehen bis unter die Haftscheiben reicht und nur an der 4. Zehe das letzte Glied frei läßt; Haftscheiben so groß wie die der Finger; 5. Zehe ein wenig länger als die 3.; laterale Metatarsalia fest verbunden; eine sehr schwache Tarsalfalte vorhanden; nur eine sehr kleine, flache, mediale Metatarsaltuberkel vorhanden, keine laterale, keine Tarsaltuberkel; Subartikulartuberkel schwach, nur sehr wenig vorspringend. Das Tibiotarsalgelenk reicht bis zum Vorderrand des großen Auges; Femur kürzer als die Tibia, die 4—5mal so lang wie breit, 2mal in der Körperlänge enthalten und viel länger als der Fuß ist; bei rechtwinklig angeknickten Hinterbeinen decken die Fersen einander. Haut auf dem Rücken glatt; die Körperseiten mit verstreuten, verhältnismäßig großen Warzen und Granula besetzt; Unterseite granuliert; eine sehr deutliche Postgularfalte, eine schwache Postpectoralfalte, keine Temporofemoralfalte. Männchen mit großer, subgularer Schallblase und einer großen, hinten abgerundeten, bei älteren Exemplaren an den Seiten eingefaßten Kehlscheibe.

Färbung (in Alkohol) oben einfarbig gelblichweiß oder weißlich-rosa oder -bräunlich. Oberschenkel und Medialseite des gesamten Fußes (außer einem schmalen Streifen am Lateralrande des Tarsus und der 5. Zehe) blutrot. Unterseite gelb. Körperlänge 32 mm.

Kililana.

113. **H. nitidulus** Ptrs. 1875 *H. n.*, Peters in: Monber. Ak. Berlin, p. 209 t. 3 f. 4 (Habitus), 4a (Maulspalte) | 1882 *Rappia marmorata* (part.), Boulenger, Cat. Batr. sal. Brit. Mus., ed. 2 p. 121.

Körpergestalt mäßig gedrungen; Vomerzähne fehlen; Choanen ziemlich groß, nicht unter dem Kieferrand verborgen; Zunge groß, breit herzförmig, hinten frei und mit zwei Zipfeln. Kopf groß, etwas breiter als lang; Schnauze rundlich zugespitzt, im Profil abgeflacht oder rundlich abgestutzt, nicht über das Auge hinausragend, so lang wie das Auge, viel kürzer als der Abstand der vorderen Augenwinkel voneinander, etwas länger als hoch; Canthus rostralis abgerundet, aber deutlich; Lorealgegend etwas schräg, konkav; Nasenloch wenig näher der Schnauzenspitze als dem Auge; Internasalraum etwas schmaler als der Interorbitalraum, der doppelt so breit wie ein oberes Augenlid ist; Trommelfell gänzlich unter der Haut verborgen. Finger kräftig, die beiden lateralen mit etwa $^1/_3$ oder etwas mehr Schwimmhaut; Haftscheiben wohl entwickelt; 1. Finger kleiner als der 2., der kürzer als der 4. ist, der von dem 3. nur sehr wenig überragt wird; 3. Finger so lang oder wenig länger als die Schnauze; Subartikulartuberkel klein, aber deutlich. Zehen kräftig, mit etwa $^2/_3$ Schwimmhaut, die an der 1. und 4. Zehe das letzte Glied frei läßt und bei den übrigen bis oder fast bis unter die Haftscheiben reicht; Haftscheiben so groß wie die der Finger; 5. Zehe etwas länger als die 3.; laterale Metatarsalia durch eine sehr schmale Schwimmhaut wenigstens im lateralen Teile getrennt; keine oder eine nur sehr schwache Tarsalfalte; nur eine sehr kleine, flache, mediale Metatarsaltuberkel, keine laterale, keine Tarsaltuberkel; Subartikulartuberkel klein, mäßig vorspringend; das Tibiotarsalgelenk reicht bis zum Vorderrand des Auges; Femur kürzer als die Tibia, die 4—5mal so lang wie breit, 2—2$^{1}/_{6}$mal in der Körperlänge enthalten und viel länger als der Fuß ist; bei rechtwinklig angeknickten Hinterbeinen decken oder überragen die Fersen einander. Haut oben glatt, an den Seiten glatt oder mit sehr feinen Warzen versehen, hinter dem Mundwinkel eine Anzahl großer Warzen. Kehle granuliert; Bauch und Unterseite der Oberschenkel quergerunzelt oder gefeldert; eine deutliche Postgularfalte und eine mehr oder weniger deutliche Postpectoralfalte; keine Temporofemoralfalte. Männchen mit subgularer Schallblase und ein wenig nach hinten verlängerter Postgularfalte; keine Kehlscheibe.

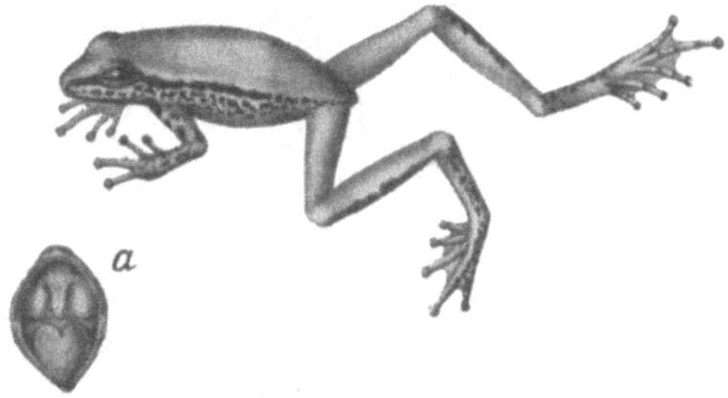

Fig 238.
Hyperolius nitidulus Ptrs.
Habitus, *a* = Mundöffnung. (Nach Peters).

Färbung (in Alkohol) oben und auf der Oberseite der Extremitäten hellgrau (grün im Leben?); entlang dem Canthus rostralis durch das Auge, vom oberen Augenlid nach hinten bis zur Ansatzstelle der Hinterbeine zieht sich eine breite, dunkelgraue, nach oben weiß gerandete, nach unten durch weiße Fleckenzeichnung aufgelöste Längsbinde; die unterhalb der deutlichen Längsbinde gelegenen Lateralteile oft dunkelgrau und weiß marmoriert oder gefleckt; häufig auch einige dunkelgraue Flecke auf dem Rücken. Lateralseite der Vorder- und Hinterextremitäten hellgrau oder weißlich mit dunkelgrauer Marmel- oder Fleckenzeichnung. Unterseite weißlich, Kehle grau marmoriert. Färbung im Leben (nach Baumann): Ober- und Unterseite gelb, Körperseiten mit rotbraunen Flecken; Schenkel rot. Körperlänge 28 mm. (Fig. 238).

Guinea bis Togo.

114. **H. discodactylus** E. Ahl 1931 *H. d.*, E. Ahl in: Mt. Mus. Berlin, *v.* 17 (im Druck).

Körpergestalt kräftig; Vomerzähne fehlen; Choanen klein, teilweise unter dem Kieferrand verborgen; Zunge klein, birnenförmig, hinten frei und mit zwei Zipfeln; Kopf groß, breiter als lang; Schnauze zugespitzt, im Profil abgeflacht, nicht über das Maul hinausragend, so lang wie das Auge, wenig kürzer als der Abstand der vorderen Augenwinkel voneinander, länger als hoch; Canthus rostralis deutlich, gerade; Lorealgegend schräg, wenig konkav; Nasenloch viel näher der Schnauzenspitze als dem Auge; Internasalraum fast $^1/_2$ so breit wie der Interorbitalraum, der doppelt so breit wie ein oberes Augenlid ist; Trommelfell gänzlich unter der Haut verborgen. Finger sehr lang und kräftig, mit $^1/_2$ Schwimmhaut; Haftscheiben außergewöhnlich groß; 1. Finger kleiner als der 2., der kürzer als der 4. ist, der nur wenig vom 3. überragt wird; 3. Finger viel länger als die Schnauze; Subartikulartuberkel klein und wenig hervortretend. Zehen groß und kräftig, mit $^2/_3$ Schwimmhaut, die an der 4. Zehe die letzten $1^1/_2$ Glieder und bei den übrigen Zehen das letzte halbe Glied frei läßt; Haftscheiben etwas kleiner als die der Finger; 5. Zehe wenig länger als die 3.; laterale Metatarsalia fest verbunden; laterale Zehe ohne Hautfalte; keine Tarsalfalte; nur eine äußerst kleine, flache, undeutliche, mediale Metatarsaltuberkel, keine laterale, keine Tarsaltuberkel; Sohle fein granuliert; Subartikulartuberkel klein, wenig vorragend. Das Tibiotarsalgelenk reicht bis zum Vorderrand des Auges; Femur kürzer als die Tibia, die $3^1/_2$—4mal so lang wie breit, 2mal in der Körperlänge enthalten

Fig. 239.
Hyperolius discodactylus E. Ahl.
Habitus von oben.

und länger als der Fuß ist; bei rechtwinklig angeknickten Hinterbeinen decken die Fersen einander. Haut auf der Oberseite des Kopfes und der Ober- und Lateralseite der Gliedmaßen glatt; Oberseite des Körpers und Seiten des Kopfes und des Körpers dicht mit sehr feinen, spitzen Tuberkeln versehen; hinter dem Mundwinkel und in der Gegend des Tympanum eine Anzahl großer Warzen. Kehle fein, Bauch und Unterseite der Oberschenkel grob granuliert, eine sehr deutliche Postgular- und eine nicht ganz so deutliche Postpectoralfalte; Temporofemoralfalte nicht sehr deutlich. Männchen mit subgularer Schallblase und großer, langer, schmaler Kehlscheibe.

Färbung (in Alkohol) oben, an den Seiten und an der Lateralseite der Extremitäten bräunlichweiß, mit vielen, aus einzelnen kleinen Pigmenthäufungen bestehenden, unregelmäßigen, kleinen, braunen Fleckchen, die am Canthus rostralis zu einer Canthalbinde zusammenfließen. Unterseite einfarbig gelblichweiß. Körperlänge 34 mm. (Fig. 239).

Rugege-Wald und westlich des Albert-Edward-Sees.

115. **H. obstetricans** E. Ahl 1901 *Rappia spec.*. Brandes & Schönichen in: Abh. Ges. Halle, *v.* 22 p. 415 t. 4 f. 2 (Habitusbild des Frosches nebst Eigelege) | 1931 *Hyperolius obstetricans*, E. Ahl in: Mt. Mus. Berlin, *v.* 17 (im Druck).

Körpergestalt mäßig gedrungen; Choanen mäßig groß, nicht unter dem Kieferrand verborgen; Zunge mäßig groß, birnenförmig, hinten frei und eingeschnitten. Kopf groß, wenig breiter als lang; Schnauze abgerundet, vorn quer abgestutzt, im Profil senkrecht abgestutzt, nicht über das Maul hinausragend, so lang wie das große Auge, etwas kürzer als der Abstand der vorderen Augenwinkel voneinander, viel länger als hoch; Canthus rostralis abgerundet, aber sehr deutlich, gebogen; Lorealgegend ziemlich steil, konkav; Nasenloch fast an der Schnauzenspitze liegend; Internasalraum etwa $^2/_3$ so breit wie der Interorbitalraum, der über doppelt so breit wie ein oberes Augenlid ist; Trommelfell sehr klein und wenig deutlich, dicht am Auge liegend. Finger kräftig, die beiden lateralen mit $^1/_2$ Schwimmhaut; Haftscheiben wohl entwickelt; 1. Finger kleiner als der 2., der kürzer als der 4. ist, der von dem 3. überragt wird; 3. Finger viel länger als die Schnauze; Subartikulartuberkel mäßig deutlich. Zehen mit etwa $^2/_3$ Schwimmhaut, die an der 4. Zehe das letzte Glied frei läßt und bei den übrigen bis oder fast bis unter die Haftscheiben reicht; Haftscheiben etwa so groß wie die der Finger. 5. Zehe ein wenig länger als die 3.; laterale Metatarsalia fest verbunden; laterale Zehe mit sehr deutlicher Hautfalte; keine Tarsalfalte; eine ovale, kleine, mediale Metatarsaltuberkel und eine sehr kleine, wenig deutliche laterale; keine Tarsaltuberkel; Sohle fein granuliert; Subartikulartuberkel klein und undeutlich. Das Tibiotarsalgelenk reicht bis zur Augenmitte; Femur kürzer als die Tibia, die $4^1/_2$ mal so lang wie breit, nicht ganz 2 mal in der Körperlänge enthalten und viel länger als der Fuß ist; bei rechtwinklig angeknickten Hinterbeinen überragen einander die Fersen ein wenig. Haut auf dem Kopf und dem Vorderrücken glatt, hinten auf dem Rücken, an den Seiten des Körpers und besonders des Kopfes mit sehr vielen kleinen, weiß gefärbten Tuberkeln besetzt. Kehle warzig, mit besonders großen Warzen am Kieferrande und hinter dem Mundwinkel besetzt; Bauch und Unterseite der Oberschenkel sehr fein granuliert; die Gegend um den After herum ist mit auffallend großen, weiß gefärbten, mehr oder weniger spitzen Tuberkeln und Hautanhängen dicht besetzt. Die Lateralseite des 4. Fingers, ebenso wie die Lateralseite des Unterarmes, mit einer an der freien Seite stark blattähnlich ausgefransten und mit kleinen Tuberkeln versehenen, ziemlich breiten Hautfalte besetzt. Eine ähnliche Hautfalte zieht sich entlang der Lateralseite der lateralen Zehe und des Tarsus hin; beide Hautfalten sind durch ihre weiße Färbung sehr auffallend. Keine Postgular- oder Postpectoralfalten.

Fig. 240.
Hyperolius obstetricans E. Ahl.
Habitus von oben,
auf Blatt mit angeklebten Eiern.
(Nach Brandes & Schönichen).

Färbung (in Alkohol) oben hellgelblichbraun; die auf der Hinterseite des Rückens, den Seiten des Körpers und des Kopfes, der Oberseite der Tibia und des Unterarmes verstreuten, kleinen Tuberkel sind leuchtend weiß; von derselben weißen Farbe sind auch die Hautsäume entlang der Lateralseite der Hand und des Unterarmes und entlang der Lateralseite des Fußes und des Tarsus, ebenso wie auch die großen Tuberkel und Hautanhänge rings um den Anus. Kehle leuchtend silberweiß; Brust leuchtend gelblichweiß, Bauch und Femora sowie Unterseite der Extremitäten rötlichgelb (wahrscheinlich rot im Leben). Körperlänge 25 mm. (Fig. 240).

Bipindi, Kamerun.

Der kleine Frosch zeichnet sich durch eine sehr interessante Brutpflege aus; das einzige bekannte Exemplar wurde von Herrn Zenker gefangen, wie es auf dem auf einem Blatt festgeklebten Eigelege saß; Herr Zenker konservierte das Blatt mitsamt dem Frosch und übersandte beides an das Zoologische Museum in Berlin; das Gelege besteht aus 39 Eiern, die einen Durchmesser von etwa 2 mm besitzen, und Spuren embryonaler Entwicklung erkennen lassen.

116. **H. maximus** E. Ahl 1931 *H. m.*, E. Ahl in: Mt. Mus. Berlin, *v.* 17 (im Druck).

Körpergestalt gedrungen; Vomerzähne fehlen; Choanen groß, nicht unter dem Kieferrand verborgen; Zunge groß, hinten frei und eingeschnitten; Kopf mäßig groß, sehr wenig breiter als lang; Schnauze dreieckig zugespitzt, im Profil abgerundet, nur wenig über das Maul hinausragend, so lang wie das sehr große Auge, kürzer als der Abstand der vorderen Augenwinkel voneinander, viel länger als hoch; Canthus rostralis abgerundet, aber deutlich; Lorealgegend steil, wenig konkav; Nasenloch viel näher der Schnauzenspitze als dem Auge; Internasalraum schmaler als der Interorbitalraum, der doppelt so breit wie ein oberes Augenlid ist; Trommelfell gänzlich unter der Haut verborgen. Finger sehr groß und kräftig, mit $^1/_3$ Schwimmhaut zwischen den beiden lateralen; Haftscheiben außerordentlich groß und kräftig; 1. Finger kleiner als der 2., der nur wenig kürzer als der 4. ist, der nur wenig von dem 3. überragt wird; 3. Finger etwas länger als die Schnauze; Subartikulartuberkel groß und deutlich, unter einigen Gelenken doppelt; Zehen kräftig, mit etwa $^3/_4$ Schwimmhaut, die an der 1. und 4. Zehe das letzte Glied frei läßt und bei den übrigen bis unter die Haftscheiben reicht; 5. Zehe nur wenig länger als die 3.; laterale Metatarsalia in ihrem distalen Abschnitt durch eine sehr schmale Schwimmhaut getrennt; keine Tarsalfalte; eine kleine, längliche, mediale und eine sehr kleine, aber deutliche, runde, papillenartige, laterale Metatarsaltuberkel; keine Tarsaltuberkel; Sohle wenig granuliert; Subartikulartuberkel deutlich, einfach. Das Tibiotarsalgelenk reicht zwischen Augenmitte und Augenvorderrand; Femur kürzer als die Tibia, die 4 mal so lang wie breit, etwas über 2 mal in der Körperlänge enthalten und viel länger als der Fuß ist; bei rechtwinklig angeknickten Hinterbeinen überragen die Fersen einander. Haut oben und an den Seiten glatt; einige größere Warzen hinter dem Mundwinkel; Kehle glatt; Bauch und Unterseite der Oberschenkel granuliert; eine deutliche Postgularfalte; keine Postpectoralfalte; Temporofemoralfalte deutlich vorhanden. Männchen mit subgularer Schallblase und kleiner Kehlscheibe.

Fig 241.
Hyperolius maximus E. Ahl
Habitus von oben.

Färbung (in Alkohol) oberseits, einschließlich der Oberseite der Vorder- und Hinterextremitäten, einfarbig grünlichblau; Unterseite des Körpers und der Vorder- und Hinterbeine gelblichweiß. Färbung im Leben (nach Preuß): Oberseite grün, Unterseite gelb; Oberschenkel an den Seiten schön rot, ebenso die Füße. Körperlänge 38 mm. (Fig. 241).

Kamerun, Guinea.

117. **H. pulchromarmoratus** E. Ahl 1931 *H. p.*, E. Ahl in: Mt. Mus. Berlin, *v.* 17 (im Druck).

Körpergestalt mäßig gedrungen; Vomerzähne fehlen; Choanen mäßig groß, nicht unter dem Kieferrand verborgen; Zunge groß, hinten frei und tief eingeschnitten. Kopf mäßig groß, etwas breiter als lang; Schnauze abgerundet, im Profil rundlich abgestutzt, kaum über das Maul hinausragend, so lang wie das große Auge, etwas kürzer als der Abstand der vorderen Augenwinkel voneinander, länger als hoch; Canthus rostralis deutlich, ziemlich scharf, gebogen; Lorealgegend mäßig steil, tief konkav; Nasenloch deutlich näher der Schnauzenspitze als dem Auge; Internasalraum nur wenig mehr als $^1/_2$ des Interorbitalraumes, der über doppelt so breit wie ein oberes Augenlid ist; Trommelfell nur sehr undeutlich sichtbar, dicht am Auge liegend. Finger lang und schlank, die beiden lateralen mit etwa $^1/_8$ Schwimmhaut; Haftscheiben mäßig groß, deutlich; 1. Finger kleiner als der 2., der kürzer als der 4. ist, der von dem 3. überragt wird; 3. Finger länger als die Schnauze; Subartikulartuberkel klein, aber deutlich. Zehen lang und schlank, mit fast $^3/_4$ Schwimmhaut, die an der 4. Zehe das letzte Glied frei läßt und bei den übrigen bis unter die Haftscheiben reicht; Haftscheiben etwa so groß wie die der Finger; 3. und 5. Zehe gleich lang; laterale Metatarsalia fest verbunden; keine Tarsalfalte; nur eine sehr kleine, flache, mediale Metatarsaltuberkel, keine laterale, keine Tarsaltuberkel; Subartikulartuberkel klein und wenig deutlich. Das Tibiotarsalgelenk reicht bis zum Vorderrand des Auges; Femur kürzer als die Tibia, die $4^1/_2$mal so lang wie breit, etwas über 2mal in der Körperlänge enthalten und länger als der Fuß ist; bei rechtwinklig angeknickten Hinterbeinen überragen einander die Fersen ein wenig. Haut oben glatt; Seiten des Körpers fein granuliert zwischen der Temporofemoralfalte und der ventralen Ringfalte; einige Granula hinter dem Mundwinkel; Bauch und Unterseite der Oberschenkel quergerunzelt. Eine deutliche Postgular-, eine wenig deutliche Postpectoral-, eine nicht sehr stark ausgebildete Temporofemoral- und eine ebensolche ventrale Ringfalte vorhanden.

Fig. 242.
Hyperolius pulchromarmoratus E. Ahl.
Habitus von oben.

Färbung (in Alkohol) oben gelblichweiß auf Kopf und Rücken, der Oberseite der Vorderextremitäten, der Tibia und des Fußes; auf dieser hellen Grundfarbe befinden sich schmale, schwefelgelbe und ähnliche blaue Marmorierungen; dazwischen unregelmäßig verstreut einige große, unregelmäßig gestaltete, dunkelbraune Flecke von verschiedener Größe; Körperseiten einfarbig weißlich; Kehle und Bauch weiß; Femur, Unterseite der Vorder- und Hinterextremitäten leuchtend rot. Körperlänge 31 mm. (Fig. 242).

Britisch-Ostafrika.

118. **H. multicolor** E. Ahl 1931 *H. m.*, E. Ahl in: Mt. Mus. Berlin, *v.* 17 (im Druck).

Körpergestalt gedrungen; Vomerzähne fehlen; Choanen mäßig groß, unter dem Kieferrand verborgen; Zunge groß, hinten frei und mit zwei Zipfeln; Kopf groß, etwas breiter als lang; Schnauze abgerundet, im Profil abgerundet, nicht über das Maul hinausragend, so lang wie das große Auge, kürzer als der Abstand der vorderen Augenwinkel voneinander, nur wenig länger als hoch; Canthus rostralis abgerundet; Lorealgegend steil, fast senkrecht, konkav; Nasenloch etwas näher der Schnauzenspitze als dem Auge; Internasalraum schmaler als der Interorbitalraum, der doppelt so breit wie ein oberes Augenlid ist; Trommelfell unter der Haut verborgen oder nur sehr undeutlich sichtbar. Finger kräftig, die beiden lateralen mit etwa $^1/_3$ Schwimmhaut; Haftscheiben wohl entwickelt; 1. Finger kleiner als der 2., der kürzer als der 4. ist, der von dem 3. nur wenig überragt wird; 3. Finger länger als die Schnauze; Subartikulartuberkel klein, aber deutlich. Zehen mit etwa $^2/_3$ Schwimmhaut, die an der 4. Zehe das letzte Glied frei läßt und bei den übrigen nicht ganz bis unter die Haftscheiben reicht; Haftscheiben so groß wie die der Finger; 5. Zehe wenig länger als die 3.; laterale Metatarsalia sehr wenig in ihrem distalen Abschnitt durch Schwimmhaut getrennt; keine Tarsalfalte; nur eine sehr kleine, flache, mediale Metatarsaltuberkel, keine laterale, keine Tarsaltuberkel; Subartikulartuberkel klein, aber deutlich. Das Tibiotarsalgelenk reicht bis zur Mitte oder dem Vorderrand des Auges; Femur etwas kürzer als die Tibia, die $3^1/_2$—$4^1/_2$mal so lang wie breit, 2mal oder etwas mehr in der Körperlänge enthalten und so lang oder fast so lang wie der Fuß ist; bei rechtwinklig angeknickten Hinterbeinen decken die Fersen einander. Haut oben glatt oder chagriniert, an den Seiten sehr fein gekörnelt; Bauch und Unterseite der Oberschenkel fein granuliert oder quergerunzelt; eine deutliche Postgular- und Postpectoralfalte; eine wenig deutliche, ventrale Ringfalte; Männchen mit subgularer Schallblase und großer Kehlscheibe.

Fig. 243.
Hyperolius multicolor E. Ahl.
Habitus von oben.

Färbung (in Alkohol) auf dem Kopf und der Schultergegend gelblich oder rötlich; die Grundfarbe der Rückenpartie ist bräunlich oder braunrot; auf der Stirn, mitten zwischen den Augen, befindet sich ein großer, fast quadratischer, dunkelbrauner Fleck; die Vertebrallinie von zwischen den Schulterblättern bis vor die Kreuzgegend mit einer schmalen, bläulichen Längslinie; der gesamte Zwischenraum zwischen den Ansatzstellen der Vorder- und Hinterbeine wird von einem sehr großen, dunkelbraunen Fleck eingenommen, der nach oben bis zu der Horizontalen von den Kreuzbeinwirbeln reicht und schwarz und breit umrandet ist; von der Lateralseite des Kreuzbeinwirbels an erstreckt sich eine weiße oder gelbliche, gerade Linie nach hinten bis fast zum After; der große Seitenfleck zieht sich auch auf die Bauchseite in Form einer sehr breiten, unterhalb der Postpectoralfalte sich über den Bauch erstreckenden, schwarzen Binde hin; der Bauch ist hinter dieser Binde und unterhalb des Lateralfleckes dunkelgoldgelb und vor dieser Binde die Brust und Kehle heller gelb; Seiten des Kopfes weiß; Vorder- und Hinterextremitäten ebenso wie eine schmale Binde über die Ansatzstelle des Oberschenkels gelblichweiß; nur die Tibia mitunter mit bläulicher Zeichnung. Körperlänge 28 mm. (Fig. 243).

Karissimbi, 2400 m.

119. **H. macrodactylus** E. Ahl 1931 *H. m.*, E. Ahl in: Mt. Mus. Berlin, *v.* 17 (im Druck).

Körpergestalt mäßig gedrungen; Choanen klein, direkt am Kieferrand gelegen; Zunge sehr groß, hinten frei und mit zwei Zipfeln. Kopf mäßig groß, breiter als lang; Schnauze vorn quer abgestutzt, im Profil abgestutzt, nicht über das Maul hinausragend, so lang wie das große Auge, kürzer als der Abstand der vorderen Augenwinkel voneinander, viel länger als hoch; Canthus rostralis ziemlich deutlich; Lorealgegend senkrecht, tief konkav; Nasenloch stark aufgetrieben, fast an der Schnauzenspitze liegend; Internasalraum $^2/_3$ so breit wie der Interorbitalraum, der doppelt so breit wie ein oberes Augenlid ist; Trommelfell klein, nicht sehr deutlich sichtbar. Finger lang und schlank, die beiden lateralen mit über $^1/_3$ Schwimmhaut. Haftscheiben, besonders die des 3. Fingers, sehr groß; 1. Finger kleiner als der 2., der kürzer als der 4. ist, der von dem 3. weit überragt wird; 3. Finger viel länger als die Schnauze; Subartikulartuberkel klein, aber deutlich. Zehen mit $^2/_3$ Schwimmhaut, die an allen Zehen nicht ganz bis zu den Haftscheiben reicht und bei der 4. Zehe das letzte Glied frei läßt; Haftscheiben etwas kleiner als die der Finger; 5. Zehe deutlich länger als die 3.; laterale Metatarsalia fest verbunden; keine Tarsalfalte; nur eine kleine, mediale Metatarsaltuberkel, keine laterale, keine Tarsaltuberkel; Subartikulartuberkel klein, aber deutlich. Das Tibiotarsalgelenk erreicht den Vorderrand des Auges; Femur kürzer als die Tibia, die 4mal so lang wie breit, 2mal in der Körperlänge enthalten und viel länger als der Fuß ist; bei rechtwinklig angeknickten Hinterbeinen decken die Fersen einander. Haut oben und an den Seiten fein gekörnelt; Unterseite granuliert; eine deutliche Postgularfalte.

Fig. 244.
Hyperolius macrodactylus E. Ahl.
Habitus von oben.

Färbung (in Alkohol) oben und an den Seiten hellgelblich, mit vielen, manchmal die Form undeutlicher Längsstreifen annehmenden Marmelzeichnungen von dunkelbrauner Farbe. Dieselbe Färbung und Zeichnung zeigen auch die beim sitzenden Tier sichtbaren Teile der Vorder- und Hintergliedmaßen; Oberschenkel hellrosa oder hellfleischfarben, mit vielen kleinen, runden, rotbraunen Flecken. Unterseite gelblichgrau, die Kehle mit dunklerer Marmorierung. Körperlänge 37 mm. (Fig. 244).

Kivu-See.

120. **H. flavoguttatus** E. Ahl 1897 *Rappiae x; series: punctulatae* (part.), Tornier, Kriechth. D.-O.-Afr., p. 135 f. 1 (Habitus von oben) | 1931 *Hyperolius flavoguttatus*, E. Ahl in: Mt. Mus. Berlin, *v.* 17 (im Druck).

Körpergestalt gedrungen; Choanen klein, teilweise unter dem Kieferrand verborgen; Zunge groß, birnenförmig, hinten frei und eingeschnitten; Kopf mäßig groß, nur wenig breiter als lang; Schnauze mehr oder weniger spitz abgerundet, im Profil abgerundet oder zugespitzt, wenig über das Maul hinausragend, so lang oder wenig länger als das große Auge, fast so lang wie der Abstand der vorderen Augenwinkel voneinander, viel länger als hoch; Canthus rostralis abgerundet; Lorealgegend steil, konkav; Nasenloch etwas näher der Schnauzenspitze als dem Auge; Internasalraum schmaler als der Interorbitalraum, der fast doppelt so breit wie ein oberes Augenlid ist; Trommelfell unter der Haut verborgen. Finger kräftig, die beiden lateralen mit gut $^1/_3$ Schwimmhaut; Haftscheiben wohl entwickelt; 1. Finger kleiner als der 2., der kürzer als der 4. ist, der nur wenig von dem 3. überragt wird; 3. Finger etwas länger als die Schnauze; Subartikulartuberkel mäßig deutlich. Zehen mit etwa $^2/_3$ Schwimmhaut, die an allen Zehen bis oder fast bis unter die Haftscheiben reicht und nur bei der 4. Zehe das letzte Glied frei läßt; Haftscheiben etwa so groß wie die der Finger; 5. Zehe länger als die 3.; laterale Metatarsalia fest verbunden; keine Tarsalfalte; nur eine sehr kleine, flache, undeutliche, mediale Metatarsaltuberkel, keine laterale, keine Tarsaltuberkel; Subartikulartuberkel klein und undeutlich. Das Tibiotarsalgelenk reicht bis zum Mittelpunkt oder dem Vorderrand des Auges; Femur kürzer als die Tibia, die $4^1/_2$—5mal so lang wie breit, 2mal in der Körperlänge enthalten und viel länger als der Fuß ist; bei rechtwinklig angeknickten Hinterbeinen decken oder überragen die Fersen einander leicht. Haut oben und an den Seiten glatt oder sehr fein chagriniert; Kehle und Bauch, ebenso Unterseite der Oberschenkel fein granuliert; eine starke Subgularfalte; Männchen mit subgularer Schallblase, aber ohne Kehlscheibe.

Färbung (in Alkohol) dunkelbraun, mit zahlreichen, in undeutlichen Reihen angeordneten, runden, im Leben hellgelben, hellen Flecken auf der Oberseite und den Seiten des Kopfes, Körpers und den beim sitzenden Tier sichtbaren Teilen der Extremitäten; die beim Sitzen verborgenen Teile der Vorder- und Hintergliedmaßen sind hellgelb; Unterseite einfarbig weißlich. Körperlänge 31 mm. (Fig. 245).

Bukoba bis Kenia.

Fig. 245.
Hyperolius flavoguttatus E. Ahl
Habitus von oben. (Nach Tornier).

Fig. 246.
Hyperolius udjidjiensis E. Ahl
Habitus von oben.

121. **H. udjidjiensis** E. Ahl 1931 *H. u.*, E. Ahl in: Mt. Mus. Berlin, *v.* 17 (im Druck).

Körpergestalt gedrungen; Vomerzähne fehlen; Choanen klein, unter dem Kieferrand verborgen; Zunge sehr groß, breit herzförmig, hinten frei und mit zwei Zipfeln. Kopf ziemlich klein, breiter als lang; Schnauze stumpf zugespitzt, im Profil abgerundet, wenig über das Maul hinausragend, so lang wie das Auge, etwas kürzer als der Abstand der vorderen Augenwinkel voneinander, etwas länger als hoch; Canthus rostralis deutlich, gerade; Lorealgegend senkrecht, wenig konkav; Nasenloch etwas näher der Schnauzenspitze als dem Auge; Internasalraum schmaler als der Interorbitalraum, der etwa doppelt so breit wie ein oberes Augenlid ist; Trommelfell gänzlich unter der Haut verborgen. Finger sehr lang und kräftig; die beiden lateralen mit etwas über $^1/_3$ Schwimmhaut; Haftscheiben sehr groß; 1. Finger kleiner als der 2., der kürzer als der 4. ist, der um etwa die Länge der Haftscheibe von dem 3. überragt wird; 3. Finger länger als die Schnauze; Subartikulartuberkel sehr deutlich, vorspringend. Zehen lang und kräftig, mit etwas über $^2/_3$ Schwimmhaut, die an der 4. Zehe das letzte Glied nur als schmaler

Hautsaum umschließt und an den übrigen bis unter die Haftscheiben reicht; Haftscheiben so groß wie die der Finger; 5. Zehe deutlich länger als die 3.; laterale Metatarsalia in ihrem distalen Teile etwas durch Schwimmhaut getrennt; laterale Zehe mit schwacher Hautfalte; Tarsalfalte fehlt; nur eine äußerst kleine, mediale Metatarsaltuberkel, keine laterale, keine Tarsaltuberkel; Sohle granuliert; Subartikulartuberkel deutlich, vorspringend. Das Tibiotarsalgelenk reicht bis zum Vorderrand des Auges; Femur kürzer als die Tibia, die $3^{1}/_{2}$mal so lang wie breit, etwas über 2mal in der Körperlänge enthalten und länger als der Fuß ist; bei rechtwinklig angeknickten Hinterbeinen decken die Fersen einander. Haut oben sehr fein chagriniert; einige kleine Warzen hinter dem Mundwinkel; Kehle fein gekörnelt, Bauch sehr grob granuliert und gefeldert, Unterseite der Oberschenkel weniger grob granuliert; eine sehr deutliche Subgularfalte; Subpectoralfalte nur sehr undeutlich ausgeprägt; keine Temporofemoralfalte.

Färbung (in Alkohol) oben hellgrau mit vielen kleinen, runden oder meist vieleckigen und unregelmäßig gestalteten, manchmal etwas ineinander fließenden Fleckchen übersät. Ober- und Lateralseiten der Vorder- und Hinterextremitäten von derselben Färbung und Zeichnung wie die Oberseite des Körpers und Kopfes. Die Farbe dieser kleinen Flecke ist ein schönes, ziemlich helles Braun. Unterseite einfarbig gelblichweiß. Körperlänge 34 mm. (Fig. 246).

Udjidji, Kibwezi.

122. **H. thoracotuberculatus** E. Ahl 1931 *H. t.*, E. Ahl in: Mt. Mus. Berlin, *v.* 17 (im Druck).

Körpergestalt gedrungen; Vomerzähne fehlen; Choanen ziemlich groß, nicht unter dem Kieferrand verborgen; Zunge groß, hinten frei und mit zwei Zipfeln. Kopf groß, viel breiter als lang, niedergedrückt; Schnauze abgerundet, im Profil abgerundet, nicht über das Maul hinausragend, so lang wie das sehr große Auge, viel kürzer als der Abstand der vorderen Augenwinkel voneinander, länger als hoch; Canthus rostralis deutlich, gerade; Lorealgegend schräg, konkav; Nasenloch viel näher der Schnauzenspitze als dem Auge; Internasalraum nur wenig mehr als $^{1}/_{2}$ des Interorbitalraumes, der doppelt so breit wie ein oberes Augenlid ist; Trommelfell nur sehr undeutlich sichtbar, dicht beim Auge gelegen. Finger kräftig, die beiden lateralen mit $^{1}/_{2}$ Schwimmhaut; Haftscheiben groß und kräftig; 1. Finger kleiner als der 2., der kürzer als der 4. ist, der von dem 3. überragt wird; 3. Finger etwas länger als die Schnauze; Subartikulartuberkel klein, aber deutlich. Zehen lang und kräftig, mit etwa $^{2}/_{3}$ Schwimmhäuten, die an der 4. Zehe das letzte Glied frei lassen und bei den übrigen nicht ganz bis unter die Haftscheiben reichen; Haftscheiben kleiner als die der Finger; 5. Zehe sehr wenig länger als die 3.; laterale Metatarsalia fest verbunden; laterale Zehe mit schwacher Hautfalte; eine deutliche Tarsalfalte; nur eine kleine, flache, mediale Metatarsaltuberkel, keine laterale, keine Tarsaltuberkel; Subartikulartuberkel klein. Das Tibiotarsalgelenk reicht bis zum vorderen Augenrand; Femur kürzer als die Tibia, die 5mal so lang wie breit, 2mal in der Körperlänge enthalten und viel länger als der Fuß ist; bei rechtwinklig angeknickten Hinterbeinen decken die Fersen einander. Haut oben und an den Seiten glatt; hinter dem Mundwinkel und an den Seiten der Kehle und des Halses finden sich eine Anzahl großer Warzen; Kehle selbst glatt; Brust auffällig stark granuliert und gefeldert; Bauch und Unterseite der Oberschenkel feiner granuliert und gerunzelt. Keinerlei Querfalten unter der Kehle oder Brust.

Färbung (in Alkohol) oben hellbräunlich, an den Seiten des Körpers, des Kopfes, der Oberseite der Arme und der Tibia und des Fußes dunkler braun; Seiten des Kopfes, insbesondere die großen Warzen hinter dem Mundwinkel, des Körpers, der Oberseite der Arme, der Tibia und des Fußes mit vielen kleinen, weißen, runden Punkten übersät, die sich auch auf der ganzen Oberseite verstreut befinden, nur bei weitem nicht so zahlreich und deutlich. Kurz vor und hinter dem Tarsometatarsalgelenk findet sich je eine deutliche, dunkelbraune Querbinde. Unterseite weiß. Körperlänge 34 mm.

Afrika (ohne genauen Fundort).

123. **H. fasciatus** (Ferreira) 1906 *Rappia fasciata*, Ferreira in: J. Ac. Lisboa, ser. 2 *v.* 7 p. 164 t. (Habitus von oben).

Körperform gedrungen; Kopf breiter als lang; Schnauze stumpf, so lang wie das Auge; Nasenloch näher der Schnauzenspitze als dem Auge; Trommelfell unsichtbar; Interorbitalraum doppelt so breit wie ein oberes Augenlid. Finger kurz, die beiden lateralen mit $^1/_2$ Schwimmhaut; Haftscheiben groß, die der Finger größer als die der Zehen; 3. Finger länger als die Schnauze; das letzte Glied der 4. Zehe frei von Schwimmhaut; Zehen mit $^3/_5$ Schwimmhaut; 5. Zehe länger als die 3. Das Tibiotarsalgelenk erreicht das Auge. Haut glatt, mit flachen, auf dem Rücken verstreuten Granula; Kehle und Bauch mit feinen Granula besetzt; eine deutliche Kehlfalte, keine Kehlscheibe; Hinterseite der Oberschenkel granuliert.

Fig. 247.
Hyperolius fasciatus (Ferreira). Habitus von oben. (Nach Ferreira).

Färbung kastanienbraun, heller auf den Gliedmaßen, mit dunklen Flecken, die auf dem Rücken und den Gliedmaßen verstreut sind; zwei breite, weiße Binden, die sich an der Schnauzenspitze in spitzem Winkel treffen, gehen über das obere Augenlid bis zu den Weichen, wo sie verschwinden. Unten wird diese weiße Binde von einer dunklen begleitet, die sich bis zu den Seiten des Bauches ausdehnt. Unterseite gelblich bis weißlich, ohne Flecke. Weiße Flecke am Ellbogen und Tibiotarsalgelenk. Körperlänge 26 mm. (Fig. 247).

Angola (Quilombo).

124. **H. callichromus** E. Ahl 1931 *H. c.*, E. Ahl in: Mt. Mus. Berlin, *v.* 17 (im Druck).

Körpergestalt gedrungen; Vomerzähne fehlen; Choanen mäßig groß; Zunge groß, hinten tief eingeschnitten. Kopf mäßig groß, $3^1/_3$ mal in der Körperlänge enthalten, nur wenig breiter als lang; Schnauze abgerundet, im Profil abgerundet oder abgeflacht oder rundlich zugespitzt, über das Maul hinausragend, so lang wie das große, hervortretende Auge, kürzer als der Abstand der vorderen Augenwinkel voneinander, etwas länger als hoch; Canthus rostralis abgerundet, Lorealgegend fast senkrecht, kaum vertieft; Nasenloch fast in der Mitte zwischen Auge und Schnauzenspitze, nur sehr wenig näher der letzteren; Internasalraum etwas schmaler als der Interorbitalraum, der doppelt so breit wie ein oberes Augenlid ist; Trommelfell unter der Haut verborgen. Finger kräftig, die lateralen mit $^1/_2$ Schwimmhaut; Haftscheiben groß und kräftig; 1. Finger kleiner als der 2., der kürzer als der 4. ist, der von dem 3. überragt wird; 3. Finger länger als die Schnauze; Subartikulartuberkel klein, aber sehr deutlich. Zehen kräftig, mit etwa $^3/_4$ Schwimmhaut, die an der 4. Zehe das letzte Glied nur als schmaler Hautsaum umschließt und bei den übrigen Zehen bis unter die Haftscheiben reicht; 5. Zehe etwas länger als die 3.; laterale Metatarsalia am distalen Ende sehr wenig durch Schwimmhaut getrennt; Tarsalfalte fehlt oder ist nur sehr schwach angedeutet; nur eine sehr kleine, mediale, flache Metatarsaltuberkel, keine laterale, keine Tarsaltuberkel; Subartikulartuberkel sehr klein, aber deutlich; Sohle fein granuliert. Das Tibiotarsalgelenk reicht bis zur Mitte oder bis zum Vorderrand des Auges; Femur etwas kürzer als die Tibia, die $3^3/_4$—$4^1/_2$mal so lang wie breit, 2mal oder etwas mehr in der Körperlänge enthalten und nur wenig länger als der Fuß ist; die Fersen decken oder überragen einander ein wenig. Haut oben glatt oder mit feinen Warzen besetzt; Kehle, Bauch und Unterseite der Oberschenkel granuliert;

Fig. 248.
Hyperolius callichromus E. Ahl.
Habitus von oben. Links Exemplar aus dem Tanganyika-See-Gebiet, rechts zwei Stücke von Dar-es-Salaam.

Männchen mit großer Kehlscheibe; Postgular-, Postpectoral- und Temporofemoralfalte deutlich entwickelt.

Färbung (in Alkohol) oben kräftig rotbraun; eine breite, schwarz umrandete, manchmal unterbrochene und in Flecke aufgelöste, weiße Längsbinde vom Internasalraum bis zum After; an jeder Körperseite zieht sich vom oberen Augenlid bis zum After eine ebenfalls manchmal unterbrochene oder in Flecke aufgelöste, weiße Längsbinde entlang; Oberlippe weiß; Seiten mit einem breiten, rotbraunen Streifen; Oberschenkel und Medialseiten der Vorder- und Hinterbeine rötlich; Tibia, Lateralseite des Fußes und der Vorderbeine gelblich, mit vielen kleinen, runden, rotbraunen Punkten, die in seltenen Fällen zusammenfließen können; Unterseite einfarbig gelblichweiß. Bei Exemplaren von Dar-es-Salaam ist, im Gegensatz zu den Stücken aus dem Gebiet des Tanganyika-Sees, die Grundfarbe bedeutend heller und die weiße Zeichnung auffallend unregelmäßig; außerdem ist die Tüpfelung der Tibia und der Arme bedeutend spärlicher, mitunter sogar fehlend. Jedoch muß erst weiteres Material entscheiden, ob es sich um Individualvariation handelt oder um eine besondere Rasse. Körperlänge 36 mm. (Fig. 248).

Deutsch-Ostafrika.

125. **H. tuberculatus** (Mocq.) 1897 *Rappia tuberculata*, F. Mocquard in: Bull. Soc. philom., ser. 8 *v.* 9 p. 18 | 1897 *R. t.*, F. Mocquard in: Bull. Mus. Paris, *v.* 3 p. 55 | 1900 *R. t.*, Boulenger in: P. zool. Soc. London, p. 444 | 1910 *R. t.*, Lorenz Müller in: Abh. Bayer. Ak., *v.* 24 p. 624.

Kopf breiter als lang; Schnauze niedergedrückt, dreieckig, kurz, so lang wie der Augendurchmesser; Trommelfell verborgen; Interorbitalraum fast doppelt so breit wie ein oberes Augenlid; Nasenloch näher der Schnauzenspitze als dem Auge. Finger mit $^2/_3$ Schwimmhaut; Zehen mit fast vollständigen Schwimmhäuten; die Haftscheiben gut entwickelt. Das Tibiotarsalgelenk erreicht das Auge. Oberseite fein chagriniert, mit kleinen, rauhen, warzigen, runden, verstreuten Tuberkeln, besonders auf dem vorderen Teile der Körperseiten; Unterseite granuliert. Unter der Kehle eine große, gebogene Scheibe, jederseits mit einer Falte.

Oben hellbräunlich, am Bauche in Rosagrau übergehend: Anus, Medial- und Lateralseite der Schenkel und Medialseite des Fußes fleischfarben; ein brauner Streifen vom Auge bis zur Schnauzenspitze entlang dem Canthus rostralis. Eine braune Querbinde zwischen den Augen, die winkelig, mit der Spitze nach vorn, verläuft: ein anderer brauner Streifen vom Hinterrand des Auges bis in die Kehlgegend; zwei fast schwarze Querbinden auf dem distalen Teil des Armes, zwei andere auf dem Tarsus, eine auf dem Tibiotarsalgelenk, eine auf dem Fuß und ein Fleck von derselben Farbe auf dem Coccyx. Ein brauner Streifen geht vom Auge zuerst nach hinten, dann quer nach unten, wendet sich nach oben und steigt abwärts bis zur Mitte der Flanken; dann dreht er sich wieder nach vorn, wie zu Anfang, und beschreibt von neuem einen ähnlichen Bogen wie vorher, bis zu seinem Ende in der Gegend des Anus. Körperlänge 30 mm.

Kamerun, Gabun, Nigerien.

126. **H. houyi** E. Ahl 1931 *H. h.*, E. Ahl in: Mt. Mus. Berlin, *v.* 17 (im Druck).

Körpergestalt mäßig gedrungen; Vomerzähne fehlen; Choanen klein, unter dem Kieferrand verborgen; Zunge groß, herzförmig, hinten frei und mit zwei Zipfeln. Kopf mäßig groß, etwas breiter als lang; Schnauze abgerundet, vorn etwas quer abgestutzt, im Profil senkrecht abgestutzt, nicht über das Maul hinausragend, so lang wie das große Auge, kürzer als der Abstand der vorderen Augenwinkel voneinander, fast so lang wie hoch; Canthus rostralis nicht sehr scharf, aber deutlich; Lorealgegend senkrecht konkav; Nasenloch näher der Schnauzenspitze als dem Auge; Internasalraum $^3/_4$ so breit wie der Interorbitalraum, der über doppelt so breit wie ein oberes Augenlid ist; Trommelfell gänzlich unter der Haut verborgen. Finger kräftig, die beiden lateralen mit $^1/_2$ Schwimmhaut; Haftscheiben wohl entwickelt; 1. Finger kleiner als der 2., der kürzer als der 4. ist, der von dem 3. um die Länge der Haftscheibe überragt wird; 3. Finger etwas länger als die Schnauze; Subartikulartuberkel ziemlich klein, mäßig deutlich; Zehen mit etwa $^3/_4$ Schwimmhaut, die an der 1. und 4. Zehe das letzte Glied frei läßt und bei den übrigen Zehen bis oder fast bis unter die Haftscheiben reicht; Haftscheiben so groß wie die der Finger; 5. Zehe deutlich länger als die 3.; laterale Metatarsalia fest verbunden; keine Tarsalfalte; nur eine kleine, flache, mediale Metatarsaltuberkel, keine laterale, keine Tarsaltuberkel; Subartikulartuberkel klein, nicht deutlich. Das Tibiotarsalgelenk reicht bis zur Augenmitte; Femur kürzer als die Tibia, die 4 mal so lang wie breit, 2 mal in der Körperlänge enthalten und viel länger als der Fuß ist; bei rechtwinklig angeknickten Hinterbeinen überragen einander die Fersen ein wenig. Haut oben und an

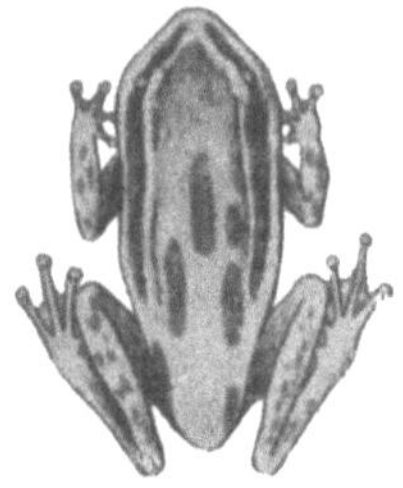

Fig 249. Hyperolius houyi E. Ahl. Habitus von oben

den Seiten glatt; einige größere Warzen hinter dem Mundwinkel; Bauch und Unterseite der Oberschenkel granuliert; eine deutliche Subgularfalte; keine Postpectoral- oder Temporofemoralfalte; Männchen mit subgularer Schallblase und großer Kehlscheibe.

Färbung (in Alkohol) oben und an den Seiten weißlich, mit einigen länglichen, abgerundeten, großen Flecken auf dem Rücken in der Gegend hinter der Schulterregion. Von der Schnauzenspitze entlang dem Canthus rostralis, durch das Auge, an den Seiten entlang bis etwa in die Gegend des Kreuzes zieht sich jederseits ein breiter, dunkelbrauner, ebenso wie die Rückenflecke schmal silberweiß umrandeter Lateralstreifen. Oberseite des Unterarmes, der Tibia und des Fußes weißlich, mit kleinen, braunen Flecken. Unterseite gelblichweiß. Die beim sitzenden Tier verborgenen Teile der Extremitäten leuchtend gelb. Körperlänge 27 mm. (Fig. 249).

Ussagara (Neu-Kamerun.)

127. **H. ferniquei** (Mocq.) 1902 *Rappia F.*, F. Mocquard in: Bull. Mus. Paris, *v.* 8 p. 406 | 1924 *Hyperolius f.*, Noble in: Bull. Amer. Mus., *v.* 49 p. 325.

Kopf etwas breiter als lang, niedergedrückt; Schnauze dreieckig, kurz, so lang wie der Augendurchmesser; Trommelfell undeutlich; Interorbitalraum viel breiter als ein oberes Augenlid; Nasenloch etwas näher der Schnauzenspitze als dem Auge; Canthus rostralis stumpf; Lorealgegend mäßig schräg. Finger mit $^1/_2$ Schwimmhaut; 1. Finger kürzer als der 2.; Zehen mit großen Schwimmhäuten, die fast die Haftscheiben erreichen mit Ausnahme der 4. Zehe, wo sie nur leicht die letzte Subartikulartuberkel überschreitet. Das Tibiotarsalgelenk erreicht den Hinterrand des Auges. Haut glatt, an den Seiten der Ventralseite und unter den Schenkeln leicht granuliert. Keine Querfalten auf der Brust; Männchen mit subgularer Schallblase und einer Kehlscheibe, die an den Seiten abgerundet ist und die ganze Breite der Kehlregion einnimmt.

Oben graugelb, mit einem schwachen, braunen Ton vom Nasenloch zum Anfang des Oberarmes, und etwas dunkleren Tüpfelungen auf der ganzen Dorsalseite des Körpers und der Schenkel. Bauchseite sandgrau, die Kehlscheibe fein punktiert und an den lateralen und hinteren Rändern dunkelbraun verwaschen. Körperlänge 25 mm.

Atchifluß, Britisch-Ostafrika, in einer Höhe von 1450 m.

128. **H. huillensis** Boc. 1873 *H. h.*, Bocage in: J. Ac. Lisboa, *v.* 4 p. 225 | 1880 *H. h.*, Bocage, ibid., *v.* 7 p. 89 | 1882 *Rappia marmorata* (part.), Boulenger, Cat. Batr. sal. Brit. Mus., ed. 2 p. 121 | 1884 *R. huillensis*, Rochebrune, Faune Sénég., Rept. p. 30 t. 7 f. 4 (Habitus, Abb. in natürlichen Farben) | 1895 *R. marmorata* var. *h.*, Bocage, Herpét. Angola, p. 164 | 1898 *R. m.* var. *h.*, Ferreira in: J. Ac. Lisboa, ser. 2 *v.* 5 p. 241.

Körpergestalt gedrungen; Vomerzähne fehlen; Choanen klein, unter dem Kieferrand verborgen; Zunge mäßig groß, hinten frei und mit zwei Zipfeln. Kopf groß, wenig breiter als lang; Schnauze rundlich zugespitzt, im Profil abgerundet, wenig über das Maul hinausragend, so lang wie das große Auge, kürzer als der Abstand der vorderen Augenwinkel voneinander, länger als hoch; Canthus rostralis scharf, gerade; Lorealgegend senkrecht, sehr wenig konkav; Nasenloch etwas näher der Schnauzenspitze als dem Auge; Internasalraum etwa $^2/_3$ so breit wie der Interorbitalraum, der doppelt so breit wie ein oberes Augenlid ist; Trommelfell gänzlich unter der Haut verborgen. Finger lang und schlank, die beiden lateralen mit nicht ganz $^1/_2$ Schwimmhaut;

Haftscheiben wohl entwickelt; 1. Finger kleiner als der 2., der kürzer als der 4. ist, der von dem 3. überragt wird; 3. Finger länger als die Schnauze; Subartikulartuberkel klein, aber sehr deutlich vorspringend. Zehen lang und schlank, mit etwa $^2/_3$ Schwimmhaut, die an der 4. Zehe das letzte Glied völlig und an den übrigen Zehen das halbe letzte Glied frei läßt; Haftscheiben so groß wie die der Finger; 5. Zehe so lang wie die 3.; laterale Metatarsalia fest verbunden; laterale Zehe ohne Hautfalte; keine Tarsalfalte; eine deutliche, vorragende, mediale, und eine kleine, runde, aber scharf hervortretende, laterale Metatarsaltuberkel; keine Tarsaltuberkel; Sohle sehr fein granuliert; Subartikulartuberkel deutlich hervortretend. Das Tibiotarsalgelenk reicht bis zum vorderen Augenrand; Femur etwas kürzer als die Tibia, die 5 mal so lang wie breit, 2 mal in der Körperlänge enthalten und länger als der Fuß ist; bei rechtwinklig angeknickten Hinterbeinen decken die Fersen einander. Haut oben glatt, an der Kehle und am Bauche fein granuliert; eine deutliche Postgular- und eine deutliche Temporofemoralfalte vorhanden, keine Postpectoralfalte.

Fig. 250.
Hyperolius huillensis Boc. Habitus. (Nach Rochebrune).

Färbung (in Alkohol) oben auf Kopf, Körper und Gliedmaßen hell rosabraun; Canthus rostralis nach unten von einem breiten, braunen Band begrenzt, das nach dem Maul zu ein schachbrettartiges Muster zeigt; Oberseite des Kopfes, des Rückens und der Seiten mit großen, runden oder länglichen, unregelmäßig verteilten, dunkelbraunen, sehr fein dunkler und heller gesäumten Augenflecken versehen. Ähnlich gefärbt ist die Gegend um den After herum und die Lateralkanten des Armes und Fußes. Kehle und Bauch gelblichweiß; Femur und Medialseiten der Extremitäten rötlichgelb. Färbung im Leben (nach Bocage und Rochebrune): Rücken und Flanken johannisbeerrot mit kleinen, runden, gelben, schwarz umrandeten Flecken; Unterseite und Oberschenkel, manchmal auch die Vorder- und Hinterbeine, einfarbig leuchtend hellgelb. Körperlänge 25 mm. (Fig. 250).

Regenwaldgebiet Westafrikas.

129. **H. monticola** E. Ahl 1931 *H. m.*, E. Ahl in: Mt. Mus. Berlin, *v.* 17 (im Druck).

Körpergestalt schlank; Vomerzähne fehlen; Choanen sehr klein, unter dem Kieferrand verborgen; Zunge mäßig groß, herzförmig, hinten frei und mit zwei Zipfeln. Kopf mäßig groß, viel breiter als lang; Schnauze abgerundet, im Profil abgestutzt, nicht über das Maul hinausragend, so lang wie das Auge, viel kürzer als der Abstand der vorderen Augenwinkel voneinander, etwas länger als hoch; Canthus rostralis abgerundet, aber deutlich; Lorealgegend senkrecht, wenig konkav; Nasenloch etwas näher der Schnauzenspitze als dem Auge; Internasalraum schmaler als der Interorbitalraum, der doppelt so breit wie ein oberes Augenlid ist; Trommelfell gänzlich unter der Haut verborgen. Finger kräftig, die beiden lateralen mit $^1/_2$ Schwimmhaut; Haftscheiben groß; 1. Finger kleiner als der 2., der kürzer als der 4. ist, der von dem 3. überragt wird; 3. Finger länger als die Schnauze; Subartikulartuberkel klein, aber deutlich. Zehen kräftig, mit etwa $^2/_3$ Schwimmhaut, die an der 4. Zehe das letzte Glied frei läßt und bei den übrigen fast bis unter die Haftscheiben reicht; Haftscheiben etwa so groß wie die der Finger; 5. Zehe etwas länger als die 3.; laterale Metatarsalia fest verbunden; Tarsalfalte fehlt; nur eine sehr kleine, wenig vorspringende, mediale Metatarsaltuberkel, keine laterale, keine Tarsaltuberkel; Subartikulartuberkel klein, aber deutlich. Das Tibiotarsalgelenk reicht bis zur Augenmitte; Femur kürzer als die Tibia, die fast 4 mal so lang wie breit, etwas über 2 mal in der Körperlänge enthalten und länger als der Fuß ist; bei rechtwinklig angeknickten Hinterbeinen berühren die Fersen einander. Haut oben glatt; Kehle, Bauch und Unterseite der Oberschenkel granuliert; eine deutliche Postgular- und Postpectoralfalte; keine Temporofemoralfalte. Männchen ohne äußere Schallblasen, doch mit einem dreieckig über die Brust hinausragenden Hautlappen an der Kehle.

Färbung (in Alkohol) oben weiß, mit in vier Längsreihen angeordneten, kleinen, länglichen, aber etwas unregelmäßig gestalteten Flecken von hellbräunlicher Farbe. Vorder- und Hinterextremitäten ebenfalls weiß, mit je einer Längsreihe ähnlicher länglicher, hellbrauner Flecke auf der Oberseite. Seiten des Körpers von der Farbe des Rückens, und mit einer aus sehr kleinen, hellbraunen Flecken bestehenden Fleckenreihe; Kehle weiß, sehr fein hellbraun getüpfelt; Bauch und Unterseite der Extremitäten weißlich. Hinterseite der Oberschenkel rosa. Körperlänge 26 mm. (Fig. 251).

Niansa, Ruanda, 1500 m.

Fig. 251.
Hyperolius monticola E. Ahl.
Habitus von oben.

Fig. 252.
Hyperolius oculatus E. Ahl.
Habitus von oben. (Nach Tornier).

130. **H. oculatus** E. Ahl 1897 *Rappiae x;* series: *ocellatae-punctatae*, Tornier, Kriechth. D.-O.-Afr., p. 140 t. 5 f. 20 (Habitus) | 1931 *Hyperolius oculatus*, E. Ahl in: Mt. Mus. Berlin, v. 17 (im Druck).

Körpergestalt gedrungen; Choanen ziemlich groß, fast ganz unter dem Kieferrand verborgen; Zunge groß, hinten frei und tief eingeschnitten. Kopf groß, breiter als lang; Schnauze abgerundet, im Profil abgerundet, wenig über das Maul hinausragend, so lang wie das sehr große Auge, fast so lang wie der Abstand der vorderen Augenwinkel voneinander, länger als hoch; Canthus rostralis abgerundet, aber deutlich; Lorealgegend fast senkrecht, konkav; Nasenloch etwas näher der Schnauzenspitze als dem Auge; Internasalraum viel schmaler als der Interorbitalraum, der doppelt so breit wie ein oberes Augenlid ist; Trommelfell völlig unter der Haut verborgen. Finger sehr lang und kräftig, die beiden lateralen mit $^{1}/_{2}$ Schwimmhaut; Haftscheiben wohl entwickelt; 1. Finger kleiner als der 2., der viel kürzer als der 4. ist, der von dem 3. nur wenig überragt wird; 3. Finger etwas länger als die Schnauze; Subartikulartuberkel mäßig deutlich. Zehen lang und schlank, mit fast $^{3}/_{4}$ Schwimmhaut, die an allen Zehen bis oder fast bis an die Haftscheiben reicht, außer an der 4., wo sie das letzte Glied frei läßt; Haftscheiben ein wenig kleiner als die der Finger; 5. Zehe länger als die 3.; laterale Metatarsalia in ihrem distalen Abschnitt ein wenig durch Schwimmhaut getrennt; keine Tarsalfalte; nur eine sehr kleine, undeutliche, mediale

Metatarsaltuberkel, keine laterale, keine Tarsaltuberkel; Sohle granuliert; Subartikulartuberkel klein und undeutlich. Das Tibiotarsalgelenk reicht bis zur Mitte oder dem Vorderrand des Auges; Femur kürzer als die Tibia, die $4-4^1/_2$ mal so lang wie breit, 2 mal in der Körperlänge enthalten und länger als der Fuß ist; bei rechtwinklig angeknickten Hinterbeinen überragen einander die Fersen ein wenig. Haut oben glatt, ebenso an den Seiten; Kehle, Bauch und Unterseite der Oberschenkel granuliert; eine deutliche Postgular- und Postpectoralfalte.

Färbung (in Alkohol) bräunlichgrau mit zahlreichen, unregelmäßig verstreuten hellen, in der Mitte einen feinen, rotbraunen Punkt tragenden Flecken; Unterseite lebhaft gelb; die beim Sitzen verborgenen Teile der Extremitäten blutrot. Im Leben haben die Tiere blutrote Flecke in gelber Umrandung auf grünem Grund. Körperlänge 34 mm. (Fig. 252).

Balaibo am Duki-Ufer und Golei-See.

131. **H. nigropalmatus** E. Ahl 1931 *H. n.*, E. Ahl in: Mt. Mus. Berlin, v. 17 (im Druck).

Körpergestalt gedrungen; Vomerzähne fehlen; Choanen ziemlich groß, teilweise unter dem Kieferrand verborgen; Zunge groß, warzig, hinten frei und mit zwei Zipfeln. Kopf groß, breiter als lang; Schnauze stumpf zugespitzt, im Profil abgerundet, etwas über das Maul hinausragend, etwas länger als das sehr große Auge, viel kürzer als der Abstand der vorderen Augenwinkel voneinander, viel länger als hoch; Canthus rostralis abgerundet, aber deutlich; Lorealgegend senkrecht, sehr wenig konkav; Nasenloch etwas näher der Schnauzenspitze als dem Auge; Internasalraum schmaler als der Interorbitalraum, der doppelt so breit wie ein oberes Augenlid ist; Trommelfell klein, nur undeutlich sichtbar. Finger groß und kräftig, die beiden lateralen mit $^1/_2$ Schwimmhaut; Haftscheiben sehr groß; 1. Finger kleiner als der 2., der nur sehr wenig kürzer als der 4. ist, der von dem 3. um die Länge der Haftscheibe überragt wird; Subartikulartuberkel groß, stark vorspringend. Zehen lang und kräftig, mit $^3/_4$ Schwimmhaut, die an der 4. Zehe das letzte Glied frei läßt, und bei den übrigen bis unter die Haftscheiben reicht; Haftscheiben etwas kleiner als die der Finger; 3. und 5. Zehe gleich lang; laterale Metatarsalia fest verbunden; keine Tarsalfalte; eine elliptische, deutliche, mediale Metatarsaltuberkel, und eine kleine, runde, papillenähnlich vorspringende, laterale Metatarsaltuberkel; keine Tarsaltuberkel; Sohle fein granuliert; Subartikulartuberkel sehr klein, aber deutlich. Das Tibiotarsalgelenk reicht bis zum Vorderrand des Auges; Femur kürzer als die Tibia, die $3^1/_2$ mal so lang wie breit, etwas über 2 mal in der Körperlänge enthalten und viel länger als der Fuß ist; bei rechtwinklig angeknickten Hinterbeinen decken die Fersen einander. Haut oben und an den Seiten granuliert; eine Anzahl größerer Warzen hinter dem Mundwinkel; Kehle glatt, Bauch und Unterseite der Oberschenkel granuliert; eine schwache Postgularfalte; Postpectoralfalte fehlt; eine deutliche Temporofemoralfalte vorhanden.

Fig. 253.
Hyperolius nigropalmatus E. Ahl.
Habitus.

Färbung (in Alkohol) oben gelblichgrau; vom Nasenloch zum Auge zieht sich eine schwarze Linie, die auch noch den unteren Rand des Auges umfaßt; zwischen der Ansatzstelle der Vorder- und Hinterbeine befinden sich eine Anzahl mehr oder weniger zusammenfließender, schwarzer, runder Flecke; Unterseite der Hand- und Fußflächen, die Haftscheiben und die Schwimmhäute sind schwarz; Unterseite des Körpers und der Extremitäten, ebenso die Hinter- und Vorderseite des Oberschenkels leuchtend gelb. Auf der Kehle ein unregelmäßiger schwarzer Fleck. Körperlänge 36 mm. (Fig. 253).

Lolodorf, Kamerun.

132. **H. rosaceus** E. Ahl 1931 *H. r.*, E. Ahl in: Mt. Mus. Berlin, *v.* 17 (im Druck).

Körpergestalt ziemlich gedrungen; Vomerzähne fehlen; Choanen klein, teilweise unter dem Kieferrand verborgen; Zunge groß, hinten frei und mit zwei Zipfeln. Kopf niedergedrückt, breiter als lang; Schnauze dreieckig, zugespitzt, im Profil zugespitzt, über das Maul hinausragend, viel kürzer als der Abstand der vorderen Augenwinkel voneinander, etwas länger als das Auge, sehr viel länger als hoch; Canthus rostralis deutlich, gerade; Lorealgegend senkrecht, wenig konkav; Nasenloch viel näher der Schnauzenspitze als dem Auge; Internasalraum schmaler als der Interorbitalraum, der doppelt so breit wie ein oberes Augenlid ist; Trommelfell gänzlich unter der Haut verborgen. Finger kräftig, die beiden lateralen mit etwas über $^1/_2$ Schwimmhaut; Haftscheiben wohl entwickelt; 1. Finger kleiner als der 2., der nur wenig kürzer als der 4. ist, der von dem 3. weit überragt wird; 3. Finger so lang wie die Schnauze; Subartikulartuberkel nur sehr klein. Zehen kräftig, mit etwa $^3/_4$ Schwimmhaut, die an der 4. Zehe das letzte Glied frei läßt und bei den übrigen beinahe bis unter die Haftscheiben reicht; Haftscheiben so groß wie die der Finger; 3. und 5. Zehe gleich lang; laterale Metatarsalia fest verbunden; eine undeutliche Tarsalfalte; nur eine sehr kleine, flache, mediale Metatarsaltuberkel, keine laterale, keine Tarsaltuberkel; Subartikulartuberkel sehr klein. Das Tibiotarsalgelenk reicht bis zum Mittelpunkt des Auges; Femur kürzer als die Tibia, die 4 mal so lang wie breit, $2^1/_3$ mal in der Körperlänge enthalten und länger als der Fuß ist; bei rechtwinklig angeknickten Hinterbeinen decken die Fersen einander. Haut oben, an den Seiten, an der Kehle und an der Brust glatt; einige deutliche, größere Warzen hinter dem Mundwinkel; Bauch und Unterseite der Oberschenkel granuliert. Keine Postgular-, Postpectoral- oder Temporofemoralfalte vorhanden.

Fig. 254.
Hyperolius rosaceus E. Ahl.
Habitus von oben.

Färbung (in Alkohol) oben und an den Seiten des Kopfes, Körpers und der Gliedmaßen zart rosarot, mit einem Stich ins Violette; Unterseite leuchtend gelb. Körperlänge 23 mm. (Fig. 254).

Klein-Popo, Togo.

133. **H. alticola** E. Ahl 1931 *H. a.*, E. Ahl in: Mt. Mus. Berlin. *v.* 17 (im Druck).

Körpergestalt ziemlich gedrungen; Vomerzähne fehlen; Choanen mäßig groß, nicht unter dem Kieferrand verborgen; Zunge groß, hinten frei und mit zwei Zipfeln. Kopf groß, breiter als lang; Schnauze rundlich zugespitzt, im Profil abgerundet oder steil abgeflacht, nicht oder nur sehr wenig über das Maul hinausragend, etwas länger als das große Auge, wenig kürzer als der Abstand der vorderen Augenwinkel voneinander, viel länger als hoch;

Canthus rostralis deutlich, gerade; Lorealgegend ziemlich steil, konkav; Nasenloch näher der Schnauzenspitze als dem Auge; Internasalraum schmaler als der Interorbitalraum, der $1^1/_2$ mal so breit wie ein oberes Augenlid ist; Trommelfell frei, klein. Finger lang und kräftig, die beiden lateralen mit $^1/_2$ Schwimmhaut; Haftscheiben sehr groß und kräftig; 1. Finger kleiner als der 2., der nur sehr wenig kürzer als der 4. ist, der von dem 3. um die Länge der Haftscheibe überragt wird; 3. Finger länger als die Schnauze; Subartikulartuberkel deutlich, vorspringend. Zehen lang und kräftig, mit etwa $^3/_4$ Schwimmhaut, die an der 4. Zehe das letzte Glied oder die letzten $1^1/_2$ Glieder frei läßt, und bei den übrigen Zehen bis oder fast bis an die Haftscheiben reicht. Haftscheiben kleiner als die der Finger; 5. Zehe sehr wenig länger als die 3.; laterale Metatarsalia fest verbunden; keine Tarsalfalte, nur eine sehr kleine, flache, undeutliche, mediale Metatarsaltuberkel, keine laterale, keine Tarsaltuberkel; Sohle granuliert; Subartikulartuberkel klein und undeutlich. Das Tibiotarsalgelenk reicht bis zur Mitte oder bis zum Vorderrand des Auges; Femur kürzer als die Tibia die 4—$4^1/_2$ mal so lang wie breit, etwa 2 mal in der Körperlänge enthalten und wenig länger als der Fuß ist; bei rechtwinklig angeknickten Hinterbeinen decken die Fersen einander. Haut oben glatt, nur zwischen den Augen manchmal leicht granuliert; einige größere Warzen hinter dem Mundwinkel; Kehle fein, Bauch und Unterseite der Oberschenkel grob granuliert; keine Postgular-, Postpectoral- oder Temporofemoralfalten.

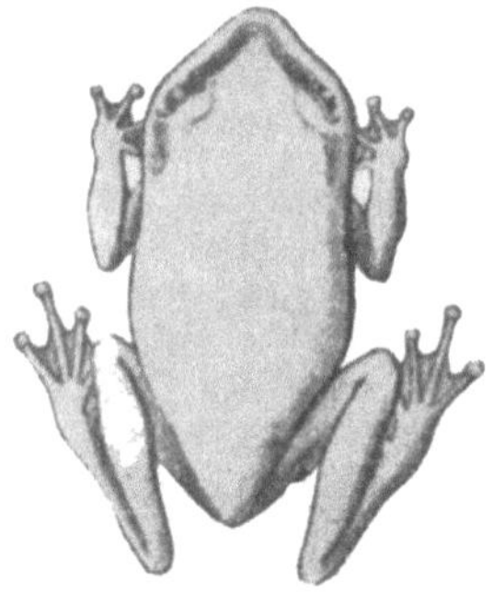

Fig. 255.
Hyperolius alticola E. Ahl.
Habitus von oben.

Färbung (in Alkohol) oben und an den Seiten einfarbig gelblichweiß; von der Schnauzenspitze zum Nasenloch und entlang dem Canthus rostralis, durch das Auge bis zum Trommelfell zieht sich eine braune Linie; Oberlippe mit größeren, braunen Flecken; Unterseite des Körpers und der Extremitäten leuchtend gelb, ebenso auch die beim Sitzen verborgenen Teile der Extremitäten. Körperlänge 37 mm. (Fig. 255).

Ruwenzori, 1800 m.

134. **H. ventrimaculatus** E. Ahl 1931 *H. v.*, E. Ahl in: Mt. Mus. Berlin, *v.* 17 (im Druck).

Körpergestalt mäßig gedrungen; Choanen klein, unter dem Kieferrand verborgen; Zunge groß, herzförmig, hinten frei und mit zwei Zipfeln. Kopf groß, viel breiter als lang; Schnauze abgerundet, im Profil abgerundet, wenig über das Maul hinausragend, $1^1/_2$ mal so lang wie das Auge, viel kürzer als der Abstand der vorderen Augenwinkel voneinander, viel länger als hoch; Canthus rostralis deutlich, gerade; Lorealgegend abgeschrägt, konkav; Nasenloch viel näher der Schnauzenspitze als dem Auge; Internasalraum $^2/_3$ so breit wie der Interorbitalraum, der 3 mal so breit wie ein oberes Augenlid ist; Trommelfell mäßig deutlich, klein, dicht am Auge liegend. Finger lang und kräftig, die beiden lateralen mit $^1/_3$ Schwimmhaut; Haftscheiben sehr groß; 1. Finger kleiner als der 2., der kürzer als der 4. ist, der von dem 3. überragt wird; 3. Finger länger als die Schnauze; Subartikulartuberkel deutlich. Zehen mit $^1/_2$ Schwimmhaut, die an der 2., 3. und 5. Zehe das halbe letzte Glied, an der 1. Zehe das letzte Glied, und an der 4. Zehe die beiden letzten Glieder frei läßt oder nur als sehr schmaler Hautsaum umschließt; Haftscheiben etwas kleiner als die der Finger; 5. Zehe etwas länger als die 3., laterale Metatarsalia in ihrem distalen Teil wenig durch Schwimmhaut getrennt; keine Tarsalfalte; nur eine sehr kleine, mediale Metatarsaltuberkel, keine laterale, keine Tarsaltuberkel; Subartikulartuberkel klein. Das Tibiotarsalgelenk reicht bis zum Vorderrand des Auges; Femur kürzer als die Tibia, die $4^1/_2$ mal so lang wie breit, etwas über 2 mal in der Körperlänge enthalten und nur wenig länger als der Fuß ist; bei rechtwinklig angeknickten Hinterbeinen decken die Fersen einander. Haut oben glatt, ebenso an der Kehle; Bauch und Unterseite der Oberschenkel granuliert; einige größere Warzen hinter dem Mundwinkel; eine deutliche Postgularfalte.

Färbung (in Alkohol) oben und unten gelb, mehr gelblichweiß am Kopfe und unter der Kehle, auf der Unterseite der Extremitäten und unter dem Bauch leuchtend goldgelb. Eine schwache, dunkle Linie unterhalb des Canthus rostralis; über die vordere Hälfte des Bauches zieht sich eine breite, schwarze Querbinde, die am oberen und unteren Rande etwas ausgezackt ist. Körperlänge 27 mm. (Fig. 256).

Vulkangebiet nordöstlich des Kivu-Sees.

Fig. 256.
Hyperolius ventrimaculatus E. Ahl.
Habitus von der Ventralseite.

Fig. 257.
Hyperolius adspersus Ptrs.
Habitus, a = Mundöffnung. (Nach Peters).

135. **H. adspersus** Ptrs. 1877 *H. a.*, Peters in: Monber. Ak. Berlin, p. 619 t. 1 f. 6 (Habitus, Mundöffnung).

Körpergestalt gedrungen; Vomerzähne fehlen; Choanen klein, frei vom Kieferrand; Zunge groß, hinten frei und mit zwei Zipfeln; Kopf mäßig groß, etwas breiter als lang; Schnauze niedergedrückt, im Profil abgestutzt, nicht über das Maul hinausragend, etwas länger als das große Auge, fast so lang wie der Abstand der vorderen Augenwinkel voneinander, viel länger als hoch; Canthus rostralis abgerundet, aber sehr deutlich; Lorealgegend senkrecht, nicht konkav; Nasenloch viel näher der Schnauzenspitze als dem Auge; Internasalraum viel schmaler als der Interorbitalraum, der über doppelt so breit wie ein oberes Augenlid ist; Trommelfell gänzlich unter der Haut verborgen. Finger mäßig lang, kräftig, die beiden lateralen mit etwas über $^1/_3$ Schwimmhaut; Haftscheiben wohl entwickelt; 1. Finger kleiner als der 2., der kürzer als der 4. ist, der von dem 3. nur wenig überragt wird; 3. Finger so lang wie die Schnauze; Subartikulartuberkel klein. Zehen mäßig lang, mit etwa $^2/_3$ Schwimmhaut, die an der 5. Zehe bis an die Haftscheiben reicht, bei der 1.—3. Zehe die Haftscheiben nicht ganz erreicht, und bei der 4. Zehe die letzten $1^1/_2$ Glieder frei läßt; Haftscheiben so groß wie die der Finger; 5. Zehe etwas länger als die 3.; laterale Metatarsalia fest verbunden; keine Tarsalfalte; nur eine sehr kleine, flache, undeutliche, mediale Metatarsaltuberkel, keine laterale, keine Tarsaltuberkel; Sohle granuliert; Subartikulartuberkel sehr klein, undeutlich. Das Tibiotarsalgelenk reicht bis zum Vorderrand des großen Auges; Femur kürzer als die Tibia, die $3^1/_2$ mal so lang wie breit, etwas über 2 mal in der Körperlänge enthalten, und viel länger als der Fuß ist; bei rechtwinklig angeknickten Hinterbeinen berühren die Fersen einander. Haut oben und an den Seiten, ebenso an der Kehle glatt; Bauch und Unterseite der Oberschenkel granuliert; eine sehr schwache Postgular- und Postpectoralfalte vorhanden; keine Temporofemoralfalte.

Färbung (in Alkohol) oben gelblich, metallisch glänzend; unterhalb des Canthus rostralis vom Nasenloch bis zum Auge eine schmale, dunkelbraune Binde; die ganze Oberseite übersät mit kleinen, schwarzen Pünktchen, welche auf dem Kopf und auf der Mitte der Körperseiten mehr und größer hervortreten; die Lateralseite des Vorderarmes und des Unterschenkels sind ebenfalls schwarz punktiert; Oberarm, Oberschenkel und Unterseite gelblich. Körperlänge 20 mm. (Fig. 257).

Chinchoxo.

136. **H. dermatus** E. Ahl 1931 *H d.*, E. Ahl in: Mt. Mus. Berlin, *v.* 17 (im Druck).

Körpergestalt gedrungen; Vomerzähne fehlen; Choanen mäßig groß; Zunge mäßig groß, herzförmig, hinten eingeschnitten. Kopf groß, breiter als der Rumpf, breiter als lang, $2^1/_3$ mal so lang wie der Rumpf; Schnauze abgerundet, im Profil abgerundet, wenig über das Maul hinausragend, $1^1/_3$ mal so lang wie das Auge, kürzer als der Abstand der vorderen Augenwinkel voneinander, etwas länger als hoch; Canthus rostralis abgerundet, aber deutlich, etwas gebogen; Lorealregion ziemlich steil abfallend, wenig konkav; Nasenloch nur sehr wenig näher der Schnauzenspitze als dem Auge; Internasalraum etwas schmaler als der Interorbitalraum, der doppelt so breit wie ein oberes Augenlid ist; Trommelfell unter der Haut verborgen. Finger groß und kräftig, die lateralen mit $^1/_3$ Schwimmhaut; Haftscheiben sehr groß; 1. Finger kleiner als der 2., der kürzer als der 4. ist, der von dem 3. überragt wird; 3. Finger so lang wie die Schnauze; Subartikulartuberkel schwach entwickelt. Zehen mit $^3/_4$ Schwimmhaut, die an der 5. Zehe bis unter die Haftscheiben geht, bei der 3. und 2. nicht ganz bis zur Haftscheibe reicht, und an der 4. das letzte Glied frei läßt; 5. Zehe länger als die 3.; laterale Metatarsalia fest verbunden; Tarsalfalte fehlt; nur eine kleine, etwas vorspringende, mediale Metatarsaltuberkel, keine laterale, keine Tarsaltuberkel; Sohle granuliert; Subartikulartuberkel schwach; Haftscheiben der 5. Zehe so groß wie die der Finger, die der übrigen Zehen etwas kleiner. Das Tibiotarsalgelenk reicht bis zum Hinterrand des Auges; Femur etwas kürzer als die Tibia, die $3^1/_3$ mal so lang wie breit, $2^1/_3$ mal in der Körperlänge enthalten und nur wenig länger als der Fuß ist; die Fersen decken einander. Haut oben auf Kopf, Rücken und Vorder- und Hinterbeinen dick, lederartig, mit vielen kleineren und größeren Warzen besetzt. Kehle stark warzig; Brust glatt; Bauch schwach granuliert; Männchen mit einer Kehlscheibe, die an den Seiten tief eingeschnitten nach vorn geht, und so noch jederseits eine Randfalte bildet; Postpectoralfalte fehlt; Temporofemoralfalte sehr deutlich.

Färbung (in Alkohol) oben kreideweiß mit einem schwachen, gelb-bräunlichen Schimmer, der besonders nach dem Kopfe zu deutlicher wird; Oberlippe breit gelblichweiß gesäumt; Kehle kreideweiß; Brust und Bauch gelblichweiß. Medialseite der Vorder- und Hinterbeine sowie die Oberschenkel und Seiten zwischen Vorder- und Hinterbeinen leuchtend gelb. Körperlänge 32 mm.

Cabayra (Port. Ost-Afrika).

137. **H. narinus** E. Ahl 1931 *H. n.*, E. Ahl in: Mt. Mus. Berlin, *v.* 17 (im Druck).

Körpergestalt gedrungen; Vomerzähne fehlen; Choanen ziemlich groß, teilweise unter dem Kieferrand verborgen; Zunge groß, birnenförmig, hinten frei und mit zwei Zipfeln. Kopf groß, etwas breiter als lang; Schnauze stumpf zugespitzt, im Profil spitz abgerundet, etwas über das Maul hinausragend, etwas länger als das Auge, etwas kürzer als der Abstand der vorderen Augenwinkel voneinander, viel länger als hoch; Canthus rostralis scharf; Lorealgegend ziemlich schräg, tief konkav; Nasenloch wulstig aufgetrieben, mit dem vorderen Augenwinkel durch eine wulstige Falte verbunden, viel näher der Schnauzenspitze als dem Auge, seitlich liegend; Internasalraum etwas schmaler als der Interorbitalraum, der $1^1/_2$ mal so breit wie ein oberes Augenlid ist; Trommelfell klein, nur sehr undeutlich sichtbar. Finger mit nicht ganz $^1/_2$ Schwimmhaut; Haftscheiben außergewöhnlich groß und deutlich; 1. Finger kleiner als der 2., der wenig kürzer als der 4. ist, der nur wenig von dem 3. überragt wird; 3. Finger so lang wie die Schnauze; Subartikulartuberkel sehr groß und deutlich, doppelt an den meisten Gelenken. Zehen kräftig und gedrungen; mit etwa $^3/_4$ Schwimmhaut, die an der 1. und 4. Zehe das letzte Glied frei läßt und bei den übrigen bis unter die Haftscheiben reicht; Haftscheiben etwas kleiner als die der Finger; 5. Zehe etwas länger als die 3.; laterale Metatarsalia fest verbunden; laterale Zehe mit sehr schwacher Hautfalte; keine Tarsalfalte; eine deutliche, flache, mediale Metatarsaltuberkel, und eine vorragende, kleine, runde, deutliche, laterale Metatarsaltuberkel; keine Tarsaltuberkel; Sohle granuliert; Subartikulartuberkel klein, aber deutlich, einfach. Das Tibiotarsalgelenk reicht bis zum Hinterrand des Auges; Femur kürzer als die Tibia, die $3^1/_2$ mal so lang wie breit, $2^1/_4$ mal in der Körperlänge enthalten und viel länger als der Fuß ist; bei rechtwinklig angeknickten Hinterbeinen decken die Fersen einander. Haut auf der Oberseite und den Seiten des Kopfes, dem Rücken, und der Ober- und Lateralseite der Extremitäten mit sehr vielen deutlichen, kleinen, oft spitzen Warzen versehen, die überall sehr dicht stehen. Körperseiten fast glatt; Bauch, Kehle und Unterseite der Oberschenkel grob granuliert. Eine sehr deutliche Postgularfalte vorhanden; Postpectoralfalte mäßig deutlich; Temporofemoralfalte sehr undeutlich. Männchen mit subgularer Schallblase und großer Kehlscheibe.

Fig. 258.
Hyperolius narinus E. Ahl.
Habitus von oben.

Färbung (in Alkohol) oben und an den Seiten bräunlich; auf dem Rücken, in der Gegend hinter der Ansatzstelle der Oberarme, beginnen drei schmale, violette Längsbinden, deren mittelste auf der Rückenmitte liegt, während die beiden anderen etwas mehr nach den Seiten zu liegen; alle drei Binden reichen nicht bis zum After. Unterhalb des Canthus rostralis, zwischen dem Canthus rostralis und dem vom Winkel des vorderen Augenlides zum Nasenloch ziehenden Wulste, verläuft eine schmale, dunkelbraune Linie vom Nasenloch zum Auge; vom hinteren Augenrand zieht sich eine sehr schmale, dunkelbraune Linie über die Ansatzstelle des Oberarmes zur Schulter, und von dort aus, in kleine Punkte aufgelöst, an den Körperseiten entlang bis zu den Weichen. Oberseite der Oberarme und Oberschenkel mit einem schmalen, violetten Längsstreifen; Ferse mit einer schmalen, dunkelbraunen Querbinde. Unterseite einfarbig gelblichweiß. Körperlänge 30 mm. (Fig. 258).

Togo (Misahöhe).

Beschreibung der Kaulquappe: Körpergestalt stark niedergedrückt, mit sehr langem Schwanz; Körperhöhe $2^1/_2$ mal, Körperbreite $1^2/_3$ mal in der Körperlänge enthalten; Nasenloch etwas näher dem Auge als der Schnauzenspitze; Augen dorsolateral, etwas näher der Schnauzenspitze als dem Spiraculum, der Abstand der Augen voneinander viel breiter als der zwischen den Nasenlöchern und viel breiter als die Breite des Maules. Spiraculum linksseitig, von oben und unten sichtbar, rückwärts gerichtet, näher dem After als der Schnauzenspitze; After rechtsseitig. Schwanz sehr lang, etwa $2^1/_2$ mal so lang wie der Körper, $5-5^1/_2$ mal so lang wie hoch, die Breite des muskulösen Teiles an der Basis $1^1/_2$ mal in der größten Körperhöhe enthalten, und etwa 8 mal in der Länge des Schwanzes; Schwanz hinten in eine Spitze endend; oberer Saum etwas breiter als der untere, sich nicht auf den Rücken fortsetzend. Lippen mit einem breiten Kranz von Papillen unten und an den Seiten; dieser Papillenkranz an der Unterlippe nicht unterbrochen; Kiefer schwarz gerandet; drei nicht unterbrochene, etwa gleich lange Zahnreihen im Unterkiefer; Oberkiefer mit vier Zahnreihen, von denen die oberste lang und vollständig ist, während die drei medialen in der Mitte breit unterbrochen sind.

Färbung (in Alkohol) oben und unten, wie auch auf dem Schwanze einfarbig hellbräunlich; muskulöser Teil des Schwanzes mit einigen dunkleren Flecken. Totallänge 50 mm, davon 36 mm auf den Schwanz.

Fundort der beschriebenen Larven Misahöhe, Togo.

138. **H. mariae** Barb. & Loveridge 1928 *H. m.*, Barbour & Loveridge in: Mem. Mus. Harvard, v. 50 p. 217 t. 3 f. 1 (Habitus von oben in natürlichen Farben).

Kopf etwas länger als breit; Schnauze abgerundet, leicht vorragend, länger als der Augendurchmesser; Canthus rostralis deutlich, aber abgerundet; Lorealgegend vertikal, sehr wenig konkav; Interorbitalraum $1^1/_2-2$ mal so breit wie das obere Augenlid; Augendurchmesser gleich dem Abstand vom vorderen Rand des Auges bis zum Nasenloch, ebenso wie der Abstand zwischen den Nasenöffnungen, oder etwas länger als der Internasalraum; Trommelfell verborgen. Finger und Zehen mäßig lang, an der Spitze verbreitert; Finger mit $^1/_2-^2/_3$ Schwimmhaut, am lateralen Finger bis zur Basis der Haftscheiben reichend, bis zum letzten Gelenk an beiden Seiten des 3. Fingers, bis zwischen letztes und vorletztes Gelenk am 2. und bis zum letzten Gelenk beim 1.; Zehen mit ganzen Schwimmhäuten, die bis oder fast bis zu den Haftscheiben reichen; das Tibiotarsalgelenk reicht über das Auge oder bis zur Schnauzenspitze. Haut oben und unten glatt, außer an der Brust, dem Bauch und den Schenkeln, wo sie gekörnelt ist. Eine oder zwei kaum unterscheidbare Granula an dem Mundwinkel.

Färbung (in Alkohol) auf dem Rücken hellgrau bis dunkler grau bei den Weibchen; manche besitzen ein helles Canthalband, das durch das Auge geht und etwas entlang den Flanken; eine sehr leichte Anhäufung von schwarzem Pigment befindet sich über und unter dieser farblosen Linie. Andere Weibchen wieder zeigen keinerlei Andeutung dieses hellen Canthalbandes, aber sein Platz ist eingenommen von einem dunklen Fleck um das Nasenloch und einem anderen Fleck hinter dem Auge, die die Tendenz zeigen, mit dem Alter sich auszubreiten, bis sie einen sehr deutlichen, schwarzen Canthalstreifen bilden. Ebenso ist auch ein isoliertes, schwarzes Lateralband von verschiedenem Charakter vorhanden, das subepidermal im Gegensatz zu den superfiziellen Nasalflecken erscheint. Die farblosen Schenkel und Füße rötlich. — Die Männchen sind ebenfalls hell und ohne rötliche Farbe auf den Schenkeln, und zeigen teilweise ein helles Canthalband zusammen mit deutlicher Pigmentierung um die Nasenlöcher, und die Pigmentierung erstreckt sich entlang den Flanken. Die meisten Männchen sind ähnlich den erwachsenen Weibchen und besitzen den dunklen Ring um die Nasenlöcher, der sich mit dem schwarzen Postocularfleck vereinigen kann, um ein schwarzes Canthalband zu bilden. Selten befindet sich ein entsprechender Fleck auf jedem Ellbogen und Knie und einige ähnliche über der Analöffnung. Die Kehle der Jungen ist weiß, ungefleckt, die der Älteren stark gefleckt mit Schwarz auf der Gularscheibe und gewöhnlich, aber nicht immer, auch auf den Lippen. Färbung des Weibchens im Leben oben einfarbig grauweiß auf dem Kopf, dem Rücken, der Tibia und der Lateralseite des Fußes; ein schwarzer Fleck auf der Schnauze, die Nasenlöcher schwarz umrandet, der Rand des oberen Augenlides schwarz, ein undeutliches, cremefarbenes, breites Band an der Seite mit einem breiten, schwarzen darüber; Schenkel fleischfarben oder blutrot. Unterlippe blutrot gefleckt, die übrige Unterseite blutrot. Körperlänge (Weibchen) 28 mm, (Männchen) 26 mm, (jung) 13 mm. (Fig. 259).

Fig. 259.
Hyperolius mariae Barb. & Loveridge.
Habitus von oben.
(Nach Barbour & Loveridge).

Derema (Usambara).

139. **H. nasutus** Günther 1864 *H. n.*, Alb. Günther in: P. zool. Soc. London, p. 482 t. 33 f. 2 (Habitus) | 1866 *H. n.*, Bocage in: J. Ac. Lisboa, *v.* 1 p. 55 | 1868 *Rappia nasuta*, Alb. Günther in: P. zool. Soc. London, p. 481 | 1882 *R. n.*, Boulenger, Cat. Batr. sal. Brit. Mus., ed. 2 p. 127 | 1895 *R. n.*, Bocage, Herpét. Angola, p. 169 1924 *Hyperolius nasutus*, Noble in: Bull. Amer. Mus., *v.* 49 p. 327.

Körpergestalt schlank; Vomerzähne fehlen; Choanen klein, nicht unter dem Kieferrand verborgen; Zunge länglich elliptisch, hinten frei und mit zwei Zipfeln. Kopf ziemlich klein, so lang wie breit; Schnauze zugespitzt, im Profil zugespitzt oder schräg nach hinten abgestutzt, über das Maul hinausragend, etwas länger als das Auge, kürzer als der Abstand der vorderen Augenwinkel voneinander, länger als hoch; Canthus rostralis scharf; Lorealgegend senkrecht, nicht konkav; Nasenloch etwas näher der Schnauzenspitze als dem Auge; Internasalraum schmaler als der Interorbitalraum, der doppelt so breit wie ein oberes Augenlid ist; Trommelfell unter der Haut verborgen. Finger lang und schlank, die beiden lateralen mit $^1/_3$ oder nicht ganz $^1/_3$ Schwimmhaut; Haftscheiben klein, aber deutlich; 1. Finger kleiner als der 2., der kürzer als der 4. ist, der von dem 3. nur wenig überragt wird; 3. Finger so lang wie die Schnauze; Subartikulartuberkel klein und undeutlich. Zehen lang und schlank, mit etwa $^2/_3$ Schwimmhaut, die an der 4. Zehe das letzte Glied frei läßt und bei den anderen fast bis zur Haftscheibe reicht oder das halbe letzte Glied frei läßt; Haftscheiben so groß wie die der Finger; 5. Zehe etwas länger als die 3.; laterale Metatarsalia mehr oder weniger fest verbunden; keine Tarsalfalte; nur eine äußerst kleine, flache, undeutliche, mediale Metatarsaltuberkel, keine laterale, keine Tarsaltuberkel; Subartikulartuberkel klein und undeutlich. Das Tibiotarsalgelenk reicht fast bis zur Schnauzenspitze; Femur kürzer als die Tibia, die $4^1/_2$ bis $5^1/_2$ mal so lang wie breit, 2 mal in der Körperlänge enthalten, und viel länger als der Fuß ist; bei rechtwinklig angeknickten Hinterbeinen decken die Fersen einander. Haut oben glatt; Kehle, Bauch und Unterseite der Oberschenkel sehr fein granuliert; eine sehr deutliche Postgularfalte; eine mehr oder weniger deutliche Postpectoralfalte; keine Temporofemoralfalte. Männchen mit subgularer Schallblase und großer Kehlscheibe.

Fig. 260.
Hyperolius nasutus Günther.
Habitus, Kopf von oben.
(Nach Günther).

Färbung (in Alkohol) oben grau oder hellbräunlich, mit einem weißen Streifen von der Schnauzenspitze entlang dem Canthus rostralis, durch das Auge und darüber hinaus bis auf die Körperseiten; an der Schnauze ist dieser Streifen gewöhnlich dunkel gesäumt; oft einige dunkle Flecke auf dem Kopf; Unterseite einfarbig weiß. Der Längsstreifen manchmal fehlend. Körperlänge 28 mm. (Fig. 260).

Mozambique bis Deutsch-Ostafrika; Angola.

140. **H. maestus** Rochebr. 1885 *H. m.*, Rochebrune in: Bull. Soc. philom., ser. 7 *v.* 9 p. 91.

Körper schlank, abgeflacht. Schnauze dreieckig, $1^1/_2$ mal so lang wie der Augendurchmesser; Trommelfell unter der Haut verborgen; Interorbitalraum 3 mal in der Kopflänge enthalten. Vorder- und Hinterbeine mit halben Schwimmhäuten. Das Tibiotarsalgelenk überragt etwas den Vorderrand des Auges. Eine gebogene Querfalte auf der Brust.

Färbung oben violett, weiß gepunktet; Schenkel hell, mit rötlichen Flecken; Unterseite hell. Körperlänge 22 mm.

Landana.

141. **H. pachyderma** (Wern.) 1907 *Rappia p.*, F. Werner in: SB. Ak. Wien, *v.* 116 p. 1903.

Schnauze vorspringend, $1^1/_2$ mal so lang wie das Auge, breit abgestutzt; Canthus rostralis gerade; Lorealgegend senkrecht; Nasenloch etwas näher der Schnauzenspitze als dem Auge; Interorbitalraum breit; Trommelfell unter der Haut verborgen. Kopf breiter als der Rumpf und mehr als halb so lang. Laterale Finger durch $^1/_2$ Schwimmhaut verbunden; Zehen mit $^3/_4$ Schwimmhaut, ebenso wie die Finger mit kleinen Haftscheiben. Das Tibiotarsalgelenk reicht über den vorderen Rand des Auges hinaus. Haut glatt, dick, lederartig, nur an einem schmalen Streifen an der Seite des Bauches granuliert.

Färbung im Leben kreideweiß, in der Schnauzen-, Loreal- und Schläfengegend bräunlich; auch Kehle und Bauch sowie die proximale Hälfte der Femora auf der Unterseite weiß; dagegen ist der Schenkel oberseits und die übrigen beim Sitzen verborgenen Teile der Oberseite der Füße pigmentlos. Körperlänge 16 mm.

Gondokoro, Sudan.

Werner sah diesen Frosch an einem außerordentlich heißen Mittag in der offenen Steppe von Gondokoro auf einem kleinen Strauch vollkommen frei und schutzlos im Sonnenschein dasitzen. Er hielt ihn anfangs für irgendeinen jener Kleinschmetterlinge, die Vogelkot auf Blättern imitieren, überzeugte sich aber bald, daß er einen Batrachier vor sich hatte, der in dieser Weise einer Temperatur, die im Schatten über 40° C betrug, trotzte. Von einer Schleimsekretion war nichts zu bemerken. Die Haut fühlte sich vollkommen trocken an wie bei denjenigen Kröten, die in wasserarmen Gegenden gefunden werden. Er glaubt, daß sich solche Frösche nicht durch Schleimsekretion, sondern durch eine dicke, undurchlässige Haut und durch die rein weiße Färbung vor der Wirkung der Sonnenstrahlung, allzu starken Wasserverlust und Eintrocknen schützen.

142. **H. tuberilinguis** (Sundevall) A. Sm. 1849 *H. t.*, A. Smith, Ill. Zool. S.-Afr., App. p. 26 | 1870 *H. t.*, Peters in: Monber. Ak. Berlin, p. 115 t. 1 f. 3 (Habitus und Mundöffnung) | 1882 *Rappia t.*, Boulenger, Cat. Batr. sal. Brit. Mus., ed. 2 p. 125.

Zunge vorn mit zwei konischen Papillen Schnauze abgerundet, so lang wie der Augendurchmesser; Trommelfell unter der Haut verborgen. Finger mit 1/3 Schwimmhaut; Zehen mit 2/3 Schwimmhäuten. Das Tibiotarsalgelenk erreicht die Schnauzenspitze. Haut oben glatt. (Fig. 261).

Oberseite ungefleckt.

Südafrika.

a

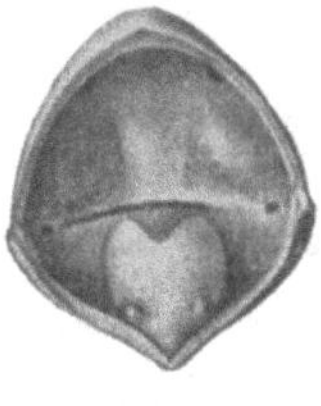

Fig. 261.
Hyperolius tuberilinguis (Sundevall).
Habitus, Mundöffnung. (Nach Peters).

143. **H. scheffleri** E. Ahl 1931 *H. s.*, E. Ahl in: Mt. Mus. Berlin, *v.* 17 (im Druck).

Körpergestalt gedrungen; Vomerzähne fehlen; Choanen klein, nicht unter dem Kieferrand verborgen; Zunge ziemlich klein, herzförmig, hinten frei und eingeschnitten. Kopf groß, so lang wie breit; Schnauze dreieckig, vorn quer abgestutzt, im Profil schräg nach hinten abgestutzt, über das Maul hinausragend, so lang wie das große Auge, etwas kürzer als der Abstand der vorderen Augenwinkel voneinander, etwas länger als hoch; Canthus rostralis deutlich, gerade; Lorealgegend senkrecht, sehr wenig konkav; Nasenloch viel näher der Schnauzenspitze als dem Auge; Internasalraum etwa 2/3 der Breite des Interorbitalraumes, der doppelt so breit wie ein oberes Augenlid ist; Trommelfell gänzlich unter der Haut verborgen. Finger mäßig lang, die beiden lateralen mit knapp 1/3 Schwimmhaut; Haftscheiben klein, aber wohl entwickelt; 1. Finger kleiner als der 2., der kürzer als der 4. ist, der von dem 3. überragt wird; 3. Finger etwas länger als die Schnauze; Subartikulartuberkel klein, aber deutlich. Zehen mäßig lang, mit etwas über $^1/_2$ Schwimmhäuten, die an der 1. Zehe das letzte Glied, an der 2., 3. und 5. Zehe das halbe letzte Glied und an der 4. Zehe die letzten $1^1/_2$ Glieder frei lassen; Haftscheiben so groß wie die der Finger; 5. Zehe länger als die 3.; laterale Metatarsalia fest verbunden; keine Tarsalfalte; nur eine kleine, flache, mediale Metatarsaltuberkel, keine laterale, keine Tarsaltuberkel; Subartikulartuberkel klein und undeutlich. Das Tibiotarsalgelenk reicht bis zwischen Auge und Schnauzenspitze; Femur wenig kürzer als die Tibia, die $3^1/_2$mal so lang wie breit, 2mal in der Körperlänge enthalten und viel länger als der Fuß ist; bei rechtwinklig angeknickten Hinterbeinen decken die Fersen einander. Haut oben und an den Seiten lederartig dick und stark warzig und drüsig; Kehle, Bauch und Unterseite der Oberschenkel grob granuliert; eine deutliche Postgular- und Postpectoralfalte, keine Temporofemoralfalte. Männchen ohne Kehlscheibe.

Färbung (in Alkohol) oben einfarbig gelblichweiß; Kehle rein weiß, übrige Unterseite gelblich; Oberschenkel dunkel, wahrscheinlich rot im Leben. Körperlänge 19 mm.

Kibwezi, Britisch-Ostafrika.

144. **H. toulsonii** Boc. 1867 *H. t.*, Bocage in: P. zool. Soc. London, p. 845 f. 3 (Habitus) | 1895 *Rappia t.*, Bocage, Herpét. Angola, p. 166.

Fig. 262.
Hyperolius toulsonii Boc.
Habitus, Mundöffnung.
(Nach Bocage).

Kopf groß und abgeflacht; Trommelfell unsichtbar; Pupille horizontal. Finger mit $^1/_3$ Schwimmhaut; Zehen mit vollständigen Schwimmhäuten. Das Tibiotarsalgelenk reicht bis zwischen Auge und Schnauzenspitze. Haut oben glatt mit einigen verstreuten Tuberkeln; Bauch und Kehle granuliert. Zwei gegen den After konvergierende Hautfalten begrenzen den Mittelteil des Bauches. Eine deutliche Postgularfalte; Männchen mit innerer Schallblase, aber ohne Kehlscheibe.

Färbung (in Alkohol) oben auf bleifarbenem Grunde drei breite, weiße Längsbinden, die eine auf der Mittellinie von der Schnauzenspitze zum After, die anderen von hinter dem Auge über die obere Hälfte der Flanken; Schenkel einfarbig bleifarben; Bein und Fuß unten, ebenso wie die Medialseite der Vorderbeine, weiß. Gutturalregion und Bauch weißlich. Auf der Dorsalseite der Vorderbeine und des Fußes große, runde, weiße Flecke. Eine schwarze Linie von der Schnauzenspitze durch das Auge bis zur Temporalgegend. Oberkieferrand bleifarben. Körperlänge 26 mm. (Fig. 262).

Loanda (Angola).

145. **H. bayoni** (Blgr.) 1911 *Rappia b.*, Boulenger in: Ann. Mus. Genova, ser. 3 *v.* 5 p. 168 | 1924 *Hyperolius b.*, Noble in: Bull. Amer. Mus., *v.* 49 p. 324.

Körpergestalt ziemlich schlank; Vomerzähne fehlen; Choanen klein, teilweise unter dem Kieferrand verborgen; Zunge mäßig groß, herzförmig, hinten mit zwei Zipfeln. Kopf mäßig groß, so lang wie breit oder nur sehr wenig breiter als lang; Schnauze abgerundet oder stumpf zugespitzt, im Profil abgerundet oder zugespitzt, nur wenig über das Maul hinausragend, so lang wie das große Auge, kürzer als der Abstand der vorderen Augenwinkel voneinander, viel länger als hoch; Canthus rostralis deutlich; Lorealgegend fast senkrecht abfallend, sehr wenig konkav; Nasenloch näher der Schnauzenspitze als dem Auge; Internasalraum schmaler als der Interorbitalraum, der doppelt so breit wie ein oberes Augenlid ist; Trommelfell gänzlich unter der Haut verborgen. Finger gedrungen, die beiden lateralen mit $^1/_3$ Schwimmhaut; Haftscheiben wohl entwickelt; 1. Finger kleiner als der 2., der kürzer als der 4. ist, der von dem 3. nur sehr wenig überragt wird; 3. Finger etwa so lang wie die Schnauze; Subartikulartuberkel klein und undeutlich. Zehen ziemlich kurz, mit etwa $^2/_3$ Schwimmhaut, die an der 5. Zehe bis zur Haftscheibe reicht, bei der 2. und 3. Zehe das halbe letzte Glied und bei der 1. und 4. Zehe das ganze letzte Glied frei läßt; Haftscheiben so groß wie die der Finger; 5. Zehe etwas länger als die 3.; laterale Metatarsalia fest verbunden; keine Tarsalfalte; nur eine äußerst kleine, flache, undeutliche, mediale Metatarsaltuberkel, keine laterale, keine Tarsaltuberkel; Subartikulartuberkel klein und undeutlich. Das Tibiotarsalgelenk reicht meist über den vorderen Augenrand hinaus oder nur bis zu diesem; Femur kürzer

Fig. 263.
Hyperolius bayoni (Blgr.).
Habitusbilder von oben. (Nach Tornier).

als die Tibia, die 4—4$^1/_2$ mal so lang wie breit, 2 mal oder etwas weniger in der Körperlänge enthalten, und viel länger als der Fuß ist; bei rechtwinklig angeknickten Hinterbeinen decken oder überragen einander die Fersen ein wenig. Haut oben glatt oder mit sehr kleinen, verstreuten, runden Tuberkeln. Kehle, Bauch und Unterseite der Oberschenkel granuliert; eine sehr starke Postgularfalte; Postpectoralfalte fehlend oder nur schwach entwickelt; nur eine in wenigen Fällen deutlich sichtbare Temporofemoralfalte. Männchen mit subgularer Schallblase und großer Kehlscheibe.

Färbung (in Alkohol) oben hellbraun oder hellgrau; vom Nasenloch durch das Auge bis zu den Weichen zieht sich ein mehr oder weniger scharf begrenztes, dunkelbraunes, weiß gerandetes Lateralband, dessen untere, außerordentlich breite, weiße Begrenzung in allen Fällen scharf und deutlich ist. Gesamte Oberseite manchmal mit sehr kleinen, feinen, dunkelbraunen Punkten bedeckt; manchmal ein mehr oder weniger deutliches, mehr oder weniger weiß gerandetes Vertebralband vorhanden. Eine braune, nicht immer deutliche, hell gerandete Binde verläuft oft entlang der Lateralseite der Unterarme und der Hände, und ebenso entlang der Lateralseite der Tibia, des Tarsus und des Fußes; Oberseite des Oberarmes und des Oberschenkels braun oder braun gefleckt, mit einem etwas helleren Streifen in der Mitte. Unterseite weiß, Kehle manchmal braun gefleckt. Körperlänge 30 mm. (Fig. 263).

Uganda bis zum Gebiet des Victoria-, Mohasi-, Kivu- und Tanganyika-Sees.

146. **H. chlorosteus** (E. Blgr.) 1915 *Rappia chlorostea*, E. Boulenger in: P. zool. Soc. London, p. 243.

Kopf so breit wie lang; Schnauze quer abgestutzt, so lang wie der Augendurchmesser. Lorealgegend fast senkrecht. Nasenloch nahe der Schnauzenspitze. Trommelfell deutlich, etwa $^1/_2$ so groß wie das Auge. Laterale Finger mit $^1/_3$ Schwimmhaut. Zehen mit $^2/_3$ Schwimmhaut. Das Tibiotarsalgelenk erreicht die Schnauzenspitze. Tibia etwas mehr als $^1/_2$ der Körperlänge. Haut glatt, außer an dem Bauche, der schwach granuliert ist.

Färbung im Leben: Oben grün; ein silberner, dunkel gerandeter Streifen läuft an den Seiten entlang, verläuft durch das Auge, und reicht von der Schnauzenspitze bis fast zum Ende des Körpers. Die durch die Haut durchscheinenden Knochen sind von leuchtend grüner Farbe. Körperlänge?

Sierra Leone.

147. **H. togoensis** E. Ahl 1931 *H. t.*, E. Ahl in: Mt. Mus. Berlin, *v.* 17 (im Druck).

Körpergestalt gedrungen; Vomerzähne fehlen; Choanen klein, teilweise unter dem Kieferrande verborgen; Zunge groß, herzförmig, hinten frei und mit zwei Zipfeln. Kopf groß, so lang wie breit; Schnauze zugespitzt, im Profil abgestutzt, nicht über das Maul hinausragend, so lang wie das sehr große Auge, kürzer als der Abstand der vorderen Augenwinkel voneinander, viel länger als hoch; Canthus rostralis scharf und deutlich; Lorealgegend schräg, stark konkav; Nasenloch viel näher der Schnauzenspitze als dem Auge; Internasalraum schmaler als der Interorbitalraum, der doppelt so breit wie ein oberes Augenlid ist; Trommelfell klein, nur sehr undeutlich sichtbar. Finger sehr groß und kräftig, die beiden lateralen mit etwas über $^1/_3$ Schwimmhaut; Haftscheiben ungewöhnlich groß; 1. Finger kleiner als der 2., der kürzer als der 4. ist, der von dem 3. um die Länge der Haftscheibe überragt wird; 3. Finger länger als die Schnauze; Subartikulartuberkel klein, aber deutlich. Zehen lang und kräftig, mit etwa $^2/_3$ Schwimmhaut, die an der 1. und 4. Zehe das letzte Glied frei läßt, und bei den übrigen nicht ganz bis an die Haftscheiben reicht; 5. Zehe etwas länger als die 3.; laterale Metatarsalia fest verbunden; eine sehr schwache Tarsalfalte vorhanden; nur eine sehr kleine, flache, mediale Metatarsaltuberkel, keine laterale, keine Tarsaltuberkel; Sohle granuliert; Subartikulartuberkel klein, aber deutlich. Das Tibiotarsalgelenk reicht bis zum Nasenloch; Femur kürzer als die Tibia, die $4^1/_2$ mal so lang wie breit, etwas über 2 mal in der Körperlänge enthalten, und länger als der Fuß ist; bei rechtwinklig angeknickten Hinterbeinen decken die Fersen einander. Haut oben glatt; Unterseite granuliert; Männchen mit subgularer Schallblase und großer, freier Kehlscheibe; nur eine deutliche Subgularfalte; keine Subpectoral- oder Temporofemoralfalte.

Fig. 264.
Hyperolius togoensis E. Ahl.
Habitus von oben.

Färbung (in Alkohol) oben gelblich oder bräunlich; zwischen den Augen eine große, dreieckige, mit der Spitze nach hinten gerichtete, aber nicht sehr deutliche Zeichnung, an die sich ein rhombischer Fleck von derselben undeutlichen Färbung anschließt. Gesamte Oberseite des Rückens und insbesondere des Kopfes mit vielen etwa stecknadelkopfgroßen oder etwas größeren, runden, dunkelbraunen Flecken von unregelmäßiger Anordnung besetzt. Von der Schnauzenspitze entlang dem Canthus rostralis, durch das Auge, und entlang den Körperseiten bis in die Gegend der Weichen zieht sich eine dunkelbraune Längsbinde; Oberseite der Vorder- und Hinterextremitäten von der Farbe der Körperoberseite und vielen kleinen, runden Flecken und einigen schmalen, durch Verbreiterung dieser Flecke hervorgerufenen Querbinden. Unterseite gelb; Hinterseite der Oberschenkel rötlich. Körperlänge 30 mm. (Fig. 264).

Togo (genauerer Fundort unbekannt).

148. **H. angolensis** Stnd. 1867 *H. marmoratus* var. *a.*, Steindachner in: Reise Novara, Amph. p. 50 t. 2 f. 19 (Habitus), 20 (Habitus), 21 (Mund), 22 (Vorderfuß), 23 (Hinterfuß).

Zunge ziemlich klein, herzförmig; Choanen unter dem Kieferrand verborgen; Kopf mäßig groß, so lang wie breit; Schnauze kurz, vorn stark abgerundet, so lang wie das große Auge, das so lang wie der Interorbitalraum breit ist; Trommelfell unter der Haut verborgen. Finger mit etwa $^1/_3$ Schwimmhaut; Zehen mit $^3/_4$ Schwimmhaut, die an der 4. Zehe das letzte

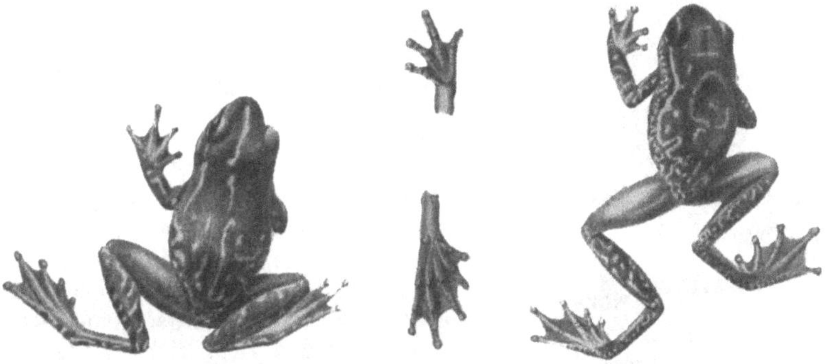

Fig. 265.
Hyperolius angolensis Stnd.
Habitus, Hand und Fuß von unten. (Nach Steindachner).

Glied frei läßt. Das Tibiotarsalgelenk reicht bis vor das Auge. Haut oben glatt, auf der Bauchseite mit kleinen Wärzchen. Hinter dem Mundwinkel einige kleine Warzen. Der Kehlsack des Männchens ist sehr weit, mit sehr stark ausdehnbaren, dünnen Wandungen, und von schwärzlichbrauner Farbe.

Rücken und Oberseite der Extremitäten braun, erstere mit unregelmäßigen, gelben Flecken oder netzförmigen Linien, oder aber mit einem paarigen, seitlichen, gelben Längsstriche und unregelmäßigen, gelben Flecken und Strichen auf der Mitte des Rückens. Die Oberseite der Extremitäten, mit Ausnahme des Oberschenkels, ist braun und mit mehreren Punkten und unregelmäßigen Querstrichen von weißlicher Färbung versehen. Körperlänge? (Fig. 265).

Angola.

149. **H. riggenbachi** (Nieden) 1910 *Rappia r.*, Nieden in: Arch. Naturg., *v.* 76 I p. 244 f. (Habitus von oben).

Körpergestalt mäßig schlank. Choanen klein; Zunge mäßig groß, hinten eingekerbt. Kopf breit und flach, so lang wie breit; Schnauze vorn abgestutzt, im Profil senkrecht abgestutzt, nicht über das Maul hinausragend, so lang wie das Auge, kürzer als der Abstand der vorderen Augenwinkel voneinander, bedeutend länger als hoch; Canthus rostralis abgerundet, aber deutlich; Lorealgegend senkrecht, konkav; Nasenloch in der Mitte zwischen Auge und Schnauzenspitze; der Abstand der Nasenlöcher voneinander viel schmaler als der Interorbitalraum, der doppelt so breit wie ein oberes Augenlid ist; Trommelfell völlig unter der Haut verborgen. Finger mit etwas über $^{1}/_{3}$ Schwimmhaut, die zwischen den beiden lateralen Fingern das letzte Glied frei läßt; Haftscheiben deutlich; 1. Finger viel kleiner als der 2., der kleiner als der 4. ist, der von dem 3. überragt wird; 3. Finger kaum länger als die Schnauze; Subartikulartuberkel nicht sehr deutlich. Zehen mit etwa $^{2}/_{3}$ Schwimmhaut, die an allen Zehen bis fast an die Haftscheiben reicht und nur an der 4. Zehe das letzte Glied frei läßt; Haftscheiben etwa so groß wie die der Finger; 5. Zehe etwas länger als die 3.; laterale Metatarsalia fest verbunden; laterale Zehe mit schwacher Hautfalte; Tarsalfalte fehlt; nur eine sehr schwache, kaum erkennbare, mediane Metatarsaltuberkel, keine laterale, keine Tarsaltuberkel; Subartikulartuberkel schwach. Das Tibiotarsalgelenk reicht bis zwischen Auge und Schnauzenspitze; Femur kürzer als die Tibia, die 5mal so lang wie breit, 2mal in der Körperlänge enthalten, $1^{1}/_{2}$mal so lang wie das Os cruris und länger als der Fuß ist; die Fersen berühren einander. Haut oben glatt, Bauch granuliert.

Fig. 266.
Hyperolius riggenbachi (Nieden). Habitus von oben. (Nach Nieden).

Der roten Grundfarbe steht eine überall durch einen doppelten, medial gelben, lateral schwarzen Saum von ihr getrennte, dunkle Zeichnung gegenüber. Auf dem Rücken besteht dieselbe aus großen, rundlichen oder bandartig ausgezogenen Flecken. Quer über den Kopf zieht in der Höhe des vorderen und hinteren Augenrandes je ein schmales Band; das vordere zeigt in seiner Mitte eine kurze, nach hinten gerichtete Ausbuchtung, das hintere besitzt an der gleichen Stelle einen etwas längeren, nach hinten gerichteten schmalen Zipfel; außerdem erstreckt sich jederseits vom lateralen Ende des hinteren Querbandes aus ein breiteres, wellenförmig gebogenes Band bis weit in die Flanken des Tieres. Vom Auge zieht ferner ein, die ganze Kopfseite einnehmender Streifen bis zu der, ebenso wie das Auge, gelb umrandeten Schnauzenspitze. Am Kopfe erscheint übrigens die dunkle Zeichnung teilweise noch in ihrer ursprünglichen mattblauen Farbe. Die Gliedmaßen zeigen ebenfalls auf ihrer Oberseite schwarze und gelbe Zeichnung auf rotem Grund, mit Ausnahme des Oberschenkels, der ebenso wie die ganze Unterseite des Tieres einfarbig gelb ist. Körperlänge 28 mm. (Fig. 266).

Kamerun (Banjobezirk).

150. **H. acutirostris** Ptrs. 1875 *H. a.*, Peters in: Monber. Ak. Berlin, p. 207 t. 2 f. 4 (Habitus, Mundöffnung) | 1897 *Rappia a.*, Tornier, Kriechth. D.-O.-Afr., p. 154 | 1898 *R. a.*, F. Werner in: Verh. Ges. Wien, *v.* 48 p. 194 | 1905 *R. a.*, L. G. Andersson in: Ark. Zool., *v.* 2 nr. 20 p. 17 | 1908 *R. a.*, Nieden in: Mt. Mus. Berlin, *v.* 3 p. 504 | 1910 *R. a.*, Nieden in: Fauna D. Kolon., ser. 1 fasc. 2 p. 60 | 1911 *R. a.*, E. Lampe in: Jahrb. Ver. Nassau, *v.* 64 p. 214 | 1924 *Hyperolius a.*, Noble in: Bull. Amer. Mus., *v.* 49 p. 268 t. 40 f. 2 (Habitus nach Photographie nach dem Leben).

Körpergestalt mäßig gedrungen; Vomerzähne fehlen; Choanen ziemlich klein, teilweise unter dem Kieferrand verborgen; Zunge groß, herzförmig, hinten mit zwei großen Lappen. Kopf groß, niedergedrückt, dreieckig, so lang wie breit oder sehr wenig breiter als lang; Schnauze zugespitzt, im Profil abgerundet, wenig über das Maul hinausragend, so lang oder ein klein wenig kürzer als das große Auge, kürzer als der Abstand der vorderen Augenwinkel voneinander, länger als hoch; Canthus rostralis scharf, gerade; Lorealgegend senkrecht, wenig konkav; Nasenloch viel näher der Schnauzenspitze als dem Auge; Internasalraum viel schmaler als der Interorbitalraum, der $1^1/_2$mal so breit wie ein oberes Augenlid ist; Trommelfell völlig unter der Haut verborgen. Finger mäßig, die beiden lateralen mit $^1/_3$ Schwimmhaut; Haftscheiben deutlich; 1. Finger kleiner als der 2., der wenig kürzer als der 4. ist, der von dem 3. weit überragt wird; 3. Finger so lang oder sehr wenig länger als die Schnauze; Subartikulartuberkel klein, aber deutlich. Zehen mäßig, mit etwa $^2/_3$ Schwimmhaut, die bei der 1. und 4. Zehe das letzte Glied frei läßt und bei den übrigen bis fast unter die Haftscheiben reicht; Haftscheiben so groß wie die der Finger; 5. Zehe wenig länger als die 3.; laterale Metatarsalia fest verbunden; keine Tarsalfalte; nur eine sehr kleine, flache, undeutliche, mediale Metatarsaltuberkel, keine laterale, keine Tarsaltuberkel; Subartikulartuberkel klein und undeutlich. Das Tibiotarsalgelenk reicht bis zwischen Auge und Schnauzenspitze; Femur kürzer als die Tibia, die 4mal so lang wie breit, 2mal in der Körperlänge enthalten und viel länger als der Fuß ist; bei rechtwinklig angeknickten Hinterbeinen decken oder überragen die Fersen einander leicht. Haut oben glatt, nur wenige verstreute, flache Granula, die hinter dem Mundwinkel deutlicher hervortreten; Bauch und Unterseite der Oberschenkel granuliert; eine deutliche Postgular- und Postpectoralfalte; Temporofemoralfalte undeutlich. Männchen mit subgularer Schallblase und großer Kehlscheibe.

a

Fig. 267.
Hyperolius acutirostris Ptrs.
Habitus, Mundöffnung. (Nach Peters).

Färbung (in Alkohol) olivenbraun, mit einem schwarzbraunen, dreieckigen Fleck zwischen den Augen, welcher durch seine hintere Spitze mit einer mittleren Rückenbinde in Verbindung steht; eine dritte Querbinde auf dem Kreuz. Unter dem Canthus rostralis ein schwarzer Strich; Oberlippe und Körperseiten mit schwarzen Punkten. Gliedmaßen unregelmäßig quergebändert. Hinterseite der Oberschenkel gelb und darüber mit einer schwarzen Fleckenbinde oder von der Körperfarbe. Laterale Finger und laterale Zehen an der Unterseite schwarz. Körperlänge 27 mm. (Fig. 267).

Westafrika.

151. **H. phantasticus** (Blgr.) 1899 *Rappia phantastica*, Boulenger in: Ann. nat. Hist., ser. 7 *v.* 3 p. 274 t. 11 f. 2 (Habitus von oben) | 1900 *R. p.*, Boulenger in: P. zool. Soc. London, p. 444 | 1906 *R. p.*, Boulenger in: Ann. Mus. Genova, ser. 3 *v.* 2 p. 165 | 1910 *R. p.*, Lorenz Müller in: Abh. Bayer. Ak., *v.* 24 p. 624 | 1910 *R. p.*, Nieden in: Fauna D. Kolon., ser. 1 fasc. 2 p. 61 | 1919 *R. p.*, Boulenger in: Rev. zool. Afr., *v.* 7 p. 10 | 1924 *Hyperolius phantasticus*, Noble in: Bull. Amer. Mus., *v.* 49 p. 265.

Schnauze abgerundet, so lang wie der Augendurchmesser; Lorealgegend fast senkrecht; Nasenloch nahe der Schnauzenspitze; Trommelfell deutlich, kaum $^1/_2$ so breit wie das Auge. Laterale Finger mit $^1/_2$ Schwimmhaut;

Zehen mit ganzen Schwimmhäuten. Das Tibiotarsalgelenk reicht bis zwischen Auge und Schnauzenspitze; Tibia $^1/_2$ so lang wie Kopf und Körper. Haut glatt, außer dem Bauch, der grob granuliert ist; keine starke Falte über der Brust.

Seiten und Oberseite des Kopfes, des Rückens, Oberseite des Vorderbeines, der Tibia und des Tarsus leuchtend rot; Seiten des Rückens, eine

Fig. 268.
Hyperolius phantasticus (Blgr.).
Habitus von oben und von unten. (Nach Boulenger).

Zone, die den Kopf vom Rücken trennt, Oberseite der Schenkel und Unterseite zitronengelb; ein Canthalstreifen, die Seiten des Bauches, die Seiten und ein Teil der Unterseite der Schenkel, die Hände und Füße vollkommen schwarz. Körperlänge 35 mm. (Fig. 268).

Regenwaldgebiet Westafrikas bis Kamerun.

Fig. 269.
Hyperolius salinae (Bianc.).
Habitus von oben. (Nach Bianconi).

152. **H. salinae** (Bianc.) 1848 *Euchnemis s.*, Bianconi, Specim. zool. Mosamb., p. 24 Rept. t. 5 f. 2 | 1868 *Rappia s.*, Alb. Günther in: P. zool. Soc. London, p. 479 | 1882 *R. s.*, Boulenger, Cat. Batr. sal. Brit. Mus., ed. 2 p. 123 | 1924 *Hyperolius s.*, Noble in: Bull. Amer. Mus., *v.* 49 p. 329.

Schnauze abgerundet, so lang wie der Augendurchmesser; Trommelfell unter der Haut verborgen. Finger mit halben Schwimmhäuten; Zehen mit nahezu ganzen Schwimmhäuten. Das Tibiotarsalgelenk reicht bis vor das Auge. Haut glatt, auf dem Bauch granuliert; keine starke Falte über der Brust. Männchen mit subgularer Schallblase und einer die ganze Kehle bedeckenden Kehlscheibe.

Oben einfarbig graubraun. Körperlänge? (Fig. 269).

Ostafrika.

153. **H. burtonii** (Blgr.) 1883 *Rappia b.*, Boulenger in: Ann. nat. Hist., ser. 5 *v.* 12 p. 163 | 1924 *Hyperolius b.*, Noble in: Bull. Amer. Mus., *v.* 49 p. 324.

Schnauze abgerundet, so lang wie der Augendurchmesser; Trommelfell unter der Haut verborgen. Finger mit $^1/_2$ Schwimmhaut. Zehen mit $^3/_4$ Schwimmhaut. Das Tibiotarsalgelenk reicht bis zwischen Auge und Schnauzenspitze. Die Schwimmhaut der Zehen geht bis zu den Haftscheiben, außer an der 4. Haut glatt, auf dem Bauch granuliert; keine Falte über der Brust.

Oberseite und Kehle dunkelgrau; Hände und Füße (außer den Haftscheiben), die Seiten und die Unterseite der Hinterbeine, ein Streifen vom Nasenloch zum Auge, und Marmorzeichnungen an den Seiten des Körpers und hinter dem Auge karminrot; Bauch fleischfarben; Kehle und Bauch mit schwärzlichen Flecken. Körperlänge 27 mm.

Ancoberfluß, Goldküste.

154. **H. seabrai** (Ferreira) 1906 *Rappia s.*, Ferreira in: J. Ac. Lisboa, ser. 2 *v.* 7 p. 163 t. (Habitus von oben).

Kopf so lang wie breit; Schnauze zugespitzt, so lang wie der Augendurchmesser; Canthus rostralis senkrecht abfallend; Interorbitalraum breiter als ein oberes Augenlid; Trommelfell unsichtbar. Finger kurz, Haftscheiben mäßig groß; laterale Finger mit $^1/_2$ Schwimmhaut; Zehen mit $^2/_3$ Schwimmhäuten. Das Tibiotarsalgelenk überragt das Auge. Haut oben glatt, am Bauch und unter den Oberschenkeln granuliert; zahlreiche Granulationen an der Kehle. Männchen mit Gularscheibe.

Fig. 270.
Hyperolius seabrai (Ferreira).
Habitus von oben.
(Nach Ferreira).

Färbung oben grau, unten gelblich. Die Seiten des Körpers und die Gliedmaßen mit verstreuten, kleinen, schwarzen Punkten, besonders auf den Tibien. Die Schenkel sind dunkler pigmentiert. Die am meisten charakteristische Zeichnung besteht aus einer schwarzen Linie, die sich vom Nasenloch durch das Auge an den Körperseiten entlang bis in die Lumbargegend erstreckt. Körperlänge 21 mm. (Fig. 270).

Angola.

155. **H. stuhlmanni** E. Ahl 1897 *Rappiae striatae*, Tornier, Kriechth. D.-O.-Afr., p. 139 t. 4 f. 24 (Habitus) | 1931 *Hyperolius stuhlmanni*, E. Ahl in: Mt. Mus. Berlin, *v.* 17 (im Druck).

Körpergestalt ziemlich schlank; Vomerzähne fehlen; Choanen klein, teilweise unter dem Kieferrand verborgen; Zunge groß, herzförmig, hinten frei und eingeschnitten. Kopf mäßig groß, so lang wie breit; Schnauze stumpf zugespitzt, im Profil stumpf abgestutzt, so lang wie das große Auge, kürzer als der Abstand der vorderen Augenwinkel voneinander, länger als hoch; Canthus rostralis abgerundet, aber deutlich; Lorealgegend senkrecht, sehr wenig konkav; Nasenloch deutlich näher der Schnauzenspitze als dem Auge; Internasalraum kleiner als der Interorbitalraum, der etwa doppelt so breit wie ein oberes Augenlid ist; Trommelfell gänzlich unter der Haut verborgen. Finger kräftig, die beiden lateralen mit fast $^1/_2$ Schwimmhaut; Haftscheiben kräftig; 1. Finger kleiner als der 2., der kürzer als der 4. ist, der von dem 3. überragt wird; 3. Finger so lang wie die Schnauze; Subartikulartuberkel sehr klein und undeutlich. Zehen kräftig, mit etwas über $^1/_2$ Schwimmhaut, die bei der 4. Zehe das letzte Glied völlig frei läßt und bei den übrigen bis fast unter die Haftscheiben reicht; Haftscheiben etwa so groß wie die der Finger; 5. Zehe länger als die 3.; laterale Metatarsalia fest verbunden; Tarsalfalte fehlt; nur eine sehr kleine, flache, undeutliche, mediale Metatarsaltuberkel, keine laterale, keine Tarsaltuberkel; Subartikulartuberkel klein und undeutlich. Das Tibiotarsalgelenk reicht bis zwischen Auge und Nasenloch; Femur kürzer als die Tibia, die $4^1/_2$ mal so lang wie breit, 2 mal in der Körperlänge enthalten und länger als der Fuß ist; bei rechtwinklig angeknickten Hinterbeinen decken die Fersen einander. Haut oben glatt oder sehr fein gerunzelt; Unterseite fein granuliert; eine deutliche Postgularfalte, die beim Männchen nach hinten etwas lappenartig verlängert ist; keine Postpectoral- oder Temporofemoralfalte.

Fig. 271.
Hyperolius stuhlmanni E. Ahl.
Habitus von oben.
(Nach Tornier).

Färbung (in Alkohol) oben, an den Körperseiten und der Ober- und Lateralseite der Extremitäten weißlich, mit vielen kleinen, sehr unregelmäßig gestalteten Flecken, die strichförmig, gewunden und reich verästelt sind; neben diesen dunkleren auch noch einige hellere Flecke; Kehle schwach mit dunkleren Fleckchen besetzt; Unterseite einfarbig weiß. Färbung im Leben (nach Tornier): Die Tiere haben schwarze Striche auf grünem Grunde, der um die Striche herum ins Gelbe spielt. Körperlänge 28 mm. (Fig. 271).

Vitschumbi (Südende des Albert-Eduard-Sees).

156. **H. irregularis** E. Ahl 1931 *H. i.*, E. Ahl in: Mt. Mus. Berlin, *v.* 17 (im Druck).

Körpergestalt mäßig gedrungen; Vomerzähne fehlen; Choanen sehr klein, unter dem Kieferrand verborgen; Zunge klein, birnenförmig, hinten mit zwei Zipfeln. Kopf mäßig groß, breiter als lang; Schnauze abgerundet oder spitz verrundet, im Profil abgerundet, so lang oder etwas kürzer als das große Auge, wenig über das Maul hinausragend, viel kürzer als der

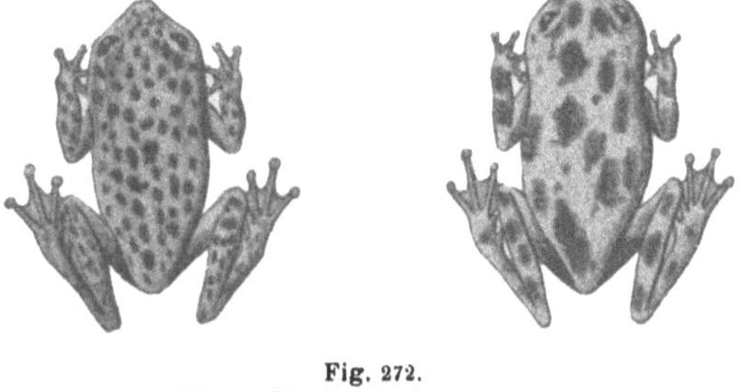

Fig. 272.
Hyperolius irregularis E. Ahl.
Habitus von oben.

Abstand der vorderen Augenwinkel voneinander, so lang wie hoch; Canthus rostralis abgerundet, aber deutlich; Lorealgegend senkrecht, wenig konkav; Nasenloch etwas näher der Schnauzenspitze als dem Auge; Internasalraum schmaler als der Interorbitalraum, der doppelt so breit wie ein oberes Augenlid ist; Trommelfell unter der Haut verborgen. Finger ziemlich kräftig; die beiden lateralen mit $^1/_3$ Schwimmhaut; Haftscheiben deutlich; 1. Finger kleiner als der 2., der nur wenig von dem 4. überragt wird, welcher kürzer als der 3. ist; 3. Finger länger als die Schnauze; Subartikulartuberkel klein, aber deutlich. Zehen mäßig lang, mit $^2/_3$ Schwimmhaut, die an der 1. und 4. Zehe das letzte Glied frei läßt und bei den übrigen nicht ganz bis an die Haftscheiben reicht; Haftscheiben so groß wie die der Finger; 5. Zehe etwas länger als die 3.; laterale Metatarsalia fest verbunden; keine Tarsalfalte; nur eine sehr kleine, flache, mediale Metatarsaltuberkel, keine laterale, keine Tarsaltuberkel; Subartikulartuberkel klein, aber deutlich. Das Tibiotarsalgelenk reicht bis zwischen Auge und Schnauzenspitze, Femur kürzer als die Tibia, die 4 mal so lang wie breit, 2 mal oder etwas mehr in der Körperlänge enthalten und länger als der Fuß ist; bei rechtwinklig angeknickten Hinterbeinen decken oder überragen einander die Fersen ein wenig. Haut oben, an den Seiten, auf der Ober- und Lateralseite der Extremitäten glatt; Kehle, Bauch und Unterseite der Oberschenkel fein granuliert oder quergerunzelt. Postgularfalte sehr deutlich; eine wenig deutliche Postpectoralfalte; keine Temporofemoralfalte. Einige kleine Warzen hinter dem Mundwinkel. Männchen mit subgularer Schallblase und etwas nach hinten ausgezogener Postgularfalte, doch ohne Kehlscheibe.

Färbung (in Alkohol) oben, an den Seiten und an der Lateralseite der Extremitäten silbergrau, mit einer Anzahl mehr oder weniger großer, rundlicher oder länglicher, regelmäßig oder unregelmäßig angeordneter, dunkelbis rotbrauner Flecke; Femur, Unterseite des Körpers, sowie Medialseiten der Extremitäten dunkelgrau (im Leben wahrscheinlich blutrot); Kehle dunkler silbergrau. Körperlänge 25 mm. (Fig. 272).

Mohasi-See, Ruanda.

157. **H. renschi** E. Ahl 1931 *H. r.*, E. Ahl in: Mt. Mus. Berlin, *v.* 17 (im Druck).

Körpergestalt gedrungen; Vomerzähne fehlen; Choanen klein, nicht unter dem Kieferrand verborgen; Zunge mäßig groß, hinten frei und mit zwei Zipfeln; Kopf groß, etwas breiter als lang; Schnauze abgerundet, im Profil abgerundet, wenig über das Maul hinausragend, etwa $^2/_3$ so lang wie das große Auge, kürzer als der Abstand der vorderen Augenwinkel voneinander, wenig länger als hoch; Canthus rostralis abgerundet; Lorealgegend steil, konkav; Nasenloch näher der Schnauzenspitze als dem Auge; Internasalraum viel schmaler als der Interorbitalraum, der doppelt so breit wie ein oberes Augenlid ist; Trommelfell nur undeutlich sichtbar, dicht beim Auge liegend. Finger mit etwa $^1/_2$ Schwimmhaut zwischen den beiden lateralen; Haftscheiben wohl entwickelt; 1. Finger kleiner als der 2., der kürzer als der 4. ist, der von dem 3. nur wenig überragt wird; 3. Finger etwas länger als die Schnauze; Subartikulartuberkel klein, aber deutlich. Zehen mit etwa $^3/_4$ Schwimmhaut, die an der 4. Zehe das letzte Glied frei läßt und bei den übrigen bis unter die Haftscheiben reicht; Haftscheiben so groß wie die der Finger; 5. Zehe etwas länger als die 3.; laterale Metatarsalia fest verbunden; keine Tarsalfalte; nur eine kleine, flache, mediale Metatarsaltuberkel, keine laterale, keine Tarsaltuberkel; Sohle granuliert; Subartikulartuberkel klein. Das Tibiotarsalgelenk reicht bis zwischen Auge und Schnauzenspitze; Femur kürzer als die Tibia, die $3^1/_2$ mal so lang wie breit, 2 mal in der Körperlänge enthalten und länger als der Fuß ist; bei rechtwinklig angeknickten Hinterbeinen decken die Fersen einander. Haut oben und unter der Kehle glatt; eine deutliche Postgular-, Postpectoral-, Temporofemoral- und ventrale Ringfalte; die Haut zwischen der Temporofemoralfalte und der ventralen Ringfalte granuliert; innerhalb der ventralen Ringfalte die Haut des Bauches stark quergerunzelt. Einige größere Warzen hinter dem Mundwinkel.

Färbung (in Alkohol) oben einfarbig gelblichweiß; Seiten des Bauches zwischen der Temporofemoralfalte und der ventralen Ringfalte violett; Unterseite einfarbig weiß. Körperlänge 24 mm.

Sansibar.

158. **H. lucani** Rochebr. 1885 *H. l.*, Rochebrune in: Bull. Soc. philom., ser. 7 *v.* 9 p. 91.

Körpergestalt gedrungen. Schnauze stumpf abgestutzt, $^1/_2$ so lang wie der Augendurchmesser; Trommelfell unter der Haut verborgen; Interorbitalraum $1^1/_2$mal in der Kopflänge enthalten. Finger mit halben Schwimmhäuten. Zehen kurz, mit ganzen Schwimmhäuten. Das Tibiotarsalgelenk reicht bis zur Schnauzenspitze. Keine Postpectoralfalte.

Färbung oben dunkel rosenrot, sehr fein kastanienbraun vermikuliert; Medialseite der Gliedmaßen rosafarben; Unterseite gelblich. Körperlänge 26 mm.

Landana.

159. **H. festivus** Barb. & Loveridge 1927 *H. f.*, Barbour & Loveridge in: P. N. Engl. zool. Club, *v.* 10 p. 17.

Kopf fast so breit wie der Körper, breiter als lang; Schnauze abgerundet, nur $^1/_2$ so lang wie der Augendurchmesser, das Profil der Spitze senkrecht, Canthus rostralis deutlich; Lorealgegend konkav; der Abstand vom Nasenloch bis zur Schnauzenspitze 2 mal in dem bis zum Auge enthalten; Interorbitalraum 2 mal so breit wie ein oberes Augenlid; einige Granula am Mundwinkel; Trommelfell verborgen. Laterale Finger mit $^1/_2$ Schwimmhaut, die 3. und 5. Zehe bis zu den Haftscheiben mit Schwimmhaut, bei der 4. Zehe das letzte Glied frei. Das Tibiotarsalgelenk reicht bis zum Auge oder bis zwischen Auge und Schnauzenspitze; die Fersen überragen einander; Tibia $4^1/_2$mal so lang wie breit; Länge der Tibia genau 2 mal in der Körperlänge. Subartikulartuberkel sehr flach; laterale Metatarsaltuberkel an der Basis der 5. Zehe lang, abgerundet, nicht sehr hervortretend. Haut oben glatt, unter dem Bauch und der Hinterseite der Oberschenkel gekörnelt. Einige kleine Warzen am Mundwinkel.

Färbung (in Alkohol) oben schön braun, von der Schnauze bis zur Ansatzstelle der Vorderbeine schwarz, eine schwarze Querbinde zwischen den Augen geht bis zur Rückenmitte in einer „Arthroleptis"-ähnlichen Weise, ein halbmondförmiges Band über dem Rücken vor den Hinterbeinen, manchmal schwarz, braun und weiß an den Seiten gewölkt. Unvollständige Binden und Flecke auf den Hinterbeinen; Schenkel, Unterseite der Tibia und die in der Ruhe verborgenen Teile des Fußes leuchtend rosenrot. Unterseite weiß, außer den weiß gewölkten, braunen Lippenrändern. Körperlänge 28 mm.

Dufluß, Liberia (Firestone Plantation).

160. **H. langi** Noble 1924 *H. l.*, Noble in: Bull. Amer. Mus., *v.* 49 p. 266 t. 39 f. 1 (Habitus nach Photographie).

Kopf breiter als der Körper, breiter als lang; Schnauze zugespitzt, vorn abgestutzt, so lang wie der größte Durchmesser des Auges; im Profil ist die Spitze senkrecht abgestutzt; Canthus rostralis deutlich; Lorealgegend leicht schräg, konkav; Nasenloch fast an der Schnauzenspitze; Interorbitalraum $1^1/_3$mal so breit wie ein oberes Augenlid; Trommelfell unter der Haut verborgen. Finger lang und kräftig, die beiden lateralen mit $^1/_3$ Schwimmhaut; Haftscheiben groß und wohl entwickelt; 3. Finger länger als die Schnauze; Zehen mit fast vollständigen Schwimmhäuten, die bei der 3. und 5. Zehe bis fast an die Haftscheiben reichen und bei der 4. das letzte Glied frei lassen; Haftscheiben so groß wie die der Finger; das Tibiotarsalgelenk reicht bis zur Mitte zwischen Auge und Schnauzenspitze; Tibia $4^1/_2$ mal so lang wie breit, fast 2 mal in der Körperlänge enthalten; bei rechtwinklig angeknickten Hinterbeinen überragen die Fersen einander. Subartikular- und Metatarsaltuberkel wohl entwickelt. Haut oben sehr fein granuliert; Kehle glatt; Bauch grob granuliert; keine Falte auf der Brust.

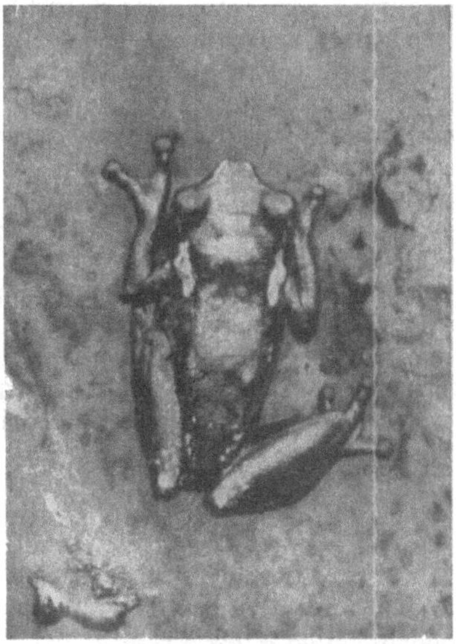

Fig. 273.
Hyperolius langi Noble.
Habitus von oben nach einer Photographie nach dem Leben. (Nach Noble).

Färbung (in Alkohol) oben rötlichbraun, unten heller; ein undeutlicher Streifen von hellgelber Farbe zieht sich entlang dem, Canthus rostralis, durch das Auge, und verbreitert sich zu einem breiten Fleck auf der Scapulargegend; die beim sitzenden Tier verborgenen Teile der Extremitäten fleischfarben. Ein paar undeutliche, hellgelbe Flecke auf dem distalen Teile der Tibia. Färbung im Leben mehr braun, weniger rot als im Alkohol; die helle Zeichnung gelblich und deutlicher; Unterseite grünlich, durchscheinend, die Kehle heller; Iris bronzefarben. Körperlänge 30 mm. (Fig. 273).

Niapu, Belgischer Kongo.

161. **H. adolphi-friederici** E. Ahl 1931 *H. a.-f.*, E. Ahl in: Mt. Mus. Berlin, *v.* 17 (im Druck).

Körpergestalt mäßig gedrungen; Vomerzähne fehlen; Choanen klein, teilweise unter dem Kieferrand verborgen; Zunge groß, herzförmig und hinten mit zwei Zipfeln. Kopf mäßig groß, nicht breiter als der Körper, etwas breiter als lang; Schnauze rundlich zugespitzt, im Profil rundlich abgeflacht, nicht über das Maul hinausragend, so lang wie das große Auge, kürzer als der Abstand der vorderen Augenwinkel voneinander, länger als hoch; Canthus rostralis abgerundet, aber sehr deutlich; Lorealgegend etwas abgeschrägt, kaum konkav; Nasenloch näher der Schnauzenspitze als dem Auge; Internasalraum schmaler als der Interorbitalraum, der etwa $1^1/_2$ mal so breit wie ein oberes Augenlid ist; Trommelfell völlig unter der Haut verborgen. Finger kräftig, die beiden lateralen mit $^1/_3$ Schwimmhaut; Haftscheiben groß und wohl entwickelt; 1. Finger kleiner als der 2., der kürzer als der 4. ist, der von dem 3. nur um die halbe Länge der Haftscheibe überragt wird; 3. Finger

Fig. 274.
Hyperolius adolphi-friederici E. Ahl. Habitus.

länger als die Schnauze; Subartikulartuberkel deutlich. Zehen mit etwa $^{2}/_{3}$ Schwimmhaut, die an der 4. Zehe die letzten $1^{1}/_{2}$ Glieder und bei den übrigen Zehen das letzte $^{1}/_{2}$ Glied frei läßt; Haftscheiben so groß wie die der Finger; 5. Zehe bedeutend länger als die 3.; laterale Metatarsalia in ihrem distalen Teile schmal durch Schwimmhaut getrennt; keine Tarsalfalte; nur eine kleine, flache, mediale Metatarsaltuberkel, keine laterale, keine Tarsaltuberkel; Sohle granuliert; Subartikulartuberkel klein und flach. Das Tibiotarsalgelenk reicht zwischen Auge und Schnauzenspitze; Femur etwas kürzer als die Tibia, die $3^{1}/_{2}$mal so lang wie breit, $2^{1}/_{4}$mal in der Körperlänge enthalten und viel länger als der Fuß ist; bei rechtwinklig angeknickten Hinterbeinen decken die Fersen einander. Haut oben, an den Seiten und unter der Kehle glatt; hinter dem Mundwinkel und an den Seiten des Kopfes eine Anzahl größerer Warzen; Bauch und Unterseite der Oberschenkel granuliert; nur eine deutliche Postgularfalte vorhanden; keine Postpectoral- oder Temporofemoralfalte.

Färbung (in Alkohol) oben einfarbig hell gelblichbraun; vom Nasenloch unterhalb des Canthus rostralis, durch das Auge und die Gegend des Trommelfells, über die Schulter- und Weichengegend bis zum After zieht sich jederseits eine dunkelbraune, breite Längsbinde hin; Vorder- und Hinterextremitäten von der Farbe der Oberseite; Unterseite einfarbig weißlich. Körperlänge 25 mm. (Fig. 274).

Rugegewald, 2000 m.

162. **H. noblei** E. Ahl 1931 *H. n.*, E. Ahl in: Mt. Mus. Berlin, *v.* 17 (im Druck).

Körpergestalt mäßig gedrungen; Vomerzähne fehlen; Choanen klein, gerade unter dem Kieferrand liegend; Zunge groß, hinten frei und mit zwei Zipfeln. Kopf groß, wenig breiter als lang; Schnauze niedergedrückt, stumpf zugespitzt, im Profil abgeflacht, nicht über das Maul hinausragend, so lang wie das große Auge, wenig kürzer als der Abstand der vorderen Augenwinkel voneinander, viel länger als hoch; Canthus rostralis abgerundet, aber deutlich; Lorealgegend schräg, wenig konkav; Nasenloch viel näher der Schnauzenspitze als dem Auge; Internasalraum viel schmaler als der Interorbitalraum, der $1^{1}/_{2}$mal so breit wie ein oberes Augenlid ist; Trommelfell unter der Haut verborgen. Finger verhältnismäßig schlank, die beiden lateralen mit $^{1}/_{3}$ Schwimmhaut; Haftscheiben ziemlich klein, aber deutlich; 1. Finger kleiner als der 2., der nur wenig kürzer als der 4. ist, der von dem 3. um die Länge der Haftscheibe überragt wird; 3. Finger so lang wie die Schnauze; Subartikulartuberkel klein und wenig deutlich. Zehen mäßig kräftig, mit etwa $^{1}/_{2}$ Schwimmhaut, die an der 2., 3. und 5. Zehe das letzte halbe Glied, an der 1. Zehe das letzte Glied und an der 4. Zehe die letzten $1^{1}/_{2}$ Glieder frei läßt; Haftscheiben etwa so groß wie die der Finger; 3. und 5. Zehe gleich lang; laterale Metatarsalia fest verbunden; keine Tarsalfalte; nur eine sehr kleine, flache, undeutliche, mediale Metatarsaltuberkel, keine laterale, keine Tarsaltuberkel; Sohle fein granuliert; Subartikulartuberkel klein und undeutlich. Das Tibiotarsalgelenk reicht bis zwischen Auge und Schnauzenspitze; Femur kürzer als die Tibia, die $4^{1}/_{2}$ mal so lang wie breit, 2 mal in der Körperlänge enthalten und viel länger als der Fuß ist; bei

Fig. 275.
Hyperolius noblei E. Ahl.
Habitus von oben.

rechtwinklig angeknickten Hinterbeinen decken die Fersen einander. Haut oben glatt; Körperseiten und Kehle glatt; Bauch und Unterseite der Oberschenkel fein granuliert; eine schwache, aber deutliche Postgular- und Postpectoralfalte; Temporofemoralfalte undeutlich.

Färbung (in Alkohol) einfarbig bräunlichgelb; entlang dem Canthus rostralis zieht sich eine silberweiße Längslinie, die sich über das obere Augenlid fortsetzt und sich hinter dem Auge zu einem etwas größeren Fleck verbreitert; Unterseite einfarbig weißlich. In der Färbung hat diese Art einige Ähnlichkeit mit *H. langi* Noble, unterscheidet sich aber in vielen morphologischen Merkmalen von dieser westafrikanischen Art. Körperlänge 24 mm. (Fig. 275).

Kilwa (Deutsch-Ostafrika).

163. **H. microps** Günther 1864 *H. m.*, Alb. Günther in: P. zool. Soc. London, p. 311 t. 27 f. 3 (Habitus in natürlichen Farben) | 1866 *H. m.*, Bocage in: J. Ac. Lisboa, *v.* 1 p. 55, 75 | 1868 *Rappia m.*, Alb. Günther in: P. zool. Soc. London, p. 481 | 1882 *R. m.*, Boulenger, Cat. Batr. sal. Brit. Mus., ed. 2 p. 127 | 1895 *R. m.*, Bocage, Herpét. Angola, p. 173 | 1924 *Hyperolius m.*, Noble in: Bull. Amer. Mus., *v.* 49 p. 326 | 1928 *H. m.*, Barbour & Loveridge in: Mem. Mus. Harvard, *v.* 50 p. 225.

Körpergestalt mäßig gedrungen; Vomerzähne fehlen; Choanen klein, unter dem Kieferrand verborgen; Zunge mäßig groß, herzförmig, hinten frei und mit zwei Zipfeln. Kopf ziemlich groß, breiter als lang; Schnauze abgerundet oder stumpf zugespitzt, im Profil abgerundet, nicht oder nur sehr wenig über das Maul hinausragend, so lang oder etwas länger als der Augendurchmesser, kürzer als der Abstand der vorderen Augenwinkel voneinander, etwas länger als hoch; Canthus rostralis scharf beim Weibchen, scharf oder mehr gerundet beim Männchen; Lorealgegend steil, wenig konkav; Nasenloch etwas näher der Schnauzenspitze als dem Auge; Internasalraum wenig über $^1/_2$ so breit wie der Interorbitalraum, der doppelt so breit wie ein oberes Augenlid ist; Trommelfell beim Männchen unter der Haut verborgen, beim Weibchen deutlich sichtbar. Finger lang und kräftig, die beiden lateralen mit $^1/_3$ Schwimmhaut oder nicht ganz $^1/_3$ Schwimmhaut; Haftscheiben wohl entwickelt; 1. Finger kleiner als der 2., der kürzer als der 4. ist, der von dem 3. um die Länge der Haftscheibe überragt wird; 3. Finger viel länger als die Schnauze; Subartikulartuberkel mäßig deutlich. Zehen kräftig, mit $^2/_3$ Schwimmhaut, die an der 4. Zehe das letzte Glied frei läßt und bei den übrigen Zehen nicht ganz bis zu den Haftscheiben reicht; Haftscheiben so groß wie die der Finger; 5. Zehe nur sehr wenig länger als die 3.; laterale Metatarsalia fest verbunden; keine Tarsalfalte; nur eine sehr kleine, flache, mediale Metatarsaltuberkel, keine laterale, keine Tarsaltuberkel; Subartikulartuberkel nicht deutlich. Das Tibiotarsalgelenk reicht bis zwischen Auge und Schnauzenspitze und zwar ist es bei den Männchen etwas länger als bei den Weibchen; Femur kürzer als die Tibia, die 3 mal so lang wie breit, 2 mal in der Körperlänge enthalten und viel länger als der Fuß ist; bei rechtwinklig angeknickten Hinterbeinen berühren die Fersen einander. Haut oben glatt, nur hinter den Mundwinkeln eine Anzahl ziemlich großer und deutlicher Warzen; Kehle, Bauch und Unterseite der Oberschenkel deutlich granuliert; eine sehr deutliche Postgularfalte und eine ebenso deutliche Postpectoralfalte; Temporofemoralfalte undeutlich. Männchen mit subgularer Schallblase und großer Kehlscheibe.

Fig. 276. Hyperolius microps Günther. Habitus. (Nach Günther).

Färbung (in Alkohol) oben grau oder hell bräunlich, mit einem weißen Streifen von der Schnauzenspitze entlang dem Canthus rostralis, durch das Auge und darüber hinaus bis auf die Körperseiten; an der Schnauze ist dieser Streifen gewöhnlich dunkel gesäumt; oft einige dunkle Flecke auf dem Kopf; Unterseite einfarbig weiß. Färbung im Leben (nach Barbour & Loveridge) oben gelbgrün bis olivgrün über grasgrün; die helle Längslinie auf Schnauze, Kopf und Rücken ist gelb oder silberweiß, vor den Augen oft kaum unterscheidbar; die ganze Oberseite mit oder ohne feine dunkle Fleckchen oder einige schwarze und weiße Flecke. Beine cremeweiß oder grünlichgelb, manchmal stark olivfarben gefleckt und mit einem weißen, gelb gerandeten Fleck auf jeder Ferse. Unterseite entweder durchscheinend weiß, nur mit durchscheinenden Eingeweiden, Kehle bläulich, mit weißen Flecken, oder Unterseite grünlich, mit blauem Schein auf der Kehle, oder gelblich. Körperlänge 23 mm. (Fig. 276).

Mozambique bis Deutsch-Ostafrika und Angola.

164. **H. flavoviridis** Ptrs. 1854 *H. f.* + *H. tettensis*, Peters in: Ber. Ak. Berlin, p. 628 | 1855 *H. f.* + *H. t.*, Peters in: Arch. Naturg., *v.* 21 I p. 56 | 1882 *H. f.*, Peters, Reise Mossamb., *v.* 3 p. 163 t. 22 f. 4, 5 (Habitus in natürlichen Farben, Inneres des Maules) | 1893 *Rappia f.*, Pfeffer in: Mt. Mus. Hamburg, *v.* 10 nr. 3 p. 30 | 1897 *R. f.*, Tornier, Kriechth. D.-O.-Afr., p. 153 | 1915 *R. f.*, Nieden in: Mt. Mus. Berlin, *v.* 7 p. 375 | 1924 *Hyperolius f.*, Noble in: Bull. Amer. Mus., *v.* 49 p. 325 | ?1928 *H. f.*, Barbour & Loveridge in: Mem. Mus. Harvard, *v.* 50 p. 225.

Körpergestalt mäßig schlank; Vomerzähne fehlen; Choanen klein, nicht unter dem Kieferrand verborgen; Zunge groß, herzförmig, hinten frei und mit zwei Zipfeln. Kopf groß, viel breiter als lang; Schnauze abgerundet, im Profil abgeflacht oder abgerundet, nicht über das Maul hinausragend, so lang wie das große Auge, etwas kürzer als der Abstand der vorderen Augenwinkel voneinander, viel länger als hoch; Canthus rostralis mehr oder weniger scharf; Lorealgegend ziemlich schräg, wenig konkav; Nasenloch sehr wenig näher der Schnauzenspitze als dem Auge; Internasalraum schmaler als der Interorbitalraum, der doppelt so breit wie ein oberes Augenlid ist; Trommelfell unter der Haut verborgen, aber deutlich sichtbar. Finger lang und gedrungen, die beiden lateralen mit etwa $^1/_3$ Schwimmhaut; Haftscheiben wohl entwickelt; 1. Finger kleiner als der 2., der kürzer als der 4. ist, der von dem 3. nur sehr wenig überragt wird; 3. Finger so lang wie die Schnauze; Subartikulartuberkel klein und undeutlich. Zehen mit etwa $^2/_3$ Schwimmhaut, die an der 4. Zehe das letzte Glied völlig frei läßt und bei den übrigen bis oder fast bis zu den Haftscheiben reicht; Haftscheiben so groß wie die der Finger; laterale Metatarsalia fest verbunden; keine Tarsalfalte; nur eine sehr kleine, flache, mediale Metatarsaltuberkel, keine laterale, keine Tarsaltuberkel; Subartikulartuberkel klein, mäßig deutlich. Das Tibiotarsalgelenk reicht bis zwischen Auge und Schnauzenspitze; Femur kürzer als die Tibia, die 5 mal so lang wie breit, $1^3/_4$—2 mal in der Körperlänge enthalten und viel länger als der Fuß ist; bei rechtwinklig angeknickten Hinterbeinen überragen die Fersen einander. Haut oben glatt, Kehle, Bauch und Unterseite der Oberschenkel fein granuliert; eine undeutliche Postgular-, Postpectoral- und

Fig. 277.
Hyperolius flavoviridis Ptrs.
Habitus, Mundöffnung.
(Nach Peters).

Temporofemoralfalte vorhanden. Männchen mit subgularer Schallblase und großer Kehlscheibe.

Färbung (in Alkohol) oben grau oder bräunlich mit einer weißen, an der Schnauzenspitze entspringenden, sich auf den Schnauzenkanten fortsetzenden und sich bis auf den Rücken erstreckenden Längsbinde. Unterseite weiß. Färbung im Leben (nach Peters): Einfach gelbgrün oder grün mit zerstreuten, schwarzen Punkten, mit einer schwarz eingefaßten orangefarbigen Binde, jederseits von der Schnauzenspitze nach dem oberen Augenlid gehend und von dort aus, ohne dunkle Einfassung, auf der Rückenseite verlaufend. Bauchseite gelb. Körperlänge 26 mm. (Fig. 277).

Ostafrika.

165. **H. trifasciatus** E. Ahl 1931 *H. t.*, E. Ahl in: Mt. Mus. Berlin, *v.* 17 (im Druck).

Körpergestalt mäßig gedrungen; Vomerzähne fehlen; Choanen klein, unter dem Kieferrand verborgen; Zunge mäßig groß, länglich oval, hinten frei und mit zwei Zipfeln. Kopf mäßig groß, breiter als lang; Schnauze abgerundet oder rundlich zugespitzt, im Profil abgerundet oder leicht zugespitzt, so lang wie das große Auge, wenig über das Maul hinausragend, kürzer als der Abstand der vorderen Augenwinkel voneinander, länger als hoch; Canthus rostralis mäßig abgerundet, deutlich; Lorealgegend steil, wenig konkav; Nasenloch viel näher der Schnauzenspitze als dem Auge; Internasalraum viel schmaler als der Interorbitalraum, der über doppelt so breit wie ein oberes Augenlid ist; Trommelfell völlig unter der Haut verborgen. Finger mäßig lang, die beiden lateralen mit $^1/_3$ oder etwas mehr Schwimmhaut; Haftscheiben klein, aber deutlich; 1. Finger kleiner als der 2., der kürzer als der 4. ist, der von dem 3. um die Länge der Haftscheibe überragt wird; 3. Finger so lang wie die Schnauze; Subartikulartuberkel klein und wenig deutlich. Zehen kräftig, mit etwas über $^1/_2$ Schwimmhaut, die an keiner Zehe bis zu den Haftscheiben reicht und bei der 4. Zehe die beiden letzten Glieder frei läßt; Haftscheiben etwa so groß wie die der Finger; 5. Zehe etwas länger als die 3.; laterale Metatarsalia fest verbunden; laterale Zehe mit sehr schwacher Hautfalte; keine Tarsalfalte; nur eine sehr kleine, flache, ziemlich undeutliche, mediale Metatarsaltuberkel, keine laterale, keine Tarsaltuberkel; Sohle schwach granuliert; Subartikulartuberkel klein. Das Tibiotarsalgelenk reicht bis zwischen Auge und Schnauzenspitze; Femur kürzer als die Tibia, die $3^1/_2$—4mal so lang wie breit, 2—$2^1/_4$mal in der Körperlänge enthalten und länger als der Fuß ist; bei rechtwinklig angeknickten Hinterbeinen überragen die Fersen einander. Haut oben und an den Seiten glatt; Bauch und Unterseite der Oberschenkel fein granuliert; eine deutliche Postgular- und Postpectoralfalte vorhanden. Männchen mit subgularer Schallblase und großer, granulierter Kehlscheibe, die an ihrem hinteren Ende quer abgestutzt ist.

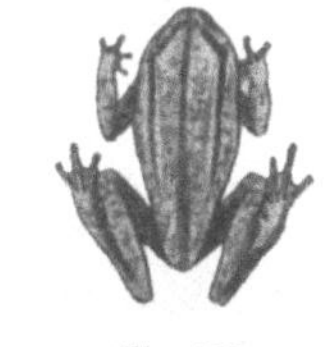

Fig. 278.
Hyperolius trifasciatus E. Ahl.
Habitus von oben.

Färbung (in Alkohol) oben gelblichweiß (Männchen) oder rehbraun (Weibchen); die gesamte Oberseite mit vielen, sehr feinen, dunklen Pigmentfleckchen übersät; eine feine, dunkelbraune Längslinie zieht sich von der Schnauzenspitze über die Vertebrallinie bis zum After hin; von der Schnauzenspitze entlang dem Canthus rostralis, durch das Auge bis zur Ansatzstelle der Hinterbeine zieht sich jederseits ein schwärzliches, nach oben mehr oder weniger breit, weiß eingefaßtes Band; beim Männchen sind diese Zeichnungen viel weniger deutlich als beim Weibchen. Extremitäten weißlich mit vielen dunkelbraunen Pigmentanhäufungen. Unterseite einfarbig weißlich, Kehle sehr fein dunkler bestäubt. Körperseiten weiß. Färbung im Leben (nach Oeser): Männchen auf der Oberseite durchscheinend gelblichgrün, mit ganz geringer Zeichnung; Unterseite weiß, Kehle zitronengelb. — Weibchen heller oder dunkler braun mit einer dunklen Vertebrallinie und einem ebensolchen, nach oben weißlich eingefaßten Lateralstreifen; Unterseite weiß mit gelber Kehle. Körperlänge: Weibchen 22 mm, Männchen 21 mm. (Fig. 278).

Grand Bassa, Liberia.

166. **H. bocagei** Stnd. 1867 *H. B.*, Steindachner in: Reise Novara, Amph. p. 51 t. 5 f. 11 (Habitus von oben) | 1873 *H. B.*, Bocage in: J. Ac. Lisboa, *v.* 4 p. 225 | 1882 *Rappia bocagii*, Boulenger, Cat. Batr. sal. Brit. Mus., ed. 2 p. 126 | 1895 *R. B.*, Bocage, Herpét. Angola, p. 165 | 1906 *R. bocagei* var. *maculata*, Ferreira in: J. Ac. Lisboa, ser. 2 *v.* 7 p. 160 | 1924 *Hyperolius b.*, Noble in: Bull. Amer. Mus., *v.* 49 p. 324.

Kopf niedergedrückt, breiter als lang; Schnauze kurz und stumpf, so lang wie der Augendurchmesser; die Länge der Schnauze ist so groß wie

Fig. 279.
Hyperolius bocagei Stnd.
Habitus von oben. (Nach Steindachner).

die Interorbitalbreite. Trommelfell undeutlich. Finger mit fast halben Schwimmhäuten; Zehen mit vollständigen Schwimmhäuten, diese leicht eingeschnitten. Das Tibiotarsalgelenk erreicht fast die Schnauzenspitze. Haut oben glatt mit einigen großen, verstreuten Granula auf dem Rücken, die zahlreicher auf dem Kopf, der Oberseite des Unterarmes und des Fußes sind; Kehle, Bauch und Unterseite der Oberschenkel granuliert. Eine häutige Längsfalte an jeder Seite des Rückens; zwei andere, die Mitte des Bauches begrenzenden Hautfalten konvergieren nach hinten.

Färbung variabel: oben gelb, rosa, rot, rotbraun, mehr oder weniger fein dunkel punktiert. Unterseite heller und, ebenso wie die Schenkel, einfarbig. Körperlänge 34 mm. (Fig. 279).

Angola.

167. **H. decipiens** E. Ahl 1931 *H. d.*, E. Ahl in: Mt. Mus. Berlin, *v.* 17 (im Druck).

Körpergestalt sehr gedrungen; Vomerzähne fehlen; Choanen groß, teilweise unter dem Kieferrand verborgen; Zunge groß, hinten frei und mit zwei Zipfeln. Kopf mäßig groß, niedergedrückt, breiter als lang; Schnauze abgerundet, im Profil abgerundet, nicht über das Maul hinausragend, so lang wie der Augendurchmesser, kürzer als der Abstand der vorderen Augenwinkel voneinander, viel länger als hoch; Canthus rostralis abgerundet, aber deutlich; Lorealgegend steil, konkav; Nasenloch viel näher der Schnauzenspitze als dem Auge; Internasalraum viel schmaler als der Interorbitalraum, der etwa doppelt so breit wie ein oberes Augenlid ist; Trommelfell gänzlich unter der Haut verborgen. Finger kräftig, die beiden lateralen mit etwa $^1/_2$ Schwimmhaut; Haftscheiben gut entwickelt; 1. Finger kleiner als der 2., der kürzer als der 4. ist, der von dem 3. überragt wird; 3. Finger etwas länger als die Schnauze; Subartikulartuberkel deutlich. Zehen kräftig, mit $^3/_4$ Schwimmhaut, die an der 4. Zehe das letzte Glied frei läßt und bei den übrigen bis unter die Haftscheiben reicht; Haftscheiben etwas kleiner als die der Finger; 5. Zehe länger als die 3.; laterale Metatarsalia fest verbunden; keine Tarsalfalte; nur eine sehr kleine, flache, undeutliche, mediale Metatarsaltuberkel, keine laterale, keine Tarsaltuberkel; Subartikulartuberkel klein und undeutlich. Das Tibiotarsalgelenk reicht bis zwischen Auge und Schnauzenspitze; Femur kürzer als die Tibia, die 4 mal so lang wie breit, nicht ganz 2 mal in der Körperlänge enthalten und länger als der Fuß ist; bei rechtwinklig angeknickten Hinterbeinen decken oder überragen die Fersen einander ein wenig. Haut oben glatt; Unterseite kräftig granuliert; eine deutliche Postgularfalte; Postpectoralfalte fehlend oder sehr undeutlich; keine Temporofemoralfalte; Männchen mit subgularer Schallblase und großer Kehlscheibe.

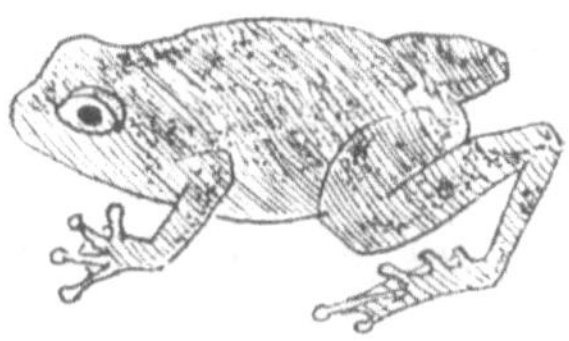

Fig. 280.
Hyperolius decipiens E. Ahl.
Habitus.

Färbung (in Alkohol) oben bräunlich- oder bläulichgrau, ohne irgendwelche Abzeichen; Oberlippe weiß gerandet; Oberschenkel dunkelbraun; Tibia von der Grundfarbe des Körpers, mit unregelmäßiger, flechtenähnlicher, dunkelbrauner Zeichnung; in der Nähe der Ferse immer eine schmale, dunkelbraune Querbinde. Unterseite gelblichweiß oder rein weiß. Lateralseite der Arme von derselben Färbung und Zeichnung wie die Tibia. Körperlänge 33 mm. (Fig. 280).

Westliches Russisi-Ufer und Nordwestufer des Tanganyika-Sees.

168. **H. koehli** E. Ahl 1931 *H. k.*, E. Ahl in: Mt. Mus. Berlin, *v.* 17 (im Druck).

Körpergestalt mäßig gedrungen; Vomerzähne fehlen; Choanen klein, unter dem Kieferrand verborgen; Zunge mäßig groß, hinten frei und eingeschnitten. Kopf groß, viel breiter als lang; Schnauze abgerundet, im Profil abgerundet, wenig über das Maul hinausragend, so lang wie das große Auge, kürzer als der Abstand der vorderen Augenwinkel voneinander, nur wenig länger als hoch; Canthus rostralis abgerundet, aber deutlich; Lorealgegend senkrecht, nur sehr wenig konkav; Nasenloch viel näher der Schnauzenspitze als dem Auge; Internasalraum $^2/_3$ so breit wie der Interorbitalraum, der etwa $1^1/_2$ mal so breit wie ein oberes Augenlid ist; Trommelfell nur sehr undeutlich sichtbar. Finger mit fast $^1/_2$ Schwimmhaut zwischen den beiden lateralen; Haftscheiben wohl entwickelt; 1. Finger kleiner als der 2., der kürzer als der 4. ist, der von dem 3. um die Länge einer Haftscheibe überragt wird; 3. Finger länger als die Schnauze; Subartikulartuberkel klein. Zehen mit etwa $^3/_4$ Schwimmhaut, die an der 4. Zehe das letzte Glied frei läßt und bei den übrigen bis unter die Haftscheiben reicht; Haftscheiben so groß wie die der Finger; 5. Zehe länger als die 3.; laterale Metatarsalia fest verbunden; keine Tarsalfalte; nur eine äußerst kleine, undeutliche, mediale Metatarsaltuberkel, keine laterale, keine Tarsaltuberkel; Subartikulartuberkel klein und wenig deutlich. Das Tibiotarsalgelenk reicht etwas über das Auge hinaus; Femur kürzer als die Tibia, die $4^1/_2$ mal so lang wie breit, 2 mal in der Körperlänge enthalten und viel länger als der Fuß ist; bei rechtwinklig angeknickten Hinterbeinen überragen einander die Fersen ein wenig. Haut oben und an den Seiten mit vielen kleinen Granula besetzt; einige größere Warzen hinter dem Mundwinkel: Kehle und Brust fein, Bauch und Unterseite der Oberschenkel grob granuliert. Eine deutliche Postgular-, Postpectoral- und Temporofemoralfalte vorhanden; Männchen mit subgularer Schallblase, aber ohne Kehlscheibe.

Färbung (in Alkohol) oben einfarbig dunkelbraun; gesamte Unterseite gelblichgrau, Kehle bräunlichschwarz. Extremitäten von der Färbung des Körpers. Körperlänge 33 mm.

Kissenji.

169. **H. unicolor** E. Ahl 1931 *H. u.*. E. Ahl in: Mt. Mus. Berlin, *v.* 17 (im Druck).

Körpergestalt gedrungen. Vomerzähne fehlen. Choanen sehr klein, unter dem Kieferrand verborgen; Zunge groß, herzförmig, hinten mit zwei Zipfeln. Kopf groß, 3 mal in der Körperlänge enthalten, wenig breiter als lang; Schnauze abgerundet, im Profil abgestutzt, nicht über das Maul hinausragend, so lang wie das Auge, wenig kürzer als der Abstand der vorderen Augenwinkel voneinander, wenig länger als hoch; Canthus rostralis abgerundet, aber deutlich; Lorealgegend senkrecht, sehr wenig vertieft; Nasenloch näher der Schnauzenspitze als dem Auge; Internasalraum etwas schmaler als der Interorbitalraum, der doppelt so breit wie ein oberes Augenlid ist; Trommelfell unter der Haut verborgen. Finger kurz und kräftig, die lateralen mit etwa $^1/_2$ Schwimmhaut; Haftscheiben deutlich; 1. Finger kleiner als der 2., der kürzer als der 4. ist, der von dem 3. nur wenig überragt wird; 3. Finger so lang wie die Schnauze; Subartikulartuberkel mäßig deutlich, wenig vortretend. Zehen mit etwa $^2/_3$ Schwimmhaut, die an allen Zehen das halbe letzte Glied und an der 4. Zehe die letzten $1^1/_2$ Glieder frei läßt; Haftscheiben so groß wie die der Finger; 5. Zehe länger als die 3.; laterale Metatarsalia fest verbunden; Tarsalfalte fehlt; nur eine sehr kleine, flache, undeutliche, mediale Metatarsaltuberkel, keine laterale, keine Tarsaltuberkel; Sohle granuliert; Subartikulartuberkel mäßig, nicht stark vorspringend. Das Tibiotarsalgelenk reicht bis zum Nasenloch; Femur kürzer als die Tibia, die 4 mal so lang wie breit, $1^3/_4$ mal in der Körperlänge enthalten und länger als der Fuß ist; bei rechtwinklig angeknickten Hinterbeinen überragen einander die Fersen ein wenig. Haut oben glatt; Kehle und Brust glatt; Bauch und Unterseite der Oberschenkel granuliert. Einige kleine Warzen hinter dem Mundwinkel. Eine schwache Postgular- und Postpectoralfalte; Temporofemoralfalte nur eben angedeutet.

Färbung (in Alkohol) oben einfarbig gelblichweiß, unten weiß, ohne irgendwelche Abzeichen. Körperlänge 22 mm.

Ipiana.

170. **H. spatzi** E. Ahl 1931 *H. s.*, E. Ahl in: Mt. Mus. Berlin, *v.* 17 (im Druck).

Körpergestalt gedrungen; Vomerzähne fehlen; Choanen sehr klein, unter dem Kieferrand verborgen; Zunge ungewöhnlich klein, hinten eingekerbt. Kopf groß, etwa 3 mal in der Körperlänge enthalten, breiter als lang; Schnauze abgerundet, im Profil abgestutzt, nicht oder nur wenig über das Maul hinausragend, so lang wie das Auge, viel kürzer als der Abstand der vorderen Augenwinkel voneinander, etwas länger als hoch; Canthus rostralis abgerundet, aber deutlich; Lorealgegend senkrecht, wenig konkav; Nasenloch in der Mitte zwischen Auge und Schnauzenspitze; Internasalraum etwas schmaler als der Interorbitalraum, der doppelt so breit wie ein oberes Augenlid ist; Trommelfell unter der Haut verborgen. Finger kräftig, mit etwa $^1/_3$ bis fast $^1/_2$ Schwimmhaut; Haftscheiben wohl entwickelt; 1. Finger kleiner als der 2., der kürzer als der 4. ist, der von dem 3. etwas überragt wird; 3. Finger so lang wie die Schnauze; Subartikulartuberkel mäßig groß, nicht vorspringend. Zehen mit etwa $^3/_4$ Schwimmhaut, die an allen Zehen bis oder fast bis unter die Haftscheiben reicht, außer an der 4. Zehe, wo sie das letzte Glied frei läßt; Haftscheiben so groß wie die der Finger; 5. Zehe etwas länger als die 3.; laterale Metatarsalia fest verbunden; Tarsalfalte fehlt; nur eine sehr kleine, flache, mediale Metatarsaltuberkel, keine laterale, keine Tarsaltuberkel; Subartikulartuberkel klein, mäßig deutlich; das Tibiotarsalgelenk reicht etwas über das Auge hinaus oder bis an die Schnauzenspitze; Femur etwas kürzer als die Tibia, die $3^1/_2$—4 mal so lang wie breit, 2 mal oder nicht ganz soviel in der Körperlänge enthalten und länger als der Fuß ist; bei rechtwinklig angeknickten Hinterbeinen berühren die Fersen einander. Haut oben dick, fast lederartig, rauh, mit vielen kleinen, glatten oder rauhen Warzen besetzt; Unterseite granuliert; eine deutliche Postgular- und Postpectoralfalte; keine Temporofemoralfalte; Männchen mit subgularer Schallblase und einer kleinen, wenig deutlichen Kehlscheibe.

Färbung (in Alkohol) oben kreideweiß oder seltener fein dunkelbraun bestäubt. Unterseite weiß. Oberschenkel und Unter- und Medialseite der Unterschenkel und des Fußes fleischfarben (im Leben wahrscheinlich rot). Ohne irgendwelche Abzeichen. Körperlänge 21 mm.

Bakel-Kidira (oberes Senegalgebiet).

171. **H. chabanaudi** E. Ahl 1931 *H. c.*, E. Ahl in: Mt. Mus. Berlin, *v.* 17 (im Druck).

Körpergestalt ziemlich gedrungen; Vomerzähne fehlen; Choanen ziemlich klein, nicht unter dem Kieferrand verborgen; Zunge groß, herzförmig, hinten frei und mit zwei Zipfeln; Kopf mäßig groß, niedergedrückt, etwas breiter als lang; Schnauze dreieckig zugespitzt, im Profil abgestutzt, nicht über das Maul hinausragend, so lang wie das große Auge, kürzer als der Abstand der vorderen Augenwinkel voneinander, viel länger als hoch; Canthus rostralis deutlich, scharf, gerade; Lorealgegend senkrecht, etwas konkav; Nasenloch viel näher der Schnauzenspitze als dem Auge; Internasalraum viel schmaler als der Interorbitalraum, der doppelt so breit wie ein oberes Augenlid ist; Trommelfell sehr deutlich, klein. Finger kräftig, mit etwa $^2/_3$ Schwimmhaut; Haftscheiben wohl entwickelt, etwa so breit wie das Trommelfell; 1. Finger kleiner als der 2., der kürzer als der 4. ist, der von dem 3. weit überragt wird; 3. Finger so lang wie die Schnauze; Subartikulartuberkel deutlich. Zehen schlank, mit etwa $^3/_4$ Schwimmhaut, die an der 4. Zehe das letzte Glied frei läßt und bei den übrigen bis unter die Haftscheiben reicht; Haftscheiben so groß wie die der Finger; 5. und 3. Zehe gleich lang; laterale Metatarsalia fest verbunden; keine Tarsalfalte; nur eine sehr kleine, undeutliche, flache, mediale Metatarsaltuberkel, keine laterale, keine Tarsaltuberkel; Subartikulartuberkel klein und undeutlich. Das Tibiotarsalgelenk reicht bis zum Nasenloch; Femur kürzer als die Tibia, die $4^1/_2$ mal so lang wie breit, nicht ganz 2 mal in der Körperlänge enthalten und viel länger als der Fuß ist; bei rechtwinklig angeknickten Hinterbeinen überragen die Fersen einander. Haut oben, an den Seiten und unter der Kehle glatt; einige vergrößerte Warzen hinter dem Mundwinkel; Bauch und Unterseite der Oberschenkel fein granuliert; eine deutliche Postgularfalte; keine Postpectoralfalte; Temporofemoralfalte nur schwach entwickelt.

Färbung (in Alkohol) oben einfarbig bräunlichweiß; unterhalb des Canthus rostralis zieht sich eine etwas dunklere Längsbinde bis zum Auge hin; unterer Rand des Auges silberweiß; Schwimmhäute zwischen den Fingern und Zehen dunkelbraun gefärbt; Unterseite weiß. Körperlänge 27 mm.

Beniló, Französischer Kongo.

172. **H. gularis** E. Ahl 1931 *H. g.*, E. Ahl in: Mt. Mus. Berlin, *v.* 17 (im Druck).

Körpergestalt gedrungen; Vomerzähne fehlen; Choanen sehr klein, unter dem Kieferrand verborgen; Zunge mäßig groß, hinten mit zwei Zipfeln. Kopf mäßig groß, 3 mal in der Körperlänge enthalten, wenig breiter als lang; Schnauze abgerundet, im Profil abgerundet, etwas über das Maul hinausragend, so lang wie das Auge, kürzer als der Abstand der vorderen Augenwinkel voneinander, länger als hoch; Canthus rostralis abgerundet; Lorealgegend ziemlich steil, nicht konkav; Nasenloch in der Mitte zwischen Auge und Schnauzenspitze; Internasalraum schmaler als der Interorbitalraum, der etwa doppelt so breit wie ein oberes Augenlid ist; Trommelfell unter der Haut verborgen. Finger kräftig, mit nicht ganz $^1/_2$ Schwimmhaut; Haftscheiben wohl entwickelt; 1. Finger kleiner als der 2., der kürzer als der 4. ist, der von dem 3. nur wenig überragt wird; 3. Finger so lang wie die Schnauze; Subartikulartuberkel klein, aber deutlich. Zehen mit $^3/_4$ Schwimmhaut, die an der 4. Zehe das letzte Glied frei läßt und an den übrigen bis unter die Haftscheiben reicht; Haftscheiben so groß wie die der Finger; 5. Zehe etwas länger als die 3.; laterale Metatarsalia fest verbunden; Tarsalfalte fehlt; nur eine sehr kleine, flache, mediale Metatarsaltuberkel, keine laterale, keine Tarsaltuberkel; Subartikulartuberkel sehr klein, aber deutlich. Das Tibiotarsalgelenk reicht bis zum Nasenloch; Femur kaum kürzer als die Tibia, die 4 mal so lang wie breit, 2 mal in der Körperlänge enthalten und etwas länger als der Fuß ist; die Fersen decken einander. Haut oben glatt; Kehle etwas gröber, Bauch und Unterseite der Oberschenkel sehr fein granuliert; eine deutliche Postgularfalte; Postpectoralfalte deutlich; Temporofemoralfalte wenig deutlich; Männchen mit einer ziemlich großen, abgerundeten Kehlscheibe, die an den Seiten winkelig in die Postgularfalte einschneidet.

Fig. 281. **Hyperolius gularis** E. Ahl. Habitus von oben.

Färbung (in Alkohol) oben dunkelbraun mit einem breiten, hellbraunen Längsstreifen von der Schnauze zum After über die Rückenmitte; die braune Grundfarbe mit zahlreichen, sehr kleinen, runden Punkten von schwarzbrauner Farbe übersät; Seiten des Kopfes und des Körpers gelblichweiß; vom hinteren Augenrand bis in die Gegend des Ansatzes der Vorderbeine eine Reihe kleiner, dunkelbrauner, runder Punkte; Oberseite der Vorderbeine und der Tibia hellbraun mit vielen kleinen, runden, dunkelbraunen Punkten; Oberschenkel und Medialseite der Vorder- und Hinterextremitäten gelblich; Unterseite der Kehle und des Bauches rein weiß. Körperlänge 21 mm. (Fig. 281).

Loanda.

173. **H. hieroglyphicus** E. Ahl 1910 *Rappia marmorata* (non Rapp), Nieden in: Arch. Naturg., *v.* 76 I p. 243 f. (Habitus von oben) | 1931 *Hyperolius hieroglyphicus*, E. Ahl in: Mt. Mus. Berlin, *v.* 17 (im Druck).

Körpergestalt mäßig gedrungen. Vomerzähne fehlen; Choanen ziemlich klein, nicht unter dem Kieferrand verborgen. Zunge mäßig groß, herzförmig, hinten frei und tief eingeschnitten. Kopf mäßig groß, nur wenig breiter als lang; Schnauze abgerundet, im Profil abgerundet, nicht oder nur sehr wenig über das Maul hinausragend, so lang oder ein klein wenig länger als das Auge, nur wenig kürzer als der Abstand der vorderen Augenwinkel voneinander, länger als hoch; Canthus rostralis abgerundet, aber deutlich; Lorealgegend fast senkrecht, nicht vertieft; Nasenloch in der Mitte zwischen Auge und Schnauzenspitze; Internasalraum $^2/_3$ so breit wie der Interorbitalraum, der doppelt so breit wie ein oberes Augenlid ist; Trommelfell unter der Haut verborgen. Finger kräftig, die beiden lateralen mit $^2/_5$—$^1/_2$ Schwimmhaut; Haftscheiben groß und kräftig; 1. Finger kleiner als der 2., der kürzer als der 4. ist, der von dem 3. um etwa die Länge der Haftscheibe überragt

Fig. 282.
Hyperolius hieroglyphicus E. Ahl.
Habitus von oben. (Verändert nach Nieden).

wird; 3. Finger etwas länger als die Schnauze; Subartikulartuberkel deutlich, etwas vorspringend. Zehen lang und kräftig, mit etwa $^3/_4$ Schwimmhaut, die an der 4. Zehe das letzte Glied frei läßt und an den übrigen bis oder fast bis an die Haftscheiben reicht; Haftscheiben kräftig, so groß wie die der Finger; 5. Zehe wenig länger als die 3.; laterale Metatarsalia fest verbunden; Tarsalfalte fehlt; nur eine kleine, flache, mediale Metatarsaltuberkel, keine laterale, keine Tarsaltuberkel; Subartikulartuberkel deutlich. Das Tibiotarsalgelenk reicht bis zwischen Auge und Schnauzenspitze; Femur kürzer als die Tibia, die 4—$4^1/_2$ mal so lang wie breit, etwas über 2 mal in der Körperlänge enthalten und länger als der Fuß ist; bei rechtwinklig angeknickten Hinterbeinen überragen einander die Fersen ein wenig. Haut oben glatt; Kehle, Brust, Bauch und Unterseite der Oberschenkel sehr fein granuliert; Postgular-, Postpectoral- und Temporofemoralfalte fehlen.

Färbung (in Alkohol) oben und an den Seiten tief schwarz; von dieser schwarzen Grundfärbung heben sich weißlichgraue bis grünlich- oder bräunlichgraue Marmorierungen sehr wirkungsvoll ab; die Breite dieser Marmorierungen ist nicht größer als die dazwischen liegenden, schwarzen Felder. Seiten des Kopfes ebenso wie der Rücken marmoriert; Körperseiten einfarbig tief schwarz; Oberseite der Vorder- und Hinterbeine ebenfalls schwarz, mit heller Marmorierung; die zwei medialen Finger, die drei medialen Zehen und die Haftscheiben aller Finger und Zehen sind rein weiß; die von der schwarzen Seitenfärbung scharf abgesetzte Unterseite ist gelb, ohne irgendwelche Zeichnungen; dieselbe Farbe zeigen auch die Unterseite der Hände und Füße. Hinterseite der Oberschenkel einfarbig rot. Sehr junge Exemplare besitzen einen hellen Canthal- und Dorsolateralstreifen, der aber sehr bald bei zunehmendem Alter verschwindet. Körperlänge 38 mm. (Fig. 282).

Bamenda, Kamerun.

174. **H. ocellatus** Günther 1858 *H. o.*, Alb. Günther, Cat. Batr. sal. Brit. Mus., p. 88 t. 7 f. B (Habitus) | 1882 *Rappia ocellata*, Boulenger, Cat. Batr. sal. Brit. Mus., ed. 2 p. 123 | 1900 *R. o.*, Boulenger in: P. zool. Soc. London, p. 444 | 1903 *R. o.*, Bocage in: J. Ac. Lisboa, ser. 2 *v.* 7 p. 45 | 1905 *R. o.*, L. G. Andersson in: Ark. Zool., *v.* 2 nr. 20 p. 17 | 1906 *R. o.*, Boulenger in: Ann. Mus. Genova, ser. 3 *v.* 2 p. 165 | 1908 *R. o.*, Nieden in: Mt. Mus. Berlin, *v.* 3 p. 503 | 1910 *R. o.*, Nieden in: Fauna D. Kolon., ser. 1 fasc. 2 p. 60 f. 127 (Habitus von oben) | 1911 *R. o.* + *R. pusilla* (non Cope), Barbour in: Bull. Mus. Harvard, *v.* 54 p. 133 | 1911 *R. o.*, E. Lampe in: Jahrb. Ver. Nassau, *v.* 64 p. 214 | 1924 *Hyperolius ocellatus*, Noble in: Bull. Amer. Mus., *v.* 49 p. 267 t. 39 f. 2 (Habitus nach Photographie).

Körpergestalt mäßig schlank. Choanen klein; Zunge groß, hinten eingeschnitten. Kopf groß, breiter als lang; Schnauze abgerundet, im Profil senkrecht abgestutzt, nicht über das Maul hinausragend, so lang wie das Auge, kürzer als der Abstand der vorderen Augenwinkel voneinander, viel länger als hoch; Canthus rostralis scharf; Lorealgegend senkrecht abfallend, tief konkav; Nasenloch vortretend, viel näher der Schnauzenspitze als dem Auge; der Abstand der Nasenlöcher voneinander kleiner als der Interorbitalraum, der etwa doppelt so breit ist wie ein oberes Augenlid; Trommelfell undeutlich sichtbar, etwa $^1/_3$ so breit wie das Auge, um etwa die Hälfte seines eigenen Durchmessers von dem letzteren entfernt. Finger mit etwa $^2/_3$ Schwimmhaut; Haftscheiben groß, etwa so groß wie das Trommelfell; 1. Finger kleiner als der 2., der fast so lang ist wie der 4., der von dem 3. überragt wird; 3. Finger so lang wie die Schnauze; Subartikulartuberkel deutlich. Zehen mit fast ganzen Schwimmhäuten, die an allen Zehen bis an die Haftscheiben reichen und nur bei der 4. Zehe das letzte Glied frei lassen; Haftscheiben etwa so groß wie die der Finger; 3. Zehe kaum kürzer als die 5.; laterale Metatarsalia fest verbunden; laterale Zehe mit schwacher Hautfalte; Tarsalfalte fehlt; nur eine sehr kleine, fast unsichtbare, flache, mediale Metatarsaltuberkel; keine laterale, keine Tarsaltuberkel; Subartikulartuberkel klein. Das Tibiotarsalgelenk reicht bis zum Vorderrand des Auges oder darüber hinaus bis höchstens zur Schnauzenspitze; Femur kürzer als die Tibia, die $4^1/_2$—5 mal so lang wie breit, 2 mal oder etwas weniger in der Körperlänge enthalten, $1^2/_3$ mal so lang wie das Os cruris und länger als der Fuß ist; die Fersen überragen einander etwas.

Fig. 283. **Hyperolius ocellatus** Günther. Habitus von oben. (Nach Nieden).

Färbung (in Alkohol) oben hell rötlichbraun; über den Rücken verstreut finden sich eine Anzahl kleiner, runder, schwarzer oder dunkelbrauner, sehr wenig hell umrandeter Flecke; Seiten des Körpers mit einem breiten, dunkelbraunen Band, das mit dicht stehenden, kleinen, weißen Flecken besetzt ist;

ein ähnlicher, schmaler, dunkelbrauner, weiß gefleckter Streifen entlang der Oberseite der Oberschenkel; Hinterseite der Schenkel einfarbig rötlichgelb; Unterseite weißlich, an der Kehle mehr gelblich. Körperlänge 32 mm. (Fig. 283).

Angola und Urwaldregion westlich bis Kamerun.

175. **H. fusciventris** Ptrs. 1876 *H. f.*, Peters in: Monber. Ak. Berlin, p. 122 | 1908 *Rappia f.*, Nieden in: Mt. Mus. Berlin, *v.* 3 p. 503 | 1924 *Hyperolius f.*, Noble in: Bull. Amer. Mus., *v.* 49 p. 326.

Körpergestalt mäßig gedrungen; Vomerzähne fehlen; Choanen klein, nicht unter dem Kieferrand verborgen; Zunge mäßig groß, hinten frei und eingeschnitten; Kopf groß, breiter als lang; Schnauze rundlich zugespitzt, im Profil rundlich abgestutzt, nicht oder nur sehr wenig über das Maul hinausragend, so lang oder ein wenig länger als das große Auge, kürzer als der Abstand der vorderen Augenwinkel voneinander, viel länger als hoch; Canthus rostralis abgerundet, aber deutlich; Lorealgegend steil, konkav; Nasenloch viel näher der Schnauzenspitze als dem Auge; Internasalraum schmaler als der Interorbitalraum, der doppelt so breit wie ein oberes Augenlid ist; Trommelfell unter der Haut verborgen oder nur sehr undeutlich sichtbar. Finger kräftig, die beiden lateralen mit $^1/_2$ Schwimmhaut; Haftscheiben wohl entwickelt; 1. Finger kleiner als der 2., der nur wenig kürzer als der 4. ist, der von dem 3. um die Länge der Haftscheibe überragt wird; 3. Finger so lang wie die Schnauze; Subartikulartuberkel klein. Zehen lang und schlank, mit etwa $^3/_4$ Schwimmhaut, die an der 4. Zehe das letzte Glied frei läßt und an den übrigen bis unter die Haftscheiben reicht. Haftscheiben etwa so groß wie die der Finger; 5. und 3. Zehe gleich lang; laterale Metatarsalia in ihrem distalen Teil etwas durch Schwimmhaut getrennt; keine Tarsalfalte; nur eine sehr kleine, flache, undeutliche, mediane Metatarsaltuberkel, keine laterale, keine Tarsaltuberkel; Subartikulartuberkel flach. Das Tibiotarsalgelenk reicht bis zwischen Auge und Schnauzenspitze; Femur kürzer als die Tibia, die $4^1/_2$—5 mal so lang wie breit, nicht ganz 2 mal in der Körperlänge enthalten und viel länger als der Fuß ist; bei rechtwinklig angeknickten Hinterbeinen decken oder überragen die Fersen einander ein wenig. Haut oben, an den Seiten und unter der Kehle glatt; einige verstreute Warzen hinter dem Mundwinkel; Bauch und Unterseite der Oberschenkel granuliert; keine Postgular-, Postpectoral- oder Temporofemoralfalten.

Färbung (in Alkohol) der beiden typischen Exemplare völlig ausgebleicht. Färbung nach Peters: Die Oberseite des Kopfes und Körpers, die Lateralseite des Oberarmes, Vorderarmes, des 4. und der Basis des 3. Fingers, eine schmale Linie längs dem Oberschenkel, die Lateralseite des Unterschenkels und des Fußes mit Einschluß der 5. und der Basis der 4. Zehe violett. Die Unterseite von dem Kinn an, einschließlich der Unterseite der Gliedmaßen bis zu der Basis der Hand und des Mittelfußes und ein über die Achsel herübergehender Bogen dunkelbraun. Der Rand der Oberlippe, eine unregelmäßige, schärfer gegen die Bauchseite abgesetzte Körperlateralbinde, die Grundhälfte der Vorderseite der Oberarme, der hintere Rand des Ober- und Unterarmes, eine Linie an dem medialen Rande der Fußwurzel grünlichweiß. Die hintere und vordere Seite der Oberschenkel, zwei Drittel der medialen Seite des Unterschenkels fleischfarbig, mit schwarzbraunen, staubförmig pigmentierten Rändern; laterale und mediale Zehen farblos. Körperlänge 28 mm.

Liberia bis Spanisch-Guinea.

176. **H. lagoensis** (Günther) 1868 *Rappia l.*, Alb. Günther in: P. zool. Soc. London, p. 487 t. 40 f. 2 (Habitus) | 1875 *Hyperolius l.*, Peters in: Monber. Ak. Berlin, p. 207 | 1882 *Rappia l.*, Boulenger, Cat. Batr. sal. Brit. Mus., ed. 2 p. 123 | 1924 *Hyperolius l.*, Noble in: Bull. Amer. Mus., *v.* 49 p. 326.

Körpergestalt gedrungen. Vomerzähne fehlen; Choanen ziemlich klein, teilweise unter dem Kieferrand verborgen; Zunge mäßig groß, herzförmig, hinten eingeschnitten. Kopf groß, breiter als lang, niedergedrückt; Schnauze abgerundet, im Profil niedergedrückt, abgestutzt, nicht über das Maul hinausragend, so lang oder wenig länger als das Auge, fast so lang wie der Abstand der vorderen Augenwinkel voneinander, viel länger als hoch; Canthus rostralis abgerundet, aber deutlich; Lorealgegend senkrecht, nur wenig konkav; Nasenloch etwas näher der Schnauzenspitze als dem Auge; Internasalraum etwa $^1/_2$ so breit wie der Interorbitalraum, der über doppelt so breit wie ein oberes Augenlid ist; Trommelfell unter der Haut verborgen. Finger kräftig, die beiden lateralen mit $^1/_2$ Schwimmhaut; Haftscheiben groß; 1. Finger kleiner als der 2., der kürzer als der 4. ist, der von dem 3. um etwa die Länge einer Haftscheibe überragt wird; 3. Finger wenig länger als die Schnauze; Subartikulartuberkel klein, aber deutlich. Zehen lang und kräftig, mit fast ganzen Schwimmhäuten, die an der 4. Zehe das letzte Glied frei lassen und bei den übrigen bis unter die Haftscheiben reichen; Haftscheiben etwa so groß wie die der Finger; 5. Zehe etwas länger als die 3.; laterale Metatarsalia fest verbunden; Tarsalfalte fehlt; nur eine kleine, flache, mediale Metatarsaltuberkel, keine laterale, keine Tarsaltuberkel; Subartikulartuberkel klein, aber deutlich. Das Tibiotarsalgelenk reicht bis zwischen Auge und Schnauzenspitze; Femur kürzer als die Tibia, die $3^1/_2$—4 mal so lang wie breit, 2 mal in der Körperlänge enthalten und länger als der Fuß ist; bei rechtwinklig angeknickten Hinterbeinen decken die Fersen einander. Haut oben glatt, granuliert unter dem Bauch; eine sehr schwache Postgularfalte; Postpectoral- und Temporofemoralfalte fehlen.

Fig. 284.
Hyperolius lagoensis (Günther).
Habitus. (Nach Günther).

Färbung (in Alkohol) oben hell bräunlich bis fast rein weiß, mit einer großmaschigen, schwarzen Marmorierung auf dem Rücken. Ein schwarzer Streifen befindet sich entlang dem Canthus rostralis. Seiten des Körpers weiß mit schwarzen Punkten. Oberseite der Vorder- und Hinterextremitäten weißlich mit schwarzen Flecken und Punkten oder schwarzer, weitmaschiger Marmorierung. Unterseite weiß; Hinterseite der Oberschenkel rötlich. Im Leben ist die Grundfarbe schön orangerot. Körperlänge 37 mm. (Fig. 284).

Lagos und Nigeria.

177. **H. quadratomaculatus** E. Ahl 1931 *H. q.*, E. Ahl in: Mt. Mus. Berlin, *v.* 17 (im Druck).

Körpergestalt gedrungen; Vomerzähne fehlen; Choanen ziemlich klein, nicht unter dem Kieferrand verborgen; Zunge groß, hinten frei und mit zwei Zipfeln. Kopf groß, etwas breiter als lang; Schnauze abgerundet, im Profil abgerundet, nicht über das Maul hinausragend, so lang wie das große Auge, so lang wie der Abstand der vorderen Augenwinkel voneinander, viel länger als hoch; Canthus rostralis abgerundet; Lorealgegend schräg, tief konkav; Nasenloch viel näher der Schnauzenspitze als dem Auge; Internasalraum $^1/_2$ so breit wie der Interorbitalraum, der doppelt so breit wie ein oberes Augenlid ist; Trommelfell völlig unter der Haut verborgen. Finger kräftig, die beiden lateralen mit nicht ganz $^1/_2$ Schwimmhaut; Haftscheiben mäßig groß, deutlich; 1. Finger kleiner als der 2., der kürzer als der 4. ist, der von dem 3. überragt wird; 3. Finger bedeutend länger als die Schnauze; Subartikulartuberkel klein und undeutlich. Zehen mit fast ganzen Schwimmhäuten, die an allen Zehen bis unter die Haftscheiben reichen, nur an der 4. Zehe das letzte Glied als schmaler Hautsaum umschließen; Haftscheiben etwa so groß wie die der Finger; 3. und 5. Zehe gleich lang; laterale Metatarsalia fest verbunden; keine Tarsalfalte; nur eine sehr kleine, flache, mediale Metatarsaltuberkel, keine laterale, keine Tarsaltuberkel; Subartikulartuberkel klein und undeutlich. Das Tibiotarsalgelenk reicht bis zur Schnauzenspitze; Femur kürzer als die Tibia, die $4^1/_2$ mal so lang wie breit; nicht ganz 2 mal in der Körperlänge enthalten und viel länger als der Fuß ist; bei rechtwinklig angeknickten Hinterbeinen überragen einander die Fersen ein wenig. Haut oben, an den Seiten und unter der Kehle glatt; Bauch und Unterseite der Oberschenkel granuliert; keine Postgular- oder Postpectoralfalte vorhanden.

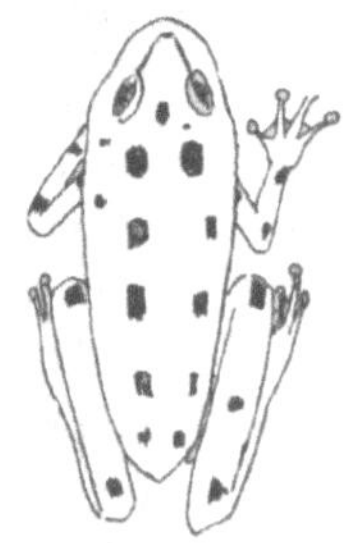

Fig. 285. **Hyperolius quadratomaculatus** E. Ahl. Habitus von oben.

Färbung (in Alkohol) oben gelblichweiß, nach dem Kopf zu mehr ins Weiße, nach dem After zu mehr ins Rötlichgelbe spielend. Von der Schnauzenspitze zieht sich entlang dem Canthus rostralis bis zum Auge eine dunkelbraune Längsbinde. Auf dem Hinterhaupt und dem Rücken finden sich etwa ein Dutzend paarweise angeordneter großer, dunkelbrauner, quadratischer Flecke; Oberseite der Vorderbeine gelblichweiß mit einigen dunkleren Flecken; Femur und Tibia rot, Tibia ebenfalls mit einigen großen, quadratischen, dunkelbraunen Flecken; Tarsus und Fuß an ihrer Lateralseite mit einer auffallenden silberweißen Längsbinde. Unterseite gelb. Körperlänge 31 mm. (Fig. 285).

Mohorro, Deutsch-Ostafrika.

178. **H. goetzei** E. Ahl 1931 *H. g.*, E. Ahl in: Mt. Mus. Berlin, *v.* 17 (im Druck).

Körpergestalt mäßig schlank; Vomerzähne fehlen; Choanen klein, teilweise unter dem Kieferrand verborgen; Zunge groß, breit, hinten frei und mit zwei Zipfeln. Kopf groß, etwas breiter als lang; Schnauze stumpf zugespitzt, im Profil abgerundet, kaum über das Maul hinausragend, so lang wie das Auge, kürzer als der Abstand der vorderen Augenwinkel voneinander, länger als hoch; Canthus rostralis abgerundet, aber deutlich; Lorealgegend senkrecht, nur sehr wenig konkav; Nasenloch etwas näher der Schnauzenspitze als dem Auge; Internasalraum etwa $^2/_3$ des Interorbitalraumes, der doppelt so breit wie ein oberes Augenlid ist; Trommelfell unter der Haut verborgen. Finger mit nicht ganz $^1/_2$ Schwimmhaut; Haftscheiben wohl entwickelt; 1. Finger kleiner als der 2., der kürzer als der 4. ist, der von dem 3. überragt wird; 3. Finger länger als die Schnauze; Subartikulartuberkel klein, aber sehr deutlich. Zehen mit $^2/_3$ Schwimmhaut, die an der 4. Zehe das letzte Glied vollständig und an den übrigen Zehen das halbe letzte Glied frei läßt; Haftscheiben so groß wie die der Finger; 5. Zehe kaum länger als die 3.; laterale Metatarsalia fest ver-

Fig. 286. **Hyperolius goetzei** E. Ahl. Habitus.

bunden; laterale Zehe ohne Hautfalte; Tarsalfalte fehlt; eine kleine, mediale Metatarsaltuberkel, keine laterale, keine Tarsaltuberkel; Subartikulartuberkel klein, aber deutlich. Das Tibiotarsalgelenk reicht bis zwischen Auge und Schnauzenspitze; Femur etwas kürzer als die Tibia, die $3^1/_2$ mal so lang wie breit, 2 mal in der Körperlänge enthalten und länger als der Fuß ist; bei rechtwinklig angeknickten Hinterbeinen decken die Fersen einander. Haut oben glatt; unten fein granuliert; nur eine deutliche Postgularfalte, keine Postpectoral- oder Temporofemoralfalte. Männchen mit subgularer Schallblase und etwas zipfelförmig ausgezogener Postgularfalte und großer Kehlscheibe.

Färbung (in Alkohol) oben auf Kopf, Körper und Gliedmaßen hell rosagrau; Seiten des Kopfes und des Körpers, ebenso auch die Seiten der Extremitäten, mit dunkelbraunen, zu einer Art Marmorierung zusammenfließenden, großen Flecken, die etwas dunkler eingefaßt sind; Kehle und Bauch weiß, Kehle mit brauner Marmorzeichnung; Unterseite der Gliedmaßen fleischfarben. Körperlänge 25 mm. (Fig. 286).

Uhehe, Massai-Steppe.

179. **H. bicolor** E. Ahl 1931 *H. b.*, E. Ahl in: Mt. Mus. Berlin, *v.* 17 (im Druck).

Körpergestalt gedrungen. Vomerzähne fehlen; Choanen klein, nicht unter dem Kieferrand verborgen; Zunge mäßig groß, herzförmig, hinten mit zwei Zipfeln. Kopf groß, 3 mal in der Körperlänge enthalten, wenig breiter als lang; Schnauze rundlich zugespitzt, im Profil abgerundet, etwas über das Maul hinausragend, so lang wie der Augendurchmesser, kürzer als der Abstand der vorderen Augenwinkel voneinander, länger als hoch; Canthus rostralis scharf; Lorealgegend fast senkrecht, nur wenig konkav; Nasenloch etwas näher der Schnauzenspitze als dem Auge; Internasalraum schmaler als der Interorbitalraum, der doppelt so breit wie ein oberes Augenlid ist; Trommelfell unter der Haut verborgen. Finger kräftig, mit etwa $^2/_3$ Schwimmhaut zwischen den beiden lateralen; Haftscheiben groß; 1. Finger kleiner als der 2., der kürzer als der 4. ist, der von dem 3. nur um die Länge der Haftscheibe überragt wird; 3. Finger sehr wenig länger als die Schnauze; Subartikulartuberkel deutlich, vortretend. Zehen mit $^3/_4$ Schwimmhaut, die an allen Zehen bis unter die Haftscheiben reicht und nur bei der 4. Zehe das letzte Glied als schmaler Hautsaum umschließt; Haftscheiben etwas kleiner als die der Finger; 5. Zehe nur wenig länger als die 3.; laterale Metatarsalia fest verbunden; eine sehr schwach angedeutete Tarsalfalte vorhanden; nur eine sehr kleine, flache, mediale Metatarsaltuberkel, keine laterale, keine Tarsaltuberkel; Sohle granuliert; Subartikulartuberkel klein, wenig vorspringend. Das Tibiotarsalgelenk reicht bis zur Mitte zwischen Augenvorderrand und Nasenloch; Femur etwas kürzer als die Tibia, die 4 mal so lang wie breit, 2 mal in der Körperlänge enthalten und etwas länger als der Fuß ist; bei rechtwinklig angeknickten Hinterbeinen decken die Fersen einander. Haut oben glatt, mit einer Anzahl verstreuter Warzen besetzt, die besonders auf dem Kopf und an den Körperseiten gedrängter stehen; eine aus kleinen, drüsigen Warzen gebildete Temporalfalte, die sich horizontal nach hinten erstreckt. Hinter dem Mundwinkel eine Gruppe größerer Warzen. Kehle, Brust und Bauch granuliert; eine deutliche Postgular- und eine Postpectoralfalte vorhanden; keine Temporofemoralfalte. Männchen mit einer großen,

Fig. 287.
Hyperolius bicolor E. Ahl.
Habitus von oben.

runden Kehlscheibe, die bis zur Mitte zwischen Postgular- und Postpectoralfalte reicht; die Haut des Unterkiefers bildet eine Hautfalte, die an den Seiten diese Kehlscheibe einfaßt.

Färbung (in Alkohol) oben aus zwei Zonen zusammengesetzt. Die Oberseite und die Seiten des Kopfes sind gelblichbraun, mit einer sehr schwach angedeuteten, etwas dunkleren Querbinde zwischen den Augen und einem ebensolchen, sehr schwachen Canthalstreifen. Die Oberseite des übrigen Körpers ebenso wie die der Beine ist weißlichgelb, unter der Lupe mit sehr feinen Pigmentierungen versehen; Kehlscheibe weiß, Unterseite der Beine, des Bauches und Körperseiten gelb; Oberschenkel rötlich. Körperlänge 32 mm. (Fig. 287).

Farenda Bango, Loanda.

180. **H. horstockii** (Schl.) 1837-1844 *Hyla h.*, Schlegel, Abbild. Amph., p. 24 | 1838 *Eucnemis horstokii*, Tschudi, Classif. Batr., p. 76 | 1841 *E. horstookii*, C. Duméril & G. Bibron, Erpét., *v.* 8 p. 529 | 1858 *Hyperolius horstockii*, Alb. Günther, Cat. Batr. sal. Brit. Mus., p. 85 | 1867 *H. h.*, Steindachner in: Reise Novara, Amph. p. 50 | 1882 *Rappia h.*, Boulenger, Cat. Batr. sal. Brit. Mus., ed. 2 p. 120 | 1924 *Hyperolius h.*, Noble in: Bull. Amer. Mus., *v.* 49 p. 326 | 1927 *H. h.*, J. Hewitt in: Rec. Albany Mus., *v.* 3 p. 409 t. 24 f. 1, 6 | 1927 *H. h. semidiscus*, J. Hewitt in: Rec. Albany Mus., *v.* 3 p. 410 t. 24 f. 7 (Unterseite).

Körpergestalt gedrungen; Vomerzähne fehlen; Choanen klein, unter dem Kieferrand verborgen; Zunge groß, breit herzförmig, hinten frei und eingeschnitten. Kopf groß, etwas breiter als lang; Schnauze rundlich zugespitzt, im Profil abgestutzt oder abgerundet, nicht über das Maul hinausragend, so lang wie das große Auge, kürzer als der Abstand der vorderen Augenwinkel voneinander, länger als hoch; Canthus rostralis deutlich, gerade; Lorealgegend steil, wenig konkav; Nasenloch etwas näher der Schnauzenspitze als dem Auge, Internasalraum schmaler als der Interorbitalraum, der $1^1/_2$—2 mal so breit wie ein oberes Augenlid ist; Trommelfell gänzlich unter der Haut verborgen. Finger mit fast $^1/_2$ Schwimmhaut, Haftscheiben groß; 1. Finger kleiner als der 2., der kürzer als der 4. ist, der von dem 3. überragt wird; 3. Finger länger als die Schnauze; Subartikulartuberkel klein, aber deutlich. Zehen mit etwa $^3/_4$ Schwimmhaut, die an der 4. Zehe das letzte Glied frei läßt und bei den übrigen bis unter die Haftscheiben reicht; Haftscheiben so groß wie die der Finger; 5. Zehe etwas länger als die 3.; laterale Metatarsalia im distalen Teil sehr wenig durch Schwimmhaut getrennt; keine Tarsalfalte; nur eine sehr kleine, flache, mediale Metatarsaltuberkel, keine laterale, keine Tarsaltuberkel; Subartikulartuberkel klein und flach. Das Tibiotarsalgelenk reicht bis zwischen Auge und Schnauzenspitze; Femur kürzer als die Tibia, die 4—$4^1/_2$ mal so lang wie breit, 2 mal oder nicht ganz so viel in der Körperlänge enthalten und länger als der Fuß ist; bei rechtwinklig angeknickten Hinterbeinen überragen einander die Fersen ein wenig. Haut oben glatt oder fein warzig; Unterseite granuliert; eine deutliche Postgular- und Temporofemoralfalte vorhanden; Postpectoralfalte undeutlich. Männchen mit subgularer Schallblase und einer großen Kehlscheibe.

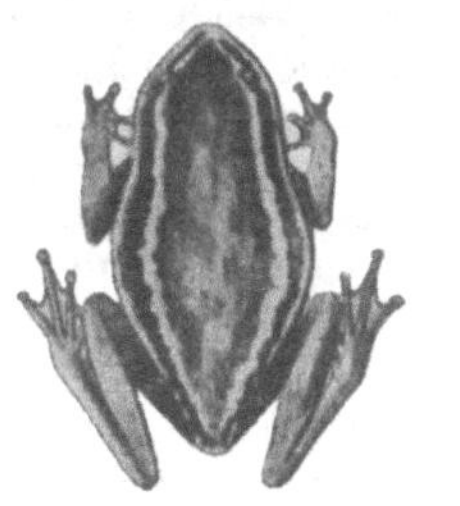

Fig. 288.
Hyperolius h. horstockii (Schl.).
Habitus von oben.
(Nach Tornier).

Färbung (in Alkohol) oben grau oder braun; ein dunkles, oben breit weiß eingefaßtes Band von der Schnauzenspitze durch das Auge entlang jeder Seite des Körpers. Schenkel farblos. Körperlänge 34 mm.

Südafrika bis zum nördlichen Rhodesien.

Man kann 2 Unterarten aufstellen, die sich wie folgt unterscheiden:

180a. **H. h. horstockii** (Schl.):

Schnauze ziemlich zugespitzt und leicht vorragend; Interorbitalraum etwa $1^1/_3$ mal so breit wie das obere Augenlid; das Tibiotarsalgelenk reicht beim Männchen bis zur Augenmitte; Kehlscheibe des Männchens groß und gut ausgebildet, sogar vorn gewöhnlich markiert durch eine Falte von der Haut der Mentalgegend. Oberseite aschfarben oder hellbraun; dorsolateral zieht sich ein langer, weißer Streifen von der Schnauzenspitze zur Inguinalgegend und oft bis zum After hin, der aber zu einem sehr dünnen Streifen hinten reduziert; vorn berühren sich die beiden Streifen; manchmal sind sie oben schwach dunkel gesäumt; unten sind sie immer schwärzlich oder dunkel gesäumt und manchmal nimmt dieser Saum die Form eines breiten, dunklen Seitenbandes an, das ebenfalls von unterhalb des Auges bis zur Schulter oder ein wenig darüber hinaus nach unten von einem zweiten weißlichen Streifen begrenzt wird. Dieser kürzere, ventrale Streifen ist bei den ganz hellen Stücken schlecht entwickelt. Keine weißen Flecke auf dem Rücken oder auf den Beinen. Körperlänge des Männchens 33 mm; Breite der Kehlscheibe 9 mm. Südwestliche Distrikte des Kaplandes. (Fig. 288).

180b. **H. h. semidiscus** J. Hewitt: Lit. s. oben.

Unterscheidet sich von der typischen Form wie folgt: Schnauze nicht so zugespitzt, Interorbitalraum etwas breiter, wenigstens $1^1/_2$ mal so breit wie ein oberes Augenlid, Kehlscheibe des Männchens nicht trennbar von der Kehlhaut vorn; kein weißer Streifen von unterhalb des Auges zur Schulter; oberer weißer Streifen rückwärts nur bis zur Lateralgegend. Dieser weiße Streifen ist immer sehr deutlich, variiert aber beträchtlich in der Breite, die schmal oder breit bei Stücken aus derselben Gegend sein kann; im ersteren Fall kann er auf der Schnauze fehlen und sogar auf dem Auge. Es sind oft kleine, weiße Flecke auf den Schenkeln und den Vorderbeinen und manchmal einige auf dem Körper. Die Typen besitzen in Alkohol bläuliche Oberseite (wahrscheinlich grün im Leben) und der weiße, dorsolaterale Streifen ist unten nicht deutlich dunkel gerandet. Totallänge des adulten Männchens 33,5 mm. Breite der Kehlscheibe 9,5 mm.

Mariannhill.

(Östliche Form).

Die Natalstücke sind ein wenig größer als die des Bathurst Distriktes, die ebenfalls grau oder hellbraun sind wie die typische horstockii (Schl.).

181. **H. guttulatus** Günther 1858 *H. g.*, Alb. Günther, Cat. Batr. sal. Brit. Mus., p. 86 t. 7 f. A, Aa (Habitus, Hand von unten) | 1882 *Rappia guttulata*, Boulenger, Cat. Batr. sal. Brit. Mus., ed. 2 p. 125 | 1924 *Hyperolius guttulatus*, Noble in: Bull. Amer. Mus., *v.* 49 p. 326.

Körpergestalt ziemlich gedrungen; Choanen mäßig groß, teilweise unter dem Kieferrand verborgen; Zunge groß, herzförmig, hinten frei und mit zwei Zipfeln. Kopf groß, etwas breiter als lang; Schnauze abgerundet, im Profil abgerundet, kaum über das Maul hinausragend, etwas länger als das große Auge, fast so lang wie der Abstand der vorderen Augenwinkel voneinander, länger als hoch; Canthus rostralis abgerundet, aber deutlich; Lorealgegend steil, wenig konkav; Nasenloch etwas näher der Schnauzenspitze als dem Auge; Internasalraum schmaler als der Interorbitalraum, der über doppelt so breit wie ein oberes Augenlid ist; Trommelfell unter der Haut verborgen oder nur undeutlich sichtbar. Finger kräftig, die beiden lateralen mit wenigstens $^1/_2$ Schwimmhaut; Haftscheiben wohl entwickelt; 1. Finger kleiner als der 2., der fast so lang wie der 4. ist, der weit von dem 3. überragt wird; 3. Finger so lang wie die Schnauze; Subartikulartuberkel deutlich. Zehen mit etwa $^3/_4$ Schwimmhaut, die an allen Zehen bis unter die Haftscheiben geht, außer an der 4. Zehe, wo sie das letzte Glied frei läßt; Haftscheiben so groß wie die der Finger; 3. und 5. Zehe gleich lang; laterale Metatarsalia fest verbunden; keine Tarsalfalte; nur eine sehr kleine, flache, mediale Metatarsaltuberkel, keine laterale, keine Tarsaltuberkel; Subartikulartuberkel klein, aber deutlich. Das Tibiotarsalgelenk reicht über den vorderen Augenrand hinaus, selten nur bis zu diesem; Femur etwas kürzer als die Tibia, die 4—$4^1/_2$ mal so lang wie breit, 2 mal in der Körperlänge enthalten und länger als der Fuß ist; bei rechtwinklig angeknickten Hinterbeinen decken die Fersen einander. Haut auf dem Rücken glatt oder leicht chagriniert; Seiten gekörnelt oder schwach warzig; Kehle glatt, Bauch und Unterseite der Oberschenkel granuliert und quergerunzelt. Eine sehr deutliche Temporofemoralfalte.

Fig. 289.
Hyperolius guttulatus Günther.
Habitus, Hand von unten.
(Nach Günther).

Färbung (in Alkohol) oben und an den Seiten des Kopfes und Körpers, ebenso an den beim sitzenden Tier sichtbaren Teilen der Vorder- und Hinterextremitäten dunkelbraun oder grau, dicht besetzt mit kleinen, runden, weißlichen oder gelblichen Punkten. Unterseite weiß; die beim Sitzen verborgenen Teile der Vorder- und Hintergliedmaßen gelb. Körperlänge 35 mm. (Fig. 289).

Westafrika.

182. **H. argus** Ptrs. 1855 *H. a.*, Peters in: Arch. Naturg., *v.* 21 I p. 57 | 1858 *H. a.*, Alb. Günther, Cat. Batr. sal. Brit. Mus., p. 87 | 1868 *Rappia a.*, Alb. Günther in: P. zool. Soc. London, p. 479 | 1882 *R. a.*, Boulenger, Cat. Batr. sal. Brit. Mus., ed. 2 p. 122 | 1882 *Hyperolius a.*, Peters, Reise Mossamb., *v.* 3 p. 165 t. 22 f. 6 (Habitus) | 1897 *Rappia a.*, Tornier, Kriechth. D.-O.-Afr., p. 146 t. 4 f. 72ff. (Habitus) | 1915 *R. a.*, Nieden in: Mt. Mus. Berlin, *v.* 7 p. 375 | 1924 *Hyperolius a.*, Noble in: Bull. Amer. Mus., *v.* 49 p. 323.

Körpergestalt gedrungen; Vomerzähne fehlen; Choanen ziemlich klein, teilweise unter dem Kieferrande verborgen; Zunge mäßig groß, herzförmig, hinten mit zwei Zipfeln. Kopf mäßig groß, etwa 3 mal in der Körperlänge enthalten, etwas breiter als lang; Schnauze abgerundet, im Profil abgeflacht, kaum über das Maul hinausragend, länger als das Auge, fast so lang wie der Abstand der vorderen Augenwinkel voneinander, viel länger als hoch; Canthus rostralis abgerundet; Lorealgegend sehr schräg abfallend, nicht vertieft; Nasenloch etwas näher der Schnauzenspitze als dem Auge; Internasalraum schmaler als der Interorbitalraum, der über doppelt so breit wie ein oberes Augenlid ist; Trommelfell nicht sehr deutlich, aber wohl zu unterscheiden, etwa $^1/_3$ so breit wie das Auge, nahe bei diesem. Finger kräftig, kurz, die beiden lateralen mit etwa $^1/_2$ Schwimmhäuten; Haftscheiben wohl entwickelt; 1. Finger kleiner als der 2., der kürzer als der 4. ist, der nur wenig von dem 3. überragt wird; 3. Finger kürzer als die Schnauze; Subartikulartuberkel deutlich. Zehen mit $^3/_4$ Schwimmhäuten, die bei der 4. Zehe das letzte Glied frei lassen und bei den übrigen bis fast an die Haftscheiben reichen; Haftscheiben etwa so groß wie die der Finger; 3. und 5. Zehe gleich lang oder die 5. Zehe etwas länger; laterale Metatarsalia in ihrem distalen Teile etwas durch Schwimmhaut getrennt; Tarsalfalte fehlt; nur eine kleine, mediale, flache, nicht hervortretende Metatarsaltuberkel, keine laterale, keine Tarsaltuberkel; Subartikulartuberkel mäßig groß. Das Tibiotarsalgelenk reicht bis zwischen Auge und Schnauzenspitze; Femur kürzer als die Tibia, die 4—4$^1/_2$ mal so lang wie breit, 2 mal oder etwas weniger in der Körperlänge enthalten und länger als der Fuß ist; die Fersen decken einander. Haut oben glatt; unter der Kehle ebenfalls glatt, Bauch schwach granuliert oder mit leichten Querrunzeln; nur ein paar schwache Warzen hinter dem Mundwinkel; eine sehr schwache Postgularfalte.

Fig. 290.
Hyperolius argus Ptrs.
Habitus von oben. (Nach Tornier).

Färbung (in Alkohol) oben rötlichgelb oder bräunlichrot, stets vorhanden ist eine von Auge zu Auge um die Schnauzenspitze herumziehende weiße, fein schwarzbraun umränderte Binde; niemals eine weiße Oberlippenbinde vorhanden; auf dem Rücken eine mehr oder weniger große Anzahl mehr oder weniger großer, meist kreisrunder, weißer, fein dunkelbraun eingefaßter Augenflecke, die, jedoch selten, zu größeren Flecken zusammenfließen können, so daß mitunter eine unregelmäßige Fleckenzeichnung entstehen kann; Vorderbeine und Tibia von der Körperfarbe, einfarbig oder mit ebensolchen weißen, dunkel umrandeten Flecken besetzt wie der Rücken; Körperseiten von der Farbe der Oberseite, ungefleckt; Unterseite einschließlich der gesamten Oberschenkel und der Medialflächen der Extremitäten einfarbig gelblichweiß bis rötlich, ungefleckt. Färbung im Leben: Die Grundfarbe ist dunkelbraun. Eine goldgelbe, schwarz eingefaßte Binde auf dem oberen Augenlide geht nach dem Schnauzenende hin, um sich auf demselben mit dem der anderen Seite in einem Winkel zu vereinigen. Auf dem Rücken einige schwarzgesäumte, goldgelbe Ocellenflecke. Die Unterseite ist weiß, die Submentalgegend mit grünlichem Anfluge. Die Oberseite der Gliedmaßen, mit Ausnahme des Oberschenkels, ist braun wie der Körper und zeigt ebenso wie der Rücken solche goldgelben, schwarzgeränderten Ocellenflecke, diese können auch fehlen. Die Unterseite der Gliedmaßen, der ganze Oberschenkel und die drei ersten sowie die laterale Hälfte der 4. Zehe sind rot. Körperlänge 32 mm. (Fig. 290).

Ostafrika, von Mozambique bis Deutsch-Ostafrika.

183. **H. acuticephalus** E. Ahl 1931 *H. a.*, E. Ahl in: Mt. Mus. Berlin, *v.* 17 (im Druck).

Körpergestalt schlank; Vomerzähne fehlen; Choanen sehr klein, unter dem Kieferrand verborgen; Zunge ziemlich klein, hinten mit zwei Zipfeln. Kopf niedergedrückt, 3 mal in der Körperlänge enthalten, eine Wenigkeit breiter als lang; Schnauze stark zugespitzt, im Profil schräg nach hinten abgestutzt, etwas über das Maul hinausragend, $1^1/_2$ mal so lang wie das Auge, kürzer als der Abstand der vorderen Augenwinkel voneinander, viel länger als hoch; Canthus rostralis abgerundet, aber deutlich, gerade; Lorealgegend senkrecht, konkav; Nasenloch nur äußerst wenig näher der Schnauzenspitze als dem Auge; Internasalraum viel schmaler als der Interorbitalraum, der fast 3 mal so breit wie ein oberes Augenlid ist; Trommelfell unter der Haut verborgen. Finger mit etwa $^1/_3$ Schwimmhaut, die Haftscheiben groß; 1. Finger kleiner als der 2., der viel kürzer als der 4. ist, der nur wenig von dem 3. überragt wird; 3. Finger etwas länger als die Schnauze; Subartikulartuberkel undeutlich. Zehen mit $^2/_3$ Schwimmhaut, die an der 4. Zehe das letzte Glied und an den übrigen das letzte halbe Glied frei läßt; Haftscheiben so groß wie die der Finger; 5. Zehe sehr wenig länger als die 3.; laterale Metatarsalia fest verbunden; Tarsalfalte fehlt; nur eine sehr kleine, flache, undeutliche, mediale Metatarsaltuberkel, keine laterale, keine Tarsaltuberkel; Sohle granuliert; Subartikulartuberkel undeutlich. Das Tibiotarsalgelenk reicht bis zur Schnauzenspitze; Femur etwas kürzer als die Tibia, die $3^1/_2$ mal so lang wie breit, etwa 2 mal in der Körperlänge enthalten und viel länger als der Fuß ist; die Fersen überragen einander. Haut oben und unter der Kehle glatt, Bauch sehr fein quergerunzelt; nur eine undeutliche, schwache Postgularfalte vorhanden.

Fig. 291.
Hyperolius acuticephalus E. Ahl.
Habitus von oben.

Färbung (in Alkohol) oben und an der Lateralseite des Armes, der Tibia und des Fußes weißlichgrau mit einer Anzahl sehr feiner, regelmäßig verteilter, schwarzbrauner Pünktchen. Unterseite ebenso wie die gesamten Oberschenkel und die Medialseite der Arme und Beine gelblichweiß. Körperlänge 21 mm. (Fig. 291).

Ngoto, Lobajegebiet.

184. **H. graueri** E. Ahl 1931 *H. g.*, E. Ahl in: Mt. Mus. Berlin, *v.* 17 (im Druck).

Körpergestalt mäßig gedrungen; Choanen sehr klein, dicht am Kieferrande liegend; Zunge groß, hinten frei und mit zwei Zipfeln. Kopf groß, niedergedrückt, viel breiter als lang; Schnauze spitz abgerundet, im Profil abgerundet, wenig über das Maul hinausragend, fast $1^1/_2$ mal so lang wie das Auge, nur sehr wenig kürzer als der Abstand der vorderen Augenwinkel voneinander, viel länger als hoch; Canthus rostralis abgerundet, aber deutlich; Lorealgegend abgeschrägt, konkav; Nasenloch viel näher der Schnauzenspitze als dem Auge; Internasalraum $^2/_3$ so breit wie der Interorbitalraum, der doppelt so breit wie ein oberes Augenlid ist; Trommelfell völlig unter der Haut verborgen. Finger kräftig, die beiden lateralen mit etwas über $^1/_3$ Schwimmhaut; Haftscheiben groß und wohl entwickelt; 1. Finger kleiner als der 2., der kürzer als der 4. ist, der nur sehr wenig von dem 3. überragt wird; 3. Finger länger als die Schnauze; Subartikulartuberkel mäßig groß, aber deutlich. Zehen mit $^3/_4$ Schwimmhaut, die an allen Zehen bis unter die Haftscheiben reicht, außer an der 4., wo sie das letzte Glied frei läßt; Haftscheiben etwa so groß wie die der Finger; 5. Zehe etwas länger als die 3.; laterale Metatarsalia fest verbunden; nur eine schwach angedeutete Tarsalfalte; nur eine kleine, flache, mediale Metatarsaltuberkel, keine laterale, keine Tarsaltuberkel; Sohle nur sehr schwach granuliert; Subartikulartuberkel klein und wenig deutlich. Das Tibiotarsalgelenk reicht bis zwischen Auge und Schnauzenspitze; Femur etwas kürzer als die Tibia, die 5 mal so lang wie breit, 2 mal in der Körperlänge enthalten und länger als der Fuß ist; bei rechtwinklig angeknickten Hinterbeinen decken die Fersen einander. Haut oben, an den Seiten und unter der Kehle glatt; Bauch und Unterseite der Oberschenkel granuliert und quergerunzelt; eine deutliche Postgularfalte; Männchen mit subgularer Schallblase, aber ohne Kehlscheibe.

Fig. 292. **Hyperolius graueri** E. Abl. Habitus von oben.

Färbung (in Alkohol) oben rötlichbraun (rot im Leben?) und an den Seiten schwärzlich; auf dem Rücken und an den Seiten des Kopfes und Körpers befinden sich viele runde oder unregelmäßig gestaltete, weiße, fein dunkler umrandete Flecke, die eine marmelartige Zeichnung bilden; Oberlippe einfarbig weiß; die beim sitzenden Tier sichtbaren Teile der Vorder- und Hinterextremitäten sind weißlichrosa mit vielen kleinen, runden, rotbraunen Fleckchen; die beim Sitzen verborgenen Teile der Gliedmaßen sind rosafleischfarben; Kehle und Bauch silberweiß. Körperlänge 34 mm. (Fig. 292).

Westliches Russisi-Ufer und Nordwestufer des Tanganyika-Sees.

185. **H. rutenbergi** Boettg. 1881 *H. r.*, O. Boettger in: Zool. Anz., *v.* 4 p. 47 | 1881 *H. r.*, O. Boettger in: Abh. Ver. Bremen, *v.* 7 p. 189 | 1881 *H. r.*, O. Boettger in: Abh. Senckenb. Ges., *v.* 12 p. 510 | 1882 *Rappia rutenbergii*, Boulenger, Cat. Batr. sal. Brit. Mus., ed. 2 p. 126 | 1909 *R. r.*, F. Mocquard in: N. Arch. Mus. Paris, ser. 5 *v.* 1 p. 63.

Schnauze kurz, zugespitzt; Körper länglich; Trommelfell unter der Haut verborgen. Finger mit etwa $^1/_4$ Schwimmhaut; Zehen mit $^1/_2$ Schwimmhaut. Haut glatt, keine Granula hinter dem Mundwinkel; Bauch und Unterseite der Oberschenkel granuliert. Männchen mit großer Kehlscheibe.

Oben schwarz, mit fünf silberweißen Längsstreifen auf dem Rücken und den Flanken. Schenkel ungefärbt. Körperlänge 25 mm.

Madagaskar.

186. **H. idae** Stnd. 1867 *H. i.*, Steindachner in: Reise Novara, Amph. p. 52 t. 5 f. 10 (Habitus) | 1882 *Rappia i.*, Boulenger, Cat. Batr. sal. Brit. Mus., ed. 2 p. 124 | 1909 *R. i.*, F. Mocquard in: N. Arch. Mus. Paris, ser. 5 *v.* 1 p. 63.

Fig. 293. **Hyperolius idae** Stnd. Habitus. (Nach Steindachner).

Zunge länglich, mit verhältnismäßig langen, ovalen Lappen. Kopf an der Basis etwas breiter als der Rumpf; Schnauze stumpf abgestutzt, so lang wie das Auge; Trommelfell sichtbar, klein, rund. Laterale Finger mit etwa $^1/_3$ Schwimmhaut; Zehen mit vollständigen Schwimmhäuten. Das Tibiotarsalgelenk erreicht das Auge. Haut oben, an Kehle und Brust glatt; Bauch mit dichtgedrängten, platten Wärzchen. Oberseite des Körpers grünlichgrau; große, weiße Flecke an den Seiten des Rumpfes, der Vorderseite der Schenkel sowie des Oberarmes, durch dunkelbraune Zwischenräume voneinander getrennt. Körperlänge? (Fig. 293).

Madagaskar.

187. **H. nossibeensis** E. Ahl 1930 *H. n.*, E. Ahl in: Zool. Anz., *v.* 90 p. 66.

Körpergestalt mäßig gedrungen. Vomerzähne fehlen; Choanen klein; Zunge mäßig groß, hinten mit zwei Zipfeln. Kopf mäßig groß, etwas breiter als lang; Schnauze abgerundet, im Profil abgerundet oder steil abgeflacht, mehr oder weniger über das Maul hinausragend, so lang oder etwas länger als das Auge, fast so lang wie der Abstand der vorderen Augenwinkel voneinander, etwas länger als hoch; Canthus rostralis abgerundet; Lorealgegend wenig schräg, nur sehr wenig konkav; Nasenloch in der Mitte zwischen Auge und Schnauzenspitze, der Abstand der Nasenlöcher voneinander schmaler als der Interorbitalraum, der doppelt so breit wie ein oberes Augenlid ist; Trommelfell unter der Haut verborgen. Finger mit $^1/_2$ Schwimmhaut; Haftscheiben groß und deutlich; 1. Finger kleiner als der 2., der kürzer als der 4. ist, der von dem 3. überragt wird; 3. Finger wenig länger als die Schnauze; Subartikulartuberkel mäßig. Zehen mit fast ganzen Schwimmhäuten, die an allen Zehen bis unter die Haftscheiben gehen und nur an der 4. Zehe das letzte Glied frei lassen; 5. Zehe ein wenig länger als die 3.; laterale Metatarsalia durch Schwimmhaut verbunden; laterale Zehe mit schwacher Hautfalte; Tarsalfalte fehlt; nur eine sehr kleine, flache, mediale Metatarsaltuberkel, keine laterale, keine Tarsaltuberkel; Subartikulartuberkel mäßig deutlich. Das Tibiotarsalgelenk reicht bis zum Vorderrand des Auges oder ein wenig darüber hinaus; Femur kürzer als die Tibia, die 4—4$^1/_2$ mal so lang wie breit, 2 mal in der Körperlänge enthalten, $^2/_3$ so lang wie das Os cruris und etwas länger als der Fuß ist; die Fersen berühren einander. Haut oben sehr fein granuliert, am deutlichsten auf der Oberseite des Kopfes; hinter den Mundwinkeln eine Anzahl deutlicher Warzen; Unterseite sehr fein gekörnelt; das Männchen mit einer kleinen Saugscheibe an der Kehle; eine deutliche Postgularfalte, eine nicht so deutliche Postpectoralfalte und eine deutliche Temporofemoralfalte vorhanden.

Fig. 294.
Hyperolius nossibeensis E. Ahl.
Habitus von oben.

Färbung (in Alkohol) oben rötlichbraun; eine Anzahl silberweißer Flecke und Striche fließen zu einer mehr oder weniger deutlichen Zeichnung zusammen, die 3 Längsbinden erkennen läßt; die mediale derselben zieht sich von der Schnauzenspitze in der Rückenmitte hin und die beiden anderen je eine zu beiden Seiten des Rückens. Diese Binden aber oft unterbrochen und undeutlich, ein marmoriertes Aussehen hervorrufend. Die Seiten des Kopfes und des Körpers in ähnlicher Weise marmoriert, ebenso wie die Oberseite der Vorderbeine und der Unterschenkel und Füße. Oberschenkel und Medialseite des Fußes rötlichgelb, im Leben wahrscheinlich lebhaft rot; Unterseite gelb, an der Kehle weißlich und grau marmoriert. Körperlänge 31 mm. (Fig. 294).

Nossi Bé.

188. **H. friedrichsi** E. Ahl 1930 *H. f.*, E. Ahl in: Zool. Anz., *v.* 90 p. 67.

Körpergestalt gedrungen; Choanen groß, teilweise unter dem Kieferrand verborgen; Zunge mäßig groß, hinten mit zwei Zipfeln. Kopf groß, ein wenig breiter als lang; Schnauze stumpf zugespitzt, im Profil rundlich abgestutzt, nicht über das Maul hinausragend, so lang wie das große Auge, viel kürzer als der Abstand der vorderen Augenwinkel voneinander, fast so lang wie hoch; Canthus rostralis deutlich, gerade; Lorealgegend mäßig schräg, konkav; Nasenloch viel näher der Schnauzenspitze als dem Auge; Internasalraum $^1/_2$ so breit wie der Interorbitalraum, der über doppelt so breit wie ein oberes Augenlid ist; Trommelfell unter der Haut verborgen. Finger lang, die beiden lateralen mit etwa $^1/_2$ Schwimmhaut; Haftscheiben verhältnismäßig klein; 1. Finger kleiner als der 2., der nur wenig kürzer als der 4. ist, der von dem 3. weit überragt wird; 3. Finger etwa so lang wie die Schnauze; Subartikulartuberkel klein, aber deutlich. Zehen mit etwa $^3/_4$ Schwimmhaut, die an allen Zehen bis oder fast bis an die Haftscheiben reicht, außer bei der 4., wo sie das letzte Glied frei läßt. Haftscheiben etwa so groß wie die der Finger; 5. Zehe sehr wenig länger als die 3.; laterale Metatarsalia fest verbunden; keine Tarsalfalte; nur eine kleine, flache, undeutliche, mediale Metatarsaltuberkel, keine laterale, keine Tarsaltuberkel; Subartikulartuberkel klein und undeutlich. Das Tibiotarsalgelenk reicht fast bis zur Schnauzenspitze; Femur länger als die Tibia, die $4^1/_2$ mal so lang wie breit, nicht ganz 2 mal in der Körperlänge enthalten und viel länger als der Fuß ist; bei rechtwinklig angeknickten Hinterbeinen überragen die Fersen einander ein wenig. Haut oben und unter der Kehle glatt; Bauch und Unterseite der Oberschenkel granuliert; eine deutliche Postgularfalte und eine nur angedeutete Postpectoralfalte; Männchen mit subgularer Schallblase, aber ohne Kehlscheibe.

Fig. 295.
Hyperolius friedrichsi E. Ahl.
Habitus von oben.

Färbung (in Alkohol) oben und an den Seiten schwärzlichgrau; eine aus einzelnen kleinen, weißen Fleckchen bestehende schmale Längsbinde zieht sich von der Schnauzenspitze entlang dem Canthus rostralis über das obere Augenlid entlang den Seiten bis etwa in die Gegend des Afters; vom unteren Augenrand zieht sich eine ähnliche, aus kleinen, weißen Pünktchen bestehende Binde über der Ansatzstelle des Oberarmes hinweg bis etwa in die Mitte der Flanken. Oberseite der Vorder- und Hintergliedmaßen von der Farbe des Rückens, die Tibia mit einer Anzahl weißer Punkte gezeichnet. Unterseite einfarbig grauweiß. Körperlänge 25 mm. (Fig. 295).

Antananarivo, Madagaskar.

189. **H. molleri** (Bedr.) 1892 *Rappia m.*, Bedriaga in: Istituto Coimbra, Reihe 2 *v.* 39 p. 13.

S. Thomé, Golf von Guinea.

H. sp., Boettg. 1913 *Rappia sp.*, O. Boettger in: Voeltzkow, Reise O.-Afr., *v.* 3 p. 279.

„Bei Kandani (NW Madagaskar) fand sich ein einzelnes Fröschchen, das ich als *Rappia* spec. nov. notiert habe und das sich dadurch auszeichnete, daß es um die Oberarme gewickelte Eischnüre trug. — Das Glas mit diesem interessanten und wichtigen Objekt hat sich leider neuerdings in der Senckenberg-Sammlung nicht wieder auffinden lassen.“ O. Boettger.

8. Gen. **Megalixalus** Günther

1838 *Eucnemis* (part.), Tschudi, Classif. Batr., p. 35 | 1841 *E.* (part.), C. Duméril & G. Bibron, Erpét., *v.* 8 p. 525 | 1858 *Hyperolius* (part.), Alb. Günther, Cat. Batr. sal. Brit. Mus., p. 85 | 1865 *H.* (part.), E. D. Cope in: Nat. Hist. Rev., *v.* 5 p. 116 | 1868

Megalixalus, Alb. Günther in: P. zool. Soc. London, p. 485 | 1882 *M.*, Boulenger, Cat. Batr. sal. Brit. Mus., ed. 2 p. 128.

Pupille vertikal; Zunge herzförmig oder rundlich, hinten eingeschnitten und frei; Vomerzähne fehlen; Oberkiefer bezahnt, Unterkiefer unbezahnt. Zwischenknochen zwischen den Endphalangen der Finger und Zehen vorhanden; Finger und Zehen mehr oder weniger durch Schwimmhaut verbunden, die ersteren selten frei; laterale Metatarsalia fest verbunden. Spitzen der Finger und Zehen zu Haftscheiben verbreitert. Coracoide stark, gerade, wagerecht; Praecoracoide dünner, gerade, wagerecht; Omosternum mit knöchernem, an der Basis gegabelten Stiel; Sternum nur eine Knorpelplatte.

29 Arten im tropischen Afrika, Madagaskar und umliegenden Inseln.

Bestimmungstabelle der Arten der Gattung *Megalixalus* von Madagaskar und den umliegenden Inselgruppen:

A. Unterseite der Oberschenkel glatt.
 B. Schnauze abgerundet; Finger nur mit einem Rudiment von Schwimmhaut an der Basis . . . . . 1. **M. boettgeri**
 BB. Schnauze zugespitzt; Finger mit $^1/_3$ Schwimmhaut 2. **M. tricolor**
AA. Unterseite der Oberschenkel granuliert.
 B. Trommelfell sehr deutlich . . . . 3. **M. mocquardi**
 BB. Trommelfell nur undeutlich oder völlig verborgen.
  C. 3. Finger viel länger als die Schnauze . . . . . 4. **M. betsileo**
  CC. 3. Finger so lang wie die Schnauze.
   D. Das Tibiotarsalgelenk reicht fast stets über den vorderen Augenrand hinaus . . . . 5. **M. variabilis**
   DD. Das Tibiotarsalgelenk erreicht höchstens den vorderen Augenrand.
    E. Finger mit $^1/_2$ Schwimmhaut . . . . 6. **M. seychellensis**
    EE. Finger mit $^1/_4$—$^1/_3$ Schwimmhaut.
     F. Tibia etwas länger als der Fuß; Männchen mit runder, hinten und an den Seiten freier Kehlscheibe . . . . 7. **M. madagascariensis**
     FF. Tibia viel länger als der Fuß; Kehlscheibe des Männchens nur an den Seiten frei . . . 8. **M. renifer**

Bestimmungstabelle der Arten der Gattung *Megalixalus* des afrikanischen Festlandes:

A. Zehen mit $^1/_2$ oder weniger Schwimmhaut.
 B. Das Tibiotarsalgelenk erreicht höchstens den Hinterrand des Auges (siehe auch *M. maculosus*).
  C. Schnauze länger als das Auge . . . . 9. **M. maculifer**
  CC. Schnauze so lang oder kürzer als das Auge.
   D. Schnauze kürzer als das Auge . . . . 10. **M. brachycnemis**
   DD. Schnauze so lang wie das Auge.
    E. Finger völlig frei . . . . 11. **M. gramineus**
    EE. Finger an der Basis mit Schwimmhaut.
     F. Interorbitalraum kaum breiter als ein oberes Augenlid; keine laterale Metatarsaltuberkel; eine deutliche Postgularfalte . . . . 12. **M. vittiger**
     FF. Interorbitalraum deutlich breiter als ein oberes Augenlid; eine kleine, runde, laterale Metatarsaltuberkel; keine Postgularfalte . . . . 13. **M. leptosomus**
 BB. Das Tibiotarsalgelenk erreicht den vorderen Augenrand.
  C. Schnauze etwas länger als das Auge . . . . . . 14. **M. maculosus**
  CC. Schnauze etwas kürzer als das Auge.

D. Finger nur mit einem leichten Rudiment von Schwimmhaut . . . . 15. **M. dorsimaculatus**
DD. Finger mit 1/3 Schwimmhaut . . . . 16. **M. laevis**
AA. Zehen mit 2/3 oder mehr Schwimmhaut.
B. Das Tibiotarsalgelenk erreicht knapp die Schulter 17. **M. spinifrons**
BB. Das Tibiotarsalgelenk erreicht wenigstens das Auge.
C. Das Tibiotarsalgelenk erreicht das Auge.
D. Finger nur mit einem Rudiment von Schwimmhaut.
E. Schnauze kürzer als das Auge (siehe auch *M. stuhlmanni)* . . . . 18. **M. immaculatus**
EE. Schnauze so lang wie das Auge.
F. Trommelfell unsichtbar . . . . 19. **M. stuhlmanni**
FF. Trommelfell deutlich . . . . 20. **M. flavomaculatus**
DD. Finger mit wenigstens 1/3 Schwimmhaut.
E. Schnauze kürzer als das Auge . . . . 21. **M. dorsalis**
EE. Schnauze wenigstens so lang wie das Auge.
F. Schnauze so lang wie das Auge.
G. Finger mit 1/3 Schwimmhaut.
H. Interorbitalraum doppelt so breit wie ein oberes Augenlid; Tibia 2mal in der Körperlänge enthalten . . . . 22. **M. lindholmi**
HH. Interorbitalraum nur wenig breiter als ein oberes Augenlid; Tibia $2^1/_5$ bis $2^1/_3$ mal in der Körperlänge enthalten.
I. Männchen ohne Kehlscheibe . . . . 23. **M. fornasinii**
II. Männchen mit großer Kehlscheibe . . . . 24. **M. unicolor**
GG. Finger mit 2/3 Schwimmhaut . . . . . . 25. **M. loveridgei**
FF. Schnauze länger als das Auge . . . . 26. **M. uluguruensis**
CC. Das Tibiotarsalgelenk reicht über das Auge hinaus.
D. Finger nahezu frei . . . . 27. **M. pantherinus**
DD. Finger wenigstens mit 1/3 Schwimmhaut.
E. Finger mit 1/3 Schwimmhaut; Schnauze so lang wie das Auge . . . . 28. **M. schneideri**
EE. Finger mit 2/3 Schwimmhaut; Schnauze viel länger als das Auge . . . . 29. **M. spinosus**

1. **M. boettgeri** Mocq. 1902 *M. b.*, F. Mocquard in: Bull. Soc. philom., ser. 9 *v.* 4 p. 21 t. 2 (Habitus) | 1909 *M. b.*, F. Mocquard in: N. Arch. Mus. Paris, ser. 5 *v.* 1 p. 65 | 1911 *M. b.* var. *luteostriata*, L. G. Andersson in: Ark. Zool., *v.* 7 nr. 7 p. 13.

Schnauze kurz, abgerundet, so lang wie der Augendurchmesser; Canthus rostralis stumpf; Lorealgegend mäßig schräg, nicht konkav; Nasenloch nahe an der Schnauzenspitze liegend; Interorbitalraum fast doppelt so breit wie das obere Augenlid, das an seinem hinteren Winkel einen runden, beweglichen Lappen besitzt, der nach unten gerichtet ist und an seinem vorderen, oberen Winkel einen kleinen Saum aufweist; Trommelfell undeutlich. Finger nur an der Basis mit Schwimmhaut; der 1. viel kürzer als der 2.; Zehen mit fast ganzen Schwimmhäuten, am Ende, wie die Finger, mit kleinen Haftscheiben versehen; Subartikulartuberkel klein, abgerundet, deutlich; nur eine länglich-ovale, mediale Metatarsaltuberkel, keine laterale. Das Tibiotarsalgelenk erreicht den vorderen Augenrand. Oberseite, Kehle und Unterseite der Oberschenkel glatt; Ventralseite chagriniert, nicht granuliert.

Oberseite des Kopfes, des Rumpfes, des Unterarmes, der Tibia und des Tarsus einfarbig hellgrünlich, mit einer schwachen, braunen Umrandung auf den Gliedmaßen und dem Oberrand des Anus; eine dunkler braune Linie vom Nasenloch unter den Canthus rostralis über den Lateralrand des oberen Augenlides bis zu dem Lappen, wo sie endet. Unterseite, Oberarm und Schenkel sind fleischfarben, manchmal gelblicher, manchmal bräunlicher. Körperlänge 29 mm.

Madagaskar.

1a. **M. b.** var. **luteostriata** L. G. Anderss. 1911 *M. b.* var. *l.*, L. G. Andersson in: Ark. Zool., *v.* 7 nr. 7 p. 13.

Nur in der Färbung von *M. b.* abweichend. Die Oberseite einschließlich der der Gliedmaßen ist in Alkohol olivengrün, im Leben blaugrün mit gelbem Schimmer; die Tiere sind in der Jugend am dunkelsten und werden mit zunehmendem Alter heller. An jeder Seite des Körpers zieht sich je ein safrangelbes Längsband von den Nasenlöchern über das Auge bis zu den Weichen hin; diese Binden finden sich bei erwachsenen Exemplaren deutlicher als bei jungen. Bei alten Stücken befindet sich außerdem je ein gelber oder weißer Streifen auf der oberen und medialen Seite der Tibia. Körperlänge 30 mm, ein eben verwandeltes Fröschchen 15 mm.

Andranolava, Madagaskar.

Zwischen mehr als 2 m hohem Gras.

2. **M. tricolor** Boettg. 1881 *M. t.*, O. Boettger in: Zool. Anz., *v.* 4 p. 650 | 1909 *M. t.*, F. Mocquard in: N. Arch. Mus. Paris, ser. 5 *v.* 1 p. 65.

Zunge rund, hinten schmal, aber tief eingeschnitten. Schnauze fast zugespitzt; Trommelfell unter der Haut verborgen. Finger mit $^1/_3$ Schwimmhaut; Zehen mit mehr als $^3/_4$ Schwimmhaut. Haut oben und unter den Oberschenkeln glatt; Bauch dicht granuliert; einige kleine Warzen hinter dem Mundwinkel. Nur eine längliche, kleine, mediale Metatarsaltuberkel, keine laterale, keine Tarsaltuberkel. Subartikulartuberkel mäßig groß, deutlich.

Oben, mit Ausnahme des Humerus und des Femur, silberweiß; ein runder, schwarzer Fleck auf jedem Auge; eine schwarze Längsbinde von der Schnauzenspitze durch das Auge entlang den Körperseiten bis zum Anus, sich nach hinten zu in schwarze Flecke auflösend. Eine ähnliche Reihe schwarzer Flecke auf dem oberen Teile der Tibia, des Fußes und des Armes. Humerus, Femur, Unterseite der Gliedmaßen und Bauch leuchtend gelb. Körperlänge 33 mm.

Nossi-Bé.

3. **M. mocquardi** Boettg. 1913 *M. m.*, O. Boettger in: Voeltzkow, Reise O.-Afr., *v.* 3 p. 280 t. 23 f. 9 (Habitus).

Körpergestalt ziemlich schlank, länglichoval; Zunge breit, rhombisch, hinten tief eingeschnitten. Kopf nicht breiter als der Rumpf; Schnauze stumpf zugespitzt, so lang wie der Augendurchmesser; Interorbitalraum flach, sehr viel breiter als ein oberes Augenlid; Trommelfell deutlich, $^1/_3$ so groß wie das Auge, nahe bei diesem stehend. Finger mit $^1/_3$ Schwimmhaut; Zehen mit fast vollständiger ($^3/_4$) Schwimmhaut; das Tibiotarsalgelenk reicht bis zum Vorderrand des Auges. Haut oben glatt, auf dem Bauch und unter den Schenkeln granuliert.

Oben einfarbig schwarz. Unterseite, Oberarm, Oberschenkel, Hand und medialer Teil der Zehen hell, weißlich. Körperlänge 28 mm.

SO. Madagaskar (Fort Dauphin).

4. **M. betsileo** (Grandid.) 1872 *Eucnemis b.*, A. Grandidier in: Ann. Sci. nat., ser. 5 *v.* 15 art. 20 p. 10 | 1882 *Rappia b.*, Boulenger, Cat. Batr. sal. Brit. Mus., ed. 2 p. 471 | 1909 *R. b.*, F. Mocquard in: N. Arch. Mus. Paris, ser. 5 *v.* 1 p. 63 | 1913 *R. b.*, O. Boettger in: Voeltzkow, Reise O.-Afr., *v.* 3 p. 279.

Körpergestalt gedrungen; Choanen ziemlich groß, teilweise unter dem Kieferrand verborgen; Zunge groß und hinten eingeschnitten. Kopf klein oder mäßig groß, so lang wie breit oder nur wenig breiter als lang; Schnauze abgerundet oder stumpf zugespitzt, im Profil abgerundet oder abgestutzt, so lang wie das große Auge, viel kürzer als der Abstand der vorderen Augenwinkel voneinander, fast so lang wie hoch; Canthus rostralis deutlich; Lorealgegend schräg, konkav; Nasenloch näher der Schnauzenspitze als dem Auge; Internasalraum schmaler als der Interorbitalraum, der etwa doppelt oder nicht ganz doppelt so breit wie das obere Augenlid ist; Trommelfell unter der Haut verborgen. Finger mit $^1/_2$ oder nicht ganz $^1/_2$ Schwimmhaut; Haftscheiben sehr groß und deutlich; 1. Finger kleiner als der 2., der kürzer als der 4. ist, der von dem 3. nur wenig überragt wird; 3. Finger viel länger als die Schnauze; Subartikulartuberkel klein, aber deutlich. Zehen mit etwa $^3/_4$ Schwimmhaut, die an allen Zehen bis oder fast bis unter die Haftscheiben

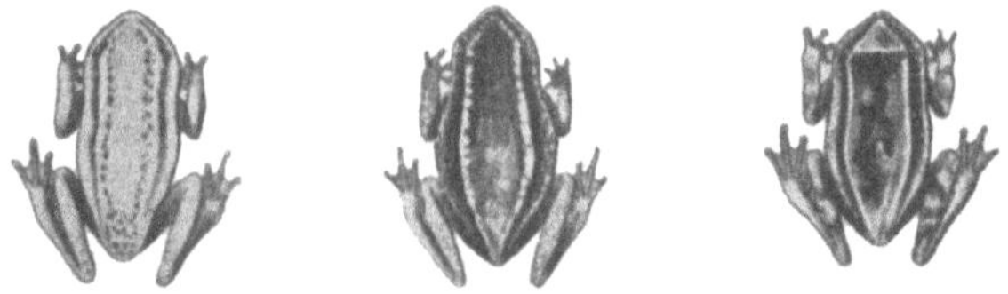

Fig. 296.
Megalixalus betsileo (Grandid.).
Habitus von oben. (Nach Tornier).

reicht, außer an der 4. Zehe, wo sie das letzte Glied frei läßt oder nur als schmaler Hautsaum umschließt; 3. und 5. Zehe etwa gleich lang; laterale Metatarsalia an ihrem distalen Ende etwas durch Schwimmhaut getrennt; keine Tarsalfalte; eine kleine, flache, mediale und eine meist undeutliche, sehr kleine, runde, laterale Metatarsaltuberkel; keine Tarsaltuberkel; Sohle granuliert; Subartikulartuberkel klein, deutlich. Das Tibiotarsalgelenk reicht bis zum Auge oder ein wenig darüber hinaus; Femur etwas kürzer als die Tibia, die $3^1/_2$—$4^1/_2$ mal so lang wie breit, 2 mal oder etwas mehr in der Körperlänge enthalten und viel länger als der Fuß ist; bei rechtwinklig angeknickten Hinterbeinen berühren oder decken die Fersen einander. Haut oben, an der Kehle und Brust glatt; Bauch und Unterseite der Oberschenkel grob granuliert; keine Kehlfalten. Männchen mit subgularer Schallblase und großer, runder oder annähernd runder, allseitig freier Kehlscheibe.

Färbung (in Alkohol) oben bräunlich; von der Schnauzenspitze entlang dem Canthus rostralis über das Auge bis in die Gegend der Weichen zieht sich ein breiter, weißer, nach unten von einem breiten, dunklen Bande begleiteter Längsstreifen nach hinten; wenigstens die Hinterseite des Rückens und die Gegend um diesen weißen Längsstreifen ist mit vielen kleinen, dunkelbraunen Flecken dicht besetzt. Tibia mit einem manchmal fehlenden weißen, braun gefleckten, breiten Längsband. Unterseite gelblichweiß. Schenkel, Hände und Füße leuchtend gelb. Körperlänge 26 mm. (Fig. 296).

Madagaskar.

5. **M. variabilis** E. Ahl 1930 *M. v.*, E. Ahl in: Mt. Mus. Berlin, *v.* 16 p. 526.

Körpergestalt ziemlich schlank; Choanen klein, unter dem Kieferrand verborgen; Zunge groß, herzförmig, hinten nur wenig eingeschnitten; Kopf groß, breiter als der Rumpf, etwas breiter als lang; Schnauze stumpf zugespitzt, im Profil abgerundet oder abgeflacht, nicht über das Maul hinausragend, so lang wie das große Auge, so lang oder fast so lang wie der Abstand der vorderen Augenwinkel voneinander, viel länger als hoch; Canthus rostralis abgerundet, aber deutlich; Lorealgegend etwas schräg, konkav; Nasenloch viel näher der Schnauzenspitze als dem Auge; Internasalraum etwas schmaler als der Interorbitalraum, der etwa doppelt so breit wie ein oberes Augenlid ist; Trommelfell unter der Haut verborgen. Finger lang und kräftig, die beiden lateralen mit $^1/_3$ bis fast $^1/_2$ Schwimmhaut; Haftscheiben wohl entwickelt; 1. Finger kleiner als der 2., der kürzer als der 4. ist, der von dem 3. weit überragt wird; 3. Finger so lang wie die Schnauze; Subartikulartuberkel klein, aber deutlich. Zehen mit $^3/_4$ Schwimmhäuten, die an allen Zehen bis unter die Haftscheiben reichen, nur an der 4. Zehe das letzte Glied frei lassen oder als schmaler Hautsaum umschließen; Haftscheiben etwa so groß wie die der Finger; 5. Zehe kaum länger als die 3.; laterale Metatarsalia in ihrem distalen Teil äußerst wenig durch Schwimmhaut getrennt; keine Tarsalfalte; nur eine sehr kleine, flache, undeutliche, mediale Metatarsaltuberkel, keine laterale, keine Tarsaltuberkel; Subartikulartuberkel klein und undeutlich. Das Tibiotarsalgelenk reicht über das Auge hinaus, nur selten bis zum Augenvorderrand; Femur kürzer als die Tibia, die 4—4$^1/_2$ mal so lang wie breit, 2—2$^1/_6$ mal in der Körperlänge enthalten und viel länger als der Fuß ist; bei rechtwinklig angeknickten Hinterbeinen decken die Fersen einander. Haut oben glatt; Kehle glatt, Bauch und Unterseite der Oberschenkel grob granuliert; Männchen mit unscharfer Postgularfalte, aber ohne Kehlscheibe.

Färbung (in Alkohol) sehr variabel. Als Grundfärbung kann man diejenige der bei weitem häufigeren Stücke ansehen, deren Oberseite gleichmäßig dunkelbraun gefärbt ist; bei diesen Stücken zieht sich eine helle Längsbinde von der Schnauzenspitze über den Canthus rostralis und das Auge bis in die Gegend der Weichen hin; nach unten zu ist diese Binde von einer schwarzbraunen, breiten Linie eingefaßt; diese Linie ist, wenigstens bis etwa in die Gegend des Trommelfells, bei allen Stücken vorhanden; bei manchen Tieren löst sich die einfarbige, braune Rückenfärbung durch Zusammentreten einzelner Chromatophorengruppen auf, so daß eine dunkle Marmelzeichnung auf hellerem Grunde entsteht; im Extrem ist der Frosch silberweiß gefärbt mit schwarzbrauner Marmorierung. Unterarm und Tibia von derselben Färbung und Zeichnung wie der Rücken. Unterseite einfarbig weißlich. Körperlänge 36 mm.

Nossi Faly, bei Madagaskar.

6. **M. seychellensis** (Tsch.) 1838 *Eucnemis s.*, Tschudi, Classif. Batr., p. 76 | 1841 *E. s.*, C. Duméril & G. Bibron, Erpét., *v.* 8 p. 527 | 1858 *Hyperolius s.*, Alb. Günther, Cat. Batr. sal. Brit. Mus., p. 89 | 1868 *Megalixalus infrarufus*, Alb. Günther in: P. zool. Soc. London, p. 485 | 1882 *M. seychellensis*, Boulenger, Cat. Batr. sal. Brit. Mus., ed. 2 p. 128.

Körpergestalt gedrungen; Choanen groß, nicht unter dem Kieferrand verborgen; Zunge groß, herzförmig, hinten schmal eingeschnitten. Kopf groß, etwas breiter als lang; Schnauze rundlich zugespitzt, im Profil abgestutzt, nicht über das Maul hinausragend, so lang oder meist länger als das sehr große Auge, fast so lang wie der Abstand der vorderen Augenwinkel voneinander, viel länger als hoch; Canthus rostralis deutlich, gerade; Lorealgegend steil, konkav; Nasenloch sehr viel näher der Schnauzenspitze als dem Auge; Internasalraum schmaler als der Interorbitalraum, der so breit oder nur sehr wenig breiter als ein oberes Augenlid ist; Trommelfell nur sehr undeutlich sichtbar oder unter der Haut verborgen. Finger groß und kräftig, die beiden lateralen mit etwa $^{1}/_{2}$ Schwimmhaut; Haftscheiben sehr groß und wohl entwickelt; 1. Finger kleiner als der 2., der kürzer als der 4. ist, der von dem 3. überragt wird; 3. Finger so lang wie die Schnauze; Subartikulartuberkel deutlich. Zehen mit über $^{3}/_{4}$ Schwimmhaut, die an allen Zehen bis unter die Haftscheiben reicht und nur an der 4. Zehe das letzte Glied frei läßt; 5. Zehe nur sehr wenig länger als die 3.; laterale Metatarsalia fest verbunden; keine Tarsalfalte; eine große, ovale, mediale Metatarsaltuberkel, und eine sehr kleine, runde, laterale; keine Tarsaltuberkel; Subartikulartuberkel mäßig groß, deutlich. Das Tibiotarsalgelenk reicht bis zum vorderen Augenrand; Femur wenig kürzer als die Tibia, die 4mal so lang wie breit, 2mal oder wenig mehr in der Körperlänge enthalten und länger als der Fuß ist; bei rechtwinklig angeknickten Hinterbeinen decken die Fersen einander. Haut oben glatt, chagriniert oder mit sehr feinen, zerstreuten Wärzchen besetzt; Kehle glatt; Bauch und Unterseite der Oberschenkel granuliert; einige große Warzen hinter dem Mundwinkel. Männchen mit subgularer Schallblase und großer, runder, vorn und hinten angehefteter Kehlscheibe.

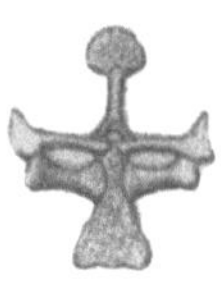

Fig. 297. **Megalixalus seychellensis** (Tsch.). Schultergürtel. (Nach Peters).

Färbung auf der Oberseite und den Seiten des Kopfes, Rückens und der Extremitäten hellbräunlich, grauviolett oder blau (im Leben wohl grün). Manchmal die Extremitäten mit kleinen, runden, weißen Punkten übersät. Unterseite beim Weibchen braun, außer der Kehle, die weiß mit brauner Marmorierung ist; Unterseite des Männchens einfarbig gelblichweiß. Körperlänge 66 mm. (Fig. 297).

Seychellen.

7. **M. madagascariensis** (Dum. & Bibr.) 1841 *Eucnemis m.*, C. Duméril & G. Bibron, Erpét., *v.* 8 p. 528 | 1858 *Hyperolius m.*, Alb. Günther, Cat. Batr. sal. Brit. Mus., p. 88 | 1867 *H. m.*, Steindachner in: Reise Novara, Amph. p. 51 | 1872 *Eucnemis antanosi*. A. Grandidier in: Ann. Sci. nat., ser. 5 *v.* 15 art. 20 p. 10 | 1881 *Hyperolius madagascariensis*, O. Boettger in: Abh. Senckenb. Ges., *v.* 12 p. 508 | 1882 *Megalixalus m.* und var. *alboguttata*, Boulenger, Cat. Batr. sal. Brit. Mus., ed. 2 p. 129 | 1909 *M. m.*, F. Mocquard in: N. Arch. Mus. Paris, ser. 5 *v.* 1 p. 65 | 1913 *M. m.* und var. *alboguttata*, O. Boettger in: Voeltzkow, Reise O.-Afr., *v.* 3 p. 279.

Körpergestalt mäßig gedrungen; Choanen ziemlich klein, teilweise unter dem Kieferrand verborgen; Zunge groß, herzförmig, hinten frei und ausgeschnitten. Kopf mäßig groß, so lang wie breit; Schnauze abgerundet oder stumpf zugespitzt, im Profil zugespitzt, ein wenig über das Maul hinausragend, so lang wie das große Auge, fast so lang wie der Abstand der vorderen Augenwinkel voneinander, viel länger als hoch; Canthus rostralis abgerundet, aber deutlich; Lorealgegend abgeschrägt, konkav; Nasenloch viel näher der Schnauzenspitze als dem Auge; Internasalraum schmaler als der Interorbitalraum, der breiter als ein oberes Augenlid ist; Trommelfell unter der Haut verborgen oder nur undeutlich sichtbar. Finger kräftig, die beiden lateralen mit $^{1}/_{4}$—$^{1}/_{3}$ Schwimmhaut; Haftscheiben wohl entwickelt; 1. Finger kleiner als der 2., der kürzer als der 4. ist, der von dem 3. überragt wird; 3. Finger so lang wie die Schnauze; Subartikulartuberkel klein aber deutlich. Zehen mit etwa $^3/_4$ Schwimmhaut, die an allen Zehen bis unter die Haftscheiben reicht, außer bei der 4., wo sie das letzte Glied frei läßt; Haftscheiben etwa so groß wie die der Finger; 5. Zehe kaum länger als die 3.; laterale Metatarsalia in ihrem distalen Teile sehr wenig durch Schwimmhaut getrennt; keine Tarsalfalte; eine kleine, mediale und eine kleine, runde, laterale Metatarsaltuberkel; keine Tarsaltuberkel; Subartikulartuberkel klein und deutlich. Das Tibiotarsalgelenk reicht bis zur Mitte oder dem Vorderrand des Auges; Femur kürzer als die Tibia, die $3^1/_2 - 4$ mal so lang wie breit, $2-2^1/_3$ mal in der Körperlänge enthalten und etwas länger als der Fuß ist; bei rechtwinklig angeknickten Hinterbeinen berühren oder decken die Fersen einander. Haut oben und unter der Kehle glatt; Bauch und Unterseite der Oberschenkel fein granuliert; einige Warzen hinter dem Mundwinkel; keine Querfalten auf der Brust. Männchen mit subgularer Schallblase und großer, runder, an den Seiten und hinten freier Kehlscheibe.

Färbung (in Alkohol) oben grau, mehr oder weniger dicht und fein braun gefleckt; ein schwärzlicher Streifen entlang dem Canthus rostralis; Schenkel farblos oder mit einigen braunen Flecken; Unterseite einfarbig gelblichweiß. Junge Fröschchen besitzen häufig einen hellen, dunkel eingefaßten Dorsolateralstreifen, der mit zunehmendem Alter verschwindet. Körperlänge 35 mm.

Madagaskar, Insel Ste Marie.

Als *M. m.* var. *alboguttata* Blgr. wird eine Form bezeichnet, die sich dadurch von der typischen unterscheidet, daß der schwärzliche Streifen entlang dem Canthus rostralis fehlt und daß die gesamte Oberseite, außer den Oberschenkeln und Armen, dunkel gefärbt und mit runden, weißen, schwarz gerandeten Flecken besetzt ist. Morphologisch weichen die Exemplare nicht von der typischen Form ab, doch ist es nicht unmöglich, daß sie eine besondere Art darstellen.

8. **M. renifer** (Boettg.) 1881 *Hyperolius r.*, O. Boettger in: Zool. Anz., *v.* 4 p. 46 | 1881 *H. r.*, O. Boettger in: Abh. Verh. Bremen, *v.* 7 p. 187 | 1881 *H. r.*, O. Boettger in: Abh. Senckenb. Ges., *v.* 12 p. 512 | 1882 *Rappia r.*, Boulenger, Cat. Batr. sal. Brit. Mus., ed. 2 p. 120 | 1909 *R. r.*, F. Mocquard in: N. Arch. Mus. Paris, ser. 5 *v.* 1 p. 63 | 1913 *R. renifera*, O. Boettger in: Voeltzkow, Reise O.-Afr., *v.* 3 p. 278.

Körpergestalt gedrungen; Choanen ziemlich groß, nicht unter dem Kieferrand verborgen; Zunge groß, hinten frei und wenig eingeschnitten. Kopf groß, so lang wie breit oder nur sehr wenig breiter als lang; Schnauze abgerundet, im Profil abgerundet oder abgestutzt, nicht oder kaum über das Maul hinausragend, so lang wie das sehr große Auge, so lang oder nur wenig kürzer als der Abstand der vorderen Augenwinkel voneinander, viel länger als hoch; Canthus rostralis scharf, gebogen; Lorealgegend schräg, konkav; Nasenloch viel näher der Schnauzenspitze als dem Auge; Internasalraum etwas kleiner als der Interorbitalraum, der etwa doppelt so breit wie ein oberes Augenlid ist; Trommelfell nur undeutlich sichtbar, sehr klein. Finger mit etwa $^1/_4-^1/_3$ Schwimmhaut; Haftscheiben sehr groß und wohl entwickelt; 1. Finger kleiner als der 2., der nur wenig kürzer als der 4. ist, der von dem 3. weit überragt wird; 3. Finger so lang wie die Schnauze; Subartikulartuberkel klein, aber deutlich. Zehen mit etwa $^3/_4$ Schwimmhaut, die an allen Zehen bis oder fast bis unter die Haftscheiben reicht, außer bei der 4. Zehe, wo sie das letzte Glied völlig frei läßt; Haftscheiben etwa so groß wie die der Finger; 5. Zehe nicht oder kaum länger als die 3.; laterale Metatarsalia fest verbunden; keine Tarsalfalte; nur eine sehr kleine, mediale Metatarsaltuberkel, keine laterale, keine Tarsaltuberkel; Subartikulartuberkel klein, aber deutlich. Das Tibiotarsalgelenk reicht bis zur Mitte oder bis zum vorderen Rand des Auges; Femur nur wenig kürzer als die Tibia, die 4–5 mal so lang wie breit, etwa 2 mal in der Körperlänge enthalten und viel länger als der Fuß ist; bei rechtwinklig angeknickten Hinterbeinen berühren oder decken die Fersen einander. Haut oben glatt, mehr oder weniger fein chagriniert oder fein granuliert; Kehle und Brust fein, Bauch und Unterseite der Oberschenkel grob granuliert; eine Anzahl größerer Warzen hinter dem Mundwinkel; eine nicht sehr deutliche Postgularfalte; Männchen mit subgularer Schallblase und großer, die Kehle einnehmender, auch an der Brust befestigter Kehlscheibe.

Färbung (in Alkohol) oben bräunlich oder graugrünlich; ein weißer, sehr fein dunkler eingefaßter Längsstreifen geht von der Schnauzenspitze entlang dem Canthus rostralis durch das Auge, dorsolateral entlang den Körperseiten bis etwa in die Gegend der Weichen. Darunter befindet sich mitunter eine breite, dunkle Längsbinde. Entlang der Tibia oft ein ebensolcher weißer Längsstreifen. Oberschenkel, Unterseite der Extremitäten und des Körpers mehr oder weniger lebhaft gelb. Färbung im Leben ähnlich wie in Alkohol, nur der weiße Längsstreifen ist gelb; die Oberschenkel, Hände und Füße sind prachtvoll hellrot gefärbt. Körperlänge 32 mm.

Madagaskar.

9. **M. maculifer** E. Ahl 1924 *M. m.*, E. Ahl in: Mt. Mus. Berlin, *v.* 11 p. 7.

Körpergestalt gedrungen, an die der Arten der Gattung *Kassina* erinnernd; Choanen mäßig groß, nicht unter dem Kieferrand verborgen; Zunge mäßig groß, herzförmig, hinten etwas eingeschnitten. Kopf groß, etwas breiter als lang; Schnauze abgerundet, im Profil rundlich abgestutzt, nicht über das Maul hinausragend, länger als der Augendurchmesser, so lang wie der Abstand der vorderen Augenwinkel voneinander, viel länger als hoch; Canthus rostralis abgerundet; Lorealgegend schräg, konkav; Nasenloch viel näher der Schnauzenspitze als dem Auge; Internasalraum etwas schmaler als der Interorbitalraum, der breiter als ein oberes Augenlid ist; Trommelfell mäßig deutlich, $^{1}/_{3}$ so groß wie das Auge, nahe bei diesem liegend. Finger lang und kräftig, ohne Schwimmhaut; Haftscheiben wohl entwickelt, vorn abgestutzt; 1. Finger kleiner als der 2., der kürzer als der 4. ist, der von dem 3. weit überragt wird; 3. Finger kaum so lang wie die Schnauze; Subartikulartuberkel klein, aber deutlich. Zehen nur am Grunde mit einem Rudiment von Schwimmhaut; Haftscheiben fast so groß wie die der Finger, ebenfalls am Ende quer abgestutzt; 5. Zehe eine Wenigkeit länger als die 3.; laterale Metatarsalia fest verbunden; keine Tarsalfalte; eine kleine, ovale, mediale Metatarsaltuberkel, laterale sehr klein, rund; keine Tarsaltuberkel; Subartikulartuberkel klein, aber deutlich. Das Tarsometatarsalgelenk reicht nur bis zwischen Auge und Trommelfell; Femur so lang wie die Tibia, die 3 mal so lang wie breit, 3 mal in der Körperlänge enthalten und so lang wie der Fuß ist; bei rechtwinklig angeknickten Hinterbeinen berühren die Fersen einander. Haut oben und an den Seiten glatt; Bauch quergerunzelt; Unterseite der Oberschenkel granuliert; Männchen mit zwei subgularen Schallblasen, die durch eine länglich ovale, vorn und hinten befestigte Kehlscheibe getrennt werden; die Haut jederseits der Kehlscheibe faltig eingezogen.

Färbung (in Alkohol) oberseits olivengraubraun; in der Rückenmitte befinden sich drei große, unregelmäßige, rotbraunschwarze Flecke, von denen sich der vorderste zwischen den Augen ausdehnt. Die gelblichweiße Unterseite wird durch ein ziemlich breites, unregelmäßiges Band von der Farbe der Dorsalflecken abgegrenzt, das sich von der Schnauzenspitze über die Nasenlöcher und den Canthus rostralis, durch die Augen, das Trommelfell, die Schläfengegend, oberhalb des Armes an den Körperseiten entlang erstreckt und hier in der Lumbargegend, wie bei dem deutschen Laubfrosch, *Hyla arborea* L., eine Hüftschlinge bildet. Oberseite der Arme und Beine gebändert. Kehle bräunlich marmoriert, Schallblasen schwarz. Körperlänge 41 mm.

Galla-Land.

10. **M. brachycnemis** Blgr. 1896 *M. b.*, Boulenger in: Ann. nat. Hist., ser. 6 *v.* 17 p. 403 t. 17 f. 2 (Habitus).

Körpergestalt mäßig gedrungen; Choanen klein, unter dem Kieferrand verborgen; Zunge groß, oval, ziemlich tief eingeschnitten. Kopf ziemlich klein, etwa so lang wie breit; Schnauze rundlich zugespitzt oder abgerundet, im Profil abgerundet, etwas über das Maul hinausragend, kürzer als der Augendurchmesser, kürzer als der Abstand der vorderen Augenwinkel voneinander, fast so hoch wie lang; Canthus rostralis abgerundet; Lorealgegend steil, wenig konkav; Nasenloch wenig näher der Schnauzenspitze als dem Auge; Internasalraum etwas schmaler als der Interorbitalraum, der nicht oder nur wenig breiter als ein oberes Augenlid ist; Trommelfell unter der Haut verborgen. Finger nur mit einem sehr kleinen Rudiment von Schwimmhaut; Haftscheiben wohl ausgebildet; 1. Finger kleiner als der 2., der nur wenig kürzer als der 4. ist, der von dem 3. weit überragt wird; 3. Finger etwas länger als die Schnauze; Subartikulartuberkel klein, aber deutlich. Zehen mit etwa $^1/_2$ Schwimmhaut, die an allen Zehen das letzte Glied ganz oder fast ganz und an der 4. Zehe fast die beiden letzten Glieder frei läßt; Haftscheiben etwa so groß wie die der Finger; 5. Zehe etwas länger als die 3.; laterale Metatarsalia fest verbunden; keine Tarsalfalte; eine kleine, ovale, mediale Metatarsaltuberkel und eine sehr kleine, runde, laterale; keine Tarsaltuberkel; Subartikulartuberkel klein. Das Tibiotarsalgelenk reicht etwa bis in die Schultergegend; Femur etwas kürzer als die Tibia, die etwa 3 mal so lang wie breit, $2^1/_2$—3 mal in der Körperlänge enthalten und so lang oder nur sehr wenig länger als der Fuß ist; bei rechtwinklig angeknickten Hinterbeinen berühren die Fersen einander. Haut oben und an der Kehle glatt; Bauch und Unterseite der Oberschenkel grob granuliert; manchmal eine nicht sehr deutliche Postgularfalte. Männchen mit subgularer Schallblase und runder, allseitig freier Kehlscheibe.

Fig. 298.
Megalixalus brachycnemis Blgr.
Habitus von oben.
(Nach Boulenger).

Färbung (in Alkohol) oben mehr oder weniger dunkler grau, bis fast ganz weiß; von der Schnauzenspitze unterhalb des Canthus rostralis, durch das Auge und entlang den Körperseiten, oft bis zu den Weichen eine breite, dunkelbraune, fein weiß gepunktete Binde; auf dem Rücken mit oder ohne zwei schmale, dunkelbraune, manchmal in feine Punkte aufgelöste Längslinien; Unterarm und Tibia mit oder ohne weiße Längsbinde und feine dunkelbraune Punkte. Unterseite hellbräunlich bis weiß. Körperlänge 25 mm. (Fig. 298).

Nyassa-Gebiet.

11. **M. gramineus** Blgr. 1898 *M. g.*, Boulenger in: Ann. Mus. Genova, ser. 2 *v.* 18 p. 721 t. 10 f. 2 (Habitus von oben) | 1930 *Leptopelis g.*, H. W. Parker in: P. zool. Soc. London, p. 4.

Zunge herzförmig. Schnauze abgerundet, so lang wie der Augendurchmesser. Vomerzähne können in sehr kleinen Gruppen vorhanden sein, und zwar 1—2 Zähne in jeder. Das Metasternum ist stets knorpelig und das Omosternum ist ungeteilt und manchmal verkalkt, meist jedoch knorpelig; so ist die Art weder zu *Megalixalus, Hylambates* oder *Leptopelis* in deren jetzigen Definition zu stellen; sie gehört vermutlich jedoch in die größte Nähe der Gattung *Leptopelis*. Trommelfell sehr deutlich, $^1/_2$ so groß wie

Fig. 299.
Megalixalus gramineus Blgr.
Habitus von oben. (Nach Boulenger).

das Auge. Finger frei; Zehen nur an der Basis mit Schwimmhaut; Haftscheiben klein; mediale Metatarsaltuberkel ziemlich groß, oval. Das Tibiotarsalgelenk erreicht die Schulter oder das Trommelfell. Haut oben glatt; Kehle und Bauch grob granuliert.

Oben leuchtend grün; ein dunkelbrauner Streifen entlang dem Canthus rostralis; Trommelfell braun; ein dunkelbrauner Lateralstreifen oder mehrere große Flecke an den Flanken, von denen einer heraufsteigen kann, um eine ähnliche Lumbarzeichnung zu bilden wie bei *Hyla arborea* L.; Hinterseite der Schenkel braun; Unterseite weiß. Oben mitunter graubraun mit drei dunkleren Streifen auf dem Rücken, außer dem schwarzbraunen Lateralstreifen. Körperlänge 40 mm. (Fig. 299).

Britisch-Ostafrika (zwischen Badditù und Dimé).

12. **M. vittiger** (Ptrs.) 1876 *Hyperolius v.*, Peters in: Monber. Ak. Berlin, p. 122 | 1911 *Megalixalus v.*, Boulenger in: Ann. Mus. Genova, ser. 3 *v.* 5 p. 169 | 1924 *M. v.*, Noble in: Bull. Amer. Mus., *v.* 49 p. 334.

Körpergestalt sehr gedrungen; Vomerzähne fehlen; Choanen klein, teilweise unter dem Kieferrand verborgen; Zunge mäßig groß, hinten eingeschnitten. Kopf mäßig groß, $3^1/_2$mal in der Körperlänge enthalten, so lang wie breit oder etwas breiter als lang; Schnauze abgerundet oder rundlich zugespitzt, im Profil abgestutzt oder zugespitzt oder abgerundet, über das Maul hinausragend, so lang wie das Auge, kaum kürzer als der Abstand der vorderen Augenwinkel voneinander, länger als hoch; Canthus rostralis abgerundet, aber deutlich; Lorealgegend fast senkrecht, wenig oder nicht vertieft; Internasalraum so breit wie der Interorbitalraum, der nur wenig breiter als ein oberes Augenlid ist; Trommelfell unter der Haut verborgen oder nur sehr undeutlich sichtbar, dicht beim Auge, sehr klein. Finger kurz, nur am Grunde durch eine schwache Schwimmhaut verbunden; Haftscheiben deutlich; 1. Finger kleiner als der 2., der wenig kürzer als der 4. ist, der von dem 3. überragt wird; 3. Finger länger als die Schnauze; Subartikulartuberkel deutlich. Zehen mit etwa $^1/_2$ Schwimmhaut, die an der 4. Zehe die letzten beiden Glieder ganz oder teilweise frei läßt, an der 1.—3. Zehe das letzte Glied frei läßt und an der 5. Zehe bis unter die Haftscheibe reicht oder das letzte Glied teilweise frei läßt. Haftscheiben so groß wie die der Finger; 5. Zehe kaum länger als die 3.; laterale Metatarsalia am distalen Teil sehr schwach durch Schwimmhaut getrennt; Tarsalfalte fehlt; nur eine kleine, flache, mediale Metatarsaltuberkel, eine laterale, keine Tarsaltuberkel; Subartikulartuberkel deutlich. Das Tibiotarsalgelenk reicht bis zum Hinterrand des Auges oder nicht ganz so weit; Femur wenig kürzer als die Tibia, die 3—4mal so lang wie breit, $2^1/_2$mal in der Körperlänge enthalten und so lang oder nur wenig länger als der Fuß ist; die Fersen berühren oder decken einander. Haut oben glatt, einige kleine Warzen hinter dem Mundwinkel; Bauch und Unterseite der Oberschenkel granuliert; eine deutliche Postgularfalte; Männchen mit einer großen, nach hinten lang ausgezogenen, zugespitzten Kehlscheibe; Postgularfalte beim Männchen ebenfalls nach hinten in weitem Bogen abgerundet.

Färbung (in Alkohol) oben: zwei dunkelbraune, scharf begrenzte Längsbinden des Rückens beginnen spitz auf der Mitte der Schnauze und vereinigen sich über dem After. An jeder Seite des Körpers eine ebensolche braune Längsbinde, welche an der Seite der Schnauzenspitze beginnt, durch das Auge geht und über dem Körperende mit den Rückenbinden zusammenfließt; diese braunen Binden oft mit sehr feinen, weißen Spritzpunkten. Zwischen diesen 4 braunen Längsbinden 3 silberglänzende, auf der Schnauze zusammenfließende Binden, welche rosarot angeflogen sind. Auf der Oberlippe unter dem Nasenloch beginnt eine silberglänzende Linie, die sich an der Körperseite verliert. Oberarm lateral braun mit einer unregelmäßigen Reihe kleiner, silberglänzender Punkte. Unterarm an der Lateralseite mit einer silberglänzenden Binde, welche sich nach vorn und hinten gegen die braune Färbung scharf absetzt und auf der Lateralseite des 4. Fingers verliert. Die braune Lateralseite des Oberschenkels durch eine helle Linie von der heller braunen Medialseite abgegrenzt. Tibia vorn und hinten braun, mit einer silberglänzenden, vom Knie beginnenden Längsbinde auf der Lateralseite. Lateralrand des Fußes bis zur Spitze der 5. Zehe braun mit einer ununterbrochenen Reihe silberglänzender Punkte. Unterseite weißlich. Körperlänge 30 mm.

Urwaldregion des tropischen Afrikas.

13. **M. leptosomus** (Ptrs.) 1877 *Hyperolius l.*, Peters in: Monber. Ak. Berlin, p. 619 f. 5 (Habitus, Mundöffnung) | 1882 *Megalixalus l.*, Boulenger, Cat. Batr. sal. Brit. Mus., ed. 2 p. 129 | 1897 *M. l.*, Tornier, Kriechth. D.-O.-Afr., p. 157 | 1897 *M. l.*, F. Mocquard in: Bull. Soc. philom., ser. 8 *v.* 9 p. 19 | 1897 *M. l.*, Tornier in: Arch.

Naturg., *v.* 63 1 p. 66 | 1904 *M. l.*, L. Vaillant in: Maclaud in: Bull. Mus. Paris, *v.* 10 p. 436 | 1907 *M. l. quadrivittatus*, F. Werner in: SB. Ak. Wien, *v.* 116 p. 1900 t. 4 f. 13 (Habitus von oben) | 1911 *M. vittiger* (non Ptrs.), Barbour in: Bull. Mus. Harvard, *v.* 54 p. 134 | 1913 *M. leptosomus*, O. Boettger in: Voeltzkow, Reise O.-Afr., *v.* 3 p. 362 | 1915 *M. fornasinii* (part.), Nieden in: Mt. Mus. Berlin, *v.* 7 p. 372 | 1919 *M. leptosomus*, Chabanaud in: Bull. Mus. Paris, *v.* 25 p. 456 | 1921 *M. l.*, Chabanaud in: Bull. Com. Afr. occid. Franç., p. 459 | 1924 *M. l.*, Noble in: Bull. Amer. Mus., *v.* 49 p. 272.

Körpergestalt ziemlich schlank; Choanen klein, teilweise unter dem Kieferrand verborgen; Zunge mäßig groß, hinten eingeschnitten. Kopf groß, so lang wie breit; Schnauze abgerundet oder stumpf zugespitzt, im Profil abgerundet oder zugespitzt, mehr oder weniger über das Maul hinausragend, so lang wie das Auge, so lang wie der Abstand der vorderen Augenwinkel voneinander, viel länger als hoch; Canthus rostralis abgerundet; Lorealgegend ziemlich steil, wenig konkav; Nasenloch viel näher der Schnauzenspitze als dem Auge; Internasalraum schmaler als der Interorbitalraum, der breiter als ein oberes Augenlid ist; Trommelfell unter der Haut verborgen oder nur undeutlich sichtbar. Finger nur am Grunde mit einem Rudiment von Schwimmhaut, die höchstens $^1/_4$ Spannweite erreicht; Haftscheiben wohl entwickelt; 1. Finger kürzer als der 2., der kürzer als der 4. ist, der von dem 3. überragt wird; 3. Finger ein wenig länger als die Schnauze; Subartikulartuberkel klein, aber deutlich. Zehen mit etwa $^1/_2$ Schwimmhaut, die an allen Zehen das letzte Glied und bei der 4. die beiden letzten Glieder frei läßt oder nur als schmaler Hautsaum ein Stückchen begleitet; Haftscheiben etwa so groß wie die der Finger; 5. Zehe sehr wenig länger als die 3.; laterale Metatarsalia fest verbunden; keine Tarsalfalte; eine kleine, ovale, mediale und eine sehr kleine, runde, laterale Metatarsaltuberkel; keine Tarsaltuberkel; Subartikulartuberkel klein, aber deutlich. Das Tibiotarsalgelenk reicht bis oder knapp bis zum Hinterrand des Auges; Femur kürzer als die Tibia, die $3^1/_2$—4mal so lang wie breit, $2^1/_3$—$2^1/_2$mal in der Körperlänge enthalten und nur wenig länger als der Fuß ist; bei rechtwinklig angeknickten Hinterbeinen decken die Fersen einander. Haut oben, an den Seiten und unter der Kehle glatt; einige Warzen hinter dem Mundwinkel; Bauch und Unterseite der Oberschenkel granuliert. Keine Querfalten auf der Brust.

Fig. 300.
Megalixalus leptosomus (Ptrs.).
Habitus, a = Mundöffnung.
(Nach Peters).

Färbung (in Alkohol) oben silberweiß mit 2, meist in der Stirngegend miteinander verschmelzenden, braunen Längsbinden, die bis zum After reichen; unterhalb des Canthus rostralis durch das Auge und entlang den Körperseiten zieht sich eine breite, dunkelbraune Längsbinde hin; Oberseite der Extremitäten braun, Unterarm und Tibia mit je einer breiten, weißen Binde. Unterseite einfarbig gelblichbraun. Färbung im Leben (nach Werner) rötlichgraubraun, die Streifen dunkelrotbraun oder grauviolett; Kehle des Männchens gelb, mit Längsfalten des Kehlsackes, dessen schwach bogiger Hinterrand vor der Brust gelegen ist. Körperlänge 28 mm. (Fig. 300).

Regenwaldgebiet Westafrikas und Sudan.

14. **M. maculosus** Sternf. 1917 *M m.*, Sternfeld in: Ergeb. 2. D. Zentr.-Afr. Exp., *v.* 1 p. 501 t. 24 f. 11 (Habitus).

Zunge herzförmig. Schnauze stumpf, abgerundet, etwas länger als der Augendurchmesser; Trommelfell ziemlich gut sichtbar. Finger mit ganz schwacher Schwimmhaut, nahezu frei; Zehen mit $^1/_2$ Schwimmhaut; das Tibiotarsalgelenk reicht bis zum Auge. Haut glatt, am Bauche und an der Unterseite der Oberschenkel grob gekörnelt.

Fig. 301.
Megalixalus maculosus Sternf
Habitus von oben
(Nach Sternfeld).

Färbung der Oberseite violettbraun, nach den Seiten heller werdend. Auf der ganzen Oberfläche stehen zahlreiche, verschieden große, länglich ovale, dunkelviolettbraune Flecke; ebenso an den Seiten von Kopf und Rumpf, wo sie sich von der helleren Grundfarbe sehr lebhaft abheben. Gliedmaßen dunkel quergebändert und gefleckt; Unterseite hellgelblichweiß, an den Kieferrändern und am Bauche schwach braun gesprenkelt, die Gelenkknöpfe an der Unterseite der Zehen hell. Körperlänge 25 mm. (Fig. 301).

Duma (Ubangi).

15. **M. dorsimaculatus** E. Ahl 1930 *M. d*, E. Ahl in: SB. Ges. Fr. Berlin, p. 92.

Körpergestalt gedrungen; Choanen klein, nicht unter dem Kieferrand verborgen; Zunge ziemlich klein, rund, hinten wenig eingeschnitten. Kopf breiter als der Körper, etwas breiter als lang; Schnauze etwas spitz abgerundet, im Profil abgerundet, etwas über das Maul hinausragend, nicht ganz so lang wie der Durchmesser des großen Auges, so lang wie der Abstand der vorderen Augenwinkel voneinander, länger als hoch; Canthus rostralis abgerundet, aber deutlich; Lorealgegend wenig schräg, nur wenig konkav; Nasenloch viel näher der Schnauzenspitze als dem Auge; Internasalraum etwa so breit wie der Interorbitalraum, der etwa so breit wie ein oberes Augenlid ist; Trommelfell verborgen. Finger mit einem leichten Rudiment von Schwimmhaut; Haftscheiben ziemlich klein; 1. Finger kleiner als der 2., der kürzer als der 4. ist; der von dem 3. überragt wird; 3. Finger so lang wie die Schnauze; Subartikulartuberkel klein, einfach. Zehen mit etwa $^1/_2$ Schwimmhaut, die an allen Zehen das letzte Glied und an der 4. Zehe die beiden letzten Glieder frei läßt oder nur als sehr schmaler Hautsaum umschließt; Haftscheiben etwa so groß wie die der Finger; 3. und 5. Zehe gleich lang; laterale Metatarsalia fest verbunden; keine Tarsalfalte; nur eine sehr kleine, undeutliche, mediale Metatarsaltuberkel, keine laterale, keine Tarsaltuberkel; Subartikulartuberkel klein und undeutlich, einfach. Das Tibiotarsalgelenk reicht bis zum vorderen Rand des Auges; Femur kürzer als die Tibia, die 4mal so lang wie breit, 2mal in der Körperlänge enthalten und länger als der Fuß ist; bei rechtwinklig angeknickten Hinterbeinen berühren die Fersen einander. Haut oben, an den Seiten und der Kehle glatt; Bauch grob, Unterseite der Oberschenkel nur sehr undeutlich granuliert; einige Granula hinter dem Mundwinkel. Männchen mit kleiner, runder, an den Seiten und hinten freier Kehlscheibe, unter der sich eine ebenso gestaltete Hautfalte befindet, so daß der Eindruck einer „doppelten“ Kehlscheibe entsteht.

Färbung (in Alkohol) oben und an den Seiten silberweiß; vom Nasenloch zieht sich unterhalb des Canthus rostralis, durch das Auge bis zur Mitte der Flanken eine schmale, hellbraune Längsbinde, auf dem Rücken befinden sich 3 Paar kleiner, hellbrauner Flecke, das 1. Paar zwischen den Augen, das 2. Paar in der Schultergegend und das 3. Paar in der Kreuzgegend; unter der Lupe gesehen ist die gesamte Oberseite des Rückens, insbesondere der hintere Teil und die Oberseite der Extremitäten, mit winzigen blauschwarzen, weiß umrandeten Punkten versehen. Bauch und Unterseite der Extremitäten gelblich. Kehle weiß. Körperlänge des Männchens 22 mm.

Magrotto bei Tanga.

16. **M. laevis** E. Ahl 1930 *M. l.*, E. Ahl in: SB. Ges. Fr. Berlin, p. 93.

Körpergestalt gedrungen; Choanen klein, teilweise unter dem Kieferrand verborgen; Zunge rundlich, hinten eingeschnitten. Kopf groß, breiter als der Körper, wenig breiter als lang; Schnauze abgerundet, im Profil abgerundet, wenig über das Maul hinausragend, fast so lang wie der Augendurchmesser, nicht ganz so lang wie der Abstand der vorderen Augenwinkel voneinander, länger als hoch; Canthus rostralis abgerundet, aber deutlich; Lorealgegend steil, wenig konkav; Nasenloch viel näher der Schnauzenspitze als dem Auge; Internasalraum schmaler als der Interorbitalraum, der $1^1/_2$ mal so breit wie ein oberes Augenlid ist; Trommelfell verborgen. Finger mit etwa $^1/_3$ Schwimmhaut; Haftscheiben klein; 1. Finger kleiner als der 2., der so lang wie der 4. ist, der von dem 3. weit überragt wird; 3. Finger länger als die Schnauze; Subartikulartuberkel klein und undeutlich. Zehen mit etwas über $^1/_2$ Schwimmhaut, die an allen Zehen das letzte Glied und an der 4. Zehe die beiden letzten Glieder völlig frei läßt; Haftscheiben so groß wie die der Finger; 3. und 5. Zehe gleich lang; laterale Metatarsalia fest verbunden; keine Tarsalfalte; eine kleine, ovale, undeutliche, mediale und eine sehr kleine, runde, undeutliche, laterale Metatarsaltuberkel; keine Tarsaltuberkel; Subartikulartuberkel sehr klein und undeutlich. Das Tibiotarsalgelenk erreicht den vorderen Augenrand; Femur etwas kürzer als die Tibia, die $3^1/_2$ mal so lang wie breit, 2 mal in der Körperlänge enthalten und viel länger als der Fuß ist; bei rechtwinklig angeknickten Hinterbeinen decken die Fersen einander. Haut oben und unten völlig glatt; keine Querfalten auf der Brust.

Färbung (in Alkohol) hellbräunlich weiß; ein undeutlicher, bräunlicher Längsstreifen zieht sich vom Nasenloch unterhalb des Canthus rostralis durch das Auge bis etwa in die Schultergegend; die gesamte Körperoberseite und die der Gliedmaßen mit sehr vielen kleinen, weißen Pünktchen übersät, die an manchen Stellen die Grundfarbe des Körpers verdrängen. Unterseite einfarbig weiß. Körperlänge 25 mm.

Kamerun.

17. **M. spinifrons** (Cope) 1862 *Hyperolius s.*, E. D. Cope in: P. Ac. Philad., p. 342 | 1882 *Megalixalus? s.*, Boulenger, Cat. Batr. sal. Brit. Mus., ed. 2 p. 130 | 1924 *M. s.*, Noble in: Bull. Amer. Mus., *v.* 49 p. 333.

Körpergestalt mäßig schlank; Choanen mäßig groß, nicht unter dem Kieferrand verborgen; Zunge mäßig groß, elliptisch, hinten schwach eingeschnitten. Kopf flach, niedergedrückt, mäßig groß, so lang wie breit; Schnauze abgerundet, im Profil stark abgeflacht, nicht über das Maul hinausragend, so lang wie das große Auge, so lang wie der Abstand der vorderen Augenwinkel voneinander, viel länger als hoch; Canthus rostralis abgerundet, aber deutlich; Lorealgegend steil, konkav; Nasenloch etwas näher der Schnauzenspitze als dem Auge; Internasalraum etwas schmaler als der Interorbitalraum, der fast doppelt so breit wie ein oberes Augenlid ist; Trommelfell völlig unter der Haut verborgen. Finger fast frei von Schwimmhaut, nur mit einem kleinen Rudiment zwischen den beiden lateralen; Haftscheiben ziemlich klein, nicht sehr gut entwickelt; 1. Finger kleiner als der 2., der kürzer als der 4. ist, der von dem 3. bei weitem überragt wird; 3. Finger so lang wie die Schnauze; Subartikulartuberkel deutlich, vorspringend. Zehen mit nicht ganz $^2/_3$ Schwimmhaut, die an allen Zehen das letzte Glied und an der 4. Zehe die beiden letzten Glieder frei läßt oder nur als schmaler Hautsaum umschließt; Haftscheiben etwa so groß wie die der Finger; 5. Zehe ein wenig länger als die 3.; laterale Metatarsalia fest verbunden; keine Tarsalfalte; nur eine kleine, undeutliche, mediale Metatarsaltuberkel, keine laterale, keine Tarsaltuberkel; Subartikulartuberkel klein, aber deutlich. Das Tibiotarsalgelenk erreicht höchstens die Schulter; Femur kürzer als die Tibia, die 3mal so lang wie breit, $2^1/_2$—$2^2/_3$mal in der Körperlänge enthalten und so lang wie der Fuß ist; bei rechtwinklig angeknickten Hinterbeinen decken die Fersen einander. Haut auf der Oberseite und den Seiten des Kopfes, Körpers und der Extremitäten glatt; beim Weibchen befinden sich auf der Oberseite des Kopfes, insbesondere der Schnauze, viele kleine, spitze Tuberkel; beim Männchen sind diese Tuberkel, nach hinten zu an Größe abnehmend, über den ganzen Rücken und die Oberseite des Unterarmes und der Tibia verbreitet; Kehle glatt, Bauch und Unterseite der Oberschenkel granuliert. Keine Querfalten auf der Brust. Männchen mit subgularer Schallblase und großer, runder, an den Seiten und hinten freier Kehlscheibe.

Färbung (in Alkohol) oben gelblichbraun; vom Auge bis zu den Weichen zieht sich ein dunkles Lateralband hin; eine breite, in der Kreuzgegend sich teilende, dunkelbraune Längsbinde zieht sich von zwischen den Augen bis zum After hin. Oberseite der Gliedmaßen hell und braun marmoriert. Beim Männchen sind alle diese dunklen Zeichnungen nur eben angedeutet. Unterseite einfarbig weiß. Körperlänge des Weibchens 24 mm, des Männchens 20 mm.

Kapkolonie und Natal.

18. **M. immaculatus** Blgr. 1903 *M. i.*, Boulenger in: Mem. Soc. Españ., *v.* 1 p. 63 t. 5 f. 3 (Habitus).

Zunge herzförmig, ziemlich tief eingeschnitten. Kopf sehr groß, breiter als lang; Schnauze abgerundet, nicht über das Maul hinausragend, kürzer als der Augendurchmesser; Canthus rostralis stumpf; Interorbitalraum viel breiter als ein oberes Augenlid; Trommelfell klein, kaum sichtbar. Finger kurz und sehr abgeflacht, nur an der Basis durch Schwimmhaut verbunden; Zehen kurz, mit $^2/_3$ Schwimmhaut. Das Tibiotarsalgelenk erreicht das Auge; Tibia kaum $^1/_2$ der Körperlänge. Haut glatt; Bauch granuliert; Männchen mit großer Kehlscheibe, die mit einer Schallblase verbunden ist.

Fig. 302.
Megalixalus immaculatus Blgr.
Habitus von oben. (Nach Boulenger).

Oben einförmig violettbraun, unten weiß. Körperlänge 30 mm. (Fig. 302).

Gabun (Cap Saint-Jean).

19. **M. stuhlmanni** Pfeff. 1893 *M. s.*, Pfeffer in: Mt. Mus. Hamburg, *v.* 10 nr. 3 p. 31.

Körpergestalt mäßig schlank; Choanen klein, dicht am Kieferrande liegend; Zunge elliptisch, mäßig groß, hinten mit zwei Zipfeln. Kopf mäßig groß, nicht breiter als der Körper, niedergedrückt, so breit oder wenig breiter als lang; Schnauze stumpf zugespitzt, im Profil abgerundet, etwas über das Maul hinausragend, so lang oder etwas kürzer als das sehr große Auge, so lang oder fast so lang wie der Abstand der vorderen Augenwinkel voneinander, viel länger als hoch; Canthus rostralis abgerundet, aber deutlich; Lorealgegend steil, wenig konkav; Nasenloch viel näher der Schnauzenspitze als dem Auge; Internasalraum schmaler als der Interorbitalraum, der breiter als ein oberes Augenlid ist; Trommelfell unsichtbar. Finger nur am Grunde mit einem kleinen Rudiment von Schwimmhaut; Haftscheiben mäßig groß; 1. Finger kleiner als der 2., der kürzer als der 4. ist, der von dem 3. überragt wird; 3. Finger so lang oder etwas länger als die Schnauze; Subartikulartuberkel klein, wenigstens einige des 3. Fingers doppelt; Zehen mit etwa $^2/_3$ Schwimmhaut, die an allen Zehen das letzte Glied und an der 4. Zehe die beiden letzten Glieder frei läßt oder nur als schmaler Hautsaum umschließt; Haftscheiben etwa so groß wie die der Finger; 3. und 5. Zehe gleich lang; laterale Metatarsalia fest verbunden; keine Tarsalfalte; eine kleine, nicht sehr deutliche, ovale, mediale Metatarsaltuberkel und eine sehr undeutliche, runde, laterale; keine Tarsaltuberkel; Subartikulartuberkel klein, wenig deutlich, einfach. Das Tibiotarsalgelenk reicht bis zum hinteren Augenrand; Femur kürzer als die Tibia, die $3-3^1/_2$ mal so lang wie breit, $2^1/_3$ bis $2^1/_2$ mal in der Körperlänge enthalten und länger als der Fuß ist; bei rechtwinklig angeknickten Hinterbeinen decken die Fersen einander. Haut oben, an den Seiten und unter der Kehle glatt; Bauch und Unterseite der Oberschenkel granuliert oder quergerunzelt; einige Granula hinter dem Mundwinkel; keine Querfalten auf der Brust; Männchen mit subgularer Schallblase und großer, trapezförmiger, hinten und an den Seiten freier, granulierter Kehlscheibe.

Färbung (in Alkohol) oben silberweiß; eine dunkelbraune, fast stets vorhandene Längsbinde zieht sich von der Schnauzenspitze unterhalb des Canthus rostralis durch das Auge entlang den Körperseiten bis zu den Weichen; gewöhnlich befindet sich zwischen den Augen ein großer, dunkelbrauner, mit der Spitze nach hinten gerichteter, dreieckiger Fleck, an den sich meist eine große, rechteckige oder dreieckige Zeichnung anschließt. In der Lumbargegend gehen von der braunen Lateralbinde bis in die Kreuzbeingegend zwei Zeichnungsmuster (ähnlich wie bei *Hyla arborea* L.) ab. Diese Rückenzeichnungen können mehr oder weniger deutlich oder aufgelöst sein, so daß mitunter fast ganz silberweiße Tiere vorkommen. Mitunter vereinigen sich die sehr schmalen Lumbarflecke mit der dreieckigen Dorsalzeichnung und bilden so zwei Längsbinden; alle braunen Zeichnungen sind übrigens mit feinen, weißen Pünktchen besetzt. Unterarme und Tibia silberweiß, mit braunen Pünktchen mehr oder weniger dicht besetzt, die letztere meist noch in der Mitte mit einer breiten, braunen Querbinde. Unterseite weißlich bis braun, einfarbig. Körperlänge des Weibchens 22 mm, des Männchens 19 mm.

Ostafrika, von Mozambique (Quellimane) bis Tanga, Sansibar.

20. **M. flavomaculatus** (Günther) 1864 *Hyperolius f.*, Alb. Günther in: P. zool. Soc. London, p. 310 t. 27 f. 1 (Habitus in natürlichen Farben) | 1868 *Rappia flavomaculata*, Alb. Günther in: P. zool. Soc. London, p. 481 | 1882 *Megalixalus flavomaculatus*, Boulenger, Cat. Batr. sal. Brit. Mus., ed. 2 p 128 | 1915 *M. f.*, Nieden in: Mt. Mus. Berlin, *v.* 7 p. 374.

Zunge herzförmig. Schnauze abgerundet, so lang wie das Auge; Trommelfell deutlich. Finger mit leichter Schwimmhaut, Zehen mit $^2/_3$ Schwimmhaut; das Tibiotarsalgelenk erreicht das Auge. Haut glatt, auf dem Bauch und unter den Schenkeln granuliert.

Oberseite dunkelviolett, mit runden, gelben Flecken; Oberseite der Schenkel farbig. Körperlänge? (Fig. 303).

Rovuma-Bucht, Ost-Afrika.

Fig. 303. **Megalixalus flavomaculatus** (Günther). Habitus. (Nach Günther).

21. **M. dorsalis** (Ptrs.) 1875 *Hyperolius d.*, Peters in: Monber. Ak. Berlin, p. 206 t. 1 f. 2 (Habitus), 2a (Mundöffnung) | 1898 *Megalixalus fornasinii* (non Bianconi), F. Werner in: Verh. Ges. Wien, *v.* 48 p. 195 | 1899 *M. f.*, F. Mocquard in: Bull. Mus. Paris, *v.* 5 p. 219 | 1900 *M. f.* (part.), Boulenger in: P. zool. Soc. London, p. 445 | 1905 *M. f.*, L. G. Andersson in: Ark. Zool., *v.* 2 nr. 20 p. 18 | 1906 *M. f.*, Boulenger in: Ann. Mus. Genova, ser. 3 *v.* 2 p. 166 | 1907 *M. f.*, L. G. Andersson in: Jahrb. Ver. Nassau, *v.* 60 p. 238 f. 1—3 (Habitus und Färbungsbilder) | 1908 *M. f.*, Nieden in: Mt. Mus. Berlin, *v.* 3 p. 504 | 1910 *M. f.*, Lorenz Müller in: Abh. Bayer. Ak., *v.* 24 III p. 625 | 1910 *M. f.*, Nieden in: Fauna D. Kolon., ser. 1 fasc. 2 p. 58 f. 121—123 (Zeichnungsmuster) | 1911 *M. f.*, Barbour in: Bull. Mus. Harvard, *v.* 54 p. 134 | 1911 *M. f.*, E. Lampe in: Jahrb. Ver. Nassau, *v.* 64 p. 215 | 1919 *M. f.*, Chabanaud in: Bull. Mus. Paris, *v.* 25 p. 457 | 1921 *M. f.*, Chabanaud in: Bull. Com. Afr. occid. Franç., p. 459 | 1924 *M. f.*, Noble in: Bull. Amer. Mus., *v.* 49 p. 274 t. 41 f. 1 (Photog. nach lebendem Tier).

Körpergestalt gedrungen; Choanen ziemlich groß, neben dem Kieferrand gelegen; Zunge groß, oval, hinten frei und eingeschnitten; Kopf groß, etwa so lang wie breit; Schnauze abgerundet, im Profil abgerundet, wenig über das Maul hinausragend, kürzer als das sehr große Auge, fast so lang wie der Abstand der vorderen Augenwinkel voneinander, viel länger als hoch; Canthus rostralis abgerundet; Lorealgegend schräg, wenig konkav; Nasenloch viel näher der Schnauzenspitze als dem Auge; Internasalraum so breit oder nur wenig schmaler als der Interorbitalraum, der so breit oder nur sehr wenig breiter als ein oberes Augenlid ist; Trommelfell verborgen oder nur sehr undeutlich sichtbar, klein, dicht neben dem Auge liegend. Finger lang und kräftig, die beiden lateralen mit etwa $^1/_3$ Schwimmhaut; Haftscheiben groß und wohl entwickelt; 1. Finger kleiner als der 2., der kürzer als der 4. ist, der von dem 3. überragt wird; 3. Finger viel länger als die Schnauze; Subartikulartuberkel klein, aber deutlich. Zehen mit etwa $^2/_3$ oder etwas mehr Schwimmhaut, die, wenigstens als schmaler Hautsaum, bis zu den Haftscheiben reicht oder bei der 4. Zehe bis zum letzten freien Glied; Haftscheiben so groß wie die der Finger; 5. und 3. Zehe gleich lang; laterale Metatarsalia fest verbunden; keine Tarsalfalte; eine kleine, ovale,

Fig. 304. **Megalixalus dorsalis** (Ptrs.). Habitus, *a* = Mundöffnung. (Nach Peters).

mediale und eine kleine, runde, laterale Metatarsaltuberkel; keine Tarsaltuberkel; Subartikulartuberkel klein und deutlich. Das Tibiotarsalgelenk reicht bis zum Hinterrand oder der Mitte des Auges; Femur kürzer als die Tibia, die $3\frac{1}{2}$—4 mal so lang wie breit, $2\frac{1}{4}$—$2\frac{1}{3}$ mal in der Körperlänge enthalten und etwas länger als der Fuß ist; bei rechtwinklig angeknickten Hinterbeinen berühren die Fersen einander. Haut beim Weibchen oben glatt, beim Männchen mit vielen, regelmäßig verstreuten, kleinen, stacheligen Warzen besetzt; einige kleine Warzen hinter dem Mundwinkel; Unterseite beim Weibchen weniger, beim Männchen mehr grob granuliert, ebenso die Unterseite der Oberschenkel. Keinerlei Querfalten auf der Unterseite. Männchen mit subgularer Schallblase und großer, trapezförmiger, an den Seiten und hinten freier Kehlscheibe.

Färbung (in Alkohol) oben mehr oder weniger hellbräunlich; an jeder Seite des Körpers zieht sich eine breite, weiße oder hellbräunliche Längsbinde hin, die das obere Augenlid völlig einnimmt und sich vor diesem in

Fig. 305.
Megalixalus dorsalis (Ptrs.).
Zeichnungsmuster des Rückens. (Nach Nieden).

breiter Front mit dem der gegenüberliegenden Seite vereinigt; die weißen Längsbinden bis kurz vor die Kreuzgegend sich nach hinten erstreckend. Der hinterste Teil des Rückens von hinter den Kreuzbeinwirbeln an wird von einem ebensolchen großen, weißen Fleck eingenommen; die beiden lateralen Längsbinden sind mitunter durch breite, weiße Querbinden miteinander verbunden, so daß im Extrem eine weißliche Grundfarbe mit einigen braunen Flecken auf dem Rücken entsteht. Tibia von der Farbe des Rückens, mit zwei breiten, weißen Querbinden an den Enden; die weißen Zeichnungen tragen häufig sehr feine, braune Punkte oder Flecke. Unterseite einfarbig weiß oder hellgelblich. Im Leben sind die hellen Streifen und Zeichnungen gewöhnlich weißlich bis bräunlichgrau, doch kommen auch goldfarbene oder bronzene Töne vor. Körperlänge 37 mm. Frisch verwandeltes Jungtier 15 mm. (Fig. 304, 305).

Regenwaldgebiete Westafrikas.

22. **M. lindholmi** L. G. Anderss. 1907 *M. l.*, L. G. Andersson in: Jahrb. Ver. Nassau, *v.* 60 p. 239 f. 4 (Habitus), 5 (Hand), 6 (Fuß).

Körpergestalt ziemlich schlank; Choanen mäßig, nicht unter dem Kieferrand verborgen; Zunge groß, herzförmig, hinten eingeschnitten. Kopf groß, breiter als lang; Schnauze abgerundet, im Profil abgerundet, etwas über das Maul hinausragend, so lang wie das große Auge, fast so lang wie der Abstand der vorderen Augenwinkel voneinander, viel länger als hoch; Canthus rostralis abgerundet, aber deutlich; Lorealgegend steil, konkav;

Nasenloch aufgetrieben, viel näher der Schnauzenspitze als dem Auge; Internasalraum schmaler als der Interorbitalraum, der doppelt so breit wie ein oberes Augenlid ist; Trommelfell nur undeutlich sichtbar, klein, dicht am Auge liegend. Finger lang und kräftig, die beiden lateralen mit kaum $^1/_3$ Schwimmhaut; Haftscheiben groß und wohl entwickelt; 1. Finger kleiner als der 2., der kürzer als der 4. ist, der nur wenig von dem 3. überragt wird; 3. Finger so lang oder nur sehr wenig länger als die Schnauze; Subartikulartuberkel klein. Zehen mit nicht ganz $^3/_4$ Schwimmhaut, die an allen Zehen bis oder fast bis an die Haftscheiben reicht, außer an der 4. Zehe, wo sie das letzte Glied frei läßt; Haftscheiben sehr wenig kleiner als die der Finger; 3. und 5. Zehe gleich lang; laterale Metatarsalia fest verbunden; keine Tarsalfalte; nur eine kleine, flache, undeutliche, mediale Metatarsaltuberkel, keine laterale, keine Tarsaltuberkel; Subartikulartuberkel klein und undeutlich. Das Tibiotarsalgelenk reicht fast bis zum Vorderrand des Auges;

Fig. 306
Megalixalus lindholmi L. G. Anderss
Habitus von oben, Hand und Fuß von unten. (Nach Andersson).

Femur kürzer als die Tibia, die 5 mal so lang wie breit, 2 mal in der Körperlänge enthalten und wenig länger als der Fuß ist; bei rechtwinklig angeknickten Hinterbeinen überragen einander die Fersen ein wenig. Haut oben, an den Seiten und an der Kehle glatt; Bauch und Unterseite der Oberschenkel grob granuliert; hinter dem Mundwinkel einige kleine, aber deutliche Warzen; keine Querfalten auf der Brust.

Färbung (in Alkohol) oben braun mit kleinen, schwarzen Pünktchen dicht überstreut; an der Schnauzenspitze und auf den Augenlidern sind diese Pünktchen so dicht angehäuft, daß diese Partien schwarz erscheinen. Die Oberschenkel mit Ausnahme eines kurzen, schmalen Keils oberhalb des Knies, die Hand, der Fuß, mit Ausnahme eines schmalen Streifens am lateralen Rande, Lorealgegend, Oberlippe und die ganze Unterseite ungefärbt. Körperlänge 34 mm. (Fig. 306).

Kamerun (Bipindi) und Ilha do Principe.

23. **M. fornasinii** (Bianc.) 1848 *Euchnemis f.* Bianconi, Specim. zool. Mosamb., p. 23 t. 5 f. 1 (Habitus in natürlichen Farben) | 1855 *Hyperolius bivittatus*, Peters in: Arch. Naturg., *v.* 21 p. 56 | 1858 *H. fornasinii*. Alb. Günther, Cat. Batr. sal. Brit. Mus., p. 87 | 1868 *Rappia f.*, Alb. Günther in: P. zool. Soc. London, p. 479 | 1882 *Megalixalus f.*, Boulenger, Cat. Batr. sal. Brit. Mus., ed. 2 p. 130 | 1882 *M. f.*, Peters, Reise Mossamb., *v.* 3 p. 160 t. 24 f. 2 (Habitus von oben, von unten, Mundöffnung) t. 26 f. 6 (Schultergürtel) | 1887 *M. f.*, Friedr. Müller in: Verh. Ges. Basel, *v.* 8 p. 257 | 1889 *M. f.*, Pfeffer

in: Mt. Mus. Hamburg, *v.* 6 nr. 4 p. 10 | 1890 *M. f.*, Boulenger in: Ann. nat. Hist., ser. 6 *v.* 6 p. 93 | 1891 *M. f.*, Boulenger in: P. zool. Soc. London, p. 308 | 1892 *M. f.*, O. Boettger, Kat. Batr. Mus. Senckenb., p. 21 | 1893 *M. f.*, Pfeffer in: Mt. Mus. Hamburg, *v.* 10i nr. 3 p. 31 | 1894 *M. f.*, Alb. Günther in: P. zool. Soc. London, p. 88 | 1896 *M. f.*, Bocage in: J. Ac. Lisboa, ser. 2 *v.* 4 p. 101 | 1897 *M. f.*, Tornier. Kriechth. D.-O.-Afr., p. 156 | 1897 *M. f.*, Alb. Günther in: P. zool. Soc. London, p. 801 | 1897 *M. f.*, Tornier in: Arch. Naturg., *v.* 63i p. 66 | 1900 *M. f.* (part.), Boulenger in: P. zool. Soc. London, p. 445 | 1907 *M. f.*, Lönnberg in: Ergeb. Schwed. Exp. Kilimandjaro, *v.* 1 nr. 4 (Rept. Batr.) p. 25 | 1910 *M. f.* (part.), Boulenger in: Ann. S. Afr. Mus., *v.* 5 p. 531 | 1913 *M. f.*, O. Boettger in: Voeltzkow, Reise O.-Afr., *v.* 3 p. 346 | 1913 *M. f.*, J. Hewitt in: Ann. Natal Govt. Mus., *v.* 2 p. 479 | 1915 *M. f.* (part.), Nieden in: Mt. Mus. Berlin, *v.* 7 p. 372.

Körpergestalt mäßig gedrungen; Choanen mäßig groß, neben dem Kieferrand liegend; Zunge groß, herzförmig, hinten eingeschnitten. Kopf so lang wie breit oder etwas breiter als lang; Schnauze stumpf zugespitzt, im Profil zugespitzt oder abgerundet, über das Maul hinausragend, so lang wie das große Auge, so lang oder nur sehr wenig kürzer als der Abstand der vorderen Augenwinkel voneinander, viel länger als hoch; Canthus rostralis abgerundet; Lorealgegend ziemlich steil, wenig konkav; Nasenloch viel näher der Schnauzenspitze als dem Auge; Internasalraum wenig schmaler als der Interorbitalraum, der etwas breiter als ein oberes Augenlid ist; Trommelfell verborgen oder nur sehr undeutlich sichtbar, klein, dicht beim Auge liegend. Finger lang und kräftig, die beiden lateralen mit $^1/_3$ oder etwas mehr Schwimmhaut; Haftscheiben groß und wohl entwickelt; 1. Finger kleiner als der 2., der kürzer als der 4. ist, der von dem 3. über-

Fig. 307. **Megalixalus fornasinii** (Bianc.). Schultergürtel. (Nach Peters).

Fig. 308. **Megalixalus fornasinii** (Bianc.). Habitus. (Nach Peters).

ragt wird; 3. Finger nur wenig länger als die Schnauze; Subartikulartuberkel deutlich, an einigen Gelenken doppelt; Zehen mit etwa $^3/_4$ Schwimmhaut, die an allen Zehen bis oder fast bis an die Haftscheiben reicht und nur bei der 4. Zehe das letzte Glied frei läßt; Haftscheiben so groß oder wenig kleiner als die der Finger; 5. Zehe so lang wie die 3. oder wenig länger; laterale Metatarsalia in ihrem distalen Teil sehr wenig durch Schwimmhaut getrennt; keine Tarsalfalte; eine kleine, ovale, mediale und eine nicht besonders deutliche, kleine, runde, laterale Metatarsaltuberkel; keine Tarsaltuberkel; Subartikulartuberkel nur klein, aber deutlich. Das Tibiotarsalgelenk reicht bis zum hinteren Rand oder der Mitte des Auges; Femur etwas kürzer als die Tibia, die $3^1/_2$ bis 4 mal so lang wie breit. $2^1/_5$—$2^1/_3$ mal in der Körperlänge enthalten und nur sehr wenig länger als der Fuß ist; bei rechtwinklig angeknickten Hinterbeinen decken die Fersen einander. Haut oben mehr oder weniger mit kleinen, regelmäßig verteilten, stacheligen, meist dunkelbraun gefärbten Wärzchen besetzt, ebenso auch die Oberseite des Unterarmes und der Tibia. Kehle glatt, Bauch und Unterseite der Oberschenkel gefeldert oder grob granuliert; keine Querfalten auf der Brust; Männchen ohne Schallblase und ohne Kehlscheibe.

Färbung (in Alkohol) oben mehr oder weniger dunkelbräunlich; an jeder Körperseite zieht sich ein sehr breiter, weißer oder hellbräunlicher Streifen von der Schnauzenspitze zum After hin; die Streifen jeder Seite vereinigen sich an der Schnauzenspitze und am After. Die über den ganzen Körper verteilten, kleinen Stachelwärzchen sind entweder dunkelbraun gefärbt oder auf den weißen Teilen braun und auf den braunen Teilen weiß. Oberseite der Extremitäten von der Grundfarbe des Rückens, mit vielen kleinen, weißen Pünktchen besät; Tibia mit einer breiten, weißen Längsbinde versehen; Unterseite einfarbig weißlich oder gelblichbraun. Mitunter kommen Stücke vor, bei denen der braune Dorsalstreifen fehlt und die auf Kopf und Rücken einfarbig silberweiß sind. Im Leben ist die Oberseite des Körpers und der Gliedmaßen lederbraun mit silberfarbenen Binden; die Unterseite, auch der Gliedmaßen, ist grüngelb. Iris metallisch glänzend. Körperlänge 39 mm. (Fig. 307, 308).

Ost- (und Süd-?) Afrika.

Beschreibung der Kaulquappe: Körpergestalt ziemlich stark niedergedrückt: die Höhe des Körpers ist etwa $2^1/_2$ mal und die Breite nicht ganz 2 mal in der Körperlänge enthalten; Nasenloch sehr wenig näher der Schnauzenspitze als dem Auge; Augen lateral, in der Mitte zwischen Spiraculum und Schnauzenspitze; Interorbitalraum viel breiter als der Internasalraum und fast mehr als doppelt so breit wie das Maul; Spiraculum linksseitig, von oben und unten sichtbar, aufwärts und rückwärts gerichtet, viel näher dem After als der Schnauzenspitze; After rechtsseitig. Schwanz lang und spitz, etwa $2^1/_2$ mal so lang wie der Körper; seine größte Höhe ist $4^1/_2$ mal in seiner Länge enthalten; die Höhe des muskulösen Teiles an der Basis ist $8^1/_2$ mal in seiner Länge und etwa 2 mal in der Körperhöhe enthalten; Schwanz hinten in eine feine Spitze endend; oberer Saum etwa $1^1/_2$ mal so hoch wie der untere, sich nur sehr wenig auf den Rücken fortsetzend. Lippen an den Seiten und am unteren Rand mit einem ununterbrochenen Kranz von Papillen besetzt; Kiefer schwarz gerandet; Oberkiefer mit einer langen, nicht unterbrochenen Zahnreihe; Unterkiefer mit drei, in der Mitte nicht unterbrochenen Zahnreihen.

Färbung (in Alkohol) oben einfarbig braungrau, unten weißlich; auf der Stirn befindet sich ein leuchtend goldgelber, mit der Spitze nach vorn gerichteter V-förmiger Fleck. Totallänge einer Larve mit langen Hinterfüßen 39 mm, davon 27 mm auf den Schwanz.

Fundort der beschriebenen Larve Dar-es-Salaam.

24. **M. unicolor** (Boettg.) 1913 *M. fornasinii* var. *u.*, O. Boettger in: Voeltzkow, Reise O.-Afr., *v.* 3 p. 349.

Die Art stimmt in allen wesentlichen Merkmalen mit *M. fornasinii* überein. Das Männchen besitzt jedoch eine die Kehle bedeckende, quer elliptische, vorn angewachsene Kehlscheibe von $4^1/_2$ mm Länge und 7 mm Breite. Kopf und Rücken sind einfarbig silberweiß.

Insel Pemba (Deutsch-Ostafrika).

25. **M. loveridgei** Procter 1920 *M. l.*, Procter in: P. zool. Soc. London, p. 418.

Kopf klein, niedergedrückt, breiter als lang, $3^1/_8$ mal in der Körperlänge enthalten. Schnauze zugespitzt, so lang wie der Augendurchmesser; Canthus rostralis abgerundet; Lorealgegend schwach abgeschrägt; Nasenloch nahe dem Schnauzenende; Interorbitalraum breiter als ein oberes Augenlid; Trommelfell gerade erkennbar, $^1/_8$ so breit wie das Auge. Finger lang, mit $^2/_3$ Schwimmhaut, die Schwimmhaut als schmaler Hautsaum bis zu den Haftscheiben des 3. und 4. Fingers reichend; 2. Finger länger als der 1., der 3. 2mal so lang wie der 1.; Zehen mit ganzen Schwimmhäuten; Haftscheiben klein und rund. Subartikulartuberkel klein, weich, wenig hervortretend; mediale Metatarsaltuberkel klein, weich, oval; laterale sehr klein. Das Tibiotarsalgelenk erreicht das Auge; Tibia $4^1/_2$ mal so lang wie breit, $2^1/_6$ mal in der Körperlänge enthalten. Haut glatt, übersät mit kleinen, weißen Tuberkeln, deren jede einen winzigen, schwarzen Stachel trägt, auf der Oberseite des Kopfes, des Rumpfes, des Unterarmes, der Tibia und der Hinterseite des Tarsus. Unten glatt; Kehle granuliert; einige kleine Warzen hinter dem Mundwinkel.

Oben hellbraun, mit einem schwach markierten Band, das an der Schnauze beginnt und sich auf dem Rücken allmählich verbreitert. Oberseite gleichförmig mit schwarzen Pigmentzellen übersät, die entlang dem Canthus rostralis leicht konzentriert sind; Unterseite hellbraun. Körperlänge 36 mm.

Morogoro (Ost-Afrika).

26. **M. uluguruensis** Barb. & Loveridge 1928 *M. u.*, Barbour & Loveridge in: Mem. Mus. Harvard, *v.* 50 p. 231 t. 3 f. 2 (Habitus in natürlichen Farben).

Kopf etwas breiter als lang; Schnauze stumpf abgerundet oder leicht abgestutzt, etwas über das Maul hinausragend, länger als der Augendurchmesser; Canthus rostralis deutlich, aber abgerundet; Lorealgegend fast senkrecht, sehr wenig konkav (bei jungen Tieren abgerundet und nicht konkav); Interorbitalraum $1^1/_2$ mal so breit wie ein oberes Augenlid; der Augendurchmesser ist so lang wie der Abstand des Nasenloches vom Auge, ebenso der Internasalraum; Trommelfell verborgen. Finger und Zehen mäßig lang, am Ende mit kleinen Haftscheiben; Finger mit etwa $^1/_3$ Schwimmhaut; Zehen mit fast ganzen Schwimmhäuten, die an allen Zehen bis unter die Haftscheiben reichen, außer an der 4., wo sie das letzte Glied nur als schmaler Hautsaum umschließen. Das Tibiotarsalgelenk erreicht das Auge. Haut oben und unten glatt, außer am Bauch und unter den Oberschenkeln, wo sie granuliert ist, jedoch kaum wahrnehmbar unter den Schenkeln; einige kaum wahrnehmbare Granula hinter dem Mundwinkel. Männchen ohne Kehlscheibe.

Fig. 309.
Megalixalus uluguruensis Barb & Loveridge.
Habitus von oben.
(Nach Barbour & Loveridge).

Färbung im Leben oben auf Kopf, Rücken und Gliedmaßen porzellanweiß; ein Paar schwarzgefleckter, rötlichbrauner Flecke auf dem vorderen Teile des Rückens; ein anderes, mehr dorso-lateral gelegenes Paar gerade vor dem Anfang der Hinterbeine, und ein Längsstreifen von derselben Farbe auf jeder Tibia; an der Schnauzenspitze beginnt eine schwarz gefleckte, rötlichbraune, netzähnliche Linie, deren Zwischenräume ebenfalls porzellanweiß sind, die durch das Nasenloch und Auge geht und an den Flanken endet. Finger, Schenkel und ein Teil des Fußes gelb; Unterseite durchscheinend gelb, außer einer breiten, weißen Binde quer über die Brust. In Alkohol erscheinen alle Farben etwas blasser. Eine andere Färbungsform des Frosches ist im Leben oberseits weiß, mit leicht anscheinend angerauhten, gelblichgrünen Flecken; schwarze Flecke sind auf der ganzen Oberseite verstreut, einschließlich der Arme und Schenkel, die gelblich sind; ein mehr oder weniger durchsichtiges, hellgrünliches Band von der Schnauzenspitze durch das Nasenloch und die Augen zu den Flanken zeigt die schwarze Fleckung deutlicher; Finger und Zehen hellzitronengelb. Unten durchscheinend weiß, mehr opal unter den Gliedmaßen als auf dem Bauch, wo die inneren Organe durchscheinen; Finger und Zehen zitronengelb. In Alkohol ist die Färbung dieses Stückes gleich jener der anderen. Körperlänge des Weibchens 32 mm, des Männchens 25 mm. (Fig. 309).

Deutsch-Ost-Afrika (Uluguru- und Usambara-Gebirge), in Höhen über 600 m. Alle Stücke wurden auf Bananen im Gebiete des Regenwaldes gefangen.

27. **M. pantherinus** Stnd. 1891 *M. p.*, Steindachner in: Anz. Ak. Wien, p. 142 | 1891 *M. p.*, Steindachner in: SB. Ak. Wien, *v.* 100 p. 315.

Zunge groß, herzförmig. Kopf, von oben gesehen, am vorderen Ende quer abgestutzt; Schnauze kurz, ziemlich steil abfallend; Stirnbreite gleich der Augenlänge; Trommelfell unter der Haut verborgen, doch im Umriß äußerlich erkennbar. Finger nahezu frei von Schwimmhaut; Schwimmhaut der Zehen bis zu den Haftscheiben reichend, nur an der 4. Zehe das letzte Glied frei lassend. Das Tibiotarsalgelenk erreicht die Schnauzenspitze. Haut des Rückens glatt: Bauch und Unterseite der Schenkel granuliert; Kehlfalte stark entwickelt.

Gelbbraun; am Hinterhaupt, Rücken und auf der Lateralseite der Extremitäten mit zahlreichen rundlichen, tief schwarzbraunen Flecken, die hier und da zusammenfließen, besetzt. Vorderkopf ungefleckt. Körperlänge?

Plateau von Leikipia (Ost-Afrika), 1800 m.

28. **M. schneideri** Boettg. 1889 *M. s.*, O. Boettger in: Ber. Senckenb. Ges., p. 276.

Zunge herzförmig, hinten tief eingeschnitten und frei. Habitus schlank. Schnauze kurz, etwas zugespitzt, aber vorn etwas abgestutzt, so lang wie der Augendurchmesser; Trommelfell verborgen. Finger mit fast $^1/_3$ Schwimmhaut; Zehen mit über $^2/_3$ Schwimmhaut. Das Tibiotarsalgelenk erreicht fast die Schnauzenspitze. Haut oben vollkommen glatt, auf dem Bauche grob, aber schwach granuliert; Unterseite der Oberschenkel ohne deutliche Granulation.

Oberseite silberweiß mit einem langen, zwischen den Augen anhebenden, breiten, schwarzen Rückenstreifen, der sich in der Kreuzgegend in zwei Arme teilt, die sich links und rechts mit der schwarzen, den ganzen Oberkörper umziehenden, breiten und nach unten etwas verloschenen Kopf- und Rumpf-Seitenbinde vereinigen; Unterarm oberseits schwarz mit einer breiten, silberweißen Mittelbinde und mit einem ähnlichen, hellen Fleckchen am Ellenbogen; Unterschenkel oberseits ebenfalls schwarz mit zwei solchen hellen Querbinden, die breiter sind als der zwischen ihnen liegende schwarze Zwischenraum. Die sämtlichen übrigen Teile der Gliedmaßen und insbesondere Oberschenkel und Tarsus und die ganze Körperunterseite braunrot. Körperlänge 26,5 mm.

Kamerun (Bonamandune).

29. **M. spinosus** (Buchh. & Ptrs.) 1875 *Hyperolius s.*, Buchholz & Peters in: Peters in: Monber. Ak. Berlin, p. 208 t. 1 f. 3 (Habitus, Mundöffnung) | 1882 *Megalixalus s.*, Boulenger, Cat. Batr. sal. Brit. Mus., ed. 2 p. 130 | 1898 *M. s.*, F. Werner in: Verh. Ges. Wien, *v.* 48 p. 196 | 1903 *M. s.*, Boulenger in: Mem. Soc. Españ., *v.* 1 p. 64 | 1908 *M. s.*, Nieden in: Mt. Mus. Berlin, *v.* 3 p. 504 | 1910 *M. s.*, Nieden in: Fauna D. Kolon., ser. 1 fasc. 2 p. 58 f. 124 (Habitus) | 1911 *M. s.*, E. Lampe in: Jahrb. Ver. Nassau, *v.* 64 p. 215 | 1919 *M. s.*, Boulenger in: Rev. zool. Afr., *v.* 7 p. 10 | 1924 *M. s.*, Noble in: Bull. Amer. Mus., *v.* 49 p. 271 t. 41 f. 2 (Habitus).

Körpergestalt mäßig gedrungen; Choanen mäßig groß, nicht unter dem Kieferrand liegend; Zunge groß, herzförmig, hinten eingeschnitten. Kopf groß, viel breiter als der Körper, so lang wie breit; Schnauze stumpf zugespitzt oder vorn quer abgestutzt, im Profil abgestutzt oder mehr oder weniger steil abgeflacht, nicht über das Maul hinausragend, bedeutend länger als das große Auge, so lang wie der Abstand der vorderen Augenwinkel voneinander, viel länger als hoch; Canthus rostralis abgerundet; Lorealgegend schräg, konkav; Nasenloch sehr viel näher der Schnauzenspitze als dem Auge; Internasalraum so breit oder fast so breit wie der Interorbitalraum, der breiter als ein oberes Augenlid ist; Trommelfell klein, nicht immer deutlich, dicht am Auge liegend. Finger groß und kräftig, mit etwa $^2/_3$ Schwimmhaut; Haftscheiben sehr groß, mit Längsrillen versehen; 1. Finger kleiner als der 2., der kürzer als der 4. ist, der von dem 3. überragt wird; 3. Finger so lang wie die Schnauze; Subartikulartuberkel deutlich, doppelt. Zehen kräftig, mit etwa $^3/_4$ oder nicht ganz $^3/_4$ Schwimmhaut; Haftscheiben kleiner als die der Finger; 3. und 5. Zehe gleich lang; laterale Metatarsalia fest verbunden; keine Tarsalfalte; eine ovale, mediale und eine undeutliche, runde, laterale Metatarsaltuberkel; keine Tarsaltuberkel; Subartikulartuberkel deutlich, doppelt. Das Tibiotarsalgelenk reicht bis zwischen Auge und Schnauzenspitze oder bis zu der letzteren; Femur etwas kürzer als die Tibia, die 4—5 mal so lang wie breit, nicht ganz 2 mal in der Körperlänge enthalten und länger als der Fuß ist; bei rechtwinklig angeknickten Hinterbeinen decken oder überragen die Fersen einander leicht. Haut der Oberseite des Kopfes, Körpers und der Gliedmaßen mit vielen unregelmäßig verstreuten, großen Warzen versehen, die meisten von ihnen tragen einen oder mehrere hornige Spitzen. Kehle glatt; Bauch und Unterseite der Oberschenkel grob granuliert. Männchen mit in Reihen angeordneten schwarzen, hornigen, kleinen, sehr spitzen Tuberkeln auf der Hinterseite des Tarsus und der Oberseite des Metatarsus; ebenso findet sich beim Männchen auf jeder Seite der Kehle in der Nähe der Mundwinkel eine flache, ovale, wenig erhabene Glandulardrüse.

Fig. 310.
Megalixalus spinosus (Buchh. & Ptrs.). Habitus von oben. (Nach Nieden).

Färbung (in Alkohol) oben dunkelgrau oder dunkelbraun, mit 3 unregelmäßig gestalteten, dunklen Querbinden, deren 1. sich zwischen den Augen befindet, die 2. auf dem vorderen Teile des Rückens und die 3. in der Kreuzgegend; manchmal noch eine 4. vor der Aftergegend. Die innerhalb dieser Binden gelegenen Warzen heller braun. Vorder- und Hinterbeine quergebändert. Unterseite dunkelbraun, nur die Kehle hellbraun mit dunkelbrauner Marmorierung; die beiden Glandulardrüsen des Männchens gelblich. Körperlänge des Weibchens 40 mm, des Männchens 39 mm. (Fig. 310).

Regenwald Westafrikas.

9. Gen. **Kassina** Girard

1841 *Cystignathus* (part.), C. Duméril & G. Bibron, Erpét., *v.* 8 p. 418 | 1853 *Kassina*, C. Girard in: P. Ac. Philad., *v.* 6 p. 421 | 1858 *Cystignathus*, Alb. Günther, Cat. Batr. sal. Brit. Mus., p. 26 | 1864 *Cassina*, E. D. Cope in: P. Ac. Philad., p. 182 | 1865 *C.*, E. D. Cope in: Nat. Hist. Rev., *v.* 5 p. 115 | 1882 *C.*, Boulenger, Cat. Batr. sal. Brit. Mus., ed. 2 p. 131 | 1905 *C.*, J. Roux in: Zool. Anz., *v.* 28 p. 785 | 1907 *Paracassina*, Peracca in: Boll. Mus. Torino, *v.* 22 nr. 553 p. 3.

Pupille senkrecht; Zunge herzförmig, hinten frei; Vomerzähne vorhanden; Oberkiefer bezahnt. Zwischenknochen zwischen den Endgliedern der Finger und Zehen vorhanden; Finger frei; Zehen frei oder mit sehr schwachen Schwimmhäuten; Spitzen der Finger und Zehen nicht oder nur leicht verbreitert; Endglieder stumpf; laterale Metatarsalia fest verbunden; Coracoide mäßig stark, gerade; Praecoracoide schwächer, gerade; Omosternum mit knöchernem, an der Basis gegabeltem Stiel; Sternum eine Knorpelplatte.

Typus: *Cystignathus senegalensis.* (Dum. & Bibr.)

4 Arten mit 1 Unterart in Afrika.

Bestimmungstabelle der Arten der Gattung *Kassina*:

A. Finger und Zehen sehr lang, Fuß viel länger als die Tibia.
- B. Das Tarsometatarsalgelenk erreicht den Hinterrand des Auges; laterale Metatarsaltuberkel so groß wie die mediale . . . . 1. **K. wealii**
- BB. Das Tarsometatarsalgelenk erreicht den Vorderrand des Auges; laterale Metatarsaltuberkel sehr klein . . . . 1 a. **K. wealii quinque-vittata**

AA. Finger und Zehen kurz, so lang oder nur wenig länger als die Tibia.
- B. Gesamte Unterseite gefeldert (grob granuliert) . 2. **K. deserticola**
- BB. Nur der hintere Teil des Bauches gefeldert oder granuliert.
  - C. Das Tarsometatarsalgelenk erreicht nicht ganz das Trommelfell; Oberseite einfarbig dunkelgrau bis braunschwarz . . . . 3. **K. modesta**
  - CC. Das Tarsometatarsalgelenk reicht bis zum Vorder- oder Hinterrand des Auges; Oberseite hell, mit großen, länglichen, dunkelbraunen, oft zu Längsstreifen zusammenfließenden Flecken . . . . 4. **K. senegalensis**

1. **K. wealii** Blgr. 1882 *Cassina w.*, Boulenger, Cat. Batr. sal. Brit. Mus., ed. 2 p. 131 t. 11 f. 7, 7a (Habitus, Kehle) | 1898 *C. w.*, W. Sclater in: Ann. S. Afr. Mus., *v.* 1 p. 108 | 1910 *C. w.*, Boulenger in: Ann. S. Afr. Mus., *v.* 5 p. 532 | 1921 *C. w.*, Chabanaud in: Bull. Com. Afr. occid. Franç., p. 460 | 1926 *C. w.*, J. Hewitt in: Ann. S. Afr. Mus., *v.* 20 p. 488.

Körpergestalt ziemlich gedrungen; Vomerzähne in zwei kleinen, schrägen Gruppen auf der Verbindungslinie der Hinterränder der mäßig großen Choanen, die nicht unter dem Kieferrand liegen; Zunge groß, hinten frei und mit zwei Zipfeln. Kopf mäßig groß, breiter als lang; Schnauze abgerundet, im Profil abgerundet oder etwas abgeflacht, nicht über das Maul hinausragend, so lang wie das große Auge, so lang wie der Abstand der vorderen Augenwinkel voneinander, etwas länger als hoch; Canthus rostralis abgerundet; Lorealgegend abgeschrägt, wenig konkav; Nasenloch näher der Schnauzenspitze als dem Auge; Internasalraum schmaler als der Interorbitalraum, der so breit oder etwas breiter als ein oberes Augenlid ist; Trommelfell nur undeutlich sichtbar, etwa $^{2}/_{5}$—$^{1}/_{2}$ so groß wie das Auge, dicht bei diesem liegend. Finger sehr lang und schlank, mit einem sehr leichten Rudiment von Schwimmhaut zwischen den beiden lateralen; Haftscheiben nur undeutlich ausgebildet; 1. Finger wenig kürzer als der 2., der kürzer als der 4. ist, der von dem 3. weit überragt wird; 3. Finger viel länger als die Schnauze; Subartikulartuberkel klein, aber deutlich; Zehen lang und schlank, mit einem deutlichen (fast $^{1}/_{4}$ Schwimmhaut) Rudiment von Schwimmhaut;

Fig. 311.
Kassina wealii Blgr
Habitus, Unterseite des Kopfes und der Brust. (Nach Boulenger).

Haftscheiben nicht größer als die der Finger; 5. Zehe etwas länger als die 3.; laterale Metatarsalia fest verbunden; keine Tarsalfalte; eine große, rundliche, mediale Metatarsaltuberkel und eine fast ebenso große, rundliche, laterale; beide Metatarsaltuberkel nicht sehr deutlich; keine Tarsaltuberkel; Subartikulartuberkel nur klein. Das Tarsometatarsalgelenk erreicht den Hinterrand des Auges; Femur etwas kürzer als die Tibia, die $3^{1}/_{2}$ mal so lang wie breit, 3mal in der Körperlänge enthalten und viel kürzer als der Fuß ist; bei rechtwinklig angeknickten Hinterbeinen decken die Fersen einander. Haut oben glatt, Unterseite der Kehle und Brust ebenfalls glatt, der ganze Bauch und die Unterseite der Oberschenkel granuliert und gefeldert; eine deutliche Postpectoralfalte; Männchen mit einer großen, äußeren, subgularen Schallblase und einer runden oder querovalen Kehlscheibe in der Mitte der Kehle. Keine regelmäßigen Falten auf der Kehle.

Färbung (in Alkohol) oben dunkelbräunlichgrau, mit großen, länglichen Flecken, die auf dem Rücken mehr oder weniger in Streifen zusammenfließen; Unterseite bräunlich; Kehle beim Weibchen braun gefleckt, beim Männchen schwärzlich. Körperlänge 40 mm. (Fig. 311).

Süd-Afrika.

Hierzu ist die folgende Unterart beschrieben worden, die wahrscheinlich eine eigene Art darstellt:

1a. **K. w. quinque-vittata** J Hewitt 1927 *K. w. q*, J. Hewitt in: Rec. Albany Mus., *v.* 3 p. 409 t. 24 f 4 (Habitus).

Beim erwachsenen Männchen reicht das Tibiotarsalgelenk bis zum Vorderrand des Auges. Laterale Metatarsaltuberkel sehr klein. Schnauze breit abgerundet.

Körperoberseite mit 5 deutlichen, dunklen Streifen auf grauem Untergrund (bei konservierten Stücken); diese Streifen sind nicht unterbrochen, augenscheinlich in keinem Stadium. Der seitliche Streifen jedoch ist nur an seinem oberen Rand scharf ausgeprägt; unten vermischt er sich mit dem rötlichen Netzwerk der Flanken. Der Mittelstreifen ist vorn am breitesten und beginnt dicht hinter einer transversalen Linie, die die vorderen Augenwinkel verbindet. Daneben befindet sich ein anderes Paar von Streifen auf dem Kopf; dieses beginnt an jeder Seite am Nasenloch und endet hinter dem Trommelfell unmittelbar unter dem Anfang des seitlichen Körperstreifens. So muß eigentlich die Zeichnung der Oberseite von Kopf und Körper als aus 7 Streifen bestehend bezeichnet werden. Länge des erwachsenen Männchens 30 mm. Breite der Kehlscheibe 6 mm.

Kapstadt.

2. **K. deserticola** E. Ahl 1930 *K. d.*, E. Ahl in: Zool. Anz., *v.* 88 p. 280.

Körpergestalt gedrungen; Vomerzähne in zwei kleinen, runden oder ovalen, schrägen Gruppen dicht beieinander auf der Verbindungslinie der Hinterränder der ziemlich großen Choanen, die nicht unter dem Kieferrand verborgen sind; Zunge groß, hinten frei und mit zwei Zipfeln. Kopf groß, breiter als lang; Schnauze abgerundet, im Profil abgerundet, nicht oder nur sehr wenig über das Maul hinausragend, etwa so lang wie das große Auge, so lang wie der Abstand der vorderen Augenwinkel voneinander, etwas länger als hoch; Canthus rostralis abgerundet; Lorealgegend sehr schräg, nur sehr wenig konkav; Nasenloch bedeutend näher der Schnauzenspitze als dem Auge; Internasalraum etwa so breit wie der Interorbitalraum, der etwa ebenso breit wie ein oberes Augenlid ist; Trommelfell nur sehr undeutlich sichtbar, etwa $^1/_3$ so breit wie das Auge, dicht bei diesem liegend. Finger schlank, aber kurz, frei von Schwimmhaut; Haftscheiben nicht entwickelt, die Finger verhältnismäßig sehr spitz endend; 1. Finger so lang wie der 2., der kürzer als der 4. ist, der von dem 3. überragt wird; 3. Finger so lang wie die Schnauze; Subartikulartuberkel sehr deutlich. Zehen dünn, ziemlich kurz, nur mit einem sehr kurzen Rudiment von Schwimmhaut, fast frei; Haftscheiben ebenso wenig wie bei den Fingern entwickelt; 3. und 5. Zehe gleich lang; laterale Metatarsalia fest verbunden; keine Tarsalfalte; eine große, elliptische, fast schaufelförmige, mediale Metatarsaltuberkel von etwas über $^1/_2$ der Länge der medialen Zehe, eine sehr kleine, runde, laterale; keine Tarsaltuberkel; Subartikulartuberkel klein, deutlich. Das Tarsometatarsalgelenk reicht bis zum Trommelfell oder bis zum Hinterrand des Auges; Femur etwas länger als die Tibia, die 3 mal so lang wie breit, $3^1/_3$—$3^1/_2$ mal in der Körperlänge enthalten und so lang oder wenig länger als der Fuß ist; bei rechtwinklig angeknickten Hinterbeinen berühren die Fersen einander nicht. Haut oben glatt; Kehle, Brust, Bauch und Unterseite der Oberschenkel gefeldert; Männchen mit einer großen, länglich ovalen Haftscheibe an der Kehle und zwei eingezogenen, äußeren, subgularen Schallblasen; die Kehle an den Seiten und hinter der Haftscheibe ist stark und regelmäßig gefaltet.

Färbung (in Alkohol) oben bräunlichgrau, mit großen, dunkelbraunen, länglichen Flecken, die zu etwa fünf unterbrochenen Längsbinden auf dem Rücken und den Seiten zusammenfließen; die Seiten des Körpers, die Ober- und Hinterseite der Oberschenkel, die Oberseite der Tibia und des Fußes, wie auch die Oberseite der Vorderbeine hell graubraun und dunkelbraun marmoriert. Unterseite weiß, die Kehle beim Männchen schwarzbraun. Körperlänge 48 mm.

Deutsch-Süd-West-Afrika (Windhuk, Klein-Nauas).

3. **K. modesta** E. Ahl 1930 *K. m.*, E. Ahl in: Zool. Anz., *v.* 88 p. 281.

Körpergestalt ziemlich gedrungen; Vomerzähne in zwei kleinen, schrägen Reihen zwischen den mäßig großen Choanen; Zunge groß, hinten frei und eingeschnitten. Kopf mäßig groß, so lang wie breit; Schnauze spitz verrundet, im Profil abgerundet, etwas über das Maul hinausragend, so lang wie das große Auge, so lang wie der Abstand der vorderen Augenwinkel voneinander, länger als hoch; Canthus rostralis abgerundet; Lorealgegend schräg, konkav, doch steiler als bei *K. senegalensis*; Nasenloch näher der Schnauzenspitze als dem Auge; Internasalraum wenig schmaler als der Interorbitalraum, der $1^1/_2$ mal so breit wie ein oberes Augenlid ist; Trommelfell nicht sehr deutlich, etwa $^1/_2$ so breit wie das Auge, dicht bei diesem liegend. Finger schlank, frei von Schwimmhaut; keine deutlichen Haftscheiben; 1. Finger wenig kürzer als der 2., der kürzer als der 4. ist, der von dem 3. weit überragt wird; 3. Finger so lang wie die Schnauze; Subartikulartuberkel klein, aber sehr deutlich. Zehen lang und schlank, nur mit kurzer, etwa $^1/_4$ Schwimmhaut; Haftscheiben ebenso wenig ausgebildet wie die der Finger; 5. Zehe etwas länger als die 3.; laterale Metatarsalia fest verbunden; keine Tarsalfalte; eine große, elliptische, mediale Metatarsaltuberkel von etwa $^1/_2$ der Länge der medialen Zehe und eine kleine, runde, laterale; keine Tarsaltuberkel; Subartikulartuberkel klein, aber sehr deutlich. Das Tarsometatarsalgelenk reicht nicht ganz bis zum Trommelfell; Femur so lang wie die Tibia, die 3 mal so lang wie breit, $3^2/_3$ mal in der Körperlänge enthalten und etwas kürzer als der Fuß ist; bei rechtwinklig angeknickten Hinterbeinen berühren die Fersen einander. Haut oben, an der Kehle, der Brust und der vorderen Hälfte der Brust glatt; hintere Hälfte des Bauches und Unterseite der Oberschenkel gefeldert. Keine Querfalten auf der Brust.

Färbung (in Alkohol) oben auf Kopf und Rücken einfarbig dunkelgrau bis braunschwarz; Seiten des Kopfes und des Körpers dunkelbraun und bräunlichweiß marmoriert; Vorder- und Hinterextremitäten oberseits dunkelbraun und schwärzlich quergebändert. Unterseite weiß, Kehle fein braun bestäubt. Körperlänge 40 mm.

Mariannhill, Natal.

4. **K. senegalensis** (Dum. & Bibr.). 1841 *Cystignathus s.*, C. Duméril & G. Bibron, Erpét., *v.* 8 p. 418 | 1847 *C. s.*, A. Smith, Ill. Zool. S.-Afr., t. 62 | 1853 *Kassina s.*, C. Girard in: P. Ac. Philad., *v.* 6 p. 421 | 1855 *Cystignathus argyreivittis*, Peters in: Arch. Naturg., *v.* 21ı p. 55 | 1858 *C. senegalensis*, Alb. Günther, Cat. Batr. sal. Brit. Mus., p. 30 | 1882 *Cassina s.*, Boulenger, Cat. Batr. sal. Brit. Mus., ed. 2 p. 131 | 1882 *C. argyreivittis*, Peters, Reise Mossamb., *v.* 3 p. 157 t. 22 f. 2 (Habitus in natürlichen Farben) | 1884 *C. a.*, J. G. Fischer in: Jahrb. Hamburg. Anst., *v.* 1 p. 27 | 1893 *C. senegalensis*, Alb. Günther in: P. zool. Soc. London, p. 618 | 1895 *C. s.*, Boulenger in: Ann. Mus. Genova, ser. 2 *v.* 15 p. 17 | 1897 *C. s*, Tornier, Kriechth. D.-O.-Afr., p. 157 | 1897 *C. s.*, H. Johnston, Brit. Centr. Afr., p. 361a | 1897 *C. s.*, Tornier in: Arch. Naturg., *v.* 63ı p. 66 | 1898 *C. s.* var. *intermedia*, F. Werner in: Jahresber. Ver. Magdeburg, p. 148 | 1898 *C. s.*, John Anderson, Zool. Egypt, *v.* 1 p. 348 | 1898 *C. s.*, W. Sclater in: Ann. S. Afr. Mus., *v.* 1 p. 108 | 1901 *C. s.*, Boulenger in: Ann. Mus. Congo, Zool. *v.* 2 p. 2 | 1902 *C. s.*, F. Mocquard in: Bull. Mus. Paris, *v.* 8 p. 409 | 1902 *C. s.*, Schenkel in: Verh. Ges. Basel, *v.* 13 p. 150 | 1907 *C. s.*, Boulenger in: P. zool. Soc. London, p. 482 | 1907 *C. s.*, F. Werner in: SB. Ak. Wien, *v.* 116 p. 1905 | 1907 *C. s.*, Lönnberg

in: Ergeb. Schwed. Exp. Kilimandjaro, *v.* 1 nr. 4 Rept. Batr. p. 25 | 1908 *C. s.*, Chubb in: Ann. nat. Hist., ser. 8 *v.* 2 p. 220 | 1908 *C. s.*, Odhner in: Ark. Zool., *v.* 4 nr. 18 p. 7 | 1909 *C. s.*, Chubb in: P. zool. Soc. London, p. 592 | 1910 *C. s.*, Boulenger in: Ann. S. Afr. Mus., *v.* 5 p. 532 | 1910 *C. s.*, Meek in: Publ. Field Columb. Mus., Zool. *v.* 7 p. 404 | 1911 *C. s.*, L. G. Andersson in: Svenska Ak. Handl., *v.* 47 nr. 6 p. 32 | 1911 *C. s.*, Boulenger in: Ann. Mus. Genova, ser. 3 *v.* 5 p. 169 | 1911 *C. s.*, J. Hewitt in: Ann. Transvaal Mus., *v.* 3 p. 54 | 1911 *C. s.*, J. Hewitt in: Rec. Albany Mus., *v.* 2 p. 224 | 1912 *C. s.*, J. Hewitt in: Rec. Albany Mus., *v.* 2 p. 280 | 1912 *C. s.*, Nieden in: Ergeb. D. Zentr.-Afr.-Exp., *v.* 4 p. 181 | 1913 *C. s.*, J. Hewitt & Power in: Tr. R. Soc. S. Afr., *v.* 3 p. 170 | 1913 *C. s.*, Nieden in: SB. Ges. Fr. Berlin, p. 452 | 1915 *C. s.*, Nieden in: Mt. Mus. Berlin, *v.* 7 p. 370 | 1920 *C. s.*, Procter in: P. zool. Soc. London, p. 419 | 1921 *C. s.*, Chabanaud in: Bull. Com. Afr. occid. Franç., p. 459 | 1924 *C. s.*, E. Ahl in: Mt. Mus. Berlin, *v.* 11 p. 8 | 1924 *Kassina s.*, Noble in: Bull. Amer. Mus., *v.* 49 p. 232 | 1925 *Cassina s.*, Power in: Tr. R. Soc. S. Afr., *v.* 13 p. 107 | 1926 *C. s.*, J. Hewitt in: Ann. S. Afr. Mus., *v.* 20 p. 473 | 1926 *C. s.*, Power in: P. zool. Soc. London, p. 427 t. (Larve).

Fig. 312.
Kassina senegalensis
(Dum. & Bibr.)
Schultergürtel. (Nach Peters).

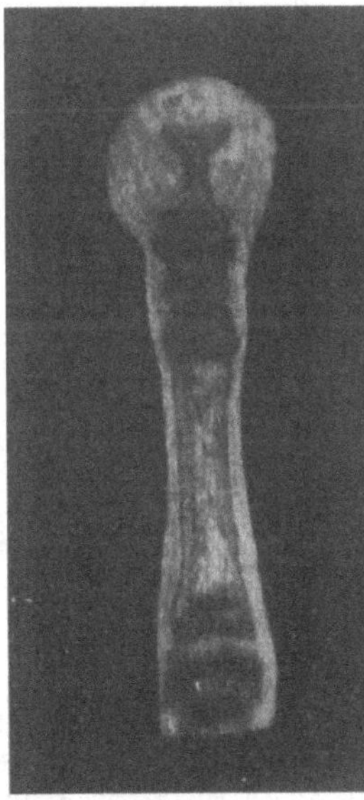

Fig. 313.
Kassina senegalensis
(Dum. & Bibr.).
Zehenspitze. (Nach Noble).

Körpergestalt gedrungen; Vomerzähne auf oder kurz hinter der Verbindungslinie der Hinterränder der mäßig großen Choanen; Zunge groß, hinten frei und eingeschnitten. Kopf ziemlich groß, so breit wie lang oder wenig länger als breit; Schnauze abgerundet, im Profil abgestutzt oder abgerundet, nicht oder nur sehr wenig über das Maul hinausragend, so lang oder etwas kürzer als das große Auge, so lang wie der Abstand der vorderen Augenwinkel voneinander, etwas länger als hoch; Canthus rostralis abgerundet; Lorealgegend schräg, konkav; Nasenloch näher der Schnauzenspitze als dem Auge; Internasalraum so breit oder nur wenig schmaler als der Interorbitalraum, der so breit oder nur sehr wenig breiter als ein oberes Augenlid ist; Trommelfell mehr oder weniger deutlich, $^1/_3$ bis $^2/_5$ so breit wie das Auge, dicht bei diesem liegend. Finger lang und schlank, frei von Schwimmhaut; Haftscheiben sehr klein; 1. Finger etwas kürzer als der 2., der kürzer als der 4. ist, der von dem 3. weit überragt wird; 3. Finger etwas länger als die Schnauze; Subartikulartuberkel sehr deutlich. Zehen lang und schlank, nur mit einem äußerst kleinen, oft undeutlichen Rudiment von Schwimmhaut; Haftscheiben etwa so groß wie die der Finger; 5. Zehe etwas länger als die 3.; laterale Metatarsalia fest verbunden; keine Tarsalfalte; eine rundliche oder ovale, mediale und eine sehr kleine, runde, laterale Metatarsaltuberkel vorhanden; keine Tarsaltuberkel; Subartikulartuberkel sehr deutlich. Das Tarsometatarsalgelenk reicht bis zum Vorder- oder Hinterrand des Auges; Femur so lang oder wenig kürzer als die Tibia, die 3—$3^1/_2$ mal so lang wie breit, $2^2/_3$—$3^1/_4$ mal in der Körperlänge enthalten und so lang oder wenig länger als der Fuß ist; bei rechtwinklig angeknickten Hinterbeinen berühren oder decken die Fersen einander ein wenig. Haut oben, an der Kehle und Brust glatt; Bauch im hinteren Teil und Unterseite der Oberschenkel grob granuliert; Männchen mit einer großen, länglich ovalen Haftscheibe an der Kehle und zwei eingezogenen, äußeren, subgularen Schallblasen; die Kehle an den Seiten und hinter der Haftscheibe ist stark und regelmäßig gefaltet.

Färbung (in Alkohol) hellbräunlich, grau oder oliv, mit großen, länglichen, dunkelbraunen Flecken, die gewöhnlich auf dem Rücken zu drei Längsstreifen zusammenfließen, manchmal auch an den Seiten; nur in selteneren Fällen sind die Flecke rund und einzeln stehend, oder der Rücken gänzlich ungefleckt, nur an den Seiten, wie bei allen Färbungsphasen, gefleckt oder marmoriert. Vorder- und Hinterextremitäten dunkelbraun quergebändert. Unterseite weißlich, gelblich bis hellolivbraun, einfarbig, nur das Männchen mit brauner oder schwarzer Kehle oder ebensolchen Flecken. Körperlänge 44 mm. (Fig. 312, 313).

Tropisches Afrika südlich der Sahara.

10. Gen. **Hylambates** A. Dum.

1853 *H.*, A. Duméril in: Ann. Sci. nat., ser. 3 *v.* 19 p. 162 | 1865 *H.*, E. D. Cope in: Nat. Hist. Rev., *v.* 5 p. 115 | 1882 *H.*, Boulenger, Cat. Batr. sal. Brit. Mus., ed. 2 p. 132 | 1905 *H.*, J. Roux in: Zool. Anz., *v.* 28 p. 785 | 1906 *H.*, Boulenger in: Ann. Mus. Genova, ser. 3 *v.* 2 p. 170 | 1924 *H.*, E. Ahl in: Zool. Anz., *v.* 60 p. 269 | 1924 *H.*, Noble in: Bull. Amer. Mus., *v.* 49 p. 247.

Pupille senkrecht; Zunge frei, hinten mehr oder weniger eingeschnitten; Vomerzähne vorhanden; Oberkiefer bezahnt; Zwischenknochen zwischen den Endgliedern der Finger und Zehen vorhanden; Finger frei oder mit Schwimmhaut verbunden; Zehen mit Schwimmhaut; laterale Metatarsalia fest verbunden; Spitzen der Finger und Zehen in Haftscheiben verbreitert. Coracoide stark, gerade, wenig schräg nach hinten gerichtet; Praecoracoide mäßig stark, gerade, wagerecht; Omosternum mit knöchernem, gegabelten Stiel; Sternum eine Knorpelplatte; die Nasalia und die Frontoparietalia berühren einander.

Typus: *H. maculatus* A. Dum.

8 Arten im tropischen Afrika.

Bestimmungstabelle der Arten der Gattung *Hylambates*:

A. Finger frei.
 B. Zehen nur am Grunde mit Schwimmhaut (höchstens $^1/_4$).
  C. Tibiotarsalgelenk kaum bis zur Achsel reichend . . . . 1. **H. cassinoides**
  CC. Tibiotarsalgelenk bis zwischen Schulter und Auge reichend.
   D. Haftscheiben klein.
    E. Fuß mehr als die Hälfte der Körperlänge . . . . . 2. **H. marginatus**
    EE. Fuß $2^1/_2$ mal in der Körperlänge enthalten . . . . . 3. **H. brevipalmatus**
   DD. Haftscheiben groß (so groß wie das Trommelfell) . . 4. **H. verrucosus**
 BB. Zehen mit $^1/_2$ Schwimmhaut.
  C. Tibiotarsalgelenk bis zum Trommelfell oder nicht ganz so weit . . . . 5. **H. maculatus**
  CC. Tibiotarsalgelenk bis zum Auge . . . . 6. **H. leonardi**
AA. Finger mit rudimentärer Schwimmhaut.
 B. Zehen mit $^1/_2$ Schwimmhaut . . . . 7. **H. ragazzii**
 BB. Zehen mit fast ganzen Schwimmhäuten . . . . 8. **H. greshoffii**

1. **H. cassinoides** Blgr. 1903 *H. c.*, Boulenger in: Ann. nat. Hist., ser. 7 *v.* 12 p. 556 | 1906 *H. c.*, Boulenger in: Ann. Mus. Genova, ser. 3 *v.* 2 p. 170 | 1924 *H. c.*, Noble in: Bull. Amer. Mus., *v.* 49 p. 322.

Vomerzähne in zwei kleinen Gruppen zwischen den Choanen. Kopf so lang wie breit; Canthus rostralis undeutlich; Trommelfell etwa $^1/_2$ so breit wie das Auge. Finger frei; Zehen an der Basis durch Schwimmhaut verbunden; kleine, aber sehr deutliche Haftscheiben; eine mäßig große, ovale, schwach hervortretende Metatarsaltuberkel. Hinterbeine sehr kurz, das Tibiotarsalgelenk kaum die Achsel erreichend; Tibia nicht $^1/_3$ der Körperlänge. Haut oben glatt; Bauch und Unterseite der Oberschenkel gekörnelt.

Oben grau, mit sechs dunkelbraunen Längsstreifen, das mittelste Paar nur schmal getrennt. Ein dunkelbrauner Canthalstreifen; Beine mit regelmäßigen, dunkelbraunen Querbinden. Unterseite weiß. Körperlänge 46 mm.

McCarthy-Insel, Gambia.

2. **H. marginatus** Boc. ·1895 *H. m.*, Bocage, Herpét. Angola, p. 178 | 1906 *H. m.*, Boulenger in: Ann. Mus. Genova, ser. 3 *v.* 2 p. 170 | 1924 *H. m.*, Noble in: Bull. Amer. Mus., *v.* 49 p. 323.

Vomerzähne in zwei kleinen, sehr nahe stehenden Gruppen auf der Mittellinie der Choanen. Trommelfell kaum $^1/_2$ so groß wie das Auge, deutlich, oval. Finger und Zehen lang; Finger frei, Zehen nur am Grunde mit Schwimmhaut; die 4. Zehe viel länger als die 5., die etwas länger als die 3. ist. Haftscheiben klein; mediale Metatarsaltuberkel groß und zusammengedrückt. Das Tibiotarsalgelenk reicht bis zwischen Schulter und Hinterrand des Auges; Tibia mehr als $^1/_3$ der Körperlänge; Fuß mehr als die Hälfte der Körperlänge. Haut der Oberseite glatt; Kehle, Bauch, Unterseite der Oberschenkel granuliert.

Färbung (in Alkohol) oben graublau mit einigen verstreuten, schwarzen Punkten; ein doppelter schwarz und weißer Streifen beginnt an der Schnauzenspitze, überquert das Nasenloch und das Auge, umschließt das Trommelfell, setzt sich nach hinten fort und endet an der Ansatzstelle der Vordergliedmaßen; die Seiten des Halses und die Flanken sind schwarz und weiß gefleckt, ebenso wie die Analgegend und die Oberseite der Oberschenkel; die Oberseite der Vorderbeine und der Füße schwarz punktiert; Lateralrand der Vorderbeine, der Füße und der Beine gleichmäßig schwarz. Unterseite hellrötlich, die Kehle weißlich, die Hinterseite der Oberschenkel rotbraun mit kleinen, weißen Punkten; eine kleine, schmale Linie über dem After. Körperlänge 38 mm.

Angola.

3. **H. brevipalmatus** E. Ahl 1930 *H. b.*, E. Ahl in: Zool. Anz., *v.* 87 p. 228.

Körpergestalt gedrungen; Vomerzähne in zwei kleinen, runden Gruppen zwischen den Choanen; diese selbst mäßig groß, etwas kleiner als die Gruppen der Vomerzähne, nicht unter dem Kieferrand verborgen; Zunge groß, breit, hinten frei und mit zwei langen Zipfeln. Kopf groß, breiter als lang; Schnauze spitz abgerundet, im Profil abgeflacht, nicht über das Maul hinausragend, so lang wie das große Auge, so lang wie der Abstand der vorderen Augenwinkel voneinander, viel länger als hoch; Canthus rostralis deutlich, gebogen; Lorealgegend abgeschrägt, konkav; Nasenloch etwas näher dem Auge als der Schnauzenspitze; Internasalraum kaum schmaler als der Interorbitalraum, der so breit wie ein oberes Augenlid ist, Trommelfell mäßig deutlich, $^1/_2$ so breit wie das Auge, schräg oval, um etwa $^1/_3$ seines eigenen Durchmessers vom Auge entfernt. Finger lang und schlank, ohne Schwimmhaut; Haftscheiben sehr klein, so breit wie das vorletzte Gelenk; 1. Finger den übrigen opponierbar, kleiner als der 2., der kürzer als der 4. ist, der von dem 3. überragt wird, 3. Finger so lang wie die Schnauze; Subartikulartuberkel deutlich, stark hervortretend. Zehen lang und schlank, nur am Grunde mit einem Rudiment von Schwimmhaut; Haftscheiben kleiner als die der Finger; 5. Zehe etwas länger als die 3.; laterale Metatarsalia fest verbunden; keine Tarsalfalte; nur eine sehr große, schaufelförmige, mediale Metatarsaltuberkel von fast der Länge der medialen Zehe; keine laterale, keine Tarsaltuberkel; Sohle granuliert; Subartikulartuberkel klein, aber deutlich. Das Tibiotarsalgelenk reicht bis zur Mitte des Trommelfells; Femur so lang wie die Tibia, die 3mal so lang wie breit, $2^2/_3$ mal in der Körperlänge enthalten und etwas kürzer als der Fuß ist, der $2^1/_2$ mal in der Körperlänge enthalten ist; bei rechtwinklig angeknickten Hinterbeinen berühren die Fersen einander nicht. Haut oben fein chagriniert oder etwas porös; Seiten des Kopfes und des Körpers gekörnelt; Bauch, Kehle, Brust und Unterseite der Oberschenkel granuliert; eine deutliche Postgularfalte.

Färbung (in Alkohol) oben hellgelblichgrau; von der Schnauzenspitze zieht sich unterhalb des Canthus rostralis durch das Auge bis zum Tympanum eine dunkelbraune Binde hin; Oberlippe, Lateralseite des Unterarmes, der Tibia, des Tarsus und des Fußes mit einer schmalen, weißen Linie. Gesamte Unterseite und die Hinterseite der Oberschenkel weiß. Männchen mit je einer großen Brunftschwiele auf jeder Seite der Brust in der Nähe der Ansatzstelle der Oberarme. Körperlänge 41 mm.

Unyika, Deutsch-Ost-Afrika.

4. **H. verrucosus** Blgr. 1912 *H. v.*, Boulenger in: Ann. nat. Hist., ser. 8 *v.* 10 p. 141 | 1924 *H. v.*, Noble in: Bull. Amer. Mus., *v.* 49 p. 248 t. 38 f. 3 (Habitus).

Vomerzähne in zwei schrägen Reihen zwischen den Choanen. Kopf etwas breiter als lang; Schnauze abgerundet, so lang wie der Augendurchmesser; Canthus rostralis abgerundet, Interorbitalraum so breit wie ein oberes

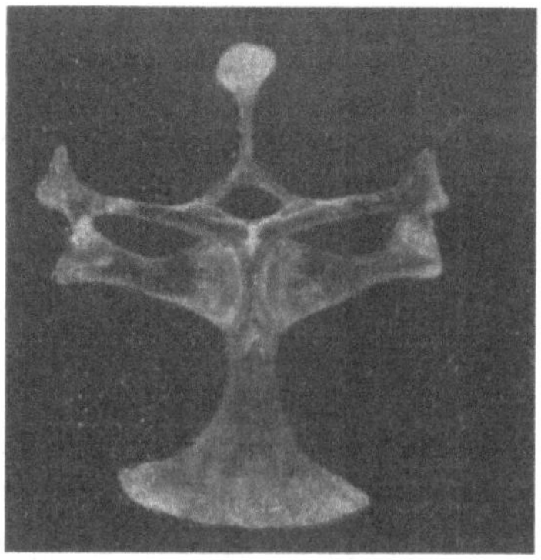

Fig. 314.
Hylambates verrucosus Blgr.
Schultergürtel. (Nach Noble).

Augenlid; Trommelfell deutlich, $^1/_2$ so groß wie das Auge. Finger mäßig lang, frei; Zehen mit kaum $^1/_4$ Schwimmhaut; 1. Zehe ohne Schwimmhaut, die 2. bis zum distalen Ende des Metatarsus, die 3. und 4. bis zum distalen Ende der proximalen Phalange und die 5. etwas darüber hinaus. Haftscheiben ziemlich groß, so groß wie das Trommelfell; mediale Metatarsaltuberkel klein, oval, nicht zusammengedrückt. Das Tibiotarsalgelenk reicht bis zwischen

Schulter und Auge; Tibia $^2/_5$ der Körperlänge. Haut oben mit kleinen, glatten Warzen, auf dem Bauch und unter den Oberschenkeln gekörnelt.

Färbung oben dunkelrötlichbraun, manchmal mit einer Zeichnung aus vielen kleinen, schwarzen Punkten bestehend; Achsel und Weichen mit einem großen, orangefarbenen Fleck; Schenkel und Unterseite der Tibia und des Tarsus schwarz und orange gebändert; Unterseite dunkelrötlichbraun, einfarbig oder dicht mit kleinen, weißlichen Punkten besetzt. Im Leben dieselbe Färbung, die Iris dunkelbronzefarbig. Körperlänge 58 mm. Männchen mit zwei gularen Schallblasen, die durch einen Gularfleck getrennt sind. (Fig. 314, 315).

Mabira-Wald, Chagwe, Uganda und Medje, Ituri-Wald.

Fig. 315.
Hylambates verrucosus Blgr.
Habitus nach einer Photographie nach dem Leben. (Nach Noble).

5. **H. maculatus** A. Dum. 1853 *H. m.*, A. Duméril in: Ann. Sci. nat., ser. 3 *v.* 19 p. 165 t. 7 f. 1—1b, 4 | 1855 *H. m.*, Peters in: Arch. Naturg., *v.* 21 i p. 56 | 1882 *H. m.*, Boulenger, Cat. Batr. sal. Brit. Mus., ed. 2 p. 134 | 1882 *H. m.*, Peters, Reise Mossamb., *v.* 3 p. 159 t. 26 f. 4 (Schultergürtel) | 1897 *H. m.*, Tornier. Kriechth. D.-O.-Afr., p. 157 | 1906 *H. m.*, Boulenger in: Ann. Mus. Genova, ser. 3 *v.* 2 p. 170 | 1915 *H. m.*, Nieden in: Mt. Mus. Berlin, *v.* 7 p. 366 | 1924 *H. m.*, Noble in: Bull. Amer. Mus., *v.* 49 p. 322 | 1928 *H. m.*, Barbour & Loveridge in: Mem. Mus. Harvard, *v.* 50 p. 240.

Körpergestalt ziemlich gedrungen. Vomerzähne in zwei kleinen, runden oder senkrechten Gruppen zwischen den ziemlich großen Choanen. Zunge mäßig groß, hinten eingeschnitten. Kopf groß, etwas breiter als lang; Schnauze abgerundet, im Profil rundlich abgeflacht, nicht über das Maul hinausragend, so lang oder sehr wenig länger als das Auge, so lang wie der Abstand der vorderen Augenwinkel voneinander, länger als hoch; Canthus rostralis abgerundet; Lorealgegend schräg, konkav; Nasenloch in der Mitte zwischen Auge und Schnauzenspitze, der Abstand der Nasenlöcher voneinander so groß oder nur wenig kleiner als der Interorbitalraum, der so breit oder etwas breiter als ein oberes Augenlid ist; Trommelfell wenig deutlich, $^2/_5$—$^1/_2$ so groß wie das Auge, um etwa die Hälfte seines Durchmessers von dem letzteren entfernt. Finger lang und schlank, frei von Schwimmhaut; Haftscheiben deutlich, $^2/_3$ bis fast so groß wie das Trommelfell; 1. Finger kleiner als der 2., der kürzer als der 4. ist, der von dem 3. überragt wird; 3. Finger so lang oder nur sehr wenig länger als die Schnauze; Subartikulartuberkel mäßig groß, aber deutlich. Zehen lang, mit etwa $^1/_2$ Schwimmhaut, die an allen Zehen das letzte Glied und an der 4. Zehe die beiden letzten Glieder frei läßt; Haftscheiben nur sehr wenig kleiner als die der Finger; 5. Zehe kaum länger als die 3.; laterale Metatarsalia fest verbunden; laterale Zehe ohne Hautfalte; Tarsalfalte fehlt; nur eine sehr kleine, flache, nicht vortretende, mediale Metatarsaltuberkel von etwa $^1/_4$—$^1/_3$ der Länge der medialen Zehe; keine laterale, keine Tarsaltuberkel; Subartikulartuberkel klein, aber deutlich. Das Tibiotarsalgelenk reicht bis zum Trommelfell oder nicht ganz so weit; Femur etwas kürzer, selten so lang wie die Tibia, die 3—$3^1/_2$mal so lang wie breit, $2^3/_4$ bis fast 3mal in der Körperlänge enthalten, nur wenig kürzer als das Os cruris und so lang oder meist etwas kürzer als der Fuß ist; die Fersen berühren oder decken einander. Haut oben glatt; Bauch und Unterseite der Oberschenkel gekörnelt.

Fig. 316.
Hylambates maculatus A. Dum.
Schultergürtel.
(Nach Peters).

Oberseite (in Alkohol) grau oder bläulich, mit großen, inselförmigen, dunkel- oder rotbraunen, hell gerandeten Flecken; Beine mit unregelmäßigen Querbinden; Hinterseite der Schenkel gelblich oder rötlich mit schwarzen Querbinden, Marmorierungen oder Flecken; Unterseite einfarbig grau oder bräunlich. Färbung im Leben: Oben silbergrau mit zahlreichen silberumrandeten, braunen Flecken von sehr unregelmäßiger Form; auf den Vorder- und Hinterbeinen nehmen diese Flecke die Form unregelmäßiger Binden an, von denen sich vier auf den vorderen und zehn auf den hinteren Beinen befinden; die Weichen und die Hinterseiten der Schenkel sind fleischfarben, außer den braunen Flecken, die ihre silberne Umrandung verlieren, wenn sie in die fleischfarbene Zone eintreten. Unterseite weiß, mit kleinen, grauen Flecken untermischt; Achsel rot; Unterseite der Arme orangefarben. Männchen mit zwei schwarzen, subgularen Schallblasen, die durch eine Gularscheibe getrennt sind. Körperlänge 67 mm. Frischverwandelte Fröschchen (noch mit dem nicht mitgemessenen Stummelschwanz) 31 mm. (Fig. 316).

Ost-Afrika, von Mozambique bis Zanzibar.

Kaulquappe: Körperhöhe $1^2/_3$mal in der Körperlänge und Körperbreite enthalten; Schwanz lang und hinten lang zugespitzt, etwa doppelt so lang wie der Körper, etwa 3mal so lang wie hoch, die Höhe des muskulösen Teiles an der Basis $1^1/_2$—$1^2/_3$mal so hoch wie die größte Körperhöhe; Augen seitlich, 2mal so weit entfernt von der Schnauzenspitze als vom Spiraculum; Breite des Maules 4mal im Interorbitalraum enthalten; Spiraculum linksseitig, von oben und unten sichtbar, aufwärts und rückwärts gerichtet, in der Mitte zwischen After und Schnauzenspitze; After rechtsseitig; Schwanz spitz endend, oberer Saum breiter als der untere, sich bis auf die Rückenmitte fortsetzend.

Lippen mit einer einzigen Reihe von Papillen an den Seiten und am unteren Rand, in der Mitte des letzteren mit einer sehr kleinen Unterbrechung;

Kiefer schwarz gerandet; Zahnreihen: im Oberkiefer eine ununterbrochene Reihe, im Unterkiefer 3; die medialen breit unterbrochen in der Mitte, die zweite schmal unterbrochen, gerade und die laterale schmal unterbrochen, jede der Teilreihen für sich nach lateral vorgebogen.

Färbung (in Alkohol) oben einfarbig bräunlich, unten weißlich, die Seiten des Körpers und des Schwanzes braun und weiß marmoriert. Totallänge 104 mm, davon 69 mm auf den Schwanz.

6. **H. leonardi** Blgr. 1906 *H. l.*, Boulenger in: Ann. Mus. Genova, ser. 3 *v.* 2 p. 167 t. 2 f. 3 (Habitus) | 1908 *H. l.*, Nieden in: Mt. Mus. Berlin, *v.* 3 p. 506 | 1909 *H. l.*, Nieden in: Arch. Naturg., *v.* 75 I p. 362 f. 1, 2 (Hand und Fuß) | 1924 *H. l.*, Noble in: Bull. Amer. Mus., *v.* 49 p. 322.

Vomerzähne in zwei kleinen Gruppen auf oder gerade hinter der Verbindungslinie der Hinterränder der ziemlich großen Choanen. Zunge ziemlich groß, hinten mit zwei Zipfeln. Kopf groß, etwas breiter als lang; Schnauze abgerundet, im Profil abgeflacht, so lang wie das Auge, etwas kürzer als

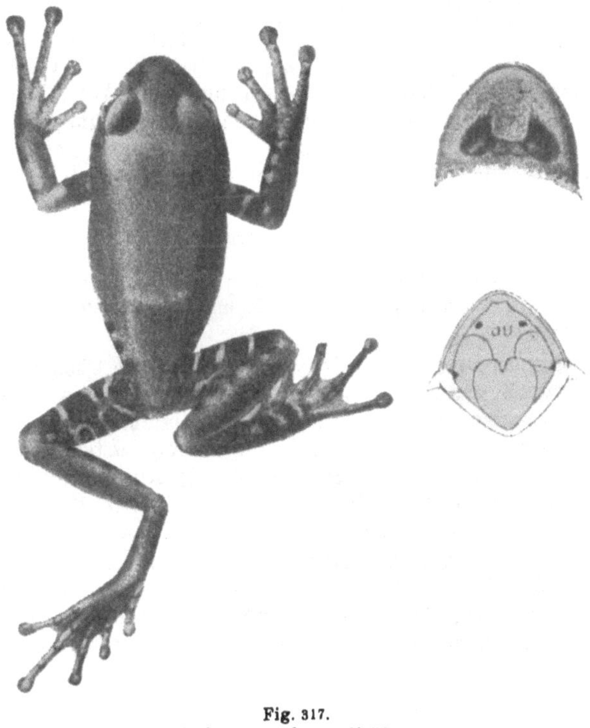

Fig. 317.
Hylambates leonardi Blgr.
Habitus von oben, Unterseite des Kopfes, Mundöffnung. (Nach Boulenger).

der Abstand der vorderen Augenwinkel voneinander, länger als hoch, nicht über das Maul hinüberragend; Canthus rostralis abgerundet; Lorealgegend schräg, konkav; Nasenloch sehr wenig näher der Schnauzenspitze als dem Auge, Abstand der Nasenlöcher voneinander etwas kleiner als der Interorbitalraum, der so breit oder wenig breiter als ein oberes Augenlid ist; Trommelfell mäßig deutlich, $^1/_3$—$^2/_5$ so breit wie das Auge, nahe bei diesem. Finger ziemlich lang, frei; Haftscheiben groß, so groß wie das Trommelfell;

1. Finger kleiner als der 2., der kürzer als der 4. ist, der von dem 3. überragt wird; Subartikulartuberkel nicht sehr vorspringend. Zehen lang, mit $^1/_2$ Schwimmhaut, die an allen Zehen das letzte Glied und an der 4. Zehe die beiden letzten Glieder frei läßt; Haftscheiben etwas kleiner als die der Finger; 3. Zehe kaum kürzer als die 5.; laterale Metatarsalia fest verbunden; laterale Zehe ohne Hautfalte; Tarsalfalte fehlt; nur eine kleine, ovale, schwach vortretende, mediale Metatarsaltuberkel von $^1/_8$ bis $^2/_5$ der Länge der medialen Zehe; keine laterale, keine Tarsaltuberkel; Subartikulartuberkel deutlich. Das Tibiotarsalgelenk reicht bis zum Auge; Femur so lang oder etwas kürzer als die Tibia, die $3^1/_2$—4 mal so lang wie breit, $2^2/_5$—$2^1/_2$ mal in der Körperlänge enthalten, viel länger als das Os cruris und so lang oder wenig länger als der Fuß ist; die Fersen decken einander. Haut glatt, am Bauche und unter den Oberschenkeln gekörnelt.

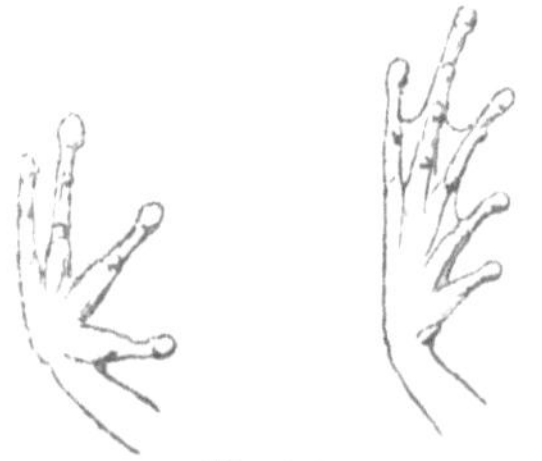

Fig. 318.
Hylambates leonardi Blgr.
Hand und Fuß von unten.
(Nach Nieden).

Färbung (in Alkohol) oben braun, mit oder ohne kleine, schwarze Flecke; Weichen schwarz und gelb marmoriert. Oberseite von Arm und Schenkeln, ebenso Medialseite der Tibia mehr oder weniger regelmäßig schwarz und gelb gebändert; Unterseite hellbräunlich. Männchen mit zwei schwarzen, äußeren, gularen Schallblasen, die durch eine Gularscheibe getrennt werden. Körperlänge 54 mm. (Fig. 317, 318).

Kamerun-Gabun-Gegend einschließlich Fernando-Po.

7. **H. ragazzii** Blgr. 1896 *H. r.*, Boulenger in: Ann. Mus. Genova, ser. 2 *v.* 16 p. 554 | 1906 *H. r.*, Boulenger ibid., ser. 3 *v.* 2 p. 170 | 1924 *H. r.*, Noble in: Bull. Amer. Mus., *v.* 49 p. 323.

Vomerzähne in zwei kleinen Gruppen zwischen den Choanen. Trommelfell fast $^1/_2$ so groß wie das Auge. Finger mit einem kurzen, aber deutlichen Rudiment von Schwimmhaut; Zehen mit $^1/_2$ Schwimmhaut, die an der 5. Zehe die letzte Phalange und an der 4. Zehe die beiden letzten Glieder frei läßt. Eine sehr kleine, mediale, ovale, nicht zusammengedrückte Metatarsaltuberkel. Das Tibiotarsalgelenk erreicht das Trommelfell. Haut der Oberseite mit kleinen, runden Tuberkeln, Unterseite gekörnelt.

Oben einfarbig dunkeloliv; eine feine, weiße Linie von der Schnauzenspitze bis über das Trommelfell, den Canthus rostralis, und der Supraciliarregion folgend; Flanken, Bauch, Hinterseite der Schenkel und Unterseite der Beine dunkelgrauweiß, mit kleinen, weißlichen Flecken und Punkten. Körperlänge 43 mm.

Shoa, Abessinien.

8. **H. greshoffi** Schilthuis 1889 *H. g.*, Schilthuis in: Tijdschr. Nederl. dierk. Ver., ser. 2 *v.* 2 p. 286 f. a, b (Hand und Fuß) | 1906 *H. g.*, Boulenger in: Ann. Mus. Genova, ser. 3 *v.* 2 p. 171 | 1909 *H. greshoffi*, Nieden in: Arch. Naturg., *v.* 75I p. 366 | 1924 *H. g.*, Noble in: Bull. Amer. Mus., *v.* 49 p. 249 t. 31 f. 2 (Schultergürtel).

Vomerzähne in zwei kleinen, runden Gruppen gerade hinter der Verbindungslinie der Choanen. Kopf nicht breiter als lang; Trommelfell deutlich, etwa $^1/_2$ so groß wie das Auge. Die drei lateralen Finger nur mit einem Rudiment von Schwimmhaut an der Basis; Haftscheiben gut entwickelt, nicht ganz so groß wie das Trommelfell; Zehen mit fast ganzen

Schwimmhäuten, die an allen Zehen bis unter die Haftscheiben reichen, außer an der 4., wo das letzte Glied frei ist; 5. Zehe etwas länger als die 3.; Haftscheiben etwas kleiner als die der Finger; mediale Metatarsaltuberkel oval, nicht zusammengedrückt. Das Tibiotarsalgelenk reicht bis zur Mitte des Auges; Tibia 2,1 mal in der Körperlänge enthalten. Haut glatt, auf dem Bauch und unter den Oberschenkeln granuliert.

Färbung (in Alkohol) oben rötlichbraun, unten heller oder weiß. Färbung im Leben: Oberseite hell rostbraun, stark wachsfarbig. Die braune Färbung verändert sich in Orangerot auf den Fingern und in Rot an der Kehle. Bauch gelblichweiß, allmählich an den Seiten in die Färbung der Oberseite übergehend. Iris leuchtend emeraldgrün. Körperlänge? (Fig. 319).

Belgischer Congo, von Stanleyville bis Boma.

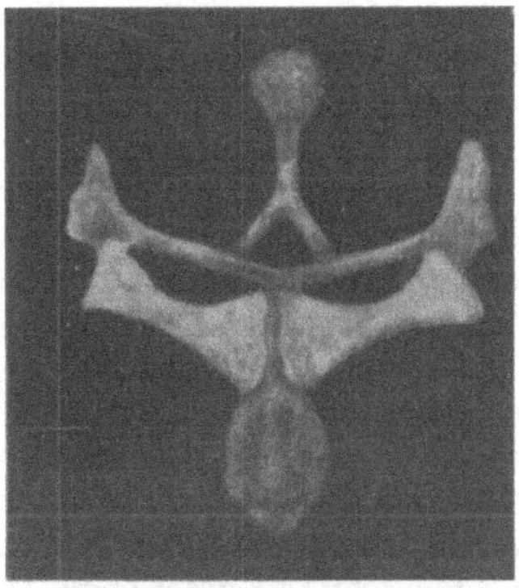

Fig. 319.
Hylambates greshoffii Schilthuis.
Schultergürtel. (Nach Noble).

11. Gen. **Tornierella** E. Ahl

1924 *T.*, E. Ahl in: Mt. Mus. Berlin, *v.* 11 p. 10.

Pupille senkrecht; Zunge ungewöhnlich klein, oval, knopfförmig, hinten frei und nicht eingeschnitten; Oberkiefer bezahnt; Vomerzähne fehlen; Trommelfell nur undeutlich; Finger frei, nur an den Seiten mit einem schmalen Hautsaum; Zehen nur an der Basis durch Schwimmhaut verbunden. Laterale Metatarsalia fest verbunden; Coracoide stark; Praecoracoide nicht sehr stark, gerade, völlig verknöchert; Omosternum und Sternum knorpelig. Diapophysen der Sacralwirbel ziemlich stark aufgetrieben und verhältnismäßig stark verbreitert.

Typus: *Tornierella pulchra* E. Ahl

Nur eine Art aus dem Somaliland.

1. **T. pulchra** E. Ahl 1924 *T. p.*, E. Ahl in: Mt. Mus. Berlin, *v.* 11 p. 10.

Körpergestalt ziemlich gedrungen; Vomerzähne fehlen; Choanen ziemlich groß, teilweise unter dem Kieferrand verborgen, diesem dicht anliegend; eine häutige Falte bedeckt den Gaumen; Zunge außergewöhnlich klein, oval, hinten frei und ganzrandig, knopfartig. Kopf mäßig groß, niedergedrückt, breiter als lang, das Maxillare stark seitlich verbreitert; Schnauze abgerundet, im Profil abgerundet oder rundlich abgeflacht, so lang wie der Augendurchmesser, nicht über die Schnauze hinausragend, fast so lang wie der Abstand der vorderen Augenwinkel voneinander, wenig länger als hoch; Canthus rostralis abgerundet; Lorealgegend sehr schräg, nur wenig konkav; Nasenloch näher der Schnauzenspitze als dem Auge; Internasalraum wenig schmaler als der Interorbitalraum, der nur wenig breiter als ein oberes Augenlid ist; Trommelfell nur sehr undeutlich sichtbar oder unter der Haut verborgen. Finger sehr lang und kräftig, frei von Schwimmhaut, an den Seiten durch eine schwache Hautfalte etwas verbreitert; Haftscheiben nicht oder nur unwesentlich breiter als das letzte Glied; 1. Finger kleiner als der 2., der viel kürzer als der 4. ist, der von dem 3. weit überragt wird; 3. Finger viel länger als die Schnauze; Subartikulartuberkel deutlich, einfach. Zehen lang und kräftig, nur an der Basis mit einem Rudiment von Schwimmhaut; seitlich durch eine Hautfalte etwas verbreitert; Haftscheiben so groß wie die der Finger; 5. Zehe ein wenig länger als die 3.; laterale Metatarsalia fest verbunden; keine Tarsalfalte; eine kleine, nicht sehr hervortretende, elliptische, mediale Metatarsaltuberkel und eine kleine, flache, runde, laterale; keine Tarsaltuberkel; Sohle chagriniert; Subartikulartuberkel deutlich, einfach. Das Tarsometatarsalgelenk reicht bis etwa in die Gegend des Trommelfells oder nicht ganz so weit; Femur so lang wie die Tibia, die 3 mal so lang wie breit, $3^1/_4$—$3^1/_2$ mal in der Körperlänge enthalten und kürzer als der Fuß ist; bei rechtwinklig angeknickten Hinterbeinen berühren die Fersen einander nicht. Haut oben fein chagriniert, an den Seiten gerunzelt oder fein warzig und am Bauche und an der Unterseite der Oberschenkel quergerunzelt; keine Falten auf der Brust.

Färbung (in Alkohol) oberseits grauolivfarben mit großen, inselförmigen, runden, manchmal mehr oder weniger zusammenfließenden, kastanienroten bis schwarzbraunen Flecken, die sich auf den Vorder- und Hintergliedmaßen zu Querbinden verbreitern. Unterseite weißlich bis dunkelgraugelb, dicht mit runden, braunroten Flecken besetzt. Körperlänge 42 mm.

Somaliland (Garamulata), 2800 m.

Weibchen mit großen, dotterreichen Eiern, die Spuren embryonaler Entwicklung erkennen lassen.

12. Gen. **Mocquardia** E. Ahl nom. nov.

1905 *Rothschildia* (non *R.* Grote 1896), F. Mocquard in: Bull. Mus. Paris, *v.* 11 p. 288.

Pupille horizontal; Zunge ganzrandig, frei hinten; keine Vomerzähne; Oberkiefer bezahnt; Trommelfell fehlend. Zwischenknochen zwischen den Endphalangen der Finger und Zehen vorhanden; laterale Metatarsalia fest verbunden; Finger und Zehen frei von Schwimmhaut, am Ende mit kleinen Haftscheiben; Endphalange stumpf. Omosternum und Sternum ohne knöchernen Stiel, das Omosternum sehr kurz und in Form eines T, manchmal mit knöchernem Stiel, das letztere membranös, viereckig.

Typus: *Rothschildia kounhiensis* Mocq.

Drei Arten in Ost-Afrika.

Bestimmungstabelle der Arten der Gattung *Mocquardia*:

A. Omosternum mit knöchernem Stiel . . . . 1. **M. obscura**
AA. Omosternum knorpelig.
B. Das Tibiotarsalgelenk erreicht das Trommelfell . . . . . 2. **M. kounhiensis**
BB. Das Tibiotarsalgelenk erreicht den Ellbogen . . . . . 3. **M. abyssinica**

1. **M. obscura** (Blgr.) 1894 *Cassina o.*, Boulenger in: P. zool. Soc. London, p. 644 t. 39 f. 3 (Habitus von oben, Kopf und Brust von unten) | 1909 *C. o.*, Peracca in: Il Ruwenzori, *v.* 1 p. 177 | 1924 *Kassina o.*, Noble in: Bull. Amer. Mus., *v.* 49 p. 330 | 1930 *Rothschildia o.*, H. W. Parker in: P. zool. Soc. London, p. 4.

Pupille horizontal; Zunge sehr klein und hinten nicht deutlich eingeschnitten; Vomerzähne fehlen. Kopf $1^2/_5$ mal so breit wie lang; Schnauze abgerundet, ein wenig länger als der Augendurchmesser; kein Canthus rostralis; Interorbitalraum so breit oder wenig breiter als das obere Augenlid; Trommelfell unter der Haut verborgen. Finger mäßig lang, der 1. kürzer als der 2.; Zehen mäßig lang, mit $^1/_3$ Schwimmhaut; eine sehr undeutliche, mediale Metatarsaltuberkel. Das Tarsometatarsalgelenk erreicht den hinteren Rand des Auges. Endphalangen nur sehr wenig verbreitert. Oben mit flachen, glatten Warzen, unten mit großen Granula. Männchen mit einer großen, schwarzen, äußeren Schallblase an jeder Seite der runden Kehlscheibe. Omosternum knöchern und Y-förmig.

Oben dunkelolivfarben, die Seiten heller, mit zahlreichen rundlichen, nußbraunen Flecken; ein weißer (?roter) Inguinalfleck. Unten graubraun, mit kleinen, dunkelbraunen Flecken. Körperlänge 39 mm. (Fig. 320).

Shoa.

Fig. 320.
Mocquardia obscura (Blgr.).
Habitus von oben, Unterseite von Kopf und Brust. (Nach Boulenger).

2. **M. kounhiensis** (Mocq.) 1905 *Rothschildia k.*, F. Mocquard in: Bull. Mus. Paris, *v.* 11 p. 288.

Körpergestalt ziemlich gedrungen, Gliedmaßen kurz. Zunge ganzrandig, sehr kurz, oval und frei hinten. Schnauze kurz, ein wenig länger als der horizontale Augendurchmesser, vorn abgerundet; Canthus rostralis stumpf; Lorealgegend konkav; Nasenloch viel näher der Schnauzenspitze als dem Auge; Interorbitalraum breiter als das obere Augenlid; Trommelfell sehr undeutlich, klein. Finger frei, der 1. kürzer als der 2.; die 3 lateralen Zehen mit $^1/_3$ Schwimmhäuten; Subartikulartuberkel gut entwickelt; eine weiche, wenig scharfe, mediale Metatarsaltuberkel. Gliedmaßen kurz; das Tibiotarsalgelenk reicht bis zum Trommelfell. Oberseite mit kleinen, in weiteren Abständen stehenden Warzen besetzt; Unterseite groß und scharf gekörnelt; Kehle und Unterseite der Schenkel glatt; eine mehr oder weniger deutliche Hautfalte geht vom Auge zur Schulter. Das Männchen besitzt zwei große Schallblasen, die sich unter der Kehle öffnen, von jeder Seite der Mediallinie, durch einen großen, an den Seiten gefalteten Schlitz.

Färbung der Oberseite hellbraun, mit großen, schwarzen, ovalen, ungleichmäßigen Flecken besetzt, deren Längsachsen im allgemeinen der Längsachse des Körpers entsprechen. Unterseite etwas heller als die Oberseite, übersät mit kleinen, schwarzen Flecken. Körperlänge?

Abessinien (Ouardji und Tal des Kounhi).

3. **M. abyssinica** (H. W. Parker) 1895 *Cassina obscura* (non Boulenger 1894), Boulenger in: P. zool. Soc. London, p. 540; 1930 *Rothschildia abyssinica*, H. W. Parker in: P. zool. Soc. London, p. 5.

Kopf breiter als lang; Schnauze abgerundet, nicht vorragend, etwas länger als der Augendurchmesser; Canthus rostralis abgerundet; Lorealgegend schräg, nicht konkav; Nasenloch beträchtlich näher der Schnauzenspitze als dem Auge; Interorbitalraum breiter als das obere Augenlid; Trommelfell unter der Haut verborgen. Finger frei, mit sehr kleinen Haftscheiben, der 1. kürzer als der 2., der kürzer als der 4. ist. Zehen mit sehr kleinen Haftscheiben, mit $^1/_3$ Schwimmhaut und mit undeutlichen, fleischigen, seitlichen Säumen an der Basis; Subartikulartuberkel nicht wohl entwickelt; eine undeutliche, ovale, mediale Metatarsaltuberkel, keine laterale. Das Tibiotarsalgelenk erreicht den Ellbogen, die Spitze der 4. Zehe reicht nicht über die Schnauzenspitze hinaus. Eine gebogene Falte vom Auge zur Schulter; Oberseite undeutlich granuliert; Unterseite auf der Brust und dem hinteren Teil des Bauches leicht granuliert. Männchen mit einer kleinen, sehr deutlichen Subgularscheibe, die an beiden Seiten von der gefalteten, dunklen Haut der Schallblasen eingefaßt wird.

Färbung (in Alkohol) oben grünlichgrau, mit zahlreichen großen, braunen, inselförmigen Flecken, deren jeder dunkler nach dem Rande zu wird und von einer feinen, weißen Linie begrenzt wird; Grundfarbe zwischen den großen Flecken unregelmäßig dunkler gefleckt. Beine quer gebändert, die Inguinalgegend heller. Unterseite gelblich, dunkelbraun gefleckt. Körperlänge 40 mm.

Äthiopien (Budda-Plateau und Serpent-See, Wouramboulchi) in Höhen von 2200—2700 m.

Alphabetisches Register

Nomenclator generum et subgenerum

von C. Apstein

Aglyptodactylus Boulenger in: P. zool. Soc. London, p. 257. 1918. Sp.: *A. madagascariensis*.

Arthroleptis A. Smith, Ill. Zool. S.-Afr. (pars 28) app. p. 24. 1849. Sp.: *A. Wahlbergii*.

Boophis Tschudi, Classif. Batr., p. 36, 76. 1838. Sp.: *B. Goudotii*.

Bürgeria Tschudi, Classif. Batr., p. 34, 75. 1838. Sp.: *B. subversicolor, maculata*.

Buergeria pro: *Bürgeria* Tschudi 1838. Stejneger in: P. biol. Soc. Washington, *v.* **14** p. 190. 1901.

Cardioglossa Boulenger in: P. zool. Soc. London, p. 445. 1900. Sp.: *C. gracilis*.

Cassina [pro: *Kassina* Girard 1853] E. D. Cope in: P. Ac. Philad., p. 182. 1864.

Chirixalus G. A. Boulenger in: Ann. Mus. Genova, ser. 2 *v.* 13 p. 340. 1893. Sp.: *C. doriae*.

Chiromantis Peters in: Arch. Naturg., *v.* 21 I p. 56. 1855. Sp.: *C. xerampelina*.

Crumenifera E. D. Cope in: P. Ac. Philad., p. 343. 1862. Sp.: *C. pusilla*.

Cystignathus Wagler, Syst. Amph., p. 202. 1830. Sp.: *C. mystaceus, Typhonias, sibilatrix, pachypus, labyrinthicus, ocellatus*.

Cystignatus [pro: *Cystignathus* Wagler 1830] Bonaparte, Iconogr. Fauna Ital., *v.* 2 fasc. 23 sign. 119. 1838.

Dendrobatorana E. Ahl in: SB. Ges. Fr. Berlin, 1926 p. 112. 1927. Sp.: *D. dorsalis*.

Euchnemis pro: *Eucnemis* Tschudi 1838. Bianconi, Specim. zool. Mosamb., (fasc. 2) p. 24. 1848. Sp.: *E. salinae*.

Eucnemis Tschudi, Classif. Batr., p. 35, 76. 1838. Sp.: *E. seychellensis, Horstokii*.

Gephyromantis Methuen in: P. zool. Soc. London, p. 351. 1920. Sp.: *G. Boulengeri*.

Hazelia Taylor in: Philipp. J. Sci., *v.* 16 p. 292. 1920. Sp.: *H. spinosa*.

Hemimantis Peters in: Monber. Ak. Berlin, p. 451. 1863. Sp.: *H. calcaratus*.

Hyla Laurenti, Syn. Rept., p. 32. 1768. Sp.: *H. ranaeformis, viridis, fusca, lactea, viride-fusca, tibiatrix, aurantiaca, rubra, sceleton*.

Hylambates A. Duméril in: Ann. Sci. nat., ser. 3 *v.* 19 p. 162. 1853. Sp.: *H. maculatus*.

Hylarana Tschudi, Classif. Batr., p. 78. 1838. Sp.: *H. erythraea*.

Hylorana pro: *Hylarana* Tschudi 1838. Boulenger, Cat. Batr. sal. Brit. Mus., ed. 2 p. 8. 1882.

Hyperolius Rapp in: Arch. Naturg., *v.* 8 I p. 289. 1842. Sp.: *H. marmoratus*.

Hypsiboas Wagler, Syst. Amph., p. 200. 1830. Sp.: *H. palmata, geographica, Reinwardtii, bufonia, zonata, crepitans, Faber, albomarginata, cinerascens, venulosa*.

Ixalis pro: *Ixalus* C. Duméril & G. Bibron 1841. Jerdon in: J. Asiat. Soc. Bengal, *v.* 22 p. 532. 1853. Sp.: *I. glandulosa*.

Ixalus C. Duméril & G. Bibron, Erpét., *v.* 8 p. 523. 1841. Sp.: *I. aurifasciatus.*

Kassina C. Girard in: P. Ac. Philad., *v.* 6 p. 421. 1853.

Leptobrachium Tschudi, Classif. Batr., p. 81. 1838. Sp.: *L. Hasseltii.*

Leptomantis Peters in: Monber. Ak. Berlin, p. 32. 1867. Sp.: *L. bimaculata.*

Leptopelis Alb. Günther, Cat. Batr. sal. Brit. Mus., p. 89. 1858. Sp.: *L. aubryi.*

Limnodytes A. Duméril & G. Bibron, Erpét., *v.* 8 p. 510. 1841. Sp.: *L. erythraeus, chalconotus, Weigiensis.*

Mantidactylus Boulenger in: Ann. nat. Hist., ser. 6 *v.* 15 p. 450. 1895. Sp.: *M. guttulatus, ulcerosus, curtus, betsileanus, biporus, redimitus, flavicrus, lugubris, albofrenatus, Cowanii, inaudax, opiparis, aerumnalis, pliciferus, asper.*

Megalixalus Alb. Günther in: P. zool. Soc. London, p. 485. 1868. Sp.: *M. infrarufus.*

Microphryne subgen. Peters in: Monber. Ak. Berlin, p. 616. 1873. Sp.: *Bufo (M.) pustulosus.*

Mocquardia E. Ahl in: Tierreich, *v.* 55 p. 460. 1931. Sp.: *M. obscura, Kounhiensis, abyssinica.*

Nyctibates Boulenger in: Ann. nat. Hist., ser. 7 *v.* 13 p. 261. 1904. Sp.: *N. corrugatus.*

Nyctibatrachus Boulenger, Cat. Batr. sal. Brit. Mus., ed. 2 p. 113. 1882. Sp.: *N. pygmaeus, major.*

Orchestes Illiger in: Mag. Ins.-Kunde, *v.* 6 p. 324. 1807. Col.

Orchestes Tschudi, Classif. Batr., p. 76. 1838. Sp.: *O. aurifasciatus.*

Palmatorappia E. Ahl in: SB. Ges. Fr. Berlin, 1926 p. 113. 1927. Sp.: *P. solomonis.*

Paracassina Peracca in: Boll. Mus. Torini, *v.* 22 nr. 553 p. 3. 1907. Sp.: *P. obscura.*

Philautus pro: *Orchestes* Tschudi 1838. Gistel, Naturg. Thierr., p. X. 1848.

Phrynoderma G. A. Boulenger in: Ann. Mus. Genova, ser. 2 *v.* 13 p. 341. 1893. Sp.: *P. asperum.*

Phyllomedusa Wagler, Syst. Amph., p. 201. 1830. Sp.: *P. bicolor.*

Polypedates Tschudi, Classif. Batr., p. (34) 75. 1838. Sp.: *P. leucomystax, chalconotus.*

Polypedotes [pro: *Polypedates* Tschudi 1838]. Tschudi, Classif. Batr., p. 34. 1838.

Pseudocassina E. Ahl in: Mt. Mus. Berlin, *v.* 11 p. 8. 1924. Sp.: *P. ocellata, rugosa.*

Rana Linné, Syst. Nat., ed. 10 p. 210. 1758. Sp.: *R. Pipa, Bufo, Rubeta, gibbosa, variegata, ventricosa, marina, typhonia, ocellata, cornuta, marginata, paradoxa, temporaria, esculenta, Hyla, arborea, boans.*

Rappia Alb. Günther in: Zool. Rec., *v.* 1 p. 130. 1865.

Rhacophorus Kuhl in: Schlegel in: Isis, *v.* 20 p. 294. 1827. Sp.: *R. Reinwardtii, palmatus.*

Rothschildia F. Mocquard in: Bull. Mus. Paris, *v.* 11 p. 288. 1905. Sp.: *R. kounhiensis.*

Rothschildia Perkins in: Wilson & Evans, Av. Haw., p. 21. 1899. Sp.: *R. parva.*

Theloderma Tschudi, Classif. Batr., p. 32, 73. 1838. Sp.: *T. leporosa.*

Tornierella E. Ahl in: Mt. Mus. Berlin, *v.* 11 p. 10. 1924. Sp.: *T. pulchra.*

Trachymantis Methuen in: P. zool. Soc. London (1919), p. 352. 1920. Sp.: *T. horrida.*

Druck: August Hopfer, Burg b. M.

FSC
www.fsc.org
MIX
Papier | Fördert
gute Waldnutzung
FSC® C083411

Kolibri 360 GmbH
Ferdinand-Jühlke-Straße 7
99095 Erfurt, Deutschland
produktsicherheit@kolibri360.de